내가 뽑은 원픽! 최신 출… 수험서

최신 개정판

위포트 공기업 토목직 1300제

채수하, 박관수

응용역학, 토질 및 기초, 철근콘크리트, 측량학, 토목시공학 수록

PART 01 / 응용역학

CHAPTER 01 | 정역학 기초 ······ 2
CHAPTER 02 | 구조물 개론 ······ 11
CHAPTER 03 | 정정보 I (단순보) ······ 15
CHAPTER 04 | 정정보 II (캔틸레버보, 내민보, 게르버보) ······ 31
CHAPTER 05 | 정정라멘과 아치 ······ 47
CHAPTER 06 | 정정트러스 ······ 52
CHAPTER 07 | 단면의 성질 ······ 60
CHAPTER 08 | 재료의 역학적 성질 ······ 69
CHAPTER 09 | 보의 응력 ······ 98
CHAPTER 10 | 기둥 ······ 110
CHAPTER 11 | 정정구조물의 처짐과 처짐각 122
CHAPTER 12 | 부정정구조물 ······ 139
■ 정답 및 해설 ······ 149

PART 02 / 철근콘크리트

CHAPTER 01 | 철근콘크리트 개론 ······ 220
CHAPTER 02 | 설계방법 ······ 231
CHAPTER 03 | 보의 휨해석과 설계 ······ 235
CHAPTER 04 | 보의 전단과 비틀림 ······ 258
CHAPTER 05 | 철근의 정착과 이음 ······ 275
CHAPTER 06 | 사용성 ······ 282
CHAPTER 07 | 기둥 ······ 288
CHAPTER 08 | 슬래브 ······ 297
CHAPTER 09 | 확대기초 ······ 304
CHAPTER 10 | 옹벽 ······ 311
CHAPTER 11 | 프리스트레스트 콘크리트(PSC) ······ 318
CHAPTER 12 | 강구조 및 교량 ······ 338
■ 정답 및 해설 ······ 353

PART 03 / 토질 및 기초

CHAPTER 01 | 흙의 물리적 성질과 분류 ··· 400
CHAPTER 02 | 흙 속에서의 물의 흐름 ······ 408
CHAPTER 03 | 지반내의 응력분포 ······ 421
CHAPTER 04 | 흙의 다짐 ······ 429
CHAPTER 05 | 흙의 압밀 ······ 434
CHAPTER 06 | 흙의 전단강도 ······ 440
CHAPTER 07 | 토압 ······ 453
CHAPTER 08 | 사면의 안정 ······ 459
CHAPTER 09 | 토질조사 및 시험 ······ 466
CHAPTER 10 | 기초 ······ 477
■ 정답 및 해설 ······ 493

목차
(CONTENTS)

PART 04 / 측량학

CHAPTER 01 I 일반 사항 ········ 526
CHAPTER 02 I 거리 측량 ········ 532
CHAPTER 03 I 각 측량 ········ 535
CHAPTER 04 I 삼각 측량 ········ 541
CHAPTER 05 I 다각 측량 ········ 548
CHAPTER 06 I 수준 측량 ········ 558
CHAPTER 07 I 지형 측량 ········ 572
CHAPTER 08 I 노선 측량 ········ 580
CHAPTER 09 I 면적 및 체적 측량 ········ 594
CHAPTER 10 I 하천 측량 ········ 605
CHAPTER 11 I 사진 측량 ········ 610
CHAPTER 12 I 위성측위시스템(GNSS) ········ 620
■ 정답 및 해설 ········ 625

PART 05 / 토목시공학

CHAPTER 01 I 토공 ········ 658
CHAPTER 02 I 건설기계 ········ 670
CHAPTER 03 I 옹벽 및 흙막이공 ········ 683
CHAPTER 04 I 기초공 ········ 690
CHAPTER 05 I 연약지반 개량공법 ········ 701
CHAPTER 06 I 포장공 ········ 704
CHAPTER 07 I 교량공 ········ 713
CHAPTER 08 I 터널공 ········ 719
CHAPTER 09 I 발파공 ········ 725
CHAPTER 10 I 댐 및 항만 ········ 729
CHAPTER 11 I 암거 ········ 734
CHAPTER 12 I 건설 공사 관리 ········ 737
■ 정답 및 해설 ········ 747

P/A/R/T

01

공기업 토목직 1300제

응용역학

CHAPTER 01 | 정역학 기초
CHAPTER 02 | 구조물 개론
CHAPTER 03 | 정정보 I (단순보)
CHAPTER 04 | 정정보 II (캔틸레버보, 내민보, 게르버보)
CHAPTER 05 | 정정라멘과 아치
CHAPTER 06 | 정정트러스
CHAPTER 07 | 단면의 성질
CHAPTER 08 | 재료의 역학적 성질
CHAPTER 09 | 보의 응력
CHAPTER 10 | 기둥
CHAPTER 11 | 정정구조물의 처짐과 처짐각
CHAPTER 12 | 부정정구조물

CHAPTER

공기업 토목직 1300제

01 정역학 기초

01 그림과 같이 O점에 작용하는 힘의 합력의 크기[kN]는?

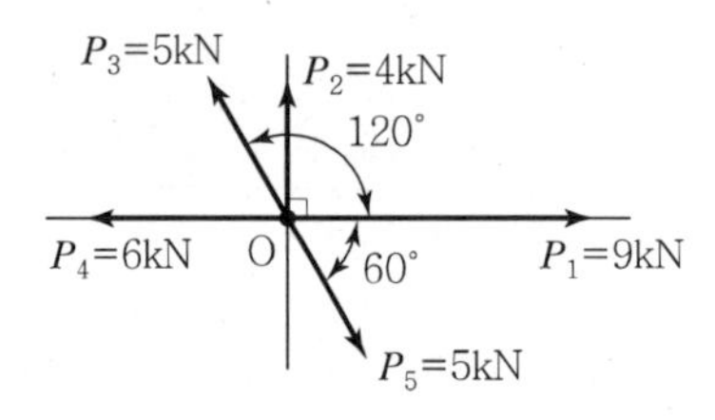

① 2
② 3
③ 4
④ 5

02 그림과 같이 2개의 힘이 동일 점 O에 작용할 때 합력(R)의 크기[kN]와 방향(α)은?

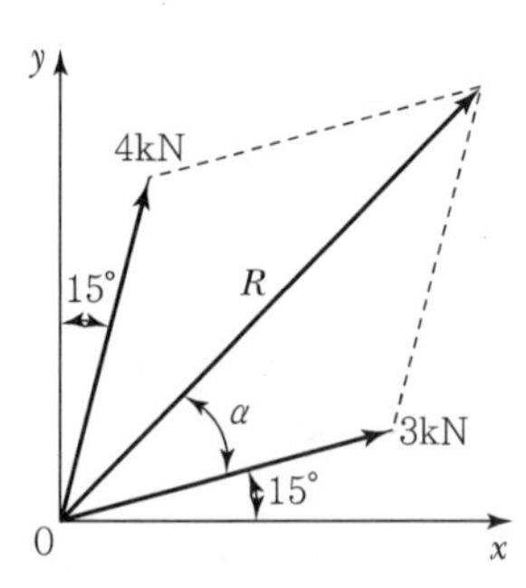

	R	α
①	$\sqrt{37}$	$\cos^{-1}\left(\frac{5}{\mathrm{R}}\right)$
②	$\sqrt{37}$	$\cos^{-1}\left(\frac{2\sqrt{3}}{\mathrm{R}}\right)$
③	$\sqrt{61}$	$\cos^{-1}\left(\frac{5}{\mathrm{R}}\right)$
④	$\sqrt{61}$	$\cos^{-1}\left(\frac{2\sqrt{3}}{\mathrm{R}}\right)$

03 다음 설명 중에서 옳지 않은 것은?

① 힘을 표시하는 3요소는 힘의 크기, 방향, 작용점이다.
② 선형 탄성영역에서는 응력과 변형률이 비례한다.
③ 동마찰계수는 정마찰계수보다 작다.
④ 힘, 변위, 속력, 가속도는 모두 벡터(Vector)양이다.

04 그림과 같은 30° 경사진 언덕에서 4kN의 물체를 밀어 올리는 데 얼마 이상의 힘이 필요한가? (단, 마찰계수 = 0.25)

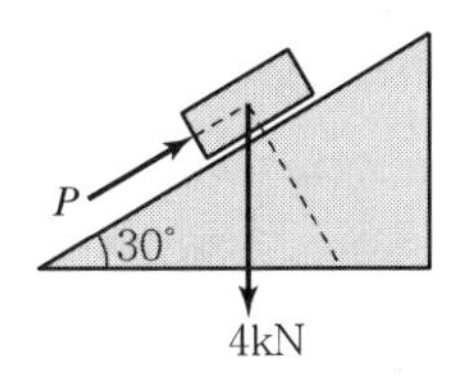

① 2.75kN ② 2.87kN
③ 3.02kN ④ 4kN

05 다음 그림과 같이 작용하는 힘에 대하여 점 O에 대한 모멘트는 얼마인가?

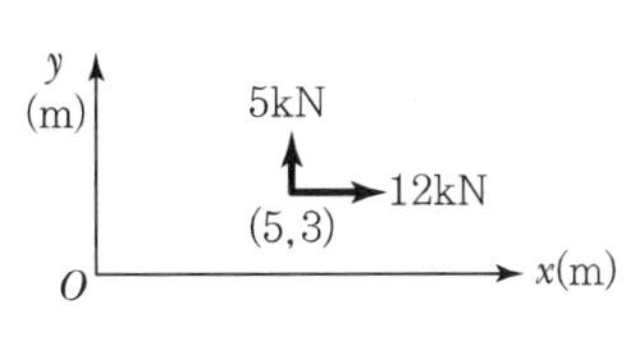

① 8kN · m ② 9kN · m
③ 10kN · m ④ 11kN · m
⑤ 12kN · m

06 다음과 같은 구조물에서 하중 벡터 $\vec{F}$에 의해 O점에 발생되는 모멘트 벡터 [kN · m]는?(단, $\vec{i}$, $\vec{j}$, $\vec{k}$는 각각 x, y, z축의 단위 벡터이다.)

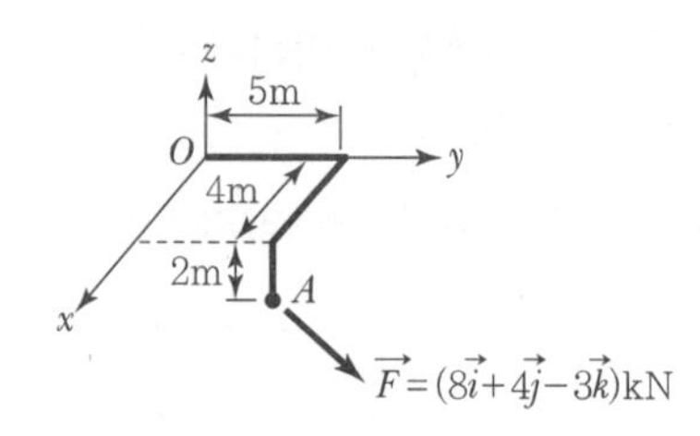

① $-7\vec{i}+4\vec{j}+24\vec{k}$

② $-7\vec{i}-4\vec{j}-24\vec{k}$

③ $23\vec{i}-4\vec{j}+24\vec{k}$

④ $23\vec{i}+4\vec{j}-24\vec{k}$

07 다음 그림과 같이 강체(Rigid Body)에 우력이 작용하고 있다. A, B, C점에 관한 모멘트가 각각 ΣM_A, ΣM_B, ΣM_C일 때, 옳은 것은?

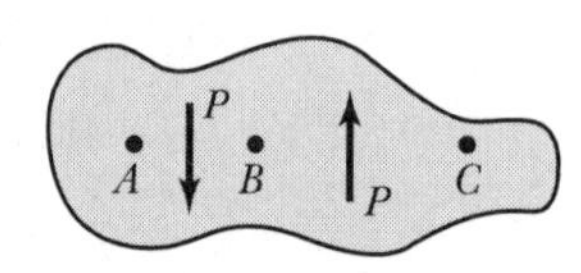

① $\Sigma M_A = \Sigma M_B < \Sigma M_C$

② $\Sigma M_A = \Sigma M_B > \Sigma M_C$

③ $\Sigma M_A < \Sigma M_B < \Sigma M_C$

④ $\Sigma M_A = \Sigma M_B = \Sigma M_C$

08 다음 그림과 같이 방향이 반대인 힘 P와 $3P$가 L간격으로 평행하게 작용하고 있다. 두 힘의 합력의 작용위치 X는?

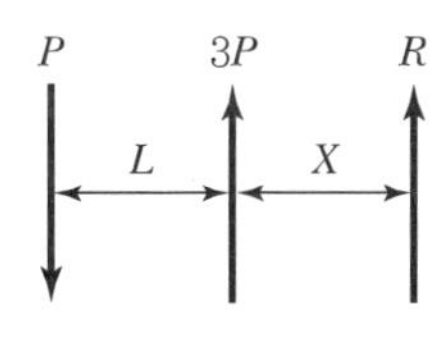

① $\frac{1}{3}L$
② $\frac{1}{2}L$
③ $\frac{2}{3}L$
④ L

09 그림에서 네 힘에 대한 합력 40kN이 A지점으로부터 우측으로 4m 지점의 아래 방향으로 작용한다면, P_1, P_2의 크기는 각각 얼마인가?

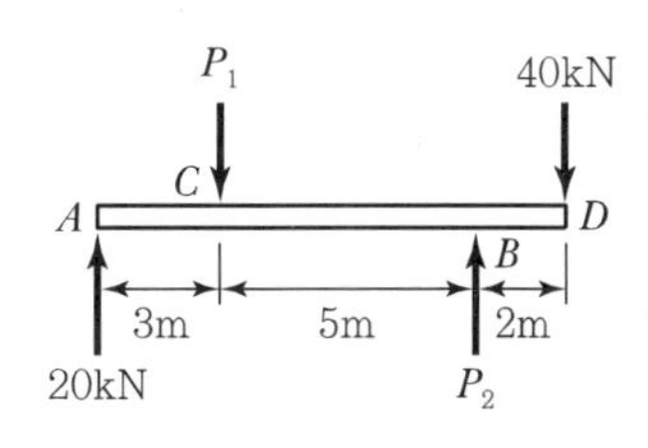

① $P_1 = 50\text{kN}$, $P_2 = 30\text{kN}$
② $P_1 = 60\text{kN}$, $P_2 = 40\text{kN}$
③ $P_1 = 70\text{kN}$, $P_2 = 50\text{kN}$
④ $P_1 = 80\text{kN}$, $P_2 = 60\text{kN}$
⑤ $P_1 = 90\text{kN}$, $P_2 = 70\text{kN}$

10 **힘의 평형에 대한 설명 중 옳지 않은 것은?**

① 2차원 평면상에서 한 점에 작용하는 힘들의 평형조건은 2개이다.
② 3차원 공간상에서 한 물체에 작용하는 힘들의 평형조건은 4개이다.
③ 3차원 공간상에서 한 점에 작용하는 힘들의 평형조건은 3개이다.
④ 2차원 평면상에서 한 물체에 작용하는 힘들의 평형조건은 3개이다.

11 **그림과 같이 3개의 힘이 평형상태라면 C점에 작용하는 힘 P의 크기와 AB 사이의 거리 x는?**

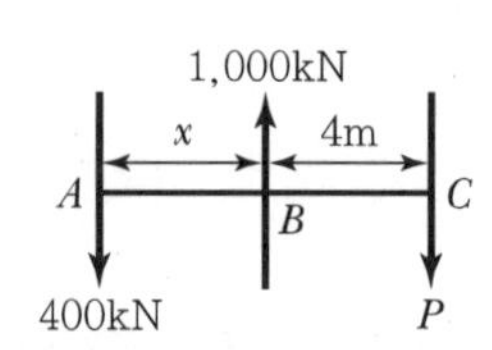

① $P=500\text{kN},\ x=6.0\text{m}$
② $P=500\text{kN},\ x=7.0\text{m}$
③ $P=600\text{kN},\ x=6.0\text{m}$
④ $P=600\text{kN},\ x=7.0\text{m}$
⑤ $P=700\text{kN},\ x=9.0\text{m}$

12 **다음 그림과 같이 길이 L인 통나무가 바위 위에 놓여 있다. 통나무의 무게가 1,400kN일 때, 600kN의 사람이 왼쪽에서 오른쪽으로 매우 천천히 걷고 있다. 통나무가 수평이 되기 위한 사람의 위치는?(단, 바위와 통나무의 위치는 변하지 않는다.)**

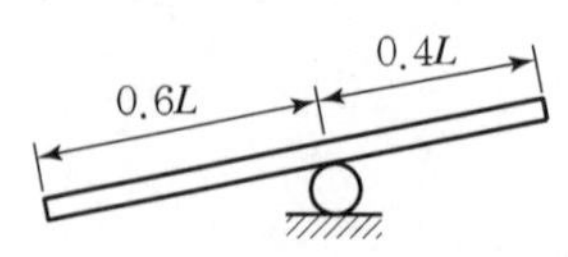

① 왼쪽에서 $\dfrac{2L}{3}$
② 왼쪽에서 $\dfrac{3L}{4}$
③ 왼쪽에서 $\dfrac{4L}{5}$
④ 왼쪽에서 $\dfrac{5L}{6}$

13 그림과 같은 하중 50kN인 차륜이 20cm 높이의 고정된 장애물을 넘어가는 데 필요한 최소한의 힘 P의 크기[kN]는?(단, 힘 P는 지면과 나란하게 작용하며, 계산값은 소수점 둘째 자리에서 반올림한다.)

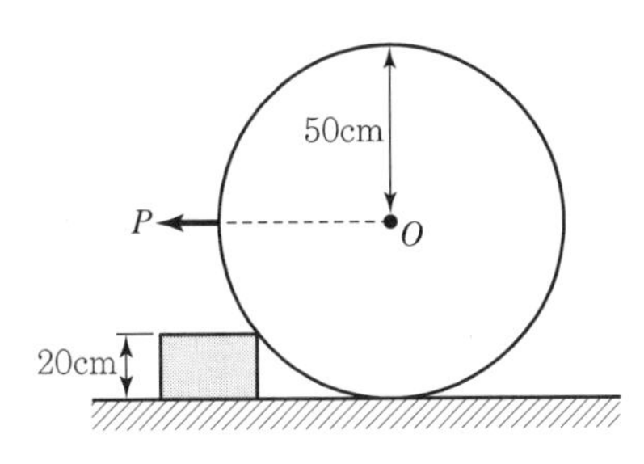

① 33.3
② 37.5
③ 66.7
④ 75.0

14 그림과 같은 구조물에서 $\overline{AB}$의 부재력과 $\overline{BC}$의 부재력은?(단, 모든 절점은 힌지임)

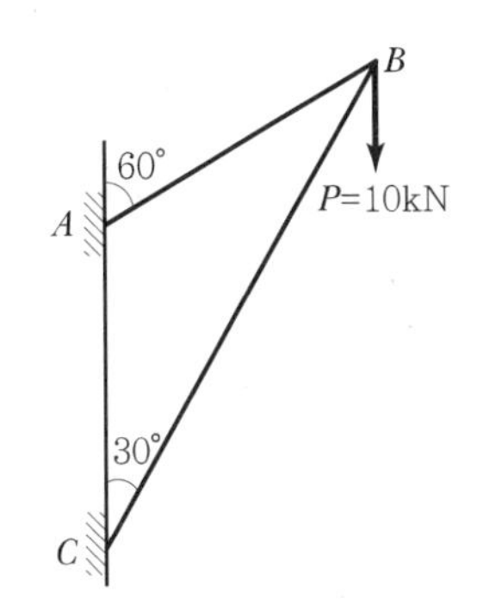

① $\overline{AB}=10$kN (인장), $\overline{BC}=10\sqrt{3}$kN (압축)
② $\overline{AB}=10$kN (압축), $\overline{BC}=10\sqrt{3}$kN (인장)
③ $\overline{AB}=10\sqrt{3}$kN (인장), $\overline{BC}=10$kN (압축)
④ $\overline{AB}=10\sqrt{3}$kN (압축), $\overline{BC}=10$kN (인장)

15 그림과 같이 밀도가 균일하고 무게가 W인 구(球)가 마찰이 없는 두 벽면 사이에 놓여 있을 때, 반력 R_A의 크기는?

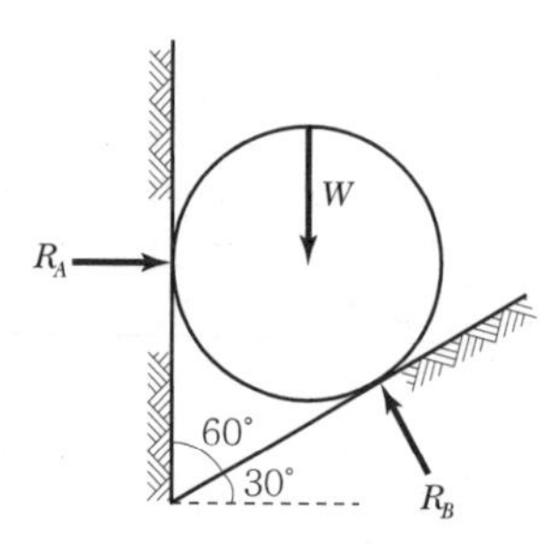

① 0.500W
② 0.577W
③ 0.707W
④ 0.866W

16 반경이 r, 질량이 100kg인 원판이 그림과 같이 놓여 있다. 반력 R_A와 R_B의 크기는?(단, 중력 가속도 $g=10\text{m/s}^2$ 적용)

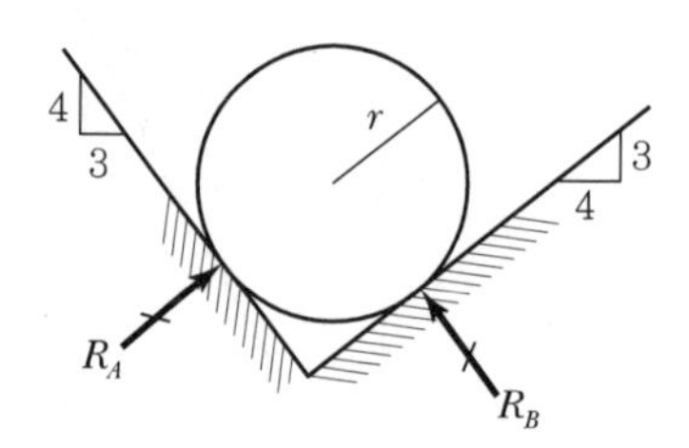

① $R_A = \frac{4,000}{7}\text{N}$, $R_B = \frac{3,000}{7}\text{N}$

② $R_A = \frac{3,000}{7}\text{N}$, $R_B = \frac{4,000}{7}\text{N}$

③ $R_A = \frac{5,000}{7}\text{N}$, $R_B = \frac{5,000}{7}\text{N}$

④ $R_A = 800\text{N}$, $R_B = 600\text{N}$

⑤ $R_A = 600\text{N}$, $R_B = 800\text{N}$

17 그림과 같이 두 벽면 사이에 놓여 있는 강체 구(질량 $m=1\text{kg}$)의 중심(O)에 수평방향 외력($P=20\text{N}$)이 작용할 때, 반력 R_A의 크기[N]는?(단, 벽과 강체 구 사이의 마찰은 없으며, 중력가속도는 10m/s^2으로 가정한다.)

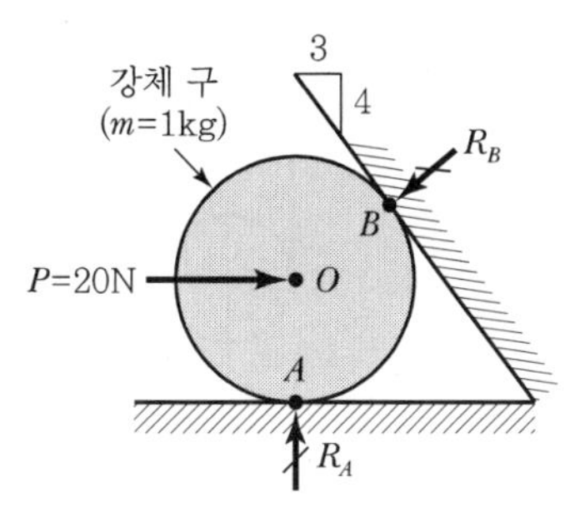

① 15
② 20
③ 25
④ 30

18 그림과 같은 구조물에 하중 w가 작용할 때 P의 크기는?(단, $0° < \alpha < 180°$이다.)

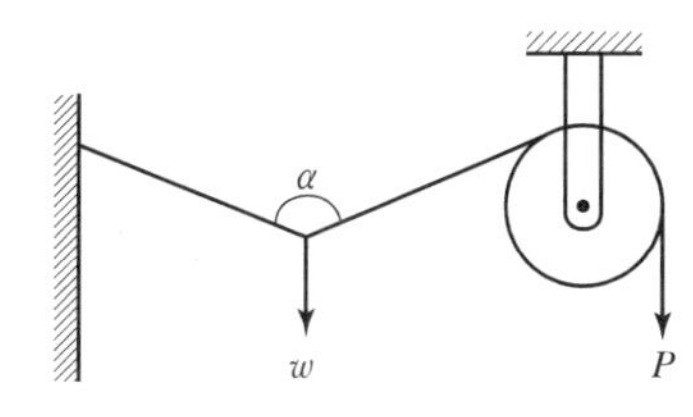

① $P=\dfrac{w}{2\cos\dfrac{\alpha}{2}}$
② $P=\dfrac{w}{2\cos\alpha}$
③ $P=\dfrac{w}{\cos\dfrac{\alpha}{2}}$
④ $P=\dfrac{2w}{\cos\dfrac{\alpha}{2}}$

19 움직 도르래에 10kN, 20kN의 물체가 매달려 있을 때 평형을 이루기 위해 필요한 힘 F는?

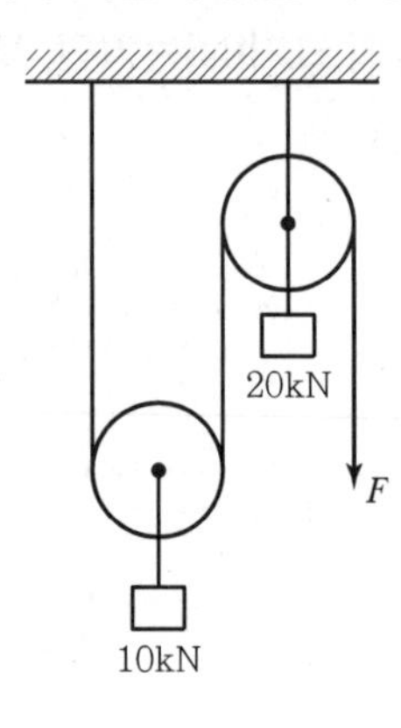

① 5kN
② 7.5kN
③ 12.5kN
④ 15kN
⑤ 25kN

20 그림과 같이 배열된 무게 1,200kN을 지지하는 도르래 연결 구조에서 수평방향에 대해 60°로 작용하는 케이블의 장력 T[kN]는?(단, 도르래와 베어링 사이의 마찰은 무시하고, 도르래와 케이블의 자중은 무시한다.)

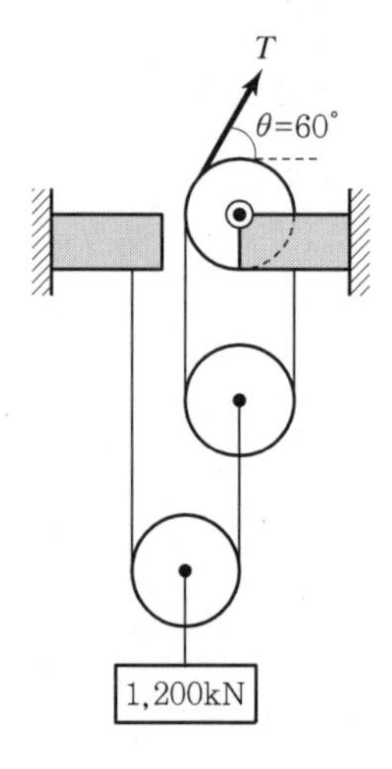

① $150\sqrt{3}$
② 300
③ $300\sqrt{3}$
④ 600

CHAPTER

공기업 토목직 1300제

02 구조물 개론

01 그림과 같은 부정정 구조물에 등변분포 하중이 작용할 때, 반력의 총 개수는?(단, B점은 강결되어 있다.)

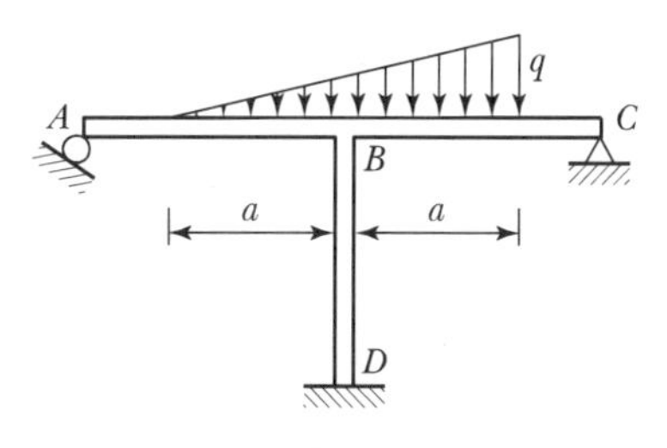

① 4
② 5
③ 6
④ 7

02 다음의 보가 정정 구조물이 되기 위해 필요한 내부힌지의 개수는?

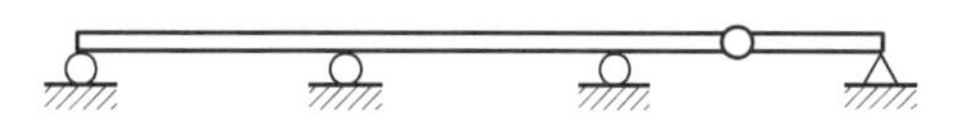

① 필요 없다.
② 1개
③ 2개
④ 3개

03 다음 라멘의 부정정의 차수는?

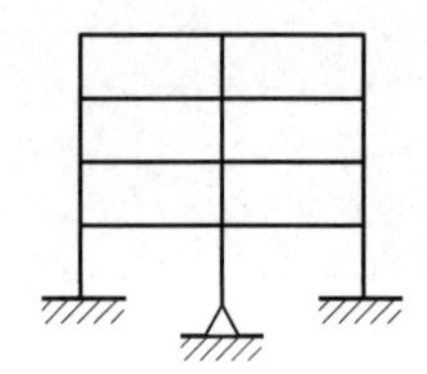

① 23차 부정정
② 28차 부정정
③ 32차 부정정
④ 36차 부정정

04 다음 그림과 같은 구조물의 부정정차수를 구하면?

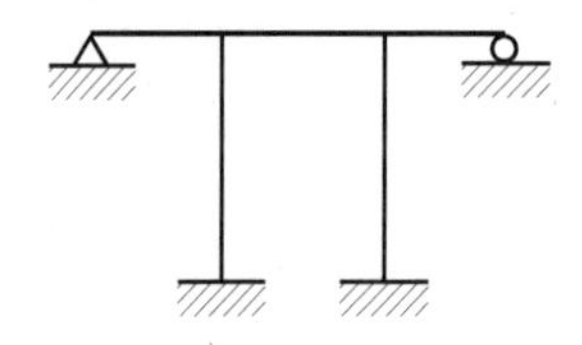

① 3차 부정정
② 4차 부정정
③ 5차 부정정
④ 6차 부정정

05 그림과 같은 프레임 구조물의 부정정 차수는?

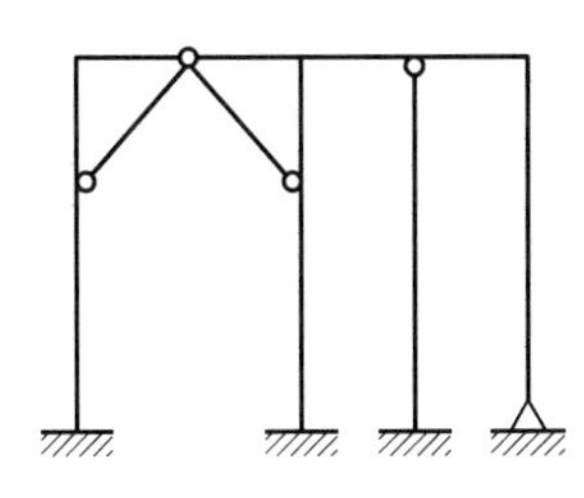

① 7차　　② 8차
③ 9차　　④ 10차

06 그림과 같은 트러스의 내적 부정정 차수는?

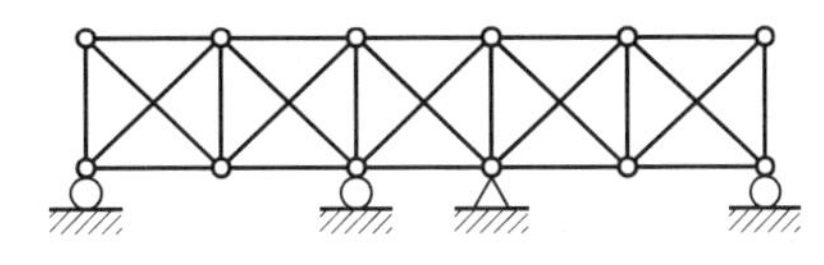

① 4차　　② 5차
③ 6차　　④ 7차

07 3차원 공간에 존재하는 3차원 구조물에서 한 절점이 가질 수 있는 독립 변위성분의 수는?

① 6　　② 9
③ 12　　④ 무한대

08 그림과 같은 보에서 변위법에 기초한 구조해석을 수행할 때 $EA=\infty$ 일 경우 총 절점의 자유도 수는?

① 1개
② 2개
③ 3개
④ 5개
⑤ 7개

09 변위일치의 방법을 이용하여 양단고정보를 해석하고자 할 때, 잉여미지반력의 개수는?(단, 보의 수평반력은 없다고 가정한다.)

① 1개
② 2개
③ 3개
④ 4개

10 그림과 같은 구조물의 부정정 차수는?(단, C점은 롤러 연결지점이다.)

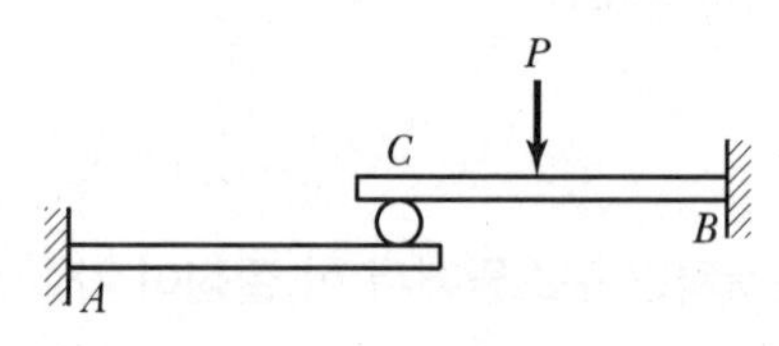

① 1
② 2
③ 3
④ 4

CHAPTER

공기업 토목직 1300제

03 정정보 I (단순보)

01 그림과 같은 경사단순보에서 반력 R_A와 R_B의 크기는?

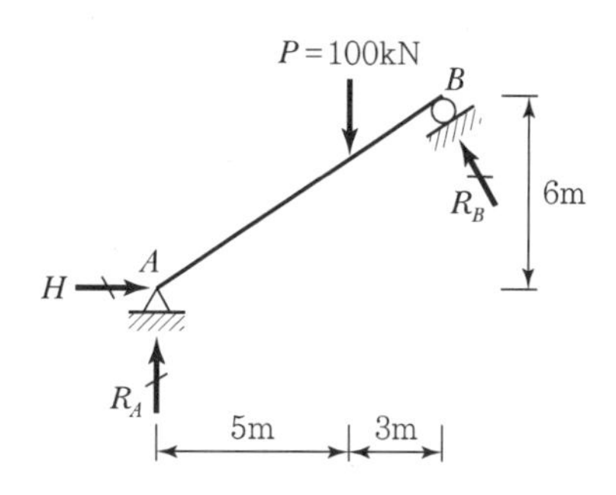

① $R_A=40\text{kN}$, $R_B=70\text{kN}$
② $R_A=45\text{kN}$, $R_B=65\text{kN}$
③ $R_A=50\text{kN}$, $R_B=60\text{kN}$
④ $R_A=40\text{kN}$, $R_B=50\text{kN}$
⑤ $R_A=60\text{kN}$, $R_B=50\text{kN}$

02 다음과 같이 분포하중이 작용할 때, 지점 A, B의 반력의 비는?

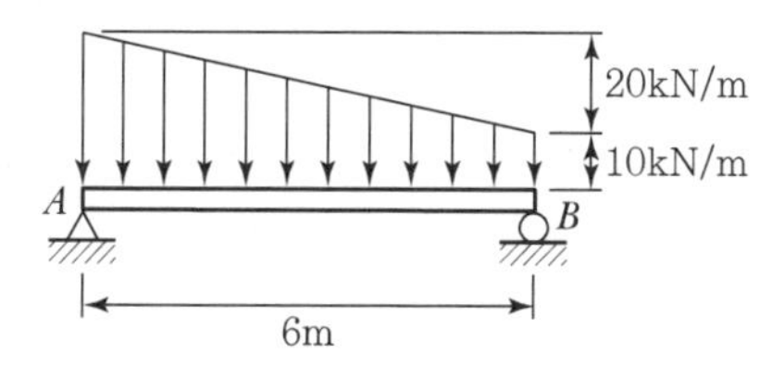

① 7 : 5
② 5 : 3
③ 6 : 5
④ 4 : 3

03 그림과 같은 단순보에 모멘트 하중이 작용할 때 발생하는 지점 A의 수직 반력(R_A)과 지점 B의 수직 반력(R_B)의 크기[kN]와 방향은?(단, 보의 휨강성 EI는 일정하며, 자중은 무시한다.)

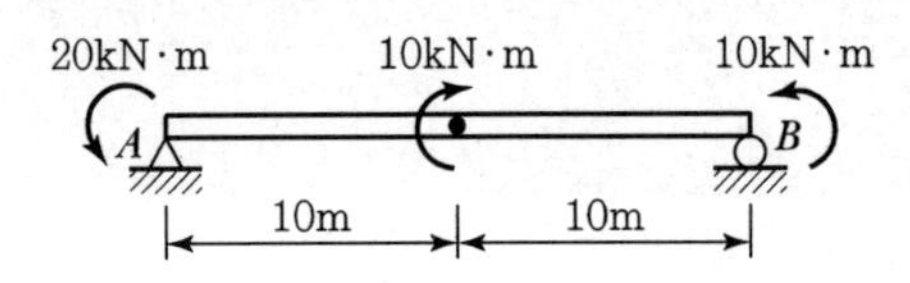

	R_A	R_B
①	1(↑)	1(↓)
②	1(↓)	1(↑)
③	2(↑)	2(↓)
④	2(↓)	2(↑)

04 그림과 같은 단순보의 수직 반력 R_A 및 R_B가 같기 위한 거리 x의 크기[m]는?(단, 보의 휨강성 EI는 일정하고, 자중은 무시한다.)

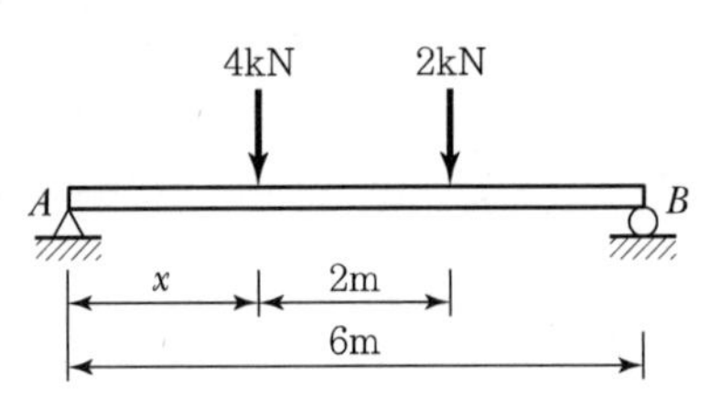

① $\frac{7}{3}$ ② $\frac{8}{3}$

③ $\frac{10}{3}$ ④ $\frac{11}{3}$

05 그림과 같이 마찰이 없는 경사면에 보 AB가 수평으로 놓여 있다. 만약 7kN의 집중하중이 보에 수직으로 작용할 때, 보가 평형을 유지하기 위한 하중의 B점으로부터의 거리 x[m]는?(단, 보는 강체로 재질은 균일하며, 자중은 무시한다.)

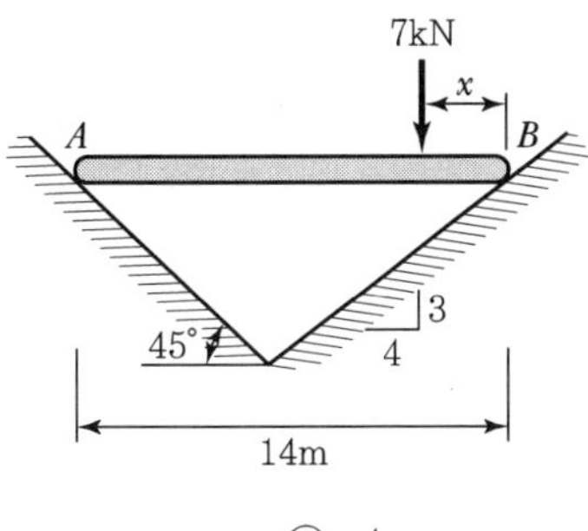

① 2
② 4
③ 6
④ 8

06 그림과 같은 단순보에서 D점의 전단력은?(단, 보의 자중은 무시한다.)

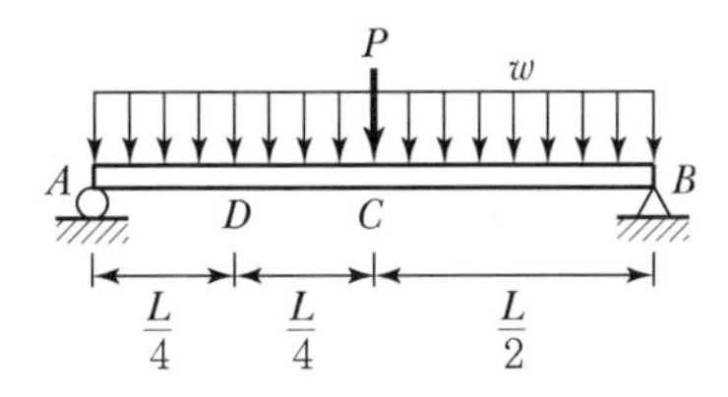

① $\frac{P}{2}$
② $\frac{P}{2}+\frac{wL}{4}$
③ $\frac{wL}{2}$
④ $\frac{P}{2}+\frac{wL}{2}$

07 아래 그림과 같은 보의 중앙점 C의 전단력의 값은?

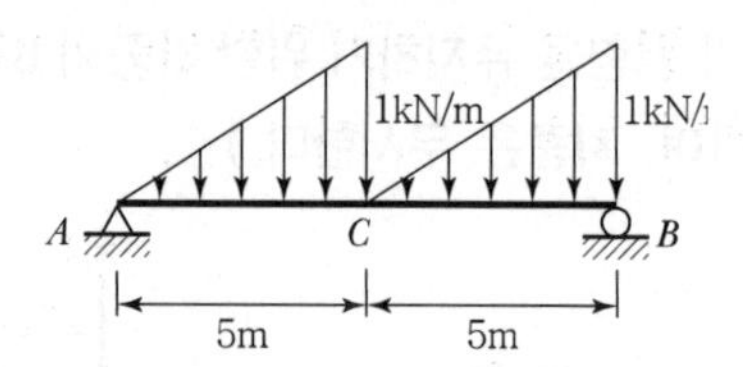

① 0
② -0.22kN
③ -0.42kN
④ -0.62kN

08 다음 그림에서 보의 중앙점 C의 휨모멘트의 크기는?(단, 보의 자중은 무시한다.)

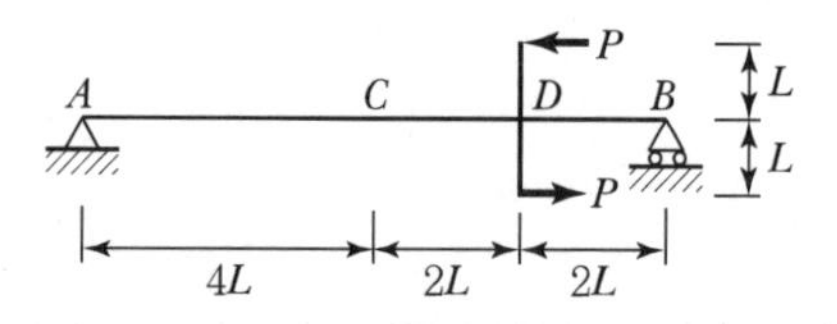

① $\dfrac{PL}{4}$
② $\dfrac{PL}{2}$
③ PL
④ $2PL$

09 단순보에 그림과 같이 하중이 작용할 경우 C점에서의 모멘트값은?

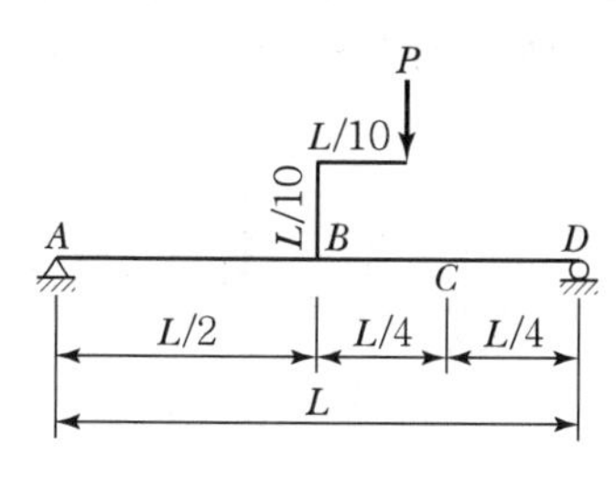

① $\frac{3PL}{20}$

② $-\frac{3PL}{20}$

③ $\frac{PL}{8}$

④ $-\frac{PL}{8}$

10 다음과 같이 보가 A와 D에서 단순지지되어 있고, B점에 고정되어 있는 케이블이 E점의 도르래를 지나서 하중 P를 받고 있다. 이 때, C점 바로 왼쪽 단면의 휨모멘트의 절댓값이 800 N · m일 경우, 하중 P의 크기[N]는?

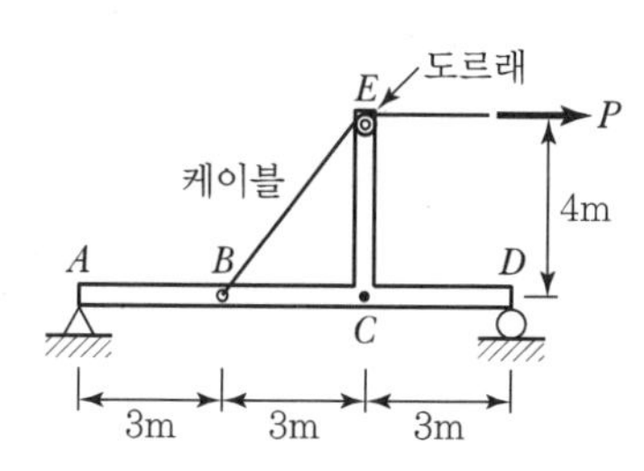

① 1,000

② 2,000

③ 3,000

④ 6,000

11 그림과 같은 집중하중과 등분포하중이 동시에 작용하는 단순보에서 구간 AB의 휨모멘트 분포식으로 옳은 것은?(단, 휨모멘트 단위는 kN·m로 한다.)

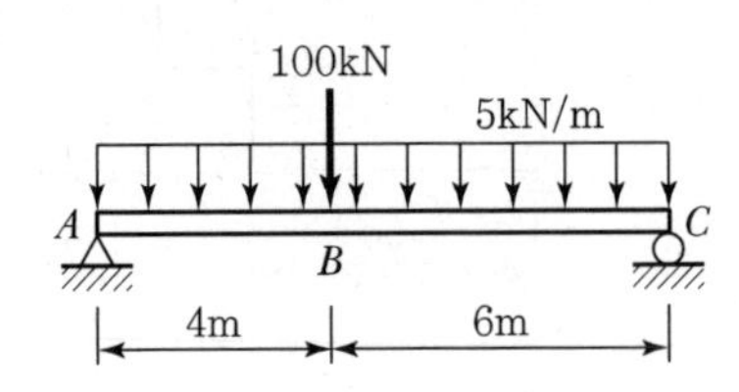

① $-2.5x^2+85x$ ② $2.5x^2+85x$

③ $-2.5x^2+45x$ ④ $2.5x^2+45x$

12 그림과 같은 단순보 구조물에서 전단력이 영(Zero)이 되는 구간의 길이와 최대 휨모멘트는?

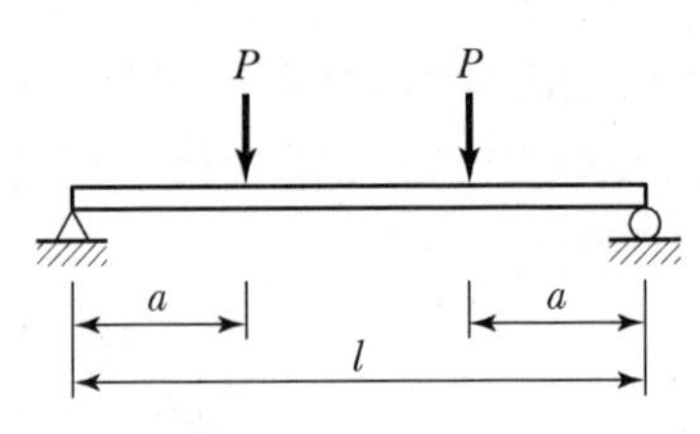

① $2a, Pa$ ② $2a, P(l-2a)$

③ $l-2a, Pa$ ④ $l-2a, P(l-2a)$

13 다음 그림과 같이 단순보 위에 삼각형 분포하중이 작용하고 있다. 이 단순보에 작용하는 최대 휨모멘트는?

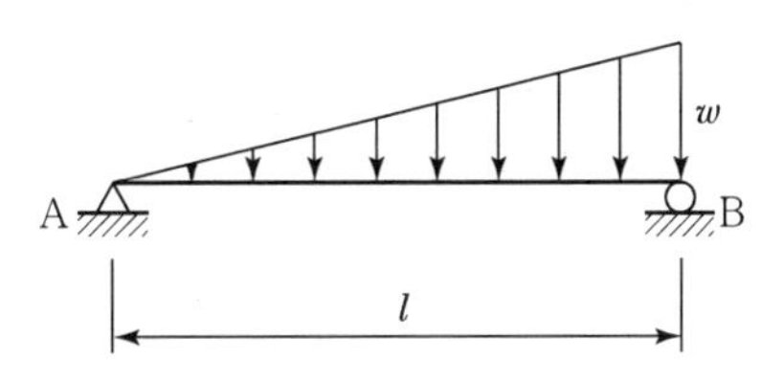

① $0.03214wl^2$　　② $0.04816wl^2$

③ $0.05217wl^2$　　④ $0.06415wl^2$

14 다음과 같이 하중이 작용하는 보 구조물에 발생하는 최대휨모멘트[kN · m]는?(단, 자중은 무시한다.)

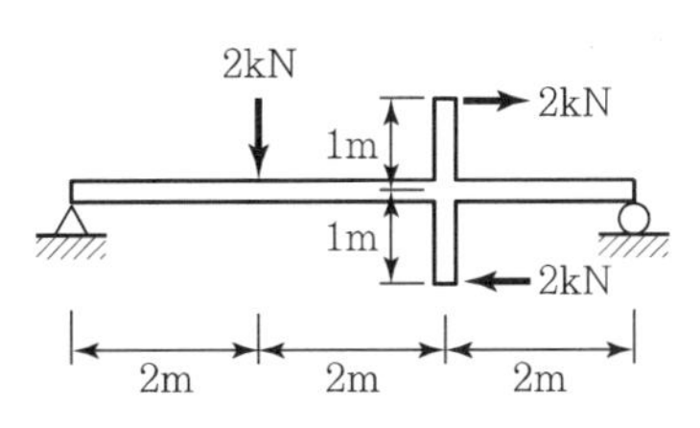

① $\frac{2}{3}$　　② $\frac{4}{3}$

③ $\frac{5}{3}$　　④ $\frac{8}{3}$

15 그림과 같은 단순보에서 최대 휨모멘트가 발생하는 단면까지의 A로부터의 거리 x[m]와 최대 휨모멘트 M_{max}[kN · m]는?(단, 보의 자중은 무시한다.)

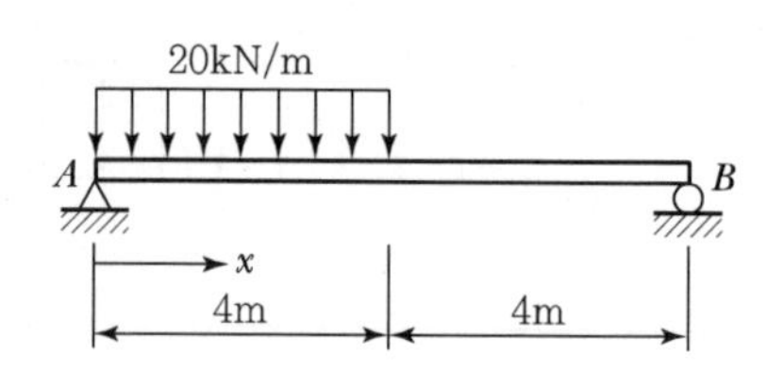

	x	M_{max}
①	2	80
②	2	90
③	3	80
④	3	90

16 그림과 같이 단순보에 작용하는 여러 가지 하중에 대한 전단력도(SFD)로 옳지 않은 것은?(단, 보의 자중은 무시한다.)

①

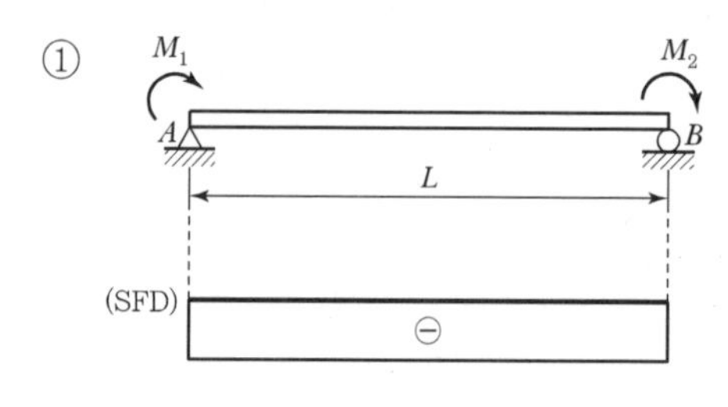

②

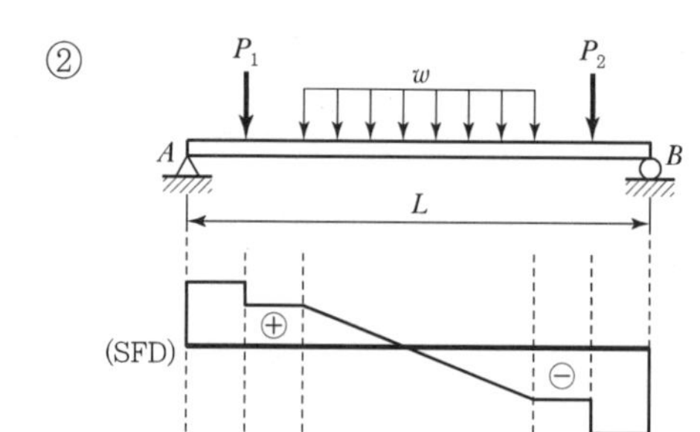

③

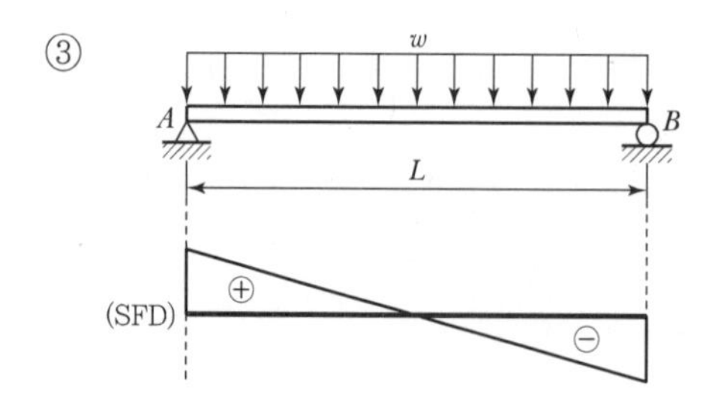

④

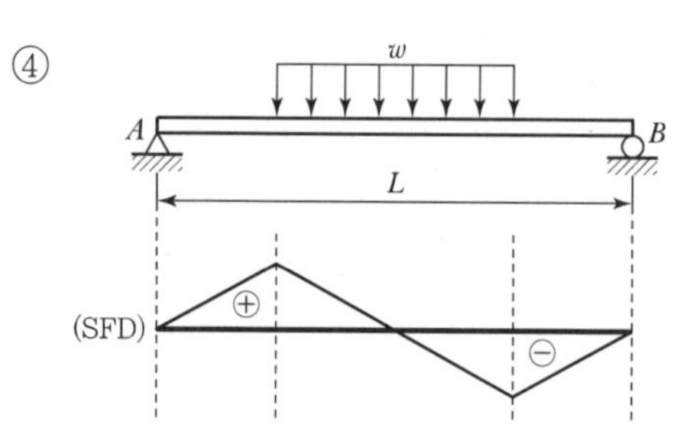

17 다음 그림은 집중하중과 등분포하중이 작용하는 단순보의 전단력도(SFD)이다. 이 경우의 최대 휨모멘트의 크기[kN · m]는?

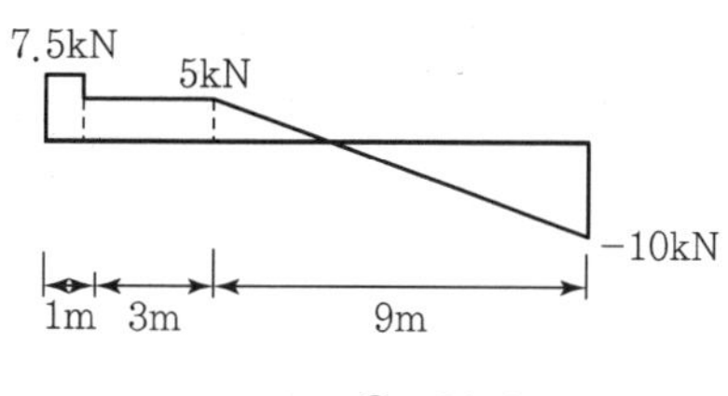

① 22.5

② 30.0

③ 45.0

④ 60.0

18 어떤 보의 전단력도가 다음과 같은 경우, 휨모멘트도로 가장 가까운 것은?

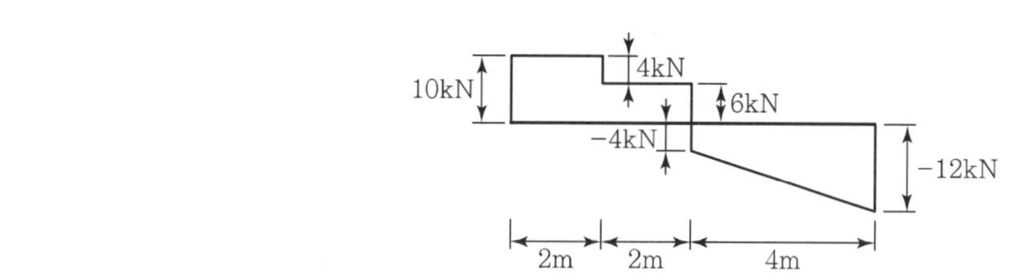

①

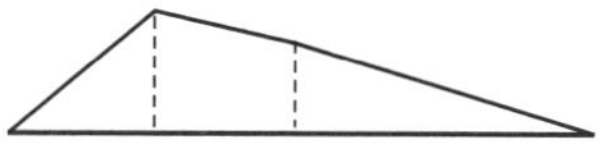

②

③

④

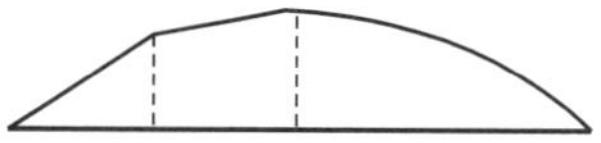

19 단순보의 전단력선도가 그림과 같을 경우에 CE 구간에 작용하는 등분포하중의 크기[kN/m]는?

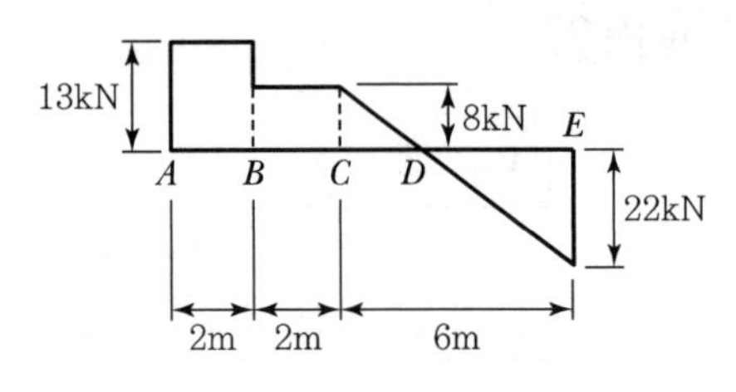

① 3
② 5
③ 7
④ 14

20 주어진 전단력도(SFD)를 기준으로 가장 가까운 물체의 형상은?

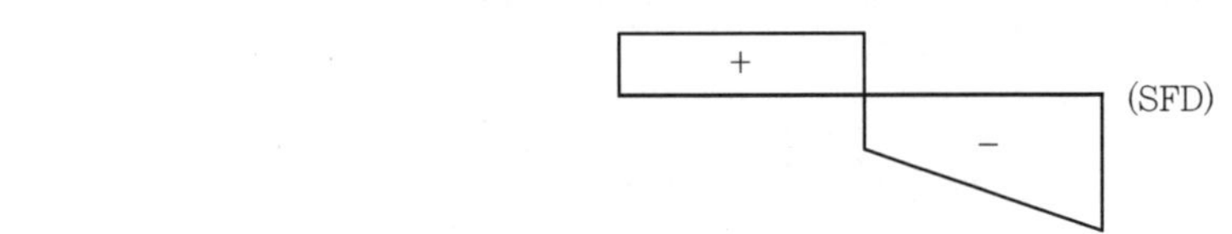

①

②

③

④

⑤

21 그림은 지간 10m인 단순보의 전단력도를 나타내고 있다. 다음의 설명 중 옳지 않은 것은?

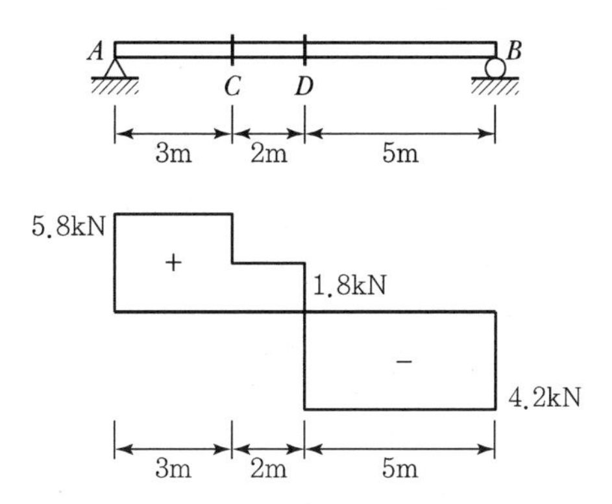

① 보에 발생하는 최대 휨모멘트의 값은 21 kN · m 이다.
② 지점반력의 크기는 5.8kN과 4.2kN이다.
③ 보에 발생하는 최대 전단력의 크기는 5.8kN이다.
④ C점에는 집중하중 1.8kN이 작용하고 있다.

22 하중을 받는 보의 모멘트 선도가 다음 그림과 같을 때, B점 및 C점의 전단력[kN]은?(단, AB 구간 및 CD 구간은 2차 곡선이고 BC 구간은 직선이다. 또한 A점의 상향 수직반력은 5.5kN이다.)

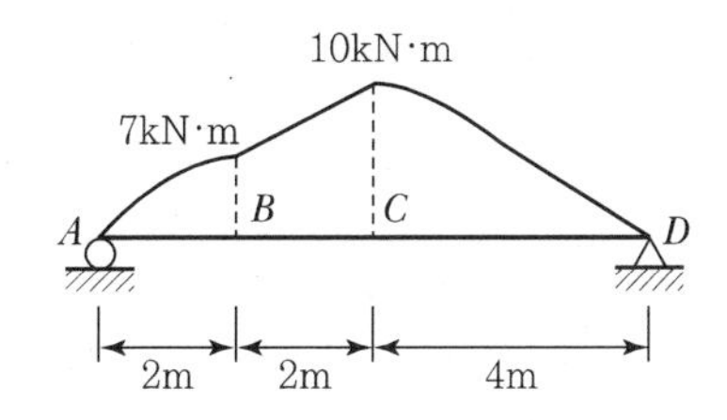

	B점	C점
①	1.5	2.5
②	1.5	1.5
③	2.5	2.5
④	2.5	1.5

23 그림과 같이 간접 하중을 받는 단순보에서 C점의 휨모멘트[N · m]는?(단, 모든 보의 자중은 무시한다.)

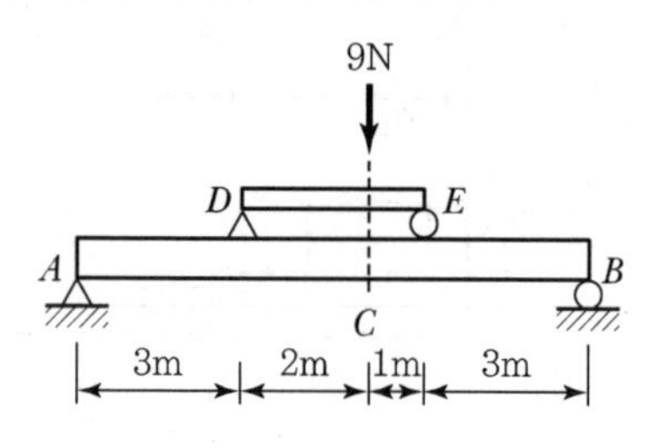

① 11 ② 12
③ 13 ④ 14

24 다음 보기 중 영향선을 가장 잘 설명한 것은 무엇인가?

① 이동하중이 구조물 위를 지나는 형태를 등가의 하중으로 나타낸 것
② 단위하중이 구조물을 따라 이동할 때 구조물의 특정 지점에서의 단면력 및 처짐 등 구조거동의 변화를 나타낸 것
③ 구조계가 평형상태에 있을 때, 임의의 변형을 가정하여 이로 인해 발생하는 외력의 일과 내력의 일이 같음을 나타낸 것
④ 합성구조물에서 도심축의 위치를 부재방향을 따라 나타낸 것
⑤ 등분포하중이 부재 위를 이동하고 있을 때 발생하는 단면력의 최댓값을 나타낸 것

25 다음 그림과 같이 집중하중과 등분포하중(작용 길이는 무한대)으로 구성된 하중군이 단순보의 B점에서 A점 방향으로 이동할 때, 단순보의 C점에서 발생하는 최대 전단력[kN]은?

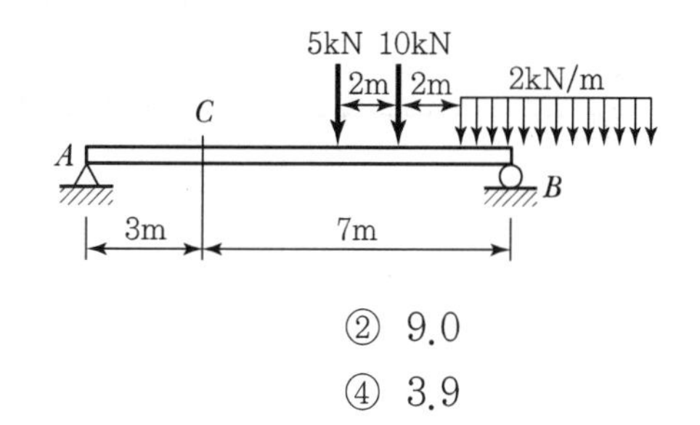

① 9.4　　② 9.0

③ 9.5　　④ 3.9

26 단순보 AB 위에 그림과 같은 이동하중이 지날 때 A점으로부터 10m 떨어진 C점의 최대 휨모멘트는?

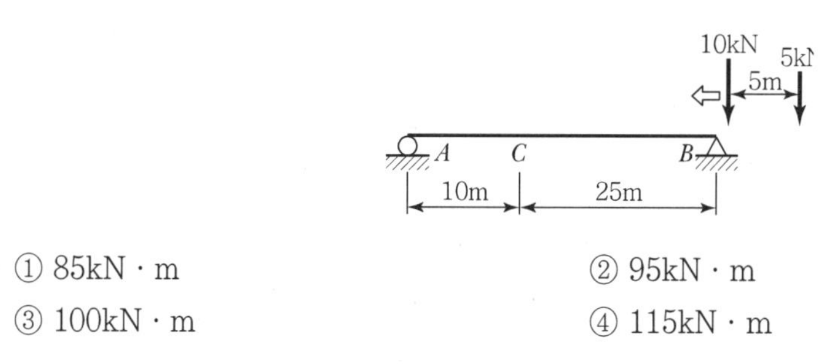

① 85kN · m　　② 95kN · m

③ 100kN · m　　④ 115kN · m

27 그림 (a)와 같은 단순보 위를 그림 (b)와 같은 이동분포하중이 통과할 때 C점의 최대 휨모멘트 [kN·m]는?(단, 보의 자중은 무시한다.)

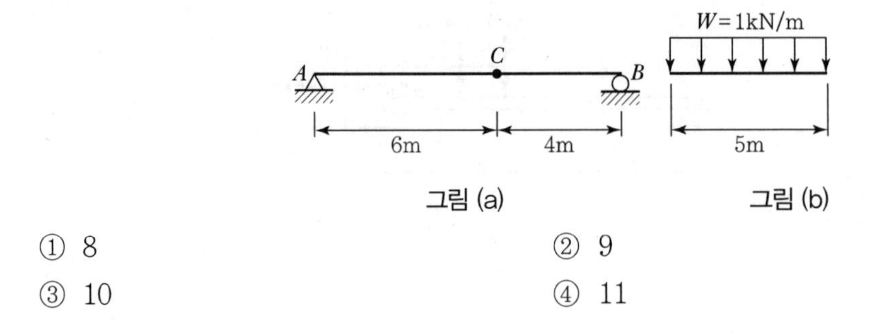

그림 (a) 그림 (b)

① 8
② 9
③ 10
④ 11

28 그림과 같이 단순보 위에 이동하중이 통과할 때 절대 최대 전단력 값은?

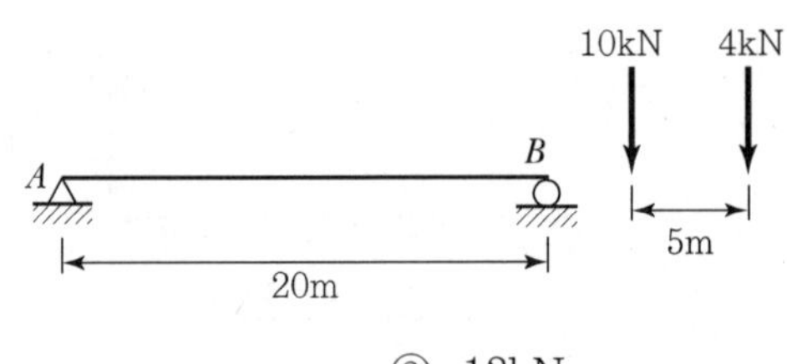

① 10kN
② 13kN
③ 14kN
④ 15kN
⑤ 16kN

29 그림과 같이 단순보에 집중하중군이 이동할 때, 절대최대휨모멘트가 발생하는 위치 x[m]는? (단, 자중은 무시한다.)

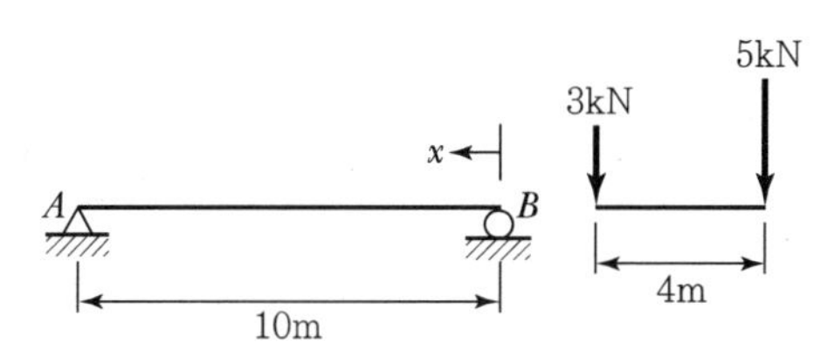

① 4.25　② 4.50
③ 5.25　④ 5.75

30 다음 그림과 같이 지간이 40m인 단순보 AB에 이동집중하중군이 작용하고 있다. 이동집중하중군에 대한 절대 최대 휨모멘트는?

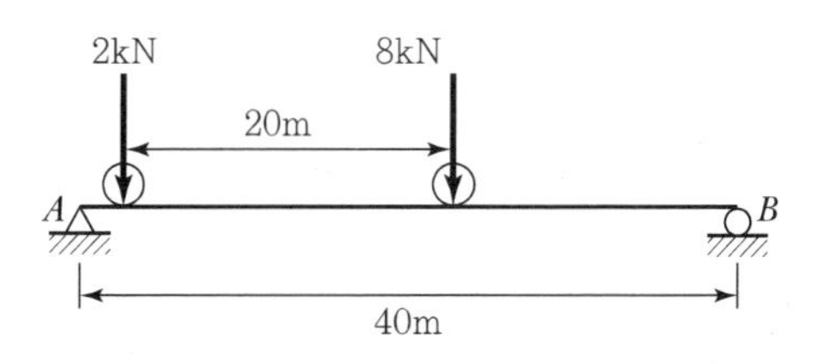

① 79kN · m　② 81kN · m
③ 86kN · m　④ 102kN · m
⑤ 121kN · m

31 다음과 같은 길이 10m인 단순보에 집중하중군이 이동할 때 발생하는 절대 최대 휨모멘트의 크기[kN · m]는?(단, 보의 자중은 무시한다.)

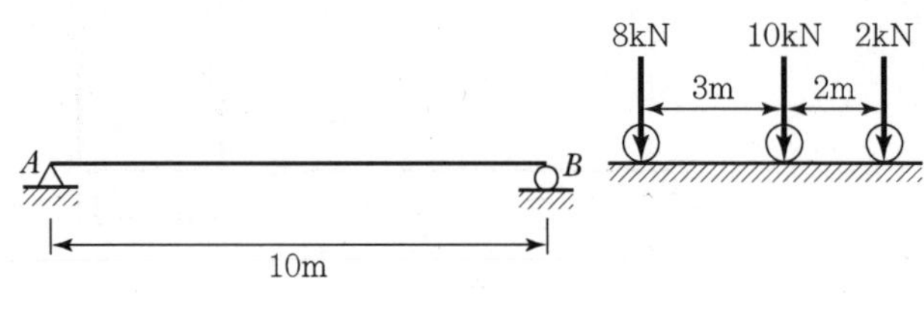

① 32.0
② 34.5
③ 36.5
④ 38.0

CHAPTER 04

공기업 토목직 1300제

정정보 II (캔틸레버보, 내민보, 게르버보)

01 다음과 같은 표지판에 풍하중이 작용하고 있다. 표지판에 작용하고 있는 등분포 풍압의 크기가 2.5kPa일 때, 고정지점부 A의 모멘트 반력[kN · m]의 크기는?(단, 풍하중은 표지판에만 작용하고, 정적 하중으로 취급하며, 자중은 무시한다.)

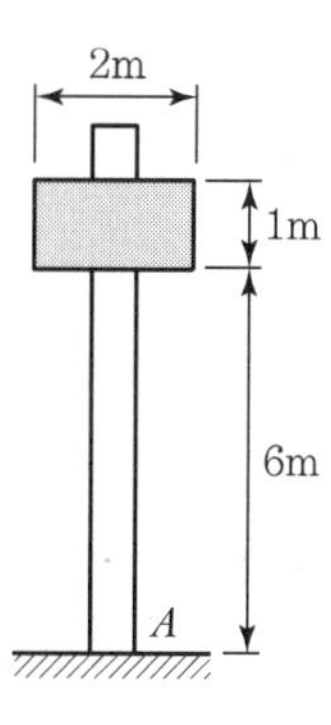

① 32.5
② 38.5
③ 42.5
④ 52.0

02 다음과 같이 2차 함수 형태의 분포하중을 받는 캔틸레버보에서 A점의 휨모멘트[kN · m]의 크기는?(단, 자중은 무시한다.)

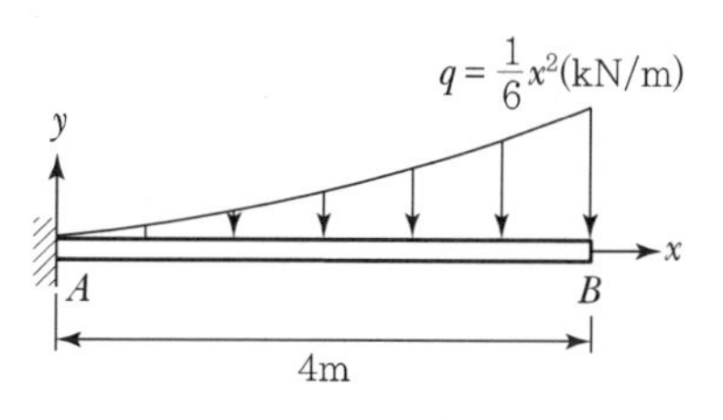

① $\frac{32}{9}$
② $\frac{16}{9}$
③ $\frac{32}{3}$
④ $\frac{16}{3}$

03 그림과 같이 외팔보에 등분포하중과 변분포하중이 작용하고 있다. 두 분포하중의 합력은 200kN이고 이 합력의 작용위치와 방향이 B점의 왼쪽 2m에서 하향이라면 거리 b는?

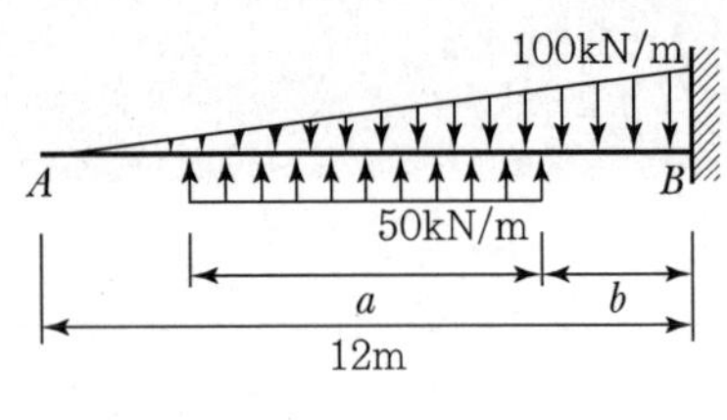

① 1m ② 2m
③ 3m ④ 4m

04 그림과 같은 라멘 구조물에서 AB 부재의 수직단면 $n-n$에 대한 전단력의 크기[kN]는?(단, 모든 부재의 자중은 무시한다.)

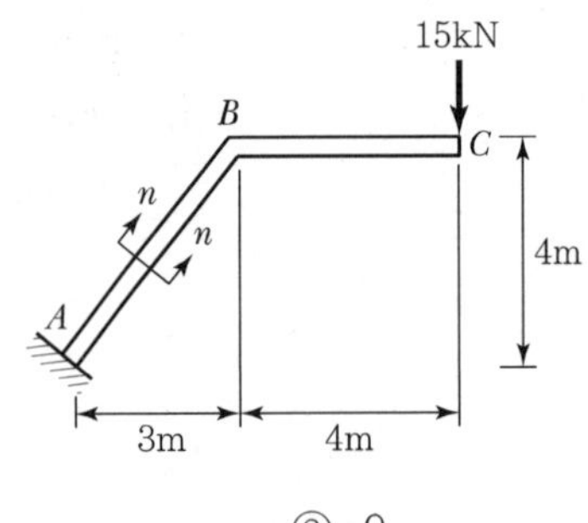

① 6 ② 9
③ 12 ④ 15

05 다음과 같이 A점과 B점에 모멘트 하중(M_o)이 작용할 때 생기는 전단력도의 모양은 어떤 형태인가?

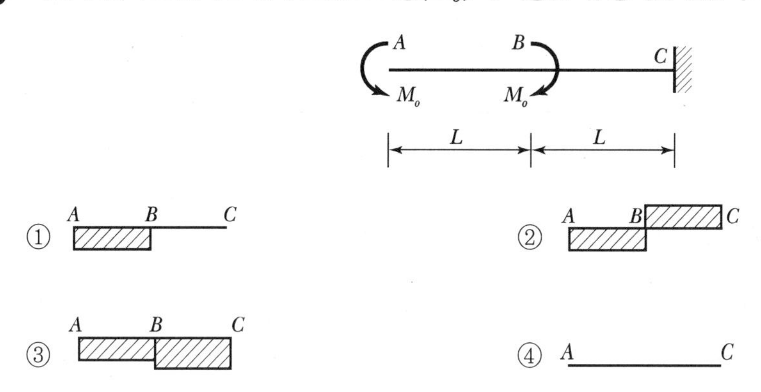

06 그림과 같이 모멘트 M, 분포하중 w, 집중하중 P가 작용하는 캔틸레버 보에 대해 작성한 전단력도 또는 휨 모멘트도의 대략적인 형태로 적절한 것은?(단, 구조물의 자중은 무시한다.)

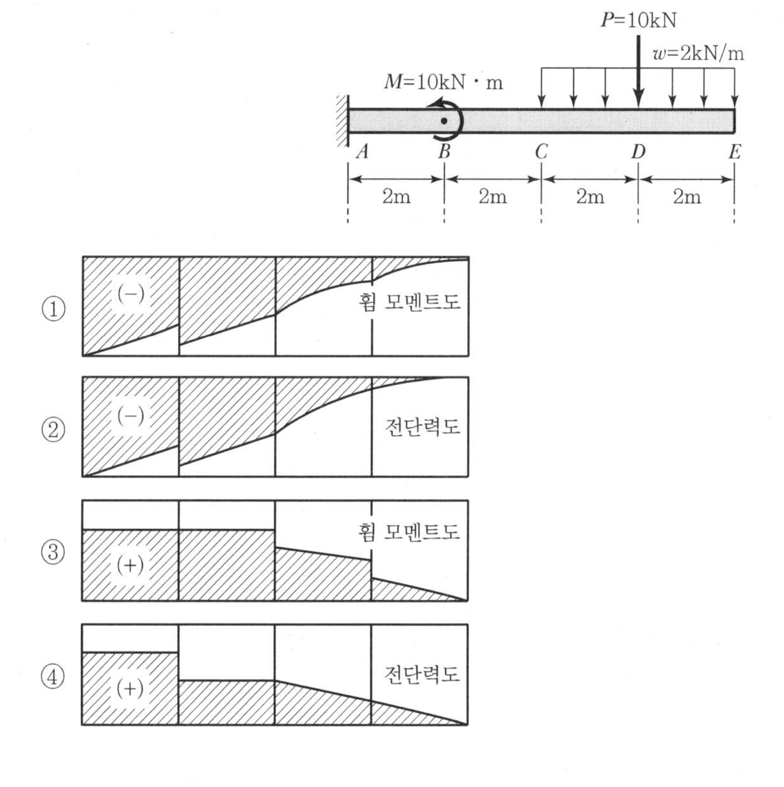

07 등분포하중 $w = 10\text{kN/m}$가 작용하는 그림과 같은 구조물의 지점 반력의 크기는?

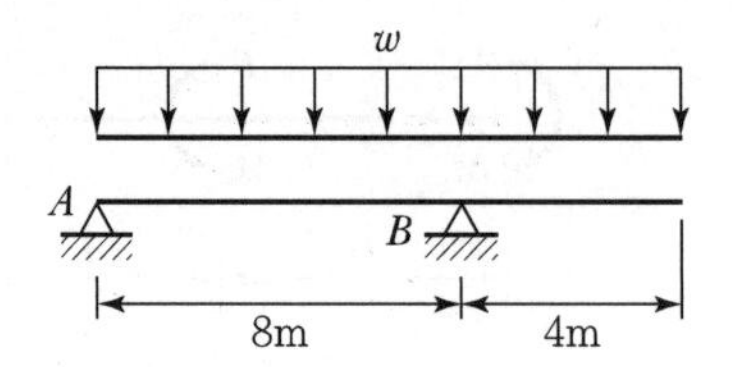

① $R_A = 20\text{kN}$, $R_B = 100\text{kN}$
② $R_A = 30\text{kN}$, $R_B = 90\text{kN}$
③ $R_A = 40\text{kN}$, $R_B = 80\text{kN}$
④ $R_A = 50\text{kN}$, $R_B = 70\text{kN}$
⑤ $R_A = 60\text{kN}$, $R_B = 60\text{kN}$

08 아래 그림에서 블록 A를 뽑아내는 데 필요한 힘 P는 최소 얼마 이상이어야 하는가?(단, 블록과 접촉면과의 마찰계수 $\mu = 0.3$)

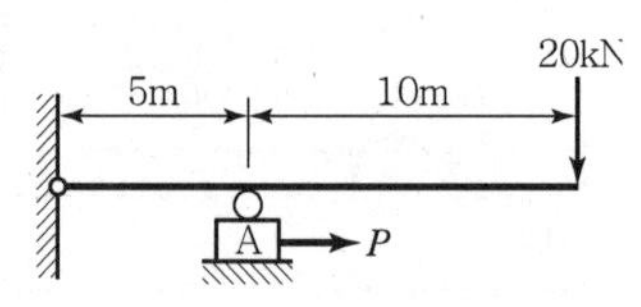

① 6kN
② 9kN
③ 15kN
④ 18kN

09 다음 그림에서 지점 C의 반력이 0이 되기 위하여 B점에 작용시킬 집중하중 P의 크기는?

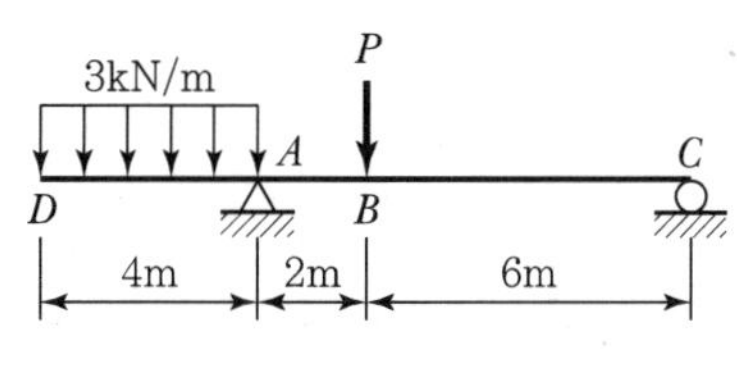

① 4kN
② 6kN
③ 8kN
④ 10kN
⑤ 12kN

10 다음 그림과 같은 보에서 B지점의 반력이 $2P$가 되기 위해서 $\frac{b}{a}$는 얼마가 되어야 하는가?

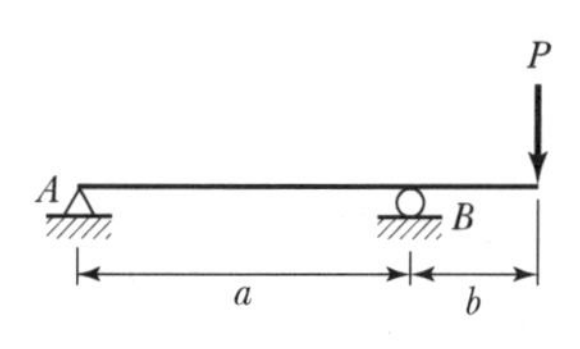

① 0.50
② 0.75
③ 1.00
④ 1.25

11 다음 내민보에서 B지점의 반력 R_B크기가 집중하중 300kN과 같게 하기 위해서는 L_1 길이는 얼마이어야 하는가?

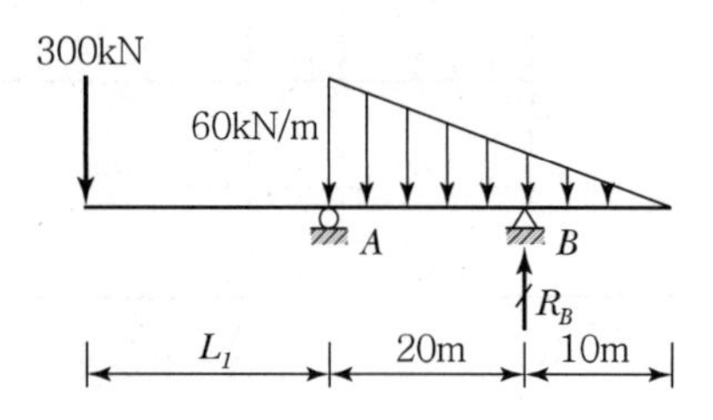

① 0m ② 5m

③ 10m ④ 20m

12 그림과 같이 길이 11m인 단순보 위에 길이 5m의 또 다른 단순보(CD)가 놓여 있다. 지점 A와 B에 동일한 수직 반력이 발생하도록 만들기 원한다면, $3P$의 크기를 갖는 집중하중을 보 CD 위의 어느 위치에 작용시켜야 하는가?(단, 지점 D에서 떨어진 거리 x[m]를 결정하며, 모든 자중은 무시한다.)

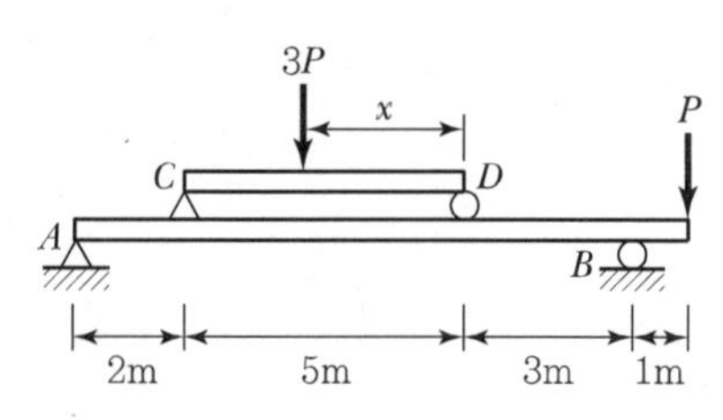

① 1 ② 2

③ 3 ④ 4

13 다음 그림과 같은 내민보에서 B점에 발생하는 전단력의 크기[kN]는?

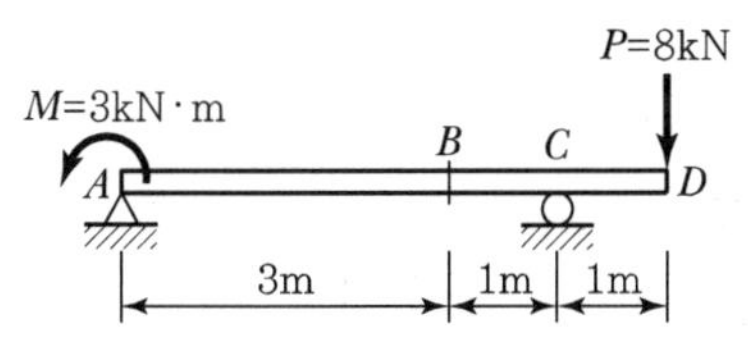

① 0.25
② 0.75
③ 1.25
④ 1.75

14 다음과 같은 보에서 D점에 발생하는 휨모멘트의 크기[kN·m]는?

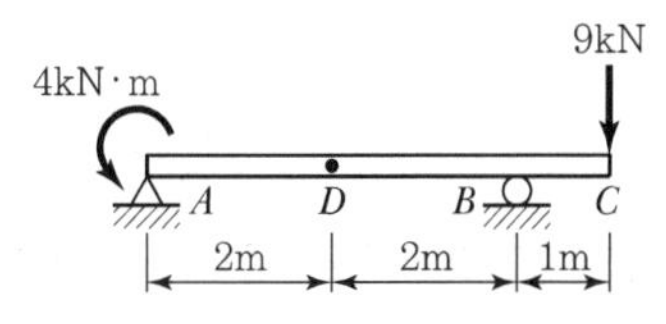

① $\frac{13}{2}$
② $\frac{13}{3}$
③ $\frac{13}{4}$
④ $\frac{3}{2}$

15 그림과 같은 내민보에서 C 점의 휨 모멘트가 영(零)이 되게 하기 위해서는 x가 얼마가 되어야 하는가?

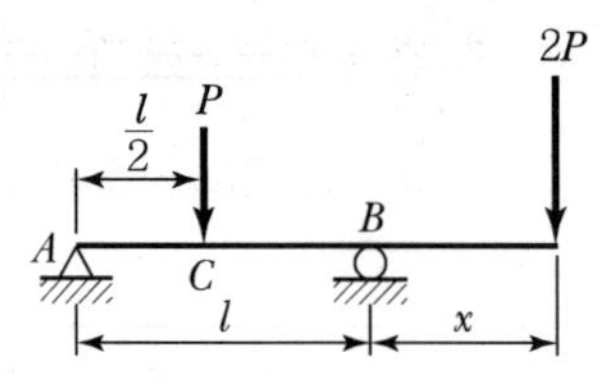

① $x=\frac{l}{4}$　　② $x=\frac{l}{3}$

③ $x=\frac{l}{2}$　　④ $x=\frac{2l}{3}$

16 다음 그림과 같은 구조물의 중앙 C점에서 휨모멘트가 0이 되기 위한 $\frac{a}{l}$의 비는?(단, $P=2wl$ 이다.)

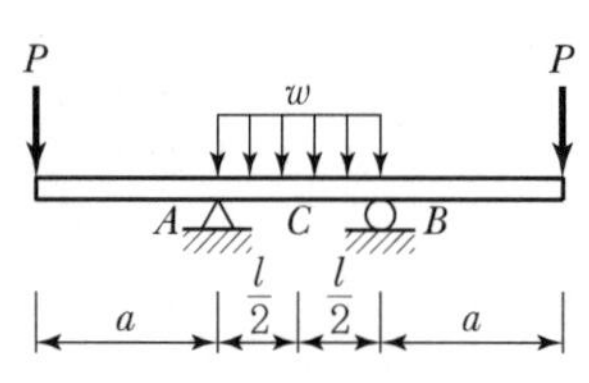

① $\frac{1}{4}$　　② $\frac{1}{6}$

③ $\frac{1}{8}$　　④ $\frac{1}{16}$

17 다음 내민보에서 B점의 모멘트와 C 점의 모멘트의 절대값의 크기를 같게 하기 위한 $\frac{L}{a}$의 값을 구하면?

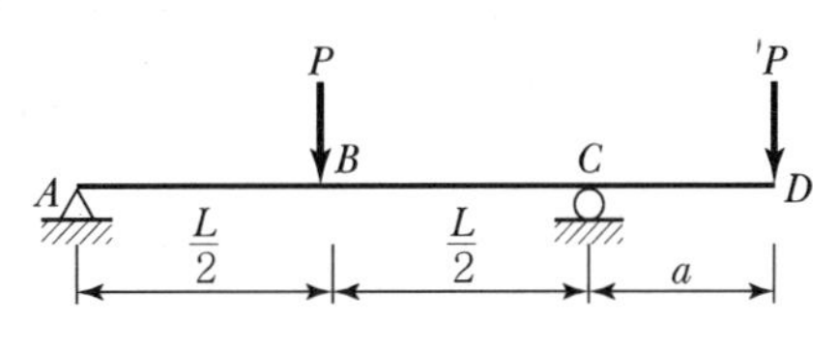

① 6
② 4.5
③ 4
④ 3

18 다음과 같이 양단 내민보 전 구간에 등분포하중이 균일하게 작용하고 있다. 이때 휨모멘트도에서 최대정모멘트와 최대부모멘트의 절댓값이 같기 위한 L과 a의 관계는?(단, 자중은 무시한다.)

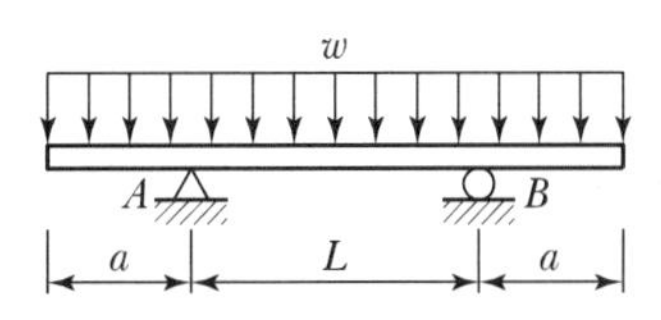

① $L = \sqrt{2a}$
② $L = 2\sqrt{2a}$
③ $L = \sqrt{2}\,a$
④ $L = 2\sqrt{2}\,a$

19 주어진 내민보에 발생하는 최대 휨모멘트는?

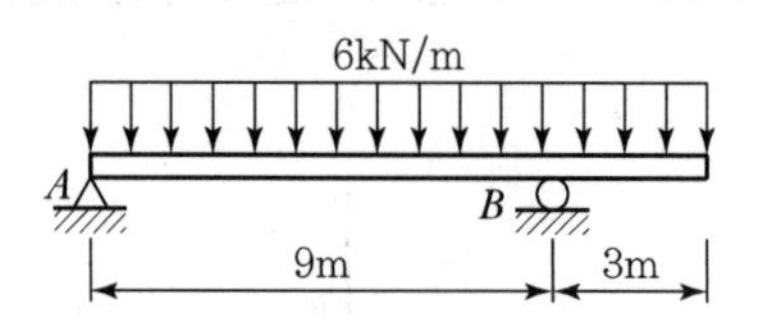

① 24kN · m
② 27kN · m
③ 48kN · m
④ 52kN · m

20 그림과 같은 보에서 다음 중 휨모멘트의 절대값이 가장 큰 곳은?

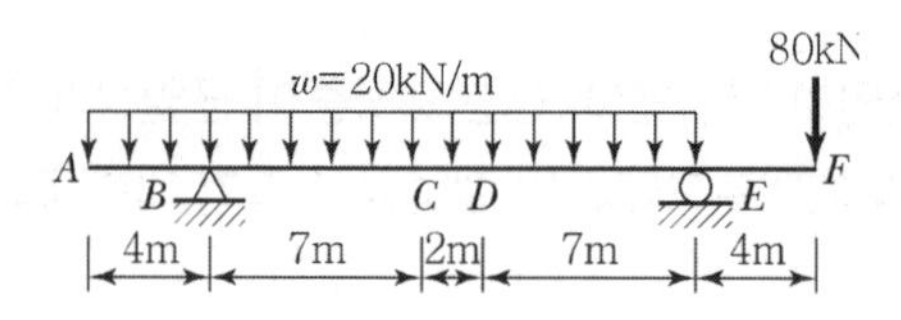

① B점
② C점
③ D점
④ E점

21 어떤 보의 전단력도가 다음과 같은 경우, B점에서의 모멘트 크기[kN · m]는?

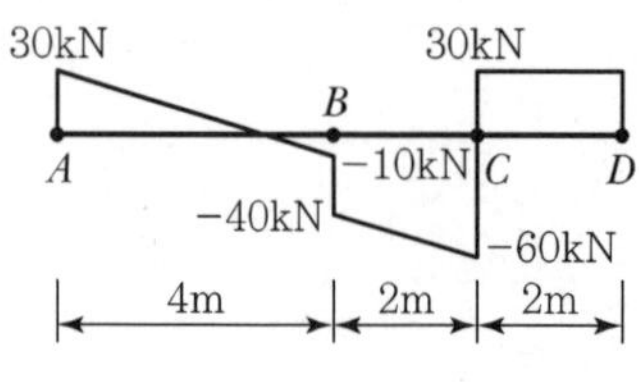

① 10
② 20
③ 30
④ 40

22 다음 그림과 같은 내민보에 집중하중 P_1, P_2, P_3가 작용하고 있다. 이 보의 모멘트 선도가 그림과 같을 때 $P_1 + P_2 + P_3$의 크기는?

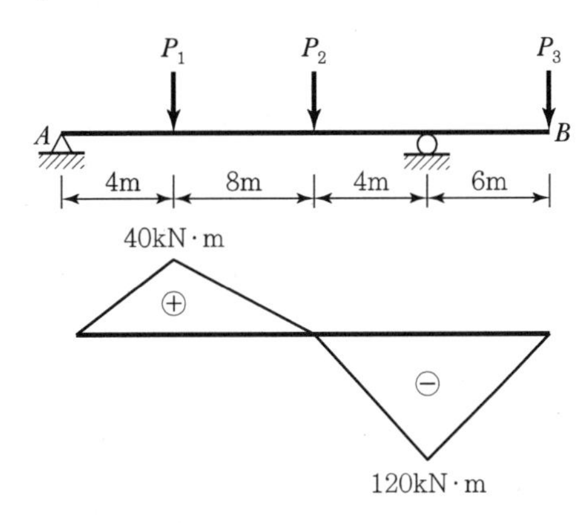

① 20kN
② 30kN
③ 40kN
④ 50kN
⑤ 60kN

23 〈보기〉와 같이 길이가 $7L$인 내민보 위로 길이가 L인 등분포하중 w가 이동하고 있을 때 이 보에 발생하는 최대 반력은?

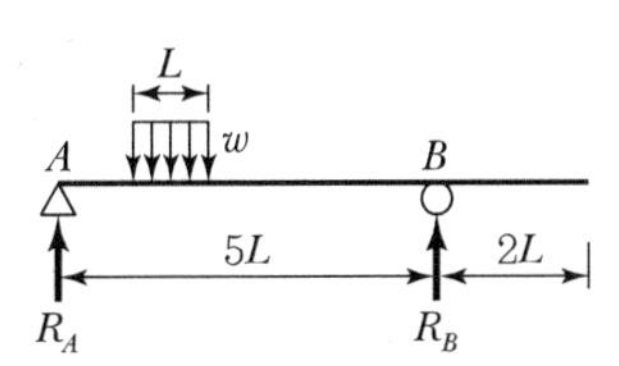

① $R_A = 1.3wL$
② $R_B = 0.9wL$
③ $R_A = 0.9wL$
④ $R_B = 1.3wL$

24 다음 그림과 같은 내민보에서 C점에 대한 전단력의 영향선에서 D점에 대한 종거는?

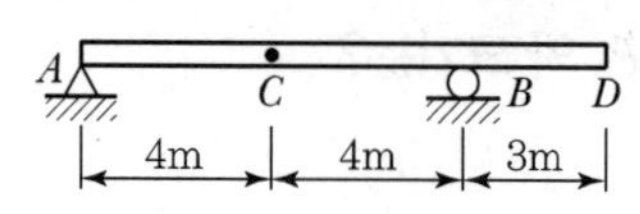

① −0.156
② −0.264
③ −0.375
④ −0.557

25 다음 내민보에 등분포활하중 10kN/m와 집중활하중 100kN이 이동하중으로 작용할 때, B점에서의 최대 정모멘트의 크기는?

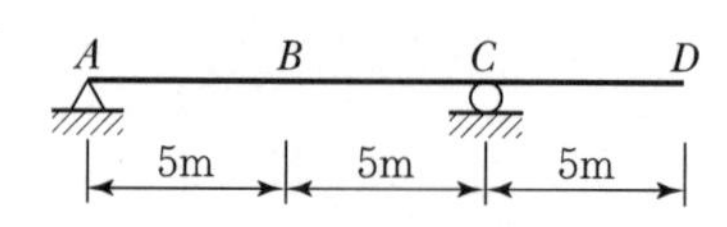

① 300kN · m
② 325kN · m
③ 350kN · m
④ 375kN · m
⑤ 400kN · m

26 다음 그림과 같은 게르버보에서 지점 A에서의 휨모멘트[kN · m]는?(단, 시계방향을 +로 간주한다.)

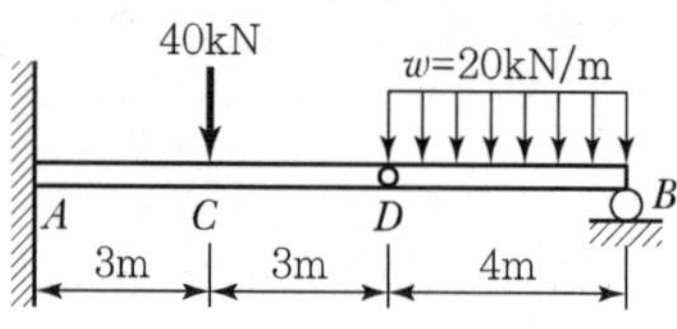

① −120
② 120
③ −360
④ 360

27 그림과 같이 절점 D에 내부힌지를 갖는 게르버 보의 A점에는 수평하중 P가 작용하고 F점에는 무게 W가 매달려 있을 때, 지점 C에서 수직 반력이 발생하지 않도록 하기 위한 하중 P와 무게 W의 비(P/W)는?(단, 구조물의 자중은 무시한다.)

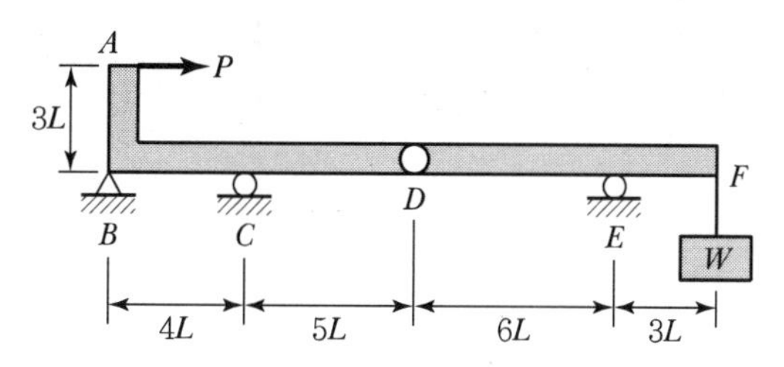

① $\frac{3}{2}$

② $\frac{5}{2}$

③ $\frac{2}{3}$

④ $\frac{2}{5}$

28 다음과 같이 하중을 받는 보에서 AB 부재에 부재력이 발생되지 않기 위한 CD 부재의 길이 a[m]는?(단, 자중은 무시한다.)

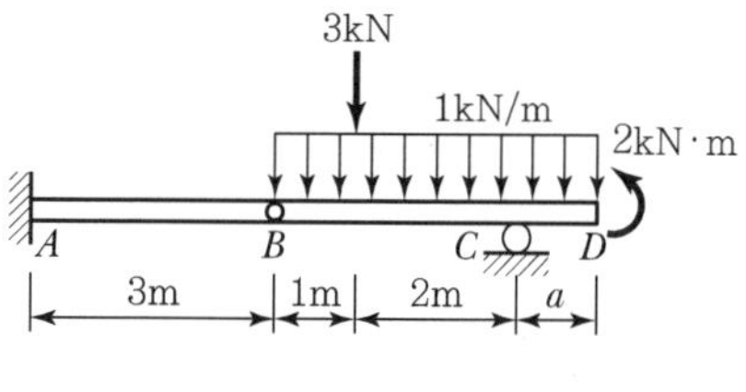

① 2

② 3

③ 5

④ 6

29 다음과 같이 게르버보에 하중이 작용하여 발생하는 정모멘트와 부모멘트 중 큰 절댓값 [kN · m]은?(단, 자중은 무시한다.)

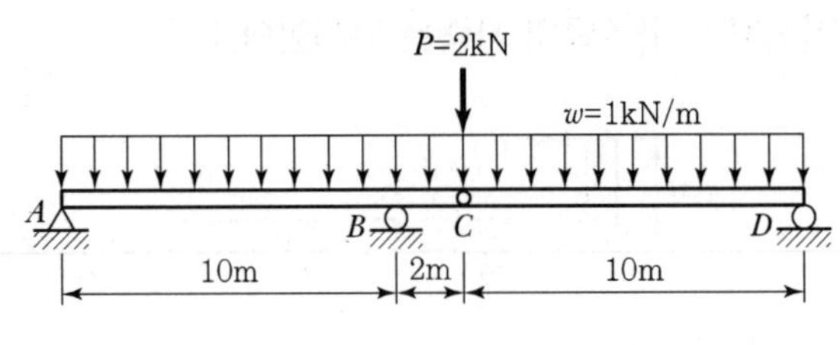

① 12.5
② 13.0
③ 13.5
④ 16.0

30 그림과 같이 내부힌지가 있는 보에서, 지점 B의 휨모멘트와 CD 구간의 최대 휨모멘트가 같게 되는 길이 a는?(단, 보의 휨강성 EI는 일정하고, 자중은 무시한다.)

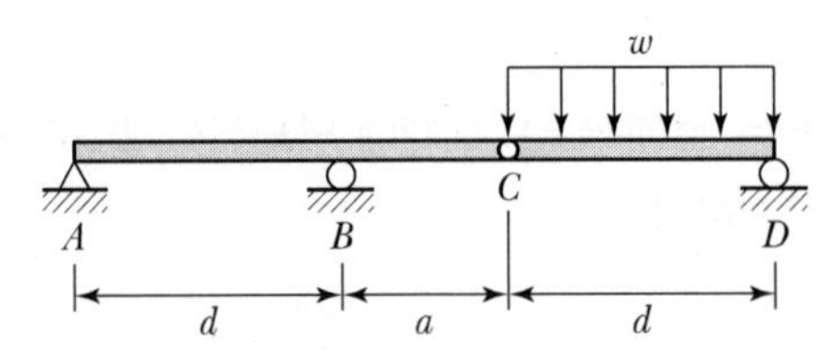

① $\frac{1}{6}d$
② $\frac{1}{5}d$
③ $\frac{1}{4}d$
④ $\frac{1}{3}d$

31 다음과 같이 게르버보에 우측과 같은 이동하중이 지날 때, 지점 B 반력(R_B)의 최대크기[kN]는?

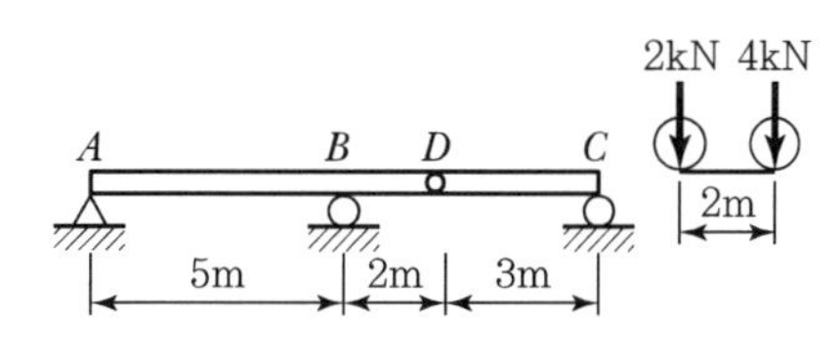

① $\frac{24}{5}$

② $\frac{26}{5}$

③ $\frac{36}{5}$

④ $\frac{38}{5}$

32 그림과 같이 B점에 내부힌지가 있는 게르버 보에서 C점의 전단력의 영향선 형태로 가장 적합한 것은?

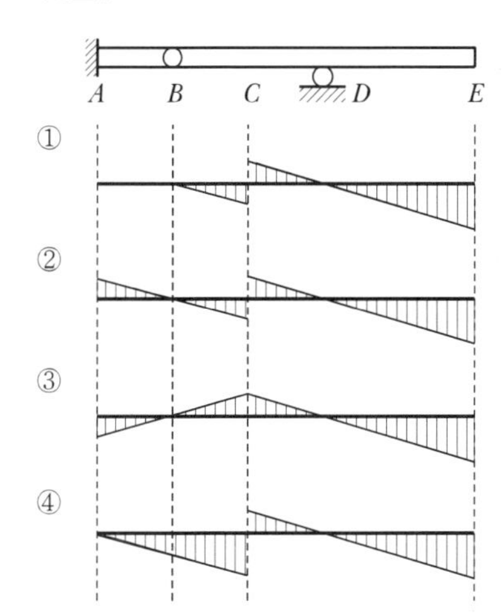

33 다음과 같이 게르버보에 연행하중이 이동할 때, B점에 발생되는 부모멘트의 최대 절댓값 [kN·m]은?(단, 보의 자중은 무시하며, D점은 내부힌지이다.)

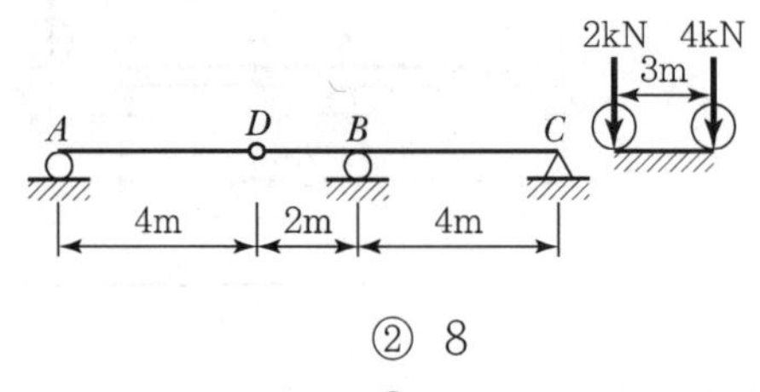

① 7
② 8
③ 9
④ 10

CHAPTER

공기업 토목직 1300제

05 정정라멘과 아치

01 그림과 같은 3힌지 라멘에서 A점의 수직반력 V_A 및 B점의 수평반력 H_B로 옳은 것은?

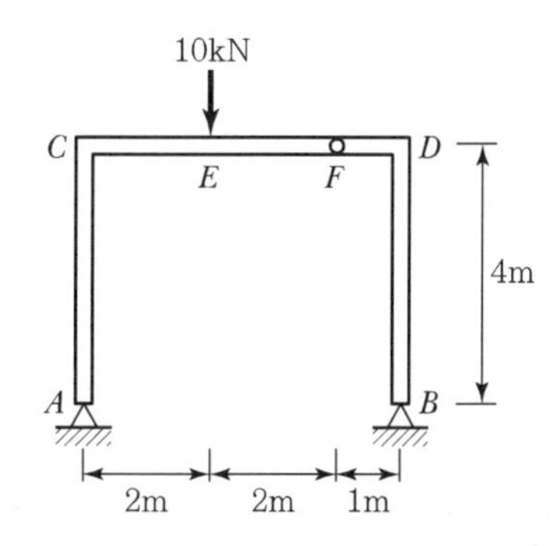

① $V_A = 6\text{kN}(\uparrow)$, $H_B = 1\text{kN}(\leftarrow)$
② $V_A = 4\text{kN}(\uparrow)$, $H_B = 1\text{kN}(\leftarrow)$
③ $V_A = 6\text{kN}(\uparrow)$, $H_B = 1\text{kN}(\rightarrow)$
④ $V_A = 4\text{kN}(\uparrow)$, $H_B = 1\text{kN}(\rightarrow)$

02 그림과 같은 3힌지 라멘구조에서 A지점의 수평반력[kN]의 크기는?(단, 자중은 무시한다.)

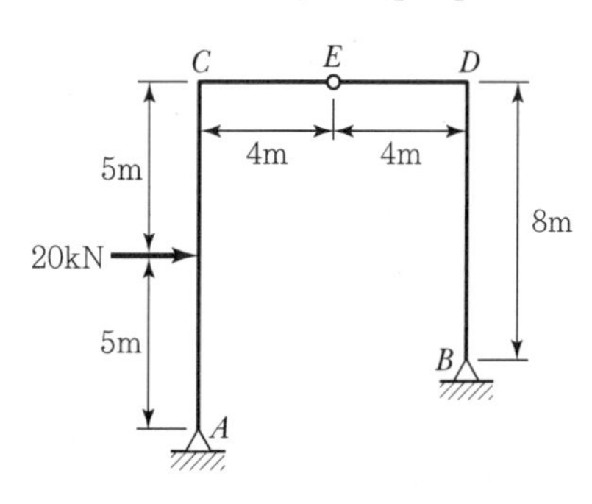

① 2.50
② 6.67
③ 10.00
④ 14.44

03 아래 그림과 같은 정정 라멘에 분포하중 w가 작용할 때 최대 모멘트를 구하면?

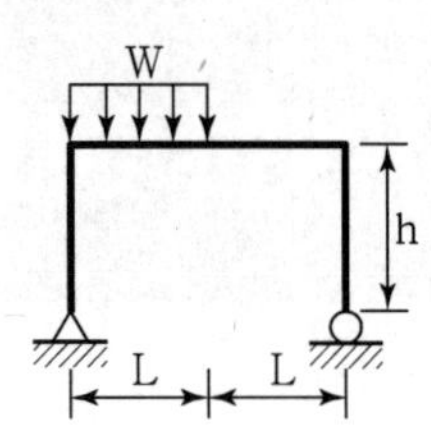

① $0.186wL^2$
② $0.219wL^2$
③ $0.250wL^2$
④ $0.281wL^2$

04 다음 구조물의 BE 구간에서 휨모멘트선도의 기울기가 0이 되는 위치에서 휨모멘트의 크기 [kN · m]는?(단, E점은 내부힌지이다.)

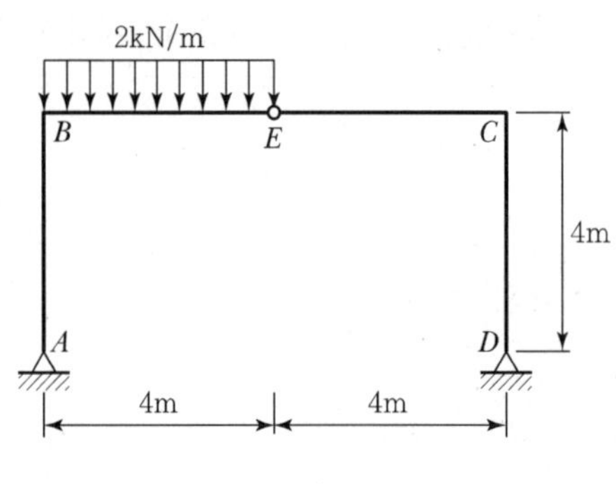

① 1
② 2
③ 9
④ 17

05 그림과 같은 3힌지 라멘의 휨모멘트 선도(BMD)는?

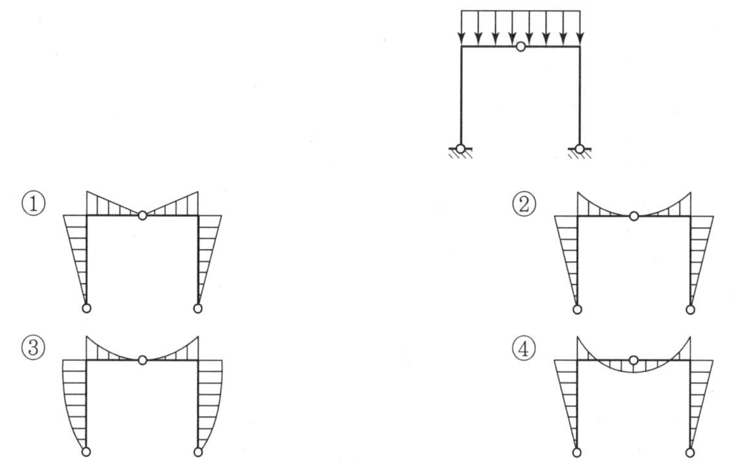

06 다음 그림과 같은 프레임 구조물에 하중 P가 작용할 때, 프레임 구조물 ABCD에 발생하는 모멘트 선도로 가장 가까운 것은?

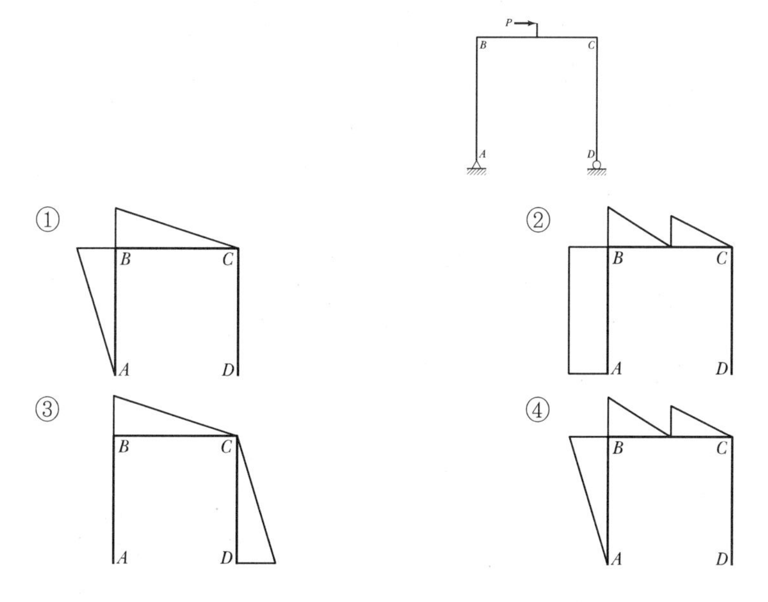

07 다음 3힌지 아치에서 수평반력 H_B를 구하면?

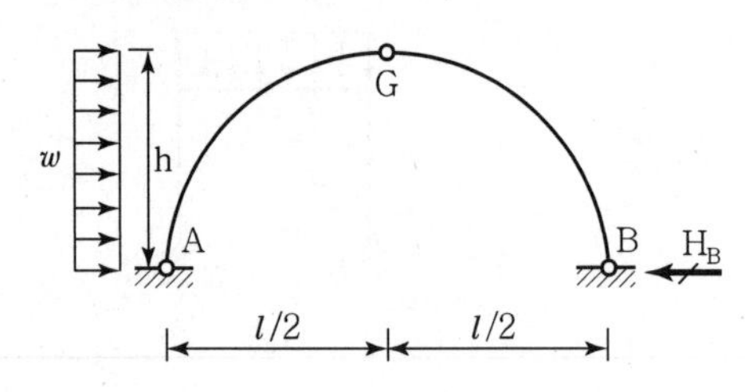

① $\frac{1}{4wh}$

② $\frac{1}{2wh}$

③ $\frac{wh}{4}$

④ $2wh$

08 원형의 3활절 아치에서 힌지(C점)의 전단력[kN]은?

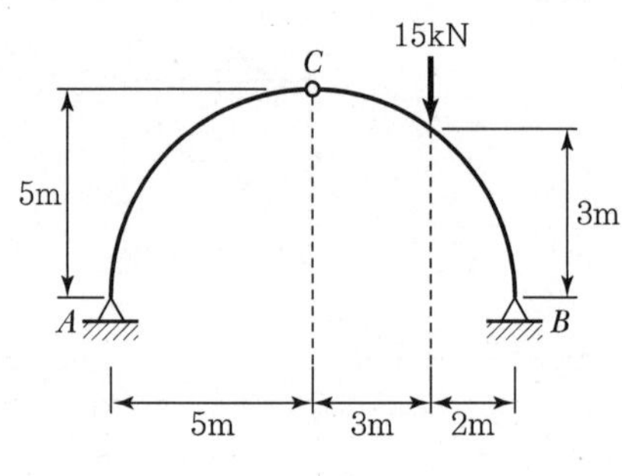

① 1

② 2

③ 3

④ 4

⑤ 5

09 다음 그림과 같은 $r=4$m인 3힌지 원호아치에서 지점 A에서 2m 떨어진 E점의 휨모멘트의 크기는 약 얼마인가?

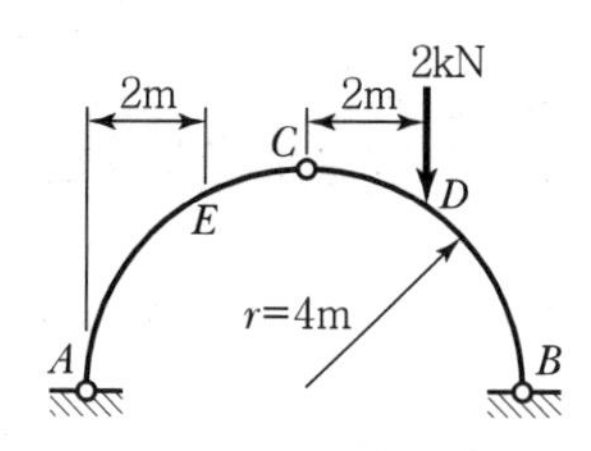

① 0.613kN · m
② 0.732kN · m
③ 0.827kN · m
④ 0.916kN · m

10 아래 삼활절 아치에서 지점 A는 핀지지, 지점 C는 롤러로 지지되어 있으며, B점에서 핀으로 좌우 두 부재가 연결되어 있다. A지점에서 수평으로 연결되어 있는 타이 케이블의 장력은?

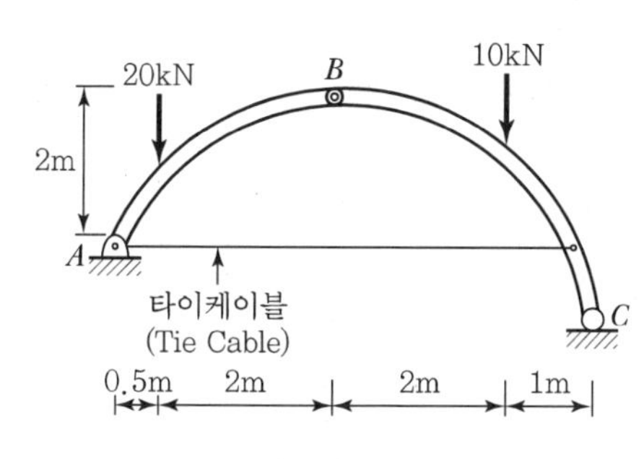

① 5.0kN
② 6.0kN
③ 7.0kN
④ 8.0kN
⑤ 9.0kN

CHAPTER

공기업 토목직 1300제

06 정정트러스

01 트러스 해석시 가정을 설명한 것 중 틀린 것은?

① 부재들은 양단에서 마찰이 없는 핀으로 연결되어 진다.
② 하중과 반력은 모두 트러스의 격점에만 작용한다.
③ 부재의 도심축은 직선이며 연결핀의 중심을 지난다.
④ 하중으로 인한 트러스의 변형을 고려하여 부재력을 산출한다.

02 다음의 구조형식 중 구조 계산 시 부재들이 축방향력만을 받는 것으로 가정되는 구조형식은?

① 보 ② 트러스
③ 라멘 ④ 아치

03 다음과 같은 트러스 구조물에서 부재 AD의 부재력[kN]은?

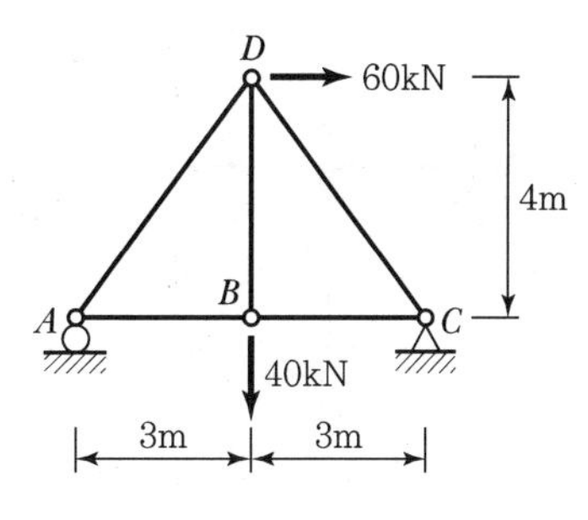

① 15　　② 25
③ 40　　④ 75

04 다음 트러스 구조물에서 부재력 BC의 크기는?

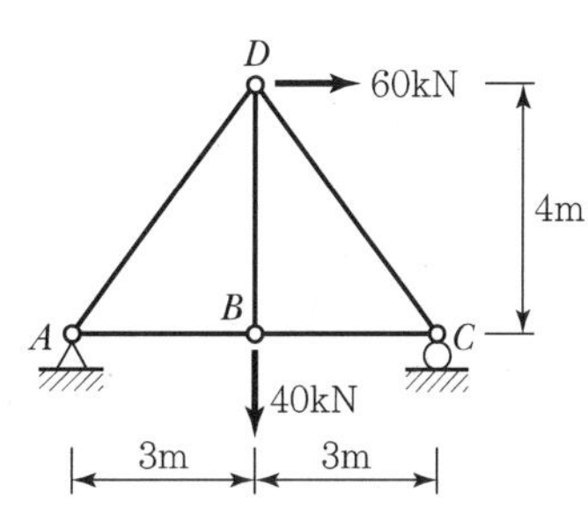

① 12kN　　② 20kN
③ 25kN　　④ 30kN
⑤ 45kN

05 다음 그림과 같은 트러스 구조물에서 부재 CG와 DE의 부재력 F_{CG}와 F_{DE}는?

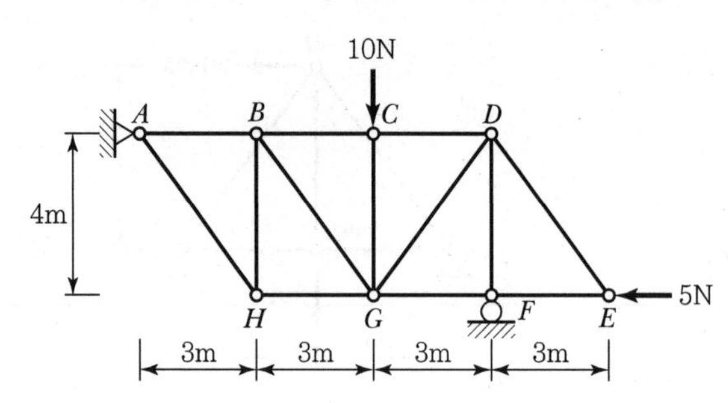

① F_{CG}=압축력 10N, F_{DE}=압축력 5N

② F_{CG}=인장력 10N, F_{DE}=인장력 5N

③ F_{CG}=압축력 10N, F_{DE}=0N

④ F_{CG}=인장력 10N, F_{DE}=0N

06 다음 그림과 같은 케이블 ABC가 하중 P를 지지하고 있을 때 케이블 AB의 장력은?

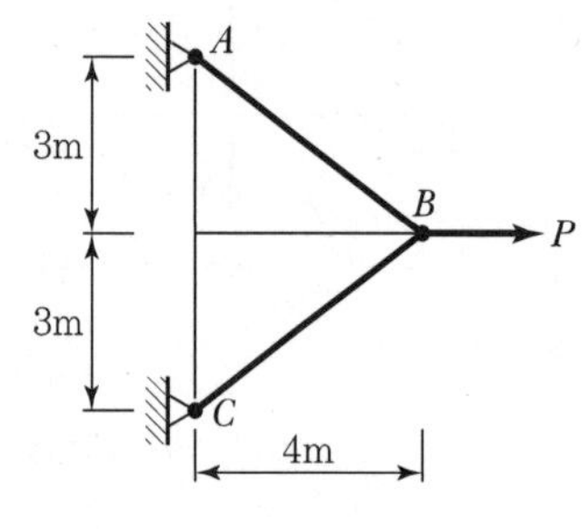

① $\frac{1}{2}P$　　② $\frac{5}{8}P$

③ $\frac{3}{4}P$　　④ P

07 아래 그림과 같은 트러스에서 응력이 발생하지 않는 부재는?

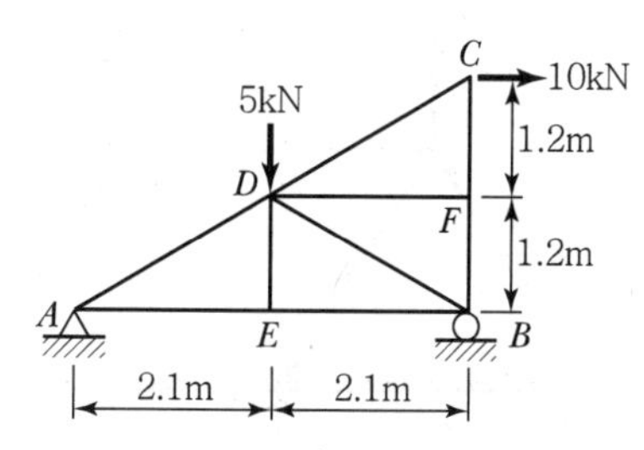

① DE 및 DF
② DE 및 DB
③ AD 및 DC
④ DB 및 DC

08 그림과 같이 집중하중 P가 작용하는 트러스 구조물에서 부재력이 발생하지 않는 부재의 총 개수는?(단, 트러스의 자중은 무시한다.)

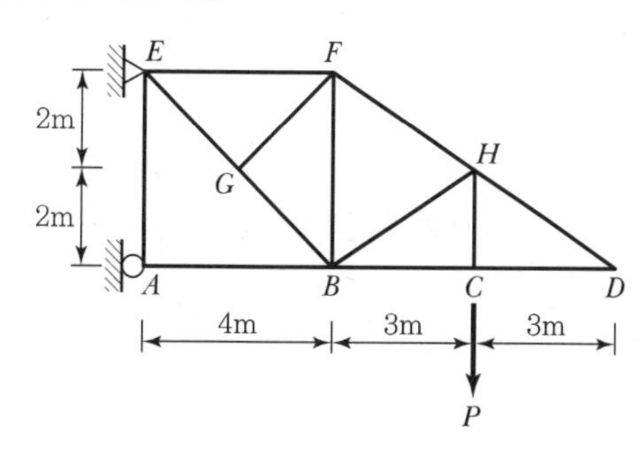

① 0
② 1
③ 3
④ 5

09 그림의 트러스에 대한 설명으로 옳지 않은 것은?

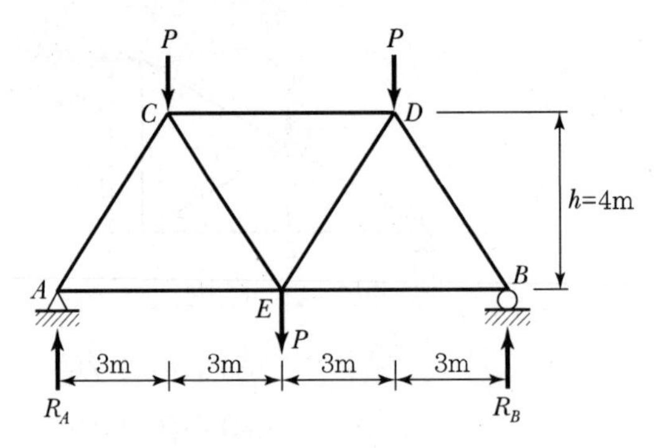

① 압축력을 받는 부재는 AC, CD, BD, CE, DE이다.

② 와렌트러스(Warren Truss)를 나타낸 것이다.

③ 내적 안정 및 정정 구조이다.

④ $R_A = R_B = 1.5P$ 이다.

⑤ AE와 BE는 인장력을 받는 부재이다.

10 다음 트러스 구조물 중에서 사재가 압축만 받는 구조물은?

①

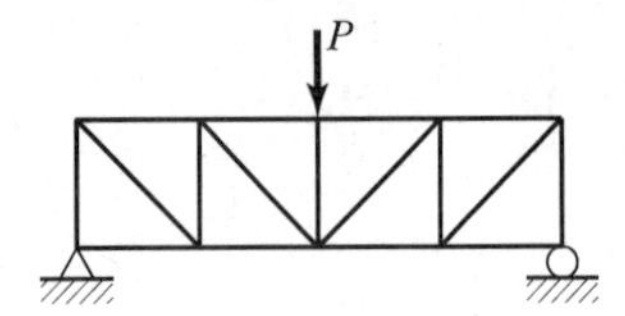

②

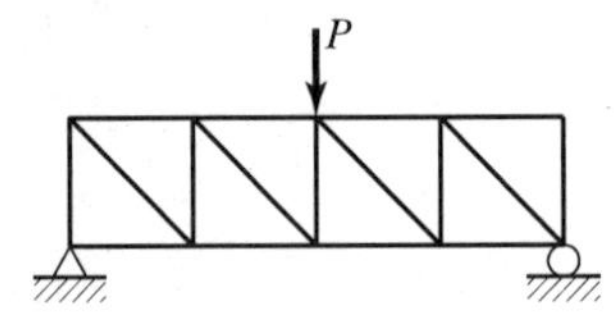

③

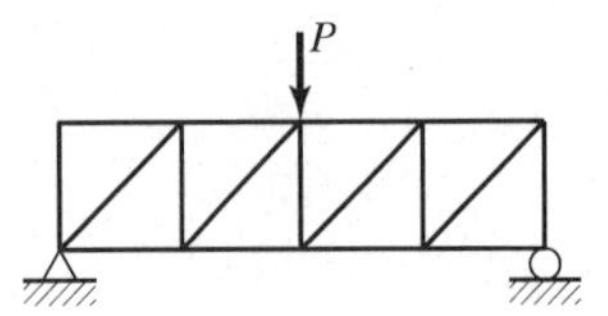

④
P

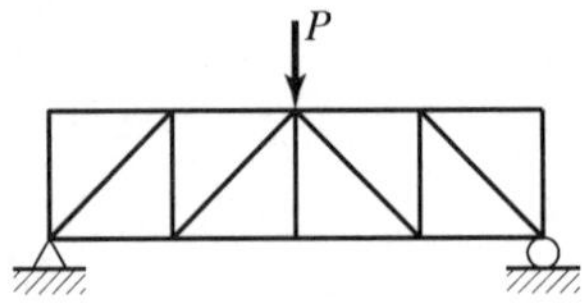

11 다음 트러스에서 FC 부재의 부재력은?

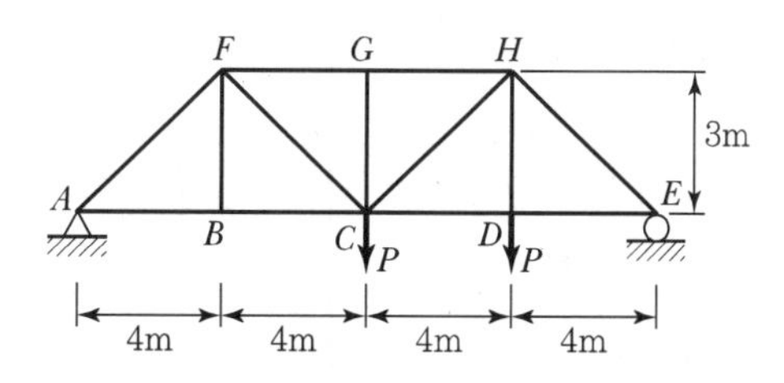

① $\frac{1}{3}P$

② $\frac{2}{3}P$

③ $\frac{1}{4}P$

④ $\frac{3}{4}P$

⑤ $\frac{5}{4}P$

12 그림과 같은 트러스에서 CB부재에 발생하는 부재력의 크기[kN]는?(단, 모든 부재의 자중은 무시한다.)

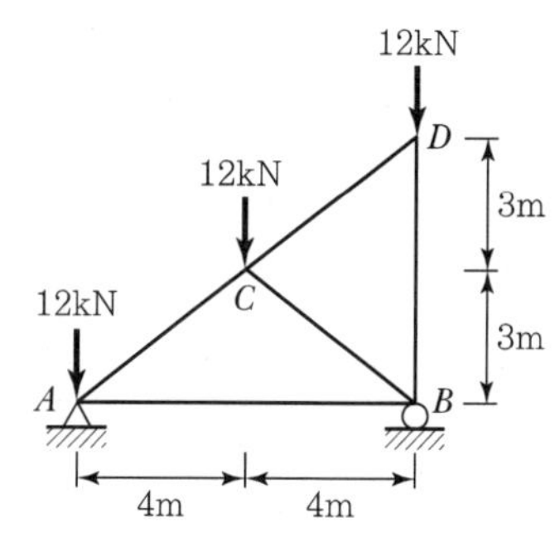

① 5.0

② 7.5

③ 10.0

④ 12.5

13 다음 트러스 구조물의 상현재 U와 하현재 L의 부재력[kN]은?(단, 모든 부재의 탄성계수와 단면적은 같고, 자중은 무시한다.)

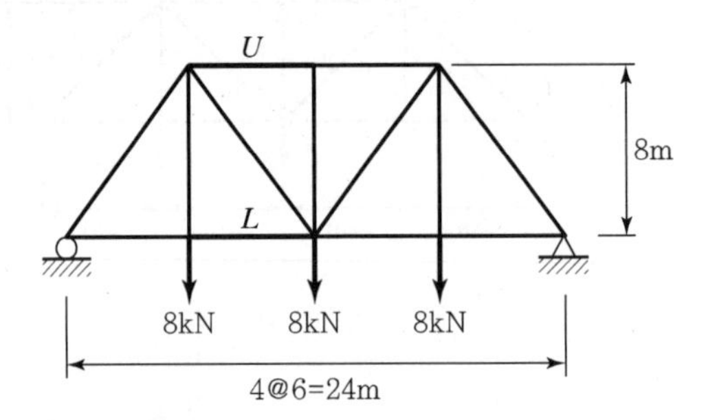

	U부재력	L부재력
①	12(압축)	9(인장)
②	12(인장)	6(압축)
③	9(압축)	18(인장)
④	9(인장)	9(압축)

14 그림과 같은 트러스 구조물에서 부재 BC의 부재력 크기[kN]는?(단, 모든 자중은 무시한다.)

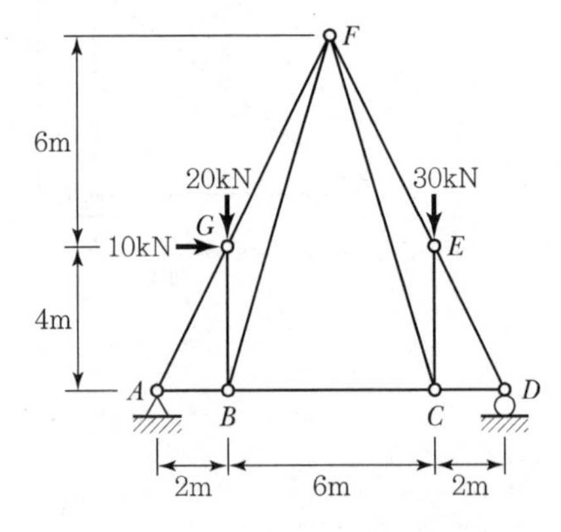

① 5(압축)　　② 5(인장)
③ 7(압축)　　④ 7(인장)

15 다음 그림과 같은 트러스에서 CF에 발생하는 부재력[kN]은?

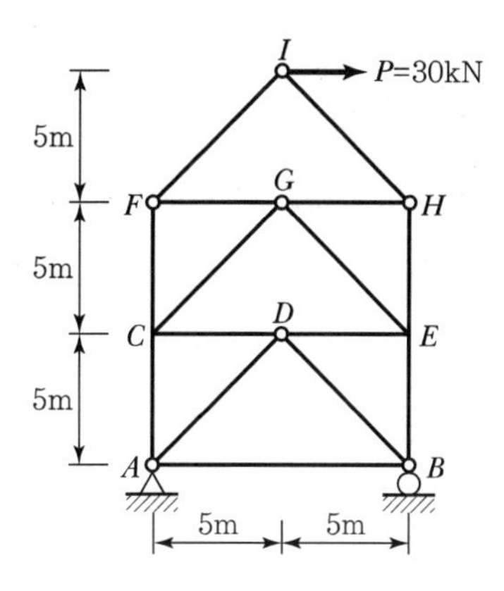

① 30(압축)　　② 30(인장)
③ 15(압축)　　④ 15(인장)

16 그림과 같이 하중을 받고 있는 케이블에서 A지점의 수평반력의 크기는?(단, 구조물의 자중은 무시한다.)

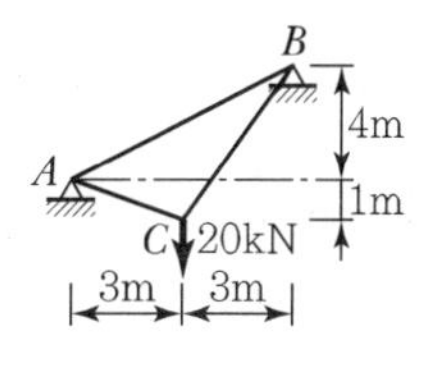

① 6kN　　② 8kN
③ 10kN　　④ 12kN

CHAPTER 공기업 토목직 1300제

07 단면의 성질

01 아래 그림에서 단면의 도심 $\bar{y}$를 구하면?

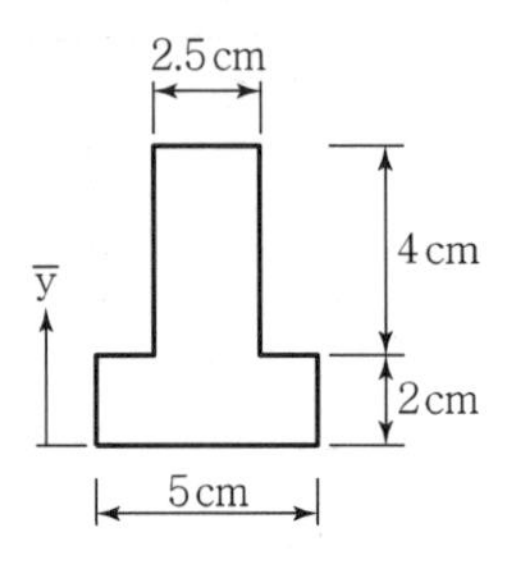

① 2.5cm ② 2.0cm
③ 1.5cm ④ 1.0cm

02 그림과 같은 단면에서 외곽 원의 직경(D)이 60cm이고 내부 원의 직경($D/2$)은 30cm라면, 빗금 친 부분의 도심의 위치는 x축에서 얼마나 떨어진 곳인가?

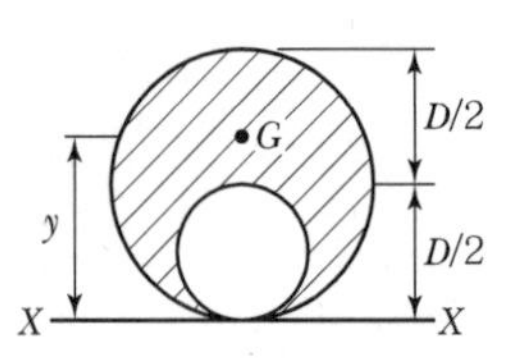

① 33cm ② 35cm
③ 37cm ④ 39cm

03 정삼각형의 도심을 지나는 여러 축에 대한 단면 2차 모멘트 값에 대한 다음 설명 중 옳은 것은?

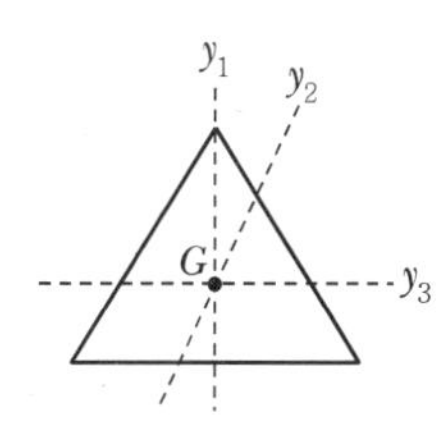

① $I_{y1} > I_{y2}$
② $I_{y2} > I_{y1}$
③ $I_{y3} > I_{y2}$
④ $I_{y1} = I_{y2} = I_{y3}$

04 다음과 같은 원형, 정사각형, 정삼각형이 있다. 각 단면의 면적이 같을 경우 도심에서의 단면2차모멘트(I_x)가 큰 순서대로 바르게 나열한 것은?

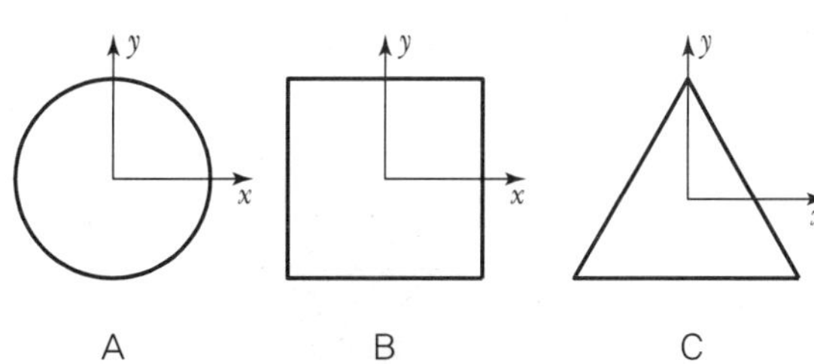

① A > B > C
② B > C > A
③ C > B > A
④ B > A > C

05 다음 그림과 같은 단면의 A－A 축에 대한 단면 2차 모멘트는?

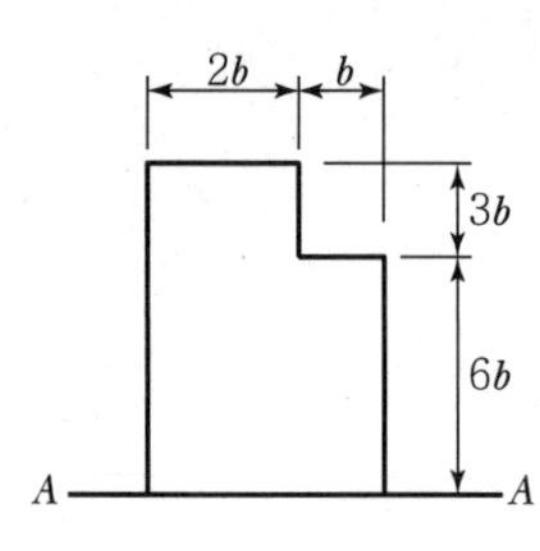

① $558b^4$
② $623b^4$
③ $685b^4$
④ $729b^4$

06 아래 그림과 같은 불규칙한 단면의 $A-A$축에 대한 단면 2차 모멘트는 $35\times10^6\text{mm}^4$이다. 만약 단면의 총 면적이 $1.2\times10^4\text{mm}^2$라면 $B-B$축에 대한 단면 2차 모멘트는 얼마인가?(단, $D-D$축은 단면의 도심을 통과한다.)

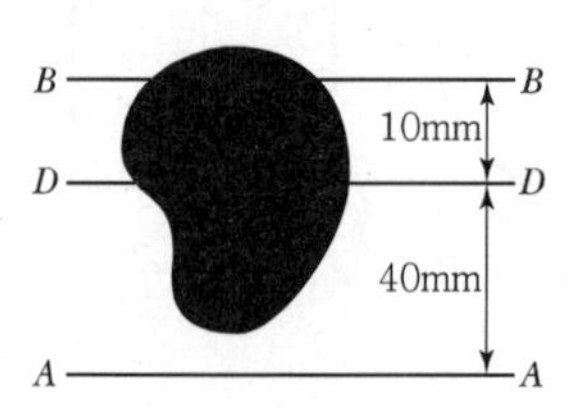

① $17\times10^6\text{mm}^4$
② $15.8\times10^6\text{mm}^4$
③ $17\times10^5\text{mm}^4$
④ $15.8\times10^5\text{mm}^4$

07 다음 그림에서 A－A 축과 B－B 축에 대한 빗금부분의 단면 2차 모멘트가 각각 $80{,}000\text{cm}^4$, $160{,}000\ \text{cm}^4$일 때 빗금 부분의 면적은?

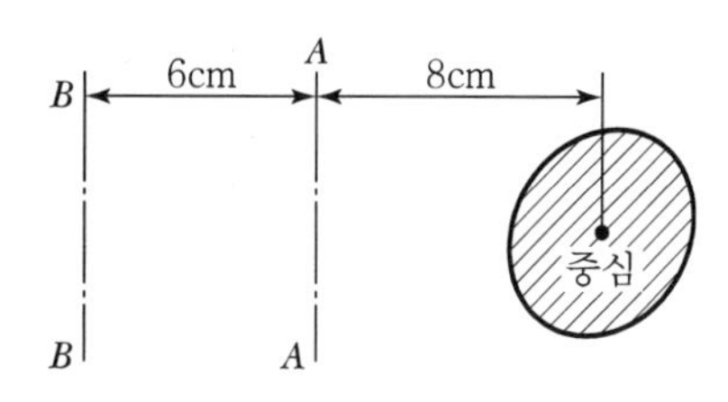

① 800cm^2
② 752cm^2
③ 606cm^2
④ 573cm^2

08 그림과 같이 $x-y$ 평면 상에 있는 단면의 최대 주단면 2차 모멘트 I_{max} [mm^4]는?(단, x축과 y축의 원점 C는 단면의 도심이다. 단면 2차 모멘트는 $I_x = 3\text{mm}^4$, $I_y = 7\text{mm}^4$이며, 최소 주단면 2차 모멘트 $I_{min} = 2\text{mm}^4$이다.)

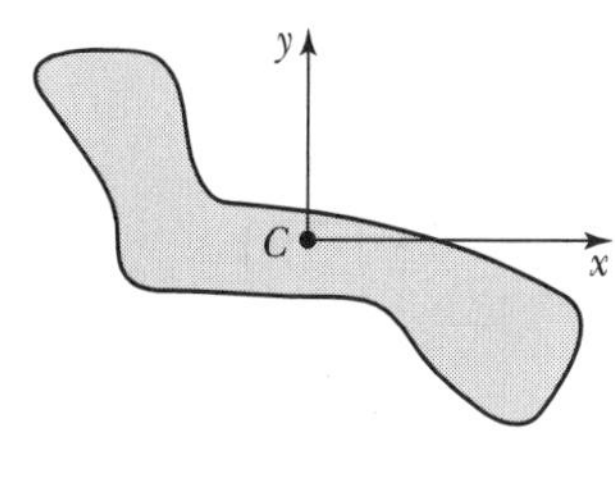

① 5
② 6
③ 7
④ 8

09 다음 그림과 같은 삼각형의 단면에 대한 성질을 나타낸 것으로 옳지 않은 것은?(단, c는 도심, Q는 단면1차모멘트, I는 단면2차모멘트 I_P는 단면 2차극모멘트, 그리고 하첨자는 기준 축을 의미한다.)

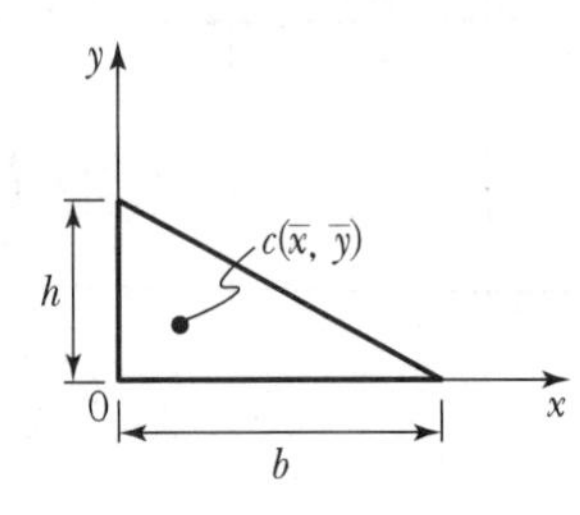

① $c=(\bar{x},\ \bar{y})=(b/3,\ h/3)$　　② $Q_x=\dfrac{b^2h}{6}$

③ $I_x=\dfrac{bh^3}{12}$　　④ $I_p=\dfrac{bh^3}{12}+\dfrac{hb^3}{12}$

10 그림과 같은 단면의 단면상승모멘트 I_{xy}는?

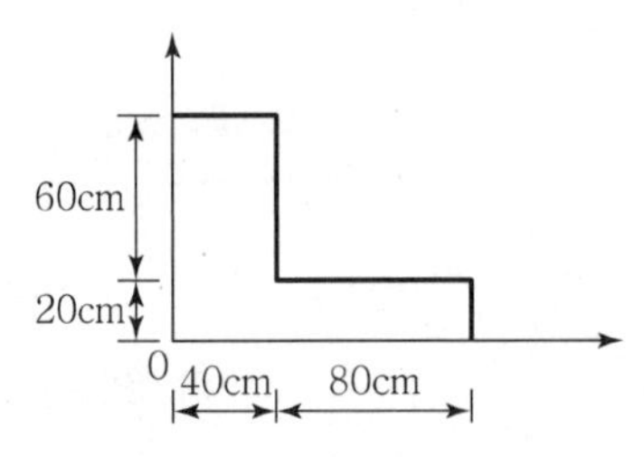

① $384,000\text{cm}^4$　　② $3,840,000\text{cm}^4$

③ $3,360,000\text{cm}^4$　　④ $3,520,000\text{cm}^4$

11 그림과 같은 도형에서 빗금친 부분에 대한 x, y축의 단면 상승모멘트(I_{xy})는?

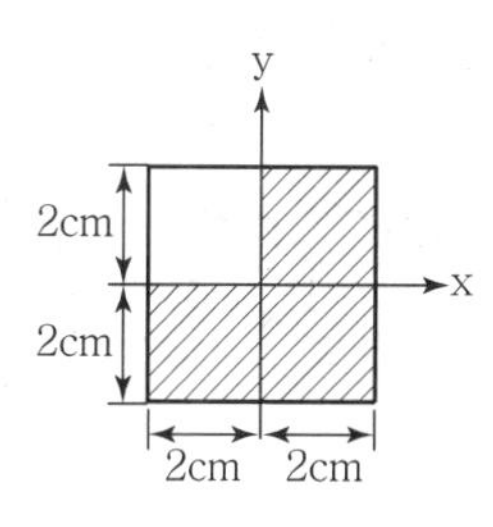

① 2cm^4　　② 4cm^4
③ 8cm^4　　④ 16cm^4

12 그림과 같이 폭(b)와 높이(h)가 모두 12cm인 2등변삼각형의 x, y 축에 대한 단면상승모멘트 I_{xy}는?

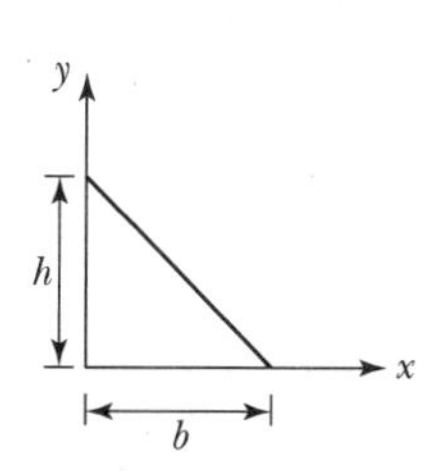

① 624cm^4　　② 864cm^4
③ $1,072\text{cm}^4$　　④ $1,152\text{cm}^4$

13 **60mm × 120mm 크기의 직사각형 단면을 가진 벽돌 세 개를 그림과 같이 일체시켰을 때, 단면 계수의 크기가 큰 것부터 옳게 나열한 것은?**

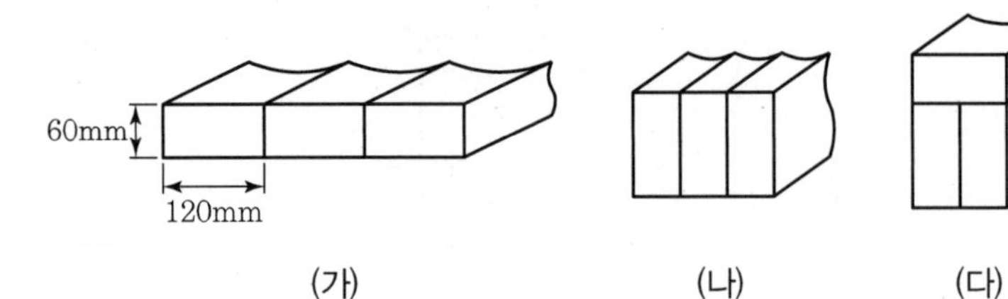

(가) (나) (다)

① (다) − (나) − (가)
② (나) − (다) − (가)
③ (다) − (가) − (나)
④ (가) − (나) − (다)
⑤ 모두 같다.

14 **그림과 같은 지름 d인 원형 단면에서 최대 단면 계수를 갖는 직사각형 단면을 얻으려면 b/h는?**

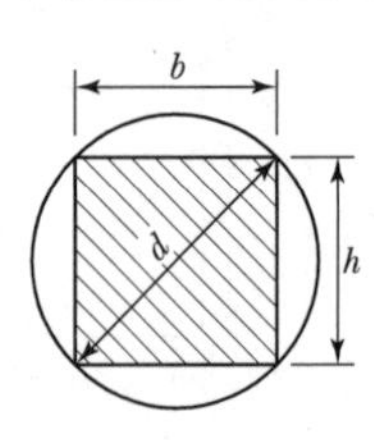

① 1
② 1/2
③ $1/\sqrt{2}$
④ $1/\sqrt{3}$

15 전체 둘레 길이가 같은 직사각형과 정사각형이 있다. 이 단면들 중에서 도심축에 대한 단면계수가 최대가 되는 폭 b와 높이 h의 비는?

① 1 : 1　　② 2 : 3
③ 1 : 2　　④ 1 : 3

16 〈보기〉와 같은 직사각형에서 최소 단면 2차 반경(최소 회전 반경)은?(단, $h > b$이다.)

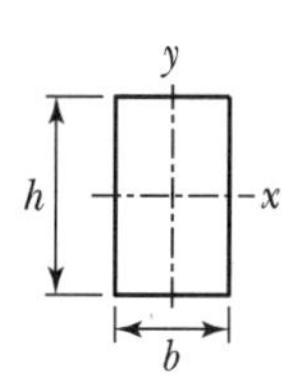

① $\frac{b}{2\sqrt{3}}$　　② $\frac{bh}{2\sqrt{3}}$
③ $\frac{b}{\sqrt{6}}$　　④ $\frac{h}{2\sqrt{3}}$

17 그림과 같은 선분 AB를 Y축을 중심으로 하여 360° 회전시켰을 때 생기는 표면적[cm^2]은?

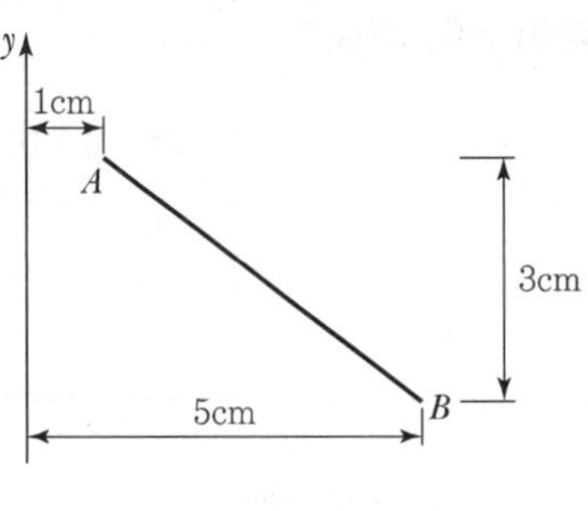

① 30π　　② 40π
③ 50π　　④ 60π

18 다음과 같이 밑변 R과 높이 H인 직각삼각형 단면이 있다. 이 단면을 y축 중심으로 360도 회전시켰을 때 만들어지는 회전체의 부피는?

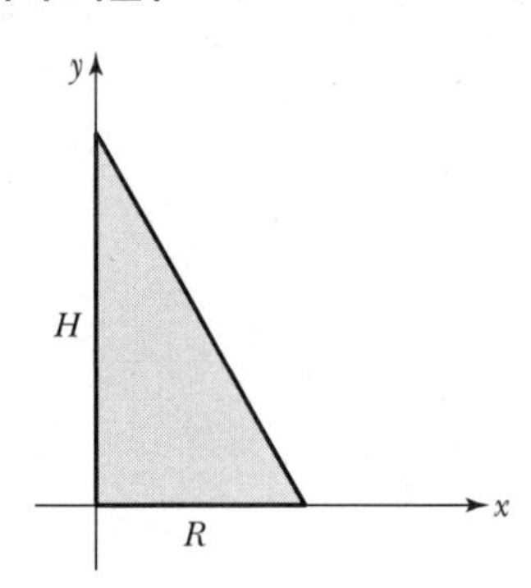

① $\dfrac{\pi R^2 H}{6}$　　② $\dfrac{\pi R^2 H}{4}$
③ $\dfrac{\pi R^2 H}{3}$　　④ $\dfrac{\pi R^2 H}{2}$

CHAPTER

공기업 토목직 1300제

08 재료의 역학적 성질

01 다음 그림과 같은 구조용 강의 응력－변형률 선도에 대한 설명으로 옳지 않은 것은?

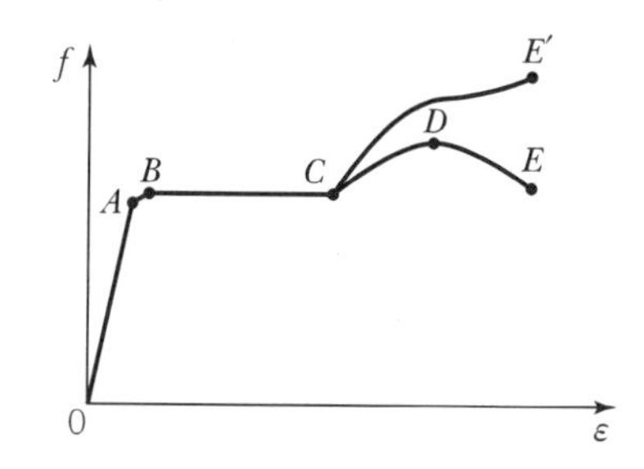

① 직선 OA의 기울기는 탄성계수이며, A점의 응력을 비례한도(Proportional Limit)라고 한다.
② 곡선 OABCE′를 진응력－변형률 곡선(True Stress－Strain Curve)이라 하고 곡선 OABCDE를 공학적 응력－변형률 곡선(Engineering Stress－Strain Curve)이라 한다.
③ 구조용 강의 레질리언스(Resilience)는 재료가 소성구간에서 에너지를 흡수할 수 있는 능력을 나타내는 물리량이며, 곡선 OABCDE 아래의 면적으로 표현된다.
④ D점은 극한 응력으로 구조용 강의 인장강도를 나타낸다.

02 공칭응력(Nominal Stress)과 진응력(True Stress, 실제응력), 공칭변형률(Nominal Strain)과 진변형률(True Strain, 실제변형률)에 대한 설명으로 옳은 것은?

① 변형이 일어난 단면에서의 실제 단면적을 사용하여 계산한 응력을 공칭응력이라고 한다.
② 모든 공학적 용도에서는 진응력과 진변형률을 사용하여야 한다.
③ 인장실험의 경우 진응력은 공칭응력보다 크다.
④ 인장실험의 경우 진변형률은 공칭변형률보다 크다.

03 다음과 같은 응력-변형률 곡선에 관한 설명으로 옳지 않은 것은?

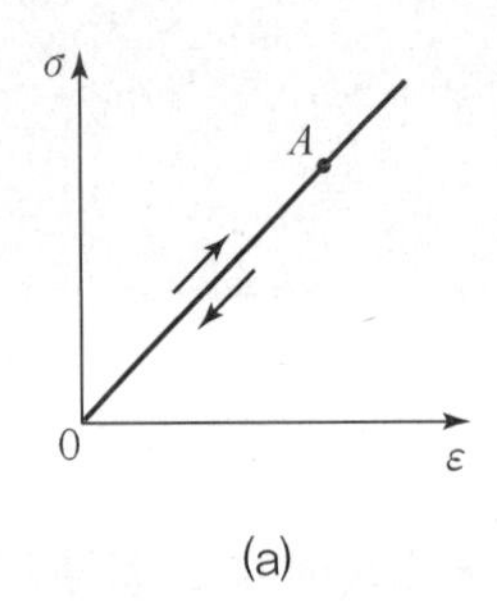

(a)

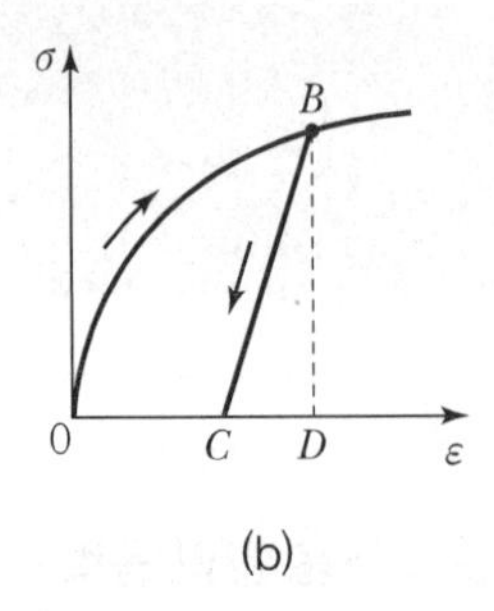

(b)

① 그림 (a)에서 하중을 받아 A점에 도달한 후 하중을 제거했을 때 OA 곡선을 따라 O점으로 되돌아가는 재료의 성질을 선형탄성(Linear Elasticity)이라 한다.

② 그림 (b)에서 하중을 받아 B점에 도달한 후 하중을 제거했을 때 OB 곡선을 따라 되돌아가지 않고 BC를 따라 C점으로 돌아가는 재료의 성질을 비선형 탄성(Nonlinear Elasticity)이라 한다.

③ 그림 (b)에서 B점에 도달한 후 하중을 제거했을 때 발생한 변형률 OC를 잔류변형률(Residual Strain)이라 하고 변형률 CD를 탄성적으로 회복된 변형률이라 한다.

④ 그림 (b)에서 B점에서 하중을 완전히 제거한 후 다시 하중을 가하면 CB 곡선을 따라 응력과 변형률이 발생된다.

04 구조해석의 기본 원리인 겹침의 원리(Principle of Superposition)를 설명한 것으로 틀린 것은?

① 탄성한도 이하의 외력이 작용할 때 성립한다.

② 부정정 구조물에서도 성립한다.

③ 외력과 변형이 비선형관계가 있을 때 성립한다.

④ 여러 종류의 하중이 실린 경우 이 원리를 이용하면 편리하다.

05 다음 그림과 같은 비선형 비탄성 재료로 제작된 봉이 있다. 봉의 길이가 4m이고, 단면적이 2 cm^2일 때. 봉의 길이가 2cm 늘어날 때까지 하중을 가한 후 모두 제거하였다. 이 봉의 잔류변형률(Residual Strain)은?(단, 재료의 특성을 완전 탄소성으로 가정한다.)

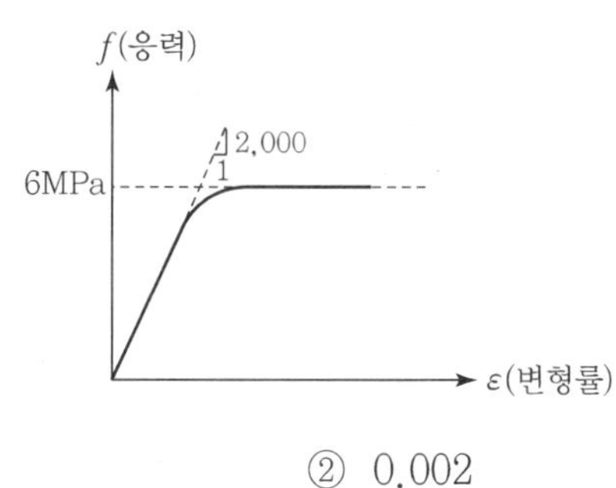

① 0.001 ② 0.002

③ 0.003 ④ 0.004

06 다음과 같이 응력－변형률 관계를 가지는 재료로 만들어진 부재가 인장력에 의해 최대 500MPa의 인장응력을 받은 후, 주어진 인장력이 완전히 제거되었다. 이때 부재에 나타나는 잔류변형률은?(단, 재료의 항복응력은 400MPa이고, 응력이 항복응력을 초과한 후 하중을 제거하게 되면 초기 접선탄성계수를 따른다고 가정한다.)

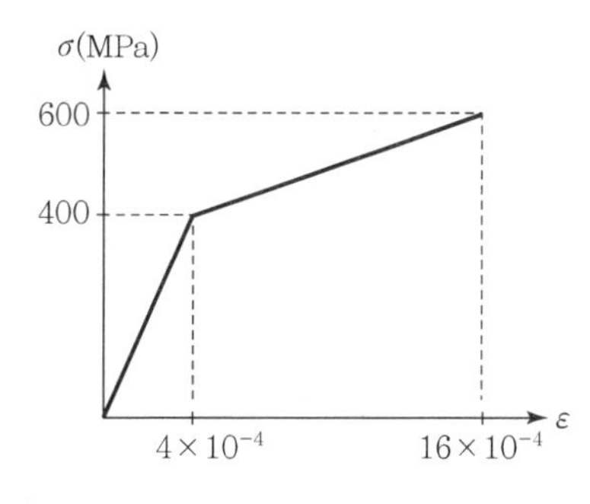

① 4×10^{-4} ② 5×10^{-4}

③ 6×10^{-4} ④ 7×10^{-4}

07 단면적 500mm^2, 길이 1m인 강봉 단면의 도심에 100kN의 인장력을 주었더니, 길이가 1mm 늘어났다. 이 강봉의 탄성계수 E[N/mm^2]는?(단, 강봉의 축강성은 일정하고, 자중은 무시한다.)

① 1.0×10^5　　② 1.5×10^5
③ 1.8×10^5　　④ 2.0×10^5

08 지름 100mm, 길이 250mm인 부재에 인장력을 작용시켰더니 지름은 99.8mm, 길이는 252mm로 변하였다. 이 부재 재료의 포아송비는?

① 0.2　　② 0.25
③ 0.3　　④ 0.35

09 길이 50mm, 지름 10mm의 강봉을 당겼더니 5mm 늘어났다면 지름의 줄어든 값은 얼마인가?(단, 푸아송비 $v=1/3$이다.)

① $\frac{1}{6}$mm　　② $\frac{1}{5}$mm
③ $\frac{1}{3}$mm　　④ $\frac{1}{2}$mm

10 지름 10mm의 원형 단면을 갖는 길이 1m의 봉이 인장하중 $P=15\text{kN}$을 받을 때, 단면 지름의 변화량[mm]은?(단, 계산 시 π는 3으로 하고, 봉의 재질은 균일하며, 탄성계수 $E=50\text{GPa}$, 포아송 비 $\nu=0.3$이다. 또한 봉의 자중은 무시한다.)

① 0.006　② 0.009
③ 0.012　④ 0.015

11 선형 탄성재료의 탄성계수(E), 전단탄성계수(G)는 서로 밀접한 관계에 있다. 이 관계를 포아송비(ν)를 이용하여 올바르게 나타낸 것은?

① $G=\dfrac{E}{2+\nu}$　② $G=\dfrac{E}{2(1+\nu)}$
③ $G=\dfrac{E}{1+2\nu}$　④ $G=\dfrac{2E}{2+\nu}$
⑤ $G=\dfrac{2E}{1+\nu}$

12 다음 중 재료의 역학적 성질 중 탄성계수를 E, 전단 탄성계수를 G, 포아송수를 m이라 할 때, 각 성질의 상호관계식으로 옳은 것은?

① $G=\dfrac{m}{2(m+1)}$　② $G=\dfrac{E}{2(m+1)}$
③ $G=\dfrac{m}{2(m-1)}$　④ $G=\dfrac{mE}{2(m+1)}$

13 체적탄성계수 K를 탄성계수 E와 포아송비 ν로 옳게 표시한 것은?

① $K=\dfrac{E}{3(1-2\nu)}$ ② $K=\dfrac{E}{2(1-3\nu)}$

③ $K=\dfrac{2E}{3(1-2\nu)}$ ④ $K=\dfrac{3E}{2(1-3\nu)}$

14 탄성계수 E가 192GPa이고, 포아송비 ν가 0.20인 강재의 한 점에서 2축 응력을 받고 있다. 이때 측정된 변형률의 값이 $\varepsilon_x=+1,000\mu\text{m/m}$, $\varepsilon_y=-500\mu\text{m/m}$이다. x방향의 응력 σ_x와 y방향의 응력 σ_y의 합 $\sigma_x+\sigma_y$는 얼마인가?

① 0MPa ② 60MPa

③ 120MPa ④ 180MPa

⑤ 240MPa

15 높이 $h=400$mm, 폭 $b=500$mm, 두께 $t=5$mm인 강판의 양면이 마찰이 없는 강체벽에 y방향으로 구속되어 있다. x방향의 변형량이 0.36mm라면 압력 p의 크기는?(단, 강판의 포아송비는 0.2이고, 탄성계수는 200GPa이며, 강판의 자중은 무시한다.)

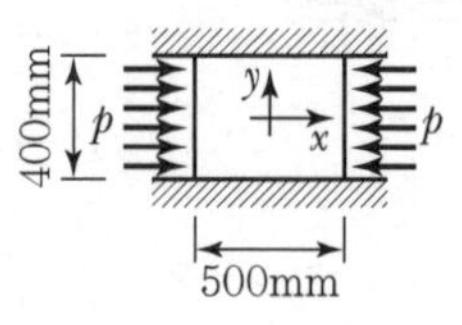

① 60MPa ② 90MPa

③ 120MPa ④ 150MPa

16 그림과 같이 주어진 기둥이 하중 P를 받을 때, 하중에 의해 발생하는 X방향 변형률은?(단, 탄성계수 E는 10^6kN/m^2이고, 포아송비는 0.25이다.)

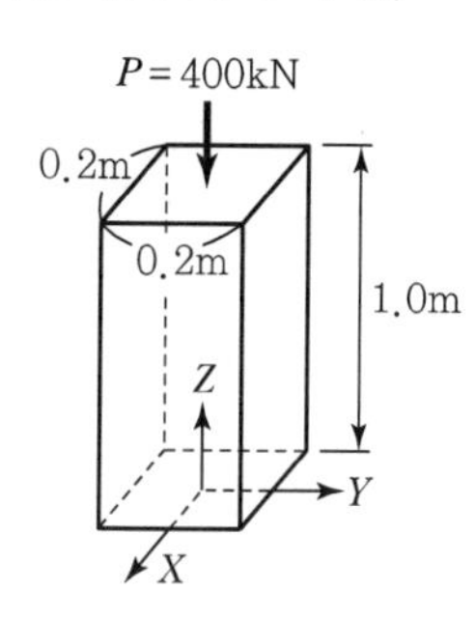

① 0.0145
② 0.0125
③ 0.0075
④ 0.0025
⑤ 0.0005

17 그림과 같이 이축응력(二軸應力)을 받고 있는 요소의 체적변형률은?(단, 탄성계수 $E = 2 \times 10^5$ MPa, 포아송비 $\nu = 0.3$)

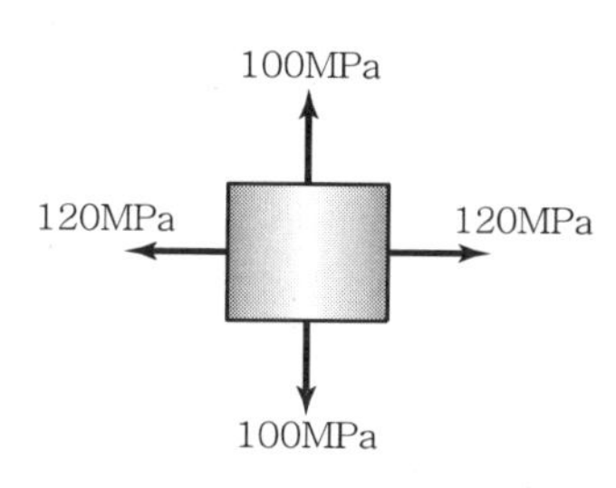

① 3.6×10^{-4}
② 4.0×10^{-4}
③ 4.4×10^{-4}
④ 4.8×10^{-4}

18 다음과 같은 부재에서 AC사이의 전체 길이의 변화량 δ는 얼마인가?(단, 보는 균일하며 단면적 A와 탄성계수 E는 일정하다고 가정한다.)

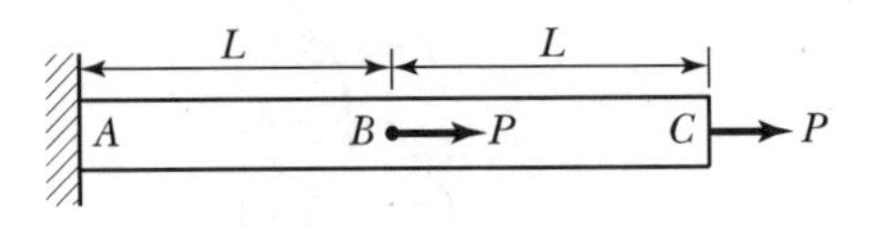

① $\dfrac{PL}{EA}$　② $\dfrac{1.5PL}{EA}$

③ $\dfrac{3PL}{EA}$　④ $\dfrac{4PL}{EA}$

19 그림과 같은 봉에서 작용 힘들에 의한 봉 전체의 수직처짐은 얼마인가?

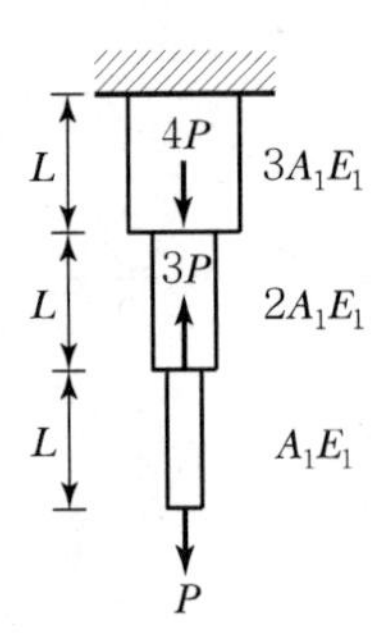

① $\dfrac{3PL}{4A_1E_1}(\downarrow)$　② $\dfrac{2PL}{3A_1E_1}(\downarrow)$

③ $\dfrac{4PL}{3A_1E_1}(\downarrow)$　④ $\dfrac{3PL}{2A_1E_1}(\downarrow)$

20 균질한 균일 단면봉이 그림과 같이 P_1, P_2, P_3의 하중을 B, C, D점에서 받고 있다. 각 구간의 거리 a=1.0m, b=0.4m, c=0.6m이고 P_2=10kN, P_3=5kN의 하중이 작용할 때 D점에서의 수직방향 변위가 일어나지 않기 위한 하중 P_1은 얼마인가?

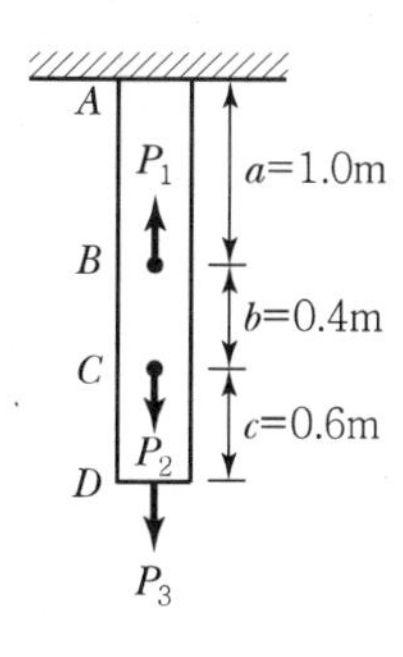

① 5kN
② 6kN
③ 8kN
④ 24kN

21 다음과 같은 단면의 지름이 2d에서 d로 선형적으로 변하는 원형단면부재에 하중 P가 작용할 때, 전체 축방향 변위를 구하면?(단, 탄성계수 E는 일정하다.)

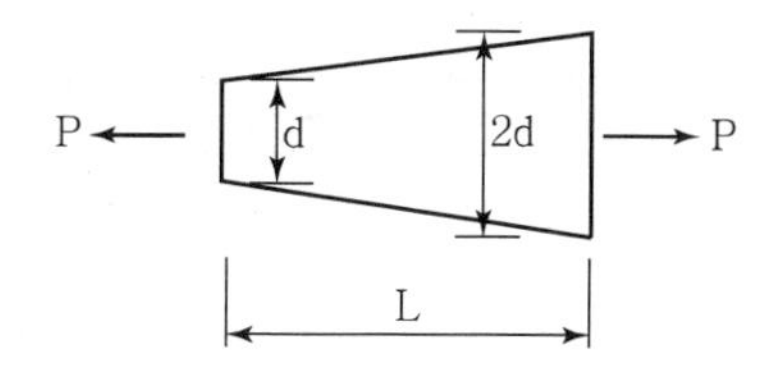

① $\dfrac{2PL}{3\pi d^2 E}$
② $\dfrac{3PL}{2\pi d^2 E}$
③ $\dfrac{2PL}{\pi d^2 E}$
④ $\dfrac{3PL}{\pi d^2 E}$

22 상하단이 고정인 기둥에 그림과 같이 힘 P 가 작용한다면 반력 R_A, R_B 값은?

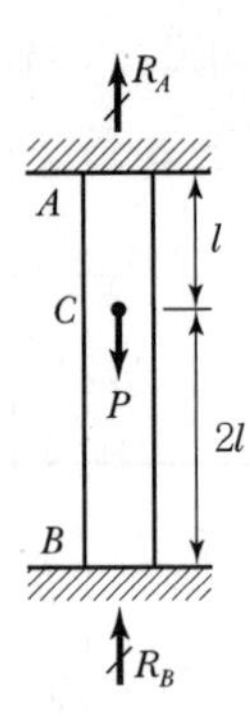

① $R_A = \frac{P}{2}$, $R_B = \frac{P}{2}$
② $R_A = \frac{P}{3}$, $R_B = \frac{2P}{3}$
③ $R_A = \frac{2P}{3}$, $R_B = \frac{P}{3}$
④ $R_A = P$, $R_B = 0$

23 그림과 같이 양단 고정된 보에 축력이 작용할 때 지점 B에서 발생하는 수평 반력의 크기[kN]는?(단, 보의 축강성 EA 는 일정하며, 자중은 무시한다.)

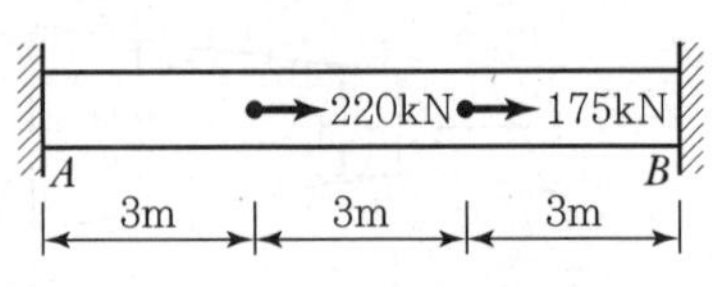

① 190
② 200
③ 210
④ 220

24 그림과 같은 구조물에서 C점에 단위 크기(=1)의 수직방향 처짐을 발생시키고자 할 때, C점에 가해야 하는 수직하중 P의 크기는?(단, 모든 자중은 무시하고, AC, BC 부재의 단면적은 A, 탄성계수는 E인 트러스 부재이다.)

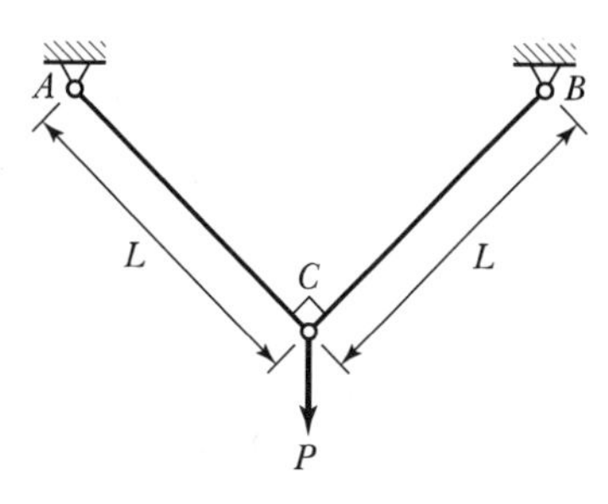

① $\dfrac{EA}{4L}$

② $\dfrac{EA}{3L}$

③ $\dfrac{EA}{2L}$

④ $\dfrac{EA}{L}$

25 그림과 같은 트러스 구조물에서 절점 A에 하중 P가 작용할 때, AD 부재에 작용하는 부재력은?(단, 부재의 강성(EA)은 모두 같다.)

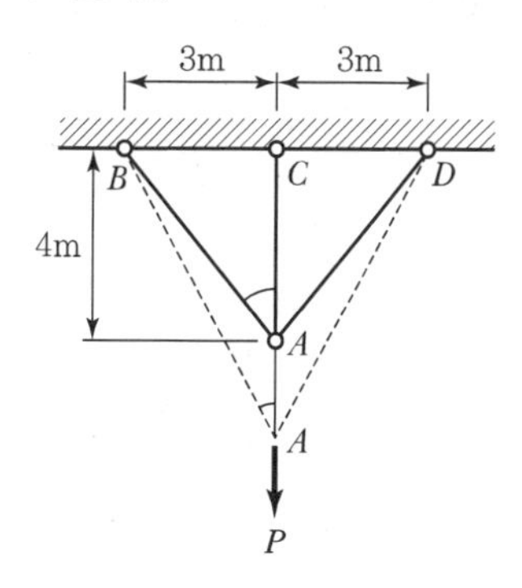

① $\dfrac{80}{275}P$

② $\dfrac{80}{255}P$

③ $\dfrac{80}{253}P$

④ $\dfrac{80}{125}P$

⑤ $\dfrac{80}{112}P$

26 그림과 같이 트러스 부재들의 연결점 B에 수직하중 P가 작용하고 있다. 모든 부재들의 길이 L, 단면적 A, 탄성계수 E가 같은 경우, 부재 BC의 부재력은?(단, 모든 자중은 무시한다.)

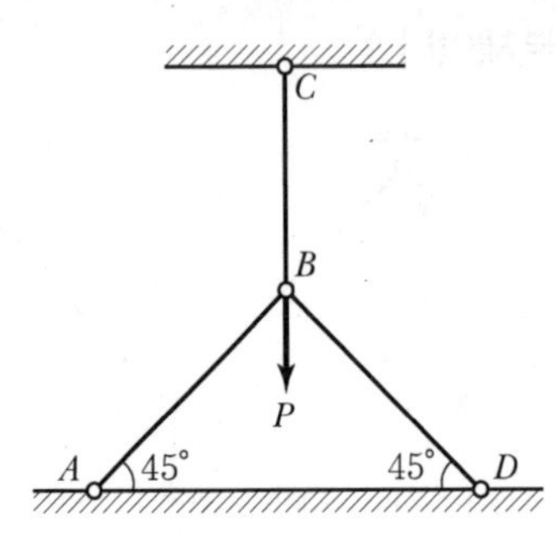

① $\frac{P}{3}$(압축)
② $\frac{P}{2}$(인장)
③ $\frac{2P}{3}$(압축)
④ $\frac{3P}{4}$(인장)

27 다음과 같이 길이가 π인 봉의 양 끝단에 모멘트 M을 가하였더니, 봉의 굽은 형태가 $\frac{1}{6}$ 원의 형태가 되었다. 이 봉의 휨강성이 EI라면 작용한 모멘트 M의 크기는?

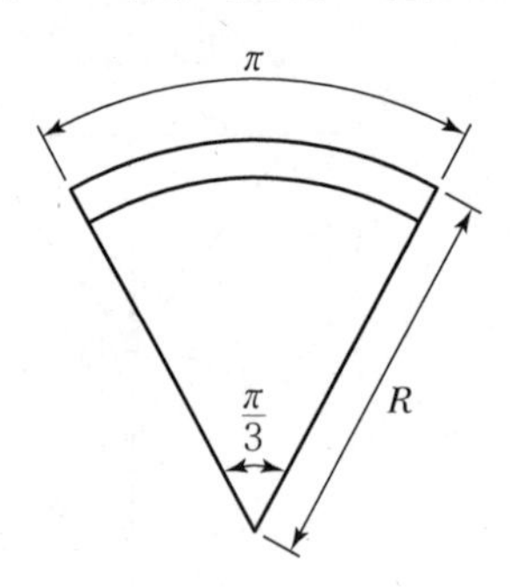

① $\frac{EI}{3}$
② $\frac{EI}{4}$
③ $\frac{EI}{5}$
④ $\frac{EI}{6}$

28 지름이 990mm인 원통드럼 위로 지름이 10mm인 강봉이 탄성적으로 휘어져 있을 때 강봉 내에 발생되는 최대 휨응력[MPa]은?(단, 탄성계수는 2.0×10^5MPa이다.)

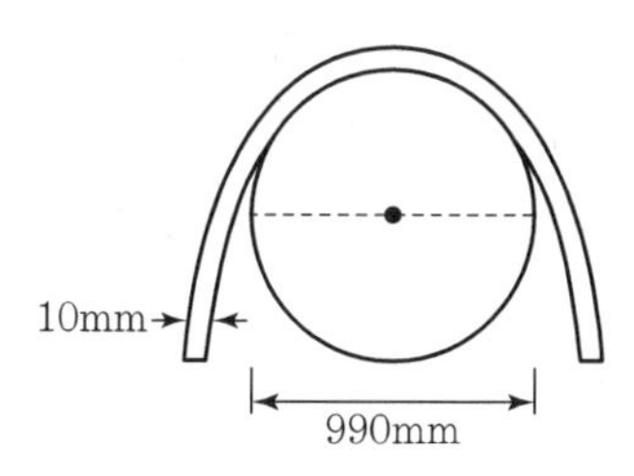

① 495
② 990
③ 1,000
④ 2,000

29 한 변의 길이가 4.8mm인 정사각형 단면을 가지는 균일봉이 순수굽힘을 받고 있다. 이때 상연의 변형률이 0.0012일 때 곡률반경[m]과 곡률[m^{-1}]은?

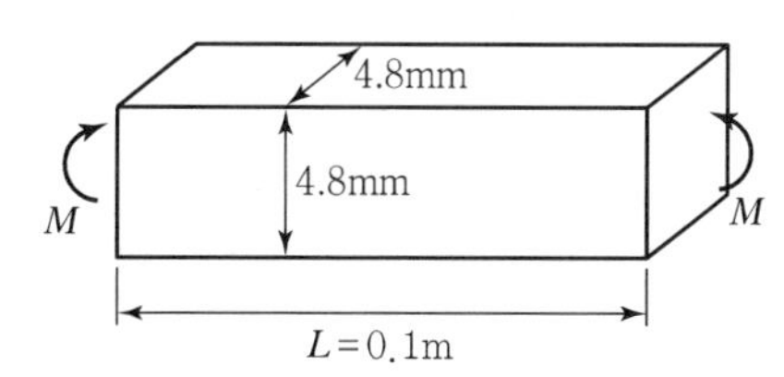

	곡률반경	곡률
①	0.5	2
②	2	0.5
③	0.1	10
④	10	0.1
⑤	20	0.05

30 길이 20cm, 단면 20cm×20cm인 부재에 1,000kN의 전단력이 가해졌을 때 전단 변형량은? (단, 전단 탄성계수 G=8,000MPa이다.)

① 0.0625cm ② 0.00625cm
③ 0.0725cm ④ 0.00725cm

31 그림과 같이 각 변의 길이가 10mm인 입방체에 전단력 V=10kN이 작용될 때, 이 전단력에 의해 입방체에 발생하는 전단 변형률 γ는?(단, 재료의 탄성계수 E=130GPa, 포아송 비 ν=0.3이다. 또한 응력은 단면에 균일하게 분포하며, 입방체는 순수전단 상태이다.)

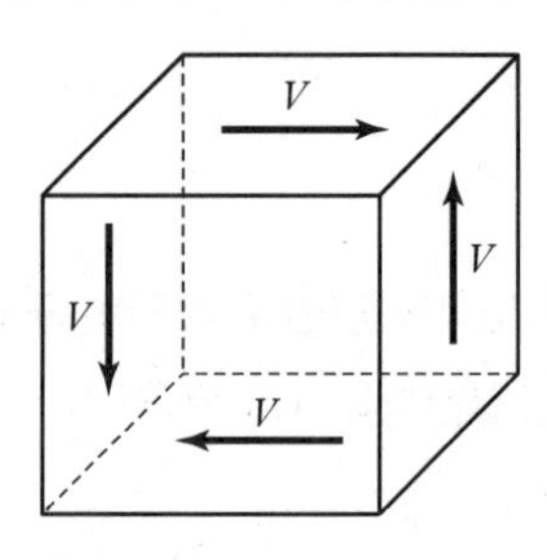

① 0.001 ② 0.002
③ 0.003 ④ 0.005

32 그림과 같이 받침대 위에 블록이 놓여 있다. 이 블록 중심에 $F=20\text{kN}$이 작용할 때 블록에서 생기는 평균전단응력$[\text{N/mm}^2]$은?

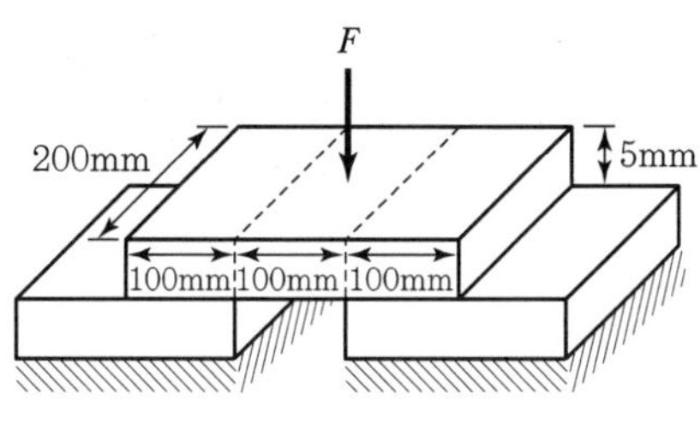

① 1　　② 2

③ 10　　④ 20

33 다음 그림과 같이 직경 100mm, 길이 10m인 균일단면 원형 봉의 B단에 비틀림 모멘트 20 kN · m가 작용하고 있다. 지점 A에서의 최대 전단응력 τ_{max}[MPa] B단의 비틀림각 Φ[rad]는?(단, 전단 탄성계수 G=80GPa)

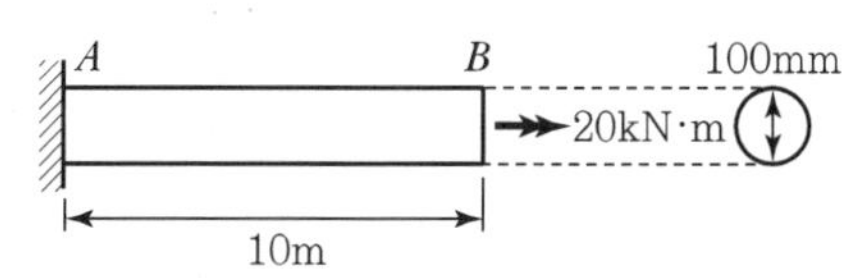

	τ_{max}	Φ
①	$\frac{200}{\pi}$	$\frac{0.4}{\pi}$
②	$\frac{200}{\pi}$	$\frac{0.8}{\pi}$
③	$\frac{320}{\pi}$	$\frac{0.4}{\pi}$
④	$\frac{320}{\pi}$	$\frac{0.8}{\pi}$

34 같은 재료로 만들어진 반경 r인 속이 찬 축과 외반경 r이고 내 반경 $0.6r$인 속이 빈 축이 동일 크기의 비틀림 모멘트를 받고 있다. 최대 비틀림 응력의 비는?

① 1 : 1
② 1 : 1.15
③ 1 : 2
④ 1 : 2.15

35 그림과 같이 지름 $d = 10\text{mm}$인 원형단면 강봉의 허용전단응력이 $\tau_{\text{allow}} = 16\text{MPa}$이다. 이때 자유단에 작용 가능한 최대 허용 비틀림 모멘트 T[N · m]는?(단, 강봉의 자중은 무시한다.)

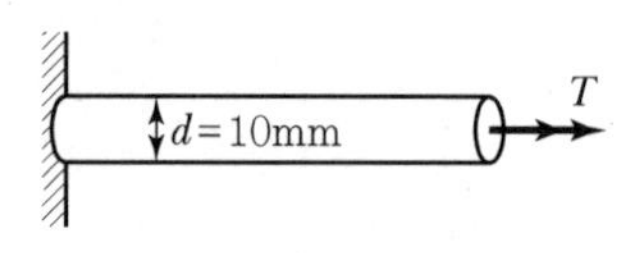

① π
② 2π
③ 4π
④ 8π

36 수직으로 매달린 단면적이 0.001m^2인 봉의 온도가 20℃에서 40℃까지 균일하게 상승되었다. 탄성계수(E)는 200GPa, 선팽창계수(α)는 1.0×10^{-5}/℃일 때, 봉의 길이를 처음 길이와 같게 하려면 봉의 하단에서 상향 수직으로 작용해야 하는 하중의 크기는[kN]는?(단, 봉의 자중은 무시한다.)

① 10
② 20
③ 30
④ 40

37 다음 그림과 같은 부재와 강체 벽체와의 간격이 0.1mm이고, 단면적이 $50cm^2$, 길이가 1.0m인 부재가 있다. 온도가 40℃ 상승할 때 이 부재에 발생하는 응력[GPa]은?
(단, 부재의 열팽창계수(α)는 $15\times10^{-6}/℃$, 탄성계수(E)는 200GPa이다.)

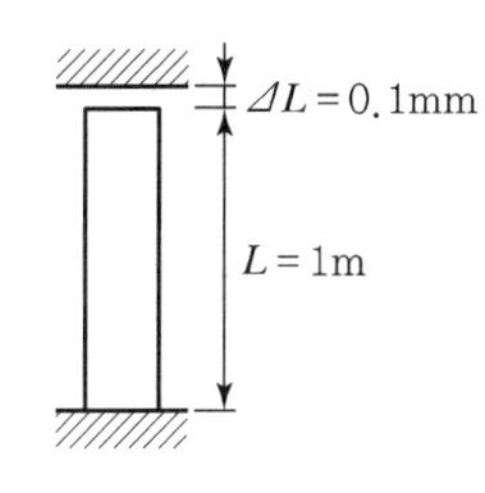

① 0.1 ② 0.2
③ 0.4 ④ 0.8

38 그림과 같이 무응력 상태로 봉 AB 부재와 봉 BC 부재가 연결되어 있다. 만일, 봉 AB 부재의 온도가 T만큼 상승했을 때 봉 BC 부재에 응력이 생기지 않기 위해 봉 BC 부재에 필요한 온도 변화량은?(단, 봉 AB 부재와 봉 BC 부재 사이는 길이를 무시할 수 있는 단열재에 의해 열의 이동이 완전히 차단되어 있다고 가정한다.)

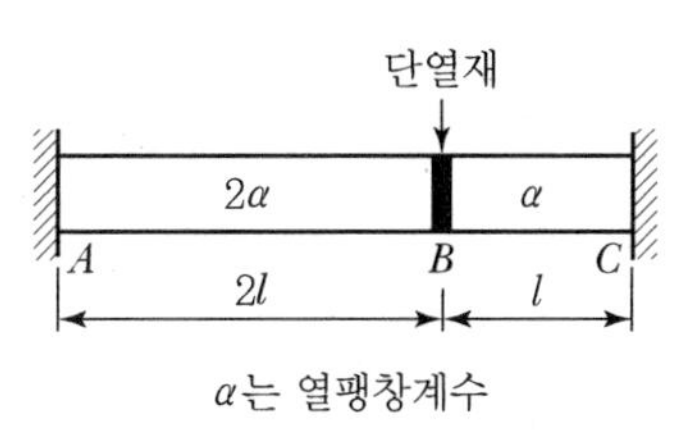

① 2T(하강) ② 2T(상승)
③ 4T(하강) ④ 4T(상승)

39 두께가 얇은 원통형 압력용기가 10MPa의 내부압력을 받고 있다. 이 압력용기의 바깥지름은 30cm이며, 허용응력이 90MPa일 경우 필요로 하는 최소 두께[mm]는?

① 12
② 15
③ 18
④ 20

40 안쪽 반지름(r)이 300mm이고, 두께(t)가 10mm인 얇은 원통형 용기에 내압(q) 1.2MPa이 작용할 때 안쪽 표면에 발생하는 원주방향 응력(σ_y) 또는 축방향 응력(σ_x)으로 옳은 것(단위는 MPa)은?(단, 원통형 용기의 안쪽 표면에 발생하는 인장응력을 구할 때는 안쪽 반지름(r)을 사용한다.)

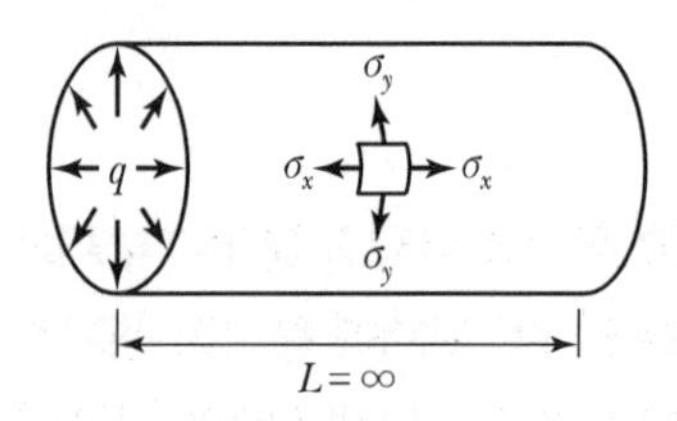

① $\sigma_y = 24$
② $\sigma_y = 48$
③ $\sigma_x = 18$
④ $\sigma_x = 36$

41 한 변이 40mm인 정사각형 단면의 강봉에 100kN의 인장력을 가하였더니 강봉의 길이가 1mm 증가하였다. 이때, 강봉에 저장된 변형에너지[N · m]의 크기는?(단, 강봉은 선형탄성 거동하는 것으로 가정하며, 자중은 무시한다.)

① 50
② 30
③ 10
④ 4

42 다음 그림과 같이 수직으로 매달려 있는 균일 단면봉이 하중 P_1을 받으면 δ_1의 변위가 발생하고, P_2의 하중을 받으면 δ_2의 변위가 발생한다. 하중 P_1이 가해진 상태에서 P_2의 하중이 작용할 경우 이 봉에 저장된 변형에너지 U는?(단, 봉의 자중은 무시하고, 하중 작용 시 봉은 선형탄성거동을 한다.)

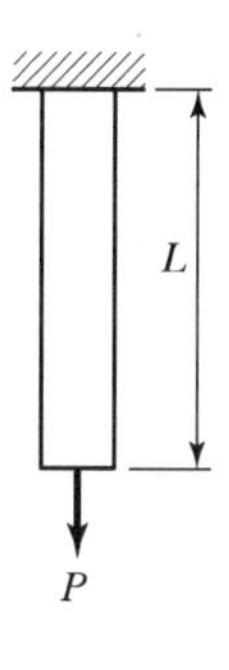

① $\frac{1}{2}P_1\delta_1 + \frac{1}{2}P_2\delta_2$

② $\frac{1}{2}P_1\delta_1 + P_1\delta_1 + \frac{1}{2}P_2\delta_2$

③ $\frac{1}{2}P_1\delta_1 + P_2\delta_2 + \frac{1}{2}P_2\delta_2$

④ $\frac{1}{2}P_1\delta_1 + P_1\delta_2 + \frac{1}{2}P_2\delta_2$

43 그림과 같은 축력 P, Q를 받는 부재의 변형에너지는?(단, 보의 축강성은 EA로 일정하다.)

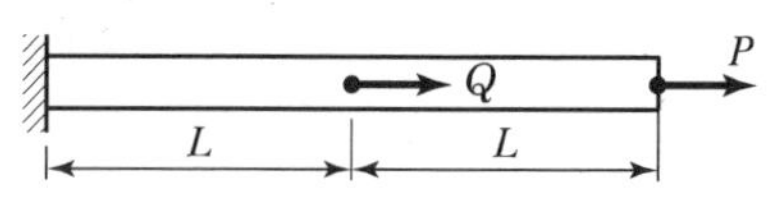

① $\frac{P^2L}{2EA} + \frac{Q^2L}{2EA}$

② $\frac{P^2L}{EA} + \frac{Q^2L}{2EA}$

③ $\frac{P^2L}{EA} + \frac{Q^2L}{2EA} + \frac{PQL}{EA}$

④ $\frac{P^2L}{2EA} + \frac{Q^2L}{2EA} + \frac{PQL}{2EA}$

44 내민 보의 굽힘으로 인하여 저장된 변형 에너지는?(단, EI는 일정하다.)

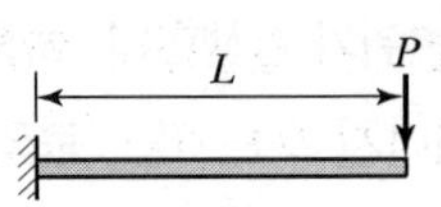

① $\dfrac{P^2L^3}{6EI}$　　② $\dfrac{P^2L^3}{48EI}$

③ $\dfrac{P^2L^3}{12EI}$　　④ $\dfrac{P^2L^3}{38EI}$

45 다음 그림과 같은 보에서 휨모멘트에 의한 탄성변형 에너지를 구한 값은?

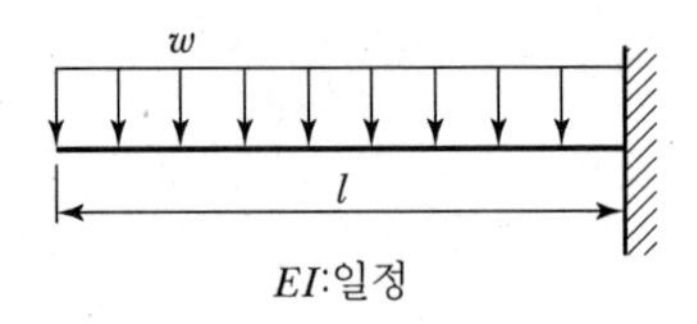

① $\dfrac{w^2l^5}{8EI}$　　② $\dfrac{w^2l^5}{24EI}$

③ $\dfrac{w^2l^5}{40EI}$　　④ $\dfrac{w^2l^5}{48EI}$

46 아래 그림과 같은 단순보에 등분포하중 w가 작용하고 있을 때 이 보에서 휨모멘트에 의한 변형에너지는?(단, 보의 EI는 일정하다.)

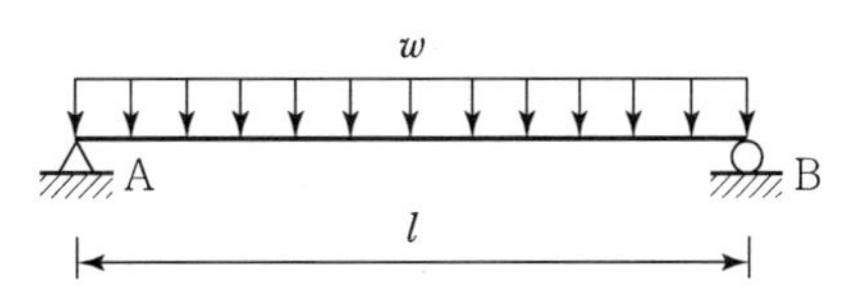

① $\dfrac{w^2 l^5}{384EI}$

② $\dfrac{w^2 l^5}{240EI}$

③ $\dfrac{7w^2 l^5}{384EI}$

④ $\dfrac{w^2 l^5}{48EI}$

47 그림과 같은 외팔보의 자유단에 모멘트 하중($=P \cdot L$)이 작용할 때 보에 저장되는 탄성 변형에너지와 동일한 크기의 탄성 변형에너지를 집중하중을 이용하여 발생시키고자 할 때, 보의 자유단에 작용시켜야 하는 수직하중 Q의 크기는?(단, 모든 보의 휨강성 EI는 일정하고, 자중은 무시한다.)

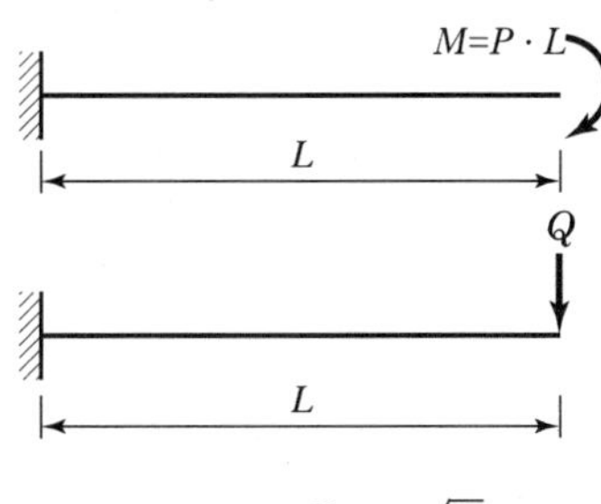

① $\sqrt{2}\,P$

② $2\sqrt{2}\,P$

③ $\sqrt{3}\,P$

④ $2\sqrt{3}\,P$

48 그림에 표시한 것과 같은 단면의 변화가 있는 AB 부재의 강성(Stiffness Factor)은?

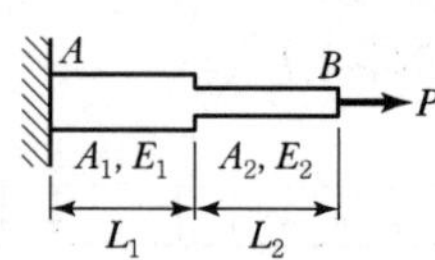

① $\dfrac{PL_1}{A_1E_1}+\dfrac{PL_2}{A_2E_2}$

② $\dfrac{A_1E_1}{PL_1}+\dfrac{A_2E_2}{PL_2}$

③ $\dfrac{A_1E_1}{L_1}+\dfrac{A_2E_2}{L_2}$

④ $\dfrac{A_1A_2E_1E_2}{L_1(A_2E_2)+L_2(A_1E_1)}$

49 그림과 같은 스프링 시스템에 하중 $P=100$N이 작용할 때, 강체 CF의 변위는?(단, 모든 스프링의 강성은 $k=5{,}000$N/m이며, 강체는 수평을 이루면서 이동하고, 시스템의 자중은 무시한다.)

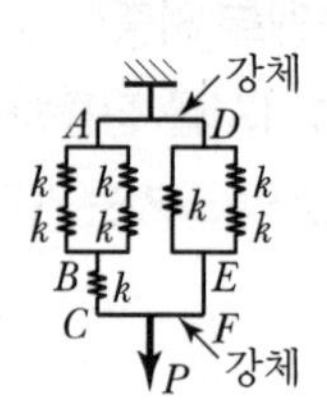

① 10mm

② 20mm

③ 30mm

④ 40mm

50 다음 그림과 같이 보의 좌측에는 강성 $K_1 = 100\text{kN/m}$인 스프링에 의해 지지되며, 우측은 강성이 K_2인 2개의 직렬연결된 스프링으로 지지되어 있다. 집중하중 12kN이 그림과 같이 작용될 때, 양지점의 처짐량이 같아지기 위한 스프링 강성 K_2의 값[kN/m]은?(단, 보와 스프링의 자중은 무시한다.)

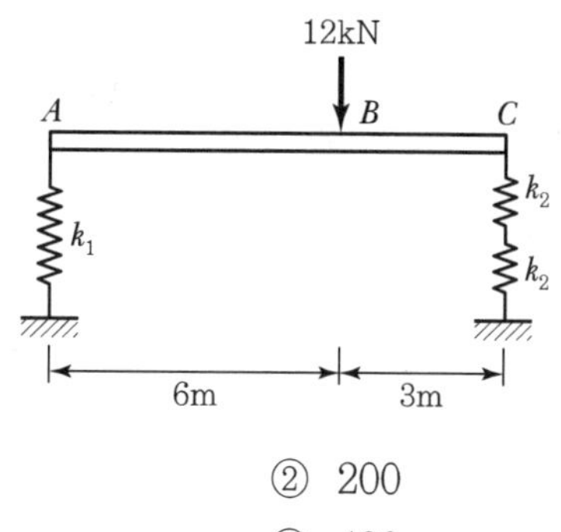

① 100
② 200
③ 300
④ 400

51 다음 그림과 같이 단면적이 100mm^2인 직사각형 단면의 봉에 인장력 10kN이 작용할 때, $\theta = 30°$ 경사면 $m-n$에 발생하는 수직응력(σ)과 전단응력(τ)의 크기[MPa]는?

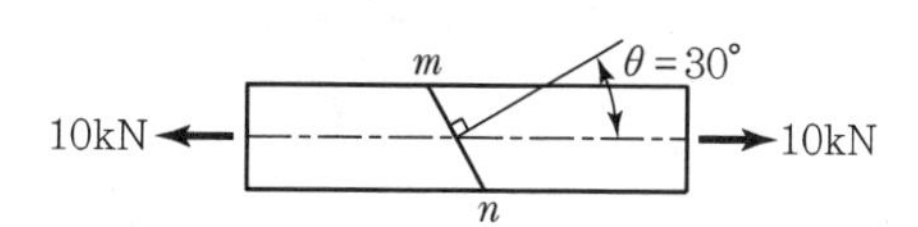

	σ	$\lvert\tau\rvert$
①	$25\sqrt{3}$	25
②	$25\sqrt{3}$	$25\sqrt{3}$
③	75	25
④	75	$25\sqrt{3}$

52 그림과 같이 축력을 받는 부재의 $X-X$ 단면의 수직응력 σ와 전단응력 τ의 비율 σ/τ은?

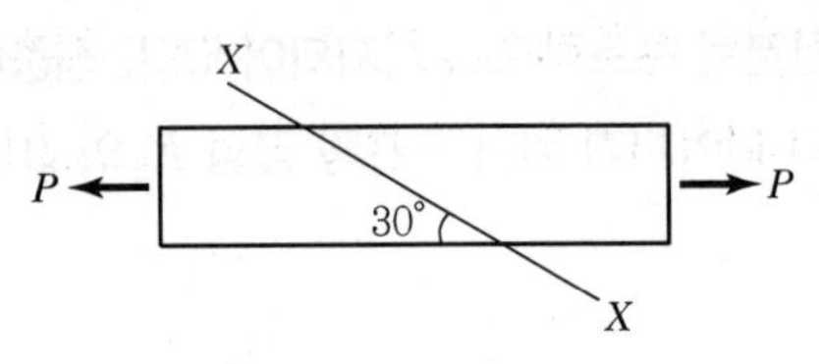

① 1
② $\sqrt{2}$
③ $\frac{1}{\sqrt{2}}$
④ $\sqrt{3}$
⑤ $\frac{1}{\sqrt{3}}$

53 다음 그림과 같은 응력 상태의 구조체에서 A-A 단면에 발생하는 수직응력 σ와 전단응력 τ의 크기는?

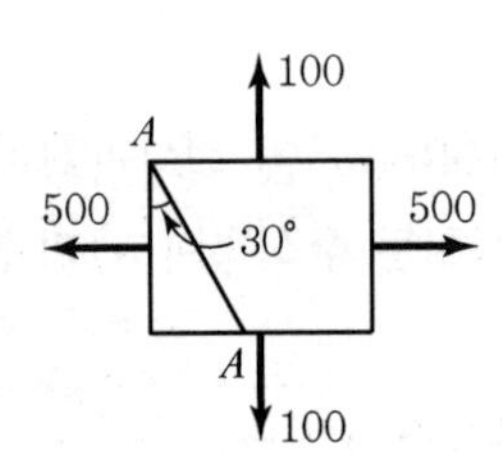

① $\sigma=400$, $\tau=100\sqrt{3}$
② $\sigma=400$, $\tau=200$
③ $\sigma=500$, $\tau=100\sqrt{3}$
④ $\sigma=500$, $\tau=200$

54 평면응력을 받는 요소가 다음과 같이 응력을 받고 있다. 최대 주응력은?

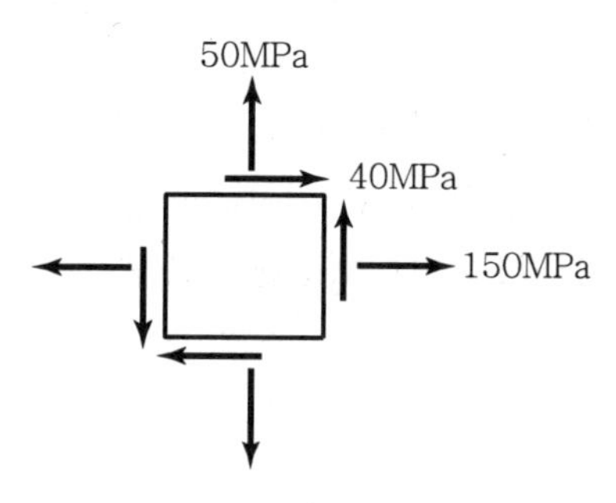

① 64MPa
② 164MPa
③ 36MPa
④ 136MPa

55 그림과 같이 평면응력상태에 있는 한 점에서 임의로 설정한 x, y축 방향 응력이 각각 $\sigma_x = 450$ MPa, $\sigma_y = -150$MPa이다. 이때 주평면(principal plane)에서의 최대주응력은 $\sigma_1 = 550$ MPa이고, x축에서 각도 θ만큼 회전한 축 x_θ방향 응력이 $\sigma_{x_\theta} = 120$MPa이었다면, 최소주응력 σ_2[MPa] 및 y축에서 각도 θ만큼 회전한 축 y_θ 방향 응력 σ_{y_θ}[MPa]는?

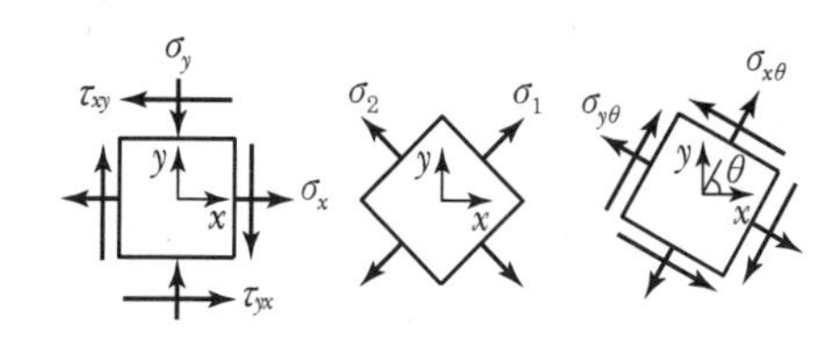

	σ_2	σ_{y_θ}
①	−150	180
②	250	90
③	−250	180
④	150	−90

56 **평면응력상태하에서의 모아(Mohr)의 응력원에 대한 설명 중 옳지 않은 것은?**

① 최대 전단응력의 크기는 두 주응력의 차이와 같다.

② 모아 원의 중심의 x 좌표값은 직교하는 두 축의 수직응력의 평균값과 같고 y 좌표값은 0이다.

③ 모아 원이 그려지는 두 축 중 연직(y)축은 전단응력의 크기를 나타낸다.

④ 모아 원으로부터 주응력의 크기와 방향을 구할 수 있다.

57 **다음과 같이 평면응력 상태에 있는 미소응력요소에서 최대전단응력[MPa]의 크기는?**

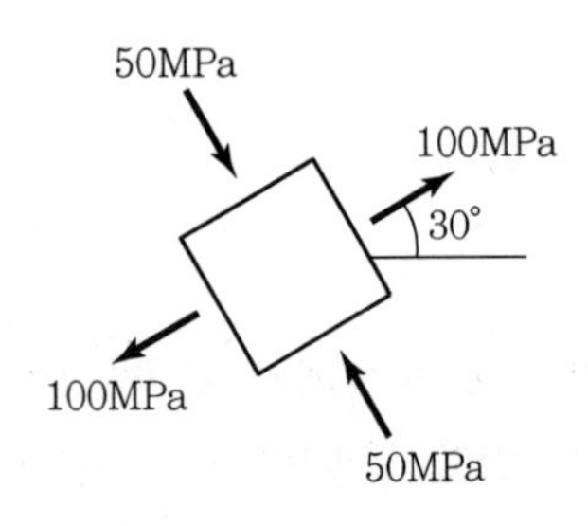

① 25.0

② 50.0

③ 62.5

④ 75.0

58 그림과 같이 평면응력을 받고 있는 평면요소에 대하여 주응력이 발생되는 주각[°]은?(단, 주각은 x축에 대하여 반시계방향으로 회전한 각도이다.)

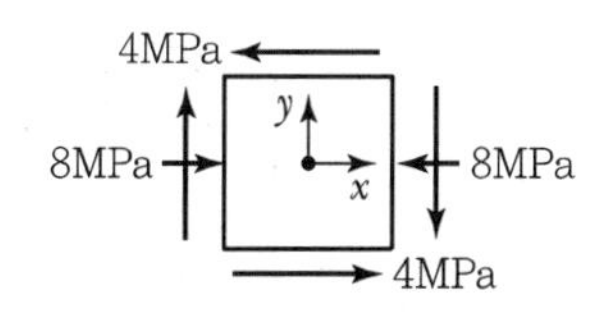

① 15.0
② 22.5
③ 30.0
④ 45.0

59 그림과 같이 구조물의 표면에 스트레인 로제트를 부착하여 각 게이지 방향의 수직 변형률을 측정한 결과, 게이지 A는 50, B는 60, C는 45로 측정되었을 때, 이 표면의 전단변형률 γ_{xy}는?

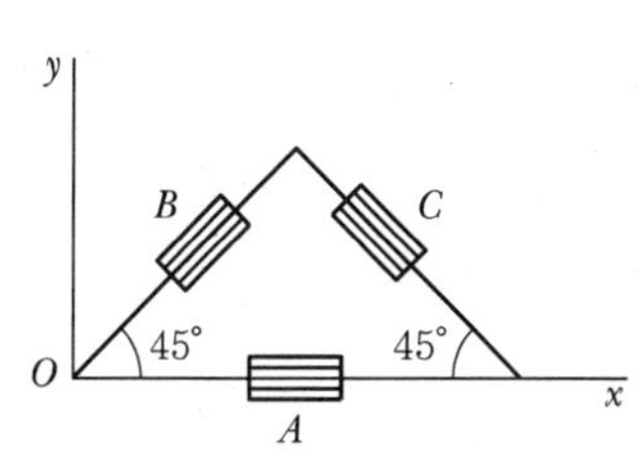

① 5
② 10
③ 15
④ 20

60 그림과 같이 두 개의 재료로 이루어진 합성 단면이 있다. 단면 하단으로부터 중립축까지의 거리 C[mm]는?(단, 각각 재료의 탄성계수는 $E_1 = 0.8 \times 10^5$MPa, $E_2 = 3.2 \times 10^5$MPa이다.)

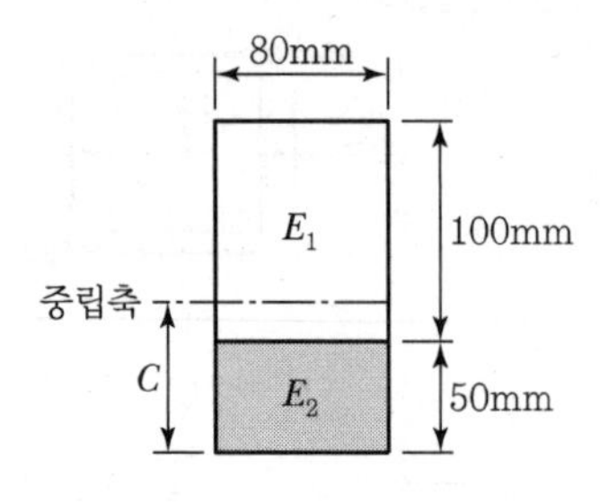

① 50　　② 60
③ 70　　④ 80

61 무게 30kN인 물체를 단면적이 200mm^{2}인 1개의 동선과 양쪽에 단면적이 100mm^{2}인 철선으로 매달았다면 철선과 동선의 인장응력 σ_s, σ_c는 얼마인가?(단, 철선의 탄성계수 $E_s = 2.1 \times 10^5$MPa, 동선의 탄성계수 $E_c = 1.05 \times 10^5$MPa이다.)

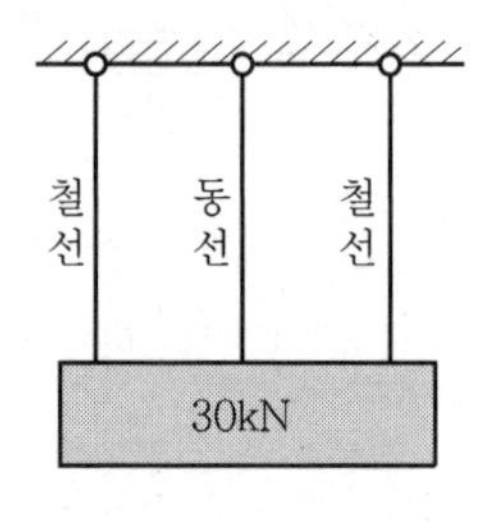

① σ_s=100MPa, σ_c=100MPa
② σ_s=100MPa, σ_c=50MPa
③ σ_s=50MPa, σ_c=150MPa
④ σ_s=50MPa, σ_c=50MPa

62 그림과 같이 상하부에 알루미늄판과 내부에 플라스틱 코어가 있는 샌드위치 패널에 휨모멘트 4.28N · m가 작용하고 있다. 알루미늄판은 두께 2mm, 탄성계수 30GPa이고 내부 플라스틱 코어는 높이 6mm, 탄성계수는 10GPa이다. 부재가 일체거동한다고 가정할 때 외부 알루미늄 판의 최대응력은?

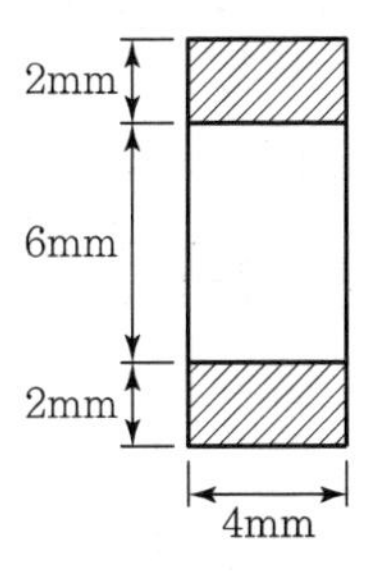

① $25N/mm^2$　　② $30N/mm^2$

③ $60N/mm^2$　　④ $75N/mm^2$

CHAPTER

공기업 토목직 1300제

09 보의 응력

01 휨모멘트가 M인 다음과 같은 직사각형 단면에서 A－A에서의 휨응력은?

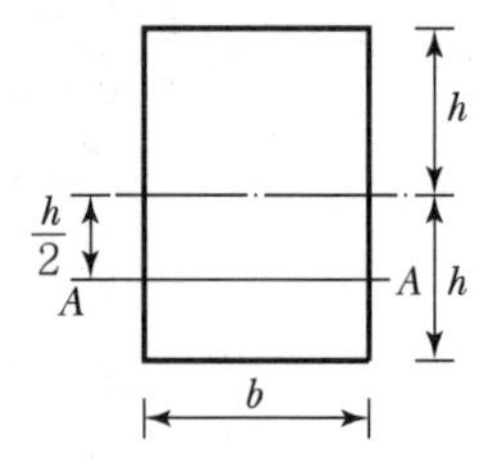

① $\frac{3M}{bh^2}$　　② $\frac{3M}{4bh^2}$

③ $\frac{3M}{2bh^2}$　　④ $\frac{M}{4b^2h^2}$

02 단면이 원형(반지름 R)인 보에 휨모멘트 M이 작용할 때 이 보에 작용하는 최대휨응력은?

① $\frac{4M}{\pi R^3}$　　② $\frac{12M}{\pi R^3}$

③ $\frac{16M}{\pi R^3}$　　④ $\frac{32M}{\pi R^3}$

03 똑같은 휨모멘트 M를 받고 있는 두 보의 단면이 그림 1 및 그림 2와 같다. 그림 2의 보의 최대 휨응력은 그림 1의 보의 최대 휨응력의 몇 배인가?

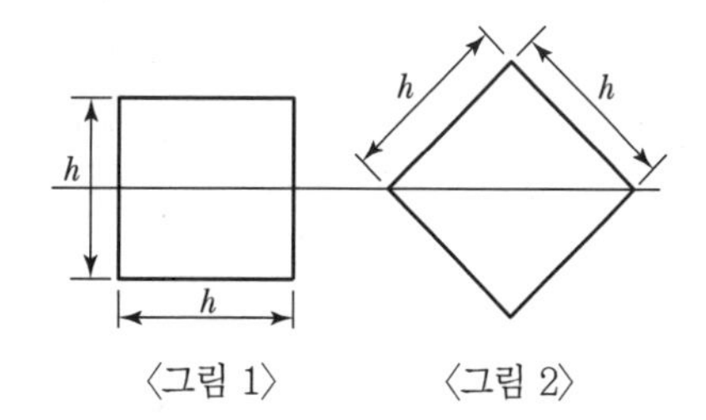

① $\sqrt{2}$ 배
② $2\sqrt{2}$ 배
③ $\sqrt{5}$ 배
④ $\sqrt{3}$ 배

04 단면이 폭 300mm, 높이 500mm인 단순보의 중앙 지간에 집중 하중 10kN이 작용하고 있다. 이 구조물에서 생기는 최대 휨응력(σ_{max} [MPa])은?

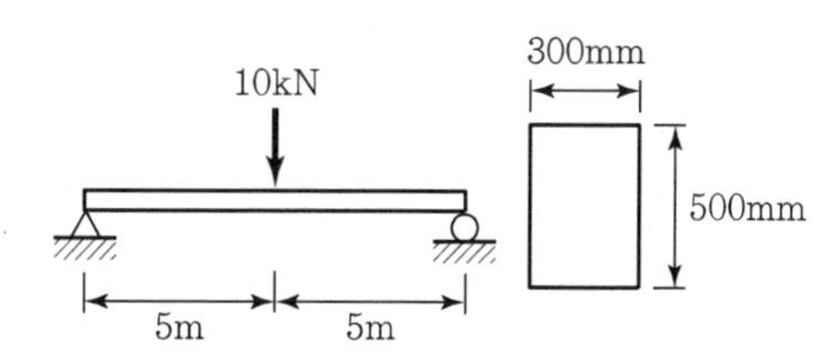

① $\sigma_{max}=1$
② $\sigma_{max}=2$
③ $\sigma_{max}=100$
④ $\sigma_{max}=200$

05 지간이 10m인 단순보에 등분포하중 $w = 8\mathrm{kN/m}$가 작용할 때 단순보에서 발생하는 최대휨응력의 크기는?(단, 폭 $b = 0.6\mathrm{m}$, 높이 $h = 1\mathrm{m}$이다.)

① 500kPa
② 1,000kPa
③ 1,500kPa
④ 2,000kPa
⑤ 2,500kPa

06 그림과 같은 캔틸레버보에서 발생되는 최대 휨모멘트 $M_{\max}$ [kN · m] 및 최대 휨응력 $\sigma_{\max}$ [MPa]의 크기는?(단, 보의 자중은 무시한다.)

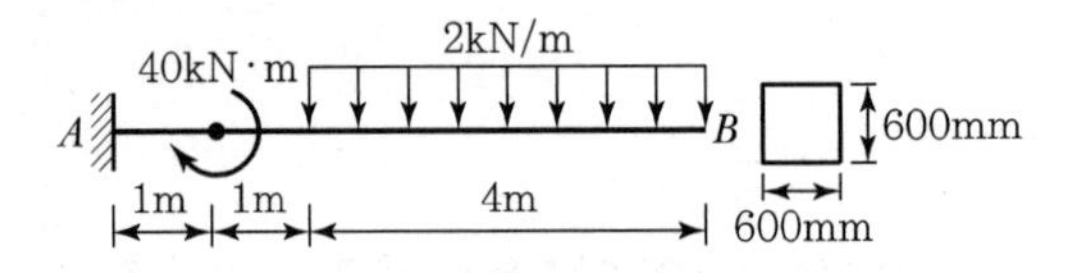

	$M_{\max}$	$\sigma_{\max}$
①	32	1
②	32	1.2
③	72	1.2
④	72	2

07 그림과 같이 내민보가 하중을 받고 있다. 내민보의 단면은 폭이 b이고 높이가 0.1m인 직사각형이다. 내민보의 인장 및 압축에 대한 허용휨응력이 600MPa일 때, 폭 b의 최솟값[m]은?(단, 자중은 무시한다.)

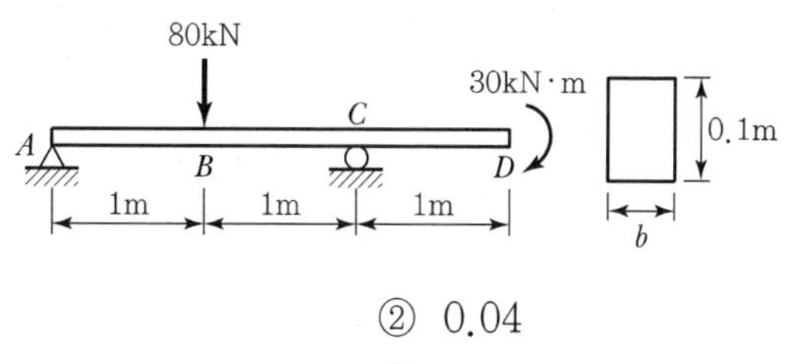

① 0.03
② 0.04
③ 0.05
④ 0.06

08 그림과 같이 폭 300mm, 높이 400mm의 직사각형 단면을 갖는 단순보의 허용 휨응력이 6MPa이라면, 단순보에 작용시킬 수 있는 최대 등분포하중 w의 크기[kN/m]는?(단, 보의 휨강성 EI는 일정하고, 자중은 무시한다.)

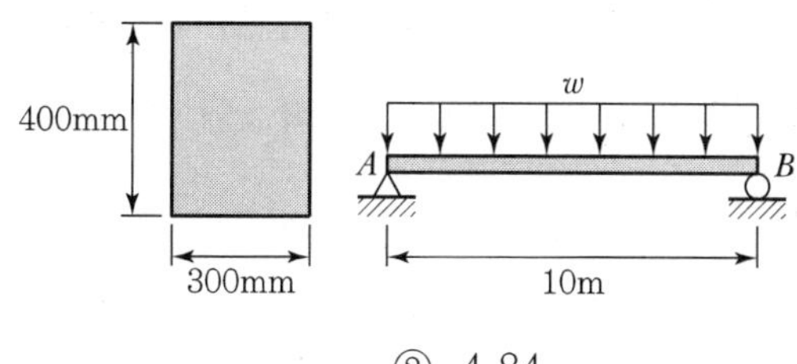

① 3.84
② 4.84
③ 5.84
④ 6.84

09 단순보에 등분포하중과 축방향력이 동시에 작용할 때의 설명으로 옳은 것은?

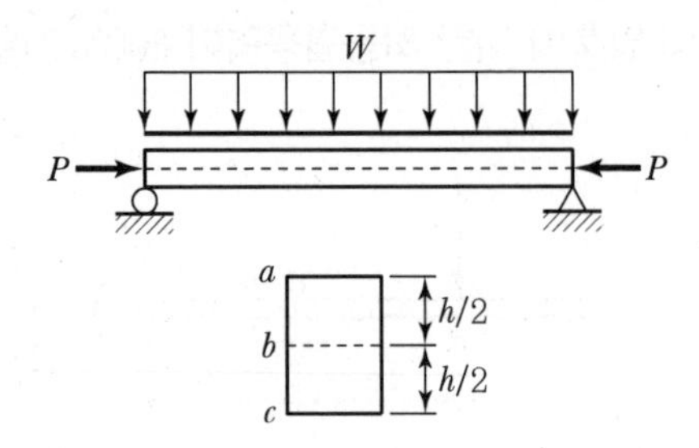

① 축방향력 P가 인장일 때, 보 상연 a면의 압축응력은 증가한다.

② 축방향력 P가 압축일 때, 보 하연 c면의 인장응력은 증가한다.

③ 축방향력 P가 인장일 때, 보 하연 c면의 인장응력은 감소한다.

④ 축방향력 P가 압축, 인장에 상관없이 도심축을 통과하는 b면의 합성응력은 0이다.

⑤ 축방향력 P가 압축일 때, 중립축은 하단으로 이동한다.

10 그림과 같이 직사각형 단면을 가진 캔틸레버보의 끝단에 집중하중 P가 작용할 때, 상연으로부터 $\frac{h}{4}$ 위치인 고정단의 미소면적 A에서 휨응력 σ와 전단응력 τ의 값은?

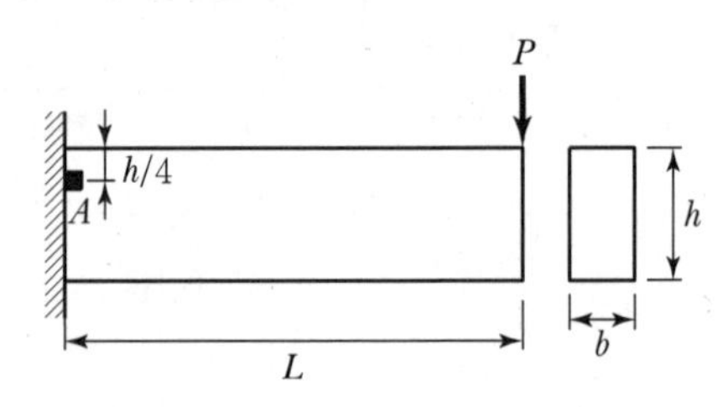

① $\sigma = \frac{3PL}{bh^2}$, $\tau = \frac{9P}{8bh}$

② $\sigma = \frac{6PL}{bh^2}$, $\tau = \frac{9P}{8bh}$

③ $\sigma = \frac{3PL}{bh^2}$, $\tau = \frac{P}{bh}$

④ $\sigma = \frac{6PL}{bh^2}$, $\tau = \frac{P}{bh}$

11 전단력 V가 작용하고 있는 그림과 같은 보의 단면에서 $\tau_1 - \tau_2$의 값으로 옳은 것은?

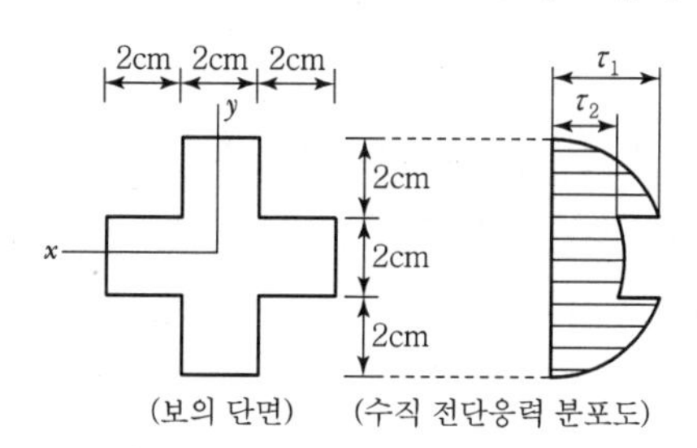

① $\dfrac{V}{29}$　　② $\dfrac{2V}{29}$

③ $\dfrac{3V}{29}$　　④ $\dfrac{4V}{29}$

12 다음 그림과 같은 단면을 갖는 보에 수직하중이 작용할 때, 이에 대한 설명으로 옳지 않은 것은?

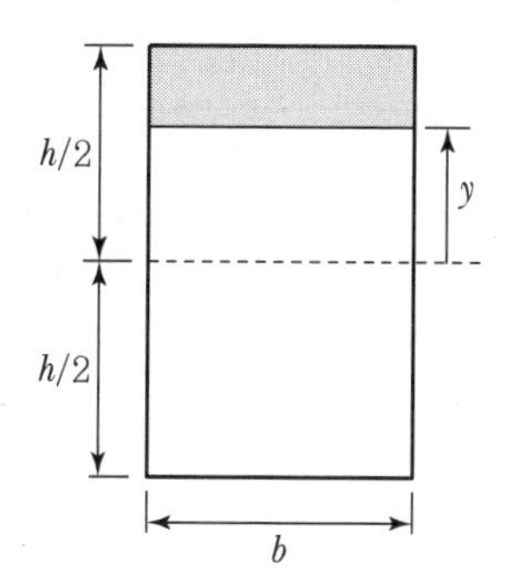

① 전단응력을 구할 때 사용하는 단면1차모멘트 Q는 $\dfrac{b}{2}\left(\dfrac{h^2}{4} - y^2\right)$이다.

② 전단력을 V, 단면2차모멘트를 I라 할 때, 전단응력은 $\dfrac{V}{2I}\left(\dfrac{h^2}{4} - y^2\right)$이다.

③ 최대 전단응력은 중립축에서 발생한다.

④ 최대 전단응력의 크기는 평균 전단응력의 $\dfrac{4}{3}$배이다.

13 그림과 같은 하중을 받는 보의 최대 전단응력은?

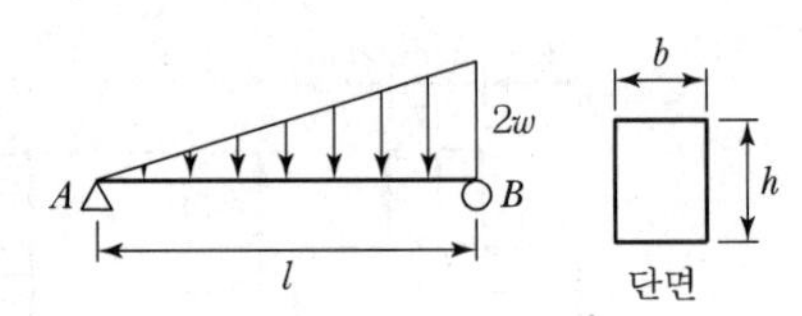

① $\frac{2}{3}\frac{\omega l}{bh}$　　② $\frac{3}{2}\frac{\omega l}{bh}$

③ $2\frac{\omega l}{bh}$　　④ $\frac{\omega l}{bh}$

14 그림과 같은 단순보의 최대전단응력 $\tau_{\max}$를 구하면?(단, 보의 단면은 지름이 D인 원이다.)

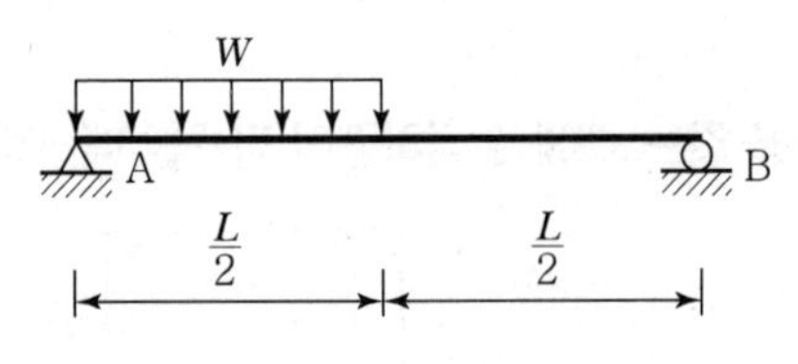

① $\frac{WL}{2\pi D^2}$　　② $\frac{9WL}{4\pi D^2}$

③ $\frac{3WL}{2\pi D^2}$　　④ $\frac{2WL}{\pi D^2}$

15 다음 그림과 같이 속이 빈 단면에 전단력 V=150kN이 작용하고 있다. 단면에 발생하는 최대전단 응력은?

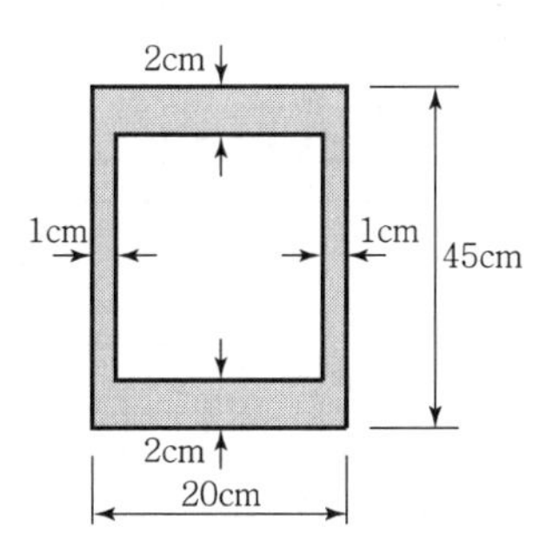

① 0.99MPa
② 1.98MPa
③ 9.9MPa
④ 19.8MPa

16 그림과 같은 단면에 전단력 V=750kN이 작용할 때 최대 전단응력은?

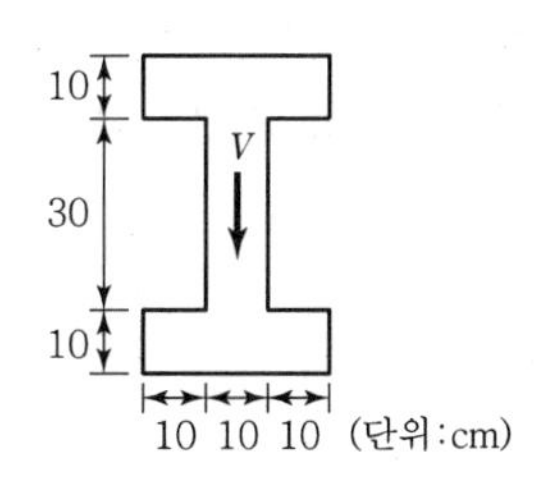

① 8.3MPa
② 15MPa
③ 20MPa
④ 25MPa

17 주어진 T형보 단면의 캔틸레버에서 최대 전단응력을 구하면 얼마인가?(단, T형보 단면의 $I_{N.A.}=86.8\times10^4\text{mm}^4$이다.)

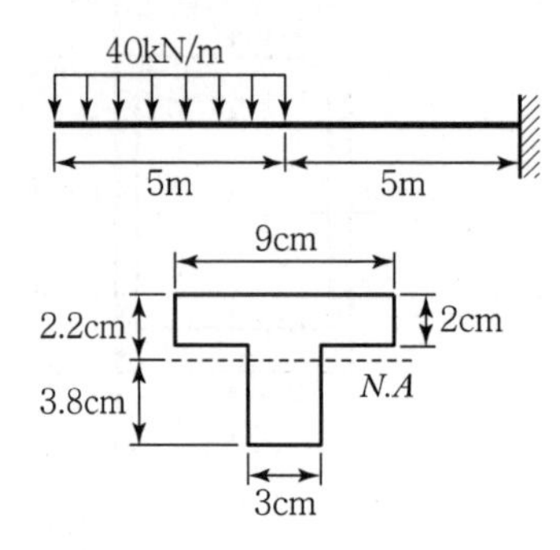

① 125.7MPa
② 166.4MPa
③ 208.0MPa
④ 243.3MPa

18 그림과 같이 정사각형 단면을 가진 캔틸레버보에 40kN의 하중이 작용할 때 최대전단응력이 1.5MPa 발생하였다면 이 단면의 한 변(b)의 크기는?

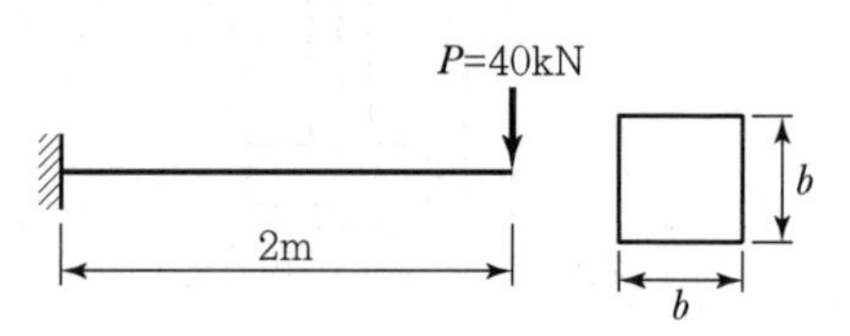

① 100mm
② 150mm
③ 200mm
④ 300mm
⑤ 400mm

19 그림과 같이 단면적 $A=4,000\text{mm}^2$인 원형 단면을 가진 캔틸레버 보의 자유단에 수직하중 P가 작용한다. 이 보의 전단에 대하여 허용할 수 있는 최대하중 P[kN]는?(단, 허용전단응력은 1N/mm^2이다.)

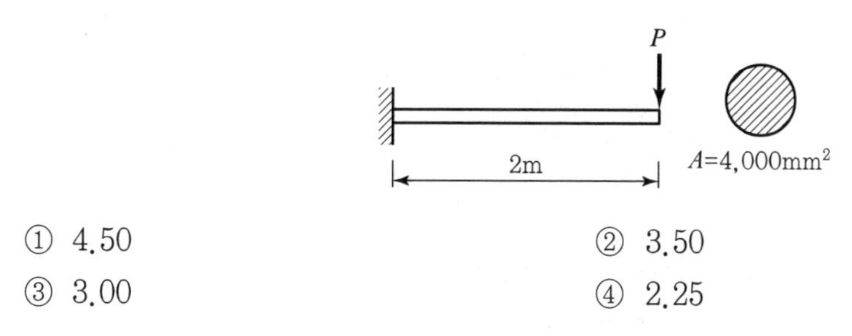

① 4.50　　② 3.50
③ 3.00　　④ 2.25

20 그림과 같은 단순보에서 허용휨응력 $f_{ba}=5\text{MPa}$, 허용전단응력 $\tau_a=0.5\text{MPa}$일 때 하중 P의 한계치는?

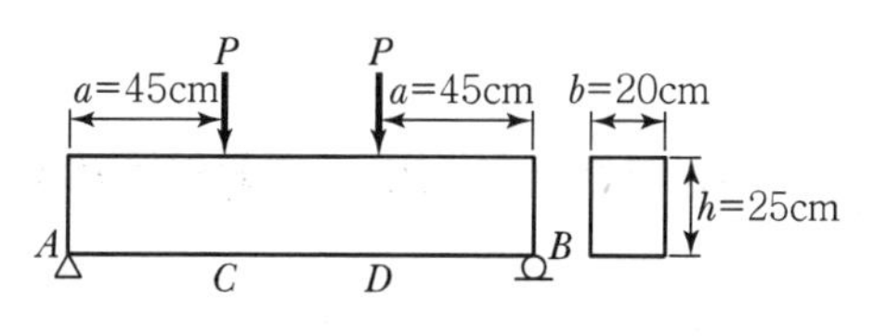

① 16.7kN　　② 25.2kN
③ 25.0kN　　④ 23.1kN

21 그림과 같이 100N의 전단강도를 갖는 못(Nail)이 웨브(Web)와 플랜지(Flange)를 연결하고 있다. 이 못들은 부재의 길이방향으로 150mm 간격으로 설치되어 있다. 이 부재에 작용할 수 있는 최대 수직전단력은?(단, 단면 2차 모멘트 $I=1,012,500\text{mm}^4$)

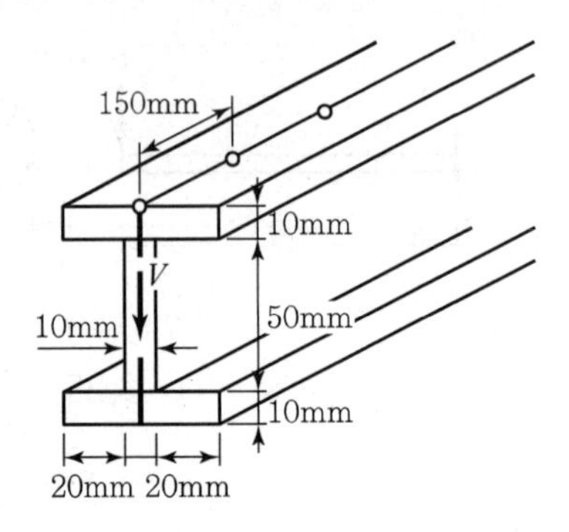

① 35N
② 40N
③ 45N
④ 50N

22 그림과 같이 X, Y축에 대칭인 빗금친 단면에 비틀림우력 50kN · m가 작용할 때 최대전단응력은?

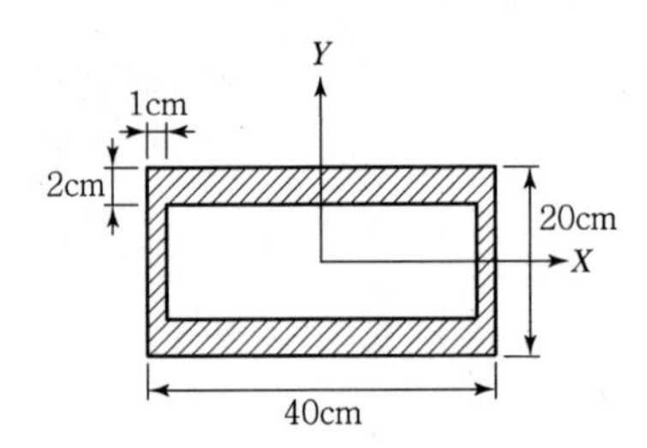

① 35.6MPa
② 43.6MPa
③ 52.4MPa
④ 60.3MPa

23 전단중심(Shear Center)에 대한 다음 설명 중 옳지 않은 것은?

① 전단중심이란 단면이 받아내는 전단력의 합력점의 위치를 말한다.

② 1축이 대칭인 단면의 전단중심은 도심과 일치한다.

③ 하중이 전단중심 점을 통과하지 않으면 보는 비틀린다.

④ 1축이 대칭인 단면의 전단 중심은 그 대칭축 선상에 있다.

24 다음 그림과 같은 탄소성 재료로 된 직사각형 단면보의 거동에 관한 설명 중 옳지 않은 것은?

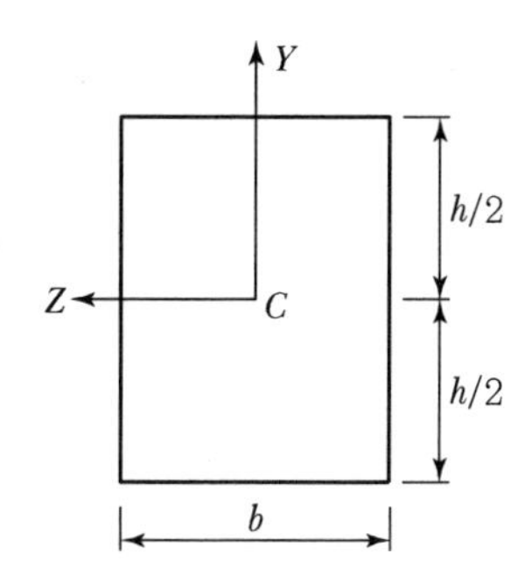

① 소성계수$(Z_p) = \dfrac{bh^2}{4}$이다.

② 소성모멘트$(M_p) = \dfrac{\sigma_y \cdot bh^2}{4}$이다.

③ 항복모멘트$(M_y) = \dfrac{\sigma_y \cdot bh^2}{6}$이다.

④ 형상계수$(f) = \dfrac{M_y}{M_p} = \dfrac{2}{3}$이다.

CHAPTER

공기업 토목직 1300제

10 기둥

01 그림과 같은 4각형 단면의 단주(短柱)에 있어서 핵거리(核距離) e는?

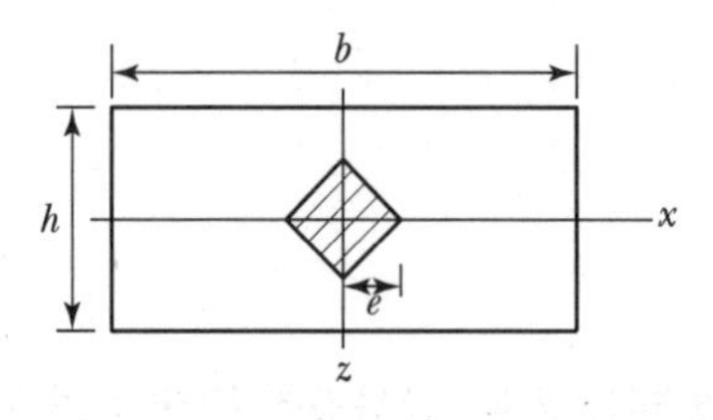

① $\frac{b}{3}$　　② $\frac{b}{6}$

③ $\frac{h}{3}$　　④ $\frac{h}{6}$

02 지름이 d인 원형 단면의 핵(Core)의 지름은?

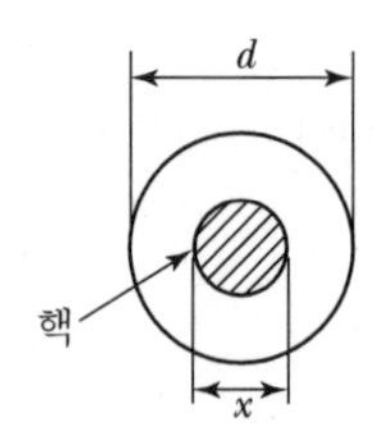

① $\frac{d}{2}$　　② $\frac{d}{3}$

③ $\frac{d}{4}$　　④ $\frac{d}{6}$

03 외반경 R_1, 내반경 R_2인 중공(中空) 원형단면의 핵은?(단, 핵의 반경을 e로 표시함)

① $e=\dfrac{(R_1^2+R_2^2)}{4R_1^2}$

② $e=\dfrac{(R_1^2-R_2^2)}{4R_1^2}$

③ $e=\dfrac{(R_1^2+R_2^2)}{4R_1}$

④ $e=\dfrac{(R_1^2-R_2^2)}{4R_1}$

04 그림과 같은 기둥에 150kN의 축력이 B점에 편심으로 작용할 때 A점의 응력이 0이 되려면 편심 e는?(단면적 $A=125\text{mm}^2$, 단면계수 $Z=2{,}500\text{mm}^3$이다.)

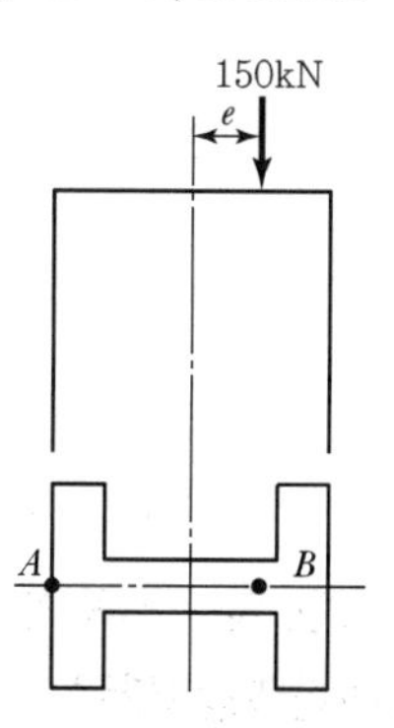

① 20mm

② 25mm

③ 30mm

④ 35mm

05 그림과 같은 직사각형 단주가 있다. 이 단주의 상단 A점에 압축력 24kN이 작용할 때, 단주의 하단에 발생하는 최대 압축응력[MPa]은?

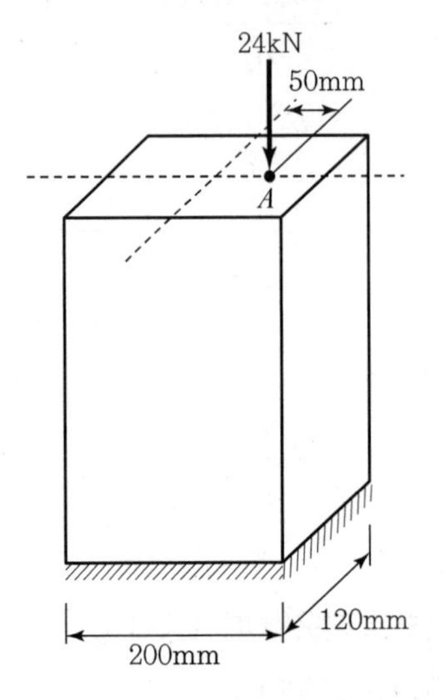

① 1.5
② 1.75
③ 2.0
④ 2.5

06 〈보기〉와 같은 정사각형 단면을 갖는 짧은 기둥의 측면에 홈이 패어 있을 때 작용하는 하중 P로 인해 단면 m−n에 발생하는 최대압축응력은?

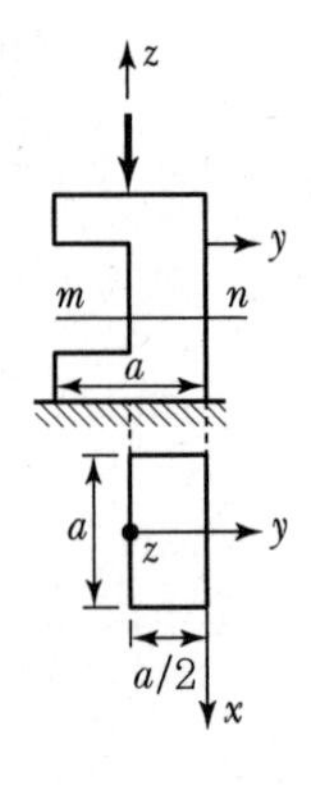

〈$m-n$ 단면〉

① $2P/a^2$
② $4P/a^2$
③ $6P/a^2$
④ $8P/a^2$

07 그림과 같은 편심하중을 받는 짧은 기둥이 있다. 허용인장응력 및 허용압축응력이 모두 150MPa일 때, 바닥면에서 허용응력을 넘지 않기 위해 필요한 a의 최솟값[mm]은?(단, 기둥의 좌굴 및 자중은 무시한다.)

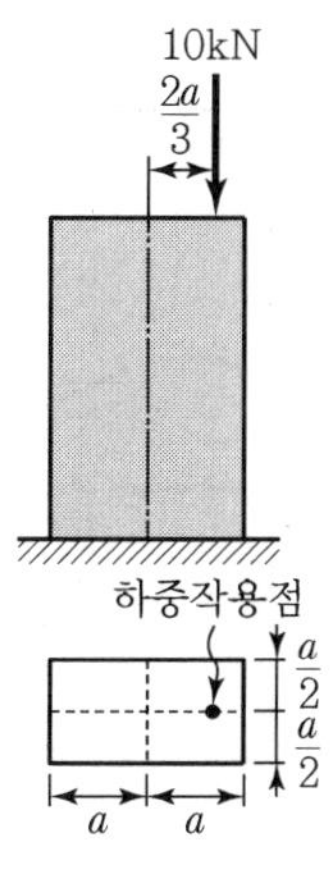

① 5　　② 10
③ 15　　④ 20

08 다음 그림과 같은 정사각형 단주가 있다. 이 단주의 상단 A점에 압축력 10kN이 작용할 때, 단주의 하단 B점에 발생하는 압축응력[kPa]은?

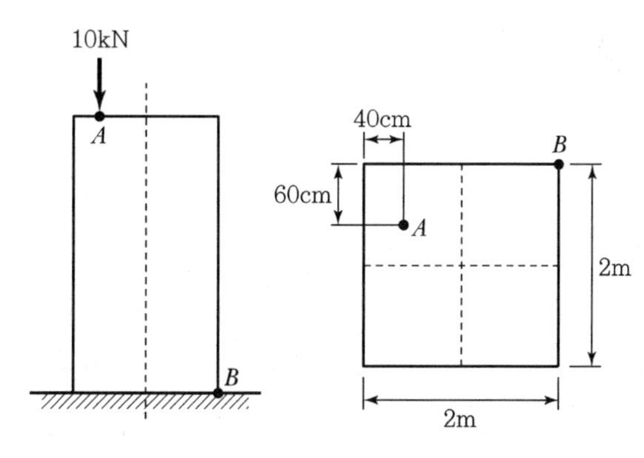

① 1　　② 2
③ 3　　④ 4

09 그림과 같이 직사각형 단면을 갖는 단주에 집중하중 $P=120\text{kN}$이 C점에 작용할 때 직사각형 단면에서 인장응력이 발생하는 구역의 넓이[m^2]는?

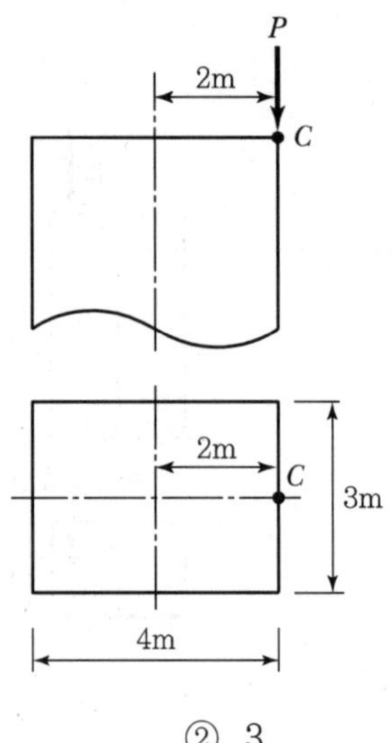

① 2
② 3
③ 4
④ 5

10 다음과 같은 짧은 기둥 구조물에서 단면 m－n 위의 A점과 B점의 수직 응력[MPa]은?(단, 자중은 무시한다.)

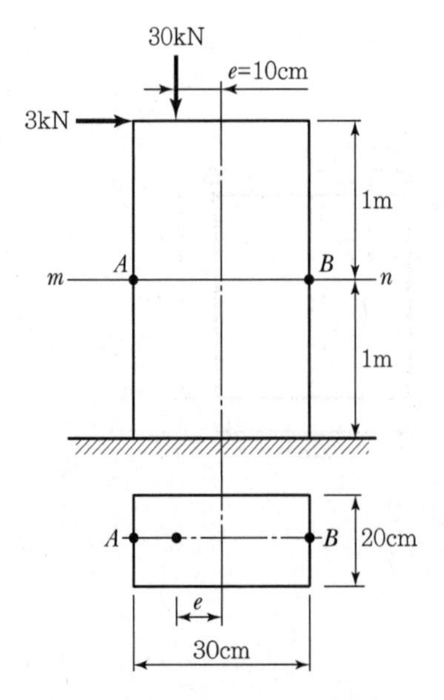

	A	B
①	0	0
②	0.5(압축)	0.5(압축)
③	3.5(압축)	2.5(인장)
④	2.5(인장)	1.5(압축)

11 **Euler 탄성좌굴이론의 기본 가정 중 옳지 않은 것은?**

① 기둥의 재료는 후크의 법칙을 따르며 균질하다.

② 좌굴발생에 따른 처짐(v)은 매우 작으므로 곡률(k)은 d^2v/dx^2와 같다.

③ 좌굴발생 전 양단이 핀으로 지지된 기둥은 초기결함 없이 완전한 직선을 유지하고 어떠한 잔류응력도 없다.

④ 좌굴발생 전 중립축에 직각인 평면은 좌굴발생 후 중립축에 직각을 유지하지 않는다.

12 **그림과 같이 길이가 L인 기둥의 중실원형 단면이 있다. 단면의 도심을 지나는 A − A축에 대한 세장비는?**

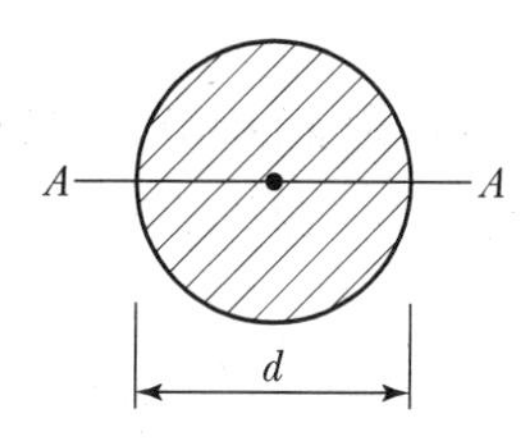

① $\frac{4L}{d}$

② $\frac{2\sqrt{2}\,L}{d}$

③ $\frac{2L}{d}$

④ $\frac{L}{d}$

13 그림과 같이 높이가 폭(b)의 2배인 직사각형 단면을 갖는 압축부재의 세장비(λ)를 48 이하로 제한하기 위한 부재의 최대 길이는 직사각형 단면 폭(b)의 몇 배인가?

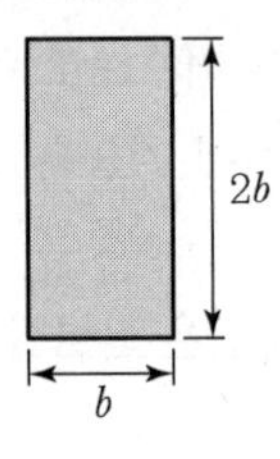

① $6\sqrt{3}$
② $8\sqrt{3}$
③ $10\sqrt{3}$
④ $12\sqrt{3}$

14 장주의 탄성좌굴하중(Elastic Buckling Load) P_{cr}는 아래의 식과 같다. 기둥의 각 지지조건에 따른 n의 값으로 틀린 것은?(단, E : 탄성계수, I : 단면 2차 모멘트, l : 기둥의 높이)

$$\frac{n\pi^2 EI}{l^2}$$

① 일단고정 타단자유 : $n=1/4$
② 양단힌지 : $n=1$
③ 일단고정 타단힌지 : $n=1/2$
④ 양단고정 : $n=4$

15 기둥의 임계하중에 대한 설명으로 옳지 않은 것은?

① 단면2차모멘트가 클수록 임계하중은 크다.

② 좌굴길이가 길수록 임계하중은 작다.

③ 임계하중에서의 기둥은 좌굴에 대해서 안정하지도 불안정하지도 않다.

④ 동일조건에서 원형단면은 동일한 면적의 정삼각형단면보다 임계하중이 크다.

16 그림과 같이 양단이 고정지지된 직사각형 단면을 갖는 기둥의 최소 임계하중의 크기[kN]는? (단, 기둥의 탄성계수 $E=210$GPa, π^2은 10으로 계산하며, 자중은 무시한다.)

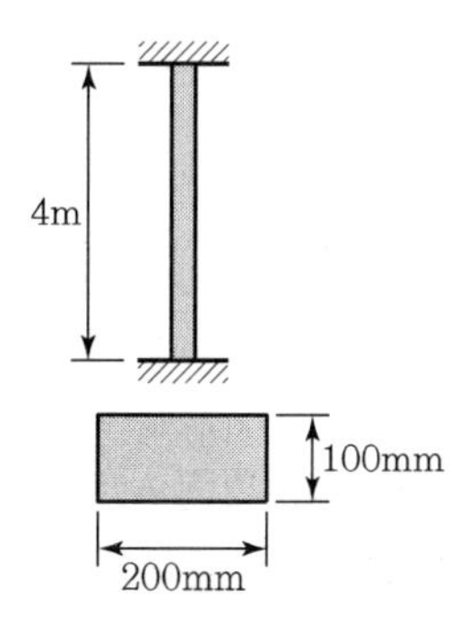

① 8,750　　② 9,000

③ 9,250　　④ 9,750

17 동일 단면, 동일 재료, 동일 길이(l)를 갖는 장주(長柱)에서 좌굴하중(P_b)에 대한 (a) : (b) : (c) : (d) 크기의 비는?

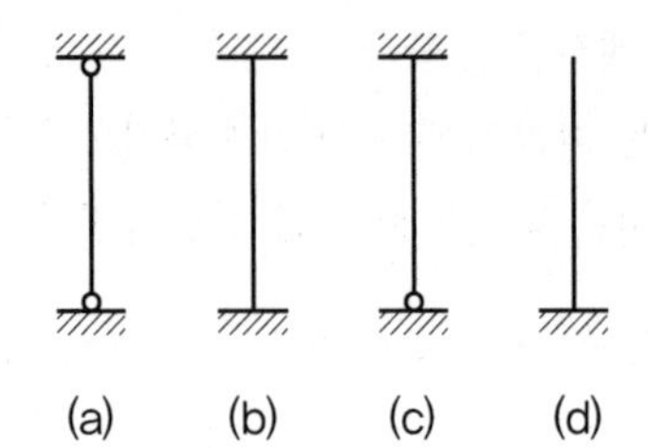

① $1:4:\frac{1}{4}:2$

② $1:3:2:\frac{1}{4}$

③ $1:4:2:\frac{1}{4}$

④ $1:2:2:\frac{1}{4}$

⑤ $1:2:\frac{1}{4}:2$

18 그림과 같이 기둥과 단면이 주어질 때 (그림 A)와 (그림 B)의 좌굴하중비 $P_{cr\,B}/P_{cr\,A}$는?(단, $b>2h$이고, 기둥의 재료는 동일하며, A에서 두 부재는 접착되어 있지 않다.)

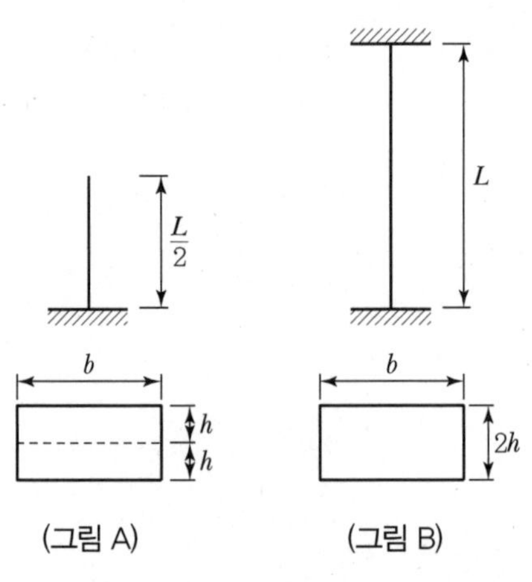

① 4

② 8

③ 16

④ 32

⑤ 2

19 그림과 같은 두 기둥의 탄성좌굴하중의 크기가 같다면, 단면2차모멘트 I의 비$\left(\dfrac{I_2}{I_1}\right)$는?(단, 두 기둥의 탄성계수 E, 기둥의 길이 L은 같다.)

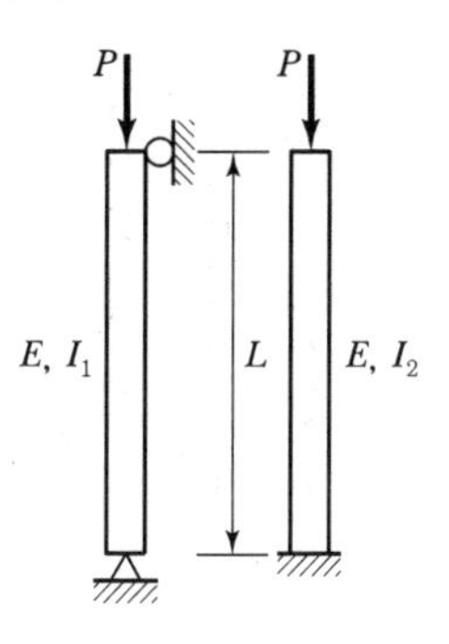

① $\frac{1}{4}$
② $\frac{1}{2}$
③ 2
④ 4

20 그림과 같이 축하중 P를 받고 있는 기둥 ABC의 중앙 B점에서는 x방향의 변위가 구속되어 있고 양끝단 A점과 C점에서는 x방향과 z방향의 변위가 구속되어 있을 때, 기둥 ABC의 탄성좌굴을 발생시키는 P의 최솟값은?(단, 탄성계수 $E=\dfrac{L^2}{\pi^2}$, 단면2차모멘트 $I_x=20\pi$, $I_z=\pi$로 가정한다.)

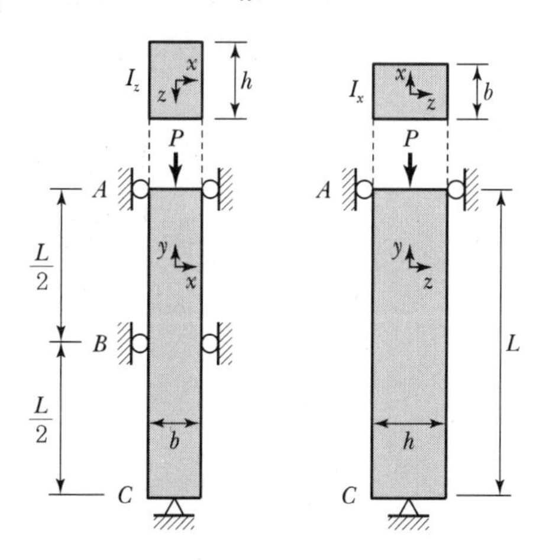

① 2π
② 4π
③ 5π
④ 20π

21 그림의 수평부재 AB는 A지점은 힌지로 지지되고 B점에는 집중하중 Q가 작용하고 있다. C점과 D점에서는 끝단이 힌지로 지지된 길이가 L이고, 휨 강성이 모두 EI로 일정한 기둥으로 지지되고 있다. 두 기둥의 좌굴에 의해서 붕괴를 일으키는 하중 Q의 크기는?

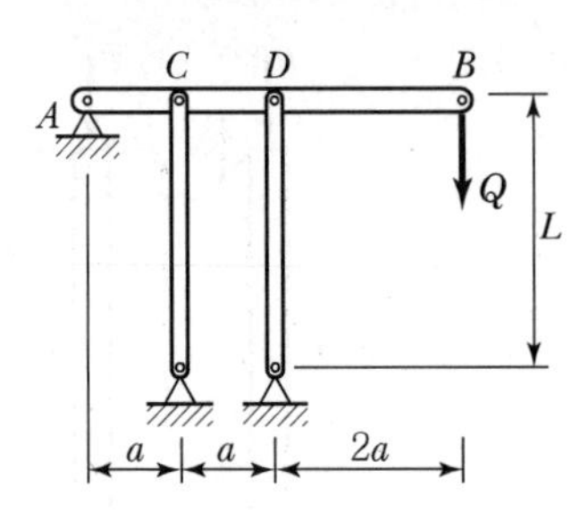

① $Q=\dfrac{2\pi^2 EI}{4L^2}$　　② $Q=\dfrac{3\pi^2 EI}{4L^2}$

③ $Q=\dfrac{3\pi^2 EI}{8L^2}$　　④ $Q=\dfrac{3\pi^2 EI}{16L^2}$

22 다음 그림과 같은 양단이 고정되고 속이 찬 원형 단면을 가진 길이 2m 봉의 전체 온도가 100℃ 상승했을 때 좌굴이 발생하였다. 이때 봉의 지름은?(단, 열팽창계수 $\alpha=10^{-6}$/℃이다.)

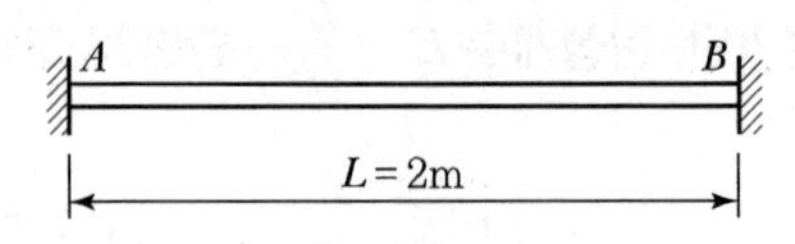

① $\sqrt{\dfrac{0.02}{\pi}}$ m　　② $\sqrt{\dfrac{0.04}{\pi}}$ m

③ $\dfrac{0.02}{\pi}$ m　　④ $\dfrac{0.04}{\pi}$ m

23 그림과 같은 이상형 강체 기둥 모델의 좌굴임계하중은?(단, A점은 힌지절점이고, B점은 선형 탄성 거동을 하는 스프링에 연결되어 있으며, C점의 변위는 작다고 가정한다. BD구간의 스프링상수는 k이다.)

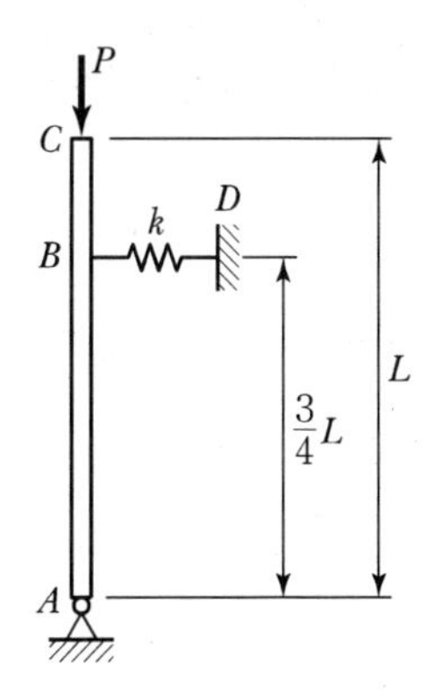

① $\dfrac{1}{4}kL$　　② $\dfrac{3}{4}kL$

③ $\dfrac{9}{16}kL$　　④ $1kL$

CHAPTER 11

공기업 토목직 1300제

정정구조물의 처짐과 처짐각

01 정정보의 처짐과 처짐각을 계산할 수 있는 방법이 아닌 것은?

① 이중적분법(Double Integration Method)
② 공액보법(Conjugate Beam Method)
③ 처짐각법(Slope Deflection Method)
④ 단위하중법(Unit Load Method)

02 그림과 같이 균일 캔틸레버보에 하중이 작용할 때 B점의 처짐각은?(단, 보의 자중은 무시한다.)

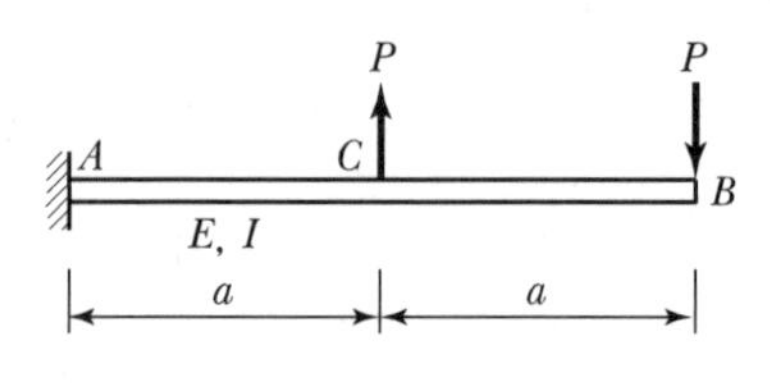

① $\dfrac{3Pa^2}{2EI}$
② $\dfrac{11Pa^3}{6EI}$
③ $\dfrac{5Pa^2}{2EI}$
④ $\dfrac{10Pa^3}{6EI}$

03 그림과 같은 캔틸레버보에서 자유단 A의 처짐각이 0이 되기 위한 모멘트 M의 값은?(단, 보의 휨강성 EI는 일정하고, 자중은 무시한다.)

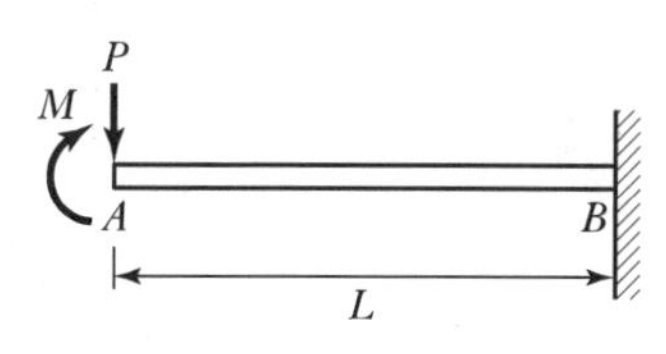

① $\frac{PL}{3}$　② $\frac{2PL}{3}$

③ $\frac{PL}{2}$　④ PL

04 그림과 같이 캔틸레버 보에 하중 P와 Q가 작용하였을 때, 캔틸레버 보 끝단 A점의 처짐이 0이 되기 위한 P와 Q의 관계는?(단, 보의 휨강성 EI는 일정하고, 자중은 무시한다.)

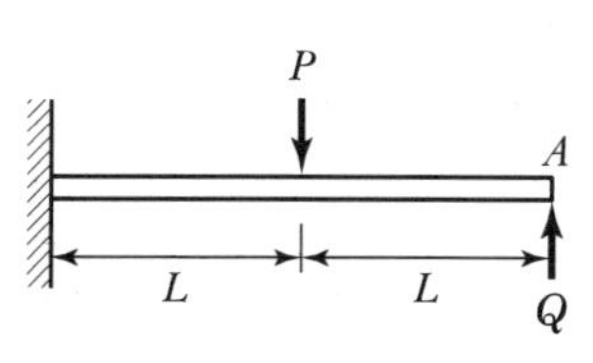

① $Q=\frac{3}{16}P$　② $Q=\frac{1}{4}P$

③ $Q=\frac{5}{16}P$　④ $Q=\frac{3}{8}P$

05 재질과 단면이 같은 다음 2개의 외팔보에서 자유단의 처짐을 같게 하는 P_1/P_2의 값은?

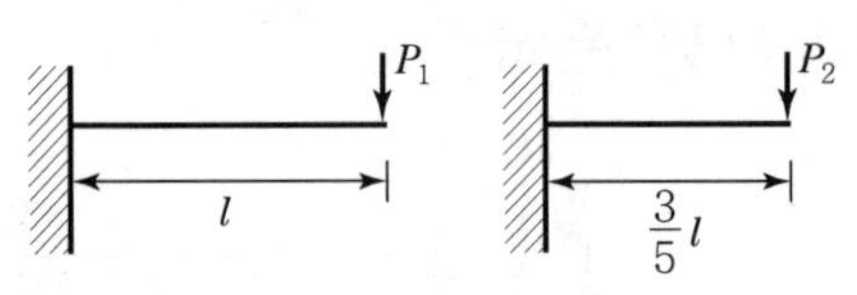

① 0.216
② 0.437
③ 0.325
④ 0.546

06 휨강성이 EI인 다음과 같은 구조에서 B점의 처짐값이 0이 되기 위한 x값은?

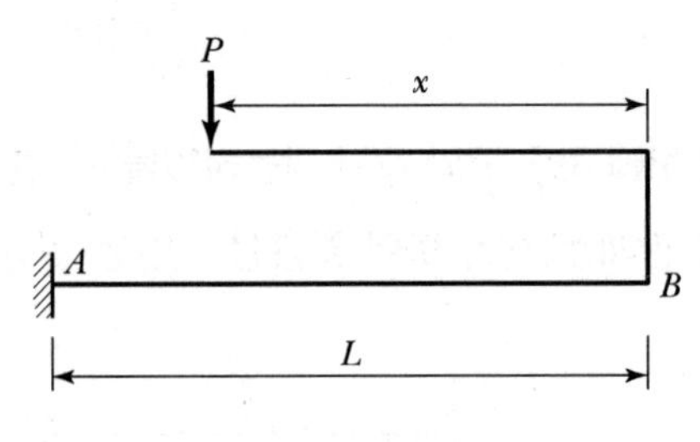

① $\frac{L}{3}$
② $\frac{L}{2}$
③ $\frac{2L}{3}$
④ L

07 아래 그림과 같은 단순보의 지점 A에 모멘트 M_a가 작용할 경우 A점과 B점의 처짐각 비 $\left(\dfrac{\theta_a}{\theta_b}\right)$의 크기는?

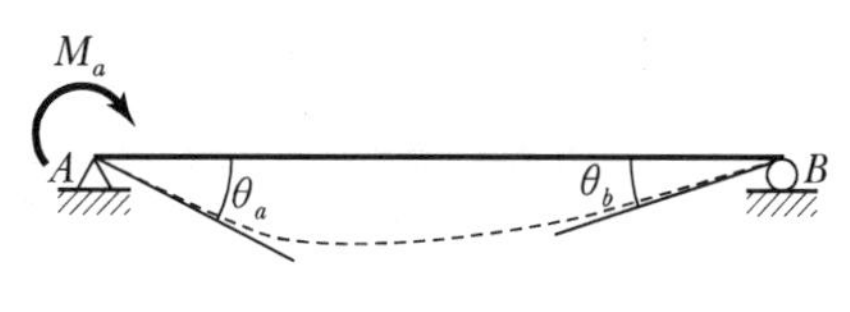

① 1.5
② 2.0
③ 2.5
④ 3.0

08 그림과 같이 길이가 같고 EI가 일정한 단순보에서 집중하중을 받는 단순보의 중앙처짐은 등분포하중을 받는 단순보의 중앙처짐의 몇 배인가?

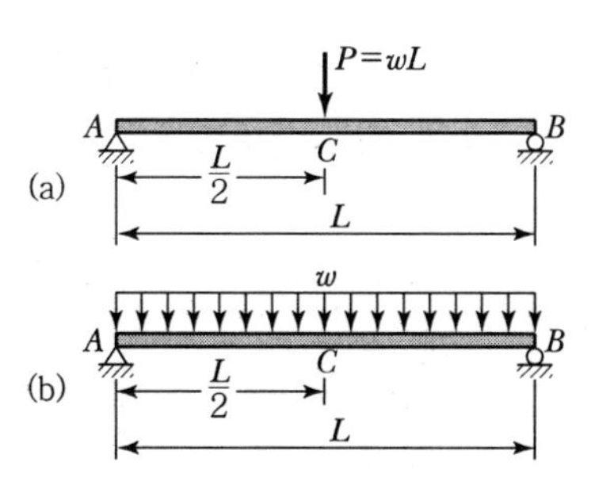

① 1.6배
② 2.1배
③ 3.2배
④ 4.8배

09 다음 그림과 같은 단순보의 중앙점 C에 집중하중 P가 작용하여 중앙점의 처짐 δ가 발생했다. δ가 0이 되도록 양쪽지점에 모멘트 M을 작용시키려고 할 때 이 모멘트의 크기 M을 하중 P와 지간 L로 나타내면 얼마인가?(단, EI는 일정하다.)

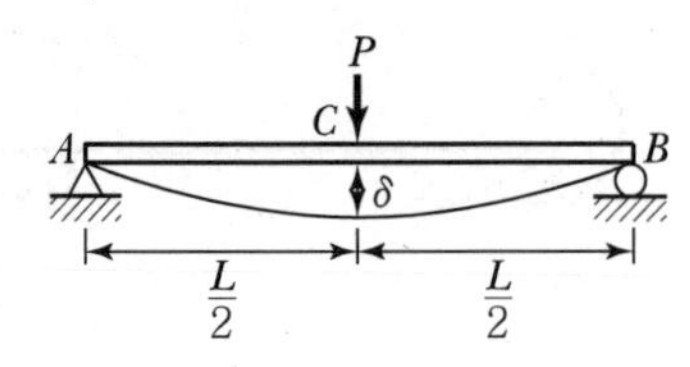

① $M=\dfrac{PL}{2}$　　② $M=\dfrac{PL}{4}$

③ $M=\dfrac{PL}{6}$　　④ $M=\dfrac{PL}{8}$

10 〈보기〉와 같은 단면 (a), (b)를 가진 단순보에서 중앙에 같은 크기의 집중하중을 받을 때, 두 보의 최대처짐비($\varDelta a/\varDelta b$)는?(단, 각 단순보의 길이와 탄성계수는 서로 동일하며 (a)의 두 보는 서로 분리되어 있다.)

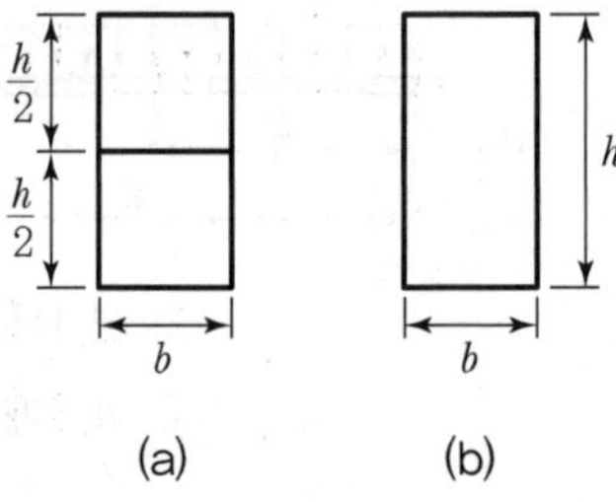

① 2　　② 3

③ 4　　④ 5

11 그림과 같이 길이가 $2L$인 단순보 AB의 중앙점에 길이가 L인 캔틸레버보 CD가 걸쳐져 있다. 점 C에 연직 하중 P가 작용할 때 하중 작용점 C의 연직 처짐은?(단, 단순보 AB와 캔틸레버보 CD의 휨강성은 모두 EI로 일정하며, 축변형과 전단변형을 무시한다.)

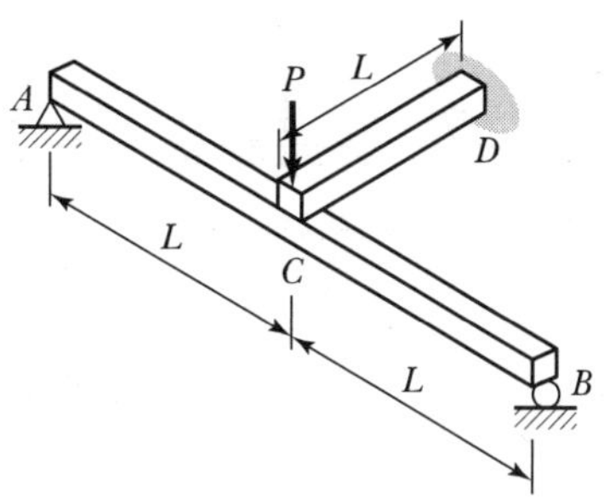

① $\frac{PL^3}{9EI}$

② $\frac{PL^3}{18EI}$

③ $\frac{PL^3}{27EI}$

④ $\frac{PL^3}{36EI}$

12 다음 그림과 같은 게르버보에서 C점의 처짐은?(단, 보의 휨강성은 EI이다.)

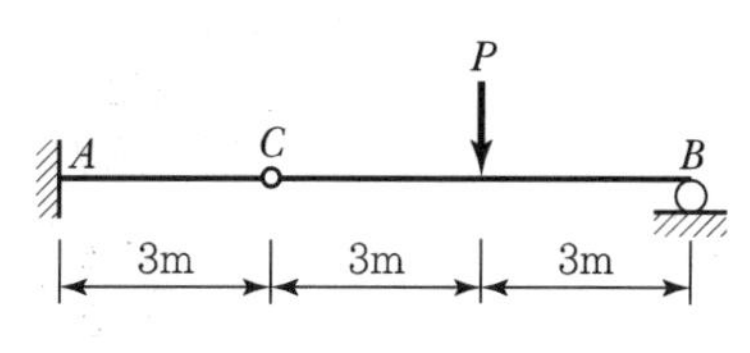

① $\frac{9P}{EI}$

② $\frac{9P}{2EI}$

③ $\frac{9P}{4EI}$

④ $\frac{9P}{8EI}$

13 그림과 같이 B점과 D점에 힌지가 있는 보에서 B점의 처짐이 δ라 할 때, 하중 작용점 C의 처짐은?(단, 보 AB의 휨강성은 EI, 보 BD는 강체, 보 DE의 휨강성은 $2EI$이며, 보의 자중은 무시한다.)

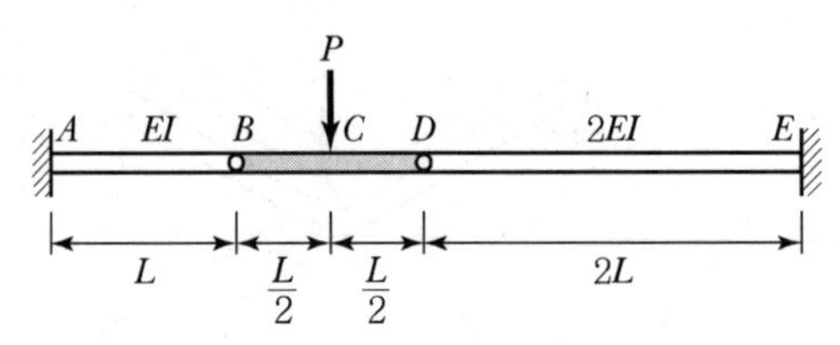

① $1.75\,\delta$
② $2.25\,\delta$
③ $2.5\,\delta$
④ $2.75\,\delta$

14 EI가 일정할 때 다음 구조물에서 하중작용점 D의 처짐은?

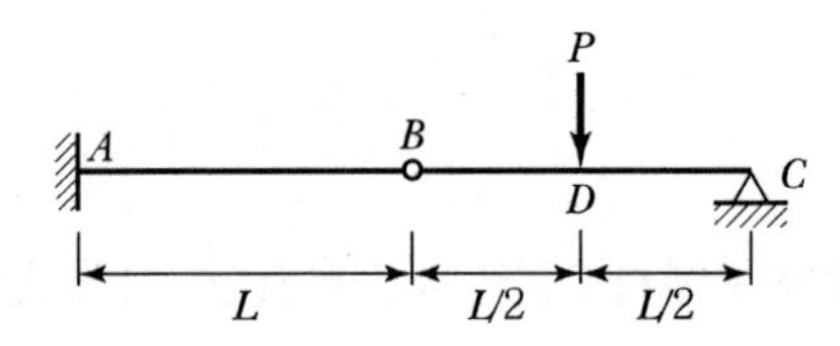

① $\dfrac{PL^3}{48EI}$
② $\dfrac{PL^3}{6EI}$
③ $\dfrac{5PL^3}{48EI}$
④ $\dfrac{9PL^3}{48EI}$
⑤ $\dfrac{PL^3}{12EI}$

15 그림과 같은 보 − 스프링 구조에서 스프링 상수 $k=\dfrac{24EI}{L^3}$일 때, B점에서의 처짐은?(단, 휨강성 EI는 일정하고, 자중은 무시한다.)

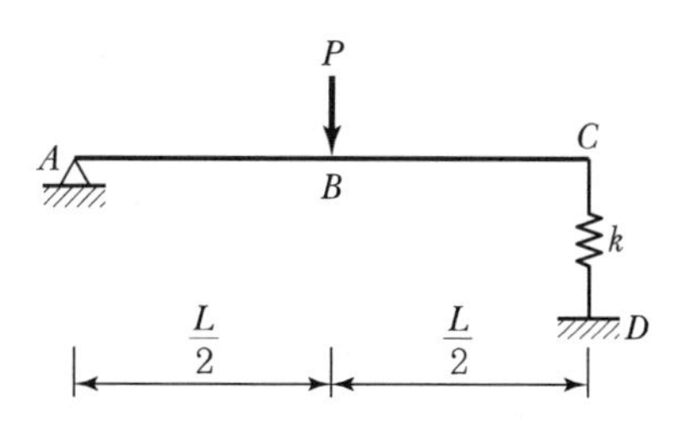

① $\dfrac{PL^3}{16EI}$　　② $\dfrac{PL^3}{24EI}$

③ $\dfrac{PL^3}{32EI}$　　④ $\dfrac{PL^3}{48EI}$

16 그림과 같은 캔틸레버 보(Cantilever Beam)에 등분포하중 w가 작용하고 있다. 이 보의 변위함수 $v(x)$를 다항식으로 유도했을 때 x^4의 계수는?(단, 보의 단면은 일정하며 탄성계수 E와 단면 2차모멘트 I를 가진다. 이때 부호는 고려하지 않는다.)

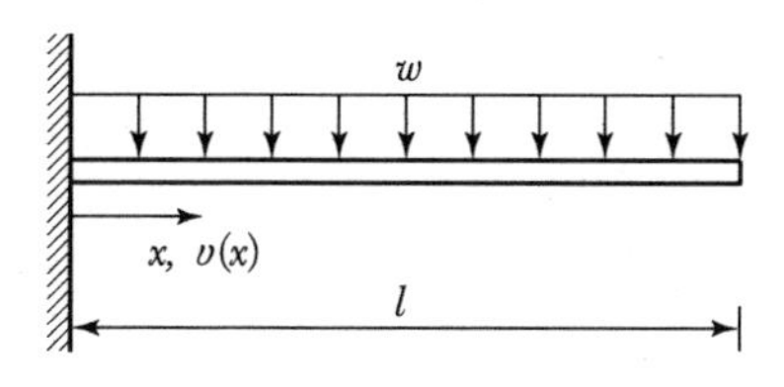

① $\dfrac{w}{24EI}$　　② $\dfrac{w}{24}EI$

③ $\dfrac{w}{12EI}$　　④ $\dfrac{w}{12}EI$

17 그림과 같은 변단면 캔틸레버보에서 A점의 수직처짐의 크기는?(단, 모든 부재의 탄성계수 E는 일정하고, 자중은 무시한다.)

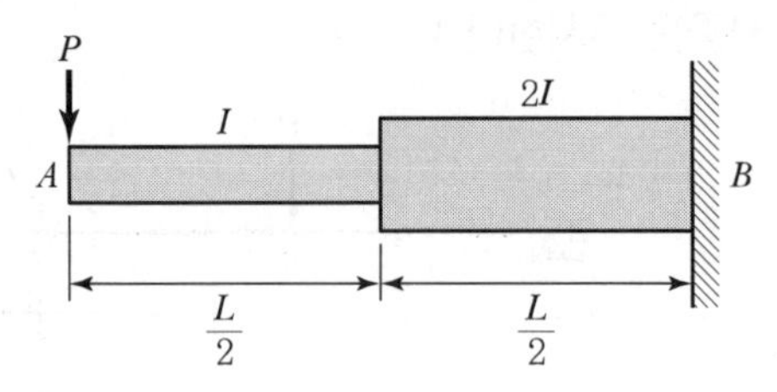

① $\dfrac{PL^3}{32EI}$ ② $\dfrac{3PL^3}{32EI}$

③ $\dfrac{PL^3}{16EI}$ ④ $\dfrac{3PL^3}{16EI}$

18 그림과 같은 단순보에서 B단에 모멘트 하중 M이 작용할 때 경간 AB 중에서 수직 처짐이 최대가 되는 곳의 거리 x는?(단, EI는 일정하다.)

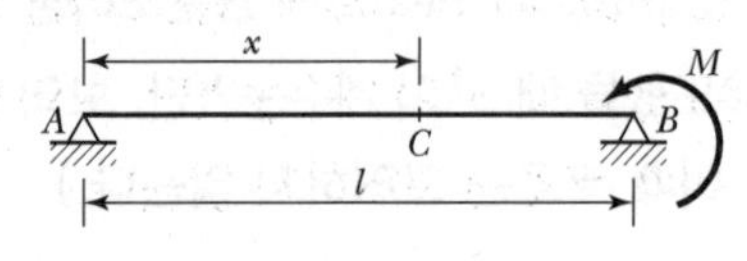

① $x=0.500l$ ② $x=0.577l$

③ $x=0.667l$ ④ $x=0.750l$

19 그림과 같은 하중을 받는 길이가 $2L$인 단순보에서 D점의 처짐각 크기는?(단, 보의 휨강성 EI는 일정하고, 자중은 무시한다.)

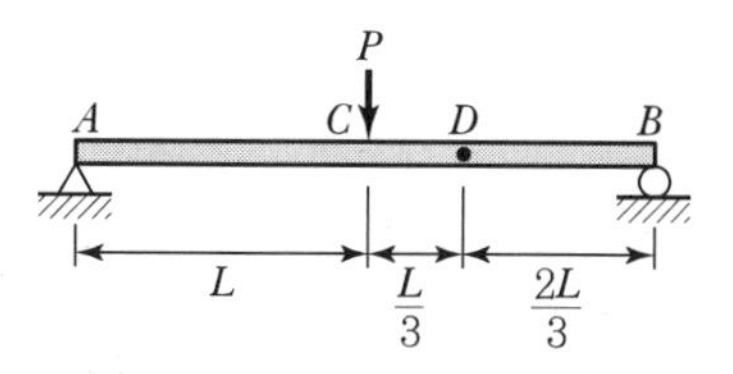

① $\dfrac{5PL^2}{6EI}$ ② $\dfrac{5PL^2}{12EI}$

③ $\dfrac{5PL^2}{24EI}$ ④ $\dfrac{5PL^2}{36EI}$

20 다음 구조물에서 하중이 작용하는 위치에서 일어나는 처짐의 크기는?

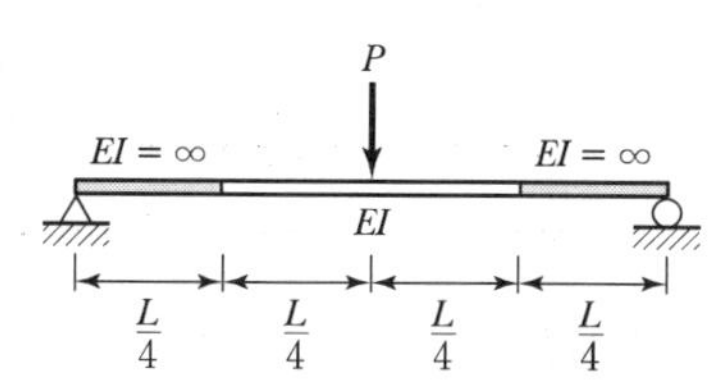

① $\dfrac{PL^3}{48EI}$ ② $\dfrac{PL^3}{96EI}$

③ $\dfrac{7PL^3}{384EI}$ ④ $\dfrac{11PL^3}{384EI}$

21 공액보법을 이용하여 처짐과 처짐각을 해석하려고 할 때 아래 주어진 보에 대한 공액보는?

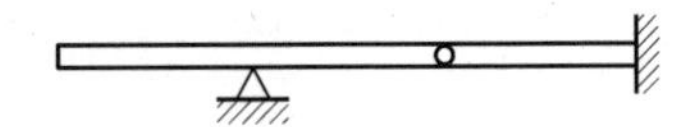

① ② ③ ④ ⑤

22 〈보기〉와 같이 모멘트하중을 받는 내민보가 있을 때 C점의 처짐각 θ_c와 처짐 y_c는?(단, EI는 일정하다.)

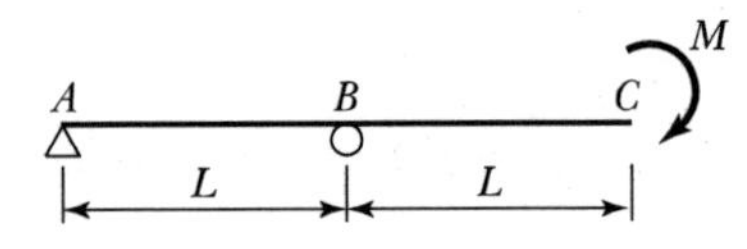

① $\theta_c = \dfrac{4ML}{3EI}(\curvearrowright)$, $y_c = \dfrac{5ML^2}{6EI}(\downarrow)$

② $\theta_c = \dfrac{5ML}{3EI}(\curvearrowright)$, $y_c = \dfrac{2ML^2}{3EI}(\downarrow)$

③ $\theta_c = \dfrac{2ML}{3EI}(\curvearrowright)$, $y_c = \dfrac{5ML^2}{3EI}(\downarrow)$

④ $\theta_c = \dfrac{5ML}{6EI}(\curvearrowright)$, $y_c = \dfrac{4ML^2}{3EI}(\downarrow)$

23 그림과 같이 휨강성 EI가 일정한 내민보에서 자유단 C점의 처짐이 0이 되기 위한 하중의 크기 비$\left(\dfrac{P}{Q}\right)$는?(단, 자중은 무시한다.)

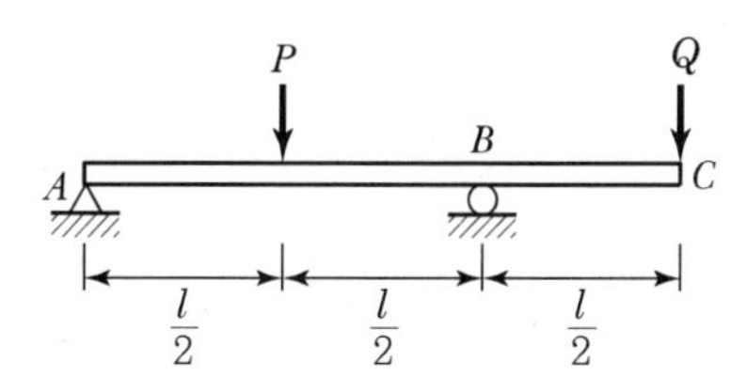

① 1　　② 2
③ 4　　④ 8

24 다음은 가상일의 방법을 설명한 것이다. 틀린 것은?

① 트러스의 처짐을 구할 경우 효과적인 방법이다.
② 단위하중법(Unit Load Method)이라고도 한다.
③ 처짐이나 처짐각을 계산하는 기하학적 방법이다.
④ 에너지보존의 법칙에 근거를 둔 방법이다.

25 다음 그림에서 점 C의 수직 변위 δ_c를 구하기 위한 가상일의 원리를 바르게 표기한 것은?(단, 두 구조계는 동일하다.)

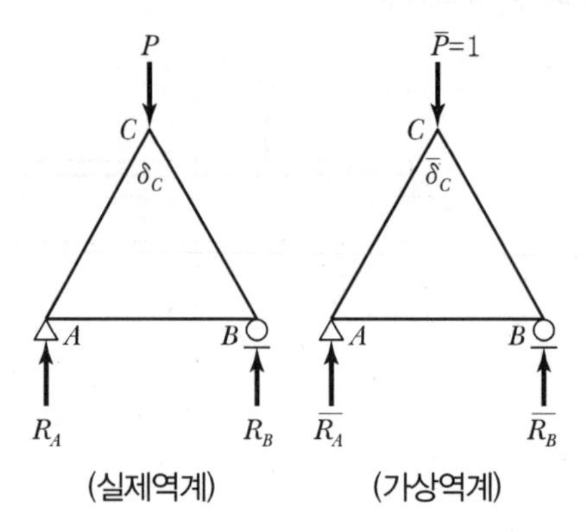

① $W_e = R_A \times 0 + 1 \times \delta_C + R_B \times 0$

② $W_e = R_A \times 0 + 1 \times \delta_C + \overline{R_B} \times 0$

③ $W_e = \overline{R_A} \times 0 + 1 \times \delta_C + \overline{R_B} \times 0$

④ $W_e = \overline{R_A} \times 0 + 1 \times \delta_C + R_B \times 0$

26 휨강성이 EI인 프레임의 C 점의 수직처짐 δ_c를 구하면?

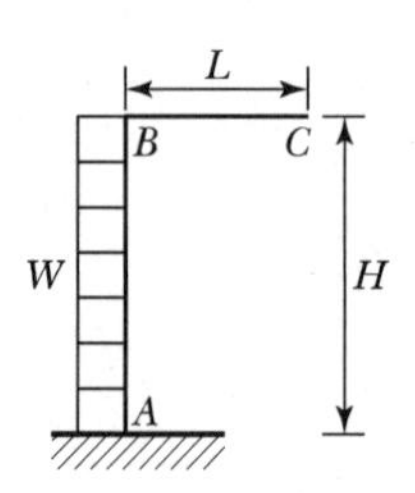

① $\dfrac{wLH^3}{2EI}$　　② $\dfrac{wLH^3}{3EI}$

③ $\dfrac{wLH^3}{6EI}$　　④ $\dfrac{wLH^3}{12EI}$

27 다음 그림과 같은 정정 라멘에서 C 점의 수직 처짐은?

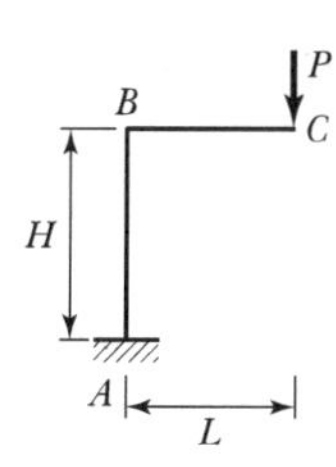

① $\dfrac{PL^3}{3EI}(L+2H)$

② $\dfrac{PL^2}{3EI}(3L+H)$

③ $\dfrac{PL^2}{3EI}(L+3H)$

④ $\dfrac{PL^3}{3EI}(2L+H)$

28 그림과 같은 트러스에서 A 점에 연직하중 P가 작용할 때 A 점의 연직처짐은?(단, 부재의 축 강도는 모두 EA 이고, 부재의 길이는 $AB=3l$, $AC=5l$ 이며, 지점 B와 C의 거리는 $4l$ 이다.)

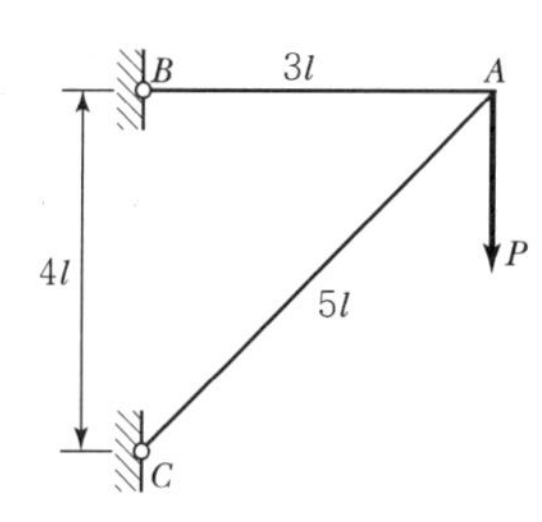

① $8.0\dfrac{Pl}{AE}$

② $8.5\dfrac{Pl}{AE}$

③ $9.0\dfrac{Pl}{AE}$

④ $9.5\dfrac{Pl}{AE}$

29 그림과 같은 트러스에서 부재 AB의 온도가 10℃ 상승하였을 때 B점의 수평변위의 크기[mm]는?(단, 트러스 부재의 열팽창계수 $\alpha = 4 \times 10^{-5}$/℃이고, 자중은 무시한다.)

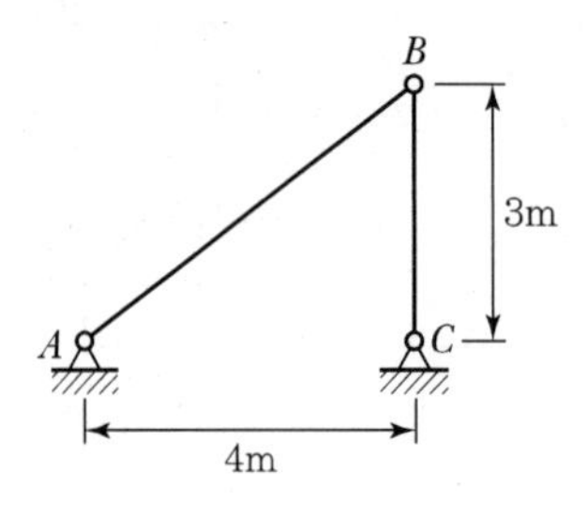

① 1.0
② 1.5
③ 2.0
④ 2.5

30 탄성체가 가지고 있는 탄성변형에너지를 작용하고 있는 하중으로 편미분하면 그 하중점에서 작용하는 변위가 된다는 정리는?

① Maxwell 상반정리
② Mohr의 모멘트－면적정리
③ Betti의 정리
④ Castigliano의 제2정리

31 다음 그림과 같이 길이 10m이고 높이가 40cm인 단순보의 상면 온도가 40℃, 하면의 온도가 120℃일 때 지점 A의 처짐각[rad]은?(단, 보의 온도는 높이방향으로 직선변화하며, 선팽창계수 $\alpha = 1.2 \times 10^{-5}/℃$ 이다.)

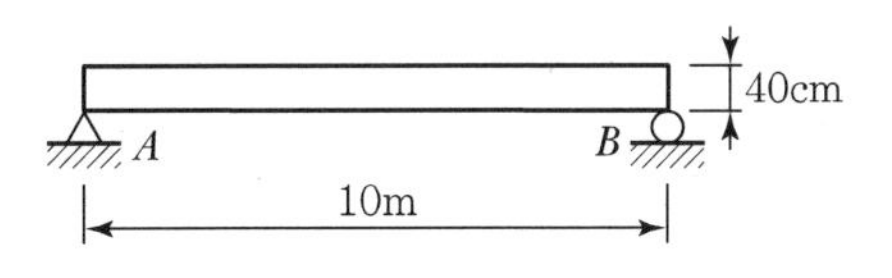

① 0.12
② 0.012
③ 0.14
④ 0.014

32 다음 그림에서 처음에 P_1이 작용했을 때 자유단의 처짐 δ_1이 생기고, 다음에 P_2를 가했을 때 자유단의 처짐이 δ_2만큼 증가되었다고 한다. 이때 외력 P_1이 행한 일은?

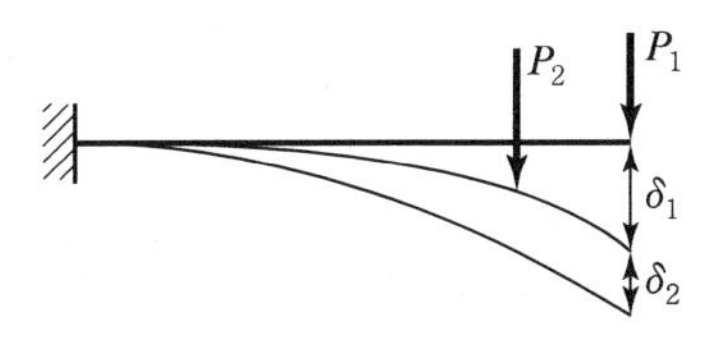

① $\frac{1}{2}P_1\delta_1 + P_1\delta_2$
② $\frac{1}{2}P_1\delta_1 + P_2\delta_2$
③ $\frac{1}{2}(P_1\delta_1 + P_1\delta_2)$
④ $\frac{1}{2}(P_1\delta_1 + P_2\delta_2)$

33 「재료가 탄성적이고 Hooke의 법칙을 따르는 구조물에서 지점침하와 온도 변화가 없을 때, 한 역계 P_n에 의해 변형되는 동안에 다른 역계 P_m가 하는 외적인 가상일은 P_m 역계에 의해 변형하는 동안에 P_n 역계가 하는 외적인 가상일과 같다.」 이것을 무엇이라 하는가?

① 가상일의 원리　　② 카스틸리아노의 정리
③ 최소일의 정리　　④ 베티의 법칙

34 그림과 같은 단순보의 B지점에 $M=2\text{kN}\cdot\text{m}$를 작용시켰더니 A 및 B지점에서의 처짐각이 각각 0.08rad과 0.12rad이었다. 만일 A지점에서 $3\text{kN}\cdot\text{m}$의 단모멘트를 작용시킨다면 B지점에서의 처짐각은?

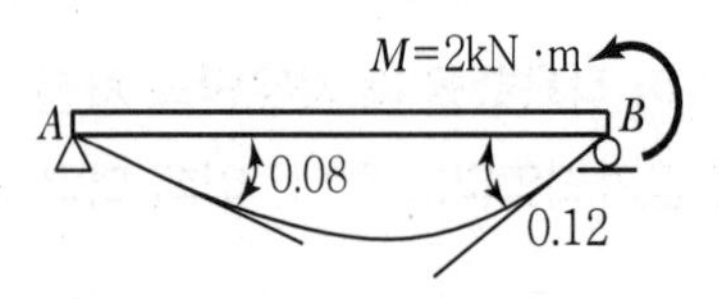

① 0.08radian　　② 0.10radian
③ 0.12radian　　④ 0.15radian

CHAPTER 12

공기업 토목직 1300제

부정정구조물

01 **정정 구조물에 비해 부정정 구조물이 갖는 장점을 설명한 것 중 틀린 것은?**

① 설계모멘트의 감소로 부재가 절약된다.

② 부정정 구조물은 그 연속성 때문에 처짐의 크기가 작다.

③ 외관을 우아하고 아름답게 제작할 수 있다.

④ 지점 침하 등으로 인해 발생하는 응력이 적다.

02 **휨강성(EI)이 일정한 연속보에 그림과 같은 $w = 20\text{kN/m}$의 등분포하중이 작용하고 있을 때에 대한 설명으로 옳지 않은 것은?(단, x는 A~C구간에서 전단력이 0인 거리이다.)**

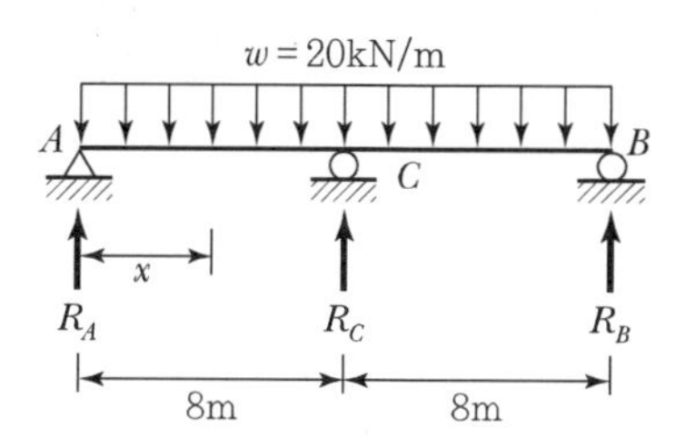

① 1차 부정정 구조물이다.

② C지점의 반력 $R_c = 200\text{kN}$이다.

③ x는 3m이다.

④ x지점의 휨모멘트의 크기는 $90\text{kN} \cdot \text{m}$이다.

⑤ C지점의 휨모멘트의 크기는 0이다.

03 아래 그림과 같은 1차 부정정보에서 B점으로부터 전단력이 "0"이 되는 위치(X)의 값은?

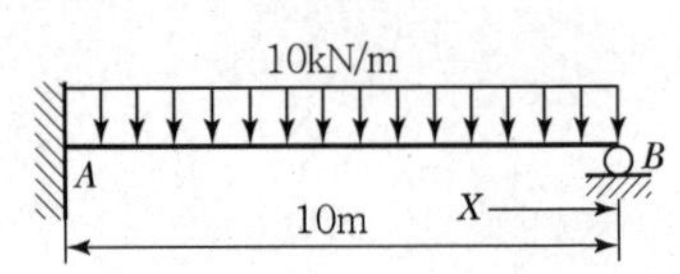

① 3.75m
② 4.25m
③ 4.75m
④ 5.25m

04 다음 그림과 같은 양단 고정 보에서 중앙점의 휨모멘트는?

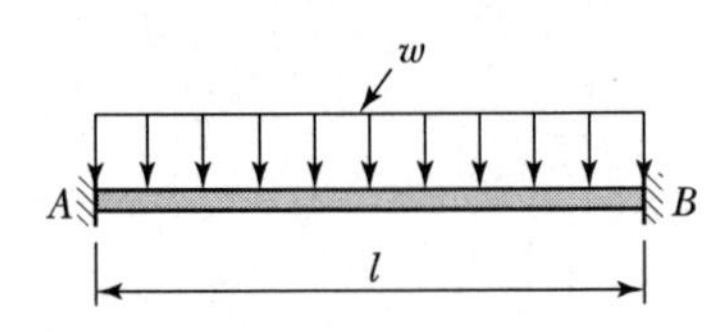

① $\dfrac{wl^2}{12}$
② $\dfrac{wl^2}{16}$
③ $\dfrac{wl^2}{24}$
④ $\dfrac{wl^2}{18}$

05 그림과 같이 길이 1m인 단순보의 중앙점 아래 4mm 떨어진 곳에 지점 C가 있고, 전 구간에 384kN/m의 등분포하중이 작용할 때, 지점 C에서 상향으로 발생하는 수직반력 R_C[kN]는? (단, $EI=1,000\text{kN}\cdot\text{m}^2$이고, 자중은 무시한다.)

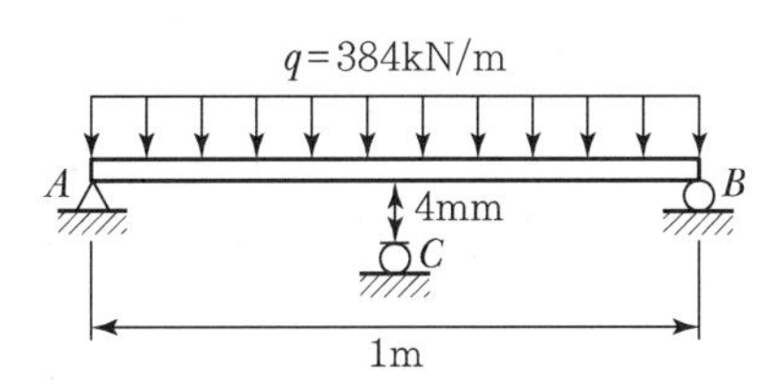

① 24
② 48
③ 72
④ 96

06 C점에서 힌지로 연결되어 있는 구조물에 집중하중 P가 작용할 때 A점 모멘트 반력과 B점 모멘트 반력 사이의 비율 $M_{AC}:M_{BC}$는?(단, 부재의 휨강성은 EI로 일정하다.)

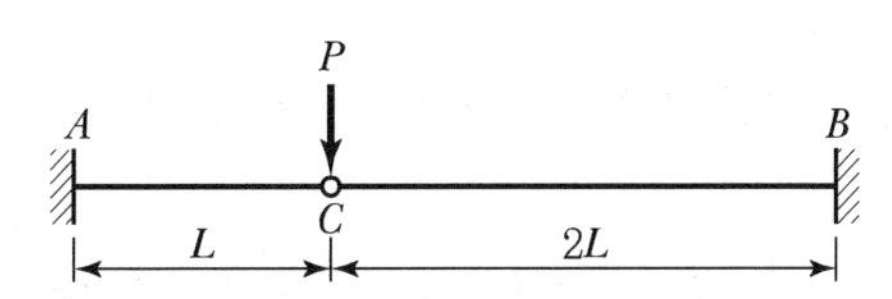

① 1 : 1
② 2 : 1
③ 3 : 1
④ 4 : 1
⑤ 8 : 1

07 다음과 같은 캔틸레버보에서 B점이 스프링상수 $k=\dfrac{EI}{2L^3}$ 인 스프링 2개로 지지되어 있을 때, B점의 수직 변위의 크기는?(단, 보의 휨강성 EI는 일정하고, 자중은 무시한다.)

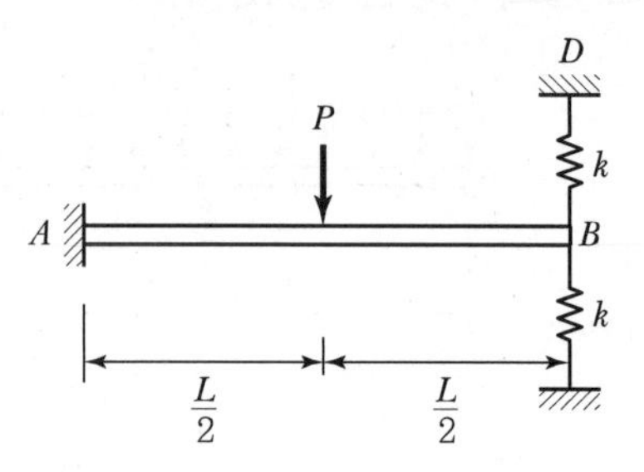

① $\dfrac{5PL^3}{64EI}$ ② $\dfrac{5PL^3}{32EI}$

③ $\dfrac{PL^3}{64EI}$ ④ $\dfrac{PL^3}{32EI}$

08 다음 그림과 같은 3연속보에서 휨강성 EI가 일정할 때 절대최대모멘트가 발생하는 위치는?

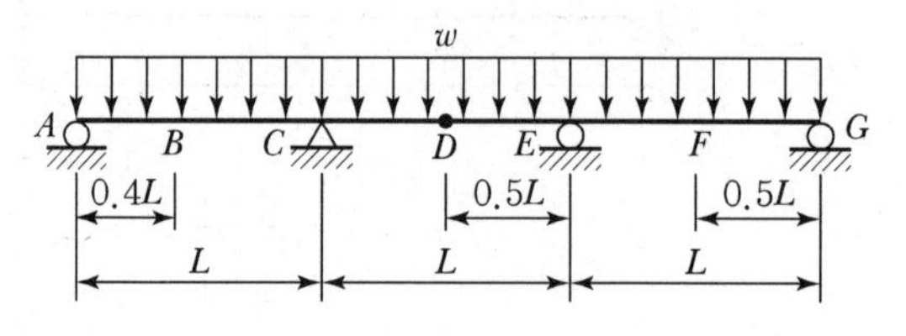

① B ② C

③ D ④ F

09 다음 그림과 같이 2경간 연속보의 첫 경간에 등분포하중이 작용한다. 중앙지점 B의 휨모멘트는?

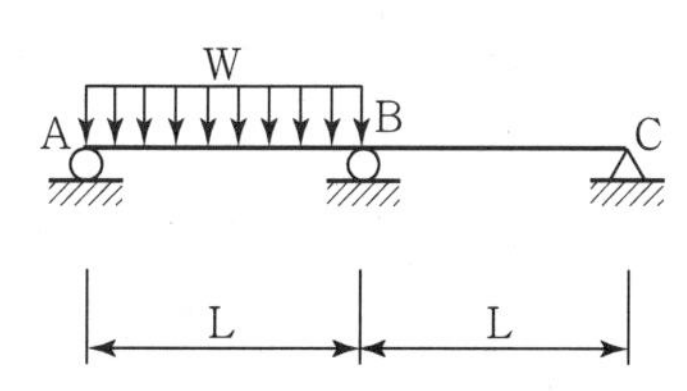

① $-\frac{1}{24}WL^2$

② $-\frac{1}{16}WL^2$

③ $-\frac{1}{12}WL^2$

④ $-\frac{1}{8}WL^2$

10 아래 연속보에서 B점이 Δ 만큼 침하한 경우 B점의 휨모멘트 M_B는?(단, EI는 일정하다.)

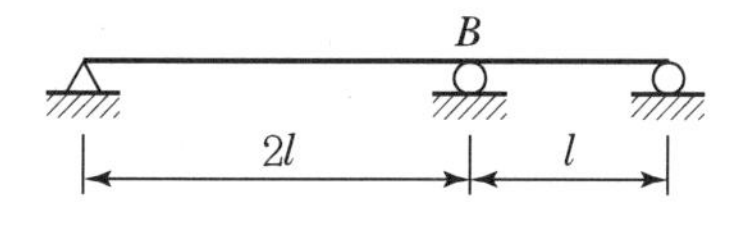

① $\frac{EI\Delta}{2l^2}$

② $\frac{EI\Delta}{l^2}$

③ $\frac{3EI\Delta}{2l^2}$

④ $\frac{2EI\Delta}{l^2}$

11 길이가 L인 양단 고정보 AB의 왼쪽 지점이 그림과 같이 적은 각 θ만큼 회전할 때 생기는 반력을 구한 값은?

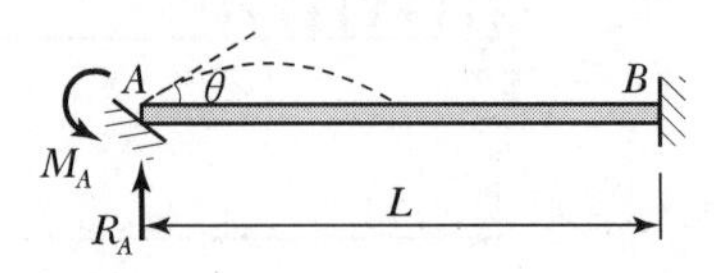

① $R_A = \frac{6EI}{L^2}\theta$, $M_A = \frac{4EI}{L}\theta$

② $R_A = \frac{12EI}{L^3}\theta$, $M_A = \frac{6EI}{L^2}\theta$

③ $R_A = \frac{4EI}{L^2}\theta$, $M_A = \frac{6EI}{L}\theta$

④ $R_A = \frac{2EI}{L}\theta$, $M_A = \frac{4EI}{L^2}\theta$

12 다음 부정정보의 b단이 l^*만큼 아래로 처졌다면 a단에 생기는 모멘트는?(단, $l^*/l = 1/600$이다.)

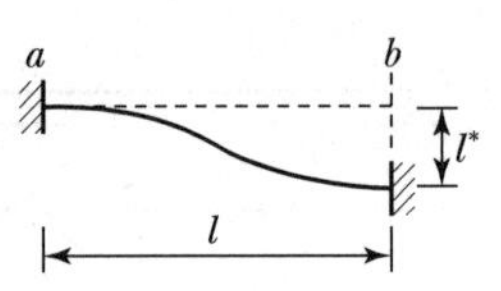

① $M_{ab} = +0.01\frac{EI}{l}$

② $M_{ab} = -0.01\frac{EI}{l}$

③ $M_{ab} = +0.1\frac{EI}{l}$

④ $M_{ab} = -0.1\frac{EI}{l}$

13 그림과 같은 구조물에서 A점의 휨모멘트의 크기는?

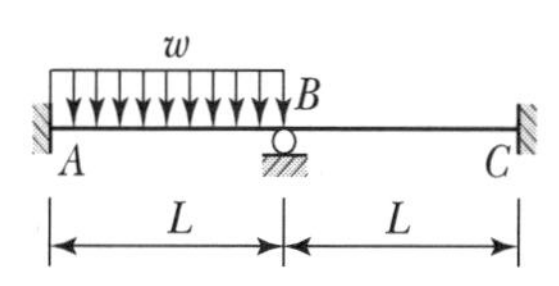

① $\frac{1}{12}wL^2$　　② $\frac{7}{24}wL^2$

③ $\frac{5}{48}wL^2$　　④ $\frac{11}{96}wL^2$

14 그림과 같이 길이가 L인 부정정보에서, B 지점이 δ만큼 침하하였다. 이때 B 지점에 발생하는 반력의 크기는?(단, 보의 휨강성 EI 는 일정하고, 자중은 무시하며, 휨에 의한 변형만을 고려한다.)

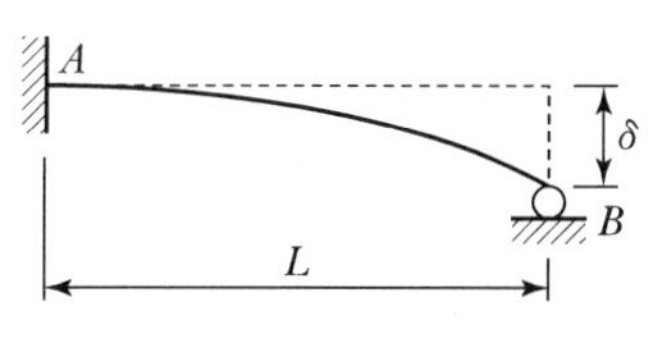

① $\frac{EI\delta}{2L^3}$　　② $\frac{EI\delta}{L^3}$

③ $\frac{3EI\delta}{L^3}$　　④ $\frac{6EI\delta}{L^3}$

15 그림과 같은 부정정 구조물에서 OC부재의 분배율은?(단, EI는 일정하다.)

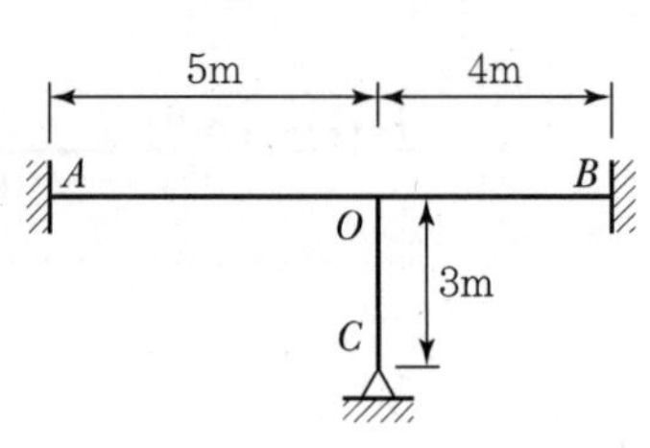

① 5/14 ② 5/15

③ 4/15 ④ 4/16

⑤ 5/13

16 다음 구조물에서 B점의 수평방향 반력 R_B를 구한 값은?(단, EI는 일정)

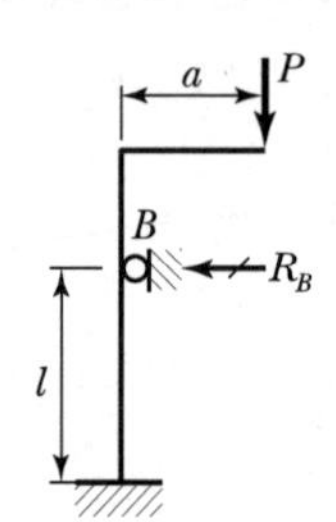

① $\frac{3Pa}{2l}$ ② $\frac{3Pl}{2a}$

③ $\frac{2Pa}{3l}$ ④ $\frac{2Pl}{3a}$

17 그림과 같이 하중을 받는 구조물에서 고정단 C의 반력 모멘트의 크기는?(단, 구조물 자중은 무시하고, 휨강성 EI는 일정하며, 축방향 변형은 무시한다.)

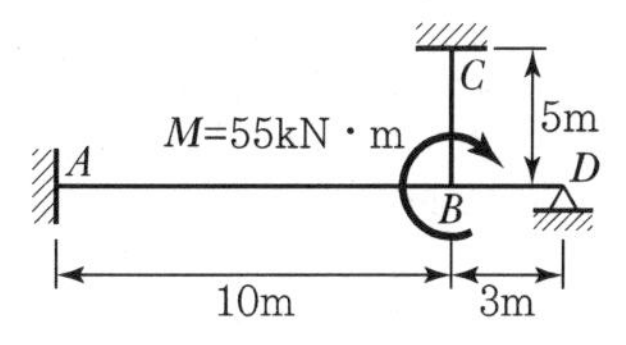

① 10kN · m ② 11kN · m

③ 12kN · m ④ 13kN · m

18 다음 그림에서 A점의 모멘트 반력은?(단, 각 부재의 길이는 동일함)

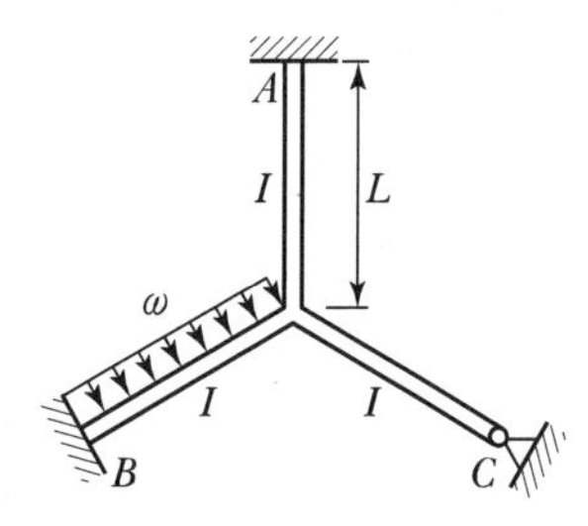

① $M_A = \frac{wL^2}{12}$ ② $M_A = \frac{wL^2}{24}$

③ $M_A = \frac{wL^2}{72}$ ④ $M_A = \frac{wL^2}{66}$

19 다음 라멘에서 부재 AB에 휨모멘트가 생기지 않으려면 P의 크기는?

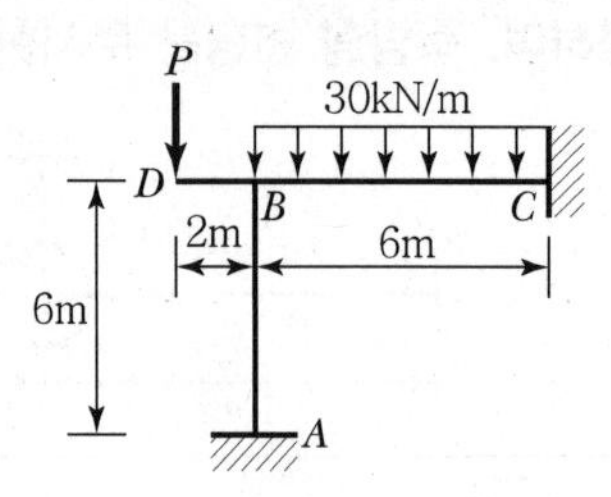

① 30kN ② 45kN
③ 50kN ④ 65kN

P/A/R/T

01

공기업 토목직 1300제

[응용역학]

정답 및 해설

CHAPTER 01 | 정역학 기초
CHAPTER 02 | 구조물 개론
CHAPTER 03 | 정정보 I (단순보)
CHAPTER 04 | 정정보 II (캔틸레버보, 내민보, 게르버보)
CHAPTER 05 | 정정라멘과 아치
CHAPTER 06 | 정정트러스
CHAPTER 07 | 단면의 성질
CHAPTER 08 | 재료의 역학적 성질
CHAPTER 09 | 보의 응력
CHAPTER 10 | 기둥
CHAPTER 11 | 정정구조물의 처짐과 처짐각
CHAPTER 12 | 부정정구조물

01	02	03	04	05	06	07	08	09	10
④	①	④	②	④	②	④	②	④	②
11	12	13	14	15	16	17	18	19	20
③	④	③	①	②	⑤	③	①	①	②

01

정답 ④

$\Sigma F_x (\rightarrow \oplus)$

$= P_{1x} + P_{2x} + P_{3x} + P_{4x} + P_{5x} = R_x$

$9 + 0 + 5 \cdot \cos(120°) - 6 + 5 \cdot \cos(-60°) = R_x$

$R_x = 3\text{kN}(\rightarrow)$

$\Sigma F_y (\uparrow \oplus)$

$= P_{1y} + P_{2y} + P_{3y} + P_{4y} + P_{5y} = R_y$

$0 + 4 + 5 \cdot \sin(120°) + 0 + 5 \cdot \sin(-60°) = R_y$

$R_y = 4\text{kN}(\uparrow)$

$R = \sqrt{{R_x}^2 + {R_y}^2} = \sqrt{3^2 + 4^2} = 5\text{kN}(\nearrow)$

02

정답 ①

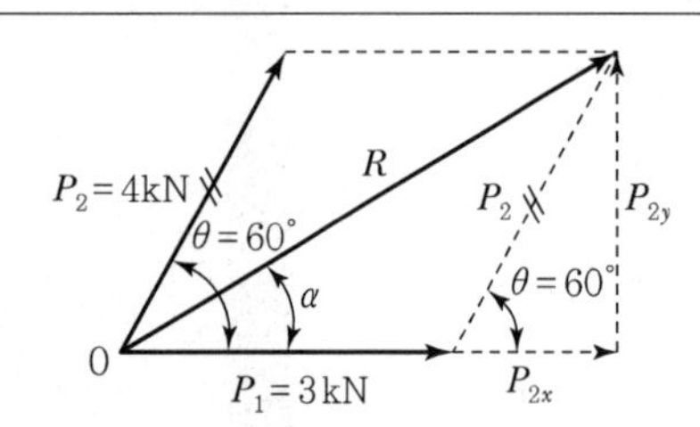

$R_x = P_1 + P_{2x} = 3 + 4\cos 60° = 5\text{kN}$

$R_y = P_{2y} = 4\sin 60° = 2\sqrt{3}\text{ kN}$

$R = \sqrt{R_x^2 + R_y^2} = \sqrt{5^2 + (2\sqrt{3})^2} = \sqrt{37}\text{ kN}$

$\alpha = \cos^{-1}\left(\frac{R_x}{R}\right) = \cos^{-1}\left(\frac{5}{R}\right)$

03

정답 ④

정마찰력(Static friction)과 동마찰력(Kinetic friction)

1. 정마찰력 : 물체가 움직이기까지의 마찰력을 정마찰력이라 한다.
2. 동마찰력 : 물체가 움직이는 순간부터의 마찰력을 동마찰력이라 한다.

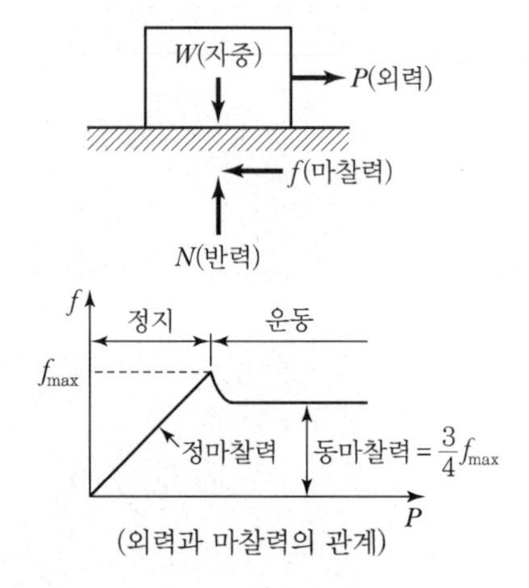

(외력과 마찰력의 관계)

스칼라(Scalar) 양과 벡터(Vector) 양

1. 스칼라 양 : 크기만을 갖는 물리량

   예 길이, 면적, 부피, 시간, 온도, 질량, 속력, 일, 에너지 등

2. 벡터 양 : 크기와 방향을 갖는 물리량

   예 변위, 힘, 속도, 가속도, 모멘트, 운동량 등

04

정답 ②

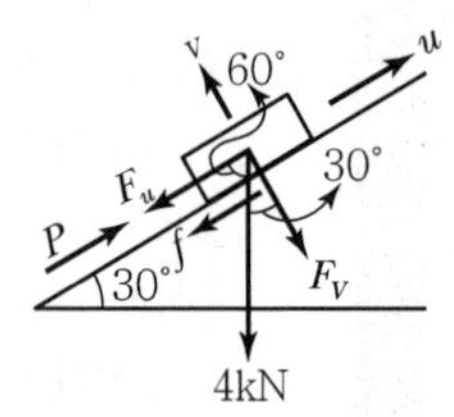

$F_u = 4 \times \cos 60° = 2\text{kN}$

$F_v = 4 \times \cos 30° = 3.464\text{kN}$

$\Sigma F_u = 0(\nearrow \oplus)$

$P - F_u - f = 0$

$P = F_u + f = F_u + \mu F_v$

$= 2 + (0.25 \times 3.464) = 2.866\text{kN}$

05 정답 ④

$\Sigma M_{Ⓞ}(\curvearrowright \oplus) = 12\times3 - 5\times5 = 11\text{kN}\cdot\text{m}(\curvearrowright)$

06 정답 ②

$$\vec{M}=\vec{r}\times\vec{F}=\begin{vmatrix} i & j & k \\ 4 & 5 & -2 \\ 8 & 4 & -3 \end{vmatrix}$$

$$=i\begin{vmatrix} 5 & -2 \\ 4 & -3 \end{vmatrix}-j\begin{vmatrix} 4 & -2 \\ 8 & -3 \end{vmatrix}+k\begin{vmatrix} 4 & 5 \\ 8 & 4 \end{vmatrix}$$

$$=i(-15+8)-j(-12+16)+k(16-40)$$

$$=-7i-4j-24k$$

07 정답 ④

우력에 의한 모멘트의 크기는 모멘트 중심의 위치에 관계없이 그 크기가 일정하다.

08 정답 ②

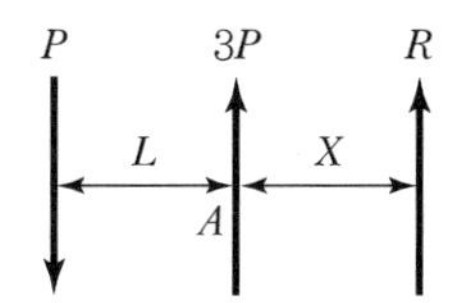

$\Sigma F_y(\uparrow\oplus) = -P+3P=R$

$R=2P(\uparrow)$

$\Sigma M_{Ⓐ}(\curvearrowleft\oplus)=P\times L=R\times X$

$$X=\frac{PL}{R}=\frac{PL}{2P}=\frac{L}{2}(\rightarrow)$$

09 정답 ④

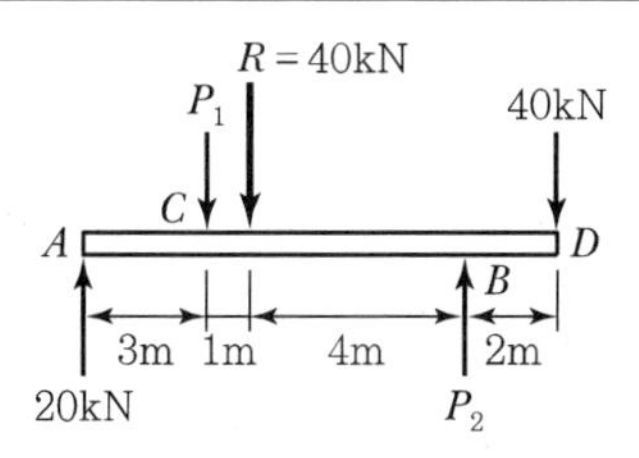

$\Sigma M_{Ⓑ}(\curvearrowright\oplus)=20\times8-P_1\times5+40\times2=-40\times4$

$P_1=80\text{kN}$

$\Sigma F_y(\uparrow\oplus)=20-P_1+P_2-40=-40$

$P_2=P_1-20=80-20=60\text{kN}$

10 정답 ②

평형방정식

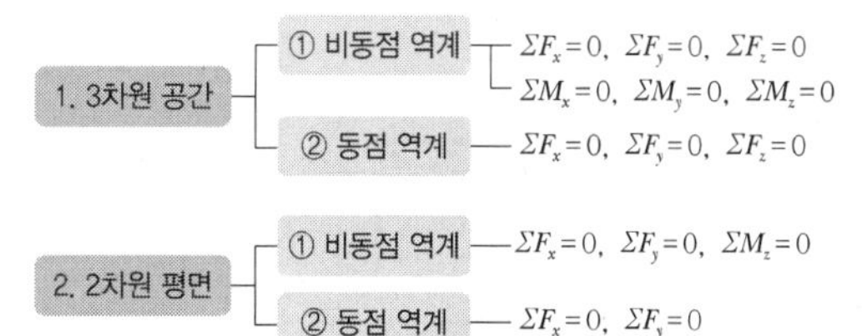

11 정답 ③

$\Sigma F_y=0(\uparrow\oplus)$

$-400+1{,}000-P=0$

$P=600\text{kN}$

$\Sigma M_{Ⓑ}=0(\curvearrowright\oplus)$

$-400\times x+P\times4=0$

$$x=\frac{P}{100}=\frac{600}{100}=6\text{m}$$

12 정답 ④

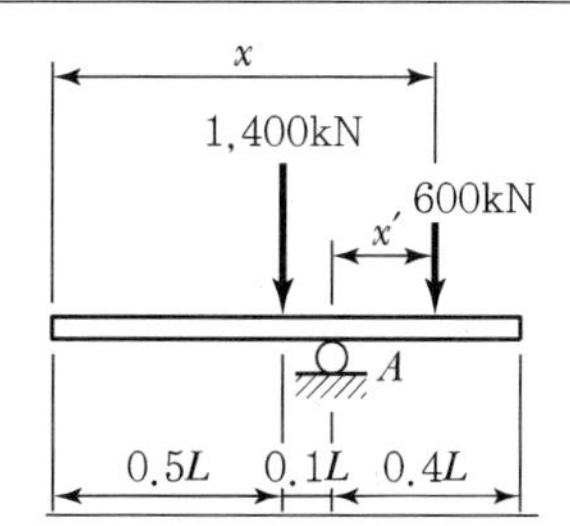

$\Sigma M_{Ⓐ}=0(\curvearrowright\oplus)$

$600x'-1{,}400\times0.1L=0$

$$x'=\frac{7L}{30}$$

$x=0.6L+x'$

$$=\frac{18L}{30}+\frac{7L}{30}=\frac{25L}{30}=\frac{5L}{6}(\rightarrow)$$

13 정답 ③

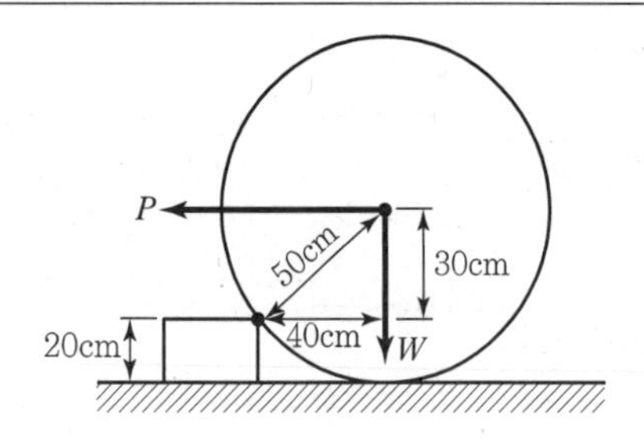

M_o(전도 모멘트) > M_r(저항 모멘트)

$P \times 30 > W \times 40$

$P > \dfrac{W \times 40}{30} = \dfrac{50 \times 40}{30} = \dfrac{200}{3} = 66.7\text{kN}$

14 정답 ①

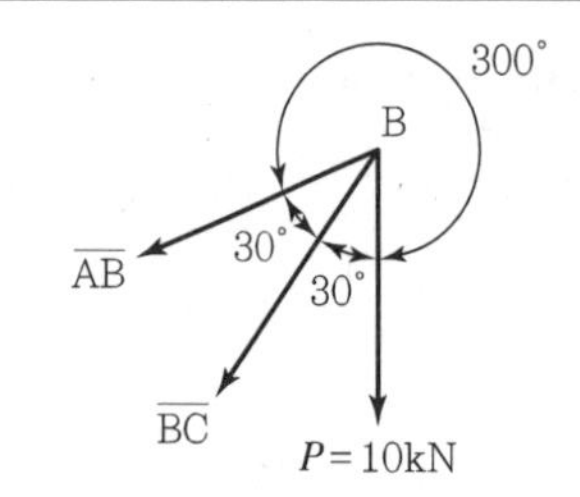

$$\frac{10}{\sin 30^\circ} = \frac{\overline{AB}}{\sin 30^\circ} = \frac{\overline{BC}}{\sin 300^\circ}$$

(1): 첫째 항과 둘째 항, (2): 첫째 항과 셋째 항

(1)의 관계로부터, $\dfrac{10}{\sin 30^\circ} = \dfrac{\overline{AB}}{\sin 30^\circ}$

$\overline{AB} = 10\text{kN}$(인장)

(2)의 관계로부터, $\dfrac{10}{\sin 30^\circ} = \dfrac{\overline{BC}}{\sin 300^\circ}$

$\overline{BC} = \dfrac{\sin 300^\circ}{\sin 30^\circ} \times 10$

$= \dfrac{\left(-\dfrac{\sqrt{3}}{2}\right)}{\left(\dfrac{1}{2}\right)} \times 10$

$= -10\sqrt{3}\,\text{kN}$(압축)

15 정답 ②

$\Sigma F_y = 0(\uparrow \oplus)$

$-W + R_B \cdot \cos 30^\circ = 0$

$R_B = \dfrac{W}{\cos 30^\circ}$

$\Sigma F_x = 0(\rightarrow \oplus)$

$R_A - R_B \cdot \sin 30^\circ = 0$

$R_A = \dfrac{W}{\cos 30^\circ} \cdot \sin 30^\circ$

$= \tan 30^\circ \cdot W = \dfrac{W}{\sqrt{3}} = 0.577W$

16 정답 ⑤

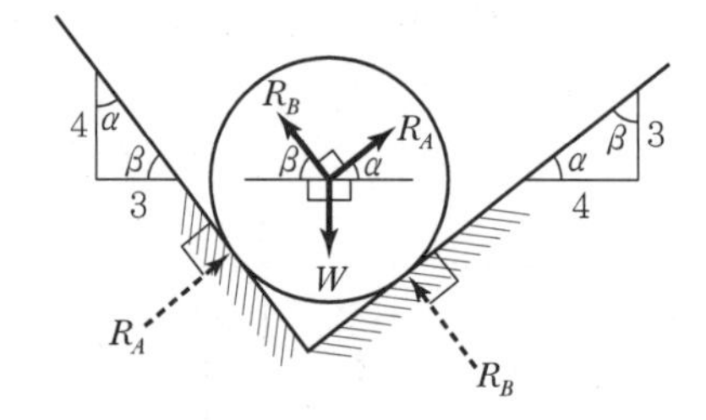

$W = mg = 100 \times 10 = 1{,}000\text{N}$

$\sin\alpha = \sin(90^\circ + \beta) = \dfrac{3}{5}$

$\sin\beta = \sin(90^\circ + \alpha) = \dfrac{4}{5}$

$$\frac{W}{\sin 90^\circ} = \frac{R_A}{\sin(90^\circ + \beta)} = \frac{R_B}{\sin(90^\circ + \alpha)}$$

㉠: 첫째 항과 둘째 항, ㉡: 첫째 항과 셋째 항

㉠의 관계로부터,

$R_A = \dfrac{\sin(90^\circ + \beta)}{\sin 90^\circ} W = \dfrac{3}{5}(1{,}000) = 600\text{N}$

㉡의 관계로부터,

$R_B = \dfrac{\sin(90^\circ + \alpha)}{\sin 90^\circ} W = \dfrac{4}{5}(1{,}000) = 800\text{N}$

17 정답 ③

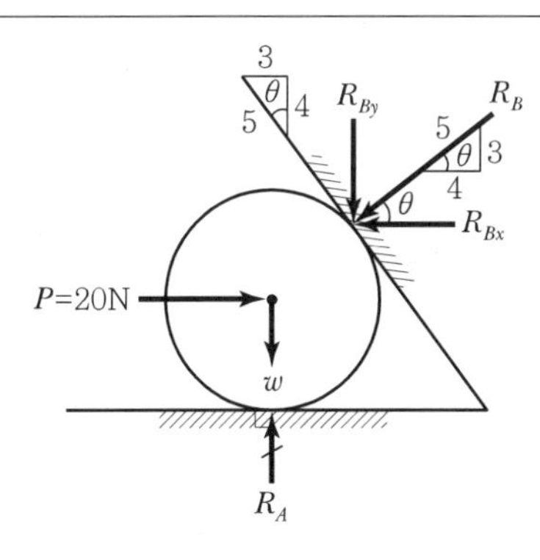

$w = mg = 1 \times 10 = 10\text{N}$

$\Sigma F_x = 0(\rightarrow \oplus)$

$20 - R_{Bx} = 0$

$20 - R_B \cdot \dfrac{4}{5} = 0$

$R_B = 25\text{N}$

$\Sigma F_y = 0(\uparrow \oplus)$

$R_A - w - R_{By} = 0$

$R_A = w + R_{By}$

$= w + R_B \cdot \dfrac{3}{5}$

$= 10 + 25 \times \dfrac{3}{5}$

$= 25\text{N}$

18 정답 ①

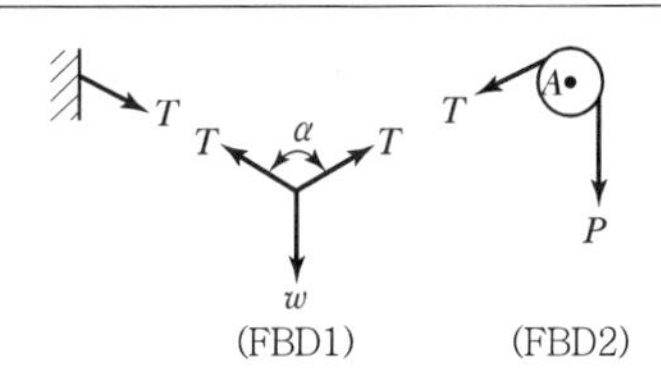

(FBD2)에서

$\Sigma M_{Ⓐ} = 0(\curvearrowright \oplus)$, $P = T$

(FBD1)에서

$\Sigma F_y = 0(\uparrow \oplus)$, $2P\cos\dfrac{\alpha}{2} - w = 0$

$$P = \frac{w}{2\cos\frac{\alpha}{2}}$$

19 정답 ①

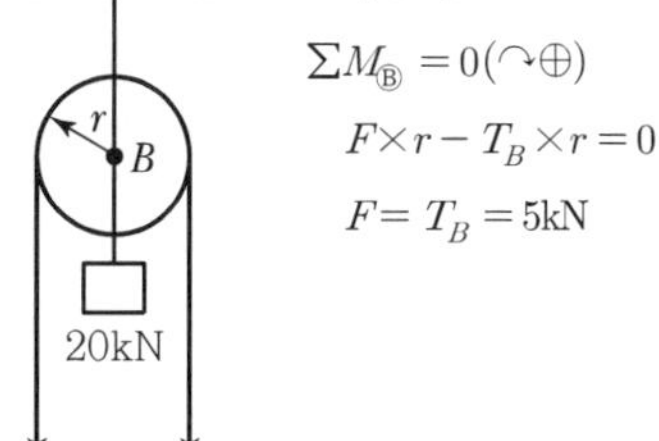

2nd. step

$\Sigma M_{Ⓑ} = 0(\curvearrowright \oplus)$

$F \times r - T_B \times r = 0$

$F = T_B = 5\text{kN}$

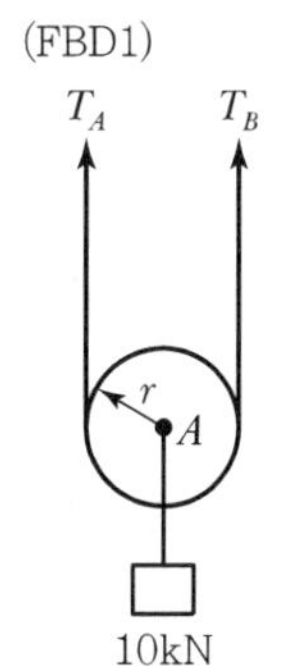

1st. step

$\Sigma M_{Ⓐ} = 0(\curvearrowright \oplus)$

$T_A \times r - T_B \times r = 0$

$T_A = T_B$

$\Sigma F_y = 0(\uparrow \oplus)$

$T_A + T_B - 10 = 0$

$(T_B) + T_B = 10$

$T_B = 5\text{kN}$

20 정답 ②

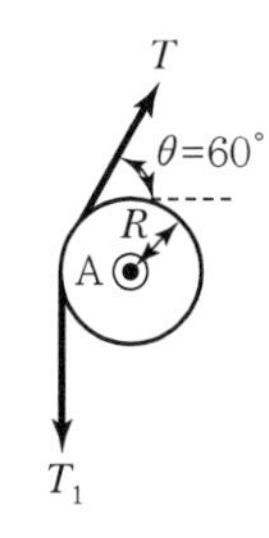

$\Sigma M_{Ⓐ} = 0(\curvearrowright \oplus)$

$T \times R - T_1 \times R = 0$

$T_1 = T$

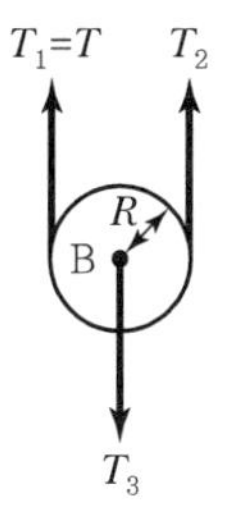

$\Sigma M_{Ⓑ} = 0(\curvearrowright \oplus)$

$T \times R - T_2 \times R = 0$

$T_2 = T$

$\Sigma F_y = 0(\uparrow \oplus)$

$T + T - T_3 = 0$

$T_3 = 2T$

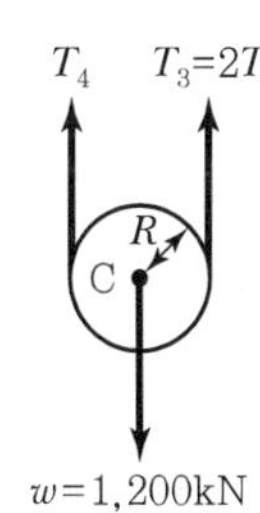

$\Sigma M_{Ⓒ} = 0(\curvearrowright \oplus)$

$T_4 \times R - 2T \times R = 0$

$T_4 = 2T$

$\Sigma F_y = 0(\uparrow \oplus)$

$2T + 2T - 1{,}200 = 0$

$T = 300\text{kg}$

제2장 | 구조물 개론

01	02	03	04	05	06	07	08	09	10
③	②	①	④	②	②	①	②	②	①

01 정답 ③

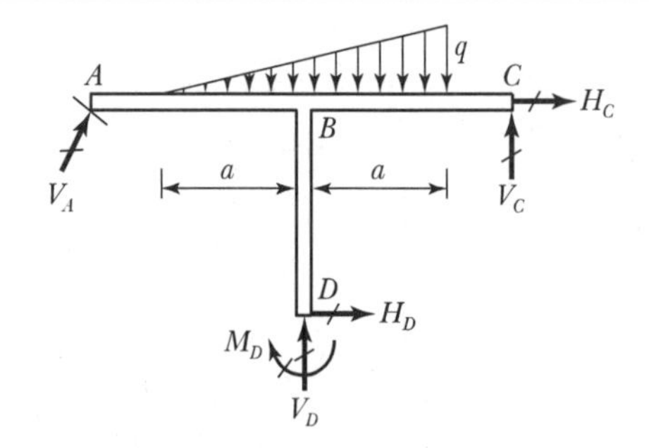

- 지점 A : V_A
- 지점 C : H_C, V_C
- 지점 D : H_D, V_D, M_D
- 총 6개의 반력이 발생할 수 있다.

02 정답 ②

(일반적인 경우)

$N=r+m+s-2p=5+4+2-2\times5=1$차 부정정

여기서, N : 부정정 차수, r : 반력 수, m : 부재 수, s : 강접합 수, p : 지점 또는 절점 수

이 구조물은 1차 부정정 구조물이므로 정정 구조물이 되기 위해서는 1개의 내부힌지가 추가적으로 필요하다.

[별해]

(보인 경우)

$N=r-3-j=5-3-1=1$차 부정정

여기서, j : 내부힌지 수

03 정답 ①

(라멘인 경우)

$N=B\times3-j=8\times3-1=23$차 부정정

04 정답 ④

(일반적인 경우)

$N=r+m+s-2p$

$=9+5+4-2\times6=6$차 부정정

여기서, N : 부정정차수

r : 반력수

m : 부재수

s : 강접합수

p : 지점 또는 절점수

[별해]

(라멘의 경우)

$N=B\times3-j=3\times3-(2+1)=6$차 부정정

여기서, B : 상자수

j=(내부힌지수)+(Roller 수×2)+(hinge 수)

05 정답 ②

(일반적인 경우)

$N=r+m+s-2p=11+12+7-2\times11=8$차 부정정

여기서, N : 부정정 차수, r : 반력 수, m : 부재 수, s : 강접합 수, p : 지점 또는 절점 수

06 정답 ②

잉여부재 5개, $N_{내}=5$차 부정정

07 정답 ①

3차원 공간에 존재하는 3차원 구조물에서 한 절점이 가질 수 있는 독립 변위성분의 수는 x축, y축, z축에 대한 이동변위 (u_x, u_y, u_z)와 x축, y축, z축에 대한 회전변위 (θ_x, θ_y, θ_z) 총 6개이다.

08 정답 ②

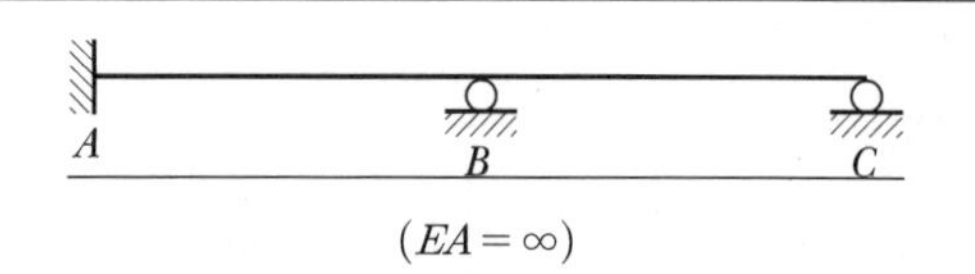

$(EA=\infty)$

지점	A	B	C
반력	$H_A \neq 0$	$H_B = 0$	$H_C = 0$
	$V_A \neq 0$	$V_B \neq 0$	$V_C \neq 0$
	$M_A \neq 0$	$M_B = 0$	$M_C = 0$
변위	$u_A = 0$	$u_B \neq 0$	$u_C \neq 0$
	$v_A = 0$	$v_B = 0$	$v_C = 0$
	$\theta_A = 0$	$\theta_B \neq 0$	$\theta_C \neq 0$

지점 A, B, C 총 3개의 지점에서 발생 가능한 변위는 $u_B \neq 0$, $\theta_B \neq 0$, $u_C \neq 0$, $\theta_C \neq 0$ 총 4개이다.

그러나 $EA = \infty$, 즉 부재의 축방향 강성이 무한대이므로 부재의 수평변위는 발생하지 않는 것으로 고려할 수 있다. ($u_B = 0$, $u_C = 0$)

따라서 총 절점 또는 지점의 자유도 수(총 절점 또는 지점에서 발생 가능한 변위 수)는 2개이다. ($\theta_B \neq 0$, $\theta_C \neq 0$)

09 정답 ②

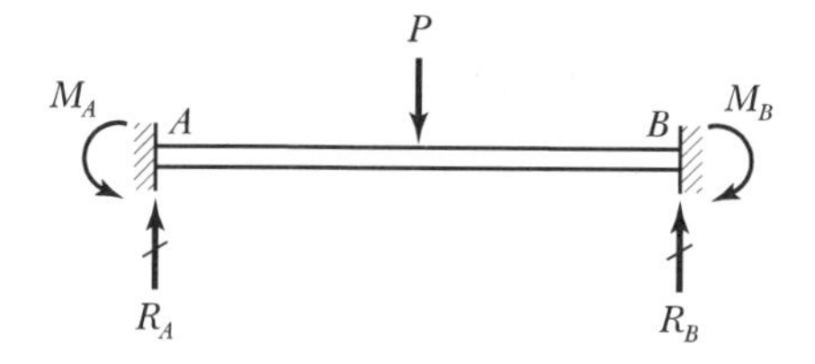

$N = r - 2 = 4 - 2 = 2$

10 정답 ①

보(부재 축에 대하여 횡방향 하중에 저항하는 부재)의 경우 부재 축방향 하중이 작용하지 않으므로 부재 축방향 반력 및 부재력이 존재하지 않으며, 부재 축방향 평형방정식 또한 고려할 필요가 없다. 따라서 부정정 차수는 다음과 같이 구할 수 있다.

$N = r - 2 - j = 4 - 2 - 1 = 1$

제3장 정정보 I (단순보)

01	02	03	04	05	06	07	08	09	10
⑤	①	①	①	③	②	③	③	①	③
11	12	13	14	15	16	17	18	19	20
①	③	④	④	④	④	②	④	②	①
21	22	23	24	25	26	27	28	29	30
④	②	④	②	①	③	②	②	①	②
31									
③									

01 정답 ⑤

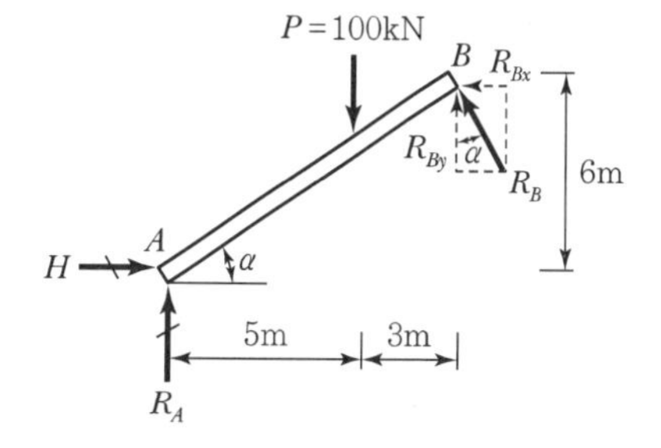

$\Sigma M_{Ⓐ} = 0(\curvearrowright \oplus)$

$100 \times 5 - R_B \times 10 = 0$

$R_B = 50\text{kN}(\nwarrow)$

$\Sigma F_y = 0(\uparrow \oplus)$

$R_A - 100 + R_{By} = 0$

$R_A = 100 - R_{By}$

$= 100 - R_B \cdot \cos\alpha$

$= 100 - 50 \times \frac{4}{5} = 60\text{kN}(\uparrow)$

02 정답 ①

$$R_A = \frac{W_1 l}{2} + \frac{W_2 l}{3} = \frac{10 \times 6}{2} + \frac{20 \times 6}{3} = 70\text{kN}(\uparrow)$$

$$R_B = \frac{W_1 l}{2} + \frac{W_2 l}{6} = \frac{10 \times 6}{2} + \frac{20 \times 6}{6} = 50\text{kN}(\uparrow)$$

$R_A : R_B = 70 : 50 = 7 : 5$

03 정답 ①

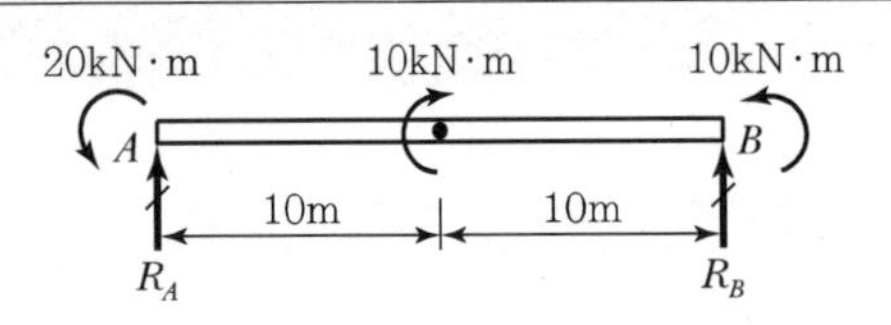

$\Sigma M_{Ⓑ} = 0(\curvearrowright\oplus)$

$R_A \times 20 - 20 + 10 - 10 = 0$

$R_A = 1\text{kN}(\uparrow)$

$\Sigma F_y = 0(\uparrow\oplus)$

$1 + R_B = 0$

$R_B = -1\text{kN}(\downarrow)$

04 정답 ①

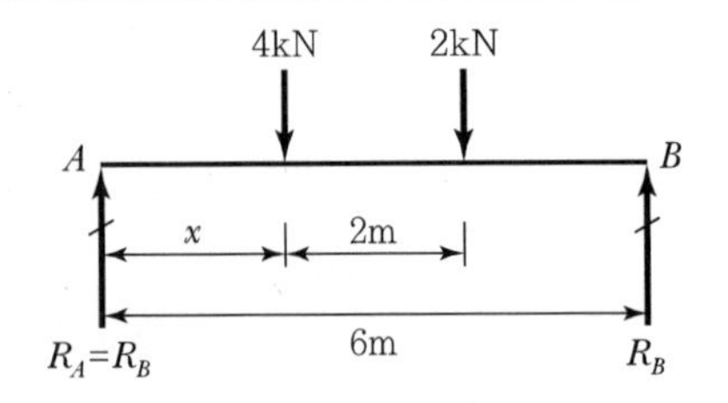

$R_A = R_B$

$\Sigma F_y = 0(\uparrow\oplus)$

$2R_B - 4 - 2 = 0$

$R_B = 3\text{kN}(\uparrow)$

$\Sigma M_{Ⓐ} = 0(\curvearrowright\oplus)$

$4x + 2(x+2) - 3 \times 6 = 0$

$x = \frac{7}{3}\text{m}$

05 정답 ③

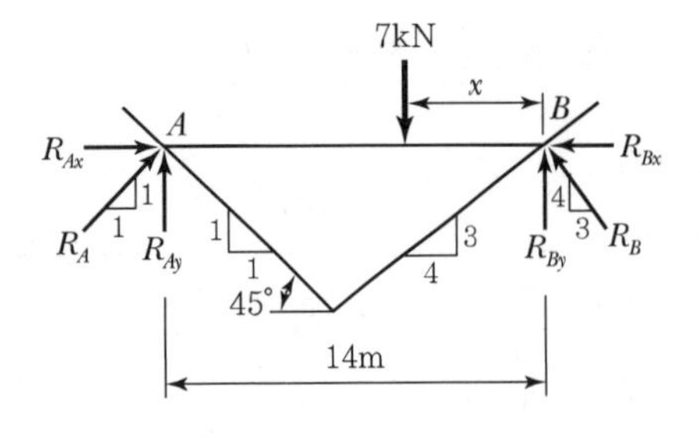

$$\begin{cases} R_{Ax} = R_{Ay} \\ R_{Bx} = \frac{3}{4} R_{By} \end{cases}$$

$\Sigma M_{Ⓑ} = 0(\curvearrowright\oplus)$

$R_{Ay} \times 14 - 7 \times x = 0$

$R_{Ay} = \frac{x}{2}$

$\Sigma M_{Ⓐ} = 0(\curvearrowright\oplus)$

$7 \times (14 - x) - R_{By} \times 14 = 0$

$R_{By} = \frac{14 - x}{2}$

$\Sigma F_x = 0(\rightarrow\oplus)$

$R_{Ax} - R_{Bx} = 0$

$R_{Ay} - \frac{3}{4} R_{By} = 0$

$\left(\frac{x}{2}\right) - \frac{3}{4}\left(\frac{14 - x}{2}\right) = 0$

$x = 6\text{m}$

06 정답 ②

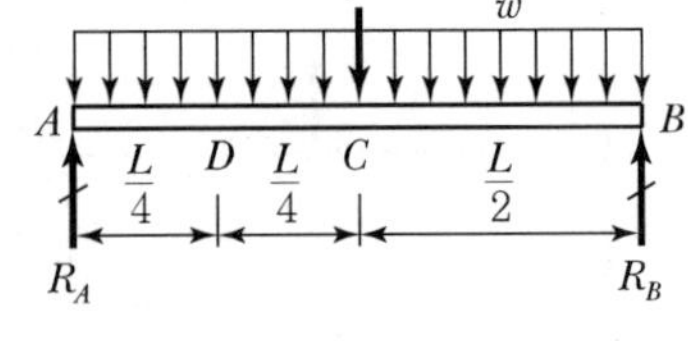

$\Sigma M_{Ⓑ} = 0(\curvearrowright\oplus)$

$R_A \times L - P \times \frac{L}{2} - (w \times L) \times \frac{L}{2} = 0$

$R_A = \left(\frac{P}{2} + \frac{wL}{2}\right)(\uparrow)$

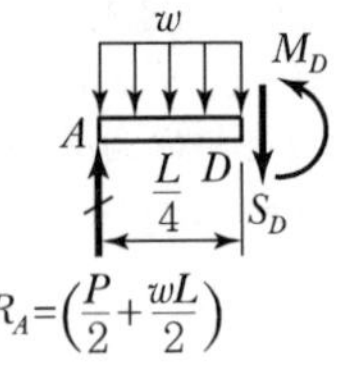

$\Sigma F_y = 0(\uparrow\oplus)$

$\left(\frac{P}{2} + \frac{wL}{2}\right) - \left(w \times \frac{L}{4}\right) - S_D = 0$

$S_D = \left(\frac{P}{2} + \frac{wL}{4}\right)$

07 정답 ③

$\Sigma M_{Ⓑ}=0(\curvearrowright\oplus)$

$R_A\times 10-\left\{\left(\frac{1}{2}\times 1\times 5\right)\times\left(5+5\times\frac{1}{3}\right)\right\}$

$-\left\{\left(\frac{1}{2}\times 1\times 5\right)\times\left(5\times\frac{1}{3}\right)\right\}=0$

$R_A=2.08\text{kN}(\uparrow)$

$\Sigma F_y=0(\uparrow\oplus)$

$2.08-\left(\frac{1}{2}\times 1\times 5\right)-S_c=0$

$S_c=-0.42\text{kN}$

08 정답 ③

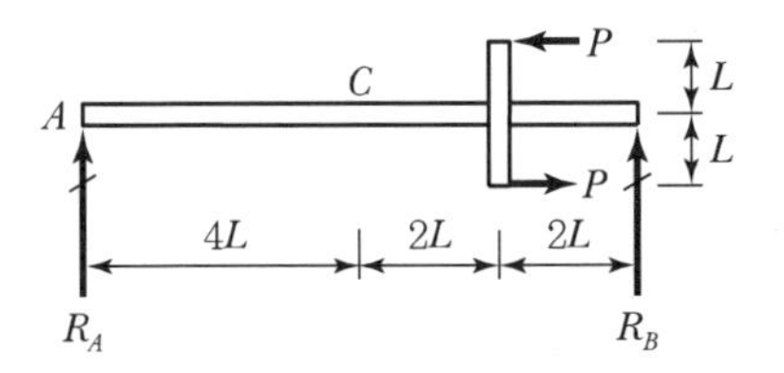

$\Sigma M_{Ⓑ}=0(\curvearrowright\oplus)$

$R_A\times 8L-2PL=0$

$R_A=\frac{P}{4}(\uparrow)$

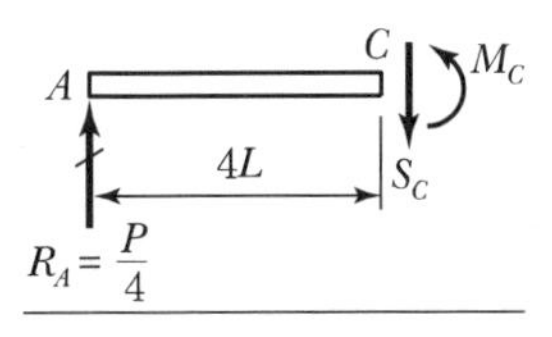

$\Sigma M_{Ⓒ}=0(\curvearrowright\oplus)$

$\frac{P}{4}\times 4L-M_C=0$

$M_C=PL$

09 정답 ①

$\Sigma M_{Ⓐ}=0(\curvearrowright\oplus)$

$P\left(\frac{L}{2}+\frac{L}{10}\right)-R_D\cdot L=0$

$R_D=\frac{3}{5}P(\uparrow)$

$\Sigma M_{Ⓒ}=0(\curvearrowright\oplus)$

$M_c-\frac{3}{5}P\times\frac{1}{4}L=0$

$M_c=\frac{3}{20}PL$

10 정답 ③

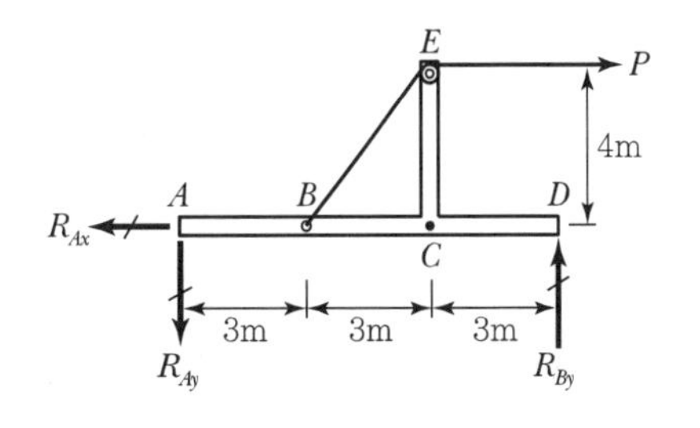

$\Sigma M_{Ⓓ}=0(\curvearrowright\oplus)$

$P\times 4-R_{Ay}\times 9=0$

$R_{Ay}=\frac{4}{9}P(\downarrow)$

$\Sigma F_x=0(\rightarrow\oplus)$

$P-R_{Ax}=0$

$R_{Ax}=P(\leftarrow)$

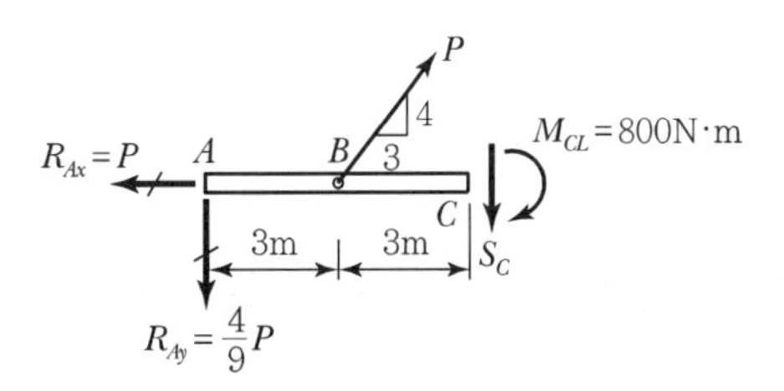

$\Sigma M_{Ⓒ}=0(\curvearrowright\oplus)$

$\frac{4}{5}P\times 3-\frac{4}{9}P\times 6+800=0$

$P=3{,}000\text{N}$

11 정답 ①

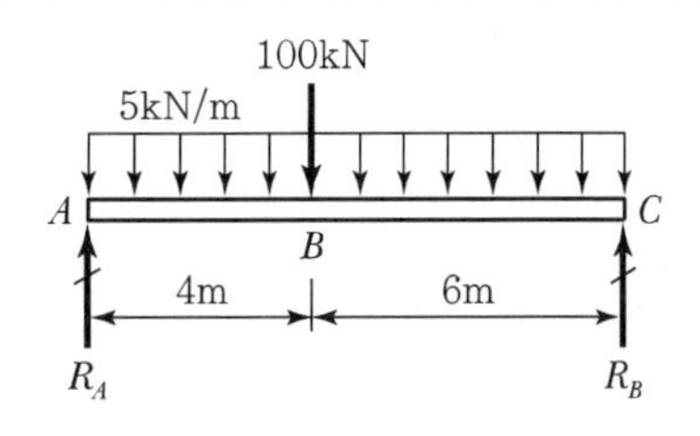

$\Sigma M_{Ⓑ} = 0(\curvearrowright\oplus)$

$R_A \times 10 - (5\times 10)\times \frac{10}{2} - 100\times 6 = 0$

$R_A = 85\text{kN}(\uparrow)$

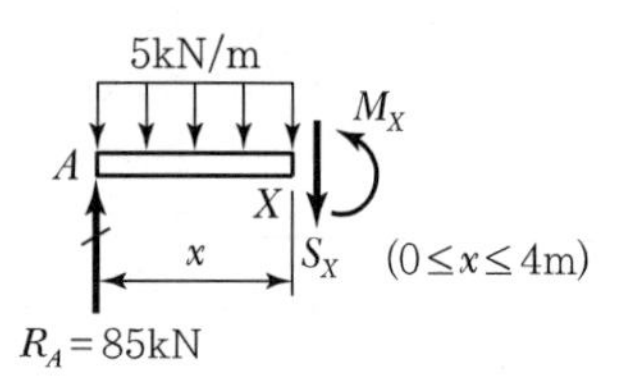

$\Sigma M_{Ⓧ} = 0(\curvearrowright\oplus)$

$85x - 5x\cdot\frac{x}{2} - M_X = 0$

$M_X = -2.5x^2 + 85x$

12 정답 ③

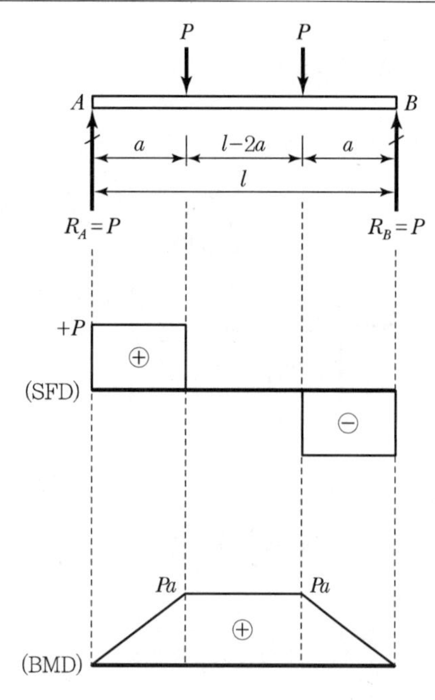

$\Sigma M_{Ⓑ} = 0(\curvearrowright\oplus)$

$R_A \times l - P(l-a) - P\times a = 0$

$R_A = P(\uparrow)$

$\Sigma F_y = 0(\uparrow\oplus)$

$R_A - P - P + R_B = 0$

$R_B = 2P - R_A = 2P - (P) = P(\uparrow)$

전단력이 '0'인 구간의 길이 : $l-2a$

최대 휨모멘트 : Pa

13 정답 ④

$\Sigma M_{Ⓑ} = 0(\curvearrowright\oplus)$

$R_A \times l - \left(\frac{1}{2}\times w\times l\right)\times\frac{l}{3} = 0$

$R_A = \frac{wl}{6}(\uparrow)$

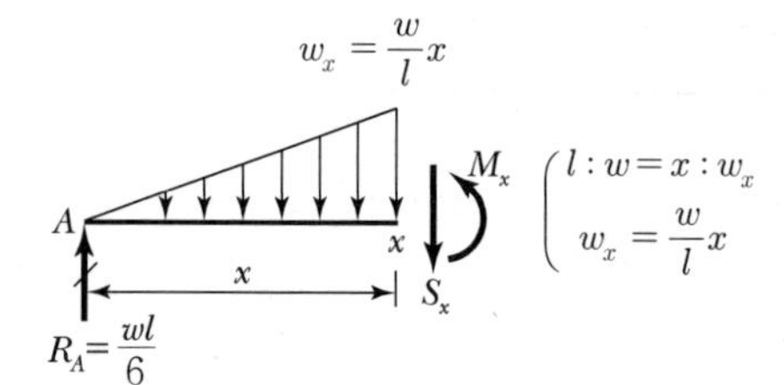

$\Sigma F_y = 0(\uparrow\oplus)$

$\frac{wl}{6} - \left(\frac{1}{2}\times\frac{w}{l}x\times x\right) - S_x = 0$

$S_x = \frac{wl}{6} - \frac{w}{2l}x^2$

$\Sigma M_{Ⓧ} = 0(\curvearrowright\oplus)$

$\frac{wl}{6}\times x - \left(\frac{1}{2}\times\frac{w}{l}x\times x\right)\times\frac{x}{3} - M_x = 0$

$M_x = \frac{wl}{6}x - \frac{w}{6l}x^3$

최대 휨모멘트($M_{\max}$)는 $S_x = 0$인 곳에서 발생한다.

$S_x = \frac{wl}{6} - \frac{w}{2l}x^2 = 0$

$x = \frac{l}{\sqrt{3}}$

$M_{\max} = M_{(x=\frac{l}{\sqrt{3}})}$

$= \frac{wl}{6}\left(\frac{l}{\sqrt{3}}\right) - \frac{w}{6l}\left(\frac{l}{\sqrt{3}}\right)^3$

$= \frac{wl^2}{9\sqrt{3}} = 0.06415wl^2$

14 정답 ④

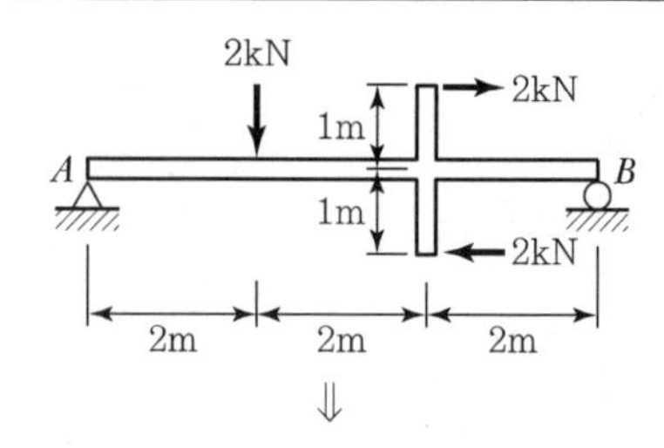

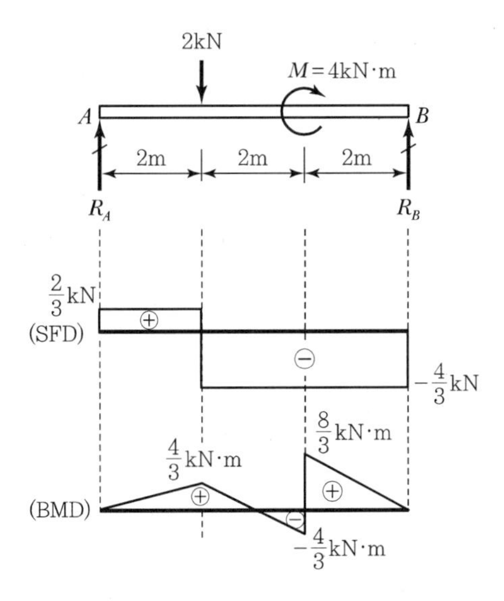

$M = 2\times2 = 4\text{kN}\cdot\text{m}$

$\Sigma M_{Ⓑ} = 0(\curvearrowright\oplus)$

$R_A\times6 - 2\times4 + 4 = 0,\ R_A = \dfrac{2}{3}\text{kN}(\uparrow)$

$\Sigma F_y = 0(\uparrow\oplus)$

$\dfrac{2}{3} - 2 + R_B = 0,\ R_B = \dfrac{4}{3}\text{kN}(\uparrow)$

$M_{max} = \dfrac{8}{3}\text{kN}\cdot\text{m}$

15 정답 ④

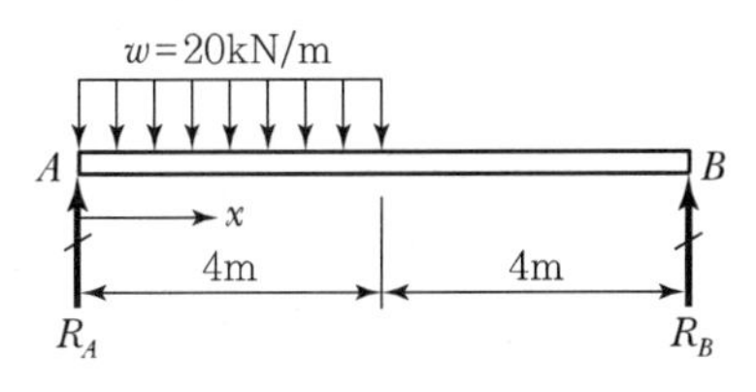

$\Sigma M_{Ⓑ} = 0(\curvearrowright\oplus)$

$R_A\times8 - (20\times4)\left(4\times\dfrac{1}{2}+4\right) = 0$

$R_A = 60\text{kN}(\uparrow)$

- 최대 휨모멘트 발생위치(x)

$x = \dfrac{R_A}{w} = \dfrac{60}{20} = 3\text{m}$

- 최대 휨모멘트(M_{max})

$M_{max} = \dfrac{1}{2}\cdot R_A\cdot x = \dfrac{1}{2}\times60\times3 = 90\text{kN}\cdot\text{m}$

16 정답 ④

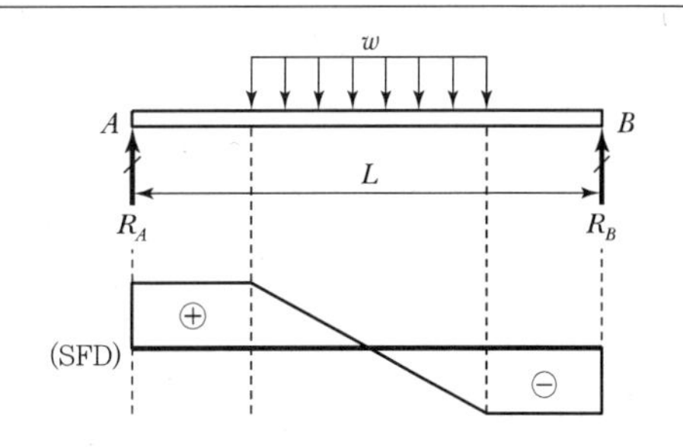

17 정답 ②

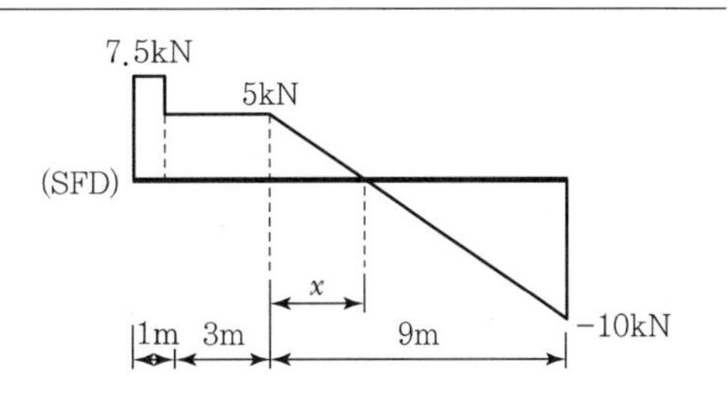

1. 단순보에서 최대 휨모멘트(M_{max})가 발생되는 위치
   → 전단력(S)이 '0'인 곳
   9m : 15kN = x : 5kN
   x = 3m
2. 단순보에서 최대 휨모멘트(M_{max})의 크기
   → 전단력도(SFD)에서 전단력이 '0'인 곳까지의 면적
   $M_{max} = 7.5\times1 + 5\times3 + \dfrac{1}{2}\times5\times3 = 30\text{kN}\cdot\text{m}$

18 정답 ④

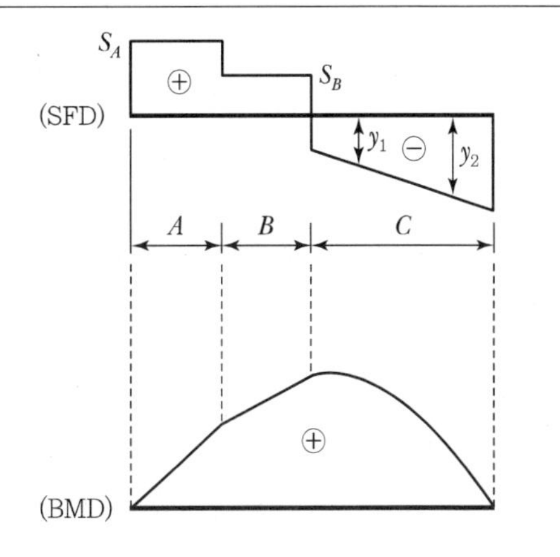

1) 전단력 – 휨모멘트 관계

$\int S\,dx = M$

2) SFD－BMD 관계

구간	SFD	BMD	비고
A	상수함수, ⊕	1차 함수, 증가	－
B	상수함수, ⊕	1차 함수, 증가	A구간에 비해 전단력이 작으므로($S_A > S_B$) BMD의 기울기가 작다.
C	1차 함수, ⊖	2차 함수, 감소	SFD에서 $\lvert y_1\rvert < \lvert y_2\rvert$이므로 BMD의 기울기가 점점 커진다.

19

정답 ②

1. 전단력－하중 관계

$S = \int w dx$

즉, CE 구간의 전단력도가 1차 감소함수이므로 CE 구간에는 하향 등분포하중이 작용한다.

2. 하향 등분포하중의 크기(w)

CE 구간에 작용하는 등분포하중의 크기는 비례식으로 구한다.

6m : 30kN = 1 : w

$w = \frac{30}{6} = 5\text{kN/m}$

20

정답 ①

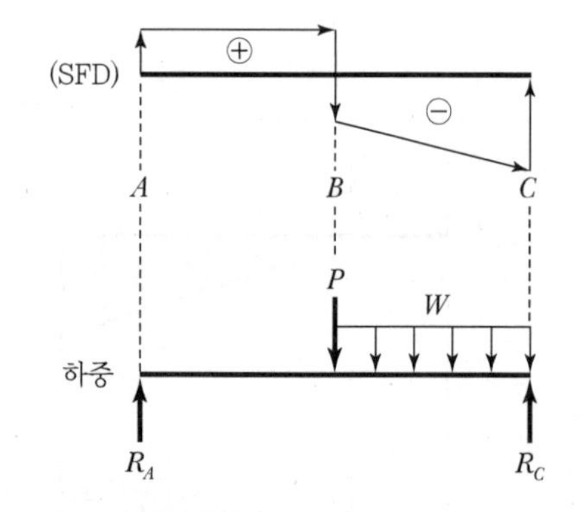

1) 전단력－하중 관계

$S = \int w dx$

2) SFD－하중 관계

절점 · 구간	SFD	하중
절점 A	전단력 증가	상향 집중하중 (↑)
구간 AB	상수함수	$w=0$
절점 B	전단력 감소	하향 집중하중(↓)
구간 BC	1차 감소함수	하향 등분포하중 W
절점 C	전단력 증가	상향 집중하중(↑)

21

정답 ④

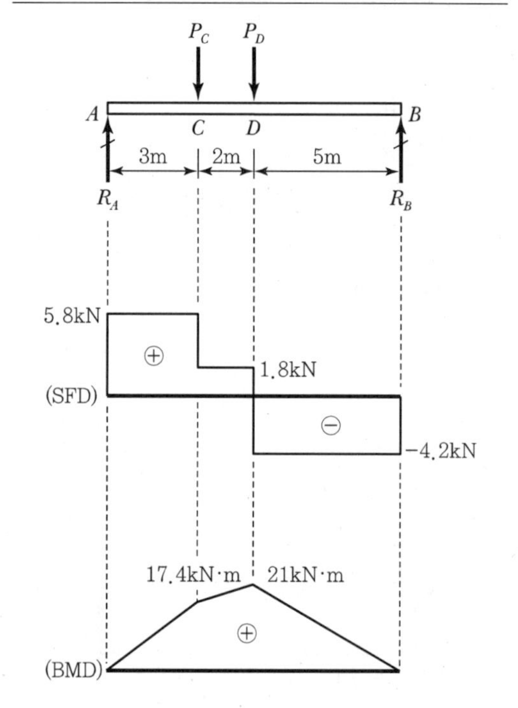

1) 지점 A : 전단력 5.8kN 증가(0 → 5.8),
$R_A = 5.8\text{kN}(\uparrow)$

2) 지점 B : 전단력 4.2kN 증가(−4.2 → 0),
$R_B = 4.2\text{kN}(\uparrow)$

3) 절점 C : 전단력 4.0kN 감소(5.8 → 1.8),
$P_C = 4\text{kN}(\downarrow)$

4) 절점 D : 전단력 6.0kN 감소(1.8 → −4.2),
$P_D = 6\text{kN}(\downarrow)$

$M_{max} = 21\text{kN} \cdot \text{m}$

22 정답 ②

1. 휨모멘트 - 전단력 관계

$M = \int S\,dx$

즉, BMD에서 BC 구간은 1차 함수이므로 SFD에서 BC 구간은 상수함수이다. 따라서 SFD에서 BC 구간의 면적은 직사각형의 면적과 같다.

2. B점 및 C점의 전단력

SFD에서 BC 구간은 상수함수이므로 $S_B = S_C$ 이고, BMD에서 BC 구간의 휨모멘트가 2m 구간에 걸쳐 3kN · m 증가하므로 B점 및 C점의 전단력은 다음과 같다.

$M = 3\text{kN}\cdot\text{m} = S_B \times 2\text{m},\ S_B = 1.5\text{kN}$

$S_C = S_B = 1.5\text{kN}$

23 정답 ④

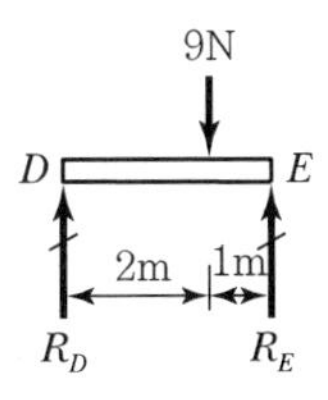

$\Sigma M_{Ⓔ} = 0(\curvearrowright \oplus)$

$R_D \times 3 - 9 \times 1 = 0$

$R_D = 3\text{N}(\uparrow)$

$\Sigma F_y = 0(\uparrow \oplus)$

$R_D + R_E - 9 = 0$

$R_E = 9 - R_D = 9 - (3) = 6\text{N}(\uparrow)$

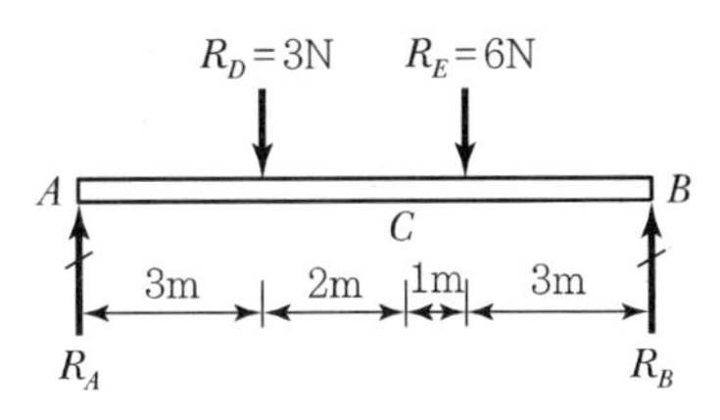

$\Sigma M_{Ⓐ} = 0(\curvearrowright \oplus)$

$3 \times 3 + 6 \times 6 - R_B \times 9 = 0$

$R_B = 5\text{N}(\uparrow)$

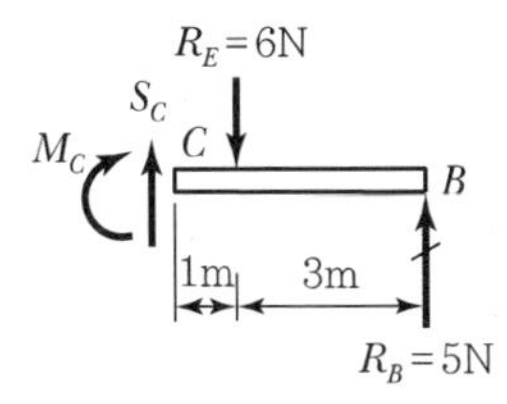

$\Sigma M_{Ⓒ} = 0(\curvearrowright \oplus)$

$M_C + 6 \times 1 - 5 \times 4 = 0$

$M_C = 14\text{N}\cdot\text{m}$

24 정답 ②

영향선의 정의

한 개의 단위하중이 구조물 위를 지날 때 반력, 임의의 특정 위치에서의 전단력, 휨모멘트 및 처짐 등의 크기를 하중이 지날 때마다 하중이 놓인 위치에서 종거로써 그 값을 표시한 그림을 영향선이라 한다.

25 정답 ①

case 1)

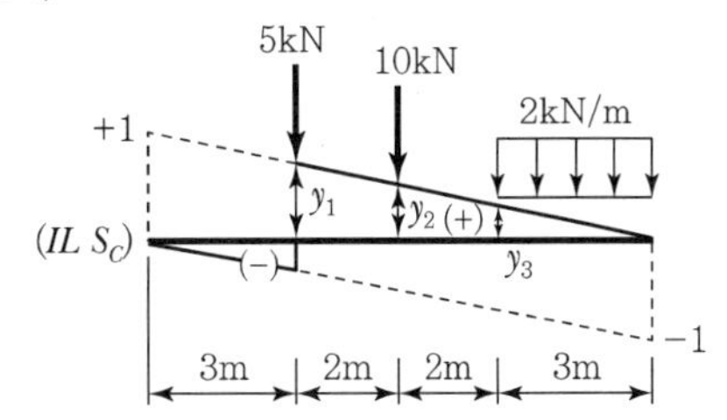

$10 : 1 = 7 : y_1 = 5 : y_2 = 3 : y_3$

$y_1 = 0.7,\ y_2 = 0.5,\ y_3 = 0.3$

$S_{C,\max(1)}$

$= 5 \times 0.7 + 10 \times 0.5 + 2 \times \left(\frac{1}{2} \times 0.3 \times 3\right)$

$= 9.4\text{kN}$

case 2)

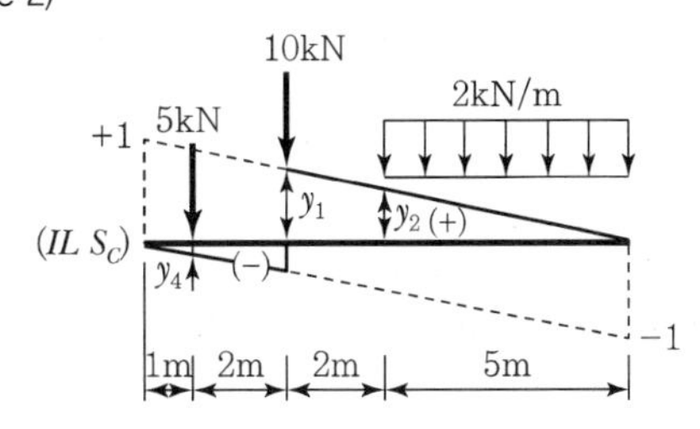

$10 : -1 = 1 : y_4$

$y_4 = -0.1$

$S_{C,\max(2)}$

$= 5 \times (-0.1) + 10 \times 0.7 + 2 \times \left(\frac{1}{2} \times 0.5 \times 5\right)$

$= 9.0\text{kN}$

$S_{C,\max} = \left[S_{C,\max(1)},\ S_{C,\max(2)}\right]_{\max} = 9.4\text{kN}$

26

정답 ③

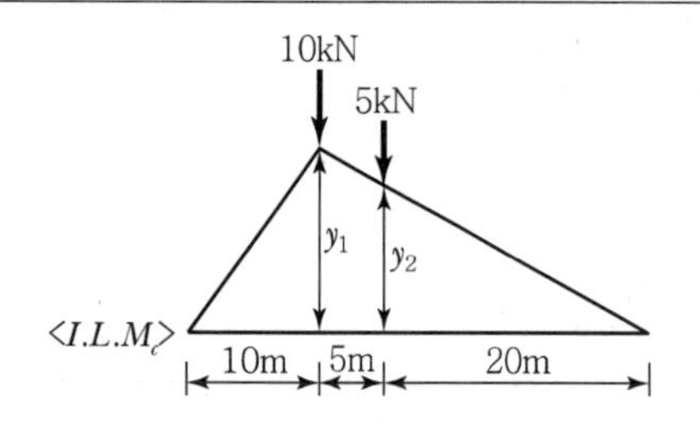

$y_1 = \dfrac{10 \times 25}{35} = \dfrac{50}{7}$

$25 : y_1 = 20 : y_2$

$y_2 = y_1 \cdot \dfrac{20}{25}$

$= \dfrac{50}{7} \times \dfrac{20}{25} = \dfrac{40}{7}$

$M_{c,\max} = 10 \times \dfrac{50}{7} + 5 \times \dfrac{40}{7}$

$= \dfrac{700}{7}$

$= 100\text{kN} \cdot \text{m}$

27

정답 ②

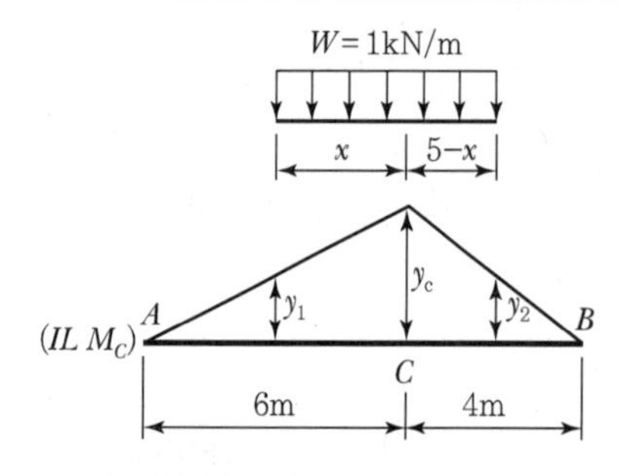

1) 등분포하중이 재하될 경우 임의 점의 최대 전단력 또는 최대 휨모멘트는 영향선에서 하중재하 구간의 면적이 최대가 되도록 하중을 배치하여 산출한다.
2) 영향선에서 하중 재하 구간의 면적이 최대가 되기 위해선 $y_1 = y_2$라야 한다.
   $y_1 = y_2$인 경우 x는 다음과 같다.
   $10 : 5 = 6 : x,\ x = 3\text{m}$
3) $M_{C,\max}$ 산정

   $y_c = \dfrac{6 \times 4}{10} = 2.4\text{m}$

   $y_1 = \dfrac{3}{6} y_c = \dfrac{1}{2} \times 2.4 = 1.2\text{m}$

$M_{C,\max} = W\left[y_1 \times 5 + \dfrac{1}{2}(y_c - y_1) \times 5\right]$

$= 1 \times \left[1.2 \times 5 + \dfrac{1}{2}(2.4 - 1.2) \times 5\right]$

$= 9\text{kN} \cdot \text{m}$

28

정답 ②

1. 절대 최대 전단력이 발생하는 위치와 하중 배치
   두 개의 집중 하중이 재하될 경우 절대 최대 전단력은 큰 하중이 지점에 재하될 때 큰 하중이 재하된 지점에서 발생한다.

2. 절대 최대 전단력($S_{abs,\max}$)

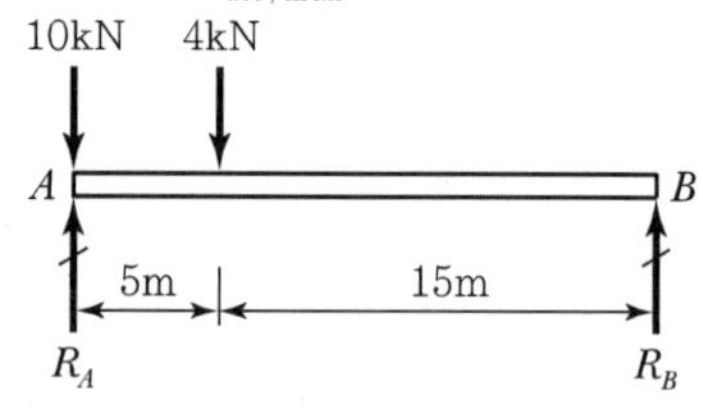

$\Sigma M_{Ⓑ} = 0(\curvearrowright\oplus)$

$R_A \times 20 - 10 \times 20 - 4 \times 15 = 0$

$R_A = 13\text{kN}(\uparrow)$

$S_{abs,\max} = R_A = 13\text{kN}$

29

정답 ①

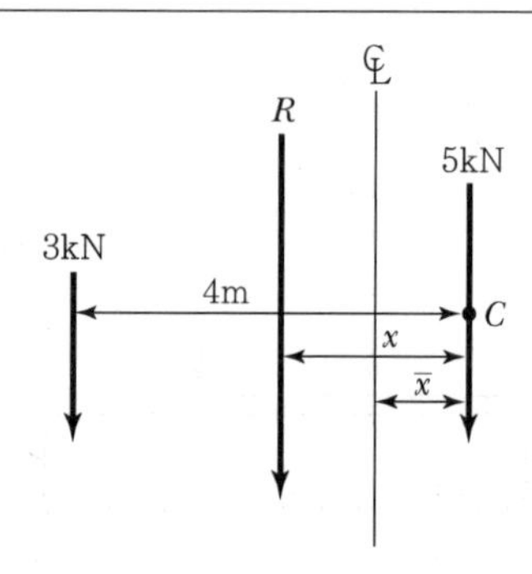

절대 최대 휨모멘트가 발생하는 위치와 하중배치

1. 이동하중군의 합력 크기(R)
   $\Sigma F_y(\downarrow\oplus) = 3 + 5 = R,\ R = 8\text{kN}$

2. 이동하중군의 합력 위치(x)

   $\Sigma M_{Ⓒ}(\curvearrowleft\oplus) = 3 \times 4 = R \times x,\ x = \dfrac{12}{R} = \dfrac{12}{8} = 1.5\text{m}$

3. 절대 최대 휨모멘트가 발생하는 위치

   $\bar{x} = \dfrac{x}{2} = \dfrac{1.5}{2} = 0.75\text{m}$

따라서, 절대 최대 휨모멘트는 5kN의 재하 위치가 보 중앙으로부터 좌측으로 0.75m 떨어진 곳(B지점으로부터 4.25m 떨어진 곳)일 때 5kN의 재하위치에서 발생한다.

30 정답 ②

1. 절대 최대 휨모멘트가 발생하는 위치와 하중배치

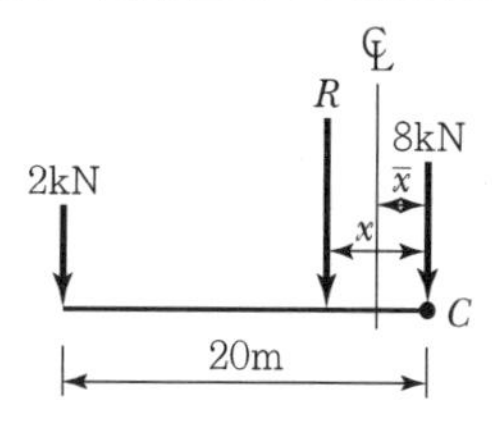

1) 이동하중군의 합력크기(R)

$\Sigma F_y(\downarrow \oplus) = 2+8 = R$

$R = 10\text{kN}(\downarrow)$

2) 이동 하중군의 합력위치(x)

$\Sigma M_{©}(\curvearrowleft \oplus) = 2\times 20 = R\times x$

$$x = \frac{2\times 20}{R} = \frac{40}{10} = 4\text{m}$$

3) 절대 최대 휨모멘트가 발생하는 위치($\bar{x}$)

$$\bar{x} = \frac{x}{2} = \frac{4}{2} = 2\text{m}$$

따라서, 절대 최대 휨모멘트는 8kN의 재하위치가 보중앙으로부터 우측으로 2m 떨어진 곳일 때, 8kN의 재하위치에서 발생한다.

2. 절대 최대 휨모멘트($M_{abs,\max}$)

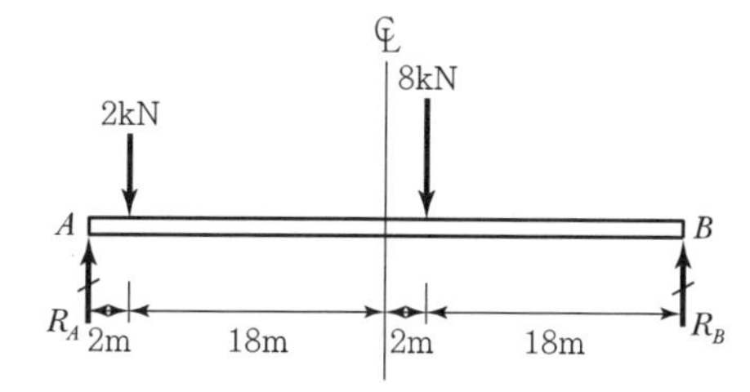

$\Sigma M_{Ⓐ} = 0(\curvearrowright \oplus)$

$2\times 2 + 8\times 22 - R_B\times 40 = 0$

$R_B = 4.5\text{kN}(\uparrow)$

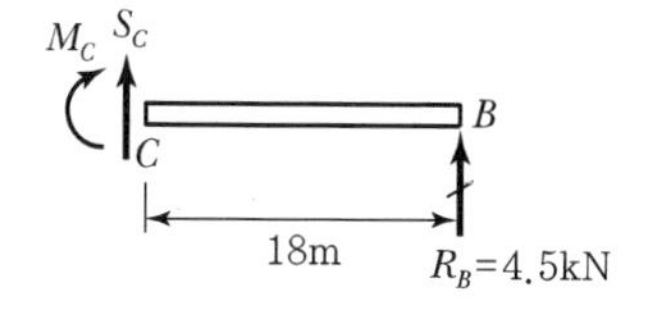

$\Sigma M_{©} = 0(\curvearrowright \oplus)$

$M_c - 4.5\times 18 = 0$

$M_c = 81\text{kN}\cdot\text{m}$

$M_{abs,\max} = M_c = 81\text{kN}\cdot\text{m}$

31 정답 ③

1. 절대 최대 휨모멘트가 발생하는 위치와 하중배치

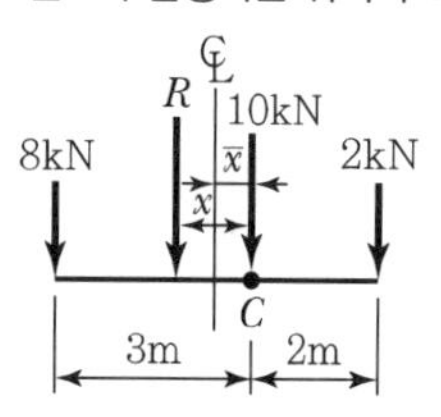

1) 이동하중군의 합력크기(R)

$\Sigma F_y(\downarrow \oplus) = 8+10+2 = R$

$R = 20\text{kN}(\downarrow)$

2) 이동하중군의 합력위치(x)

$\Sigma M_{©}(\curvearrowleft \oplus) = 8\times 3 - 2\times 2 = R\times x$

$$x = \frac{20}{R} = \frac{20}{20} = 1\text{m}$$

3) 절대 최대 휨모멘트가 발생하는 위치($\bar{x}$)

$$\bar{x} = \frac{x}{2} = \frac{1}{2} = 0.5\text{m}$$

따라서, 절대 최대 휨모멘트는 10kN의 재하위치가 보 중앙으로부터 우측으로 0.5m 떨어진 곳일 때, 10kN의 재하위치에서 발생한다.

2. 절대 최대 휨모멘트($M_{abs,\max}$)

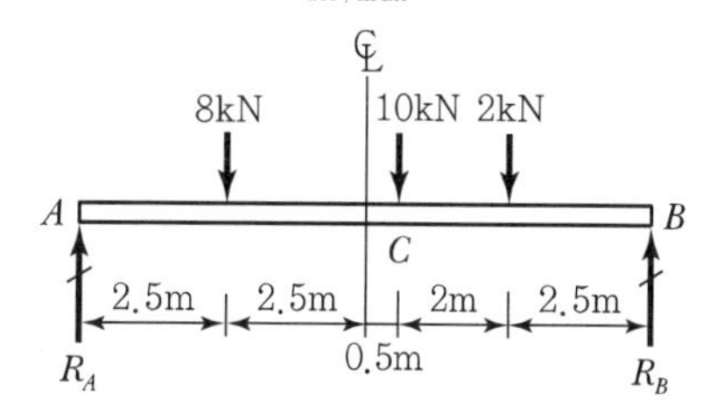

$\Sigma M_{Ⓐ} = 0(\curvearrowright \oplus)$

$8\times 2.5 + 10\times 5.5 + 2\times 7.5 - R_B\times 10 = 0$

$R_B = 9\text{kN}(\uparrow)$

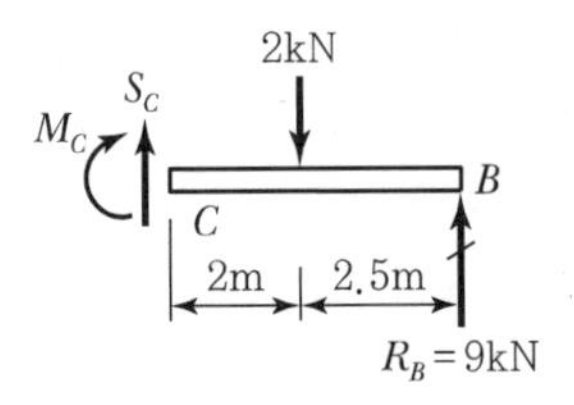

$\Sigma M_{©}=0(\curvearrowright\oplus)$

$M_C+2\times2-9\times4.5=0$

$M_C=36.5\text{kN}\cdot\text{m}$

$M_{abs,\max}=M_C=36.5\text{kN}\cdot\text{m}$

제4장 정정보 II (캔틸레버보, 내민보, 게르버보)

01	02	03	04	05	06	07	08	09	10
①	③	①	②	④	①	②	④	⑤	③
11	12	13	14	15	16	17	18	19	20
③	④	③	①	①	④	①	④	③	②
21	22	23	24	25	26	27	28	29	30
④	⑤	④	③	④	③	①	③	④	③
31	32	33							
④	①	③							

01 정답 ①

- $F=A\cdot p=(2\times1)\times2.5=5\text{kN}$
- $l=6+\dfrac{1}{2}=6.5\text{m}$
- $M_A=F\cdot l=5\times6.5=32.5\text{kN}\cdot\text{m}$

02 정답 ③

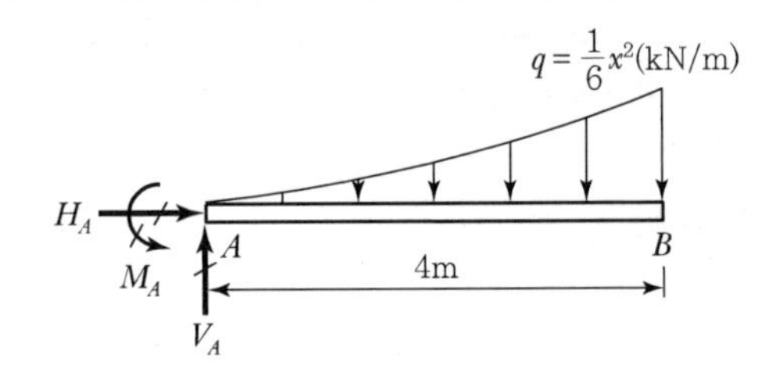

$q=\dfrac{1}{6}x^2=\dfrac{1}{6}\times4^2=\dfrac{8}{3}\text{kN/m}$

$\Sigma M_{Ⓐ}=0(\curvearrowright\oplus)$

$\left(\dfrac{1}{3}\times\dfrac{8}{3}\times4\right)\times\left(\dfrac{3}{4}\times4\right)-M_A=0$

$M_A=\dfrac{32}{3}\text{kN}\cdot\text{m}$

03 정답 ①

$$\Sigma F_y(\downarrow \oplus)=\left(\frac{1}{2}\times100\times12\right)-(50\times a)=200$$

$$a=8\text{m}$$

$$\Sigma M_{Ⓑ}(\curvearrowleft\oplus)=\left(\frac{1}{2}\times100\times12\right)\times\left(\frac{12}{3}\right)-(50\times8)\times\left(\frac{8}{2}+b\right)$$

$$=200\times2$$

$$b=1\text{m}$$

04 정답 ②

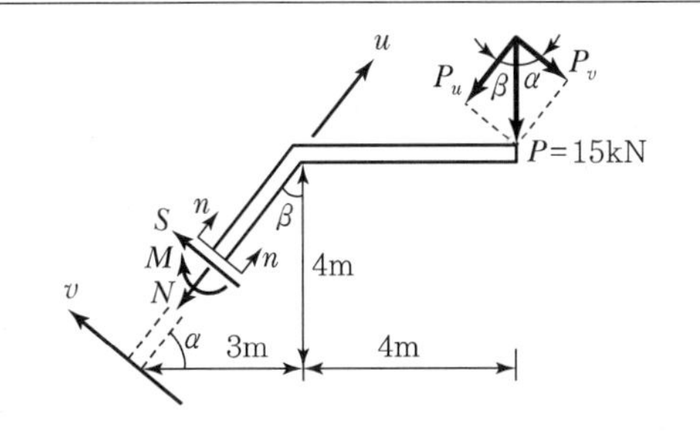

$$\Sigma F_v=0(\nwarrow\oplus)$$

$$S-P_v=0$$

$$S=P_v$$

$$=P\times\cos\alpha$$

$$=15\times\frac{3}{5}=9\text{kN}$$

05 정답 ④

AB구간은 휨모멘트 내력만 M_0로 일정하게 존재하는 순수 휨(Pure Bending)상태이고, BC구간은 내력이 존재하지 않는 상태이다. 따라서, 부재의 전구간에 걸쳐서 전단력은 존재하지 않는다.

06 정답 ①

하중－SFD－BMD 관계

절점 · 구간	하중	SFD	BMD
절점 A	상향 $P(\uparrow)$	S 증가$(\uparrow)$	
	반시계방향 $M(\curvearrowleft)$		M 감소$(\downarrow)$
구간 AB	－	상수함수(→) (⊕구간)	1차 증가함수 (↗)
절점 B	시계방향 $M(\curvearrowright)$	－	M 감소$(\downarrow)$
구간 BC	－	상수함수(→) (⊕구간)	1차 증가함수 (↗)
절점 C	－	－	－
구간 CD	하향 w(↓↓↓)	1차 감소함수(↘) (⊕구간)	2차 증가함수 (↗)
절점 D	하향 $P(\downarrow)$	S 감소$(\downarrow)$	－
구간 DE	하향 w(↓↓↓)	1차 감소함수(↘) (⊕구간)	2차 증가함수 (↗)
절점 E	－	－	－

07 정답 ②

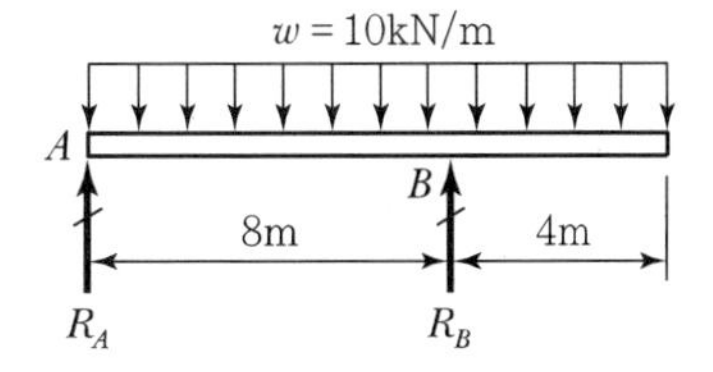

$$\Sigma M_{Ⓑ}=0(\curvearrowright\oplus)$$

$$R_A\times8-(10\times12)\times\left(8-\frac{12}{2}\right)=0$$

$$R_A=30\text{kN}(\uparrow)$$

$$\Sigma F_y=0(\uparrow\oplus)$$

$$R_A+R_B-(10\times12)=0$$

$$R_B=120-R_A=120-(30)=90\text{kN}(\uparrow)$$

08 정답 ④

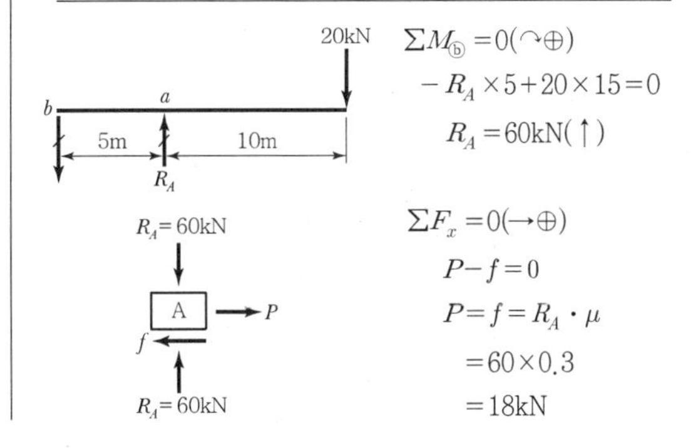

$$\Sigma M_{ⓑ}=0(\curvearrowright\oplus)$$

$$-R_A\times5+20\times15=0$$

$$R_A=60\text{kN}(\uparrow)$$

$$\Sigma F_x=0(\rightarrow\oplus)$$

$$P-f=0$$

$$P=f=R_A\cdot\mu$$

$$=60\times0.3$$

$$=18\text{kN}$$

09

정답 ⑤

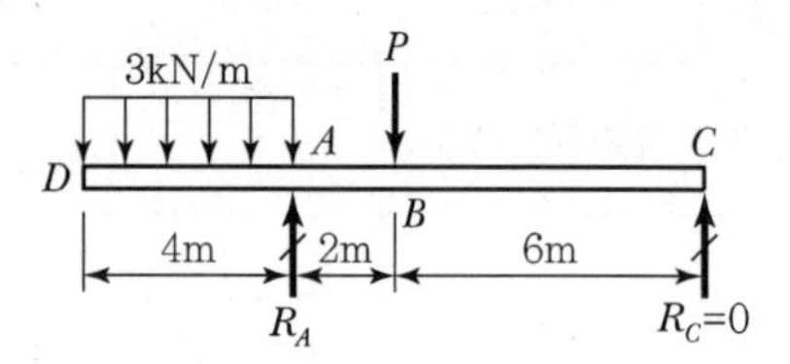

$\Sigma M_{Ⓐ}=0(\curvearrowright\oplus)$

$-(3\times4)\times2+P\times2=0$

$P=12\text{kN}$

10

정답 ③

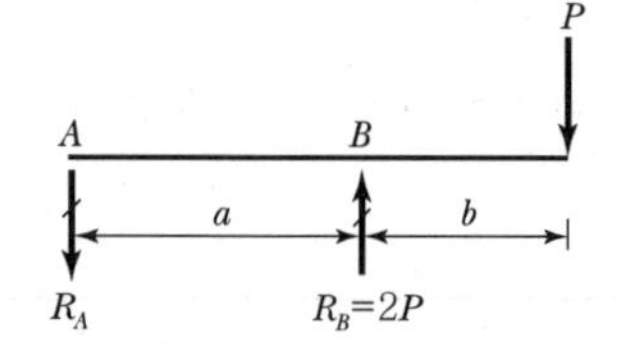

㉠ $\Sigma F_y=0(\uparrow\oplus)$

$-R_A+2P-P=0,\ R_A=P(\downarrow)$

㉡ $\Sigma M_{Ⓑ}=0(\curvearrowright\oplus)$

$-P\times a+P\times b=0,\ \dfrac{b}{a}=1$

11

정답 ③

$\Sigma M_{Ⓐ}=0(\curvearrowright\oplus)$

$(-300\times L_1)+\left\{\left(\dfrac{1}{2}\times60\times30\right)\times\dfrac{30}{3}\right\}$

$-(R_B\times20)=0$

$L_1=30-\dfrac{20}{300}R_B$

$=30-\dfrac{20}{300}\times(300)$

$=10\text{m}$

12

정답 ④

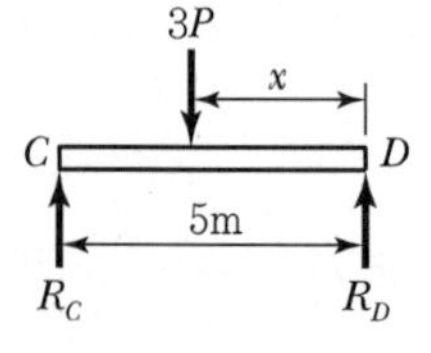

$\Sigma M_{Ⓓ}=0(\curvearrowright\oplus)$

$R_C\times5-3P\times x=0$

$R_C=\dfrac{x(3P)}{5}(\uparrow)$

$\Sigma F_y=0(\uparrow\oplus)$

$R_C-3P+R_D=0$

$R_D=3P-R_C$

$=3P-\left(\dfrac{x(3P)}{5}\right)$

$=\dfrac{(5-x)(3P)}{5}(\uparrow)$

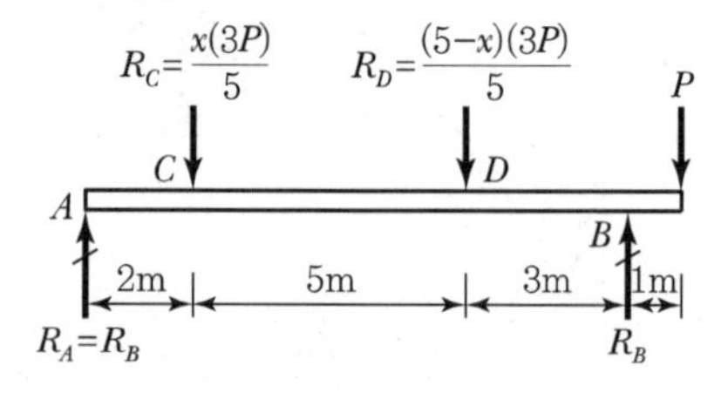

$\Sigma F_y=0(\uparrow\oplus)$

$2R_B-(R_C+R_D)-P=0$

$2R_B-(3P)-P=0$

$R_B=2P(\uparrow)$

$\Sigma M_{Ⓐ}=0(\curvearrowright\oplus)$

$\dfrac{x(3P)}{5}\times2+\dfrac{(5-x)(3P)}{5}\times7-2P\times10+P\times11=0$

$x=4\text{m}$

13

정답 ③

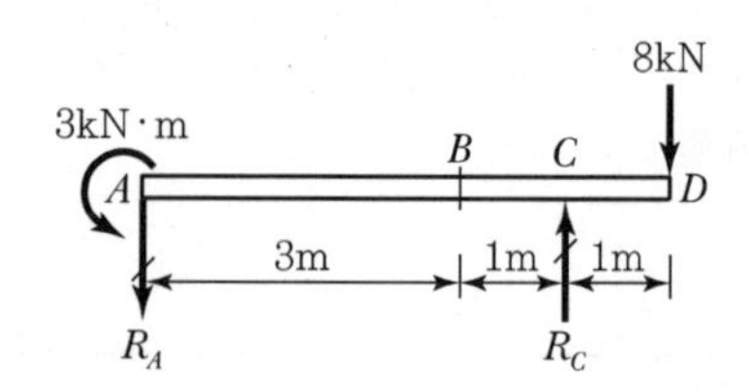

$\Sigma M_{Ⓐ}=0(\curvearrowright\oplus)$

$-3-R_C\times4+8\times5=0$

$R_C=9.25\text{kN}(\uparrow)$

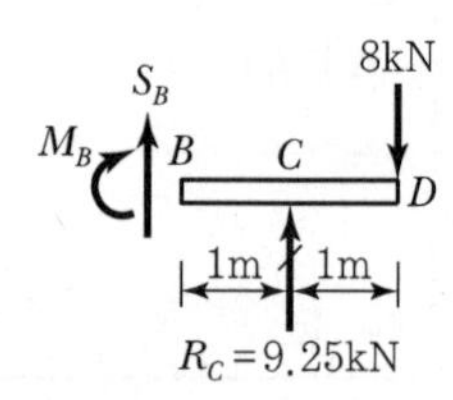

$\Sigma F_y = 0(\uparrow \oplus)$

$S_B + 9.25 - 8 = 0$

$S_B = -1.25\text{kN}$

14 정답 ①

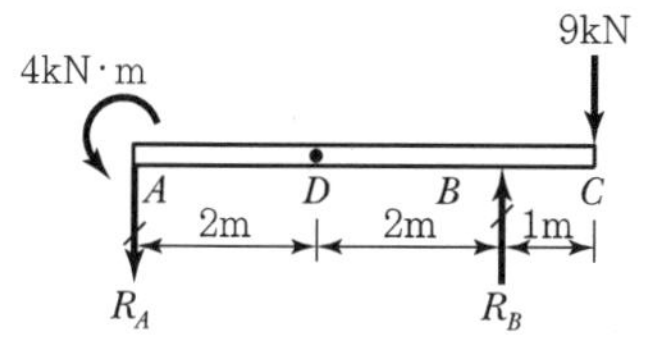

$\Sigma M_{Ⓑ} = 0(\curvearrowright\oplus)$

$-R_A \times 4 - 4 + 9 \times 1 = 0$

$R_A = \dfrac{5}{4}\text{kN}(\downarrow)$

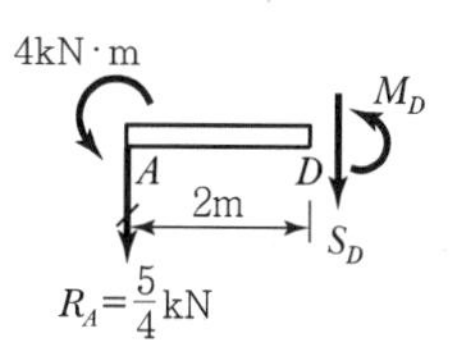

$\Sigma M_{Ⓓ} = 0(\curvearrowright\oplus)$

$-\dfrac{5}{4} \times 2 - 4 - M_D = 0$

$M_D = -\dfrac{13}{2}\text{kN}\cdot\text{m}$

15 정답 ①

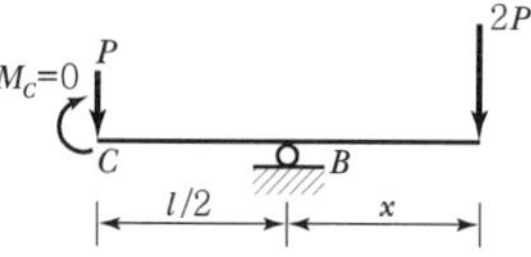

$\Sigma M_{Ⓑ} = 0(\curvearrowright\oplus)$

$2P \times x - P \times \dfrac{l}{2} = 0$

$x = \dfrac{l}{4}$

16 정답 ④

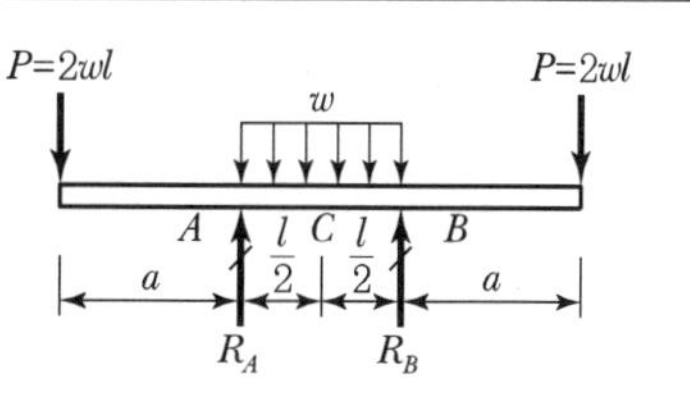

$\Sigma M_{Ⓐ} = 0(\curvearrowright\oplus)$

$-2wl \times a + (wl) \times \dfrac{l}{2} - R_B \times l + 2wl \times (l + a) = 0$

$R_B = \dfrac{5wl}{2}(\uparrow)$

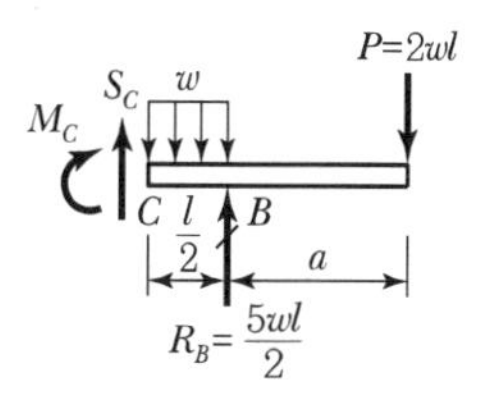

$\Sigma M_{Ⓒ} = 0(\curvearrowright\oplus)$

$M_C + \left(w \cdot \dfrac{l}{2}\right) \times \left(\dfrac{1}{2} \cdot \dfrac{l}{2}\right) - \dfrac{5wl}{2} \times \dfrac{l}{2} + 2wl \times \left(\dfrac{l}{2} + a\right) = 0$

$M_C = \dfrac{wl^2}{8} - 2wla$

$M_C = \dfrac{wl^2}{8} - 2wla = 0,\ \dfrac{a}{l} = \dfrac{1}{16}$

17 정답 ①

$\Sigma M_{Ⓒ} = 0(\curvearrowright \oplus)$

$R_A \times L - P \times \dfrac{L}{2} + P \times a = 0$

$R_A = \left(\dfrac{P}{2} - \dfrac{Pa}{L}\right)(\uparrow)$

$R_A = \left(\dfrac{P}{2} - \dfrac{Pa}{L}\right)$

$\Sigma M_{Ⓑ} = 0(\curvearrowright\oplus)$

$\left(\dfrac{P}{2} - \dfrac{Pa}{L}\right) \times \dfrac{L}{2} - M_B = 0$

$M_B = \left(\dfrac{PL}{4} - \dfrac{Pa}{2}\right)$

$\Sigma M_{Ⓒ} = 0(\curvearrowright\oplus)$

$M_c + Pa = 0$

$M_C = -Pa$

$M_B + M_C = 0$

$\left(\frac{PL}{4} - \frac{Pa}{2}\right) + (-Pa) = 0$

$\frac{L}{4} - \frac{3a}{2} = 0$

$\frac{L}{a} = 6$

18

정답 ④

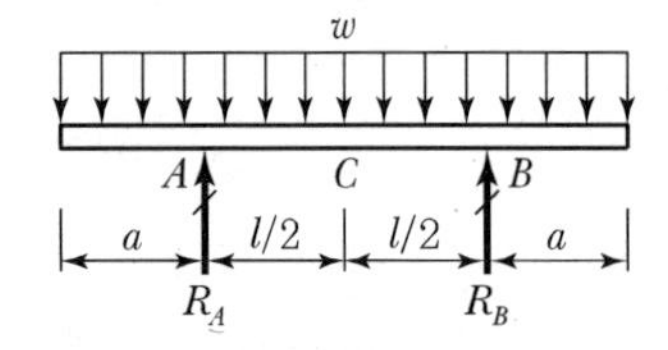

$\oplus M_{max} = M_C = \frac{wl^2}{8} - \frac{wa^2}{2}$

$\ominus M_{max} = M_A = -\frac{wa^2}{2}$

$\oplus M_{max} + \ominus M_{max} = \left(\frac{wl^2}{8} - \frac{wa^2}{2}\right) + \left(-\frac{wa^2}{2}\right) = 0$

$l = 2\sqrt{2}\,a$

19

정답 ③

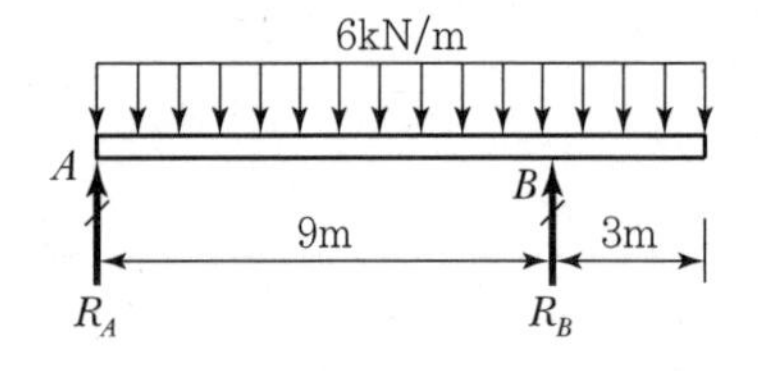

$\Sigma M_{Ⓐ} = 0(\curvearrowright\oplus)$

$(6 \times 12) \times 6 - R_B \times 9 = 0$

$R_B = 48\text{kN}(\uparrow)$

$\Sigma F_y = 0(\uparrow\oplus)$

$R_A - (6 \times 12) + 48 = 0$

$R_A = 24\text{kN}(\uparrow)$

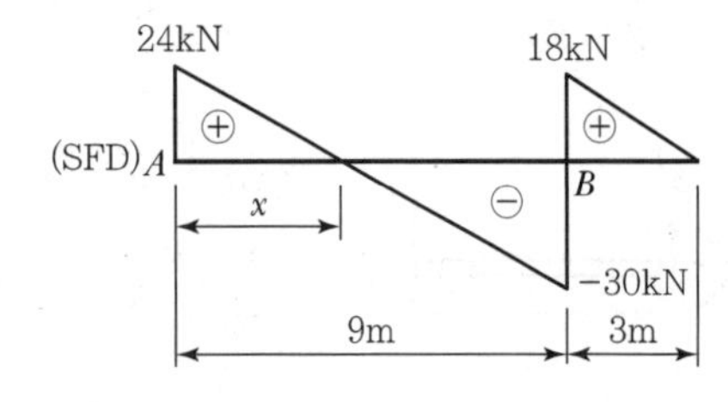

• 최대 휨모멘트 발생위치

최대 휨모멘트는 전단력이 '0'인 곳에서 발생한다.

$x = \frac{R_A}{w} = \frac{24}{6} = 4\text{m}$

따라서, 최대 휨모멘트는 A점으로부터 우측으로 4m 떨어진 곳 또는 9m 떨어진 곳에서 발생한다.

$M_{(x=4)} = \left(\frac{1}{2} \times 24 \times 4\right) = 48\text{kN} \cdot \text{m}$

$M_{(x=9)} = \left(\frac{1}{2} \times 24 \times 4\right) - \left(\frac{1}{2} \times 30 \times 5\right)$

$= -27\text{kN} \cdot \text{m}$

$M_{max} = M_{(x=4)} = 48\text{kN} \cdot \text{m}$

20

정답 ②

$\Sigma M_{Ⓔ} = 0(\curvearrowright\oplus)$

$R_{By} \times 16 - (20 \times 20) \times \frac{20}{2} + 80 \times 4 = 0$

$R_{By} = 230\text{kN}(\uparrow)$

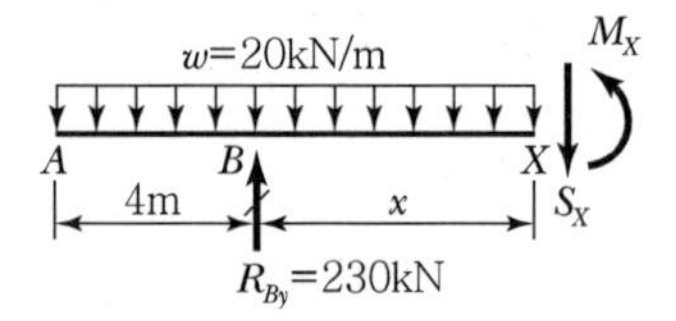

$\Sigma M_{Ⓧ} = 0(\curvearrowright\oplus)$

$230 \times x - \{20 \times (4+x)\} \times \frac{(4+x)}{2} - M_x = 0$

$M_x = -10(x^2 - 15x + 16)$

$M_B = M_{(x=0)}$

$= -10\{(0)^2 - 15(0) + 16\} = -160\text{kN} \cdot \text{m}$

$M_C = M_{(x=7)}$

$= -10\{(7)^2 - 15(7) + 16\} = 400\text{kN} \cdot \text{m}$

$M_D = M_{(x=9)}$

$= -10\{(9)^2 - 15(9) + 16\} = 380\text{kN} \cdot \text{m}$

$M_E = M_{(x=16)}$

$= -10\{(16)^2 - 15(16) + 16\} = -320\text{kN} \cdot \text{m}$

따라서, B점, C점, D점, 그리고 E점 4곳 중에서 휨모멘트의 절대값이 가장 큰 곳은 C점이다.

21 정답 ④

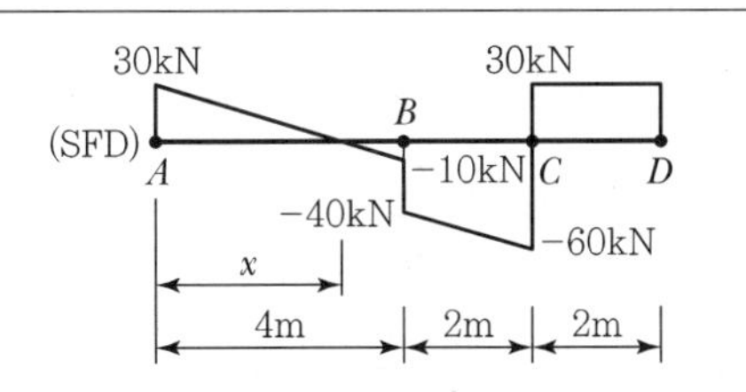

1. 전단력이 '0'인 곳의 위치

   4m : 40kN $= x$: 30kN

   $x = 3$m

2. M_B의 값

   $M_B = \int_A^B S\,dx$

   $= \frac{1}{2} \times 30 \times 3 - \frac{1}{2} \times 10 \times 1$

   $= 40$kN · m

22 정답 ⑤

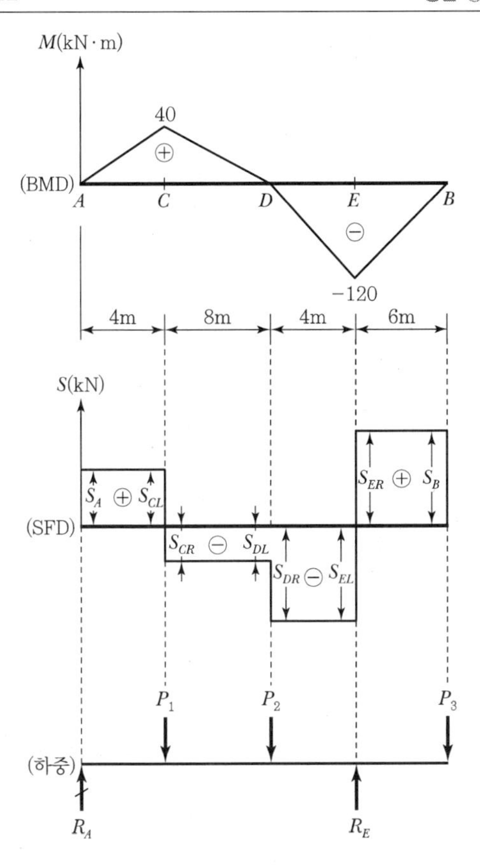

$P_1 + P_2 + P_3 = 15 + 25 + 20 = 60$kN(↓)

1) 휨모멘트 – 전단력 관계

$M = \int S\,dx$

2) BMD – SFD 관계

구간	길이	BMD	SFD	전단력
AC	4m	1차 함수	상수함수	$40 = S_A \times 4$, $S_A = 10$kN
		40kN·m 증가	직사각형	$S_{CL} = S_A = 10$kN
CD	8m	1차 함수	상수함수	$-40 = S_{CR} \times 8$, $S_{CR} = -5$kN
		40kN·m 감소	직사각형	$S_{DL} = S_{CR} = -5$kN
DE	4m	1차 함수	상수함수	$-120 = S_{DR} \times 4$, $S_{DR} = -30$kN
		120kN·m 감소	직사각형	$S_{EL} = S_{DR} = -30$kN
EB	6m	1차 함수	상수함수	$120 = S_{ER} \times 6$, $S_{ER} = 20$kN
		120kN·m 증가	직사각형	$S_B = S_{ER} = 20$kN

3) 전단력 – 하중 관계

$S = \int w\,dx$

4) SFD – 하중 관계

절점·구간	SFD	하중
절점 A	전단력 증가	$R_A = S_A = 10$kN(↑)
구간 AC	상수함수	$w = 0$
절점 C	전단력 감소	$P_1 = S_{CR} - S_{CL}$ $= -5 - 10 = -15$kN(↓)
구간 CD	상수함수	$w = 0$
절점 D	전단력 감소	$P_2 = S_{DR} - S_{DL}$ $= -30 - (-5) = -25$kN(↓)
구간 DE	상수함수	$w = 0$
절점 E	전단력 증가	$R_E = S_{ER} - S_{EL}$ $= 20 - (-30) = 50$kN(↑)
구간 EB	상수함수	$w = 0$
절점 B	전단력 감소	$P_3 = -S_B = -20$kN(↓)

23

정답 ④

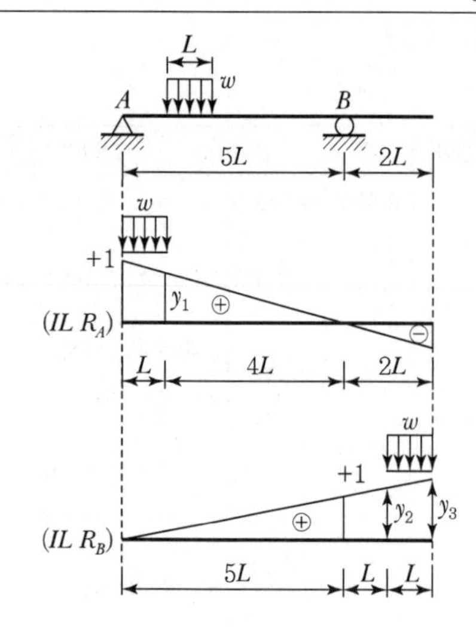

$5L : 1 = 4L : y_1 \rightarrow y_1 = 0.8$

$$R_{A,\max} = w\left(\frac{1+0.8}{2} \times L\right) = 0.9wL$$

$5L : 1 = 6L : y_2 \rightarrow y_2 = 1.2$

$5L : 1 = 7L : y_3 \rightarrow y_3 = 1.4$

$$R_{B,\max} = w\left(\frac{1.2+1.4}{2} \times L\right) = 1.3wL$$

$$R_{\max} = [R_{A,\max},\ R_{B,\max}]_{\max}$$
$$= [0.9wL,\ 1.3wL]_{\max} = 1.3wL$$

24

정답 ③

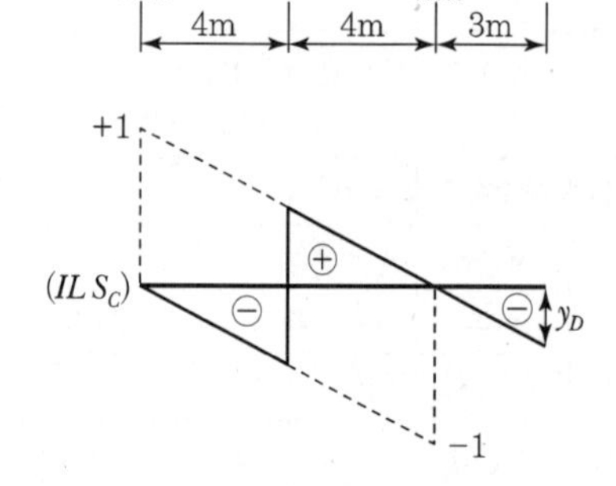

$8 : 1 = 3 : -y_D$

$$y_D = -\frac{3}{8} = -0.375$$

25

정답 ④

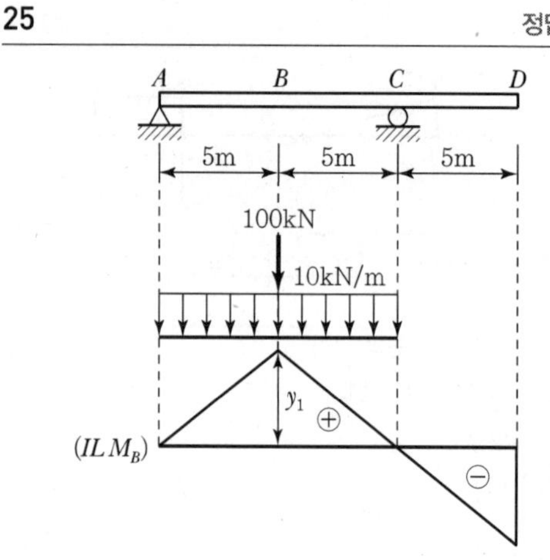

$$y_1 = \frac{l}{4} = \frac{10}{4} = 2.5$$

$$M_{B,\max} = 10 \times \left(\frac{1}{2} \times 2.5 \times 10\right) + 100 \times 2.5$$
$$= 375\text{kN} \cdot \text{m}$$

26

정답 ③

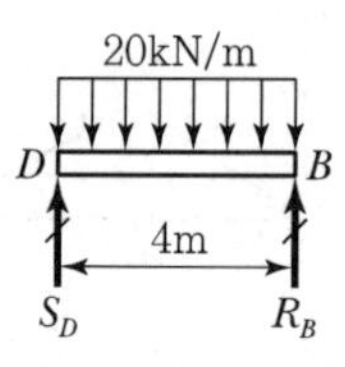

$\Sigma M_{Ⓑ} = 0(\curvearrowright \oplus)$

$S_D \times 4 - (20 \times 4) \times 2 = 0$

$S_D = 40\text{kN}$

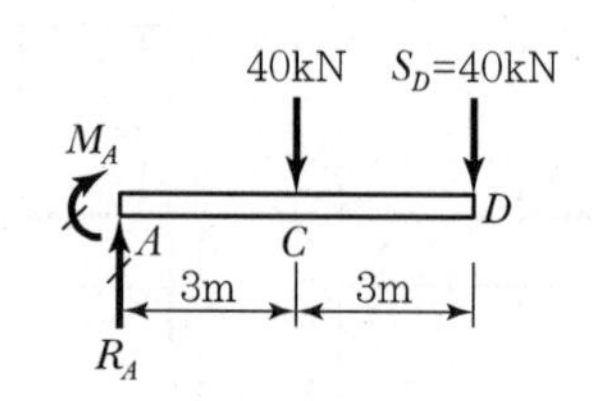

$\Sigma M_{Ⓐ} = 0(\curvearrowright \oplus)$

$M_A + 40 \times 3 + 40 \times 6 = 0$

$M_A = -360\text{kN} \cdot \text{m}$

27

정답 ①

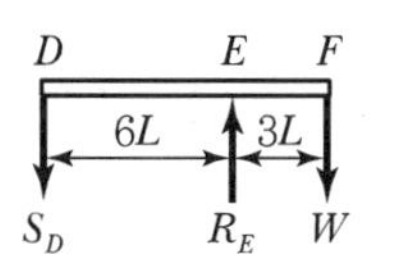

$\Sigma M_{Ⓔ} = 0(\curvearrowright\oplus)$

$W \times 3L - S_D \times 6L = 0$

$S_D = \dfrac{W}{2}$

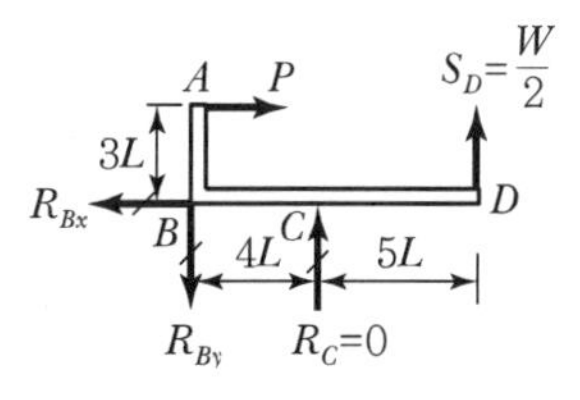

$\Sigma M_{Ⓑ} = 0(\curvearrowright\oplus)$

$P \times 3L - \dfrac{W}{2} \times 9L = 0$

$\dfrac{P}{W} = \dfrac{3}{2}$

28

정답 ③

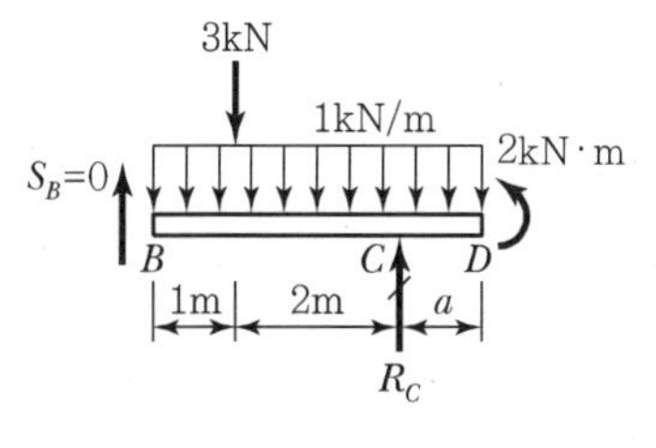

AB 부재에 부재력이 발생하지 않기 위해선 $S_B = 0$이어야 한다.

$\Sigma M_{Ⓒ} = 0(\curvearrowright\oplus)$

$-3 \times 2 - (1 \times 3) \times 1.5 + (1 \times a) \times \dfrac{a}{2} - 2 = 0$

$a = 5\text{m}$

29

정답 ④

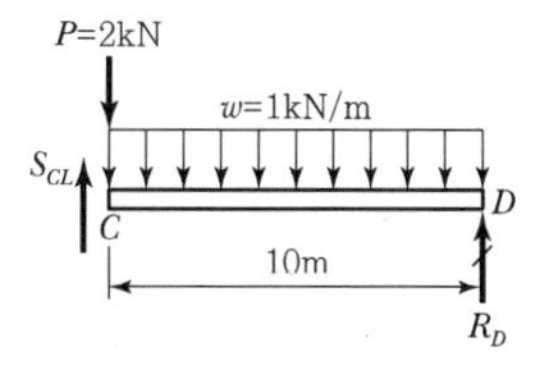

$\Sigma M_{Ⓓ} = 0(\curvearrowright\oplus)$

$S_{CL} \times 10 - 2 \times 10 - (1 \times 10) \times 5 = 0$

$S_{CL} = 7\text{kN}$

$\Sigma F_y = 0(\uparrow\oplus)$

$7 - 2 - (1 \times 10) + R_D = 0$

$R_D = 5\text{kN}(\uparrow)$

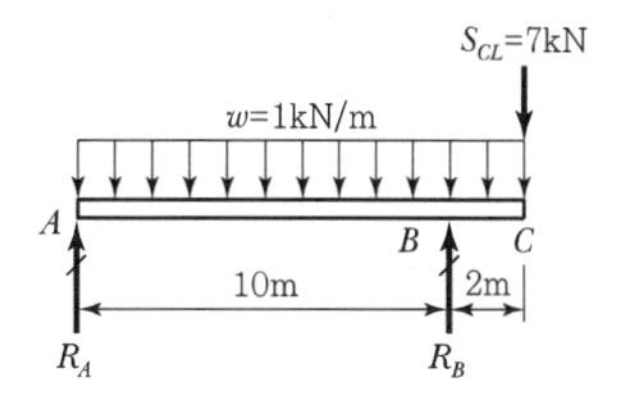

$\Sigma M_{Ⓐ} = 0(\curvearrowright\oplus)$

$(1 \times 12) \times 6 + 7 \times 12 - R_B \times 10 = 0$

$R_B = 15.6\text{kN}(\uparrow)$

$\Sigma F_y = 0(\uparrow\oplus)$

$R_A - (1 \times 12) - 7 + 15.6 = 0$

$R_A = 3.4\text{kN}(\uparrow)$

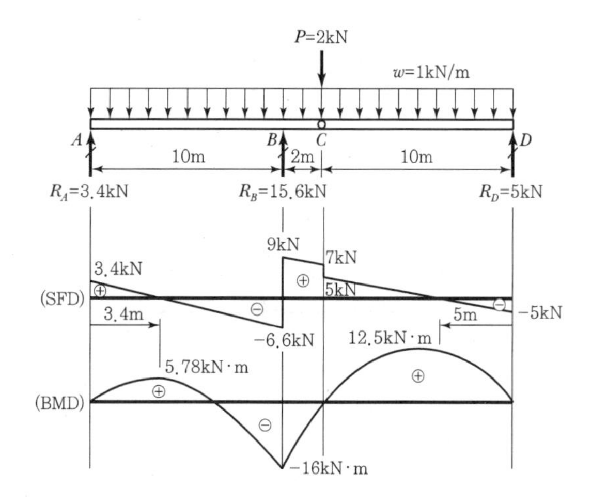

30

정답 ③

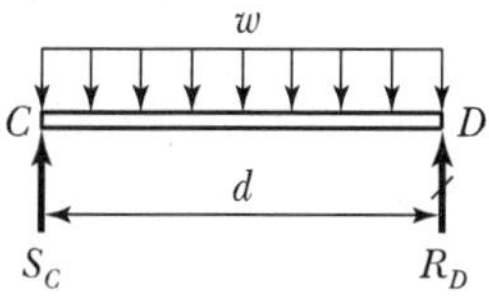

$\Sigma M_{Ⓓ} = 0(\curvearrowright\oplus)$

$S_c \times d - (w \times d) \times \dfrac{d}{2} = 0$

$S_c = \dfrac{wd}{2}$

$M_{\max(C-D)} = \dfrac{wd^2}{8}$

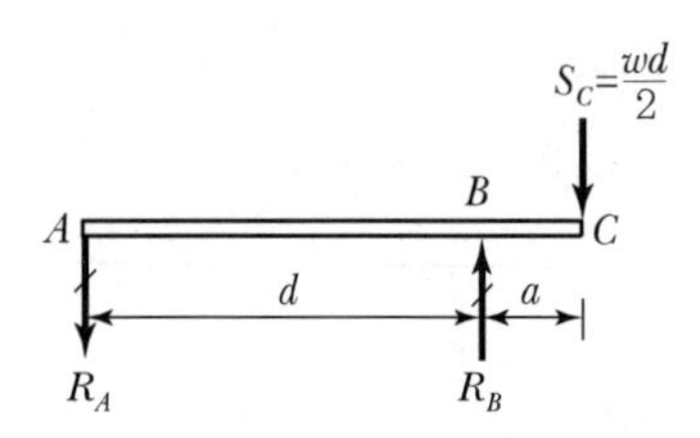

$M_B = -\dfrac{wd}{2} \cdot a$

$(M_{\max(C-D)}) + (M_B) = 0$

$\left(\dfrac{wd^2}{8}\right) + \left(-\dfrac{wda}{2}\right) = 0$

$a = \dfrac{d}{4}$

31

정답 ④

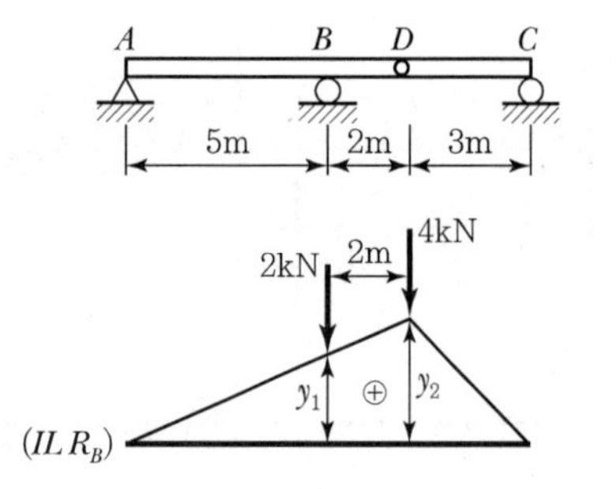

$y_1 = 1$

$y_2 = y_1 \times \dfrac{7}{5} = 1 \times \dfrac{7}{5} = \dfrac{7}{5}$

$R_{B,\max} = 2 \times 1 + 4 \times \dfrac{7}{5} = \dfrac{38}{5}$

32

정답 ①

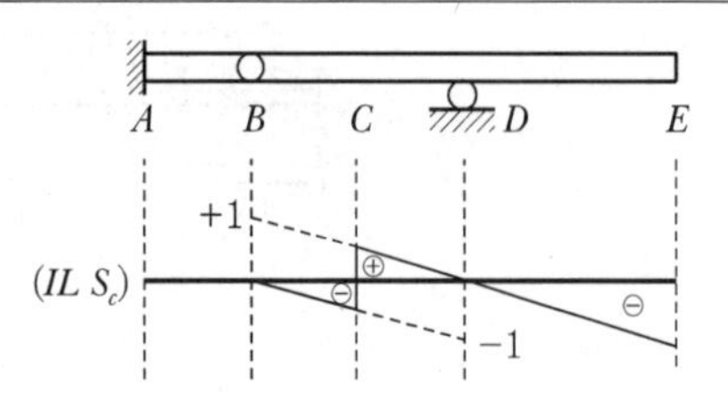

33

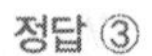

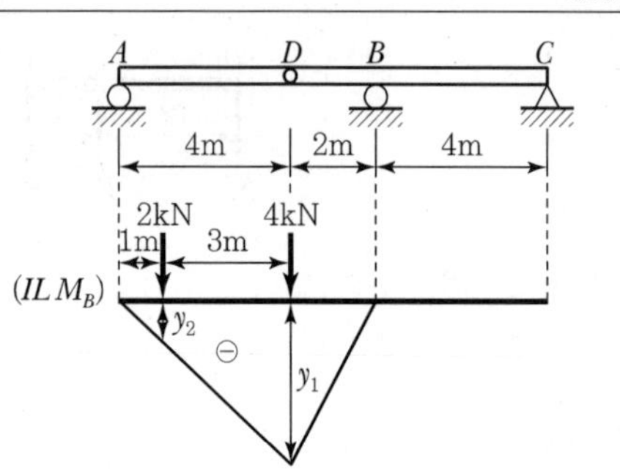

1. y_1값

   $y_1 = -2\text{m}$

2. y_2값

   $y_2 = y_1 \times \dfrac{1}{4} = -2 \times \dfrac{1}{4} = -0.5\text{m}$

3. $M_{B,\max}$

   $M_{B,\max} = 4 \times (-2) + 2 \times (-0.5) = -9\text{kN} \cdot \text{m}$

   $|M_{B,\max}| = 9\text{kN} \cdot \text{m}$

제5장 정정라멘과 아치

01	02	03	04	05	06	07	08	09	10
①	④	④	①	②	④	③	③	②	①

01

정답 ①

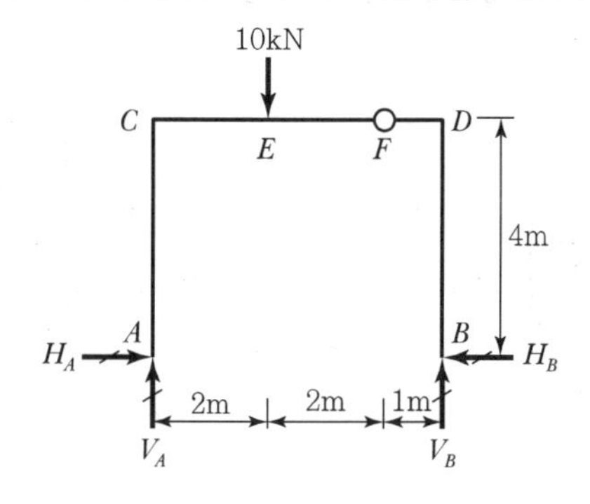

$\Sigma M_{Ⓑ}=0(\curvearrowright\oplus)$

$V_A\times5-10\times3=0$

$V_A=6\text{kN}(\uparrow)$

$\Sigma F_y=0(\uparrow\oplus)$

$V_A-10+V_B=0$

$V_B=10-V_A=10-6=4\text{kN}(\uparrow)$

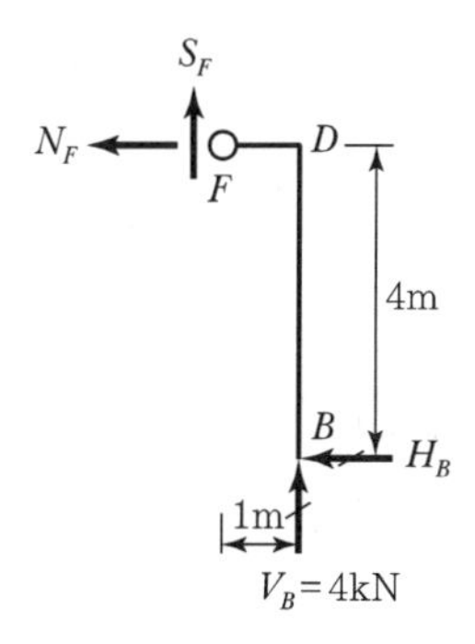

$\Sigma M_{Ⓕ}=0(\curvearrowright\oplus)$

$H_B\times4-4\times1=0$

$H_B=1\text{kN}(\leftarrow)$

02

정답 ④

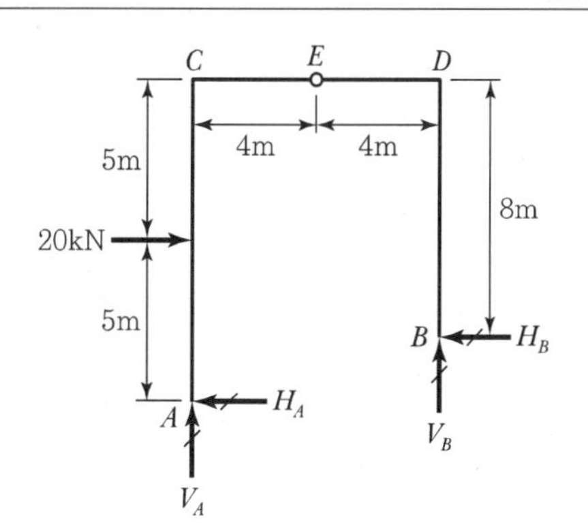

$\Sigma M_{Ⓑ}=0(\curvearrowright\oplus)$

$V_A\times8+H_A\times2+20\times3=0$

$4V_A+H_A+30=0$ ································· ㉠

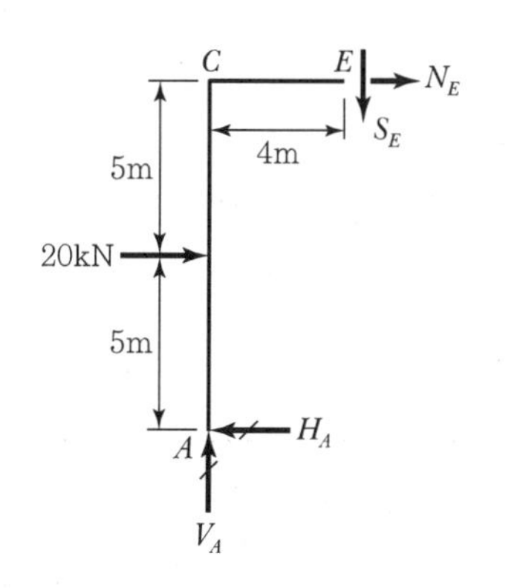

$\Sigma M_{Ⓔ}=0(\curvearrowright\oplus)$

$V_A\times4+H_A\times10-20\times5=0$

$4V_A+10H_A-100=0$ ···························· ㉡

(식 ㉡)−(식 ㉠)

$4V_A+10H_A-100=0$

$-4V_A+\ \ H_A+30=0$

$9H_A-130=0$

$H_A=14.44\text{kN}(\leftarrow)$

03 정답 ④

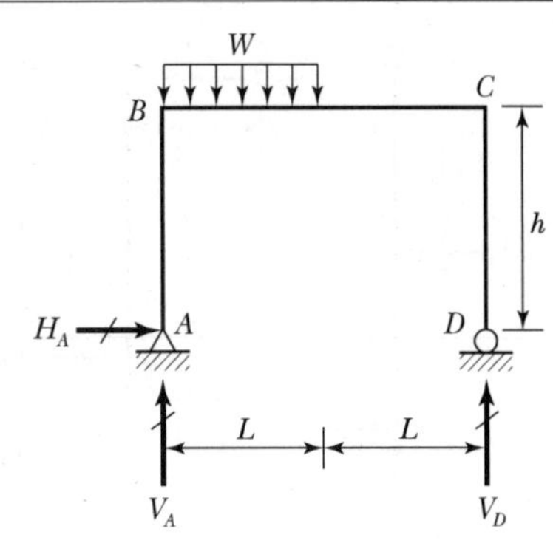

$\Sigma M_{Ⓐ} = 0(\curvearrowright\oplus)$

$(W\times L)\times\frac{L}{2} - V_D\times 2L = 0$

$V_D = \frac{WL}{4}(\uparrow)$

$\Sigma F_y = 0(\uparrow\oplus)$

$V_A - (W\times L) + V_D = 0$

$V_A = WL - V_D = WL - \frac{WL}{4} = \frac{3WL}{4}(\uparrow)$

$\Sigma F_x = 0(\rightarrow\oplus)$

$H_A = 0$

부재	부재력
AB 부재	축방향 압축력($\frac{3WL}{4}$)
BC 부재	전단력, 휨모멘트
CD 부재	축방향 압축력($\frac{WL}{4}$)

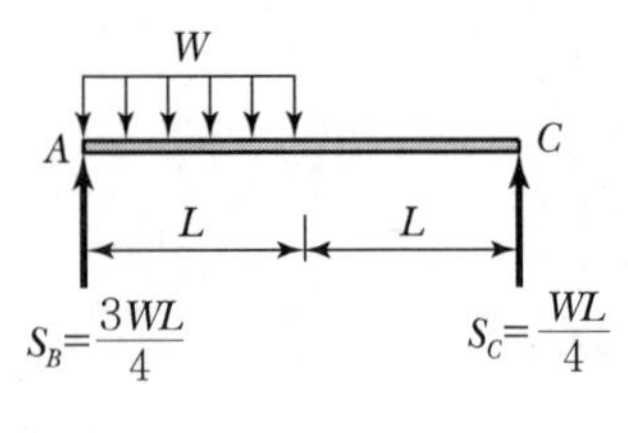

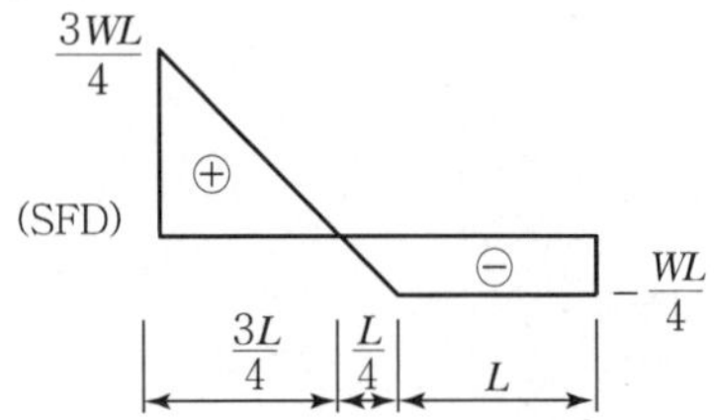

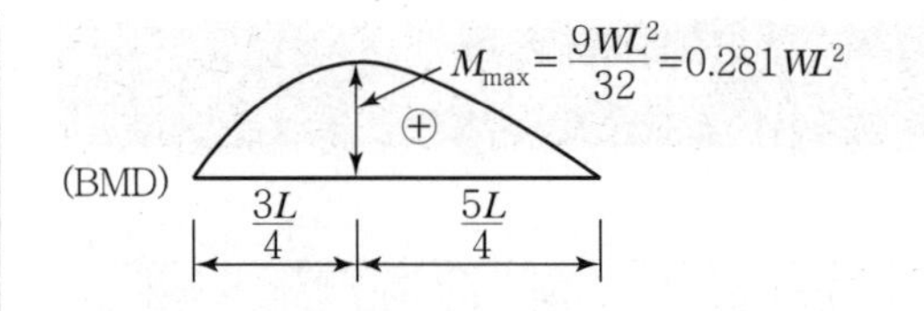

04 정답 ①

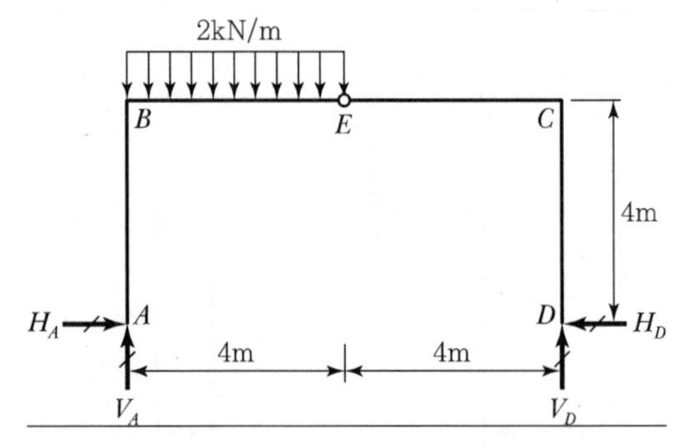

1st. step

$\Sigma M_{Ⓐ} = 0(\curvearrowright\oplus)$

$(2\times4)\times2 - V_D\times8 = 0$

$V_D = 2\text{kN}(\uparrow)$

$\Sigma F_y = 0(\uparrow\oplus)$

$V_A - (2\times4) + V_D = 0$

$V_A = 8 - V_D = 8 - 2$

$= 6\text{kN}(\uparrow)$

3rd. step

$\Sigma F_x = 0(\rightarrow\oplus)$

$H_A - H_D = 0$

$H_A = 2\text{kN}(\rightarrow)$

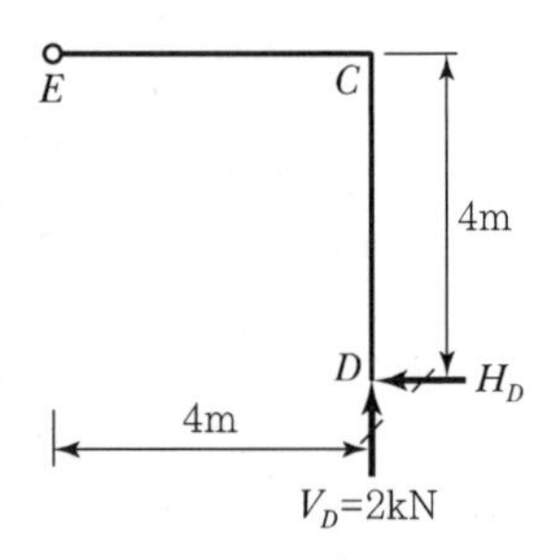

2nd. step

$\Sigma M_{Ⓔ} = 0(\curvearrowright\oplus)$

$H_D\times4 - 2\times4 = 0$

$H_D = 2\text{kN}(\leftarrow)$

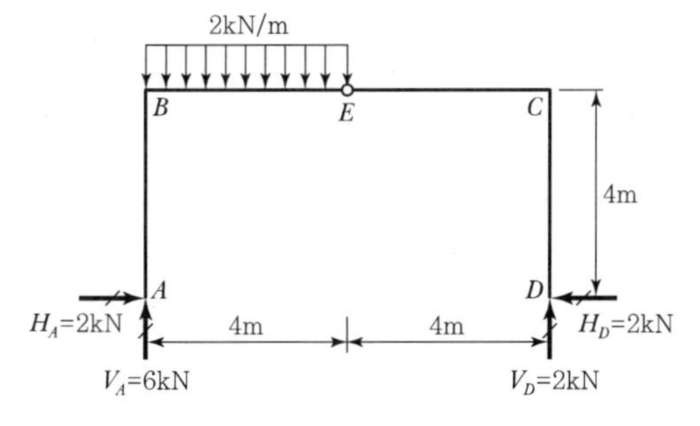

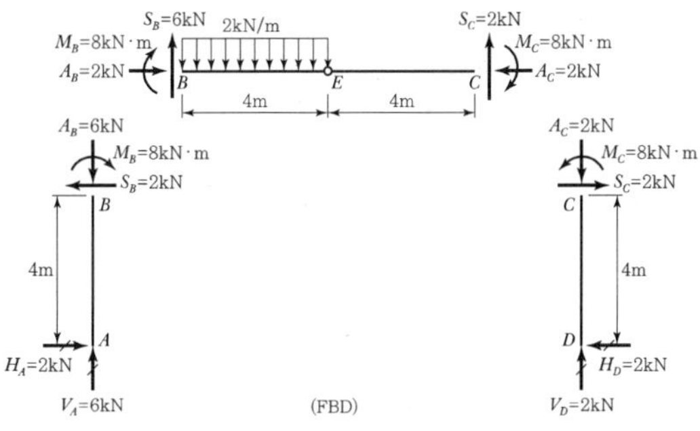

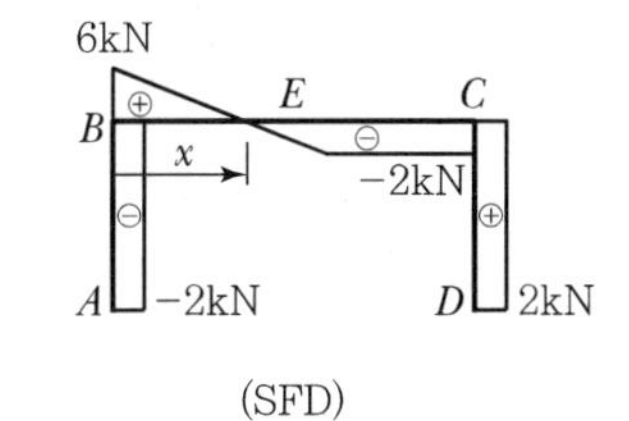

(SFD)

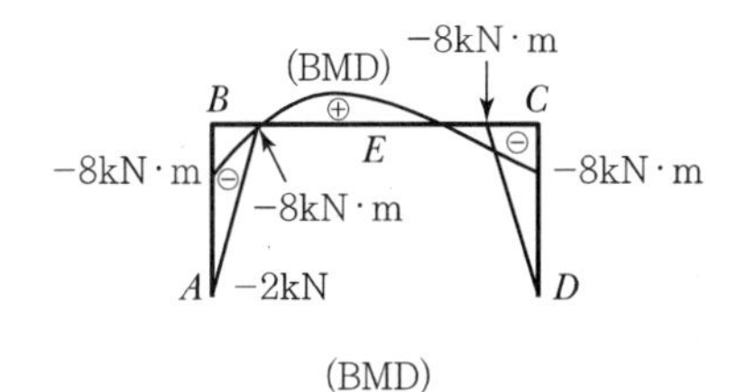

(BMD)

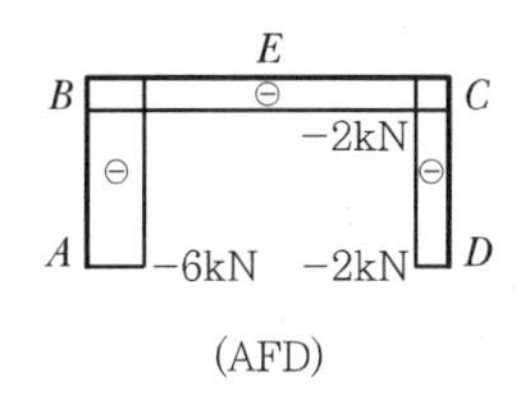

(AFD)

1. BE 구간에서 휨모멘트도(BMD)의 기울기가 '0'인 위치
   BE 구간에서 BMD의 기울기가 '0'인 위치는 BE 구간에서 전단력이 '0'인 곳이다.
   $4\text{m} : 8\text{kN} = x : 6\text{kN} \rightarrow x = 3\text{m}$

2. BE 구간에서 BMD의 기울기가 '0'인 위치에서 휨모멘트의 크기
   (FBD)와 (SFD)의 BE 구간에서
   $M_{(x=3)} = -8 + \left(\dfrac{1}{2} \times 6 \times 3\right) = 1\text{kN} \cdot \text{m}$

05 정답 ②

- 수평부재의 내부힌지 위치
  → $M = 0$
- 수평부재에 등분포하중 작용
  → 수평부재의 BMD는 2차 곡선
- 수직부재의 지점에서 수평반력(집중하중) 발생
  → 수직부재의 BMD는 1차 직선

06 정답 ④

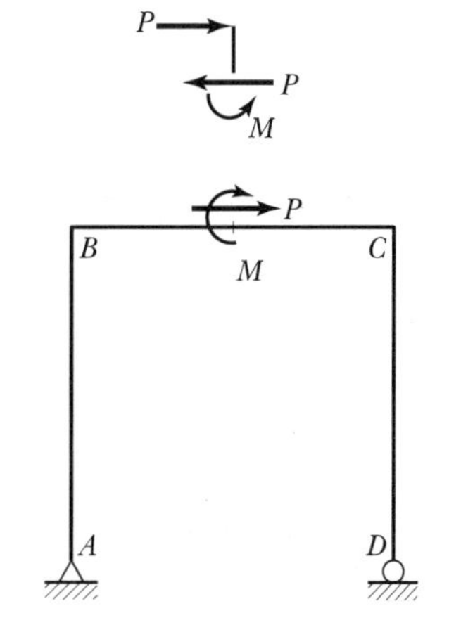

㉠ 지점 A, D 단순지점
→ 지점 $M = 0$

㉡ 부재 BC에 외력 M 작용
→ 외력 M이 작용하는 위치에서 BMD가 외력 M만큼 변화

07 정답 ③

$\Sigma M_{Ⓐ} = 0(\curvearrowright \oplus)$

$(w \times h) \times \dfrac{h}{2} - V_B \times l = 0$

$V_B = \dfrac{wh^2}{2l}(\uparrow)$

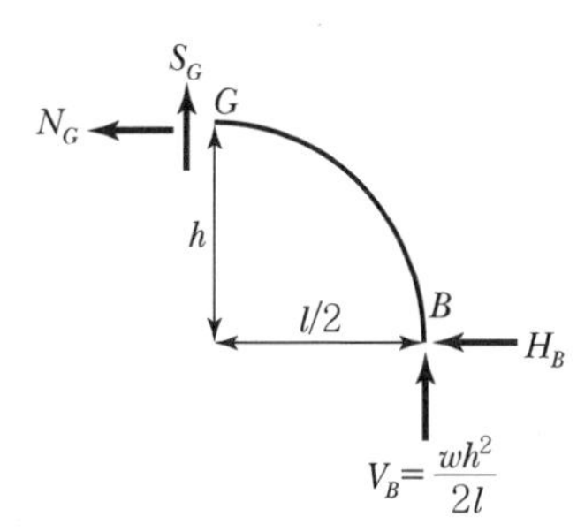

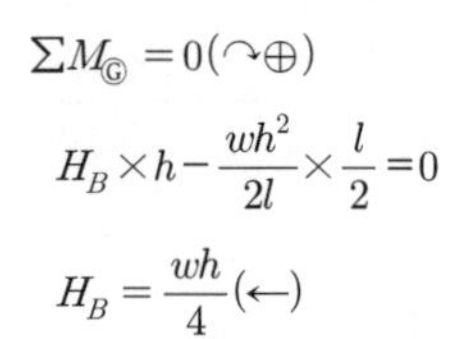

$\Sigma M_{Ⓖ}=0(\curvearrowright\oplus)$

$H_B \times h - \dfrac{wh^2}{2l} \times \dfrac{l}{2} = 0$

$H_B = \dfrac{wh}{4}(\leftarrow)$

08 정답 ③

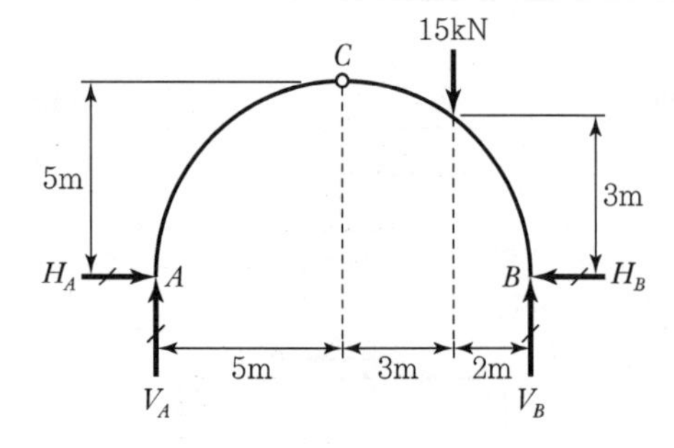

$\Sigma M_{Ⓑ}=0(\curvearrowright\oplus)$

$V_A \times 10 - 15 \times 2 = 0$

$V_A = 3\text{kN}(\uparrow)$

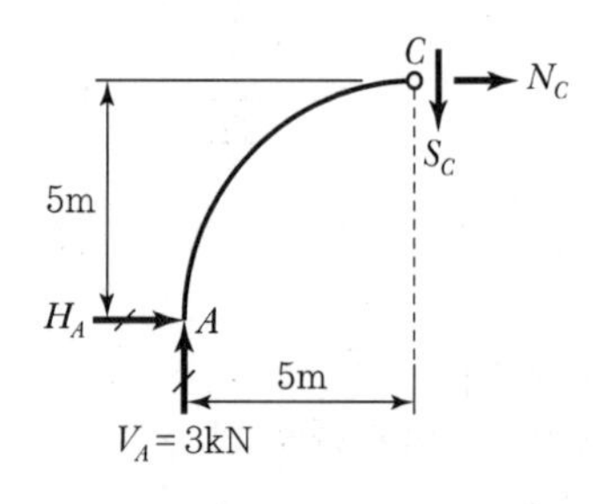

$\Sigma F_y = 0(\uparrow\oplus)$

$3 - S_C = 0$

$S_C = 3\text{kN}$

09 정답 ②

$\Sigma M_{Ⓑ}=0(\curvearrowright\oplus)$

$V_A \times 8 - 2 \times 2 = 0$

$V_A = 0.5\text{kN}(\uparrow)$

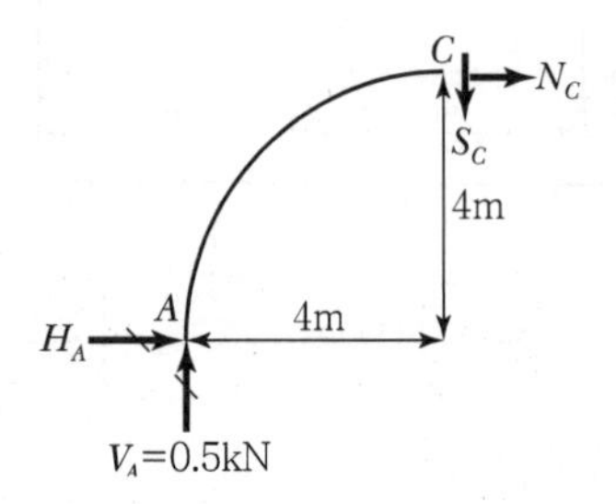

$\Sigma M_{Ⓒ}=0(\curvearrowright\oplus)$

$0.5 \times 4 - H_A \times 4 = 0$

$H_A = 0.5\text{kN}(\rightarrow)$

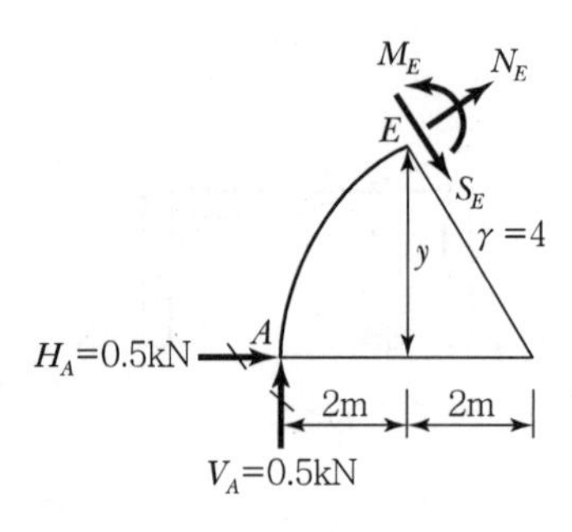

$y = \sqrt{4^2 - 2^2} = 2\sqrt{3}\,\text{m}$

$\Sigma M_{Ⓔ}=0(\curvearrowright\oplus)$

$0.5 \times 2 - 0.5 \times 2\sqrt{3} - M_E = 0$

$M_E = -0.732\text{kN} \cdot \text{m}$

10 정답 ①

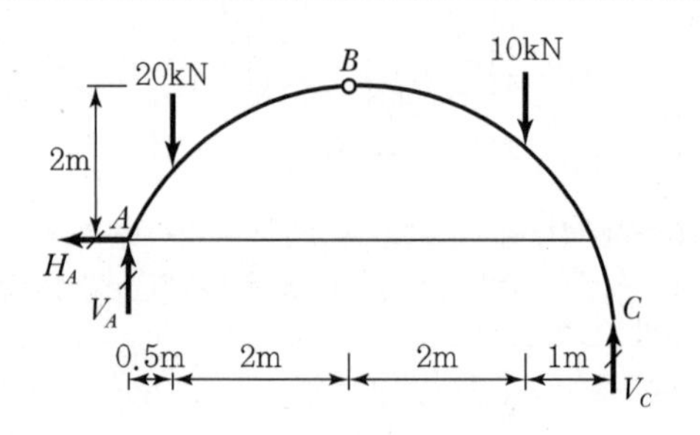

$\Sigma M_{Ⓐ}=0(\curvearrowright\oplus)$

$20 \times 0.5 + 10 \times 4.5 - V_C \times 5.5 = 0$

$V_C = 10\text{kN}(\uparrow)$

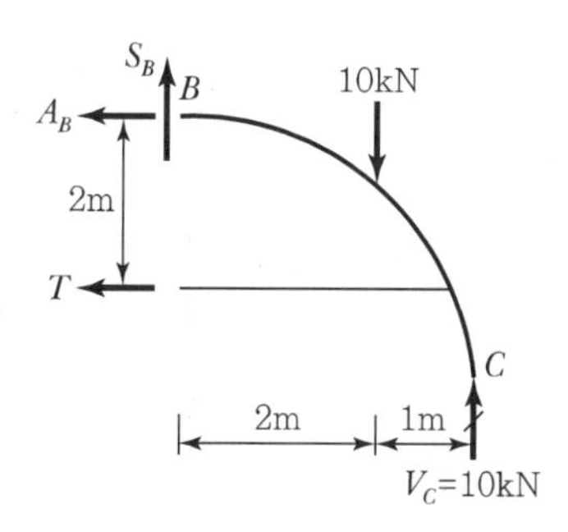

$\Sigma M_{Ⓑ} = 0(\curvearrowright\oplus)$

$10\times2-10\times3+T\times2=0$

$T=5\text{kN}$

제6장 정정트러스

01	02	03	04	05	06	07	08	09	10
④	②	②	⑤	③	②	①	④	①	④
11	**12**	**13**	**14**	**15**	**16**				
⑤	③	①	④	④	③				

01 정답 ④

트러스 해석에 있어서 트러스의 부재력을 산출할 경우 하중으로 인한 트러스의 변형은 고려하지 않는다.

02 정답 ②

부재의 종류와 단면력

부재	단면력
트러스, 줄, 철사	축방향력
기둥(편심=0)	축방향력
기둥(편심≠0)	축방향력, 휨모멘트
보	전단력, 휨모멘트
라멘, 아치	축방향력, 전단력, 휨모멘트

03 정답 ②

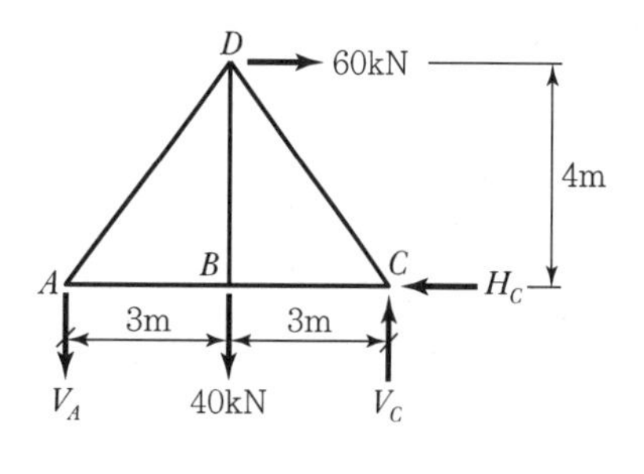

$\Sigma M_{Ⓒ} = 0(\curvearrowright\oplus)$

$60\times4-40\times3-V_A\times6=0$

$V_A=20\text{kN}(\downarrow)$

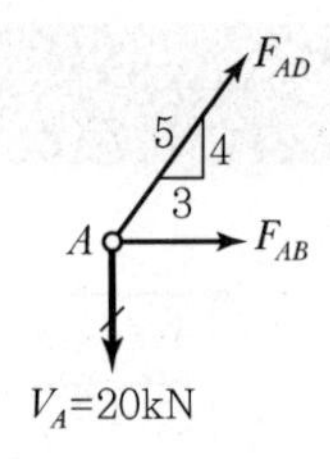

$\Sigma F_y = 0(\uparrow \oplus)$

$F_{AD} \times \frac{4}{5} - 20 = 0$

$F_{AD} = 25\text{kN}$(인장)

04 　　　　정답 ⑤

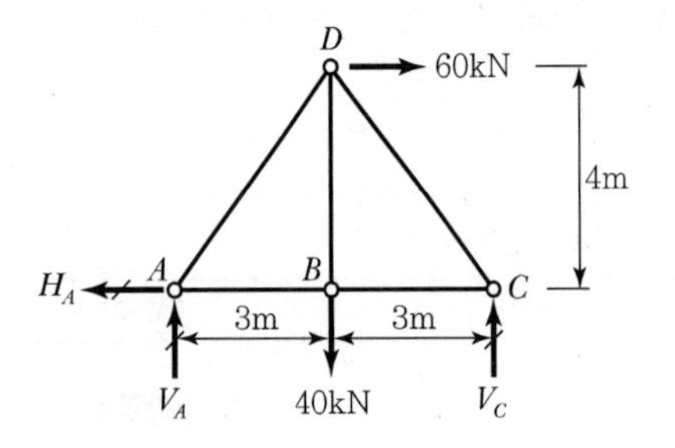

$\Sigma M_{Ⓐ} = 0(\curvearrowright \oplus)$

$60 \times 4 + 40 \times 3 - V_B \times 6 = 0$

$V_C = 60\text{kN}(\uparrow)$

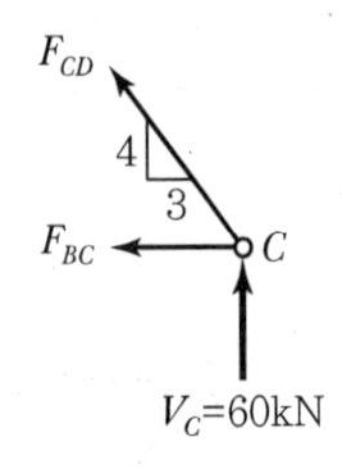

$\Sigma F_y = 0(\uparrow \oplus)$

$\frac{4}{5} F_{CD} + 60 = 0$

$F_{CD} = -75\text{kN}$(압축)

$\Sigma F_x = 0(\rightarrow \oplus)$

$-\frac{3}{5} F_{CD} - F_{BC} = 0$

$F_{BC} = -\frac{3}{5} F_{CD} = -\frac{3}{5}(-75) = 45\text{kN}$(인장)

05 　　　　정답 ③

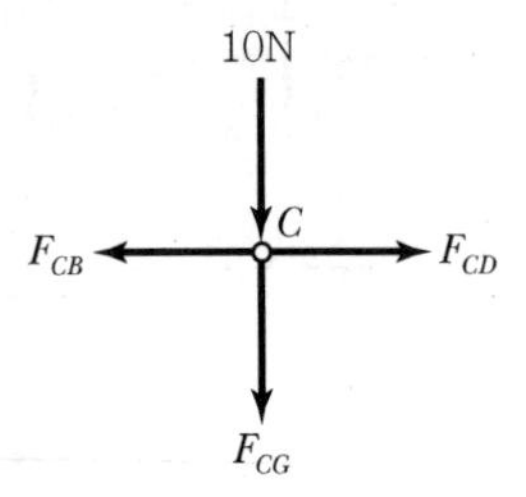

$\Sigma F_y = 0(\uparrow \oplus)$

$-10 - F_{CG} = 0$

$F_{CG} = -10\text{N}$(압축)

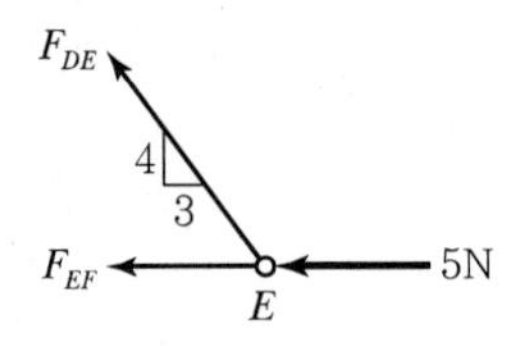

$\Sigma F_y = 0(\uparrow \oplus)$

$\frac{4}{5} F_{DE} = 0$

$F_{DE} = 0$

06 　　　　정답 ②

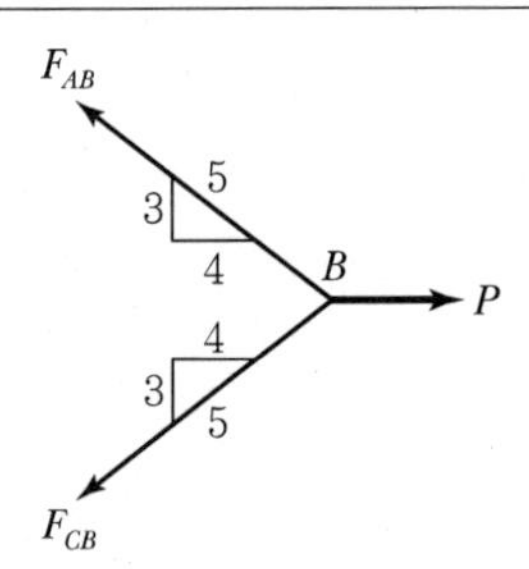

$\Sigma F_y = 0(\uparrow)$

$F_{AB}\frac{3}{5} - F_{CB}\frac{3}{5} = 0$

$F_{AB} = F_{CB}$

$\Sigma F_x = 0(\rightarrow \oplus)$

$P - 2F_{AB}\frac{4}{5} = 0$

$F_{AB} = \frac{5}{8} P$

07 정답 ①

㉠ 절점 E에서

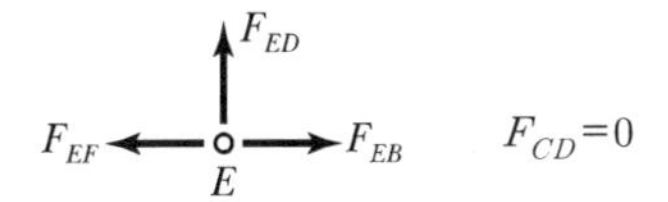

㉡ 절점 F에서

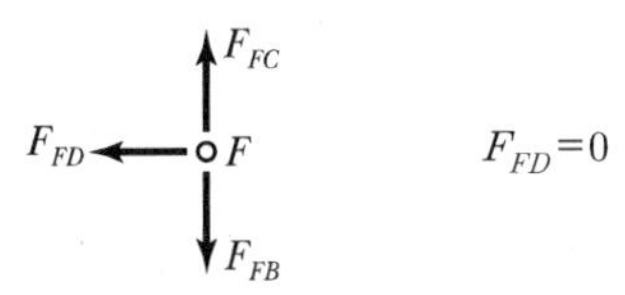

08 정답 ④

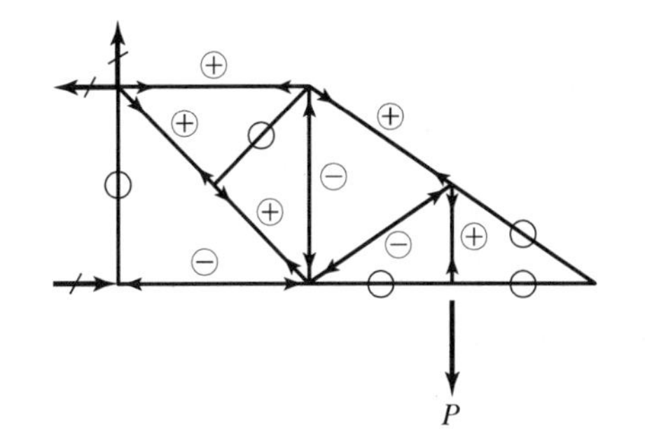

- '0'부재 : 5개
- ⊕부재 : 5개
- ⊖부재 : 3개

09 정답 ①

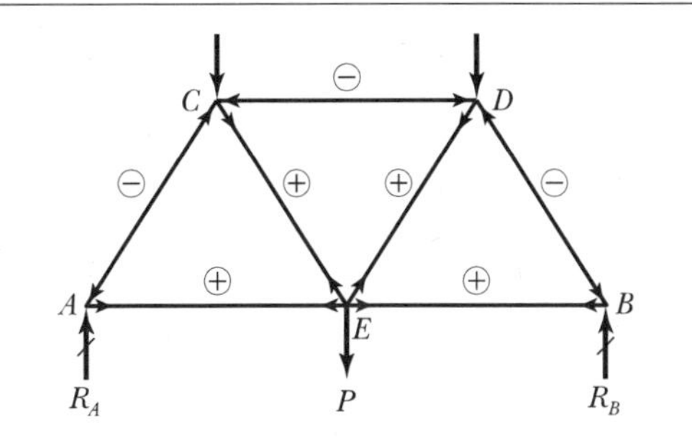

- ⊕ 부재－4개(AE, BE, CE, DE)
- ⊖ 부재－3개(AC, CD, BD)

10 정답 ④

1. 길이가 같은 단순보의 SFD

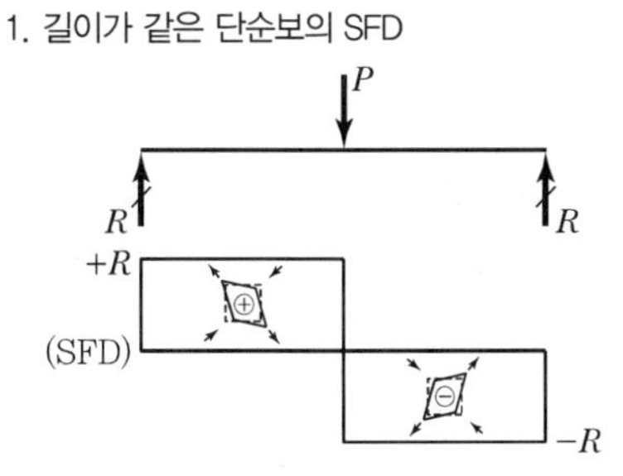

2. 사재의 부재력 판별

①

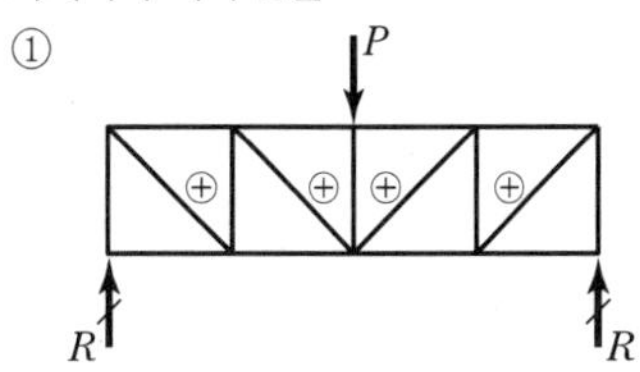

②

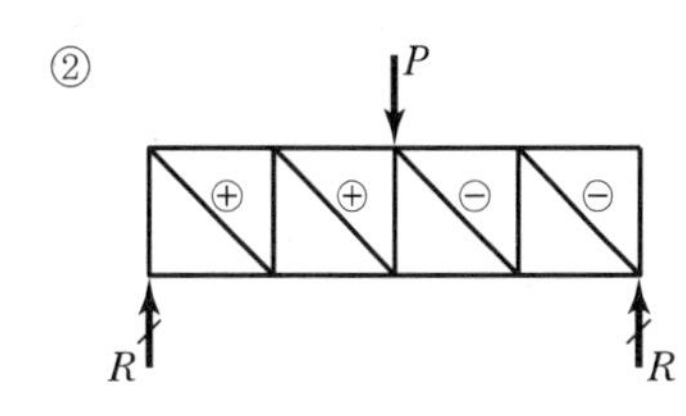

③

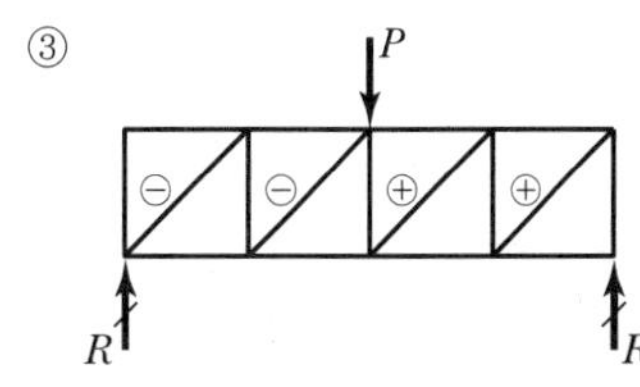

④

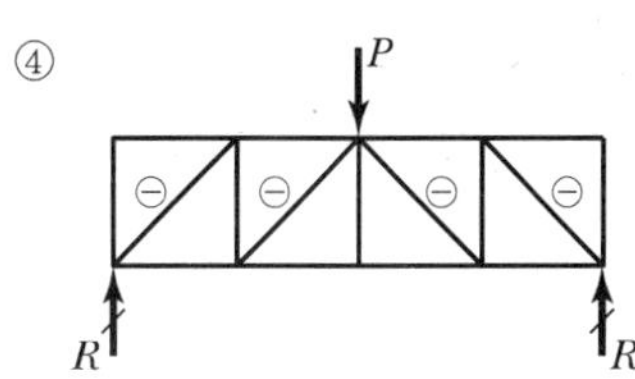

11 정답 ⑤

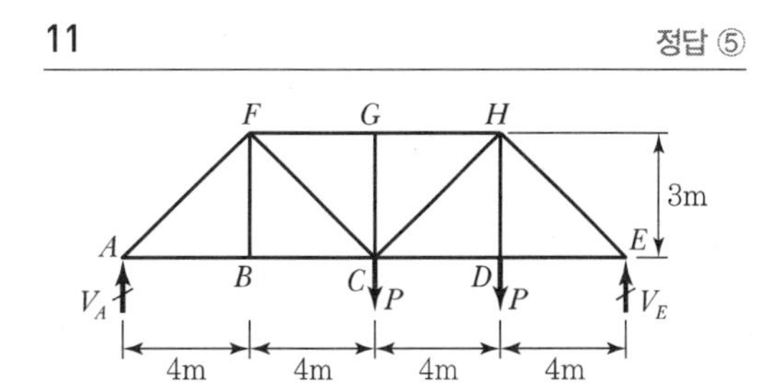

$\Sigma M_{Ⓔ} = 0(\curvearrowright\oplus)$

$V_A \times 16 - P \times 8 - P \times 4 = 0$

$V_A = \frac{3}{4}P(\uparrow)$

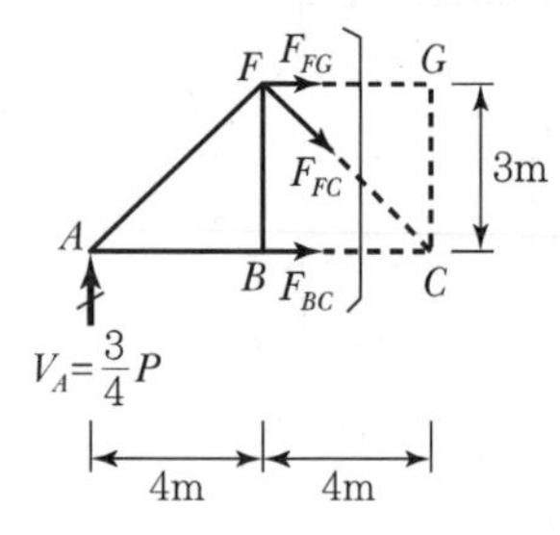

$\Sigma F_y = 0(\uparrow\oplus)$

$\frac{3}{4}P - \frac{3}{5}F_{FC} = 0$

$F_{FC} = \frac{5}{4}P$(인장)

12 정답 ③

1. 절점 D에서 절점법 적용

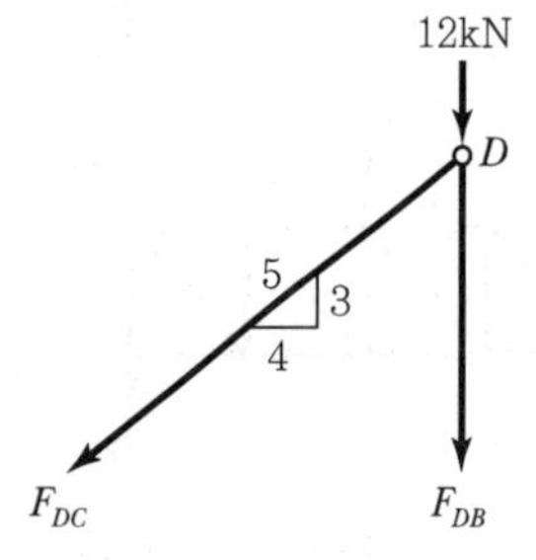

$\Sigma F_x = 0(\rightarrow\oplus)$

$-\frac{4}{5}F_{DC} = 0$

$F_{DC} = 0$

2. 절점 C에서 절점법 적용

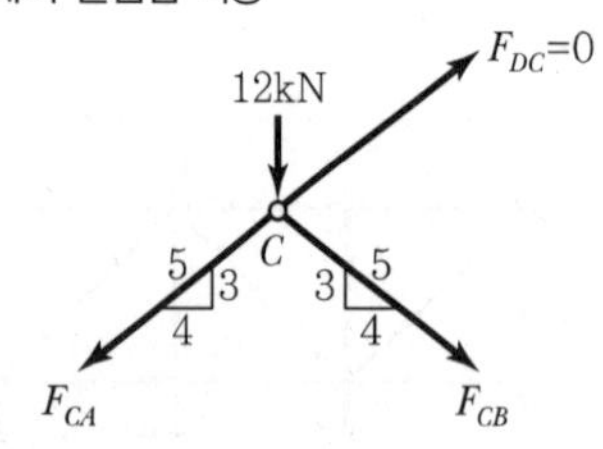

$\Sigma F_x = 0(\rightarrow\oplus)$

$\frac{4}{5}F_{CB} - \frac{4}{5}F_{CA} = 0$

$F_{CB} = F_{CA}$

$\Sigma F_y = 0(\uparrow\oplus)$

$-12 - 2 \cdot \frac{3}{5}F_{CB} = 0$

$F_{CB} = -10$kN(압축)

13 정답 ①

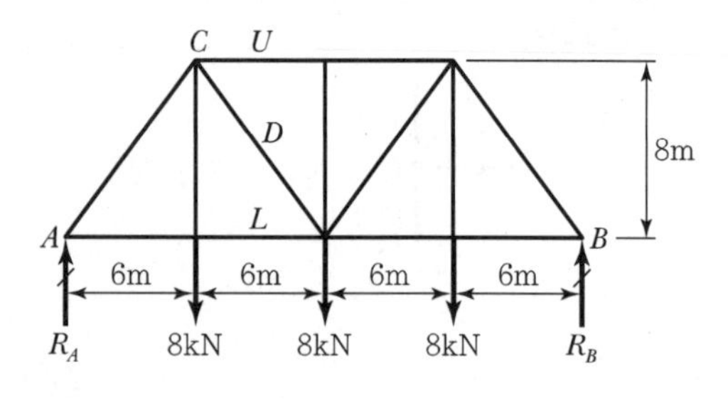

$\Sigma M_{Ⓑ} = 0(\curvearrowright\oplus)$

$R_A \times 24 - 8 \times 18 - 8 \times 12 - 8 \times 6 = 0$

$R_A = 12$kN$(\uparrow)$

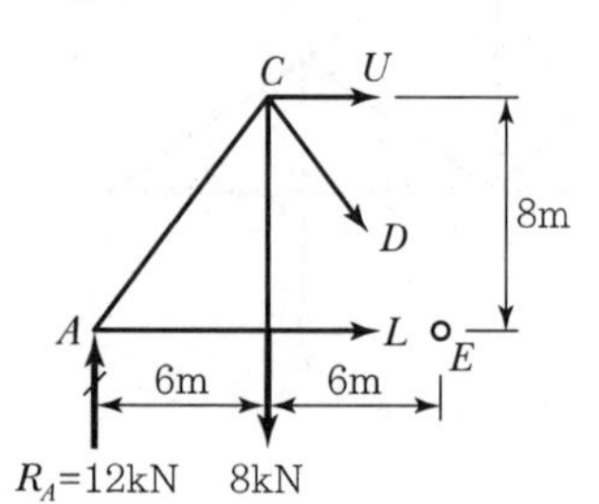

$\Sigma M_{Ⓔ} = 0(\curvearrowright\oplus)$

$12 \times 12 - 8 \times 6 + U \times 8 = 0$

$U = -12$kN(압축)

$\Sigma M_{Ⓒ} = 0(\curvearrowright\oplus)$

$12 \times 6 - L \times 8 = 0$

$L = 9$kN(인장)

14 정답 ④

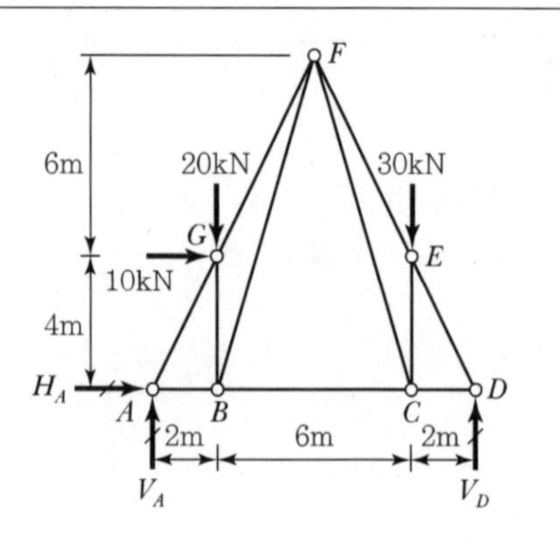

$\Sigma M_{\text{Ⓐ}} = 0(\curvearrowright\oplus)$

$10\times4+20\times2+30\times8-V_D\times10=0$

$V_D = 32\text{kN}(\uparrow)$

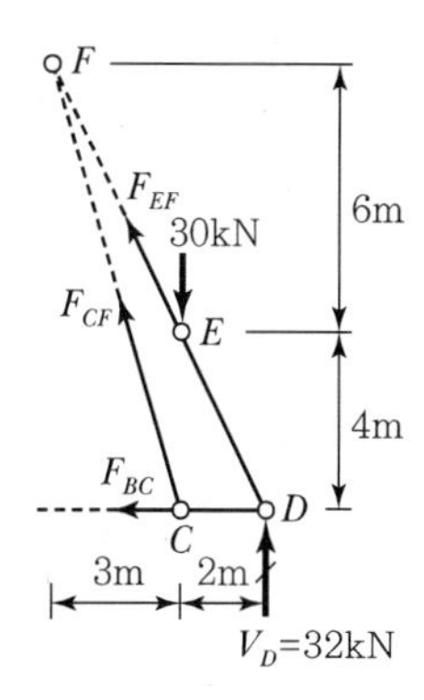

$\Sigma M_{\text{Ⓕ}} = 0(\curvearrowright\oplus)$

$30\times3-32\times5+F_{BC}\times10=0$

$F_{BC} = 7\text{kN}$(인장)

15

정답 ④

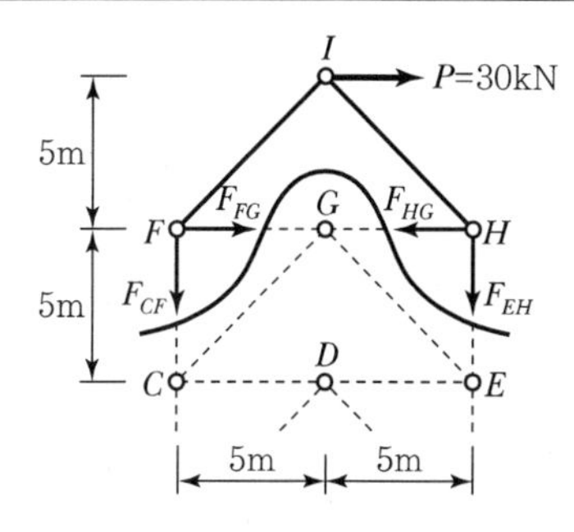

$\Sigma M_{\text{Ⓗ}} = 0(\curvearrowright\oplus)$

$30\times5-F_{CF}\times10=0$

$F_{CF} = 15\text{kN}$(인장)

16

정답 ③

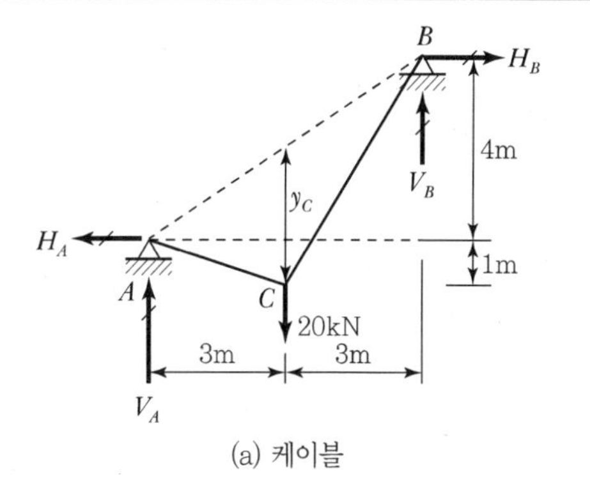

(a) 케이블

$y_C = \left(4\times\frac{3}{6}\right)+1 = 3\text{m}$

(b) 길이가 같은 단순보

$M_C = \frac{Pl}{4} = \frac{20\times6}{4} = 30\text{kN}\cdot\text{m}$

- 케이블의 일반정리

  $H_A\cdot y_C = M_C$

  $H_A = \frac{M_C}{y_C} = \frac{30}{3} = 10\text{kN}$

제7장 단면의 성질

01	02	03	04	05	06	07	08	09	10
①	②	④	③	①	①	③	④	②	②
11	12	13	14	15	16	17	18		
②	②	①	③	③	①	①	③		

01 정답 ①

$$\bar{y} = \frac{G_x}{A} = \frac{(5\times2\times1)+(2.5\times4\times4)}{(5\times2)+(2.5\times4)} = 2.5\text{cm}$$

02 정답 ②

$$y = \frac{G_x}{A} = \frac{G_{x(큰\ 원)} - G_{x(작은\ 원)}}{A_{(큰\ 원)} - A_{(작은\ 원)}}$$

$$= \frac{\left[\left(\frac{\pi D^2}{4}\right)\left(\frac{D}{2}\right)\right] - \left[\left\{\frac{\pi\left(\frac{D}{2}\right)^2}{4}\right\}\left(\frac{D}{2}\cdot\frac{1}{2}\right)\right]}{\left(\frac{\pi D^2}{4}\right) - \left\{\frac{\pi\left(\frac{D}{2}\right)^2}{4}\right\}}$$

$$= \frac{7D}{12} = \frac{7\times60}{12} = 35\text{cm}$$

03 정답 ④

정삼각형 단면의 도심을 지나는 임의의 축에 대한 단면 2차 모멘트는 일정하다.

$I_{y1} = I_{y2} = I_{y3}$

04 정답 ③

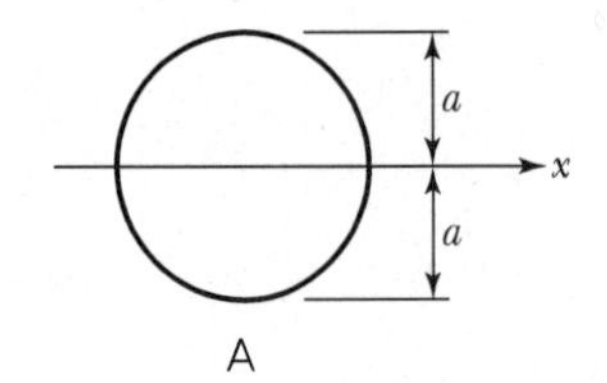

$A_A = \pi a^2$

$I_A = \frac{\pi}{4}a^4 = 0.7854a^4$

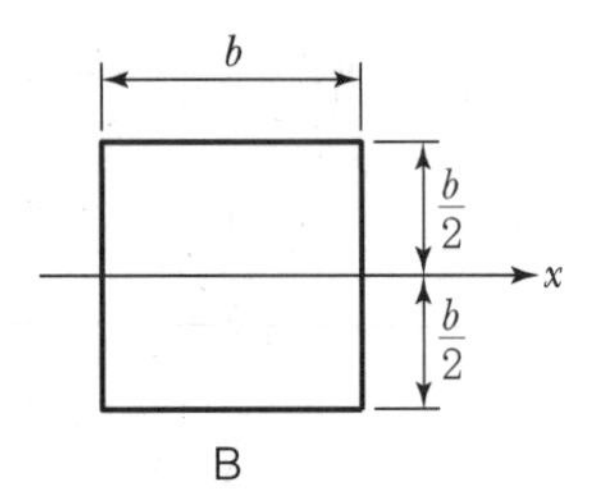

$A_B = b^2$

$A_B = A_A \rightarrow b = \sqrt{\pi}\,a$

$I_B = \frac{b^4}{12} = \frac{(\sqrt{\pi}\,a)^4}{12} = \frac{\pi^2}{12}a^4 = 0.8225a^4$

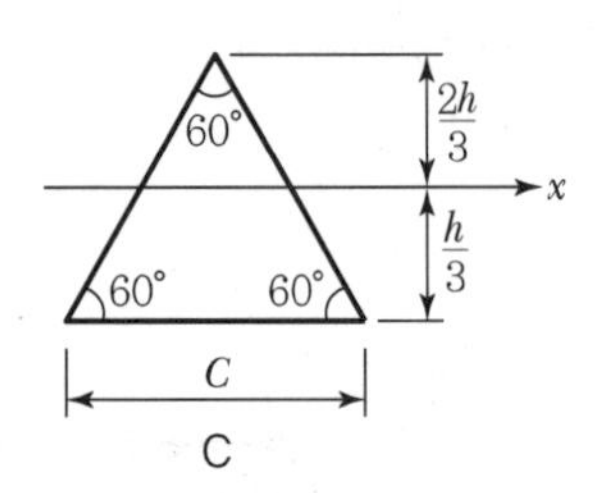

$h = c\cdot\sin60° = \frac{\sqrt{3}}{2}c$

$A_C = \frac{1}{2}ch = \frac{1}{2}c\left(\frac{\sqrt{3}}{2}c\right) = \frac{\sqrt{3}}{4}c^2$

$A_C = A_A \rightarrow c = \frac{2\sqrt{\pi}}{\sqrt[4]{3}}a$

$I_C = \frac{ch^3}{36} = \frac{c}{36}\left(\frac{\sqrt{3}}{2}c\right)^3 = \frac{\sqrt{3}}{96}c^4$

$= \frac{\sqrt{3}}{96}\left(\frac{2\sqrt{\pi}}{\sqrt[4]{3}}a\right)^4 = \frac{\sqrt{3}\pi^2}{18}a^4 = 0.9497a^4$

$I_C > I_B > I_A$

05 정답 ①

$$I_{A-A} = \frac{(2b)(9b)^3}{3} + \frac{(b)(6b)^3}{3} = 558b^4$$

06 정답 ①

$I_{DD} = I_{AA} - A\times(40)^2$

$= (35\times10^6) - (1.2\times10^4)\times(40)^2$

$= 15.8\times10^6\text{mm}^4$

$I_{BB} = I_{DD} + A \times (10)^2$

$= (15.8 \times 10^6) + (1.2 \times 10^4) \times (10)^2$

$= 17 \times 10^6 \text{mm}^4$

07

정답 ③

- $I_A = I_o + A \cdot y_A^2$

  $80,000 = I_o + A \cdot 8^2$

  $I_o = 80,000 - 64A$

- $I_B = I_o + Ay_B^2$

  $160,000 = (80,000 - 64A) + A \cdot 14^2$

  $132A = 80,000$

  $A = 606\text{cm}^2$

08

정답 ④

$I_x + I_y = I_{\max} + I_{\min}$

$I_{\max} = I_x + I_y - I_{\min} = 3 + 7 - 2 = 8\text{mm}^4$

09

정답 ②

$Q_x = A \cdot \bar{y} = \left(\frac{bh}{2}\right)\left(\frac{h}{3}\right) = \frac{bh^2}{6}$

10

정답 ②

$I_{XY} = I_{XY1} - I_{XY2}$

$= (120 \times 80) \times 60 \times 40 - (80 \times 60) \times 80 \times 50$

$= 384 \times 10^4 \text{cm}^4$

11

정답 ②

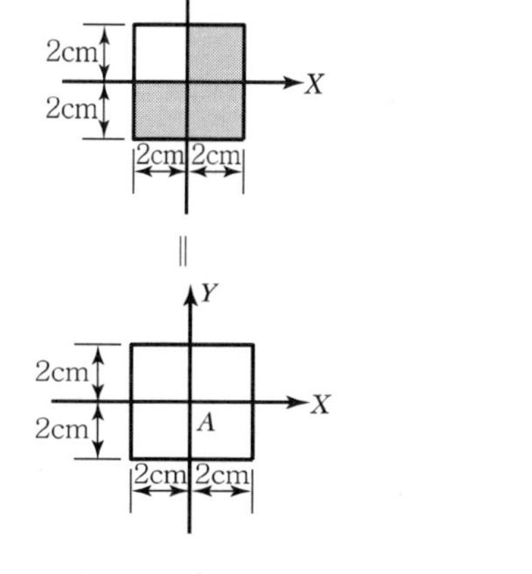

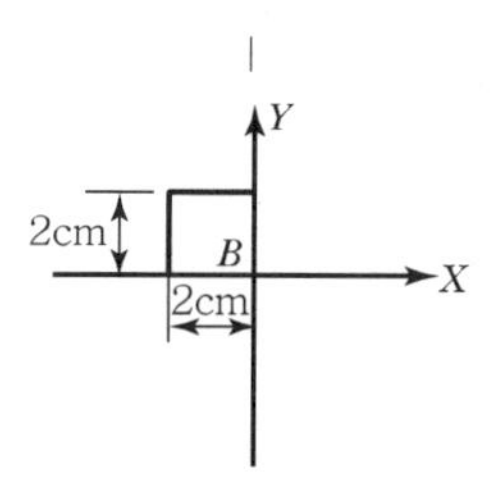

$I_{xy} = I_{xy(A)} - I_{xy(B)}$

$= 0 - \{(2 \times 2) \times (-1) \times (1)\} = 4\text{cm}^4$

12

정답 ②

$I_{xy} = \frac{b^2h^2}{24} = \frac{12^2 \times 12^2}{24} = 864\text{cm}^4$

13

정답 ①

$b = 60\text{mm}, \ h = 2b = 120\text{mm}$

(가)

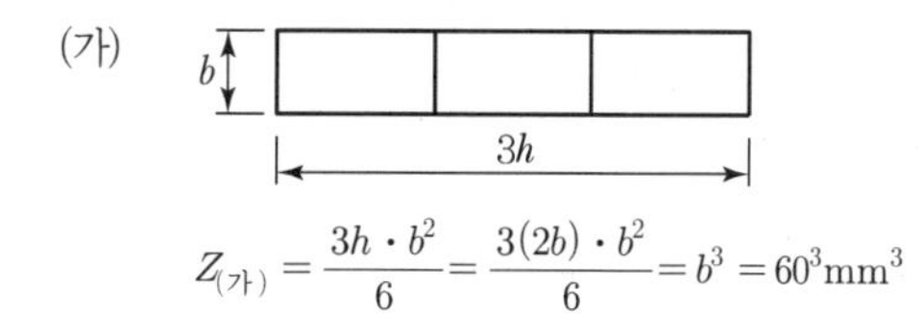

$Z_{(가)} = \frac{3h \cdot b^2}{6} = \frac{3(2b) \cdot b^2}{6} = b^3 = 60^3\text{mm}^3$

(나)

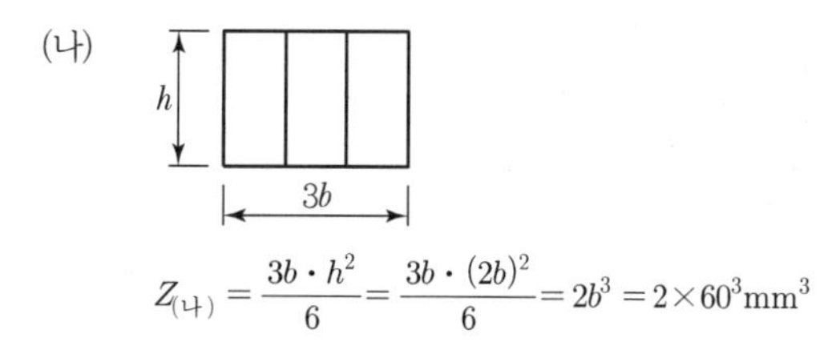

$Z_{(나)} = \frac{3b \cdot h^2}{6} = \frac{3b \cdot (2b)^2}{6} = 2b^3 = 2 \times 60^3\text{mm}^3$

(다)

$Z_{(다)} = \frac{2b \cdot (b+h)^2}{6} = \frac{2b(3b)^2}{6} = 3b^3$

$= 3 \times 60^3\text{mm}^3$

$Z_{(다)} > Z_{(나)} > Z_{(가)}$

14 정답 ③

$d^2 = b^2 + h^2 \rightarrow h^2 = d^2 - b^2$

$Z = \dfrac{bh^2}{6} = \dfrac{1}{6}b(d^2 - b^2) = \dfrac{1}{6}(d^2 b - b^3)$

$\dfrac{dZ}{db} = \dfrac{1}{6}(d^2 - 3b^2) = 0$

$b = \sqrt{\dfrac{1}{3}}\,d,\ h = \sqrt{\dfrac{2}{3}}\,d$

$\dfrac{b}{h} = \dfrac{1}{\sqrt{2}}$

15 정답 ③

$b + h = c(\text{일정}) \rightarrow b = c - h$

$Z = \dfrac{1}{6}bh^2 = \dfrac{1}{6}(c-h)h^2 = \dfrac{1}{6}(ch^2 - h^3)$

$\dfrac{dZ}{dh} = \dfrac{1}{6}(2ch - 3h^2) = 0 \rightarrow h = \dfrac{2}{3}c$

$b = c - h = c - \left(\dfrac{2}{3}c\right) = \dfrac{1}{3}c$

$b : h = \dfrac{1}{3}c : \dfrac{2}{3}c = 1 : 2$

16 정답 ①

$I_{\min} = I_y = \dfrac{b^3 h}{12}$

$r_{\min} = \sqrt{\dfrac{I_{\min}}{A}} = \sqrt{\dfrac{\left(\dfrac{b^3 h}{12}\right)}{(bh)}} = \dfrac{b}{2\sqrt{3}}$

17 정답 ①

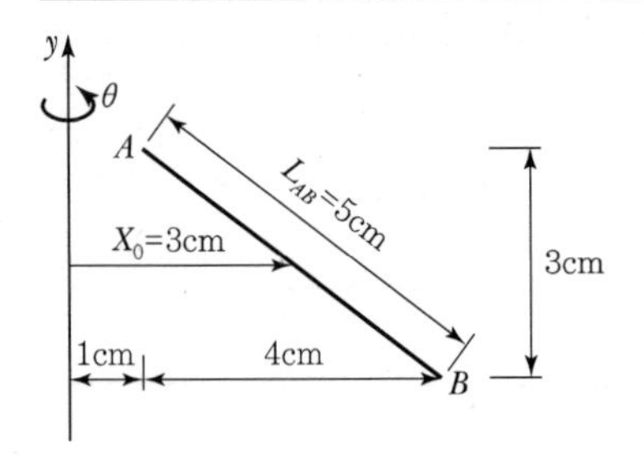

$A = L_{AB}\,X_o\,\theta$

$= 5 \times 3 \times 2\pi$

$= 30\pi\,\text{cm}^2$

18 정답 ③

$V = A \cdot x_o \cdot \theta$

$= \left(\dfrac{HR}{2}\right)\left(\dfrac{R}{3}\right)(2\pi) = \dfrac{\pi R^2 H}{3}$

제8장 재료의 역학적 성질

01	02	03	04	05	06	07	08	09	10
③	③	②	③	②	②	④	②	③	③
11	12	13	14	15	16	17	18	19	20
②	④	①	③	④	④	③	③	②	④
21	22	23	24	25	26	27	28	29	30
③	③	①	④	③	②	①	④	②	①
31	32	33	34	35	36	37	38	39	40
②	③	④	②	①	④	①	③	②	③
41	42	43	44	45	46	47	48	49	50
①	④	③	①	③	②	③	④	①	④
51	52	53	54	55	56	57	58	59	60
④	⑤	①	②	③	①	④	②	③	①
61	62								
②	④								

01 정답 ③

1. 탄력(Resilience)과 탄력계수(Modulus of Resilience)
   1) 탄력(resilience) : 재료가 탄성구간 내에서 에너지를 흡수할 수 있는 능력
   2) 탄력계수(Modulus of Resilience) : 비례한계까지의 변형에너지 밀도, $u_r = \dfrac{\sigma_{pl}^2}{2E}$ 직선 OA 아래의 면적

2. 인성(Toughness)과 인성계수(Modulus of Toughness)
   1) 인성(Toughness) : 재료가 파괴되기 전까지 에너지를 흡수할 수 있는 능력
   2) 인성계수(Modulus of Toughness) : 재료가 파괴되기 전까지의 변형에너지 밀도, u_t 곡선 OABCDE 아래의 면적

02 정답 ③

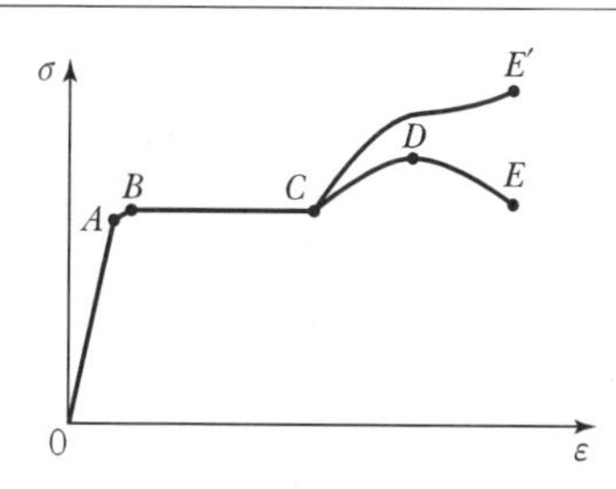

곡선 $OABCE'$를 진응력-변형률 곡선(True stress-strain curve)이라 하고 곡선 $OABCDE$를 공칭응력-변형률 곡선(Nominal stress-strain curve)이라 한다.

① 변형이 일어난 단면에서의 실제 단면적을 사용하여 계산한 응력을 진응력이라 한다.
② 모든 공학적 용도에서는 공칭응력과 공칭변형률을 사용하여야 한다.
④ 인장실험의 경우 진변형률은 공칭변형률보다 작다.

03 정답 ②

그림 (b)에서 하중을 받아 B점에 도달한 후 하중을 제거했을 때 OB 곡선을 따라 되돌아가지 않고 BC를 따라 C점으로 돌아가는 재료의 성질을 비탄성(Inelasticity)이라 한다.

04 정답 ③

구조해석의 기본원리인 겹침의 원리(Principle of Superposition)는 외력과 변형이 선형관계에 있을 때 성립한다.

05 정답 ②

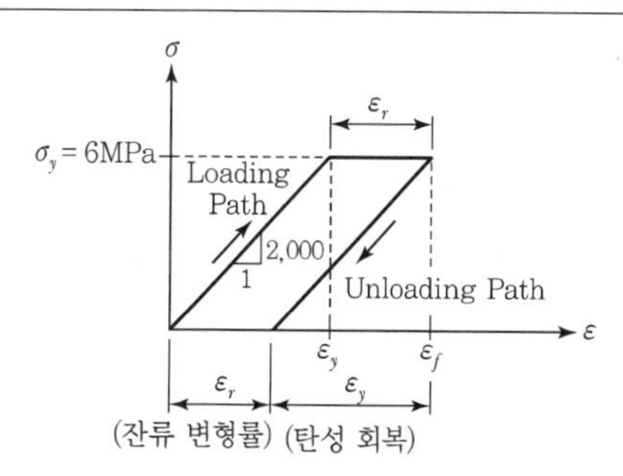

$$\varepsilon_f = \frac{\Delta l}{l} = \frac{(2\times10)}{(4\times10^3)} = 0.005$$

$$\varepsilon_y = \frac{\sigma_y}{E} = \frac{6}{2,000} = 0.003$$

$$\varepsilon_r = \varepsilon_f - \varepsilon_y$$
$$= 0.005 - 0.003 = 0.002$$

06 정답 ②

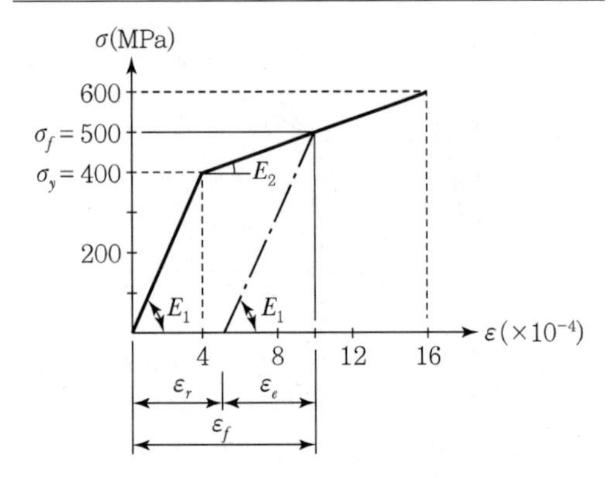

$$E_1=\frac{400}{4\times10^{-4}}=10^6\text{MPa}$$

$$E_2=\frac{600-400}{(16-4)\times10^{-4}}=\frac{10^6}{6}\text{MPa}$$

$$\varepsilon_f=\frac{\sigma_y}{E_1}+\frac{\sigma_f-\sigma_y}{E_2}$$

$$=\frac{400}{10^6}+\frac{(500-400)}{\left(\frac{10^6}{6}\right)}$$

$$=(4+6)\times10^{-4}$$

$$=10\times10^{-4}$$

$$\varepsilon_e=\frac{\sigma_f}{E_1}$$

$$=\frac{500}{10^6}=5\times10^{-4}$$

$$\varepsilon_r=\varepsilon_f-\varepsilon_e$$

$$=(10-5)\times10^{-4}$$

$$=5\times10^{-4}$$

07 정답 ④

$$E=\frac{Pl}{A\cdot\Delta l}=\frac{(100\times10^3)\times(1\times10^3)}{(500)\times(1)}=2\times10^5\,\text{N/mm}^2$$

08 정답 ②

$$\nu=-\frac{\left(\frac{\Delta d}{d}\right)}{\left(\frac{\Delta l}{l}\right)}=-\frac{l\cdot\Delta d}{d\cdot\Delta l}=-\frac{250\times(-0.2)}{100\times2}=0.25$$

09 정답 ③

$$v=-\frac{\left(\frac{\Delta D}{D}\right)}{\left(\frac{\Delta l}{l}\right)}=-\frac{l\cdot\Delta D}{D\cdot\Delta l}$$

$$\Delta D=-\frac{v\cdot D\cdot\Delta l}{l}=-\frac{\frac{1}{3}\times10\times5}{50}$$

$$=-\frac{1}{3}\text{mm(수축량)}$$

10 정답 ③

$$\varepsilon=\frac{\sigma}{E}=\frac{P}{EA}=\frac{P}{E\left(\frac{\pi D^2}{4}\right)}=\frac{4P}{E\pi D^2}$$

$$=\frac{4\times(15\times10^3)}{(50\times10^3)\times3\times10^2}=0.004$$

$$\nu=-\frac{\left(\frac{\Delta D}{D}\right)}{\left(\frac{\Delta l}{l}\right)}=-\frac{\left(\frac{\Delta D}{D}\right)}{\varepsilon}=-\frac{\Delta D}{D\varepsilon}$$

$$\Delta D=-\nu D\varepsilon=-0.3\times10\times0.004=-0.012\text{(수축량)}$$

11 정답 ②

$$G=\frac{E}{2(1+\nu)}$$

12 정답 ④

$$G=\frac{E}{2(1-\nu)}=\frac{E}{2\left(1+\frac{1}{m}\right)}=\frac{mE}{2(m+1)}$$

13 정답 ①

$$K=\frac{E}{3(1-2\nu)}$$

14 정답 ③

$$\sigma_x=\frac{E}{1-\nu^2}(\varepsilon_x+\nu\varepsilon_y),\ \sigma_y=\frac{E}{1-\nu^2}(\varepsilon_y+\nu\varepsilon_x)$$

$$\sigma_x+\sigma_y$$

$$=\frac{E}{1-\nu^2}\{(\varepsilon_x+\varepsilon_y)+\nu(\varepsilon_x+\varepsilon_y)\}=\frac{E\{(\varepsilon_x+\varepsilon_y)(1+\nu)\}}{\{(1-\nu)(1+\nu)\}}$$

$$= \frac{E(\varepsilon_x + \varepsilon_y)}{(1-\nu)} = \frac{(192 \times 10^3)\{1{,}000 + (-500)\} \times 10^{-6}}{(1-0.2)}$$

$= 120\text{MPa}$

15

정답 ④

$\varepsilon_y = 0$

$$\varepsilon_x = \frac{\Delta l_x}{l_x} = \frac{0.36}{500} = 7.2 \times 10^{-4}$$

$$p = \sigma_x = \frac{E}{1-\nu^2}(\varepsilon_x + \nu\varepsilon_y)$$

$$= \frac{(200 \times 10^3)}{1-0.2^2}\{(7.2 \times 10^{-4}) + 0\} = 150\text{MPa}$$

16

정답 ④

$$\sigma_z = -\frac{P_z}{A_z} = -\frac{400}{0.2 \times 0.2} = -10^4\text{kN/m}^2(\text{압축})$$

$$\varepsilon_x = \frac{1}{E}\{\sigma_x - \nu(\sigma_y + \sigma_z)\}$$

$$= \frac{1}{10^6}\{0 - 0.25(0 + (-10^4))\} = 0.0025(\text{증가})$$

17

정답 ③

$$\varepsilon_\nu = \frac{1-2\nu}{E}(\sigma_x + \sigma_y + \sigma_z)$$

$$= \frac{1 - 2 \times 0.3}{(2 \times 10^5)}(120 + 100 + 0)$$

$= 4.4 \times 10^{-4}$

18

정답 ③

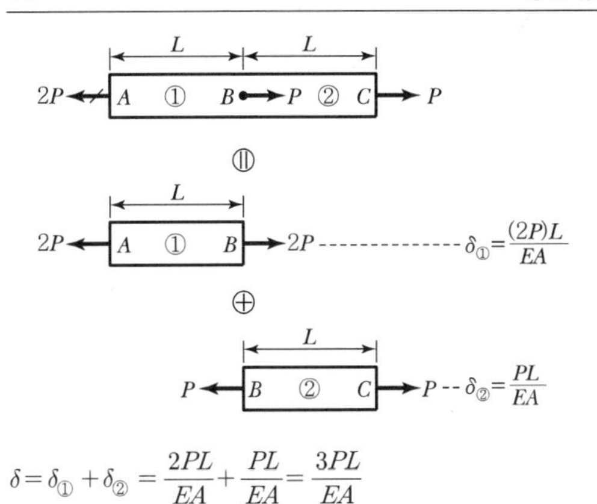

$$\delta = \delta_① + \delta_② = \frac{2PL}{EA} + \frac{PL}{EA} = \frac{3PL}{EA}$$

19

정답 ②

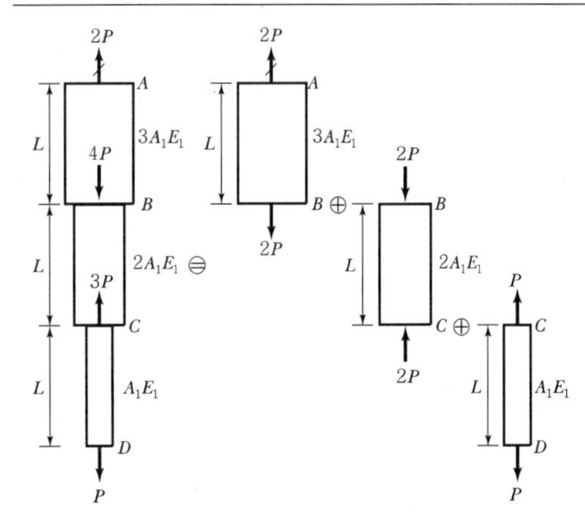

$$\Delta = \Delta_{AB} + \Delta_{BC} + \Delta_{CD}$$

$$= \frac{2PL}{3A_1E_1} + \left(-\frac{2PL}{2A_1E_1}\right) + \frac{PL}{A_1E_1}$$

$$= \frac{2PL}{3A_1E_1}(\text{인장 변형량})$$

20

정답 ④

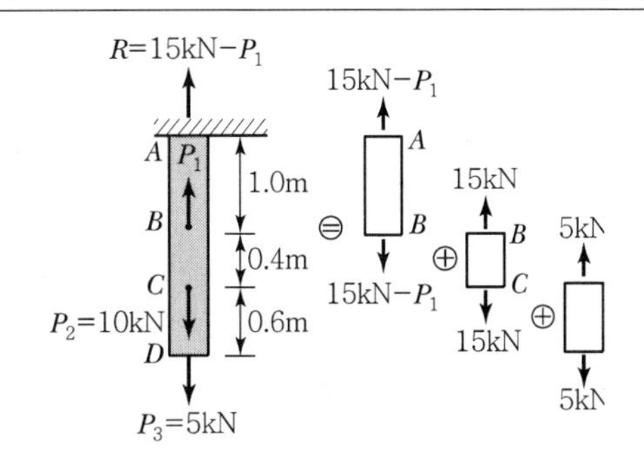

$$\Delta_{AB} = \frac{(15 - P_1) \times 1}{EA}$$

$$\Delta_{BC} = \frac{15 \times 0.4}{EA} = \frac{6}{EA}$$

$$\Delta_{CD} = \frac{5 \times 0.6}{EA} = \frac{3}{EA}$$

$$\Delta_{AB} + \Delta_{BC} + \Delta_{CD} = 0$$

$$\frac{1}{EA}\{(15 - P_1) + 6 + 3\} = 0$$

$P_1 = 24\text{kN}$

21 정답 ③

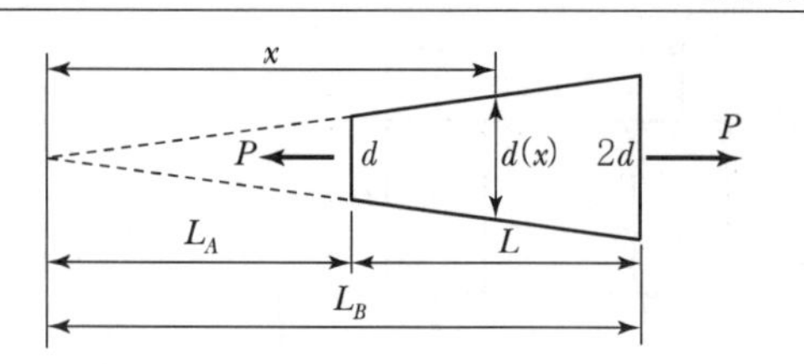

$L_A \leq x \leq L_B$

$\frac{d(x)}{d} = \frac{x}{L_A}$

$d(x) = \frac{d}{L_A}x$

$A(x) = \frac{\pi}{4}\{d(x)\}^2 = \frac{\pi d^2}{4{L_A}^2}x^2$

$\delta = \int_{L_A}^{L_B} \frac{P}{EA(x)}dx$

$= \int_{L_A}^{L_B} \frac{P}{E} \cdot \frac{4{L_A}^2}{\pi d^2} \cdot \frac{1}{x^2}dx$

$= \frac{4P{L_A}^2}{E\pi d^2} \int_{L_A}^{L_B} \frac{1}{x^2}dx$

$= \frac{4P{L_A}^2}{E\pi d^2} \left[-\frac{1}{x}\right]_{L_A}^{L_B}$

$= \frac{4P{L_A}^2}{E\pi d^2} \left[-\frac{1}{L_B} + \frac{1}{L_A}\right]$

$= \frac{4P{L_A}^2}{E\pi d^2} \cdot \frac{L_B - L_A}{L_A L_B}$

$= \frac{4PL_A}{E\pi d^2} \cdot \frac{L}{L_B} = \frac{4PL}{E\pi d^2} \cdot \frac{L_A}{L_B}$

$= \frac{4PL}{E\pi d^2} \cdot \frac{d}{2d} = \frac{2PL}{E\pi d^2}$

22 정답 ③

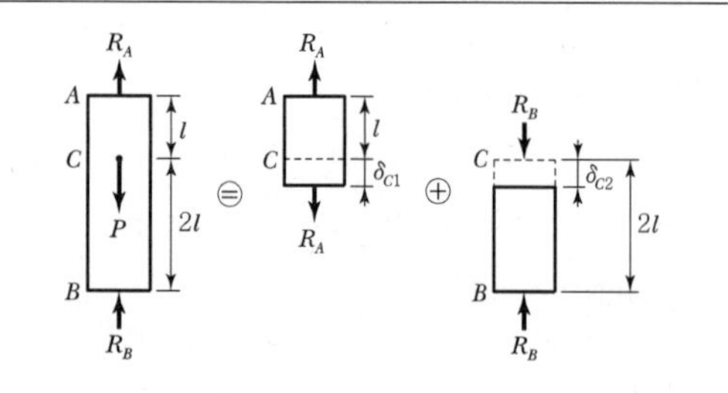

$\delta_{c1} = \frac{R_A l}{EA}$ (신장) ······························· ㉠

$\delta_{c2} = -\frac{R_B(2l)}{EA}$ (수축) ······························· ㉡

• 적합조건식

$\delta_{c_1} + \delta_{c_2} = 0 \rightarrow R_A = 2R_B$

• 평형방정식

$R_A + R_B = P,\ 2R_B + R_B = P,\ R_B = \frac{P}{3}$

$R_A = 2R_B = \frac{2P}{3}$

23 정답 ①

$R_B = 220 \times \frac{1}{3} + 175 \times \frac{2}{3} = 190\,\text{kN}\,(\leftarrow)$

24 정답 ④

$\delta_C = \frac{PL}{2EA\cos^2\alpha}$

$P = \frac{\delta_C \cdot 2EA\cos^2\alpha}{L} = \frac{(1) \cdot 2EA\cos^2 45°}{L} = \frac{EA}{L}$

25 정답 ③

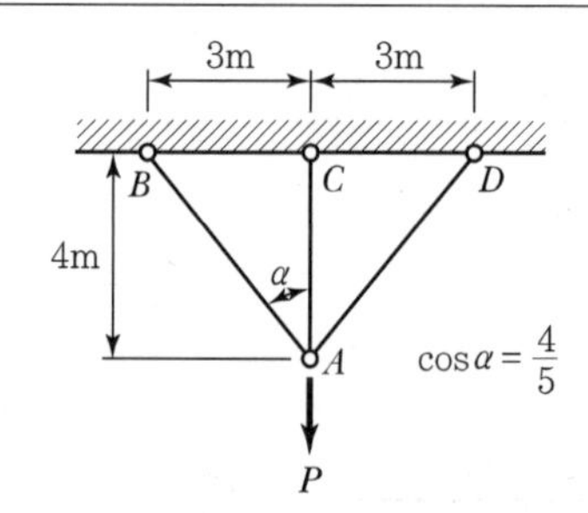

$F_{AD} = \frac{P\cos^2\alpha}{1 + 2\cos^3\alpha}$

$= \frac{P\left(\frac{4}{5}\right)^2}{1 + 2\left(\frac{4}{5}\right)^3} = \frac{80}{253}P$

26 정답 ②

$$\delta_B = \frac{F_{BC}L}{EA} \quad \cdots\cdots (1)$$

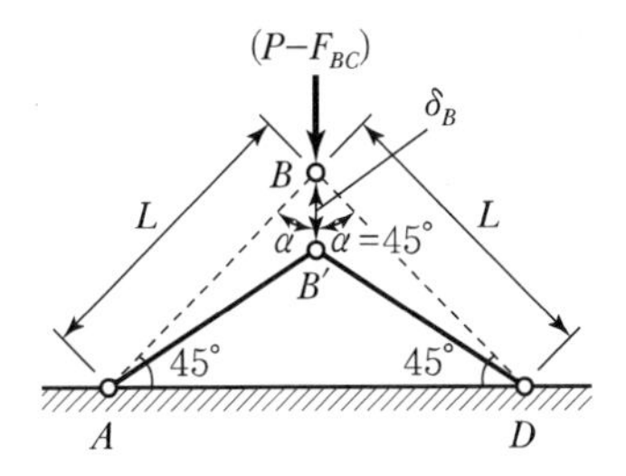

$$\delta_B = \frac{(P-F_{BC})L}{2EA\cos^2\alpha} = \frac{(P-F_{BC})L}{2EA\cos^2 45°} = \frac{(P-F_{BC})L}{EA} \quad \cdots\cdots (2)$$

식 (1)과 (2)로부터

$$\delta_B = \frac{F_{BC}L}{EA} = \frac{(P-F_{BC})L}{EA}, \quad F_{BC} = \frac{P}{2}\text{(인장)}$$

27 정답 ①

$$M = \frac{EI}{R} = \frac{EI}{\left(\frac{\pi}{\left(\frac{\pi}{3}\right)}\right)} = \frac{EI}{3}$$

28 정답 ④

$$\sigma_{\max} = \frac{My_t}{I} = \left(\frac{EI}{\rho}\right)\frac{y_t}{I} = \frac{Ey_t}{\rho} = \frac{E\cdot\frac{d}{2}}{\left(\frac{D}{2}+\frac{d}{2}\right)} = \frac{Ed}{D+d}$$

$$= \frac{(2\times10^5)\times10}{990+10} = 2{,}000\text{N/mm}^2 = 2{,}000\text{MPa}$$

29 정답 ②

$$\varepsilon_t = \frac{y_t}{\rho} = \frac{\left(\frac{h}{2}\right)}{\rho} = \frac{h}{2\rho}$$

$$\rho = \frac{h}{2\varepsilon_t} = \frac{4.8}{2\times0.0012} = 2{,}000\text{mm} = 2\text{m}$$

$$\kappa = \frac{1}{\rho} = \frac{1}{2} = 0.5\text{m}^{-1}$$

30 정답 ①

$$\lambda = \frac{SL}{GA} = \frac{(1{,}000\times10^3)\times(200)}{(8\times10^3)\times(200\times200)} = 0.625\text{mm} = 0.0625\text{cm}$$

31 정답 ②

$$\tau = \frac{V}{A} = \frac{(10\times10^3)}{(10\times10)} = 100\text{N/mm}^2 = 100\text{MPa}$$

$$G = \frac{E}{2(1+\nu)} = \frac{130}{2(1+0.3)} = 50\text{GPa} = 50\times10^3\text{MPa}$$

$$\gamma = \frac{\tau}{G} = \frac{100}{(50\times10^3)} = 0.002$$

32 정답 ③

$$\tau = \frac{F}{A} = \frac{(20\times10^3)}{2\times(200\times5)} = 10\text{N/mm}^2$$

33 정답 ④

$$\tau_{\max} = \frac{Tr}{J} = \frac{Tr}{I_p} = \frac{T\left(\frac{D}{2}\right)}{\left(\frac{\pi D^4}{32}\right)} = \frac{16T}{\pi D^3}$$

$$= \frac{16\times(20\times10^6)}{\pi\times(100)^3}$$

$$= \frac{320}{\pi}\text{MPa}$$

$$\phi_B = \frac{Tl}{GJ} = \frac{Tl}{GI_p} = \frac{Tl}{G\left(\frac{\pi D^4}{32}\right)} = \frac{32Tl}{G\pi D^4}$$

$$= \frac{32\times(20\times10^6)\times(10\times10^3)}{(80\times10^3)\times\pi\times(100)^4}$$

$$= \frac{0.8}{\pi}\text{(radian)}$$

34

정답 ②

$$\tau_{\max 1} = \frac{Tr}{I_{P1}} = \frac{Tr}{\frac{\pi r^4}{2}} = \frac{2T}{\pi r^3}$$

$$\tau_{\max 2} = \frac{Tr}{I_{P2}} = \frac{Tr}{\frac{\pi(1-0.6^4)r^4}{2}}$$

$$= \frac{1}{(1-0.6^4)} \frac{2T}{\pi r^3} = 1.15\frac{2T}{\pi r^3}$$

$\tau_{\max 1} : \tau_{\max 2} = 1 : 1.15$

35

정답 ①

$$\tau_a \geq \tau_{\max} = \frac{T_{\max} r}{I_p} = \frac{T_{\max}\left(\frac{d}{2}\right)}{\left(\frac{\pi d^4}{32}\right)} = \frac{16T_{\max}}{\pi d^3}$$

$$T_{\max} \leq \frac{\pi d^3 \tau_a}{16} = \frac{\pi \times 10^3 \times 16}{16}$$

$= 1{,}000\pi(\text{N} \cdot \text{mm}) = \pi(\text{N} \cdot \text{m})$

36

정답 ④

$\delta_T + \delta_e = 0$

$$\alpha \cdot \Delta T \cdot l + \frac{Pl}{EA} = 0$$

$P = -\alpha \cdot \Delta T \cdot E \cdot A$

$= -(1.0 \times 10^{-5}) \times 20 \times (2 \times 10^5) \times (0.001 \times 10^6)$

$= -40 \times 10^3\text{N} = -40\text{kN}$

37

정답 ①

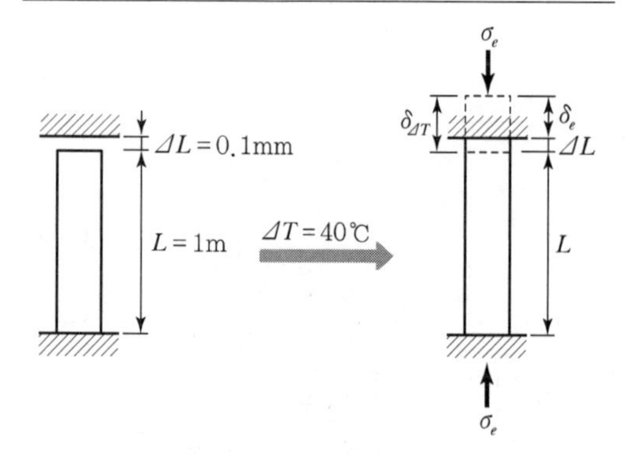

1. 온도 상승에 따른 인장 변형량($\delta_{\Delta T}$)

$\delta_{\Delta T} = \alpha \cdot \Delta T \cdot L$

$= (15 \times 10^{-6}) \times 40 \times (1 \times 10^3) = 0.6\text{mm}$

2. 단부 구속에 따른 압축 변형량(δ_e)

$\delta_e = \delta_{\Delta T} - \Delta L$

$= 0.6 - 0.1 = 0.5\text{mm}$

3. 부재에 발생하는 압축응력(σ_e)

$$\sigma_e = E\varepsilon_e = E\frac{\delta_e}{L}$$

$$= (200 \times 10^3) \times \frac{0.5}{(1 \times 10^3)}$$

$= 100\text{MPa} = 0.1\text{GPa}$

38

정답 ③

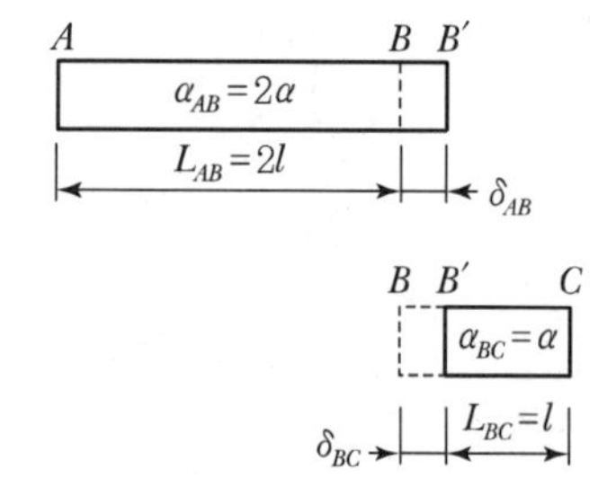

$\delta_{AB} + \delta_{BC} = 0$

$L_{AB}\,\varepsilon_{AB} + L_{BC}\,\varepsilon_{BC} = 0$

$L_{AB}(\alpha_{AB} \cdot \Delta T_{AB}) + L_{BC}(\alpha_{BC} \cdot \Delta T_{BC}) = 0$

$$\Delta T_{BC} = -\frac{L_{AB}\,\alpha_{AB}\,\Delta T_{AB}}{L_{BC}\,\alpha_{BC}}$$

$$= -\frac{2l \cdot 2\alpha \cdot T}{l \cdot \alpha} = -4\text{T}(\text{하강})$$

39

정답 ②

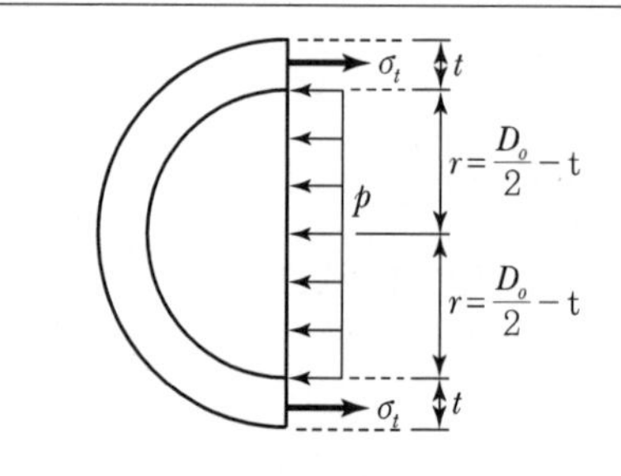

$$\sigma_a \geq \sigma_t = \frac{pr}{t} = \frac{p\left(\frac{D_o}{2} - t\right)}{t}$$

$$t \geq \frac{pD_o}{2(\sigma_a + p)} = \frac{10 \times (30 \times 10)}{2(90 + 10)} = 15\text{mm}$$

40 정답 ③

$$\sigma_y = \frac{pr}{t} = \frac{1.2\times 300}{10} = 36\text{MPa}$$

$$\sigma_x = \frac{pr}{2t} = \frac{1.2\times 300}{2\times 10} = 18\text{MPa}$$

41 정답 ①

$$U = \frac{1}{2}P\delta = \frac{1}{2}\times(100\times 10^3)\times(1\times 10^{-3}) = 50\text{N}\cdot\text{m}$$

42 정답 ④

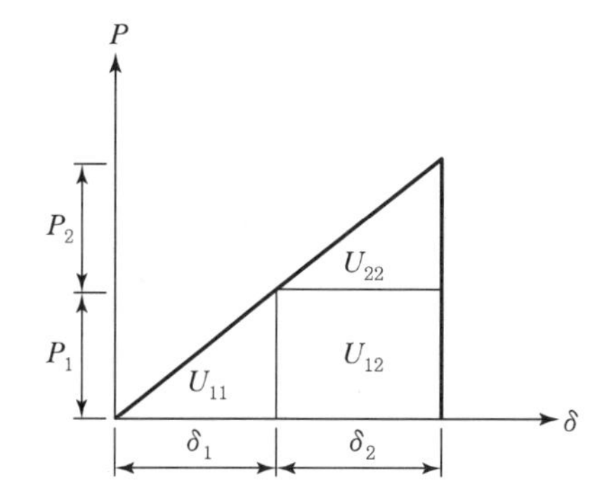

$$U = U_{11} + U_{12} + U_{22}$$
$$= \frac{1}{2}P_1\delta_1 + P_1\delta_2 + \frac{1}{2}P_2\delta_2$$

43 정답 ③

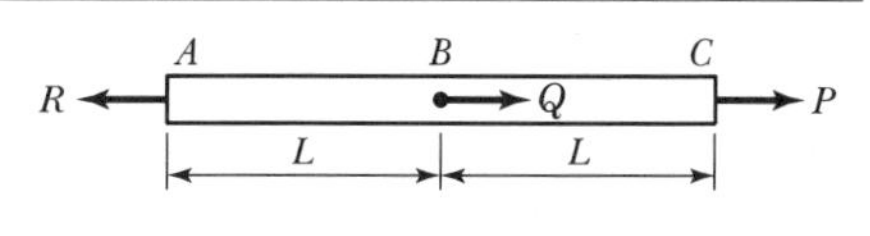

Ⅱ

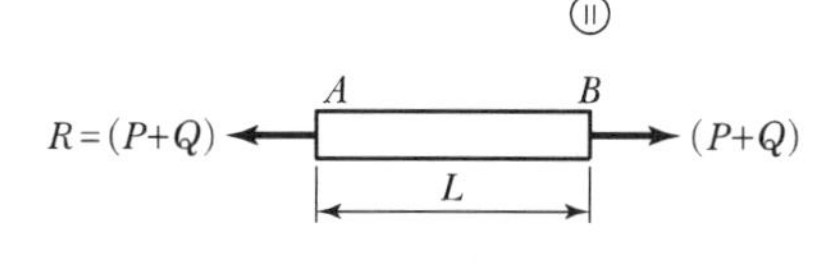

⊕

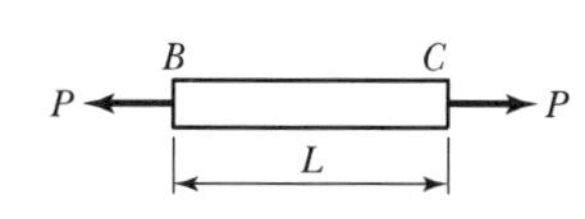

$\Sigma F_x = 0(\rightarrow\oplus)$

$P + Q - R = 0$

$R = (P+Q)(\leftarrow)$

$$U = U_{AB} + U_{BC}$$
$$= \frac{(P+Q)^2L}{2EA} + \frac{P^2L}{2EA}$$
$$= \frac{L}{2EA}\{(P^2+2PQ+Q^2)+P^2\}$$
$$= \frac{L}{2EA}(2P^2+2PQ+Q^2)$$
$$= \frac{P^2L}{EA} + \frac{PQL}{EA} + \frac{Q^2L}{2EA}$$

44 정답 ①

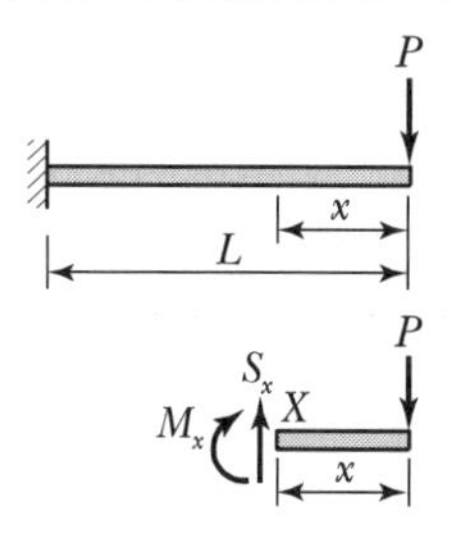

$\Sigma M_{Ⓧ} = 0(\curvearrowright\oplus)$

$M_x = -Px$

$$U = \int_0^L \frac{(M_x)^2}{2EI}dx$$
$$= \frac{1}{2EI}\int_0^L(-Px)^2dx$$
$$= \frac{P^2}{2EI}\left[\frac{1}{3}x^3\right]_0^L = \frac{P^2L^3}{6EI}$$

[별해]

$$U = \frac{1}{2}P\delta = \frac{1}{2}P\times\frac{PL^3}{3EI} = \frac{P^2L^3}{6EI}$$

45 정답 ③

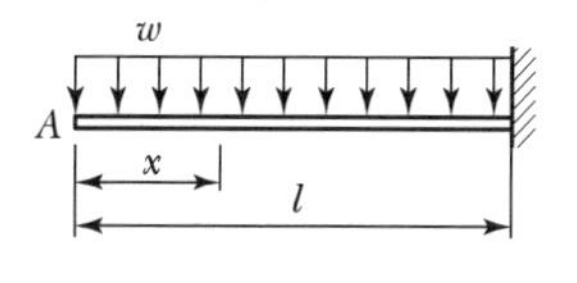

$$\Sigma M_{ⓧ} = 0(\curvearrowright\oplus)$$

$$-\frac{wx^2}{2} - M_x = 0$$

$$M_x = -\frac{wx^2}{2}$$

$$U = \int_0^l \frac{M_x^2}{2EI} dx$$

$$= \frac{1}{2EI}\int_0^l \left(-\frac{wx^2}{2}\right)^2 dx = \frac{w^2}{8EI}\left[\frac{1}{5}x^5\right]_0^l$$

$$= \frac{w^2 l^5}{40EI}$$

46 정답 ②

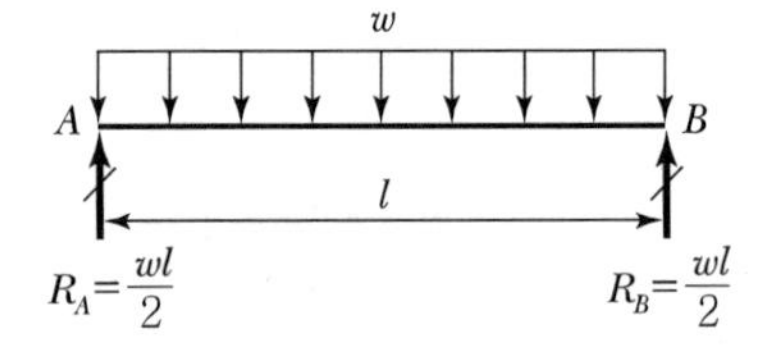

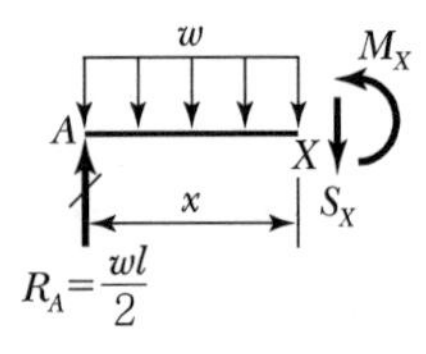

$$\Sigma M_{ⓧ} = 0(\curvearrowright\oplus)$$

$$\frac{wl}{2} \cdot x - (w \cdot x) \cdot \frac{x}{2} - M_x = 0$$

$$M_x = \frac{wl}{2}x - \frac{w}{2}x^2$$

$$U = \int_0^l \frac{M_x^{\,2}}{2EI} dx$$

$$= \frac{1}{2EI}\int_0^l \left(\frac{wl}{2}x - \frac{w}{2}x^2\right)^2 dx$$

$$= \frac{w^2}{8EI}\int_0^l (l^2x^2 - 2lx^3 + x^4)^2 dx$$

$$= \frac{w^2}{8EI}\left[\frac{l^2}{3}x^3 - \frac{2l}{4}x^4 + \frac{1}{5}x^5\right]_0^l$$

$$= \frac{w^2 l^5}{240EI}$$

47 정답 ③

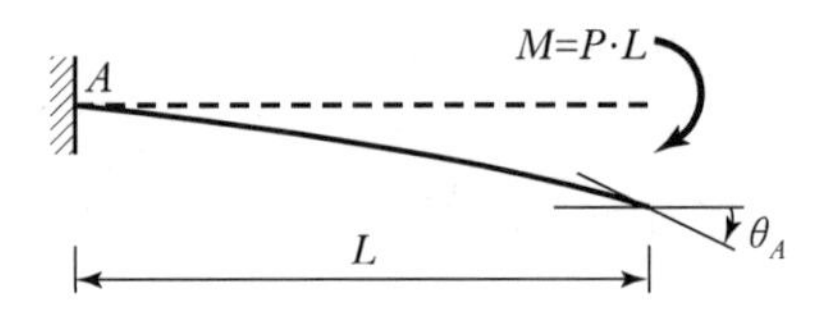

$$U_A = \frac{1}{2}M\theta_A = \frac{1}{2}M\left(\frac{ML}{EI}\right)$$

$$= \frac{M^2 L}{2EI} = \frac{(PL)^2 L}{2EI} = \frac{P^2 L^3}{2EI}$$

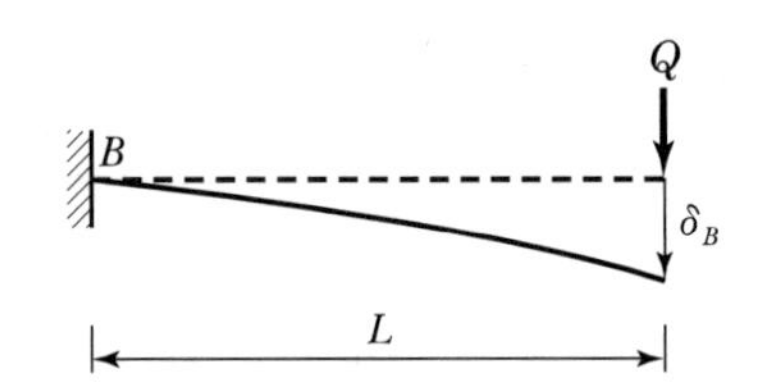

$$U_B = \frac{1}{2}Q\delta_B = \frac{1}{2}Q\left(\frac{QL^3}{3EI}\right)$$

$$= \frac{Q^2 L^3}{6EI}$$

$$U_A = U_B, \ \frac{P^2L^3}{2EI} = \frac{Q^2L^3}{6EI}, \ Q = \sqrt{3}P$$

48 정답 ④

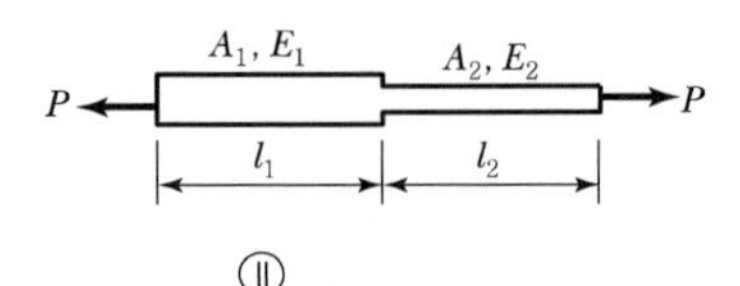

$$\Delta L = \Delta L_1 + \Delta L_2 = \frac{PL_1}{E_1A_1} + \frac{PL_2}{E_2A_2}$$

$$= P\left(\frac{L_1E_2A_2 + L_2E_1A_1}{E_1A_1E_2A_2}\right)$$

$$(\Delta L = 1 \rightarrow P = K)$$

$$K = \frac{A_1A_2E_1E_2}{L_1(A_2E_2) + L_2(A_1E_1)}$$

49 정답 ①

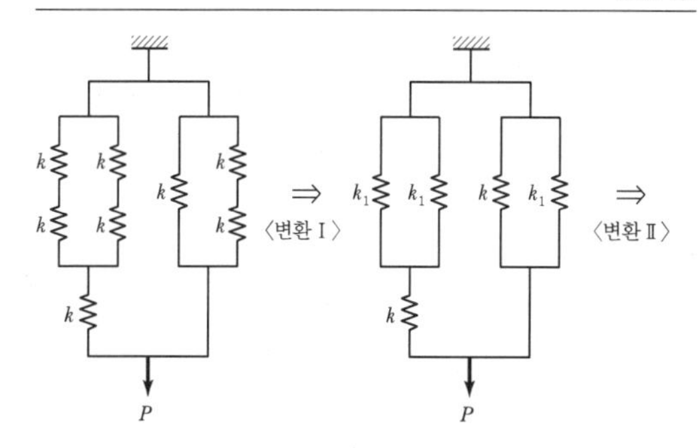

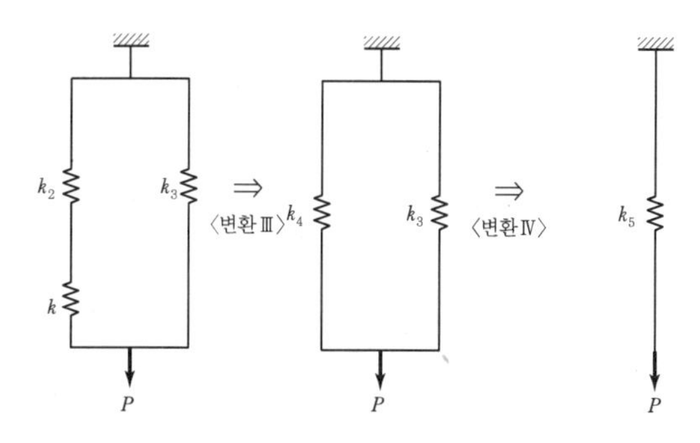

〈변환 I〉에서 k_1 결정(직렬 연결),

$$f_1 = \frac{1}{k} + \frac{1}{k} = \frac{2}{k},\ k_1 = \frac{1}{f_1} = \frac{k}{2}$$

〈변환 II〉에서 k_2 결정(병렬 연결),

$$k_2 = k_1 + k_1 = 2k_1 = 2\left(\frac{k}{2}\right) = k$$

k_3 결정(병렬 연결),

$$k_3 = k + k_1 = k + \left(\frac{k}{2}\right) = \frac{3k}{2}$$

〈변환 III〉에서 k_4 결정(직렬 연결),

$$f_4 = \frac{1}{k_2} + \frac{1}{k} = \frac{1}{(k)} + \frac{1}{k} = \frac{2}{k},$$

$$k_4 = \frac{1}{f_4} = \frac{k}{2}$$

〈변환 IV〉에서 k_5 결정(병렬 연결),

$$k_5 = k_3 + k_4 = \left(\frac{3k}{2}\right) + \left(\frac{k}{2}\right) = 2k$$

$$\delta = \frac{P}{k_5} = \frac{P}{(2k)} = \frac{100}{2 \times 5{,}000} = 0.01\text{m} = 0.01 \times 10^3 = 10\text{mm}$$

50 정답 ④

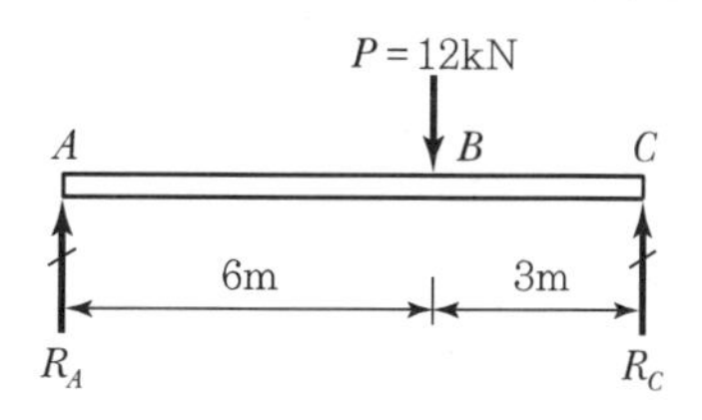

$\Sigma M_{©} = 0(\curvearrowright \oplus)$

$R_A \times 9 - 12 \times 3 = 0$

$R_A = 4\text{kN}(\uparrow)$

$\Sigma F_y = 0(\uparrow \oplus)$

$R_A - 12 + R_c = 0$

$R_C = 12 - R_A = 12 - (4) = 8\text{kN}(\uparrow)$

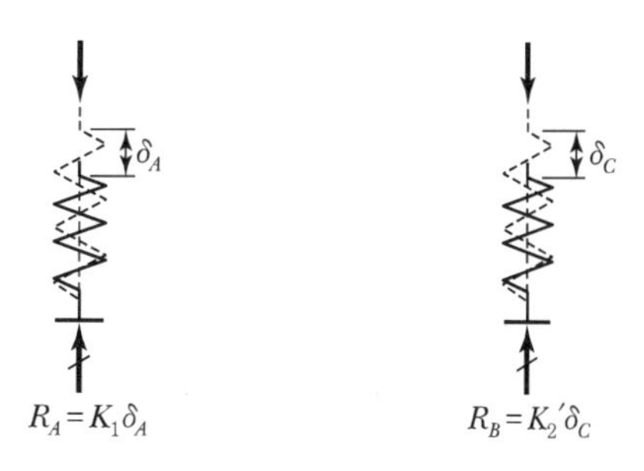

- 지점 C에서 직렬 연결된 합성스프링의 연성($f_2{}'$)

$$f_2{}' = 2f_2 = \frac{2}{k_2}$$

- 지점 C에서 직렬 연결된 합성스프링의 강성($k_2{}'$)

$$k_2{}' = \frac{1}{f_2{}'} = \frac{k_2}{2}$$

- k_2 결정

$\delta_A = \delta_c$

$$\frac{R_A}{k_1} = \frac{R_C}{k_2{}'} = \frac{2R_C}{k_2}$$

$$k_2 = \frac{2R_C}{R_A}k_1 = \frac{2 \times 8}{4} \times 100 = 400\text{kN/m}$$

51 정답 ④

$$\sigma_x = \frac{P}{A} = \frac{(10 \times 10^3)}{100} = 100\text{MPa},$$

$\sigma_y = 0,\ \tau_{xy} = 0,\ \theta = 30°$

$$\sigma_{m-n} = \frac{1}{2}(\sigma_x + \sigma_y) + \frac{1}{2}(\sigma_x - \sigma_y)\cos 2\theta + \tau_{xy}\sin 2\theta$$

$$= \frac{1}{2}(100+0)+\frac{1}{2}(100-0)\cos(2\times30°)+0$$
$$\times\sin(2\times30°)=75\text{MPa}$$

$$\tau_{m-n}=\frac{1}{2}(\sigma_x-\sigma_y)\sin2\theta-\tau_{xy}\cos2\theta$$
$$=\frac{1}{2}(100-0)\sin(2\times30°)-0\times\cos(2\times30°)$$
$$=25\sqrt{3}\text{MPa}$$

52 정답 ⑤

$$\sigma_x=\frac{P}{A},\ \sigma_y=0,\ \tau_{xy}=0,\ \theta=60°$$

$$\sigma=\sigma_x\cdot\cos^2\theta=\left(\frac{P}{A}\right)\cdot\cos^2 60°=\left(\frac{P}{A}\right)\left(\frac{1}{2}\right)^2=\frac{1}{4}\left(\frac{P}{A}\right)$$

$$\tau=\sigma_x\cdot\cos\theta\cdot\sin\theta=\left(\frac{P}{A}\right)\cdot\cos60°\cdot\sin60°$$
$$=\left(\frac{P}{A}\right)\left(\frac{1}{2}\right)\left(\frac{\sqrt{3}}{2}\right)=\frac{\sqrt{3}}{4}\left(\frac{P}{A}\right)$$

$$\frac{\sigma}{\tau}=\frac{\left\{\frac{1}{4}\left(\frac{P}{A}\right)\right\}}{\left\{\frac{\sqrt{3}}{4}\left(\frac{P}{A}\right)\right\}}=\frac{1}{\sqrt{3}}$$

53 정답 ①

$$\sigma_x=500\text{MPa},\ \sigma_y=100\text{MPa},\ \tau_{xy}=0,\ \theta=30°$$

$$\sigma_{x'}=\frac{1}{2}(\sigma_x+\sigma_y)+\frac{1}{2}(\sigma_x-\sigma_y)\cos2\theta+\tau_{xy}\sin2\theta$$
$$=\frac{1}{2}(500+100)+\frac{1}{2}(500-100)\cos(2\times30°)$$
$$+0\times\sin(2\times30°)=400\text{MPa}$$

$$\tau_{x'y'}=\frac{1}{2}(\sigma_x-\sigma_y)\sin2\theta-\tau_{xy}\cos2\theta$$
$$=\frac{1}{2}(500-100)\sin(2\times30°)-0\times\cos(2\times30°)$$
$$=100\sqrt{3}\text{MPa}$$

54 정답 ②

$\sigma_x=150\text{MPa},\ \sigma_y=50\text{MPa},$

$\tau_{xy}=40\text{MPa}$

$$\sigma_{\max}=\frac{\sigma_x+\sigma_y}{2}+\sqrt{\left(\frac{\sigma_x-\sigma_y}{2}\right)^2+\tau xy^2}$$
$$=\frac{150+50}{2}+\sqrt{\left(\frac{150-50}{2}\right)^2+40^2}$$
$$=100+64=164\text{MPa}$$

55 정답 ③

$$\sigma_x+\sigma_y=\sigma_1+\sigma_2=\sigma_{x\theta}+\sigma_{y\theta}$$
$$\sigma_2=\sigma_x+\sigma_y-\sigma_1=450+(-150)-550=-250\text{MPa}$$
$$\sigma_{y\theta}=\sigma_x+\sigma_y-\sigma_{x\theta}=450+(-150)-120=180\text{MPa}$$

56 정답 ①

최대 전단응력($\tau_{\max}$)의 크기는 두 주응력 차이의 절반이다.

$$\tau_{\max}=\frac{\sigma_{\max}-\sigma_{\min}}{2}$$

57 정답 ④

$$\sigma_x=100\text{MPa},\ \sigma_y=-50\text{MPa},\ \tau_{xy}=0$$

$$\tau_{\max}=\sqrt{\left(\frac{\sigma_x-\sigma_y}{2}\right)^2+\tau_{xy}^2}$$
$$=\sqrt{\left(\frac{100-(-50)}{2}\right)^2+0^2}=75\text{MPa}$$

[별해]

$\tau_{xy}=0$이므로 주응력 상태이다.

$\sigma_{\max}=100\text{MPa},\ \sigma_{\min}=-50\text{MPa}$

$$\tau_{\max}=\frac{\sigma_{\max}-\sigma_{\min}}{2}=\frac{100-(-50)}{2}=75\text{MPa}$$

58 정답 ②

$$\sigma_x=-8\text{MPa},\ \sigma_y=0,\ \tau_{xy}=-4\text{MPa}$$

$$\tan2\theta_P=\frac{2\tau_{xy}}{\sigma_x-\sigma_y}=\frac{2\times(-4)}{(-8)-(0)}=1$$

$$2\theta_P=\tan^{-1}(1)=45°$$

$$\theta_P=\frac{45°}{2}=22.5°$$

59 정답 ③

$$\varepsilon_B=\varepsilon_{(\theta=45°)}$$
$$=\frac{1}{2}(\varepsilon_x+\varepsilon_y)+\frac{1}{2}(\varepsilon_x-\varepsilon_y)\cdot\cos(2\times45°)$$
$$+\varepsilon_{xy}\cdot\sin(2\times45°)$$
$$=\frac{1}{2}(\varepsilon_x+\varepsilon_y)+\varepsilon_{xy}=60 \quad\cdots\cdots ㉠$$

$$\varepsilon_C = \varepsilon_{(\theta=135°)}$$
$$= \frac{1}{2}(\varepsilon_x + \varepsilon_y) + \frac{1}{2}(\varepsilon_x - \varepsilon_y) \cdot \cos(2\times 135°)$$
$$+ \varepsilon_{xy} \cdot \sin(2\times 135°)$$
$$= \frac{1}{2}(\varepsilon_x + \varepsilon_y) - \varepsilon_{xy} = 45 \quad \cdots\cdots\cdots\cdots ㉡$$

(식 ㉠ − 식 ㉡) → $2\varepsilon_{xy} = 15, \quad \gamma_{xy} = 2\varepsilon_{xy} = 15$

60 정답 ①

$$n = \frac{E_2}{E_1} = \frac{3.2\times 10^5}{0.8\times 10^5} = 4$$
$$C = \frac{nA_2C_2 + A_1C_1}{nA_2 + A_1}$$
$$= \frac{4\times(80\times 50)\times 25 + (80\times 100)\times 100}{4\times(80\times 50) + (80\times 100)} = 50\text{mm}$$

61 정답 ②

$$n = \frac{E_s}{E_c} = \frac{2.1\times 10^5}{1.05\times 10^5} = 2$$
$$\sigma_c = \frac{P}{A_c + nA_s}$$
$$= \frac{(30\times 10^3)}{200 + 2\times(100\times 2)} = 50\text{MPa}$$
$$\sigma_s = n\sigma_c = 2\times 50 = 100\text{MPa}$$

62 정답 ④

1. 환산단면 2차 모멘트(I_c)

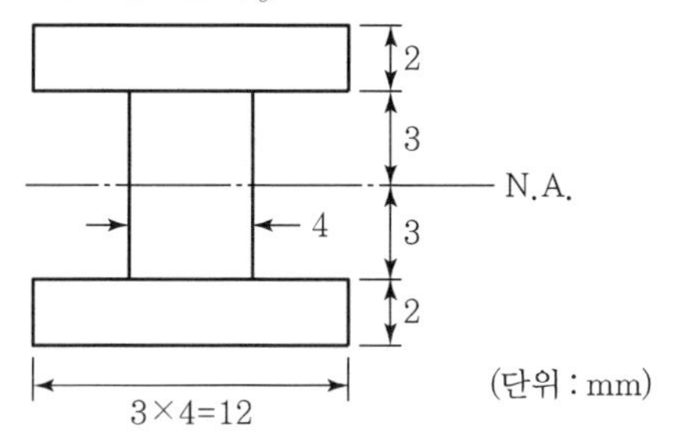

$$n = \frac{E_A}{E_P} = \frac{30}{10} = 3$$
$$I_c = \left\{\frac{4\times 6^3}{12}\right\} + 2\left\{\frac{12\times 2^3}{12} + (12\times 2)\times 4^2\right\}$$
$$= 856\text{mm}^4$$

2. 최대 휨응력(σ_{max})

$$\sigma_{max} = n\frac{M}{I_c}y_{max} = 3\times\frac{(4.28\times 10^3)}{856}\times 5 = 75\text{N/mm}^2$$

3. 단면의 휨응력 분포

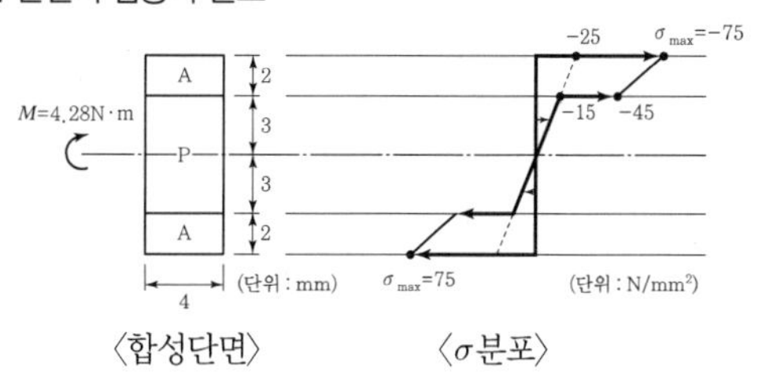

〈합성단면〉 〈σ분포〉

01	02	03	04	05	06	07	08	09	10
②	①	①	②	②	④	①	①	⑤	①
11	12	13	14	15	16	17	18	19	20
②	④	④	④	④	③	②	③	③	①
21	22	23	24						
③	①	②	④						

01 정답 ②

$$\sigma_{A-A} = \frac{M}{I}y = \frac{M}{\frac{b(2h)^3}{12}} \cdot \frac{h}{2} = \frac{3M}{4bh^2}$$

02 정답 ①

$$Z = \frac{I}{y_1} = \frac{\left(\frac{\pi R^4}{4}\right)}{R} = \frac{\pi R^3}{4}$$

$$\sigma_{\max} = \frac{M}{Z} = \frac{M}{\left(\frac{\pi R^3}{4}\right)} = \frac{4M}{\pi R^3}$$

03 정답 ①

① 두 단면의 단면 2차 모멘트 비

두 단면은 모두 정사각형 단면이므로 두 단면의 단면 2차 모멘트는 서로 같다.

$$I_1 = I_2 = \frac{h^4}{12},\ \frac{I_2}{I_1} = 1$$

② 두 단면의 단면계수 비

$$Z_1 = \frac{I_1}{y_1} = \frac{\frac{h^4}{12}}{\frac{h}{2}} = \frac{h^3}{6}$$

$$Z_2 = \frac{I_2}{y_2} = \frac{\frac{h^4}{12}}{\frac{\sqrt{2}h}{2}} = \frac{h^3}{6\sqrt{2}}$$

$$\frac{Z_2}{Z_1} = \frac{1}{\sqrt{2}}$$

③ 두 단면의 최대 휨응력 비

(동일한 휨모멘트(M)가 작용할 경우)

$$\frac{\sigma_2}{\sigma_1} = \frac{\frac{M}{Z_2}}{\frac{M}{Z_1}} = \frac{Z_1}{Z_2} = \sqrt{2}$$

04 정답 ②

$$\sigma_{\max} = \frac{M_{\max}}{Z} = \frac{\left(\frac{PL}{4}\right)}{\left(\frac{bh^2}{6}\right)} = \frac{3PL}{2bh^2}$$

$$= \frac{3 \times (10 \times 10^3) \times (10 \times 10^3)}{2 \times 300 \times 500^2} = 2\text{MPa}$$

05 정답 ②

$$\sigma_{\max} = \frac{M_{\max}}{Z} = \frac{\left(\frac{wl^2}{8}\right)}{\left(\frac{bh^2}{6}\right)} = \frac{3wl^2}{4bh^2} = \frac{3 \times 8 \times 10^2}{4 \times 0.6 \times 1^2} = 1{,}000\text{kPa}$$

06 정답 ④

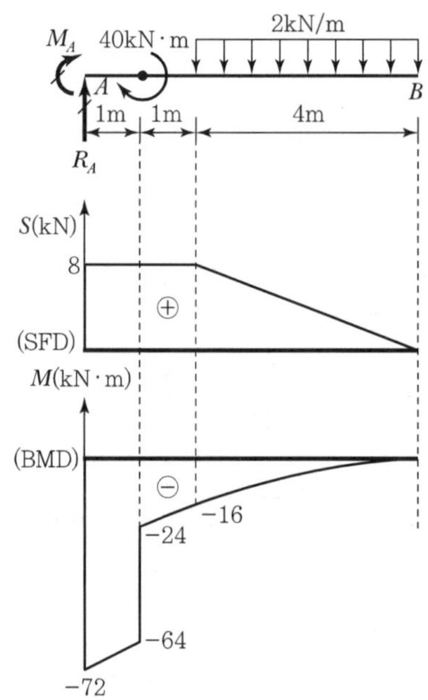

$\Sigma M_{Ⓐ} = 0(\curvearrowright\oplus)$

$M_A + 40 + (2 \times 4) \times 4 = 0$

$M_A = -72\text{kN} \cdot \text{m}$

$\Sigma F_y = 0(\uparrow \oplus)$

$R_A - (2 \times 4) = 0$

$R_A = 8\text{kN}$

$M_{\max} = -72\text{kN} \cdot \text{m}$

$$\sigma_{\max} = \frac{M_{\max}}{Z} = \frac{6M_{\max}}{bh^2} = \frac{6 \times (72 \times 10^6)}{600 \times 600^2} = 2\text{MPa}$$

07 정답 ①

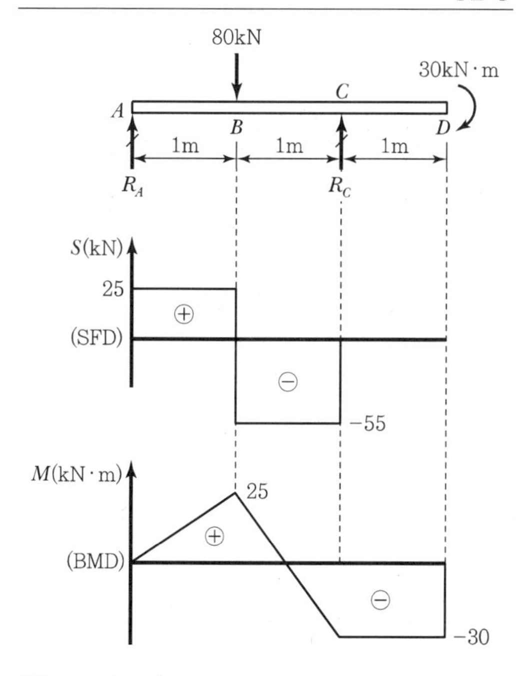

$\Sigma M_{Ⓒ} = 0(\curvearrowright \oplus)$

$R_A \times 2 - 80 \times 1 + 30 = 0$

$R_A = 25\text{kN}(\uparrow)$

$\Sigma F_y = 0(\uparrow \oplus)$

$25 - 80 + R_C = 0$

$R_C = 55\text{kN}(\uparrow)$

$M_{\max} = -30\text{kN} \cdot \text{m}$

$$\sigma_a \geq \sigma_{\max} = \frac{M_{\max}}{Z} = \frac{6M_{\max}}{bh^2}$$

$$b \geq \frac{6M_{\max}}{\sigma_a h^2} = \frac{6 \times (30 \times 10^6)}{600 \times (0.1 \times 10^3)^2} = 30\text{mm} = 0.03\text{m}$$

08 정답 ①

$$\sigma_a \geq \sigma_{\max} = \frac{M_{\max}}{Z} = \frac{\left(\frac{wl^2}{8}\right)}{\left(\frac{bh^2}{6}\right)} = \frac{3wl^2}{4bh^2}$$

$$w \leq \frac{4bh^2\sigma_a}{3l^2} = \frac{4 \times 300 \times 400^2 \times 6}{3 \times (10 \times 10^3)^2} = 3.84\text{N/mm}$$

$$= 3.84\text{kN/m}$$

09 정답 ⑤

1. 축방향력 P가 인장력일 경우

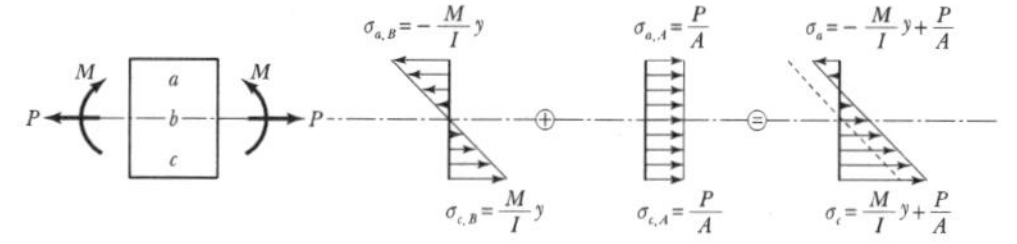

1) 중립축의 위치가 상단(압축 측)으로 이동한다.
2) 상연 a면의 압축응력은 감소한다.
3) 하연 c면의 인장응력은 증가한다.

2. 축방향력 P가 압축력일 경우

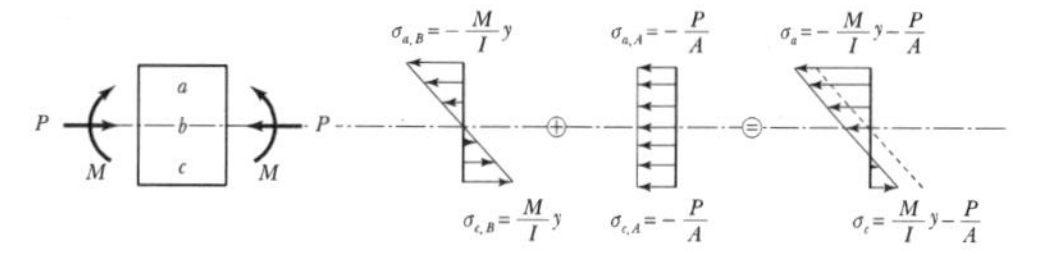

1) 중립축의 위치가 하단(인장 측)으로 이동한다.
2) 상연 a면의 압축응력은 증가한다.
3) 하연 c면의 인장응력은 감소한다.

10 정답 ①

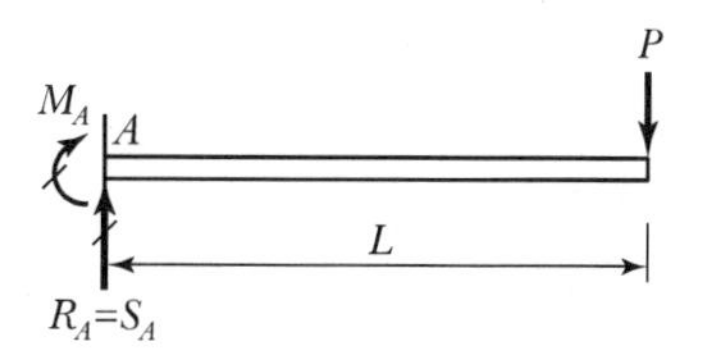

$\Sigma M_{Ⓐ} = 0(\curvearrowright \oplus)$

$M_A + P \cdot L = 0$

$M_A = -PL$

$\Sigma F_y = 0(\uparrow \oplus)$

$S_A - P = 0$

$S_A = P$

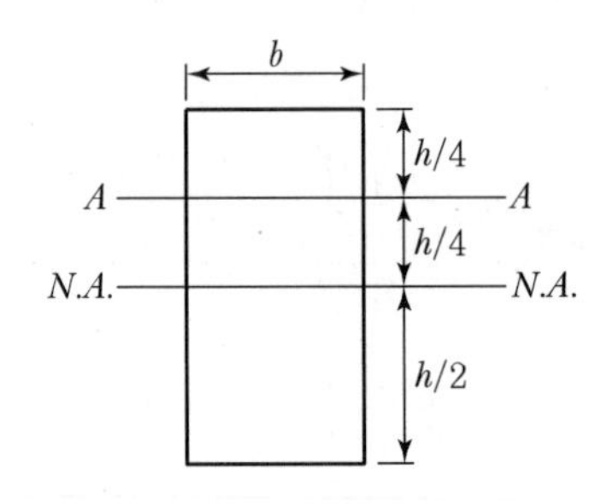

$$\sigma_A = \frac{M_A y_A}{I} = \frac{(-PL)\left(-\frac{h}{4}\right)}{\left(\frac{bh^3}{12}\right)} = \frac{3PL}{bh^2}$$

$$\tau_A = \frac{S_A G_A}{Ib} = \frac{(P)\left\{\left(b \cdot \frac{h}{4}\right) \cdot \left(\frac{3h}{8}\right)\right\}}{\left(\frac{bh^3}{12}\right)b} = \frac{9P}{8bh}$$

11 정답 ②

$G = (2\times2)\times2 = 8\text{cm}^3$

$I = \frac{2\times6^3}{12} + \frac{4\times2^3}{12} = \frac{116}{3}\text{cm}^4$

$$\tau_1 - \tau_2 = \frac{VG}{Ib_1} - \frac{VG}{Ib_2} = \frac{VG}{I}\left(\frac{1}{b_1} - \frac{1}{b_2}\right)$$

$$= \frac{VG}{I}\left(\frac{b_2 - b_1}{b_1 b_2}\right) = \frac{V \cdot 8}{\left(\frac{116}{3}\right)}\left(\frac{6-2}{2\times6}\right)$$

$$= \frac{96V}{1,392} = \frac{2V}{29}$$

12 정답 ④

$$\tau_{\max} = \alpha\tau_{ave} = \frac{3}{2}\tau_{ave}$$

단면의 형상계수(α)

단면	형상 계수(α)
(사각형)	$\frac{3}{2}$
(원형)	$\frac{4}{3}$
(삼각형)	$\frac{3}{2}$(도심에서 $\frac{4}{3}$)

13 정답 ④

단순보에서 최대전단력($S_{\max}$)의 크기는 지점의 반력과 같다.

$$R_A = \frac{(2w)l}{6} = \frac{wl}{3},\ R_B = \frac{(2w)l}{3} = \frac{2wl}{3}$$

$$S_{\max} = R_B = \frac{2wl}{3}$$

$$\tau_{\max} = \alpha\frac{S_{\max}}{A} = \frac{3}{2} \cdot \frac{\left(\frac{2wl}{3}\right)}{(bh)} = \frac{wl}{bh}$$

14 정답 ④

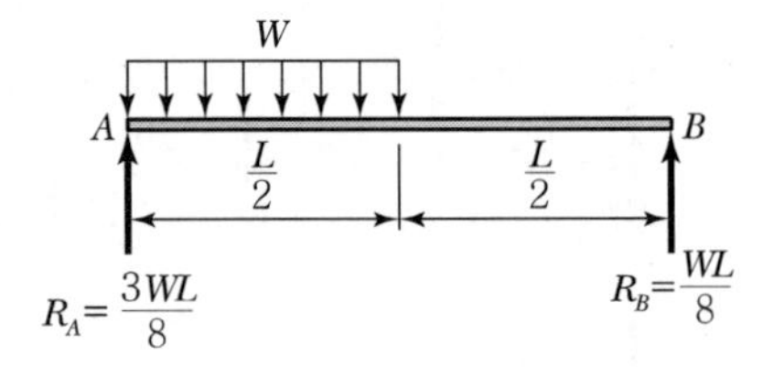

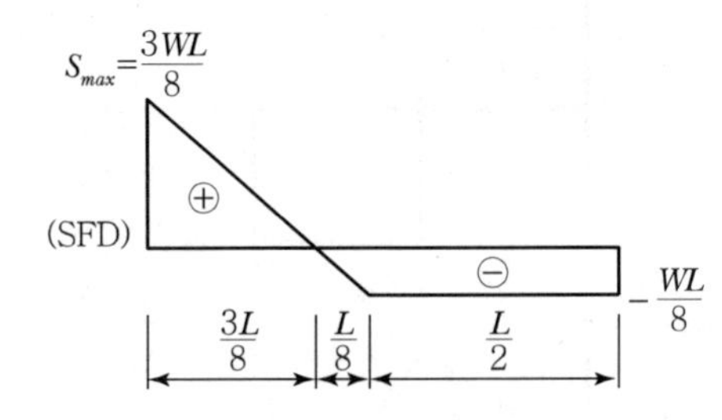

$$\tau_{\max} = \alpha\frac{S_{\max}}{A} = \frac{4}{3} \cdot \frac{\left(\frac{3WL}{8}\right)}{\left(\frac{\pi D^2}{4}\right)} = \frac{2WL}{\pi D^2}$$

15 정답 ④

BOX형 단면에서 최대 전단응력($\tau_{\max}$)은 중립축에서 발생한다.

① b_o =20mm(단면의 중립축에서 폭)

② $I_o = \frac{20\times45^3}{12} - \frac{18\times41^3}{12}$

$= 48,493.5\text{cm}^4 = 48,493.5\times10^4\text{mm}^4$

③ $G_o = \left(20\times\frac{45}{2}\right)\times\frac{45}{4} - \left(18\times\frac{41}{2}\right)\times\frac{41}{4}$

$= 1,280.25\text{cm}^3 = 1,280.25\times10^3\text{mm}^3$

④ $\tau_{\max} = \frac{VG_o}{I_o b_o}$

$$= \frac{(150\times10^3)\times(1,280.25\times10^3)}{(48,493.5\times10^4)\times20} = 19.8\text{MPa}$$

16 정답 ③

I형 단면에서 최대 전단응력(τ_{max})은 단면의 중립축에서 발생한다.

$b_o = 100$mm(중립축에서 단면의 폭)

$$I_o = \frac{30 \times 50^3}{12} - \frac{20 \times 30^3}{12}$$
$$= 267,500\text{cm}^4 = 267,500 \times 10^4\text{mm}^4$$

$$G_o = 30 \times 25 \times \frac{25}{2} - 20 \times 15 \times \frac{15}{2}$$
$$= 7,125\text{cm}^3 = 7,125 \times 10^3\text{mm}^3$$

$$\tau_{max} = \frac{VG_o}{I_o b_o} = \frac{(750 \times 10^3) \times (7,125 \times 10^3)}{(267,500 \times 10^4) \times 100}$$
$$= 20\text{MPa}$$

17 정답 ②

T형 단면에서 최대전단응력(τ_{max})은 최대전단력(S_{max})이 발생하는 단면의 중립축에서 발생한다.

$I_{NA} = 86.8 \times 10^4\text{mm}^4$

$b = 30$mm

$$S_{max} = \frac{wl}{2} = \frac{40 \times 10}{2} = 200\text{kN}$$

$$G_{NA} = 3 \times 3.8 \times \frac{3.8}{2} = 21.66\text{cm}^3 = 21.66 \times 10^3\text{mm}^3$$

$$\tau_{max} = \frac{S_{max}\,G_{NA}}{I_{NA}\,b} = \frac{(200 \times 10^3) \times (21.66 \times 10^3)}{(86.8 \times 10^4) \times 30}$$
$$= 166.4\text{MPa}$$

18 정답 ③

$$\tau_{max} = \alpha\frac{S_{max}}{A} = \frac{3}{2} \cdot \frac{P}{b^2}$$

$$b = \sqrt{\frac{3P}{2\tau_{max}}} = \sqrt{\frac{3 \times (40 \times 10^3)}{2 \times 1.5}} = 200\text{mm}$$

19 정답 ③

$$\tau_a \geq \tau_{max} = \alpha \cdot \frac{S_{max}}{A} = \frac{4}{3} \cdot \frac{P}{A}$$

$$P \leq \frac{3A\tau_a}{4} = \frac{3 \times 4,000 \times 1}{4} = 3,000\text{N} = 3\text{kN}$$

20 정답 ①

㉠ 휨응력 검토

$$f_{ba} > f_{max} = \frac{M_{max}}{Z} = \frac{6P_b a}{bh^2}$$

$$P_b \leq \frac{bh^2 f_{ba}}{6a} = \frac{200 \times 250^2 \times 5}{6 \times 450} = 23.148 \times 10^3\text{N}$$
$$= 23.148\text{kN}$$

㉡ 전단응력 검토

$$\tau_a \geq \tau_{max} = \frac{3}{2} \cdot \frac{S_{max}}{A} = \frac{3P_s}{2bh}$$

$$P_s \leq \frac{2bh\tau_a}{3} = \frac{2 \times 200 \times 250 \times 0.5}{3} = 16.667 \times 10^3\text{N}$$
$$= 16.667\text{kN}$$

㉢ 허용하중

$$P_a = [P_b,\ P_s]_{min} = 16.667\text{kN}$$

21 정답 ③

1. 중립축에 대한 플랜지의 단면 1차 모멘트(G)

$$G = (50 \times 10) \times \left(\frac{50}{2} + \frac{10}{2}\right) = 15,000\text{mm}^3$$

2. 최대 수직전단력(V)

$$V_a \geq f \cdot s = \left(\frac{VG}{I}\right)s$$

$$V \leq \frac{V_a \cdot I}{G \cdot s} = \frac{100 \times 1,012,500}{15,000 \times 150} = 45\text{N}$$

22 정답 ①

$$A_m = (40-1) \times (20-2) = 702\text{cm}^2 = 702 \times 10^2\text{mm}^2$$

$$f = \frac{T}{2A_m} = \frac{(50 \times 10^6)}{2 \times (702 \times 10^2)} = 356.1\text{N/mm}$$

$$\tau_{max} = \frac{f}{t_{min}} = \frac{356.1}{10} = 35.6\text{N/mm}^2 = 35.6\text{MPa}$$

23 정답 ②

1축 대칭단면의 전단중심은 그 대칭축 선상에 있고, 2축 대칭단면의 전단중심은 도심과 일치한다.

24 정답 ④

$$\text{형상계수}(f) = \frac{M_p}{M_y} = \frac{\sigma_y \cdot Z_p}{\sigma_y \cdot Z} = \frac{\sigma_y \cdot \left(\frac{bh^2}{4}\right)}{\sigma_y \cdot \left(\frac{bh^2}{6}\right)} = \frac{3}{2}$$

제10장 기둥

01	02	03	04	05	06	07	08	09	10
②	③	③	①	④	④	②	①	③	②
11	12	13	14	15	16	17	18	19	20
④	①	②	③	④	①	③	③	④	②
21	22	23							
②	④	③							

01 정답 ②

$$e=\frac{b}{6}$$

02 정답 ③

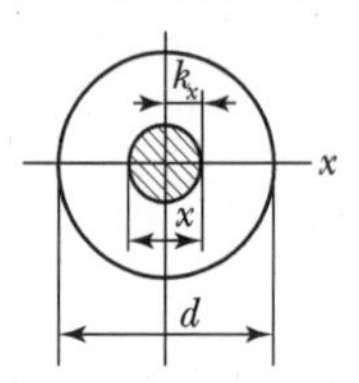

원형 단면의 핵거리, $k_x=\frac{d}{8}$

$$x=2k_x=2\times\frac{d}{8}=\frac{d}{4}$$

03 정답 ③

$$A=\pi(R_1^2-R_2^2)$$

$$Z=\frac{I}{y_{\max}}=\frac{\pi(R_1^4-R_2^4)}{4}\cdot\frac{1}{R_1}$$

$$e=\frac{Z}{A}=\frac{\pi(R_1^4-R_2^4)}{4R_1}\cdot\frac{1}{\pi(R_1^2-R_2^2)}$$

$$=\frac{R_1^2+R_2^2}{4R_1}$$

04 정답 ①

$$\sigma_A=-\frac{P}{A}\left(1-\frac{e}{k_x}\right)=0$$

$$e=k_x=\frac{Z}{A}=\frac{2,500}{125}=20\text{mm}$$

05 정답 ④

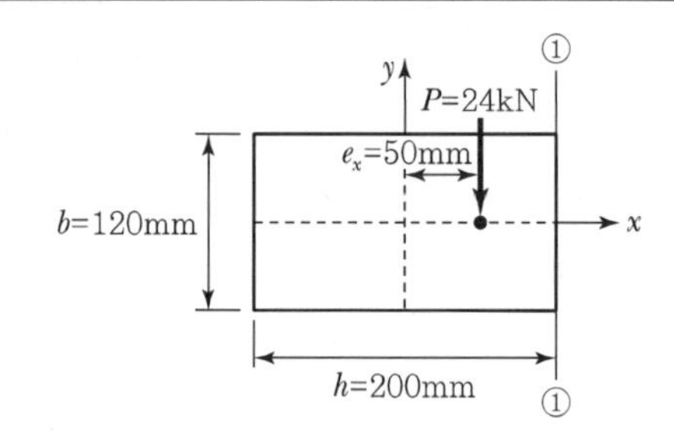

$$\sigma_{\max}=\sigma_{①}$$

$$=-\frac{P}{A}\left(1+\frac{e_x}{k_x}\right)$$

$$=-\frac{P}{bh}\left(1+\frac{6e_x}{h}\right)$$

$$=-\frac{(24\times10^3)}{200\times120}\left(1+\frac{6\times50}{200}\right)$$

$$=-2.5\text{MPa}(\text{압축})$$

06 정답 ④

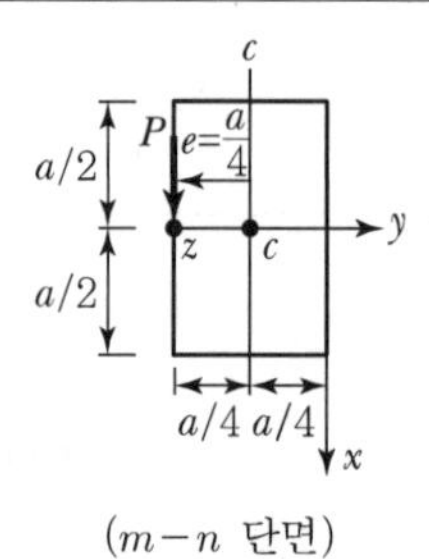

(m−n 단면)

$$k=\frac{\left(\frac{a}{2}\right)}{6}=\frac{a}{12}$$

$$e=\frac{a}{4}$$

$$\sigma_{\max}=-\frac{P}{A}\left(1+\frac{e}{k}\right)=-\frac{P}{\left(a\times\frac{a}{2}\right)}\left(1+\frac{\left(\frac{a}{4}\right)}{\left(\frac{a}{12}\right)}\right)$$

$$=-\frac{8P}{a^2}(\text{압축})$$

07 정답 ②

$$\sigma_a \geq |\sigma_{\max}| = \frac{P}{A}\left(1+\frac{e_x}{k_x}\right) = \frac{P}{a\times 2a}\left(1+\frac{\left(\frac{2a}{3}\right)}{\left(\frac{2a}{6}\right)}\right) = \frac{3P}{2a^2}$$

$$a \geq \sqrt{\frac{3P}{2\sigma_a}} = \sqrt{\frac{3\times(10\times10^3)}{2\times150}} = 10\text{mm}$$

08 정답 ①

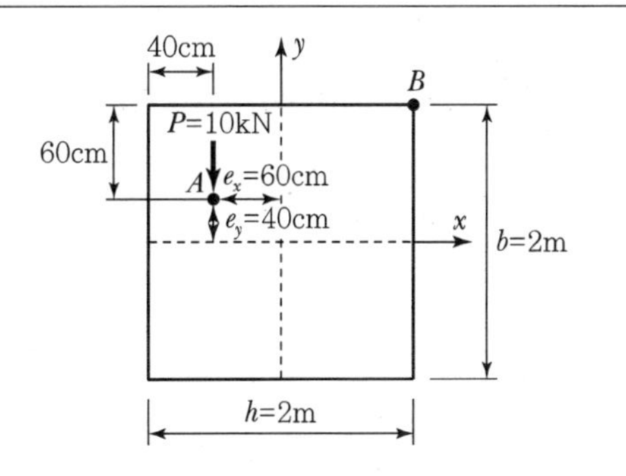

$$\sigma_B = -\frac{P}{A}\left(1-\frac{e_x}{k_x}+\frac{e_y}{k_y}\right)$$
$$= -\frac{P}{bh}\left(1-\frac{6e_x}{h}+\frac{6e_y}{b}\right)$$
$$= -\frac{10}{2\times2}\left(1-\frac{6\times0.6}{2}+\frac{6\times0.4}{2}\right)$$
$$= -2.5(1-1.8+1.2)$$
$$= -1\text{kN/m}^2 = -1\text{kPa}(\text{압축})$$

09 정답 ③

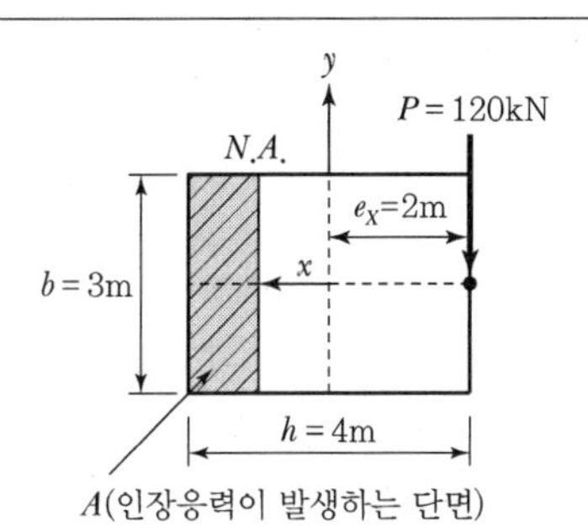

$$\sigma_x = -\frac{P}{A}+\frac{M}{I_y}x$$
$$= -\frac{P}{A}+\frac{P\cdot e_X}{I_y}x = -\frac{P}{A}\left(1-\frac{e_X}{r_y^2}x\right) \geq 0$$

$$x \geq \frac{r_y^2}{e_X} = \frac{\left(\frac{h^2}{12}\right)}{e_X} = \frac{h^2}{12e_X} = \frac{4^2}{12\times2} = \frac{2}{3}$$

$$A = b\left(\frac{h}{2}-x\right) = 3\left(\frac{4}{2}-\frac{2}{3}\right) = 4\text{m}^2$$

10 정답 ②

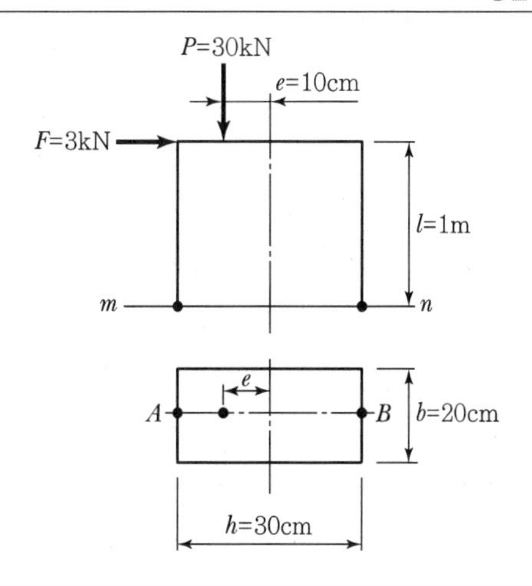

$$\sigma_A = -\frac{P}{A}\left(1+\frac{e}{k_x}\right)+\frac{M}{Z}$$
$$= -\frac{P}{bh}\left(1+\frac{e}{\left(\frac{h}{6}\right)}\right)+\frac{(Fl)}{\left(\frac{bh^2}{6}\right)}$$
$$= -\frac{P}{bh}\left(1+\frac{6e}{h}\right)+\frac{6Fl}{bh^2}$$
$$= -\frac{(30\times10^3)}{200\times300}\left(1+\frac{6\times100}{300}\right) + \frac{6\times(3\times10^3)\times(1\times10^3)}{200\times300^2}$$
$$= -0.5(1+2)+1 = -0.5\text{MPa}(\text{압축})$$

$$\sigma_B = -\frac{P}{A}\left(1-\frac{e}{k_x}\right)-\frac{M}{Z}$$
$$= -0.5(1-2)-1 = -0.5\text{MPa}(\text{압축})$$

11 정답 ④

좌굴발생 전 중립축에 직각인 평면은 좌굴발생 후에도 중립축에 직각이다.

12
정답 ①

$$r_{\min} = \sqrt{\frac{I_{\min}}{A}} = \sqrt{\frac{\left(\frac{\pi d^4}{64}\right)}{\left(\frac{\pi d^2}{4}\right)}} = \frac{d}{4}$$

$$\lambda = \frac{l}{r_{\min}} = \frac{(L)}{\left(\frac{d}{4}\right)} = \frac{4L}{d}$$

13
정답 ②

$$r_{\min} = \sqrt{\frac{I_{\min}}{A}} = \sqrt{\frac{\left(\frac{(2b)b^3}{12}\right)}{b(2b)}} = \frac{b}{2\sqrt{3}}$$

$$\lambda = \frac{l}{r_{\min}} = \frac{l}{\left(\frac{b}{2\sqrt{3}}\right)} = \frac{2\sqrt{3}\,l}{b} \le 48$$

$l \le 8\sqrt{3}\,b$

14
정답 ③

$$P_{cr} = \frac{\pi^2 EI}{(kl)^2} = \frac{n\pi^2 EI}{l^2}$$

경계조건	k(해석)	$n = \frac{1}{k^2}$
고정 – 자유	2.0	$\frac{1}{4}$
힌지 – 힌지	1.0	1
고정 – 힌지	0.7	2
고정 – 고정	0.5	4

15
정답 ④

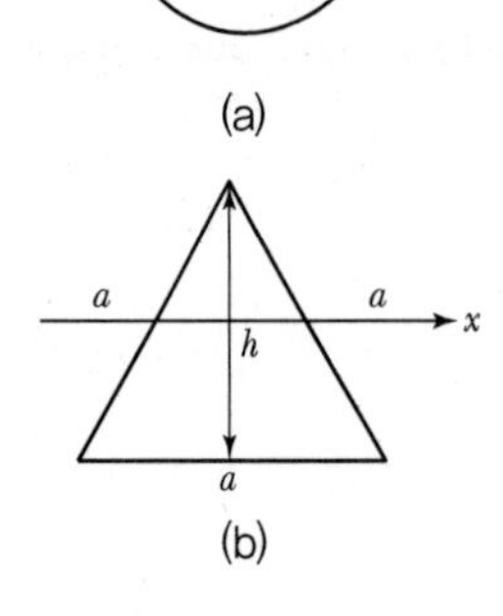

(a)
(b)

$$A_{(a)} = \pi r^2,\ A_{(b)} = \frac{1}{2}ah = \frac{1}{2}a\left(\frac{\sqrt{3}}{2}a\right) = \frac{\sqrt{3}}{4}a^2$$

$$A_{(a)} = A_{(b)} \rightarrow \pi r^2 = \frac{\sqrt{3}}{4}a^2 \rightarrow a = \frac{2\sqrt{\pi}}{\sqrt[4]{3}}r$$

$$I_{(a)} = \frac{\pi}{4}r^4$$

$$I_{(b)} = \frac{1}{36}ah^3 = \frac{1}{36}a\left(\frac{\sqrt{3}}{2}a\right)^3 = \frac{\sqrt{3}}{96}a^4 = \frac{\sqrt{3}}{96}\left(\frac{2\sqrt{\pi}}{\sqrt[4]{3}}r\right)^4$$

$$= \frac{\sqrt{3}\pi^2}{18}r^4$$

$I_{(a)} < I_{(b)}$

$P_{cr} = \frac{\pi^2 EI}{(kl)^2}$, 기둥의 임계하중은 단면2차모멘트에 비례한다.

따라서, $P_{cr(a)} < P_{cr(b)}$이다.

16
정답 ①

$k = 0.5$(양단 고정)

$$I_{\min} = \frac{200 \times 100^3}{12} = \frac{10^8}{6}\text{mm}^4$$

$$P_{cr} = \frac{\pi^2 EI_{\min}}{(kl)^2} = \frac{10 \times (210 \times 10^3) \times \frac{10^8}{6}}{(0.5 \times 4 \times 10^3)^2} = 8,750 \times 10^3\text{N}$$

$$= 8,750\text{kN}$$

17
정답 ③

$$P_{cr} = \frac{\pi^2 EI}{(kl)^2} = \frac{c}{k^2}\left(\text{여기서, } c = \frac{\pi^2 EI}{l}\right)$$

$$P_{cr(a)} : P_{cr(b)} : P_{cr(c)} : P_{cr(d)} = \frac{c}{1^2} : \frac{c}{0.5^2} : \frac{c}{0.7^2} : \frac{c}{2^2}$$

$$= 1 : 4 : 2 : \frac{1}{4}$$

18
정답 ③

$$P_{cr\,A} = \frac{\pi^2 EI}{(kl)^2} = \frac{\pi^2 E}{\left(2 \times \frac{L}{2}\right)^2}\left(2 \times \frac{bh^3}{12}\right) = \frac{\pi^2 Ebh^3}{6L^2}$$

$$P_{cr\,B} = \frac{\pi^2 EI}{(kl)^2} = \frac{\pi^2 E}{(0.5 \times L)^2}\left(\frac{b(2h)^3}{12}\right) = 16\left(\frac{\pi^2 Ebh^3}{6L^2}\right)$$

$$= 16P_{cr\,A}$$

$$\frac{P_{cr\,B}}{P_{cr\,A}} = 16$$

19 　　정답 ④

$$P_{cr,1} = P_{cr,2}$$

$$\frac{\pi^2 EI_1}{(k_1 l)^2} = \frac{\pi^2 EI_2}{(k_2 l)^2}$$

$$\left(\frac{I_2}{I_1}\right) = \left(\frac{k_2}{k_1}\right)^2 = \left(\frac{2}{1}\right)^2 = 4$$

20 　　정답 ②

$$P_{cr,z} = \frac{\pi^2 EI_z}{(k_z \cdot L_z)^2} = \frac{\pi^2\left(\frac{L^2}{\pi^2}\right)(\pi)}{\left\{1\times\left(\frac{L}{2}\right)\right\}^2} = 4\pi$$

$$P_{cr,x} = \frac{\pi^2 EI_x}{(k_x \cdot L_x)^2} = \frac{\pi^2\left(\frac{L^2}{\pi^2}\right)(20\pi)}{\{1\times(L)\}^2} = 20\pi$$

$$P_{cr} = [P_{cr,z},\ P_{cr,x}]_{\min} = [4\pi,\ 20\pi]_{\min} = 4\pi$$

21 　　정답 ②

전체 구조물이 수평부재 AB를 C점과 D점에서 지지하는 두 기둥의 좌굴에 의해서 붕괴된다고 하였으므로 자유물체도(FBD)를 다음과 같이 고려할 수 있다.

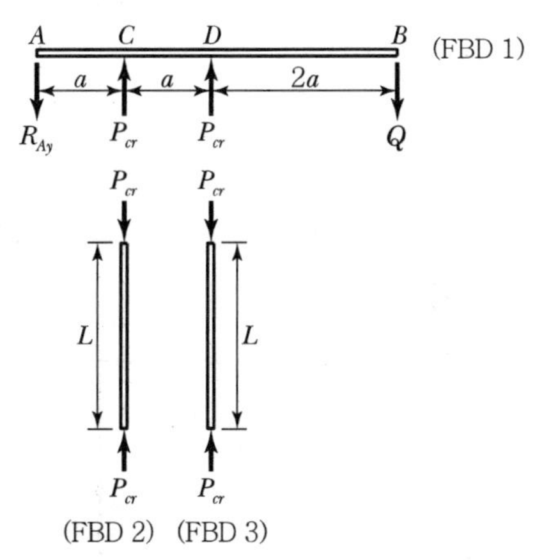

1. (FBD 1)로부터

$\Sigma M_{Ⓐ} = 0(\curvearrowright\oplus)$

$$Q\times 4a - P_{cr}\times a - P_{cr}\times 2a = 0$$

$$Q = \frac{3}{4}P_{cr} \quad \cdots\cdots ①$$

2. (FBD 2) 또는 (FBD 3)으로부터

$$P_{cr} = \frac{\pi^2 EI}{(kl)^2}\ (\text{힌지}-\text{힌지인 경우},\ k=1.0)$$

$$= \frac{\pi^2 EI}{(1\times L)^2} = \frac{\pi^2 EI}{L^2} \quad \cdots\cdots ②$$

3. 식 ②를 식 ①에 대입하면

$$Q = \frac{3\pi^2 EI}{4L^2}$$

22 　　정답 ④

$$P_t = A\cdot\sigma_t = AE\alpha(\Delta T) = \left(\frac{\pi D^2}{4}\right)E\alpha(\Delta T)$$

$$P_{cr} = \frac{\pi^2 EI}{(kl)^2} = \frac{\pi^2 E}{(kl)^2}\left(\frac{\pi D^4}{64}\right)$$

$$P_t = P_{cr}$$

$$\left(\frac{\pi D^2}{4}\right)E\alpha(\Delta T) = \frac{\pi^2 E}{(kl)^2}\left(\frac{\pi D^4}{64}\right)$$

$$D = \frac{4kl}{\pi}\sqrt{\alpha(\Delta T)} = \frac{4\times 0.5\times 2}{\pi}\sqrt{10^{-6}\times 10^2} = \frac{0.04}{\pi}\text{m}$$

23 　　정답 ③

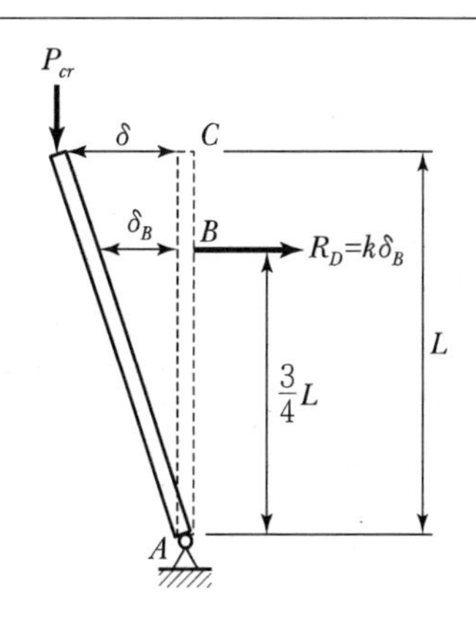

$$\delta_B = \frac{3}{4}\delta,\quad R_D = k\delta_B = k\left(\frac{3}{4}\delta\right)$$

$\Sigma M_{Ⓐ} = 0(\curvearrowright\oplus)$

$$R_D\times\frac{3}{4}L - P_{cr}\times\delta = 0$$

$$P_{cr} = \frac{3LR_D}{4\delta} = \frac{3L}{4\delta}\left(\frac{3k\delta}{4}\right) = \frac{9}{16}kL$$

제11장 정정구조물의 처짐과 처짐각

01	02	03	04	05	06	07	08	09	10
③	①	③	③	①	③	②	①	③	③
11	**12**	**13**	**14**	**15**	**16**	**17**	**18**	**19**	**20**
①	②	③	③	③	①	④	②	④	③
21	**22**	**23**	**24**	**25**	**26**	**27**	**28**	**29**	**30**
①	①	③	③	③	③	③	④	④	④
31	**32**	**33**	**34**						
②	①	④	③						

01 정답 ③

(1) 처짐을 구하는 방법
- 이중적분법
- 모멘트면적법
- 탄성하중법
- 공액보법
- 단위하중법 등

(2) 부정정 구조물의 해석 방법

㉠ 연성법(하중법)
- 변위일치법
- 3연 모멘트법

㉡ 강성법(변위법)
- 처짐각법
- 모멘트 분배법

02 정답 ①

$$\theta_B = -\frac{Pa^2}{2EI} + \frac{P(2a)^2}{2EI} = \frac{3Pa^2}{2EI}(\curvearrowright)$$

03 정답 ③

$$\theta_A = \frac{Ml}{EI} - \frac{Pl^2}{2EI} = 0$$

$$M = \frac{Pl}{2}$$

04 정답 ③

$$\delta_A = \delta_{A(P)} - \delta_{A(Q)}$$

$$= \left[\frac{PL^3}{3EI} + \frac{PL^2}{2EI} \times L\right] - \left[\frac{Q(2L)^3}{3EI}\right]$$

$$= \frac{5PL^3}{6EI} - \frac{8QL^3}{3EI} = 0$$

$$Q = \frac{5}{16}P$$

05 정답 ①

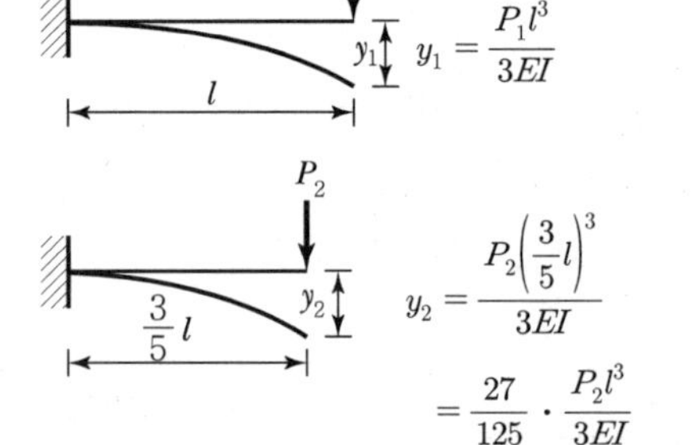

$$y_1 = \frac{P_1 l^3}{3EI}$$

$$y_2 = \frac{P_2\left(\frac{3}{5}l\right)^3}{3EI} = \frac{27}{125} \cdot \frac{P_2 l^3}{3EI}$$

$$y_1 = y_2$$

$$\frac{P_1 l^3}{3EI} = \frac{27}{125} \cdot \frac{P_2 l^3}{3EI}$$

$$\frac{P_1}{P_2} = \frac{27}{125} = 0.216$$

06 정답 ③

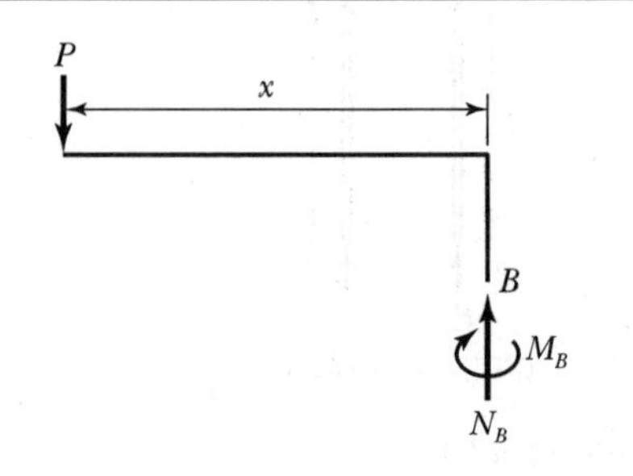

$$\Sigma M_{Ⓑ} = 0(\curvearrowright\oplus)$$

$$M_B - Px = 0$$

$$M_B = Px$$

$$\Sigma F_y = 0(\uparrow\oplus)$$

$$N_B - P = 0$$

$$N_B = P$$

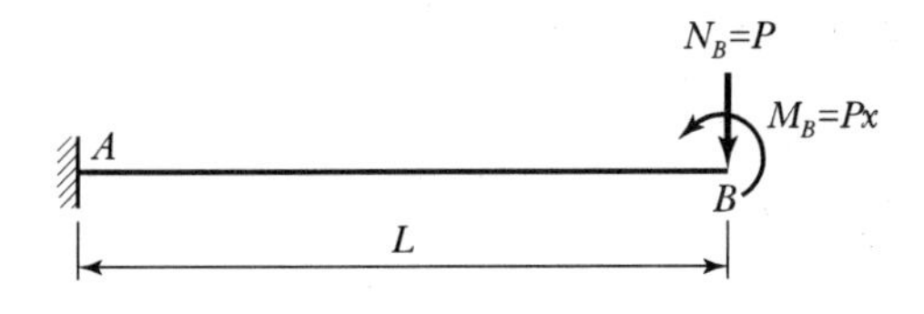

$$\delta_B=\frac{PL^3}{3EI}-\frac{(Px)L^2}{2EI}=0$$

$$x=\frac{2L}{3}$$

07 정답 ②

$$\theta_a=\frac{l}{6EI}(2M_A+M_B)=\frac{l}{6EI}(2M_a+0)=\frac{2M_a l}{6EI}$$

$$\theta_b=\frac{l}{6EI}(2M_B+M_A)=\frac{l}{6EI}(0+M_a)=\frac{M_a l}{6EI}$$

$$\frac{\theta_a}{\theta_b}=2$$

08 정답 ①

- $\delta_{c(a)}=\dfrac{(wL)L^3}{48EI}=\dfrac{wL^4}{48EI}=\dfrac{8wL^4}{384EI}$
- $\delta_{c(b)}=\dfrac{5wL^4}{384EI}$
- $\dfrac{\delta_{c(a)}}{\delta_{c(b)}}=\dfrac{8}{5}=1.6$

09 정답 ③

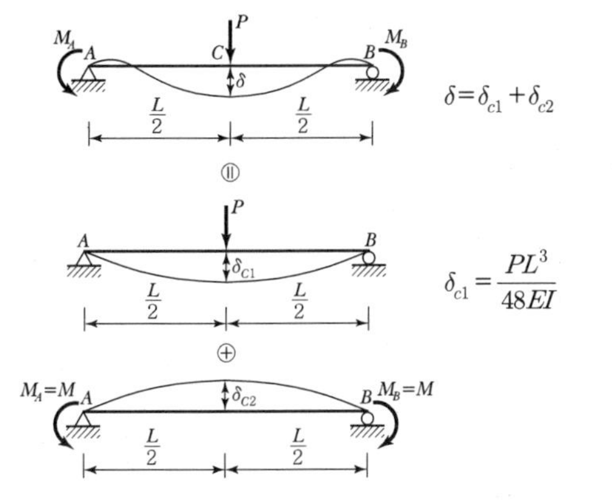

$$\delta_{c2}=\frac{L^2}{16EI}(M_A+M_B)$$

$$=\frac{L^2}{16EI}\{(-M)+(-M)\}$$

$$=-\frac{ML^2}{8EI}$$

$$\delta=\delta_{c1}+\delta_{c2}$$

$$o=\frac{PL^3}{48EI}-\frac{ML^2}{8EI}$$

$$M=\frac{PL}{6}$$

10 정답 ③

$$I_{(a)}=2\times\frac{b\left(\frac{h}{2}\right)^3}{12}=\frac{1}{4}\frac{bh^3}{12}$$

$$I_{(b)}=\frac{bh^2}{12}=4I_{(a)}$$

$$\frac{\Delta_{(a)}}{\Delta_{(b)}}=\frac{\left(\dfrac{Pl^3}{48EI_{(a)}}\right)}{\left(\dfrac{Pl^3}{48EI_{(b)}}\right)}=\frac{I_{(b)}}{I_{(a)}}=\frac{4I_{(a)}}{I_{(a)}}=4$$

11 정답 ①

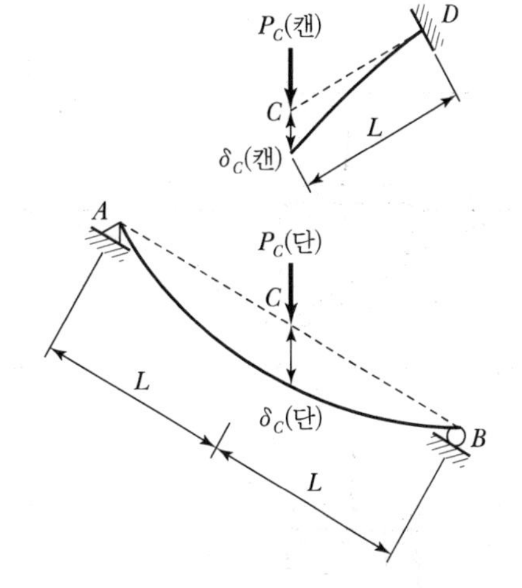

1. 적합조건식

$$\delta_{c(캔)}=\delta_{c(단)}$$

$$\frac{P_{c(캔)}L^3}{3EI}=\frac{P_{c(단)}(2L)^3}{48EI}$$

$$P_{c(단)}=2P_{c(캔)}$$

2. 평형방정식

$$P = P_{c(단)} + P_{c(캔)}$$
$$= 2P_{c(캔)} + P_{c(캔)} = 3P_{c(캔)}$$
$$P_{c(캔)} = \frac{P}{3}$$

3. δ_c

$$\delta_c = \delta_{c(캔)} = \frac{P_{c(캔)}L^3}{3EI} = \frac{\left(\frac{P}{3}\right)L^3}{3EI} = \frac{PL^3}{9EI}$$

12

정답 ②

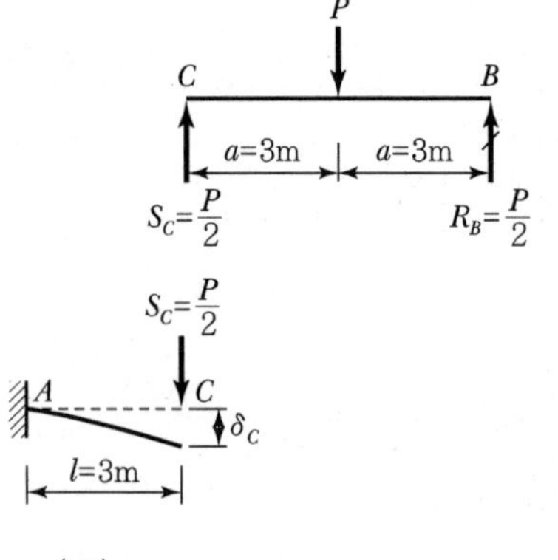

$$\delta_c = \frac{\left(\frac{P}{2}\right)3^3}{3EI} = \frac{9P}{2EI}$$

13

정답 ③

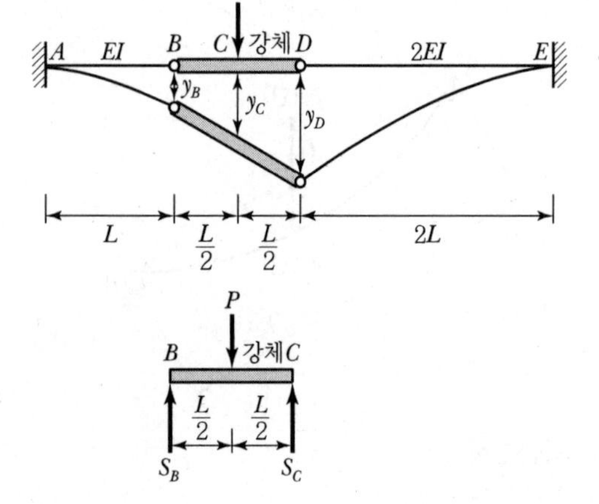

$$\Sigma M_{Ⓑ} = 0(\curvearrowright\oplus)$$
$$P \times \frac{L}{2} - S_C \times L = 0$$
$$S_C = \frac{P}{2}$$

$$\Sigma F_y = 0(\uparrow\oplus)$$
$$S_B - P + \frac{P}{2} = 0$$
$$S_B = \frac{P}{2}$$

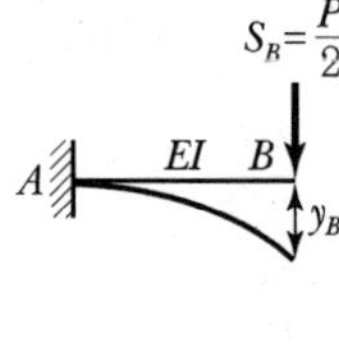

$S_C = \frac{P}{2}$

D　2EI　E

y_D

2L

$$y_B = \frac{\left(\frac{P}{2}\right)(L)^3}{3(EI)} = \frac{PL^3}{6EI}$$

$$y_D = \frac{\left(\frac{P}{2}\right)(2L)^3}{3(2EI)} = \frac{4PL^3}{6EI}$$

$$y_B = \frac{PL^3}{6EI} = \delta$$
$$y_D = \frac{4PL^3}{6EI} = 4\delta$$

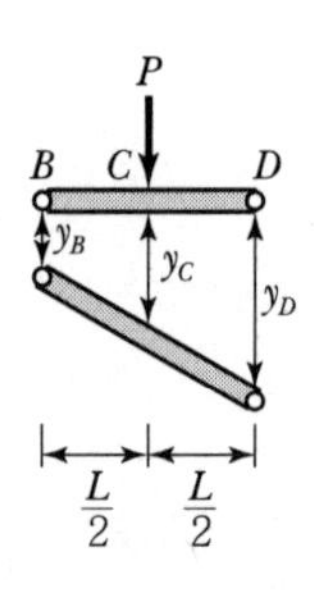

$$y_C = \frac{1}{2}(y_B + y_D)$$
$$= \frac{1}{2}(\delta + 4\delta)$$
$$= 2.5\delta$$

14 정답 ③

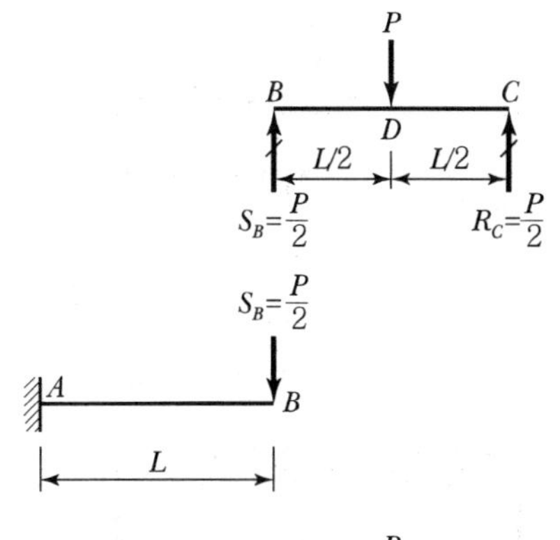

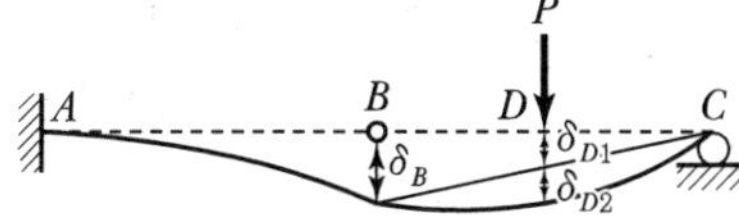

$$\delta_{D1}=\frac{1}{2}\delta_B=\frac{1}{2}\frac{\left(\frac{P}{2}\right)L^3}{3EI}=\frac{PL^3}{12EI}$$

$$\delta_{D2}=\frac{PL^3}{48EI}$$

$$\delta_D=\delta_{D1}+\delta_{D2}=\frac{5PL^3}{48EI}$$

15 정답 ③

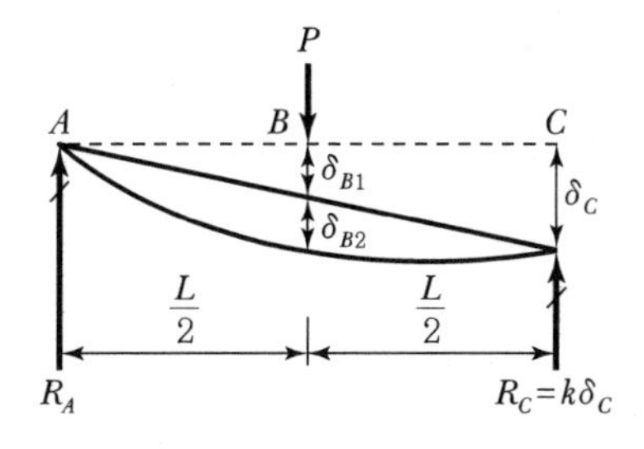

$$R_A=R_C=\frac{P}{2}(\uparrow)$$

$$\delta_C=\frac{R_C}{k}=\frac{\left(\frac{P}{2}\right)}{\left(\frac{24EI}{L^3}\right)}=\frac{PL^3}{48EI}$$

$$\delta_{B1}=\frac{\delta_C}{2}=\frac{PL^3}{96EI}$$

$$\delta_B=\delta_{B1}+\delta_{B2}=\frac{PL^3}{96EI}+\frac{PL^3}{48EI}=\frac{PL^3}{32EI}$$

16 정답 ①

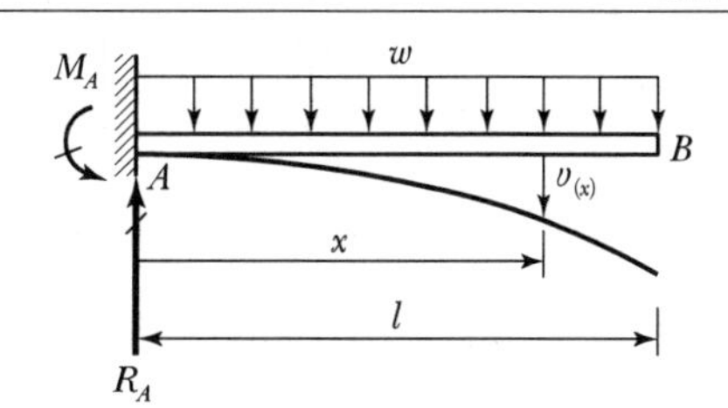

$\Sigma M_{Ⓐ}=0(\curvearrowright\oplus)$

$$(w\times l)\times\frac{l}{2}-M_A=0$$

$$M_A=\frac{wl^2}{2}(\curvearrowleft)$$

$\Sigma F_y=0(\uparrow\oplus)$

$$R_A-(w\times l)=0$$

$$R_A=wl(\uparrow)$$

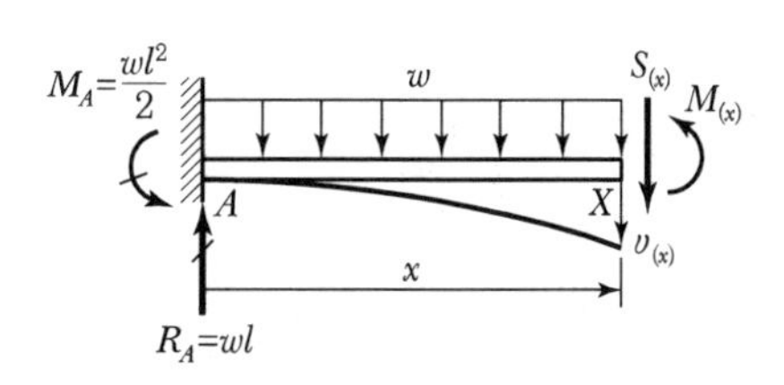

$\Sigma M_{Ⓧ}=0(\curvearrowright\oplus)$

$$wl\times x-\frac{wl^2}{2}-(wx)\frac{x}{2}-M_{(X)}=0$$

$$M_{(X)}=-\frac{w}{2}x^2+wlx-\frac{wl^2}{2}$$

$$\frac{d^2v_{(x)}}{dx^2}=-\frac{M_{(X)}}{EI}=\frac{1}{EI}\left(\frac{w}{2}x^2-wlx+\frac{wl^2}{2}\right)$$

$$\frac{dv_{(x)}}{dx}=\theta_{(x)}=\frac{1}{EI}\left(\frac{w}{6}x^3-\frac{wl}{2}x^2+\frac{wl^2}{2}x+c_1\right)$$

$$v_{(x)}=\frac{1}{EI}\left(\frac{w}{24}x^4-\frac{wl}{6}x^3+\frac{wl^2}{4}x^2+c_1x+c_2\right)$$

17 정답 ④

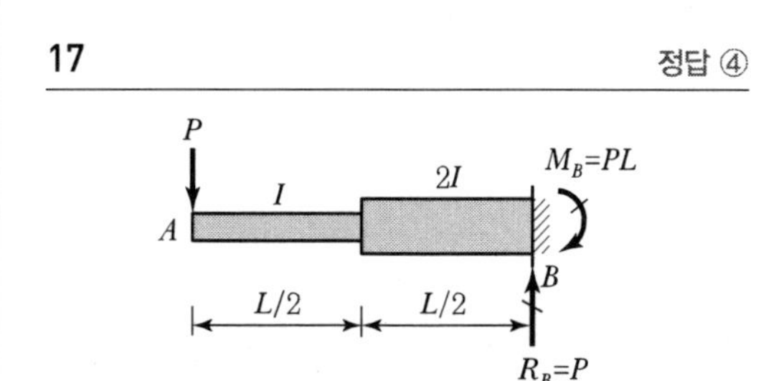

$\left(\frac{M}{EI}\text{도}\right)$

$\frac{PL}{4EI}$ $\frac{PL}{2EI}$ $\frac{PL}{2EI}$ $\frac{PL}{EI}$

$$\delta_A = \left\{\left(\frac{1}{2}\cdot\frac{PL}{2EI}\cdot L\right)\cdot\left(\frac{2L}{3}\right)\right\}$$
$$+\left\{\left(\frac{1}{2}\cdot\frac{PL}{4EI}\cdot\frac{L}{2}\right)\cdot\left(\frac{L}{2}\cdot\frac{2}{3}\right)\right\}$$
$$=\frac{3PL^3}{16EI}$$

18 정답 ②

탄성하중법을 적용하면

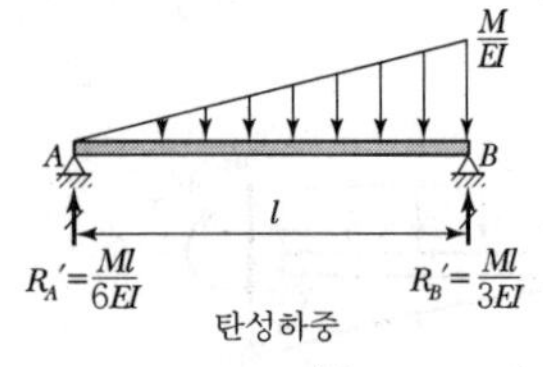

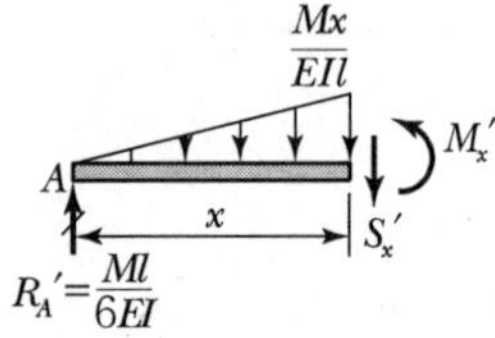

$\Sigma F_y = 0(\uparrow\oplus)$

$$\frac{Ml}{6EI}-\frac{1}{2}\cdot\frac{Mx^2}{EIl}-S_x'=0$$

$$S_x'=\theta_x=\frac{Ml}{6EI}-\frac{Mx^2}{2EIl}$$

$S_x'=\theta_x=0$인 곳에서 최대처짐($y_{\max}$) 발생

$$S_x'=\theta_x=\frac{Ml}{6EI}-\frac{Mx^2}{2EIl}=0$$

$$x=\frac{l}{\sqrt{3}}=0.577l$$

19 정답 ④

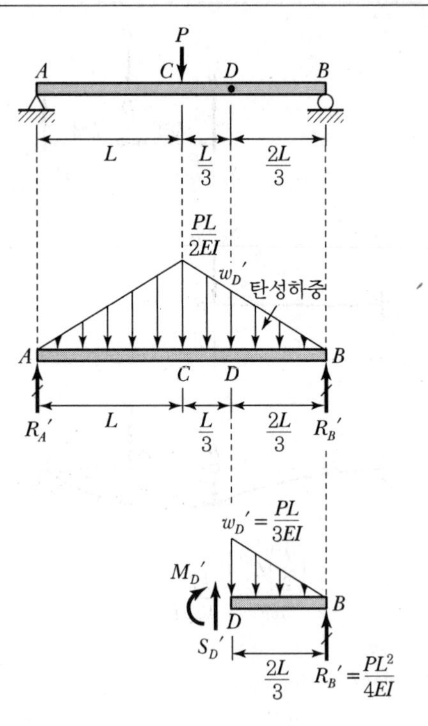

$$\frac{PL}{2EI}:w_D'=L:\frac{2L}{3}\rightarrow w_D'=\frac{PL}{3EI}$$

$\Sigma M_{Ⓐ}=0(\curvearrowright\oplus)$

$$\left(\frac{1}{2}\times\frac{PL}{2EI}\times 2L\right)\times\left(2L\times\frac{1}{2}\right)-R_B'\times 2L=0$$

$$R_B'=\frac{PL^2}{4EI}$$

$\Sigma F_y=0(\uparrow\oplus)$

$$S_D'-\left(\frac{1}{2}\times\frac{PL}{3EI}\times\frac{2L}{3}\right)+\frac{PL^2}{4EI}=0$$

$$S_D'=-\frac{PL^2}{36EI}$$

$$\theta_D=S_D'=-\frac{5PL^2}{36EI}$$

20 정답 ③

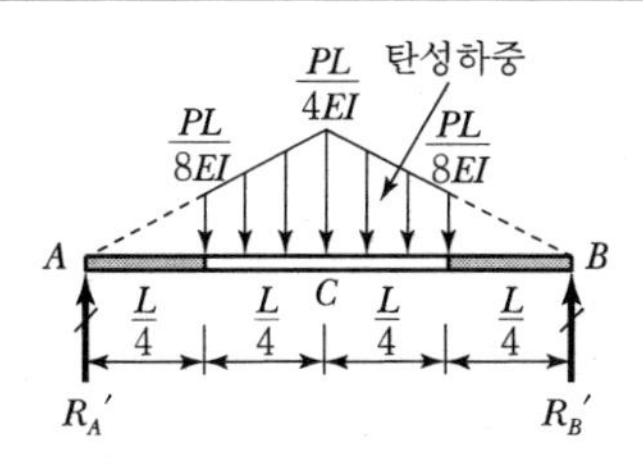

$\Sigma M_{Ⓑ} = 0(\curvearrowright \oplus)$

$$R_A' \times L - \left\{\left(\frac{PL}{8EI} \times \frac{L}{2}\right) + \left(\frac{1}{2} \times \frac{PL}{8EI} \times \frac{L}{2}\right)\right\} \times \frac{L}{2} = 0$$

$$R_A' = \frac{3PL^2}{64EI}(\uparrow)$$

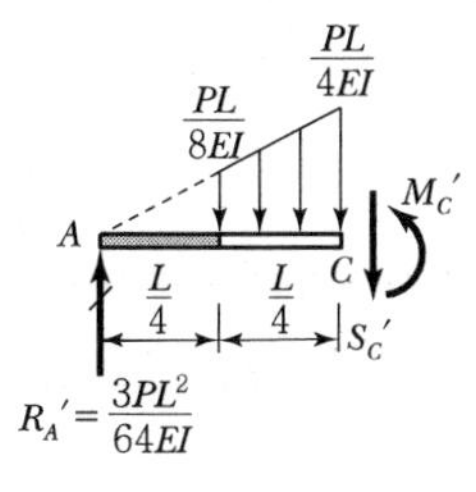

$\Sigma M_{Ⓒ} = 0(\curvearrowright \oplus)$

$$\frac{3PL^2}{64EI} \times \frac{L}{2} - \left\{\left(\frac{PL}{8EI} \times \frac{L}{4}\right) \times \left(\frac{L}{4} \times \frac{1}{2}\right) + \left(\frac{1}{2} \times \frac{PL}{8EI} \times \frac{L}{4}\right) \times \left(\frac{L}{4} \times \frac{1}{3}\right)\right\} - M_C' = 0$$

$$M_C' = \frac{7PL^3}{384EI}$$

$$y_C = M_C' = \frac{7PL^3}{384EI}(\downarrow)$$

21 정답 ①

22 정답 ①

〈실제보〉

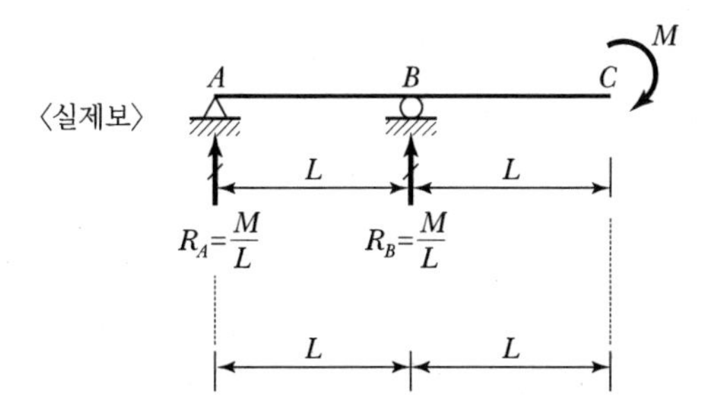

〈공액보〉

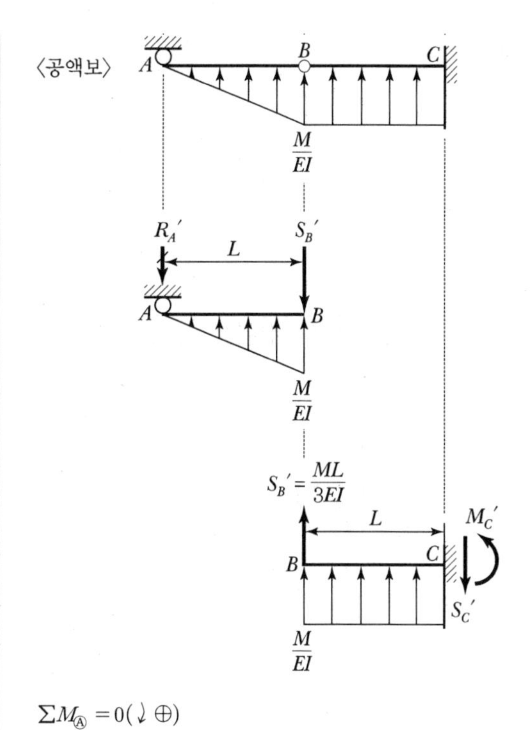

$\Sigma M_{Ⓐ} = 0(\downarrow \oplus)$

$$S_B' \times L - \left(\frac{1}{2} \times \frac{M}{EI} \times L\right)\left(\frac{2L}{3}\right) = 0$$

$$S_B' = \frac{ML}{3EI}$$

$\Sigma F_y = 0(\uparrow \oplus)$

$$\frac{ML}{3EI} + \left(\frac{M}{EI} \times L\right) - S_C' = 0$$

$$S_C' = \frac{4ML}{3EI}$$

$$\theta_C' = S_C' = \frac{4ML}{3EI}(\curvearrowright)$$

$\Sigma M_{Ⓒ} = 0(\downarrow \oplus)$

$$\frac{ML}{3EI} \times L + \left(\frac{M}{EI} \times L\right)\left(\frac{L}{2}\right) - M_C' = 0$$

$$M_C' = \frac{5ML^2}{6EI}$$

$$y_C = M_C' = \frac{5ML^2}{6EI}(\downarrow)$$

23 정답 ③

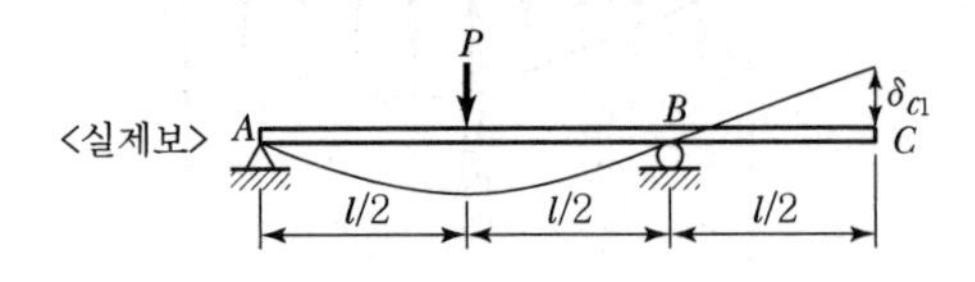

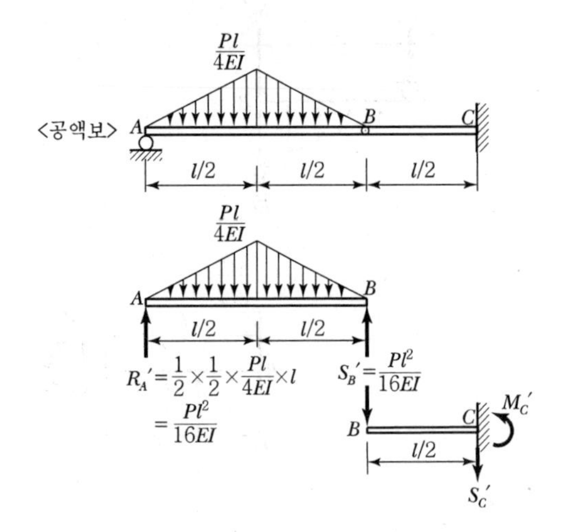

$\Sigma M_{©}=0(\curvearrowright\oplus)$

$$-\frac{Pl^2}{16EI}\times\frac{l}{2}-M_c'=0$$

$$M_c'=-\frac{Pl^3}{32EI}$$

$$\delta_{C1}=M_c'=-\frac{Pl^3}{32EI}(\uparrow)$$

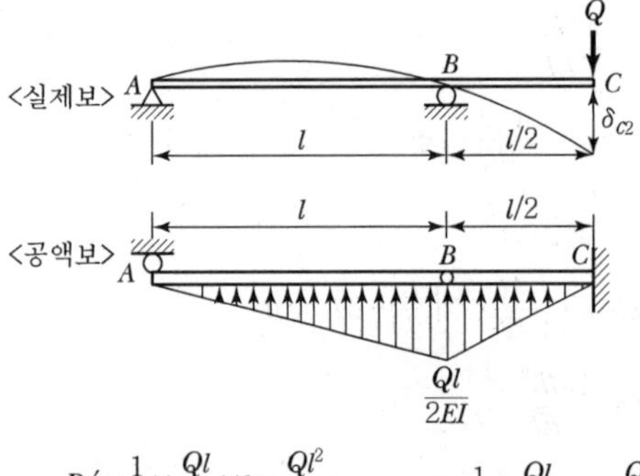

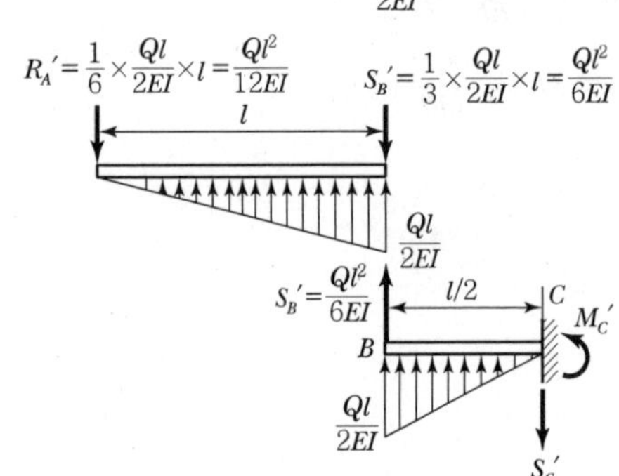

$\Sigma M_{©}=0(\curvearrowright\oplus)$

$$\frac{Ql^2}{6EI}\times\frac{l}{2}+\left(\frac{1}{2}\times\frac{Ql}{2EI}\times\frac{l}{2}\right)\times\left(\frac{l}{2}\times\frac{2}{3}\right)-M_c'=0$$

$$M_c'=\frac{Ql^3}{8EI}$$

$$\delta_{c2}=M_c'=\frac{Ql^3}{8EI}(\downarrow)$$

$$\delta_c=\delta_{c1}+\delta_{c2}=-\frac{Pl^3}{32EI}+\frac{Ql^3}{8EI}=0$$

$$\frac{P}{Q}=4$$

[별해]

자유단 C점의 처짐이 $\delta_c=0$이어야 하므로, 자유단 C점을 반력 $R_c=Q(\downarrow)$을 갖는 단순지점으로 간주하여 해석한다.

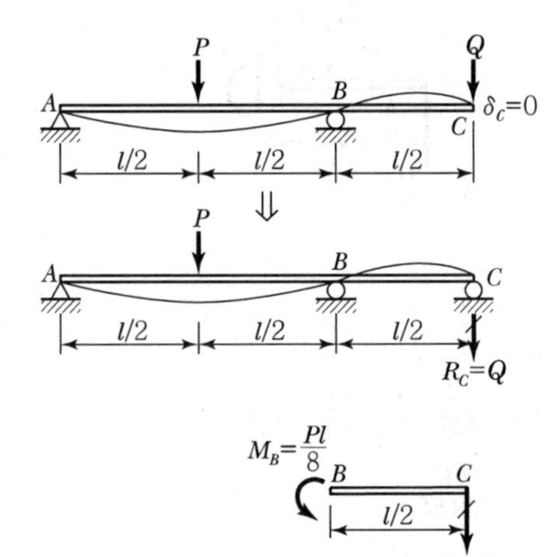

$$k_{BA}:k_{BC}=\frac{1}{l}:\frac{1}{l/2}=1:2$$

$$DF_{BC}=\frac{k_{BC}}{\Sigma k_i}=\frac{2}{3}$$

$$M_{FBA}=-\frac{3Pl}{16}$$

$$M_B=DF_{BC}\times M_{FBA}=\frac{2}{3}\times\left(-\frac{3Pl}{16}\right)=-\frac{Pl}{8}$$

$\Sigma M_{Ⓑ}=0(\curvearrowright\oplus)$

$$Q\times\frac{l}{2}-\frac{Pl}{8}=0$$

$$\frac{P}{Q}=4$$

24 정답 ③

25 정답 ③

가상변형이 일어나는 동안 외력이 하는 가상일은 단위하중에 의한 일뿐이다.

$W_e = \overline{R_A}\times 0 + 1\times\delta_C + \overline{R_B}\times 0$

26 정답 ③

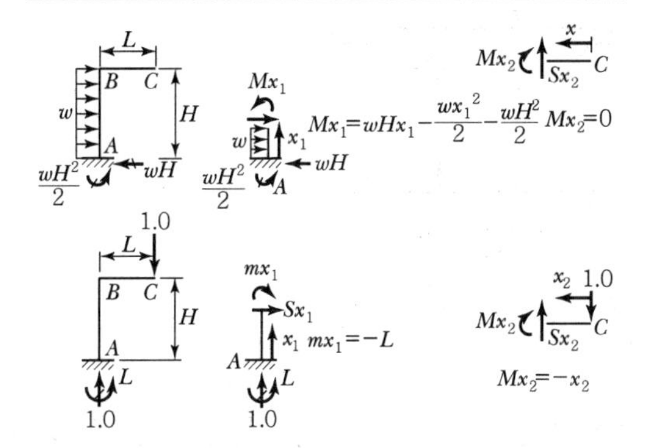

$$\delta_C = \int \frac{M_x m_x}{EI}dx$$

$$= \frac{1}{EI}\int_0^H \left(wHx_1 - \frac{wx_1^2}{2} - \frac{wH^2}{2}\right)(-L)dx_1$$

$$= \frac{L}{EI}\left[-\frac{wH}{2}x_1^2 + \frac{w}{6}x_1^3 + \frac{wH^2}{2}x_1\right]_0^H$$

$$= \frac{wLH^3}{6EI}(\downarrow)$$

[별해]
AB 부재는 캔틸레버 보와 동일한 거동을 하고, BC 부재는 강체 거동을 한다.

$$\theta_B = \frac{wH^3}{6EI}(\curvearrowright)$$

$$\delta_C = L\times\tan\theta_B = L\times\theta = \frac{wLH^3}{6EI}(\downarrow)$$

27 정답 ③

단위하중법을 적용하여 C점의 수직 처짐을 구하면 다음과 같다.

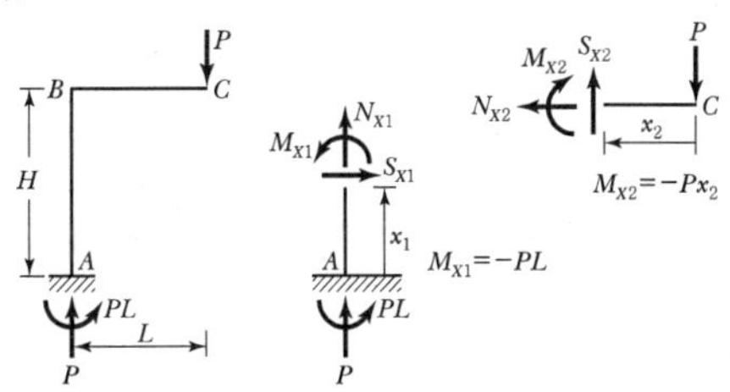

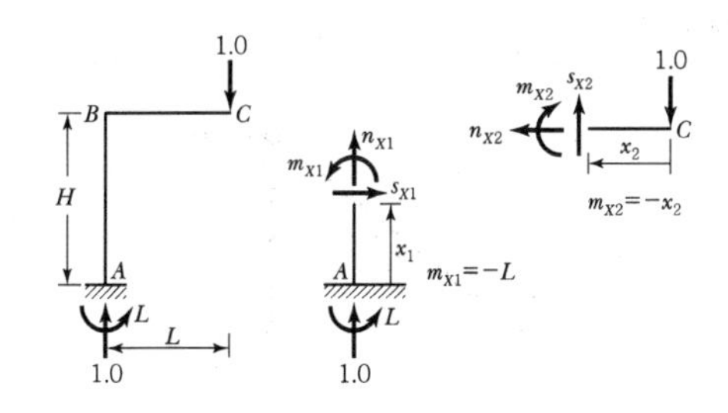

$$y_c = \Sigma\int\frac{Mm}{EI}dx$$

$$= \int_0^H \frac{1}{EI}(-PL)(-L)dx_1 + \int_0^L \frac{1}{EI}(-Px_2)(-x_2)dx_2$$

$$= \frac{1}{EI}\left[PL^2x_1\right]_0^H + \frac{1}{EI}\left[\frac{P}{3}x_2^3\right]_0^L$$

$$= \frac{PL^2H}{EI} + \frac{PL^3}{3EI} = \frac{PL^2}{3EI}(L+3H)$$

28 정답 ④

$\Sigma F_y = 0(\uparrow\oplus)$

$-F_{AC}\times\frac{4}{5} - P = 0$

$F_{AC} = -\frac{5}{4}P$

$\Sigma F_x = 0(\rightarrow\oplus)$

$-F_{AB} - F_{AC}\cdot\frac{3}{5} = 0$

$F_{AB} = -F_{AC}\cdot\frac{3}{5} = -\left(-\frac{5}{4}P\right)\cdot\frac{3}{5} = \frac{3}{4}P$

$f_{AB} = \frac{3}{4}$

$f_{AC} = -\frac{5}{4}$

$$\delta_A = \Sigma\frac{E\cdot f}{EA}l$$

$$= \frac{1}{EA}\left\{\left(\frac{3}{4}P\right)\left(\frac{3}{4}\right)\cdot 3l + \left(-\frac{5}{4}P\right)\left(-\frac{5}{4}\right)\cdot 5l\right\}$$

$$= 9.5\frac{Pl}{EA}$$

29 정답 ④

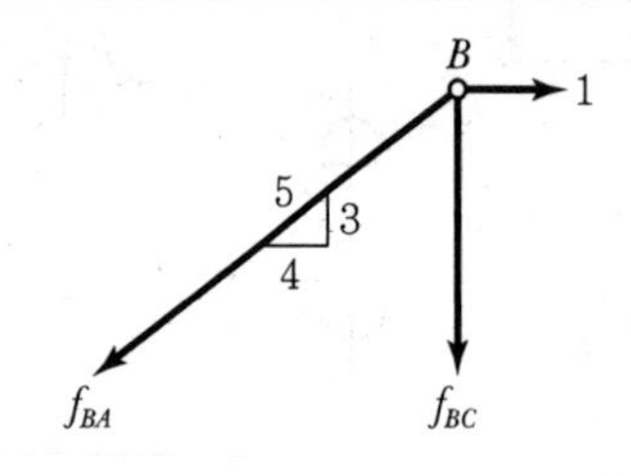

1. 단위하중에 대한 부재력

$$f_{BA} = \frac{5}{4}$$

$$f_{BC} = -\frac{3}{4}$$

2. B점의 수평변위(δ_B)

$$\delta_B = \Sigma\alpha \cdot \Delta T \cdot f \cdot l$$

$$= \alpha \cdot \Delta T_{BA} \cdot f_{BA} \cdot l_{BA}$$

$$= (4\times10^{-5})\times(10)\times\left(\frac{5}{4}\right)\times(5\times10^3) = 2.5\text{mm}$$

30 정답 ④

31 정답 ②

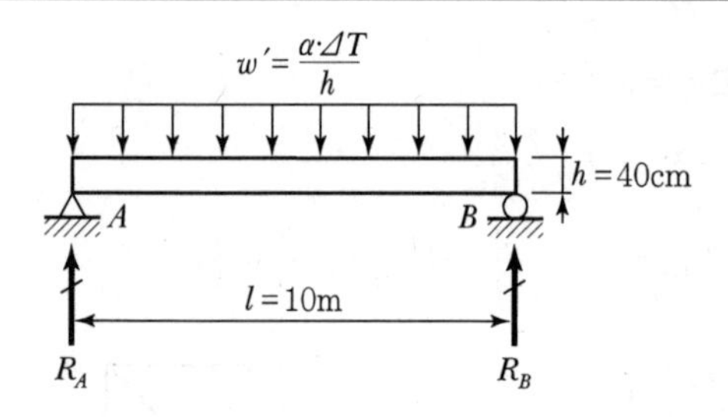

$$\Sigma M_{Ⓑ} = 0(\curvearrowright\oplus)$$

$$R_A'l - (w'\times l)\times\frac{l}{2} = 0$$

$$R_A' = \frac{w'l}{2}$$

$$\theta_A = S_A' = R_A' = \frac{w'l}{2} = \frac{\alpha \cdot \Delta T \cdot l}{2h}$$

$$= \frac{(1.2\times10^{-5})\times80\times(10\times10^2)}{2\times40} = 0.012(\text{rad})$$

32 정답 ①

$$W_{P1} = \frac{1}{2}P_1\delta_1 + P_1\delta_2$$

33 정답 ④

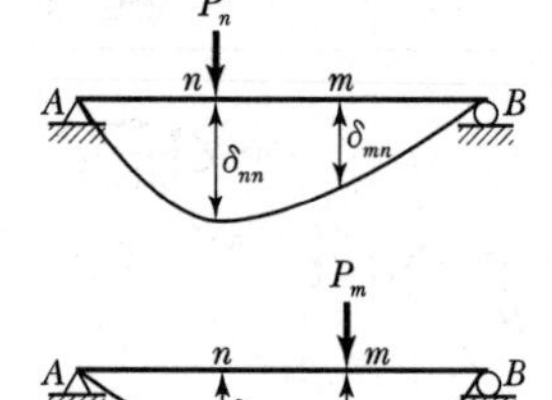

$P_n \cdot \delta_{nm} = P_m \cdot \delta_{mn}$(베티의 정리)

34 정답 ③

$$M_A\theta_{AB} = M_B\theta_{BA}$$

$$\theta_{BA} = \frac{M_A}{M_B}\theta_{AB} = \frac{3}{2}\times0.08 = 0.12\text{radian}$$

제12장 부정정구조물

01	02	03	04	05	06	07	08	09	10
④	⑤	①	③	②	④	①	②	②	③
11	12	13	14	15	16	17	18	19	
①	②	③	③	①	①	①	④	②	

01 정답 ④

정정구조물에 비해 비정정 구조물은 지점 침하 등으로 인해 발생하는 응력이 크다.

02 정답 ⑤

① $N=r+m+s-2P=4+2+1-2\times3=1$차 부정정

② $R_C=\frac{5}{4}wl=\frac{5}{4}\times20\times8=200\text{kN}(\uparrow)$

③, ④ $R_A=R_B=\frac{3}{8}wl=\frac{3}{8}\times20\times8=60\text{kN}(\uparrow)$

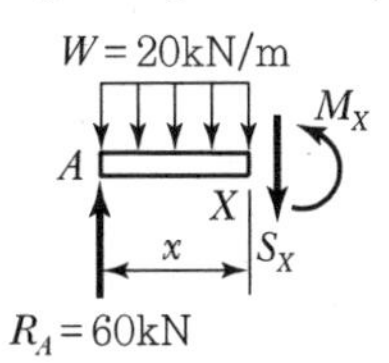

$\Sigma F_y=0(\uparrow\oplus)$

$60-20x-S_X=0$

$S_X=60-20x=0$

$x=3\text{m}$

$\Sigma M_{Ⓧ}=0(\curvearrowright\oplus)$

$60x-(20x)\frac{x}{2}-M_X=0$

$M_X=60x-10x^2$

$M_{x(x=3)}=60(3)-10(3)^2=90\text{kN}\cdot\text{m}$

⑤ $M_C=-\frac{1}{8}wl^2=-\frac{1}{8}\times20\times8^2=-160\text{kN}\cdot\text{m}$

03 정답 ①

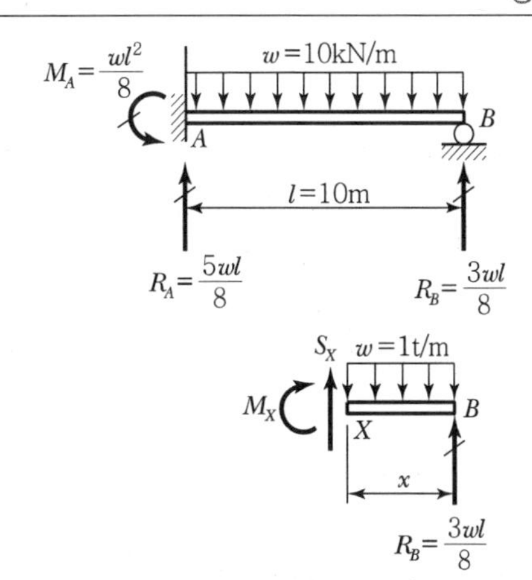

$\Sigma F_y=0(\uparrow\oplus)$

$S_X-w\cdot x+\frac{3wl}{8}=0$

$S_X=wx-\frac{3wl}{8}=0$

$x=\frac{3l}{8}=\frac{3\times10}{8}=3.75\text{m}$

04 정답 ③

$M_C=\frac{wl^2}{24}$

05 정답 ②

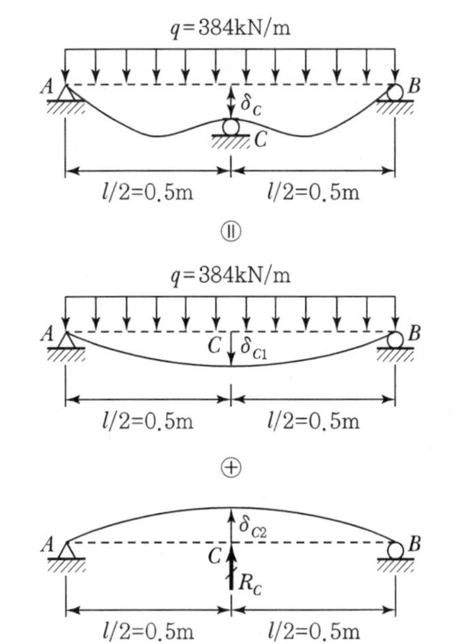

$\delta_C = \delta_{C1} - \delta_{C2}$

$$= \frac{5ql^4}{384EI} - \frac{R_C l^3}{48EI}$$

$$R_C = \frac{5ql}{8} - \frac{48EI\delta_C}{l^3}$$

$$= \frac{5\times(384)\times(1)}{8} - \frac{48\times(1,000)\times(4\times10^{-3})}{(1)^3}$$

$= 48\text{kN}$

06 정답 ④

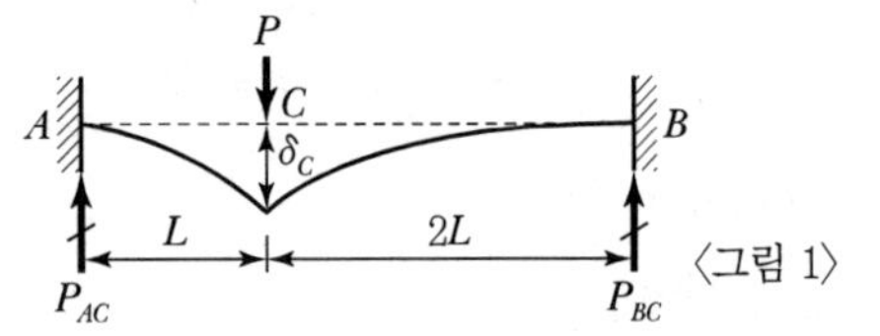

〈그림 1〉

$\Sigma F_y = 0(\uparrow\oplus)$

$P_{AC} + P_{BC} - P = 0$

$P_{AC} + P_{BC} = P$ ··(1)

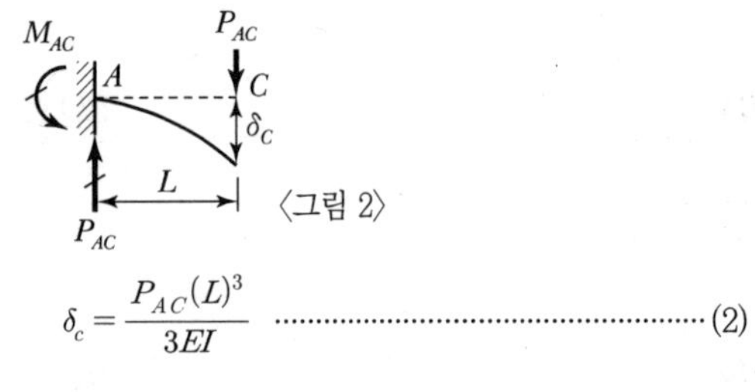

〈그림 2〉

$$\delta_c = \frac{P_{AC}(L)^3}{3EI}$$ ··(2)

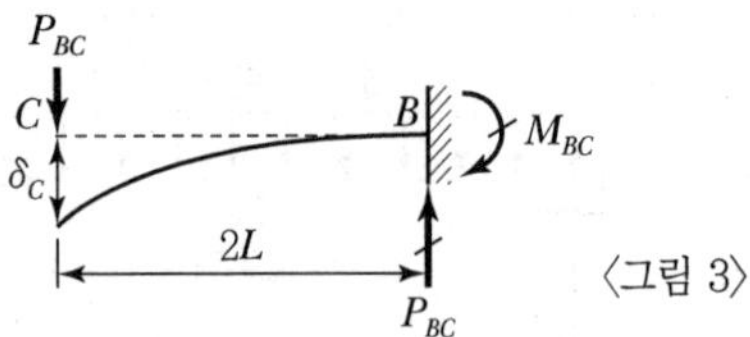

〈그림 3〉

$$\delta_c = \frac{P_{BC}(2L)^3}{3EI} = \frac{8P_{BC}L^3}{3EI}$$ ··(3)

1\. P_{AC}와 P_{BC}

1) 식 (2)와 (3)으로부터

$$\delta_c = \frac{P_{AC}L^3}{3EI} = \frac{8P_{BC}L^3}{3EI},\ P_{BC} = \frac{1}{8}P_{AC}$$ ·········(4)

2) 식 (4)를 식 (1)에 대입하면

$$P_{AC} + \frac{1}{8}P_{AC} = P,\ P_{AC} = \frac{8}{9}P$$ ·······················(5)

3) 식 (5)를 식 (4)에 대입하면

$$P_{BC} = \frac{1}{8}P_{AC} = \frac{1}{8}\left(\frac{8}{9}P\right) = \frac{1}{9}P$$ ·······················(6)

2\. M_{AC}와 M_{BC}

1) 식 (5)를 고려하여 〈그림 2〉에서 평형방정식을 적용하면

$\Sigma M_{Ⓐ} = 0(\curvearrowright\oplus),\ P_{AC}\times L - M_{AC} = 0,$

$$M_{AC} = P_{AC}\times L = \left(\frac{8}{9}P\right)L = \frac{8}{9}PL$$

2) 식 (6)을 고려하여 〈그림 3〉에서 평형방정식을 적용하면

$\Sigma M_{Ⓑ} = 0(\curvearrowright\oplus),\ M_{BC} - P_{BC}\times(2L) = 0,$

$$M_{BC} = 2P_{BC}L = 2\left(\frac{1}{9}P\right)L = \frac{2}{9}PL$$

3) $M_{AC} : M_{BC} = \frac{8}{9}PL : \frac{2}{9}PL = 4 : 1$

07 정답 ①

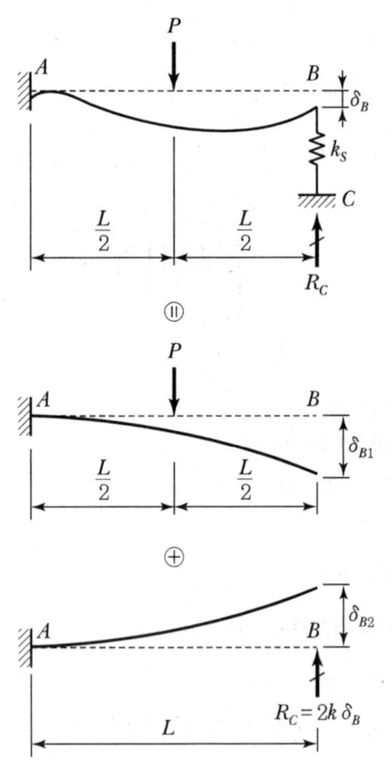

• 치환스프링 상수 k_s

B점에 연결된 2개의 스프링이 병렬 연결 형태이므로 치환스프링 상수는 다음과 같다.

$k_s = k + k = 2k$

• $R_c = k_s \cdot \delta_B = 2k\delta_B$

$$\delta_{B1}=\frac{P\left(\frac{L}{2}\right)^3}{3EI}+\frac{P\left(\frac{L}{2}\right)^2}{2EI}\cdot\frac{L}{2}$$

$$=\frac{5PL^3}{48EI}$$

$$\delta_{B2}=\frac{(2k\delta_B)L^3}{3EI}$$

$$=\frac{2\delta_B L^3}{3EI}\left(\frac{EI}{2L^3}\right)=\frac{\delta_B}{3}$$

$$\delta_B=\delta_{B1}-\delta_{B2}=\frac{5PL^3}{48EI}-\frac{\delta_B}{3}$$

$$\delta_B=\frac{5PL^3}{64EI}$$

08 정답 ②

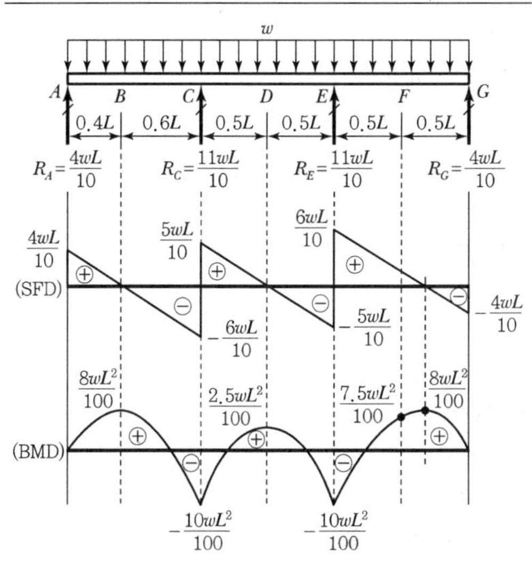

$$M_{max}=M_C=M_E=-\frac{10wL^2}{100}$$

09 정답 ②

$M_A=0$, W, $M_C=0$

A, B, C, L, L

$a_A=\frac{L}{2}$, $\frac{WL^2}{8}$

$A_{AB}=\frac{2}{3}\times\frac{WL^2}{8}\times L=\frac{WL^3}{12}$

$$M_A\left(\frac{L}{I}\right)+2M_B\left(\frac{L}{I}+\frac{L}{I}\right)+M_C\left(\frac{L}{I}\right)=-\frac{6\times\frac{WL^3}{12}\times\frac{L}{2}}{I\cdot L}-0$$

$$4M_B\frac{L}{I}=-\frac{WL^3}{4I}$$

$$M_B=-\frac{WL^2}{16}$$

10 정답 ③

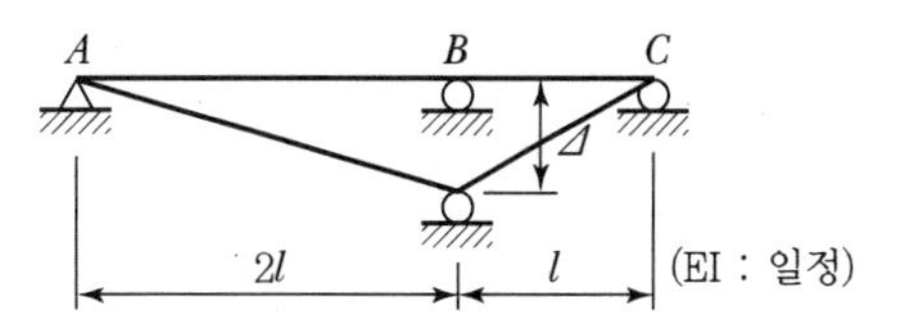

$M_A=0,\ M_C=0$

$(A-B-C)$

$$M_A\left(\frac{2l}{I}\right)+2M_B\left(\frac{2l}{I}+\frac{l}{I}\right)+M_C\left(\frac{l}{I}\right)=\frac{6E(\Delta)}{2l}+\frac{6E(\Delta)}{l}$$

$$M_B=\frac{3EI\Delta}{2l^2}$$

11 정답 ①

재단 모멘트와 처짐각에 대한 ⊕회전방향을 동일한 방향으로 고려하면

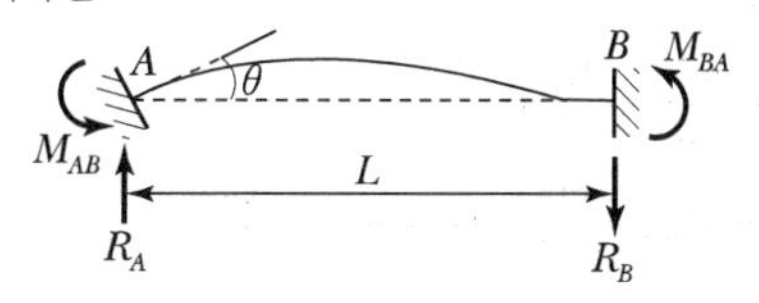

〈경계조건〉

$\theta_A=\theta,\ \theta_B=0$

$$M_{AB}=M_{FAB}+\frac{2EI}{L}(2\theta_A+\theta_B)$$

$$=0+\frac{2EI}{L}(2\theta+0)=\frac{4EI}{L}\theta$$

$$M_{BA}=M_{FBA}+\frac{2EL}{L}(2\theta_B+\theta_A)$$

$$=0+\frac{2EI}{L}(0+\theta)=\frac{2EI}{L}\theta$$

$\Sigma M_{Ⓑ}=0(\curvearrowright\oplus)$

$$R_A\times L-\frac{4EI}{L}\theta-\frac{2EI}{L}\theta=0$$

$$R_A=\frac{6EI}{L^2}\theta$$

12 정답 ②

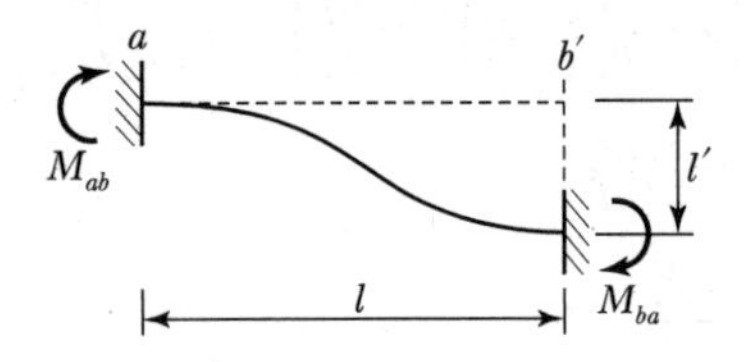

$\theta_A = 0,\ \theta_B = 0,\ R = \frac{l'}{l} = \frac{1}{600}$

$M_{ab} = M_{Fab} + \frac{2EI}{l}(2\theta_A + \theta_B - 3R)$

$= 0 + \frac{2EI}{l}\left(0+0-3\times\frac{1}{600}\right) = -0.01\frac{EI}{l}$

13 정답 ③

$M_{FAB} = -\frac{wL^2}{12},\ M_{FBA} = \frac{wL^2}{12},$

$M_{FBC} = M_{FCB} = 0$

$k_{AB} = k_{BC} = \frac{EI}{L},\ \theta_A = \theta_C = 0$

$M_{AB} = M_{FAB} + \frac{2EI}{L}(2\theta_A + \theta_B)$

$= -\frac{wL^2}{12} + \frac{2EI}{L}\theta_B$

$M_{BA} = M_{FBA} + \frac{2EI}{L}(2\theta_B + \theta_A)$

$= \frac{wL^2}{12} + \frac{4EI}{L}\theta_B$

$M_{BC} = M_{FBC} + \frac{2EI}{L}(2\theta_B + \theta_C) = \frac{4EI}{L}\theta_B$

$M_{CB} = M_{FCB} + \frac{2EI}{L}(2\theta_C + \theta_B) = \frac{2EI}{L}\theta_B$

$M_{BA} + M_{BC} = 0$

$\frac{wL^2}{12} + \frac{4EI}{L}\theta_B + \frac{4EI}{L}\theta_B = 0$

$\theta_B = -\frac{wL^3}{96EI}$

$M_{AB} = -\frac{wL^2}{12} + \frac{2EI}{L}\left(-\frac{wL^3}{96EI}\right) = -\frac{5}{48}wL^2$

14 정답 ③

- $\theta_A = 0,\ M_{BA} = 0$
- $M_{BA} = M_{FBA} + \frac{2EI}{L}(2\theta_B + \theta_A - 3R)$

  $= 0 + \frac{2EI}{L}\left(2\theta_B + 0 - 3\times\frac{\delta}{L}\right) = 0 \rightarrow \theta_B = \frac{3\delta}{2L}$
- $M_{AB} = M_{FAB} + \frac{2EI}{L}(2\theta_A + \theta_B - 3R)$

  $= 0 + \frac{2EI}{L}\left(0 + \frac{3\delta}{2L} - 3\times\frac{\delta}{L}\right) = -\frac{3EI\delta}{L^2}$
- $\Sigma M_Ⓐ = 0(\curvearrowright\oplus)$

  $M_{AB} - R_B \times L = 0$

  $\left(-\frac{3EI\delta}{L^2}\right) - R_B \times L = 0$

  $R_B = -\frac{3EI\delta}{L^3}(\downarrow)$

15 정답 ①

1. 강성비

   $k_{OA} : k_{OB} : k_{OC} = \frac{I}{5} : \frac{I}{4} : \frac{I}{3}\times\frac{3}{4} = 4:5:5$

2. OC부재의 분배율

   $DF_{OC} = \frac{k_{oc}}{\Sigma k_i} = \frac{5}{4+5+5} = \frac{5}{14}$

16 정답 ①

$\Sigma M_Ⓑ = 0(\curvearrowright\oplus)$

$M_B = Pa$

$M_A = \frac{1}{2}M_B = \frac{Pa}{2}$

$\Sigma M_Ⓐ = 0(\curvearrowright\oplus)$

$Pa + \frac{Pa}{2} - R_B \cdot l = 0$

$R_B = \frac{3Pa}{2l}(\leftarrow)$

17 정답 ①

$k_{BA} : k_{BC} : k_{BD} = \frac{1}{10} : \frac{1}{5} : \frac{1}{3} \times \frac{3}{4} = 2 : 4 : 5$

$DF_{BC} = \frac{k_{BC}}{\Sigma k_i} = \frac{4}{2+4+5} = \frac{4}{11}$

$M_{BC} = M \times DF_{BC} = 55 \times \frac{4}{11} = 20\text{kN} \cdot \text{m}$

$M_{CB} = \frac{1}{2} M_{BC} = \frac{1}{2} \times 20 = 10\text{kN} \cdot \text{m}$

18 정답 ④

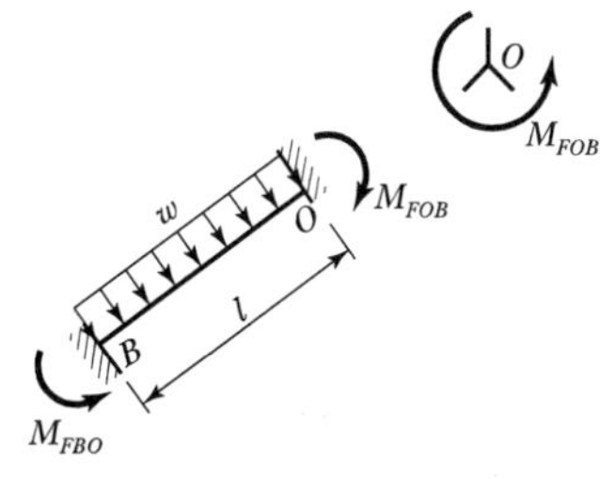

$$M_{FBO} = M_{FOB} = \frac{wl^2}{12}$$

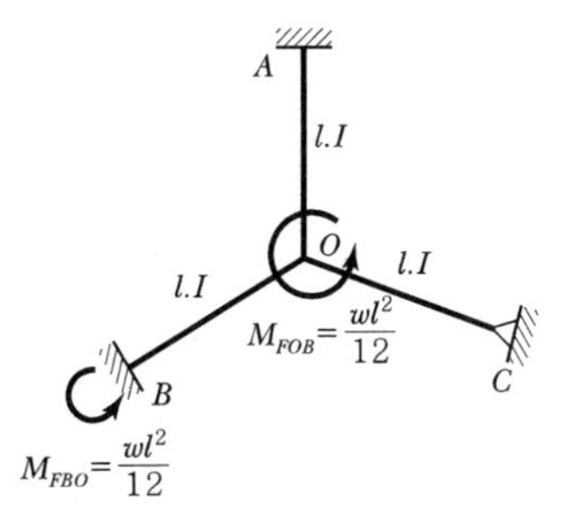

$K_{OA} : K_{OB} : K_{OC} = \frac{I}{l} : \frac{I}{l} : \frac{I}{l} \cdot \frac{3}{4} = 4 : 4 : 3$

$DF_{OA} = \frac{K_{OA}}{\Sigma K_i} = \frac{4}{11}$

$M_{OA} = M_{FOB} \times DF_{OA} = \frac{wl^2}{12} \times \frac{4}{11} = \frac{wl^2}{33}$

$M_{AO} = \frac{1}{2} M_{OA} = \frac{1}{2} \times \frac{wl^2}{33} = \frac{wl^2}{66}$

19 정답 ②

AB부재에는 휨모멘트가 생기지 않으므로 휨거동이 없다. 즉, $\theta_{BA} = 0$이다. 또한 B절점은 강절점으로 부재 변형 후에도 $\theta_{BA} = 0$이므로, $\theta_{BD} = 0 \theta_{BC} = 0$이어야 한다. 따라서, 변형 후 B절점의 거동은 $y_B = 0$, $\theta_B = 0$인 고정단부의 거동과 동일하다.

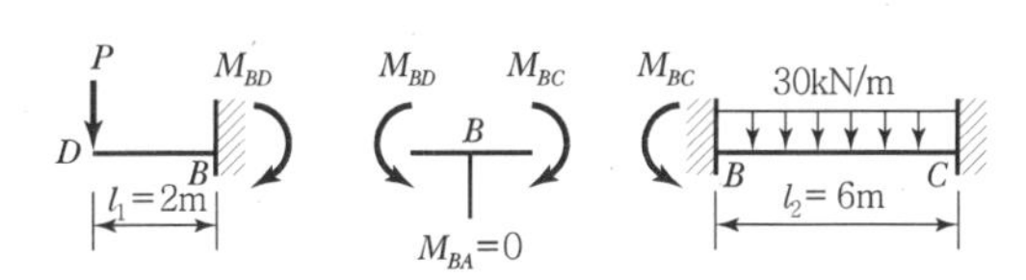

- $M_{BD} = Pl_1 = P \times 2 = 2P$
- $M_{BC} = \frac{wl_2}{12} = \frac{30 \times 6^2}{12} = 90\text{kN} \cdot \text{m}$
- $M_{BD} = M_{BC}$

  $2P = 90,\ P = 45\text{kN}$

P / A / R / T

02

공기업 토목직 1300제

철근콘크리트

CHAPTER 01 | 철근콘크리트 개론
CHAPTER 02 | 설계방법
CHAPTER 03 | 보의 휨해석과 설계
CHAPTER 04 | 보의 전단과 비틀림
CHAPTER 05 | 철근의 정착과 이음
CHAPTER 06 | 사용성
CHAPTER 07 | 기둥
CHAPTER 08 | 슬래브
CHAPTER 09 | 확대기초
CHAPTER 10 | 옹벽
CHAPTER 11 | 프리스트레스트 콘크리트(PSC)
CHAPTER 12 | 강구조 및 교량

CHAPTER

공기업 토목직 1300제

01 철근콘크리트 개론

01 **철근콘크리트가 성립될 수 있는 기본적인 이유로 옳지 않은 것은?**

① 철근과 콘크리트는 부착이 잘된다.
② 온도변화에 따른 두 재료 사이의 응력을 무시할 수 있다.
③ 철근과 콘크리트의 열팽창계수가 비슷하다.
④ 철근과 콘크리트의 탄성계수가 거의 같다.
⑤ 콘크리트는 철근의 부식을 방지한다.

02 **철근콘크리트 구조에 대한 설명으로 옳지 않은 것은?**

① 구조물의 치수, 형상 등을 비교적 자유롭게 만들 수 있다.
② 내구성, 내화성이 좋다.
③ 콘크리트에 균열 발생이 우려된다.
④ 비교적 경량으로 장대교량에 적용성이 우수하다.
⑤ 개조, 보강하기 어렵다.

03 **표준원주형 공시체(ϕ150mm)가 압축력 675kN 에서 파괴되었을 때, 콘크리트의 최대압축응력[MPa]은?(단, $\pi=3$이다.)**

① 10.0　　② 22.5
③ 40.0　　④ 90.0

04 **콘크리트 압축강도시험용 원주형 공시체를 제작할 때는 $\phi 150 \times 300\,\text{mm}$를 기준으로 하는데, 만약 $\phi 100 \times 200\,\text{mm}$ 공시체를 사용하여 시험하였다면 이때 공시체 치수의 감소로 인해 사용하는 강도보정계수는 콘크리트구조설계기준에 얼마로 규정되어 있는가?**

① 0.92　② 0.93
③ 0.95　④ 0.97
⑤ 0.98

05 **콘크리트의 압축강도에 대한 설명으로 옳지 않은 것은?**

① 물-시멘트비(W/C : W는 물, C는 시멘트)가 클수록 압축강도는 작아진다.
② 공시체의 하중 가력속도가 빠를수록 압축강도는 커진다.
③ 양생방법, 운반, 다짐방법 등에 따라 압축강도는 달라진다.
④ 형상비(H/D : H는 공시체의 높이, D는 공시체의 지름)가 클수록 압축강도는 커진다.

06 **KS F 2423(콘크리트의 쪼갬인장 시험 방법)에 준하여 $\phi 100\text{mm} \times 200\text{mm}$ 원주형 표준공시체에 대한 쪼갬인장강도 시험을 실시한 결과, 파괴 시 하중이 75kN으로 측정된 경우 쪼갬인장강도[MPa]는?(단, $\pi = 3$으로 계산하며, KDS (2016) 설계기준을 적용한다.)**

① 1.5　② 2.0
③ 2.5　④ 5.0

07 **콘크리트의 강도에 대한 설명 중 옳지 않은 것은?**

① 콘크리트의 쪼갬인장강도는 압축강도의 약 30%에 해당한다.

② 콘크리트의 설계기준강도는 특별한 규정이 없는 경우에는 재령 28일의 압축강도를 기준으로 한다.

③ 콘크리트의 배합강도는 콘크리트의 배합을 정할 때 목표로 하는 재령 28일의 압축강도이다.

④ 휨인장강도를 구하는 식은 $0.63\lambda\sqrt{f_{ck}}$ 이다.

⑤ 단면 이외의 조건이 같은 경우, 작은 단면의 공시체는 큰 단면의 공시체보다 압축강도가 더 크게 나타난다.

08 **그림과 같은 KS F 2408에 규정된 콘크리트의 휨강도시험에서, 재하하중 P = 22.5kN일 때 콘크리트 공시체가 BC 구간에서 파괴될 경우, 공시체의 휨강도[MPa]는?**

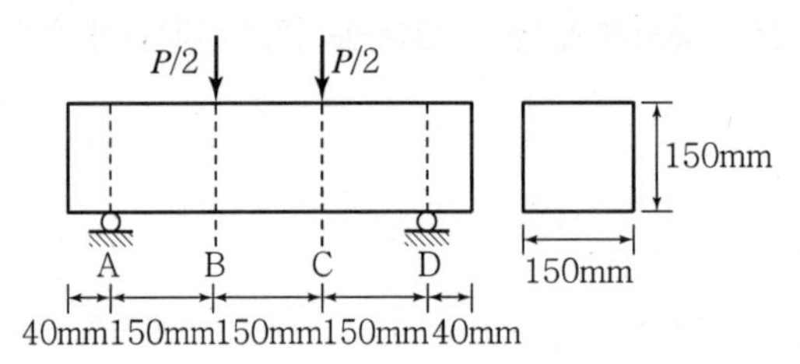

① 2　　② 3

③ 4　　④ 5

09 그림과 같은 철근콘크리트 단면에서 균열 모멘트 M_{cr} [kN · m]은?(단, 콘크리트는 보통 골재를 사용하고, $f_{ck}=25$MPa이며, 2021년도 콘크리트구조기준을 적용한다.)

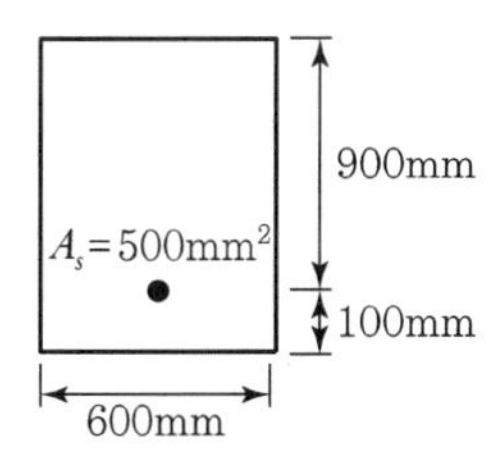

① 315　　② 420
③ 3,150　　④ 4,200

10 그림과 같이 하중을 받는 무근콘크리트 보의 인장응력이 콘크리트파괴계수(f_r)에 도달할 때의 하중 P는?(단, 콘크리트는 보통중량콘크리트, 설계기준압축강도 $f_{ck}=100$MPa, 보의 길이 L $=315$mm이고 「콘크리트구조기준(2021)」을 적용한다.)

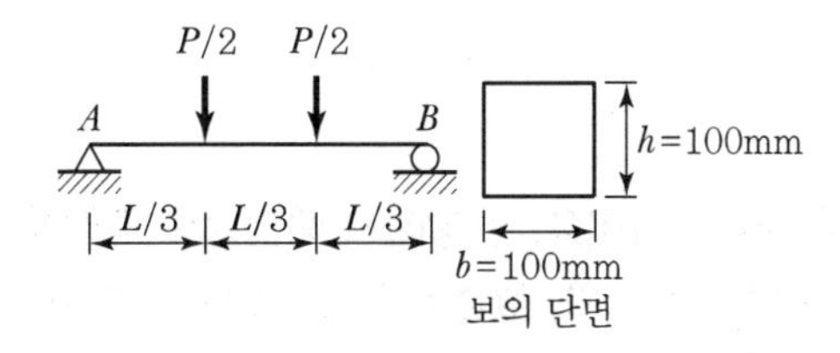

① 10kN　　② 15kN
③ 20kN　　④ 25kN

11 단면이 300×300mm인 철근콘크리트보의 인장부에 균열이 발생할 때의 모멘트(M_{cr})가 13.9 kN·m이다. 이 콘크리트의 설계기준강도 f_{ck}는 약 얼마인가?

① 18MPa
② 21MPa
③ 24MPa
④ 27MPa

12 콘크리트의 설계기준압축강도 $f_{ck}=25$MPa에 대한 배합강도[MPa]는?(단, 표준편차는 2.0MPa이며, 시험횟수는 30회 이상이다.)

① 26.16
② 27.16
③ 27.68
④ 28.68

13 설계기준압축강도가 40MPa이고, 현장에서 배합강도 결정을 위한 연속된 시험횟수가 30회 이상인 콘크리트 배합강도는?(단, 표준공시체의 압축강도 표준편차는 5MPa이고, 콘크리트 구조기준(2021)을 적용한다.)

① 46.70MPa
② 47.65MPa
③ 48.15MPa
④ 51.65MPa

14 설계기준압축강도 f_{ck}가 30MPa이며, 현장에서 배합강도 결정을 위한 연속된 시험횟수가 20회인 콘크리트의 배합강도 f_{cr}을 결정하는 수식은?(단, s는 시험횟수에 따른 보정계수 적용 이전의 압축강도 표준편차이다.)

① 두 값 중 큰 값 $\begin{cases} f_{cr} = f_{ck} + 1.34(1.00 \times s) \\ f_{cr} = (f_{ck} - 3.5) + 2.33(1.00 \times s) \end{cases}$

② 두 값 중 큰 값 $\begin{cases} f_{cr} = f_{ck} + 1.34(1.00 \times s) \\ f_{cr} = 0.9f_{ck} + 2.33(1.16 \times s) \end{cases}$

③ 두 값 중 큰 값 $\begin{cases} f_{cr} = f_{ck} + 1.34(1.08 \times s) \\ f_{cr} = (f_{ck} - 3.5) + 2.33(1.08 \times s) \end{cases}$

④ 두 값 중 큰 값 $\begin{cases} f_{cr} = f_{ck} + 1.34(1.00 \times s) \\ f_{cr} = 0.9f_{ck} + 2.33(1.08 \times s) \end{cases}$

15 콘크리트의 설계기준압축강도 $f_{ck} = 40$MPa일 때, 콘크리트의 배합강도 f_{cr} [MPa]은?(단, 압축강도 시험횟수는 14회이고, 표준편차 $s = 2.0$이며, 2021년도 콘크리트구조기준을 적용한다.)

① 45
② 47
③ 49
④ 51

16 콘크리트의 설계기준압축강도(f_{ck})가 50MPa인 경우 콘크리트의 할선탄성계수를 구하는 식은?(단, 보통중량골재를 사용한 콘크리트의 경우임)

① $E_C = 8,500 \cdot \sqrt[3]{50}$
② $E_C = 8,500 \cdot \sqrt[3]{54}$
③ $E_C = 8,500 \cdot \sqrt[3]{55}$
④ $E_C = 8,500 \cdot \sqrt[3]{56}$

17 **보통중량골재를 사용한 콘크리트의 탄성계수가 25,500MPa일 때, 설계기준압축강도 f_{ck} [MPa]는?(단, 2021년도 콘크리트구조기준을 적용한다.)**

① 23
② 24
③ 25
④ 26

18 **콘크리트 크리프에 대한 설명으로 옳은 것은?**

① 탄성한도 내에서 콘크리트의 크리프 변형률은 작용하는 응력에 비례하고 탄성계수에 반비례한다.
② 콘크리트의 크리프계수는 옥외 구조물이 옥내 구조물보다 크다.
③ 증가되는 응력을 장시간 받았을 경우, 시간의 경과에 따라 탄성변형이 증가하는 현상을 크리프라 한다.
④ 일시적으로 재하되는 하중에 대하여 설계할 때에도 크리프의 영향을 고려하여 설계해야 한다.

19 **길이가 2m이고 사각형 단면(200mm × 200mm)인 기둥에 연직하중 80kN이 고정하중으로 작용한다. 기둥이 옥외에 있을 때, 크리프 변형률(ε_c)은?(단, 콘크리트의 탄성계수 E_c = 20,000MPa이며, 2021년도 콘크리트구조기준을 적용한다.)**

① 0.0001
② 0.0002
③ 0.0003
④ 0.003

20 크리프의 특성에 대한 설명으로 옳지 않은 것은?

① 단위시멘트 양이 많을수록 크다.
② 압축강도가 클수록 작다.
③ 물-시멘트비가 클수록 작다.
④ 온도가 높아지면 크리프는 커진다.
⑤ 습도가 높을수록 크리프는 작아진다.

21 단면이 400mm × 500mm인 직사각형이고, 길이가 6m인 철근콘크리트 부재가 있다. 철근은 단면 도심에 대하여 대칭으로 배치하였으며, 단면적은 $A_s = 2,000\text{mm}^2$이다. 콘크리트의 건조 수축으로 인한 콘크리트의 수축응력은?(단, 콘크리트의 건조 수축률은 0.00015이고, 콘크리트 및 철근의 탄성계수는 각각 $E_c = 2.85 \times 10^4\text{MPa}$, $E_s = 2.0 \times 10^5\text{MPa}$이며, 이 부재의 변형은 구속되어 있지 않다.)

① 0.14MPa
② 0.28MPa
③ 14MPa
④ 28MPa

22 배력철근을 배치하는 이유 중 옳지 않은 것은?

① 응력을 분포시켜 균열의 폭을 최소화하기 위함이다.
② 주철근의 부착력을 확보하기 위함이다.
③ 주철근의 간격을 유지하기 위함이다.
④ 온도변화에 의한 균열을 방지하기 위함이다.
⑤ 건조수축에 의한 균열을 방지하기 위함이다.

23 **철근의 간격을 제한하는 이유는 철근 사이 또는 철근과 거푸집 사이에 공극이 없이 콘크리트를 밀실하게 채우기 위해서이다. 다음 중 철근 간격에 대한 규정으로 옳은 것은?**

① 보의 주철근 수평 순간격 20mm 이상
② 보의 주철근을 2단 이상으로 배치할 경우 연직 순간격 25mm 이상
③ 벽체나 슬래브의 주철근 중심간격은 슬래브 두께의 2배 이하, 400mm 이하
④ 나선철근과 띠철근 기둥에서 축방향 철근의 순간격 30mm 이상
⑤ 철근을 다발로 사용할 때는 이형철근이어야 하고, 개수는 3개 이하

24 **현장 타설 콘크리트 보에서 철근의 수평 순간격을 결정하는 데 고려사항이 아닌 것은?(단, 2010년도 도로교설계기준과 2016년도 도로교설계기준(한계상태설계법)을 적용한다.)**

① 철근 공칭지름의 1.5배
② 40mm
③ 25mm
④ 굵은 골재 최대치수의 1.5배

25 **프리캐스트 콘크리트 보의 평행한 철근 사이의 수평 순간격[mm]은?(단, 굵은골재 최대치수는 21mm, 철근 공칭지름은 30mm이며, 2012년도 도로교설계기준을 적용한다.)**

① 30
② 35
③ 40
④ 45

26 **철근의 피복두께에 대한 설명으로 옳은 것은?**

① 띠철근 기둥에서 피복두께는 띠철근 표면으로부터 콘크리트 표면까지의 최단거리이다.

② 수직스터럽이 있는 보에서 피복두께는 스터럽 철근의 중심으로부터 콘크리트 표면까지의 최단거리이다.

③ 나선철근 기둥에서 피복두께는 축방향 철근의 중심으로부터 콘크리트 표면까지의 최단거리이다.

④ 수직스터럽이 있는 보에서 피복두께는 주철근의 표면으로부터 콘크리트 표면까지의 최단거리이다.

27 **프리스트레스하지 않는 현장치기 콘크리트 부재의 최소 피복두께 규정으로 옳지 않은 것은? (단, 2021년도 콘크리트구조기준을 적용한다.)**

① 수중에서 치는 콘크리트 : 100mm

② 흙에 접하여 콘크리트를 친 후 영구히 흙에 묻혀 있는 콘크리트 : 60mm

③ D25 이하의 철근 중 흙에 접하거나 옥외의 공기에 직접 노출되는 콘크리트 : 50mm

④ 옥외의 공기나 흙에 직접 접하지 않은 콘크리트 보 또는 기둥 : 40mm

28 **프리캐스트 콘크리트의 최소 피복두께에 대한 규정으로 옳지 않은 것은?(단, 2021년도 콘크리트구조기준을 적용한다.)**

① 옥외의 공기나 흙에 직접 접하지 않는 콘크리트의 슬래브, 벽체, 장선구조에서 D35를 초과하는 철근 및 지름 40mm를 초과하는 긴장재 : 30mm

② 옥외의 공기나 흙에 직접 접하지 않는 콘크리트의 슬래브, 벽체, 장선구조에서 D35 이하의 철근 및 지름 40mm 이하인 긴장재 : 10mm

③ 흙에 접하거나 옥외의 공기에 직접 노출되는 콘크리트 벽체의 D35를 초과하는 철근 및 지름 40mm를 초과하는 긴장재 : 40mm

④ 흙에 접하거나 옥외의 공기에 직접 노출되는 콘크리트 벽체의 D35 이하의 철근, 지름 40mm 이하인 긴장재 및 지름 16mm 이하의 철선 : 20mm

29 **중성화에 의한 부식방지, 내화성 및 부착력 확보, 침식 · 염해 · 화학작용으로부터 보호 등의 이유로 철근은 피복 두께를 필요로 하는데, 특수 환경에 노출되는 철근의 최소 피복 두께 규정으로 옳은 것은?**

① 현장치기 콘크리트 벽체, 슬래브 : 40 mm

② 현장치기 콘크리트 기타(노출등급 EC4) : 70 mm

③ 프리캐스트 콘크리트 벽체 슬래브 : 50 mm

④ 프리캐스트 콘크리트 기타 : 50 mm

⑤ 현장치기 콘크리트 중 수중에서 타설하는 콘크리트 : 80 mm

CHAPTER

02 설계방법

01 다음 괄호 안에 들어갈 단어로서 옳지 않은 것은?

> 강도설계법은 계수하중 및 단면의 (㉠)강도를 토대로 하여 구조부재의 단면 크기를 결정하는 설계법으로, 계수하중은 작용하중에 (㉡)를 곱하여 구하고, 단면의 (㉠)강도는 콘크리트의 균열발생 후 철근의 (㉢)이 일어나는 조건하에서 구한다. 강도설계법에서 우선시 하는 것은 (㉣)이다.

① ㉠ : 허용
② ㉡ : 하중계수
③ ㉢ : 항복
④ ㉣ : 안전성

02 강도설계법에서 강도감소계수(ϕ)를 사용하는 이유로 옳지 않은 것은?

① 재료 강도와 치수가 변동할 수 있으므로 부재 강도의 저하 확률에 대비한다.
② 부정확한 설계 방정식에 대비한 여유를 반영한다.
③ 구조물에서 차지하는 부재의 중요도를 반영한다.
④ 예상을 초과한 하중 및 구조해석의 단순화로 인하여 발생되는 초과요인에 대비한다.

03 **콘크리트 구조물의 부재, 부재 간의 연결부 및 각 부재 단면에 대한 설계강도는 콘크리트설계기준의 규정과 가정에 따라 정하여야 한다. 이때, 강도감소계수(ϕ)로 옳지 않은 것은?(단, 설계코드(KDS : 2016)와 2021년도 콘크리트구조기준을 적용한다.)**

① 전단력과 비틀림모멘트는 0.75를 적용한다.
② 콘크리트의 지압력(포스트텐션 정착부나 스트럿－타이 모델은 제외)은 0.65를 적용한다.
③ 포스트텐션 정착구역은 0.85를 적용한다.
④ 무근콘크리트의 휨모멘트, 압축력, 전단력은 0.70을 적용한다.

04 **철근콘크리트 구조물을 설계할 때는 하중계수와 하중조합 등을 충분히 고려하여 구조물에 작용하는 최대 소요강도(U)에 만족하도록 안전하게 설계해야 한다. 그 이유로 적합하지 않은 것은?**

① 예상하지 못한 초과하중에 대비하기 위해
② 구조물 설계 시에 사용하는 가정과 실제와의 차이에 대비하려고
③ 재료의 강도나 시공시의 오차 등에 따른 위험에 대비하려고
④ 고정이나 활하중과 같은 주요하중의 변화에 대비하기 위해

05 **구조물에 작용하는 하중에 대한 설명으로 옳지 않은 것은?**

① 강도설계법에서 계수하중은 실제하중에 하중계수를 곱한 값이다.
② 고정하중은 구조물의 자중이다.
③ 사용하중은 고정하중과 활하중이 있으며 탑이나 벽체 및 기둥의 지속하중을 포함한다.
④ 사용하중은 하중계수를 곱하기 이전의 하중이다.
⑤ 활하중은 풍하중과 지진하중을 포함하며 구조물의 사용이나 점용에 의해 발생되는 하중을 말한다.

06 지간 8m인 단순보에 고정하중에 의한 등분포하중 20.0kN/m와 활하중에 의한 등분포하중 25.0kN/m만 작용할 때 현행 기준(콘크리트구조설계기준, 2021)에 따라 휨부재를 설계하는 경우 계수휨모멘트[kN·m]는?

① 212　　② 312
③ 412　　④ 512

07 사용 고정하중(D)과 활하중(L)을 작용시켜서 단면에서 구한 휨모멘트는 각각 M_D= 30kN · m, M_L=3kN · m이었다. 주어진 단면에 대해서 현행 콘크리트 구조설계기준에 따라 최대 소요강도를 구하면?

① 30kN · m　　② 40.8kN · m
③ 42kN · m　　④ 48.2kN · m

08 인장지배 단면인 직사각형보의 공칭휨강도 M_n은 320kN·m이다. 이 직사각형보에 고정하중으로 인한 휨모멘트 M_d = 160kN·m가 작용할 때, 연직 활하중에 의한 휨모멘트 M_l의 허용 가능한 최댓값[kN·m]은?(단, 보에는 고정하중과 활하중만 작용하며, 2021년도 콘크리트구조기준을 적용한다.)

① 50　　② 80
③ 112　　④ 160

09 철근콘크리트 부재의 단면크기를 결정하는 설계방법에는 강도설계법(극한강도설계법)과 허용응력설계법(탄성설계법)이 있다. 이 중 허용응력설계법의 만족 조건으로 옳은 것은?

① $f_c = f_{ca}$, $f_s = f_{sa}$

② $M_d = \psi M_n \geq M_u$

③ $f_c \leq f_{ca}$, $f_s \leq f_{sa}$

④ $S_d = \psi S_n \geq S_u$

⑤ $f_c \geq f_{ca}$, $f_s \geq f_{sa}$

10 구조물 설계방법에 대한 설명 중 옳은 것은?

① 허용응력설계법은 비선형탄성이론에 기초한 설계법으로 사용하중에 의한 단면응력이 안전율을 고려한 허용응력 이하가 되도록 설계하는 방법이다.

② 강도설계법은 부재의 소성상태에 기초한 설계법으로 사용하중에 하중계수를 곱한 계수하중이 부재의 공칭강도에 강도감소계수를 곱한 설계강도보다 크도록 설계하는 방법이다.

③ 한계상태설계법은 구조부재나 상세요소의 극한내력강도 또는 한계상태내력에 바탕을 두고 극한 또는 한계하중에 의한 부재력이 부재의 극한 또는 한계상태내력을 초과하지 않도록 하는 설계방법이다.

④ 하중저항계수설계법은 단일하중계수와 다중저항계수를 사용하여 구조물이 목표로 하는 한계여유를 일관성 있게 확보할 수 있는 설계법으로 한계상태설계법의 결점을 개선한 진전된 설계방법이다.

CHAPTER

공기업 토목직 1300제

03 보의 휨해석과 설계

01 콘크리트 강도설계법의 기본 가정에 관한사항 중 옳지 않은 것은?

① 콘크리트 압축연단의 극한 변형률은 콘크리트의 설계기준압축강도가 40MPa 이하인 경우에는 0.0033으로 가정한다.

② 철근 및 콘크리트의 변형률은 중립축으로부터 의 거리에 비례한다.

③ 콘크리트의 인장 및 압축강도는 휨계산에서 고려된다.

④ 콘크리트 압축 응력 분포는 등가 직사각형 분포로 생각해도 좋다.

02 강도설계법에서 콘크리트 응력블록의 깊이는 $a = \beta_1 c$ 로 정의된다. 콘크리트 설계기준강도가 $f_{ck} = 60\text{MPa}$ 일 때, β_1 은?(단, c 는 콘크리트 압축부 상단으로부터 중립축까지 거리이다.)

① 0.72　② 0.74

③ 0.76　④ 0.78

03 부재 설계 시 콘크리트 압축분포를 등가직사각형 응력블록으로 볼 때 단면의 가장자리에서 최대압축변형률이 일어나는 응력블록의 높이 $a = \beta_1 \cdot c$로 보고 계산할 경우, 이때 등가사각형 응력블록과 관계된 계수 β_1의 값이 0.70일 경우 콘크리트의 설계기준압축강도 f_{ck}는 얼마인가?(단, 「콘크리트구조 설계기준(2021)」을 적용한다.)

① 70MPa　② 80MPa

③ 90MPa　④ 100MPa

04 폭 $b=300\text{mm}$, 유효깊이 $d=500\text{mm}$인 단철근 직사각형 철근콘크리트 보의 단면이 균형변형률 상태에 있을 때, 압축연단에서 중립축까지의 거리 c[mm]는?(단, 콘크리트의 설계기준압축강도 $f_{ck}=24\text{MPa}$, 철근의 설계기준항복강도 $f_y=400\text{MPa}$이며, 2021년도 콘크리트구조기준을 적용한다.)

① 263 ② 282
③ 311 ④ 340

05 강도설계법으로 설계할 때 $f_{ck}=35\text{MPa}$, $f_y=400\text{MPa}$인 단철근 직사각형보의 균형철근비에 가장 가까운 것은?

① 0.035 ② 0.037
③ 0.039 ④ 0.041

06 평형철근량(A_{sb})을 갖는 단면의 변형률도를 나타낸 것이다. 이 보의 철근량 A_s가 A_{sb}보다 작아지면 철근의 변형률이 ε_y에 도달할 때 최상단의 콘크리트 압축변형률과 중립축의 위치 변화를 맞게 표시한 것은? (압축변형률 $\leftarrow^C$ 혹은 $^C\rightarrow$, 중립축의 위치변화 $\uparrow_N$ 혹은 $\downarrow_N$)

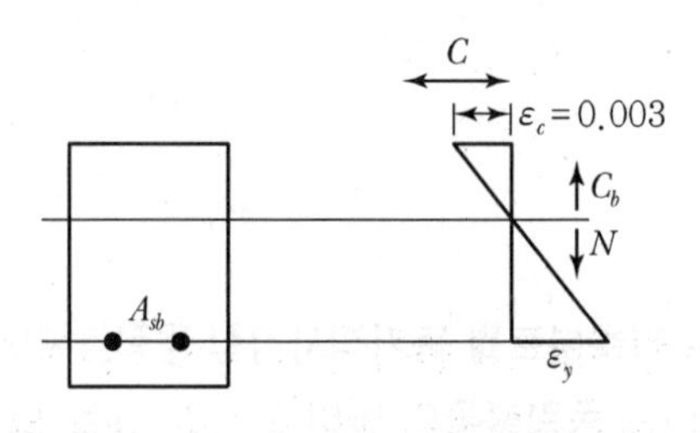

① 콘크리트 변형률 : $^C\rightarrow$, 중립축의 위치 : $\uparrow_N$
② 콘크리트 변형률 : $^C\rightarrow$, 중립축의 위치 : $\downarrow_N$
③ 콘크리트 변형률 : $\leftarrow^C$, 중립축의 위치 : $\uparrow_N$
④ 콘크리트 변형률 : $\leftarrow^C$, 중립축의 위치 : $\downarrow_N$
⑤ 콘크리트 변형률 : $^C\rightarrow$, 중립축의 위치 : $\cdot_N$ (고정)

07 **철근비에 따른 보의 휨 파괴 형태에 대한 설명으로 옳은 것은?**

① 과다철근보는 파괴 시 중립축이 인장 측으로 이동한다.
② 과소철근보는 압축 측 콘크리트가 먼저 항복한다.
③ 과소철근보는 가장 위험한 보의 파괴형태이고, 과다철근보는 가장 바람직한 보의 파괴형태이다.
④ 연성파괴는 인장철근의 항복과 콘크리트의 압축파괴가 동시에 일어나는 것이다.

08 **휨부재 설계에 대한 설명으로 옳지 않은 것은?(단, 2021년 콘크리트구조 설계기준을 적용한다.)**

① 휨부재의 최소 허용변형률은 철근의 항복강도가 400MPa 이하인 경우 0.002로 하고, 철근의 항복강도가 400MPa을 초과하는 경우 철근 항복변형률의 1.5배로 한다.
② 압축연단 콘크리트가 가정된 극한변형률에 도달할 때 최외단 인장철근의 순인장변형률 ε_t가 0.005의 인장지배변형률 한계 이상인 단면을 인장지배단면이라고 한다.
③ 휨부재 설계 시 보의 횡지지 간격은 압축 플랜지 또는 압축면의 최소 폭의 50배를 초과하지 않도록 하여야 한다.
④ 휨부재의 강도를 증가시키기 위하여 추가 인장철근과 이에 대응하는 압축철근을 사용할 수 있다.

09 콘크리트의 설계기준압축강도가 $f_{ck} \leq 40\text{MPa}$인 다음 그림과 같은 철근콘크리트 휨부재 단철근 직사각형보에 대한 내용으로 옳지 않은 것은?(단, c_b : 균형보의 중립축거리, ρ_b : 균형철근비, $\rho_{\max}$: 최대철근비, $\varepsilon_{t\min}$: 최소 허용변형률, ε_y : 철근의 항복변형률, M_n : 공칭휨강도, f_{ck} : 콘크리트의 설계기준압축강도(MPa), f_y : 철근의 설계기준항복강도(MPa), E_s : 철근의 탄성계수($= 2.0 \times 10^5\text{MPa}$), 「콘크리트구조 설계기준(2021)」)

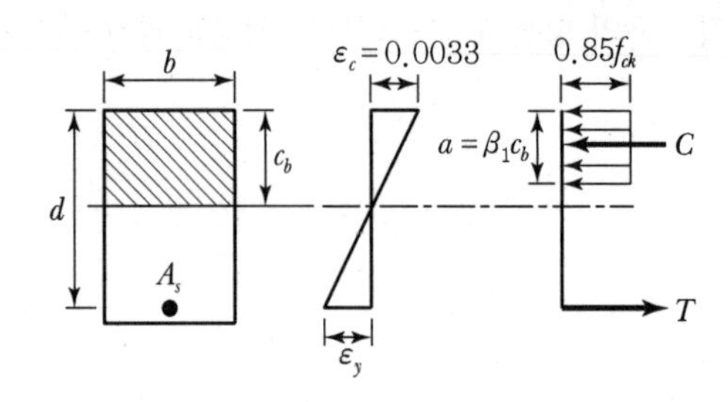

① $c_b = \dfrac{660}{660 + f_y} d$

② $\rho_b = 0.68 \dfrac{f_{ck}}{f_y} \dfrac{660}{660 + f_y}$

③ $f_y > 400\text{MPa}$인 철근에 대해서는 $\varepsilon_{t\min} = 0.004$이고, $f_y \leq 400\text{MPa}$인 철근에 대해서는 $\varepsilon_{t\min} = 2\varepsilon_y$이다.

④ $\varepsilon_{t\min} = 0.004$일 경우, $\rho_{\max} = \dfrac{660 + f_y}{1,460} \rho_b$

10 다음 그림과 같은 단철근 직사각형보가 최대철근비를 만족하는 철근량 $A_{s,\max}[\text{mm}^2]$는?(단, 콘크리트 설계기준강도 $f_{ck} = 21\text{MPa}$, 철근의 항복강도 $f_y = 300\text{MPa}$이다.)

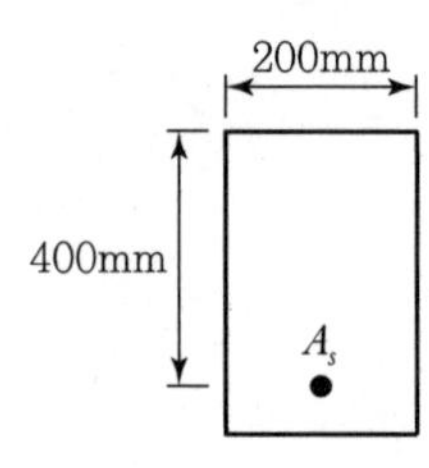

① 1,517　　② 1,721

③ 2,023　　④ 2,601

11 그림과 같은 단철근 직사각형보를 대상으로 할 때, 콘크리트구조설계기준에서 허용한 최대 철근량($A_{s,\max}$)을 계산하는 식은?(단, $f_{ck}=30\text{MPa}$, $f_y=300\text{MPa}$, 보는 프리스트레스를 가하지 않은 휨부재임)

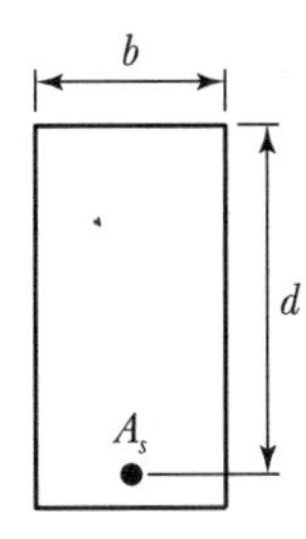

① $A_{s,\max}=0.85\times 0.68\dfrac{f_{ck}}{f_y}\dfrac{660}{660+f_y}bd$

② $A_{s,\max}=0.625\times 0.68\dfrac{f_{ck}}{f_y}\dfrac{660}{660+f_y}bd$

③ $A_{s,\max}=0.658\times 0.68\dfrac{f_{ck}}{f_y}\dfrac{660}{660+f_y}bd$

④ $A_{s,\max}=0.75\times 0.68\dfrac{f_{ck}}{f_y}\dfrac{660}{660+f_y}bd$

12 휨부재의 최소 철근량에 관한 사항 중 옳지 않은 것은?

① 최소 철근량은 $\phi M_n \geq 1.2M_{cr}$의 조건을 만족하도록 배치하여야 한다.

② 두께가 균일한 구조용 슬래브와 기초판의 최소 인장철근의 단면적은 수축 · 온도 철근량으로 한다.

③ 부재의 모든 단면에서 해석에 의해 필요한 철근량보다 1/3 이상 인장철근이 더 배치되어 $\phi M_n \geq \dfrac{4}{3}M_u$의 조건을 만족하는 경우에는 최소 철근량 규정을 적용하지 않을 수 있다.

④ 철근의 항복과 콘크리트의 극한변형률 도달이 동시에 발생하도록 하기위해 최소 철근량을 규정한다.

13 단철근 직사각형 보에서 1단으로 배치된 인장철근의 유효깊이 $d=500$mm, 등가직사각형 응력블록의 깊이 $a=170$mm일 때, 철근의 순인장변형률(ε_t)은?(단, 콘크리트의 설계기준압축강도 $f_{ck}=24$MPa이며, 「콘크리트구조 설계기준(2021)」을 적용한다.)

① 0.003472
② 0.004107
③ 0.004465
④ 0.005278

14 〈보기〉의 단면을 가진 철근콘크리트 보가 정모멘트 작용 시 휨 극한상태에서 순인장변형률 $\varepsilon_t=0.006$이 발생한다고 할 때 콘크리트 압축력 계산을 위한 등가직사각형 응력 깊이 a는?(단, $f_{ck}=24$MPa이다.)

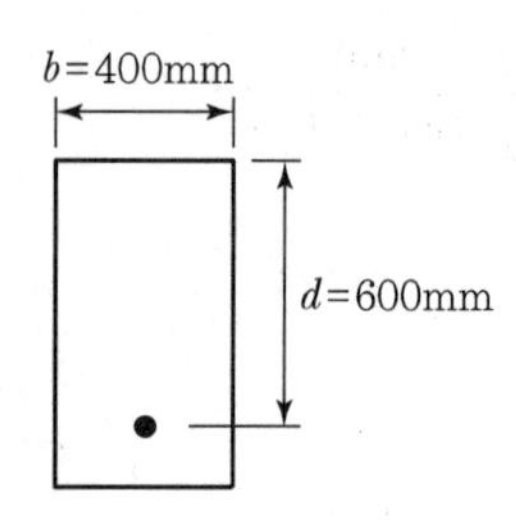

① 150mm
② 170mm
③ 200mm
④ 235mm

15 **철근콘크리트 보의 설계에 대한 설명으로 옳지 않은 것은?(단, 「콘크리트구조 설계기준(2021)」을 적용한다.)**

① 보는 부재의 축에 수직한 힘을 주로 받는 구조물로, 일반적인 보는 휨에 지배되므로 휨설계는 전단설계보다 선행한다.

② 인장철근이 설계기준항복강도 f_y에 대응하는 변형률에 도달하고 동시에 콘크리트의 압축연단변형률이 극한변형률에 도달할 때, 그 단면은 균형변형률 상태에 있다고 한다.

③ 콘크리트의 압축연단변형률이 극한변형률에 도달할 때, 최외단 인장철근의 순인장변형률이 압축지배변형률한계 이상인 단면을 압축지배 단면이라고 한다.

④ 압축지배변형률 한계는 균형변형률 상태에서의 인장철근의 순인장변형률과 같다.

16 **SD400 철근을 사용한 단철근 직사각형보에서 인장지배단면에 대한 설명으로 옳은 것은?**

① 압축콘크리트가 극한변형률에 도달할 때 최외단 인장철근의 순인장변형률이 0.005 이상인 단면

② 압축콘크리트가 극한변형률에 도달할 때 최외단 인장철근의 순인장변형률이 0.004 이상인 단면

③ 압축콘크리트가 극한변형률에 도달할 때 최외단 인장철근의 순인장변형률이 0.005 이하인 단면

④ 압축콘크리트가 극한변형률에 도달할 때 최외단 인장철근의 순인장변형률이 0.004 이하인 단면

17 단철근 직사각형보의 압축연단 콘크리트가 가정된 극한변형률인 0.0033에 도달할 때 최외단 인장철근의 순인장변형률 ε_t가 인장지배한계변형률 한계 이상인 단면을 유지할 수 있는 최대철근비 ρ_t는 균형철근비 ρ_b의 몇 배인가?(단, $f_y = 600\text{MPa}$, $f_{ck} = 25\text{MPa}$이고, 「콘크리트구조 설계기준(2021)」을 적용한다.)

① $\frac{53}{108}$　　② $\frac{63}{108}$

③ $\frac{53}{83}$　　④ $\frac{63}{83}$

18 압축연단에서 중립축까지의 거리 $c = 120\text{mm}$인 단철근 직사각형 보의 단면이 인장지배 단면이 되기 위한 인장철근의 최소 유효깊이 d[mm]는?(단, 인장철근은 1단 배근되어 있고, 철근의 탄성계수 $E_s = 200{,}000\text{MPa}$, $f_y = 500\text{MPa}$, $f_{ck} \le 40\text{MPa}$이며, 「콘크리트구조 설계기준(2021)」을 적용한다.)

① 200　　② 256

③ 300　　④ 347

19 철근콘크리트 보에서 철근의 항복강도 $f_y = 600\text{MPa}$인 경우 압축지배변형률과 인장지배변형률의 한계 및 최소허용인장변형률은 각각 얼마인가?

① 압축지배변형률 : 0.002, 인장지배변형률 : 0.005, 최소허용인장변형률 : 0.004

② 압축지배변형률 : 0.002, 인장지배변형률 : 0.0075, 최소허용인장변형률 : 0.006

③ 압축지배변형률 : 0.003, 인장지배변형률 : 0.005, 최소허용인장변형률 : 0.004

④ 압축지배변형률 : 0.003, 인장지배변형률 : 0.0075, 최소허용인장변형률 : 0.006

20 철근콘크리트 단면에서 인장철근의 순인장변형률(ε_t)이 0.003일 경우 강도감소계수(ϕ)는?(단, $f_y = 400\text{MPa}$, 나선철근 부재이고, 2021년도 콘크리트구조기준을 적용한다.)

① 0.70
② 0.75
③ 0.80
④ 0.85

21 다음 그림과 같은 단철근 직사각형보에서 인장철근의 단면적이 $A_s = 2,890\,\text{mm}^2$일 때, 휨 설계를 위한 강도감소계수 ϕ는?(단, 콘크리트 설계기준강도 $f_{ck} = 20\text{MPa}$, 철근의 항복강도 $f_y = 300\text{MPa}$, 철근의 탄성계수 $E_s = 200,000\text{MPa}$이다.)

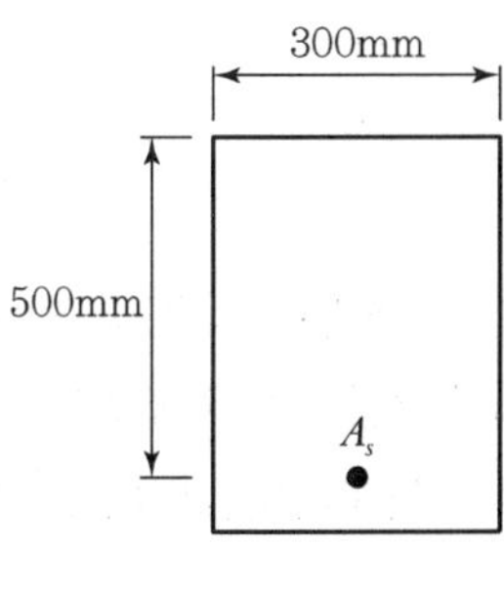

① 0.783
② 0.819
③ 0.845
④ 0.850

22 그림과 같은 직사각형보에서 $f_{ck} = 30\text{MPa}$, $f_y = 300\text{MPa}$, $a = 150\text{mm}$일 때, 콘크리트가 부담하는 압축력[kN]은?

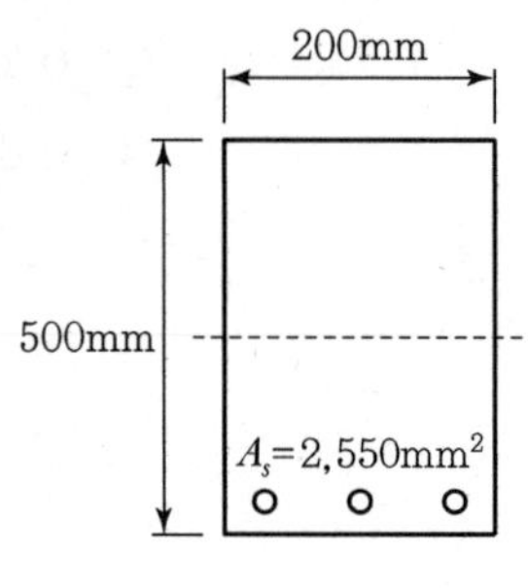

① 565
② 665
③ 765
④ 865

23 강도설계법에 따라 단철근 직사각형 단면의 공칭모멘트 강도를 구할 때 압축콘크리트의 등가직사각형 응력블럭의 깊이[mm]는?(단, 콘크리트 단면이 폭 300mm, 유효깊이 450mm, 철근량 $2,550\text{mm}^2$이고 콘크리트의 설계기준강도는 30MPa, 철근의 항복강도는 300MPa이다.)

① 70
② 85
③ 100
④ 125

24 철근 한 가닥의 단면적이 $\frac{1,700}{5}$ mm^2인 인장철근이 5가닥 배치된 단철근 직사각형보에서 단면의 공칭휨강도 M_n을 계산할 때 적용하는 팔길이 z[mm]는?(단, $f_{ck}=20$MPa, $f_y=400$MPa이며 2021년도 콘크리트구조기준을 적용한다.)

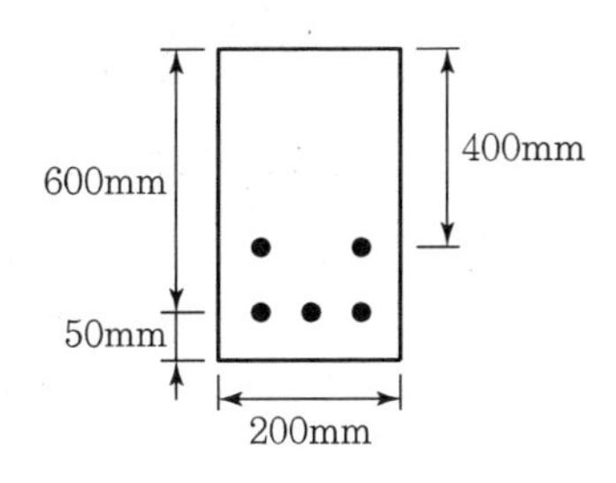

① 420
② 440
③ 460
④ 480

25 $b=300$mm, $d=600$mm인 단철근 직사각형 보의 등가직사각형 응력블록의 깊이 $a=100$mm일 때, 철근량 A_s[mm^2]는?(단, $f_{ck}=20$MPa, $f_y=300$MPa이며, 「콘크리트구조 설계기준(2021)」을 적용한다.)

① 850
② 1,550
③ 1,700
④ 3,400

26 그림과 같은 임의 단면에서 등가 직사각형 응력분포가 빗금 친 부분으로 나타났다면 철근량 A_s는 얼마인가?(단, $f_{ck}=21\text{MPa}$, $f_y=400\text{MPa}$)

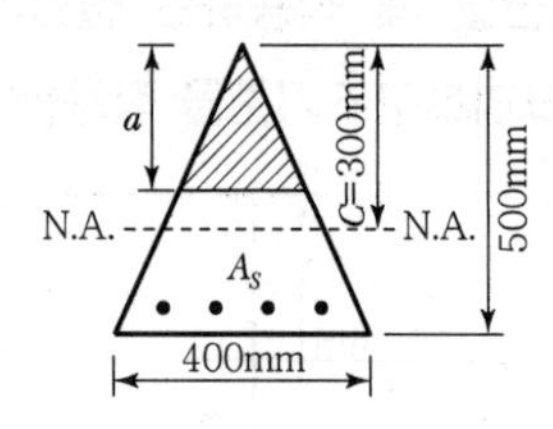

① 874mm^2
② $1,161\text{mm}^2$
③ $1,543\text{mm}^2$
④ $2,109\text{mm}^2$

27 단철근 철근콘크리트 직사각형보의 폭 $b=400\text{mm}$, 유효깊이 $d=450\text{mm}$이며, 인장철근 단면적 $A_s=1,700\text{mm}^2$, 콘크리트 설계기준압축강도 $f_{ck}=20\text{MPa}$, 철근의 설계기준항복강도 $f_y=400\text{MPa}$일 때, 공칭휨강도 $M_n[\text{kN}\cdot\text{m}]$은?(단, 인장철근은 1단 배근되어 있다.)

① 192
② 232
③ 272
④ 312

28 단철근 직사각형 단면의 공칭휨강도(M_n)가 $360\text{kN}\cdot\text{m}$인 경우 단면의 유효깊이($d$)는 약 얼마인가?(단, $f_{ck}=24\text{MPa}$, $f_y=350\text{MPa}$, $b_w=280\text{mm}$, $A_s=2,160\text{mm}^2$)

① 383.4mm
② 436.4mm
③ 490.4mm
④ 542.4mm

29 공칭휨강도 $M_n = 85\text{kN}\cdot\text{m}$ 이상인 철근콘크리트 단철근 직사각형보를 강도설계법으로 설계하려고 한다. 콘크리트의 설계기준강도는 20MPa, 철근의 항복강도는 400MPa인 경우, 필요한 단면의 최소 폭[mm]은?(단, 철근량은 850mm^2, 유효깊이는 275mm이다.)

① 200　　② 300
③ 400　　④ 500

30 그림에 나타난 이등변삼각형 단철근보의 공칭 휨강도 M_n를 계산하면?(단, 철근 D19 3본의 단면적은 860mm^2, $f_{ck}=28\text{MPa}$, $f_y=350\text{MPa}$이다.)

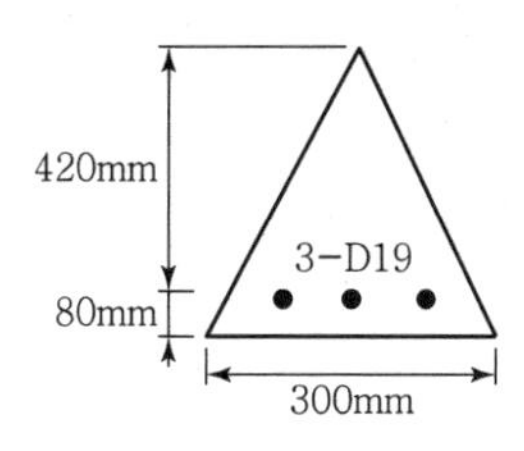

① 75.3kN · m　　② 85.2kN · m
③ 95.3kN · m　　④ 105.3kN · m

31 단철근 직사각형보가 폭 $b=400\text{mm}$, 유효깊이 $d=700\text{mm}$, 인장철근 단면적 $A_s=1{,}445\text{mm}^2$, 콘크리트 설계기준강도 $f_{ck}=20\text{MPa}$, 철근의 항복강도 $f_y=400\text{MPa}$일 때, 설계휨강도 $M_d[\text{kN}\cdot\text{m}]$는?

① 287　　② 323
③ 356　　④ 380

32 강도설계법에서 철근콘크리트 보의 설계휨강도(M_d)를 증가시키는 방법으로 옳은 것은?

① 단면의 폭을 크게 한다.
② 콘크리트의 설계기준압축강도를 작게 한다.
③ 인장지배 단면보다는 압축지배 단면이 되도록 한다.
④ 단면의 유효깊이를 작게 한다.

33 단철근 직사각형 콘크리트 보의 설계휨모멘트를 증가시키는 방법 중에서 가장 효과가 적은 것은?

① 인장철근량의 증가
② 인장철근 설계기준 항복강도의 상향
③ 단면 유효깊이의 증가
④ 콘크리트 설계기준 압축강도의 상향

34 양단 고정단보 지간 중앙에 집중 활하중 P만 작용하고 있다. 콘크리트구조기준(2021)을 적용한 단철근 보에 작용 가능한 최대 집중 활하중의 크기 P[kN]는?(단, 인장지배단면 가정, 고정하중 무시, 인장철근 단면적 $A_s = 1{,}000\text{mm}^2$, 철근의 설계기준항복강도 $f_y = 400\text{MPa}$, 유효깊이 $d = 450\text{mm}$, 등가 직사각형 응력블럭의 깊이 $a = 100\text{mm}$, 고정단보 지간길이 $L = 8.5\text{m}$, 강도감소계수 $\phi = 0.85$를 적용한다.)

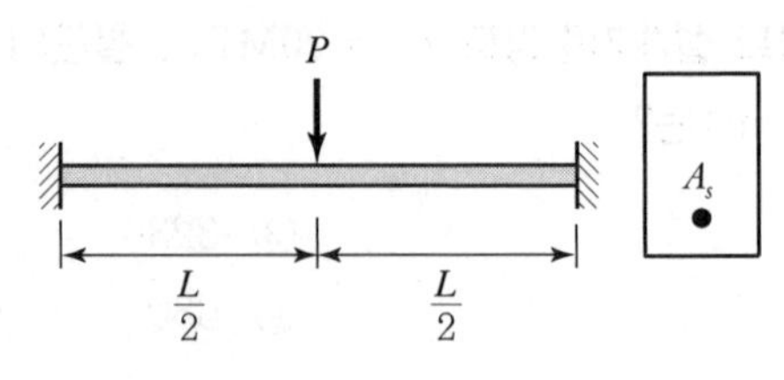

① 50
② 80
③ 120
④ 160

35 설계휨강도가 $\phi M_n = 350\text{kN}\cdot\text{m}$인 단철근 직사각형 보의 유효깊이 d는?(단, 철근비 $\rho = 0.014$, $b_w = 350\text{mm}$, $f_{ck} = 21\text{MPa}$, $f_y = 350\text{MPa}$이고, 이 단면은 인장지배단면이다.)

① 462mm
② 528mm
③ 574mm
④ 651mm

36 $M_u = 200\text{kN}\cdot\text{m}$의 계수모멘트가 작용하는 단철근 직사각형보에서 필요한 최소 철근량(A_s)은 약 얼마인가?(단, $b_w = 300\text{mm}$, $d = 500\text{mm}$, $f_{ck} = 28\text{MPa}$, $f_y = 400\text{MPa}$, $\phi = 0.85$이다.)

① 1,072.7mm^2
② 1,266.3mm^2
③ 1,524.6mm^2
④ 1,785.4mm^2

37 복철근 직사각형보에서 압축철근의 배치목적으로 옳지 않은 것은?(단, 보는 정모멘트(+)만을 받고 있다고 가정한다.)

① 전단철근 등 철근 조립 시 시공성 향상을 위하여
② 크리프 현상에 의한 처짐량을 감소시키기 위하여
③ 보의 연성거동을 감소시키기 위하여
④ 보의 압축에 대한 저항성을 증가시키기 위하여

38 〈보기〉와 같은 다음 복철근보가 휨극한 상태에 도달했을 때 인장철근의 변형률이 최소허용변형률이었다면 압축철근에 발생하는 응력은?(단, 「콘크리트구조 설계기준(2021)」을 적용하며, $f_y = 500\text{MPa}$, $f_{ck} = 20\text{MPa}$이다.)

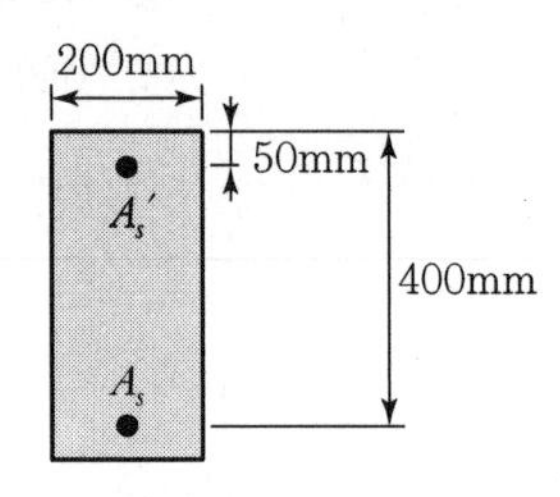

① 400MPa
② 452MPa
③ 478MPa
④ 500MPa

39 그림과 같은 단철근 직사각형보에 압축철근량 A_s'와 인장철근량 A_{s1}을 배치하여 두 철근의 변형률이 항복변형률을 초과하여 모두 항복하였다. 단면의 하부에 A_{s2}를 추가한다면 인장철근과 압축철근의 항복에 대해 설명한 것 중 맞는 것을 모두 골라라.

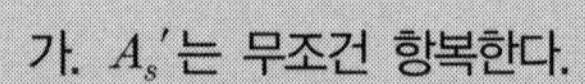

가. A_s'는 무조건 항복한다.
나. A_s'는 항복할 수도 있고 항복하지 않을 수도 있다.
다. A_{s2}는 무조건 항복한다.
라. A_{s2}는 항복할 수도 있고 항복하지 않을 수도 있다.

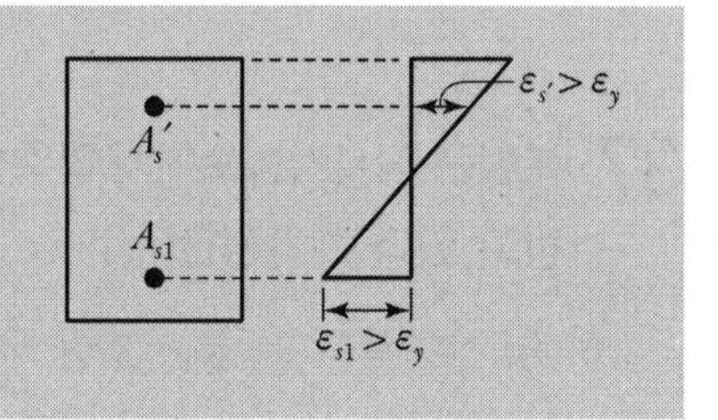

① 가, 다
② 가, 라
③ 나, 다
④ 나, 라
⑤ 알 수 없다.

40 RC 복철근 직사각형 단면의 보에서 인장철근의 단면적은 그대로인 상태로 압축철근의 단면적만 2배로 증가시켰을 때, 단면의 응력 및 변형률 분포에 대한 설명으로 옳지 않은 것은?(단, 두 경우 모두 인장 및 압축철근은 항복한 것으로 가정한다.)

① 콘크리트의 등가 압축응력 블록 깊이가 감소한다.
② 콘크리트와 압축철근에 의한 압축 내력의 합이 증가한다.
③ 휨모멘트의 팔길이가 증가한다.
④ 압축철근의 변형률이 감소한다.

41 강도설계법으로 그림과 같은 복철근 직사각형 단면을 설계할 때, 등가직사각형의 깊이 a[mm]는?(단, 콘크리트의 설계기준강도 $f_{ck} = 25\text{MPa}$, 철근의 항복강도 $f_y = 400\text{MPa}$이다.)

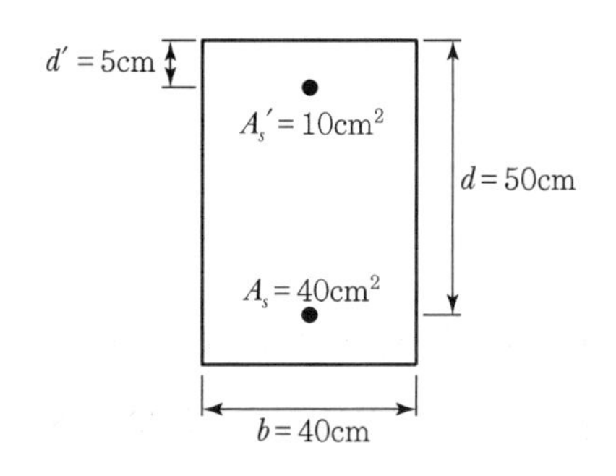

① 127.8
② 141.2
③ 176.5
④ 210.6

42 다음 그림과 같은 복철근 직사각형보에서 인장철근량 $A_s = 2{,}000\,\text{mm}^2$, 압축철근량 $A_s{}' = 900\,\text{mm}^2$일 때, 인장철근비 ρ^d는 $\rho^d{}_{\min} \le \rho^d \le \rho^d{}_{\max}$를 만족한다면 압축측의 총압축력 C [kN]는?(단, 콘크리트 설계기준강도 $f_{ck} = 20\text{MPa}$, 철근의 항복강도 $f_y = 300\text{MPa}$, $\rho^d{}_{\min}$은 복철근보의 최소철근비, $\rho^d{}_{\max}$는 복철근보의 최대철근비이다.)

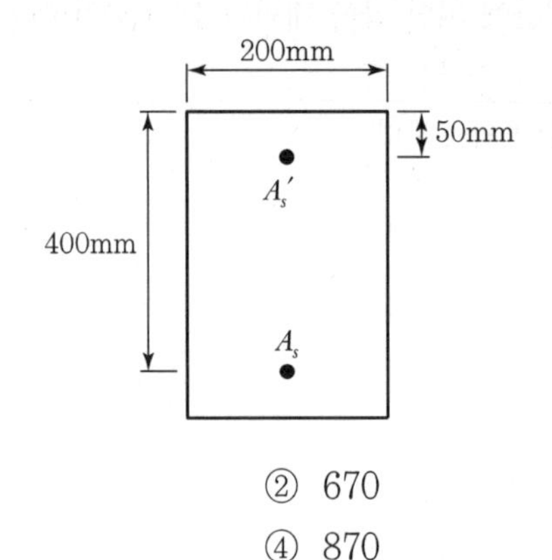

① 600　　② 670
③ 750　　④ 870

43 그림과 같은 복철근 직사각형보의 설계휨강도 M_d[kN·m]는?(단, 콘크리트 설계기준강도 $f_{ck} = 20\text{MPa}$, 철근 항복강도 $f_y = 400\text{MPa}$, 인장철근 단면적 $A_s = 7{,}890\,\text{mm}^2$, 압축철근 단면적 $A_s{}' = 5{,}000\,\text{mm}^2$이다.)

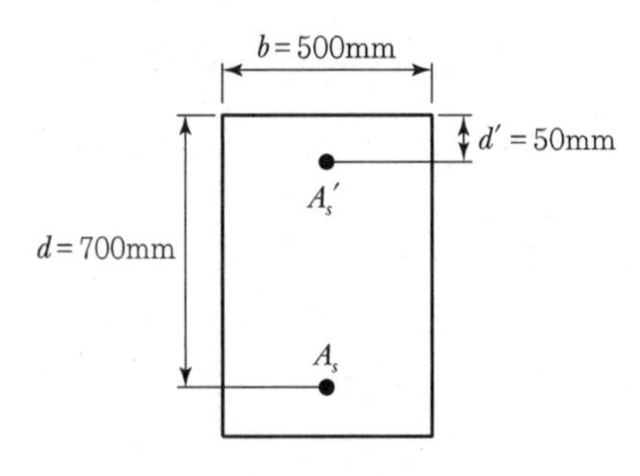

① 1,452　　② 1,726
③ 2,074　　④ 2,480

44 경간 $L = 12\text{m}$인 교량의 단면이 그림과 같은 경우, 대칭 T형보의 플랜지 유효폭[mm]은?

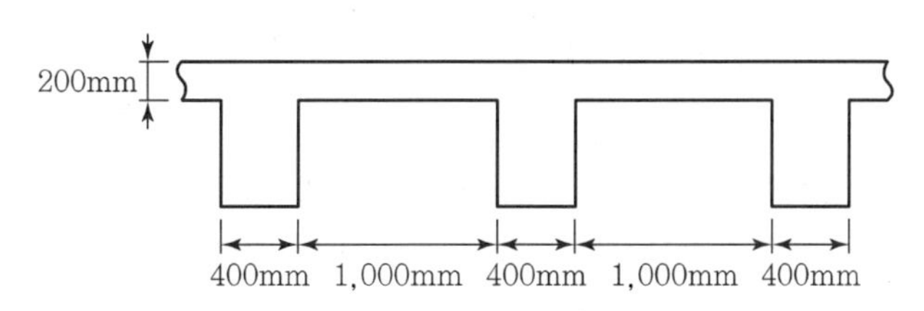

① 1,400　　② 2,100
③ 3,000　　④ 3,600

45 경간이 12m, 양쪽의 슬래브 중심 간의 거리가 3.1m, 복부 폭이 440mm인 대칭 T형보를 설계하려고 한다. 경간에 의하여 플랜지 유효폭을 결정할 수 있는 슬래브의 최소 두께[mm]는?

① 150　　② 160
③ 170　　④ 180

46 그림과 같이 경간(L) 12m인 연속 T형보에서 비대칭 부분의 플랜지 유효폭[mm]은?

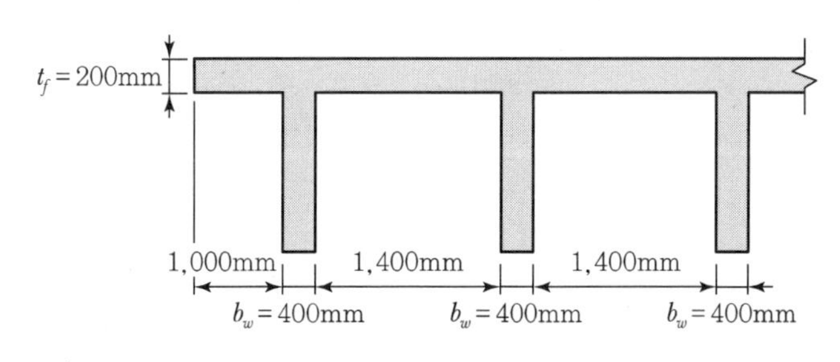

① 1,000　　② 1,100
③ 1,400　　④ 1,600

47 **복철근보와 단철근 T형보에 대한 설명으로 옳지 않은 것은?**

① 복철근보는 보의 높이가 제한을 받거나 단면이 정(+)·부(−)의 휨모멘트를 교대로 받는 경우 적합하다.

② 복철근보의 압축철근은 지속하중에 의한 장기처짐을 감소시키는 효과가 있다.

③ 정(+)의 휨모멘트가 작용하는 T형보의 단면에서 중립축이 복부에 있을 때는 T형보로 보고 해석한다.

④ 부(−)의 휨모멘트가 작용하는 T형보의 단면에서 중립축이 복부에 있을 때는 유효플랜지 폭과 동일한 폭을 갖는 직사각형 단면으로 보고 해석한다.

48 **그림과 같은 T형보를 직사각형보로 해석할 수 있는 최대 철근량 A_s[mm²]는?(단, f_{ck} = 20MPa, f_y = 400MPa이며 「콘크리트구조 설계기준(2021)」을 적용한다.)**

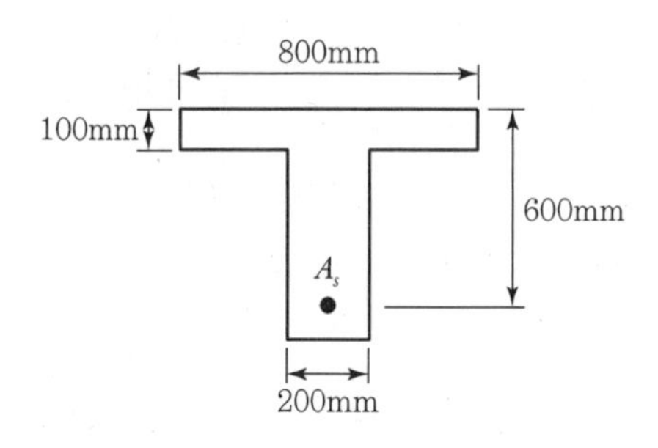

① 3,400　　② 1,700

③ 340　　④ 170

49 그림과 같은 단철근 T형보에서 플랜지 부분에 대응하는 철근량 A_{sf}[mm²]는?(단, f_{ck} = 30MPa, f_y = 300MPa이며, 「콘크리트구조 설계기준(2021)」을 적용한다.)

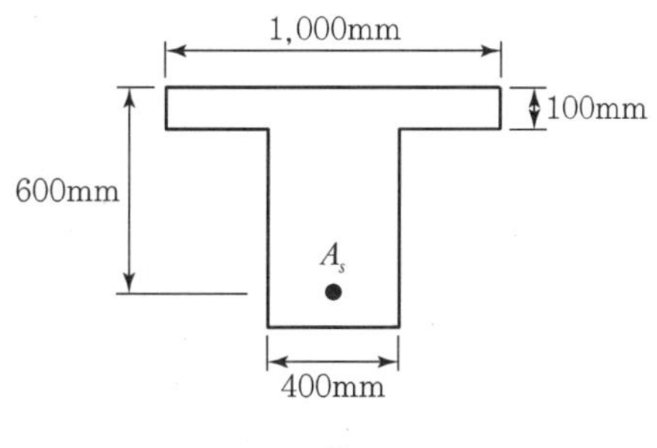

① 3,400 ② 4,000
③ 5,100 ④ 5,200

50 그림과 같은 T형보에 대한 등가 응력블록의 깊이 a[mm]는?(단, f_{ck} = 20MPa, f_y = 400MPa이다.)

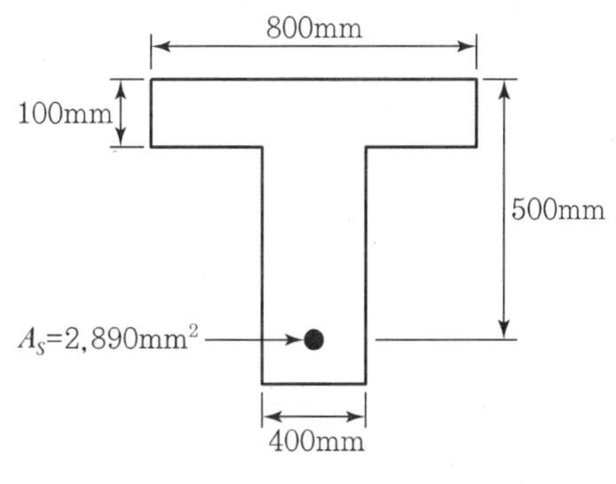

① 55 ② 65
③ 75 ④ 85

51 다음 그림과 같은 T형보에서 인장철근의 단면적이 $A_s = 4,250\,\text{mm}^2$일 때, 등가직사각형 응력블록의 깊이 a[mm]는?(단, 콘크리트 설계기준강도 $f_{ck} = 20\text{MPa}$, 철근의 항복강도 $f_y = 400\text{MPa}$이다.)

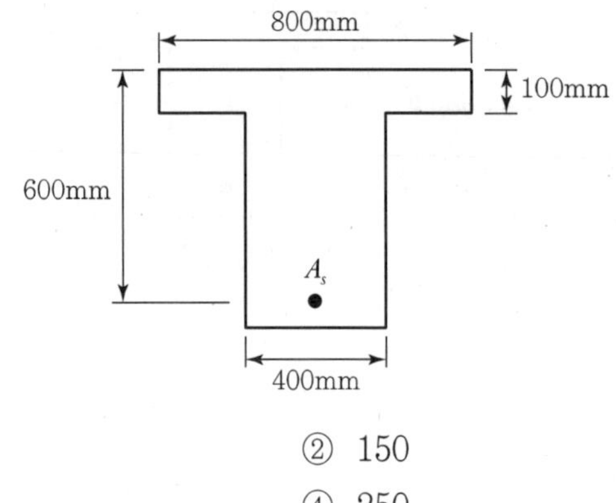

① 100
② 150
③ 200
④ 250

52 아래 그림의 빗금 친 부분과 같은 단철근 T형보의 등가응력의 깊이 a는 얼마인가?(단, $A_s = 6,354\text{mm}^2$, $f_{ck} = 24\text{MPa}$, $f_y = 400\text{MPa}$)

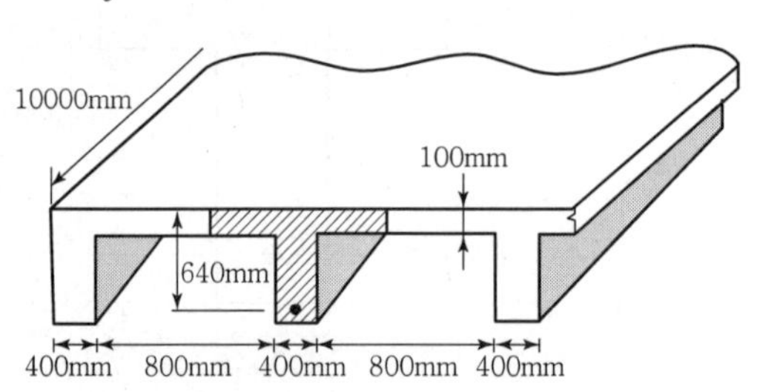

① 96.7mm
② 111.5mm
③ 121.3mm
④ 128.6mm

53 그림과 같은 T형 보에서 $f_{ck}=21\text{MPa}$, $f_y=300\text{MPa}$일 때 설계휨강도 ϕM_n를 구하면?(단, 과소 철근보이고 $A_s=5,000\text{mm}^2$)

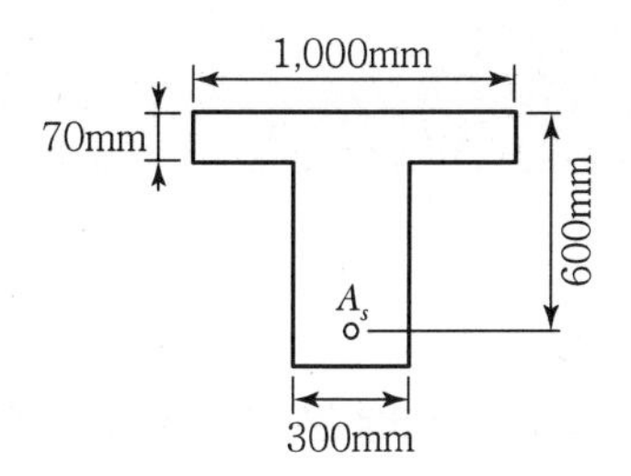

① 613.13kN · m
② 631.38kN · m
③ 690.55kN · m
④ 707.94kN · m

CHAPTER 공기업 토목직 1300제

04 보의 전단과 비틀림

01 축력, 휨모멘트, 전단력의 작용에 의해 부재 단면에 발생하는 응력에 관한 설명으로 옳지 않은 것은?

① 인장력이 단면의 도심에 작용할 때, 하중작용점에서 충분히 멀리 떨어진 단면의 인장응력은 단면 내에 균등하게 분포된다.

② 휨모멘트가 작용할 때, 단면의 상하단 위치에서 최대압축 또는 최대인장 응력이 발생한다.

③ 휨모멘트에 의한 휨응력은 단면의 단면2차모멘트가 클수록 작아진다.

④ 전단력이 작용할 때, 직사각형 단면의 전단응력은 단면 내에 균등하게 분포된다.

02 단순보에 집중하중 P가 작용하고 있을 때 중립축을 지나는 C 점에 대한 설명으로 잘못된 것은?

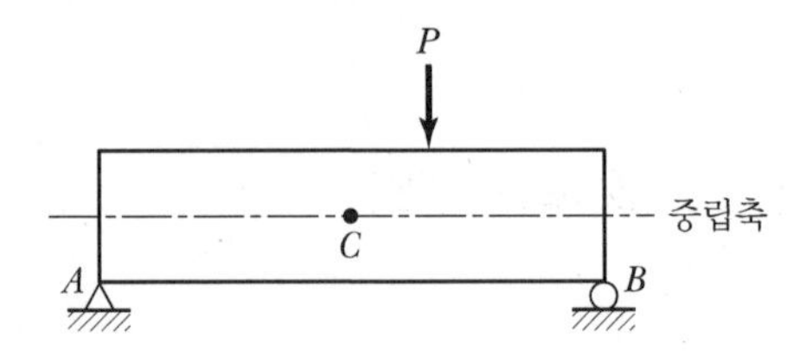

① C점은 순수전단 상태에 있다.

② 주인장응력의 방향은 중립축에서 반시계방향으로 45°이다.

③ 주인장응력의 방향에서 90° 위치에 주압축응력이 있다.

④ 균열은 주인장응력과 90° 방향으로 발생한다.

⑤ 주인장응력은 전단응력과 크기가 같다.

03 다음 중 전단철근으로 사용할 수 없는 것은?

① 부재축에 직각으로 배치한 용접철망
② 주인장 철근에 30°의 각도로 설치되는 스터럽
③ 나선철근, 원형 띠철근 또는 후프철근
④ 스터럽과 굽힘철근의 조합

04 철근콘크리트 보에서 스터럽(Stirrup)을 배근하는 주된 이유는?

① 주철근 상호간의 위치를 확보하기 위하여
② 보에 작용하는 사인장응력에 의한 균열을 제어하기 위하여
③ 철근과 콘크리트의 부착강도를 높이기 위하여
④ 압축측 콘크리트의 좌굴을 방지하기 위하여

05 그림과 같은 구조물에서 전단에 대한 위험단면으로 옳은 것은?

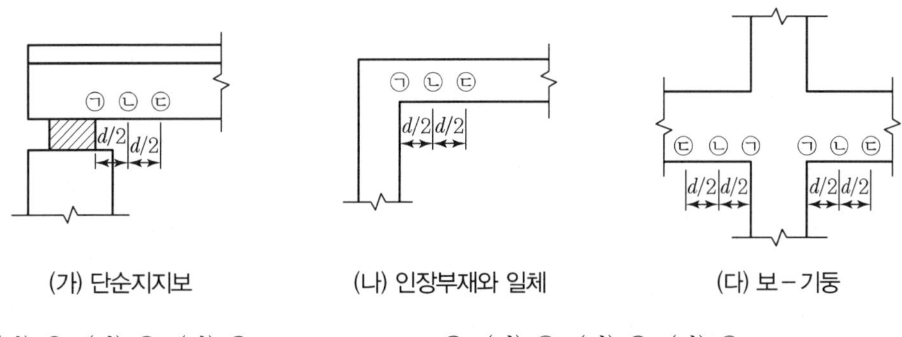

(가) 단순지지보　　(나) 인장부재와 일체　　(다) 보 – 기둥

① (가) ㉡, (나) ㉠, (다) ㉡
② (가) ㉢, (나) ㉠, (다) ㉡
③ (가) ㉠, (나) ㉡, (다) ㉡
④ (가) ㉠, (나) ㉡, (다) ㉢
⑤ (가) ㉢, (나) ㉠, (다) ㉢

06 다음 그림과 같은 직사각형 단면의 콘크리트가 전단력과 휨모멘트만을 받을 때, 보통골재를 사용한 콘크리트가 부담할 수 있는 공칭전단강도 V_c[kN]는?(단, 콘크리트의 설계기준강도 $f_{ck}=25\text{MPa}$이다.)

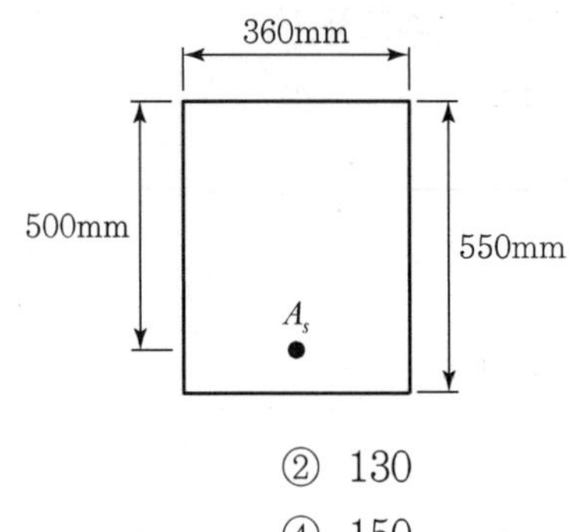

① 120 ② 130
③ 140 ④ 150

07 $b_w=350\text{mm}$, $d=600\text{mm}$인 단철근 직사각형보에서 콘크리트가 부담할 수 있는 공칭 전단 강도를 정밀식으로 구하면?(단, $V_u=100\text{kN}$, $M_u=300\text{kN}\cdot\text{m}$, $\rho_w=0.016$, $f_{ck}=24\text{MPa}$)

① 164.2kN ② 171.5kN
③ 176.4kN ④ 182.7kN

08 그림과 같은 단면의 캔틸레버 보에 자중을 포함한 등분포 계수하중 $w_u = 25\text{kN/m}$가 작용하고 있을 때, 전단위험단면에서 전단철근이 부담해야 할 공칭전단력 V_s[kN]는?(단, 보의 지간은 3.3m, 콘크리트의 쪼갬인장강도 $f_{sp} = 1.4\text{MPa}$, 콘크리트의 설계기준 압축강도 $f_{ck} = 25\text{MPa}$, 인장철근의 설계기준 항복강도 $f_y = 350\text{MPa}$이며, KDS(2016) 설계기준을 적용한다.)

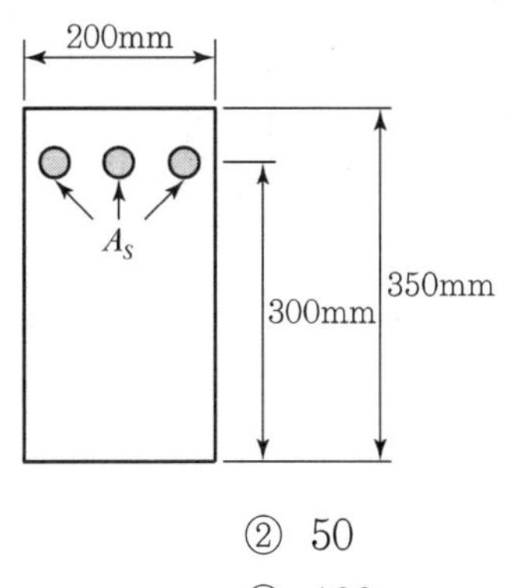

① 25
② 50
③ 75
④ 100

09 보통중량콘크리트를 사용한 휨부재인 철근콘크리트 직사각형보가 폭이 600mm, 유효깊이가 800mm일 때 전단철근을 배치하지 않으려고 한다. 이때 위험단면에 작용하는 계수전단력(V_u)은 최대 얼마 이하의 값[kN]인가?(단, 직사각형보는 슬래브, 기초판, 장선구조, 판부재에 해당되지 않으며, 콘크리트의 설계기준압축강도 $f_{ck} = 25\text{MPa}$, 철근의 설계기준항복강도 $f_y = 300\text{MPa}$, 2021년도 콘크리트구조기준을 적용한다.)

① 150
② 170
③ 300
④ 340

10 계수전단력 $V_u = 7.5\text{kN}$이 폭 $b = 100\text{mm}$인 직사각형 단면에 작용한다. 이때, 전단철근 없이 콘크리트만으로 견딜 수 있는 단면의 최소 유효깊이 d는?(단, 콘크리트 설계기준 압축강도 $f_{ck} = 36\text{MPa}$, 보통중량콘크리트이고, 「콘크리트구조기준(2021)」을 적용한다.)

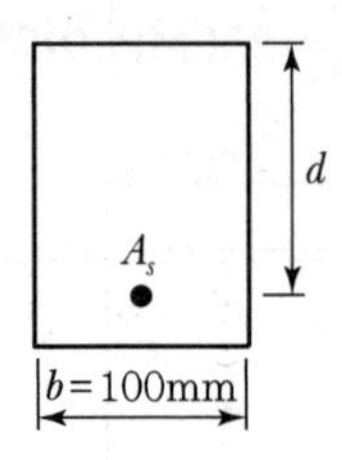

① 150mm
② 200mm
③ 250mm
④ 300mm

11 그림에서 폭 $b = 300\text{mm}$, 유효깊이 $d = 400\text{mm}$, 전체높이 $h = 450\text{mm}$인 직사각형 단면의 캔틸레버보가 최소전단철근 및 전단철근 없이 계수하중 $w_u = 10\text{kN/m}$를 지지할 수 있는 최대 길이 $L[\text{mm}]$은?(단, 휨에 대한 고려는 하지 않으며, 콘크리트의 설계기준강도 $f_{ck} = 25\text{MPa}$이다.)

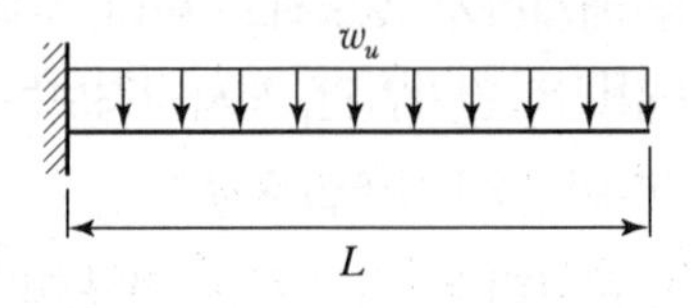

① 3,400
② 3,650
③ 3,900
④ 4,150

12 다음 그림과 같은 자중을 포함한 계수등분포하중 w_u을 받고 있는 단철근 직사각형 철근콘크리트 단순보에서, 지점 A로부터 최소전단철근을 포함한 전단철근이 배근되는 점까지의 거리 x는?(단, 보통 중량 콘크리트를 사용하고, $f_{ck}=36\text{MPa}$, 단면의 폭 $b=400\text{mm}$, 유효깊이 $d=400\text{mm}$이다.)

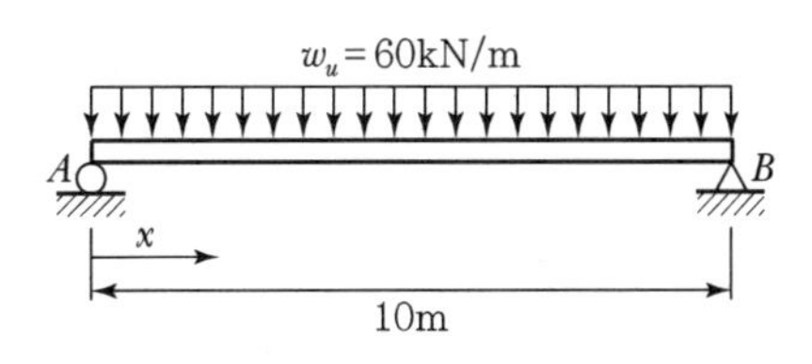

① 3m
② 4m
③ 5m
④ 6m

13 계수전단력 V_u가 ϕV_c의 1/2을 초과하고 ϕV_c 이하인 경우에는 최소의 전단철근량을 배치하도록 규정하고 있다. 이 최소의 전단철근량이 옳게 된 것은?(단, s는 전단철근의 간격)

① $A_{v,\min}=0.0625\sqrt{f_{ck}}\dfrac{b_w s}{f_y}\geqq 0.35\dfrac{sf_y}{b_w}$

② $A_{v,\min}=0.0625\sqrt{f_{ck}}\dfrac{b_w s}{f_y}\geqq 0.35\dfrac{b_w s}{f_y}$

③ $A_{v,\min}=0.0625\sqrt{f_{ck}}\dfrac{b_w s}{f_y}\geqq 0.35\dfrac{b_w f_y}{f_y}$

④ $A_{v,\min}=0.0625\sqrt{f_{ck}}\dfrac{b_w s}{f_y}\geqq 0.35\dfrac{ds}{f_y}$

14 계수전단력 $V_u = 75\text{kN}$에 대하여 규정에 의한 최소전단철근을 배근하여야 하는 직사각형 철근콘크리트보가 있다. 이 보의 폭이 300mm일 경우 유효깊이(d)의 최소값은?(단, $f_{ck} = 24\text{MPa}$, $f_y = 350\text{MPa}$)

① 375mm　　② 387mm
③ 394mm　　④ 409mm

15 계수전단력 V_u가 콘크리트에 의한 설계전단강도 ϕV_c의 1/2을 초과하고 ϕV_c 이하인 모든 철근콘크리트 휨부재에는 최소 전단철근을 배치한다. 이에 대한 예외규정으로 옳지 않은 것은?

① 슬래브와 기초판
② 콘크리트 장선구조
③ I형보, T형보에서 그 깊이가 플랜지 두께의 3.5배 또는 복부폭 중 큰 값 이하인 보
④ 교대 벽체 및 날개벽, 옹벽의 벽체, 암거 등과 같이 휨이 주 거동인 판 부재

16 길이가 10m인 캔틸레버보에 자중을 포함한 계수하중 $w_u = 20\text{kN/m}$가 작용할 때 전단철근이 필요한 구간 x[m]는?(단, 최소전단철근 배근구간은 제외한다. 그리고 폭 $b = 400\text{mm}$, 유효깊이 $d = 600\text{mm}$, $f_{ck} = 25\text{MPa}$이다.)

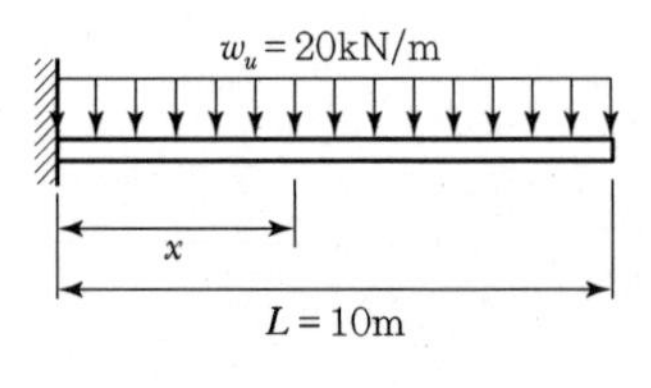

① 2.5　　② 3.0
③ 3.5　　④ 4.0

17 보통중량콘크리트를 사용한 휨부재인 철근콘크리트 직사각형 보에 계수전단력 $V_u = 750$kN이 작용할 때, 콘크리트가 부담하는 전단강도 $V_c = 600$kN일 경우 전단철근량[mm²]은?(단, 수직 전단철근을 적용하고, 철근의 설계기준항복강도 $f_y = 300$MPa, 전단철근의 간격 $s = 300$mm, 보의 유효깊이 $d = 1,000$mm이며, 2021년도 콘크리트구조기준을 적용한다.)

① 200 ② 300
③ 400 ④ 500

18 그림에 나타난 직사각형 단철근보에서 전단철근이 부담하는 전단력(V_s)은 약 얼마인가?(단, 철근 D13을 수직 스터럽(Stirrup)으로 사용하며, 스터럽 간격은 200mm, D13 철근 1본의 단면적은 127mm^2, $f_{ck}=28$MPa, $f_{yt}=350$MPa, 보통콘크리트 사용)

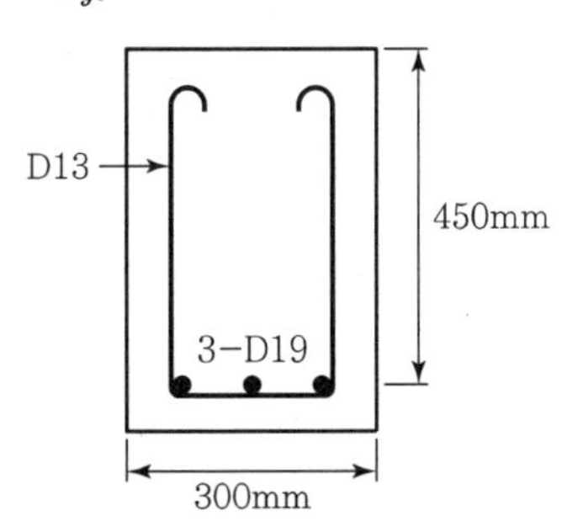

① 125kN ② 150kN
③ 200kN ④ 250kN

19 $b_w = 400$mm, $d = 700$mm인 보에 $f_y = 400$MPa인 D16 철근을 인장 주철근에 대한 경사각 $\alpha = 60°$인 U형 경사 스트럽으로 설치했을 때 전단보강철근의 공칭강도는(V_s)는?(단, 스트럽 간격 $s = 300$mm, D16 철근 1본의 단면적은 199mm^2이다.)

① 253.7kN　② 321.7kN
③ 371.5kN　④ 507.4kN

20 폭 $b = 400$mm, 유효깊이 $d = 600$mm인 단철근 직사각형 보에 U형 수직 스터럽을 간격 $s = 250$mm로 배치하였을 때, 공칭전단강도 V_n[kN]은?(단, 보통 중량 콘크리트의 설계기준압축강도 $f_{ck} = 25$MPa, 전단철근의 설계기준항복강도 $f_{yt} = 400$MPa, 스터럽 한 가닥의 단면적은 125mm^2이고, 2021년도 콘크리트구조기준을 적용한다.)

① 320　② 380
③ 440　④ 640

21 강도설계법에 따라서 그림과 같은 단면에 전단철근을 충분히 사용하는 경우, 단면이 부담할 수 있는 최대 설계전단강도[kN]는?(단, 콘크리트에 의한 전단강도(V_c)는 간략식에 의하여 계산, 콘크리트의 설계기준압축강도 $f_{ck} = 36\text{MPa}$, 횡방향 철근의 설계기준항복강도 $f_{yt} = 400\text{MPa}$, 경량콘크리트계수 $\lambda = 1.0$)

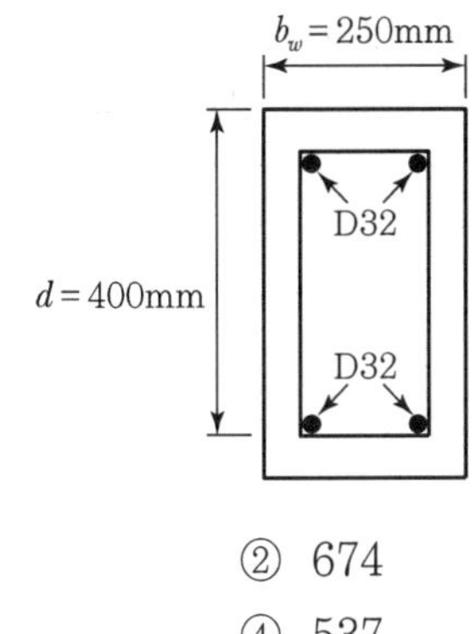

① 716　　② 674
③ 618　　④ 537

22 그림과 같은 철근콘크리트 내민보에 자중을 포함한 계수등분포하중(w_u)이 100kN/m로 작용할 때, 위험단면에서 전단보강철근이 부담해야 할 최소의 전단력(V_s)을 부담한다면 전단보강철근의 최대간격은 얼마 이하여야 하는가?(단, 보통중량 콘트리트를 사용하였으며, $f_{ck} = 36\text{MPa}$, 전단철근의 단면적 $A_v = 400\text{mm}^2$, $f_{yt} = 300\text{MPa}$이며, 콘크리트구조기준(2021)을 적용한다.)

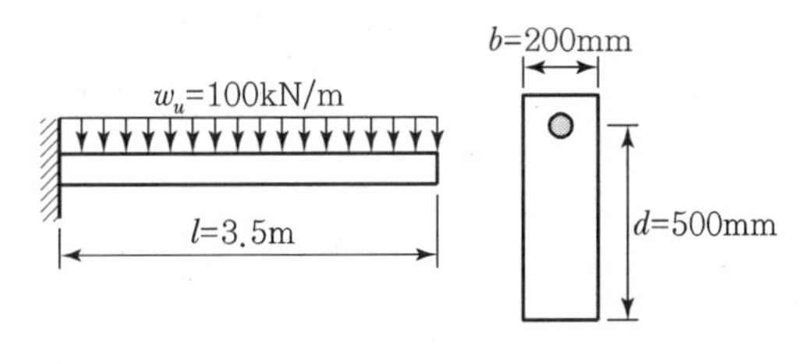

① 125mm　　② 200mm
③ 250mm　　④ 300mm

23 **자중을 포함한 계수등분포하중 75kN/m를 받는 단철근 직사각형단면 단순보가 있다. $f_{ck}=28$MPa, 경간은 8m이고, $b=400$mm, $d=600$mm일 때 다음 설명 중 옳지 않은 것은?**

① 위험단면에서의 전단력은 255kN이다.
② 콘크리트가 부담할 수 있는 전단강도는 211.7 kN이다.
③ 부재축에 직각으로 스터럽을 설치하는 경우 그 간격은 300mm 이하로 설치하여야 한다.
④ 최소 전단철근을 포함한 전단철근이 필요한 구간은 지점으로부터 1.92m까지이다.

24 **철근콘크리트 직사각형 보의 전단철근에 대한 설명으로 옳지 않은 것은?(단, V_s = 전단철근에 의한 전단강도, λ = 경량콘크리트 계수, f_{ck} = 콘크리트의 설계기준압축강도, b_w = 직사각형 보의 폭, d = 직사각형 보의 유효깊이이고, 「콘크리트구조 설계기준(2021)」을 적용한다.)**

① $V_s \le \dfrac{\lambda\sqrt{f_{ck}}}{3}b_w d$일 때, 수직 전단철근의 간격은 $0.5d$ 이하이어야 하고, 어느 경우이든 600mm 이하로 하여야 한다.
② $V_s \le \dfrac{\lambda\sqrt{f_{ck}}}{3}b_w d$일 때, 경사 스터럽과 굽힘철근은 부재의 중간 높이인 $0.5d$에서 반력점 방향으로 주인장철근까지 연장된 60° 선과 한 번 이상 교차되도록 배치하여야 한다.
③ $\dfrac{\lambda\sqrt{f_{ck}}}{3}b_w d < V_s \le 0.2\left(1-\dfrac{f_{ck}}{250}\right)f_{ck}b_w d$일 때, 수직 전단철근의 간격은 $0.25d$ 이하이어야 하고, 어느 경우이든 300mm 이하로 하여야 한다.
④ 전단철근의 설계기준항복강도 f_y는 500MPa을 초과할 수 없다. 단, 용접 이형철망을 사용할 경우 전단철근의 설계기준항복강도 f_y는 600MPa을 초과할 수 없다.

25 **다음에서 깊은 보로 설계할 수 있는 것은?**

① 한쪽 면이 하중을 받고 반대쪽 면이 지지되어 하중과 받침부 사이에 압축대가 형성되는 구조요소로서, 순경간(l_n)이 부재 깊이의 4배 이하인 부재

② 한쪽 면이 하중을 받고 반대쪽 면이 지지되어 하중과 받침부 사이에 압축대가 형성되는 구조요소로서, 순경간(l_n)이 부재 깊이의 5배 이하인 부재

③ 받침부 내면에서 부재 깊이의 2.5배 이하인 위치에 등분포하중이 작용하는 경우 경간 중앙부의 최대 휨모멘트가 작용하는 구간

④ 받침부 내면에서 부재 깊이의 2.5배 이하인 위치에 등분포하중이 작용하는 경우 등분포하중과 받침부 사이의 구간

26 **깊은 보(Deep Beam)의 강도는 다음 중 무엇에 의해 지배되는가?**

① 압축　② 인장

③ 휨　④ 전단

27 그림과 같이 직접전단 균열이 발생할 곳에 대하여 전단마찰 이론을 적용할 경우 소요철근의 면적(A_{vf})[mm^2]은?(단, 계수전단력 $V_u = 45\text{kN}$, 철근의 설계기준항복강도 $f_y = 400\text{MPa}$, 콘크리트 마찰계수 $\mu = 0.5$, $\sin\alpha_f = \frac{4}{5}$, $\cos\alpha_f = \frac{3}{5}$ 이며, 2021년도 콘크리트구조기준을 적용한다.)

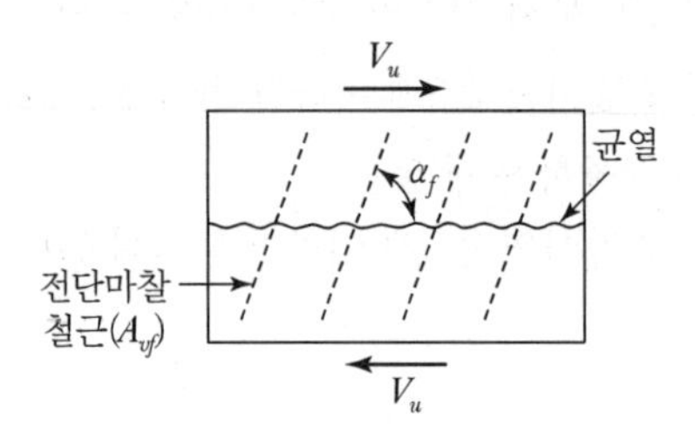

① 75
② 150
③ 180
④ 225

28 전단마찰이론에 대한 설명 중 옳지 않은 것은?

① 공칭전단강도 V_n 은 $0.2f_{ck}b_wd$와 $5.5b_wd$ 중 작은 값보다 커서는 안 된다.
② 표면을 거칠게 하지 않은 굳은 콘크리트에 이어친 콘크리트의 마찰계수는 0.7λ 이다.
③ 일체로 친 콘크리트의 마찰계수는 1.4λ 이다.
④ 전단마찰철근량을 구하는 식은 $\frac{V_u}{\phi\mu f_y}$ 이다.
⑤ 전단마찰철근의 설계기준 항복강도는 500MPa 이하로 하여야 한다.

29 브래킷과 내민받침의 전단설계에 대한 보기의 설명 중 옳은 내용을 모두 고른 것은?(단, 「콘크리트구조기준(2021)」을 적용한다.)

> ㄱ. 받침부 면의 단면은 계수전단력 V_u와 계수휨모멘트 $[V_u a_v + N_{uc}(h-d)]$ 및 계수수평 인장력 N_{uc}를 동시에 견디도록 설계하여야 한다.
> ㄴ. 브래킷 또는 내민받침 위에 놓이는 부재가 인장력을 피하도록 특별한 장치가 마련되어 있지 않는 한 인장력 N_{uc}를 $0.1V_u$ 이상으로 하여야 한다.
> ㄷ. 인장력 N_{uc}는 인장력이 비록 크리프, 건조수축 또는 온도변화에 기인한 경우라도 고정하중으로 간주하여야 한다.
> ㄹ. 주인장철근의 단면적 A_s는 $(A_f + A_n)$과 $(2A_{uf}/3 + A_n)$ 중에서 큰 값 이상이어야 한다.(여기서 A_f = 계수휨모멘트에 저항하는 철근 단면적, A_n = 인장력 N_{uc}에 저항하는 철근 단면적, A_{uf} = 전단마찰철근의 단면적을 의미한다.)

① ㄱ, ㄷ
② ㄱ, ㄹ
③ ㄴ, ㄷ
④ ㄴ, ㄹ

30 그림과 같은 보통중량콘크리트를 사용한 철근콘크리트 테두리보의 균열비틀림모멘트 T_{cr} [kN·m]은?(단, $f_{ck} = 29.16\text{MPa}$, $\sqrt{29.16} = 5.4$)

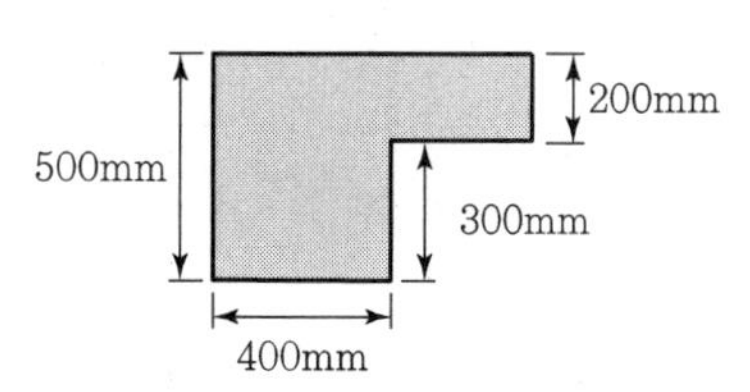

① 30.7
② 40.7
③ 50.7
④ 60.7

31 프리스트레싱되지 않은 철근콘크리트 부재에서 다음 중 비틀림에 대한 검토를 무시할 수 있는 경우는?(T_u : 계수비틀림모멘트, P_{cp} : 단면의 외부 둘레길이, ϕ : 강도감소계수, A_{cp} : 단면의 외부 둘레로 둘러싸인 면적, f_{ck} : 콘크리트 압축강도)

① $T_u < \phi(\lambda \sqrt[3]{f_{ck}}/12)\dfrac{A_{cp}^{\ 2}}{P_{cp}}$

② $T_u < \phi(\lambda \sqrt{f_{ck}}/12)\dfrac{A_{cp}^{\ 2}}{P_{cp}}$

③ $T_u < \phi(\lambda \sqrt{f_{ck}}/4)\dfrac{A_{cp}^{\ 2}}{P_{cp}}$

④ $T_u < \phi(\lambda \sqrt{f_{ck}}/12)\dfrac{A_{cp}}{P_{cp}}$

⑤ $T_u < \phi(\lambda \sqrt{f_{ck}}/12)\dfrac{A_{cp}}{P_{cp}^{\ 2}}$

32 그림의 단면에 계수비틀림모멘트 $T_u = 18\text{kN}\cdot\text{m}$가 작용하고 있다. 이 비틀림모멘트에 요구되는 스터럽의 요구단면적은?(단, $f_{ck} = 21\text{MPa}$이고, 횡방향 철근의 설계기준항복강도(f_{yt}) = 350MPa, s는 종방향 철근에 나란한 방향의 스터럽 간격, A_t는 간격 s 내의 비틀림에 저항하는 폐쇄스터럽 1가닥의 단면적이고, 비틀림에 대한 강도감소계수(ϕ)는 0.75를 사용한다.)

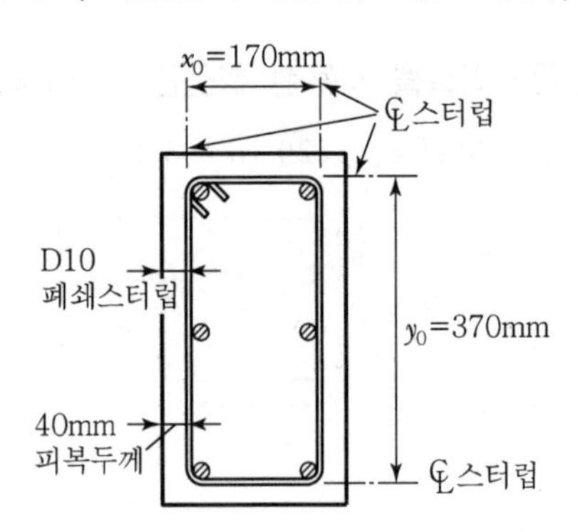

① $\dfrac{A_t}{s} = 0.0641\text{mm}^2/\text{mm}$

② $\dfrac{A_t}{s} = 0.641\text{mm}^2/\text{mm}$

③ $\dfrac{A_t}{s} = 0.0502\text{mm}^2/\text{mm}$

④ $\dfrac{A_t}{s} = 0.502\text{mm}^2/\text{mm}$

33 **그림의 단면에 비틀림에 대하여 횡철근을 설계한 결과 D10 폐쇄스터럽이 130mm 간격으로 배치되었다. 이 단면에 필요한 종방향철근의 단면적(A_l)으로 맞는 것은?(단, f_{ck} = 21MPa이고, $f_{yt} = f_y$ = 400MPa이다. f_{yt} : 횡방향 비틀림보강철근의 항복강도, f_y : 종방향비틀림보강철근의 설계기준 항복강도)**

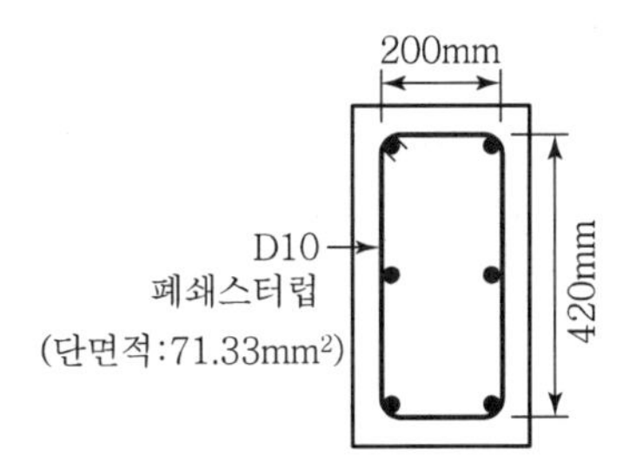

① A_l를 배치할 필요가 없다. ② A_l = 932mm²

③ A_l = 678mm² ④ A_l = 344mm²

34 **비틀림 철근에 대한 설명 중 옳지 않은 것은?(단, P_h : 가장 바깥의 횡방향 폐쇄스터럽 중심선의 둘레 mm)**

① 비틀림철근의 설계기준항복강도는 500MPa을 초과해서는 안된다.

② 횡방향 비틀림 철근의 간격은 ph/8보다 작아야 하고, 또한 300mm보다 작아야 한다.

③ 비틀림에 요구되는 종방향 철근은 폐쇄스터럽의 둘레를 따라 300mm 이하의 간격으로 분포시켜야 한다.

④ 스터럽의 각 모서리에 최소한 세 개 이상의 종방향철근을 두어야 한다.

35 **비틀림철근에 대한 설명으로 틀린 것은?(단, A_{oh}는 가장 바깥의 비틀림 보강철근의 중심으로 닫혀진 단면적이고, p_h는 가장 바깥의 횡방향 폐쇄스터럽 중심선의 둘레이다.)**

① 횡방향 비틀림 철근은 종방향 철근 주위로 135° 표준갈고리에 의해 정착하여야 한다.

② 비틀림모멘트를 받는 속빈 단면에서 횡방향 비틀림철근의 중심선으로부터 내부 벽면까지의 거리는 $0.5A_{0h}/p_h$ 이상이 되도록 설계하여야 한다.

③ 횡방향 비틀림 철근의 간격은 $p_h/6$ 및 400mm 보다 작아야 한다.

④ 종방향 비틀림 철근은 양단에 정착하여야 한다.

CHAPTER

05 철근의 정착과 이음

01 표준갈고리에 대한 설명으로 옳지 않은 것은?

① 주철근의 경우 180° 표준갈고리는 구부린 반원 끝에서 $4d_b$ 이상, 또한 40mm 이상 더 연장해야 한다.

② 주철근의 경우 90° 표준갈고리는 구부린 끝에서 $12d_b$ 이상 더 연장해야 한다.

③ 스터럽 또는 띠철근의 경우 135° 표준갈고리에서 D25 이하의 철근은 구부린 끝에서 $6d_b$ 이상 더 연장해야 한다.

④ 스터럽 또는 띠철근의 경우 90° 표준갈고리에서 D16 이하의 철근은 구부린 끝에서 $6d_b$ 이상 더 연장해야 한다.

02 철근과 콘크리트 사이의 부착에 영향을 미치는 요인이 아닌 것은?

① 철근의 강도
② 철근의 표면상태
③ 철근의 묻힌 위치 및 방향
④ 피복두께
⑤ 다지기

03 기본정착길이를 계산할 때 $\sqrt{f_{ck}}$ 의 값은 얼마 이하로 제한되는가?

① 0.6MPa
② 0.85MPa
③ 5.4MPa
④ 7.2MPa
⑤ 8.4MPa

04 보통중량콘크리트에 D25 철근이 매립되어 있을 때, 철근의 기능을 발휘하기 위한 최소 묻힘길이(정착길이 l_d)[mm]는?(단, 부착응력 $u=5$MPa, 철근의 항복강도 $f_y=300$MPa, 철근의 직경 $d_b=25$mm이고, 2021년도 콘크리트구조기준을 적용한다.)

① 250
② 375
③ 750
④ 1,000

05 강도설계법에서 이형철근을 보통골재 콘크리트에 정착시키는 경우, 인장을 받는 직선 철근의 기본정착길이 l_{db}[mm]는?(단, 철근의 직경 $d_b=10$mm, 콘크리트의 설계기준강도 $f_{ck}=25$MPa, 철근의 항복강도 $f_y=300$MPa이다.)

① 150
② 210
③ 360
④ 800

06 콘크리트의 설계기준압축강도를 $\frac{1}{4}$로 줄이고 인장철근의 공칭지름을 $\frac{1}{3}$로 줄였을 때, 기본정착길이는 원래 기본정착길이에 비해 어떻게 변하는가?(단, 2021년도 콘크리트구조기준을 적용한다.)

① 변화 없다.
② $\frac{1}{3}$로 줄어든다.
③ $\frac{2}{3}$로 줄어든다.
④ $\frac{1}{4}$로 줄어든다.

07 인장 이형철근 및 이형철선의 정착길이 l_d는 기본정착 길이 l_{db}에 보정계수를 고려하는 방법이 적용될 수 있다. 〈보기〉는 기본정착길이 l_{db}를 구하기 위한 식이다. 이 식에 적용되는 보정계수 α, β, λ에 대한 설명 중 옳지 않은 것은?

$$l_{db} = \frac{0.6 d_b f_y}{\lambda \sqrt{f_{ck}}}$$

① 철근배치 위치계수인 α는 정착길이 또는 겹침이음부 아래 300mm를 초과되게 굳지 않은 콘크리트를 친 수평철근일 경우 1.3이다.
② 철근 도막계수인 β는 피복두께가 $3d_b$ 미만 또는 순간격이 $6d_b$ 미만인 에폭시 도막철근 또는 철선일 경우 1.5이다.
③ 에폭시 도막철근이 상부철근인 경우에 상부철근의 위치계수 α와 철근 도막계수 β의 곱, $\alpha\beta$가 1.8보다 클 필요는 없다.
④ 경량콘크리트계수인 λ는 경량콘크리트 사용에 따른 영향을 반영하기 위하여 사용하는 보정계수이며 전경량 콘크리트의 경량콘크리트계수는 0.75이다.

08 **경량콘크리트 사용에 따른 영향을 반영하기 위해 사용하는 경량콘크리트 계수 λ의 설명 중 옳지 않은 것은?**

① f_{sp}값이 규정되어 있지 않은 전경량콘크리트 경우 : 0.65

② f_{sp}값이 규정되어 있지 않은 모래경량콘크리트 경우 : 0.85

③ f_{sp}값이 주어진 경우 : $f_{sp}/(0.56\sqrt{f_{ck}}) \le 1.0$

④ 0.85에서 1.0 사이의 값은 보통중량콘크리트의 굵은 골재를 경량골재로 치환하는 체적비에 따라 직선보간한다.

09 **그림과 같이 압축 이형철근 4-D25가 배근된 교각이 확대기초로 축 압축력을 전달하는 경우에 확대기초 내 다우얼(dowel)의 정착길이 l_d[mm]는?(단, $f_{ck}=25\text{MPa}$, $f_y=400\text{MPa}$, 압축부재에 사용되는 띠철근의 설계기준에 따라 배근된 띠철근 중심간격은 100mm, 다우얼 철근의 배치량은 소요량과 동일, D25 이형철근의 공칭지름 $d_b=25\text{mm}$로 가정하고, 경량콘크리트 계수 λ는 고려하지 않으며, 2021년도 콘크리트구조기준을 적용한다.)**

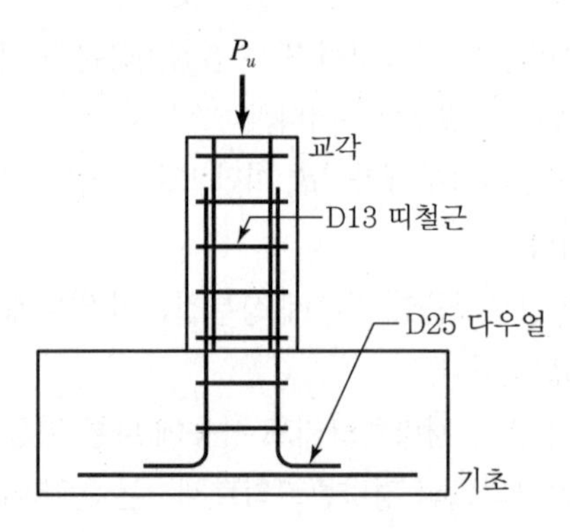

① 200mm
② 275mm
③ 300mm
④ 375mm

10 철근의 공칭지름 $d_b = 10\text{mm}$일 때, 인장을 받는 표준갈고리의 정착길이[mm]는?(단, 도막되지 않은 이형철근을 사용하고, 철근의 설계기준항복강도 $f_y = 300\text{MPa}$, 보통 중량 콘크리트의 설계기준압축강도 $f_{ck} = 25\text{MPa}$이며, 2021년도 콘크리트구조기준을 적용한다.)

① 80
② 144
③ 150
④ 187

11 콘크리트구조기준(2021)에 따른 확대머리 이형철근의 인장에 대한 정착길이 계산식을 적용하기 위한 조건으로 옳지 않은 것은?

① 철근의 설계기준항복강도는 400MPa 이하이어야 한다.
② 콘크리트의 설계기준압축강도는 40MPa 이하이어야 한다.
③ 철근의 지름은 40mm 이하이어야 한다.
④ 확대머리의 순지압면적은 철근 1개 단면적의 4배 이상이어야 한다.

12 이형철근의 최소 정착길이를 나타낸 것으로 틀린 것은?(단, d_b= 철근의 공칭지름)

① 표준갈고리가 있는 인장 이형철근 : $10d_b$, 또한 200mm
② 인장 이형철근 : 300mm
③ 압축 이형철근 : 200mm
④ 확대머리 인장 이형철근 : $8d_b$, 또한 150mm

13 철근의 정착에 대한 다음 설명 중 옳지 않은 것은?

① 휨철근을 정착할 때 절단점에서 V_u가 (3/4) V_n을 초과하지 않을 경우 휨철근을 인장구역에서 절단해도 좋다.
② 갈고리는 압축을 받는 구역에서 철근정착에 유효하지 않은 것으로 보아야 한다.
③ 철근의 인장력을 부착만으로 전달할 수 없는 경우에는 표준 갈고리를 병용한다.
④ 단순부재에서는 정모멘트 철근의 1/3 이상, 연속부재에서는 정모멘트 철근의 1/4 이상을 부재의 같은 면을 따라 받침부까지 연장하여야 한다.

14 U형 스터럽의 정착 방법 중 종방향 철근을 둘러싸는 표준갈고리만으로 정착이 가능한 철근의 범위는?

① D16 이하의 철근
② D19 이하의 철근
③ D22 이하의 철근
④ D25 이하의 철근

15 철근의 이음에 관한 설명으로 옳지 않은 것은?

① D35를 초과하는 철근은 겹침이음을 해야 한다.
② 휨부재에서 서로 직접 접촉되지 않게 겹침이음된 철근은 횡방향으로 소요 겹침이음길이의 1/5 또는 150mm 중 작은 값 이상 떨어지지 않아야 한다.
③ 기계적 이음은 철근의 설계기준항복강도의 125% 이상을 발휘할 수 있는 완전 기계적 이음이어야 한다.
④ 다발철근의 겹침이음은 다발 내의 개개 철근에 대한 겹침이음길이를 기본으로 하여 결정하여야 한다.
⑤ 용접이음은 용접용 철근을 사용해야 하며 철근의 설계기준항복강도의 125% 이상을 발휘할 수 있는 완전용접이어야 한다.

16 철근의 겹침이음 등급에서 A급 이음의 조건은 다음 중 어느 것인가?

① 배근된 철근량이 이음부 전체 구간에서 해석결과 요구되는 소요 철근량의 2배 이상이고 소요 겹침이음길이 내 겹침이음된 철근량이 전체 철근량의 1/3 이상인 경우
② 배근된 철근량이 이음부 전체 구간에서 해석결과 요구되는 소요 철근량의 2배 이상이고 소요 겹침이음길이 내 겹침이음된 철근량이 전체 철근량의 1/2 이하인 경우
③ 배근된 철근량이 이음부 전체 구간에서 해석결과 요구되는 소요 철근량의 3배 이상이고 소요 겹침이음길이 내 겹침이음된 철근량이 전체 철근량의 1/3 이상인 경우
④ 배근된 철근량이 이음부 전체 구간에서 해석결과 요구되는 소요 철근량의 3배 이상이고 소요 겹침이음길이 내 겹침이음된 철근량이 전체 철근량의 1/2 이하인 경우

17 압축이형철근의 겹침이음 길이에 대한 설명으로 옳은 것은?(단, d_b는 철근의 공칭 직경)

① 압축이형철근의 기본 정착길이(l_{db}) 이상, 또한 200mm 이상으로 하여야 한다.
② f_y가 500MPa 이하인 경우는 $0.72f_y d_b$ 이상, f_y가 500MPa를 초과할 경우는 $(1.3f_y - 24)d_b$ 이상이어야 한다.
③ f_y가 28MPa 미만인 경우는 규정된 겹침이음 길이를 1/5 증가시켜야 한다.
④ 서로 다른 크기의 철근을 압축부에서 겹침이음하는 경우, 이음 길이는 크기가 큰 철근의 정착길이와 크기가 작은 철근의 겹침이음 길이 중 큰 값 이상이어야 한다.

CHAPTER 06

공기업 토목직 1300제

사용성

01 강도 설계법에서 사용성 검토에 해당하지 않는 사항은?

① 철근의 피로　② 처짐
③ 균열　④ 투수성

02 우리나라 시방서 강도설계편에서 처짐의 검사는 어떤 하중에 의하여 하도록 되어 있는가?

① 계수하중　② 상재하중
③ 설계하중　④ 사용하중
⑤ 고정하중

03 다음 그림과 같이 정모멘트에 의한 휨을 받는 철근콘크리트보에서 단면의 상단에서 균열 발생 이전 단면(비균열 단면)의 중립축까지의 거리를 x, 균열 발생 후 단면(균열 단면)의 중립축까지의 거리를 y라 할 때, x와 y에 대한 식이 모두 바르게 표기된 것은?(단, 철근과 콘크리트의 탄성 계수비 $n=\dfrac{E_s}{E_c}$이다.)

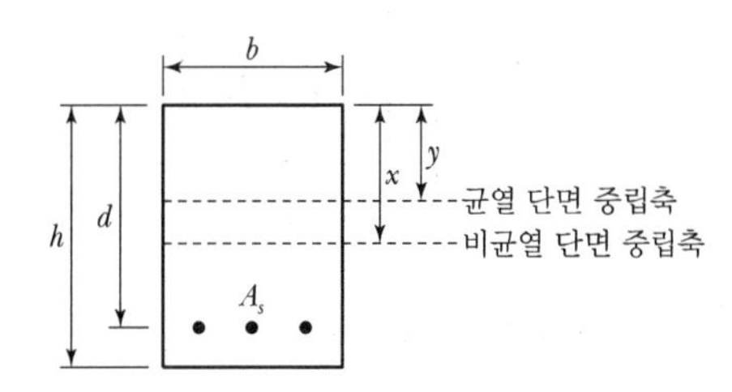

① $\{bh+nA_s\}\cdot x-\left\{\frac{1}{2}bh^2+nA_sd\right\}=0$, $\frac{1}{2}by^2-nA_s(d-y)=0$

② $\{bh+(n-1)A_s\}\cdot x-\left\{\frac{1}{2}bh^2+(n-1)A_sd\right\}=0$, $\frac{1}{2}by^2-nA_s(d-y)=0$

③ $\{bh+nA_s\}\cdot x-\left\{\frac{1}{2}bh^2+nA_sd\right\}=0$, $\frac{1}{2}by^2-(n-1)A_s(d-y)=0$

④ $\{bh+nA_s\}\cdot x-\left\{\frac{1}{2}bh^2+(n-1)A_sd\right\}=0$, $\frac{1}{2}by^2-nA_s(d-y)=0$

04 부정정구조물의 구조해석을 위해서는 각 부재의 강성 계산이 필요한데, 철근콘크리트구조의 경우는 정확한 강성의 계산이 불가능하다. 가장 큰 이유는 무엇인가?

① 상이한 재료의 탄성계수
② 부재의 과도한 처짐
③ 과다한 철근의 변형
④ 콘크리트 부분의 균열
⑤ 재료의 품질변동

05 그림과 같이 철근콘크리트 보에 균열이 발생하여 중립축 깊이(x)가 100mm일 때 균열 단면의 단면2차모멘트 계산식은?(단, 탄성계수비 $n=8$이다.)

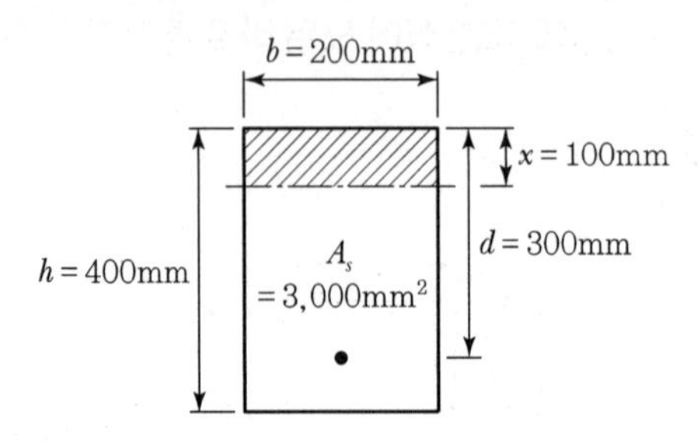

① $I_{cr}=\dfrac{(200)(100)^3}{12}+(8)(3,000)(300-100)^2$

② $I_{cr}=\dfrac{(200)(100)^3}{3}+\left(\dfrac{3,000}{8}\right)(300-100)^2$

③ $I_{cr}=\dfrac{(200)(400)^3}{12}+\left(\dfrac{3,000}{8}\right)(300-100)^2$

④ $I_{cr}=\dfrac{(200)(100)^3}{3}+(8)(3,000)(300-100)^2$

06 그림과 같은 지간 10m인 직사각형 단면의 철근콘크리트 보에 10kN/m의 등분포하중과 100kN의 집중하중이 작용할 때 최대 처짐을 구하기 위한 유효 단면 2차 모멘트는?(단, 철근을 무시한 콘크리트 전체 단면의 중심축에 대한 단면 2차 모멘트(I_g) : 6.5×10^9mm⁴, 균열 단면의 단면 2차 모멘트(I_{cr}) : 5.65×10^9mm⁴, 외력에 의해 단면에서 휨균열을 일으키는 휨모멘트(M_{cr}) : 140kN·m)

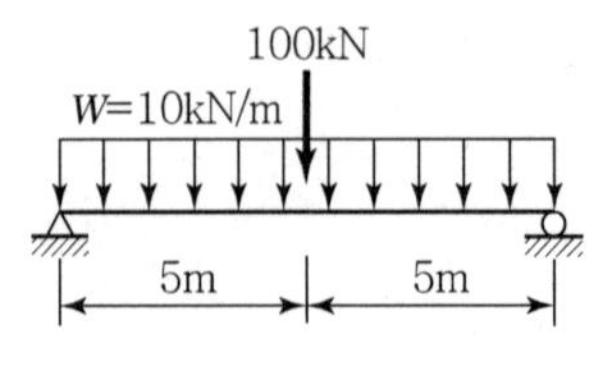

① $4.563\times10^9\text{mm}^4$　　② $5.694\times10^9\text{mm}^4$

③ $6.838\times10^9\text{mm}^4$　　④ $7.284\times10^9\text{mm}^4$

07 다음 그림은 지속하중을 받는 복철근보의 단면이다. 이 보의 장기처짐을 구하고자 할 때 지속하중 재하기간이 7년이라면 장기처짐계수 λ는?(단, $A_s = 2{,}400\text{mm}^2$, $A_s' = 1{,}200\text{mm}^2$, 콘크리트구조기준(2021)을 적용한다.)

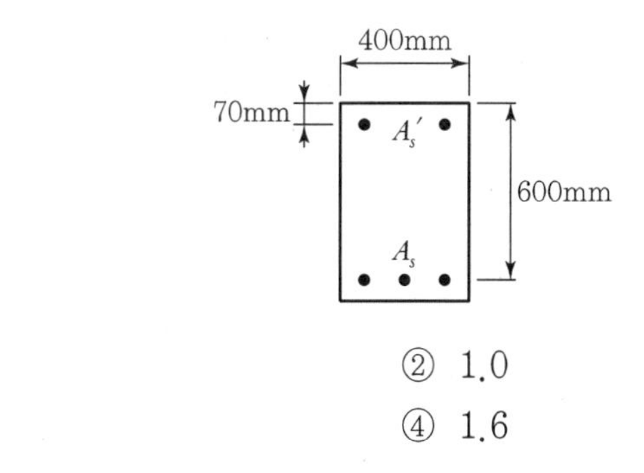

① 0.7
② 1.0
③ 1.3
④ 1.6

08 복철근 직사각형 보에 하중이 작용하여 10mm의 순간처짐이 발생하였다. 1년 후의 총 처짐량 [mm]은?(단, 압축철근비 ρ'는 0.02이며, 2021년도 콘크리트구조기준을 적용한다.)

① 17
② 18
③ 19
④ 20

09 도로교설계기준에서 교량의 허용처짐에 대한 설명으로 옳은 것은?

① 단순교에서 충격의 영향을 포함한 활하중으로 인한 처짐은 $l/1{,}000$(l : 교량의 지간)이다.
② 연속교에 있어서 충격의 영향을 포함한 활하중으로 인한 처짐은 $l/750$(l : 교량의 지간)이다.
③ 보행자가 이용하는 시가지 교량에 대한 처짐은 $l/800$(l : 교량의 지간)이다.
④ 캔틸레버 교량에서 충격을 포함한 활하중에 의한 캔틸레버부의 처짐은 $l/500$(l : 캔틸레버부의 지간)이다.
⑤ 보행자가 이용하는 시가지 교량에 대한 처짐은 $l/375$(l : 캔틸레버부의 지간)이다.

10 **캔틸레버로 지지된 1방향 슬래브의 지간이 6m일 때, 처짐을 계산하지 않기 위한 슬래브의 최소 두께[mm]는?(단, 보통중량콘크리트를 사용하였고 철근의 설계기준항복강도는 400MPa이며, 2021년도 콘크리트구조기준을 적용한다.)**

① 300　　② 400
③ 500　　④ 600

11 **보통중량콘크리트를 사용한 1방향 단순지지 슬래브의 최소두께는?(단, 처짐을 계산하지 않는다고 가정하며, 부재의 길이는 l, 인장철근의 설계기준항복강도 $f_y = 350\text{MPa}$, 2021년도 콘크리트구조기준을 적용한다.)**

① $\frac{l}{13.5}$와 150mm 중 작은 값
② $\frac{l}{13.5}$와 150mm 중 큰 값
③ $\frac{l}{21.5}$와 100mm 중 작은 값
④ $\frac{l}{21.5}$와 100mm 중 큰 값

12 **균열폭에 대한 설명으로 옳지 않은 것은?**

① 균열폭을 작게 하기 위해서는 지름이 작은 철근을 많이 사용하는 것이 지름이 큰 철근을 적게 사용하는 것보다 유리하다.
② 하중에 의한 균열을 제어하기 위해 요구되는 철근 이외에도 필요에 따라 온도변화, 건조수축 등에 의한 균열을 제어하기 위해 추가적인 보강철근을 배근할 수 있다.
③ 균열폭은 철근의 인장응력에 선형 또는 비선형적으로 비례한다.
④ 일반적으로 피복두께가 클수록 균열폭은 작아진다.

13 보 또는 1방향 슬래브는 휨균열을 제어하기 위하여 휨철근의 배치에 대한 규정으로 콘크리트 인장 연단에 가장 가까이 배치되는 휨철근의 중심간격(s)을 제한하고 있다. 철근의 항복강도가 300MPa 이며 피복두께가 30mm로 설계된 휨철근의 중심간격(s)은 얼마 이하로 하여야 하는가?

① 300mm
② 315mm
③ 345mm
④ 390mm

14 강재의 부식에 대한 환경조건이 건조한 환경이며 이형 철근을 사용한 건물 이외의 구조물인 경우 허용균열폭은?(단, 콘크리트의 최소 피복두께는 60mm이다.)

① 0.40mm
② 0.36mm
③ 0.32mm
④ 0.28mm

15 다음은 철근콘크리트 구조물의 피로에 대한 안정성 검토에 관한 설명이다. 옳지 않은 것은?

① 하중 중에서 변동하중이 차지하는 비율이 큰 부재는 피로에 대한 안정성 검토를 하여야 한다.
② 보나 슬래브의 휨 및 전단에 대하여 검토하여야 한다.
③ 일반적으로 기둥의 피로는 검토하지 않아도 좋다.
④ 피로에 대한 안정성 검토시에는 활하중의 충격은 고려하지 않는다.

CHAPTER 공기업 토목직 1300제

07 기둥

01 장주의 유효좌굴길이를 구하고자 한다. L이 10m이면 이론적인 유효좌굴길이[m]는?(단, 하단의 구속조건에서 회전은 고정이며 수평변위를 허용하지 않고, 상단의 구속조건에서 회전은 고정이나 수평변위를 허용한다.)

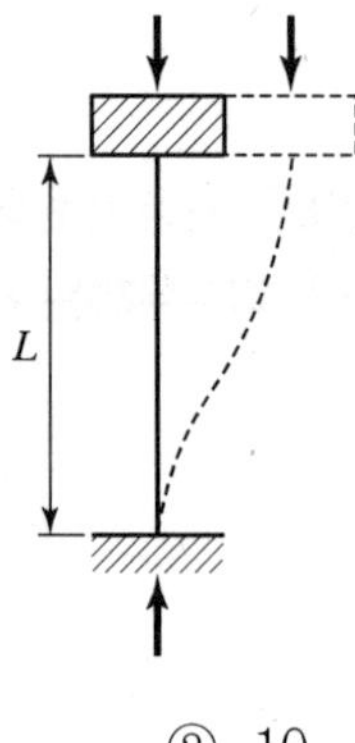

① 5　② 10
③ 15　④ 20

02 길이 8m인 단순지지 기둥이 상단으로부터 3m 지점에 y축 방향으로 단순 횡지지되어 있다. 이때, 이 압축부재의 세장비는?(단, 단면 2차 반경 $r_x = 80\text{mm}$, $r_y = 40\text{mm}$이다.)

① 75　② 100
③ 125　④ 200

03 기둥에서 장주와 단주의 구별에 대한 설명으로 옳지 않은 것은?

① 횡구속 골조구조에서 $\frac{kl_u}{r} \leq 34 - 12(M_1/M_2)$ 조건을 만족하는 경우에는 단주로 간주할 수 있다.

② ①번 항목에서 $[34 - 12(M_1/M_2)]$의 값은 40을 초과할 수 없다.

③ M_1/M_2의 값은 기둥이 단일곡률일 때 양(+)으로 이중곡률일 때 음(−)으로 취하여야 한다.

④ 비횡구속 골조구조의 경우 $\frac{kl_u}{r} < 22$ 조건을 만족하는 경우에는 장주로 간주할 수 있다.

04 지름이 800mm인 철근콘크리트 원형단면 비횡구속 골조의 기둥 양단이 고정되어 있는 경우, 단주로 볼 수 있는 기둥의 최대 높이[m]는?(단, $k = 1.1$)

① 4 ② 5

③ 6 ④ 7

05 나선철근으로 둘러싸인 압축부재의 축방향 주철근의 최소 개수는?

① 3개 ② 4개

③ 5개 ④ 6개

06 다음 그림과 같이 띠철근이 배근된 비합성 압축부재에서 축방향 주철근량[mm^2]의 범위는? (단, 축방향 주철근은 겹침이음이 되지 않으며, 2021년도 콘크리트구조기준을 적용한다.)

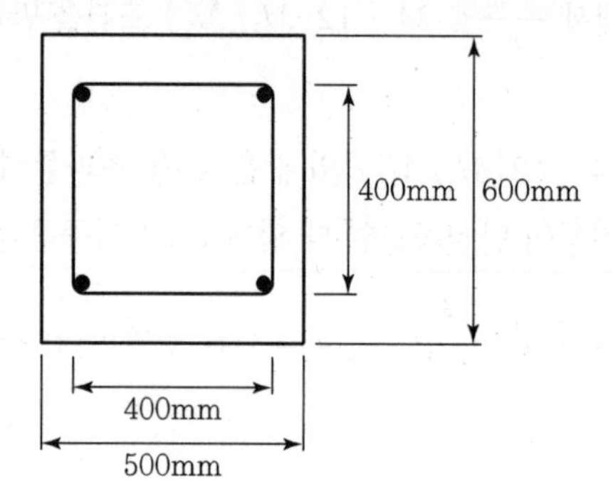

① 1,000 ~ 8,000
② 1,600 ~ 12,800
③ 3,000 ~ 24,000
④ 4,000 ~ 32,000

07 단면의 크기가 500 mm × 600mm 이고, 축방향 철근(D29)을 6개 사용한 띠철근(D13) 기둥이 슬래브를 지지하고 있을 때, 슬래브의 최하단 수평철근 아래에 배치되는 첫 번째 띠철근의 최대 수직간격[mm]은?(단, D29의 지름은 30 mm, D13의 지름은 13 mm 이다.)

① 312
② 480
③ 240
④ 500

08 그림과 같은 나선철근 기둥에서 나선철근의 간격(Pitch)으로 적당한 것은?(단, 소요나선철근비 $\rho_s = 0.018$, 나선철근의 지름은 12mm이다.)

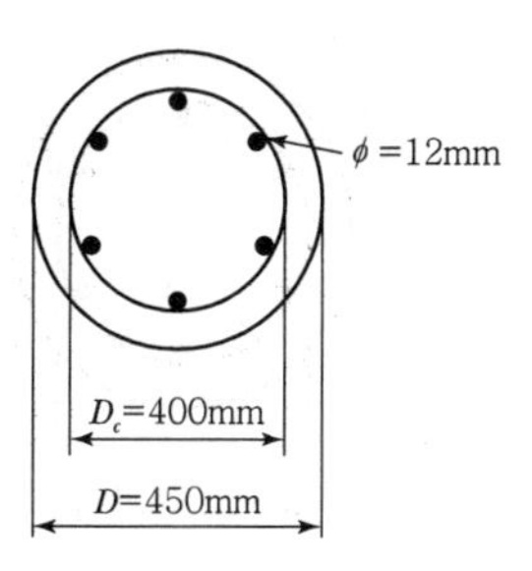

① 61mm　② 85mm
③ 93mm　④ 105mm

09 나선철근 압축부재 단면의 심부지름이 400mm, 기둥단면지름이 500mm인 나선철근 기둥의 나선철근비는 최소 얼마 이상이어야 하는가?(단, 나선철근의 설계기준항복강도(f_{yt}) = 400MPa, f_{ck} = 21MPa)

① 0.0133　② 0.0201
③ 0.0248　④ 0.0304

10 그림과 같은 원형철근기둥에서 콘크리트구조설계기준에서 요구하는 최대 나선철근의 간격은 약 얼마인가?(단, $f_{ck}=28\text{MPa}$, $f_{yt}=400\text{MPa}$, D10철근의 공칭단면적은 71.3mm^2)

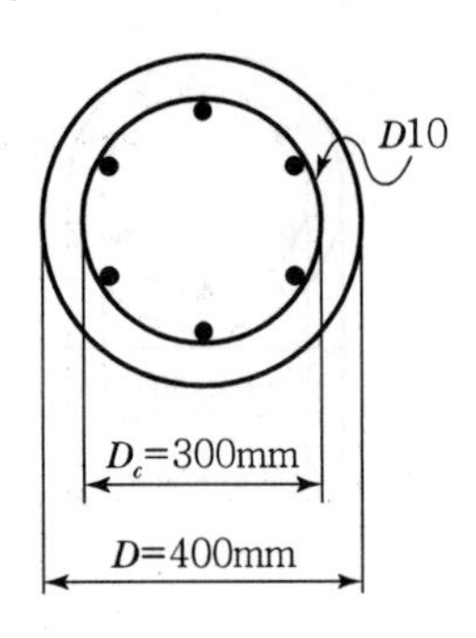

① 38mm　　② 42mm
③ 45mm　　④ 56mm

11 띠철근으로 보강된 사각형 기둥의 압축지배구간에서는 강도감소계수 ϕ=(㉠), 나선철근으로 보강된 원형기둥의 압축지배구간에서는 강도감소계수 ϕ=(㉡)로 규정하였다. 강도감소계수를 다르게 적용하는 주된 이유는 (㉢)이다. ㉠, ㉡, ㉢ 안에 들어갈 내용은?(단, 2021년도 콘크리트구조기준을 적용한다.)

	㉠	㉡	㉢
①	0.65	0.70	같은 조건(콘크리트 단면적, 철근 단면적)에서 사각형 기둥이 원형기둥보다 큰 하중을 견딜 수 있기 때문
②	0.70	0.65	같은 조건(콘크리트 단면적, 철근 단면적)에서 사각형 기둥이 원형기둥보다 큰 하중을 견딜 수 있기 때문
③	0.65	0.70	나선철근을 사용한 기둥은 띠철근을 사용한 기둥에 비하여 충분한 연성을 확보하고 있기 때문
④	0.70	0.65	나선철근을 사용한 기둥은 띠철근을 사용한 기둥에 비하여 충분한 연성을 확보하고 있기 때문

12 강도설계법에서 P－M 상관도를 이용하여 기둥단면을 설계할 때, 압축파괴구역에 해당하는 것으로 가장 옳은 것은?(단, e =편심거리, e_b =균형편심거리, P_b =균형축하중, P_u =극한하중, M_b =균형모멘트이다.)

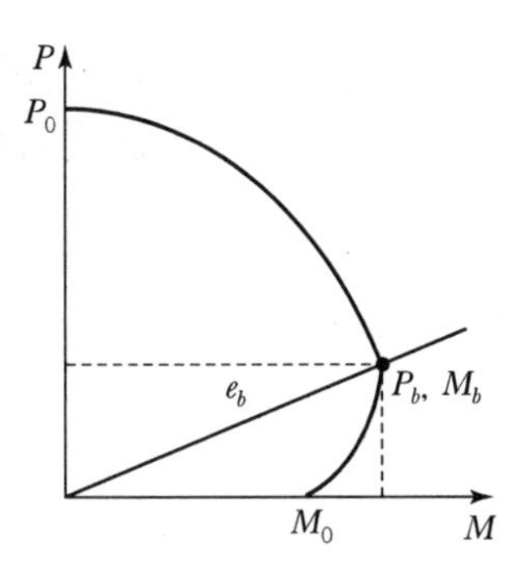

① $e = e_b$, $P_u = P_b$

② $e < e_b$, $P_u < P_b$

③ $e < e_b$, $P_u > P_b$

④ $e > e_b$, $P_u > P_b$

13 다음 띠철근 기둥이 최소 편심하에서 받을 수 있는 설계 축하중강도($\phi P_{n(\max)}$)는 얼마인가?(단, 축방향 철근의 단면적 A_{st} =1,865mm², f_{ck} =28MPa, f_y =300MPa이고 기둥은 단주이다.)

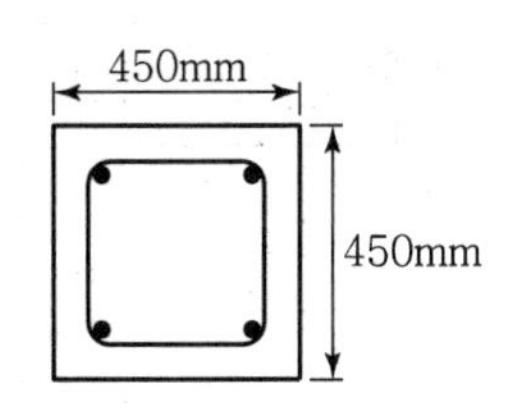

① 2,490kN/m

② 2,774kN

③ 3,075kN

④ 1,998kN

14 지름 450mm인 원형 단면을 갖는 중심축하중을 받는 나선철근 기둥에 있어서 강도설계법에 의한 축방향설계강도(ϕP_n)는 얼마인가?(단, 이 기둥은 단주이고, $f_{ck}=27$MPa, $f_y=350$MPa, $A_{st}=8-\text{D}22=3{,}096\text{mm}^2$, $\phi=0.7$이다.)

① 1,166kN
② 1,299kN
③ 2,425kN
④ 2,774kN

15 압축과 휨을 받는 띠철근 기둥(단주)이 그림과 같은 변형률 분포를 나타낼 때 도심으로부터 편심을 갖는 공칭축하중강도 P_n[kN]는?(단, $f_{ck}=\dfrac{20}{0.85^2}$MPa, $f_y=300$MPa, $A_s=A_s{}'=2{,}500\text{mm}^2$, $E_s=2.0\times10^5$MPa이다. 또한 압축철근은 항복한 것으로 가정하고 철근의 압축력 $C_s=A_s{}'f_y$를 사용한다.)

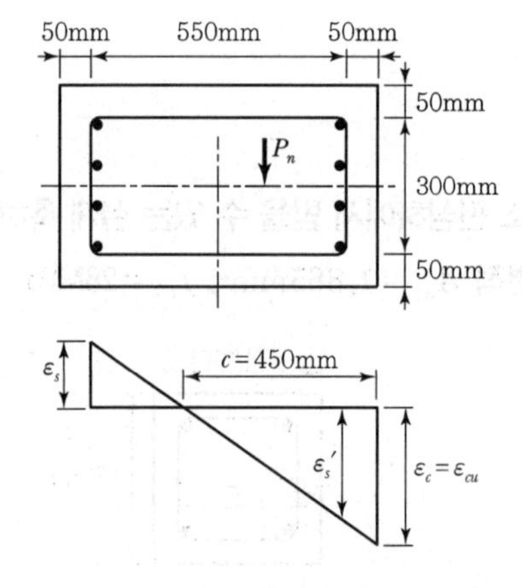

① 2,912
② 3,378
③ 3,588
④ 3,844

16 **기둥의 좌굴 안정성에 대한 설명으로 옳지 않은 것은?**

① 탄성계수가 클수록 유리하다.
② 양단힌지 지지보다 양단고정 지지가 유리하다.
③ 단면2차 모멘트 값이 클수록 유리하다.
④ 좌굴길이가 길수록 유리하다.
⑤ 임계하중의 식에서 유효길이계수는 지지조건에 따라 다르다.

17 **유효길이 $L_e = 20\text{m}$, 직사각형 단면의 크기 400mm×300mm인 기둥이 1단 자유, 1단 고정인 경우 최소 좌굴임계하중 P_{cr}[kN]은?(단, 기둥의 탄성계수 $E = 200\text{GPa}$이다.)**

① $450\pi^2$
② 450π
③ $900\pi^2$
④ 900π

18 **철근콘크리트 기둥 중 장주 설계에서 모멘트 확대계수를 두는 이유는?(단, 2021년도 콘크리트 구조기준을 적용한다.)**

① 전단력에 의한 모멘트 증가를 고려하기 위하여
② 횡방향 변위에 의한 모멘트 증가를 고려하기 위하여
③ 모멘트와 전단력의 간섭효과를 고려하기 위하여
④ 비틀림의 효과를 고려하기 위하여

19 **철근콘크리트 장주에서 횡구속된 기둥의 상하단에 모멘트 $M_1 = 300\text{kN} \cdot \text{m}$, $M_2 = 400\text{kN} \cdot \text{m}$와 계수 축력 $P_u = 3,000\text{kN}$이 작용하고 있다. 오일러 좌굴하중 $P_{cr} = 20,000\text{kN}$일 때, 모멘트 확대계수는?(단, 2021년도 콘크리트구조기준을 적용한다.)**

① $\frac{4}{3}$　　② $\frac{6}{5}$

③ $\frac{9}{8}$　　④ $\frac{10}{9}$

20 **RC 기둥에 대한 설명으로 옳지 않은 것은?**

① 기둥의 횡방향 철근에는 나선철근과 띠철근이 있다.

② 기둥의 세장비가 클수록 지진 시 전단파괴가 발생하기 쉽다.

③ 기둥의 좌굴하중은 경계조건의 영향을 받는다.

④ 축방향철근의 순간격은 축방향철근 지름의 1.5배 이상이어야 한다.

CHAPTER

08 슬래브

01 단변장 S 장변장 L인 2방향 슬래브의 지간비는?

① $0.5 < \frac{L}{S} \le 1$

② $\frac{L}{S} \ge 2$

③ $1 \le \frac{L}{S} < 2$

④ $0.5 \le \frac{S}{L} < 1$

02 아래의 표에서 설명하는 것은?

보나 지판이 없이 기둥으로 하중을 전달하는 2방향으로 철근이 배치된 콘크리트 슬래브

① 플랫 슬래브

② 플랫 플레이트

③ 주열대

④ 리브 쉘

03 **슬래브의 종류에 대해서 설명한 것으로 옳지 않은 것은?**

① 1방향 슬래브는 주철근을 1방향으로 배치한 슬래브로 마주 보는 두 변에 의하여 지지되는 슬래브이다.
② 2방향 슬래브는 주철근을 2방향으로 배치한 슬래브로 네 변에 의하여 지지되며 서로 평행한 방향으로 주철근을 배치한다.
③ 플랫 슬래브는 보 없이 기둥만으로 지지된 슬래브이다.
④ 평판 슬래브는 지판과 기둥머리가 없다.
⑤ 슬래브는 지지조건에 따라 단순슬래브, 고정슬래브, 연속슬래브 등으로 분류할 수 있다.

04 **연속보 또는 1방향 슬래브는 구조해석을 정확하게 하는 대신 콘크리트구조기준(2021)에 따라 근사해법을 적용하여 약산할 수 있다. 근사해법을 적용하기 위한 조건으로 옳지 않은 것은?**

① 활하중이 고정하중의 3배를 초과하지 않는 경우
② 부재의 단면이 일정하고, 2경간 이상인 경우
③ 인접 2경간의 차이가 짧은 경간의 30% 이하인 경우
④ 등분포 하중이 작용하는 경우

05 **연속보 또는 1방향 슬래브가 2경간 이상, 인접 2경간의 차이가 짧은 경간의 20% 이하, 등분포하중 작용, 활하중이 고정하중의 3배를 초과하지 않고, 부재의 단면이 일정하다는 조건으로 휨모멘트를 근사식으로 구하고자 한다. 다음 중 옳지 않은 것은?(단, w_u : 등분포하중, l_n : 지간)**

① 정모멘트에서 불연속 단부가 구속되지 않은 경우의 최외측 경간 값 : $w_u \cdot l_n^2/11$
② 정모멘트에서 불연속 단부가 받침부와 일체로 된 경우의 최외측 경간 값 : $w_u \cdot l_n^2/14$
③ 부모멘트에서 2개의 경간일 때 첫 번째 내부 받침부 외측면에서의 값 : $w_u \cdot l_n^2/9$
④ 부모멘트에서 3개 이상의 경간일 때 첫 번째 내부 받침부 외측면에서의 값 : $w_u \cdot l_n^2/16$

06 1방향 슬래브의 설계에 대한 설명 중 옳지 않은 것은?

① 경간 중앙의 정모멘트는 양단 고정으로 보고 계산한 값 이상으로 취하여야 한다.
② 슬래브의 두께는 최소 100mm 이상으로 하여야 한다.
③ 순경간이 3.0m를 초과할 때 순경간 내면의 휨모멘트는 설계모멘트로 사용할 수 없다.
④ 활하중에 의한 경간 중앙의 부모멘트는 산정된 값의 1/2만 취할 수 있다.

07 1방향 슬래브에 대한 설명으로 옳지 않은 것은?

① 수축 · 온도철근의 간격은 슬래브 두께의 3배 이하, 450mm 이하로 한다.
② 슬래브 두께는 지지조건과 경간에 따라 다르나 100mm 이상이어야 한다.
③ 최대 휨모멘트가 일어나는 위험단면에서 주철근 간격은 슬래브 두께의 2배 이하, 300mm 이하로 한다.
④ 슬래브 두께는 과다한 처짐이 발생하지 않을 정도의 두께가 되어야 한다.

08 콘크리트구조기준(2021)에서 규정된 슬래브에 대한 설명 중 옳은 것을 모두 고르면?

㉠ 1방향 슬래브에서는 정모멘트 철근 및 부모멘트 철근에 직각방향으로 수축 · 온도철근을 배치하여야 한다.
㉡ 슬래브의 단변방향 보의 상부에 부모멘트로 인해 발생하는 균열을 방지하기 위하여 슬래브의 장변방향으로 슬래브 상부에 철근을 배치하여야 한다.
㉢ 이형철근 및 용접철망의 수축 · 온도철근비는 어떤 경우에도 0.0014 이상이어야 한다.
㉣ 활하중에 의한 경간 중앙의 부모멘트는 산정된 값의 $\frac{1}{4}$만 취할 수 있다.
㉤ 2방향 슬래브의 최소 두께는 지판이 없을 때는 100mm 이상, 지판이 있을 때는 120mm 이상이다.

① ㉠, ㉡, ㉢
② ㉠, ㉡, ㉤
③ ㉡, ㉢, ㉣
④ ㉢, ㉣, ㉤

09 1방향 철근콘크리트 슬래브에서 $f_y = 450\,\text{MPa}$인 이형철근을 사용한 경우 수축 · 온도철근 비는?

① 0.0016
② 0.0018
③ 0.0020
④ 0.0022

10 KDS(2016) 설계기준에서 제시된 근사해법을 적용하여 1방향 슬래브를 설계할 때 그 순서를 바르게 나열한 것은?

ㄱ. 슬래브의 두께를 결정한다.
ㄴ. 단변에 배근되는 인장철근량을 산정한다.
ㄷ. 장변에 배근되는 온도철근량을 산정한다.
ㄹ. 계수하중을 계산한다.
ㅁ. 단변 슬래브의 계수휨모멘트를 계산한다.

① ㄱ → ㄹ → ㅁ → ㄴ → ㄷ
② ㄱ → ㄹ → ㄴ → ㄷ → ㅁ
③ ㄹ → ㅁ → ㄷ → ㄴ → ㄱ
④ ㄹ → ㄱ → ㄴ → ㄷ → ㅁ

11 2방향 슬래브 구조를 해석하기 위한 근사적 방법인 직접설계법을 적용하기 위한 제한사항으로 옳지 않은 것은?(단, 콘크리트구조기준(2021)을 적용한다.)

① 연속한 기둥 중심선을 기준으로 기둥의 어긋남은 그 방향 경간의 10% 이하이어야 한다.
② 모든 하중은 슬래브 판 전체에 걸쳐 등분포된 연직하중이어야 하며, 활하중은 고정하중의 2배 이하이어야 한다.
③ 각 방향으로 연속한 받침부 중심 간 경간 길이의 차이는 긴 경간의 1/3 이하이어야 한다.
④ 슬래브 판들은 단변 경간에 대한 장변 경간의 비가 2 이상인 직사각형이어야 한다.

12 단변의 길이가 l 이고 장변의 길이가 $3l$ 인 단순지지된 2방향 슬래브 중앙에 집중하중 P가 작용하고, 그 슬래브 전체에 등분포 하중 w 가 작용할 때 cd대가 부담하는 하중의 총 크기는?(단, 슬래브의 EI는 일정하다.)

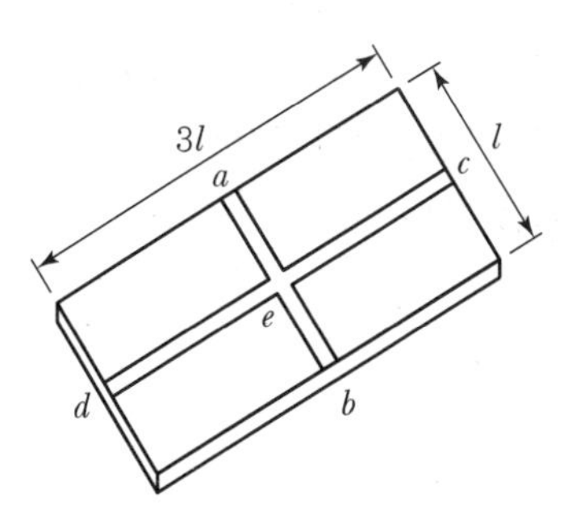

① $\dfrac{w}{17}+\dfrac{P}{9}$　　② $\dfrac{16w}{17}+\dfrac{8P}{9}$

③ $\dfrac{w}{82}+\dfrac{P}{28}$　　④ $\dfrac{81w}{82}+\dfrac{27P}{28}$

13 직접설계법에 의한 2방향 슬래브의 내부 경간 설계에서 전체 정적 계수모멘트(M_o)가 300kN · m일 때, 부계수휨모멘트[kN · m]는? (단, 설계코드(KDS : 2016)와 2021년도 콘크리트구조기준을 적용한다.)

① 105　　② 150

③ 195　　④ 240

14 2방향 슬래브에서 사인장균열이 집중하중 또는 집중반력 주위에서 펀칭전단(원뿔대 혹은 각뿔대 모양)이 일어나는 것으로 판단될 때의 위험단면은 어느 것인가?

① 집중하중이나 집중반력을 받는 면의 주변에서 $d/4$만큼 떨어진 주변단면
② 집중하중이나 집중반력을 받는 면의 주변에서 $d/2$만큼 떨어진 주변단면
③ 집중하중이나 집중반력을 받는 면의 주변에서 d만큼 떨어진 주변단면
④ 집중하중이나 집중반력을 받는 면의 주변단면

15 그림은 받침부 사이에 보와 슬래브의 휨강성비 α 값이 1.0 보다 큰 보가 있는 2방향 슬래브이다. 외부 모퉁이 부분을 현행 기준(콘크리트구조설계기준, 2021)에 따라 특별 보강철근으로 보강하려고 한다. 보강영역 a, b의 치수[m]가 옳은 것은?

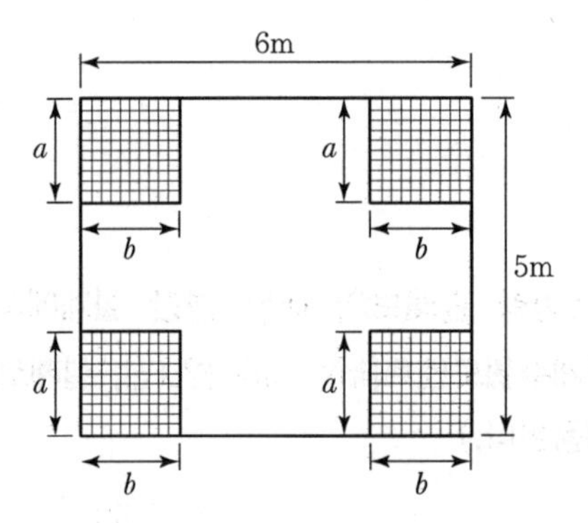

	a	b
①	2.0	1.7
②	1.2	1.0
③	1.2	1.2
④	1.0	1.0

16 **연속 휨부재에 대한 해석 중에서 현행 콘크리트구조기준에 따라 부모멘트를 증가 또는 감소시키면서 재분배할 수 있는 경우는?**

① 근사해법에 의해 휨모멘트를 계산한 경우

② 하중을 적용하여 탄성이론에 의하여 산정한 경우

③ 2방향 슬래브 시스템의 직접설계법을 적용하여 계산한 경우

④ 2방향 슬래브 시스템을 등가골조법으로 해석한 경우

CHAPTER

공기업 토목직 1300제

09 확대기초

01 철근콘크리트 구조물은 구조물에 작용하는 하중을 지반에 전달하기 위해서 개개의 부재들 (Member)로 구성되어 있는데, 다음 부재들의 하중 전달경로를 순서대로 나열한 것은?

① 하중 → 보 → 슬래브 → 기둥 → 기초 → 지반
② 하중 → 슬래브 → 보 → 기둥 → 기초 → 지반
③ 하중 → 기둥 → 슬래브 → 보 → 기초 → 지반
④ 하중 → 보 → 슬래브 → 기초 → 기둥 → 지반
⑤ 하중 → 기둥 → 보 → 슬래브 → 기초 → 지반

02 정사각형 확대기초의 중앙에 기초판의 자중을 포함한 축방향 압축력 $P = 5{,}000\text{kN}$ 이 사용하중으로 작용할 때, 가장 경제적인 정사각형 기초의 한 변의 길이[m]는?(단, 기초지반의 허용지지력 $q_a = 200\,\text{kN/m}^2$ 이다.)

① 4.0
② 4.5
③ 5.0
④ 5.5

03 **기초판의 최대 계수휨모멘트를 계산할 때, 그 위험단면에 대한 설명으로 옳지 않은 것은?(단, 설계코드(KDS : 2016)와 2021년도 콘크리트구조기준을 적용한다.)**

① 강재 밑판을 갖는 기둥을 지지하는 기초판은 기둥 외측면과 강재 밑판 단부의 중간
② 콘크리트 기둥, 주각 또는 벽체를 지지하는 기초판은 기둥, 주각 또는 벽체의 외면
③ 조적조 벽체를 지지하는 기초판은 벽체 중심과 단부의 중간
④ 다각형 콘크리트 기둥은 같은 면적 원형 환산단면의 외면

04 **그림과 같은 연직하중과 모멘트가 작용하는 철근콘크리트 확대기초의 최대 지반응력[kN/m²]은?(단, 기초의 자중은 무시한다.)**

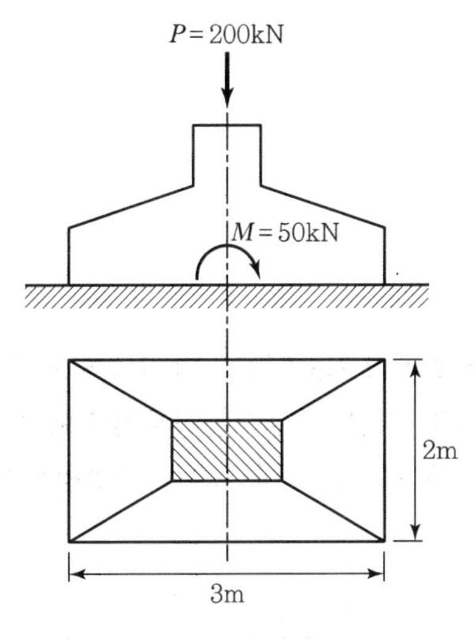

① 37　　② 50
③ 65　　④ 93

05 그림과 같이 수직하중과 모멘트가 작용하는 철근콘크리트 원형 확대기초에 발생하는 최대 지반 반력 q_{max}[kN/m²]는?(단, 여기서 π는 원주율이다.)

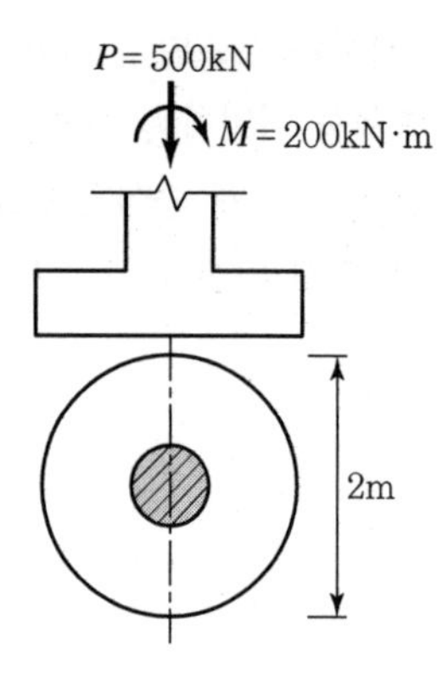

① $\dfrac{1,000}{\pi}$　　② $\dfrac{1,100}{\pi}$

③ $\dfrac{1,200}{\pi}$　　④ $\dfrac{1,300}{\pi}$

06 그림과 같이 콘크리트 기초판과 기둥의 중심에 수직하중과 모멘트가 작용하고 있다. 콘크리트 기초판과 기초 지반 사이에 인장응력이 작용하지 않도록 하기 위한 최소 수직하중[kN]은?(단, 자중에 의한 하중효과는 무시하고, 하중계수는 고려하지 않는다.)

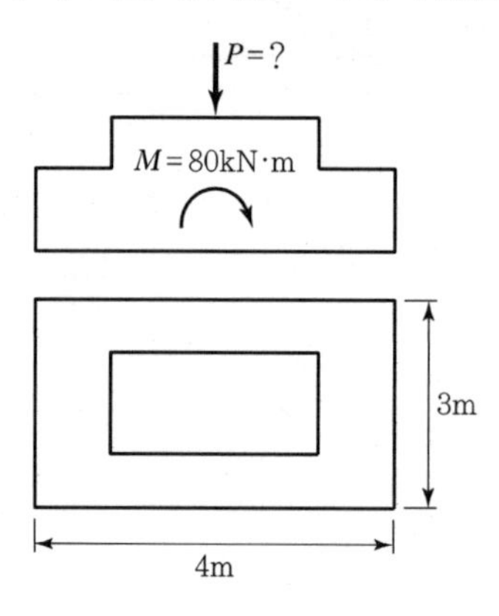

① 110　　② 120

③ 130　　④ 140

07 그림과 같은 철근콘크리트 사각형 확대기초가 $P=120\text{kN}$, $M=40\text{kN}\cdot\text{m}$를 받고 있다. 이때 확대기초에 발생하는 최소응력 q_{min}이 0이 되도록 하기 위한 길이 l [m]은?(단, 단위폭으로 고려한다.)

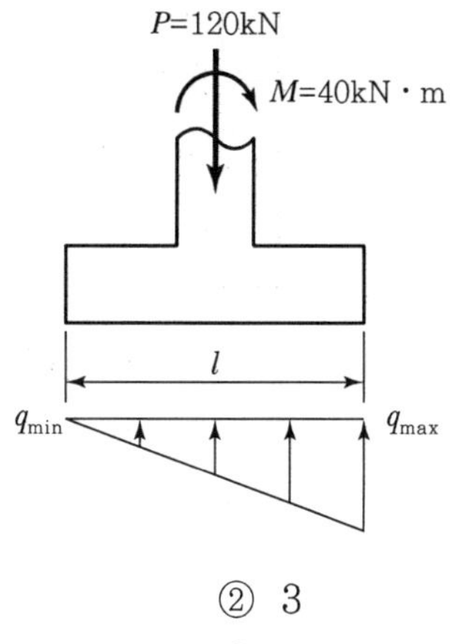

① 2
② 3
③ 4
④ 5

08 그림과 같은 철근콘크리트 확대기초에서 긴변 방향의 위험단면에서 휨모멘트는?(단, 하중은 계수하중이다.)

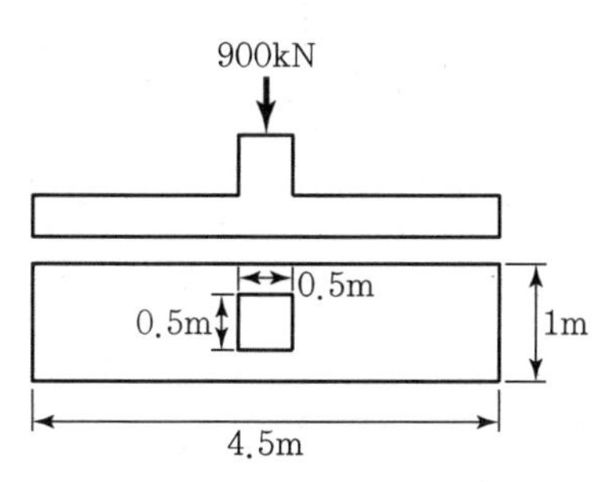

① 28kN · m
② 100kN · m
③ 400kN · m
④ 800kN · m

09 450kN의 계수하중(P_u)을 원형 기둥(직경 300mm)으로 지지하는 그림과 같은 정사각형 확대 기초판이 있다. 위험단면에서의 휨 모멘트는?

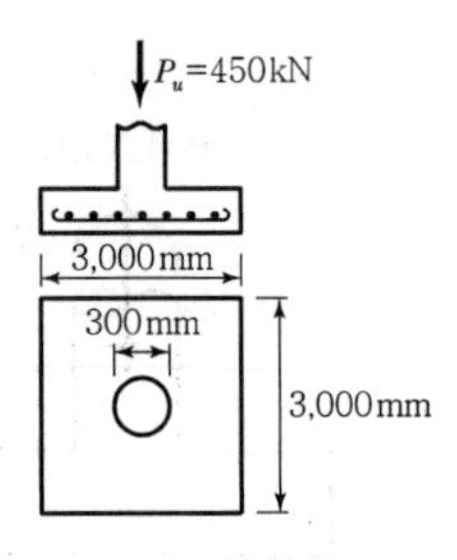

① 135.7kN · m
② 140.2kN · m
③ 145.4kN · m
④ 150.3kN · m

10 그림과 같이 3.5m × 1.6m인 독립확대기초에서 사하중 500kN이 500mm × 500mm의 기둥에 작용한다. 이 독립확대기초에서 1방향 배근 시 전단력에 대한 위험단면의 위치를 나타내는 거리(c)[m]는?(단, 유효높이(d)는 450mm이다.)

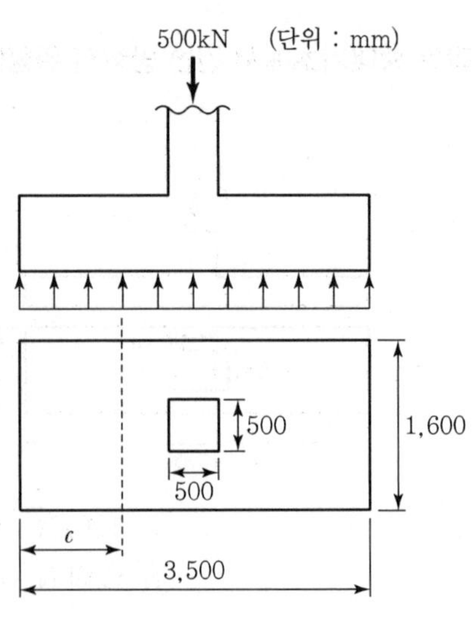

① 1.00
② 1.05
③ 1.10
④ 1.15

11 다음의 철근콘크리트 확대기초에서 유효깊이 $d=550$mm, 지압력 $q_u=0.3$MPa일 때, 1방향 전단에 대한 위험단면에 작용하는 전단력[kN]은?

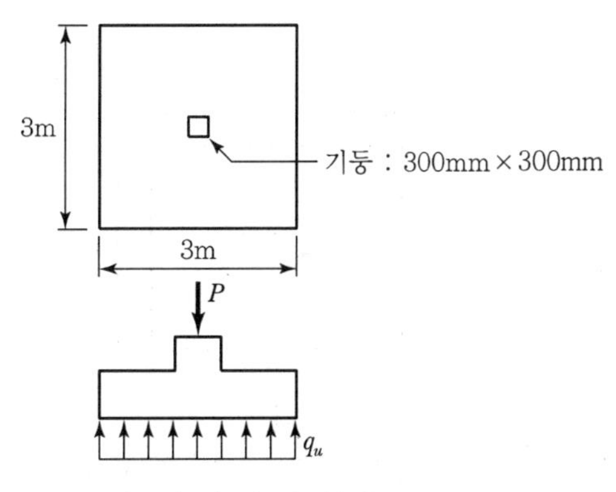

① 420
② 520
③ 620
④ 720

12 그림과 같은 철근콘크리트 확대기초의 뚫림 전단에 대한 위험단면 둘레 길이[mm]는?(단, 2021년도 콘크리트구조기준을 적용한다.)

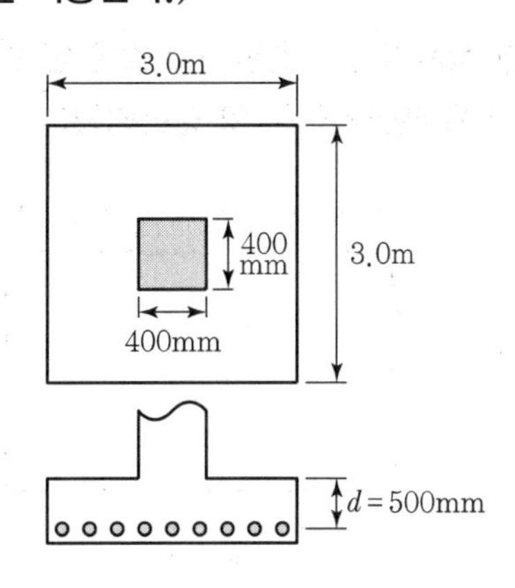

① 1,600
② 2,000
③ 3,000
④ 3,600

13 다음과 같은 기초판에 자중을 포함한 계수 축방향 하중 $P_u = 900\text{kN}$이 콘크리트 기둥 도심에 편심 없이 작용할 때, 직사각형 확대기초의 2방향 전단에 대한 위험단면에서의 계수전단력 V_u[kN]는?

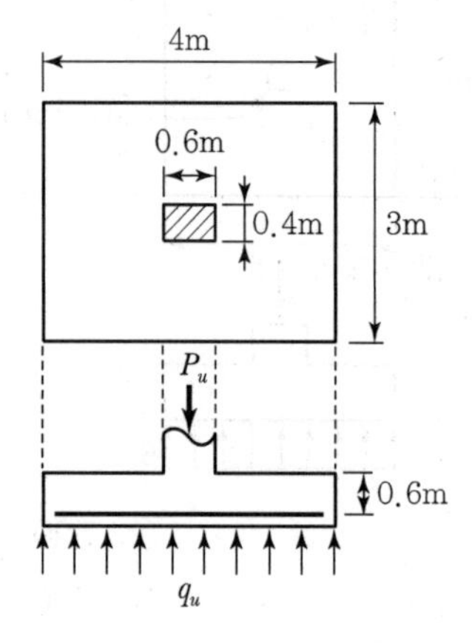

① 745kN　　② 810kN
③ 845kN　　④ 910kN

14 다음 그림과 같은 2방향 직사각형 기초판에서 짧은 변 방향의 전체 철근량이 $10,000\text{mm}^2$라 할 때 집중구간 유효폭 b에 배근되어야 할 철근량은?

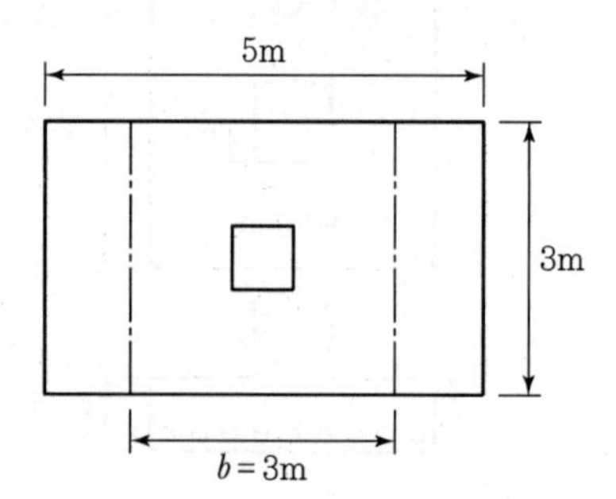

① $5,200\text{mm}^2$　　② $6,000\text{mm}^2$
③ $6,800\text{mm}^2$　　④ $7,500\text{mm}^2$

CHAPTER

공기업 토목직 1300제

10 옹벽

01 옹벽의 구조해석에서 T형보로 설계하여야 하는 부분은?

① 뒷부벽
② 앞부벽
③ 부벽식 옹벽의 전면벽
④ 캔틸레버식 옹벽의 저판

02 다음 중 철근콘크리트 옹벽에 관한 설명으로 옳지 않은 것은?

① 부벽식 옹벽의 전면벽은 3변 지지된 2방향 슬래브로 설계할 수 있다.
② 캔틸레버식 옹벽의 저판은 전면벽과의 접합부를 힌지로 간주하여 설계한다.
③ 뒷부벽은 T형보, 앞부벽은 직사각형보로 해석한다.
④ 옹벽의 설계 시에는 옹벽의 자중, 옹벽배면의 토압, 뒤채움흙의 무게, 지반반력, 상재하중 등을 고려한다.
⑤ 철근콘크리트 옹벽의 종류에는 캔틸레버식 옹벽, 뒷부벽식 옹벽, 앞부벽식 옹벽 등이 있다.

03 그림 중 역T형 옹벽의 개략적인 주철근 배근으로 가장 적절한 것은?

04 옹벽의 구조세목 중 옳지 않은 것은?

① 콘크리트가 흙에 접하는 면에서는 최소 피복두께를 80mm 이상으로 해야 한다.

② 부벽식 옹벽의 전면벽은 3변 지지된 2방향 슬래브로 설계할 수 있다.

③ 전도 및 지반반력에 대한 안정조건은 만족하지만, 활동에 대한 안정조건을 만족하지 못할 경우에는 활동방지벽 혹은 횡방향 앵커 등을 설치하여 활동저항력을 증대시킬 수 있다.

④ 부벽식 옹벽의 저판은 정밀한 해석이 사용되지 않는 한 부벽 간의 거리를 경간으로 가정한 단순보로 설계할 수 있다.

05 그림과 같은 중력식 옹벽의 전도에 대한 안전율은?(단, 콘크리트의 단위중량 $\gamma_c = 25\text{kN/m}^3$, 흙의 내부마찰각 $\phi = 30°$, 점착력 $c = 0$, 흙의 단위중량 $\gamma_s = 20\text{kN/m}^3$이고, 옹벽 전면에 작용하는 수동토압은 무시하며, KDS(2016) 설계기준을 적용한다.)

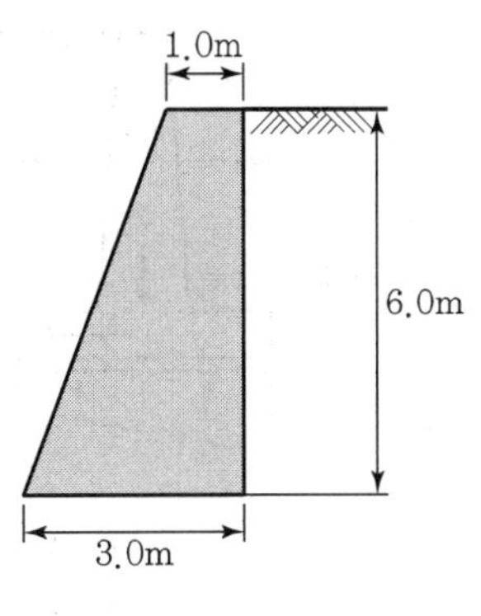

① 1.52
② 2.08
③ 2.40
④ 3.50

06 그림과 같이 옹벽의 무게 $W = 90\text{kN}$이고 옹벽에 작용하는 수평력 $H = 20\text{kN}$일 때, 전도에 대한 안전율과 활동에 대한 안전율은?(단, 옹벽의 무게 및 수평력은 단위폭당 값이며 옹벽의 저판 콘크리트와 흙 사이의 마찰계수는 0.4이고, 2021년도 콘크리트구조기준을 적용한다.)

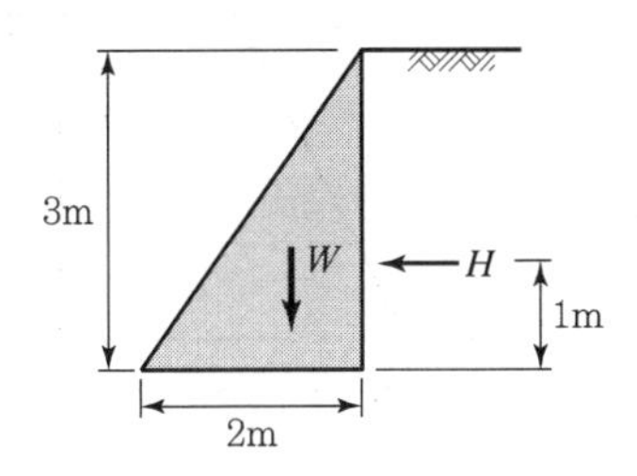

	전도에 대한 안전율	활동에 대한 안전율
①	3.0	1.5
②	3.0	1.8
③	6.0	1.5
④	6.0	1.8

07 역T형 옹벽에 작용하는 하중에 의한 지반반력이 $q_1 = 20\,\text{kN/m}^2$, $q_2 = 10\,\text{kN/m}^2$이고, 지반과 옹벽저판 사이의 마찰계수는 0.5이다. 옹벽의 활동에 대한 안정을 만족하기 위한 최대수평력 H[kN]는?

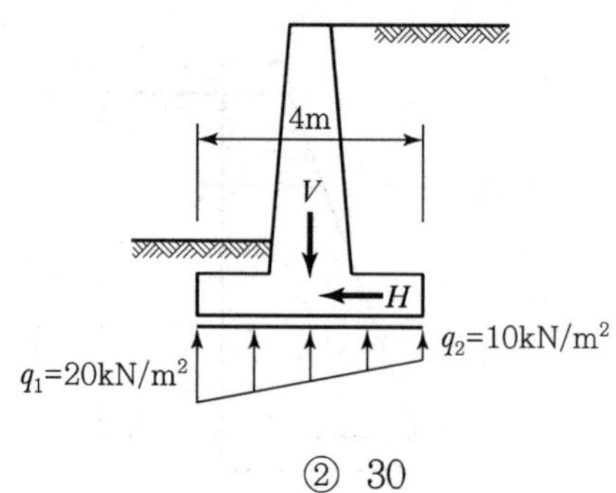

① 20
② 30
③ 40
④ 50

08 다음과 같은 콘크리트 옹벽이 활동에 대하여 안정하기 위한 B의 최솟값[m]은?(단, 콘크리트 단위중량은 $24\,\text{kN/m}^3$, 흙의 단위중량은 $20\,\text{kN/m}^3$, 토압계수는 0.3, 옹벽저면과 흙의 마찰계수는 0.5이다.)

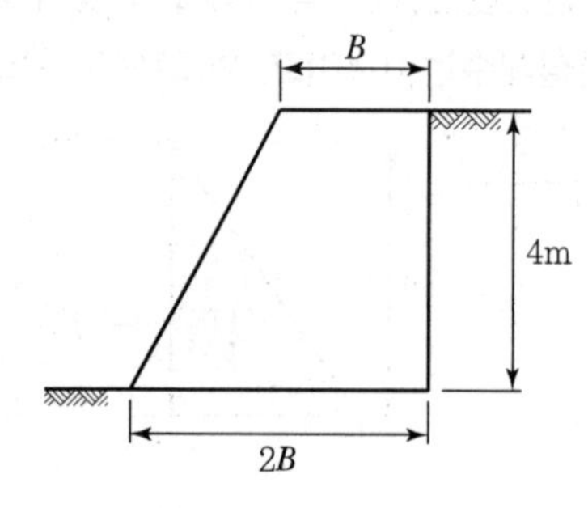

① 0.67
② 1.00
③ 1.34
④ 2.00

09 무근콘크리트 옹벽이 활동에 대해 안전하기 위한 최대높이 h는?(단, 콘크리트의 단위중량은 $24kN/m^3$, 흙의 단위 중량은 $20kN/m^3$, 토압계수는 0.4, 마찰계수는 0.5이며, 「콘크리트구조기준(2021)」을 적용한다.)

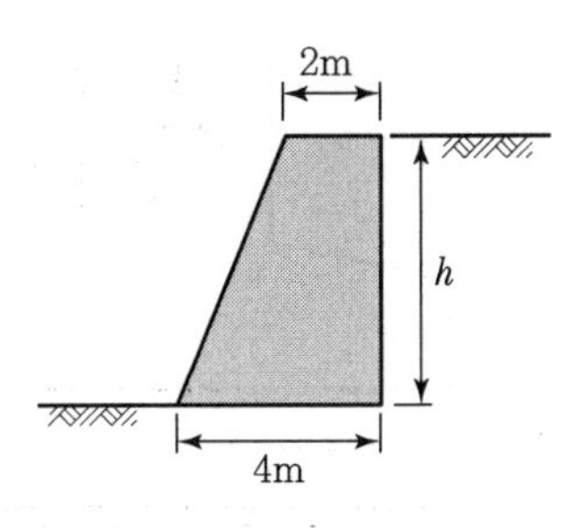

① 5.8m
② 6.0m
③ 6.2m
④ 6.4m

10 다음 그림과 같이 단위 폭을 갖는 옹벽을 설계할 때, 옹벽의 최대지반반력 q_{max} [kN/m^2]는?

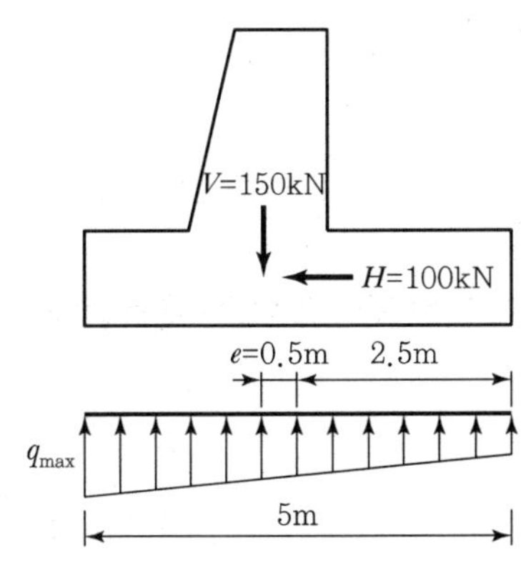

① 12
② 32
③ 48
④ 66

11 철근콘크리트 옹벽에서 지반의 단위길이에 발생하는 반력의 크기[kN/m²]는?(단, 옹벽의 자중은 무시한다.)

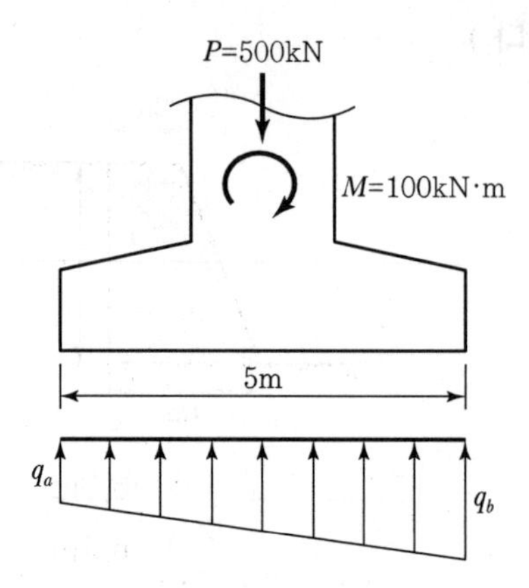

	q_a	q_b
①	68	117
②	76	124
③	82	149
④	91	169

12 옹벽의 안정조건 중 전도에 대한 저항모멘트는 횡토압에 의한 전도모멘트의 최소 몇 배 이상이어야 하는가?

① 1.5배 ② 2.0배
③ 2.5배 ④ 3.0배

13 그림과 같은 옹벽의 안정검토를 위해 적용되는 수식으로 옳지 않은 것은?(단, w_1 = 저판 위의 토압수직분력, w_2 = 옹벽자체중량, P_h = 수평토압의 합력, Σw = 연직력 합, ΣH = 수평력 합, R = 연직력과 수평력의 합력, e = 편심거리, d = O점에서 합력 작용점까지 거리, f = 기초지반과 옹벽기초 사이의 마찰계수, ΣM_r = 저항모멘트, ΣM_o = 전도모멘트, B = 옹벽저판의 폭, q_a = 지반의 허용지지력이며, 옹벽저판과 기초지반 사이의 부착은 무시한다.)

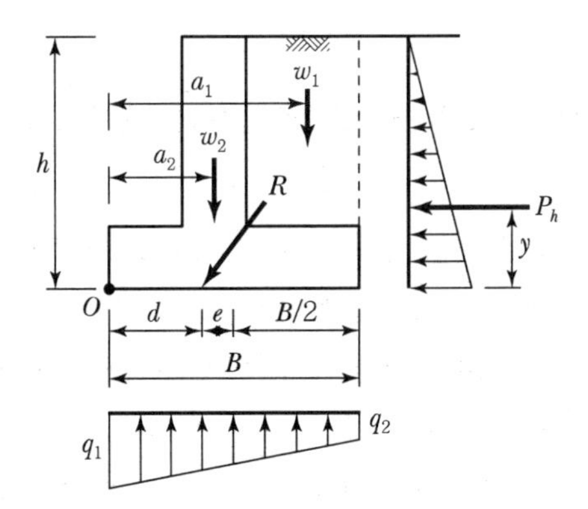

① $\Sigma w = w_1 + w_2$, $\Sigma H = P_h$, $\Sigma M_r = w_1 a_1 + w_2 a_2$, $\Sigma M_O = P_h y$

② 전도안전률 $= \dfrac{\Sigma M_O}{\Sigma M_r} \geq 2.0$, 활동안전률 $= \dfrac{\Sigma H}{f(\Sigma w)} \geq 1.5$

③ 편심거리 $e = \dfrac{B}{2} - d = \dfrac{B}{2} - \dfrac{\Sigma M_r - \Sigma M_O}{\Sigma w}$

④ $q_{1,2} = \dfrac{\Sigma w}{B}\left(1 \pm \dfrac{6e}{B}\right) \leq q_a \left(\text{단},\ e \leq \dfrac{B}{6}\right)$

14 옹벽 설계에 대한 설명으로 옳지 않은 것은?(단, 콘크리트구조기준(2021)을 적용한다.)

① 옹벽은 외력에 대하여 활동, 전도 및 지반침하에 대한 안정성을 가져야 하며, 이들 안정은 계수하중에 의하여 검토한다.

② 활동에 대한 저항력은 옹벽에 작용하는 수평력의 1.5배 이상이어야 한다.

③ 전도에 대한 저항 휨모멘트는 횡토압에 의한 전도 모멘트의 2.0배 이상이어야 한다.

④ 지반 침하에 대한 안정성 검토 시에 최대지반반력은 지반의 허용지지력 이하가 되도록 한다. 지반의 내부 마찰각, 점착력 등과 같은 특성으로부터 지반의 극한 지지력을 구할 수 있다. 다만, 이 경우에 허용지지력 q_a는 $q_u/3$이어야 한다.

CHAPTER

공기업 토목직 1300제

11 프리스트레스트 콘크리트(PSC)

01 **다음 중에서 프리스트레스트 콘크리트(PSC)보와 철근콘크리트(RC)보의 비교에 관한 설명으로 옳지 않은 것은?**

① PSC보는 RC보에 비하여 고강도의 콘크리트와 강재를 사용한다.

② 긴장재를 곡선으로 배치한 PSC보에서는 긴장재 인장력의 연직분력만큼 전단력이 감소하므로 같은 전단력을 받는 RC보에 비하여 복부의 폭을 얇게 할 수 있다.

③ PSC보는 RC보에 비해 더욱 탄성적이고 복원성이 크다.

④ 탄성응력상태 RC보에서는 하중이 증가함에 따라 철근의 인장력(T)과 콘크리트의 압축력(C)이 커지고 우력 팔길이(Z)는 감소한다.

02 **부분적 프리스트레싱(Partial Prestressing)에 대한 설명으로 옳은 것은?**

① 구조물에 부분적으로 PSC부재를 사용하는 것

② 부재단면의 일부에만 프리스트레스를 도입하는 것

③ 설계하중의 일부만 프리스트레스에 부담시키고 나머지는 긴장재에 부담시키는 것

④ 설계하중이 작용할 때 PSC부재 단면의 일부에 인장응력이 생기는 것

03 **프리텐션 프리스트레싱 강재가 보유하여야 할 재료성능으로 옳은 것은?**

① 인장강도가 작아야 한다.
② 연신율이 작아야 한다.
③ 릴랙세이션이 작아야 한다.
④ 콘크리트와의 부착강도가 작아야 한다.

04 **프리스트레싱 강재의 릴랙세이션에 대한 설명으로 옳지 않은 것은?**

① 긴장한 강재를 일정한 길이로 유지했을 때 시간의 경과와 함께 인장응력이 감소하는 현상을 릴랙세이션이라 한다.
② 일정 변형률하에서 발생하는 강재의 인장응력 감소량을 초기 인장응력에 대한 백분율로 나타낸 것을 순 릴랙세이션이라 한다.
③ 겉보기 릴랙세이션은 프리스트레스트 콘크리트 부재의 건조수축, 크리프 등의 변형으로 인한 효과를 동시에 고려하기 때문에 순 릴랙세이션 값보다 크다.
④ 릴랙세이션 손실은 프리스트레싱 강재의 온도의 영향을 받는다.

05 **프리스트레스트 콘크리트의 원리를 설명할 수 있는 기본개념으로 옳지 않은 것은?**

① 균등질보의 개념
② 내력모멘트의 개념
③ 하중평형의 개념
④ 변형도 개념

06 그림과 같이 자중과 활하중의 합 $w = 80\,\text{kN/m}$가 작용할 때 A점의 응력이 영(zero)이 되기 위한 PS강재의 긴장력[kN]은?(단, PS강재가 단면 중심에서 긴장되며 손실은 고려하지 않는다.)

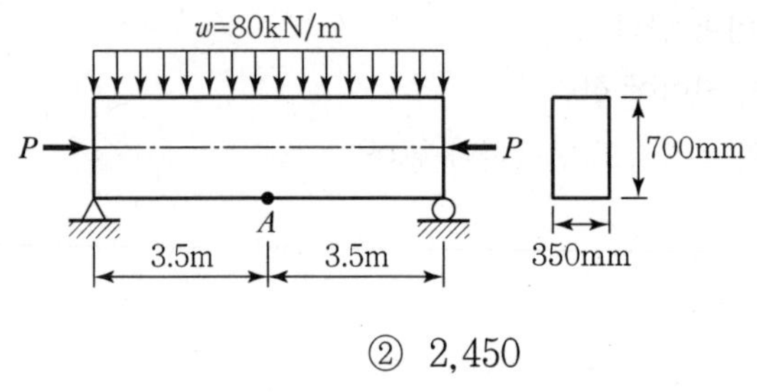

① 2,400　　② 2,450
③ 4,100　　④ 4,200

07 그림과 같이 지간 4m인 직사각형 단순보의 도심에 PS강재가 직선으로 배치되어 있고, 1,200kN의 프리스트레스 힘이 작용하고 있을 때, 보의 중앙단면 하연 응력이 0(zero)이 되도록 하기 위한 등분포하중 w[kN/m]은?(단, 보의 자중은 고려하지 않는다.)

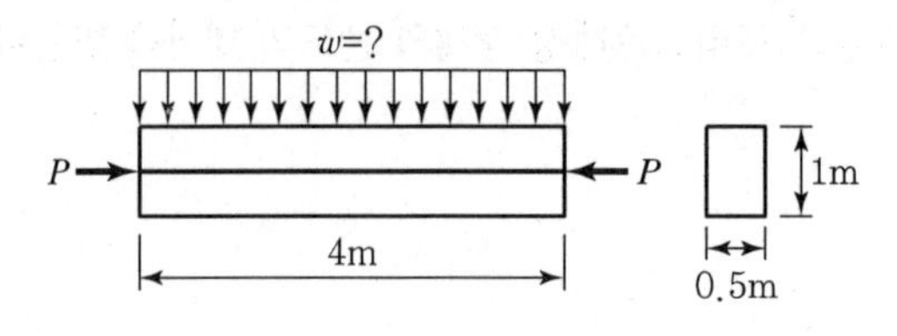

① 80kN/m　　② 87kN/m
③ 97kN/m　　④ 100kN/m

08 그림과 같은 단면의 중간 높이에 초기 프리스트레스 900kN을 작용시켰다. 20%의 손실을 가정하여 하단 또는 상단의 응력이 영(零)이 되도록 이 단면에 가할 수 있는 모멘트의 크기는?

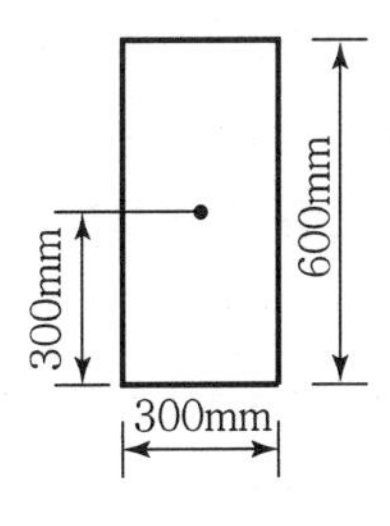

① 90kN · m
② 84kN · m
③ 72kN · m
④ 65kN · m

09 그림과 같은 프리스트레스트콘크리트 단순보에 프리스트레스 힘 $P=4,800$kN, 자중을 포함한 등분포하중 $w=80$kN/m가 작용할 경우 지간 중앙단면의 하연응력[MPa]은?(단, 지간 중앙의 긴장재의 편심 $e=0.4$m이며 프리스트레스 손실은 없다고 가정한다.)

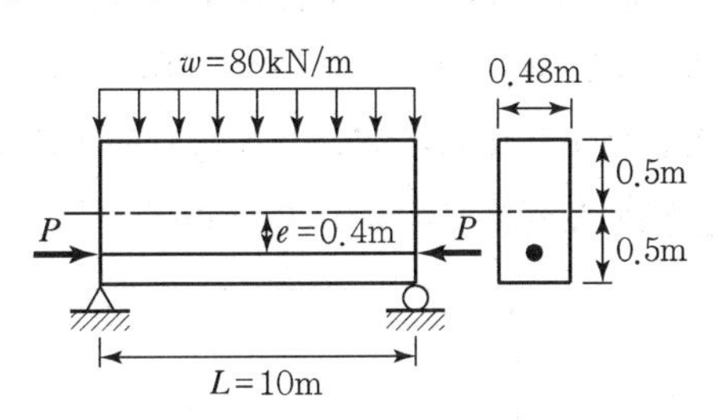

① 20.5(인장응력)
② 21.5(압축응력)
③ 22.5(인장응력)
④ 23.5(압축응력)

10 다음과 같은 지간이 $L = 10\text{m}$ 인 프리스트레스트 콘크리트 단순보에 자중을 포함한 등분포하중 $w = 30\text{kN/m}$가 작용하고 있다. 부재 단면이 폭 $b = 400\,\text{mm}$, 높이 $h = 600\,\text{mm}$이며, PS강선은 편심 $e = 0.2\text{m}$로 직선배치되어 있다. 균등질보개념(응력개념)을 적용할 때, 이 보의 중앙부 하단에 휨에 의한 수직응력이 0(zero)이 되기 위해 도입해야 하는 프리스트레스의 크기 $P[\text{kN}]$는?(단, 프리스트레스의 손실은 무시한다.)

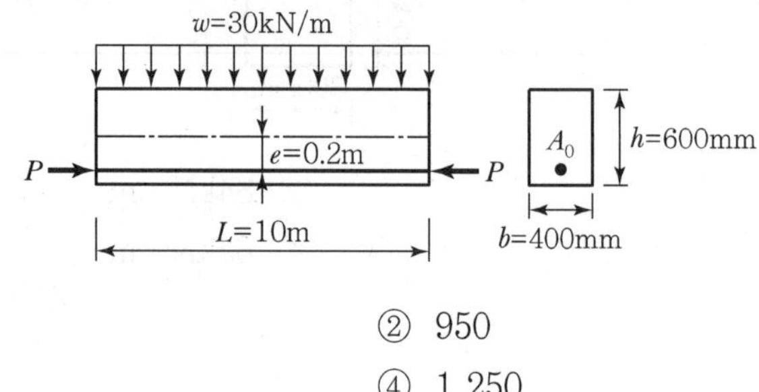

① 814 ② 950

③ 1,040 ④ 1,250

11 PS강재가 양 지점부에서는 중립축, 경간 중앙부에서는 편심 $e = 100\text{mm}$로 포물선 배치된 직사각형 단면 프리스트레스트 콘크리트보의 유효 프리스트레스 힘이 $P_e = 600\text{kN}$일 때, 경간 중앙에서 단면 상연의 응력이 0이 되기 위하여 작용시켜야 할 휨모멘트$[\text{kN}\cdot\text{m}]$는?(단, 단면적 $A = 60{,}000\text{mm}^2$ 단면2차모멘트 $I = 450{,}000{,}000\,\text{mm}^4$이다.)

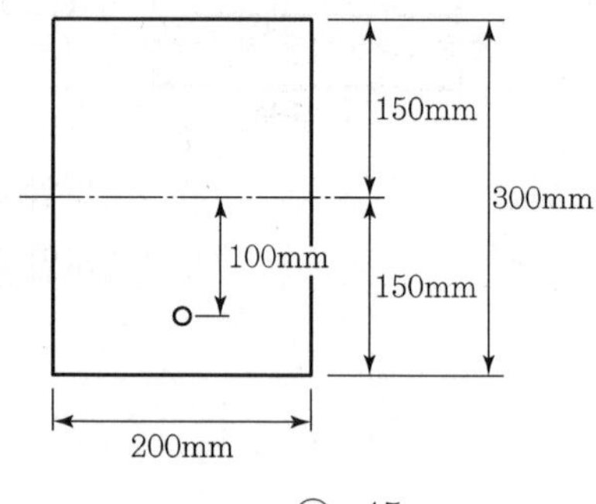

① 30 ② 45

③ 60 ④ 90

12 그림의 단순지지 보에서 긴장재는 C점에 150mm의 편차에 직선으로 배치되고, 1,000kN 으로 긴장되었다. 보의 고정하중은 무시할 때 C점에서의 휨 모멘트는 얼마인가?(단, 긴장재의 경사가 수평압축력에 미치는 영향 및 자중은 무시한다.)

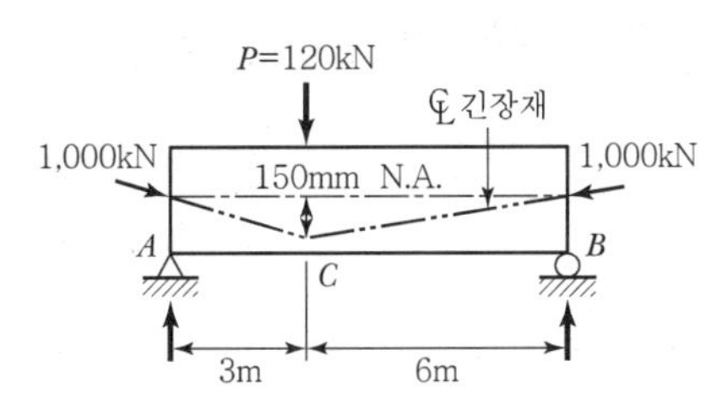

① $M_c = 90\text{kN} \cdot \text{m}$　　② $M_c = -150\text{kN} \cdot \text{m}$

③ $M_c = 240\text{kN} \cdot \text{m}$　　④ $M_c = 390\text{kN} \cdot \text{m}$

13 그림과 같이 지간 $l = 10\text{m}$인 프리스트레스트 콘크리트 단순보에 자중을 포함한 등분포하중 $w = 40\text{kN/m}$가 작용하고 있다. 긴장재는 지간 중앙에 편심 $e = 0.4\text{m}$로 절곡 배치하였다. 긴장력 $P = 1,000\text{kN}$일 때, 보의 끝단에서 전단력이 작용하지 않는 지점까지의 거리 x[m]는?(단, $\sin\theta = 2e/L$로 가정하고, 프리스트레스의 손실은 무시한다.)

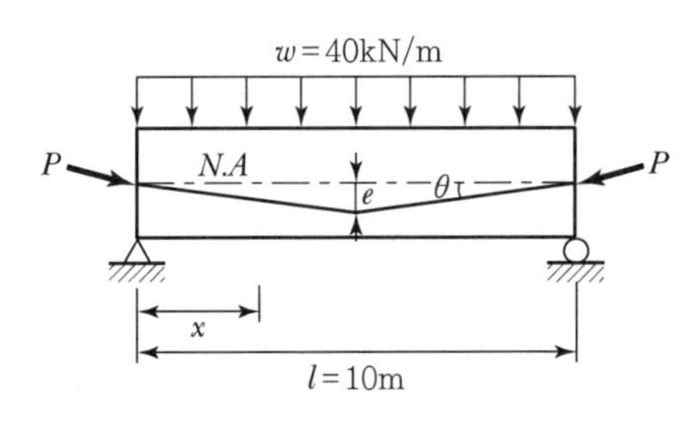

① 1　　② 2

③ 3　　④ 4

14 **프리스트레스트 콘크리트의 원리를 설명하는 개념 중 아래의 표에서 설명하는 개념은?**

> PSC보를 RC보처럼 생각하여, 콘크리트는 압축력을 받고 긴장재는 인장력을 받게 하여 두 힘의 우력 모멘트로 외력에 의한 휨모멘트에 저항시킨다는 개념

① 균등질 보의 개념
② 하중평형의 개념
③ 내력 모멘트의 개념
④ 허용응력의 개념

15 **PSC보에 휨모멘트 $M = 700\,\text{kN}\cdot\text{m}$(자중 포함)이 작용하고 있다. 프리스트레스 힘 $P = 3{,}500\,\text{kN}$이 가해질 때, 내력모멘트의 팔길이(m)는?**

① 0.1m
② 0.2m
③ 0.3m
④ 0.4m
⑤ 0.5m

16 그림과 같이 지간 $L=8\text{m}$인 프리스트레스트 콘크리트 단순보의 지간 중앙에 집중하중 $Q=240\text{kN}$이 작용하고 있다. 꺾인 직선 긴장재는 지간 중앙에 편심 $e=0.3\text{m}$로 설치되었다. 하중평형법에 의해 집중하중 Q와 등가상향력의 크기가 같아지도록 하는 프리스트레스의 크기 P[kN]는?(단, $\sin\theta = 2e/L$으로 가정하고, 프리스트레스의 손실은 무시하며, 집중하중은 자중을 포함하고 있다.)

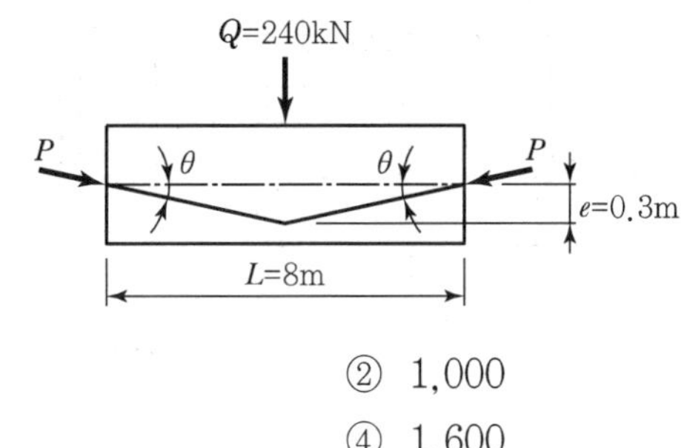

① 800
② 1,000
③ 1,300
④ 1,600

17 다음과 같이 긴장재를 포물선으로 배치한 PSC보의 프리스트레스 힘(P)은 1,000kN이고, 경간 중앙단면에서의 긴장재 편심량(e)은 0.3m이다. 하중평형의 개념을 적용할 때 콘크리트에 발생하는 등분포 상향력[kN/m]은?

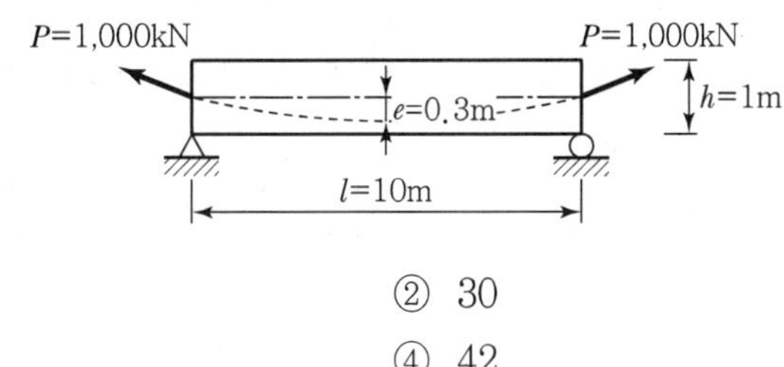

① 24
② 30
③ 36
④ 42

18 지간 중앙에서 편심 $e=0.3\text{m}$인 포물선 형태로 긴장재를 배치한 지간 $L=20\text{m}$의 프리스트레스트 콘크리트보가 있다. 활하중 $w_L=17.5\text{kN/m}$가 작용할 때, 자중을 포함한 전체 등분포 하중과 하중평형개념에 의한 등분포 상향력의 크기가 같아지도록 하는 프리스트레스 힘[kN]은?(단, 콘크리트 단위중량은 25kN/m^3이고, 프리스트레스 손실은 없다.)

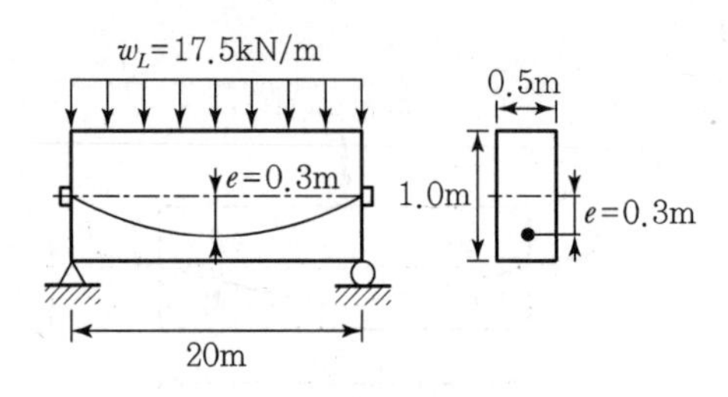

① 2,000　　② 3,000
③ 4,000　　④ 5,000

19 그림과 같이 자중을 포함한 등분포하중 $w=20\text{kN/m}$가 재하된 프리스트레스트 콘크리트 단순보에 긴장력 $P=2{,}000\text{kN}$이 작용할 때 보에 작용하는 순하향 하중[kN/m]은?(단, 프리스트레스의 손실은 무시한다.)

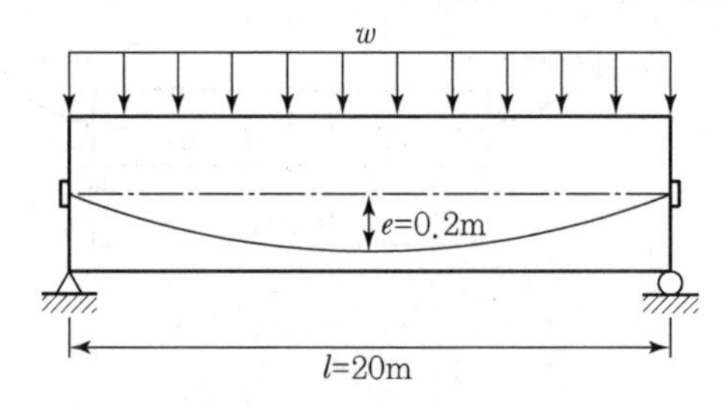

① 4　　② 8
③ 12　　④ 16

20 그림과 같이 긴장재를 포물선으로 배치한 PSC 단순보의 하중평형 개념에 의한 부재 중앙에서 모멘트[kN · m]는?(단, 긴장력 $P=800\text{kN}$, 지간 $l=8\text{m}$, 지간중앙에서 긴장재 편심 $e=0.2\text{m}$, 자중을 포함한 등분포하중 $w=25\text{kN/m}$이며, 프리스트레스 손실은 무시한다.)

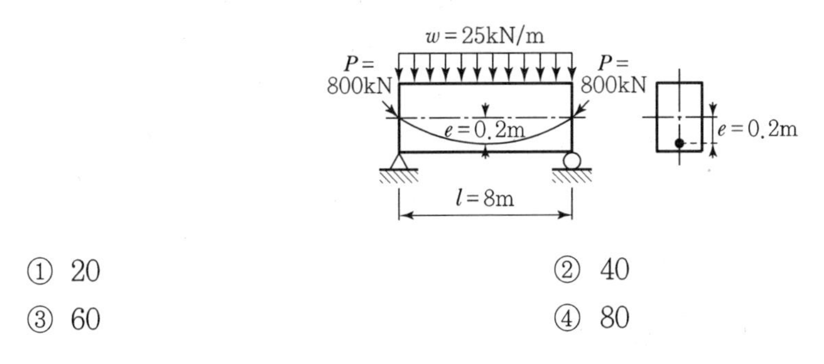

① 20
② 40
③ 60
④ 80

21 프리텐션 방식의 프리스트레싱에 대한 다음의 설명 중 옳지 않은 것은?

① 일반적으로 설비를 갖춘 공장 내에서 제조되기 때문에 제품의 품질에 대한 신뢰성이 높다.
② 같은 모양의 콘크리트 공장제품을 대량으로 생산할 수 있다.
③ PS강재를 곡선으로 배치하는 것이 용이하다.
④ 쉬스(Sheath), 정착장치가 필요하지 않다.
⑤ 정착구역에는 소정의 프리스트레스가 도입되지 않기 때문에 설계상 주의가 필요하다.

22 프리스트레싱 방법 중 포스트텐션 방식에 대한 설명으로 옳지 않은 것은?

① 프리스트레스 힘은 PS강재와 콘크리트 사이의 부착에 의해서 도입된다.
② 부재를 제작하기 위한 별도의 인장대(Tensioning Bed)가 필요하지 않다.
③ 프리캐스트 PSC 부재의 결합과 조립에 편리하게 이용된다.
④ PS강재를 곡선 형상으로 배치할 수 있어 대형 구조물 제작에 적합하다.

23 프리스트레스트 콘크리트보에서 긴장재 정착 공법에 해당하지 않는 것은?

① Freyssinet 공법
② VSL 공법
③ Dywidag 공법
④ ILM 공법

24 다음 내용에 해당되는 교량의 가설공법은?

- 상부구조물을 교대 또는 제1교각의 후방에 설치한 주형 제작장에서 일정한 길이의 세그먼트씩 제작
- 경간을 통과할 수 있는 평형 압축력을 포스트텐션 방식에 의하여 세그먼트에 도입시켜 미리 제작된 주형과 일체화
- 압출장치에 의해 주형을 교축 방향으로 밀어내어 가설

① FCM
② PSM
③ ILM
④ MSS

25 다음 설명에 모두 해당하는 PSC교량의 가설공법은?

- 동바리가 필요하지 않아 깊은 계곡, 유량이 많은 하천, 선박이 항해하는 해상 등에 유용하게 사용되는 가설공법
- 교각에서 양측의 교축 방향을 향하여 한 블록씩 콘크리트를 타설 또는 프리캐스트 콘크리트 블록을 순차적으로 연결하는 가설공법
- 각 시공 구분마다 오차의 수정이 가능한 가설공법

① PWS(Prefabricated Parallel Wire Strand) 공법
② FCM(Free Cantilever Method) 공법
③ FSM(Full Staging Method) 공법
④ ILM(Incremental Launching Method) 공법

26 PSC보에서 프리스트레스 힘의 즉시손실 원인에 해당하는 것은?(단, 2021년도 콘크리트구조 기준을 적용한다.)

① 콘크리트의 건조수축 ② 콘크리트의 크리프
③ 강재의 릴랙세이션 ④ 정착 장치의 활동

27 유효프리스트레스 f_{pe}를 결정하기 위하여 고려해야 하는 프리스트레스 손실 원인을 모두 고른 것은?

ㄱ. 정착장치의 활동
ㄴ. 콘크리트의 건조수축
ㄷ. 포스트텐션 긴장재와 덕트 사이의 마찰
ㄹ. 콘크리트의 공칭압축강도
ㅁ. 긴장재 응력의 릴랙세이션

① ㄱ, ㄴ, ㄹ ② ㄱ, ㄷ, ㄹ, ㅁ
③ ㄱ, ㄴ, ㄷ, ㅁ ④ ㄴ, ㄷ, ㄹ, ㅁ

28 프리스트레스의 잭킹 응력 f_{pj}가 1,100MPa이고, 즉시 손실량이 100MPa, 시간적 손실량이 200MPa일 때, 유효율 R의 값으로 옳은 것은?

① $R=0.6$ ② $R=0.7$
③ $R=0.8$ ④ $R=0.9$

29 T형 프리스트레스트 콘크리트 단순보에 설계하중이 작용할 때 보의 처짐은 0이었으며, 프리스트레스 도입단계부터 보의 상연에 부착된 변형률 게이지로 측정된 콘크리트 탄성변형률 $\varepsilon_c = 4.0 \times 10^{-4}$이었다. 이 경우 초기긴장력 P_i[kN]는?(단, 콘크리트의 탄성계수 $E_c = 25\text{GPa}$, T형보의 총단면적 $A_g = 170{,}000\text{mm}^2$, 프리스트레스의 유효율 $R = 0.85$이다.)

① 1,400　② 1,600
③ 1,800　④ 2,000

30 길이 10m인 포스트텐션 프리스트레스트 콘크리트보의 강선에 1,000MPa의 인장응력을 도입한 후 정착하였더니 정착장치에서 활동량의 합이 3mm였다. 이때 프리스트레스의 감소율[%]은?(단, PS강재의 탄성계수 $E_{ps} = 2.0 \times 10^5\text{MPa}$이다.)

① 3　② 4
③ 5　④ 6

31 프리텐션 방식의 PSC 보에서 발생되는 응력손실로 옳지 않은 것은?

① 콘크리트의 크리프에 의한 손실
② 콘크리트의 탄성수축에 의한 손실
③ 긴장재 응력의 릴랙세이션에 의한 손실
④ 긴장재와 덕트 사이의 마찰에 의한 손실

32 프리스트레스트콘크리트 포스트텐션부재에서 긴장재의 마찰 손실을 계산할 때 사용되는 요소가 아닌 것은?(단, 「콘크리트구조기준(2021)」을 적용한다.)

① 긴장재의 파상마찰계수 ② 긴장재의 회전각 변화량
③ 곡선부의 곡률마찰계수 ④ 긴장재의 설계항복강도

33 다음 그림과 같은 포스트텐션보에서 PS강재가 단부 A에서만 인장력 P_o로 일단 긴장될 때, 마찰손실을 고려한 단면 C, D 위치에서 PS강재의 인장력은?(단, AB, DE : 곡선구간, BC, CD : 직선구간, PS강재의 곡률마찰계수 $\mu = 0.3(/\text{rad})$, PS강재의 파상마찰계수 $\kappa = 0.004(/\text{m})$, 마찰손실을 제외한 다른 손실은 고려하지 않는다.)

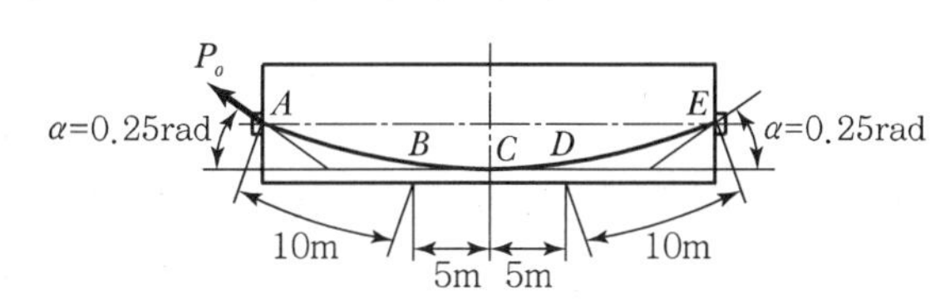

	단면 $C(P_C)$	단면 $D(P_D)$
①	$P_o e^{-(0.3\times0.25+0.004\times15)}$	$P_o e^{-(0.3\times0.25+0.004\times10)}$
②	$P_o e^{-(0.3\times0.25+0.004\times15)}$	$P_o e^{-(0.3\times0.25+0.004\times20)}$
③	$P_o e^{-(0.3\times0.25+0.004\times5)}$	$P_o e^{-(0.3\times0.5+0.004\times10)}$
④	$P_o e^{-(0.3\times0.25+0.004\times5)}$	$P_o e^{-(0.3\times0.5+0.004\times20)}$

34 그림과 같은 PSC부재의 A단에서 강재를 긴장할 경우 B단까지의 마찰에 의한 긴장력 감소율 [%]은?(단, $\theta_1 = 0.11\,\text{rad}$, $\theta_2 = 0.07\,\text{rad}$, $\theta_3 = 0.11\,\text{rad}$ μ(곡률마찰계수)=0.50, k(파상마찰계수)=0.0015이고 근사법으로 계산한다.)

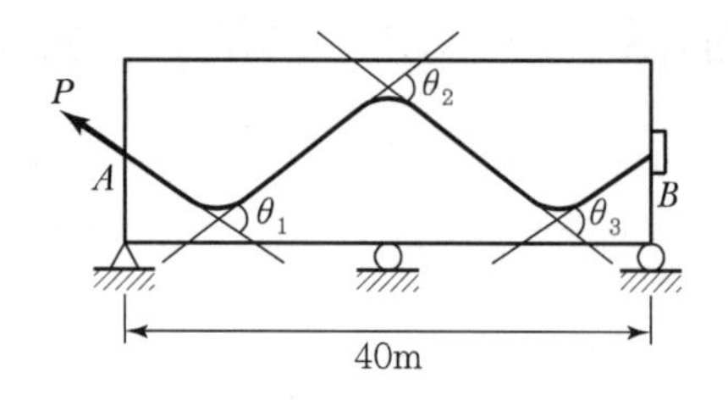

① 20
② 19
③ 18
④ 17.0

35 단면도심에 긴장재가 배치된 직사각형 프리텐션 PSC 보의 긴장재를 1,500MPa로 긴장하였다. 프리스트레스를 도입하여 탄성수축에 의한 손실이 발생한 후 긴장재의 응력[MPa]은?(단, 직사각형 보의 폭 $b = 300\text{mm}$, 부재의 전체 깊이 $h = 500\text{mm}$, PS 긴장재의 단면적 $A_p = 600\text{mm}^2$, 탄성계수비 $n = 6$이며, 콘크리트 단면적은 긴장재의 면적을 포함한다.)

① 1,460
② 1,464
③ 1,468
④ 1,472

36 그림과 같은 직사각형 단면의 프리텐션 부재의 편심 배치한 직선 PS강재를 820kN으로 긴장했을 때 탄성변형으로 인한 프리스트레스의 감소량은?(단, $I = 3.125 \times 10^9 \mathrm{mm}^4$, $n = 6$이고, 자중에 의한 영향은 무시한다.)

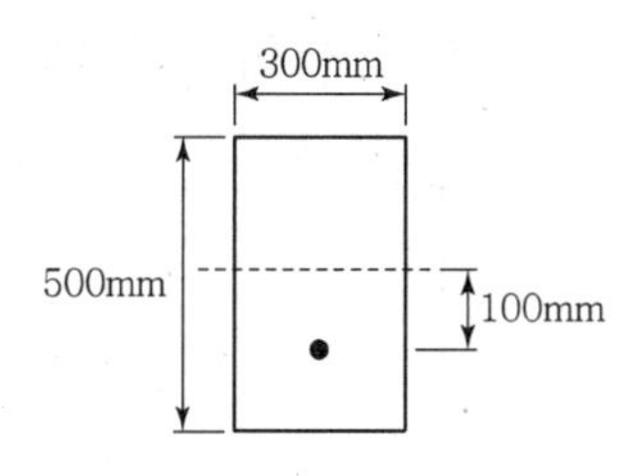

① 44.5MPa
② 46.5MPa
③ 48.5MPa
④ 50.5MPa

37 프리스트레스트 콘크리트(PSC)보에 프리스트레스를 도입할 때 다음 중 콘크리트의 탄성변형으로 인한 손실이 발생하지 않는 경우는?

① 하나의 긴장재로 이루어진 PSC보가 프리텐션공법으로 제작되었을 때
② 여러 가닥의 긴장재로 이루어진 PSC보가 프리텐션공법으로 제작되었을 때
③ 프리스트레스를 순차적으로 도입하는 여러 가닥의 긴장재로 이루어진 PSC보가 포스트텐션공법으로 제작되었을 때
④ 하나의 긴장재로 이루어진 PSC보가 포스트텐션공법으로 제작되었을 때

38 30 cm × 30 cm의 사각형 콘크리트 단면에 1개당 3 cm^{2}인 PS강선 4개를 그림과 같이 강선군의 도심과 콘크리트 부재단면 도심이 일치하도록 배치한 포스트텐션 부재가 있다. PS강선을 1개씩 차례로 긴장하는 경우 콘크리트의 탄성수축에 의한 프리스트레스의 평균 손실량 [MPa]은?(단, 초기 프리스트레스는 1,000MPa이고 탄성계수비 $n = 6.0$이다.)

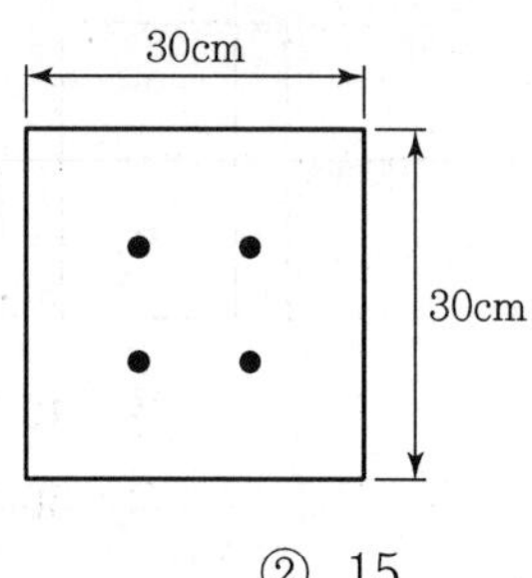

① 10　　② 15
③ 20　　④ 30

39 포스트텐션부재에 강선을 단면(200mm × 300mm)의 중심에 배치하여 1,500MPa로 긴장하였다. 콘크리트의 크리프로 인한 강선의 프리스트레스 손실률은 약 얼마인가?(단, 강선의 단면적 A_p =800mm^2, n=6, 크리프 계수는 2.0)

① 9%　　② 16%
③ 22%　　④ 27%

40 PS강재의 탄성계수 $E_{ps} = 2 \times 10^5$MPa이고 콘크리트의 건조수축률 $\varepsilon_{sh} = 25 \times 10^{-5}$일 때, 콘크리트 건조수축에 의한 PS강재의 프리스트레스 감소율을 5%로 제어하기 위한 초기 프리스트레스 값[MPa]은?

① 1,000　　② 2,000
③ 3,000　　④ 4,000

41 프리스트레스 도입 직후 시간에 따른 프리스트레스 손실이 일어나기 전의 콘크리트에서 허용하는 휨압축응력은 얼마인가?(단, 프리스트레스를 도입할 때 콘크리트 압축강도(f_{ci}) = 36MPa, 콘크리트의 설계기준압축강도 (f_{ck}) = 45MPa이다.)

① 18.0MPa
② 21.6MPa
③ 28.8MPa
④ 27.0MPa
⑤ 36.0MPa

42 프리스트레싱 긴장재의 허용응력규정에 관한 설명 중 가장 적당한 것은? (여기서, f_{pu}는 프리스트레싱 긴장재의 설계기준 인장강도이고, f_{py}는 프리스트레싱 긴장재의 설계기준 항복강도이다.)

① 긴장을 할 때 프리스트레싱 긴장재의 인장응력은 $0.80f_{pu}$ 또는 $0.94f_{py}$중 큰 값 이상으로 하여야 한다.
② 긴장을 할 때 프리스트레싱 긴장재의 인장응력은 $0.80f_{pu}$ 또는 $0.94f_{py}$중 작은 값 이하로 하여야 한다.
③ 긴장을 할 때 프리스트레싱 긴장재의 인장응력은 $0.74f_{pu}$ 또는 $0.82f_{py}$중 큰 값 이상으로 하여야 한다.
④ 긴장을 할 때 프리스트레싱 긴장재의 인장응력은 $0.74f_{pu}$ 또는 $0.82f_{py}$중 작은 값 이하로 하여야 한다.

43 프리텐션 단순보에 대하여 휨 균열 모멘트 M_{cr}를 결정하기 위한 식으로 옳은 것은?(단, I_e =환산 단면2차모멘트, A_e =환산 단면적, e_p =환산 단면중립축과 PS강재 도심 사이의 거리, y_1 =상연(압축 측)에서 환산단면 중립축까지의 거리, y_2 =하연(인장 측)에서 환산단면 중립축까지 거리, f_r =콘크리트 휨 인장강도, f_{ck} =콘크리트 설계기준강도, P_e =유효인장력)

① $\frac{M_{cr}}{I_e}y_1 = \frac{P_e}{A_e} + \frac{P_e e_p}{I_e}e_p + f_r$

② $\frac{M_{cr}}{I_e}y_2 = \frac{P_e}{A_e} + \frac{P_e e_p}{I_e}e_p - f_r$

③ $\frac{M_{cr}}{I_e}y_2 = \frac{P_e}{A_e} + \frac{P_e e_p}{I_e}y_2 + f_r$

④ $\frac{M_{cr}}{I_e}y_1 = \frac{P_e}{A_e} + \frac{P_e e_p}{I_e}y_1 - f_r$

⑤ $\frac{M_{cr}}{I_e}y_2 = -\frac{P_e}{A_e} + f_{ck}$

44 콘크리트 구조물의 설계기준은 부착긴장재를 가지는 프리스트레스트 콘크리트 휨부재의 공칭 휨강도 계산에서 긴장재의 응력을 $f_{ps} = f_{pu}\left[1 - \frac{\gamma_p}{\beta_1}\left\{\rho_p \frac{f_{pu}}{f_{ck}} + \frac{d}{d_p}(w - w')\right\}\right]$의 식을 통해 근사적으로 계산하는 것을 허용하고 있다. 그러나 이 식의 사용을 위해서는 긴장재의 유효응력이 얼마 이상이 될 것을 요구하고 있다. 긴장재의 설계기준인장강도 f_{pu} =1,800MPa일 때, 이 식을 사용하기 위해서는 프리스트레스 긴장재의 유효응력은 얼마 이상이 되어야 하는가?

① 720MPa

② 810MPa

③ 900MPa

④ 1,080MPa

45 **프리스트레스트 콘크리트 중 비부착긴장재를 가진 부재에서 깊이에 대한 경간의 비가 35 이하인 경우 공칭강도를 발휘할 때 긴장재의 인장응력(f_{ps})을 구하는 식으로 옳은 것은?(단, f_{pe} : 긴장재의 유효프리스트레스, ρ_p : 긴장재의 비)**

① $f_{ps} = f_{pe} + 70 + \dfrac{f_{ck}}{100\rho_p}$

② $f_{ps} = f_{pe} + 70 + \dfrac{f_{ck}}{200\rho_p}$

③ $f_{ps} = f_{pe} + 70 + \dfrac{f_{ck}}{300\rho_p}$

④ $f_{ps} = f_{pe} + 70 + \dfrac{f_{ck}}{400\rho_p}$

46 **프리스트레스트 콘크리트 휨부재에서 부분균열등급의 설계법에 대한 설명으로 옳은 것은?**

① 사용하중에서의 응력을 계산할 때는 비균열 전단면을 사용한다.

② 처짐을 계산할 때는 비균열 전단면을 사용한다.

③ 균열제어를 위해서 표피철근을 배치하여야 한다.

④ 사용하중에 의한 인장연단응력을 $0.63\sqrt{f_{ck}}$ 이하로 제한하여야 한다.

CHAPTER 12

공기업 토목직 1300제

강구조 및 교량

01 **강재와 콘크리트 재료를 비교하였을 때, 강재의 특성에 대한 설명으로 옳지 않은 것은?**

① 단위체적당 강도가 크다.
② 재료의 균질성이 뛰어나다.
③ 연성이 크고 소성변형능력이 우수하다.
④ 내식성에는 약하지만 내화성에는 강하다.

02 **강재 연결(이음)부 구조에 대한 설명으로 옳지 않은 것은?**

① 연속경간에서 볼트이음은 고정하중에 의한 휨모멘트 방향의 변환점 또는 변환점 가까이 있는 곳에 있도록 해야 한다.
② 연결부 구조는 응력을 전달하지 않아야 한다.
③ 가급적 편심이 발생하지 않도록 해야 한다.
④ 가급적 잔류응력이나 응력집중이 없어야 한다.

03 도로교설계기준에 규정된 강재의 연결부에서 연결방법을 병용하는 규정으로 옳은 것은?

① 홈용접(groove weld)을 사용한 맞대기이음과 고장력 볼트 마찰이음을 병용해서는 안 된다.

② 응력 방향과 직각을 이루는 필릿용접과 고장력 볼트 마찰이음을 병용하는 경우에는 이들이 각각 응력을 분담하는 것으로 한다.

③ 응력 방향에 평행한 필릿용접과 고장력 볼트 마찰이음을 병용해서는 안 된다.

④ 용접과 고장력 볼트 지압이음을 병용해서는 안 된다.

04 그림과 같은 리벳이음에서 리벳지름 $d = 20\text{mm}$, 철판두께 $t = 10\text{mm}$, 허용전단응력 $v_a = 60\text{MPa}$, 허용지압응력 $f_b = 150\text{MPa}$ 일 때 이 리벳의 강도는?

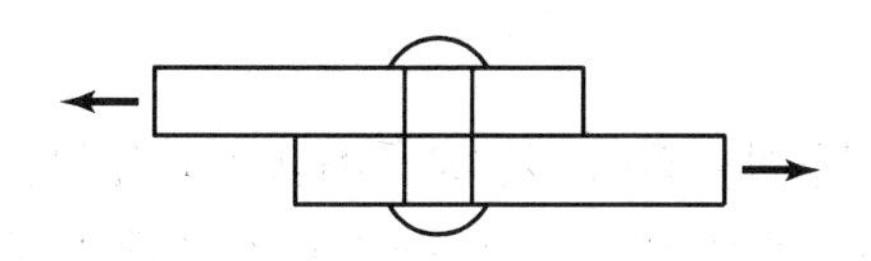

① 30.00kN
② 18.85kN
③ 23.32kN
④ 42.00kN
⑤ 11.20kN

05 그림과 같은 연결에서 볼트가 지지할 수 있는 인장력[kN]은?(단, 허용전단응력 v_{sa} = 200MPa, 허용지압응력 f_{ba} = 300MPa, π = 3으로 계산한다.)

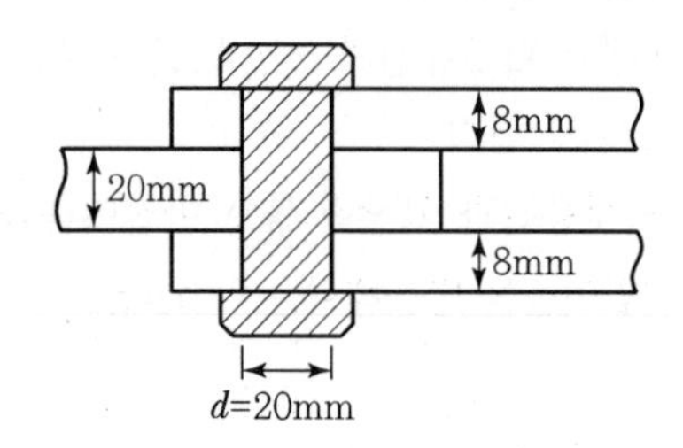

① 64 ② 96
③ 120 ④ 180

06 〈보기〉와 같은 리벳이음에서 판이 지압에 의해 파괴되기 위한 판 두께 t는 얼마 이하인가?(단, 직경 ϕ = 20mm, 허용전단응력 v_a = 120MPa, 허용지압응력 f_{ba} = 300MPa이다.)

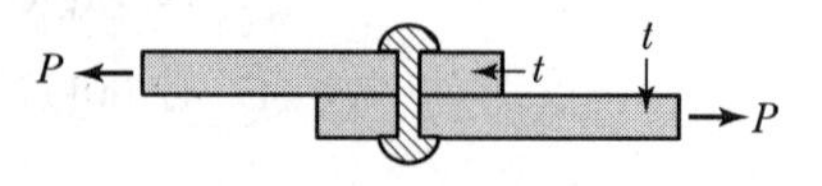

① 6.28mm ② 7.53mm
③ 8.36mm ④ 9.83mm

07 인장력 600kN이 작용하는 두께 20mm의 강판(SS400)을 지압이음용 고장력볼트(M22－B8T)를 사용하여 2면전단으로 연결할 때 필요한 최소 볼트 수는?(단, 1면 전단에 대한 볼트 1개당 허용전단력 P_{va} = 55kN, 볼트 1개당 허용지압력 P_{ba} = 105kN)

① 3 ② 4
③ 5 ④ 6

08 고장력 볼트이음에 대한 설명으로 옳지 않은 것은?

① 고장력 볼트는 너트회전법, 직접인장측정법, 토크관리법 등을 사용하여 규정된 설계볼트장력 이상으로 조여야 한다.

② 고장력 볼트로 연결된 인장부재의 순단면적은 볼트의 단면적을 포함한 전체 단면적으로 한다.

③ 볼트의 최소 및 최대 중심간격, 연단거리 등은 리벳의 경우와 같다.

④ 마찰접합은 고장력 볼트의 강력한 조임력으로 부재 간에 발생하는 마찰력에 의해 응력을 전달하는 접합형식이다.

09 그림과 같이 지그재그로 볼트구멍(지름 $d=25\text{mm}$)이 있고 인장력 P가 작용하는 판에서 인장응력 검토를 위한 순폭 b_n[mm]은?

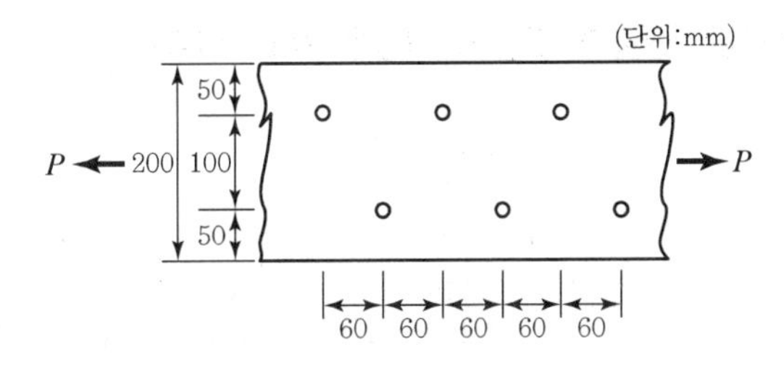

① 141

② 150

③ 159

④ 175

10 순단면이 볼트의 구멍 하나를 제외한 단면(즉, $A-B-C$ 단면)과 같도록 피치(s)를 결정하면?(단, 구멍의 직경은 22mm이다.)

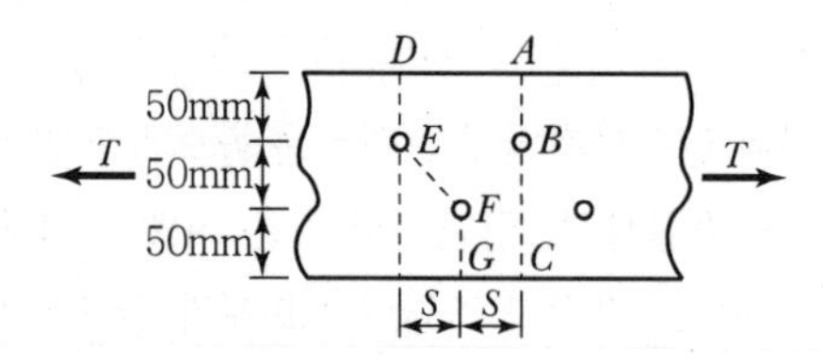

① 114.9mm
② 90.6mm
③ 66.3mm
④ 50mm

11 그림과 같이 편심이 없는 하중 T를 받는 볼트로 연결된 판이 ABFGHIJ로 파괴되기 위한 p[mm]의 범위는?(단, 연결재 구멍의 직경은 20mm이다.)

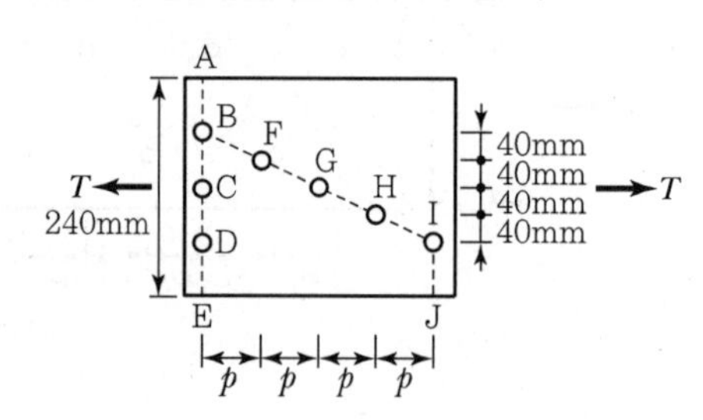

① $30 \leq p < 40$
② $40 \leq p < 50$
③ $70 \leq p < 80$
④ $80 \leq p < 100$

12 다음 그림과 같이 인장력이 작용하는 강판의 최소 순단면적[mm^2]은?(단, 볼트이음으로 볼트 구멍의 지름은 20mm이며, 강판의 두께는 10mm이다.)

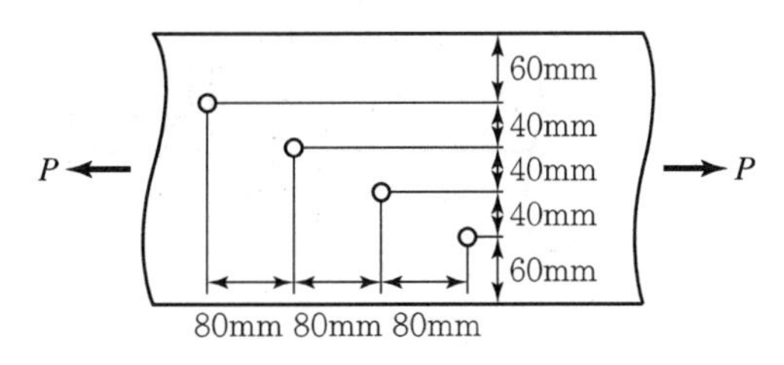

① 1,800
② 1,900
③ 2,000
④ 2,200

13 인장응력 검토를 위한 L−150×90×12인 형강(Angle)의 전개 총 폭 b_g는 얼마인가?

① 228mm
② 232mm
③ 240mm
④ 252mm

14 다음은 L형강에서 인장응력 검토를 위한 순폭계산에 대한 설명이다. 틀린 것은?

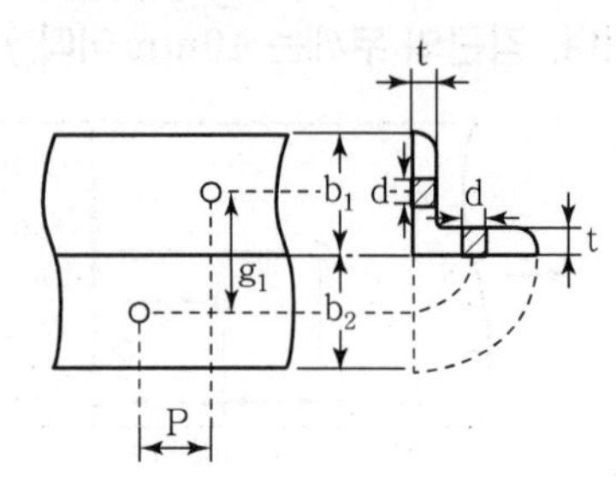

① 전개 총폭(b) $= b_1 + b_2 - \mathrm{t}$이다.

② $\dfrac{P^2}{4g} \geq \mathrm{d}$인 경우 순폭(bn) $= \mathrm{b} - \mathrm{d}$이다.

③ 리벳선간거리(g) $= g_1 - \mathrm{t}$이다.

④ $\dfrac{P^2}{4g} < \mathrm{d}$인 경우 순폭(bn) $= \mathrm{b} - \mathrm{d} - \dfrac{P^2}{4g}$ 이다.

15 그림과 같은 인장재 L형강의 순단면적[mm^2]은?(단, 구멍의 직경은 25mm이고, 설계코드(KDS : 2016)와 도로교설계기준(한계상태설계법) 2015를 적용한다.)

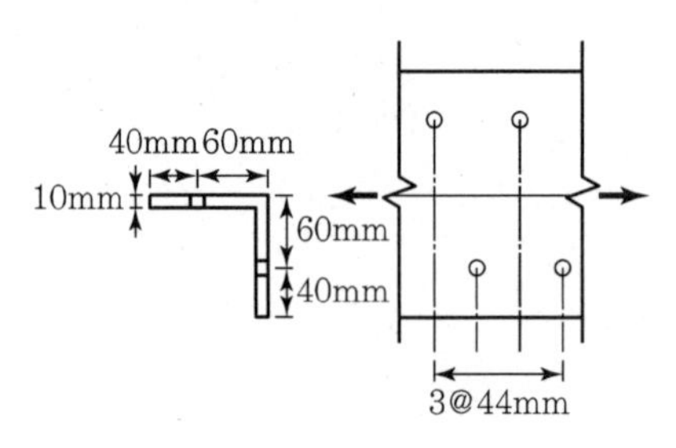

① 1,344
② 1,444
③ 1,544
④ 1,750

16 그림과 같이 두께가 10mm인 강판을 리벳으로 연결한 경우 강판이 최대로 허용할 수 있는 인장력 P[kN]는?(단, 강판의 허용인장응력 $f_{ta}=150$MPa, 리벳구멍의 지름 = 25mm이다.)

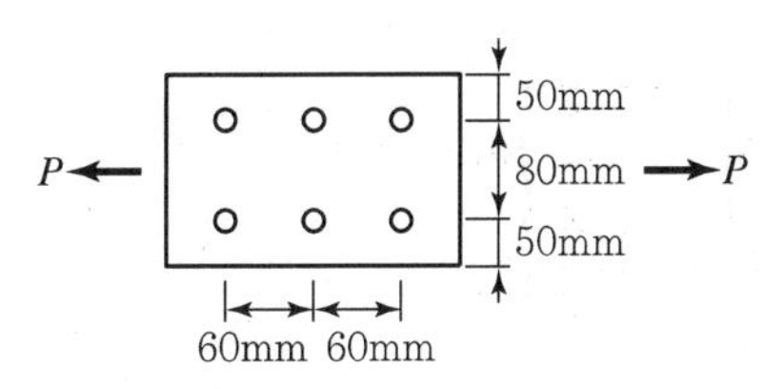

① 135
② 155
③ 175
④ 195

17 그림과 같은 용입홈용접에서 목두께 표시가 옳은 것은?

㉠

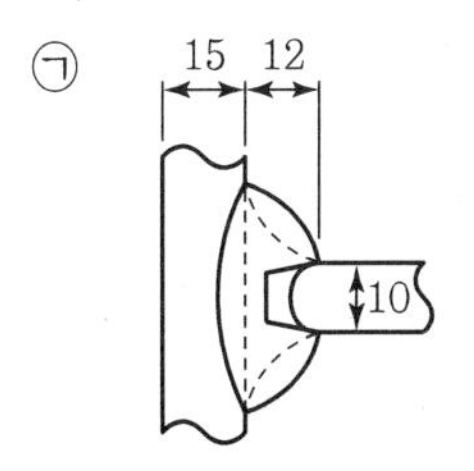

㉡

㉢

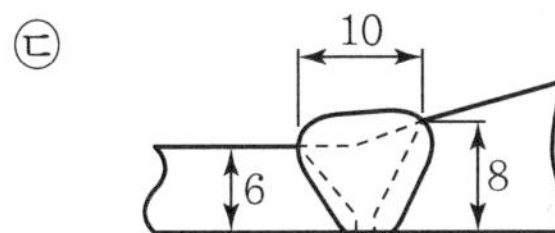

㉣

	㉠	㉡	㉢	㉣
①	12	15	10	18
②	15	12	8	25
③	10	12	6	18
④	12	12	6	16

18 그림과 같이 폭과 두께가 일정한 강재를 완전용입용접으로 연결하였을 때 용접부에 작용하는 응력[MPa]은?(단, $l=300$mm, $t=10$mm이다.)

㉠

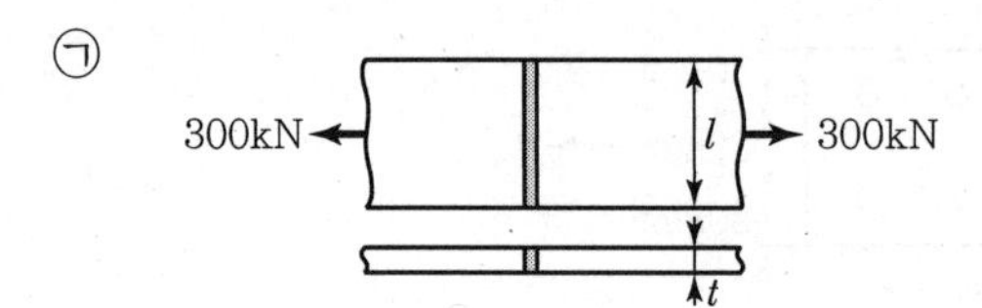

㉡

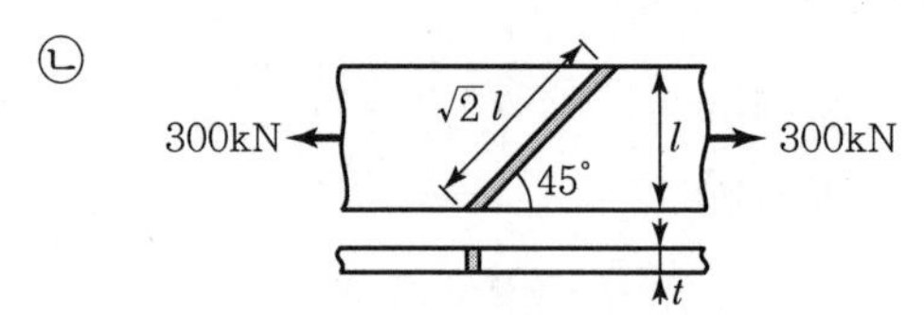

㉢

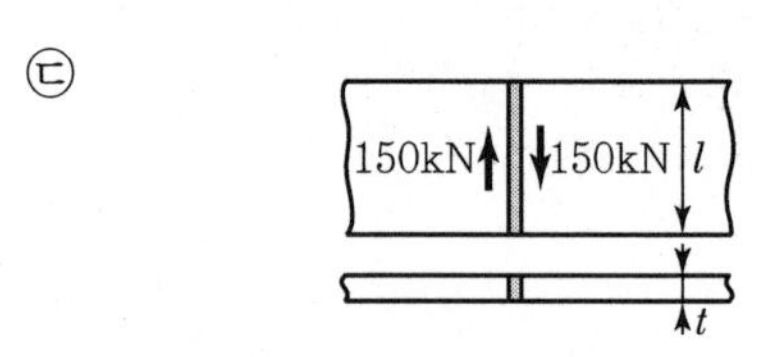

	㉠	㉡	㉢
①	100	100	100
②	100	141	100
③	100	141	50
④	100	100	50

19 아래 그림과 같은 필렛용접의 형상에서 $S=9$mm일 때 목두께 a의 값으로 적당한 것은?

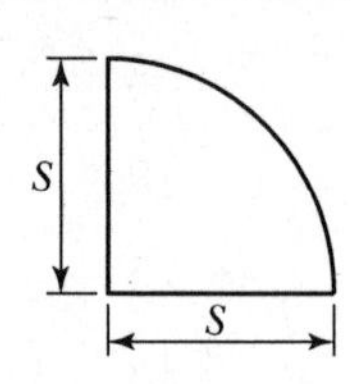

① 5.46mm
② 6.36mm
③ 7.26mm
④ 8.16mm

20 그림과 같은 필릿용접부의 전단응력[MPa]은?

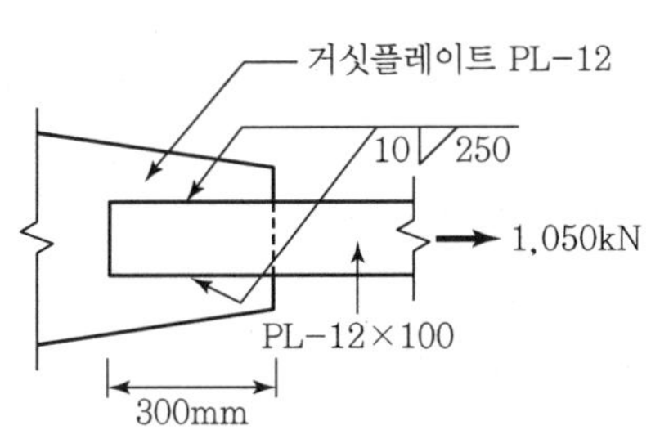

① 250 ② 300
③ 325 ④ 350

21 다음 그림과 같이 필릿용접을 하였을 때, 이 연결구조가 지지할 수 있는 최대허용하중 P_{max} [kN]는?(단, 허용인장응력 $f_{ta}=140$MPa, 용접부 허용응력 $v_a=80$MPa이며 현장용접에 따른 강도 저감은 없다.)

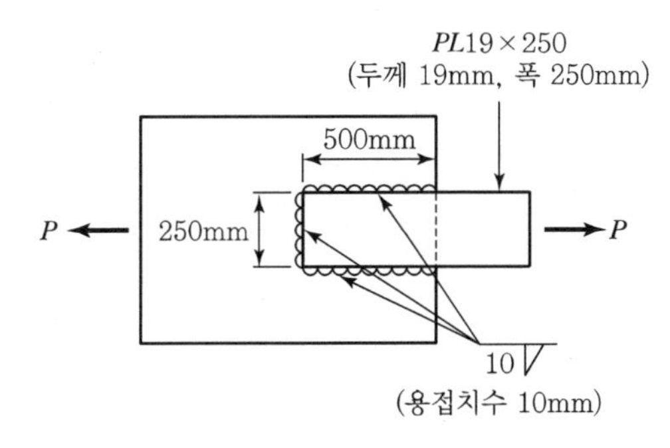

① 660 ② 665
③ 700 ④ 707

22 **다음 중 강구조물의 구조적 거동 특성으로 옳지 않은 것은?**

① 강구조물은 박판보강 부재나 요소의 세장성에 따른 각종 좌굴 파괴모드가 구조내력을 지배한다.

② 강구조물은 특히 교량의 손상이나 파손의 대부분은 보강재나 연결부의 불량 접합부나 연결부에서 시작한다.

③ 강구조물의 경우 연결 상세부위에서의 피로파손으로 인한 피로균열의 성장에 따른 피로파괴가 강구조물의 붕괴를 촉발하는 원인이 되기도 한다.

④ 강구조물은 극심한 기후환경하에서도 충분한 내구성을 확보하고 있기 때문에 장기간에 걸쳐 유지관리가 불필요하며 비교적 취성파괴에 강한 거동 특성을 지니고 있다.

23 **연석 간의 교폭이 9m, 발주자에 의해 정해진 계획차로의 폭이 9m일 때, 차량활하중의 재하를 위한 재하차로의 수 N은?(단, 설계코드(KDS : 2016)와 도로교설계기준(한계상태설계법) 2015를 적용한다.)**

① 1 ② 2

③ 3 ④ 4

24 우리나라 도로교 설계 시 적용하는 표준트럭에 관한 그림이다. 옳은 것은?(단위 : m)

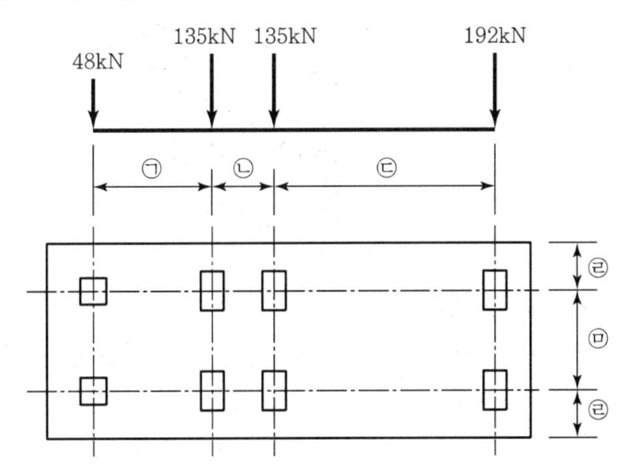

	㉠	㉡	㉢	㉣	㉤
①	3.6	3.6	7.2	0.3	2.4
②	3.6	1.2	7.2	0.6	1.8
③	3.6	3.6	7.2	0.6	2.4
④	3.6	1.2	7.2	0.3	1.8

25 강교량에 대한 설명 중 옳지 않은 것은?

① 강교량은 상부구조물의 재료로 강재를 사용한 교량을 말한다.
② H형 강거더교는 제작이 단순하고 경제적이다.
③ 플레이트거더교는 구조가 단순하지만 유지관리가 어렵다.
④ 박스거더교는 비틀림강성이 커서 활하중 편심재하시 역학적으로 효율성이 좋다.
⑤ 박스거더교는 플레이트거더교에 비해 플랜지폭을 크게 할 수 있어 휨모멘트에 대해 효과적이다.

26 다음 그림과 같은 플레이트 거더의 각부 명칭을 옳게 짝지은 것은?

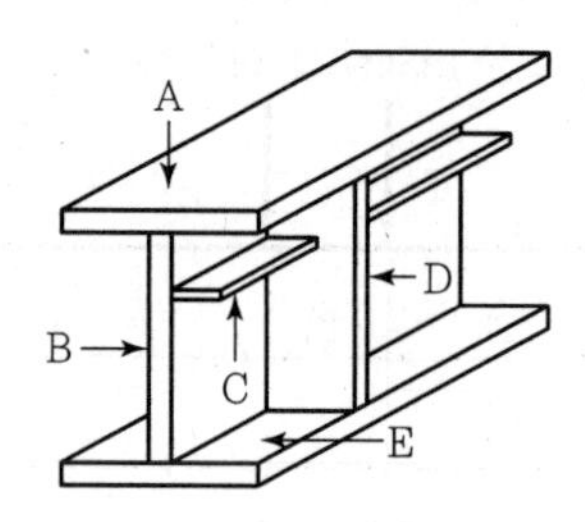

① A=상부플랜지, B=브레이싱, C=수직보강재, D=수평보강재, E=하부플랜지
② A=상부플랜지, B=브레이싱, C=수평보강재, D=수직보강재, E=하부플랜지
③ A=상부플랜지, B=복부판, C=브레이싱, D=수직보강재, E=하부플랜지
④ A=상부플랜지, B=복부판, C=수평보강재, D=수직보강재, E=하부플랜지

27 그림과 같은 플레이트 거더교는 상부플랜지, 하부플랜지 및 복부판으로 구성되는 3개의 주형을 가로보로 연결한 것이다. 플레이트 거더교에서 상부구조의 가로보가 하는 역할로 옳은 것은?

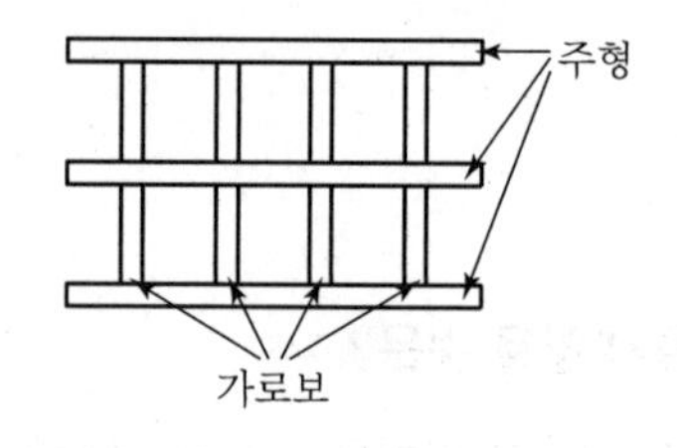

① 복부판의 전단강도를 증가한다.
② 주형에 작용하는 하중을 분배한다.
③ 주형의 횡비틀림좌굴강도에 영향을 준다.
④ 상부플랜지의 휨과 좌굴저항성이 증가한다.
⑤ 하부플랜지의 휨과 좌굴저항성이 증가한다.

28 **강판형(Plate Girder)의 경제적인 높이는 다음 중 어느 것에 의해 구해지는가?**

① 전단력　　② 휨모멘트
③ 비틀림모멘트　　④ 지압력

29 **강합성 교량에서 콘크리트 슬래브와 강(鋼)주형 상부플랜지를 구조적으로 일체가 되도록 결합시키는 요소는?**

① 전단연결재　　② 볼트
③ 합성철근　　④ 접착제

30 **KDS(2016) 설계기준에서 제시된 교량설계 원칙 중 한계상태에 대한 설명으로 옳은 것은?**

① 사용한계상태는 극단적인 사용조건하에서 응력, 변형 및 균열폭을 제한하는 것으로 규정한다.
② 피로한계상태는 기대응력범위의 반복 횟수에서 발생하는 단일 피로설계트럭에 의한 응력범위를 제한하는 것으로 규정한다.
③ 극한한계상태는 지진 또는 홍수 발생 시, 또는 세굴된 상황에서 선박, 차량 또는 유빙에 의한 충돌 시 등의 상황에서 교량의 붕괴를 방지하는 것으로 규정한다.
④ 극단상황한계상태는 교량의 설계수명 이내에 발생할 것으로 기대되는, 통계적으로 중요하다고 규정한 하중조합에 대하여 국부적/전체적 강도와 안정성을 확보하는 것으로 규정한다.

31 **내진설계기준의 기본개념에 대한 설명으로 옳지 않은 것은?(단, 2010년도 도로교설계기준과 2016년도 도로교설계기준(한계상태설계법)을 적용한다.)**

① 설계기준은 제주도를 제외한 남한 전역에 적용될 수 있다.

② 지진 시 교량 부재들의 부분적인 피해는 허용하나 전체적인 붕괴는 방지한다.

③ 지진 시 가능한 한 교량의 기본 기능은 발휘할 수 있게 한다.

④ 교량의 정상수명 기간 내에 설계지진력이 발생할 가능성은 희박하다.

P / A / R / T

02

공기업 토목직 1300제

[철근콘크리트]

정답 및 해설

CHAPTER 01 | 철근콘크리트 개론
CHAPTER 02 | 설계방법
CHAPTER 03 | 보의 휨해석과 설계
CHAPTER 04 | 보의 전단과 비틀림
CHAPTER 05 | 철근의 정착과 이음
CHAPTER 06 | 사용성
CHAPTER 07 | 기둥
CHAPTER 08 | 슬래브
CHAPTER 09 | 확대기초
CHAPTER 10 | 옹벽
CHAPTER 11 | 프리스트레스트 콘크리트(PSC)
CHAPTER 12 | 강구조 및 교량

제1장 철근콘크리트 개론

01	02	03	04	05	06	07	08	09	10
④	④	③	④	④	③	①	②	①	③
11	12	13	14	15	16	17	18	19	20
③	③	②	③	③	③	①	①	②	③
21	22	23	24	25	26	27	28	29	
②	②	②	③	①	①	②	②	④	

01 정답 ④

철근콘크리트의 성립요건

1) 콘크리트와 철근 사이의 부착강도가 크다.
2) 콘크리트와 철근의 열팽창 계수가 거의 같다.
   $\alpha_c = (1.0 \sim 1.3) \times 10^{-5}/℃$
   $\alpha_s = 1.2 \times 10^{-5}/℃$
3) 콘크리트 속에 묻힌 철근은 부식되지 않는다.

[참고]

◈ 콘크리트의 탄성계수

1) $1,450\text{kg/m}^3 \le \text{m}_c \le 2,500\text{kg/m}^3$인 경우
   $E_c = 0.077 m_c^{\frac{3}{2}} \sqrt[3]{f_{cm}}$ (MPa)
   $f_{cm} = f_{ck} + \Delta f$
   여기서, Δf의 값

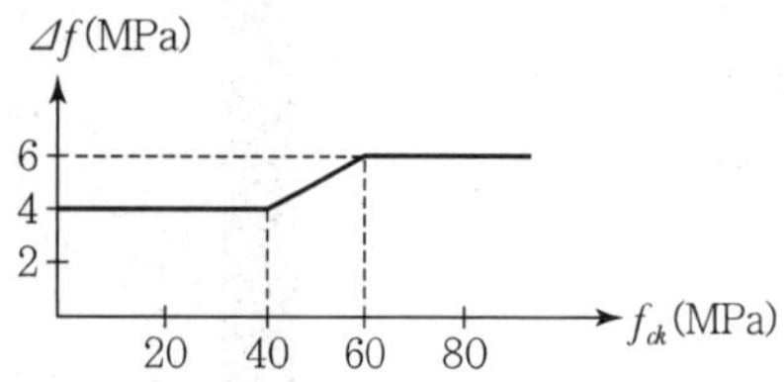

2) $m_c = 2,300\text{kg/m}^3$
   $E_c = 8,500 \sqrt[3]{f_{cm}}$ (MPa)

◈ 철근의 탄성계수
   $E_s = 2.0 \times 10^5 \text{MPa}$

02 정답 ④

철근콘크리트 구조물은 중량이 비교적 크므로 장대교량에 적용성이 좋지 않다.

03 정답 ③

$$f_C = \frac{P}{A} = \frac{P}{\left(\frac{\pi\phi^2}{4}\right)} = \frac{4P}{\pi\phi^2} = \frac{4 \times (675 \times 10^3)}{3 \times 150^2}$$

$$= 40\text{N/mm}^2 = 40\text{MPa}$$

04 정답 ④

f_c(ϕ150×300mm 원주형 공시체)
$= 0.97 \times f_c$(ϕ100×200mm 원주형 공시체)
$= 0.83 \times f_c$(200×200×200mm 입방체 공시체)
$= 0.8 \times f_c$(150×150×150mm 입방체 공시체)

공시체의 치수에 따른 콘크리트 압축강도 :
f_c(치수가 작은 공시체) > f_c(치수가 큰 공시체)
공시체의 형상에 따른 콘크리트 압축강도 :
f_c(입방체 공시체) > f_c(원주형 공시체)

05 정답 ④

형상비가 작을수록 압축강도는 커진다.

06 정답 ③

$$f_{sp} = \frac{2P}{\pi DL} = \frac{2 \times (75 \times 10^3)}{3 \times 100 \times 200} = 2.5\text{N/mm}^2 = 2.5\text{MPa}$$

07 정답 ①

- 콘크리트의 설계기준강도(f_{ck})와 쪼갬인장강도(f_{sp})의 관계
  $f_{sp} = 0.56\lambda\sqrt{f_{ck}}$
- 콘크리트의 쪼갬인장강도는 압축강도의 약 8~10% $\left(\frac{1}{13} \sim \frac{1}{9}\right)$에 해당한다.

08 정답 ②

$$f_r = \frac{M_{\max}}{Z} = \frac{\left(\frac{Pl}{6}\right)}{\left(\frac{bh^2}{b}\right)} = \frac{Pl}{bh^2}$$

$$= \frac{(22.5 \times 10^3) \times 450}{150 \times 150^2} = 3\text{MPa}$$

09 정답 ①

$\lambda = 1.0$(보통중량 콘크리트의 경우)

$f_r = 0.63\lambda\sqrt{f_{ck}} = 0.63 \times 1.0 \times \sqrt{25} = 3.15\text{MPa}$

$Z = \dfrac{bh^2}{6} = \dfrac{600 \times 1{,}000^2}{6} = 10^8\text{mm}^3$

$M_{cr} = f_r \cdot Z = 3.15 \times 10^8\text{N} \cdot \text{mm} = 315\text{kN} \cdot \text{m}$

10 정답 ③

$\lambda = 1$(보통중량 콘크리트의 경우)

$f_r = 0.63\lambda\sqrt{f_{ck}}$

$= 0.63 \times 1 \times \sqrt{100} = 6.3\text{MPa}$

$f_t = f_{\max} = \dfrac{M_{\max}}{Z} = \dfrac{\left(\dfrac{PL}{6}\right)}{\left(\dfrac{bh^2}{6}\right)} = \dfrac{PL}{bh^2}$

$f_t = f_r \rightarrow \left(\dfrac{PL}{bh^2}\right) = (6.3)$

$P = \dfrac{6.3bh^2}{L}$

$= \dfrac{6.3 \times 100 \times 100^2}{315} = 20 \times 10^3\text{N} = 20\text{kN}$

11 정답 ③

$f_r = \dfrac{M_{cr}}{Z}$

$0.63\lambda\sqrt{f_{ck}} = \dfrac{6M_{cr}}{bh^2}$

$f_{ck} = \left[\dfrac{6M_{cr}}{0.63\lambda bh^2}\right]^2$

$= \left[\dfrac{6 \times (13.9 \times 10^6)}{0.63 \times 1 \times 300 \times 300^2}\right]^2$

$= 24\text{N/mm}^2 = 24\text{MPa}$

12 정답 ③

30회 이상의 시험기록이 있으며, $f_{ck}(=25\text{MPa}) \leq 35\text{MPa}$인 경우 설계 기준 강도와 배합강도의 관계

$f_{cr1} = f_{ck} + 1.34s = 25 + 1.34 \times 2 = 27.68\text{MPa}$

$f_{cr2} = (f_{ck} - 3.5) + 2.33s = (25 - 3.5) + 2.33 \times 2 = 26.16\text{MPa}$

$f_{cr} = [f_{cr1},\ f_{cr2}]_{\max} = 27.68\text{MPa}$

13 정답 ②

30회 이상의 시험기록이 있으며, $f_{ck} > 35\text{MPa}$인 경우 설계기준강도와 배합강도의 관계

$f_{cr1} = f_{ck} + 1.34s = 40 + 1.34 \times 5 = 46.7\text{MPa}$

$f_{cr2} = 0.9f_{ck} + 2.33s = 0.9 \times 40 + 2.33 \times 5 = 47.65\text{MPa}$

$f_{cr} = [f_{cr1},\ f_{cr2}]_{\max} = 47.65\text{MPa}$

14 정답 ③

15회 이상 29회 이하의 시험기록이 있는 경우, 설계기준강도와 배합강도의 관계

1. 시험기록이 20회인 경우 보정계수
   보정계수=1.08
2. $f_{ck} \leq 35\text{MPa}$인 경우 설계기준강도와 배합강도의 관계
   콘크리트의 배합강도는 다음의 두 식에 의한 값 중에서 큰 값으로 한다.
   $f_{cr} = f_{ck} + 1.34(1.08 \times s)$,
   $f_{cr} = (f_{ck} - 3.5) + 2.33(1.08 \times s)$

15 정답 ③

시험 횟수가 14회 이하이거나 시험기록이 없는 경우의 배합강도

설계 기준 강도, f_{ck}(MPa)	배합강도, f_{cr}(MPa)
21 미만	$f_{ck} + 7$
21 이상 35 이하	$f_{ck} + 8.5$
35 초과	$1.1f_{ck} + 5$

$f_{ck} = 40\text{MPa} > 35\text{MPa}$인 경우

$f_{cr} = 1.1f_{ck} + 5 = 1.1 \times 40 + 5 = 49\text{MPa}$

16 정답 ③

$\Delta f = 0.1f_{ck} = 0.1 \times 50 = 5\text{MPa}(40\text{MPa} < f_{ck} < 60\text{MPa}$인 경우)

$f_{cm} = f_{ck} + \Delta f = 50 + 5 = 55\text{MPa}$

$E_C = 8{,}500\sqrt[3]{f_{cm}} = 8{,}500\sqrt[3]{55}\ \text{MPa}$

17

정답 ①

$E_c = 8,500\sqrt[3]{f_{cm}}$

$f_{cm} = \left(\frac{E_c}{8,500}\right)^3 = \left(\frac{25,500}{8,500}\right)^3 = 3^3 = 27\text{MPa}$

$f_{cm} = f_{ck} + \Delta f$ ($f_{ck} \le 40\text{MPa}$인 경우, $\Delta f = 4\text{MPa}$)

$f_{ck} = f_{cm} - \Delta f = 27 - 4 = 23\text{MPa}$

18

정답 ①

② 콘크리트의 크리프계수는 옥외구조물($C_u = 2.0$)이 옥내 구조물($C_u = 3.0$)보다 작다.

③ 일정한 응력을 장시간 받았을 경우, 시간의 경과에 따라 변형이 증가하는 현상을 크리프라 한다.

④ 일시적으로 재하되는 하중에 대해선 설계 시 크리프의 영향을 고려하지 않는다.

19

정답 ②

$f_e = \frac{P}{A} = \frac{(80\times10^3)}{(200\times200)} = 2\text{N/mm}^2 = 2\text{MPa}$

$\varepsilon_e = \frac{f_e}{E_c} = \frac{2}{(2\times10^4)} = 10^{-4}$

$C_u = 2.0$(옥외 구조물인 경우)

$\varepsilon_c = C_u \cdot \varepsilon_e = (2.0)\times(10^{-4}) = 0.0002$

20

정답 ③

크리프에 영향을 주는 요인

1) 콘크리트의 물-시멘트 비가 작을수록 크리프 변형은 감소한다.
2) 단위 수량 및 단위 시멘트량이 적을수록 크리프 변형은 감소한다.
3) 콘크리트의 강도가 클수록 크리프 변형은 감소한다.
4) 하중재하 시 콘크리트의 재령이 클수록 크리프 변형은 감소한다.
5) 콘크리트가 배치될 주위의 온도가 낮고, 습도가 높을수록 크리프 변형은 감소한다.

21

정답 ②

$n = \frac{E_s}{E_c} = \frac{2.0\times10^5}{2.85\times10^4} = 7$

$f_c = \frac{\epsilon_{sh}\cdot E_s}{\left(\frac{A_c}{A_s}\right)+n} = \frac{0.00015\times(2.0\times10^5)}{\left(\frac{400\times500}{2,000}\right)+7}$

$= 0.28\text{MPa}$(인장)

[참고]

$f_s = f_c\left(\frac{A_c}{A_s}\right) = 0.28\times\left(\frac{400\times500}{2,000}\right)$

$= 28\text{MPa}$(압축)

22

정답 ②

배력철근의 기능

1) 응력을 고루 분산시켜 콘크리트의 균열폭을 최소화한다.
2) 건조수축 또는 온도변화에 따른 콘크리트의 수축을 억제하여 균열을 방지한다.
3) 주철근의 위치를 확보한다.

23

정답 ②

철근의 간격

(1) 보에서 휨철근의 순간격
- 1) 수평 순간격
  - ㉠ 25mm 이상
  - ㉡ 철근의 공칭지름 이상
  - ㉢ 굵은 골재 최대치수의 4/3배 이상
- 2) 연직 순간격
  - ㉠ 25mm 이상
  - ㉡ 상하 철근은 동일 연직면 내에 배치되어야 함

(2) 기둥에서 축방향 철근의 순간격
- ㉠ 40mm 이상
- ㉡ 철근 공칭지름의 3/2배 이상
- ㉢ 굵은 골재 최대치수의 4/3배 이상

(3) 벽체 또는 슬래브에서 휨철근의 중심간격
- 1) 최대 휨모멘트가 일어나는 단면에서 휨철근의 중심간격
  - ㉠ 벽체 또는 슬래브 두께의 2배 이하
  - ㉡ 300mm 이하
- 2) 그 밖의 단면에서 휨철근의 중심간격
  - ㉠ 벽체 또는 슬래브 두께의 3배 이하
  - ㉡ 450mm 이하

- 철근을 다발로 사용할 때는 이형철근이어야 하고, 개수는 4개 이하라야 한다.

24 정답 ③

도로교설계기준(2016년)에 따른 철근의 최소간격

1. 현장타설 콘크리트에서 철근의 수평 순간격은 다음 값 이상으로 하여야 한다.
   ① 철근 공칭지름의 1.5배
   ② 굵은 골재 최대치수의 1.5배
   ③ 40mm
2. 공장 또는 공장과 같은 관리조건하에 제작된 프리캐스트 콘크리트에서 철근의 수평 순간격은 다음 값 이상으로 하여야 한다.
   ① 철근의 공칭지름
   ② 굵은 골재 최대치수의 1.33배
   ③ 25mm
3. 교량 바닥판을 제외한 구조요소에서 각 단 사이의 순간격이 150mm 이하인 다단 배근의 경우 상하철근은 동일 연직면 내에 배치되어야 하며 각 단 간의 연직 순간격은 25mm 이상, 철근 공칭지름 이상으로 하여야 한다.
4. 1, 2, 3항에 규정된 철근 사이의 순간격 제한 값은 겹침이음과 겹침이음 사이 또는 겹침이음과 철근 사이의 순간격에도 적용된다.

25 정답 ①

프리캐스트 콘크리트 보의 평행한 철근 사이의 수평 순간격

㉠ 25mm 이상
㉡ 철근의 공칭지름 이상=30mm 이상
㉢ 굵은 골재 최대치수의 $\frac{4}{3}$배 이상$=21\times\frac{4}{3}=28$mm 이상

따라서 철근 수평 순간격은 최댓값인 30mm 이상이어야 한다.

26 정답 ①

철근의 피복두께란 최외단에 배근된 철근의 표면으로부터 콘크리트의 표면까지의 최단거리를 말한다.

27 정답 ②

철근의 최소 피복두께 1(프리스트레스하지 않는 부재의 현장치기콘크리트)

<table>
<tr><th colspan="3">환경 조건과 부재의 종류</th><th>최소 피복두께 (mm)</th></tr>
<tr><td colspan="3">수중에서 치는 콘크리트</td><td>100</td></tr>
<tr><td colspan="3">흙에 접하여 콘크리트를 친 후 영구히 흙에 묻혀 있는 콘크리트</td><td>75</td></tr>
<tr><td colspan="2" rowspan="2">흙에 접하거나 옥외의 공기에 직접 노출되는 콘크리트</td><td>D19 이상의 철근</td><td>50</td></tr>
<tr><td>D16 이하의 철근, 지름 16mm 이하의 철선</td><td>40</td></tr>
<tr><td rowspan="4">옥외의 공기나 흙에 직접 접하지 않는 콘크리트</td><td rowspan="2">슬래브, 벽체, 장선</td><td>D35 초과하는 철근</td><td>40</td></tr>
<tr><td>D35 이하의 철근</td><td>20</td></tr>
<tr><td colspan="2">보, 기둥(콘크리트의 설계기준 압축강도 f_{ck}가 40MPa 이상인 경우 규정된 값에서 10mm 저감시킬 수 있다.)</td><td>40</td></tr>
<tr><td colspan="2">쉘, 절판</td><td>20</td></tr>
</table>

현장치기 콘크리트로서, 흙에 접하여 콘크리트를 친 후 영구히 흙에 묻혀 있는 콘크리트의 최소 피복두께는 75mm이다.

28 정답 ②

철근의 최소 피복두께 3(프리캐스트콘크리트)

<table>
<tr><th colspan="3">환경 조건과 부재의 종류</th><th>최소 피복두께 [mm]</th></tr>
<tr><td rowspan="5">흙에 접하거나 옥외의 공기에 직접 노출된 콘크리트</td><td rowspan="2">벽체</td><td>D35를 초과하는 철근 및 지름 40mm를 초과하는 긴장재</td><td>40</td></tr>
<tr><td>D35 이하의 철근, 지름 40mm 이하인 긴장재 및 지름 16mm 이하의 철선</td><td>20</td></tr>
<tr><td rowspan="3">기타 부재</td><td>D35를 초과하는 철근 및 지름 40mm를 초과하는 긴장재</td><td>50</td></tr>
<tr><td>D19 이상, D35 이하의 철근 및 지름 16mm를 초과하고 지름 40mm 이하인 긴장재</td><td>40</td></tr>
<tr><td>D16 이하의 철근, 지름 16mm 이하의 철선 및 지름 16mm 이하인 긴장재</td><td>30</td></tr>
</table>

옥외의 공기나 흙에 직접 접하지 않는 콘크리트	슬래브, 벽체, 장선	D35를 초과하는 철근 및 지름 40mm를 초과하는 긴장재	30
		D35 이하의 철근 및 지름 40mm 이하인 긴장재	20
		지름 16mm 이하의 철선	15
	보, 기둥	주철근(다만, 15mm 이상이어야 하고, 40mm 이상일 필요는 없다.)	d_b
		띠철근, 스터럽, 나선철근	10
	쉘, 절판 부재	긴장재	20
		D19 이상의 철근	[15, $0.5d_b$]max
		D16 이하의 철근, 지름 16mm 이하의 철선	10

옥외의 공기나 흙에 직접 접하지 않는 프리캐스트 콘크리트로 슬래브, 벽체, 장선구조에서 D35 이하의 철근 및 지름 40mm 이하인 긴장재를 사용하는 경우 최소 피복두께는 20mm이다.

29 정답 ④

특수환경에 노출되는 콘크리트 철근의 최소 피복두께

조건	부재의 종류		최소 피복두께 (mm)
현장치기 콘크리트	벽체, 슬래브		50
	그 외의 모든 부재	노출등급 EC1, EC2	60
		노출등급 EC3	70
		노출등급 EC4	80
프리캐스트 콘크리트	벽체, 슬래브		40
	그 외의 모든 부재		50
프리스트레스트 콘크리트	KDS 14 20 60(4.1.2(3))에 정의된 부분균열등급 또는 완전균열등급의 프리스트레스 콘크리트 부재는 최소 피복두께를 [표 1-6]과 [표 1-7]에 제시된 최소 피복두께의 50% 이상 증가시켜야 한다. 다만, 프리스트레스된 인장영역이 지속하중을 받을 때 압축응력을 유지하고 있는 경우에는 최소 피복두께를 증가시키지 않아도 된다.		

현장치기 콘크리트 중 수중에서 타설되는 콘크리트의 최소 피복두께는 100mm이다.

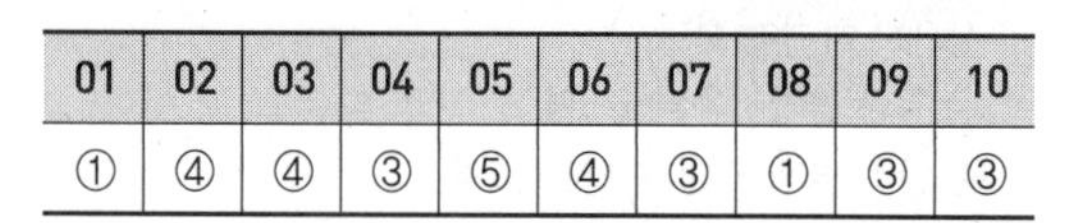

01	02	03	04	05	06	07	08	09	10
①	④	④	③	⑤	④	③	①	③	③

01 정답 ①

강도설계법은 계수하중 및 단면의 (극한)강도를 토대로 하여 구조부재의 단면 크기를 결정하는 설계법으로, 계수하중은 작용하중에 (하중계수)를 곱하여 구하고, 단면의 (극한)강도는 콘크리트의 균열 발생 후 철근의 (항복)이 일어나는 조건하에서 구한다. 강도설계법에서 우선시하는 것은(안전성)이다.

02 정답 ④

예상을 초과한 하중 및 구조해석의 단순화로 인하여 발생되는 초과요인에 대비하여 사용하는 것은 하중계수이다.

03 정답 ④

무근콘크리트의 휨모멘트, 압축력, 전단력에 대한 강도감소계수는 0.55이다.

04 정답 ③

재료의 강도나 시공시의 오차 등에 따른 위험에 대비하여 고려되어 지는 것은 강도감소계수이다.

05 정답 ⑤

활하중은 교량의 교통하중, 건물의 점유하중을 말한다.

06 정답 ④

1) W_u 결정

$$W_{u1} = 1.4W_D = 1.4 \times 20 = 28\text{kN/m}$$

$$W_{u2} = 1.2W_D + 1.6W_L = 1.2 \times 20 + 1.6 \times 25 = 64\text{kN/m}$$

$$W_u = [W_{u1},\ W_{u2}]_{\max} = 64\text{kN/m}$$

2) M_u 결정

$$M_u = \frac{W_u L^2}{8} = \frac{64\times 8^2}{8} = 512\text{kN}\cdot\text{m}$$

07

정답 ③

$$M_{u1} = 1.2M_D + 1.6M_L$$
$$= 1.2\times 30 + 1.6\times 3 = 40.8\text{kN}\cdot\text{m}$$
$$M_{u2} = 1.4M_D$$
$$= 1.4\times 30 = 42\text{kN}\cdot\text{m}$$
$$M_u = [M_{u1},\ M_{u2}]_{\max}$$
$$= [40.8\text{kN}\cdot\text{m}, 42\text{kN}\cdot\text{m}]_{\max} = 42\text{kN}\cdot\text{m}$$

08

정답 ①

$\phi = 0.85$(인장지배 단면인 경우)

$\phi M_n \geq M_u = 1.2M_d + 1.6M_l$

$$M_l = \frac{\phi M_n - 1.2M_d}{1.6} = \frac{0.85\times 320 - 1.2\times 160}{1.6} = 50\text{kN}\cdot\text{m}$$

09

정답 ③

$$f_c \leq f_{ca} = \frac{f_{ck}}{r_c},\ f_s \leq f_{sa} = \frac{f_y}{r_s}$$

여기서, r_c : 콘크리트의 압축강도에 대한 안전율

r_s : 철근의 항복강도에 대한 안전율

10

정답 ③

① 허용응력 설계법은 선형탄성이론에 기초한 설계법이다.

② 강도설계법은 사용하중에 하중계수를 곱한 계수하중이 부재의 공칭강도에 강도감소계수를 곱한 설계강도보다 작도록 설계하는 방법이다.

④ 하중저항계수 설계법은 다중하중계수와 다중저항계수를 사용하며 구조물이 목표로 하는 한계여유를 일관성 있게 확보할 수 있는 설계법으로 한계상태설계법의 결점을 개선한 진전된 설계방법이다.

제3장 보의 휨해석과 설계

01	02	03	04	05	06	07	08	09	10
③	③	③	③	②	①	①	①	③	②
11	12	13	14	15	16	17	18	19	20
③	④	③	②	③	①	②	④	④	②
21	22	23	24	25	26	27	28	29	30
②	③	③	①	③	②	③	④	③	②
31	32	33	34	35	36	37	38	39	40
②	①	④	②	②	②	③	②	②	②
41	42	43	44	45	46	47	48	49	50
②	①	②	①	②	②	④	①	③	④
51	52	53							
②	②	④							

01

정답 ③

강도설계법에 대한 기본가정 사항

- 휨모멘트와 축력을 받는 부재의 강도설계는 힘의 평형조건과 변형률 적합조건을 만족시켜야 한다.
- 철근 및 콘크리트의 변형률은 중립축으로부터의 거리에 비례한다.
- 콘크리트 압축연단의 극한 변형률은 콘크리트의 설계기준압축강도가 40MPa 이하인 경우에는 0.0033으로 가정한다.
- f_y 이하의 철근응력은 그 변형률의 E_s 배로 취한다. f_y 에 해당하는 변형률보다 더 큰 변형률에 대한 철근의 응력은 변형률에 관계없이 f_y 와 같다고 가정한다.
- 콘크리트의 인장응력은 무시한다.
- 콘크리트 압축응력의 분포와 콘크리트 변형률 사이의 관계는 직사각형, 사다리꼴, 포물선형 어떤 형상으로도 가정할 수 있다.

02 정답 ③

등가직사각형 응력분포 변수 값

f_{ck} (MPa)	≤40	50	60	70	80	90
ε_{cu}	0.0033	0.0032	0.0031	0.003	0.0029	0.0028
η	1.00	0.97	0.95	0.91	0.87	0.84
β_1	0.80	0.80	0.76	0.74	0.72	0.70

$f_{ck}=60$MPa인 경우, $\beta_1=0.76$이다.

03 정답 ③

$\beta_1=0.70$일 경우 콘크리트의 설계기준압축강도는 $f_{ck}=90$MPa이다.

04 정답 ③

$f_{ck}=24\text{MPa}\le 40\text{MPa}$인 경우

$$c_b=\frac{660}{660+f_y}d=\frac{660}{660+400}\times 500=311\text{mm}$$

05 정답 ②

$f_{ck}=35\text{MPa}\le 40\text{MPa}$인 경우

$$\rho_b=0.68\frac{f_{ck}}{f_y}\frac{660}{660+f_y}$$

$$=0.68\times\frac{35}{400}\times\frac{660}{660+400}=0.037$$

06 정답 ①

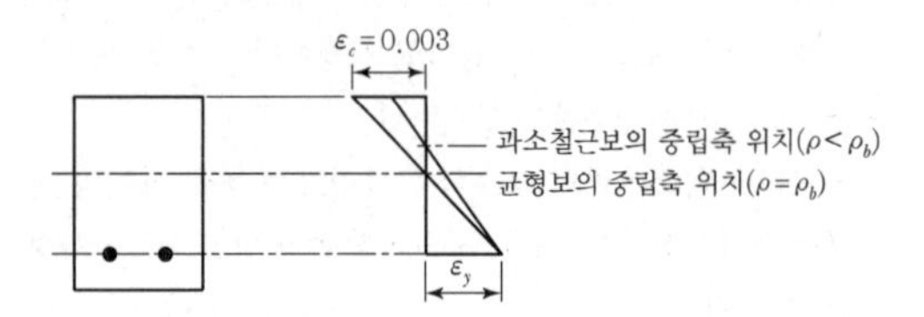

07 정답 ①

② 과소철근보는 압축 측 콘크리트가 파괴되기 전에 인장 측 철근이 먼저 항복한다.

③ 과소철근보는 가장 바람직한 보의 파괴형태이고, 과다철근보는 가장 위험한 보의 파괴형태이다.

④ 연성파괴는 압축 측 콘크리트가 파괴되기 전에 인장 측 철근이 먼저 항복한다.

08 정답 ①

최소 허용 인장 변형률($\varepsilon_{t,\min}$)의 값

$f_y\le 400$MPa인 경우, $\varepsilon_{t,\min}=0.004$

$f_y>400$MPa인 경우, $\varepsilon_{t,\min}=2.0\varepsilon_y$

09 정답 ③

$\varepsilon_{t,\min}$의 값

$f_y\le 400$MPa인 경우, $\varepsilon_{t,\min}=0.004$

$f_y>400$MPa인 경우, $\varepsilon_{t,\min}=2.0\varepsilon_y$

10 정답 ②

1. 최소 허용인장변형률($\varepsilon_{t,\min}$)

   $\varepsilon_{t,\min}=0.004(f_y=300\text{MPa}\le 400\text{MPa}$인 경우)

2. $\rho_{\max}$ 값

   $f_{ck}=21\text{MPa}\le 40\text{MPa}$인 경우

   $$\rho_{\max}=0.68\frac{f_{ck}}{f_y}\frac{0.0033}{0.0033+\varepsilon_{t,\min}}$$

   $$=0.68\times\frac{21}{300}\times\frac{0.0033}{0.0033+0.004}$$

   $$=0.021518$$

3. $A_{s,\max}$ 값

   $$A_{s,\max}=\rho_{\max}bd$$

   $$=0.021518\times 200\times 400$$

   $$=1,721.44\text{mm}^2$$

11 정답 ③

1. $\varepsilon_{t,\min}$ 값

   $\varepsilon_{t,\min}=0.004$

   ($f_y=300\text{MPa}\le 400\text{MPa}$인 경우)

2. ε_y의 값

   $$\varepsilon_y=\frac{f_y}{E_s}=\frac{300}{2\times 10^5}=0.0015$$

3. $A_{s,\max}$ 값

   $f_{ck}=30\text{MPa}\le 40\text{MPa}$인 경우

   $$A_{s,\max}=\rho_{\max}bd$$

   $$=\left(\frac{0.0033+\varepsilon_y}{0.0033+\varepsilon_{t,\min}}\rho_b\right)bd$$

$$= \frac{0.0033+0.0015}{0.0033+0.004}\left(0.68\frac{f_{ck}}{f_y}\frac{660}{660+f_y}\right)bd$$

$$= 0.658 \times 0.68\frac{f_{ck}}{f_y}\frac{660}{660+f_y}bd$$

12 정답 ④

인장철근을 너무 적게 배치하면 인장균열의 발생과 동시에 콘크리트가 갑작스럽게 파괴되는 취성파괴가 일어나게 된다. 이러한 취성파괴를 피하고 연성파괴를 유도하기 위하여 휨부재의 최소 철근량을 규정한다.

13 정답 ③

$f_{ck} = 24\text{MPa} \le 40\text{MPa}$인 경우, $\varepsilon_{cu} = 0.0033$, $\beta_1 = 0.8$

$$\varepsilon_t = \frac{d_t\beta_1 - a}{a}\varepsilon_{cu} = \frac{500\times0.8-170}{170}\times0.0033 = 0.004465$$

14 정답 ②

$f_{ck} = 24\text{MPa} \le 40\text{MPa}$인 경우

$\varepsilon_{cu} = 0.0033$, $\beta_1 = 0.8$

$$\varepsilon_t = \frac{d_t\beta_1 - a}{a}\varepsilon_{cu}$$

$$a = \frac{d_t\beta_1\varepsilon_{cu}}{\varepsilon_t + \varepsilon_{cu}} = \frac{600\times0.8\times0.0033}{0.006+0.0033} = 170.3\text{mm}$$

15 정답 ③

콘크리트의 압축연단변형률이 극한변형률에 도달할 때, 최외단 인장철근의 순인장변형률이 압축지배변형률한계 이하인 단면을 압축지배 단면이라고 한다.

16 정답 ①

인장지배 단면

1. 인장지배단면의 정의
   콘크리트 압축측 연단의 변형률(ε_c)이 극한 변형률에 도달할 때 최외단 인장철근의 순인장 변형률(ε_t)이 인장지배 한계변형률($\varepsilon_{t,l}$) 이상인 단면을 인장지배단면이라 한다.
2. 인장지배 한계변형률($\varepsilon_{t,l}$)의 값
   1) $f_y \le 400\text{MPa}$인 철근의 경우, $\varepsilon_{t,l} = 0.005$
   2) $f_y > 400\text{MPa}$인 철근의 경우, $\varepsilon_{t,l} = 2.5\varepsilon_y$

17 정답 ②

- $f_y = 600\text{MPa} > 400\text{MPa}$인 경우 ε_y, $\varepsilon_{t,l}$ 값

$$\varepsilon_y = \frac{f_y}{E_s} = \frac{600}{2\times10^5} = 0.003$$

$$\varepsilon_{t,l} = 2.5\varepsilon_y = 2.5\times0.003 = 0.0075$$

- $\rho_t = \dfrac{0.0033+\varepsilon_y}{0.0033+\varepsilon_{t,l}}\rho_b = \dfrac{0.0033+0.003}{0.0033+0.0075}\rho_b = \dfrac{63}{108}\rho_b$

18 정답 ④

1. ε_{cu}($f_{ck} \le 40\text{MPa}$인 경우)
   $\varepsilon_{cu} = 0.0033$
2. $\varepsilon_{t,l}$($f_y > 400\text{MPa}$인 경우)
   $$\varepsilon_{t,l} = 2.5\varepsilon_y = 2.5\times\frac{f_y}{E_s} = 2.5\times\frac{500}{2\times10^5} = 0.00625$$
3. 인장지배 단면이 되기 위한 인장철근의 최소 유효 깊이
   $$\varepsilon_t = \frac{d_t - c}{c}\varepsilon_{cu} \ge \varepsilon_{t,l}$$
   $$d_t \ge c + \frac{\varepsilon_{t,l}\cdot c}{\varepsilon_{cu}} = 120 + \frac{0.00625\times120}{0.0033} = 347.3\text{mm}$$

19 정답 ④

$f_y = 600\text{MPa}$인 경우($f_y = 600\text{MPa} > 400\text{MPa}$인 경우)

$\varepsilon_{c,l}$(압축지배변형률의 한계) $= \varepsilon_y = \dfrac{f_y}{E_s} = \dfrac{600}{2\times10^5} = 0.003$

$\varepsilon_{t,l}$(인장지배변형률의 한계) $= 2.5\varepsilon_y = 2.5\times0.003 = 0.0075$

$\varepsilon_{t,\min}$(최소허용인장변형률)의 값 $= 2.0\varepsilon_y = 2.0\times0.003 = 0.006$

20 정답 ②

1) $f_y = 400\text{MPa}$인 경우 $\varepsilon_{t,l}$, ε_y
   $\varepsilon_{t,l} = 0.005$
   $$\varepsilon_y = \frac{f_y}{E_s} = \frac{400}{2\times10^5} = 0.002$$
2) 단면 구분
   $\varepsilon_y(=0.002) < \varepsilon_t(=0.003) < \varepsilon_{t,l}(=0.005)$ – 변화구간 단면

3) ϕ 결정

$\phi_c = 0.7$(나선철근으로 보강된 경우)

$$\phi = 0.85 - \frac{\varepsilon_{t,l} - \varepsilon_t}{\varepsilon_{t,l} - \varepsilon_y}(0.85 - \phi_c)$$

$$= 0.85 - \frac{0.005 - 0.003}{0.005 - 0.002}(0.85 - 0.7) = 0.75$$

21

정답 ②

1) ε_t 결정

$f_{ck} = 20\text{MPa} \le 40\text{MPa}$인 경우,

$\varepsilon_{cu} = 0.0033$, $\eta = 1$, $\beta_1 = 0.8$

$$a = \frac{f_y A_s}{\eta 0.85 f_{ck} b} = \frac{300 \times 2,890}{1 \times 0.85 \times 20 \times 300} = 170\text{mm}$$

$$\varepsilon_t = \frac{d_t \beta_1 - a}{a}\varepsilon_{cu} = \frac{500 \times 0.8 - 170}{170} \times 0.0033 = 0.004465$$

2) $f_y \le 400\text{MPa}$인 경우 $\varepsilon_{t,l}$, ε_y

$\varepsilon_{t,l} = 0.005$

$$\varepsilon_y = \frac{f_y}{E_s} = \frac{300}{(2 \times 10^5)} = 0.0015$$

3) 단면 구분

$\varepsilon_y(=0.0015) < \varepsilon_t(=0.004465) < \varepsilon_{t,l}(=0.005)$ – 변화구간 단면

4) ϕ 결정

$\phi_c = 0.65$(나선철근으로 보강되지 않은 경우)

$$\phi = 0.85 - \frac{\varepsilon_{t,l} - \varepsilon_t}{\varepsilon_{t,l} - \varepsilon_y}(0.85 - \phi_c)$$

$$= 0.85 - \frac{0.005 - 0.004465}{0.005 - 0.0015}(0.85 - 0.65)$$

$$= 0.8194$$

22

정답 ③

$f_{ck} = 30\text{MPa} \le 40\text{MPa}$인 경우, $\eta = 1$

$C = \eta 0.85 f_{ck} ab = 1 \times 0.85 \times 30 \times 150 \times 200$

$= 765 \times 10^3\text{N} = 765\text{kN}$

[별해] $C = T = f_y A_s = 300 \times 2,550$

$= 765 \times 10^3\text{N} = 765\text{kN}$

23

정답 ③

$f_{ck} = 30\text{MPa} \le 40\text{MPa}$인 경우, $\eta = 1$

$C = T$

$\eta 0.85 f_{ck} ab = f_y A_s$

$$a = \frac{f_y A_s}{\eta 0.85 f_{ck} b} = \frac{300 \times 2,550}{1 \times 0.85 \times 30 \times 300} = 100\text{mm}$$

24

정답 ①

$$d = \frac{1}{A_s}\left(d_1 \times \frac{2}{5}A_s + d_2 \times \frac{3}{5}A_s\right) = \frac{1}{5}(400 \times 2 + 600 \times 3)$$

$= 520\text{mm}$

$f_{ck} = 20\text{MPa} \le 40\text{MPa}$인 경우, $\eta = 1$

$$a = \frac{f_y A_s}{\eta 0.85 f_{ck} b} = \frac{400 \times \left(5 \times \frac{1,700}{5}\right)}{1 \times 0.85 \times 20 \times 200} = 200\text{mm}$$

$$z = d - \frac{a}{2} = 520 - \frac{200}{2} = 420\text{mm}$$

25

정답 ③

$f_{ck} = 20\text{MPa} \le 40\text{MPa}$인 경우, $\eta = 1$

$$A_s = \frac{\eta 0.85 f_{ck} ab}{f_y} = \frac{1 \times 0.85 \times 20 \times 100 \times 300}{300} = 1,700\text{mm}^2$$

26

정답 ②

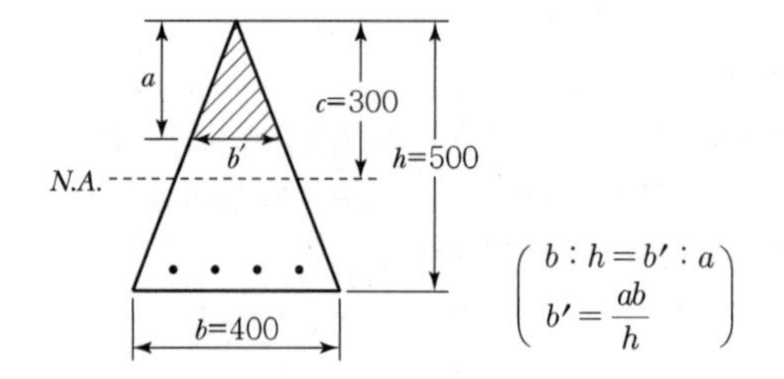

$f_{ck} \le 40\text{MPa}$인 경우

$\eta = 1$, $\beta_1 = 0.8$

$a = \beta_1 c = 0.8 \times 300 = 240\text{mm}$

$$b' = \frac{ab}{h} = \frac{240 \times 400}{500} = 192\text{mm}$$

$$A_c = \frac{1}{2}ab' = \frac{1}{2} \times 240 \times 192 = 23,040\text{mm}^2$$

$C = T$

$\eta 0.85 f_{ck} A_c = f_y A_s$

$$A_s = \frac{\eta 0.85 f_{ck} A_c}{f_y}$$

$$= \frac{1 \times 0.85 \times 21 \times 23,040}{400} = 1.028\text{mm}^2$$

27

정답 ③

$f_{ck} = 20\text{MPa} \le 40\text{MPa}$인 경우, $\eta = 1$

$$a = \frac{f_y A_s}{\eta 0.85 f_{ck} b} = \frac{400 \times 1,700}{1 \times 0.85 \times 20 \times 400} = 100\text{mm}$$

$$M_n = f_y A_s \left(d - \frac{a}{2}\right)$$

$$= 400 \times 1,700 \left(450 - \frac{100}{2}\right)$$

$$= 272 \times 10^6 \text{N} \cdot \text{mm} = 272\text{kN} \cdot \text{m}$$

28

정답 ④

$f_{ck} = 24\text{MPa} \le 40\text{MPa}$인 경우, $\eta = 1$

$$a = \frac{f_y A_s}{\eta 0.85 f_{ck} b} = \frac{350 \times 2,160}{1 \times 0.85 \times 24 \times 280} = 132.35\text{mm}$$

$$M_n = f_y A_s \left(d - \frac{a}{2}\right)$$

$$d = \frac{M_n}{f_y A_s} + \frac{a}{2} = \frac{360 \times 10^6}{350 \times 2,160} + \frac{132.35}{2} = 542.4\text{mm}$$

29

정답 ③

1. 등가사각형 깊이(a)

$$M_n = f_y A_s \left(d - \frac{a}{2}\right) \quad \cdots\cdots\cdots\cdots ㉠$$

식 ㉠로부터 a를 구하면 다음과 같다.

$$a = 2\left(d - \frac{M_n}{f_y A_s}\right) = 2\left(275 - \frac{85 \times 10^6}{400 \times 850}\right) = 50\text{mm}$$

2. 단면의 폭(b)

$f_{ck} = 20\text{MPa} \le 40\text{MPa}$인 경우, $\eta = 1$

$$a = \frac{f_y A_s}{\eta 0.85 f_{ck} b} \quad \cdots\cdots\cdots\cdots ㉡$$

식 ㉡로부터 b를 구하면 다음과 같다.

$$b = \frac{f_y A_s}{\eta 0.85 f_{ck} a} = \frac{400 \times 850}{1 \times 0.85 \times 20 \times 50} = 400\text{mm}$$

30

정답 ②

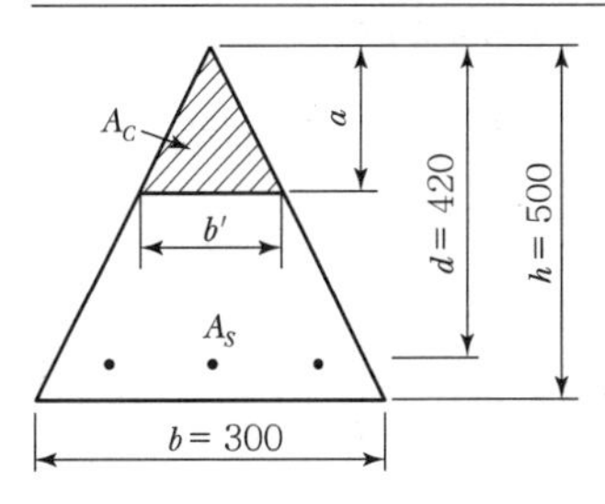

$$\begin{cases} b : h = b' : a \\ b' = \dfrac{b}{h} a = \dfrac{300}{500} a = 0.6a \end{cases}$$

$$A_c = \frac{1}{2} ab' = \frac{1}{2} a(0.6a) = 0.3a^2$$

$\eta = 1(f_{ck} \le 40\text{MPa}$인 경우)

$C = T$

$\eta 0.85 f_{ck} A_c = f_y A_s$

$\eta 0.85 f_{ck}(0.3a^2) = f_y \cdot A_s$

$$a = \sqrt{\frac{f_y \cdot A_s}{\eta 0.85 f_{ck}(0.3)}}$$

$$= \sqrt{\frac{350 \times 860}{1 \times 0.85 \times 28 \times 0.3}} = 205.3\text{mm}$$

$$M_n = A_s f_y \left(d - \frac{2a}{3}\right)$$

$$= 860 \times 350 \times \left(420 - \frac{2 \times 205.3}{3}\right)$$

$$= 85.2 \times 10^6 \text{N} \cdot \text{mm} = 85.2\text{kN} \cdot \text{m}$$

31

정답 ②

1. ε_{cu}, η, β_1의 값

$f_{ck} = 20\text{MPa} \le 40\text{MPa}$인 경우

$\varepsilon_{cu} = 0.0033$, $\eta = 1$, $\beta_1 = 0.8$

2. 공칭휨강도(M_n)

1) 등가사각형 깊이(a)

$$a = \frac{f_y A_s}{\eta 0.85 f_{ck} b} = \frac{400 \times 1,445}{1 \times 0.85 \times 20 \times 400} = 85\text{mm}$$

2) 공칭휨강도(M_n)

$$M_n = f_y A_s \left(d - \frac{a}{2}\right)$$

$$= 400 \times 1,445 \times \left(700 - \frac{85}{2}\right)$$

$$= 380 \times 10^6 \text{N} \cdot \text{mm} = 380\text{kN} \cdot \text{m}$$

3. 설계휨강도(M_d)

1) 최외단 인장철근의 순인장변형률(ε_t)

$$\varepsilon_t = \frac{d_t\beta_1 - a}{a}\varepsilon_{cu} = \frac{700\times0.8-85}{85}\times0.0033$$
$$=0.01844$$

2) 단면 구분

$\varepsilon_{t,l}$(인장지배 한계 변형률)$=0.005$($f_y \le 400$MPa인 경우)

$\varepsilon_t(=0.01844) > \varepsilon_{t,l}(=0.005)$ – 인장지배 단면

3) 강도감소계수(ϕ)

$\phi=0.85$(인장지배단면인 경우)

4) 설계휨강도(M_d)

$M_d=\phi M_n=0.85\times380=323\text{kN}\cdot\text{m}$

32 정답 ①

$$M_d=\phi M_n=\phi f_y\rho bd^2\left(1-0.59\frac{\rho}{\eta}\frac{f_y}{f_{ck}}\right)$$

① 단면의 폭을 증가시키면 보의 설계휨강도가 증가한다.
② 콘크리트의 설계기준 압축강도를 증가시키면 보의 설계휨강도가 증가한다.
③ 압축지배단면보다 인장지배단면에 대한 강도감소계수가 더 크므로 인장지배단면이 되도록 한다.

인장지배단면과 압축지배단면에 대한 강도감소계수
인장지배단면 : $\phi=0.85$
압축지배단면
- 나선철근으로 보강된 경우 : $\phi=0.70$
- 그 외의 경우 : $\phi=0.65$

④ 단면의 유효깊이를 증가시키면 보의 설계 휨강도가 증가한다.

33 정답 ④

$$M_d=\phi M_n=\phi f_yA_s\left(d-\frac{a}{2}\right)=\phi f_yA_s\left(d-\frac{1}{2}\cdot\frac{f_yA_s}{\eta0.85f_{ck}b}\right)$$

(ϕf_yA_s : (Ⅰ), $\left(d-\frac{1}{2}\cdot\frac{f_yA_s}{\eta0.85f_{ck}b}\right)$: (Ⅱ))

M_d 증가 요인	(Ⅰ)항	(Ⅱ)항	M_d
① A_s 증가	증가	감소	증가
② f_y 증가	증가	감소	증가
③ d 증가	–	증가	증가
④ f_{ck} 증가	–	증가	증가

문제에 주어진 A_s, f_y, d, f_{ck}를 증가시키면 M_d는 전체적으로 모든 요인에 의하여 증가하게 되며 가장 효과가 적은 요인은 f_{ck}(콘크리트의 설계기준 강도)이다. 그러나 문제에 주어진 내용만으로 M_d를 증가시키는 요인 중에서 가장 효과가 적은 것을 선택하는 것은 쉽지 않을 것으로 판단된다.

34 정답 ②

$$M_d=\phi f_yA_s\left(d-\frac{a}{2}\right)=0.85\times400\times1,000\left(450-\frac{100}{2}\right)$$
$$=136\times10^6(\text{N}\cdot\text{mm})$$
$$M_u=\frac{P_uL}{8}=\frac{(1.6P)L}{8}=0.2PL=0.2\times(8.5\times10^3)P$$
$$=1,700P(\text{mm})$$

$M_u \le M_d$

$1,700P(\text{mm}) \le 136\times10^6(\text{N}\cdot\text{mm})$

$P\le 80,000\text{N}=80\text{kN}$

35 정답 ②

$\eta=1$($f_{ck} \le$ 40MPa인 경우)

$$q=\frac{\rho}{\eta}\frac{f_y}{f_{ck}}=\frac{0.014}{1}\times\frac{350}{21}=0.233$$
$$\phi M_n=\phi\rho f_ybd^2\left(1-0.59\frac{\rho}{\eta}\frac{f_y}{f_{ck}}\right)$$
$$=\phi q\eta f_{ck}bd^2(1-0.59q)$$
$$d=\sqrt{\frac{\phi M_n}{\phi q\eta f_{ck}b(1-0.59q)}}$$
$$=\sqrt{\frac{350\times10^6}{0.85\times0.233\times1\times21\times350\times(1-0.59\times0.233)}}$$
$$=528\text{mm}$$

36 정답 ②

1. $M_u \le M_d=\phi\rho f_ybd^2\left(1-0.59\frac{\rho}{\eta}\frac{f_y}{f_{ck}}\right)$

$\eta=1$($f_{ck} \le$ 40MPa인 경우)

$$\left(\frac{0.59}{\eta}\phi\frac{f_y^2}{f_{ck}}bd^2\right)\rho^2-(\phi f_ybd^2)\rho+M_u \le 0$$
$$\left(\frac{0.59}{1}\times0.85\times\frac{400^2}{28}\times300\times500^2\right)\rho^2$$
$$-(0.85\times400\times300\times500^2)\rho+(200\times10^6)\le0$$
$$\rho^2-0.1186441\rho+0.0009305\le0$$
$$0.0084437\le\rho\le0.1102004$$

2. 또한, 강도감소계수(ϕ)가 $\phi = 0.85$이기 위해서는 인장지배단면이 되어야 하므로

$\varepsilon_t \geqq \varepsilon_{t,l}$, 즉 $\rho \leqq \rho_{t,l}$이어야 한다.

$\varepsilon_{t,l} = 0.005(f_y \leqq 400\text{MPa}$인 경우)

$f_{ck} \leq 40\text{MPa}$인 경우

$$\rho_{t,l} = 0.68\frac{f_{ck}}{f_y}\frac{0.0033}{0.0033+\varepsilon_{t,l}}$$

$$= 0.68 \times \frac{28}{400} \times \frac{0.0033}{0.0033+0.005}$$

$$= 0.0189253$$

$\rho \leqq 0.0189253$

3. 1.과 2.의 결과로부터

$$0.0084437 \leqq \rho\left(= \frac{A_s}{bd}\right) \leqq 0.0189253$$

$1{,}266\text{mm}^2 \leqq \text{A}_s \leqq 2{,}839\text{mm}^2$

37 정답 ③

복철근 직사각형 단면보를 사용하는 경우

㉠ 크리프, 건조수축 등으로 인하여 발생되는 장기처짐을 최소화하기 위한 경우
㉡ 파괴 시 압축응력의 깊이를 감소시켜 연성을 증대시키기 위한 경우
㉢ 철근의 조립을 쉽게 하기 위한 경우
㉣ 정(+), 부(−)의 모멘트를 번갈아 받는 경우
㉤ 보의 단면높이가 제한되어 단철근 직사각형 단면보의 설계휨강도가 계수휨하중보다 작은 경우

38 정답 ②

1. $\varepsilon_{t,\min}$의 값($f_y = 500\text{MPa} > 400\text{MPa}$인 경우)

$$\varepsilon_y = \frac{f_y}{E_s} = \frac{500}{2\times10^5} = 0.0025$$

$$\varepsilon_{t,\min} = 2.0\varepsilon_y = 2.0 \times 0.0025 = 0.005$$

2. f_s'의 값

$\varepsilon_{cu} = 0.0033(f_{ck} = 20\text{MPa} \leq 40\text{MPa}$인 경우)

$$c = \frac{\varepsilon_{cu}}{\varepsilon_{cu}+\varepsilon_t(=\varepsilon_{t,\min})}d = \frac{0.0033}{0.0033+0.005}\times 400$$

$$= 159\text{mm}$$

$$\varepsilon_s' = \frac{c-d'}{c}\varepsilon_{cu} = \frac{159-50}{159}\times 0.0033 = 0.00226$$

$(< \varepsilon_y = 0.0025)$

$$f_s' = E_s\varepsilon_s' = (2\times10^5)\times 0.00226 = 452\text{MPa}$$

39 정답 ②

1) $\rho_1 = \dfrac{A_{s1}}{bd}$

$\rho_{\min}' \leq \rho_1 \leq \rho_{\max}'$

$\rho_{\min}' \leq \rho_1$ .... A_{s1} 항복 시, A_s' 항복

$\rho_1 \leq \rho_{\max}'$ .... A_{s1} 항복

2) $\rho_2 = \dfrac{A_{s1}+A_{s2}}{bd} > \rho_1$

$\rho_{\min}' \leq \rho_1 < \rho_2$ .... $(A_{s1}+A_{s2})$항복 시, A_s' 항복

$\rho_1 < \rho_2 \left(\begin{smallmatrix}>\\<\end{smallmatrix}\right) \rho_{\max}'$ .... $(A_{s1}+A_{s2})$ 항복여부 판별 불가능

40 정답 ②

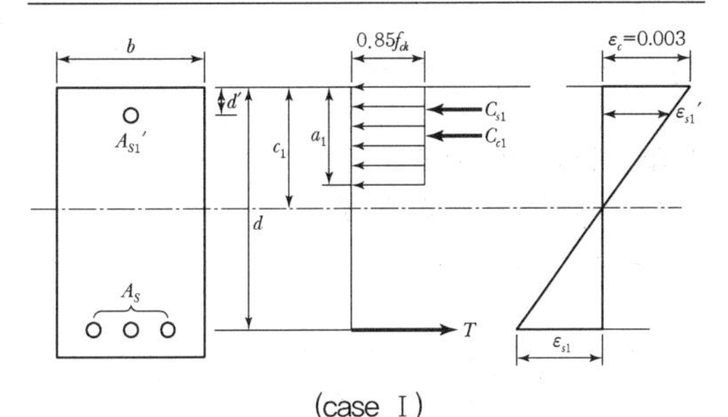

(case Ⅰ)

- 압축 측 콘크리트에 상응하는 인장철근량$(A_s - A_{s1}')$
- $a_1 = \dfrac{(A_s - A_s')f_y}{\eta 0.85 f_{ck} b}$, $c_1 = \dfrac{a_1}{\beta_1}$
- $z_1 = d - \dfrac{a_1}{2}$
- $\varepsilon_{s_1}' = \dfrac{c_1 - d'}{c_1}\varepsilon_c$
- $T(= f_y A_s) = C = (C_{s1} + C_{c1})$

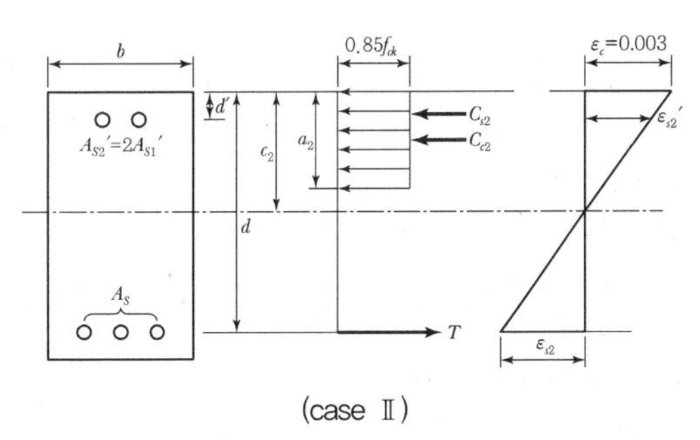

(case Ⅱ)

- 압축 측 콘크리트에 상응하는 인장철근량
  $(A_s - A_{s2}') = (A_s - 2A_{s1}') < (A_s - A_{s1}')$
- $a_2 < a_1, \ c_2 < c_1$
- $z_2 > z_1$
- $\varepsilon_{s2}' < \varepsilon_{s1}'$
- $T(=f_y A_s) = C = (C_{s2} + C_{c2}) = (C_{s1} + C_{c1})$

RC 복철근 직사각형 단면의 보에서 인장철근의 단면적은 그대로인 상태로 압축철근의 단면적만 2배로 증가시켰을 때, 위의 (case I)과 (case II)에서 보여주듯이 콘크리트와 압축철근에 의한 압축 내력의 합은 동일하다.

41 정답 ②

1. 철근비 결정

$$\rho = \frac{A_s}{bd} = \frac{40}{40 \times 50} = 0.02$$

$$\rho' = \frac{A_s'}{bd} = \frac{10}{40 \times 50} = 0.005$$

2. 압축철근의 항복여부 판별

$f_{ck} = 25\text{MPa} \le 40\text{MPa}$인 경우

$$\overline{\rho_{\min}} = 0.68 \frac{f_{ck}}{f_y} \frac{660}{660 - f_y} \frac{d'}{d} + \rho'$$

$$= 0.68 \times \frac{25}{400} \times \frac{660}{660 - 400} \times \frac{5}{50} + 0.005$$

$$= 0.0158$$

$\overline{\rho_{\min}}(=0.0158) < \rho(=0.02)$이므로 인장철근 항복 시 압축철근도 항복한다.

3. a 결정

$\eta = 1(f_{ck} \le 40\text{MPa}$인 경우)

$$a = \frac{(A_s - A_s')f_y}{\eta 0.85 f_{ck} b} = \frac{(4{,}000 - 1{,}000) \times 400}{1 \times 0.85 \times 25 \times 400} = 141.2\text{mm}$$

42 정답 ①

$\rho^d{}_{\min} \le \rho^d \le \rho^d{}_{\max}$ – 인장철근 항복 시 압축철근도 항복, 또한 연성파괴

$\eta = 1(f_{ck} = 20\text{MPa} \le 40\text{MPa}$인 경우)

$$a = \frac{(A_s - A_s')f_y}{\eta 0.85 f_{ck} b} = \frac{(2{,}000 - 900) \times 300}{1 \times 0.85 \times 20 \times 200} = 97.06\text{mm}$$

$C = f_y A_s' + \eta 0.85 f_{ck} ab$

$= 300 \times 900 + 1 \times 0.85 \times 20 \times 97.06 \times 200$

$= 600 \times 10^3\text{N} = 600\text{kN}$

[별해] $C = T = f_y A_s = 300 \times 2{,}000 = 600 \times 10^3\text{N} = 600\text{kN}$

43 정답 ②

1. ε_{cu}, η, β_1의 값

$f_{ck} = 20\text{MPa} \le 40\text{MPa}$인 경우

$\varepsilon_{cu} = 0.0033, \ \eta = 1, \ \beta_1 = 0.8$

2. 압축철근의 항복여부 판별

1) 철근비 결정

$$\rho = \frac{A_s}{bd} = \frac{7{,}890}{500 \times 700} = 0.0225$$

$$\rho' = \frac{A_s'}{bd} = \frac{5{,}000}{500 \times 700} = 0.0143$$

$f_{ck} = 20\text{MPa} \le 40\text{MPa}$인 경우

$$\overline{\rho_{\min}} = 0.68 \frac{f_{ck}}{f_y} \frac{660}{660 - f_y} \frac{d'}{d} + \rho'$$

$$= 0.68 \times \frac{20}{400} \times \frac{660}{660 - 400} \times \frac{50}{700} + 0.0143$$

$$= 0.0205$$

2) 압축철근의 항복여부 판별

$\overline{\rho_{\min}}(=0.0205) < \rho(=0.0225)$이므로 인장철근 항복 시 압축철근도 항복한다.

3. 공칭휨모멘트(M_n)

1) 등가사각형 깊이(a)

$$a = \frac{(A_s - A_s')f_y}{\eta 0.85 f_{ck} b}$$

$$= \frac{(7{,}890 - 5{,}000) \times 400}{1 \times 0.85 \times 20 \times 500} = 136\text{mm}$$

2) 공칭휨모멘트(M_n)

$$M_n = f_y A_s'(d - d') + f_y(A_s - A_s')\left(d - \frac{a}{2}\right)$$

$$= 400 \times 5{,}000 \times (700 - 50) + 400 \times (7{,}890 - 5{,}000) \times \left(700 - \frac{136}{2}\right)$$

$$= 2{,}030.6 \times 10^6\text{N} \cdot \text{mm} = 2{,}030.6\text{kN} \cdot \text{m}$$

4. 설계휨강도(M_d)

1) 최외단 인장철근의 순인장 변형률(ε_t)

$$\varepsilon_t = \frac{d_t \beta_1 - a}{a} \varepsilon_{cu} = \frac{700 \times 0.8 - 136}{136} \times 0.0033$$

$$= 0.0103$$

2) 단면 구분

$\varepsilon_{t,l}$(인장지배 한계 변형률)$= 0.005(f_y \le 400\text{MPa}$인 경우)

$\varepsilon_t(=0.0103) > \varepsilon_{t,l}(=0.005)$ – 인장지배 단면

3) 강도감소계수(ϕ)

$\phi = 0.85$(인장지배 단면인 경우)

4) 설계휨강도(M_d)

$M_d = \phi M_n = 0.85 \times 2{,}030.6 = 1{,}726\text{kN} \cdot \text{m}$

44 정답 ①

T형보(대칭 T형보)에서 플랜지의 유효폭(b_e)

① $16t_f + b_w = 16 \times 200 + 400 = 3{,}600\text{mm}$

② 양쪽 슬래브의 중심 간 거리 $= 1{,}000 + 400 = 1{,}400\text{mm}$

③ 보 경간의 $\frac{1}{4} = \frac{12 \times 10^3}{4} = 3{,}000\text{mm}$

위 값 중에서 최솟값을 취하면 $b_e = 1{,}400\text{mm}$이다.

45 정답 ②

T형보(대칭 T형보)에서 플랜지의 유효폭(b_e)

$b_{e1} = 16t_f + b_w = 16t_f + 440\text{mm}$

$b_{e2} =$ 보 경간의 $\frac{1}{4} = \frac{12 \times 10^3}{4} = 3{,}000\text{mm}$

$b_e = [b_{e1},\ b_{e2}]_{\min} = b_{e2}$

$[16t_f + 440,\ 3{,}000]_{\min} = 3{,}000$

따라서 슬래브의 두께(t_f)는 다음과 같다.

$16t_f + 440 \geq 3{,}000$

$t_f \geq 160\text{mm}$

46 정답 ②

반 T형보(비대칭 T형보)에서 플랜지의 유효폭(b_e)

① $6t_f + b_w = 6 \times 200 + 400 = 1{,}600\text{mm}$

② 인접 보와의 내측 간 거리의 $\frac{1}{2} + b_w = \frac{1{,}400}{2} + 400$

$= 1{,}100\text{mm}$

③ 보 경간의 $\frac{1}{12} + b_w = \frac{12 \times 10^3}{12} + 400 = 1{,}400\text{mm}$

위 값 중에서 최솟값을 취하면 $b_e = 1{,}100\text{mm}$이다.

47 정답 ④

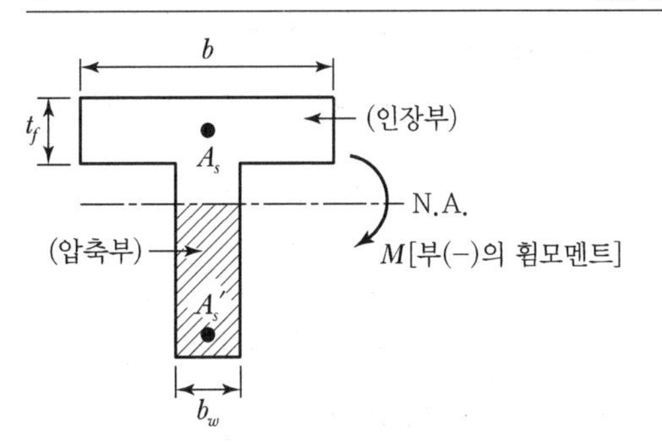

콘크리트 단면에 부(−)의 휨모멘트가 작용하면 중립축 하단이 압축부가 된다. 따라서 그림에서와 같이 콘크리트의 압축을 받는 단면이 직사각형 단면이므로 폭이 b_w인 직사각형 단면보로 해석한다.

48 정답 ①

$\eta = 1(f_{ck} = 20\text{MPa} \leq 40\text{MPa}$인 경우)

$$a = \frac{A_s f_y}{\eta 0.85 f_{ck} b} \leq t_f$$

$$A_s \leq \frac{\eta 0.85 f_{ck} b t_f}{f_y} = \frac{1 \times 0.85 \times 20 \times 800 \times 100}{400} = 3{,}400\text{mm}^2$$

49 정답 ③

$\eta = 1(f_{ck} = 30\text{MPa} \leq 40\text{MPa}$인 경우)

$$A_{sf} = \frac{\eta 0.85 f_{ck} (b - b_w) t_f}{f_y}$$

$$= \frac{1 \times 0.85 \times 30 \times (1{,}000 - 400) \times 100}{300}$$

$$= 5{,}100\text{mm}^2$$

50 정답 ④

1. 폭이 $b = 800\text{mm}$인 직사각형 단면보에 대한 등가사각형 깊이

$\eta = 1(f_{ck} = 20\text{MPa} \leq 40\text{MPa}$인 경우)

$$a = \frac{f_y A_s}{\eta 0.85 f_{ck} b} = \frac{400 \times 2{,}890}{1 \times 0.85 \times 20 \times 800} = 85\text{mm}$$

2. T형보의 판별

$a(= 85\text{mm}) < t_f(= 100\text{mm})$이므로 폭이 $b = 800\text{mm}$인 직사각형 단면보로 해석한다.

따라서, 등가사각형 깊이는 $a = 85\text{mm}$이다.

51 정답 ②

1. T형보의 판별

폭이 $b=800\text{mm}$인 직사각형 단면보에 대한 등가사각형 깊이

$\eta=1(f_{ck}=20\text{MPa}\le 40\text{MPa}$인 경우)

$$a=\frac{f_yA_s}{\eta 0.85f_{ck}b}=\frac{400\times 4,250}{1\times 0.85\times 20\times 800}=125\text{mm}$$

$a(=125\text{mm})>t_f(=100\text{mm})$ – T형보로 해석

2. T형보의 등가 직사각형 깊이(a)

$$A_{sf}=\frac{\eta 0.85f_{ck}(b-b_w)t_f}{f_y}$$

$$=\frac{1\times 0.85\times 20\times(800-400)\times 100}{400}=1,700\text{mm}^2$$

$$a=\frac{(A_s-A_{sf})f_y}{\eta 0.85f_{ck}b_w}=\frac{(4,250-1,700)\times 400}{1\times 0.85\times 20\times 400}=150\text{mm}$$

52 정답 ②

1. T형보(대칭 T형보)에서 플랜지의 유효폭(b_e)
   - $16t_f+b_w=(16\times 100)+400=2,000\text{mm}$
   - 양쪽 슬래브의 중심간 거리 $=800+400=1,200\text{mm}$
   - 보 경간의 $\frac{1}{4}=10,000\times\frac{1}{4}=2,500\text{mm}$

   위 값 중에서 최소값을 취하면 $b_e=1,200\text{mm}$이다.

2. T형 보의 판별

$b=1,200\text{mm}$인 직사각형 단면보에 대한 등가 사각형 깊이

$\eta=1(f_{ck}\le 40\text{MPa}$인 경우)

$$a=\frac{f_yA_s}{\eta 0.85f_{ck}b}=\frac{400\times 6,354}{1\times 0.85\times 24\times 1,200}$$

$=103.8\text{mm}$

$a(=103.8\text{mm})>t_f(=100\text{mm})$이므로 T형 보로 해석한다.

3. T형 보의 등가사각형 깊이(a)

$$A_{Sf}=\frac{\eta 0.85f_{ck}(b-b_w)t_f}{f_y}$$

$$=\frac{1\times 0.85\times 24\times(1,200-400)\times 100}{400}=4,080\text{mm}^2$$

$$a=\frac{(A_s-A_{sf})f_y}{\eta 0.85f_{ck}b_w}$$

$$=\frac{(6,354-4,080)\times 400}{1\times 0.85\times 24\times 400}=111.5\text{mm}$$

53 정답 ④

1. T형 보의 판별

$b=1,000\text{mm}$인 직사각형 단면의 등가사각형 깊이

$\eta=1(f_{ck}\le 40\text{MPa}$인 경우)

$$a=\frac{A_sf_y}{\eta 0.85f_{ck}b}=\frac{5,000\times 300}{1\times 0.85\times 21\times 1,000}$$

$=84.03\text{mm}$

$a(=84.03\text{mm})>t_f(=70\text{mm})$이므로 T형보로 해석

2. T형 보의 등가 사각형 깊이(a)

$$A_{sf}=\frac{\eta 0.85f_{ck}(b-b_w)t}{f_y}$$

$$=\frac{1\times 0.85\times 21\times(1,000-300)\times 70}{300}$$

$=2,915.5\text{mm}^2$

$$a=\frac{(A_s-A_{sf})f_y}{\eta 0.85f_{ck}b_w}$$

$$=\frac{(5,000-2,915.5)\times 300}{1\times 0.85\times 21\times 300}=116.78\text{mm}$$

3. ϕ의 결정

$f_{ck}=21\text{MPa}\le 40\text{MPa}$인 경우

$\varepsilon_{cu}=0.0033,\ \beta_1=0.8$

$$\varepsilon_t=\frac{d_t\beta_1-a}{a}\varepsilon_{cu}$$

$$=\frac{600\times 0.8-116.78}{116.78}\times 0.0033=0.010$$

$\varepsilon_{t,l}=0.005(f_y\leqq 400\text{MPa}$인 경우)

$\varepsilon_t>\varepsilon_{t,l}$이므로 인장지배단면 – $\phi=0.85$

4. 설계 휨모멘트 강도(M_d)

$$M_d=\phi M_n$$

$$=\phi\left\{A_{sf}f_y\left(d-\frac{t_f}{2}\right)+(A_s-A_{sf})f_y\left(d-\frac{a}{2}\right)\right\}$$

$$=0.85\left\{2915.5\times 300\times\left(600-\frac{70}{2}\right)+(5,000-2915.5)\times 300\times\left(600-\frac{116.78}{2}\right)\right\}$$

$$=707.94\times 10^6\text{N}\cdot\text{mm}=707.94\text{kN}\cdot\text{m}$$

제4장 보의 전단과 비틀림

01	02	03	04	05	06	07	08	09	10
④	②	②	②	⑤	④	③	③	①	②
11	12	13	14	15	16	17	18	19	20
④	②	②	④	③	①	③	③	④	③
21	22	23	24	25	26	27	28	29	30
④	①	④	②	①	④	②	②	②	③
31	32	33	34	35					
②	②	③	④	③					

01 정답 ④

1. 균질보의 전단응력 분포

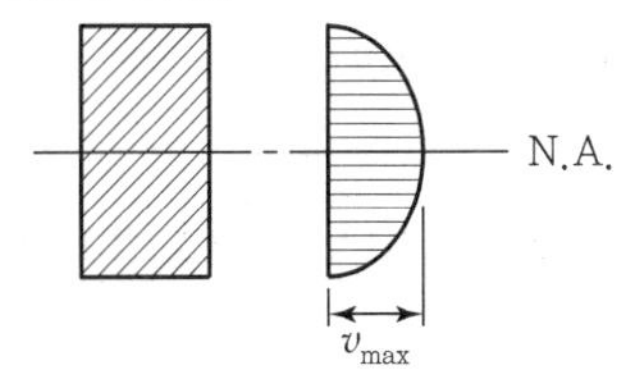

2. 철근콘크리트 보의 전단응력 분포

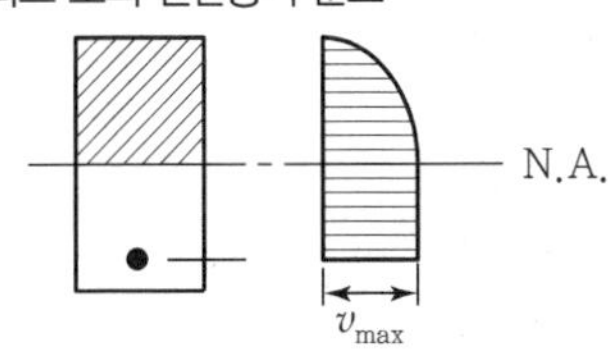

02 정답 ②

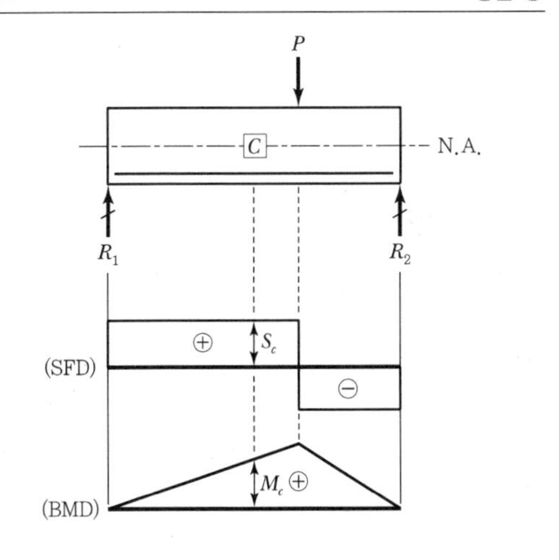

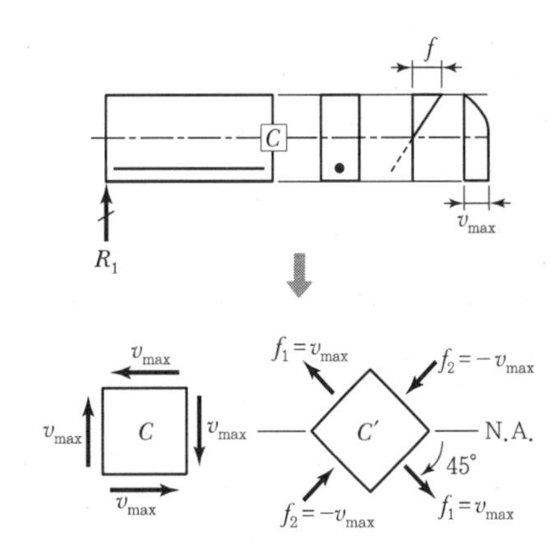

주인장 응력의 방향은 중립축에서 시계방향으로 45°이다.

03 정답 ②

전단철근의 종류

① 주인장철근에 수직으로 배치한 스터럽
② 주인장철근에 45° 이상의 경사로 배치한 스터럽
③ 주인장철근에 30° 이상의 경사로 구부린 굽힘철근
④ 스터럽과 굽힘철근의 병용(①과 ③ 또는 ②와 ③의 병용)
⑤ 나선철근 또는 용접철망

04 정답 ②

철근콘크리트 보에서 스터럽은 보에 작용하는 사인장응력(전단응력)에 의한 균열을 제어하기 위하여 배근된다.

05 정답 ⑤

보에서 전단에 대한 위험 단면의 위치

(가) 일반적인 보 – 지지면에서 d만큼 떨어진 곳
(나) 인장재와 일체로 된 보 – 지지면
(다) 보–기둥 접합부 – 지지면에서 d만큼 떨어진 곳

06 정답 ④

$\lambda=1$(보통 중량 콘크리트의 경우)

$$V_c=\frac{1}{6}\lambda\sqrt{f_{ck}}\,bd=\frac{1}{6}\times1\times\sqrt{25}\times360\times500$$
$$=150\times10^3\text{N}=150\text{kN}$$

07 정답 ③

$$\frac{V_u d}{M_u} = \frac{100 \times (600 \times 10^{-3})}{300} = 0.2 < 1 - \text{O.K.}$$

$$V_c = \left(0.16\sqrt{f_{ck}} + 17.6\,\rho_w \frac{V_u d}{M_u}\right) b_w d$$

$$= (0.16 \times \sqrt{24} + 17.6 \times 0.016 \times 0.2) \times 350 \times 600$$

$$= 176.4 \times 10^3 N = 176.4\text{kN}$$

08 정답 ③

$$\lambda = \frac{f_{sp}}{0.56\sqrt{f_{ck}}} = \frac{1.4}{0.56 \times \sqrt{25}} = 0.5$$

$$V_u = w_u(l-d) = 25(3.3-0.3) = 75\text{kN}$$

$$V_c = \frac{1}{6}\lambda\sqrt{f_{ck}}\,bd = \frac{1}{6} \times 0.5 \times \sqrt{25} \times 200 \times 300$$

$$= 25 \times 10^3\text{N} = 25\text{kN}$$

$$V_s \geq \frac{V_u - \phi V_c}{\phi} = \frac{75 - 0.75 \times 25}{0.75} = 75\text{kN}$$

09 정답 ①

$$V_u \leq \phi\frac{1}{2}V_c = \phi\frac{1}{2}\left(\frac{1}{6}\lambda\sqrt{f_{ck}}\,bd\right)$$

$$= \frac{\phi\lambda\sqrt{f_{ck}}\,bd}{12}$$

$$= \frac{0.75 \times 1 \times \sqrt{25} \times 600 \times 800}{12}$$

$$= 150 \times 10^3\text{N} = 150\text{kN}$$

10 정답 ②

$\lambda = 1.0$(보통 중량 콘크리트의 경우)

$$V_u \leq \frac{1}{2}\phi V_c = \frac{1}{2}\phi\left(\frac{1}{6}\lambda\sqrt{f_{ck}}\,b_w d\right)$$

$$d \geq \frac{12V_u}{\phi\lambda\sqrt{f_{ck}}\,b_w} = \frac{12 \times (7.5 \times 10^3)}{0.75 \times 1.0 \times \sqrt{36} \times 100} = 200\text{mm}$$

11 정답 ④

$\lambda = 1.0$(보통 중량 콘크리트의 경우)

$$V_u \leq \frac{1}{2}\phi V_c$$

$$w_u(L-d) \leq \frac{1}{2}\phi\left(\frac{1}{6}\lambda\sqrt{f_{ck}}\,b_w d\right)$$

$$L \leq \frac{\phi\lambda\sqrt{f_{ck}}\,b_w d}{12w_u} + d$$

$$= \frac{0.75 \times 1.0 \times \sqrt{25} \times 300 \times 400}{12 \times 10} + 400$$

$$= 3,750 + 400 = 4,150\text{mm}$$

12 정답 ②

$\lambda = 1.0$(보통 중량 콘크리트의 경우)

$$\frac{1}{2}\phi V_c = \frac{1}{2}\phi\frac{1}{6}\lambda\sqrt{f_{ck}}\,bd$$

$$= \frac{1}{2} \times 0.75 \times \frac{1}{6} \times 1 \times \sqrt{36} \times 400 \times 400$$

$$= 60 \times 10^3\text{ N} = 60\text{kN}$$

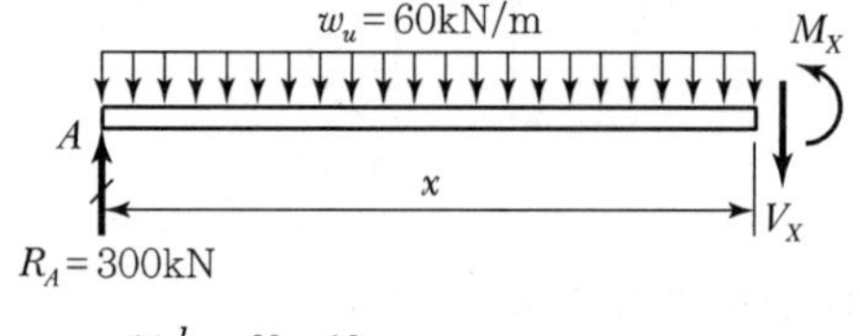

$$R_A = \frac{w_u l}{2} = \frac{60 \times 10}{2} = 300\text{kN}(\uparrow)$$

$$\Sigma F_y = 0(\uparrow \oplus)$$

$$300 - 60x - V_X = 0$$

$$V_X = 300 - 60x$$

$$V_X \geq \frac{1}{2}\phi V_c$$

$$300 - 60x \geq 60$$

$$x \leq 4\text{m}$$

13 정답 ②

최소 전단철근량 규정

$\frac{1}{2}\phi V_c < V_u \leq \phi V_c$인 경우

$$A_{v,\min} = 0.0625\sqrt{f_{ck}}\frac{b_w s}{f_y} \geq 0.35\frac{b_w s}{f_y}$$

14 정답 ④

$\phi V_c \geq V_u$

$\phi\left(\frac{1}{6}\sqrt{f_{ck}}\,b_w\,d\right) \geq V_u$

$d \geq \frac{6V_u}{\phi\sqrt{f_{ck}}\,b_w} = \frac{6\times(75\times10^3)}{0.75\times\sqrt{24}\times300} = 408.2\text{mm}$

15 정답 ③

최소 전단철근량 규정이 적용되지 않는 경우

㉠ 보의 높이(h)가 250mm 이하인 경우

㉡ I형 또는 T형 보에서 그 높이(h)가 플랜지 두께(t_f)의 2.5배와 복부폭(b_w)의 $\frac{1}{2}$ 중, 큰 값보다 크지 않을 경우

㉢ 슬래브와 확대기초

㉣ 교대 벽체 및 날개벽, 옹벽의 벽체, 암거 등과 같이 휨이 주거동인 판 부재

㉤ 콘크리트 장선구조

16 정답 ①

$R = w_u l = 20\times10 = 200\text{kN}$

$\lambda = 1.0$(보통 중량 콘크리트의 경우)

$\phi V_c = \phi\frac{1}{6}\lambda\sqrt{f_{ck}}\,b_w\,d$

$= 0.75\times\frac{1}{6}\times1.0\times\sqrt{25}\times400\times600$

$= 150\times10^3\text{N} = 150\text{kN}$

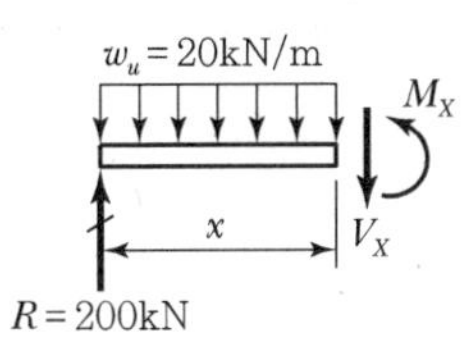

$\Sigma F_y = 0(\uparrow\oplus)$

$200 - 20x - V_X = 0$

$V_X = 200 - 20x$

$V_X \geq \phi V_c$

$200 - 20x \geq 150$

$x \leq 2.5\text{m}$

17 정답 ③

$V_u = 750\text{kN}$

$\phi V_c = 0.75\times600 = 450\text{kN}$

$V_u(=750\text{kN}) > \phi V_c(=450\text{kN})$ – 전단보강 필요

$V_s = \frac{V_u - \phi V_c}{\phi} = \frac{750-450}{0.75} = 400\text{kN}$

$A_v = \frac{V_s\cdot S}{f_y d} = \frac{(400\times10^3)\times300}{300\times1,000} = 400\text{mm}^2$

18 정답 ③

$V_s = \frac{A_v f_{yt} d}{s} = \frac{(2\times127)\times350\times450}{200}$

$= 200.025\times10^3\text{N} = 200\text{kN}$

19 정답 ④

$V_s = \frac{A_v f_y d(\sin\alpha+\cos\alpha)}{s}$

$= \frac{(2\times199)\times400\times700\times(\sin60^\circ+\cos60^\circ)}{300}$

$= 507,433\text{N} = 507.4\text{kN}$

20 정답 ③

$\lambda = 1.0$(보통 중량 콘크리트의 경우)

$V_n = V_c + V_s$

$= \frac{1}{6}\lambda\sqrt{f_{ck}}\,b_w d + \frac{A_V f_y d}{s}$

$= \frac{1}{6}\times1\times\sqrt{25}\times400\times600 + \frac{(2\times125)\times400\times600}{250}$

$= (200+240)\times10^3\text{N} = 440\text{kN}$

21 정답 ④

$V_c = \frac{1}{6}\lambda\sqrt{f_{ck}}\,bd = \frac{1}{6}\times1\times\sqrt{36}\times250\times400$

$= 10^5\text{N} = 100\text{kN}$

$V_s = 0.2\left(1-\frac{f_{ck}}{250}\right)f_{ck}bd$

$= 0.2\times\left(1-\frac{36}{250}\right)\times36\times250\times400$

$= 616\times10^3\text{N} = 616\text{kN}$

$V_d = \phi V_n = \phi(V_c + V_s) = 0.75(100+616) = 537\text{kN}$

22 정답 ①

$V_u = w_u(l-d) = 100(3.5-0.5) = 300\text{kN}$

$\lambda = 1.0$(보통중량 콘크리트인 경우)

$V_c = \frac{1}{6}\lambda\sqrt{f_{ck}}\,bd = \frac{1}{6}\times 1.0\times\sqrt{36}\times 200\times 500$

$= 100\times 10^3\text{N} = 100\text{kN}$

$V_s = \frac{V_u - \phi V_c}{\phi} = \frac{300-0.75\times 100}{0.75} = 300\text{kN}$

$\frac{1}{3}\lambda\sqrt{f_{ck}}\,bd = 2V_c = 2\times 100 = 200\text{kN}$

$V_s > \frac{1}{3}\lambda\sqrt{f_{ck}}\,bd$이므로 수직스터럽 간격 s는 다음 값 이하라야 한다.

㉠ $s \le \frac{d}{4} = \frac{500}{4} = 125\text{mm}$

㉡ $s \le 300\text{mm}$

㉢ $s \le \frac{A_v\cdot f_y\cdot d}{V_s} = \frac{400\times 300\times 500}{300\times 10^3} = 200\text{mm}$

따라서, 수직스터럽의 간격 s는 최솟값인 125mm 이하라야 한다.

23 정답 ④

① $V_u = w_u\left(\frac{l}{2}-d\right) = 75\times\left(\frac{8}{2}-0.6\right) = 255\text{kN}$

② $V_c = \frac{1}{6}\lambda\sqrt{f_{ck}}\,b_w d = \frac{1}{6}\times 1\times\sqrt{28}\times 400\times 600$

$= 211.66\times 10^3\text{N} = 211.66\text{kN}$

③ • $V_s = \frac{V_u}{\phi} - V_c = \frac{255}{0.75} - 211.66$

$= 128.34\text{kN}$

• $\frac{1}{3}\sqrt{f_{ck}}\,b_w d = 2V_c = 2\times 211.66 = 423.32\text{kN}$

• $V_s \le \frac{1}{3}\sqrt{f_{ck}}\,b_w d$인 경우 전단철근 간격($S$)은 다음 값 이하라야 한다.

$S \le 600\text{mm},\ S \le \frac{d}{2} = \frac{600}{2} = 300\text{mm}$

따라서 전단철근 간격(S)은 최소값인 300mm 이하라야 한다.

④ • 전단철근이 필요한 구간

$\phi V_c = 0.75\times 211.66 = 158.745\text{kN}$

$\phi V_c = w_u\left(\frac{l}{2}-x\right)$

$x = \frac{l}{2} - \frac{\phi V_c}{w_u} = \frac{8}{2} - \frac{158.745}{75} = 1.88\text{m}$

• 최소 전단철근이 필요한 구간

$\frac{1}{2}\phi V_c = \frac{1}{2}\times 158.745 = 79.3725\text{kN}$

$\frac{1}{2}\phi V_c = w_u\left(\frac{l}{2}-x\right)$

$x = \frac{1}{2}\left(l - \frac{\phi V_u}{w_v}\right) = \frac{1}{2}\left(8 - \frac{158.745}{75}\right)$

$= 2.94\text{m}$

따라서, 이론적으로 전단철근이 필요한 구간은 지점으로부터 1.88m까지의 구간이고, 설계 규준에 따라 전단철근이 배근되어야 할 구간은 지점으로부터 2.94m까지의 구간이다.

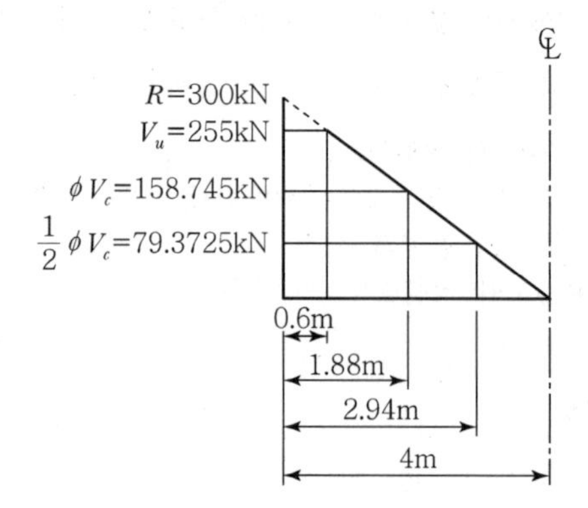

24 정답 ②

$V_s \le \frac{\lambda\sqrt{f_{ck}}}{3}b_w d$일 때, 경사 스터럽과 굽힘철근은 부재의 중간 높이인 $0.5d$에서 반력점 방향으로 주인장 철근까지 연장된 45°선과 한 번 이상 교차되도록 배치하여야 한다.

25 정답 ①

깊은보(Deep Beam)

① 순경간 l_n이 부재깊이 h의 4배 이하인 부재

② 하중이 받침부로부터 부재 깊이의 2배 거리 이내에 작용하고 하중의 작용점과 받침부가 서로 반대면에 있어서 하중 작용점과 받침부 사이에 압축대가 형성될 수 있는 부재

26 정답 ④

깊은 보(Deep Beam)의 강도는 전단에 의하여 지배된다.

27

정답 ②

$$V_u \le \phi V_n = \phi A_{vf} f_y(\mu \sin\alpha_f + \cos\alpha_f)$$

$$A_{uf} \ge \frac{V_u}{\phi f_y(\mu \sin\alpha_f + \cos\alpha_f)}$$

$$= \frac{(45\times10^3)}{0.75\times400\times\left(0.5\times\frac{4}{5}+\frac{3}{5}\right)}$$

$$= 150\,\text{mm}^2$$

28

정답 ②

전단마찰에서 전단강도 V_n

㉠ 일체로 친 콘크리트나 표면을 거칠게 만든 굳은 콘크리트에 새로 친 콘크리트

$0.2 f_{ck} A_c$ 또한 $(3.3+0.08 f_{ck})A_c$ 이하 (단위는 N이다.)

㉡ 그 밖의 경우

$0.2 f_{ck} A_c$ 또한 $5.5 A_c$ 이하 강도가 다른 콘크리트는 낮은 강도 사용

일반 콘크리트의 마찰계수 값

㉠ 일체로 친 콘크리트, $\mu = 1.4\lambda$

㉡ 표면을 거칠게 처리한 굳은 콘크리트에 이어 친 콘크리트, $\mu = 1.0\lambda$

㉢ 표면을 거칠게 처리하지 않은 굳은 콘크리트에 이어 친 콘크리트, $\mu = 0.6\lambda$

㉣ 구조용 강재에 정착된 콘크리트, $\mu = 0.7\lambda$

29

정답 ②

ㄴ. 브래킷 또는 내민받침 위에 놓이는 부재가 인장력을 피하도록 특별한 장치가 마련되어 있지 않는 한 인장력 N_{uc}를 $0.2 V_u$ 이상으로 하여야 한다.

ㄷ. 인장력 N_{uc}는 인장력이 비록 크리프, 건조수축 또는 온도변화에 기인한 경우라도 활하중으로 간주하여야 한다.

30

정답 ③

보가 슬래브와 일체로 되거나 완전한 합성구조로 되어 있을 때, 보의 단면은 보가 슬래브의 위 또는 아래로 내민 깊이 중 큰 깊이만큼을 보의 양측으로 연장한 슬래브 부분을 포함한 것으로서 보의 한 측으로 연장되는 거리는 슬래브 두께의 4배 이하로 하여야 한다.

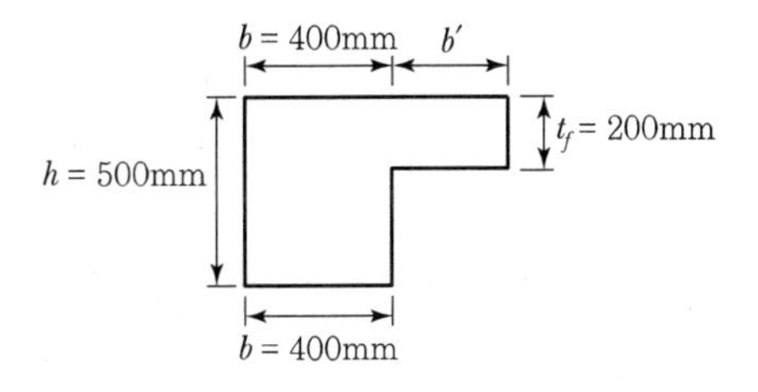

$$b' = [(h-t_f),\ 4t_f]_{\min}$$
$$= [(500-200),\ 4\times200]_{\min}$$
$$= [300,\ 800]_{\min}$$
$$= 300\text{mm}$$

A_{cp}[콘크리트 단면의 바깥 둘레로 둘러싸인 단면적]

$= b't_f + bh = (300\times200)+(400\times500) = 260{,}000\text{mm}^2$

P_{cp}[콘크리트 단면의 바깥 둘레]

$= 2(b'+b+h) = 2(300+400+500) = 2{,}400\text{mm}$

$\lambda = 1$(보통 중량 콘크리트의 경우)

$$T_{cr} = \frac{1}{3}\lambda\sqrt{f_{ck}}\frac{{A_{cp}}^2}{P_{cp}} = \frac{1}{3}\times1.0\times\sqrt{29.16}\times\frac{260{,}000^2}{2{,}400}$$

$$= 50.7\times10^6\text{N}\cdot\text{mm} = 50.7\text{kN}\cdot\text{m}$$

31

정답 ②

비틀림의 영향을 고려하지 않아도 되는 최소의 비틀림 하중

$$T_u \le \phi\left(\frac{1}{12}\lambda\sqrt{f_{ck}}\right)\frac{{A_{cp}}^2}{P_{cp}}$$

32

정답 ②

$$\frac{A_t}{s} = \frac{T_u}{2\phi A_o f_{yt}\cot\theta}$$

$$= \frac{(18\times10^6)}{2\times0.75\times(0.85\times170\times370)\times350\times\cot45°}$$

$$= 0.641\text{mm}^2/\text{mm}$$

여기서, A_o : $0.85A_{oh}$

A_{oh} : 폐쇄스터럽의 중심선으로 둘러싸인 면적

f_{yt} : 횡방향철근의 설계기준 항복강도

θ : 압축 경사각(θ는 30° 이상 60° 이하의 값으로 철근콘크리트 보에서는 일반적으로 $\theta = 45°$로 본다.)

33

정답 ③

$$A_l = \frac{A_t}{s} p_h \frac{f_{yt}}{f_y} cot^2\theta$$
$$= \frac{71.33}{130} \times 2(200+420) \times \frac{400}{400} cot^2 45°$$
$$= 677.23 mm^2$$

여기서, A_l : 종방향철근단면적

A_t : 폐쇄스터럽 다리 하나의 단면적

s : 폐쇄스터럽 간격

p_h : 폐쇄스터럽의 둘레길이

θ : 압축경사각

(θ는 30° 이상 60° 이하의 값으로서 프리스트레싱 되지 않은 부재나 프리스트레스 힘이 주철근 인장강도의 40% 미만인 경우는 45°로 취할 수 있고, 프리스트레스 힘이 주철근 인장강도의 40% 이상인 경우는 37.5°로 취할 수 있다.)

34

정답 ④

종방향 비틀림철근은 스터럽의 내부에 배치되어야 하며, 스터럽의 각 모서리에 적어도 한 개의 종방향 비틀림철근을 두어야 한다.

35

정답 ③

횡방향 비틀림 철근의 간격은 $p_h/8$ 및 300mm보다 작아야 한다.

제5장 철근의 정착과 이음

01	02	03	04	05	06	07	08	09	10
①	①	⑤	②	③	③	③	①	④	③
11	12	13	14	15	16	17			
③	①	①	①	①	②	④			

01

정답 ①

주철근의 경우 180° 표준 갈고리는 구부린 반원 끝에서 $4d_b$ 이상 또한 60mm 이상 더 연장해야 한다.

02

정답 ①

철근과 콘크리트 사이의 부착에 영향을 주는 요인

㉠ 철근의 표면 상태
㉡ 콘크리트의 강도
㉢ 철근의 묻힌 위치 및 방향
㉣ 철근의 피복두께
㉤ 다지기
㉥ 철근의 지름

03

정답 ⑤

f_{ck}가 70MPa보다 더 크더라도 정착길이가 감소하지 않기 때문에 $\sqrt{f_{ck}}$ 의 값은 8.4MPa를 초과해서는 안 된다.

04

정답 ②

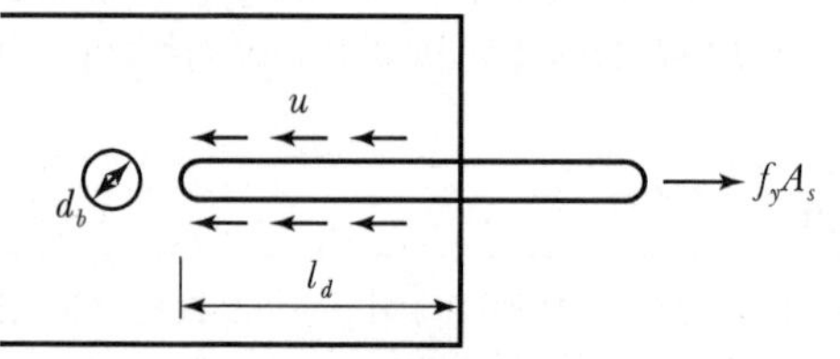

$\Sigma F_x = 0(\rightarrow \oplus)$

$$f_y A_s - u(\pi d_b \cdot l_d) = 0$$
$$l_d = \frac{f_y A_s}{u\pi d_b} = \frac{f_y}{u\pi d_b}\left(\frac{\pi d_b^{\ 2}}{4}\right) = \frac{f_y d_b}{4u}$$

$$l_d = \frac{f_y d_b}{4u} = \frac{300 \times 25}{4 \times 5} = 375mm$$

05

정답 ③

$\lambda = 1.0$(보통 중량 콘크리트의 경우)

$$l_{db} = \frac{0.6 d_b f_y}{\lambda \sqrt{f_{ck}}} = \frac{0.6 \times 10 \times 300}{1.0 \times \sqrt{25}} = 360\text{mm}$$

06

정답 ③

$$l_{db} = \frac{0.6 d_b f_y}{\lambda \sqrt{f_{ck}}}, \quad l_{db}' = \frac{0.6\left(\frac{d_b}{3}\right) f_y}{\lambda \sqrt{\left(\frac{f_{ck}}{4}\right)}} = \frac{2}{3} \cdot \frac{0.6 d_b f_y}{\lambda \sqrt{f_{ck}}} = \frac{2}{3} l_{db}$$

07

정답 ③

에폭시 도막철근이 상부철근인 경우에 상부철근의 위치계수 α와 철근 도막계수 β의 곱, $\alpha\beta$가 1.7보다 클 필요는 없다.

08

정답 ①

f_{sp} 값이 규정되어 있지 않은 전경량콘크리트의 경우 : 0.75

여기서, f_{sp} : 콘크리트의 쪼갬인장강도

09

정답 ④

1. 압축 이형철근의 기본 정착길이

$$l_{db} = \frac{0.25 d_b f_y}{\lambda \sqrt{f_{ck}}} = \frac{0.25 \times 25 \times 400}{1 \times \sqrt{25}} = 500\text{mm}$$

$0.043 d_b f_y = 0.043 \times 25 \times 400 = 430\text{mm}$

$l_{db} > 0.043 d_b f_y$ ………………………… (o.k.)

2. 보정계수

지름이 6mm 이상이고 피치가 100mm 이하인 나선철근, 또는 간격이 100mm 이하이고 설계기준의 띠철근 조건에 맞는 D13 띠철근으로 둘러싸인 철근 …………… 0.75

3. 압축 이형철근의 정착길이

$l_d = l_{db} \times$ 보정계수 $= 500 \times 0.75 = 375\text{mm} \ge 200\text{mm}$ ………………………… (o.k.)

10

정답 ③

1. 표준갈고리의 기본 정착 길이(l_{hb})

$\lambda = 1.0$(보통 중량 콘크리트의 경우)

$\beta = 1.0$(표면 처리하지 않은 철근의 경우)

$$l_{hb} = \frac{0.24 \beta d_b f_y}{\lambda \sqrt{f_{ck}}} = \frac{0.24 \times 1 \times 10 \times 300}{1 \times \sqrt{25}} = 144\text{mm}$$

2. 보정계수

해당 보정계수 없음

3. 표준 갈고리의 정착길이(l_{dh})

$l_{dh} = l_{hb} = 144\text{mm}$

그러나, $l_{dh} \ge [150\text{mm},\ 8_{db}]_{\max} = [150\text{mm},\ 8 \times 10 = 80\text{mm}]_{\max} = 150\text{mm}$이어야 하므로, $l_{dh} = 150\text{mm}$이다.

11

정답 ③

- 확대머리 이형철근의 인장에 대한 정착길이 : $l_{dt} = 0.19 \frac{\beta f_y d_b}{\sqrt{f_{ck}}}$
- β는 에폭시 도막철근 1.2, 다른 경우 1.0
- 정착길이는 $8d_b$ 또한 150mm 이상

- 위 식을 적용하기 위해서는 다음의 조건을 만족해야 한다.
  - ㉠ $f_y \le 400\text{MPa}$
  - ㉡ $f_{ck} \le 40\text{MPa}$
  - ㉢ $d_b \le 35\text{mm}$
  - ㉣ 보통 중량 콘크리트 사용, 경량콘크리트는 사용 불가
  - ㉤ 확대머리의 순지압면적은 $4A_b$ 이상
  - ㉥ 피복두께는 $2d_b$ 이상

12

정답 ①

이형철근의 최소 정착길이

- 인장 이형철근 : 300mm
- 압축 이형철근 : 200mm
- 표준갈고리가 있는 인장 이형철근 : $8d_b$ 또한 150mm

13
정답 ①

휨철근의 정착에 있어서 휨철근을 인장구역에서 절단할 수 있는 경우

① 절단점의 계수전단력(V_u)이 설계전단강도(ϕV_n)의 $\frac{2}{3}$ 이하인 경우. 즉, $V_u \leq \frac{2}{3}\phi V_n$인 경우

② D35 이하의 철근에 대해서는 연장되는 철근량이 절단점에서 휨에 필요한 철근량의 2배 이상이고, 또 $V_u \leq \frac{3}{4}\phi V_n$인 경우

③ 전단과 비틀림에 필요로 하는 이상의 스터럽이 휨철근을 절단하는 점의 전후 $\frac{3}{4}d$ 구간에 촘촘하게 배치되어 있는 경우

이때, 스터럽의 간격(s)과 스터럽의 단면적(A_v)은 다음과 같다.

$s \leq \frac{d}{8\beta_b}$, $A_v \geq 0.42\frac{b_w s}{f_y}$

여기서, β_b는 절단철근의 전체철근에 대한 단면비이다.

14
정답 ①

복부철근의 정착

① D16 이하인 철근 및 철근의 설계기준 항복강도(f_y)가 300MPa 미만인 D19, D22, D25인 스터럽의 경우 종방향철근을 둘러싸는 표준갈고리로 정착한다.

② f_y가 300MPa 이상인 D19, D22, D25인 스터럽의 경우 종방향철근을 둘러싸는 표준갈고리 외에 추가로 보의 중간 높이에서 갈고리의 바깥면까지 $\frac{0.17d_b f_y}{\sqrt{f_{ck}}}$ 이상의 묻힘길이를 두어야 한다.

15
정답 ①

D35를 초과하는 철근은 겹침이음을 해서는 안 된다.(용접에 의한 맞댐이음을 해야 하고, 이때 이음부의 인장력은 $1.25f_y$ 이상이어야 한다.)

16
정답 ②

이형인장철근의 최소 겹침이음 길이

① A급 이음 : $1.0l_d\left(\frac{\text{배근}A_s}{\text{소요}A_s} \geq 2\text{이고, } \frac{\text{겹침이음}A_s}{\text{전체}A_s} \leq \frac{1}{2}\right.$ 인 경우)

② B급 이음 : $1.3l_d$(A급 이음 이외의 경우)

③ 최소 겹침이음 길이는 300mm 이상이어야 하며, l_d는 정착길이로서 $\frac{\text{소요}A_s}{\text{배근}A_s}$의 보정계수는 적용되지 않는다.

17
정답 ④

압축이형철근의 겹침이음 길이

① $f_y \leq$ 400MPa이면, $0.072f_y d_b$(mm) 이상
$f_y >$400MPa이면, $(0.13f_y - 24)d_b$(mm) 이상

② 어느 경우라도 300mm 이상

③ $f_{ck} <$21MPa이면 그 겹침이음 길이를 위의 값의 $\frac{1}{3}$만큼 더 증가시켜야 한다.

④ 서로 다른 지름의 철근을 압축부에서 겹침이음할 경우, 이음 길이는 지름이 큰 철근의 정착길이와 지름이 작은 철근의 겹침이음 길이 중 큰 값 이상이라야 한다.

제6장 사용성

01	02	03	04	05	06	07	08	09	10
④	④	②	④	④	②	④	①	⑤	④
11	12	13	14	15					
④	④	②	①	④					

01 정답 ④

철근콘크리트 구조물의 사용성 검토는 처짐, 균열, 그리고 철근의 피로에 대하여 수행된다.

02 정답 ④

우리나라 시방서 강도설계편에서 사용성 검토는 사용하중에 의하여 수행하도록 하고 있으며, 사용성 검토는 처짐, 균열, 그리고 피로 등에 대하여 수행된다.

03 정답 ②

1. 비균열 단면의 중립축 위치(x)

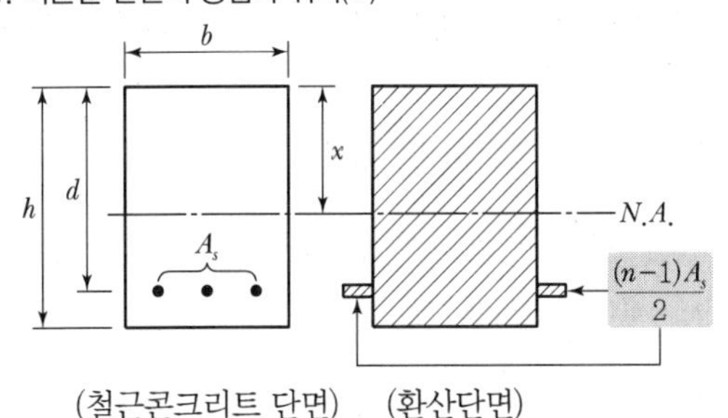

(철근콘크리트 단면) (환산단면)

$G_{N.A.}=0$

$(bx)\frac{x}{2}-\left[\{b(h-x)\}\frac{(h-x)}{2}+(n-1)A_s(d-x)\right]=0$

$\{bh+(n-1)A_s\}x-\left\{\frac{1}{2}bh^2+(n-1)A_sd\right\}=0$

2. 균열 단면의 중립축 위치(y)

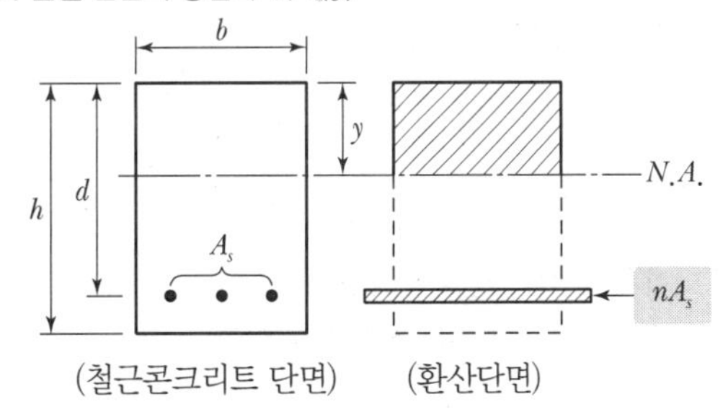

(철근콘크리트 단면) (환산단면)

$G_{N.A.}=0$

$(by)\frac{y}{2}-nA_s(d-y)=0$

$\frac{1}{2}by^2-nA_s(d-y)=0$

04 정답 ④

철근콘크리트 구조의 경우 정확한 강성의 계산이 불가능한 가장 큰 이유는 콘크리트에 발생되는 균열 때문이다. 즉, 콘크리트 단면에 균열이 발생되면 I(단면 2차 모멘트)는 감소한다.

철근콘크리트 부재의 I(단면2차 모멘트)

1. 균열발생 전의 단면

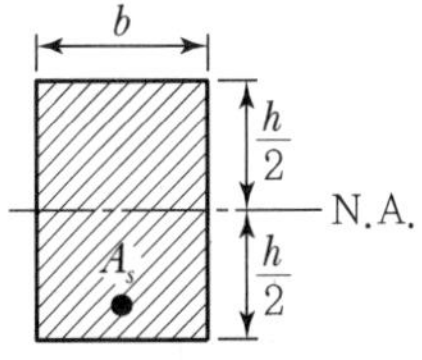

$I=I_g$(철근을 무시한 콘크리트 총 단면에 대한 단면 2차 모멘트)$=\frac{bh^3}{12}$

2. 균열발생 후의 단면

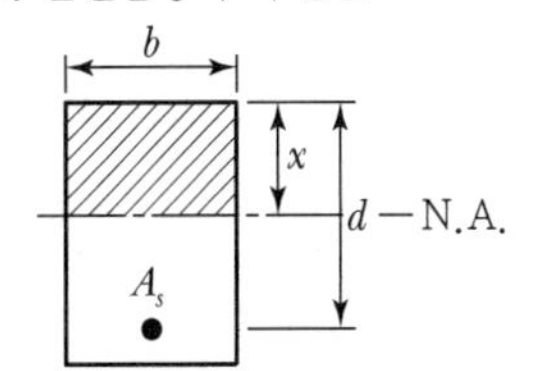

$I=I_{cr}$(균열환산단면 2차 모멘트)

$=\frac{1}{3}bx^3+nA_s(d-x)^2$

3. 사용하중 상태에 해당하는 단면

$I = I_e$(유효단면 2차 모멘트)

$$= \left(\frac{M_{cr}}{M_a}\right)^3 I_g + \left\{1 - \left(\frac{M_{cr}}{M_a}\right)^3\right\} I_{cr}$$

(I_e의 범위, $I_{cr} \le I_e \le I_g$)

여기서, M_{cr} : 균열 휨 모멘트

M_a : 부재의 최대 휨 모멘트

$\left(\frac{M_{cr}}{M_a}\right) \ge 1.0$ 이면, $I = I_g$

$\left(\frac{M_{cr}}{M_a}\right) < 1.0$ 이면, $I = I_e$

05 정답 ④

$$I_{cr} = \frac{bx^3}{3} + nA_s(d-x)^2$$

$$= \frac{(200)(100)^3}{3} + (8)(3,000)(300-100)^2$$

06 정답 ②

$$M_a = \frac{w \cdot l^2}{8} + \frac{P \cdot l}{4}$$

$$= \frac{10 \times 10^2}{8} + \frac{100 \times 10}{4} = 375\text{kN·m}$$

$$\left(\frac{M_{cr}}{M_a}\right)^3 = \left(\frac{140}{375}\right)^3 = 0.0520$$

$$I_e = \left(\frac{M_{cr}}{M_a}\right)^3 I_g + \left[1 - \left(\frac{M_{cr}}{M_a}\right)^3\right] I_{cr} = [0.0520 \times (6.5 \times 10^9)]$$

$$+ [(1-0.0520) \times (5.65 \times 10^9)]$$

$$= 5.694 \times 10^9\text{mm}^4$$

07 정답 ④

$\xi = 2.0$(하중 재하기간이 5년 이상인 경우)

$$\rho' = \frac{A_s'}{bd} = \frac{1,200}{400 \times 600} = 0.005$$

$$\lambda_\Delta = \frac{\xi}{1+50\rho'} = \frac{2}{1+(50 \times 0.005)} = 1.6$$

08 정답 ①

$\xi = 1.4$(하중재하기간이 1년인 경우)

$$\lambda_\Delta = \frac{\xi}{1+50\rho'} = \frac{1.4}{1+(50 \times 0.02)} = 0.7$$

$$\delta_L = \lambda_\Delta \cdot \delta_i = 0.7 \times 10 = 7\text{mm}$$

$$\delta_T = \delta_i + \delta_L = 10 + 7 = 17\text{mm}$$

09 정답 ⑤

철근콘크리트 구조물의 허용처짐량

단기하중(충격을 포함한 사용활하중)에 의하여 철근콘크리트 구조물에 발생하는 즉시처짐량은 다음의 허용처짐량 이하라야 한다.

조건	허용 처짐량
캔틸레버의 경우	$l/300$
캔틸레버에 있어서 보행자도 이용할 경우	$l/375$
단순교 및 연속교의 경우	$l/800$
단순교 및 연속교에 있어서 보행자도 이용하는 시가지 교량의 경우	$l/1,000$

(l : 지간길이)

10 정답 ④

캔틸레버로 지지된 1방향 슬래브에서 처짐을 계산하지 않아도 되는 최소두께($h_{\min}$)

- $f_y = 400\text{MPa}$: $h_{\min} = \frac{l}{10}$
- $f_y \ne 400\text{MPa}$: $h_{\min} = \frac{l}{10}\left(0.43 + \frac{f_y}{700}\right)$

$f_y = 400$MPa인 경우

- $h_{\min} = \frac{l}{10} = \frac{6 \times 10^3}{10} = 600\text{mm}$

11 정답 ④

- 1방향 단순지지 슬래브에서 처짐을 계산하지 않아도 되는 최소두께($h_{\min}$)

$$h_{\min} = \frac{l}{20}\left(0.43 + \frac{f_y}{700}\right) = \frac{l}{20}\left(0.43 + \frac{350}{700}\right)$$

$$= \frac{0.93l}{20} = \frac{l}{21.5}$$

- 또한 1방향 슬래브의 두께는 100mm 이상이어야 하므로 1방향 단순지지 슬래브의 최소두께는 $\frac{l}{21.5}$와 100mm 중 큰 값으로 고려해야 한다.

12

정답 ④

균열폭은 철근의 응력, 철근의 피복두께, 철근의 지름에 비례하지만 철근비에 반비례한다.(동일한 철근량을 사용할 경우 큰 지름의 철근을 적게 사용하는 것보다 작은 지름의 철근을 많이 사용하는 것이 균열폭을 제어하는 데 유리하다.)

13

정답 ②

$$f_s = \frac{2}{3}f_y = \frac{2}{3}\times 300 = 200\text{MPa}$$

$$s_1 = 375\left(\frac{210}{f_s}\right) - 2.5C_c = 375\times\left(\frac{210}{200}\right) - 2.5\times 30$$

$$= 318.75\text{mm}$$

$$s_2 = 300\left(\frac{210}{f_s}\right) = 300\times\left(\frac{210}{200}\right) = 315\text{mm}$$

$$s = [s_1, s_2]_{min} = [318.75\text{mm}, 315\text{mm}]_{min} = 315\text{mm}$$

14

정답 ①

철근콘크리트 구조물의 허용균열폭 w_a(mm)

강재의 종류	강재의 부식에 대한 환경조건			
	건조 환경	습윤 환경	부식성 환경	고부식성 환경
철근	0.4mm와 $0.006C_c$ 중 큰 값	0.3mm와 $0.005C_c$ 중 큰 값	0.3mm와 $0.004C_c$ 중 큰 값	0.3mm와 $0.0035C_c$ 중 큰 값
프리스트레싱 긴장재	0.2mm와 $0.005C_c$ 중 큰 값	0.2mm와 $0.004C_c$ 중 큰 값	–	–

여기서 C_c는 최외단 주철근의 표면과 콘크리트 표면 사이의 콘크리트 최소 피복두께(mm)

• 건조환경에서 이형철근을 사용한 구조물의 허용균열폭

$$w_a = [0.4,\ 0.006C_c]_{max}$$

$$= [0.4,\ 0.006\times 60]_{max}$$

$$= [0.4,\ 0.36]_{max} = 0.4\text{mm}$$

15

정답 ④

충격을 포함한 사용활하중에 의한 철근 응력이 다음 값 이내이면 피로를 검토하지 않아도 좋다.

피로를 고려하지 않아도 되는 철근의 응력범위

철근의 종류	인장응력 및 압축응력의 범위
SD300 (f_y = 300MPa)	130MPa
SD350 (f_y = 350MPa)	140MPa
SD400 (f_y = 400MPa)	150MPa

01	02	03	04	05	06	07	08	09	10
②	③	④	①	④	③	③	①	①	①
11	12	13	14	15	16	17	18	19	20
③	③	②	④	③	④	①	②	③	②

01 정답 ②

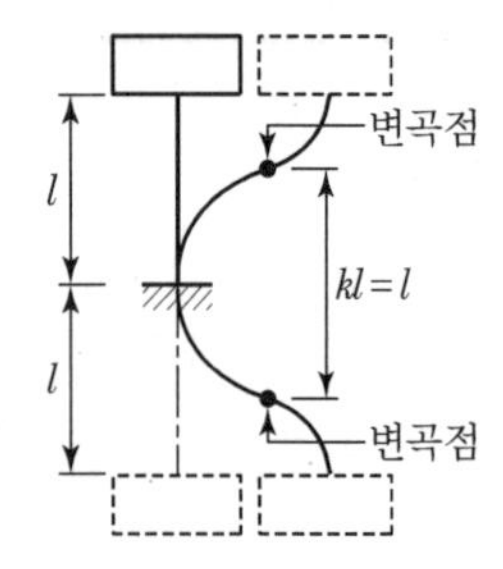

$k=1.0$(고정－회전구속 이동지점인 경우)

$kl=1.0\times10=10\text{m}$

02 정답 ③

$$\lambda_x=\frac{l_x}{r_x}=\frac{8\times10^3}{80}=100$$

$$\lambda_y=\frac{l_y}{r_y}=\frac{5\times10^3}{40}=125$$

$$\lambda=[\lambda_x,\ \lambda_y]_{\max}=[100,\ 125]_{\max}=125$$

03 정답 ④

단주와 장주의 구별

다음 각 경우에 대하여 세장비(λ)가 주어진 조건을 만족하면 단주로서 고려하고 조건을 만족하지 못하면 장주로서 고려한다.

㉠ 횡방향 상대변위가 구속된 경우(횡구속된 경우)

$$\lambda\le34-12\left(\frac{M_1}{M_2}\right)\le40$$

여기서, $\left(\frac{M_1}{M_2}\right)$의 부호는 단일곡률일 때 양(+)으로 이중곡률일 때 음(－)으로 취하여 하며,

$-0.5\le\left(\frac{M_1}{M_2}\right)\le1.0$이어야 한다.

㉡ 횡방향 상대변위가 구속되지 않은 경우(비횡구속된 경우)

$\lambda\le22$

04 정답 ①

횡방향 상대변위가 구속되지 않은 경우, 단주로 볼 수 있는 기둥의 최대 높이(l_u)는 다음과 같다.

$$22\ge\lambda=\frac{kl_u}{r}=\frac{kl_u}{0.25d}$$

$$l_u\le\frac{22\times0.25d}{k}=\frac{22\times0.25\times800}{1.1}=4{,}000\text{mm}=4\text{m}$$

05 정답 ④

철근콘크리트 기둥에서 축방향철근의 최소 개수

기둥 종류	단면 모양	축방향철근의 최소 개수
띠철근 기둥	삼각형	3개
	사각형, 원형	4개
나선철근 기둥	원형	6개

06 정답 ③

$$0.01\le\rho_g\left(=\frac{A_{st}}{A_g}\right)\le0.08$$

$$0.01A_g\le A_{st}\le0.08A_g$$

$$0.01(500\times600)\le A_{st}\le0.08(500\times600)$$

$$3{,}000\text{mm}^2\le A_{st}\le24{,}000\text{mm}^2$$

07 정답 ③

1. 띠철근 기둥에서 띠철근의 간격
   ㉠ 축방향 철근지름의 16배 이하$=30\times16=480$mm
   ㉡ 띠철근 지름의 48배 이하$=13\times48=624$mm
   ㉢ 기둥 단면의 최소치수 이하$=500$mm
   여기서, 띠철근의 최대 수직간격은 최솟값인 480mm 이하라야 한다.
2. 또한, 슬래브를 지지하고 있는 띠철근 기둥에서 슬래브의 최하단 수평철근 아래에 배치되는 첫 번째 띠철근의 간격은 다른 부분의 $\frac{1}{2}$ 이하라야 한다.

따라서, 이러한 경우 띠철근의 최대수직간격은 $\frac{480}{2}$mm, 즉, 240mm 이하라야 한다.

08 정답 ①

$$\rho_s = \frac{\text{나선철근의 체적}}{\text{심부의 체적}}$$

$$0.018 = \frac{\frac{\pi \times 12^2}{4} \times \pi \times 400}{\frac{\pi \times 400^2}{4} \times s}$$

$s = 62.8\text{mm}$

09 정답 ①

$$\rho_s \geq 0.45\left(\frac{A_g}{A_{ch}} - 1\right)\frac{f_{ck}}{f_y}$$

$$= 0.45 \times \left(\frac{\frac{\pi \times 500^2}{4}}{\frac{\pi \times 400^2}{4}} - 1\right) \times \frac{21}{400}$$

$= 0.0133$

10 정답 ①

$$\rho_s \geq 0.45\left(\frac{A_g}{A_{ch}} - 1\right)\frac{f_{ck}}{f_{yt}} = 0.45\left(\frac{\frac{\pi \times 400^2}{4}}{\frac{\pi \times 300^2}{4}} - 1\right)\frac{28}{400}$$

$= 0.0245$

$$\rho_s = \frac{71.3 \times \pi \times 300}{\left(\frac{\pi \times 300^2}{4}\right) \times s} \geq 0.0245$$

$s \leq 38.8\text{mm}$

11 정답 ③

12 정답 ③

편심거리에 따른 기둥의 파괴유형

㉠ $e = e_b(P_u = P_b)$: 균형파괴

㉡ $e > e_b(P_u < P_b)$: 인장파괴

㉢ $e < e_b(P_u > P_b)$: 압축파괴

13 정답 ②

$$\phi P_n = \phi\alpha\{0.85 f_{ck}(A_g - A_{st}) + f_y A_{st}\}$$

$$= 0.65 \times 0.8 \times \{0.85 \times 28 \times (450^2 - 1,865) + 300 \times 1,865\}$$

$$= 2,774 \times 10^3\text{N} = 2,774\text{kN}$$

14 정답 ④

$$\phi P_n = \phi\alpha[0.85 f_{ck}(A_g - A_{st}) + f_y A_{st}]$$

$$= 0.70 \times 0.85 \times \left[0.85 \times 27 \times \left(\frac{\pi \times 450^2}{4} - 3.096\right) + 350 \times 3,096\right]$$

$$= 2,774,239\text{N} = 2,774\text{kN}$$

15 정답 ③

1. ε_{cu}, β_1, η의 값

$f_{ck} = \frac{30}{0.85^2} = 27.68\text{MPa} \leq 40\text{MPa}$인 경우,

$\varepsilon_{cu} = 0.0033,\ \beta_1 = 0.8,\ \eta = 1$

2. 철근의 항복변형률(ε_y)

$$\varepsilon_y = \frac{f_y}{E_s} = \frac{300}{2.0 \times 10^5} = 0.0015$$

3. 콘크리트의 압축력(C_c)

$$C_c = \eta 0.85 f_{ck}(\beta_1 c)b$$

$$= 1 \times 0.85 \times \frac{20}{0.85^2} \times (0.8 \times 450) \times 400$$

$$= 3,388.2 \times 10^3\text{N} = 3,388.2\text{kN}$$

4. 압축철근의 압축력(C_s)

$$\varepsilon_s{}' = \frac{c - d'}{c}\varepsilon_{cu} = \frac{450 - 50}{450} \times 0.0033 = 0.00293$$

$$\varepsilon_s{}'(= 0.00293) > \varepsilon_y(= 0.0015) \rightarrow f_s{}' = f_y = 300\text{MPa}$$

$$C_s = f_s{}' A_s{}' = f_y A_s{}'$$

$$= 300 \times 2,500 = 750 \times 10^3\text{N} = 750\text{kN}$$

5. 인장철근의 인장력(T)

$$\varepsilon_s = \frac{d - c}{c}\varepsilon_{cu} = \frac{600 - 450}{450} \times 0.0033 = 0.0011$$

$$\varepsilon_s(= 0.0011) < \varepsilon_y(= 0.0015)$$

$$\rightarrow f_s = E_s \varepsilon_s = (2 \times 10^5) \times (0.0011) = 220\text{MPa}$$

$$T = f_s A_s = 200 \times 2,500 = 550 \times 10^3\text{N} = 550\text{kN}$$

6. 공칭축방향 압축강도(P_n)

$$P_n = C_c + C_s - T = 3,388.2 + 750 - 550 = 3,588.2\text{kN}$$

16 정답 ④

$$P_{cr} = \frac{\pi^2 EI}{(kl_u)^2}$$

기둥의 좌굴강도(P_{cr})는 $(kl_u)^2$에 반비례하므로 기둥은 좌굴길이가 길수록 좌굴에 불리하다.

17 정답 ①

$$l_e = k \cdot l = 20\text{m}$$

$$I_{\min} = \frac{hb^3}{12} = \frac{400 \times 300^3}{12} = 9 \times 10^8 \text{mm}^4$$

$$P_{cr} = \frac{\pi^2 EI_{\min}}{(k \cdot l)^2} = \frac{\pi^2 \times (200 \times 10^3) \times (9 \times 10^8)}{(20 \times 10^3)^2}$$

$$= 450\pi^2 \times 10^3\text{N} = 450\pi^2\text{kN}$$

18 정답 ②

철근콘크리트 기둥 중 장주 설계에서 모멘트 확대계수를 두는 이유는 횡방향 변위에 의한 모멘트 증가를 고려하기 위한 것이다.

19 정답 ③

1. 등가휨모멘트 보정계수(C_m)
   ㉠ 횡방향 상대변위가 구속되어 있고, 기둥의 양단 사이에 횡방향하중이 없는 경우

   $$C_m = 0.6 + 0.4\left(\frac{M_1}{M_2}\right) \geq 0.4$$

   ㉡ 그 외의 경우

   $$C_m = 1$$

   • 횡방향 상대변위가 구속된 경우 C_m값

   $$C_m = 0.6 + 0.4\left(\frac{M_1}{M_2}\right) = 0.6 + 0.4\left(\frac{300}{400}\right) = 0.9$$

2. 모멘트 확대계수(δ_{ns})

$$\delta_{ns} = \frac{C_m}{1 - \dfrac{P_u}{0.75P_c}} = \frac{0.9}{1 - \dfrac{3,000}{0.75 \times 20,000}} = 1.125 = \frac{9}{8}$$

20 정답 ②

기둥의 세장비가 작을수록 지진 시 전단파괴가 발생하기 쉽다.

제8장 슬래브

01	02	03	04	05	06	07	08	09	10
③	②	②	③	④	③	①	①	②	①
11	12	13	14	15	16				
④	③	③	②	③	②				

01 정답 ③

슬래브의 종류

㉠ 2방향 슬래브 : $1 \le \frac{L}{S} < 2(S \le L)$

㉡ 1방향 슬래브 : $2 \le \frac{L}{S}(S \le L)$

02 정답 ②

(1) 플랫 슬래브(Flat Slab)

- 보 없이 기둥만으로 지지된 슬래브를 플랫 슬래브라고 한다.
- 기둥 둘레의 전단력과 부모멘트를 감소시키기 위하여 드롭 패널(Drop Panel)과 기둥머리(Column Capital)를 둔다.

(2) 평판 슬래브(Flat Plate Slab)

- 드롭 패널과 기둥머리 없이 순수하게 기둥만으로 지지된 슬래브를 평판 슬래브라고 한다.
- 하중이 크지 않거나 지간이 짧은 경우에 사용한다.

03 정답 ②

2방향 슬래브는 주철근을 2방향으로 배치한 슬래브로 네 변에 의하여 지지되며 서로 직교하는 방향으로 주철근을 배치한다.

04 정답 ③

서로 이웃한 경간이 20% 이상 차이가 나지 않는 경우

05 정답 ④

부모멘트에서 3개 이상의 경간일 때 첫 번째 내부 받침부 외측면에서의 값 : $-w_u l_n^2/10$

06 정답 ③

1방향 연속 슬래브에서 근사해법을 적용하여 계산된 휨모멘트 값의 수정

㉠ 활하중에 의한 경간 중앙의 부모멘트는 산정된 값의 1/2만 취한다.

㉡ 경간 중앙의 정모멘트는 양단고정으로 보고 계산한 값 이상으로 취해야 한다.

㉢ 순경간이 3.0m를 초과하는 경우의 순경간 내면의 모멘트는 순경간을 경간으로 하여 계산한 고정단 휨모멘트 이상으로 적용해야 한다.

07 정답 ①

수축 · 온도 철근의 간격은 슬래브 두께의 5배 이하, 450mm 이하로 한다.

08 정답 ①

㉣ 활하중에 의한 경간 중앙의 부모멘트는 산정된 값의 $\frac{1}{2}$ 만 취할 수 있다.

㉤ 2방향 슬래브의 최소 두께는 지판이 없을 때는 120mm 이상, 지판이 있을 때는 100mm 이상이다.

09 정답 ②

1방향 슬래브에서 수축 및 온도 철근비

① $f_y \le 400\text{MPa}$인 경우

$\rho \ge 0.002$

② $f_y > 400\text{MPa}$인 경우

$$\rho \ge \left[0.0014,\ 0.002 \times \frac{400}{f_y}\right]_{max}$$

$f_y = 450\text{MPa} > 400\text{MPa}$인 경우이므로 수축 및 온도 철근비는 다음과 같다.

$$\rho \ge \left[0.0014,\ 0.002 \times \frac{400}{f_y}\right]_{max}$$
$$= \left[0.0014,\ 0.002 \times \frac{400}{450}\right]_{max}$$
$$= [0.0014,\ 0.0018]_{max} = 0.0018$$

10 정답 ①

1방향 슬래브 설계 순서

슬래브의 두께 결정(w_D 결정) → 계수하중 산정(w_u 산정) → 단변의 계수 휨모멘트 산정(M_u 산정) → 단변에 배근되는 인장철근량 산정(주철근량 산정) → 장변에 배근되는 온도 철근량 산정(보조철근량 산정)

11 정답 ④

2방향 슬래브에서 직접설계법을 적용하기 위해서 슬래브 판들은 단변 경간에 대한 장변 경간의 비가 2 이하인 직사각형이어야 한다.

12 정답 ③

$$w_{cd}+P_{cd}=\frac{l^4}{(3l)^4+l^4}w+\frac{l^3}{(3l)^3+l^3}P=\frac{w}{82}+\frac{P}{28}$$

13 정답 ③

부계수휨모멘트$=0.65M_o=0.65\times300=195\text{kN}\cdot\text{m}$

14 정답 ②

슬래브의 전단에 대한 위험단면의 위치

① 1방향 슬래브 : 지점에서 d 만큼 떨어진 곳

② 2방향 슬래브:지점에서 $\frac{d}{2}$만큼 떨어진 곳

15 정답 ③

2방향 슬래브의 모서리 부분을 보강하기 위하여 장경간의 $\frac{1}{5}$ 되는 모서리 부분을 상면에는 대각선 방향으로, 하면에는 대각선에 직각 방향으로 철근을 배치하거나 양변에 평행한 2방향 철근을 상하면에 배치한다.

$a=b=\frac{L(\text{장경간})}{5}=\frac{6}{5}=1.2\text{m}$

16 정답 ②

연속 휨부재의 부모멘트 재분배

① 근사해법에 의해 휨모멘트를 계산할 경우를 제외하고, 어떠한 가정의 하중을 적용하여 탄성이론에 의하여 산정한 연속 휨부재 받침부의 부모멘트는 20퍼센트 이내에서 $1,000\epsilon_t$ 퍼센트만큼 증가 또는 감소시킬 수 있다.

② 경간 내의 단면에 대한 휨모멘트의 계산은 수정된 부모멘트를 사용하여야 한다.

③ 부모멘트의 재분배는 휨모멘트를 감소시킬 단면에서 최외단 인장철근의 순인장 변형률 ε_t가 0.0075 이상인 경우에만 가능하다.

제9장 확대기초

01	02	03	04	05	06	07	08	09	10
②	③	④	②	④	②	①	③	②	②
11	**12**	**13**	**14**						
④	④	②	④						

01 정답 ②

02 정답 ③

$$A \geq \frac{P}{q_a}$$

$$l^2 \geq \frac{P}{q_a} = \frac{5,000}{200} = 25\text{m}^2$$

$$l \geq 5\text{m}$$

03 정답 ④

기초판의 최대 계수 휨모멘트를 계산할 때, 그 위험단면은 다각형 콘크리트 기둥의 경우 같은 면적 정사각형 환산단면의 외면으로 한다.

04 정답 ②

$$q_{\max} = \frac{P}{A}\left(1+\frac{e}{k}\right) = \frac{P}{A}\left(1+\frac{\left(\frac{M}{P}\right)}{\left(\frac{h}{6}\right)}\right) = \frac{P}{A}\left(1+\frac{6M}{Ph}\right)$$

$$= \frac{200}{3\times 2}\left(1+\frac{6\times 50}{200\times 3}\right) = 50\text{kN/m}^2$$

05 정답 ④

$$q_{\max} = \frac{P}{A}+\frac{M}{Z} = \frac{1}{A}\left(P+\frac{M}{k}\right) = \frac{4}{\pi D^2}\left(P+\frac{8M}{D}\right)$$

$$= \frac{4}{\pi\times 2^2}\left(500+\frac{8\times 200}{2}\right) = \frac{1,300}{\pi}\text{kN/m}^2$$

06 정답 ②

$$q = \frac{P}{A}-\frac{M}{Z} = \frac{1}{A}\left(P-\frac{M}{k}\right) = \frac{1}{A}\left(P-\frac{6M}{h}\right) \geq 0$$

$$P \geq \frac{6M}{h} = \frac{6\times 80}{4} = 120\text{kN}$$

07 정답 ①

$$q_{\min} = \frac{P}{A}\left(1-\frac{e}{k}\right) = \frac{P}{A}\left(1-\frac{6M}{Pl}\right) = 0$$

$$l = \frac{6M}{P} = \frac{6\times 40}{120} = 2\text{m}$$

08 정답 ③

$$q_u = \frac{P_u}{A} = \frac{900}{4.5\times 1} = 200\text{kN/m}^2$$

$$M_u = \frac{1}{8}q_u S(L-t)^2 = \frac{1}{8}\times 200\times 1\times(4.5-0.5)^2$$

$$= 400\text{kN}\cdot\text{m}$$

09 정답 ②

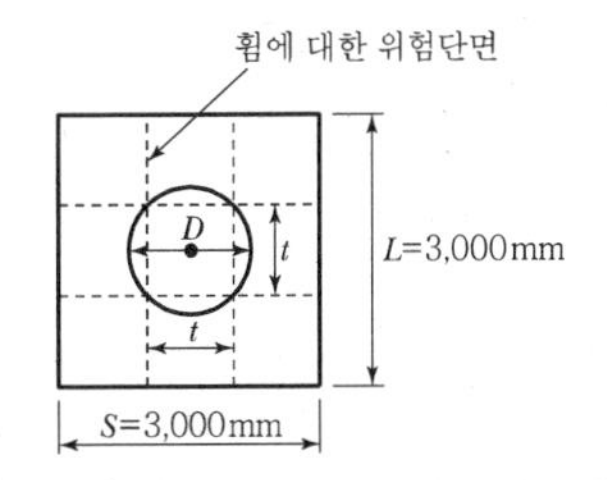

$$t^2 = \frac{\pi D^2}{4}$$

$$t = \frac{D\sqrt{\pi}}{2}$$

$$= \frac{300\sqrt{\pi}}{2}$$

$$= 265.87\text{mm}$$

$$q = \frac{P_u}{A} = \frac{P_u}{SL} = \frac{450\times 10^3}{3,000^2}$$

$$= 0.05\text{N/mm}^2 = 0.05\text{MPa}$$

$$M = \frac{1}{8}qL(s-t)^2$$

$$= \frac{1}{8}\times 0.05\times 3,000\times(3,000-265.87)^2$$

$$= 140.16\times 10^6\text{N}\cdot\text{mm} = 140.16\text{kN}\cdot\text{m}$$

10 정답 ②

확대기초에서 전단에 대한 위험단면의 위치

㉠ 1방향 작용의 경우 : 기둥 전면으로부터 유효깊이 d만큼 떨어진 단면

㉡ 2방향 작용의 경우 : 기둥 전면으로부터 유효깊이 $\frac{d}{2}$만큼 떨어진 단면

따라서, 1방향 작용의 경우 독립확대기초에서 전단에 대한 위험단면의 위치는 다음과 같다.

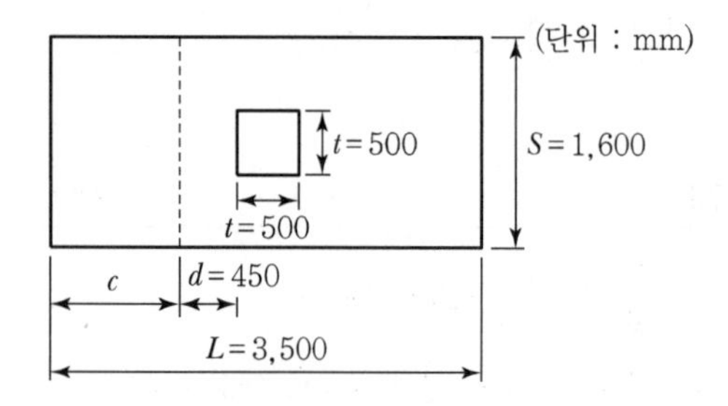

$$c=\frac{L-t}{2}-d=\frac{3,500-500}{2}-450=1,050\text{mm}=1.05\text{m}$$

11 정답 ④

$$V=q_u\cdot S\left(\frac{L-t}{2}-d\right)=0.3\times3,000\left(\frac{3,000-300}{2}-550\right)$$
$$=720\times10^3\text{N}=720\text{kN}$$

12 정답 ④

2방향 작용의 경우 확대기초에서 전단에 대한 위험단면의 주변길이

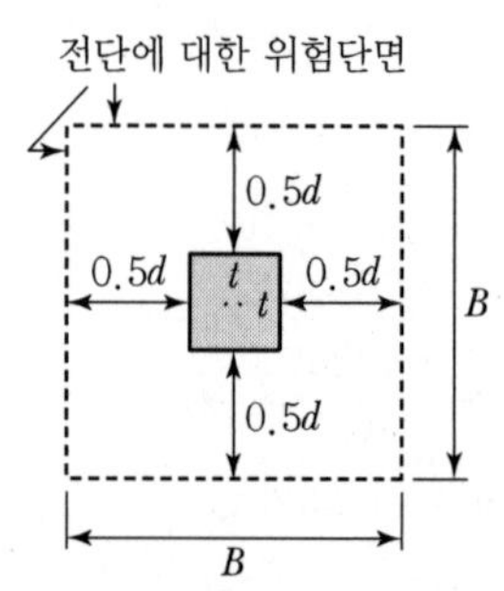

$B=t+d=400+500=900\text{mm}$

$4B=4\times900=3,600\text{mm}$

13 정답 ②

- 2방향 작용의 경우 확대기초에서 전단에 대한 위험단면의 주변길이(B_L, B_S)

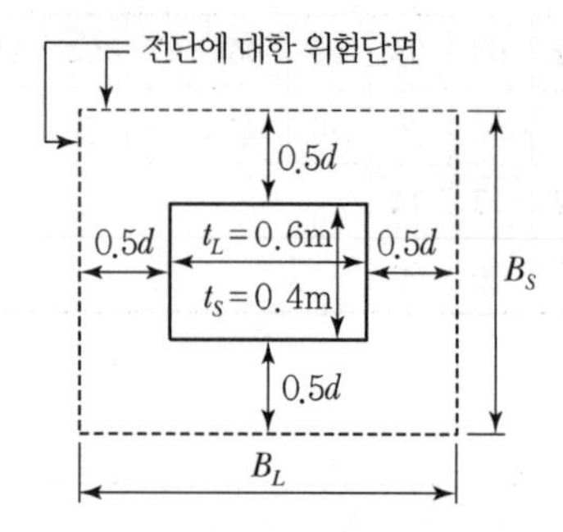

$B_S=t_s+1.0d=0.4+1.0\times0.6=1.0\text{m}$

$B_L=t_L+1.0d=0.6+1.0\times0.6=1.2\text{m}$

- 위험단면에서 계수전단력(V_u)

$$q_u=\frac{P_u}{A}=\frac{900}{3\times4}=75\text{kN/m}^2$$
$$V_u=q_u(SL-B_sB_L)=75(3\times4-1.0\times1.2)=810\text{kN}$$

14 정답 ④

$$\beta=\frac{L(\text{긴 변의 길이})}{S(\text{짧은 변의 길이})}=\frac{5}{3}$$

$$A_{sc}=\frac{2}{\beta+1}A_{ss}=\frac{2}{\left(\frac{5}{3}\right)+1}\times10,000=7,500\text{mm}^2$$

여기서, A_{sc} : 중앙 구간에 배치할 철근량

A_{ss} : 짧은 변 방향으로 배치할 철근량

제10장 옹벽

01	02	03	04	05	06	07	08	09	10
①	②	②	④	③	④	①	②	②	③
11	12	13	14						
②	②	②	①						

01 　정답 ①

부벽식 옹벽에서 부벽의 설계

- 앞부벽 – 직사각형 보로 설계
- 뒷부벽 – T형 보로 설계

02 　정답 ②

캔틸레버식 옹벽의 저판은 전면벽과의 접합부를 고정단으로 간주하여 설계한다.

03 　정답 ②

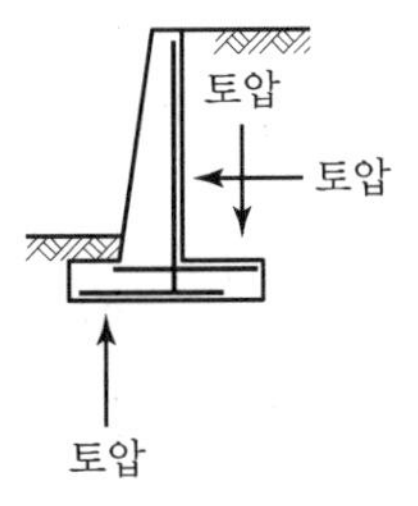

04 　정답 ④

부벽식 옹벽의 저판은 정밀한 해석이 사용되지 않는 한 부벽 간의 거리를 경간으로 가정한 고정보 또는 연속보로 설계할 수 있다.

05 　정답 ③

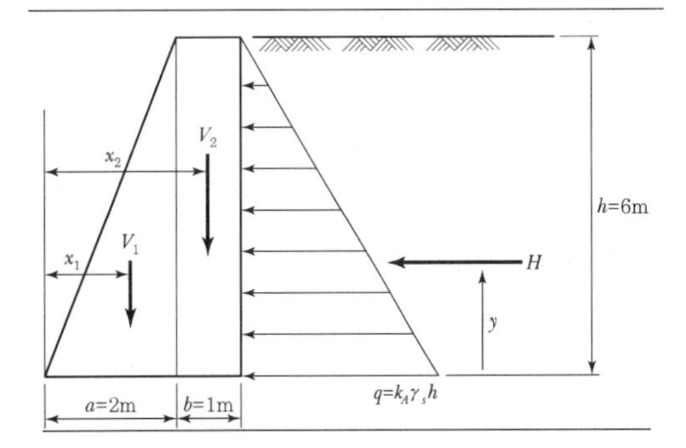

$$k_A = \frac{1-\sin\phi}{1+\sin\phi} = \frac{1-\sin 30°}{1+\sin 30°} = \frac{1}{3}$$

$$H = \frac{1}{2}qh = \frac{1}{2}(k_A\gamma_s h)h = \frac{1}{2}k_A\gamma_s h^2$$

$$= \frac{1}{2}\times\frac{1}{3}\times 20\times 6^2 = 120\text{kN/m}$$

$$V_1 = \gamma_c\left(\frac{ah}{2}\right) = 25\left(\frac{2\times 6}{2}\right) = 150\text{kN/m}$$

$$V_2 = \gamma_c(bh) = 25(1\times 6) = 150\text{kN/m}$$

$$y = \frac{h}{3} = \frac{6}{3} = 2\text{m}$$

$$x_1 = \frac{2}{3}a = \frac{2\times 2}{3} = \frac{4}{3}\text{m}$$

$$x_2 = a + \frac{b}{2} = 2 + \frac{1}{2} = \frac{5}{2}\text{m}$$

$$F.S_{(전도)} = \frac{M_r(\text{저항 모멘트})}{M_0(\text{전도 모멘트})} = \frac{\Sigma(V\cdot x)}{\Sigma(H\cdot y)}$$

$$= \frac{\left(150\times\frac{4}{3}\right)+\left(150\times\frac{5}{2}\right)}{(120\times 2)} = 2.4$$

06 　정답 ④

1. 전도에 대한 안전율($F.S._{(o)}$)

$$F.S._{(o)} = \frac{M_r}{M_o} = \frac{90\times\left(2\times\frac{2}{3}\right)}{20\times 1} = 6$$

2. 활동에 대한 안전율($F.S._{(s)}$)

$$F.S._{(s)} = \frac{W\cdot f}{\text{H}} = \frac{90\times 0.4}{20} = 1.8$$

07

정답 ①

1) 수직력 V

$\Sigma F_y = 0(\uparrow \oplus)$

$\left(\frac{q_1 + q_2}{2}\right)B - V = 0$

$V = \frac{1}{2}B(q_1 + q_2) = \frac{1}{2} \times 4 \times (20+10) = 60\text{kN}$

2) 수평력 H

$1.5 \le \frac{f \cdot V}{H}$

$H \le \frac{f \cdot V}{1.5} = \frac{0.5 \times 60}{1.5} = 20\text{kN}$

08

정답 ②

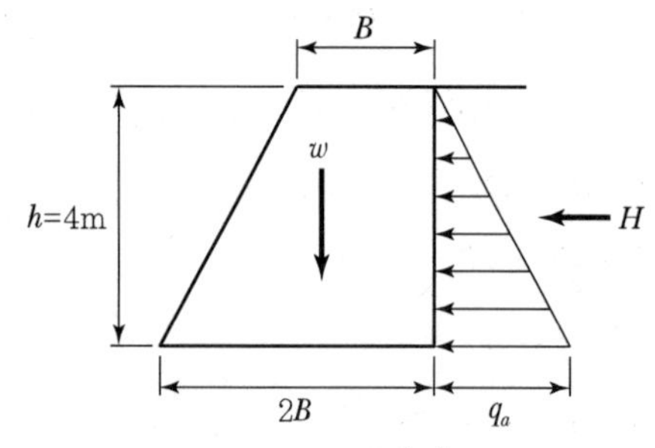

$q_a = C_a \gamma_s h = 0.3 \times 20 \times 4 = 24\text{kN/m}^2$

$H = \frac{1}{2}q_a h = \frac{1}{2} \times 24 \times 4 = 48\text{kN/m}$

$w = \gamma_c V = \gamma_c\left(\frac{B+2B}{2} \times h\right) = 24\left(\frac{3B}{2} \times 4\right) = 144B\text{kN/m}$

활동에 대한 안정 조건

$\frac{f \cdot w}{H} \ge 1.5$

$\frac{f \cdot 144B}{H} \ge 1.5$

$B \ge \frac{1.5H}{144f} = \frac{1.5 \times 48}{144 \times 0.5} = 1\text{m}$

09

정답 ②

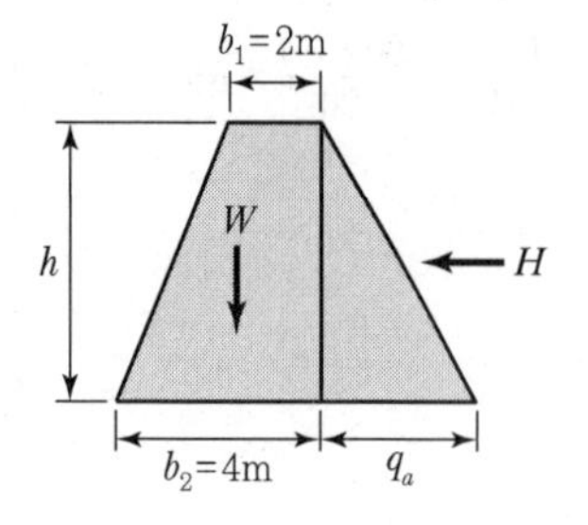

$q_a = c_a \gamma_s h = 0.4 \times 20 \times h = 8h\text{kN/m}^2$

$H = \frac{1}{2}q_a h = \frac{1}{2}(8h)h = 4h^2\text{kN/m}$

$W = \gamma_c V = \gamma_c\left(\frac{b_1 + b_2}{2} \times h\right)$

$= 24\left(\frac{2+4}{2} \times h\right) = 72h\text{kN/m}$

활동에 대한 안정 조건

$\frac{f \cdot W}{H} \ge 1.5$

$\frac{(0.5) \times (72h)}{(4h^2)} \ge 1.5$

$h \le 6\text{m}$

10

정답 ③

$q_{max} = \frac{V}{B}\left(1 + \frac{6e}{B}\right) = \frac{150}{5}\left(1 + \frac{6 \times 0.5}{5}\right) = 48\text{kN/m}^2$

11

정답 ②

$e = \frac{M}{P} = \frac{100}{500} = 0.2\text{m}$

$q_a = q_{min} = \frac{P}{B}\left(1 - \frac{6e}{B}\right) = \frac{500}{5}\left(1 - \frac{6 \times 0.2}{5}\right) = 76\text{kN/m}^2$

$q_b = q_{max} = \frac{P}{B}\left(1 + \frac{6e}{B}\right) = \frac{500}{5}\left(1 + \frac{6 \times 0.2}{5}\right) = 124\text{kN/m}^2$

12

정답 ②

옹벽의 안정조건

① 전도 : $\frac{\Sigma M_r(\text{저항모멘트})}{\Sigma M_a(\text{전도모멘트})} \geqq 2.0$

② 활동 : $\frac{f(\Sigma W)(\text{활동에 대한 저항력})}{\Sigma H(\text{옹벽에 작용하는 수평력})} \geqq 1.5$

③ 침하 : $\frac{q_a(\text{지반의 허용지지력})}{q_{max}(\text{지반에 작용하는 최대 압력})} \geqq 1.0$

13

정답 ②

전도안전율$= \frac{\Sigma M_r}{\Sigma M_o} \ge 2.0$, 활동안전율$= \frac{f(\Sigma w)}{\Sigma H} \ge 1.5$

14

정답 ①

옹벽은 외력에 대하여 활동, 전도 및 지반침하에 대한 안정성을 가져야 하며, 이들 안정은 사용하중에 의하여 검토한다.

제11장 프리스트레스트 콘크리트(PSC)

01	02	03	04	05	06	07	08	09	10
④	④	③	③	④	④	④	③	②	④
11	12	13	14	15	16	17	18	19	20
①	①	③	③	②	④	①	④	③	②
21	22	23	24	25	26	27	28	29	30
③	①	④	③	②	④	③	③	④	④
31	32	33	34	35	36	37	38	39	40
④	④	②	④	②	③	④	④	②	①
41	42	43	44	45	46				
②	②	③	③	①	①				

01 정답 ④

탄성응력상태 RC보에서는 하중이 증가함에 따라 철근의 인장력(T)과 콘크리트의 압축력(C)이 커지고 우력 팔길이(Z)는 일정하다. 반면 PSC보에서는 하중이 증가함에 따라 철근의 인장력(T)과 콘크리트의 압축력(C)은 일정하고 우력 팔길이(Z)가 증가한다.

02 정답 ④

- **완전 프리스트레싱(Full Prestressing)**
  부재 단면에 인장응력이 발생하지 않는다.
- **부분 프리스트레싱(Partial Prestressing)**
  부재 단면의 일부에 인장응력이 발생한다.

03 정답 ③

PS강재에 요구되는 성질

㉠ 인장강도가 커야 한다.
㉡ 항복비가 커야 한다.
㉢ 릴랙세이션이 작아야 한다.
㉣ 적당한 연성과 인성이 있어야 한다.
㉤ 응력부식에 대한 저항성이 커야 한다.
㉥ 부착시켜 사용하는 PS강재는 콘크리트의 부착강도가 커야 한다.
㉦ 어느 정도의 피로강도를 가져야 한다.
㉧ 곧게 잘 펴지는 직선성이 좋아야 한다.

04 정답 ③

겉보기 릴랙세이션은 프리스트레스트 콘크리트 부재의 건조수축, 크리프 등의 변형으로 인한 효과를 동시에 고려하기 때문에 순 릴랙세이션 값보다 작다.

05 정답 ④

프리스트레스트 콘크리트의 기본 개념

① 균등질보의 개념(응력개념)
② 내력모멘트의 개념(강도개념)
③ 하중평형의 개념(등가하중개념)

06 정답 ④

$$f_A=\frac{P}{A}-\frac{M}{Z}=\frac{P}{bh}-\frac{3wl^2}{4bh^2}=\frac{1}{bh}\left(P-\frac{3wl^2}{4h}\right)=0$$

$$P=\frac{3wl^2}{4h}=\frac{3\times80\times7^2}{4\times0.7}=4,200\text{kN}$$

07 정답 ④

$$f_b=\frac{P}{A}-\frac{M}{Z}=\frac{P}{bh}-\frac{6}{bh^2}\cdot\frac{wl^2}{8}=\frac{1}{bh}\left(P-\frac{3wl^2}{4h}\right)=0$$

$$w=\frac{4hP}{3l^2}=\frac{4\times1\times1,200}{3\times4^2}=100\text{kN/m}$$

08 정답 ③

$$f_b=\frac{P_e}{A}-\frac{M}{Z}=\frac{(0.8P_i)}{bh}-\frac{6M}{bh^2}=0$$

$$M=\frac{(0.8P_i)h}{6}=\frac{(0.8\times900)\times0.6}{6}$$

$$=72\text{kN}\cdot\text{m}$$

09 정답 ②

$$f_b=\frac{P}{A}+\frac{P\cdot e}{Z}-\frac{M}{Z}$$

$$=\frac{P}{bh}+\frac{6Pe}{bh^2}-\frac{3wL^2}{4bh^2}$$

$$=\frac{P}{bh}\left(1+\frac{6e}{h}\right)-\frac{3wL^2}{4bh^2}$$

$$=\frac{4,800}{0.48\times1}\left(1+\frac{6\times0.4}{1}\right)-\frac{3\times80\times10^2}{4\times0.48\times1^2}$$

$= 10,000(1+2.4)-12,500$

$= 21.5\times10^3\,\text{kPa} = 21.5\text{MPa}$(압축)

10 정답 ④

$$f_b = \frac{P}{A}+\frac{Pe}{Z}-\frac{M}{Z} = \frac{P}{bh}+\frac{6Pe}{bh^2}-\frac{6}{bh^2}\cdot\frac{wl^2}{8}$$

$$= \frac{1}{bh}\left\{P\left(1+\frac{6e}{h}\right)-\frac{3wl^2}{4h}\right\}=0$$

$$P = \frac{3wl^2}{\left(1+\frac{6e}{h}\right)4h} = \frac{3wl^2}{4h+24e}$$

$$= \frac{3\times30\times10^2}{4\times0.6+24\times0.2} = 1,250\text{kN}$$

11 정답 ①

$$f_t = \frac{P}{A}-\frac{Pe}{Z}+\frac{M}{Z} = \frac{P}{bh}-\frac{6Pe}{bh^2}+\frac{6M}{bh^2}$$

$$= P\left(\frac{h}{6}-e\right)+M=0$$

$$M = P\left(e-\frac{h}{6}\right) = 600\left(0.1-\frac{0.3}{6}\right) = 30\text{kN}\cdot\text{m}$$

12 정답 ①

$\Sigma M_{Ⓑ} = 0$

$V_A\times9-120\times6=0$

$V_A = 80\text{kN}(\uparrow)$

(1) 외력($P=120$kN)에 의한 C점의 단면력

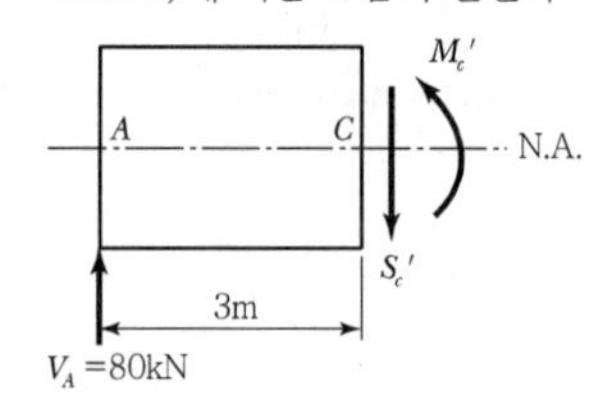

$\Sigma F_y = 0(\uparrow\oplus)$

$80-S_C{}'=0$

$S_C{}'=80\text{kN}$

$\Sigma M_{Ⓒ} = 0(\curvearrowright\oplus)$

$80\times3-M_C{}'=0$

$M_C{}'=240\text{kN}\cdot\text{m}$

(2) 프리스트레싱력($P_i=1,000$kN)에 의한 C점의 단면력

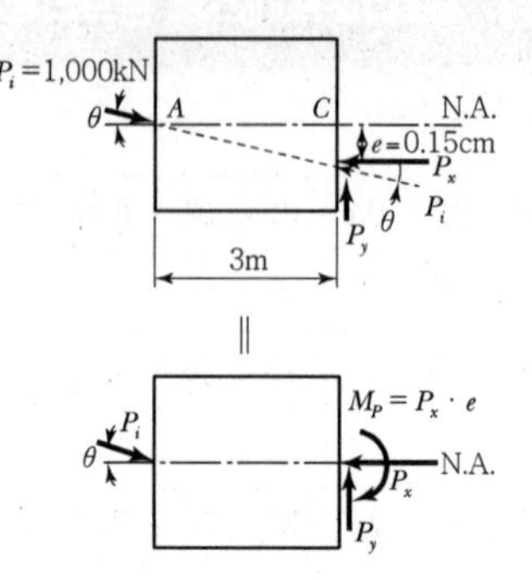

- $P_x = P\cdot\cos\theta \fallingdotseq P_i = 1,000\text{kN}$
- $P_y = P\cdot\sin\theta = 1,000\times\dfrac{0.15}{\sqrt{3^2+0.15^2}} = 50\text{kN}$
- $M_P = P_x\cdot e = 1,000\times0.15 = 150\text{kN}\cdot\text{m}$

(3) 외력과 프리스트레싱력에 의한 C점의 단면력

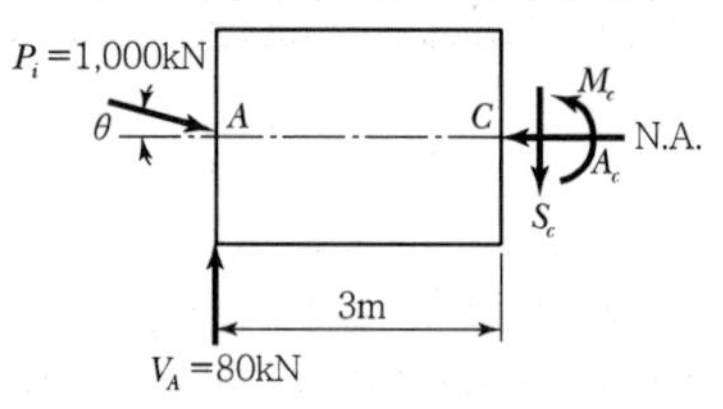

- $A_C = P_x = 1,000\text{kN}$
- $S_C = S_C{}'-P_y = 80-50 = 30\text{kN}$
- $M_C = M_C{}'-M_P = 240-150 = 90\text{kN}\cdot\text{m}$

13 정답 ③

1. 외력($w=40$kN/m)에 의한 x점의 단면력

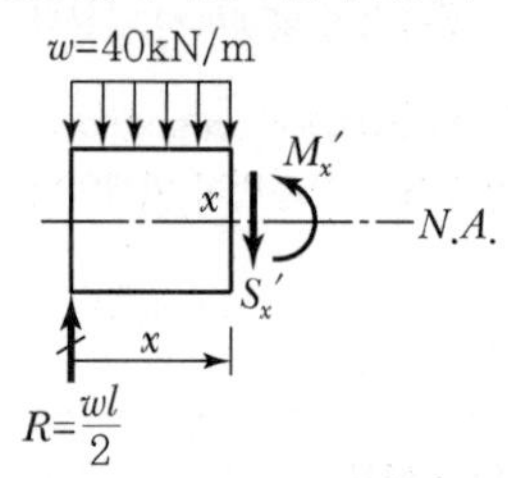

$\Sigma F_y = 0(\uparrow\oplus)$

$\dfrac{wl}{2}-wx-S_x{}'=0$

$S_x{}'=\dfrac{wl}{2}-wx$

$\Sigma M_{⊗} = 0(\curvearrowright\oplus)$

$\dfrac{wl}{2}x-(wx)\dfrac{x}{2}-M_x{}'=0$

$M_x{}'=\dfrac{wl}{2}x-\dfrac{w}{2}x^2$

2. 프리스트레싱력(P=1,000kN)에 의한 x점의 단면력

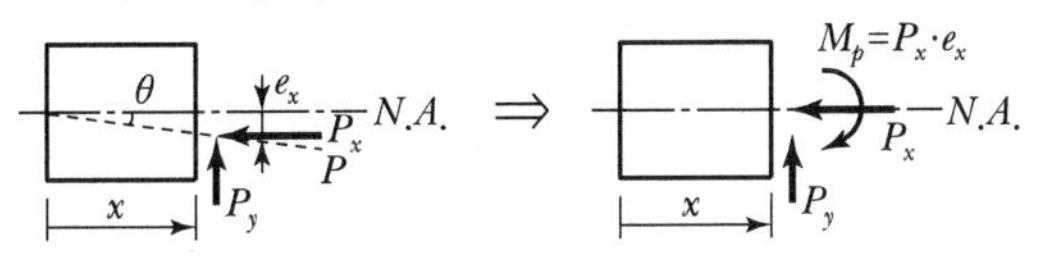

$$e_x = \frac{2e}{l}x$$

$$P_x = P \cdot \cos\theta \fallingdotseq P$$

$$P_y = P \cdot \sin\theta = P \cdot \left(\frac{2e}{l}\right)$$

$$M_p = P_x \cdot e_x = P \cdot \left(\frac{2e}{l} \cdot x\right)$$

3. 외력과 프리스트레싱력에 의한 x점의 단면력

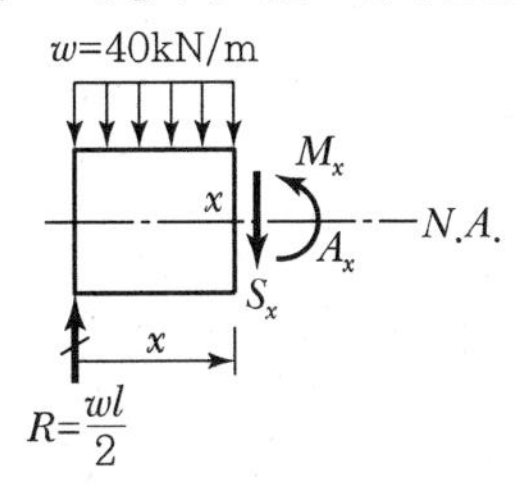

$$A_x = P_x$$

$$S_x = S_x' - P_y = \left(\frac{wl}{2} - wx\right) - \left(P \cdot \frac{2e}{l}\right)$$

$$M_x = M_x' - M_p = \left(\frac{wl}{2}x - \frac{w}{2}x^2\right) - \left(P \cdot \frac{2e}{l}x\right)$$

4. $S_x = 0$인 곳의 위치(x)

$$S_x = \frac{wl}{2} - wx - P \cdot \frac{2e}{l} = 0$$

$$x = \frac{l}{2} - \frac{P}{w} \cdot \frac{2e}{l} = \frac{10}{2} - \frac{1{,}000}{40} \cdot \frac{2 \times 0.4}{10} = 3\text{m}$$

14 정답 ③

PSC보를 RC보와 같이 생각하여, 콘크리트는 압축력을 받고 긴장재는 인장력을 받게 하여 두 힘의 우력이 외력에 의한 휨모멘트에 저항시킨다는 개념을 내력모멘트 개념 또는 강도개념이라고 한다.

15 정답 ②

$$M = CZ = TZ = PZ$$

$$Z = \frac{M}{P} = \frac{700}{3{,}500} = 0.2\text{m}$$

16 정답 ④

$$U = 2P\sin\theta = Q$$

$$P = \frac{Q}{2\sin\theta} = \frac{Q}{2\left[\dfrac{e}{\left(\dfrac{L}{2}\right)}\right]} = \frac{QL}{4e} = \frac{240 \times 8}{4 \times 0.3} = 1{,}600\text{kN}$$

17 정답 ①

$$u = \frac{8Pe}{l^2} = \frac{8 \times 1{,}000 \times 0.3}{10^2} = 24\text{kN/m}$$

18 정답 ④

$$w_D = \gamma_c \cdot A_c = \gamma_c(bh) = 25(0.5 \times 1) = 12.5\text{kN/m}$$

$$w = w_D + w_L = 12.5 + 17.5 = 30\text{kN/m}$$

$$w = u = \frac{8Pe}{l^2}$$

$$P = \frac{wl^2}{8e} = \frac{30 \times 20^2}{8 \times 0.3} = 5{,}000\text{kN}$$

19 정답 ③

$$u = \frac{8Pe}{l^2} = \frac{8 \times 2{,}000 \times 0.2}{20^2} = 8\text{kN/m}$$

$$w'(\text{순하향하중}) = w - u = 20 - 8 = 12\text{kN/m}$$

20 정답 ②

$$U = \frac{8Pe}{l^2} = \frac{8 \times 800 \times 0.2}{8^2} = 20\text{kN/m}$$

$$M = \frac{(w-u)l^2}{8} = \frac{(25-20) \times 8^2}{8} = 40\text{kN} \cdot \text{m}$$

21 정답 ③

프리텐션 방식은 콘크리트 타설 전에 PS강재를 긴장하므로 PS강재를 곡선으로 배치하기 어렵다.

22 정답 ①

프리텐션 방식에서 프리스트레스 힘은 PS강재와 콘크리트 사이의 부착에 의해서 도입된다.

23 정답 ④

ILM 공법은 교량 가설공법 중의 하나이다.

24 정답 ③

PSC교량 가설공법

1) FCM(Free Cantilever Method, 캔틸레버 공법)
   FCM은 동바리 없이 교각 위에서 양쪽의 교축 방향으로 한 블록씩 콘크리트를 쳐서 프리스트레스를 도입하고, 이 부분을 지점으로 하여 순차적으로 한 블록씩 이어나가는 가설공법이다.

2) PSM(Precast Segmental Method, 프리캐스트 세그먼트 공법)
   PSM은 공장에서 세그먼트 또는 블록을 운반하여 이를 소정의 위치에 배치한 후 포스트텐션 방식에 의하여 압착하여 접합시켜서 교량을 완성하는 공법이다.

3) ILM(Incremental Launching Method, 압출공법)
   ILM은 교대 배후에 거더(Girder) 제작장소를 설치하고, 10~30m의 블록으로 분할하여 콘크리트를 이어쳐서 교량거더를 제작하여 이를 잭(jack)으로 밀어내는 가설공법이다.

4) MSS(Movable Scaffolding System, 이동 지보공 공법)
   MSS는 매어단 지보공과 거푸집을 사용하여 1경간씩 현장타설로 시공하고 탈형과 지보공의 이동이 기계적으로 이루어지는 가설공법이다.

25 정답 ②

PSC교량 가설공법

1) PWS(Prebabricated Parallel Wire Strand, 조립식 평행선 스트랜드 공법)
   PWS는 직경 5mm의 아연도금 강선을 공장에서 수십 가닥에서 수백 가닥으로 평행하게 묶어 실제 길이만큼 제작하여 양단에 소켓(Socket)을 정착하고 이것을 릴(Real)에 감아 현장으로 반입하여 가설하는 공법이다.

2) FCM(Free Cantilever Method, 캔틸레버 공법)
   FCM은 동바리 없이 교각 위에서 양쪽의 교축 방향으로 한 블록씩 콘크리트를 쳐서 프리스트레스를 도입하고, 이 부분을 지점으로 하여 순차적으로 한 블록씩 이어나가는 가설공법이다.

3) FSM(Full Staging Method, 동바리 공법)
   FSM은 콘크리트를 타설하는 경간전체에 동바리를 설치하여 타설된 콘크리트가 일정한 강도에 도달할 때까지 콘크리트의 하중 및 거푸집, 작업대 등의 무게를 동바리가 지지하도록 하는 공법이다.

4) ILM(Incremental Launching Method, 압출공법)
   ILM은 교대 배후에 거더(Girder) 제작장소를 설치하고, 10~30m의 블록으로 분할하여 콘크리트를 이어쳐서 교량거더를 제작하여 이를 잭(jack)으로 밀어내는 가설공법이다.

26 정답 ④

프리스트레스 손실의 원인

1) 프리스트레스 도입 시 손실(즉시손실)
   ㉠ 정착 장치의 활동에 의한 손실
   ㉡ PS강재와 쉬스 사이의 마찰에 의한 손실
   ㉢ 콘크리트의 탄성변형에 의한 손실

2) 프리스트레스 도입 후 손실(시간손실)
   ㉠ 콘크리트의 크리프에 의한 손실
   ㉡ 콘크리트의 건조수축에 의한 손실
   ㉢ PS강재의 릴랙세이션에 의한 손실

27 정답 ③

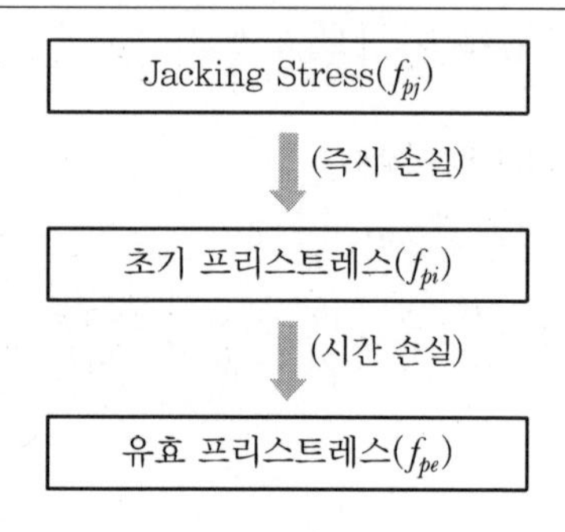

1. 즉시 손실
   - 정착장치의 활동에 의한 손실
   - PS강재와 쉬스 사이의 마찰에 의한 손실
   - 콘크리트의 탄성 변형에 의한 손실

2. 시간 손실
   - 콘크리트의 크리프에 의한 손실
   - 콘크리트의 건조수축에 의한 손실
   - PS 강재의 릴랙세이션에 의한 손실

28
정답 ③

$f_{pi} = f_{pj} -$(즉시 손실량)$= 1,100 - 100 = 1,000$MPa

$f_{pe} = f_{pi} -$(시간 손실량)$= 1,000 - 200 = 800$MPa

$$R = \frac{P_e}{P_i} = \frac{f_{pe}}{f_{pi}} = \frac{800}{1,000} = 0.8$$

여기서, f_{pj} : 프리스트레스의 재킹응력
f_{pi} : 초기 프리스트레스 응력
f_{pe} : 유효 프리스트레스 응력
P_i : 초기 프리스트레스력
P_e : 유효 프리스트레스력

29
정답 ④

$$P_e = E_c \varepsilon A = (25 \times 10^3) \times (4.0 \times 10^{-4}) \times (17 \times 10^4)$$
$$= 1,700 \times 10^3 \text{N} = 1,700 \text{kN}$$
$$P_i = \frac{P_e}{R} = \frac{1,700}{0.85} = 2,000 \text{kN}$$

30
정답 ④

$$\Delta f_{pa} = E_p \varepsilon_p = E_p \frac{\Delta l}{l} = (2.0 \times 10^5) \times \frac{3 \times 10^{-3}}{10} = 60 \text{MPa}$$

$$감소율 = \frac{\Delta f_{pa}}{f_p} \times 100(\%) = \frac{60}{1,000} \times 100 = 6\%$$

31
정답 ④

긴장재와 덕트 사이의 마찰에 의한 손실은 포스트텐션 방식의 PSC 보에서만 발생한다.

32
정답 ④

PS 강재와 쉬스 사이의 마찰에 의한 손실량을 구하는 식

1) 엄밀식

$$\Delta P_f = P_{pj}[1 - e^{-(kl_{px} + \mu_p \alpha_{px})}]$$

여기서, ΔP_f : PS 강재와 쉬스 사이의 마찰에 의한 긴장력 손실량
k : 파상마찰계수
l_{px} : 긴장단으로부터 고려하는 곳까지의 긴장재 길이
μ_p : 곡률마찰계수
α_{px} : 긴장단으로부터 고려하는 곳까지의 각 변화량(radian)

2) 근사식

$kl_{px} + \mu_p \alpha_{px} \le 0.3$인 경우는 근사식을 사용할 수 있다.

$$\Delta P_f = P_{pj}\left[\frac{(kl_{px} + \mu_p \alpha_{px})}{1 + (kl_{px} + \mu_p \alpha_{px})}\right]$$

33
정답 ②

$$P_{px} = P_o e^{-(kl_p + \mu \alpha_p)}$$
$$P_c = P_o e^{-(0.004 \times 15 + 0.3 \times 0.25)}$$
$$P_D = P_o e^{-(0.004 \times 20 + 0.3 \times 0.25)}$$

34
정답 ④

$$\alpha_{px} = \theta_1 + \theta_2 + \theta_3 = 0.11 + 0.07 + 0.11 = 0.29 \text{rad}$$
$$l_{px} = 40 \text{m}$$
$$\Delta P_f = P_{pj}\left[\frac{(kl_{px} + \mu_p \alpha_{px})}{1 + (kl_{px} + \mu_p \alpha_{px})}\right]$$
$$= P_{pj}\left[\frac{(0.0015 \times 40 + 0.5 \times 0.29)}{1 + (0.015 \times 40 + 0.5 \times 0.29)}\right] = 0.17 P_{pj}$$

$$감소율 = \frac{\Delta P_f}{P_{pj}} \times 100(\%) = \frac{0.17 P_{pj}}{P_{pj}} \times 100(\%) = 17\%$$

35
정답 ②

$$\Delta f_{pe} = n f_{cs} = n \frac{P_i}{A_\delta} = n \frac{A_p f_{pi}}{bh} = 6 \times \frac{600 \times 1,500}{300 \times 500} = 36 \text{MPa}$$

(탄성수축에 의한 손실이 발생한 후 긴장재의 응력)

$$= f_{pi} - \Delta f_{pe} = 1,500 - 36 = 1,464 \text{MPa}$$

36
정답 ③

$$\Delta f_{pe} = n f_{cs} = n\left(\frac{P_i}{A_c} + \frac{P_i e_p}{I_c} e_p\right)$$
$$= 6\left[\frac{(820 \times 10^3)}{(300 \times 500)} + \frac{(820 \times 10^3) \times 100}{(3.125 \times 10^9)} \times 100\right]$$
$$= 48.544 \text{MPa}$$

37
정답 ④

1회의 긴장작업으로 프리스트레스를 도입할 경우 포스트텐션공법에서 탄성변형에 의한 프리스트레스 손실은 발생하지 않는다.

38
정답 ④

포스트텐션 방식에서 여러 개의 긴장재를 순차적으로 긴장할 경우 탄성변형에 의한 프리스트레스의 평균손실량(Δf_{pe})

$$\Delta f_{pe} = \frac{1}{2} n f_{cs} \frac{N-1}{N} = \frac{1}{2} n \frac{P_i}{A_g} \frac{N-1}{N} = \frac{1}{2} n \frac{A_p f_{pi}}{A_g} \frac{N-1}{N}$$

$$= \frac{1}{2} \times 6 \times \frac{(4\times3)\times1{,}000}{30^2} \times \frac{4-1}{4} = 30\text{MPa}$$

39
정답 ②

$$\Delta f_{pc} = C_u \cdot n \cdot f_{cs} = C_u \cdot n \cdot \frac{P_i}{A_g} = C_u \cdot n \cdot \frac{A_p \cdot f_{pi}}{bh}$$

$$= 2 \times 6 \times \frac{800 \times 1{,}500}{200 \times 300} = 240\text{MPa}$$

$$\text{손실률} = \frac{\Delta f_{pc}}{f_{pi}} \times 100(\%)$$

$$= \frac{240}{1{,}500} \times 100(\%) = 16\%$$

40
정답 ①

$$\Delta f_{ps} = E_p \varepsilon_{sh} = (2\times10^5)\times(25\times10^{-5}) = 50\text{MPa}$$

$$f_p = \frac{\Delta f_{ps}}{\text{감소율}} = \frac{50}{0.05} = 1{,}000\text{MPa}$$

41
정답 ②

콘크리트의 허용응력

1) 프리스트레스 도입 직후 시간에 따른 프리스트레스 손실이 일어나기 전의 응력은 다음 값 이하로 하여야 한다.
   ① 휨압축응력 : $0.60 f_{ci}$
   ② 단순지지 부재 단부의 휨압축응력 : $0.7 f_{ci}$
   ③ 휨인장응력 : $0.25\sqrt{f_{ci}}$
   ④ 단순지지 부재 단부의 휨인장응력 : $0.50\sqrt{f_{ci}}$

2) 비균열등급 또는 부분균열등급 프리스트레스트 콘크리트 휨부재에서 모든 프리스트레스의 손실이 일어난 후 사용하중에 의한 콘크리트의 휨응력은 다음 값 이하로 하여야 한다.
   ① 압축연단응력(유효프리스트레스+지속하중) : $0.45 f_{ck}$
   ② 압축연단응력(유효프리스트레스+전체하중) : $0.60 f_{ck}$

따라서, 프리스트레스 도입 직후 시간에 따른 프리스트레스 손실이 일어나기 전의 콘크리트의 허용휨압축응력(f_{ca})은 다음과 같다.

$$f_{ca} = 0.6 f_{ci} = 0.6 \times 36 = 21.6\text{MPa}$$

42
정답 ②

긴장재(PS강재)의 허용응력

적용범위	허용응력
긴장할 때 긴장재의 인장응력	$0.8f_{pu}$와 $0.94f_{py}$ 중 작은 값 이하
프리스트레스 도입 직후 긴장재의 인장응력	$0.74f_{pu}$와 $0.82f_{py}$ 중 작은 값 이하
정착구와 커플러(coupler)의 위치에서 프리스트레스 도입 직후 포스트텐션 긴장재의 인장응력	$0.7f_{pu}$ 이하

43
정답 ③

$$M_{cr} = f_r \cdot Z_2 + P_e\left(\frac{r_e^{\,2}}{y_2} + e_p\right)$$

여기서 $Z_2 = \frac{I_e}{y_2}$, $r_e^{\,2} = \frac{I_e}{A_e}$

$$\frac{M_{cr}}{I_e} y_2 = f_r + \frac{P_e}{A_e} + \frac{P_e e_p}{I_e} y_2$$

44
정답 ③

$$f_{pe} \ge 0.5 f_{pu} = 0.5 \times 1{,}800 = 900\text{MPa}$$

45
정답 ①

PS강재의 응력

(1) PS강재가 부착된 부재
- 인장철근과 압축철근의 영향을 고려할 경우

$$f_{ps} = f_{pu}\left[1 - \frac{\gamma_p}{\beta_1}\left(\rho_p \frac{f_{pu}}{f_{ck}} + \frac{d}{d_p}(W - W')\right)\right]$$

- 인장철근과 압축철근의 영향을 무시할 경우

$$f_{ps} = f_{pu}\left(1 - \frac{\gamma_p}{\beta_1}\rho_p \frac{f_{pu}}{f_{ck}}\right)$$

(2) PS강재가 부착되지 않은 부재

- $\frac{l}{h} \leq 35$인 경우

$$f_{ps} = f_{pe} + 70 + \frac{f_{ck}}{100\rho_p}$$

- $\frac{l}{h} > 35$인 경우

$$f_{ps} = f_{pe} + 70 + \frac{f_{ck}}{300\rho_p}$$

단, f_{ps}를 f_{py} 또는 $(f_{pe}+200)$MPa보다 크게 취해선 안 된다.

46 정답 ①

PSC 휨부재의 균열에 따른 구분

1) 비균열 등급

① $f_t \leq 0.63\sqrt{f_{ck}}$ 인 경우

여기서, f_t : 사용하중하에서 총단면으로 계산한, 미리 압축을 가한 인장구역에서의 인장연단응력

② 사용하중이 작용할 때의 응력 계산시 비균열단면, 즉 총단면 사용

③ 처짐 계산시 I_g(총단면에 대한 단면 2차 모멘트) 사용

2) 부분균열 등급

① $0.63\sqrt{f_{ck}} < f_t \leq 1.0\sqrt{f_{ck}}$

② 사용하중이 작용할 때의 응력 계산시 총단면 사용

③ 처짐계산시 균열 환산 단면에 기초한 모멘트－처짐 관계를 사용하거나 I_e(유효단면 2차 모멘트) 사용

3) 균열 등급

① $1.0\sqrt{f_{ck}} < f_t$

② 사용하중이 작용할 때의 응력 계산시 균열 환산 단면 사용

③ 처짐 계산시 균열 환산 단면에 기초한 모멘트－처짐 관계를 사용하거나 I_e(유효단면 2차 모멘트) 사용

제12장 강구조 및 교량

01	02	03	04	05	06	07	08	09	10
④	②	④	②	②	①	④	②	③	③
11	12	13	14	15	16	17	18	19	20
①	④	①	④	②	④	③	④	②	②
21	22	23	24	25	26	27	28	29	30
②	④	②	②	③	④	②	②	①	②
31									
①									

01 정답 ④

내식성에는 강하지만 내화성에는 약하다.

02 정답 ②

연결부 구조는 응력 전달이 확실해야 한다.

03 정답 ④

① 홈용접을 사용한 맞대기이음과 고장력 볼트 마찰이음은 병용할 수 있다.

② 응력 방향과 직각을 이루는 필릿용접과 고장력 볼트 마찰이음을 병용해서는 안 된다.

③ 응력 방향에 평행한 필릿용접과 고장력 볼트 마찰이음은 병용할 수 있다.

04 정답 ②

리벳의 강도(P_R)

1) 리벳의 전단강도(P_{RS})

$$P_{RS} = v_a \times \left(\frac{\pi d^2}{4}\right) = 60 \times \left(\frac{\pi \times 20^2}{4}\right)$$
$$= 18.85 \times 10^3\text{N} = 18.85\text{kN}$$

2) 리벳의 지압강도(P_{Rb})

$$P_{Rb} = f_b \times (dt) = 150 \times (20 \times 10)$$
$$= 30.0 \times 10^3\text{N} = 30.0\text{kN}$$

3) 리벳의 강도(P_R)

$P_R = [P_{Rs},\ P_{Rb}]_{\min}$

$= [18.85\text{kN},\ 30.0\text{kN}]_{\min} = 18.85\text{kN}$

05

정답 ②

1) 볼트의 강도(P_a)

㉠ 볼트의 전단강도(P_v)

$P_v = v_{sa} \times \left(2 \times \frac{\pi d^2}{4}\right) = 200 \times \left(2 \times \frac{3 \times 20^2}{4}\right)$

$= 120 \times 10^3\text{N} = 120\text{kN}$

㉡ 볼트의 지압강도(P_b)

$t = [20\text{mm},\ (8+8)\text{mm}]_{\min} = 16\text{mm}$

$P_b = f_{ba} \times (dt) = 300 \times (20 \times 16) = 96 \times 10^3\text{N} = 96\text{kN}$

㉢ 볼트의 강도(P_a)

$P_a = [P_v,\ P_b]_{\min} = [120\text{kN},\ 96\text{kN}]_{\min} = 96\text{kN}$

2) 최대허용인장력(P)

$P \le P_a = 96\text{kN}$

06

정답 ①

$P_v = v_a\left(\frac{\pi\phi^2}{4}\right) \ge P_b = f_{ba}(t\phi)$

$t \le \frac{v_a \phi \pi}{4 f_{ba}} = \frac{120 \times 20 \times \pi}{4 \times 300} = 2\pi = 2 \times 3.14 = 6.28\text{mm}$

07

정답 ④

1) 볼트의 강도(P_a)

㉠ 볼트의 전단강도(P_v)

$P_v = 2 \times P_{va} = 2 \times 55 = 110\text{kN}$

㉡ 볼트의 지압강도(P_b)

$P_b = P_{ba} = 105\text{kN}$

㉢ 볼트의 강도(P_a)

$P_a = [P_v,\ P_b]_{\min} = [110\text{kN},\ 105\text{kN}]_{\min} = 105\text{kN}$

2) 최소 볼트수(n)

$n = \frac{P}{P_a} = \frac{600}{105} = 5.7 \fallingdotseq 6$개(올림에 의하여)

08

정답 ②

고장력 볼트로 연결된 인장부재의 순단면적은 연결재의 구멍의 영향을 고려하여 산정한다.

09

정답 ③

$b_{n1} = b_g - d_h = 200 - 25 = 175\text{mm}$

$b_{n2} = b_g - 2d_h + \frac{s^2}{4g} = 200 - 2 \times 25 + \frac{60^2}{4 \times 100} = 159\text{mm}$

$b_n = [b_{n1},\ b_{n2}]_{\min} = [175\text{mm},\ 159\text{mm}]_{\min} = 159\text{mm}$

10

정답 ③

$d_h = \phi + 3 = 22\text{mm}$

$b_{n1} = b_g - d_h$

$b_{n2} = b_g - 2d_h + \frac{s^2}{4g}$

$b_{n1} = b_{n2}$

$b_g - d_h = b_g - 2d_h + \frac{s^2}{4g}$

$s = \sqrt{4gd_h} = \sqrt{4 \times 50 \times 22} = 66.3\text{mm}$

11

정답 ①

$b_{n3} = b_g - 3d_n,\ b_{n5} = b_g - 5d_h + 4 \cdot \frac{p^2}{4g}$

$b_{n5} < b_{n3}$

$b_g - 5d_h + \frac{p^2}{g} < b_g - 3d_h$

$p < \sqrt{2d_h g} = \sqrt{2 \times 20 \times 40} = 40\text{mm}$

12

정답 ④

$b_{n1} = b_g - d_h = 240 - 20 = 220\text{mm}$

$b_{n2} = b_g - 2d_h + \frac{s^2}{4g} = 240 - 2 \times 20 + \frac{80^2}{4 \times 40} = 240\text{mm}$

$b_{n3} = b_g - 3d_h + 2 \cdot \frac{s^2}{4g}$

$= 240 - 3 \times 20 + 2 \times \frac{80^2}{4 \times 40} = 260\text{mm}$

$b_{n4} = b_g - 4d_h + 3 \cdot \frac{s^2}{4g}$

$= 240 - 4 \times 20 + 3 \times \frac{80^2}{4 \times 40} = 280\text{mm}$

$b_n = [b_{n1},\ b_{n2},\ b_{n3},\ b_{n4}]_{\min} = 220\text{mm}$

$A_n = b_n \cdot t = 220 \times 10 = 2{,}200\text{mm}^2$

13 정답 ①

$b_g = b_1 + b_2 - t$
$= 150 + 90 - 12$
$= 228\text{mm}$

14 정답 ④

① $\frac{p^2}{4g} \ge d$인 경우 : $b_n = b - d$

② $\frac{p^2}{4g} < d$인 경우 : $b_n = b - d - \left(d - \frac{p^2}{4g}\right)$

15 정답 ②

$b_g = b_1 + b_2 - t = 100 + 100 - 10 = 190\text{mm}$

$g = g_1 + g_2 - t = 60 + 60 - 10 = 110\text{mm}$

$b_{n1} = b_g + d_h = 190 - 25 = 165\text{mm}$

$b_{n2} = b_g - 2d_h + \frac{s^2}{4g} = 190 - 2 \times 25 + \frac{44^2}{4 \times 110} = 144.4\text{mm}$

$b_n = [b_{n1},\ b_{n2}]_{\min} = [165\text{mm},\ 144.4\text{mm}]_{\min} = 144.4\text{mm}$

$A_n = b_n \cdot t = 144.4 \times 10 = 1{,}444\text{mm}^2$

16 정답 ④

$b_n = b_g - 2d_h = 180 - 2 \times 25 = 130\text{mm}$

$A_n = b_n \cdot t = 130 \times 10 = 1{,}300\text{mm}^2$

$f_{ta} \ge f_t = \frac{P}{A_n}$

$P \le f_{ta} \cdot A_n = 150 \times 1{,}300 = 195 \times 10^3\text{N} = 195\text{kN}$

17 정답 ③

용입홈용접에서 목두께(a)

1) 전단면 용입홈용접 : 목두께(a)는 두께가 서로 다른 경우 얇은 부재의 두께로 한다.
   ㉠ $a=10$, ㉡ $a=12$, ㉢ $a=6$

2) 부분 용입홈용접 : 목두께(a)는 용입깊이로 한다.
   ㉣ $a=18$

18 정답 ④

㉠ $f = \frac{P}{A} = \frac{(300 \times 10^3)}{300 \times 10} = 100\text{MPa}$

㉡ $f = \frac{P}{A} = \frac{(300 \times 10^3)}{300 \times 10} = 100\text{MPa}$

㉢ $v = \frac{P}{A} = \frac{(150 \times 10^3)}{300 \times 10} = 50\text{MPa}$

19 정답 ②

$a = 0.707S = 0.707 \times 9 = 6.363\text{mm}$

20 정답 ②

$a = 0.7s = 0.7 \times 10 = 7\text{mm}$

$v = \frac{P}{\Sigma al} = \frac{(1{,}050 \times 10^3)}{7 \times (2 \times 250)} = 300\text{N/mm}^2 = 300\text{MPa}$

21 정답 ②

1. 필릿 용접부의 허용하중($P_{a,v}$)

   $P_{a,v} = v_a(\Sigma al)$
   $= 80 \times \{(0.707 \times 10) \times (2 \times 500 + 250)\}$
   $= 707 \times 10^3\text{N} = 707\text{kN}$

2. 강판의 허용하중($P_{a,t}$)

   $P_{a,t} = f_{ta}(bt)$
   $= 140 \times (250 \times 19)$
   $= 665 \times 10^3\text{N} = 665\text{kN}$

3. 최대 허용하중($P_{\max}$)

   $P_{\max} = [P_{a,v},\ P_{a,t}]_{\min} = 665\text{kN}$

22 정답 ④

강구조물은 연성파괴에 강한 거동 특성을 지니고 있다.

23 정답 ②

$N = \frac{W_C}{W_P} = \frac{9}{9} = 1$

여기서, N : 재하차로의 수
W_C : 연석, 방호울타리(중앙분리대 포함) 간의 교폭(m)
W_P : 발주자에 의해 정해진 계획차로의 폭(m)

N이 '1'이며 W_C가 6m 이상인 경우에는 재하차로의 수(N)를 '2'로 한다.

24 정답 ②

25 정답 ③

플레이트거더교는 구조가 단순하고, 유지관리도 쉬운 편이다.

26 정답 ④

A : 상부플랜지, B : 복부판, C : 수평보강재, D : 수직보강재, E : 하부플랜지

27 정답 ②

가로보는 한쪽 주형에 작용하는 하중을 다른 주형에 분배하는 역할과 주형의 반력을 하부구조에 안전하게 전달하는 역할을 한다.

28 정답 ②

강판형의 높이는 휨모멘트에 의하여 결정되어진다.

29 정답 ①

30 정답 ②

도로교설계기준에서 규정하는 한계상태

① 사용한계상태 : 정상적인 사용조건하에서 응력, 변형률 및 균열폭을 제한하는 것으로 규정한다.
② 피로한계상태 : 기대응력범위의 반복 횟수에서 발생하는 단일 피로 설계트럭에 의한 응력범위를 제한하는 것으로 규정한다.
③ 극한한계상태 : 교량의 설계수명 이내에 발생할 것으로 기대되는, 통계적으로 중요하다고 규정한 하중조합에 대하여 국부적/전체적 강도와 안정성을 확보하는 것으로 규정한다.
④ 극단상황한계상태 : 지진 또는 홍수 발생 시, 또는 세굴된 상황에서 선박, 차량 또는 유빙에 의한 충돌 시 등의 상황에서 교량의 붕괴를 방지하는 것으로 규정한다.

31 정답 ①

내진설계의 기본개념(도로교설계기준(2016년))

(1) 인명피해를 최소화한다.
(2) 지진 시 교량 부재들의 부분적인 피해는 허용하나 전체적인 붕괴는 방지한다.
(3) 지진 시 가능한 한 교량의 기본 기능은 발휘할 수 있게 한다.
(4) 교량의 정상수명 기간 내에 설계 지진력이 발생할 가능성은 희박하다.
(5) 설계기준은 남한 전역에 적용될 수 있다.
(6) 이 규정을 따르지 않더라도 창의력을 발휘하여 보다 발전된 설계를 할 경우에는 이를 인정한다.

P/A/R/T

03

공기업 토목직 1300제

토질 및 기초

CHAPTER 01 | 흙의 물리적 성질과 분류
CHAPTER 02 | 흙 속에서의 물의 흐름
CHAPTER 03 | 지반내의 응력분포
CHAPTER 04 | 흙의 다짐
CHAPTER 05 | 흙의 압밀
CHAPTER 06 | 흙의 전단강도
CHAPTER 07 | 토압
CHAPTER 08 | 사면의 안정
CHAPTER 09 | 토질조사 및 시험
CHAPTER 10 | 기초

CHAPTER

공기업 토목직 1300제

01 흙의 물리적 성질과 분류

01 간극비(e)와 간극률(n, %)의 관계를 옳게 나타낸 것은?

① $e = \dfrac{1-n/100}{n/100}$

② $e = \dfrac{n/100}{1-n/100}$

③ $e = \dfrac{1+n/100}{n/100}$

④ $e = \dfrac{1+n/100}{1-n/100}$

02 흙의 비중이 2.60, 함수비 30%, 간극비 0.80일 때 포화도는?

① 24.0%

② 62.0%

③ 78.0%

④ 97.5%

03 함수비 15%인 흙 2,300g이 있다. 이 흙의 함수비를 25%가 되도록 증가시키려면 얼마의 물을 가해야 하는가?

① 200g

② 230g

③ 345g

④ 575g

04 흙 입자의 비중은 2.56, 함수비는 35%, 습윤단위중량은 1.75g/cm³일 때 간극률은 약 얼마인가?

① 32%　　② 37%
③ 43%　　④ 49%

05 노건조한 흙 시료의 부피가 1,000cm³, 무게가 1,700g, 비중이 2.65이라면 간극비는?

① 0.71　　② 0.43
③ 0.65　　④ 0.56

06 습윤단위중량이 19kN/m³, 함수비 25%, 비중이 2.7인 경우 건조단위중량과 포화도는?(단, 물의 단위중량은 9.81kN/m³이다.)

① 17.3kN/m³, 97.8%　　② 17.3kN/m³, 90.9%
③ 15.2kN/m³, 97.8%　　④ 15.2kN/m³, 90.9%

07 자연상태의 모래지반을 다져 e_{min}에 이르도록 했다면 이 지반의 상대밀도는?

① 0%　　② 50%
③ 75%　　④ 100%

08 모래지반의 현장상태 습윤 단위 중량을 측정한 결과 $1.8\mathrm{t/m^3}$으로 얻어졌으며 동일한 모래를 채취하여 실내에서 가장 조밀한 상태의 간극비를 구한 결과 $e_{min}=0.45$, 가장 느슨한 상태의 간극비를 구한 결과 $e_{max}=0.92$를 얻었다. 현장상태의 상대밀도는 약 몇 %인가?(단, 모래의 비중 $G_s=2.7$이고, 현장상태의 함수비 $w=0\%$이다.)

① 44% ② 57%
③ 64% ④ 80%

09 현장에서 다짐된 사질토의 상대다짐도가 95%이고 최대 및 최소 건조단위중량이 각각 $1.76\mathrm{t/m^3}$, $1.5\mathrm{t/m^3}$라고 할 때 현장시료의 상대밀도는?

① 74% ② 69%
③ 64% ④ 59%

10 흙의 활성도에 대한 설명으로 틀린 것은?

① 점토의 활성도가 클수록 물을 많이 흡수하여 팽창이 많이 일어난다.
② 활성도는 $2\mu\mathrm{m}$ 이하의 점토함유율에 대한 액성지수의 비로 정의된다.
③ 활성도는 점토광물의 종류에 따라 다르므로 활성도로부터 점토를 구성하는 점토광물을 추정할 수 있다.
④ 흙 입자의 크기가 작을수록 비표면적이 커져 물을 많이 흡수하므로, 흙의 활성은 점토에서 뚜렷이 나타난다.

11 어느 점토의 체가름 시험과 액 · 소성시험 결과 0.002mm(2μm) 이하의 입경이 전 시료 중량의 90%, 액성한계 60%, 소성한계 20%였다. 이 점토 광물의 주성분은 어느 것으로 추정되는가?

① Kaolinite ② Illite
③ Calcite ④ Montmorillonite

12 3층 구조로 구조결합 사이에 치환성 양이온이 있어 활성이 크고 시트 사이에 물이 들어가 팽창 수축이 크고 공학적 안정성은 약한 점토 광물은?

① Kaolinite ② Illite
③ Momtmorillonite ④ Sand

13 두 개의 규소판 사이에 한 개의 알루미늄판이 결합된 3층 구조가 무수히 많이 연결되어 형성된 점토광물로서 각 3층 구조 사이에는 칼륨이온(K^+)으로 결합되어 있는 것은?

① 몬모릴로나이트(Montmorillonite)
② 할로이사이트(Halloysite)
③ 고령토(Kaolinite)
④ 일라이트(Illite)

14 아래와 같은 흙의 입도분포곡선에 대한 설명으로 옳은 것은?

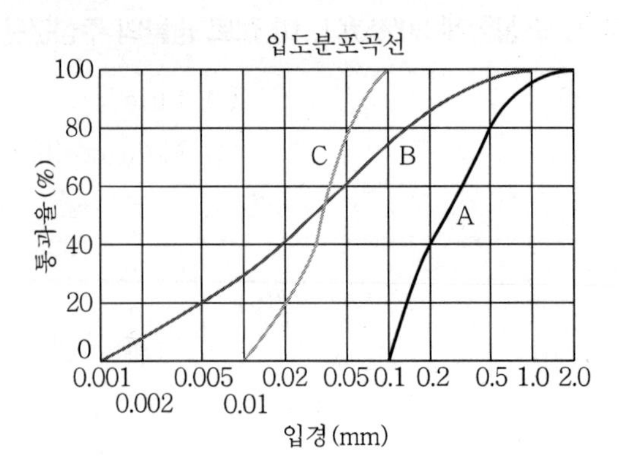

① A는 B보다 유효경이 작다.

② A는 B보다 균등계수가 작다.

③ C는 B보다 균등계수가 크다.

④ B는 C보다 유효경이 크다.

15 어떤 흙의 입경가적곡선에서 $D_{10}=0.05$mm, $D_{30}=0.09$mm, $D_{60}=0.15$mm이었다. 균등계수(C_u)와 곡률계수(C_g)의 값은?

① 균등계수=1.7, 곡률계수=2.45

② 균등계수=2.4, 곡률계수=1.82

③ 균등계수=3.0, 곡률계수=1.08

④ 균등계수=3.5, 곡률계수=2.08

16 흙의 공학적 분류방법 중 통일분류법과 관계없는 것은?

① 소성도　　② 액성한계
③ No.200체 통과율　　④ 군지수

17 시료가 점토인지 아닌지를 알아보고자 할 때 다음 중 가장 거리가 먼 사항은?

① 소성지수
② 소성도 A선
③ 포화도
④ 200번(0.075mm)체 통과량

18 아래 표와 같은 흙을 통일분류법에 따라 분류한 것으로 옳은 것은?

- No.4번체(4.75mm체) 통과율이 37.5%
- No.200번체(0.075mm체) 통과율이 2.3%
- 균등계수는 7.9
- 곡률계수는 1.4

① GW　　② GP
③ SW　　④ SP

19 4.75mm체(4번 체) 통과율이 90%이고, 0.075mm체(200번 체) 통과율이 4%, $D_{10}=0.25$mm, $D_{30}=0.6$mm, $D_{60}=2$mm인 흙을 통일분류법으로 분류하면?

① GW ② GP
③ SW ④ SP

20 통일분류법에 의해 흙이 MH로 분류되었다면, 이 흙의 공학적 성질로 가장 옳은 것은?

① 액성한계가 50% 이하인 점토이다.
② 액성한계가 50% 이상인 실트이다.
③ 소성한계가 50% 이하인 실트이다.
④ 소성한계가 50% 이상인 점토이다.

21 어떤 시료를 입도분석한 결과, 0.075mm 체 통과율이 65%이었고, 애터버그한계 시험결과 액성한계가 40%이었으며 소성도표(Plasticity Chart)에서 A선 위의 구역에 위치한다면 이 시료의 통일분류법(USCS)상 기호로서 옳은 것은?(단, 시료는 무기질이다.)

① CL ② ML
③ CH ④ MH

22 **흙의 분류법인 AASHTO분류법과 통일분류법을 비교 · 분석한 내용으로 틀린 것은?**

① 통일분류법은 0.075mm체 통과율 35%를 기준으로 조립토와 세립토로 분류하는데 이것은 AASHTO분류법보다 적합하다.

② 통일분류법은 입도분포, 액성한계, 소성지수 등을 주요 분류인자로 한 분류법이다.

③ AASHTO분류법은 입도분포, 군지수 등을 주요 분류인자로 한 분류법이다.

④ 통일분류법은 유기질토 분류방법이 있으나 AASHTO분류법은 없다.

CHAPTER 02

공기업 토목직 1300제

흙 속에서의 물의 흐름

01 흙의 투수성에서 사용되는 Darcy의 법칙$\left(Q=k\cdot\dfrac{\Delta h}{L}\cdot A\right)$에 대한 설명으로 틀린 것은?

① Δh는 수두차이다.
② 투수계수(k)의 차원은 속도의 차원(cm/s)과 같다.
③ A는 실제로 물이 통하는 공극부분의 단면적이다.
④ 물의 흐름이 난류인 경우에는 Darcy의 법칙이 성립하지 않는다.

02 그림에서 흙의 단면적이 40cm²이고 투수계수가 0.1cm/s일 때 흙 속을 통과하는 유량은?

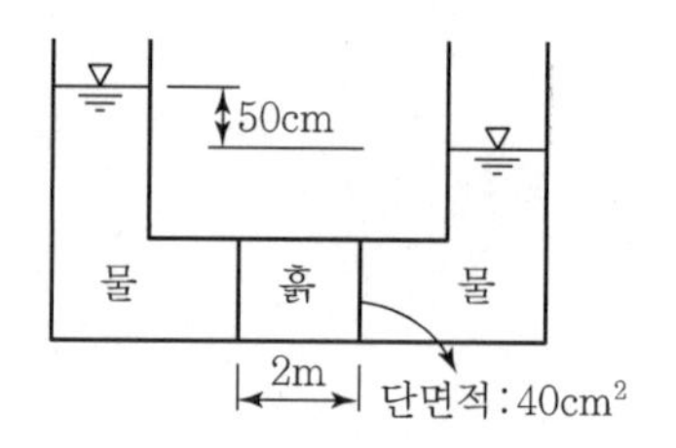

① $1\text{m}^3/\text{h}$
② $1\text{cm}^3/\text{s}$
③ $100\text{m}^3/\text{h}$
④ $100\text{cm}^3/\text{s}$

03 다음 중 투수계수를 좌우하는 요인이 아닌 것은?

① 토립자의 비중
② 토립자의 크기
③ 포화도
④ 간극의 형상과 배열

04 흙의 투수계수에 영향을 미치는 요소들로만 구성된 것은?

㉮ 흙입자의 크기
㉯ 간극비
㉰ 간극의 모양과 배열
㉱ 활성도
㉲ 물의 점성계수
㉳ 포화도
㉴ 흙의 비중

① ㉮, ㉯, ㉱, ㉳
② ㉮, ㉯, ㉰, ㉲, ㉳
③ ㉮, ㉯, ㉱, ㉲, ㉴
④ ㉯, ㉰, ㉲, ㉴

05 흙 속에서 물의 흐름에 대한 설명으로 틀린 것은?

① 투수계수는 온도에 비례하고 점성에 반비례한다.
② 불포화토는 포화토에 비해 유효응력이 작고, 투수계수가 크다.
③ 흙 속의 침투수량은 Darcy 법칙, 유선망, 침투해석 프로그램 등에 의해 구할 수 있다.
④ 흙 속에서 물이 흐를 때 수두차가 커져 한계동수구배에 이르면 분사현상이 발생한다.

06 흙의 투수계수(K)에 관한 설명으로 옳은 것은?

① 투수계수(K)는 물의 단위중량에 반비례한다.
② 투수계수(K)는 입경의 제곱에 반비례한다.
③ 투수계수(K)는 형상계수에 반비례한다.
④ 투수계수(K)는 점성계수에 반비례한다.

07 다음 그림에서 C점의 압력수두 및 전수두 값은 얼마인가?

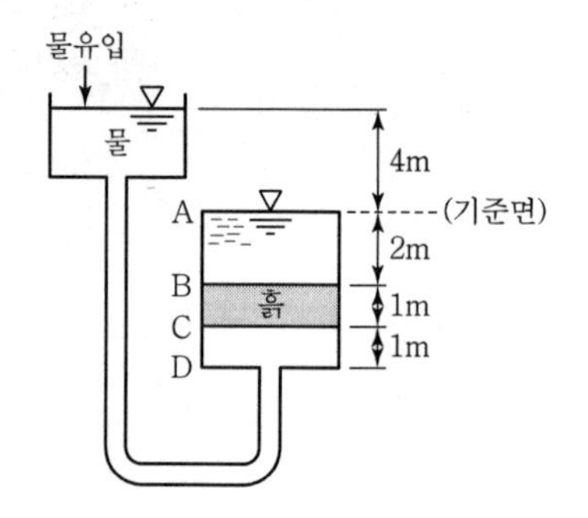

① 압력수두 3m, 전수두 2m
② 압력수두 7m, 전수두 0m
③ 압력수두 3m, 전수두 3m
④ 압력수두 7m, 전수두 4m

08 $\Delta h_1 = 5$이고, $k_{v2} = 10k_{v1}$일 때, k_{v3}의 크기는?

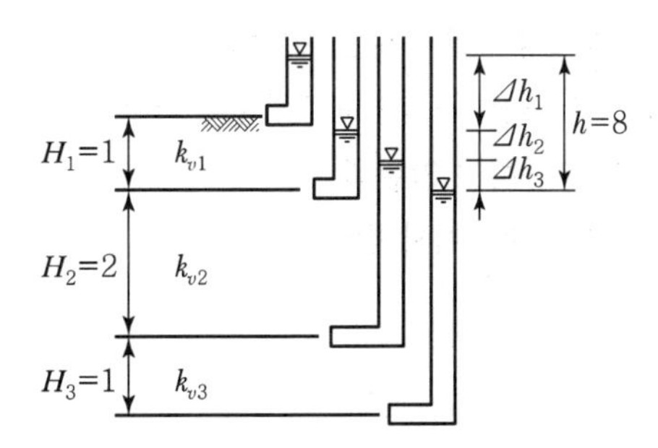

① $1.0k_{v1}$　　② $1.5k_{v1}$
③ $2.0k_{v1}$　　④ $2.5k_{v1}$

09 아래 그림에서 각 층의 손실수두 Δh_1, Δh_2, Δh_3를 각각 구한 값으로 옳은 것은?(단, K는 cm/s, H와 Δh는 m단위이다.)

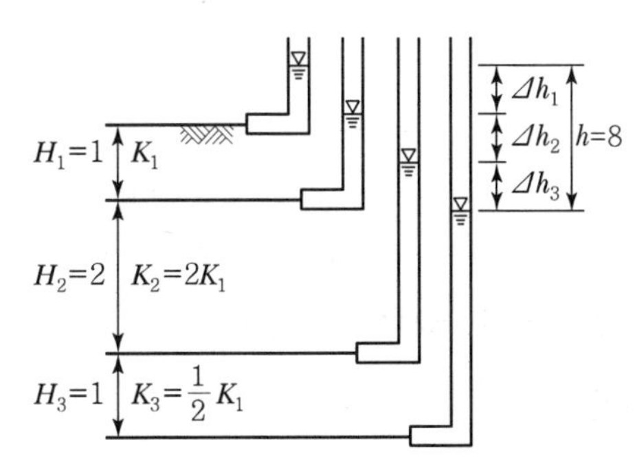

① $\Delta h_1 = 2$, $\Delta h_2 = 2$, $\Delta h_3 = 4$
② $\Delta h_1 = 2$, $\Delta h_2 = 3$, $\Delta h_3 = 3$
③ $\Delta h_1 = 2$, $\Delta h_2 = 4$, $\Delta h_3 = 2$
④ $\Delta h_1 = 2$, $\Delta h_2 = 5$, $\Delta h_3 = 1$

10 유선망의 특징에 대한 설명으로 틀린 것은?

① 균질한 흙에서 유선과 등수두선은 상호 직교한다.
② 유선 사이에서 수두감소량(Head Loss)은 동일하다.
③ 유선은 다른 유선과 교차하지 않는다.
④ 유선망은 경계조건을 만족하여야 한다.

11 유선망은 이론상 정사각형으로 이루어진다. 동수경사가 가장 큰 곳은?

① 어느 곳이나 동일함
② 땅속 제일 깊은 곳
③ 정사각형이 가장 큰 곳
④ 정사각형이 가장 작은 곳

12 유선망의 특징을 설명한 것으로 옳지 않은 것은?

① 각 유로의 침투유량은 같다.
② 유선과 등수두선은 서로 직교한다.
③ 유선망으로 이루어지는 사각형은 이론상 정사각형이다.
④ 침투속도 및 동수구배는 유선망의 폭에 비례한다.

13 다음과 같이 널말뚝을 박은 지반의 유선망을 작도하는 데 있어서 경계조건에 대한 설명으로 틀린 것은?

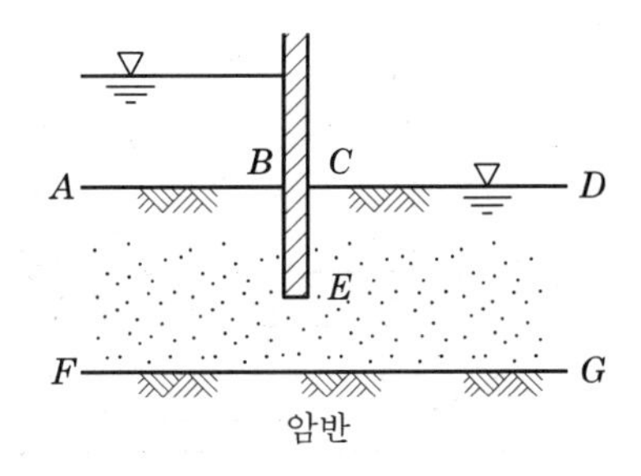

① $\overline{AB}$는 등수두선이다.

② $\overline{CD}$는 등수두선이다.

③ $\overline{EG}$는 유선이다.

④ $\overline{BEC}$는 등수두선이다.

14 그림의 유선망에 대한 설명 중 틀린 것은?(단, 흙의 투수계수는 2.5×10^{-3}cm/sec)

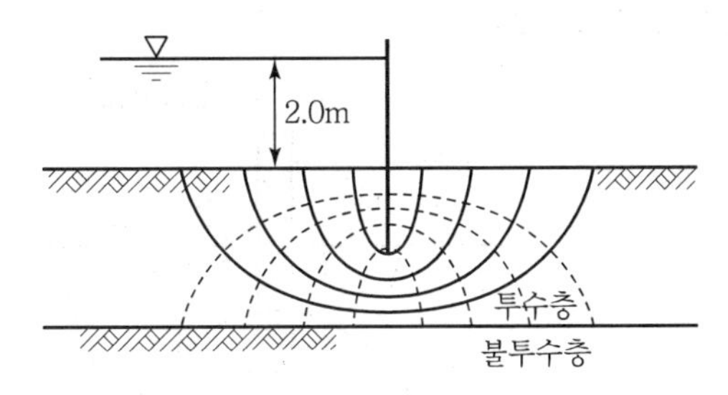

① 유선의 수=6

② 등수두선의 수=6

③ 유로의 수=5

④ 전 침투유량 Q=0.278cm³/cec

15 침투유량(q) 및 B점에서의 간극수압(u_B)을 구한 값으로 옳은 것은?(단, 투수층의 투수계수는 3×10^{-1}cm/sec이다.)

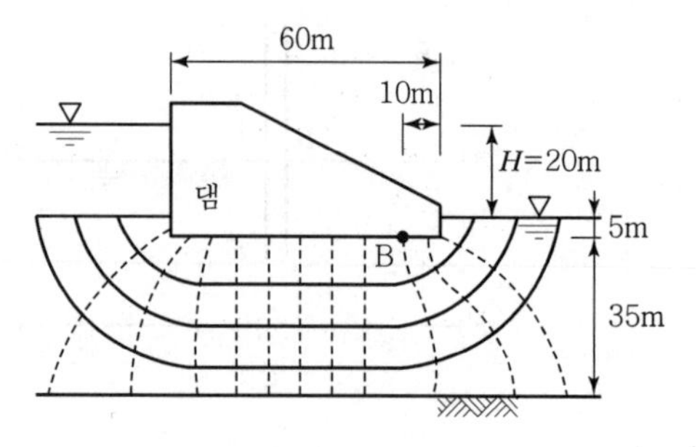

① $q=100\text{cm}^3/\text{sec/cm}$, $u_B=0.5\text{kg/cm}^2$

② $q=100\text{cm}^3/\text{sec/cm}$, $u_B=1.0\text{kg/cm}^2$

③ $q=200\text{cm}^3/\text{sec/cm}$, $u_B=0.5\text{kg/cm}^2$

④ $q=200\text{cm}^3/\text{sec/cm}$, $u_B=1.0\text{kg/cm}^2$

16 다음 그림에서 A점의 간극수압은?

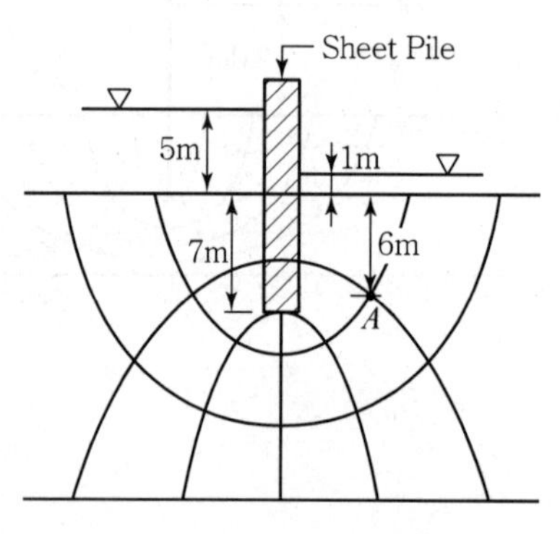

① 4.87t/m^2

② 6.67t/m^2

③ 12.31t/m^2

④ 4.65t/m^2

17 포화된 지반의 간극비를 e, 함수비를 w, 간극률을 n, 비중을 G_s라 할 때 다음 중 한계동수경사를 나타내는 식으로 적절한 것은?

① $\frac{G_s+1}{1+e}$
② $\frac{e-w}{w(1+e)}$
③ $(1+n)(G_s-1)$
④ $\frac{G_s(1-w+e)}{(1+G_s)(1+e)}$

18 포화단위중량이 1.8t/m³인 흙에서의 한계동수경사는 얼마인가?

① 0.8
② 1.0
③ 1.8
④ 2.0

19 어느 모래층의 간극률이 35%, 비중이 2.66이다. 이 모래의 분사현상(Quick Sand)에 대한 한계동수경사는 얼마인가?

① 0.99
② 1.08
③ 1.16
④ 1.32

20 어느 흙댐의 동수경사가 1.0, 흙의 비중이 2.65, 함수비가 40%인 포화토에 있어서 분사현상에 대한 안전율을 구하면?

① 0.8
② 1.0
③ 1.2
④ 1.4

21 그림과 같은 조건에서 분사현상에 대한 안전율을 구하면?(단, 모래의 $\gamma_{sat}=2.0\text{t/m}^3$이다.)

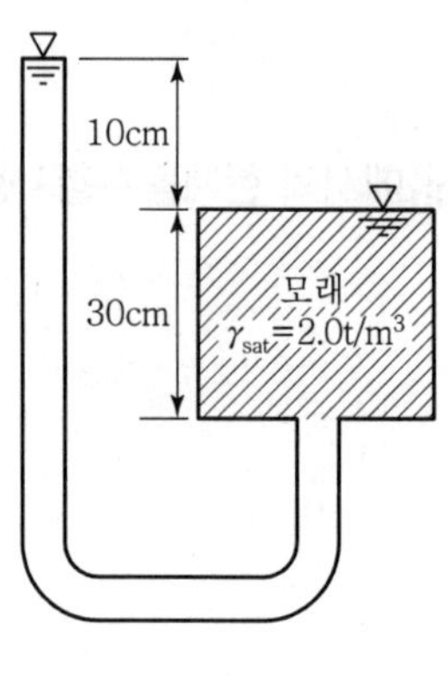

① 1.0
② 2.0
③ 2.5
④ 3.0

22 널말뚝을 모래지반에 5m 깊이로 박았을 때 상류와 하류의 수두차가 4m이었다. 이때 모래지반의 포화단위중량이 19.62kN/m^3이다. 현재 이 지반의 분사현상에 대한 안전율은?(단, 물의 단위중량은 9.81kN/m^3이다.)

① 0.85
② 1.25
③ 1.85
④ 2.25

23 간극률이 50%, 함수비가 40%인 포화토에 있어서 지반의 분사현상에 대한 안전율이 3.5라고 할 때 이 지반에 허용되는 최대동수경사는?

① 0.21　　② 0.51
③ 0.61　　④ 1.00

24 그림에서 안전율 3을 고려하는 경우, 수두차 h를 최소 얼마로 높일 때 모래시료에 분사현상이 발생하겠는가?

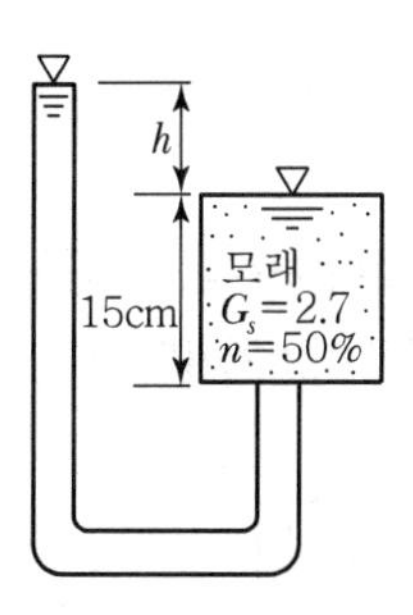

① 12.75cm　　② 9.75cm
③ 4.25cm　　④ 3.25cm

25 다음 그림과 같이 피압수압을 받고 있는 2m 두께의 모래층이 있다. 그 위의 포화된 점토층을 5m 깊이로 굴착하는 경우 분사현상이 발생하지 않기 위한 수심(h)은 최소 얼마를 초과하도록 하여야 하는가?

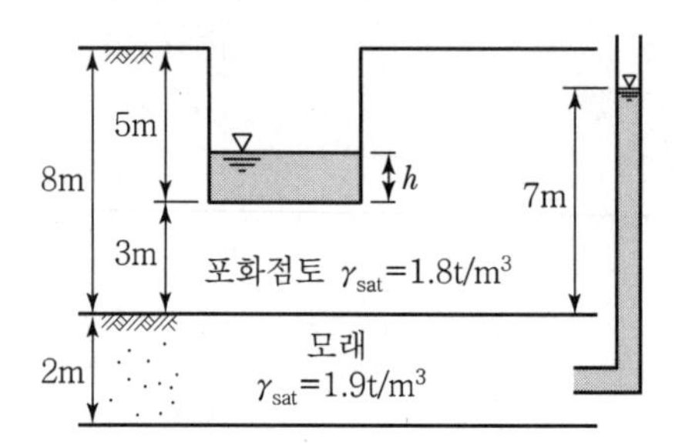

① 1.3m
② 1.6m
③ 1.9m
④ 2.4m

26 그림과 같이 모래층에 널말뚝을 설치하여 물막이공 내의 물을 배수하였을 때, 분사현상이 일어나지 않게 하려면 얼마의 압력을 가하여야 하는가?(단, 모래의 비중은 2.65, 간극비는 0.65, 안전율은 3이다.)

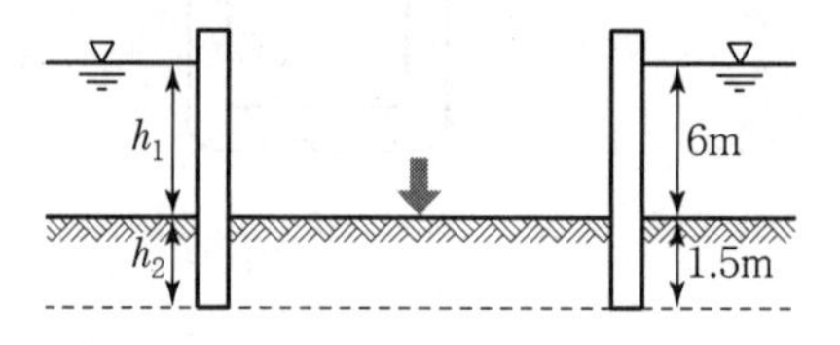

① 6.5t/m²
② 16.5t/m²
③ 23t/m²
④ 33t/m²

27 흙이 동상을 일으키기 위한 조건으로 가장 거리가 먼 것은?

① 아이스 렌즈를 형성하기 위한 충분한 물의 공급이 있을 것
② 양(+)이온을 다량 함유할 것
③ 0℃ 이하의 온도가 오랫동안 지속될 것
④ 동상이 일어나기 쉬운 토질일 것

28 흙의 동상에 영향을 미치는 요소가 아닌 것은?

① 모관 상승고
② 흙의 투수계수
③ 흙의 전단강도
④ 동결온도의 계속시간

29 동상방지대책에 대한 설명으로 틀린 것은?

① 배수구 등을 설치하여 지하수위를 저하시킨다.
② 지표의 흙을 화학약품으로 처리하여 동결온도를 내린다.
③ 동결 깊이보다 깊은 흙을 동결하지 않는 흙으로 치환한다.
④ 모관수의 상승을 차단하기 위해 조립의 차단층을 지하수위보다 높은 위치에 설치한다.

30 그림과 같은 지반 내에 유선망이 주어졌을 때 폭 10m에 대한 침투유량은?(단, 투수계수(K)는 2.2×10^{-2}cm/s이다.)

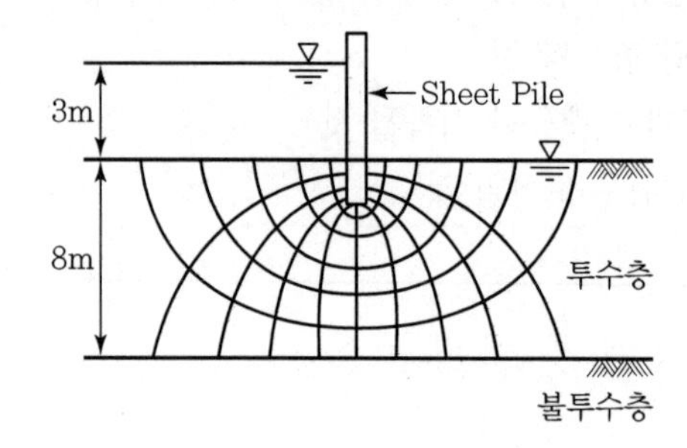

① $3.96cm^3/s$ ② $39.6cm^3/s$
③ $396cm^3/s$ ④ $3,960cm^3/s$

31 어떤 모래층의 간극비(e)는 0.2, 비중(G_s)은 2.60이었다. 이 모래가 분사현상(Quick Sand)이 일어나는 한계동수경사(i_c)는?

① 0.56 ② 0.95
③ 1.33 ④ 1.80

CHAPTER

공기업 토목직 1300제

03 지반내의 응력분포

01 아래 그림과 같은 지반의 A점에서 전응력(σ), 간극수압(u), 유효응력(σ')을 구하면?(단, 물의 단위중량은 9.81kN/m³이다.)

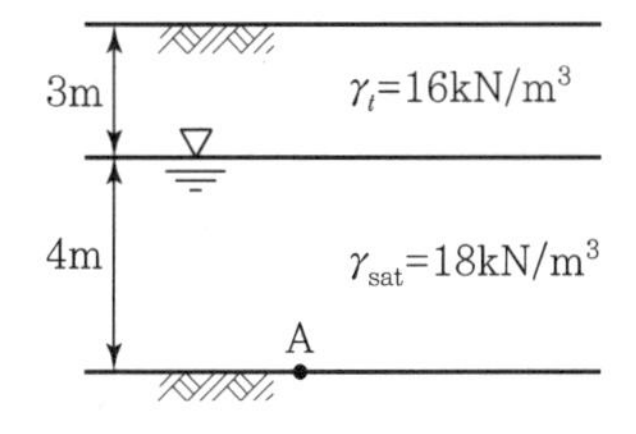

① $\sigma=100\text{kN/m}^2$, $u=9.8\text{kN/m}^2$, $\sigma'=90.2\text{kN/m}^2$

② $\sigma=100\text{kN/m}^2$, $u=29.4\text{kN/m}^2$, $\sigma'=70.6\text{kN/m}^2$

③ $\sigma=120\text{kN/m}^2$, $u=19.6\text{kN/m}^2$, $\sigma'=100.4\text{kN/m}^2$

④ $\sigma=120\text{kN/m}^2$, $u=39.2\text{kN/m}^2$, $\sigma'=80.8\text{kN/m}^2$

02 단위중량(γ_t)=19kN/m³, 내부마찰각(ϕ)=30°, 정지토압계수(K_o)=0.5인 균질한 사질토 지반이 있다. 이 지반의 지표면 아래 2m 지점에 지하수위면이 있고 지하수위면 아래의 포화단위중량(γ_{sat})=20kN/m³이다. 이때 지표면 아래 4m 지점에서 지반 내 응력에 대한 설명으로 틀린 것은?(단, 물의 단위중량은 9.81kN/m³이다.)

① 연직응력(σ_v)은 80kN/m²이다.

② 간극수압(u)은 19.62kN/m²이다.

③ 유효연직응력(σ_v')은 58.38kN/m²이다.

④ 유효수평응력(σ_h')은 29.19kN/m²이다.

03 유효응력에 관한 설명 중 옳지 않은 것은?

① 포화된 흙인 경우 전응력에서 공극수압을 뺀 값이다.

② 항상 전응력보다는 작은 값이다.

③ 점토지반의 압밀에 관계되는 응력이다.

④ 건조한 지반에서는 전응력과 같은 값으로 본다.

04 다음 그림에서 흙의 저면에 작용하는 단위면적당 침투수압은?

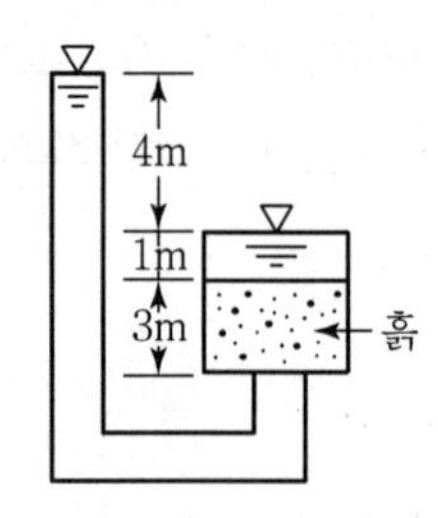

① $8t/m^2$　　② $5t/m^2$

③ $4t/m^2$　　④ $3t/m^2$

05 수조에 상방향의 침투에 의한 수두를 측정한 결과, 그림과 같이 나타났다. 이때, 수조 속에 있는 흙에 발생하는 침투력을 나타낸 식은?(단, 시료의 단면적은 A, 시료의 길이는 L, 시료의 포화 단위중량은 γ_{sat}, 물의 단위중량은 γ_w이다.)

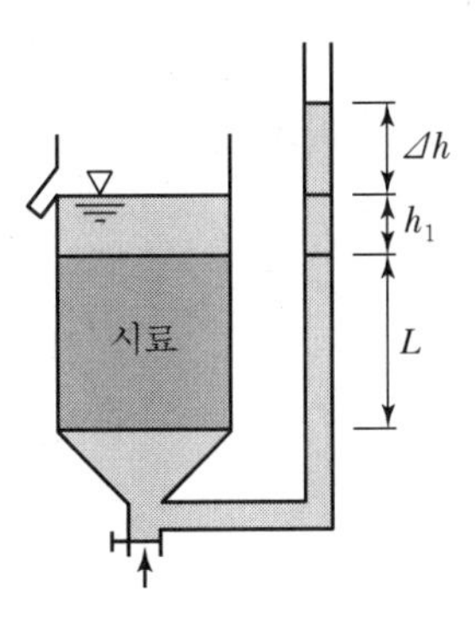

① $\Delta h \cdot \gamma_w \cdot \dfrac{A}{L}$

② $\Delta h \cdot \gamma_w \cdot A$

③ $\Delta h \cdot \gamma_{sat} \cdot A$

④ $\dfrac{\gamma_{sat}}{\gamma_w} \cdot A$

06 지표면에 집중하중이 작용할 때, 지중연직 응력증가량($\Delta\sigma_z$)에 관한 설명 중 옳은 것은?(단, Boussinesq 이론을 사용한다.)

① 탄성계수 E에 무관하다.
② 탄성계수 E에 정비례한다.
③ 탄성계수 E의 제곱에 정비례한다.
④ 탄성계수 E의 제곱에 반비례한다.

07 다음 그림과 같이 지표면에 집중하중이 작용할 때 A점에서 발생하는 연직응력의 증가량은?

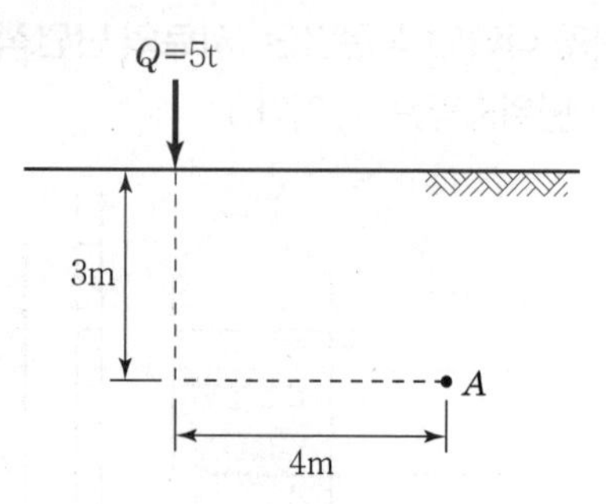

① 20.6kg/m²
② 24.4kg/m²
③ 27.2kg/m²
④ 30.3kg/m²

08 동일한 등분포 하중이 작용하는 그림과 같은 (A)와 (B) 두 개의 구형기초판에서 A와 B점의 수직 Z되는 깊이에서 증가되는 지중응력을 각각 σ_A, σ_B라 할 때 다음 중 옳은 것은?(단, 지반 흙의 성질은 동일함)

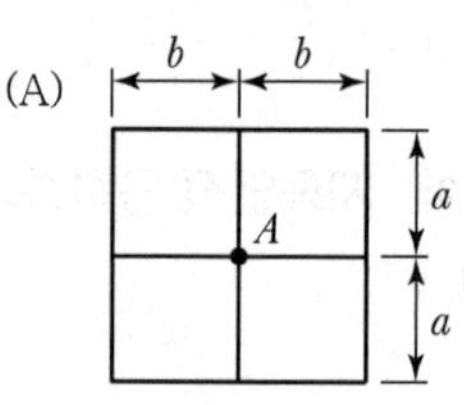

① $\sigma_A = \frac{1}{2}\sigma_B$
② $\sigma_A = \frac{1}{4}\sigma_B$
③ $\sigma_A = 2\sigma_B$
④ $\sigma_A = 4\sigma_B$

09 그림과 같이 2m×3m 크기의 기초에 $10t/m^2$의 등분포하중이 작용할 때, A점 아래 4m 깊이에서의 연직응력 증가량은?(단, 아래 표의 영향계수 값을 활용하여 구하며, $m=\frac{B}{z}$, $n=\frac{L}{z}$이고, B는 직사각형 단면의 폭, L은 직사각형 단면의 길이, z는 토층의 깊이이다.)

[영향계수(I)의 값]

m	0.25	0.5	0.5	0.5
n	0.5	0.25	0.75	1.0
I	0.048	0.048	0.115	0.122

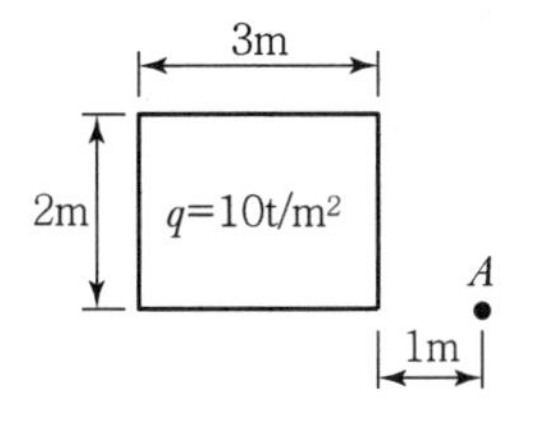

① $0.67t/m^2$ ② $0.74t/m^2$
③ $1.22t/m^2$ ④ $1.70t/m^2$

10 다음 중 임의 형태 기초에 작용하는 등분포하중으로 인하여 발생하는 지중응력계산에 사용하는 가장 적합한 계산법은?

① Boussinesq 법
② Osterberg 법
③ Newmark 영향원법
④ 2 : 1 간편법

11 지표면에 설치된 2m×2m의 정사각형 기초에 $100kN/m^2$의 등분포하중이 작용하고 있을 때 5m 깊이에 있어서의 연직응력 증가량을 2 : 1 분포법으로 계산한 값은?

① $0.83kN/m^2$
② $8.16kN/m^2$
③ $19.75kN/m^2$
④ $28.57kN/m^2$

12 5m×10m의 장방형 기초 위에 $q=60kN/m^2$의 등분포하중이 작용할 때, 지표면 아래 10m에서의 연직응력증가량($\Delta\sigma_v$)은?(단, 2 : 1 응력분포법을 사용한다.)

① $10kN/m^2$　② $20kN/m^2$
③ $30kN/m^2$　④ $40kN/m^2$

13 사질토 지반에 축조되는 강성기초의 접지압 분포에 대한 설명 중 맞는 것은?

① 기초 모서리 부분에서 최대 응력이 발생한다.
② 기초에 작용하는 접지압 분포는 토질에 관계없이 일정하다.
③ 기초의 중앙 부분에서 최대 응력이 발생한다.
④ 기초 밑면의 응력은 어느 부분이나 동일하다.

14 점토 지반의 강성 기초의 접지압 분포에 대한 설명으로 옳은 것은?

① 기초 모서리 부분에서 최대응력이 발생한다.
② 기초 중앙 부분에서 최대응력이 발생한다.
③ 기초 밑면의 응력은 어느 부분이나 동일하다.
④ 기초 밑면에서의 응력은 토질에 관계없이 일정하다.

15 접지압(또는 지반반력)이 그림과 같이 되는 경우는?

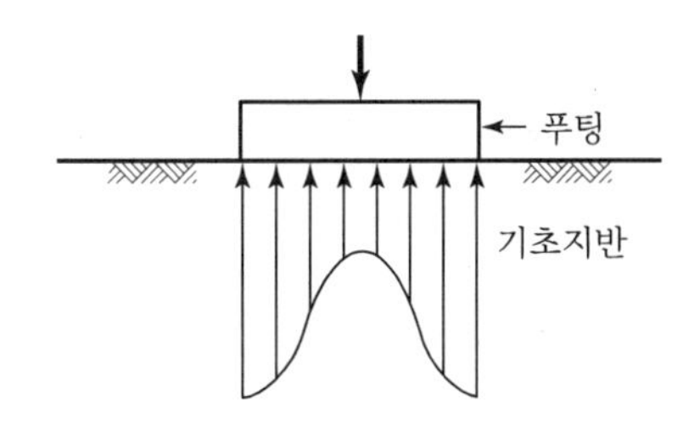

① 푸팅 : 강성, 기초지반 : 점토
② 푸팅 : 강성, 기초지반 : 모래
③ 푸팅 : 연성, 기초지반 : 점토
④ 푸팅 : 연성, 기초지반 : 모래

16 그림에서 $a-a'$면 바로 아래의 유효응력은?(단, 흙의 간극비(e)는 0.4, 비중(G_s)은 2.65, 물의 단위중량은 9.81kN/m^{3}이다.)

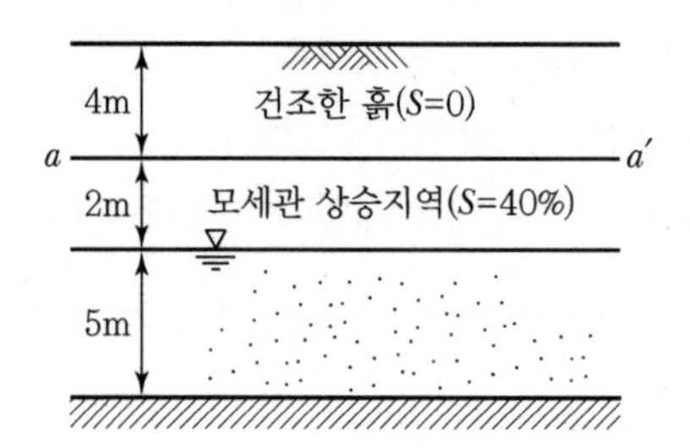

① 68.2kN/m^2　　② 82.1kN/m^2

③ 97.4kN/m^2　　④ 102.1kN/m^2

CHAPTER

공기업 토목직 1300제

04 흙의 다짐

01 흙의 다짐 효과에 대한 설명 중 틀린 것은?

① 흙의 단위중량 증가
② 투수계수 감소
③ 전단강도 저하
④ 지반의 지지력 증가

02 흙의 다짐에 있어 래머의 중량이 2.5kg, 낙하고 30cm, 3층으로 각 층 다짐횟수가 25회일 때 다짐에너지는?(단, 몰드의 체적은 $1,000cm^3$이다.)

① $5.63kg \cdot cm/cm^3$
② $5.96kg \cdot cm/cm^3$
③ $10.45kg \cdot cm/cm^3$
④ $0.66kg \cdot cm/cm^3$

03 흙의 다짐시험에서 다짐에너지를 증가시킬 때 일어나는 결과는?

① 최적함수비는 증가하고, 최대건조 단위중량은 감소한다.
② 최적함수비는 감소하고, 최대건조 단위중량은 증가한다.
③ 최적함수비와 최대건조 단위중량이 모두 감소한다.
④ 최적함수비와 최대건조 단위중량이 모두 증가한다.

04 흙의 다짐에 대한 설명으로 틀린 것은?

① 최적함수비는 흙의 종류와 다짐 에너지에 따라 다르다.
② 일반적으로 조립토일수록 다짐곡선의 기울기가 급하다.
③ 흙이 조립토에 가까울수록 최적함수비가 커지며 최대 건조단위중량은 작아진다.
④ 함수비의 변화에 따라 건조단위중량이 변하는데, 건조단위중량이 가장 클 때의 함수비를 최적함수비라 한다.

05 다짐에 대한 다음 설명 중 옳지 않은 것은?

① 세립토의 비율이 클수록 최적함수비는 증가한다.
② 세립토의 비율이 클수록 최대건조 단위중량은 증가한다.
③ 다짐에너지가 클수록 최적함수비는 감소한다.
④ 최대건조 단위중량은 사질토에서 크고 점성토에서 작다.

06 흙의 다짐에 대한 설명 중 틀린 것은?

① 일반적으로 흙의 건조밀도는 가하는 다짐에너지가 클수록 크다.
② 모래질 흙은 진동 또는 진동을 동반하는 다짐 방법이 유효하다.
③ 건조밀도－함수비 곡선에서 최적 함수비와 최대건조밀도를 구할 수 있다.
④ 모래질을 많이 포함한 흙의 건조밀도－함수비 곡선의 경사는 완만하다.

07 흙의 다짐에 대한 설명으로 틀린 것은?

① 다짐에너지가 증가할수록 최대 건조단위중량은 증가한다.
② 최적함수비는 최대 건조단위중량을 나타낼 때의 함수비이며, 이때 포화도는 100%이다.
③ 흙의 특수성 감소가 요구될 때에는 최적함수비의 습윤 측에서 다짐을 실시한다.
④ 다짐에너지가 증가할수록 최적함수비는 감소한다.

08 점토의 다짐에서 최적함수비보다 함수비가 적은 건조 측 및 함수비가 많은 습윤 측에 대한 설명으로 옳지 않은 것은?

① 다짐의 목적에 따라 습윤 및 건조 측으로 구분하여 다짐계획을 세우는 것이 효과적이다.
② 흙의 강도 증가가 목적인 경우, 건조 측에서 다지는 것이 유리하다.
③ 습윤 측에서 다지는 경우, 투수계수 증가 효과가 크다.
④ 다짐의 목적이 차수를 목적으로 하는 경우, 습윤 측에서 다지는 것이 유리하다.

09 흙의 다짐에 관한 설명 중 옳지 않은 것은?

① 조립토는 세립토보다 최적함수비가 작다.
② 최대 건조단위중량이 큰 흙일수록 최적 함수비는 작은 것이 보통이다.
③ 점성토 지반을 다질 때는 진동 롤러로 다지는 것이 유리하다.
④ 일반적으로 다짐 에너지를 크게 할수록 최대 건조단위중량은 커지고 최적함수비는 줄어든다.

10 다음 표는 흙의 다짐에 대해 설명한 것이다. 옳게 설명한 것을 모두 고른 것은?

(1) 사질토에서 다짐에너지가 클수록 최대건조단위 중량은 커지고 최적함수비는 줄어든다.
(2) 입도분포가 좋은 사질토가 입도분포가 균등한 사질토보다 더 잘 다져진다.
(3) 다짐곡선은 반드시 영공기간극곡선의 왼쪽에 그려진다.
(4) 양족롤러(Sheepsfoot Roller)는 점성토를 다지는 데 적합하다.
(5) 점성토에서 흙은 최적함수비보다 큰 함수비로 다지면 면모구조를 보이고 작은 함수비로 다지면 이산구조를 보인다.

① (1), (2), (3), (4)
② (1), (2), (3), (5)
③ (1), (4), (5)
④ (2), (4), (5)

11 현장 흙의 밀도시험 중 모래치환법에서 모래는 무엇을 구하기 위하여 사용하는가?

① 시험구멍에서 파낸 흙의 중량
② 시험구멍의 체적
③ 지반의 지지력
④ 흙의 함수비

12 흙의 다짐시험을 실시한 결과 다음과 같았다. 이 흙의 건조단위중량은 얼마인가?

- 몰드+젖은 시료 무게 : 3,612g
- 몰드 무게 : 2,143g
- 젖은 흙의 함수비 : 15.4%
- 몰드의 체적 : $944cm^3$

① $1.35g/cm^3$
② $1.56g/cm^3$
③ $1.31g/cm^3$
④ $1.42g/cm^3$

13 현장 도로 토공에서 모래치환법에 의한 흙의 밀도 시험을 하였다. 파낸 구멍의 체적이 $V=1,960\text{cm}^3$, 흙의 질량이 3,390g이고, 이 흙의 함수비는 10%였다. 실험실에서 구한 최대 건조 밀도 $\gamma_{d\max}=1.65\text{g/cm}^3$일 때 다짐도는?

① 85.6%
② 91.0%
③ 95.3%
④ 98.7%

14 도로 연장 3km 건설 구간에서 7개 지점의 시료를 채취하여 다음과 같은 CBR을 구하였다. 이때의 설계 CBR은 얼마인가?

- 7개의 CBR : 5.3, 5.7, 7.6, 8.7, 7.4, 8.6, 7.2

[설계 CBR 계산용 계수]

개수(n)	2	3	4	5	6	7	8	9	10 이상
d_2	1.41	1.91	2.24	2.48	2.67	2.83	2.96	3.08	3.18

① 4
② 5
③ 6
④ 7

15 다짐에 대한 설명으로 틀린 것은?

① 다짐에너지는 래머(Sampler)의 중량에 비례한다.
② 입도배합이 양호한 흙에서는 최대건조 단위중량이 높다.
③ 동일한 흙일지라도 다짐기계에 따라 다짐효과는 다르다.
④ 세립토가 많을수록 최적함수비가 감소한다.

CHAPTER

공기업 토목직 1300제

05 흙의 압밀

01 Terzaghi는 포화점토에 대한 1차 압밀이론에서 수학적 해를 구하기 위하여 다음과 같은 가정을 하였다. 이 중 옳지 않은 것은?

① 흙은 균질하다.
② 흙은 완전히 포화되어 있다.
③ 흙 입자와 물의 압축성을 고려한다.
④ 흙 속에서의 물의 이동은 Darcy 법칙을 따른다.

02 Terzaghi의 1차원 압밀이론에 대한 가정으로 틀린 것은?

① 흙은 균질하다.
② 흙은 완전 포화되어 있다.
③ 압축과 흐름은 1차원적이다.
④ 압밀이 진행되면 투수계수는 감소한다.

03 흐트러지지 않은 시료를 이용하여 액성한계 40%, 소성한계 22.3%를 얻었다. 정규압밀점토의 압축지수(C_c)값을 Terzaghi와 Peck의 경험식에 의해 구하면?

① 0.25 ② 0.27
③ 0.30 ④ 0.35

04 표준압밀실험을 하였더니 하중 강도가 2.4kg/cm²에서 3.6kg/cm²로 증가할 때 간극비는 1.8에서 1.2로 감소하였다. 이 흙의 최종침하량은 약 얼마인가?(단, 압밀층의 두께는 20m이다.)

① 428.64cm ② 214.29cm
③ 642.86cm ④ 285.71cm

05 비중이 2.67, 함수비가 35%이며, 두께 10m인 포화점토층이 압밀 후에 함수비가 25%로 되었다면, 이 토층 높이의 변화량은 얼마인가?

① 113cm ② 128cm
③ 135cm ④ 155cm

06 다짐되지 않은 두께 2m, 상대밀도 40%의 느슨한 사질토 지반이 있다. 실내시험 결과 최대 및 최소 간극비가 0.80, 0.40으로 각각 산출되었다. 이 사질토를 상대밀도 70%까지 다짐할 때 두께는 얼마나 감소되겠는가?

① 12.41cm ② 14.63cm
③ 22.71cm ④ 25.83cm

07 연약지반에 구조물을 축조할 때 피조미터를 설치하여 과잉간극수압의 변화를 측정했더니 어떤 점에서 구조물 축조 직후 $10t/m^2$이었지만 4년 후는 $2t/m^2$이었다. 이때의 압밀도는?

① 20% ② 40%
③ 60% ④ 80%

08 그림과 같이 6m 두께의 모래층 밑에 2m 두께의 점토층이 존재한다. 지하수면은 지표 아래 2m 지점에 존재한다. 이때, 지표면에 $\Delta P = 5.0t/m^2$의 등분포하중이 작용하여 상당한 시간이 경과한 후, 점토층의 중간높이 A점에 피에조미터를 세워 수두를 측정한 결과, $h = 4.0m$로 나타났다면 A점의 압밀도는?

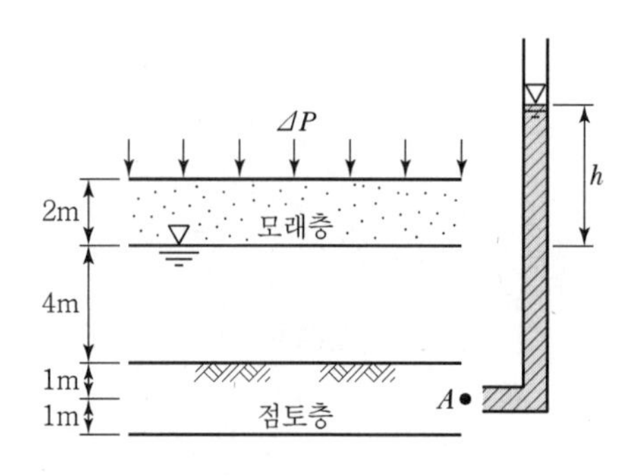

① 20% ② 30%
③ 50% ④ 80%

09 지표면에 4t/m²의 성토를 시행하였다. 압밀이 70% 진행되었다고 할 때 현재의 과잉 간극수압은?

① 0.8t/m²　　② 1.2t/m²
③ 2.2t/m²　　④ 2.8t/m²

10 두께가 4m터인 점토층이 모래층 사이에 끼어 있다. 점토층에 3t/m²의 유효응력이 작용하여 최종침하량이 10cm가 발생하였다. 실내압밀시험결과 측정된 압밀계수$(C_v) = 2 \times 10^{-4}\text{cm}^2/\text{sec}$라고 할 때 평균압밀도 50%가 될 때까지 소요일수는?

① 288일　　② 312일
③ 388일　　④ 456일

11 두께 5m의 점토층을 90% 압밀하는 데 50일이 걸렸다. 같은 조건하에서 10m의 점토층을 90% 압밀하는 데 걸리는 시간은?

① 100일　　② 160일
③ 200일　　④ 240일

12 10m 두께의 점토층이 10년 만에 90% 압밀이 된다면, 40m 두께의 동일한 점토층이 90% 압밀에 도달하는 데 소요되는 기간은?

① 16년　② 80년
③ 160년　④ 240년

13 두께 H인 점토층에 압밀하중을 가하여 요구되는 압밀도에 달할 때까지 소요되는 기간이 단면배수일 경우 400일이었다면 양면배수일 때는 며칠이 걸리겠는가?

① 800일　② 400일
③ 200일　④ 100일

14 모래지층 사이에 두께 6m의 점토층이 있다. 이 점토의 토질시험 결과가 아래 표와 같을 때, 이 점토층의 90% 압밀을 요하는 시간은 약 얼마인가?(단, 1년은 365일로 하고, 물의 단위중량(γ_w)은 9.81kN/m^{3}이다.)

- 간극비$(e) = 1.5$
- 압축계수$(a_v) = 4 \times 10^{-3}\text{m}^2/\text{kN}$
- 투수계수$(k) = 3 \times 10^{-7}\text{cm/s}$

① 50.7년　② 12.7년
③ 5.07년　④ 1.27년

15 어떤 점토의 압밀계수는 1.92×10^{-7}m²/s, 압축계수는 2.86×10^{-1}m²/kN이었다. 이 점토의 투수계수는?(단, 이 점토의 초기간극비는 0.8이고, 물의 단위중량은 9.81kN/m³이다.)

① 0.99×10^{-5}cm/s② 1.99×10^{-5}cm/s
③ 2.99×10^{-5}cm/s④ 3.99×10^{-5}cm/s

16 단위중량이 1.8t/m³인 점토지반의 지표면에서 5m 되는 곳의 시료를 채취하여 압밀시험을 실시한 결과 과압밀비(Over Consolidation ratio)가 2임을 알았다. 선행압밀압력은?

① 9t/m² ② 12t/m²
③ 15t/m² ④ 18t/m²

17 압밀시험에서 얻은 $e-\log P$ 곡선으로 구할 수 있는 것이 아닌 것은?

① 선행압밀압력 ② 팽창지수
③ 압축지수 ④ 압밀계수

18 상 · 하층이 모래로 되어 있는 두께 2m의 점토층이 어떤 하중을 받고 있다. 이 점토층의 투수계수가 5×10^{-7}cm/s, 체적변화계수(m_v)가 5.0cm² /kN일 때 90% 압밀에 요구되는 시간은?(단, 물의 단위중량은 9.81kN/m³이다.)

① 약 5.6일 ② 약 9.8일
③ 약 15.2일 ④ 약 47.2일

CHAPTER

공기업 토목직 1300제

06 흙의 전단강도

01 **Mohr 응력원에 대한 설명 중 옳지 않은 것은?**

① 임의 평면의 응력상태를 나타내는 데 매우 편리하다.
② 평면기점(origin of plane, O_p)은 최소주응력을 나타내는 원호 상에서 최소주응력면과 평행선이 만나는 점을 말한다.
③ σ_1과 σ_3의 차의 벡터를 반지름으로 해서 그린 원이다.
④ 한 면에 응력이 작용하는 경우 전단력이 0이면, 그 연직응력을 주응력으로 가정한다.

02 **최대주응력이 10t/m², 최소주응력이 4t/m²일 때 최소주응력 면과 45°를 이루는 평면에 일어나는 수직응력은?**

① 7t/m² ② 3t/m²
③ 6t/m² ④ 4t/m²

03 **어떤 지반의 미소한 흙요소에 최대 및 최소 주응력이 각각 1kg/cm² 및 0.6kg/cm²일 때, 최소주응력면과 60°를 이루는 면상의 전단응력은?**

① 0.10kg/cm² ② 0.17kg/cm²
③ 0.20kg/cm² ④ 0.27kg/cm²

04 다음은 정규압밀점토의 삼축압축 시험결과를 나타낸 것이다. 파괴 시의 전단응력 τ와 σ를 구하면?

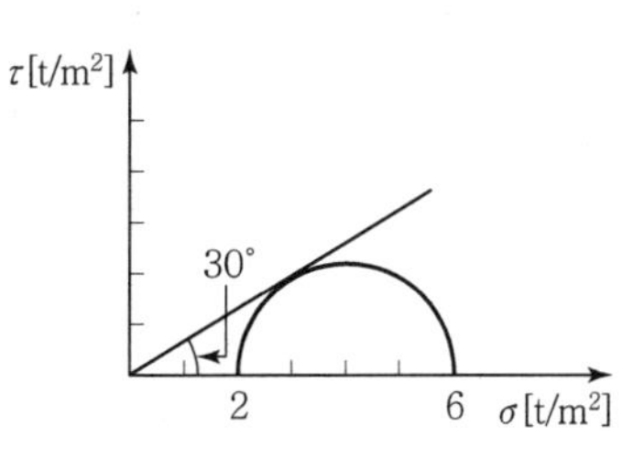

① $\tau=1.73\text{t/m}^2$, $\sigma=2.50\text{t/m}^2$
② $\tau=1.41\text{t/m}^2$, $\sigma=3.00\text{t/m}^2$
③ $\tau=1.41\text{t/m}^2$, $\sigma=2.50\text{t/m}^2$
④ $\tau=1.73\text{t/m}^2$, $\sigma=3.00\text{t/m}^2$

05 흙 시료의 전단파괴면을 미리 정해놓고 흙의 강도를 구하는 시험은?

① 직접전단시험
② 평판재하시험
③ 일축압축시험
④ 삼축압축시험

06 흙의 강도에 대한 설명으로 틀린 것은?

① 점성토에서는 내부마찰각이 작고 사질토에서는 점착력이 작다.
② 일축압축 시험은 주로 점성토에 많이 사용한다.
③ 이론상 모래의 내부마찰각은 0이다.
④ 흙의 전단응력은 내부마찰각과 점착력의 두 성분으로 이루어진다.

07 점착력이 0.1kg/cm^2, 내부마찰각이 30°인 흙에 수직응력 20kg/cm^{2}를 가할 경우 전단응력은?

① 20.1kg/cm^2
② 6.76kg/cm^2
③ 1.16kg/cm^2
④ 11.65kg/cm^2

08 사질토에 대한 직접 전단시험을 실시하여 다음과 같은 결과를 얻었다 내부마찰각은 약 얼마인가?

수직응력(kN/m^2)	30	60	90
최대전단응력(kN/m^2)	17.3	34.6	51.9

① 25°
② 30°
③ 35°
④ 40°

09 토질실험 결과 내부마찰각(ϕ)=30°, 점착력 c=0.5kg/cm^2, 간극수압이 8kg/cm^{2}이고 파괴면에 작용하는 수직응력이 30kg/cm^{2}일 때 이 흙의 전단응력은?

① 12.7kg/cm^2
② 13.2kg/cm^2
③ 15.8kg/cm^2
④ 19.5kg/cm^2

10 다음 그림과 같은 모래지반에서 깊이 4m 지점에서의 전단강도는?(단, 모래의 내부마찰각 $\phi=30°$, 점착력 $C=0$이다.)

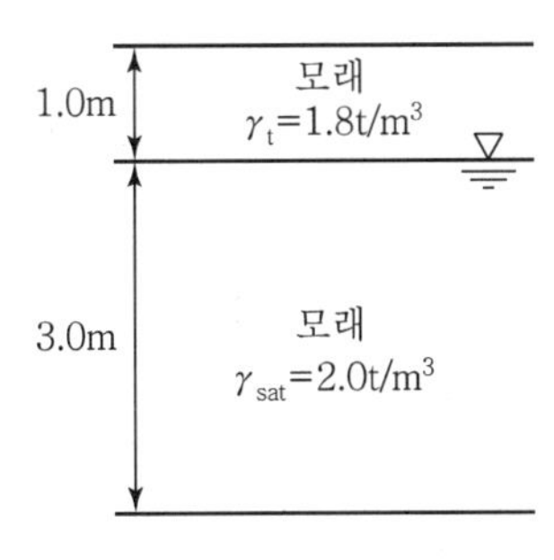

① 4.50t/m^2　　② 2.77t/m^2

③ 2.32t/m^2　　④ 1.86t/m^2

11 그림에서 A점 흙의 강도정수가 $c'=30\text{kN/m}^2$, $\phi'=30°$일 때, A점에서의 전단강도는?(단, 물의 단위중량은 9.81kN/m^3이다.)

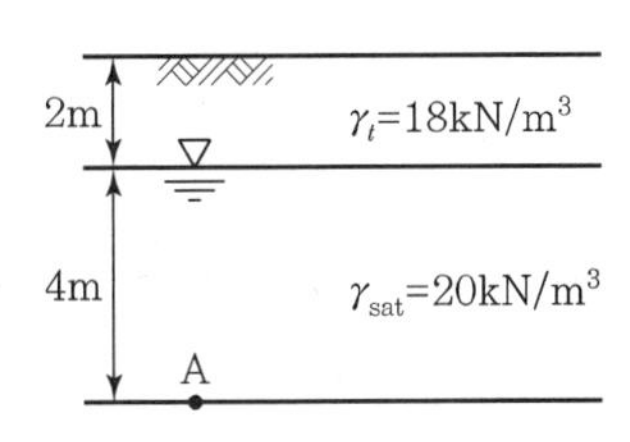

① 69.31kN/m^2　　② 74.32kN/m^2

③ 96.97kN/m^2　　④ 103.92kN/m^2

12 어떤 흙에 대해서 직접 전단시험을 한 결과 수직응력이 1.0MPa일 때 전단저항이 0.5MPa이었고, 수직응력이 2.0MPa일 때에는 전단저항이 0.8MPa이었다. 이 흙의 점착력은?

① 0.2MPa
② 0.3MPa
③ 0.8MPa
④ 1.0MPa

13 어떤 종류의 흙에 대해 직접전단(일면전단) 시험을 한 결과 다음 표와 같은 결과를 얻었다. 이 값으로부터 점착력(c)을 구하면?(단, 시료의 단면적은 $10cm^2$이다.)

수직하중(kg)	10.0	20.0	30.0
전단력(kg)	24.785	25.570	26.355

① $3.0kg/cm^2$
② $2.7kg/cm^2$
③ $2.4kg/cm^2$
④ $1.9kg/cm^2$

14 모래나 점토 같은 입상재료를 전단할 때 발생하는 다일러턴시(Dilatancy) 현상과 간극수압의 변화에 대한 설명으로 틀린 것은?

① 정규압밀 점토에서는 (−) 다일러턴시에 (+)의 간극수압이 발생한다.
② 과압밀 점토에서는 (+) 다일러턴시에 (−)의 간극수압이 발생한다.
③ 조밀한 모래에서는 (+) 다일러턴시가 일어난다.
④ 느슨한 모래에서는 (+) 다일러턴시가 일어난다.

15 입경이 균일한 포화된 사질지반에 지진이나 진동 등 동적하중이 작용하면 지반에서는 일시적으로 전단강도를 상실하게 되는데, 이러한 현상을 무엇이라고 하는가?

① 분사현상(Quick Sand)
② 틱소트로피현상(Thixotropy)
③ 히빙현상(Heaving)
④ 액상화현상(Liquefaction)

16 어떤 흙에 대해서 일축압축시험을 한 결과 일축압축 강도가 1.0kg/cm²이고 이 시료의 파괴면과 수평면이 이루는 각이 50°일 때 이 흙의 점착력(c_u)과 내부마찰각(ϕ)은?

① $c_u = 0.60\text{kg/cm}^2,\ \phi = 10°$
② $c_u = 0.42\text{kg/cm}^2,\ \phi = 50°$
③ $c_u = 0.60\text{kg/cm}^2,\ \phi = 50°$
④ $c_u = 0.42\text{kg/cm}^2,\ \phi = 10°$

17 흐트러지지 않은 연약한 점토시료를 재취하여 일축압축시험을 실시하였다. 공시체의 직경이 35mm, 높이가 100mm이고 파괴 시의 하중계의 읽음값이 2kg, 축방향의 변형량이 12mm일 때 이 시료의 전단강도는?

① 0.04kg/cm²
② 0.06kg/cm²
③ 0.09kg/cm²
④ 0.12kg/cm²

18 흙 시료의 일축압축시험 결과 일축압축강도가 0.3MPa이었다. 이 흙의 점착력은?(단, $\phi=0$인 점토이다.)

① 0.1MPa
② 0.15MPa
③ 0.3MPa
④ 0.6MPa

19 예민비가 큰 점토란 어느 것인가?

① 입자의 모양이 날카로운 점토
② 입자가 가늘고 긴 형태의 점토
③ 다시 반죽했을 때 강도가 감소하는 점토
④ 다시 반죽했을 때 강도가 증가하는 점토

20 점성토 시료를 교란시켜 재성형을 한 경우 시간이 지남에 따라 강도가 증가하는 현상을 나타내는 용어는?

① 크리프(Creep)
② 틱소트로피(Thixotropy)
③ 이방성(Anisotropy)
④ 아이소크론(Isocron)

21 모래의 밀도에 따라 일어나는 전단특성에 대한 다음 설명 중 옳지 않은 것은?

① 다시 성형한 시료의 강도는 작아지지만 조밀한 모래에서는 시간이 경과됨에 따라 강도가 회복된다.
② 내부마찰각(ϕ)은 조밀한 모래일수록 크다.
③ 직접 전단시험에 있어서 전단응력과 수평변위 곡선은 조밀한 모래에서는 Peak가 생긴다.
④ 조밀한 모래에서는 전단변형이 계속 진행되면 부피가 팽창한다.

22 현장에서 완전히 포화되었던 시료라 할지라도 시료채취 시 기포가 형성되어 포화도가 저하될 수 있다. 이 경우 생성된 기포를 원상태로 용해시키기 위해 작용시키는 압력을 무엇이라고 하는가?

① 구속압력(Confined Pressure)
② 축차응력(Diviator Stress)
③ 배압(Back Pressure)
④ 선행압밀압력(Preconsolidation Pressure)

23 정규압밀점토에 대하여 구속응력 1kg/cm^{2}로 압밀배수 시험한 결과 파괴 시 축차응력이 2kg/cm^{2}이었다. 이 흙의 내부마찰각은?

① 20° ② 25°
③ 30° ④ 40°

24 아래 표의 설명과 같은 경우 강도정수 결정에 적합한 삼축압축시험의 종류는?

최근에 매립된 포화 점성토 지반 위에 구조물을 시공한 직후의 초기 안정 검토에 필요한 지반 강도정수 결정

① 압밀배수 시험(CD)
② 압밀비배수 시험(CU)
③ 비압밀비배수 시험(UU)
④ 비압밀배수 시험(UD)

25 포화된 점토지반 위에 급속하게 성토하는 제방의 안정성을 검토할 때 이용해야 할 강도정수를 구하는 시험은?

① CU－Test ② UU－Test
③ $\overline{\text{CU}}$－Test ④ CD－Test

26 연약점토지반에 성토제방을 시공하고자 한다. 성토로 인한 재하속도가 과잉간극수압이 소산되는 속도보다 빠를 경우, 지반의 강도정수를 구하는 가장 적합한 시험방법은?

① 압밀 배수시험 ② 압밀 비배수시험
③ 비압밀 비배수시험 ④ 직접전단시험

27 성토나 기초지반에 있어 특히 점성토의 압밀완료 후 추가 성토 시 단기 안정문제를 검토하고자 하는 경우 적용되는 시험법은?

① 비압밀 비배수시험
② 압밀 비배수시험
③ 압밀 배수시험
④ 일축압축시험

28 포화된 점토에 대하여 비압밀비배수(UU) 삼축압축시험을 하였을 때의 결과에 대한 설명으로 옳은 것은?(단, ϕ는 마찰각이고 c는 점착력이다.)

① ϕ와 c가 나타나지 않는다.
② ϕ와 c가 모두 "0"이 아니다.
③ ϕ는 "0"이고, c는 "0"이 아니다.
④ ϕ는 "0"이 아니지만, c는 "0"이다.

29 다음 그림의 파괴포락선 중에서 완전포화된 점토를 UU(비압밀비배수) 시험했을 때 생기는 파괴포락선은?

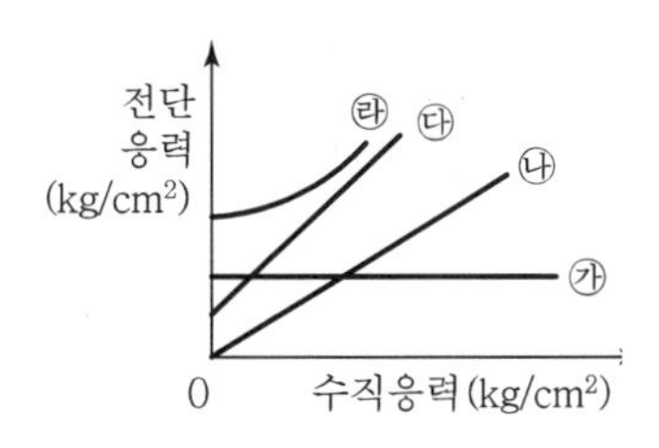

① ㉮
② ㉯
③ ㉰
④ ㉱

30 **아래 표의 식은 3축 압축시험에 있어서 간극수압을 측정하여 간극수압계수 A 를 계산하는 식이다. 이 식에 대한 설명으로 틀린 것은?**

$$\Delta u = B[\Delta\sigma_3 + A(\Delta\sigma_1 - \Delta\sigma_3)]$$

① 포화된 흙에서는 $B=1$이다.
② 정규압밀 점토에서는 A값이 1에 가까운 값을 나타낸다.
③ 포화된 점토에서 구속압력을 일정하게 할 경우 간극수압의 측정값과 축차응력을 알면 A값을 구할 수 있다.
④ 매우 과압밀된 점토의 A값은 언제나 (+)의 값을 갖는다.

31 **아래의 공식은 흙 시료에 삼축압력이 작용할 때 흙 시료 내부에 발생하는 간극수압을 구하는 공식이다. 이 식에 대한 설명으로 틀린 것은?**

$$\Delta u = B[\Delta\sigma_3 + A(\Delta\sigma_1 - \Delta\sigma_3)]$$

① 포화된 흙의 경우 $B=1$이다.
② 간극수압계수 A값은 언제나 (+)의 값을 갖는다.
③ 간극수압계수 A값은 삼축압축시험에서 구할 수 있다.
④ 포화된 점토에서 구속응력을 일정하게 두고 간극수압을 측정했다면, 축차응력과 간극수압으로부터 A값을 계산할 수 있다.

32 2.0kg/cm²의 구속응력을 가하여 시료를 완전히 압밀시킨 다음, 축차응력을 가하여 비배수 상태로 전단시켜 파괴 시 축변형률 $\varepsilon_f = 10\%$, 축차응력 $\Delta\sigma_f = 2.8\text{kg/cm}^2$, 간극수압 $\Delta u_f = 2.1\text{kg/cm}^2$를 얻었다. 파괴 시 간극수압계수 A는?(단, 간극수압계수 B는 1.0으로 가정한다.)

① 0.44
② 0.75
③ 1.33
④ 2.27

33 그림과 같은 지반에서 하중으로 인하여 수직응력($\Delta\sigma_1$)이 1.0kg/cm² 증가되고 수평응력($\Delta\sigma_3$)이 0.5kg/cm² 증가되었다면 간극수압은 얼마나 증가되었는가?(단, 간극수압계수 $A = 0.5$이고 $B = 1$이다.)

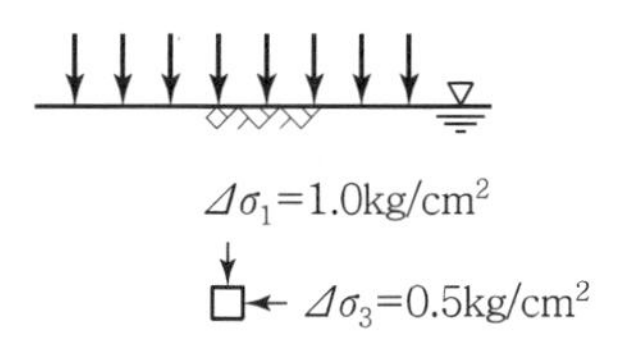

① 0.50kg/cm²
② 0.75kg/cm²
③ 1.00kg/cm²
④ 1.25kg/cm²

34 응력경로(Stress Path)에 대한 설명으로 옳지 않은 것은?

① 응력경로는 특성상 전응력으로만 나타낼 수 있다.
② 응력경로란 시료가 받는 응력의 변화과정을 응력공간에 궤적으로 나타낸 것이다.
③ 응력경로는 Mohr의 응력원에서 전단응력이 최대인 점을 연결하여 구해진다.
④ 시료가 받는 응력상태에 대해 응력경로를 나타내면 직선 또는 곡선으로 나타난다.

35 다음은 전단시험을 한 응력경로이다. 어느 경우인가?

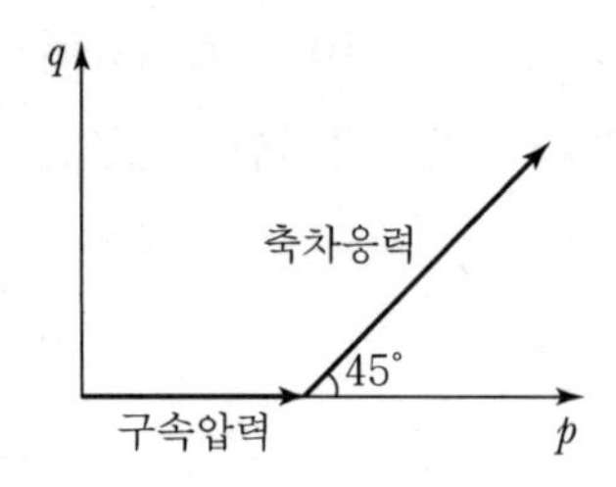

① 초기 단계의 최대 주응력과 최소 주응력이 같은 상태에서 시행한 삼축압축시험의 전응력 경로이다.
② 초기 단계의 최대 주응력과 최소 주응력이 같은 상태에서 시행한 일축압축시험의 전응력 경로이다.
③ 초기 단계의 최대 주응력과 최소 주응력이 같은 상태에서 $K_o = 0.5$인 조건에서 시행한 삼축압축시험의 전응력 경로이다.
④ 초기 단계의 최대 주응력과 최소 주응력이 같은 상태에서 $K_o = 0.7$인 조건에서 시행한 일축압축시험의 전응력 경로이다.

36 흙 시료의 전단시험 중 일어나는 다일러턴시(Dilatancy) 현상에 대한 설명으로 틀린 것은?

① 흙이 전단될 때 전단면 부근의 흙입자가 재배열되면서 부피가 팽창하거나 수축하는 현상을 다일러턴시라 부른다.
② 사질토 시료는 전단 중 다일러턴시가 일어나지 않는 한계의 간극비가 존재한다.
③ 정규압밀 점토의 경우 정(+)의 다일러턴시가 일어난다.
④ 느슨한 모래는 보통 부(−)의 다일러턴시가 일어난다.

CHAPTER

공기업 토목직 1300제

07 토압

01 지반 내 응력에 대한 다음 설명 중 틀린 것은?

① 전응력이 커지는 크기만큼 간극수압이 커지면 유효응력은 변화가 없다.
② 정지토압계수 K_0는 1보다 클 수 없다.
③ 지표면에 가해진 하중에 의해 지중에 발생하는 연직응력의 증가량은 깊이가 깊어지면서 감소한다.
④ 유효응력이 전응력보다 클 수도 있다.

02 강도정수가 $c=0$, $\phi=40°$인 사질토 지반에서 Rankine 이론에 의한 수동토압계수는 주동토압계수의 몇 배인가?

① 4.6
② 9.0
③ 12.3
④ 21.1

03 다음 그림에서 토압계수 $K=0.5$일 때의 응력경로는 어느 것인가?

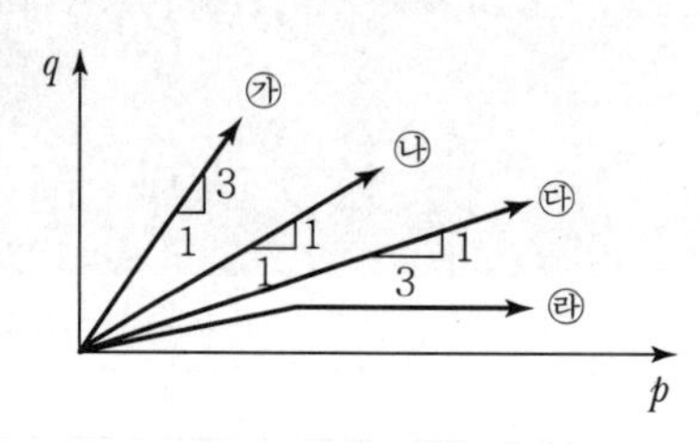

① ㉮ ② ㉯
③ ㉰ ④ ㉱

04 다음 중 Rankine 토압이론의 기본가정에 속하지 않는 것은?

① 흙은 비압축성이고 균질의 입자이다.
② 지표면은 무한히 넓게 존재한다.
③ 옹벽과 흙과의 마찰을 고려한다.
④ 토압은 지표면에 평행하게 작용한다.

05 토압에 대한 다음 설명 중 옳은 것은?

① 일반적으로 정지토압 계수는 주동토압 계수보다 작다.
② Rankine 이론에 의한 주동토압의 크기는 Coulomb 이론에 의한 값보다 작다.
③ 옹벽, 흙막이벽체, 널말뚝 중 토압분포가 삼각형 분포에 가장 가까운 것은 옹벽이다.
④ 극한 주동상태는 수동상태보다 훨씬 더 큰 변위에서 발생한다.

06 그림과 같은 옹벽배면에 작용하는 토압의 크기를 Rankine의 토압공식으로 구하면?

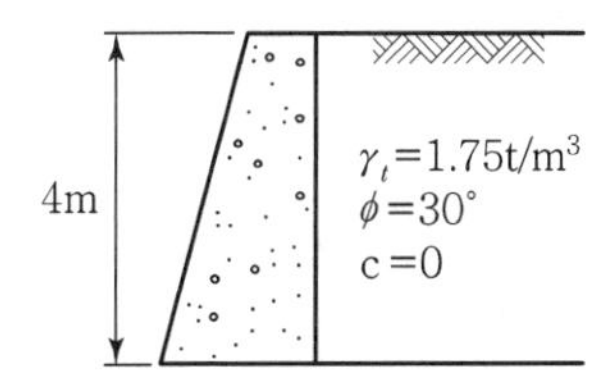

① 3.2t/m
② 3.7t/m
③ 4.7t/m
④ 5.2t/m

07 그림과 같이 수평지표면 위에 등분포하중 q가 작용할 때 연직옹벽에 작용하는 주동토압의 공식으로 옳은 것은?(단, 뒤채움 흙은 사질토이며, 이 사질토의 단위중량을 γ, 내부마찰각을 ϕ라 한다.)

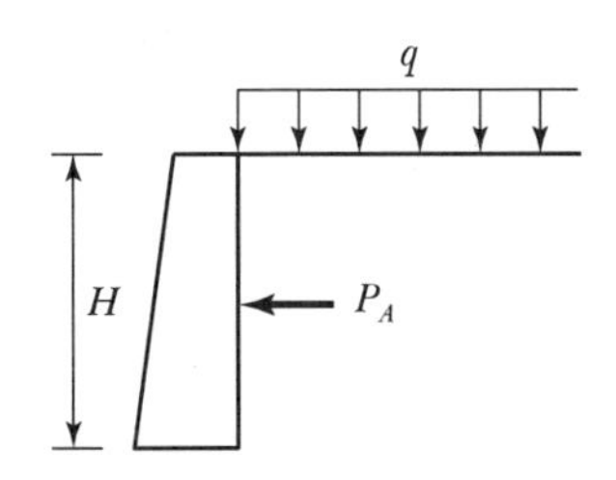

① $P_a = \left(\frac{1}{2}\gamma H^2 + qH\right)\tan^2\left(45° - \frac{\phi}{2}\right)$

② $P_a = \left(\frac{1}{2}\gamma H^2 + qH\right)\tan^2\left(45° + \frac{\phi}{2}\right)$

③ $P_a = \left(\frac{1}{2}\gamma H^2 + qH\right)\tan^2\phi$

④ $P_a = \left(\frac{1}{2}\gamma H^2 + q\right)\tan^2\phi$

08 그림과 같이 옹벽 배면의 지표면에 등분포하중이 작용할 때, 옹벽에 작용하는 전체 주동토압의 합력(P_a)과 옹벽 저면으로부터 합력의 작용점까지의 높이(h)는?

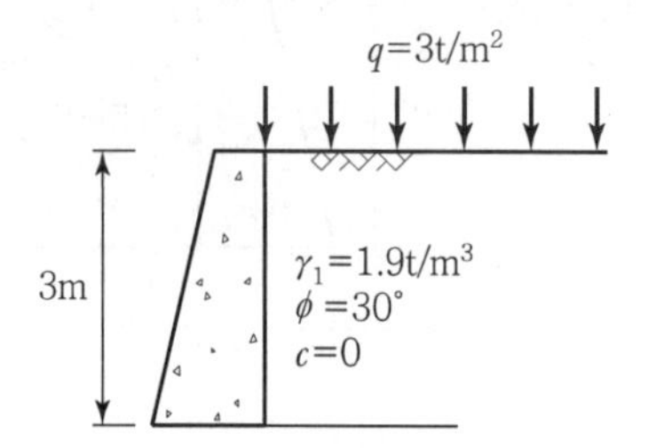

① $P_a=2.85\text{t/m},\ h=1.26\text{m}$
② $P_a=2.85\text{t/m},\ h=1.38\text{m}$
③ $P_a=5.85\text{t/m},\ h=1.26\text{m}$
④ $P_a=5.85\text{t/m},\ h=1.38\text{m}$

09 점착력이 8kN/m^2, 내부 마찰각이 30°, 단위중량이 16kN/m^3인 흙이 있다. 이 흙에 인장균열은 약 몇 m 깊이까지 발생할 것인가?

① 6.92m
② 3.73m
③ 1.73m
④ 1.00m

10 내부 마찰각이 30°, 단위중량이 1.8t/m^3인 흙의 인장균열 깊이가 3m일 때 점착력은?

① 1.56t/m^2
② 1.67t/m^2
③ 1.75t/m^2
④ 1.81t/m^2

11 **옹벽배면의 지표면 경사가 수평이고, 옹벽배면 벽체의 기울기가 연직인 벽체에서 옹벽과 뒤채움 흙 사이의 벽면마찰각(δ)을 무시할 경우, Rankine 토압과 Coulomb 토압의 크기를 비교하면?**

① Rankine 토압이 Coulomb 토압보다 크다.
② Coulomb 토압이 Rankine 토압보다 크다.
③ Rankine 토압과 Coulomb 토압의 크기는 항상 같다.
④ 주동 토압은 Rankine 토압이 더 크고, 수동토압은 Coulomb 토압이 더 크다.

12 **굳은 점토지반에 앵커를 그라우팅하여 고정시켰다. 고정부의 길이가 5m, 직경 20cm, 시추공의 직경은 10cm였다. 점토의 비배수전단강도(C_u)=1.0kg/cm², $\phi=0°$라고 할 때 앵커의 극한 지지력은?(단, 표면마찰계수는 0.6으로 가정한다.)**

① 9.4ton ② 15.7ton
③ 18.8ton ④ 31.3ton

13 **$\gamma_t=19\text{kN/m}^3$, $\phi=30°$인 뒤채움 모래를 이용하여 8m 높이의 보강토 옹벽을 설치하고자 한다. 폭 75mm, 두께 3.69mm의 보강띠를 연직방향 설치간격 $S_v=0.5\text{m}$, 수평방향 설치간격 $S_h=1.0\text{m}$로 시공하고자 할 때, 보강띠에 작용하는 최대 힘($T_{\max}$)의 크기는?**

① 15.33kN ② 25.33kN
③ 35.33kN ④ 45.33kN

14 그림에서 지표면으로부터 깊이 6m에서의 연직응력(σ_v)과 수평응력(σ_h)의 크기를 구하면? (단, 토압계수는 0.6이다.)

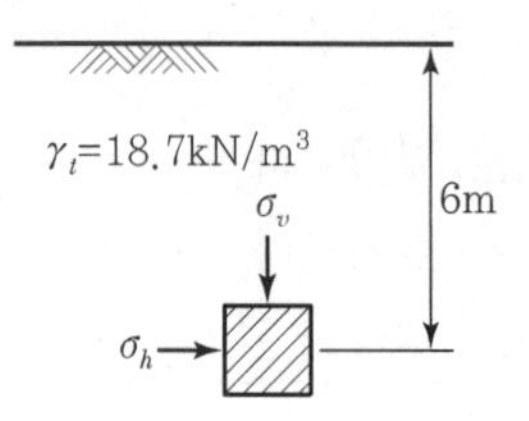

① $\sigma_v = 87.3\text{kN/m}^2$, $\sigma_h = 52.4\text{kN/m}^2$

② $\sigma_v = 95.2\text{kN/m}^2$, $\sigma_h = 57.1\text{kN/m}^2$

③ $\sigma_v = 112.2\text{kN/m}^2$, $\sigma_h = 67.3\text{kN/m}^2$

④ $\sigma_v = 123.4\text{kN/m}^2$, $\sigma_h = 74.0\text{kN/m}^2$

15 주동토압을 P_A, 수동토압을 P_P, 정지토압을 P_O라 할 때 토압의 크기를 비교한 것으로 옳은 것은?

① $P_A > P_P > P_O$

② $P_P > P_O > P_A$

③ $P_P > P_A > P_O$

④ $P_O > P_A > P_P$

CHAPTER

공기업 토목직 1300제

08 사면의 안정

01 **흙막이 벽체의 지지 없이 굴착 가능한 한계굴착깊이에 대한 설명으로 옳지 않은 것은?**

① 흙의 내부마찰각이 증가할수록 한계굴착깊이는 증가한다.
② 흙의 단위중량이 증가할수록 한계굴착깊이는 증가한다.
③ 흙의 점착력이 증가할수록 한계굴착깊이는 증가한다.
④ 인장응력이 발생되는 깊이를 인장균열깊이라고 하며, 보통 한계굴착깊이는 인장균열깊이의 2배 정도이다.

02 **어떤 점토의 토질 실험 결과 일축압축강도 0.48kg/cm^2, 단위중량 1.7t/m^{3}이었다. 이 점토의 한계고는?**

① 6.34m　　② 4.87m
③ 9.24m　　④ 5.65m

03 **어떤 지반에 대한 토질시험결과 점착력 $c=0.50$kg/cm^2, 흙의 단위중량 $\gamma=2.0$t/m^{3}이었다. 그 지반에 연직으로 7m를 굴착했다면 안전율은 얼마인가?(단, $\phi=0$이다.)**

① 1.43　　② 1.51
③ 2.11　　④ 2.61

04 흙의 내부 마찰각(ϕ)은 20°, 점착력(c)이 2.4t/m^{2}이고, 단위중량(γ_t)은 1.93t/m^{3}인 사면의 경사각이 45°일 때 임계높이는 약 얼마인가?(단, 안정수 $m=0.06$)

① 15m
② 18m
③ 21m
④ 24m

05 그림과 같은 점토지반에서 안전수(m)가 0.1인 경우 높이 5m의 사면에 있어서 안전율은?

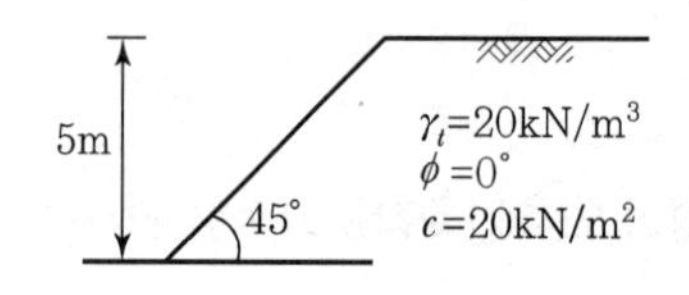

① 1.0
② 1.25
③ 1.50
④ 2.0

06 내부마찰각 $\phi_u = 0$, 점착력 $c_u = 4.5\text{t/m}^2$, 단위중량이 1.9t/m^3되는 포화된 점토층에 경사각 45°로 높이 8m인 사면을 만들었다. 그림과 같은 하나의 파괴면을 가정했을 때 안전율은?(단, $ABCD$의 면적은 70m^2이고, $ABCD$의 무게중심은 O점에서 4.5m거리에 위치하며, 호 AC의 길이는 20.0m이다.)

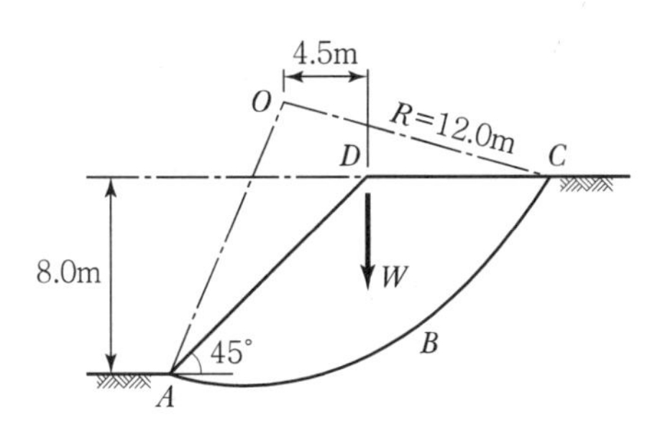

① 1.2
② 1.8
③ 2.5
④ 3.2

07 고성토의 제방에서 전단파괴가 발생되기 전에 제방의 외측에 흙을 돋우어 활동에 대한 저항모멘트를 증대시켜 전단파괴를 방지하는 공법은?

① 프리로딩공법
② 압성토공법
③ 치환공법
④ 대기압공법

08 $\phi = 33°$인 사질토에 25° 경사의 사면을 조성하려고 한다. 이 비탈면의 지표까지 포화되었을 때 안전율을 계산하면?(단, 사면 흙의 $\gamma_{sat} = 1.8\text{t/m}^3$)

① 0.62
② 0.70
③ 1.12
④ 1.41

09 아래 그림과 같은 무한사면이 있다. 흙과 암반의 경계면에서 흙의 강도정수 $c = 1.8t/m^2$, $\phi = 25°$이고, 흙의 단위중량 $\gamma = 1.9t/m^3$인 경우 경계면에서 활동에 대한 안전율을 구하면?

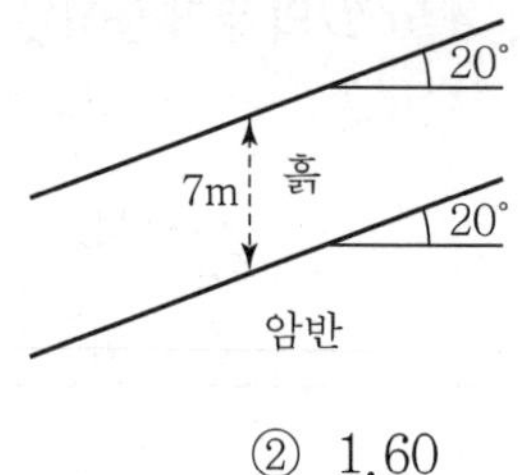

① 1.55
② 1.60
③ 1.65
④ 1.70

10 암반층 위에 5m 두께의 토층이 경사 15°의 자연사면으로 되어 있다. 이 토층은 $c = 1.5t/m^2$, $\phi = 30°$, $\gamma_{sat} = 1.8t/m^3$이고, 지하수면은 토층의 지표면과 일치하고 침투는 경사면과 대략 평행이다. 이때의 안전율은?

① 0.8
② 1.1
③ 1.6
④ 2.0

11 다음 중 사면의 안정해석방법이 아닌 것은?

① 마찰원법
② 비숍(Bishop)의 방법
③ 펠레니우스(Fellenius) 방법
④ 테르자기(Terzaghi)의 방법

12 활동면 위의 흙을 몇 개의 연직 평행한 절편으로 나누어 사면의 안정을 해석하는 방법이 아닌 것은?

① Fellenius 방법
② 마찰원법
③ Spencer 방법
④ Bishop의 간편법

13 사면의 안전에 관한 다음 설명 중 옳지 않은 것은?

① 임계 활동면이란 안전율이 가장 크게 나타나는 활동면을 말한다.
② 안전율이 최소로 되는 활동면을 이루는 원을 임계원이라 한다.
③ 활동면에 발생하는 전단응력이 흙의 전단강도를 초과할 경우 활동이 일어난다.
④ 활동면은 일반적으로 원형활동면으로 가정한다.

14 사면안정 해석방법에 대한 설명으로 틀린 것은?

① 일체법은 활동면 위에 있는 흙덩어리를 하나의 물체로 보고 해석하는 방법이다.
② 절편법은 활동면 위에 있는 흙을 몇 개의 절편으로 분할하여 해석하는 방법이다.
③ 마찰원방법은 점착력과 마찰각을 동시에 갖고 있는 균질한 지반에 적용된다.
④ 절편법은 흙이 균질하지 않아도 적용이 가능하지만, 흙속에 간극수압이 있을 경우 적용이 불가능하다.

15 사면안정계산에 있어서 Fellenius 법과 간편 Bishop 법의 비교 설명으로 틀린 것은?

① Fellenius 법은 간편 Bishop 법보다 계산은 복잡하지만 계산결과는 더 안전 측이다.
② 간편 Bishop 법은 절편의 양쪽에 작용하는 연직 방향의 합력은 0(zero)이라고 가정한다.
③ Fellenius 법은 절편의 양쪽에 작용하는 합력은 0(zero)이라고 가정한다.
④ 간편 Bishop 법은 안전율을 시행착오법으로 구한다.

16 흙댐에서 상류면 사면의 활동에 대한 안전율이 가장 저하되는 경우는?

① 만수된 물의 수위가 갑자기 저하할 때이다.
② 흙댐에 물을 담는 도중이다.
③ 흙댐이 만수되었을 때이다.
④ 만수된 물이 천천히 빠져나갈 때이다.

17 다음 중 흙댐(Dam)의 사면안정 검토 시 가장 위험한 상태는?

① 상류사면의 경우 시공 중과 만수위일 때
② 상류사면의 경우 시공 직후와 수위 급강하일 때
③ 하류사면의 경우 시공 직후와 수위 급강하일 때
④ 하류사면의 경우 시공 중과 만수위일 때

18 포화단위중량(γ_{sat})이 19.62kN/m³인 사질토로된 무한사면이 20°로 경사져 있다. 지하수위가 지표면과 일치하는 경우 이 사면의 안전율이 1 이상이 되기 위해서 흙의 내부마찰각이 최소 몇 도 이상이어야 하는가?(단, 물의 단위중량은 9.81kN/m³이다.)

① 18.21° ② 20.52°
③ 36.06° ④ 45.47°

CHAPTER 09

공기업 토목직 1300제

토질조사 및 시험

01 시험 종류와 시험으로부터 얻을 수 있는 값의 연결이 틀린 것은?

① 비중계분석시험－흙의 비중(G_s)

② 삼축압축시험－강도정수(c, ϕ)

③ 일축압축시험－흙의 예민비(S_t)

④ 평판재하시험－지반반력계수(k_s)

02 흙시료 채취에 대한 설명으로 틀린 것은?

① 교란의 효과는 소성이 낮은 흙이 소성이 높은 흙보다 크다.

② 교란된 흙은 자연상태의 흙보다 압축강도가 작다.

③ 교란된 흙은 자연상태의 흙보다 전단강도가 작다.

④ 흙시료 채취 직후에 비교적 교란되지 않은 코어(Core)는 부(負)의 과잉간극수압이 생긴다.

03 다음 중 시료채취에 대한 설명으로 틀린 것은?

① 오거보링(Auger Boring)은 흐트러지지 않은 시료를 채취하는 데 적합하다.

② 교란된 흙은 자연상태의 흙보다 전단강도가 작다.

③ 액성한계 및 소성한계 시험에서는 교란시료를 사용하여도 괜찮다.

④ 입도분석시험에서는 교란시료를 사용하여도 괜찮다.

04 보링(Boring)에 관한 설명으로 틀린 것은?

① 보링(Boring)에는 회전식(Rotary Boring)과 충격식(Percussion Boring)이 있다.
② 충격식은 굴진속도가 빠르고 비용도 싸지만 분말상의 교란된 시료만 얻을 수 있다.
③ 회전식은 시간과 공사비가 많이 들 뿐만 아니라 확실한 코어(Core)도 얻을 수 없다.
④ 보링은 지반의 상황을 판단하기 위해 실시한다.

05 다음 시료채취에 사용되는 시료기(Sampler) 중 불교란 시료 채취에 사용되는 것만 고른 것으로 옳은 것은?

(1) 분리형 원통 시료기(Split Spoon Sampler)
(2) 피스톤 튜브 시료기(Piston Tube Sampler)
(3) 얇은 관 시료기(Thin Wall Tube Sampler)
(4) Laval 시료기(Laval Sampler)

① (1), (2), (3)
② (1), (2), (4)
③ (1), (3), (4)
④ (2), (3), (4)

06 다음 그림과 같은 샘플러(Sampler)에서 면적비는 얼마인가?

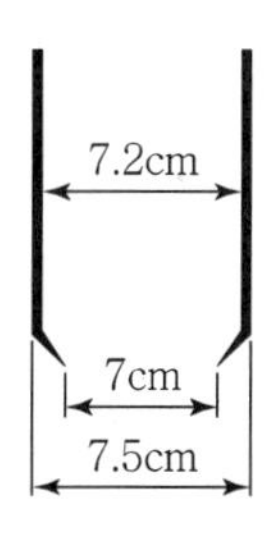

① 5.80%
② 5.97%
③ 14.62%
④ 14.80%

07 전체 시추코어 길이가 150cm이고 이중 회수된 코어 길이의 합이 80cm이었으며, 10m 이상인 코어 길이의 합이 70cm이었을 때 코어의 회수율(TCR)은?

① 55.67% ② 53.33%
③ 46.67% ④ 43.33%

08 암질을 나타내는 항목과 직접 관계가 없는 것은?

① N치
② RQD값
③ 탄성파속도
④ 균열의 간격

09 Rod에 붙인 어떤 저항체를 지중에 넣어 관입, 인발 및 회전에 의해 흙의 전단강도를 측정하는 원위치 시험은?

① 보링(Boring)
② 사운딩(Sounding)
③ 시료 채취(Sampling)
④ 비파괴 시험(NDT)

10 다음 현장시험 중 Sounding의 종류가 아닌 것은?

① Vane 시험
② 표준관입 시험
③ 동적 원추관입 시험
④ 평판재하 시험

11 예민비가 매우 큰 연약 점토지반에 대해서 현장의 비배수 전단강도를 측정하기 위한 시험방법으로 가장 적합한 것은?

① 압밀비배수시험
② 표준관입시험
③ 직접전단시험
④ 현장베인시험

12 베인전단시험(Vane Shear Test)에 대한 설명으로 옳지 않은 것은?

① 베인전단시험으로부터 흙의 내부마찰각을 측정할 수 있다.
② 현장 원위치 시험의 일종으로 점토의 비배수전단강도를 구할 수 있다.
③ 십자형의 베인(Vane)을 땅속에 압입한 후, 회전모멘트를 가해서 흙이 원통형으로 전단파괴될 때 저항모멘트를 구함으로써 비배수 전단강도를 측정하게 된다.
④ 연약점토지반에 적용된다.

13 Vane Test에서 Vane의 지름 5cm, 높이 10cm, 파괴 시 토크가 590kg · cm일 때 점착력은?

① 1.29kg/cm²
② 1.57kg/cm²
③ 2.13kg/cm²
④ 2.76kg/cm²

14 실내시험에 의한 점토의 강도증가율($\frac{C_u}{P}$) 산정 방법이 아닌 것은?

① 소성지수에 의한 방법
② 비배수 전단강도에 의한 방법
③ 압밀비배수 삼축압축시험에 의한 방법
④ 직접전단시험에 의한 방법

15 토질조사에 대한 설명 중 옳지 않은 것은?

① 표준관입시험은 정적인 사운딩이다.
② 보링의 깊이는 설계의 형태 및 크기에 따라 변한다.
③ 보링의 위치와 수는 지형조건 및 설계형태에 따라 변한다.
④ 보링 구멍은 사용 후에 흙이나 시멘트 그라우트로 메워야 한다.

16 사운딩에 대한 설명으로 틀린 것은?

① 로드 선단에 지중저항체를 설치하고 지반 내 관입, 압입 또는 회전하거나 인발하여 그 저항치로부터 지반의 특성을 파악하는 지반조사방법이다.

② 정적 사운딩과 동적 사운딩이 있다.

③ 압입식 사운딩의 대표적인 방법은 Standard Penetration Test(SPT)이다.

④ 특수사운딩 중 측압사운딩의 공내횡방향 재하시험은 보링공을 기계적으로 수평으로 확장시키면서 측압과 수평변위를 측정한다.

17 표준관입시험에 대한 설명으로 틀린 것은?

① 질량 (63.5±0.5)kg인 해머를 사용한다.

② 해머의 낙하높이는 (760±10)mm이다.

③ 고정 Piston 샘플러를 사용한다.

④ 샘플러를 지반에 300mm 박아 넣는 데 필요한 타격 횟수를 N값이라고 한다.

18 표준관입시험에 관한 설명 중 옳지 않은 것은?

① 표준관입시험의 N값으로 모래지반의 상대밀도를 추정할 수 있다.

② N값으로 점토지반의 연경도에 관한 추정이 가능하다.

③ 지층의 변화를 판단할 수 있는 시료를 얻을 수 있다.

④ 모래지반에 대해서도 흐트러지지 않은 시료를 얻을 수 있다.

19 **사운딩(Sounding)의 종류에서 사질토에 가장 적합하고 점성토에서도 쓰이는 시험법은?**

① 표준관입시험
② 베인전단시험
③ 더치 콘 관입시험
④ 이스키미터(Iskymeter)

20 **연약한 점성토의 지반 특성을 파악하기 위한 현장조사 시험방법에 대한 설명 중 틀린 것은?**

① 현장베인시험은 연약한 점토층에서 비배수 전단강도를 직접 산정할 수 있다.
② 정적콘관입시험(CPT)은 콘지수를 이용하여 비배수 전단강도 추정이 가능하다.
③ 표준관입시험에서의 N값은 연약한 점성토 지반 특성을 잘 반영해 준다.
④ 정적콘관입시험(CPT)은 연속적인 지층분류 및 전단강도 추정 등 연약점토 특성 분석에 매우 효과적이다.

21 **표준관입시험(SPT)을 할 때 처음 150mm 관입에 요하는 N값은 제외하고, 그 후 300mm 관입에 요하는 타격수로 N값을 구한다. 그 이유로 옳은 것은?**

① 흙은 보통 150mm 밑부터 그 흙의 성질을 가장 잘 나타낸다.
② 관입봉의 길이가 정확히 450mm이므로 이에 맞도록 관입시키기 위함이다.
③ 정확히 300mm를 관입시키기가 어려워서 150mm 관입에 요하는 N값을 제외한다.
④ 보링구멍 밑면 흙이 보링에 의하여 흐트러져 150mm 관입 후부터 N값을 측정한다.

22 **토질조사에 대한 설명 중 옳지 않은 것은?**

① 사운딩(Sounding)이란 지중에 저항체를 삽입하여 토층의 성상을 파악하는 현장 시험이다.
② 불교란 시료를 얻기 위해서 Foil Sampler, Thin Wall Tube Sampler 등이 사용된다.
③ 표준관입시험은 로드(Rod)의 길이가 길어질수록 N치가 작게 나온다.
④ 베인시험은 정적인 사운딩이다.

23 **토립자가 둥글고 입도분포가 나쁜 모래 지반에서 표준관입시험을 한 결과 N치는 10이었다. 이 모래의 내부 마찰각을 Dunham의 공식으로 구하면?**

① 21°　　② 26°
③ 31°　　④ 36°

24 **토립자가 둥글고 입도분포가 양호한 모래지반에서 N치를 측정한 결과 $N=19$가 되었을 경우, Dunham의 공식에 의한 이 모래의 내부 마찰각 ϕ는?**

① 20°　　② 25°
③ 30°　　④ 35°

25 어떤 점토지반의 표준관입 실험 결과 N값이 2~4였다. 이 점토의 Consistency는?

① 대단히 견고
② 연약
③ 견고
④ 대단히 연약

26 표준관입 시험에서 N치가 20으로 측정되는 모래 지반에 대한 설명으로 옳은 것은?

① 내부마찰각이 약 30°~40° 정도인 모래이다.
② 유효상재 하중이 $20t/m^2$인 모래이다.
③ 간극비가 1.2인 모래이다.
④ 매우 느슨한 상태이다.

27 피조콘(Piezocone) 시험의 목적이 아닌 것은?

① 지층의 연속적인 조사를 통하여 지층 분류 및 지층 변화 분석
② 연속적인 원지반 전단강도의 추이 분석
③ 중간 점토 내 분포한 Sand Seam 유무 및 발달 정도 확인
④ 불교란 시료 채취

28 **도로의 평판재하시험방법(KS F 2310)에서 시험을 끝낼 수 있는 조건이 아닌 것은?**

① 재하 응력이 현장에서 예상할 수 있는 가장 큰 접지압력의 크기를 넘으면 시험을 멈춘다.
② 재하 응력이 그 지반의 항복점을 넘을 때 시험을 멈춘다.
③ 침하가 더 이상 일어나지 않을 때 시험을 멈춘다.
④ 침하량이 15mm에 달할 때 시험을 멈춘다.

29 **평판 재하 실험에서 재하판의 크기에 의한 영향(Scale Effect)에 관한 설명으로 틀린 것은?**

① 사질토 지반의 지지력은 재하판의 폭에 비례한다.
② 점토지반의 지지력은 재하판의 폭에 무관하다.
③ 사질토 지반의 침하량은 재하판의 폭이 커지면 약간 커지기는 하지만 비례하는 정도는 아니다.
④ 점토지반의 침하량은 재하판의 폭에 무관하다.

30 **모래지반에 30cm × 30cm의 재하판으로 재하실험을 한 결과 10t/m^{2}의 극한지지력을 얻었다. 4m × 4m의 기초를 설치할 때 기대되는 극한지지력은?**

① 10t/m^2
② 100t/m^2
③ 133t/m^2
④ 154t/m^2

31 직경 30cm의 평판재하시험에서 작용압력이 30t/m^{2}일 때 평판의 침하량이 30mm이었다면, 직경 3m의 실제 기초에 30t/m^{2}의 압력이 작용할 때의 침하량은?(단, 지반은 사질토 지반이다.)

① 30mm ② 99.2mm
③ 187.4mm ④ 300mm

32 시료채취 시 샘플러(Sampler)의 외경이 6cm, 내경이 5.5cm일 때 면적비는?

① 8.3% ② 9.0%
③ 16% ④ 19%

33 어떤 지반에 대한 흙의 입도분석결과 곡률계수(C_g)는 1.5, 균등계수(C_u)는 15이고 입자는 모난 형상이었다. 이때 Dunham의 공식에 의한 흙의 내부마찰각(ϕ)의 추정치는?(단, 표준관입시험 결과 N치는 10이었다.)

① 25° ② 30°
③ 36° ④ 40°

CHAPTER

공기업 토목직 1300제

10 기초

01 기초의 구비조건에 대한 설명 중 틀린 것은?

① 상부하중을 안전하게 지지해야 한다.
② 기초 깊이는 동결 깊이 이하여야 한다.
③ 기초는 전체침하나 부등침하가 전혀 없어야 한다.
④ 기초는 기술적, 경제적으로 시공 가능하여야 한다.

02 기초가 갖추어야 할 조건이 아닌 것은?

① 동결, 세굴 등에 안전하도록 최소의 근입깊이를 가져야 한다.
② 기초의 시공이 가능하고 침하량이 허용치를 넘지 않아야 한다.
③ 상부로부터 오는 하중을 안전하게 지지하고 기초지반에 전달하여야 한다.
④ 미관상 아름답고 주변에서 쉽게 구득할 수 있는 재료로 설계되어야 한다.

03 Terzaghi의 얕은 기초에 대한 수정지지력 공식에서 형상계수에 대한 설명 중 틀린 것은?(단, B는 단변의 길이, L은 장변의 길이이다.)

① 연속기초에서 $\alpha=1.0$, $\beta=0.5$이다.
② 원형기초에서 $\alpha=1.3$, $\beta=0.6$이다.
③ 정사각형기초에서 $\alpha=1.3$, $\beta=0.4$이다.
④ 직사각형기초에서 $\alpha=1+0.3\dfrac{B}{L}$, $\beta=0.5-0.1\dfrac{B}{L}$이다.

04 얕은 기초에 대한 Terzaghi의 수정지지력 공식은 아래의 표와 같다. 4m×5m의 직사각형 기초를 사용할 경우 형상계수 α와 β의 값으로 옳은 것은?

$$q_u = \alpha c N_c + \beta \gamma_1 B N_\gamma + \gamma_2 D_f N_q$$

① $\alpha=1.2$, $\beta=0.4$
② $\alpha=1.28$, $\beta=0.42$
③ $\alpha=1.24$, $\beta=0.42$
④ $\alpha=1.32$, $\beta=0.38$

05 테르자기(Terzaghi)의 얕은 기초에 대한 지지력 공식 $q_u = \alpha c N_c + \beta \gamma_1 B N_\gamma + \gamma_2 D_f N_q$에 대한 설명으로 틀린 것은?

① 계수 α, β를 형상계수라 하며 기초의 모양에 따라 결정된다.
② 기초의 깊이가 D_f가 클수록 극한 지지력도 이와 더불어 커진다고 볼 수 있다.
③ N_c, N_γ, N_q는 지지력계수라 하는데 내부마찰각과 점착력에 의해서 정해진다.
④ γ_1, γ_2는 흙의 단위 중량이며 지하수위 아래에서는 수중단위 중량을 써야 한다.

06 Terzaghi의 극한지지력 공식에 대한 설명으로 틀린 것은?

① 기초의 형상에 따라 형상계수를 고려하고 있다.
② 지지력계수 N_c, N_q, N_γ는 내부마찰각에 의해 결정된다.
③ 점성토에서의 극한지지력은 기초의 근입 깊이가 깊어지면 증가된다.
④ 사질토에서의 극한지지력은 기초의 폭에 관계없이 기초 하부의 흙에 의해 결정된다.

07 얕은기초의 지지력 계산에 적용하는 Terzaghi의 극한지지력 공식에 대한 설명으로 틀린 것은?

① 기초의 근입깊이가 증가하면 지지력도 증가한다.

② 기초의 폭이 증가하면 지지력도 증가한다.

③ 기초지반이 지하수에 의해 포화되면 지지력은 감소한다.

④ 국부전단 파괴가 일어나는 지반에서 내부마찰각(ϕ')은 $\frac{2}{3}\phi$를 적용한다.

08 다음 그림과 같이 점토질 지반에 연속기초가 설치되어 있다. Terzaghi 공식에 의한 이 기초의 허용지지력은?(단, $\phi=0$이며, 폭$(B)=2\text{m}$, $N_c=5.14$, $N_q=1.0$, $N_\gamma=0$, 안전율 $F_S=3$이다.)

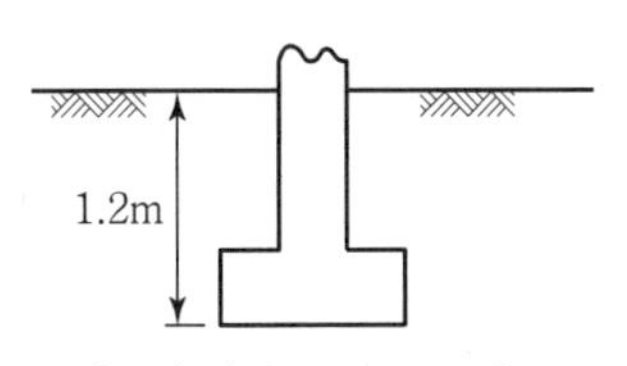

점토질 지반 $\gamma=1.92\text{t/m}^3$
일축압축강도 $q_u=14.86\text{t/m}^2$

① 6.4t/m^2
② 13.5t/m^2
③ 18.5t/m^2
④ 40.49t/m^2

09 2m×2m 정방향 기초가 1.5m 깊이에 있다. 이 흙의 단위중량 $\gamma=1.7\text{t/m}^3$, 점착력 $c=0$이며, $N_\gamma=19$, $N_q=22$이다. Terzaghi의 공식을 이용하여 전 허용하중(Q_{all})을 구한 값은?(단, 안전율 $F_s=3$으로 한다.)

① 27.3t
② 54.6t
③ 81.9t
④ 109.3t

10 그림과 같이 3m × 3m 크기의 정사각형 기초가 있다. Terzaghi 지지력공식 $q_u = 1.3cN_c + \gamma_1 D_f N_q + 0.4\gamma_2 BN_\gamma$ 을 이용하여 극한지지력을 산정할 때 사용되는 흙의 단위중량(γ_2)의 값은?

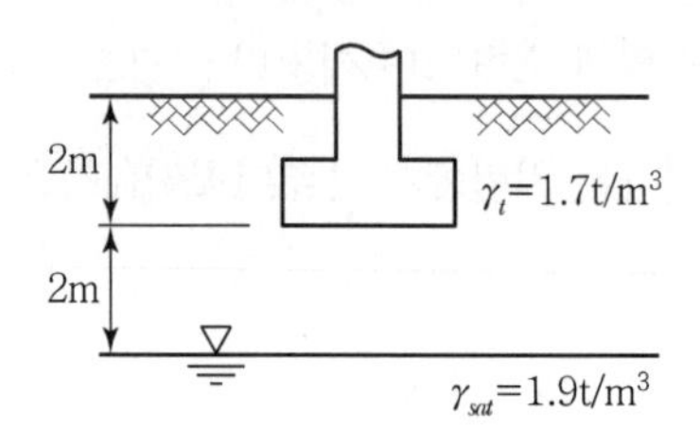

① 0.9t/m³
② 1.17t/m³
③ 1.43t/m³
④ 1.7t/m³

11 다음 그림과 같은 3m × 3m 크기의 정사각형 기초의 극한지지력을 Terzaghi 공식으로 구하면? (단, 내부마찰각(ϕ)은 20°, 점착력(c)은 5t/m², 지지력계수 $N_c = 18$, $N_\gamma = 5$, $N_q = 7.5$이다.)

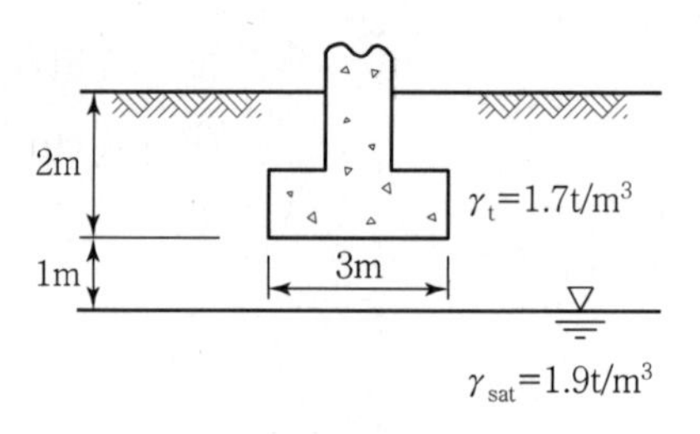

① 135.71t/m²
② 149.52t/m²
③ 157.26t/m²
④ 174.38t/m²

12 크기가 30cm × 30cm의 평판을 이용하여 사질토 위에서 평판재하시험을 실시하고 극한지지력 $20t/m^2$를 얻었다. 크기가 1.8m × 1.8m인 정사각형기초의 총허용하중은 약 얼마인가?(단, 안전율 3을 사용)

① 22ton
② 66ton
③ 130ton
④ 150ton

13 평판재하실험 결과로부터 지반의 허용지지력 값은 어떻게 결정하는가?

① 항복강도의 $\frac{1}{2}$, 극한강도의 $\frac{1}{3}$ 중 작은 값
② 항복강도의 $\frac{1}{2}$, 극한강도의 $\frac{1}{3}$ 중 큰 값
③ 항복강도의 $\frac{1}{3}$, 극한강도의 $\frac{1}{2}$ 중 작은 값
④ 항복강도의 $\frac{1}{3}$, 극한강도의 $\frac{1}{2}$ 중 큰 값

14 어느 지반 30cm × 30cm 재하판을 이용하여 평판재하시험을 한 결과, 항복하중이 5t, 극한하중이 9t이었다. 이 지반의 허용지지력은?

① $55.6t/m^2$
② $27.8t/m^2$
③ $100t/m^2$
④ $33.3t/m^2$

15 어떤 사질 기초지반의 평판재하 시험결과 항복강도가 60t/m², 극한강도가 100t/m²이었다. 그리고 그 기초는 지표에서 1.5m 깊이에 설치될 것이고 그 기초 지반의 단위중량이 1.8t/m³일 때 지지력계수 $N_q=5$이었다. 이 기초의 장기 허용지지력은?

① 24.7t/m²
② 26.9t/m²
③ 30t/m²
④ 34.5t/m²

16 그림과 같은 20×30m 전면기초인 부분보상기초(Partially Compensated Foundation)의 지지력 파괴에 대한 안전율은?

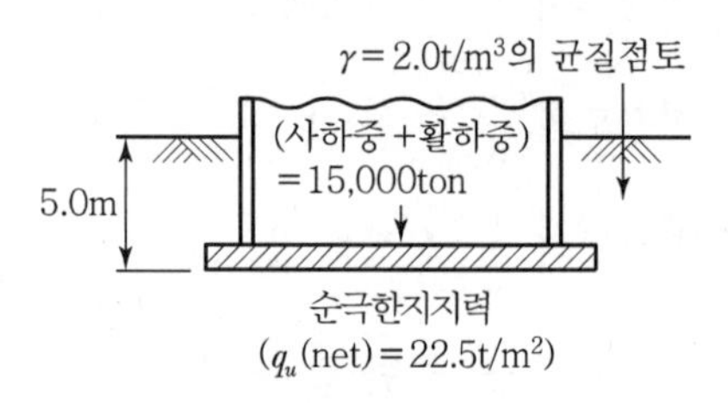

① 3.0
② 2.5
③ 2.0
④ 1.5

17 기초폭 4m인 연속기초에서 기초면에 작용하는 합력의 연직성분은 10t이고 편심거리가 0.4m일 때, 기초지반에 작용하는 최대 압력은?

① 2t/m²
② 4t/m²
③ 6t/m²
④ 8t/m²

18 Meyerhof의 일반 지지력 공식에 포함되는 계수가 아닌 것은?

① 국부전단계수 ② 근입깊이계수
③ 경사하중계수 ④ 형상계수

19 기초폭 4m의 연속기초를 지표면 아래 3m 위치의 모래지반에 설치하려고 한다. 이때 표준 관입 시험 결과에 의한 사질지반의 평균 N값이 10일 때 극한지지력은?(단, Meyerhof 공식 사용)

① $420t/m^2$ ② $210t/m^2$
③ $105t/m^2$ ④ $75t/m^2$

20 말뚝 지지력에 관한 여러 가지 공식 중 정역학적 지지력 공식이 아닌 것은?

① Dörr의 공식 ② Terzaghi의 공식
③ Meyerhof의 공식 ④ Engineering News 공식

21 다음 중 부마찰력이 발생할 수 있는 경우가 아닌 것은?

① 매립된 생활쓰레기 중에 시공된 관측정
② 붕적토에 시공된 말뚝 기초
③ 성토한 연약점토지반에 시공된 말뚝 기초
④ 다짐된 사질지반에 시공된 말뚝 기초

22 연약지반 위에 성토를 실시한 다음, 말뚝을 시공하였다. 시공 후 발생될 수 있는 현상에 대한 설명으로 옳은 것은?

① 성토를 실시하였으므로 말뚝의 지지력은 점차 증가한다.
② 말뚝을 암반층 상단에 위치하도록 시공하였다면 말뚝의 지지력에는 변함이 없다.
③ 압밀이 진행됨에 따라 지반의 전단강도가 증가되므로 말뚝의 지지력은 점차 증가된다.
④ 압밀로 인해 부의 주면마찰력이 발생되므로 말뚝의 지지력은 감소된다.

23 말뚝에서 부마찰력에 관한 설명 중 옳지 않은 것은?

① 아래쪽으로 작용하는 마찰력이다.
② 부마찰력이 작용하면 말뚝의 지지력은 증가한다.
③ 압밀층을 관통하여 견고한 지반에 말뚝을 박으면 일어나기 쉽다.
④ 연약지반에 말뚝을 박은 후 그 위에 성토를 하면 일어나기 쉽다.

24 말뚝의 부마찰력에 대한 설명 중 틀린 것은?

① 부마찰력이 작용하면 지지력이 감소한다.
② 연약지반에 말뚝을 박은 후 그 위에 성토를 한 경우 일어나기 쉽다.
③ 부마찰력은 말뚝 주변 침하량이 말뚝의 침하량보다 클 때 아래로 끌어내리려는 마찰력을 말한다.
④ 연약한 점토에 있어서는 상대변위의 속도가 느릴수록 부마찰력은 크다.

25 연약 점토층을 관통하여 철근콘크리트 파일을 박았을 때 부마찰력(Negative Friction)은?(단, 지반의 일축압축강도 $q_u = 2\text{t/m}^2$, 파일직경 $D = 50\text{cm}$, 관입깊이 $l = 10\text{m}$이다.)

① 15.71t ② 18.53t
③ 20.82t ④ 24.2t

26 깊은 기초의 지지력 평가에 관한 설명으로 틀린 것은?

① 현장 타설 콘크리트 말뚝 기초는 동역학적 방법으로 지지력을 추정한다.
② 말뚝항타분석기(PDA)는 말뚝의 응력분포, 경시 효과 및 해머 효율을 파악할 수 있다.
③ 정역학적 지지력 추정방법은 논리적으로 타당하나 강도정수를 추정하는 데 한계성을 내포하고 있다.
④ 동역학적 방법은 항타장비, 말뚝과 지반조건이 고려된 방법으로 해머 효율의 측정이 필요하다.

27 무게 300kg의 드롭해머로 3m 높이에서 말뚝을 타입할 때 1회 타격당 최종 침하량이 1.5cm 발생하였다. Sander 공식을 이용하여 산정한 말뚝의 허용지지력은?

① 7.50t ② 8.61t
③ 9.37t ④ 15.67t

28 단동식 증기 해머로 말뚝을 박았다. 해머의 무게 2.5t, 낙하고 3m, 타격당 말뚝의 평균관입량 1cm, 안전율 6일 때 Engineering News 공식으로 허용지지력을 구하면?

① 250t
② 200t
③ 100t
④ 50t

29 연약점토 지반에 말뚝을 시공하는 경우, 말뚝을 타입 후 어느 정도 기간이 경과한 후에 재하시험을 하게 된다. 그 이유로 가장 적합한 것은?

① 말뚝에 부마찰력이 발생하기 때문이다.
② 말뚝에 주면마찰력이 발생하기 때문이다.
③ 말뚝 타입 시 교란된 점토의 강도가 원래대로 회복하는 데 시간이 걸리기 때문이다.
④ 말뚝 타입 시 말뚝 자체가 받는 충격에 의해 두부의 손상이 발생할 수 있어 안정화에 시간이 걸리기 때문이다.

30 중심 간격이 2m, 지름 40cm인 말뚝을 가로 4개, 세로 5개씩 전체 20개의 말뚝을 박았다. 말뚝 한 개의 허용지지력이 150kN이라면 이 군항의 허용지지력은 약 얼마인가?(단, 군말뚝의 효율은 Converse-Labarre 공식을 사용한다.)

① 4,500kN
② 3,000kN
③ 2,415kN
④ 1,215kN

31 **콘크리트 말뚝을 마찰말뚝으로 보고 설계할 때, 총 연적하중을 200ton, 말뚝 1개의 극한지지력을 89ton, 안전율을 2.0으로 하면 소요말뚝의 수는?**

① 6개　　② 5개
③ 3개　　④ 2개

32 **말뚝기초의 지반거동에 대한 설명으로 틀린 것은?**

① 연약지반상에 타입되어 지반이 먼저 변형하고 그 결과 말뚝이 저항하는 말뚝을 주동말뚝이라 한다.
② 말뚝에 작용한 하중은 말뚝 주변의 마찰력과 말뚝선단의 지지력에 의하여 주변 지반에 전달된다.
③ 기성말뚝을 타입하면 전단파괴를 일으키며 말뚝 주위의 지반은 교란된다.
④ 말뚝 타입 후 지지력의 증가 또는 감소현상을 시간효과(Time Effect)라 한다.

33 **다음 중 연약점토지반 개량공법이 아닌 것은?**

① Preloading 공법
② Sand drain 공법
③ Paper drain 공법
④ Vibro floatation 공법

34 연약지반 개량공법에 대한 설명 중 틀린 것은?

① 샌드드레인 공법은 2차 압밀비가 높은 점토 및 이탄 같은 유기질 흙에 큰 효과가 있다.
② 화학적 변화에 의한 흙의 강화공법으로는 소결 공법, 전기화학적 공법 등이 있다.
③ 동압밀공법 적용 시 과잉간극 수압의 소산에 의한 강도증가가 발생한다.
④ 장기간에 걸친 배수공법은 샌드드레인이 페이퍼 드레인보다 유리하다.

35 Sand Drain의 지배 영역에 관한 Barron의 정삼각형 배치에서 샌드 드레인의 간격을 d, 유효원의 직경을 d_e라 할 때 d_e를 구하는 식으로 옳은 것은?

① $d_e = 1.128d$　② $d_e = 1.028d$
③ $d_e = 1.050d$　④ $d_e = 1.50d$

36 Sand Drain 공법에서 Sand Pile을 정삼각형으로 배치할 때 모래기둥의 간격은?(단, Pile의 유효지름은 40cm이다.)

① 35cm　② 38cm
③ 42cm　④ 45cm

37 Sand Drain 공법의 지배 영역에 관한 Barron의 정사각형 배치에서 사주(Sand Pile)의 간격을 d, 유효원의 지름을 d_e라 할 때 d_e를 구하는 식으로 옳은 것은?

① $d_e = 1.13d$　　② $d_e = 1.05d$
③ $d_e = 1.03d$　　④ $d_e = 1.50d$

38 연약지반 처리공법 중 Sand Drain 공법에서 연직 및 수평 방향을 고려한 평균 압밀도 U는? (단, $U_v = 0.20$, $U_h = 0.71$이다.)

① 0.573　　② 0.697
③ 0.712　　④ 0.768

39 연약점토지반에 압밀촉진공법을 적용한 후, 전체 평균압밀도가 90%로 계산되었다. 압밀촉진 공법을 적용하기 전, 수직방향의 평균압밀도가 20%였다고 하면 수평방향의 평균압밀도는?

① 70%　　② 77.5%
③ 82.5%　　④ 87.5%

40 Paper Drain 설계 시 Drain Paper의 폭이 10cm, 두께가 0.3cm일 때 Drain Paper의 등치환산원의 직경이 약 얼마이면 Sand Drain과 동등한 값으로 볼 수 있는가?(단, 형상계수(α)는 0.75이다.)

① 5cm ② 8cm
③ 10cm ④ 15cm

41 다음의 연약지반 개량공법에서 일시적인 개량공법은?

① Well Point 공법 ② 치환공법
③ Paper Drain 공법 ④ Sand Compaction Pile 공법

42 다음 중 일시적인 지반개량공법에 속하는 것은?

① 동결공법 ② 프리로딩공법
③ 약액주입공법 ④ 모래다짐말뚝공법

43 약액주입공법은 그 목적이 지반의 차수 및 지반 보강에 있다. 다음 중 약액주입공법에서 고려해야 할 사항으로 거리가 먼 것은?

① 주입률 ② Piping
③ Grout 배합비 ④ Gel Time

44 흙의 내부마찰각이 20°, 점착력이 50kN/m², 습윤단위중량이 17kN/m³, 지하수위 아래 흙의 포화단중량이 19kN/m³일 때 3m×3m 크기의 정사각형 기초의 극한지지력을 Terzaghi의 공식으로 구하면?(단, 지하수위는 기초바닥 깊이와 같으며 물의 단위중량은 9.81kN/m³이고, 지지력계수 $N_c=18$, $N_\gamma=5$, $N_q=7.5$이다.)

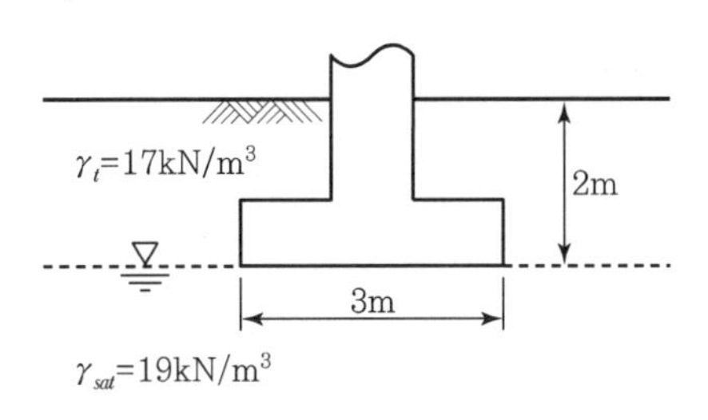

45 20개의 무리말뚝에 있어서 효율이 0.75이고, 단항으로 계산된 말뚝 한 개의 허용지지력이 150kN일 때 무리말뚝의 허용지지력은?

① 1,125kN
② 2,250kN
③ 3,000kN
④ 4,000kN

46 연약지반 개량공법 중 점성토 지반에 이용되는 공법은?

① 전기충격 공법
② 폭파다짐 공법
③ 생석회말뚝 공법
④ 바이브로플로테이션 공법

P/A/R/T

03

공기업 토목직 1300제

[토질 및 기초]

정답 및 해설

CHAPTER 01 | 흙의 물리적 성질과 분류
CHAPTER 02 | 흙 속에서의 물의 흐름
CHAPTER 03 | 지반내의 응력분포
CHAPTER 04 | 흙의 다짐
CHAPTER 05 | 흙의 압밀
CHAPTER 06 | 흙의 전단강도
CHAPTER 07 | 토압
CHAPTER 08 | 사면의 안정
CHAPTER 09 | 토질조사 및 시험
CHAPTER 10 | 기초

제1장 흙의 물리적 성질과 분류

01	02	03	04	05	06	07	08	09	10
②	④	①	④	④	④	④	②	②	②
11	12	13	14	15	16	17	18	19	20
①	③	④	②	③	④	③	①	④	②
21	22								
①	①								

01 정답 ②

간극비와 간극률의 관계식

$$e=\frac{V_V}{V_S}=\frac{V_V}{V-V_V}=\frac{\frac{V_V}{V}}{1-\frac{V_V}{V}}=\frac{n/100}{1-n/100}$$

$$=\frac{n(\%)}{1-n(\%)}$$

02 정답 ④

상관식 $S\cdot e=G_s\cdot w$

$S\times 0.8=2.6\times 0.3$

$\therefore$ 포화도 S=97.5%

03 정답 ①

- 함수비 15%일 때의 물의 양
  $W_w=\frac{W\cdot w}{1+w}=\frac{2,300\times 0.15}{1+0.15}=300\text{g}$
- 함수비 25%일 때의 물의 양
  $15:300=25:W_w$
  $\therefore W_w=500\text{g}$
- 추가해야 할 물의 양
  $500-300=200\text{g}$

04 정답 ④

- 건조단위중량
  $\gamma_d=\frac{\gamma_t}{1+w}=\frac{1.75}{1+0.35}=1.3\text{g/cm}^3$
- 건조단위중량 $\gamma_d=\frac{G_s}{1+e}\gamma_w$ 에서
  간극비 $e=\frac{G_s\cdot\gamma_w}{\gamma_d}-1=\frac{2.56\times 1}{1.3}-1=0.97$

$\therefore$ 간극률 $n=\frac{e}{1+e}=\frac{0.97}{1+0.97}=0.4924$

$n=49.24\%$

05 정답 ④

건조단위중량 $r_d=\frac{W}{V}=\frac{G_s}{1+e}r_w$ 에서

$r_d=\frac{1,700}{1,000}=\frac{2.65}{1+e}\times 1=1.7\text{g/cm}^3$

$\therefore$ 간극비 $e=\frac{G_s\cdot r_w}{r_d}-1=\frac{2.65\times 1}{1.7}-1=0.56$

06 정답 ④

- 건조단위중량
  $\gamma_d=\frac{\gamma_t}{1+w}=\frac{19}{1+0.25}=15.2\text{kN/m}^3$
  $\gamma_d=\frac{G_s}{1+e}\gamma_w=15.2=\frac{2.7}{1+e}\times 9.81$
  $\therefore e=0.74$
- 상관식
  $S_r\cdot e=G_s\cdot w$
  $S_r\times 0.74=2.7\times 0.25$
  $\therefore S_r=91\%$

07 정답 ④

상대밀도 $D_r=\frac{e_{\max}-e}{e_{\max}-e_{\min}}\times 100$에서 자연상태 간극비 e를 다져서 $e_{\min}$에 이르렀으므로

$D_r=\frac{e_{\max}-e_{\min}}{e_{\max}-e_{\min}}\times 100=100\%$

08 정답 ②

- 건조단위중량 $\gamma_d=\frac{\gamma_t}{1+w}$
  $=\frac{1.8}{1+0.1}=1.64\text{t/m}^3$

• 간극비 $e=\frac{G_s \cdot \gamma_w}{\gamma_d}-1$

$=\frac{2.7\times 1}{1.64}-1=0.65$

• 상대밀도 $D_r=\frac{e_{\max}-e}{e_{\max}-e_{\min}}\times 100(\%)$

$=\frac{0.92-0.65}{0.92-0.45}\times 100=57\%$

09 정답 ②

• 상대다짐도 $R \cdot C=\frac{r_d}{r_{d\max}}\times 100$에서

$95=\frac{r_d}{1.76}\times 100$

$\therefore r_d=1.67\text{t/m}^3$

• 상대밀도

$D_r=\frac{r_d-r_{d\min}}{r_{d\max}-r_{d\min}}\times\frac{r_{d\max}}{r_d}\times 100$

$=\frac{1.67-1.5}{1.76-1.5}\times\frac{1.76}{1.67}\times 100=69\%$

10 정답 ②

활성도 $A=\frac{\text{소성지수}(PI)}{2\mu\ \text{이하의 점토함유율}(\%)}$

∴ 활성도는 (소성지수/점토함유율)로 정의된다.

11 정답 ①

활성도

$A=\frac{\text{소성지수 } I_p}{2\mu\ \text{이하의 점토함유율}}=\frac{60-20}{90}=0.44$

(여기서, 소성지수I_p =액성한계ω_L −소성한계ω_p)

활성도	점토광물
A < 0.75	Kaolinite
0.75 < A < 1.25	Illite
1.25 < A	Montmorillonite

∴ 0.44 < 0.75이므로 Kaolinite

12 정답 ③

흙 중에 발견되는 점토광물

- Kaolinite : 2층 구조로 수소결합, 결합력이 크고, 공학적으로 가장 안정적 구조이며 활성이 작음
- Illite : 3층 구조, 결합력이 중간 정도이며 활성도 중간
- Montmorillonite : 팽창, 수축이 크고, 공학적 안정성이 제일 약하며 활성이 큼

13 정답 ④

일라이트(Illite)

3층 구조, 칼륨이온으로 결합되어 있어서 결합력이 중간 정도이다.

14 정답 ②

경사가 급한 경우(A곡선)

- 입자가 균질하다.
- 공극비가 크다.
- 투수계수가 크다.
- 함수량이 크다.
- 입도분포가 불량하다.

경사가 완만한 경우(B곡선)

- 균등계수가 크다.
- 공학적 성질이 양호하다.
- 입도분포가 양호하다.

15 정답 ③

• 균등계수

$C_u=\frac{D_{60}}{D_{10}}=\frac{0.15}{0.05}=3$

• 곡률계수

$C_g=\frac{{D_{30}}^2}{D_{10}\times D_{60}}=\frac{0.09^2}{0.05\times 0.15}=1.08$

16 정답 ④

AASHTO 분류법

입도분포, 군지수 등을 주요 분류인자로 한 분류법이다.

17 정답 ③

포화도와는 무관하다.

18 정답 ①

- 조립토 : #200체(0.075mm체) 통과량이 50% 이하
- 세립토 : #200체 통과량이 50% 이상
- 자갈 : #4체(4.75 mm체) 통과량이 50% 이하
- 모래 : #4체 통과량이 50% 이상
- 입도양호자갈 : 균등계수 $C_u > 4$
  (곡률계수 $C_g = 1 \sim 3$)
- 입도양호모래 : 균등계수 $C_u > 6$
  (곡률계수 $C_g = 1 \sim 3$)

#200체 통과율 2.3% → 조립토
#4체 통과율 37.5% → 자갈(G)
균등계수 $C_u = 7.9$, 곡률계수 $C_g = 1.4$ → 입도분포 양호(W)
∴ GW(입도분포가 양호한 자갈)

19 정답 ④

- 조립토 : #200체(0.075mm체) 통과량이 50% 이하
- 세립토 : #200체 통과량이 50% 이상
- 자갈 : #4체(4.75 mm체) 통과량이 50% 이하
- 모래 : #4체 통과량이 50% 이상
- 입도양호자갈 : 균등계수 $C_u > 4$,
  곡률계수 $C_g = 1 \sim 3$
- 입도양호모래 : 균등계수 $C_u > 6$,
  곡률계수 $C_g = 1 \sim 3$

#200체 통과율 4% → 조립토
#4체 통과율 90% → 모래(S)

균등계수 $C_u = \dfrac{D_{60}}{D_{10}} = \dfrac{2}{0.25} = 8$

곡률계수 $C_g = \dfrac{{D_{30}}^2}{D_{10} \times D_{60}} = \dfrac{0.6^2}{0.25 \times 2} = 0.72$

$C_u = 8 > 6$, $C_g = 0.72 \neq 1 \sim 3$
→ 입도분포 불량(P)
∴ SP(입도분포가 불량한 모래)

20 정답 ②

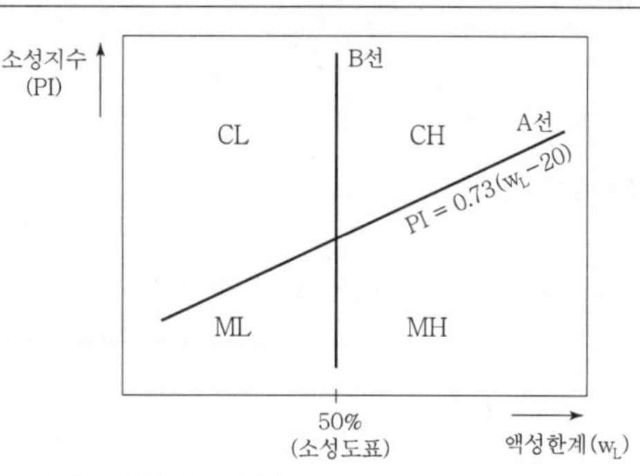

A선 위 : 점성이 크다(C).
아래 : 점성이 작다(M).
B선 왼쪽 : 압축성이 작다(L).
오른쪽 : 압축성이 크다(H).
∴ A선 위의 흙은 점토(C)이며, A선 아래의 흙은 실트(M) 또는 유기질토(O)이다.

21 정답 ①

- 조립토 : #200체(0.075mm) 통과량이 50% 이하
- 세립토 : #200체(0.075mm) 통과량이 50% 이상

∴ #200체 통과량 65% → 세립토

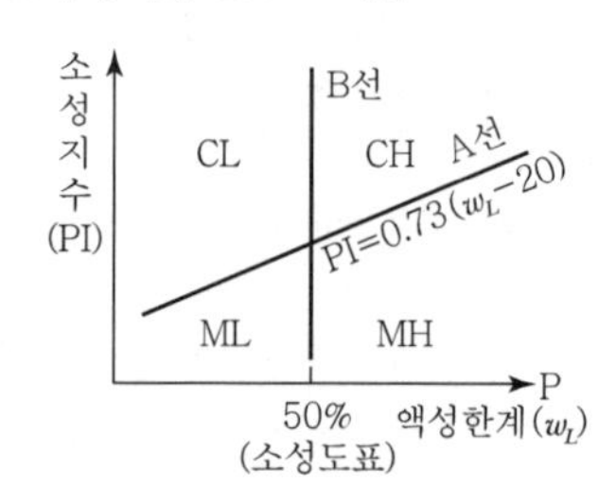

A선 위 : 점성이 크다(C).
아래 : 점성이 작다(M).
B선 왼쪽 : 압축성이 작다(L).
오른쪽 : 압축성이 크다(H).
∴ A선 위의 구역 → C
액성한계 40% → L
CL : 저압축성(저소성)의 점토

22 정답 ①

통일분류법에서는 0.075mm체(#200체) 통과율을 50%를 기준으로 조립토와 세립토를 분류하고, AASHTO분류법은 35%를 기준으로 분류한다.

제2장 | 흙 속에서의 물의 흐름

01	02	03	04	05	06	07	08	09	10
③	②	①	②	②	④	④	④	①	②
11	12	13	14	15	16	17	18	19	20
④	④	④	②	④	②	②	①	②	①
21	22	23	24	25	26	27	28	29	30
④	②	①	③	②	②	②	③	③	④
31									
③									

01 정답 ③

평균유출속도(V)는 흙의 전 단면적(A)에 대한 유출속도이지만 실제침투속도(V_s)는 흙의 간극을 통과하는 유출속도이기 때문에 다르다.

02 정답 ②

Darcy 법칙 침투유량

$$Q=A\cdot V\cdot K\cdot i=A\cdot K\cdot\frac{\Delta h}{L}$$

$$=40\times0.1\times\frac{50}{200}=1\text{cm}^3/\text{sec}$$

03 정답 ①

투수계수에 영향을 주는 인자

$$K=D_s^{\ 2}\cdot\frac{r}{\eta}\cdot\frac{e^3}{1+e}\cdot C$$

- 입자의 모양
- 간극비
- 포화도
- 점토의 구조
- 유체의 점성계수
- 유체의 밀도 및 농도

∴ 흙입자의 비중은 투수계수와 관계가 없다.

04 정답 ②

문제 3번 해설 참조

05 정답 ②

- 유효응력 : 흙입자로 전달되는 압력으로 전응력에서 간극수압을 뺀 값. 흙입자만이 받는 응력으로 포화도와 무관하다.
- 투수계수에 영향을 주는 인자 중 포화도가 클수록 투수계수는 증가한다.

06 정답 ④

투수계수에 영향을 주는 인자

$$K=D_s^{\ 2}\cdot\frac{r}{\eta}\cdot\frac{e^3}{1+e}\cdot C$$

∴ 투수계수 K는 점성계수(η)에 반비례한다.

07 정답 ④

- 압력수두 $=4+2+1=7\text{m}$
- 위치수두 $=-(2+1)=-3\text{m}$
- 전수두 = 압력수두 + 위치수두 $=7+(-3)=4\text{m}$

08 정답 ④

수직방향 평균투수계수(동수경사 다름, 유량 일정)

$$Q_1=A\cdot K\cdot i=K_1\times\frac{\Delta h_1}{H_1}=K_1\times\frac{5}{1}=5K_1$$

$$Q_2=A\cdot K\cdot i=K_2\times\frac{\Delta h_2}{H_2}$$

$$=10K_1\times\frac{\Delta h_2}{2}=5K_1\times\Delta h_2=5K_1$$

전체 손실수두 $h=8$, $\Delta h_1=5$이므로,

∴ $\Delta h_2=1$, $\Delta h_3=2$

$$Q_3=A\cdot K\cdot i=K_3\times\frac{\Delta h_3}{H_3}$$

$$=K_3\times\frac{2}{1}=2K_3=5K_1$$

∴ $K_3=2.5K_1$

09 정답 ①

수직방향 평균투수계수(동수경사 다름, 유량 일정)

$$Q_1=A\cdot K\cdot i=K_1\times\frac{\Delta h_1}{H_1}=K_1\times\frac{\Delta h_1}{1}=\Delta h_1$$

$$Q_2=A\cdot K\cdot i=K_2\times\frac{\Delta h_2}{H_2}=2K_1\times\frac{\Delta h_2}{2}=\Delta h_2$$

$$Q_3 = A \cdot K \cdot i = K_3 \times \frac{\Delta h_3}{H_3} = \frac{1}{2}K_1 \times \frac{\Delta h_3}{1} = \frac{\Delta h_3}{2}$$

$Q_1 = Q_2 = Q_3$이므로

$\therefore\ \Delta h_1 : \Delta h_2 : \Delta h_3 = 1 : 1 : 2$

전체 손실수두가 8이므로,

$\Delta h_1 = 2,\ \Delta h_2 = 2,\ \Delta h_3 = 4$

10 정답 ②

유선망의 특성

- 인접한 2개의 유선 사이, 즉 각 유로의 침투유량은 같다.
- 인접한 2개의 등수두선 사이의 수두손실은 서로 동일하다.
- 유선과 등수수선은 직교한다.
- 유선망, 즉 2개의 유선과 2개의 등수두선으로 이루어진 사각형은 이론상 정사각형이다.(내접원 형성)
- 침투속도 및 동수구배는 유선망의 폭에 반비례한다.

∴ 등수두선 사이에서 수두감소량(Head Loss)은 동일하다.

11 정답 ④

- 동수경사 $i = \frac{\Delta h}{L}$에서, Δh가 크거나 L이 작아지면 동수경사 i는 커진다.
- 유선망은 유선과 등수두선은 직교하고 이론상 정사각형이다. 이때, 등수두선은 전수두가 같은 점을 연결한 선으로 인접한 2개의 등수두선 사이의 수두손실은 동일하다.

그러므로, Δh가 동일한 조건이기 때문에 L이 작아지는 조건은 정사각형이 가장 작은 곳이며, 이때 동수경사는 가장 크다.

12 정답 ④

Darcy 법칙

침투속도 $V = Ki = K \cdot \frac{\Delta h}{L}$

∴ 침투속도 및 동수경사는 유선망의 폭에 반비례한다.

13 정답 ④

$\overline{BEC}$는 유선이다.

14 정답 ②

유선의 수=6

등수두선의 수=10

유로의 수=5

등수두선면의 수=9

- 전 침투유량

$$Q = K \cdot H \cdot \frac{N_f}{N_d} = 2.5 \times 10^{-3} \times 200 \times \frac{5}{9}$$

$$= 0.278\text{cm}^3/\text{s}$$

15 정답 ④

침투유량

$$Q = K \cdot H \cdot \frac{N_f}{N_d} = 3 \times 10^{-1} \times 2{,}000 \times \frac{4}{12}$$

$$= 200\text{cm}^3/\text{sec/cm}$$

간극수압

전수두 $h_t = \frac{H}{n \times N_d} = \frac{20}{3 \times 12} = 5\text{m}$

압력수두=전수두−위치수두$= 5 - (-5) = 10\text{m}$

간극수압=압력수두$\times \gamma_w = 10 \times 1 = 10\text{t/m}^2 = 1\text{kg/cm}^2$

16 정답 ②

- 전수두$= \frac{n \cdot H}{N_d} = \frac{1 \times 4}{6} = 0.67\text{m}$

  (여기서, n은 뒤로부터 A점까지 등수두선간수)
- 위치수두$= -6\text{m}$
- 압력수두=전수두−위치수두$= 0.67 - (-6) = 6.67\text{m}$

∴ 간극수압 $u = r_w \times$압력수두$= 1 \times 6.67 = 6.67\text{t/m}^2$

17 정답 ②

- 한계동수경사 $i_c = \frac{G_s - 1}{1 + e}$
- 상관식 $S \cdot e = G_s \cdot \omega$에서 포화토의 경우

  $G_s = \frac{e}{\omega}$

$$\therefore\ i_c = \frac{G_s - 1}{1 + e} = \frac{\frac{e}{\omega} - 1}{1 + e} = \frac{e - \omega}{\omega(1 + e)}$$

18 정답 ①

한계동수경사

$$i_c = \frac{h}{L} = \frac{r_{sub}}{r_w} = \frac{r_{sat} - r_w}{r_w} = \frac{1.8 - 1}{1} = 0.8$$

19

정답 ②

한계동수경사

$$i_c = \frac{G_s - 1}{1+e} = \frac{2.66-1}{1+0.54} = 1.08$$

여기서, 간극비 $e = \frac{n}{1-n} = \frac{0.35}{1-0.35} = 0.54$

20

정답 ①

분사현상 안전율

$$F_s = \frac{i_c}{i} = \frac{\frac{G_s-1}{1+e}}{\frac{\Delta h}{L}} = \frac{\frac{2.65-1}{1+1.06}}{1.0} = 0.8$$

(여기서, 간극비 e는 상관식 $s \cdot e = G_s \cdot w$에서

$1 \times e = 2.65 \times 0.4 \quad \therefore e = 1.06$)

21

정답 ④

분사현상 안전율

$$F_s = \frac{i_c}{i} = \frac{\frac{\gamma_{sub}}{\gamma_w}}{\frac{\Delta h}{L}} = \frac{\frac{2.0-1}{1}}{\frac{10}{30}} = 3$$

22

정답 ②

분사현상 안전율

$$F_s = \frac{i_c}{i} = \frac{\frac{\gamma_{sat}-\gamma_w}{\gamma_w}}{\frac{\Delta h}{L}} = \frac{\frac{19.62-9.81}{9.81}}{\frac{4}{5}} = 1.25$$

23

정답 ①

분사현상 안전율

$$F_s = \frac{i_c}{i} = \frac{\frac{G_s-1}{1+e}}{\frac{\Delta h}{L}} \text{에서, } 3.5 = \frac{\frac{2.5-1}{1+1}}{i} = \frac{0.75}{i}$$

$\therefore i = 0.21$

여기서, 간극비 $e = \frac{n}{1-n} = \frac{0.5}{1-0.5} = 1$

비중 $S_r \cdot e = G_s \cdot w$에서

$1 \times 1 = G_s \times 0.4$

$\therefore G_s = 2.5$

24

정답 ③

분사현상 안전율

$$F_s = \frac{i_c}{i} = \frac{\frac{G_s-1}{1+e}}{\frac{\Delta h}{L}} \text{에서}$$

안전율 $F_s = 3$을 고려

$$\therefore 3 = \frac{\frac{2.7-1}{1+1}}{\frac{\Delta h}{15}} \quad \therefore h = 4.25\text{cm}$$

(여기서, 간극비 $e = \frac{n}{1-n} = \frac{0.5}{1-0.5} = 1$)

25

정답 ②

한계심도(피압대수층)

$\gamma_{sat} \cdot H + \gamma_w \cdot h = \gamma_w \cdot h_w$

$1.8 \times 3 + 1 \times h = 1 \times 7$

$\therefore h = 7 - 5.4 = 1.6\text{m}$

26

정답 ②

물막이공 내부의 압력=물막이공 외부의 압력

$(r_{sub} \cdot h_2) + P = (r_w \cdot \Delta h) \times F$

$\left(\frac{G_s-1}{1+e} r_w \times h_2\right) + P = (r_w \times h_1) \times F$

$\left(\frac{2.65-1}{1+0.65} \times 1 \times 1.5\right) + P = (1 \times 6) \times 3$

$1.5 + P = 18$

$\therefore$ 가하여야 할 압력 $P = 16.5\text{t/m}^2$

27

정답 ②

동상의 조건

- 동상을 받기 쉬운 흙 존재(실트질 흙)
- 0℃ 이하가 오래 지속되어야 한다.
- 물의 공급이 충분해야 한다.

28

정답 ③

동상의 조건

- 동상을 받기 쉬운 흙 존재(실트질 흙)
- 0℃ 이하가 오래 지속
- 물의 공급이 충분

29 정답 ③

동상방지대책

- 치환공법으로 동결되지 않는 흙으로 바꾸는 방법
- 지하수위 상층에 조립토층을 설치하는 방법
- 배수구 설치로 지하수위를 저하시키는 방법
- 흙 속에 단열재료를 매입하는 방법
- 화학약액으로 처리하는 방법

30 정답 ④

침투유량(폭 $L=10\text{m}$에 대한 침투유량)

$$Q=K\cdot H\cdot\frac{N_f}{N_d}\cdot L$$

$$=2.2\times10^{-2}\times300\times\frac{6}{10}\times10$$

$$=3{,}960\text{cm}^3/\text{sec}$$

31 정답 ③

한계동수경사

$$i_c=\frac{G_s-1}{1+e}=\frac{2.6-1}{1+0.2}=1.33$$

제3장 지반내의 응력분포

01	02	03	04	05	06	07	08	09	10
④	①	②	③	②	①	①	④	②	③
11	**12**	**13**	**14**	**15**	**16**				
②	①	③	①	①	②				

01 정답 ④

- 전응력

$\sigma=16\times3+18\times4=120\text{kN/m}^2$

- 간극수압

$u=9.81\times4=39.2\text{kN/m}^2$

- 유효응력

$\sigma'=\sigma-u=120-39.2=80.8\text{kN/m}^2$

02 정답 ①

- 연직응력

$\sigma_v=19\times2+20\times2=78\text{kN/m}^2$

- 간극수압

$u=9.81\times2=19.62\text{kN/m}^2$

- 유효연직응력

$\sigma_v'=19\times2+(20-9.81)\times2=58.38\text{kN/m}^2$

- 유효수평응력

$\sigma_h'=0.5\times58.38=29.19\text{kN/m}^2$

03 정답 ②

하방향 침투의 경우 유효응력

$$\sigma'=\sigma-u$$

$$=(\gamma_t\cdot H_1+\gamma_{sat}\cdot H_2)-(\gamma_w\cdot H_2-\gamma_w\cdot\Delta h)$$

$$=\gamma_t\cdot H_1+\gamma_{sub}\cdot H_2+\gamma_w\cdot\Delta h$$

∴ 땅속의 물이 아래로 흐르는 경우 유효응력이 증가한다.

04 정답 ③

단위면적당 침투수압

$$F=i\cdot\gamma_w\cdot z=\frac{4}{3}\times1\times3=4\text{t/m}^2$$

05 정답 ②

침투수압의 합력

$J = \Delta h \cdot \gamma_w \cdot A$

06 정답 ①

집중하중에 의한 지중응력 증가량

$\Delta\sigma = I \cdot \dfrac{P}{Z^2}$

∴ 탄성계수 E에 무관하다.

07 정답 ①

집중하중에 의한 지중응력 증가량

$$\Delta\sigma = I \cdot \frac{P}{Z^2} = \frac{3 \cdot Z^5}{2 \cdot \pi \cdot R^5} \cdot \frac{P}{Z^2}$$

$$= \frac{3 \times 3^5}{2 \times \pi \times 5^5} \times \frac{5{,}000}{3^2} = 20.6\text{kg/m}^2$$

(여기서, $R = \sqrt{3^2 + 4^2} = 5$)

08 정답 ④

지중응력 증가량

$\sigma_A = 4 \cdot I \cdot q$

$\sigma_B = I \cdot q$

$\therefore \sigma_A = 4\sigma_B$

09 정답 ②

$m = \dfrac{B}{Z} = \dfrac{2}{4} = 0.5$

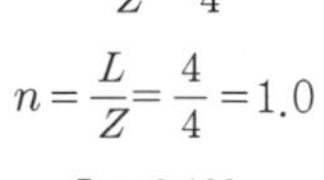

$n = \dfrac{L}{Z} = \dfrac{4}{4} = 1.0$

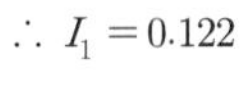

$\therefore I_1 = 0.122$

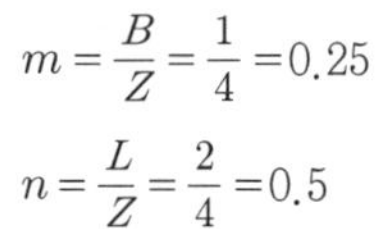

$m = \dfrac{B}{Z} = \dfrac{1}{4} = 0.25$

$n = \dfrac{L}{Z} = \dfrac{2}{4} = 0.5$

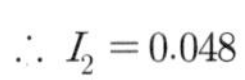

$\therefore I_2 = 0.048$

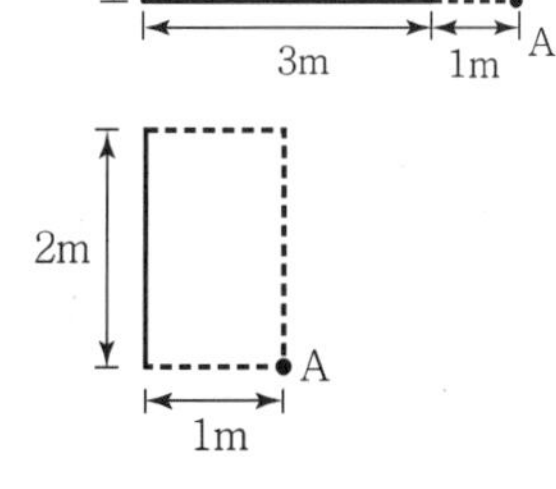

연직응력 증가량

$\Delta\sigma_Z = q \cdot I_1 - q \cdot I_2$

$= 10 \times 0.122 - 10 \times 0.048 = 0.74\text{t/m}^2$

10 정답 ③

영향원법은 지표면에 작용하는 임의의 형상의 등분포하중에 의해서 임의의 점에 생기는 응력을 구할 수 있는 도해법이다.

11 정답 ②

2 : 1 분포법에 의한 지중응력 증가량

$$\Delta\sigma = \frac{q \cdot B \cdot L}{(B+Z)(L+Z)} = \frac{100 \times 2 \times 2}{(2+5) \times (2+5)} = 8.16\text{kN/m}^2$$

12 정답 ①

2 : 1 분포법에 의한 지중응력 증가량

$$\Delta\sigma = \frac{q \cdot B \cdot L}{(B+Z)(L+Z)} = \frac{60 \times 5 \times 10}{(5+10) \times (10+10)}$$

$$= 10\text{kN/m}^2$$

13 정답 ③

모래지반 접지압 분포

기초 중앙에서 최대응력 발생

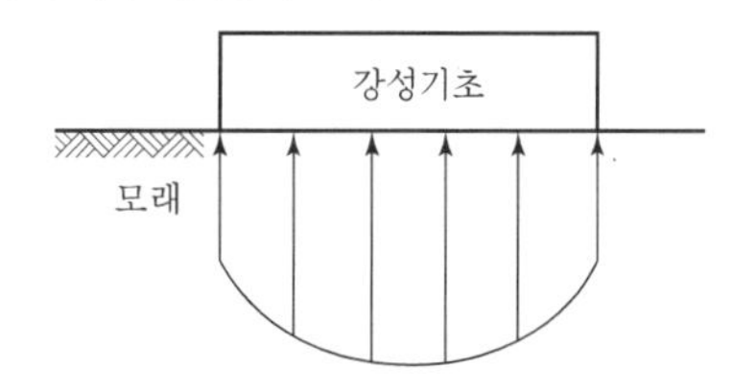

14 정답 ①

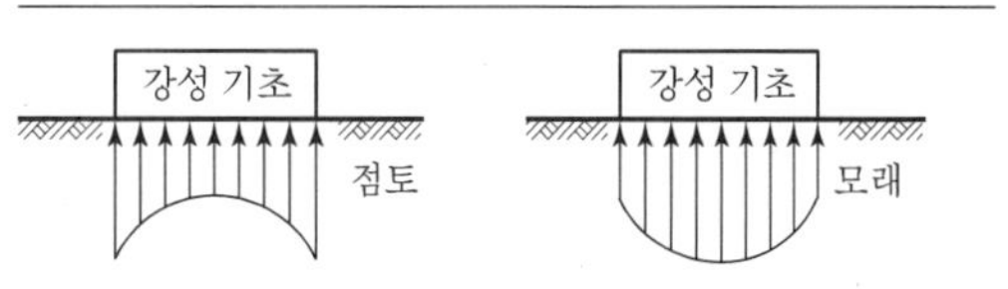

- 점토지반 접지압 분포 : 기초 모서리에서 최대응력 발생
- 모래지반 접지압 분포 : 기초 중앙부에서 최대응력 발생

15 정답 ①

문제 14번 해설 참조

16

정답 ①

• 전응력

$$\sigma = \gamma_d \cdot h_1 = \frac{G_s}{1+e}\gamma_w \cdot h_1 = \frac{2.65}{1+0.4} \times 9.81 \times 4$$

$$= 74.28\text{kN/m}^2$$

• 간극수압(상방향 모세관 상승지역 $S_r = 40\%$)

$$u = -\gamma_w \cdot h_2 \cdot S_r = -9.81 \times 2 \times 0.4 = -7.85\text{kN/m}^2$$

• 유효응력

$$\sigma' = \sigma - u = 74.28 - (-7.85) = 82.13\text{kN/m}^2$$

제4장 흙의 다짐

01	02	03	04	05	06	07	08	09	10
③	①	②	③	②	④	②	③	③	①
11	12	13	14	15					
②	①	③	③	④					

01

정답 ③

다짐효과(흙의 밀도가 커진다.)

- 전단강도가 증가되고 사면의 안전성이 개선된다.
- 투수성이 감소된다.
- 지반의 지지력이 증대된다.
- 지반의 압축성이 감소되어 지반의 침하를 방지하거나 감소시킬 수 있다.
- 물의 흡수력이 감소하고 불필요한 체적변화, 즉 동상현상이나 팽창작용 또는 수축작용 등을 감소시킬 수 있다.

02

정답 ①

다짐에너지

$$E = \frac{W_r \cdot H \cdot N_b \cdot N_r}{V}$$

$$= \frac{2.5 \times 30 \times 25 \times 3}{1{,}000} = 5.63\text{kg} \cdot \text{cm/cm}^3$$

03

정답 ②

- 다짐 E↑, γ_{dmax}↑, OMC↓, 양입도, 조립토, 급경사
- 다짐 E↓, γ_{dmax}↓, OMC↑, 빈입도, 세립토, 완경사

04

정답 ③

- 다짐 E ↑ r_{dmax} ↑ OMC ↓ 양입도, 조립토, 급경사
- 다짐 E ↓ r_{dmax} ↓ OMC ↑ 빈입도, 세립토, 완경사

∴ 흙이 조립토에 가까울수록 최적함수비가 작아지고 최대 건조단위중량은 커진다.

05

정답 ②

- 다짐 E ↑ $\gamma_{d\max}$ ↑ OMC ↓ 양입도, 조립토, 급경사

• 다짐 E ↓ $\gamma_{d\max}$ ↓ OMC ↑ 빈입도, 세립토, 완경사
∴ 세립토의 비율이 클수록 최대건조단위중량($\gamma_{d\max}$)은 감소한다.

06 정답 ④

• 다짐 E ↑ $\gamma_{d\max}$ ↑ OMC ↓ : 양입도, 조립토, 급경사
• 다짐 E ↓ $\gamma_{d\max}$ ↓ OMC ↑ : 빈입도, 세립토, 완경사
∴ 모래질(조립토)을 많이 포함한 흙의 건조밀도－함수비 곡선의 경사는 급하다.

07 정답 ②

• 다짐 E ↑ $\gamma_{d\max}$ ↑ OMC ↓ 양입도, 조립토, 급경사
• 다짐 E ↓ $\gamma_{d\max}$ ↓ OMC ↑ 빈입도, 세립토, 완경사

최적함수비(OMC)보다 건조 측에서 최대강도, 최적함수비(OMC)보다 습윤 측에서 최소투수계수가 나온다.

영공극곡선(비중선)

포화도 $S_r = 100\%$, 공기함유율 $A = 0\%$일 때의 다짐곡선을 영공기 간극곡선 또는 포화곡선이라 한다.

08 정답 ③

점성토에서 OMC보다 큰 함수비로 다지면 이산구조(분산구조), OMC보다 작은 함수비로 다지면 면모구조를 보인다. 그러므로, 강도증진을 목적으로 하는 경우에는 습윤 측 다짐을, 차수를 목적으로 하는 경우에는 건조 측 다짐이 바람직하다.

09 정답 ③

• 사질토 지반 : 진동 또는 충격에 의한 다짐, 진동롤러
• 점성토 지반 : 압력 또는 전압력에 의한 다짐, 탬핑롤러

10 정답 ①

• 다짐 E ↑ r_{dmax} ↑ OMC ↓ 양입도, 조립토, 급경사
• 다짐 E ↓ r_{dmax} ↓ OMC ↑ 빈입도, 세립토, 완경사
  – 점성토에서는 탬핑롤러(양족롤러)에 의한 전압식 다짐이 적합하다.
  – 점성토에서 OMC보다 큰 함수비로 다지면 이산구조(분산구조), OMC보다 작은 함수비로 다지면 면모구조를 보인다.

11 정답 ②

모래치환법

모래는 현장에서 파낸 구멍의 체적(부피)을 알기 위하여 쓰인다.

12 정답 ①

• 습윤단위중량

$$\gamma_t = \frac{W}{V} = \frac{3,612 - 2,143}{944} = 1.56\text{g/cm}^3$$

• 건조단위중량

$$\gamma_d = \frac{\gamma_t}{1+w} = \frac{1.56}{1+0.154} = 1.35\text{g/cm}^3$$

13 정답 ③

• 현장 흙의 습윤단위중량

$$\gamma_t = \frac{W}{V} = \frac{3,390}{1,960} = 1.73\text{g/cm}^3$$

• 현장 흙의 건조단위중량

$$\gamma_d = \frac{\gamma_t}{1+w} = \frac{1.73}{1+0.1} = 1.57\text{g/cm}^3$$

• 상대다짐도

$$R \cdot C = \frac{\gamma_d}{\gamma_{d\max}} \times 100 = \frac{1.57}{1.65} \times 100 = 95\%$$

14 정답 ③

$$\text{설계CBR} = \text{평균CBR} - \frac{\text{최대CBR} - \text{최소CBR}}{d_2}$$

$$= \frac{5.3+5.7+7.6+8.7+7.4+8.6+7.2}{7} - \frac{8.7-5.3}{2.83}$$

$$= 6.01 \fallingdotseq 6$$

15 정답 ③

다짐E ↑ γ_{dmax} ↑ OMC ↓ 양입도, 조립토, 급경사
다짐E ↓ γ_{dmax} ↓ OMC ↑ 빈입도, 세립토, 완경사
∴ 세립토가 많을수록 최적함수비가 증가한다.

제5장 흙의 압밀

01	02	03	04	05	06	07	08	09	10
③	④	②	①	③	②	④	①	②	④
11	**12**	**13**	**14**	**15**	**16**	**17**	**18**		
③	③	④	④	③	④	④	②		

01 정답 ③

테르자기의 압밀이론 기본가정

- 균질한 지층이다.
- 완전포화된 지반이다.
- 흙속의 물 흐름은 1-D이고 Darcy의 법칙이 적용된다.
- 흙의 압축도 1-D이다.
- 투수계수와 흙의 성질은 압밀압력의 크기에 관계없이 일정하다.
- 압밀 시 압력-간극비 관계는 이상적으로 직선적 변화를 한다.
- 물과 흙은 비압축성이다.

02 정답 ④

Terzaghi의 1차원 압밀이론에 대한 기본가정

- 균질하고 완전 포화된 지반
- Darcy 법칙은 정당
- 흙 속의 물의 흐름과 흙의 압축은 1차원
- 투수계수와 흙의 성질은 압밀 진행에 관계없이 일정
- 흙과 물은 비압축성
- 압력과 간극비 관계는 직선적 변화

03 정답 ②

액성한계 LL에 의한 C_c 값의 추정

압축지수(불교란시료)

$C_c = 0.009(LL-10) = 0.009\times(40-10) = 0.27$

04 정답 ①

최종 압밀침하량

$$\Delta H = \frac{\Delta e}{1+e}\cdot H = \frac{1.8-1.2}{1+1.8}\times 2{,}000 = 428\text{cm}$$

05 정답 ③

- 초기 간극비

  상관식

  $S\cdot e = G_s\cdot w$

  $1\times e = 2.67\times 0.35$

  $\therefore e_1 = 0.93$

- 압밀 후 간극비

  상관식

  $S\cdot e = G_s\cdot w$

  $1\times e = 2.67\times 0.25$

  $\therefore e_2 = 0.67$

- 최종 압밀침하량

$$\Delta H = \frac{\Delta e}{1+e}\cdot H = \frac{0.93-0.67}{1+0.93}\times 1{,}000 = 135\text{cm}$$

06 정답 ②

- 상대밀도 40%일 때 자연간극비 e_1

$$D_r = \frac{e_{max}-e_1}{e_{max}-e_{min}}\times 100 = \frac{0.8-e_1}{0.8-0.4}\times 100 = 40\%$$

  $\therefore e_1 = 0.64$

- 상대밀도 70%일 때 자연간극비 e_2

$$D_r = \frac{e_{max}-e_2}{e_{max}-e_{min}}\times 100 = \frac{0.8-e_2}{0.8-0.4}\times 100 = 70\%$$

  $\therefore e_2 = 0.52$

- 침하량

$$\Delta H = \frac{\Delta e}{1+e}\cdot H = \frac{0.64-0.52}{1+0.64}\times 200 = 14.6\text{cm}$$

07 정답 ④

압밀도

$$U = \frac{ui-u}{ui}\times 100 = \frac{10-2}{10}\times 100 = 80\%$$

08 정답 ①

압밀도

$$U = \frac{u_i-u}{u_i}\times 100 = \frac{5-4}{5}\times 100 = 20\%$$

09

정답 ②

압밀도

$U=\frac{u_i-u}{u_i}\times 100$에서,

$70=\frac{4-u}{4}\times 100$

$\therefore$ 현재의 과잉간극수압 $u=1.2\text{t/m}^2$

10

정답 ④

압밀소요시간

$t_{50}=\frac{T_v \cdot H^2}{C_v}=\frac{0.197\times\left(\frac{400}{2}\right)^2}{2\times 10^{-4}}$

$=39,400,000$초$=456$일

(여기서, 50% 압밀도일 때 시간계수 $T_v=0.197$

양면배수 조건일 때 배수거리 $\frac{H}{2}$)

11

정답 ③

침하시간 $t_{90}=\frac{T_v \cdot H^2}{C_v}$에서

$\therefore t_{90} \propto H^2$ 관계

$t_1 : {H_1}^2 = t_2 : H^2 \quad 50 : 5^2 = t_2 : 10^2$

$\therefore t_2=200$일

12

정답 ③

침하시간 $t_{90}=\frac{T_v \cdot H^2}{C_v}$에서

$\therefore t_{90} \propto H^2$ 관계

$t_1 : {H_1}^2 = t_2 : H^2 \quad 10 : 10^2 = t_2 : 40^2$

$\therefore t_2=160$년

13

정답 ④

압밀소요시간

$t=\frac{T_v \cdot H^2}{C_v}$이므로

압밀시간 t는 점토의 두께(배수거리) H의 제곱에 비례

$t_1 : H^2 = t_2 : \left(\frac{H}{2}\right)^2$

$400 : H^2 = t_2 : \left(\frac{H}{2}\right)^2$

$\therefore t_2=\frac{400\times\left(\frac{H}{2}\right)^2}{H^2}=100$일

여기서, 단면배수의 배수거리 : H

양면배수의 배수거리 : $\frac{H}{2}$

14

정답 ④

- 압밀시험에 의한 투수계수

$K=C_v \cdot m_v \cdot \gamma_w = C_v \cdot \frac{a_v}{1+e} \cdot \gamma_w$에서

$3\times 10^{-9} = C_v \times \frac{4\times 10^{-3}}{1+1.5}\times 9.81$

$\therefore C_v = 1.91\times 10^{-7}\text{m/sec}$

- 압밀소요시간(양면배수조건)

$t_{90}=\frac{T_v \cdot H^2}{C_v}=\frac{0.848\times 3^2}{1.91\times 10^{-7}}=39,958,115$초

$\therefore 39,958,115\times\frac{1}{60\times 60\times 24\times 365}=1.27$년

15

정답 ③

압밀시험에 의한 투수계수

$K=C_v \cdot m_v \cdot \gamma_w = C_v \cdot \frac{a_v}{1+e} \cdot \gamma_w$

$=1.92\times 10^{-7}\times\frac{2.86\times 10^{-1}}{1+0.8}\times 9.81$

$=2.99\times 10^{-7}\text{m/s}$

$=2.99\times 10^{-5}\text{cm/s}$

16

정답 ④

과압밀비

$\text{OCR}=\frac{P_c}{P_o}=\frac{P_c}{1.8\times 5}=2$

$\therefore P_c=18\text{t/m}^2$

17

정답 ④

시간-침하 곡선

하중 단계마다 시간-침하 곡선을 작도하여 t를 구한 후 압밀계수 C_v를 결정한다.

∴ 압밀계수는 시간과 압밀 시의 침하곡선에 의하여 구한다.

18

정답 ②

압밀소요시간

$$t_{90}=\frac{T_v \cdot H^2}{C_v}=\frac{0.848\times\left(\frac{200}{2}\right)^2}{1\times10^{-2}}=848,000\text{초}=9.8\text{일}$$

여기서, $K=C_v \cdot m_v \cdot \gamma_w$에서,

$$C_v=\frac{K}{m_v \cdot \gamma_w}=\frac{5\times10^{-7}}{5\times9.81\times10^{-6}}=1\times10^{-2}\text{cm}^2/\text{sec}$$

제6장 흙의 전단강도

01	02	03	04	05	06	07	08	09	10
③	①	②	④	①	③	④	②	②	②
11	12	13	14	15	16	17	18	19	20
②	①	③	④	④	④	③	②	③	②
21	22	23	24	25	26	27	28	29	30
①	③	③	③	②	③	②	③	①	④
31	32	33	34	35	36				
②	②	②	①	①	③				

01

정답 ③

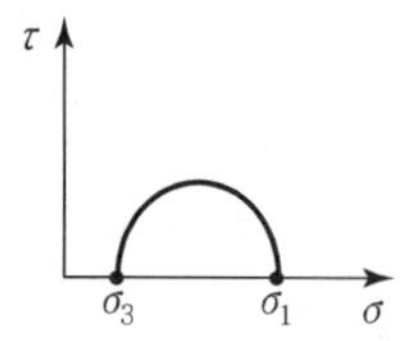

Mohr 응력원은 σ_1과 σ_3의 차의 벡터를 지름으로 해서 그린 원이다.

02

정답 ①

$$\text{수직응력 } \sigma=\frac{\sigma_1+\sigma_3}{2}+\frac{\sigma_1-\sigma_3}{2}\cos2\theta$$
$$=\frac{10+4}{2}+\frac{10-4}{2}\cos(2\times45°)$$
$$=7\text{t/m}^2$$

03

정답 ②

전단응력

$$\tau=\frac{\sigma_1-\sigma_3}{2}\sin2\theta$$
$$=\frac{1.0-0.6}{2}\sin(2\times30°)$$
$$=0.17\text{kg/cm}^2$$

(여기서, θ는 최대주응력면과 파괴면이 이루는 각)

04 정답 ④

- 최대주응력 $\sigma_1=6\text{t/m}^2$
- 최소주응력 $\sigma_3=2\text{t/m}^2$
- 파괴면과 이루는 각도

$$\theta=45°+\frac{\phi}{2}=45°+\frac{30°}{2}=60°$$

- 수직응력 $\sigma=\frac{\sigma_1+\sigma_3}{2}+\frac{\sigma_1-\sigma_3}{2}\cos 2\theta$

$$=\frac{6+2}{2}+\frac{6-2}{2}\cos(2\times 60°)=3\text{t/m}^2$$

- 전단응력 $\tau=\frac{\sigma_1-\sigma_3}{2}\sin 2\theta=\frac{6-2}{2}\sin(2\times 60°)$

$$=1.73\text{t/m}^2$$

05 정답 ①

직접전단시험기

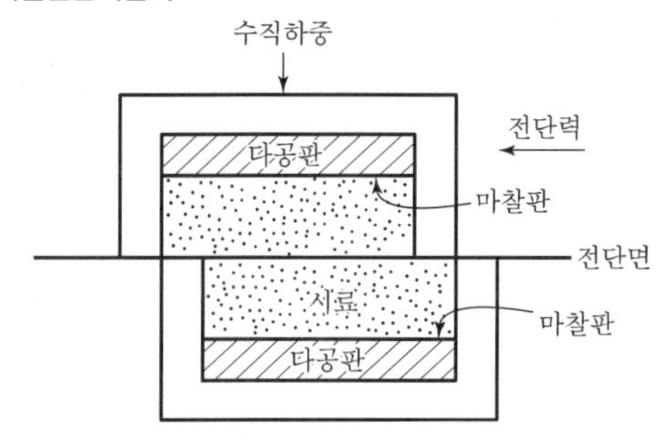

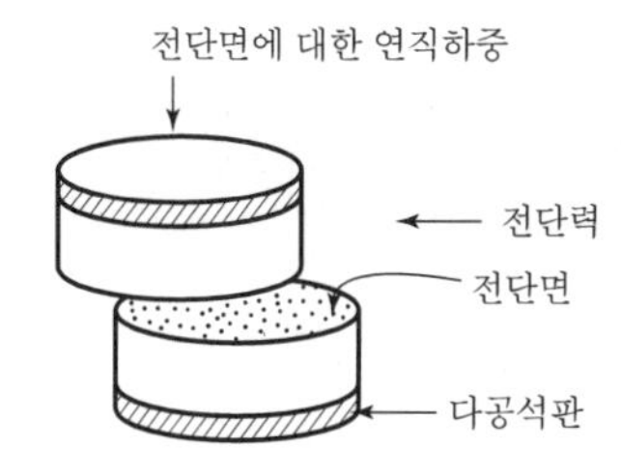

06 정답 ③

- 순수 모래는 이론상 점착력이 0이다.
  $(c=0,\ \phi\neq 0)$
- 순수 점토는 이론상 내부마찰각이 0이다.
  $(c\neq 0,\ \phi=0)$

07 정답 ④

전단강도

$\tau=C+\sigma\tan\phi=0.1+20\tan 30°=11.65\text{kg/cm}^2$

08 정답 ②

내부마찰각

$$\phi=\tan^{-1}\frac{\Delta\tau}{\Delta\sigma}=\tan^{-1}\frac{51.9-17.3}{90-30}=30°$$

혹은 점착력 $C=0$인 사질토이므로

$\tau=\sigma\tan\phi$에서, $17.3=30\tan\phi$

$$\phi=\tan^{-1}\frac{17.3}{30}=30°$$

09 정답 ②

전단응력

$\tau=c+\sigma'\tan\phi$에서

$\tau=c+(\sigma-u)\tan\phi$

$=0.5+(30-8)\tan 30°=13.2\text{kg/cm}^2$

10 정답 ②

- 전응력 $\sigma=r_t\cdot H_1+r_{sat}\cdot H_2$

$$=1.8\times 1+2.0\times 3=7.8\text{t/m}^2$$

- 간극수압 $u=r_w\cdot h_w=1\times 3=3\text{t/m}^2$
- 유효응력 $\sigma'=\sigma-u=7.8-3=4.8\text{t/m}^2$
  또는, $\sigma'=\sigma-u=r_t\cdot H_1+r_{sub}\cdot H_2$

$$=1.8\times 1+(2.0-1)\times 3=4.8\text{t/m}^2$$

- 전단강도 $\tau=c+\sigma'\tan\phi$

$$=0+4.8\tan 30°=2.77\text{t/m}^2$$

11 정답 ②

- 유효응력
  $\sigma'=18\times 2+(20-9.81)\times 4=76.76\text{kN/m}^2$
- 전단강도
  $\tau=c+\sigma'\tan\phi=30+76.76\tan 30°=74.32\text{kN/m}^2$

12 정답 ①

전단저항 $\tau=C+\sigma\tan\phi$에서

$0.5=C+1.0\tan\phi$ …… ①

$0.8=C+2.0\tan\phi$ …… ②

①×2−② 연립방정식을 풀이하면

$$\begin{array}{rl} & 1.0=2C+2.0\tan\phi \\ -) & 0.8=\ \ C+2.0\tan\phi \\ \hline & 2=C \end{array}$$

∴ 점착력 $C=0.2\text{MPa}$

13 정답 ③

• 수직응력

$$\sigma_1 = \frac{P_1}{A} = \frac{10}{10} = 1\text{kg/cm}^2$$

$$\sigma_2 = \frac{P_2}{A} = \frac{20}{10} = 2\text{kg/cm}^2$$

$$\sigma_3 = \frac{P_3}{A} = \frac{30}{10} = 3\text{kg/cm}^2$$

• 전단응력

$$\tau_1 = \frac{S_1}{A} = \frac{24.785}{10} = 2.4785\text{kg/cm}^2$$

$$\tau_2 = \frac{S_2}{A} = \frac{25.570}{10} = 2.5570\text{kg/cm}^2$$

$$\tau_3 = \frac{S_3}{A} = \frac{26.355}{10} = 2.6355\text{kg/cm}^2$$

• 전단저항

$\tau = C + \sigma\tan\phi$에서

$2.4785 = C + 1\tan\phi$ …… ①

$2.5570 = C + 2\tan\phi$ …… ②

①×2−② 연립방정식을 풀이하면

$\therefore\ C = 2.4\text{kg/cm}^2$

14 정답 ④

전단 실험 시 토질의 상태변화

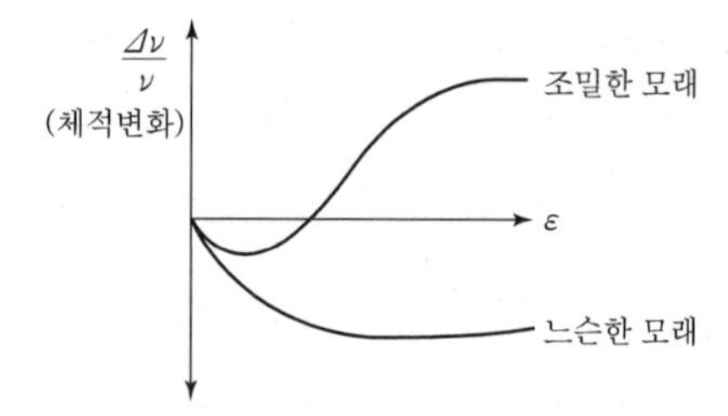

∴ 느슨한 모래에서는 (−) Dilatancy가 일어난다.

15 정답 ④

액상화현상

모래지반, 특히 느슨한 모래지반이나 물로 포화된 모래지반에 지진과 같은 Dynamic 하중에 의해 간극수압이 증가하여 이로 인하여 유효응력이 감소하며 전단강도가 떨어져서 물처럼 흐르는 현상

16 정답 ④

• 파괴면과 수평면이 이루는 각도

$\theta = 45° + \frac{\phi}{2}$ 에서

$50° = 45° + \frac{\phi}{2}$

$\therefore\ \phi = 10°$

• 일축압축강도

$q_u = 2 \cdot c_u \cdot \tan\left(45° + \frac{\phi}{2}\right)$ 에서

$1.0 = 2 \times c_u \times \tan\left(45° + \frac{10°}{2}\right)$

$\therefore\ c_u = 0.42\text{kg/cm}^2$

17 정답 ③

압축응력 $q_u = \dfrac{P}{A_o} = \dfrac{P}{\dfrac{A}{1-\dfrac{\Delta L}{L}}} = \dfrac{2}{\dfrac{\frac{\pi \times 3.5^2}{4}}{1-\frac{1.2}{10}}}$

$= 0.18\text{kg/cm}^2$

내부마찰각 ϕ=0°인 점토의 경우

$\tau = C = \frac{q_u}{2} = \frac{0.18}{2} = 0.09\text{kg/cm}^2$

18 정답 ②

일축압축강도

$q_u = 2 \cdot c \cdot \tan\left(45° + \frac{\phi}{2}\right)$

여기서, 내부마찰각 ϕ=0°인 점토의 경우 $q_u = 2 \cdot c$

$\therefore\ c = \frac{q_u}{2} = \frac{0.3}{2} = 0.15\text{MPa}$

19 정답 ③

예민비

$S_t = \frac{q_u}{q_r}$

교란되지 않은 시료의 일축압축강도와 함수비 변화 없이 반죽하여 교란시킨 같은 흙의 일축압축 강도의 비

∴ 점토를 교란시켰을 때 강도가 많이 감소하는 시료

20 정답 ②

틱소트로피(Thixotrophy) 현상

Remolding한 교란된 시료를 함수비 변화 없이 그대로 방치하면 시간이 경과되면서 강도가 일부 회복되는 현상으로 점성토 지반에서만 일어난다.

21 정답 ①

문제 20번 해설 참조

22 정답 ③

배압(Back Pressure)에 대한 설명이다.

23 정답 ③

내부마찰각

$$\sin\phi = \frac{\sigma_1 - \sigma_3}{\sigma_1 + \sigma_3}$$

$$\phi = \sin^{-1}\frac{3-1}{3+1} = 30°$$

여기서, 구속응력 $\sigma_3 = 1\text{kg/cm}^2$

축차응력 $\Delta\sigma = 2\text{kg/cm}^2$

최대주응력 $\sigma_1 = \sigma_3 + \Delta\sigma = 1+2 = 3\text{kg/cm}^2$

24 정답 ③

비압밀비배수 시험(UU－Test)

- 단기안정검토－성토 직후 파괴
- 초기재하 시, 전단 시 간극수 배출 없음
- 기초지반을 구성하는 점토층이 시공 중 압밀이나 함수비의 변화 없는 조건

25 정답 ②

비압밀비배수 시험(UU－Test)

- 단기안정검토－성토 직후 파괴
- 초기재하 시, 전단 시 간극수 배출 없음
- 기초지반을 구성하는 점토층이 시공 중 압밀이나 함수비의 변화 없는 조건

26 정답 ①

성토로 인한 재하 속도가 과잉간극수압이 소산되는 속도보다 빠를 경우

비압밀 비배수 실험(UU－Test)

- 단기안정검토－성토 직후 파괴
- 초기재하 시, 전단 시 간극수배출 없음
- 기초지반을 구성하는 점토층이 시공 중 압밀이나 함수비의 변화 없는 조건

27 정답 ②

압밀 비배수시험(CU－Test)

- 압밀 후 파괴되는 경우
- 초기 재하 시 간극수 배출
- 전단 시 간극수 배출 없음
- 수위 급강하 시 흙댐의 안전문제
- 압밀 진행에 따른 전단강도 증가상태를 추정
- 유효응력항으로 표시

28 정답 ③

포화된 점토의 UU－Test($\phi = 0°$)

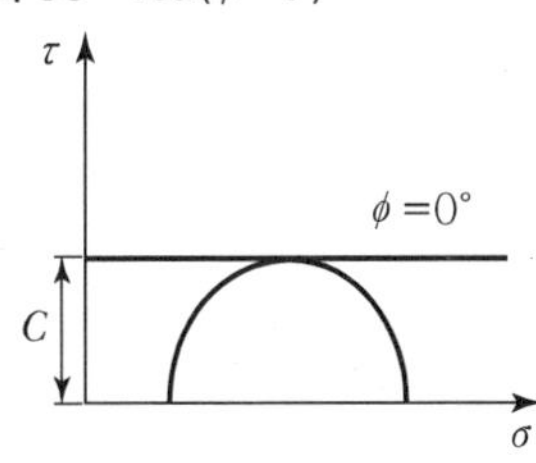

∴ 내부마찰각 $\phi = 0°$이고 점착력 $C \neq 0$이다.

29 정답 ①

완전포화된 점토의 UU－test($\phi = 0°$)

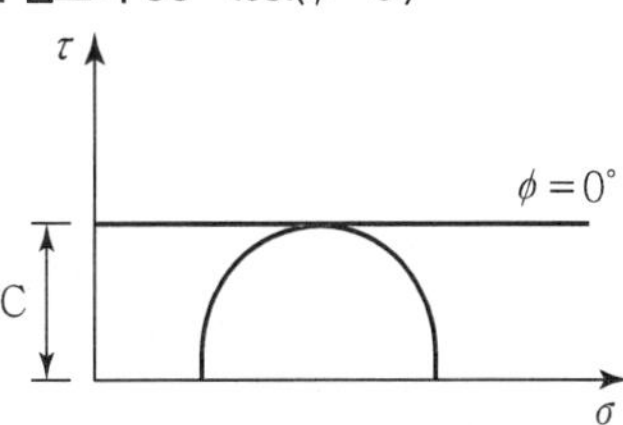

비압밀비배수(UU－test) 결과는 수직응력의 크기가 증가하더라도 전단응력은 일정하다.

30

정답 ④

- B는 포화도에 관계되는 간극수압계수로서 포화도가 100%이면 $B=1$, 포화도가 0%이면 $B=0$이 된다.
- A는 체적변화량에 관계되는 간극수압계수로서 체적수축의 경우 $A>0$이고 체적팽창의 경우 $A<0$이 된다.
- 점토의 경우 A값은 응력이력에 따라 다르며 그 값은 예민한 점토 > 정규압밀점토 > 과압밀점토 순으로 나타난다. 특히 심하게 과압밀된 점토의 A값은 전단파괴 시 공시체가 팽창하려고 하기 때문에 음(−)의 과잉간극수압이 발생하게 된다.

31

정답 ②

간극수압계수

$$A=\frac{D}{B}=\frac{\text{간극수압 증가량}}{\text{응력 증가량}}=\frac{u-\sigma_3}{\sigma_1-\sigma_3}$$

∴ 간극수압계수 A값은 언제나 (+)의 값을 갖는 것은 아니다.

32

정답 ②

간극수압계수 $A=\dfrac{D}{B}$

(여기서, $D=\dfrac{\Delta u_f\text{ (간극수압)}}{\Delta\sigma_f\text{ (축차응력)}}=\dfrac{2.1}{2.8}=0.75$)

$$\therefore\ A=\frac{D}{B}=\frac{0.75}{1}=0.75$$

33

정답 ②

과잉간극수압

$$\begin{aligned}\Delta u &= B[\Delta\sigma_3+A(\Delta\sigma_1-\Delta\sigma_3)]\\ &=1\times[0.5+0.5\times(1-0.5)]\\ &=0.75\text{kg/cm}^2\end{aligned}$$

34

정답 ①

Mohr의 응력원에서 각 원의 전단응력이 최대인 점(p, q)을 연결하여 그린 선분으로 이것을 응력경로라 하며, 응력경로는 전응력 경로와 유효응력 경로로 나눌 수 있다.

35

정답 ①

$$p=\frac{\sigma_1+\sigma_3}{2}$$

$$q=\frac{\sigma_1-\sigma_3}{2}$$

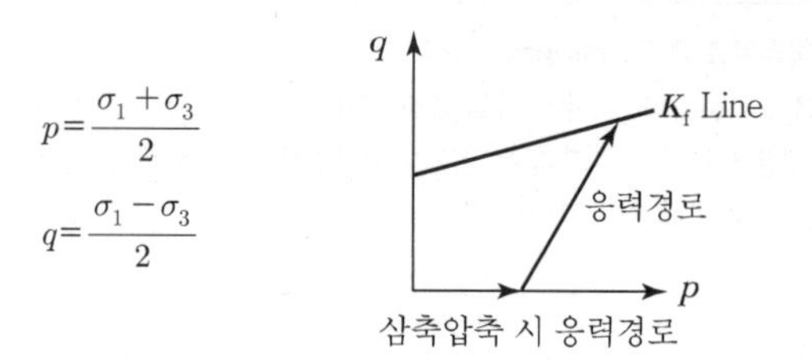

36

정답 ③

다일러턴시(Dilatancy) 현상

- 조밀한 모래에서는 (+)다일러턴시, (−)간극수압 발생
- 느슨한 모래에서는 (−)다일러턴시, (+)간극수압 발생
- 과압밀 점토에서는 (+)다일러턴시, (−)간극수압 발생
- 정규압밀 점토에서는 (−)다일러턴시, (+)간극수압 발생

제7장 토압

01	02	03	04	05	06	07	08	09	10
②	④	③	③	③	③	①	③	③	①
11	12	13	14	15					
③	③	②	③	②					

01 정답 ②

정지토압계수

$$K_o = \frac{\sigma_h}{\sigma_v}$$

∴ 수평력이 연직력보다 크게 작용하는 지반에서 정지토압계수 K_o는 1보다 커질 수 있다.

02 정답 ④

- 수동토압계수

$$K_p = \tan^2(45° + \frac{\phi}{2})$$

$$= \frac{1+\sin\phi}{1-\sin\phi} = \frac{1+\sin 40°}{1-\sin 40°} = 4.599$$

- 주동토압계수

$$K_A = \tan^2(45° - \frac{\phi}{2})$$

$$= \frac{1-\sin\phi}{1+\sin\phi} = \frac{1-\sin 40°}{1+\sin 40°} = 0.217$$

$$\therefore \frac{\text{수동토압계수 } K_p}{\text{주동토압계수 } K_A} = \frac{4.599}{0.217} = 21.1$$

03 정답 ③

$$\frac{q}{p} = \frac{\frac{\sigma_1 - \sigma_3}{2}}{\frac{\sigma_1 + \sigma_3}{2}} = \frac{\sigma_1 - \sigma_3}{\sigma_1 + \sigma_3}$$

$$= \frac{1 - \frac{\sigma_3}{\sigma_1}}{1 + \frac{\sigma_3}{\sigma_1}} = \frac{1-K}{1+K}$$

$$= \frac{1-0.5}{1+0.5} = \frac{0.5}{1.5} = \frac{1}{3}$$

(∵ 토압계수 $K = \frac{\sigma_3}{\sigma_1}$ 이므로)

04 정답 ③

Rankine의 토압이론 기본가정

- 흙은 비압축성이고 균질의 입자이다.
- 흙입자는 입자 간의 마찰력에 의해서만 평형을 유지한다.
- 지표면은 무한히 넓게 존재한다.
- 지표면에 작용하는 하중은 등분포 하중이다.
- 토압은 지표면에 평행하게 작용한다.

05 정답 ③

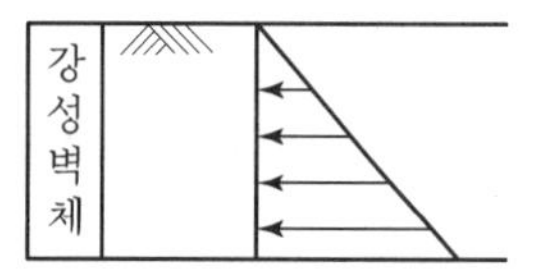

옹벽 : 삼각형 토압분포

06 정답 ③

- 주동토압계수

$$K_a = \tan^2\left(45° - \frac{\phi}{2}\right)$$

$$= \frac{1-\sin\phi}{1+\sin\phi} = \frac{1-\sin 30°}{1+\sin 30°} = \frac{1}{3} = 0.333$$

- 전주동토압

$$P_a = \frac{1}{2} \cdot K_a \cdot r \cdot H^2$$

$$= \frac{1}{2} \times 0.333 \times 1.75 \times 4^2 = 4.7\text{t/m}$$

07 정답 ①

등분포하중이 재하하는 경우 전 주동토압

$$P_A = \frac{1}{2} \cdot K_A \cdot \gamma \cdot H^2 + K_A \cdot q \cdot H$$

$$= \left(\frac{1}{2} \cdot \gamma \cdot H^2 + q \cdot H\right) \cdot K_A$$

$$= \left(\frac{1}{2} \cdot \gamma \cdot H^2 + q \cdot H\right) \cdot \tan^2\left(45° - \frac{\phi}{2}\right)$$

08 정답 ③

- **주동토압계수**

$$K_A = \tan^2\left(45° - \frac{\phi}{2}\right)$$

$$= \frac{1-\sin\phi}{1+\sin\phi} = \frac{1-\sin 30°}{1+\sin 30°} = 0.333$$

• **전 주동토압**

$$P_A = \frac{1}{2} \cdot K_A \cdot \gamma \cdot H^2 + K_A \cdot q \cdot H$$

$$= \frac{1}{2} \times 0.333 \times 1.9 \times 3^2 + 0.333 \times 3 \times 3$$

$$= 5.85\text{t/m}$$

• **토압의 작용점**

$$h = \frac{P_1 \cdot \frac{H}{3} + P_2 \cdot \frac{H}{2}}{P_1 + P_2}$$

$$= \frac{\frac{1}{2} \times 0.333 \times 1.9 \times 3^2 \times \frac{3}{3} + 0.333 \times 3 \times 3 \times \frac{3}{2}}{\frac{1}{2} \times 0.333 \times 1.9 \times 3^2 + 0.333 \times 3 \times 3}$$

$$= 1.26\text{m}$$

09 정답 ③

점착고(인장균열깊이)

$$Z_c = \frac{2 \cdot c}{\gamma} \tan\left(45° + \frac{\phi}{2}\right)$$

$$= \frac{2 \times 8}{16} \tan\left(45° + \frac{30°}{2}\right)$$

$$= 1.73\text{m}$$

10 정답 ①

점착고 : 인장균열깊이

$$Z_c = \frac{2 \cdot c}{\gamma} \tan\left(45° + \frac{\phi}{2}\right) \text{에서}$$

$$3 = \frac{2 \times c}{1.8} \tan\left(45° + \frac{30°}{2}\right)$$

∴ 점착력 $c = 1.56\text{t/m}^2$

11 정답 ③

만약 벽마찰각, 지표면 경사각, 벽면 경사각을 무시하면, 다시 말해 뒤채움 흙이 수평, 벽체 뒷면이 수직, 벽마찰각을 고려하지 않으면 Coulomb의 토압은 Rankine의 토압과 같아진다.

12 정답 ③

앵커의 극한지지력

$$P_u = \alpha \cdot C_u \cdot \pi \cdot D \cdot l$$

$$= 0.6 \times 1.0 \times \pi \times 20 \times 500 = 18,849.56\text{kg}$$

$$= 18.8\text{t}$$

13 정답 ②

최대수평토압

$$\sigma_h = K_A \cdot \gamma_t \cdot H$$

$$= \frac{1 - \sin 30°}{1 + \sin 30°} \times 19 \times 8$$

$$= 50.62\text{kN/m}^2$$

• 연직방향 설치간격 $S_v = 0.5\text{m}$

수평방향 설치간격 $S_h = 1.0\text{m}$

• $0.5 \times 1.0 = 0.5\text{m}^2$이므로, 단위면적당 평균 보강띠 설치 개수는 $\frac{1\text{m}^2}{0.5\text{m}^2} = 2$개

그러므로 보강띠에 작용하는 최대 힘

$$T_{max} = \frac{50.62}{2} = 25.3\text{kN}$$

14 정답 ③

• 연직응력

$$\sigma_v = \gamma \cdot H = 18.7 \times 6 = 112.2\text{kN/m}^2$$

• 수평응력

$$\sigma_h = K \cdot \sigma_v = K \cdot \gamma \cdot H = 0.6 \times 112.2 = 67.3\text{kN/m}^2$$

15 정답 ②

토압의 대소 비교

수동토압 P_P > 정지토압 P_O > 주동토압 P_A

제8장 사면의 안정

01	02	03	04	05	06	07	08	09	10
②	④	①	③	④	②	②	①	④	③
11	12	13	14	15	16	17	18		
④	②	①	④	①	①	②	③		

01 정답 ②

한계고 : 연직절취깊이

$$H_c = \frac{4 \cdot c}{r} \tan\left(45° + \frac{\phi}{2}\right)$$

흙의 단위중량이 증가할수록 한계굴착깊이는 감소한다.

02 정답 ④

한계고 : 연직절취깊이

$$H_c = \frac{4 \cdot c}{r} \tan(45° + \frac{\phi}{2})$$

(여기서, 점토의 내부마찰각 ϕ=0°이므로)

$$H_c = \frac{4 \cdot c}{r} = \frac{4 \times 2.4}{1.7} = 5.65\text{m}$$

(여기서, 점착력 $c = \frac{q_u}{2} = \frac{0.48}{2} = 0.24\text{kg/cm}^2$

$= 2.4\text{t/m}^2$)

03 정답 ①

- **한계고 : 연직절취깊이**

$$H_c = \frac{4 \cdot c}{r} \tan(45° + \frac{\phi}{2})$$

$$= \frac{4 \times 5}{2.0} \tan(45° + \frac{0°}{2}) = 10\text{m}$$

(여기서, 점착력 c=0.5kg/cm²=5t/m²이다.)

- **연직사면의 안전율**

$$F = \frac{H_c}{H} = \frac{10}{7} = 1.43$$

04 정답 ③

- 안정계수

$$N_s = \frac{1}{m} = \frac{1}{0.06} = 16.67$$

- 한계고(임계높이)

$$H_c = N_s \cdot \frac{C}{\gamma} = 16.67 \times \frac{2.4}{1.93} = 20.7\text{m}$$

05 정답 ④

- 안정계수

$$N_s = \frac{1}{m} = \frac{1}{0.1} = 10$$

- 유한사면의 안전율

$$F_s = \frac{H_c}{H} = \frac{N_s \cdot \frac{c}{\gamma}}{H} = \frac{10 \times \frac{20}{20}}{5} = 2$$

06 정답 ②

원호 활동면 안전율

$$F = \frac{\text{저항}M}{\text{활동}M} = \frac{c \cdot l \cdot R}{A \cdot \gamma \cdot L} = \frac{4.5 \times 20 \times 12}{70 \times 1.9 \times 4.5} = 1.8$$

07 정답 ②

압성토공법

연약 지반 위에 흙쌓기를 할 때 흙쌓기 본체가 그 자체 중량으로 인해 지반으로 눌려 박혀 침하함으로써 비탈끝 근처의 지반이 올라온다. 이것을 방지하기 위해 흙쌓기 본체의 양측에 흙쌓기하는 공법을 압성토공법이라 한다.

08 정답 ①

반무한사면의 안전율(C=0인 사질토, 지하수위가 지표면과 일치하는 경우)

$$F = \frac{r_{sub}}{r_{sat}} \cdot \frac{\tan\phi}{\tan i} = \frac{1.8-1}{1.8} \times \frac{\tan 33°}{\tan 25°} = 0.62$$

09 정답 ④

반무한사면의 안전율(점착력 $C \neq 0$이고, 지하수위가 없는 경우)

$$F_s = \frac{C}{r \cdot z \cdot \cos i \cdot \sin i} + \frac{\tan\phi}{\tan i}$$

$$= \frac{1.8}{1.9 \times 7 \times \cos 20° \times \sin 20°} + \frac{\tan 25°}{\tan 20°}$$

$$= 1.7$$

10 정답 ③

반무한 사면의 안전율(점착력 $C \neq 0$이고, 지하수위가 지표면과 일치하는 경우)

$$F = \frac{C}{\gamma \cdot z \cdot \cos i \cdot \sin i} + \frac{\gamma_{sub}}{\gamma_{sat}} \cdot \frac{\tan\phi}{\tan i}$$

$$= \frac{1.5}{1.8 \times 5 \times \cos 15° \times \sin 15°} + \frac{1.8-1}{1.8} \times \frac{\tan 30°}{\tan 15°}$$

$$= 1.6$$

11 정답 ④

사면의 안정해석방법

- 마찰원법
- 비숍(Bishop)법
- 펠레니우스(Fellenius)법

12 정답 ②

분할법(절편법)

다층토지반, 지하수위가 있을 때

- Fellenius 방법
- Bishop 방법
- Spencer 방법

마찰원법

균질한 지반－Taylor 방법

13 정답 ①

임계 활동면

여러 가상활동면 중에서 안전율이 가장 작게 나타나는 활동면을 말한다.

14 정답 ④

절편법(Slice Method)

활동면 위의 흙을 몇 개의 연직 평행한 절편으로 나누어 사면의 안정을 해석하는 방법으로 분할법이라고도 하며 균질하지 않은 다층토 지반에 지하수위가 있을 경우 적용한다.

15 정답 ①

Fellenius 방법은 Bishop 방법보다 계산이 간단하며 안전율을 과소평가하는 경향이 있다.

16 정답 ①

일반적으로 제방 및 축대의 사면이 가장 위험한 경우는 수위 급강하 시 간극수의 영향으로 인해 사면이 가장 불안정하다.

17 정답 ②

- 상류사면이 가장 위험한 경우 : 시공 직후, 수위 급강하 시
- 하류사면이 가장 위험한 경우 : 시공 직후, 정상 침투 시

18 정답 ②

반무한 사면의 안전율($C=0$인 사질토, 지하수위가 지표면과 일치하는 경우)

$F_s = \frac{\gamma_{sub}}{\gamma_{sat}} \cdot \frac{\tan\phi}{\tan i}$에서,

$$1 \leq \frac{19.62-9.81}{19.62} \times \frac{\tan\phi}{\tan 20°}$$

$$\therefore\ i = 36.06°$$

제9장 토질조사 및 시험

01	02	03	04	05	06	07	08	09	10
①	①	①	③	④	④	②	①	②	④
11	12	13	14	15	16	17	18	19	20
④	①	①	④	①	③	③	④	①	③
21	22	23	24	25	26	27	28	29	30
④	③	②	④	②	①	④	③	④	③
31	32	33							
②	④	③							

01 정답 ①

비중계분석시험 – 세립토의 흙 입도

02 정답 ①

교란의 효과는 소성이 높은 흙이 소성이 낮은 흙보다 크다.

03 정답 ①

오거보링(Auger Boring)은 교란된 시료(흐트러진 시료)를 채취하는 데 적합하다.

04 정답 ③

- 회전식 보링 : 굴진속도가 느림, 비용이 고가, 교란이 적음, 코어 회수 가능
- 충격식 보링 : 굴진속도가 빠름, 비용이 저렴, 교란이 큼, 코어 회수 불가능

05 정답 ④

불교란 시료 채취기

- 피스톤 튜브 시료기
- 얇은 관 시료기
- Lavel 시료기

06 정답 ④

면적비

$$A_r = \frac{{D_w}^2 - {D_e}^2}{{D_e}^2} \times 100$$

$$= \frac{7.5^2 - 7^2}{7^2} \times 100 = 14.80\%$$

07 정답 ②

$$\text{회수율(TCR)} = \frac{\text{회수된 core의 총합}}{\text{이론적 굴진 깊이}} \times 100(\%)$$

$$= \frac{80}{150} \times 100 = 53.33\%$$

08 정답 ①

암질을 나타내는 항목

- 암질지수 RQD
- 일축압축강도
- 지하수 상태
- 불연속면의 간격
- 불연속면의 상태

N치는 표준관입시험의 결과치를 나타낸다.

09 정답 ②

사운딩(Sounding)

Rod 선단의 저항체를 땅속에 넣어 관입, 회전, 인발 등의 저항으로 토층의 강도 및 밀도 등을 체크하는 방법의 원위치 시험

10 정답 ④

- 정적 사운딩
  휴대용 원추관입시험기, 화란식 원추관입시험기, 스웨덴식 관입시험기, 이스키미터, 베인시험기
- 동적 사운딩
  동적 원추관입시험기, 표준관입시험기
- 평판재하시험(PBT)
  기초지반의 허용지내력 및 탄성계수를 산정하는 지반조사 방법

11 정답 ④

베인시험(Vane Test)

정적인 사운딩으로 깊이 10m 미만의 연약 점성토 지반에 대한 회전저항모멘트를 측정하여 비배수 전단강도(점착력)를 측정하는 시험

$$C = \frac{M_{max}}{\pi D^2\left(\frac{H}{2}+\frac{D}{6}\right)}$$

12 정답 ①

문제 11번 해설 참조

13 정답 ①

베인시험기

정적사운딩으로 연약점성토 지반의 비배수전단강도(점착력)를 측정한다.

$$C = \frac{M_{max}}{\pi D^2 \cdot \left(\frac{H}{2}+\frac{D}{6}\right)} = \frac{590}{\pi \times 5^2 \times \left(\frac{10}{2}+\frac{5}{6}\right)}$$

$$= 1.29\text{kg/cm}^2$$

14 정답 ④

직접전단시험은 점토의 강도증가율과 상관없다.

15 정답 ①

표준관입시험

동적인 사운딩으로 보링 시에 교란시료를 채취하여 물성시험 시료로 사용한다.

16 정답 ③

동적(타격식) 사운딩의 대표적인 방법은 SPT이다.

17 정답 ③

표준관입시험

보링 시 구멍에 Split Spoon Sampler를 넣고 15cm 관입 후에 63.5±0.5kg 해머로 76±1cm 높이에서 자유낙하시켜 샘플러를 지반에 30cm 관입시키는 데 필요한 타격횟수를 N치라 하며, 교란시료를 채취하여 물성시험에 사용한다.

18 정답 ④

문제 17번 해설 참조

19 정답 ①

표준관입시험

표준관입시험은 큰 자갈 이외 대부분의 흙, 즉 사질토와 점성토 모두 적용 가능하지만 주로 사질토 지반특성을 잘 반영한다.

20 정답 ③

문제 19번 해설 참조

21 정답 ④

문제 17번 해설 참조

22 정답 ③

로드(Rod)길이 수정

심도가 깊어지면 타격에너지 손실로 실제보다 N치가 크게 나온다.

23 정답 ②

Dunham 공식

- 토립자가 모나고 입도분포가 양호한 경우
  $\phi = \sqrt{12 \cdot N} + 25$
- 토립자가 모나고 입도분포가 불량한 경우
  $\phi = \sqrt{12 \cdot N} + 20$
- 토립자가 둥글고 입도분포가 양호한 경우
  $\phi = \sqrt{12 \cdot N} + 20$
- 토립자가 둥글고 입도분포가 불량한 경우
  $\phi = \sqrt{12 \cdot N} + 15$

$\therefore \ \phi = \sqrt{12 \cdot N} + 15 = \sqrt{12 \times 10} + 15 = 26°$

24 정답 ④

Dunham 공식

- 토립자가 모나고 입도분포가 양호한 경우
  $\phi = \sqrt{12 \cdot N} + 25$
- 토립자가 모나고 입도분포가 불량한 경우
  $\phi = \sqrt{12 \cdot N} + 20$

- 토립자가 둥글고 입도분포가 양호한 경우
  $\phi = \sqrt{12 \cdot N} + 20$
- 토립자가 둥글고 입도분포가 불량한 경우
  $\phi = \sqrt{12 \cdot N} + 15$

$\therefore \phi = \sqrt{12 \cdot N} + 20 = \sqrt{12 \times 19} + 20 = 35°$

25

정답 ②

연경도(Consistency)	N치
대단히 연약	$N<2$
연약	2~4
중간	4~8
견고	8~15
대단히 견고	15~30
고결	$N>30$

26

정답 ①

N치와 모래의 상대밀도 관계

N	상대밀도(%)
0~4	대단히 느슨(15)
4~10	느슨(15~35)
10~30	중간(35~65)
30~50	조밀(65~85)
50 이상	대단히 조밀(85~100)

Dunham 공식 : N값의 이용(N값으로 인한 ϕ값의 결정)

- 흙입자가 모나고 입도가 양호한 경우
  $\phi = \sqrt{12 \cdot N} + 25$
- 흙입자가 모나고 입도가 불량한 경우
  $\phi = \sqrt{12 \cdot N} + 20$
- 흙입자가 둥글고 입도가 양호한 경우
  $\phi = \sqrt{12 \cdot N} + 20$
- 흙입자가 둥글고 입도가 불량한 경우
  $\phi = \sqrt{12 \cdot N} + 15$

$\therefore$ N치가 20일 때 내부마찰각 ϕ는

$\sqrt{12 \times 20} + 15 = 30.5°$

$\sqrt{12 \times 20} + 25 = 40.5°$

약 30°~40°인 모래이다.

27

정답 ④

원추관입시험기(CPT)에다 간극수압을 측정할 수 있도록 트랜스듀서(Transducer)를 부착한 것을 피조콘이라 한다. 이는 전기식 Cone을 선단로드에 부착하여 지중에 일정한 관입속도로 관입시키면서 저항치를 측정하는 시험이다.

28

정답 ③

평판재하시험 종료 조건

- 침하가 15mm에 달할 때
- 하중강도가 현장에서 예상되는 가장 큰 접지압력을 초과할 때
- 하중강도가 지반의 항복점을 넘을 때

29

정답 ④

점토지반의 침하량은 재하판의 폭에 비례한다.

폭	지지력	침하량
점토	무관	비례
사질토	비례	꼭 비례하진 않음 $S_F = S_p \cdot \left(\frac{2B_F}{B_F + B_p}\right)^2$

30

정답 ③

사질토 지반의 지지력은 재하판의 폭에 비례한다.

$0.3 : 10 = 4 : q_u$

$\therefore$ 극한지지력 $q_u = 133.33\text{t/m}^2$

31

정답 ②

사질토층의 재하시험에 의한 즉시 침하

$$S_F = S_P \cdot \left\{\frac{2 \cdot B_F}{B_F + B_P}\right\}^2 = 30 \times \left\{\frac{2 \times 3}{3 + 0.3}\right\}^2$$

$$= 99.2\text{mm}$$

32

정답 ④

면적비

$$A_r = \frac{D_w^2 - D_e^2}{D_e^2} \times 100(\%) = \frac{6^2 - 5.5^2}{5.5^2} \times 100 = 19\%$$

33

정답 ③

Dunham 공식

㉠ 입도양호(양입도) 판정기준

- 일반 흙 : 균등계수 $C_u>10$
  곡률계수 C_g=1~3
- 자갈 : 균등계수 $C_u>4$
  곡률계수 C_g=1~3
- 모래 : 균등계수 $C_u>6$
  곡률계수 C_g=1~3

여기서, 균등계수 $C_u=15$, 곡률계수 $C_g=1.5$ 이므로

∴ 입도양호(W)

㉡ 토립자가 모나고 입도분포가 양호한 경우

$\phi=\sqrt{12\cdot N}+25=\sqrt{12\times10}+25=36°$

제10장 기초

01	02	03	04	05	06	07	08	09	10
③	④	②	③	③	④	④	②	④	③
11	12	13	14	15	16	17	18	19	20
②	③	①	②	④	④	②	①	②	④
21	22	23	24	25	26	27	28	29	30
④	④	②	④	①	①	①	③	③	③
31	32	33	34	35	36	37	38	39	40
②	①	④	①	③	②	①	④	④	①
41	42	43	44	45	46				
①	①	②	③	②	③				

01

정답 ③

기초의 필요조건

- 최소의 근입 깊이를 가져야 한다 : 동해에 대한 안정
- 지지력에 대해 안정해야 한다 : 안전율은 통상 $F_S=3$
- 침하에 대해 안정해야 한다 : 침하량이 허용값 이내
- 시공이 가능해야 한다 : 경제성, 시공성

02

정답 ④

기초의 필요조건

- 최소의 근입깊이를 가져야 한다 : 동해에 대한 안정
- 지지력에 대해 안정해야 한다 : 안전율은 통상 $F_s=3$
- 침하에 대해 안정해야 한다 : 침하량이 허용값 이내
- 시공이 가능해야 한다 : 경제성, 시공성

∴ 기초의 미관은 고려되지 않는다.

03

정답 ②

테르자기의 극한지지력 공식

형상 계수	원형 기초	정사각형 기초	연속 기초	직사각형 기초
α	1.3	1.3	1.0	$1+0.3\frac{B}{L}$
β	0.3	0.4	0.5	$0.5-0.1\frac{B}{L}$

04 정답 ③

형상 계수	원형 기초	정사각형 기초	연속 기초	직사각형 기초
α	1.3	1.3	1.0	$1+0.3\frac{B}{L}$
β	0.3	0.4	0.5	$0.5-0.1\frac{B}{L}$

$\alpha=1+0.3\times\frac{4}{5}=1.24$

$\beta=0.5-0.1\times\frac{4}{5}=0.42$

05 정답 ③

테르자기의 극한지지력 공식

$q_u=\alpha\cdot c\cdot N_c+\beta\cdot\gamma_1\cdot B\cdot N_r+\gamma_2\cdot D_f\cdot N_q$

형상계수	원형 기초	정사각형 기초	연속 기초
α	1.3	1.3	1.0
β	0.3	0.4	0.5

여기서, α, β : 형상계수

N_c, N_r, N_q : 지지력계수(내부마찰각 ϕ에 의한 함수)

C : 점착력

γ_1, γ_2 : 단위중량

B : 기초폭

D_f : 근입깊이

06 정답 ④

Terzaghi의 극한지지력 공식

$q_u=\alpha\cdot c\cdot N_c+\beta\cdot\gamma_1\cdot B\cdot N_\gamma+\gamma_2\cdot D_f\cdot N_q$

여기서, α, β : 형상계수

N_c, N_γ, N_q : 지지력계수(ϕ 함수)

c : 점착력

γ_1, γ_2 : 단위중량

B : 기초폭

D_f : 근입 깊이

∴ 극한지지력은 기초의 폭이 증가하면 지지력도 증가한다.

07 정답 ④

국부전단 파괴가 일어나는 지반에서 점착력(c)은 $\frac{2}{3}\cdot c$를 적용한다.

08 정답 ②

Terzaghi 극한지지력 공식

형상계수	원형 기초	정사각형 기초	연속 기초
α	1.3	1.3	1.0
β	0.3	0.4	0.5

$q_u=\alpha\cdot c\cdot N_c+\beta\cdot\gamma_1\cdot B\cdot N_r+\gamma_2\cdot D_f\cdot N_q$

$=1.0\times7.43\times5.14+0.5\times1.92\times2\times0+1.92\times1.2\times1.0$

$=40.49\text{t/m}^2$

(여기서, 점착력 $c=\frac{q_u}{2}=\frac{14.86}{2}=7.43\text{t/m}^2$)

∴ 허용지지력 $q_a=\frac{q_u}{F}=\frac{40.49}{3}=13.5\text{t/m}^2$

09 정답 ④

형상계수	원형 기초	정사각형 기초	연속 기초
α	1.3	1.3	1.0
β	0.3	0.4	0.5

- 극한지지력

  $q_u=\alpha\cdot c\cdot N_c+\beta\cdot r_1\cdot B\cdot N_r+r_2\cdot D_f\cdot N_q$

  $=1.3\times0\times N_c+0.4\times1.7\times2\times19+1.7\times1.5\times22$

  $=81.94\text{t/m}^2$

- 허용지지력 $q_a=\frac{q_u}{F}=\frac{81.94}{3}=27.31\text{t/m}^2$
- 허용하중 $Q_a=q_a\cdot A=27.31\times2\times2=109.3\text{t}$

10 정답 ③

지하수위의 영향(지하수위가 기초바닥면 아래에 위치한 경우)

기초폭 B와 지하수위까지 거리 d 비교

$-B\leq d$: 지하수위 영향 없음

$-B>d$: 지하수위 영향 고려

즉, 기초폭 $B=3\text{m}>$지하수위까지 거리 $d=2\text{m}$이므로

$\gamma=r_{ave}=r_{sub}+\frac{d}{B}(r_t-r_{sub})$값 사용

∴ $\gamma=(1.9-1)+\frac{2}{3}\times\{1.7-(1.9-1)\}=1.43\text{t/m}^3$

11 정답 ②

형상계수	원형 기초	정사각형 기초	연속 기초
α	1.3	1.3	1.0
β	0.3	0.4	0.5

- 극한지지력

$$q_u = \alpha \cdot c \cdot N_c + \beta \cdot \gamma_1 \cdot B \cdot N_\gamma + \gamma_2 \cdot D_f \cdot N_q$$
$$= 1.3 \times 5 \times 18 + 0.4 \times 1.17 \times 3 \times 5 + 1.7 \times 2 \times 7.5$$
$$= 149.52\text{t/m}^2$$
$$\gamma_1 = \gamma_{ave} = \gamma_{sub} + \frac{\alpha}{\beta}(\gamma_b - \gamma_{sub})$$
$$= 0.9 + \frac{1}{3} \times (1.7 - 0.9) = 1.17\text{t/m}^3$$

12 정답 ③

사질토 지반의 지지력은 재하판의 폭에 비례한다.
즉, $0.3 : 20 = 1.8 : q_u$

∴ 극한지지력 $q_u = 120\text{t/m}^2$

허용지지력 $q_a = \frac{q_u}{F} = \frac{120}{3} = 40\text{t/m}^2$

허용하중 $Q_a = q_a \cdot A$

$$= 40 \times 1.8 \times 1.8 = 129.6\text{t} \fallingdotseq 130\text{t}$$

13 정답 ①

평판 재하시험에 의한 지지력 산정

허용지지력 : $\frac{\text{항복 지지력}(q_y)}{2}$, $\frac{\text{극한 지지력}(q_u)}{3}$ 중작은값

14 정답 ②

- 항복지지력 $q_y = \frac{P}{A} = \frac{5}{0.3 \times 0.3} = 55.56\text{t/m}^2$
- 극한지지력 $q_u = \frac{P}{A} = \frac{9}{0.3 \times 0.3} = 100\text{t/m}^2$

(여기서, 허용지지력은 항복지지력의 $\frac{1}{2}$값 또는 극한지지력의 $\frac{1}{3}$값 중 작은 값)

∴ 허용지지력 q_a

항복지지력 q_y : $55.56 \times \frac{1}{2} = 27.78\text{t/m}^2$

극한지지력 q_u : $100 \times \frac{1}{3} = 33.33\text{t/m}^2$

중 작은 값인 $q_t = 27.78\text{t/m}^2$

15 정답 ④

- 평판재하시험 결과

$$q_t = \begin{bmatrix} \frac{q_y}{2} = \frac{60}{2} = 30\text{t/m}^2 \\ \frac{q_u}{3} = \frac{100}{3} = 33.33\text{t/m}^2 \end{bmatrix} \text{중 작은 값인 } 30\text{t/m}^2$$

- 평판재하시험 장기 허용지지력

$$q_a = q_t + \frac{1}{3} \cdot \gamma \cdot D_f \cdot N_q$$
$$= 30 + \frac{1}{3} \times 1.8 \times 1.5 \times 5 = 34.5\text{t/m}^2$$

16 정답 ④

- 부분보상기초 지지력

$$q = \frac{Q}{A} - \gamma \cdot D_f$$
$$= \frac{15,000}{20 \times 30} - 2 \times 5 = 15\text{t/m}^2$$

- 안전율

$$F_s = \frac{q_{u(net)}}{q} = \frac{22.5}{15} = 1.5$$

17 정답 ②

편심하중을 받는 기초의 지지력

$$q_{\max} = \frac{\Sigma V}{B} \times \left(1 \pm \frac{6 \cdot e}{B}\right)$$
$$= \frac{10}{4} \times \left(1 + \frac{6 \times 0.4}{4}\right)$$
$$= 4\text{t/m}^2$$

18 정답 ①

Meyerhof의 일반 지지력 공식에 포함되는 계수

- 형상계수
- 근입깊이계수
- 경사하중계수
- 지지력계수

19 정답 ②

사질토 지반의 지지력 공식(Meyerhof)

$$q_u = 3 \cdot N \cdot B \cdot \left(1 + \frac{D_f}{B}\right)$$
$$= 3 \times 10 \times 4 \times \left(1 + \frac{3}{4}\right)$$
$$= 210\text{t/m}^2$$

20 정답 ④

㉠ 정역학적 공식 : 선단 지지력과 주면 마찰력의 합계
- Meyerhof
- Terzaghi
- Dorr

㉡ 동역학적 공식 : 항타공식
- Hiley
- Weisbach
- Engineering News
- Sander

21 정답 ④

부마찰력

압밀침하를 일으키는 연약 점토층을 관통하여 지지층에 도달한 지지말뚝의 경우, 연약층의 침하에 의하여 하향의 주면마찰력이 발생하여 지지력이 감소하고 도리어 하중이 증가하며, 상대변위의 속도가 빠를수록 부마찰력은 크다.

22 정답 ④

문제 21번 해설 참조

23 정답 ②

문제 21번 해설 참조

24 정답 ④

문제 21번 해설 참조

25 정답 ①

부마찰력

$$U \cdot l_c \cdot f_s = \pi \times 0.5 \times 10 \times \frac{2}{2} = 15.71\text{t}$$

(여기서, 마찰응력 $f_s = \dfrac{q_u}{2} = c$ 점착력이다.)

26 정답 ①

동역학적 방법(항타공식)

항타할 때의 타격에너지와 지반의 변형에 의한 에너지가 같다고 하여 만든 공식으로 기성 말뚝을 항타하여 시공 시 지지력을 추정할 수 있음

27 정답 ①

Sander 공식(안전율 $F=8$)

극한 지지력 $R_u = \dfrac{W_H \cdot H}{S}$

허용지지력 $R_a = \dfrac{R_u}{F} = \dfrac{W_H \cdot H}{8 \cdot s}$

$$= \frac{300 \times 300}{8 \times 1.5} = 7{,}500\text{kg}$$

$$= 7.5\text{t}$$

28 정답 ③

Engineering－News 공식(단동식 증기해머)

허용지지력

$$R_a = \frac{R_u}{F_s} = \frac{W_H \cdot H}{6(S+0.25)}$$

$$= \frac{2.5 \times 300}{6(1+0.25)}$$

$$= 100\text{t}$$

(여기서, Engineering－News 공식 안전율 $F_s = 6$)

29 정답 ③

말뚝 주위의 표면과 흙 사이의 마찰력으로 점토지반인 경우

마찰력이 감소하여 전단변형이 발생 후 틱소트로피(Thixo－trophy) 현상이 발생한다.

※ 틱소트로피 : Remolding한 시료(교란된 시료)를 함수비의 변화 없이 그대로 방치하면 시간이 경과되면서 강도가 일부 회복되는 현상

30 정답 ③

- 군항의 지지력 효율

$$E = 1 - \frac{\phi}{90} \cdot \left[\frac{(m-1)n + (n-1)m}{m \cdot n} \right]$$

$$= 1 - \frac{11.3°}{90} \times \left[\frac{(4-1)\times 5 + (5-1)\times 4}{4 \times 5} \right]$$

$$= 0.8$$

여기서, $\phi = \tan^{-1}\dfrac{d}{S} = \tan^{-1}\dfrac{40}{200} = 11.3°$

- 군항의 허용지지력

$R_{ag} = E \cdot N \cdot R_a = 0.8 \times 20 \times 150 = 2{,}400\text{kN}$

31

정답 ②

말뚝의 지지력

$$Q = R_a \cdot N = \frac{R_u}{F_s} \cdot N$$

$Q \cdot F_s = R_u \cdot N$

$200 \times 2 = 89N$

$\therefore N = 4.49 = 5$개

32

정답 ①

연약지반상에 타입되어 지반이 먼저 변형하고 그 결과 말뚝이 저항하는 말뚝은 수동말뚝이라 한다.

33

정답 ④

연약 점성토 지반 개량공법

- 치환공법
- 프리로딩공법
- 압성토공법
- 샌드드레인공법
- 페이퍼 드레인 공법
- 패커 드레인 공법
- 전기침투공법 및 전기화학적 고결공법
- 침투압공법
- 생석회 말뚝공법

※ 바이브로플로테이션 공법은 연약사질토 지반 개량공법이다.

34

정답 ①

샌드드레인 공법은 연약점토지반에 모래말뚝을 박아 배수거리를 짧게 하여 압밀을 촉진시키는 공법으로서, 2차 압밀비가 높은 유기질토, 해성점토, 연약층 두께가 두꺼운 경우에나 공사기간이 시급한 경우에는 적용이 곤란한 공법이다.

35

정답 ③

- 정삼각형 배열 $d_e = 1.05d$
- 정사각형 배열 $d_e = 1.13d$

36

정답 ②

정삼각형 배열일 때 영향원의 지름

$d_e = 1.05d$에서,

$40 = 1.05d$

$\therefore$ Sand Pile의 간격 $d = 38$cm

37

정답 ①

- 정삼각형 배열 $d_e = 1.05d$
- 정사각형 배열 $d_e = 1.13d$

38

정답 ④

평균압밀도

$U = 1 - (1 - U_V) \cdot (1 - U_R)$

$= 1 - (1 - 0.20) \times (1 - 0.71) = 0.768$

39

정답 ④

평균압밀도 $U = 1 - (1 - U_v)(1 - U_h)$에서

$0.9 = 1 - (1 - 0.2)(1 - U_h)$

$\therefore$ 수평방향 평균압밀도 $U_h = 0.875 = 87.5\%$

40

정답 ①

등치환산원의 직경

$$D = \alpha \frac{2(A+B)}{\pi}$$

$$= 0.75 \times \frac{2 \times (10 + 0.3)}{\pi}$$

$= 5$cm

41

정답 ①

일시적인 연약지반 개량공법

- 웰포인트(Well Point)공법
- 동결공법
- 소결공법
- 진공압밀공법(대기압공법)

42

정답 ①

일시적 개량공법

- 웰포인트공법
- 동결공법
- 소결공법
- 대기압공법

43

정답 ②

분사현상

지하수위 아래 모래 지반을 흙막이공을 하여 굴착할 때 흙막이공 내외의 수위차 때문에 침투수압이 생긴다. 침투수압이 커지면 지하수와 함께 토사가 분출하여 굴착 저면이 마치 물이 끓는 상태와 같이 되는데 이런 현상을 분사현상(Quick Sand) 또는 보일링(Boiling) 현상이라 한다. 이 현상이 계속되면 물이 흐르는 통로가 생겨 파괴에 이르게 되는데 이렇게 모래를 유출시키는 현상을 파이핑(Piping)이라 한다.

44

정답 ③

형상계수	원형기초	정사각형기초	연속기초
α	1.3	1.3	1.0
β	0.3	0.4	0.5

극한지지력

$$q_u = \alpha \cdot c \cdot N_c + \beta \cdot \gamma_1 \cdot B \cdot N_\gamma + \gamma_2 \cdot D_f \cdot N_q$$
$$= 1.3 \times 50 \times 18 + 0.4 \times (19 - 9.81) \times 3 \times 5$$
$$+ 17 \times 2 \times 7.5$$
$$= 1{,}480.14\text{kN/m}^2$$

45

정답 ②

군항의 허용지지력

$$R_{ag} = R \cdot N \cdot E = 150 \times 20 \times 0.75 = 2{,}250\text{kN}$$

46

정답 ③

생석회말뚝 공법은 연약 점성토 지반 개량공법이다.

P/A/R/T

04

공기업 토목직 1300제

측량학

CHAPTER 01 | 일반 사항
CHAPTER 02 | 거리 측량
CHAPTER 03 | 각 측량
CHAPTER 04 | 삼각 측량
CHAPTER 05 | 다각 측량
CHAPTER 06 | 수준 측량
CHAPTER 07 | 지형 측량
CHAPTER 08 | 노선 측량
CHAPTER 09 | 면적 및 체적 측량
CHAPTER 10 | 하천 측량
CHAPTER 11 | 사진 측량
CHAPTER 12 | 위성측위시스템(GNSS)

CHAPTER 01

공기업 토목직 1300제

일반 사항

01 다음 설명 중 틀린 것은?

① 측지학이란 지구 내부의 특성, 지구의 형상 및 운동을 결정하는 측량과 지구표면상 모든 점들 간의 상호위치 관계를 산정하는 측량을 위한 학문이다.

② 측지측량은 지구의 곡률을 고려한 정밀 측량이다.

③ 지각변동의 관측, 항로 등의 측량은 평면측량으로 한다.

④ 측지학의 구분은 물리측지학과 기하측지학으로 크게 나눌 수 있다.

02 지구의 곡률에 의하여 발생하는 오차를 $1/10^6$까지 허용한다면 평면으로 가정할 수 있는 최대 반지름은?(단, 지구곡률반지름 $R=6,370\text{km}$)

① 약 5km　　② 약 11km

③ 약 22km　　④ 약 110km

03 지구 표면의 거리 35km까지를 평면으로 간주했다면 허용정밀도는 약 얼마인가?(단, 지구의 반지름은 6,370km이다.)

① 1/300,000　　② 1/400,000

③ 1/500,000　　④ 1/600,000

04 다음 중 물리학적 측지학에 해당되는 것은?

① 탄성파 관측　　② 면적 및 부피 계산
③ 구과량 계산　　④ 3차원 위치 결정

05 중력이상에 대한 설명으로 옳지 않은 것은?

① 중력이상에 의해 지표면 밑의 상태를 추정할 수 있다.
② 중력이상에 대한 취급은 물리학적 측지학에 속한다.
③ 중력이상이 양(+)이면 그 지점 부근에 무거운 물질이 있는 것으로 추정할 수 있다.
④ 중력식에 의한 계산값에서 실측값을 뺀 것이 중력이상이다.

06 측량의 분류에 대한 설명으로 옳은 것은?

① 측량구역이 상대적으로 협소하여 지구의 곡률을 고려하지 않아도 되는 측량을 측지측량이라 한다.
② 측량정확도에 따라 평면기준점측량과 고저기준점측량으로 구분한다.
③ 구면 삼각법을 적용하는 측량과 평면삼각법을 적용하는 측량과의 근본적인 차이는 삼각형 내각의 합이다.
④ 측량법에는 기본측량과 공공측량의 두 가지로만 측량을 분류한다.

07 구면 삼각형의 성질에 대한 설명으로 틀린 것은?

① 구면 삼각형의 내각의 합은 180°보다 크다.
② 2점 간 거리가 구면상에서는 대원의 호 길이가 된다.
③ 구면 삼각형의 한 변은 다른 두 변위 합보다는 작고 차보다는 크다.
④ 구과량은 구 반지름의 제곱에 비례하고 구면 삼각형의 면적에 반비례한다.

08 지오이드(Geoid)에 대한 설명 중 옳지 않은 것은?

① 평균해수면을 육지까지 연장한 가상적인 곡면을 지오이드라 하며 이것은 지구타원체와 일치한다.
② 지오이드는 중력장의 등퍼텐셜면으로 볼 수 있다.
③ 실제로 지오이드면은 굴곡이 심하므로 측지측량의 기준으로 채택하기 어렵다.
④ 지구타원체의 법선과 지오이드의 법선 간의 차이를 연직선 편차라 한다.

09 지구의 형상에 대한 설명으로 틀린 것은?

① 회전타원체는 지구의 형상을 수학적으로 정의한 것이고, 어느 하나의 국가에서 기준으로 채택한 타원체를 기준타원체라 한다.
② 지오이드는 물리적 형상을 고려하여 만든 불규칙한 곡면이며, 높이 측정의 기준이 된다.
③ 지오이드 상에서 중력 포텐셜의 크기는 중력 이상에 의하여 달라진다.
④ 임의 지점에서 회전타원체에 내린 법선이 적도면과 만나는 각도를 측지위도라 한다.

10 지오이드(Geoid)에 대한 설명으로 옳은 것은?

① 육지와 해양의 지형면을 말한다.
② 육지 및 해저의 요철(凹凸)을 평균한 매끈한 곡면이다.
③ 회전타원체와 같은 것으로서 지구의 형상이 되는 곡면이다.
④ 평균해수면을 육지내부까지 연장했을 때의 가상적인 곡면이다.

11 다음 우리나라에서 사용되고 있는 좌표계에 대한 설명 중 옳지 않은 것은?

우리나라의 평면직각좌표는 ㉠ 4개의 평면직각좌표계(서부, 중부, 동부, 동해)를 사용하고 있다. 각 좌표계의 ㉡ 원점은 위도 38° 선과 경도 125°, 127°, 129°, 131° 선의 교점에 위치하며, ㉢ 투영법은 TM(Transverse Mercator)을 사용한다. 좌표의 음수 표기를 방지하기 위해 ㉣ 횡좌표에 200,000m, 종좌표에 500,000m를 가산한 가좌표를 사용한다.

① ㉠　　② ㉡
③ ㉢　　④ ㉣

12 UTM 좌표에 대한 설명으로 옳지 않은 것은?

① 중앙 자오선의 축척계수는 0.9996이다.
② 좌표계는 경도 6°, 위도 8° 간격으로 나눈다.
③ 우리나라는 40구역(ZONE)과 43구역(ZONE)에 위치하고 있다.
④ 경도의 원점은 중앙자오선에 있으며 위도의 원점은 적도 상에 있다.

13 20m 줄자로 두 지점의 거리를 측정한 결과가 320m이었다. 1회 측정마다 ±3mm의 우연오차가 발생한다면 두 지점 간의 우연오차는?

① ±12mm　　② ±14mm
③ ±24mm　　④ ±48mm

14 100m의 측선을 20m 줄자로 관측하였다. 1회의 관측에 +4mm의 정오차와 ±3mm의 부정오차가 있었다면 측선의 거리는?

① 100.010±0.007m　　② 100.010±0.015m
③ 100.020±0.007m　　④ 100.020±0.015m

15 측량에 있어 미지값을 관측할 경우에 나타나는 오차와 관련된 설명으로 틀린 것은?

① 경중률은 분산에 반비례한다.
② 경중률은 반복 관측일 경우 각 관측값 간의 편차를 의미한다.
③ 일반적으로 큰 오차가 생길 확률은 작은 오차가 생길 확률보다 매우 적다.
④ 표준편차는 각과 거리 같은 1차원의 경우에 대한 정밀도의 척도이다.

16 측지학에 관한 설명 중 옳지 않은 것은?

① 측지학이란 지구 내부의 특성, 지구의 형상, 지구 표면의 상호 위치관계를 결정하는 학문이다.

② 물리학적 측지학은 중력측정, 지자기측정 등을 포함한다.

③ 기하학적 측지학에는 천문측량, 위성측량, 높이의 결정 등이 있다.

④ 측지측량이란 지구의 곡률을 고려하지 않는 측량으로 11km 이내를 평면으로 취급한다.

CHAPTER

공기업 토목직 1300제

02 거리 측량

01 **전자파거리측량기로 거리를 측량할 때 발생되는 관측오차에 대한 설명으로 옳은 것은?**

① 모든 관측오차는 거리에 비례한다.

② 모든 관측오차는 거리에 비례하지 않는다.

③ 거리에 비례하는 오차와 비례하지 않는 오차가 있다.

④ 거리가 어떤 길이 이상으로 커지면 관측오차가 상쇄되어 길이에 대한 영향이 없어진다.

02 **정확도 1/5,000을 요구하는 50m 거리 측량에서 경사거리를 측정하여도 허용되는 두 점 간의 최대 높이차는?**

① 1.0m ② 1.5m

③ 2.0m ④ 2.5m

03 **표고 $h=326.42$m인 지대에 설치한 기선의 길이가 $L=500$m일 때 평균해면상의 보정량은? (단, 지구 반지름 $R=6367$km이다.)**

① -0.0156m ② -0.0256m

③ -0.0356m ④ -0.0456m

04 평균표고 730m인 지형에서 $\overline{AB}$측선의 수평거리를 측정한 결과 5,000m였다면 평균해수면에서의 환산거리는?(단, 지구의 반지름은 6,370km)

① 5,000.57m　　② 5,000.66m
③ 4,999.34m　　④ 4,999.43m

05 A, B 두 점 간의 거리를 관측하기 위하여 그림과 같이 세 구간으로 나누어 측량하였다. 측선 $\overline{AB}$의 거리는?(단, Ⅰ : 10m±0.01m, Ⅱ : 20m±0.03m, Ⅲ : 30m±0.05m이다.)

① 60m±0.09m　　② 30m±0.06m
③ 60m±0.06m　　④ 30m±0.09m

06 2,000m의 거리를 50m씩 끊어서 40회 관측하였다. 관측 결과 총오차가 ±0.14m이었고, 40회 관측의 정밀도가 동일하다면, 50m 거리관측의 오차는?

① ±0.022m　　② ±0.019m
③ ±0.016m　　④ ±0.013m

07 구하고자 하는 미지점에 평판을 세우고 3개의 기지점을 이용하여 도상에서 그 위치를 결정하는 방법은?

① 방사법 ② 계선법
③ 전방교회법 ④ 후방교회법

08 어느 두 지점 사이의 거리를 A, B, C, D 4명의 사람이 각각 10회 관측한 결과가 다음과 같다면 가장 신뢰성이 낮은 관측자는?

- A : 165.864±0.002m
- B : 165.867±0.006m
- C : 165.862±0.007m
- D : 165.864±0.004m

① A ② B
③ C ④ D

CHAPTER

03 각 측량

01 **각관측 방법 중 배각법에 관한 설명으로 옳지 않은 것은?**

① 방향각법에 비하여 읽기 오차의 영향을 적게 받는다.
② 수평각관측법 중 가장 정확한 방법으로 정밀한 삼각측량에 주로 이용된다.
③ 시준할 때의 오차를 줄일 수 있고 최소 눈금 미만의 정밀한 관측값을 얻을 수 있다.
④ 1개의 각을 2회 이상 반복 관측하여 관측한 각도의 평균을 구하는 방법이다.

02 **수평각관측법 중 가장 정확한 값을 얻을 수 있는 방법으로 1등 삼각측량에 이용되는 방법은?**

① 조합각관측법
② 방향각법
③ 배각법
④ 단각법

03 수평각 관측방법에서 그림과 같이 각을 관측하는 방법은?

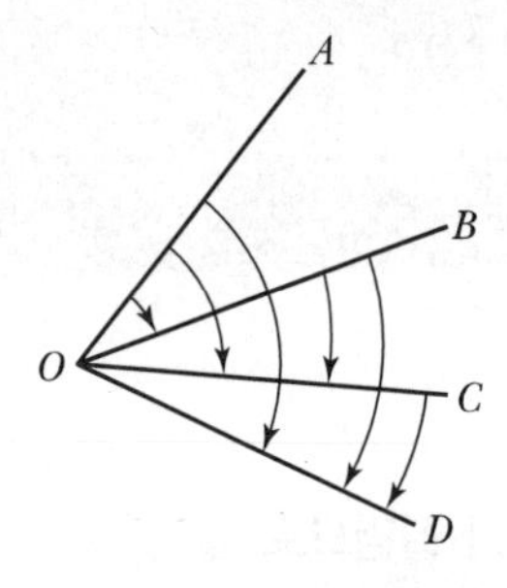

① 방향각 관측법
② 반복 관측법
③ 배각 관측법
④ 조합각 관측법

04 수평각 관측을 할 때 망원경의 정위, 반위로 관측하여 평균하여도 소거되지 않는 오차는?

① 수평축 오차
② 시준축 오차
③ 연직축 오차
④ 편심오차

05 그림에서 두 각이 ∠AOB = 15°32′18.9″ ± 5″, ∠BOC = 67°17′45″ ± 15″로 표시될 때 두 각의 합 ∠AOC는?

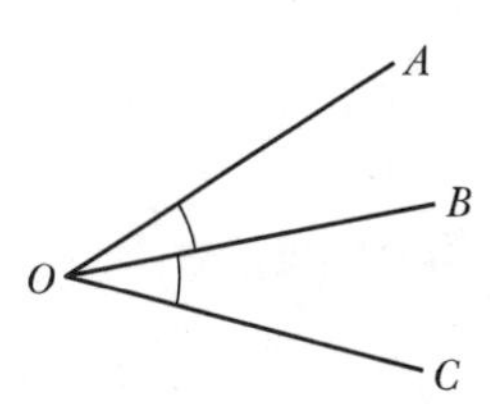

① 82°50′3.9″±5.5″
② 82°50′3.9″±10.1″
③ 82°50′3.9″±15.4″
④ 82°50′3.9″±15.8″

06 거리와 각을 동일한 정밀도로 관측하여 다각측량을 하려고 한다. 이때 각 측량기의 정밀도가 10″라면 거리측량기의 정밀도는 약 얼마 정도이어야 하는가?

① 1/15,000
② 1/18,000
③ 1/21,000
④ 1/25,000

07 거리측량의 정확도가 $\frac{1}{10,000}$ 일 때 같은 정확도를 가지는 각 관측오차는?

① 18.6″
② 19.6″
③ 20.6″
④ 21.6″

08 측점 A에 각관측 장비를 세우고 50m 떨어져 있는 측점 B를 시준하여 각을 관측할 때, 측선 AB에 직각방향으로 3cm의 오차가 있었다면 이로 인한 각관측 오차는?

① 0°1′13″
② 0°1′22″
③ 0°2′04″
④ 0°2′45″

09 토털스테이션으로 각을 측정할 때 기계의 중심과 측점이 일치하지 않아 0.5mm의 오차가 발생하였다면 각 관측 오차를 2″ 이하로 하기 위한 변의 최소 길이는?

① 82.501m
② 51.566m
③ 8.250m
④ 5.157m

10 어느 각을 10번 관측하여 52°12′을 2번, 52°13′을 4번, 52°14′을 4번 얻었다면 관측한 각의 최확값은?

① 52°12′45″
② 52°13′00″
③ 52°13′12″
④ 52°13′45″

11 어느 각을 관측한 결과가 다음과 같을 때, 최확값은?(단, 괄호 안의 숫자는 경중률)

73°40′12″(2), 73°40′10″(1)
73°40′15″(3), 73°40′18″(1)
73°40′09″(1), 73°40′16″(2)
73°40′14″(4), 73°40′13″(3)

① 73°40′10.2″
② 73°40′11.6″
③ 73°40′13.7″
④ 73°40′15.1″

12 삼각형 A, B, C의 내각을 측정하여 다음과 같은 결과를 얻었다. 오차를 보정한 각 B의 최확값은?

- $\angle A = 59°59'27''$(1회 관측)
- $\angle B = 60°00'11''$(2회 관측)
- $\angle C = 59°59'49''$(3회 관측)

① 60°00′20″ ② 60°00′22″
③ 60°00′33″ ④ 60°00′44″

13 그림과 같이 2회 관측한 $\angle AOB$의 크기는 21°36′28″, 3회 관측한 $\angle BOC$는 63°18′45″, 6회 관측한 $\angle AOC$는 84°54′37″일 때 $\angle AOC$의 최확값은?

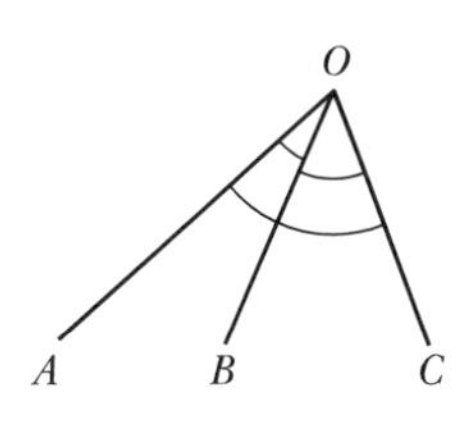

① 84°54′25″ ② 84°54′31″
③ 84°54′43″ ④ 84°54′49″

14 각관측 장비의 수평축이 연직축과 직교하지 않기 때문에 발생하는 측각오차를 최소화하는 방법으로 옳은 것은?

① 직교에 대한 편차를 구하여 더한다.
② 배각법을 사용한다.
③ 방향각법을 사용한다.
④ 망원경의 정·반위로 측정하여 평균한다.

15 그림과 같이 한 점 O에서 A, B, C 방향의 각관측을 실시한 결과가 다음과 같을 때 $\angle BOC$의 최확값은?

• $\angle AOB$ 2회 관측 결과 40°30′25″
3회 관측 결과 40°30′20″
• $\angle AOC$ 6회 관측 결과 85°30′20″
4회 관측 결과 85°30′25″

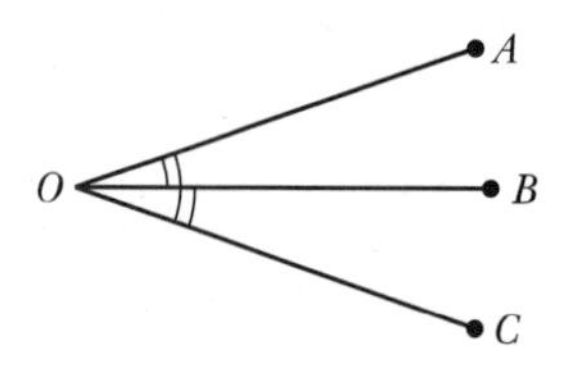

① 45°00′05″
② 45°00′02″
③ 45°00′03″
④ 45°00′00″

CHAPTER

공기업 토목직 1300제

04 삼각 측량

01 다음 중 지상기준점 측량방법으로 틀린 것은?

① 항공사진삼각측량에 의한 방법
② 토털스테이션에 의한 방법
③ 지상레이더에 의한 방법
④ GPS에 의한 방법

02 삼각측량과 삼변측량에 대한 설명으로 틀린 것은?

① 삼변측량은 변 길이를 관측하여 삼각점의 위치를 구하는 측량이다.
② 삼각측량의 삼각망 중 가장 정확도가 높은 망은 사변형삼각망이다.
③ 삼각점의 선점 시 기계나 측표가 동요할 수 있는 습지나 하상은 피한다.
④ 삼각점의 등급을 정하는 주된 목적은 표석 설치를 편리하게 하기 위함이다.

03 국토지리정보원에서 발급하는 기준점 성과표의 내용으로 틀린 것은?

① 삼각점이 위치한 평면좌표계의 원점을 알 수 있다.
② 삼각점 위치를 결정한 관측방법을 알 수 있다.
③ 삼각점의 경도, 위도, 직각좌표를 알 수 있다.
④ 삼각점의 표고를 알 수 있다.

04 삼각측량을 위한 기준점 성과표에 기록되는 내용이 아닌 것은?

① 점번호　　② 도엽명칭
③ 천문경위도　　④ 평면직각좌표

05 삼각측량을 위한 기준점성과표에 기록되는 내용이 아닌 것은?

① 점번호　　② 천문경위도
③ 평면직각좌표 및 표고　　④ 도엽명칭

06 삼각측량을 위한 삼각점의 위치선정에 있어서 피해야 할 장소와 가장 거리가 먼 것은?

① 측표를 높게 설치해야 되는 곳　　② 나무의 벌목면적이 큰 곳
③ 편심관측을 해야 되는 곳　　④ 습지 또는 하상인 곳

07 조정계산이 완료된 조정각 및 기선으로부터 처음 신설하는 삼각점의 위치를 구하는 계산 순서로 가장 적합한 것은?

① 편심조정계산 → 삼각형계산(변, 방향각) → 경위도계산 → 좌표조정계산 → 표고계산
② 편심조정계산 → 삼각형계산(변, 방향각) → 좌표조정계산 → 표고계산 → 경위도계산
③ 삼각형계산(변, 방향각) → 편심조정계산 → 표고계산 → 경위도계산 → 좌표조정계산
④ 삼각형계산(변, 방향각) → 편심조정계산 → 표고계산 → 좌표조정계산 → 경위도계산

08 그림과 같은 편심측량에서 $\angle ABC$는?(단, $\overline{AB}=2.0\text{km}$, $\overline{BC}=1.5\text{km}$, $e=0.5\text{m}$, $t=54°30'$, $\rho=300°30'$)

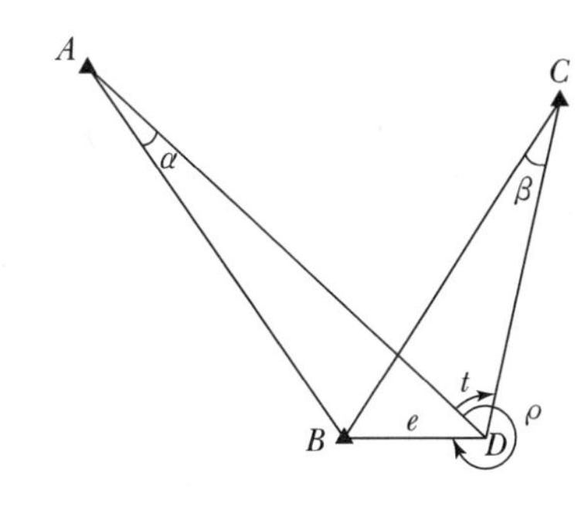

① 54°28′45″
② 54°30′19″
③ 54°31′58″
④ 54°33′14″

09 일반적으로 단열삼각망으로 구성하기에 가장 적합한 것은?

① 시가지와 같이 정밀을 요하는 골조측량
② 복잡한 지형의 골조측량
③ 광대한 지역의 지형측량
④ 하천조사를 위한 골조측량

10 삼각망의 종류 중 유심삼각망에 대한 설명으로 옳은 것은?

① 삼각망 가운데 가장 간단한 형태이며 측량의 정확도를 얻기 위한 조건이 부족하므로 특수한 경우 외에는 사용하지 않는다.
② 가장 높은 정확도를 얻을 수 있으나 조정이 복잡하고, 포함된 면적이 작으며 특히 기선을 확대할 때 주로 사용한다.
③ 거리에 비하여 측점수가 가장 적으므로 측량이 간단하며 조건식의 수가 적어 정확도가 낮다.
④ 광대한 지역의 측량에 적합하며 정확도가 비교적 높은 편이다.

11 **삼각측량을 위한 삼각망 중에서 유심다각망에 대한 설명으로 틀린 것은?**

① 농지측량에 많이 사용된다.
② 방대한 지역의 측량에 적합하다.
③ 삼각망 중에서 정확도가 가장 높다.
④ 동일 측점 수에 비하여 포함면적이 가장 넓다.

12 **삼각측량에서 시간과 경비가 많이 소요되나 가장 정밀한 측량성과를 얻을 수 있는 삼각망은?**

① 유심망
② 단삼각형
③ 단열삼각망
④ 사변형망

13 **삼각측량의 각 삼각점에 있어 모든 각의 관측 시 만족되어야 하는 조건이 아닌 것은?**

① 하나의 측점을 둘러싸고 있는 각의 합은 360°가 되어야 한다.
② 삼각망 중에서 임의의 한 변의 길이는 계산의 순서에 관계없이 같아야 한다.
③ 삼각망 중 각각 삼각형 내각의 합은 180°가 되어야 한다.
④ 모든 삼각점의 포함면적은 각각 일정하여야 한다.

14 삼각망 조정에 관한 설명으로 옳지 않은 것은?

① 임의의 한 변의 길이는 계산경로에 따라 달라질 수 있다.
② 검기선은 측정한 길이와 계산된 길이가 동일하다.
③ 1점 주위에 있는 각의 합은 360°이다.
④ 삼각형의 내각의 합은 180°이다.

15 그림과 같은 유심 삼각망에서 점조건 조정식에 해당하는 것은?

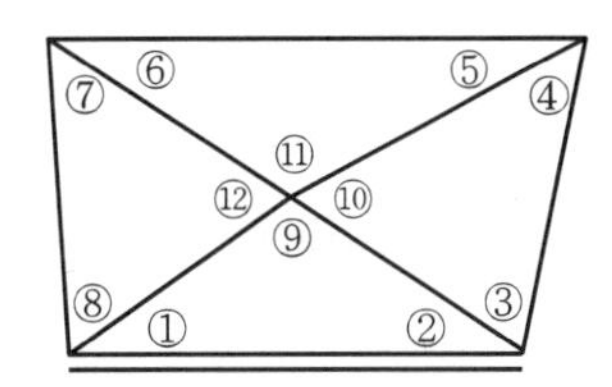

① (①+②+⑨)=180°
② (①+②)=(⑤+⑥)
③ (⑨+⑩+⑪+⑫)=360°
④ (①+②+③+④+⑤+⑥+⑦+⑧)=360°

16 삼각망 조정계산의 경우에 하나의 삼각형에 발생한 각오차의 처리 방법은?(단, 각관측 정밀도는 동일하다.)

① 각의 크기에 관계없이 동일하게 배분한다.
② 대변의 크기에 비례하여 배분한다.
③ 각의 크기에 반비례하여 배분한다.
④ 각의 크기에 비례하여 배분한다.

17 단일삼각형에 대해 삼각측량을 수행한 결과 내각이 $\alpha=54°25'32''$, $\beta=68°43'23''$, $\gamma=56°51'14''$이었다면 β의 각 조건에 의한 조정량은?

① $-4''$　　② $-3''$
③ $+4''$　　④ $+3''$

18 그림에서 $\overline{AB}=500\text{m}$, $\angle a=71°33'54''$, $\angle b_1=36°52'12''$, $\angle b_2=39°05'38''$, $\angle c=85°36'05''$를 관측하였을 때 $\overline{BC}$의 거리는?

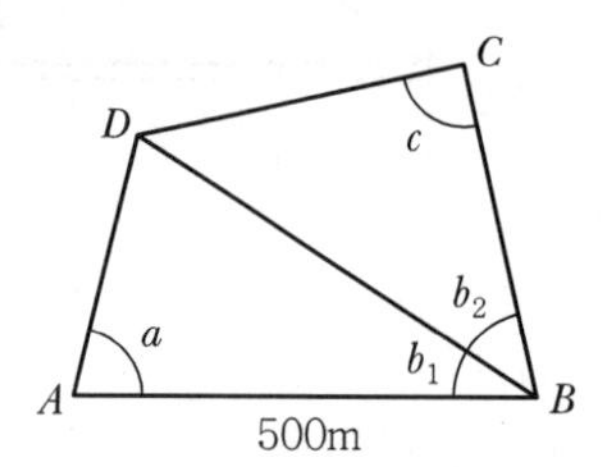

① 391mm　　② 412mm
③ 422mm　　④ 427mm

19 기선 $D=30\text{m}$, 수평각 $\alpha=80°$, $\beta=70°$, 연직각 $V=40°$를 관측하였다면 높이 H는?(단, A, B, C 점은 동일 평면임)

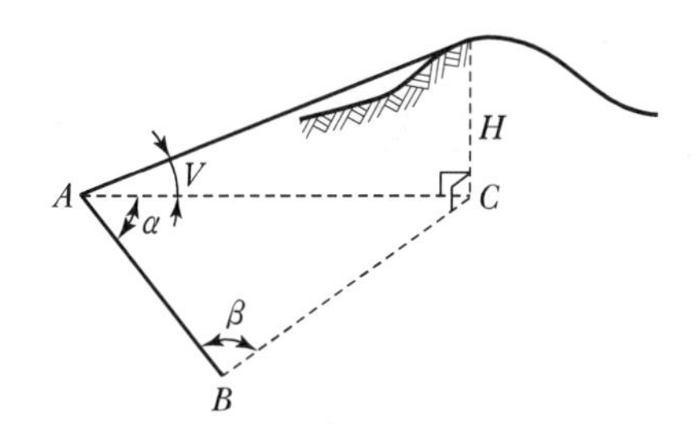

① 31.54m ② 32.42m
③ 47.31m ④ 55.32m

20 삼변측량에 관한 설명 중 틀린 것은?

① 관측요소는 변의 길이뿐이다.
② 관측값에 비하여 조건식이 적은 단점이 있다.
③ 삼각형의 내각을 구하기 위해 cosine 제2법칙을 이용한다.
④ 반각공식을 이용하여 각으로부터 변을 구하여 수직위치를 구한다.

21 삼변측량을 실시하여 길이가 각각 $a=1{,}200\text{m}$, $b=1{,}300\text{m}$, $c=1{,}500\text{m}$이었다면 $\angle ACB$는?

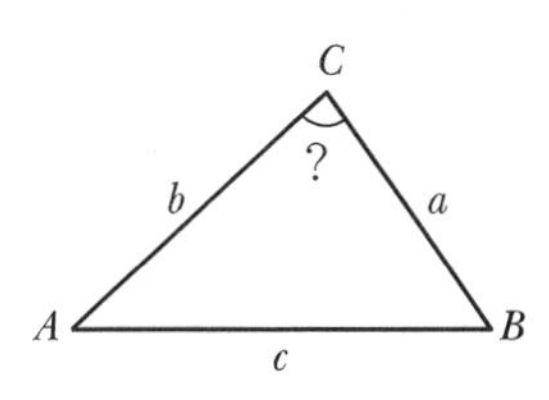

① 73°31′02″ ② 73°33′02″
③ 73°35′02″ ④ 73°37′02″

05 다각 측량

01 다음 중 다각측량의 순서로 가장 적합한 것은?

① 계획 → 답사 → 선점 → 조표 → 관측
② 계획 → 선점 → 답사 → 조표 → 관측
③ 계획 → 선점 → 답사 → 관측 → 조표
④ 계획 → 답사 → 선점 → 관측 → 조표

02 기지의 삼각점을 이용하여 새로운 도근점들을 매설하고자 할 때 결합 트래버스 측량(다각측량)의 순서는?

① 도상계획 → 답사 및 선점 → 조표 → 거리관측 → 각관측 → 거리 및 각의 오차 분배 → 좌표계산 및 측점전개
② 도상계획 → 조표 → 답사 및 선점 → 각관측 → 거리관측 → 거리 및 각의 오차 분배 → 좌표계산 및 측점전개
③ 답사 및 선점 → 도상계획 → 조표 → 각관측 → 거리관측 → 거리 및 각의 오차 분배 → 좌표계산 및 측점전개
④ 답사 및 선점 → 조표 → 도상계획 → 거리관측 → 각관측 → 좌표계산 및 측점전개 → 거리 및 각의 오차 분배

03 다각측량에 관한 설명 중 옳지 않은 것은?

① 각과 거리를 측정하여 점의 위치를 결정한다.
② 근거리이고 조건식이 많아 삼각측량에서 구한 위치보다 정확도가 높다.
③ 선로와 같이 좁고 긴 지역의 측량에 편리하다.
④ 삼각측량에 비해 시가지 또는 복잡한 장애물이 있는 곳의 측량에 적합하다.

04 트래버스 측량에서 선점 시 주의하여야 할 사항이 아닌 것은?

① 트래버스의 노선은 가능한 한 폐합 또는 결합이 되게 한다.
② 결합 트래버스의 출발점과 결합점 간의 거리는 가능한 한 단거리로 한다.
③ 거리측량과 각측량의 정확도가 균형을 이루게 한다.
④ 측점 간 거리는 다양하게 선점하여 부정오차를 소거한다.

05 트래버스측량(다각측량)의 종류와 그 특징으로 옳지 않은 것은?

① 결합트래버스는 삼각점과 삼각점을 연결시킨 것으로 조정계산 정확도가 가장 높다.
② 폐합트래버스는 한 측점에서 시작하여 다시 그 측점에 돌아오는 관측 형태이다.
③ 폐합트래버스는 오차의 계산 및 조정이 가능하나, 정확도는 개방트래버스보다 낮다.
④ 개방트래버스는 임의의 한 측점에서 시작하여 다른 임의의 한 점에서 끝나는 관측 형태이다.

06 **다각측량을 위한 수평각 측정방법 중 어느 측선의 바로 앞 측선의 연장선과 이루는 각을 측정하여 각을 측정하는 방법은?**

① 편각법 ② 교각법
③ 방위각법 ④ 전진법

07 **트래버스측량에서 관측값의 계산은 편리하나 한번 오차가 생기면 그 영향이 끝까지 미치는 각 관측 방법은?**

① 교각법 ② 편각법
③ 협각법 ④ 방위각법

08 **트래버스 측량의 각 관측방법 중 방위각법에 대한 설명으로 틀린 것은?**

① 진북을 기준으로 어느 측선까지 시계방향으로 측정하는 방법이다.
② 험준하고 복잡한 지역에서는 적합하지 않다.
③ 각이 독립적으로 관측되므로 오차 발생 시, 개별 각의 오차는 이후의 측량에 영향이 없다.
④ 각 관측값의 계산과 제도가 편리하고 신속히 관측할 수 있다.

09 **다각측량에서 토털스테이션의 구심오차에 관한 설명으로 옳은 것은?**

① 도상의 측점과 지상의 측점이 동일 연직선 상에 있지 않음으로써 발생한다.
② 시준선이 수평분도원의 중심을 통과하지 않음으로써 발생한다.
③ 편심량의 크기에 반비례한다.
④ 정반관측으로 소거된다.

10 **시가지에서 25변형 트래버스 측량을 실시하여 2′50″의 각관측 오차가 발생하였다면 오차의 처리 방법으로 옳은 것은?(단, 시가지의 측각 허용범위=±20″$\sqrt{n}$ ~ 30″$\sqrt{n}$, 여기서 n은 트래버스의 측점 수이다.)**

① 오차가 허용오차 이상이므로 다시 관측하여야 한다.
② 변의 길이의 역수에 비례하여 배분한다.
③ 변의 길이에 비례하여 배분한다.
④ 각의 크기에 따라 배분한다.

11 **트래버스 측량에서 거리관측의 오차가 관측거리 100m에 대하여 ±1.0mm인 경우 이에 상응하는 각관측 오차는?**

① ±1.1″ ② ±2.1″
③ ±3.1″ ④ ±4.1″

12 방위각 265°에 대한 측선의 방위는?

① S85°W
② E85°W
③ N85°E
④ E85°N

13 방위각 153°20′25″에 대한 방위는?

① E63°20′25″S
② E26°39′35″S
③ S26°39′35″E
④ S63°20′25″E

14 측량성과표에 측점 A의 진북방향각은 0°06′17″이고, 측점 A에서 측점 B에 대한 평균방향각은 263°38′26″로 되어 있을 때에 측점 A에서 측점 B에 대한 역방위각은?

① 83°32′09″
② 83°44′43″
③ 263°32′09″
④ 263°44′43″

15 A와 B의 좌표가 다음과 같을 때 측선 AB의 방위각은?

- A점의 좌표=(179,847.1m, 76,614.3m)
- B점의 좌표=(179,964.5m, 76,625.1m)

① 5°23′15″
② 185°15′23″
③ 185°23′15″
④ 5°15′22″

16 폐합트래버스 $ABCD$에서 각 측선의 경거, 위거가 표와 같을 때, $\overline{AD}$ 측선의 방위각은?

측선	위거		경거	
	+	−	+	−
AB	50		50	
BC		30	60	
CD		70		60
DA				

① 133°　　② 135°
③ 137°　　④ 145°

17 트래버스 측점 A의 좌표가 (200, 200)이고, AB 측선의 길이가 50m일 때 B점의 좌표는?(단, AB의 방위각은 195°이고, 좌표의 단위는 m이다.)

① (248.3, 187.1)　　② (248.3, 212.9)
③ (151.7, 187.1)　　④ (151.7, 212.9)

18 그림의 다각측량 성과를 이용한 C점의 좌표는?(단, $\overline{AB}=\overline{BC}=100$m이고, 좌표 단위는 m이다.)

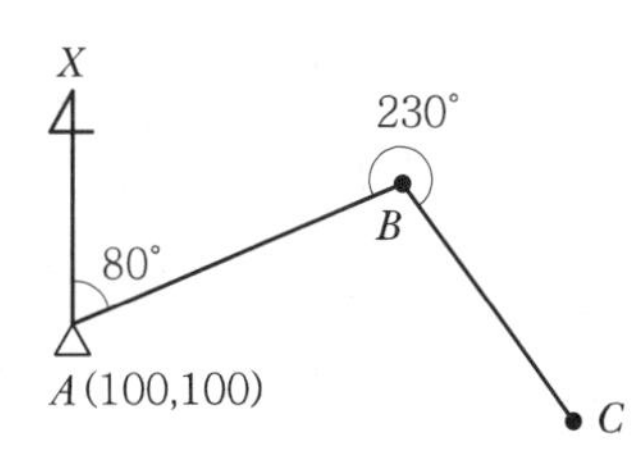

① $X=48.27$m, $Y=256.28$m　　② $X=53.08$m, $Y=275.08$m
③ $X=62.31$m, $Y=281.31$m　　④ $X=69.49$m, $Y=287.49$m

19 그림의 다각망에서 C점의 좌표는?(단, $\overline{AB} = \overline{BC} = 100\text{m}$이다.)

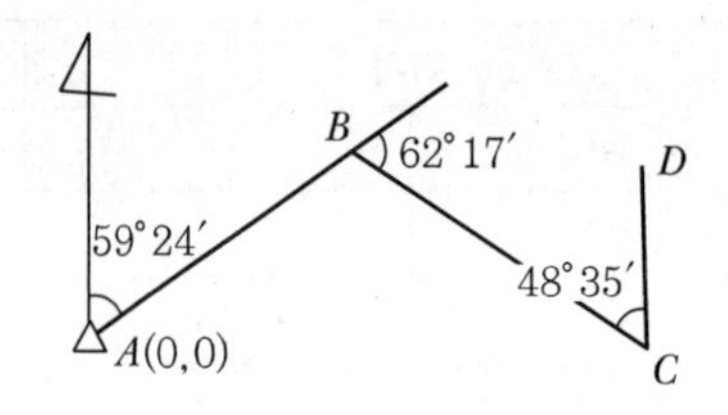

① $X_C = -5.31\text{m}$, $Y_C = 160.45\text{m}$
② $X_C = -1.62\text{m}$, $Y_C = 171.17\text{m}$
③ $X_C = -10.27\text{m}$, $Y_C = 89.25\text{m}$
④ $X_c = 50.90\text{m}$, $Y_c = 86.07\text{m}$

20 한 측선의 자오선(종축)과 이루는 각이 60°00′이고 계산된 측선의 위거가 −60m, 경거가 −103.92m 일 때 이 측선의 방위와 거리는?

① 방위=S60°00′ E, 거리=130m
② 방위=N60°00′ E, 거리=130m
③ 방위=N60°00′ W, 거리=120m
④ 방위=S60°00′ W, 거리=120m

21 트래버스 측량의 일반적인 사항에 대한 설명으로 옳지 않은 것은?

① 트래버스 종류 중 결합 트래버스는 가장 높은 정확도를 얻을 수 있다.
② 각관측 방법 중 방위각법은 한번 오차가 발생하면 그 영향은 끝까지 미친다.
③ 폐합오차 조정방법 중 컴퍼스 법칙은 각관측의 정밀도가 거리관측의 정밀도보다 높을 때 실시한다.
④ 폐합트래버스에서 편각의 총합은 반드시 360°가 되어야 한다.

22 **트래버스측량(다각측량)의 폐합오차 조정방법 중 컴퍼스법칙에 대한 설명으로 옳은 것은?**

① 각과 거리의 정밀도가 비슷할 때 실시하는 방법이다.
② 위거와 경거의 크기에 비례하여 폐합오차를 배분한다.
③ 각 측선의 길이에 반비례하여 폐합오차를 배분한다.
④ 거리보다는 각의 정밀도가 높을 때 활용하는 방법이다.

23 **다각측량에서 어떤 폐합다각망을 측량하여 위거 및 경거의 오차를 구하였다. 거리와 각을 유사한 정밀도로 관측하였다면 위거 및 경거의 폐합오차를 배분하는 방법으로 가장 적합한 것은?**

① 측선의 길이에 비례하여 분배한다.
② 각각의 위거 및 경거에 등분배한다.
③ 위거 및 경거의 크기에 비례하여 배분한다.
④ 위거 및 경거 절대값의 총합에 대한 위거 및 경거 크기에 비례하여 배분한다.

24 **트래버스측량(다각측량)에 관한 설명으로 옳지 않은 것은?**

① 트래버스 중 가장 정밀도가 높은 것은 결합 트래버스로서 오차점검이 가능하다.
② 폐합 오차 조정에서 각과 거리측량의 정확도가 비슷한 경우 트랜싯 법칙으로 조정하는 것이 좋다.
③ 오차의 배분은 각 관측의 정확도가 같을 경우 각의 대소에 관계없이 등분하여 배분한다.
④ 폐합 트래버스에서 편각을 관측하면 편각의 총합은 언제나 360°가 되어야 한다.

25 폐합다각측량을 실시하여 위거오차 30cm, 경거오차 40cm를 얻었다. 다각측량의 전체 길이가 500m라면 다각형의 폐합비는?

① $\frac{1}{100}$ ② $\frac{1}{125}$
③ $\frac{1}{1,000}$ ④ $\frac{1}{1,250}$

26 트래버스 $ABCD$에서 각 측선에 대한 위거와 경거 값이 아래 표와 같을 때, 측선 BC의 배횡거는?

측선	위거(m)	경거(m)
AB	+75.39	+81.57
BC	−33.57	+18.78
CD	−61.43	−45.60
DA	+44.61	−52.65

① 81.57m ② 155.10m
③ 163.14m ④ 181.92m

27 다음은 폐합 트래버스 측량성과이다. 측선 CD의 배횡거는?

측선	위거(m)	경거(m)
AB	65.39	83.57
BC	−34.57	19.68
CD	−65.43	−40.60
DA	34.61	−62.65

① 60.25m ② 115.90m
③ 135.45m ④ 165.90m

28 A점에서 관측을 시작하여 A점으로 폐합시킨 폐합 트래버스 측량에서 다음과 같은 측량결과를 얻었다. 이때 측선 AB의 배횡거는?

측선	위거(m)	경거(m)
AB	15.5	25.6
BC	−35.8	32.2
CA	20.3	−57.8

① 0m ② 25.6m
③ 57.8m ④ 83.4m

29 다각측량 결과 측점 A, B, C의 합위거, 합경거가 표와 같다면 삼각형 A, B, C의 면적은?

측점	합위거(m)	합경거(m)
A	100.0	100.0
B	400.0	100.0
C	100.0	500.0

① 40,000m^2 ② 60,000m^2
③ 80,000m^2 ④ 120,000m^2

30 트래버스측량에서 1회 각관측의 오차가 ±10″라면 30개의 측점에서 1회씩 각관측하였을 때의 총 각관측 오차는?

① ±15″ ② ±17″
③ ±55″ ④ ±70″

CHAPTER

공기업 토목직 1300제

06 수준 측량

01 기준면으로부터 어느 측점까지의 연직거리를 의미하는 용어는?

① 수준선(Level Line)
② 표고(Elevation)
③ 연직선(Plumb Line)
④ 수평면(Horizontal Plane)

02 지반의 높이를 비교할 때 사용하는 기준면은?

① 표고(Elevation)
② 수준면(Level Surface)
③ 수평면(Horizontal Plane)
④ 평균해수면(Mean Sea Level)

03 수준측량과 관련된 용어에 대한 설명으로 틀린 것은?

① 수준면(Level Surface)은 각 점들이 중력방향에 직각으로 이루어진 곡면이다.
② 지구곡률을 고려하지 않는 범위에서는 수준면(Level Surface)을 평면으로 간주한다.
③ 지구의 중심을 포함한 평면과 수준면이 교차하는 선이 수준선(Level Line)이다.
④ 어느 지점의 표고(Elevation)라 함은 그 지역 기준타원체로부터의 수직거리를 말한다.

04 수준측량의 야장 기입방법 중 가장 간단한 방법으로 전시(B.S.)와 후시(F.S.)만 있으면 되는 방법은?

① 고차식
② 교호식
③ 기고식
④ 승강식

05 수준측량의 야장 기입법에 관한 설명으로 옳지 않은 것은?

① 야장 기입법에는 고차식, 기고식, 승강식이 있다.
② 고차식은 단순히 출발점과 끝점의 표고차만 알고자 할 때 사용하는 방법이다.
③ 기고식은 계산과정에서 완전한 검산이 가능하여 정밀한 측량에 적합한 방법이다.
④ 승강식은 앞 측점의 지반고에 해당 측점의 승강을 합하여 지반고를 계산하는 방법이다.

06 승강식 야장이 표와 같이 작성되었다고 가정할 때, 성과를 검산하는 방법으로 옳은 것은?(단, ⓐ－ⓑ는 두 값의 차를 의미한다.)

측점	후시	전시		승(+)	강(－)	지반고
		T.P.	I.P.			
BM	0.175					㉥
No.1			0.154	…		…
No.2	1.098	1.237			…	…
No.3			0.948	…		…
No.4		1.175			…	㉦
합계	㉠	㉡	㉢	㉣	㉤	

① ㉦－㉥＝㉠－㉡＝㉣－㉤
② ㉦－㉥＝㉠－㉢＝㉣－㉤
③ ㉦－㉥＝㉠－㉣＝㉡－㉤
④ ㉦－㉥＝㉡－㉣＝㉢－㉤

07 아래 종단수준측량의 야장에서 ㉠, ㉡, ㉢에 들어갈 값으로 옳은 것은?

(단위 : m)

측점	후시	기계고	전시		지반고
			전환점	이기점	
BM	0.175	㉠			37.133
No. 1				0.154	
No. 2				1.569	
No. 3				1.143	
No. 4	1.098	㉡	1.237		㉢
No. 5				0.948	
No. 6				1.175	

① ㉠ : 37.308, ㉡ : 37.169 ㉢ : 36.071
② ㉠ : 37.308, ㉡ : 36.071 ㉢ : 37.169
③ ㉠ : 36.958, ㉡ : 35.860 ㉢ : 37.097
④ ㉠ : 36.958, ㉡ : 37.097 ㉢ : 35.860

08 직접고저측량을 실시한 결과가 그림과 같을 때, A점의 표고가 10m라면 C점의 표고는?(단, 그림은 개략도로 실제 치수와 다를 수 있음)

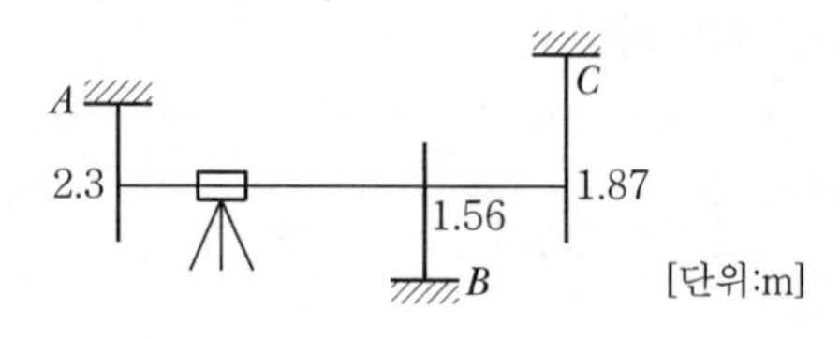

① 9.57m
② 9.66m
③ 10.57m
④ 10.66m

09 그림과 같은 터널 내 수준측량의 관측결과에서 A점의 지반고가 20.32m일 때 C점의 지반고는?(단, 관측값의 단위는 m이다.)

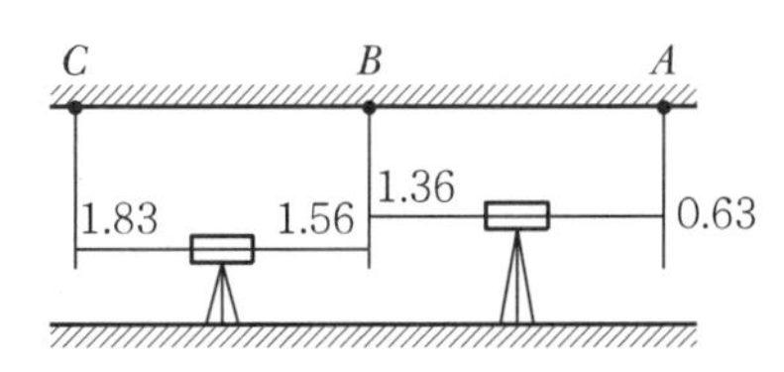

① 21.32m
② 21.49m
③ 16.32m
④ 16.49m

10 직접법으로 등고선을 측정하기 위하여 A점에 레벨을 세우고 기계고 1.5m를 얻었다. 70m 등고선 상의 P점을 구하기 위한 표척(Staff)의 관측값은?(단, A점 표고는 71.6m이다.)

① 1.0m
② 2.3m
③ 3.1m
④ 3.8m

11 레벨을 이용하여 표고가 53.85m인 A점에 세운 표척을 시준하여 1.34m를 얻었다. 표고 50m의 등고선을 측정하려면 시준하여야 할 표척의 높이는?

① 3.51m
② 4.11m
③ 5.19m
④ 6.25m

12 지반고(h_A)가 123.6m인 A점에 토털스테이션을 설치하여 B점의 프리즘을 관측하여, 기계고 1.5m, 관측사거리(S) 150m, 수평선으로부터의 고저각(α) 30°, 프리즘고(P_h) 1.5m를 얻었다면 B점의 지반고는?

① 198.0m　　② 198.3m
③ 198.6m　　④ 198.9m

13 측점 A에 토털스테이션을 정치하고 B점에 설치한 프리즘을 관측하였다. 이때 기계고 1.7m, 고저각 +15°, 시준고 3.5m, 경사거리가 2,000m이었다면, 두 측점의 고저차는?

① 495.838m　　② 515.838m
③ 535.838m　　④ 555.838m

14 그림과 같이 교호수준측량을 실시한 결과, $a_1 = 3.835$m, $b_1 = 4.264$m, $a_2 = 2.375$m, $b_2 = 2.812$m이었다. 이때 양안의 두 점 A와 B의 높이 차는?(단, 양안에서 시준점과 표척까지의 거리 $CA = DB$이다.)

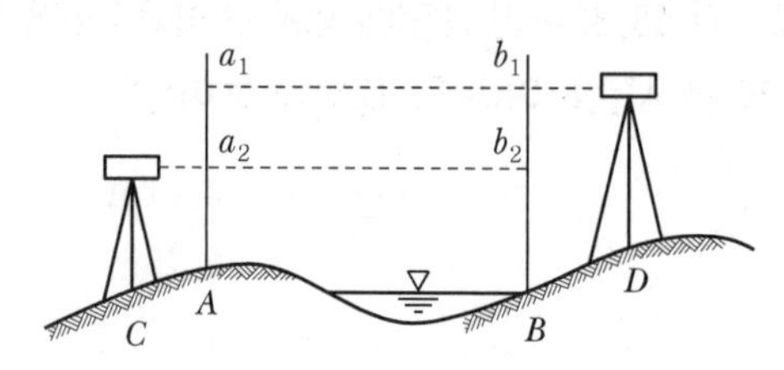

① 0.429m　　② 0.433m
③ 0.437m　　④ 0.441m

15 교호수준측량에서 A점의 표고가 55.00m이고 $a_1=1.34$m, $b_1=1.14$m, $a_2=0.84$m, $b_2=0.56$m일 때 B점의 표고는?

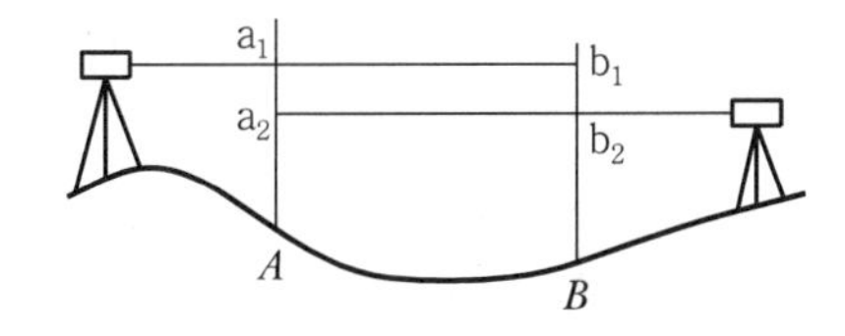

① 55.24m
② 56.48m
③ 55.22m
④ 56.42m

16 그림과 같이 수준측량을 실시하였다. A점의 표고는 300m이고, B와 C 구간은 교호수준측량을 실시하였다면, D점의 표고는?(단, 표고차는 $A \rightarrow B$: +1.233m, $B \rightarrow C$: +0.726m, $C \rightarrow B$: −0.720m, $C \rightarrow D$: −0.926m)

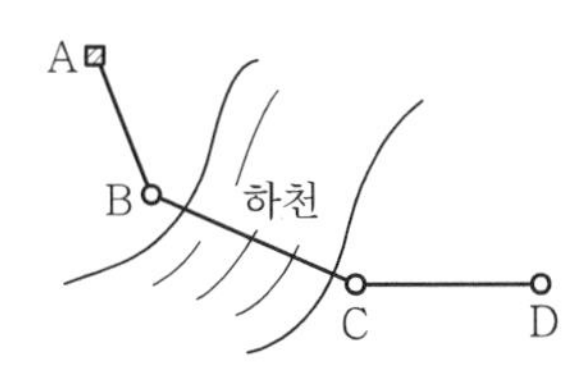

① 300.310m
② 301.030m
③ 302.153m
④ 302.882m

17 수준측량에서 발생할 수 있는 정오차에 해당하는 것은?

① 표척을 잘못 뽑아 발생되는 읽음오차
② 광선의 굴절에 의한 오차
③ 관측자의 시력 불완전에 의한 오차
④ 태양의 광선, 바람, 습도 및 온도의 순간 변화에 의해 발생되는 오차

18 **수준측량에 관한 설명으로 옳은 것은?**

① 수준측량에서는 빛의 굴절에 의하여 물체가 실제로 위치하고 있는 곳보다 더욱 낮게 보인다.
② 삼각수준측량은 토털스테이션을 사용하여 연직각과 거리를 동시에 관측하므로 레벨측량보다 정확도가 높다.
③ 수평한 시준선을 얻기 위해서는 시준선과 기포관 축은 서로 나란하여야 한다.
④ 수준측량의 시준 오차를 줄이기 위하여 기준점과의 구심 작업에 신중을 기울여야 한다.

19 **수준측량에서 전 · 후시의 거리를 같게 취해도 제거되지 않는 오차는?**

① 지구곡률오차
② 대기굴절오차
③ 시준선오차
④ 표척눈금오차

20 **수준측량에서 전시와 후시의 시준거리를 같게 하면 소거가 가능한 오차가 아닌 것은?**

① 관측자의 시차에 의한 오차
② 정준이 불안정하여 생기는 오차
③ 기포관축과 시준축이 평행되지 않았을 때 생기는 오차
④ 지구의 곡류에 의하여 생기는 오차

21 **수준측량에서 시준거리를 같게 함으로써 소거할 수 있는 오차에 대한 설명으로 틀린 것은?**

① 기포관축과 시준선이 평행하지 않을 때 생기는 시준선 오차를 소거할 수 있다.
② 시준거리를 같게 함으로써 지구곡률오차를 소거할 수 있다.
③ 표척 시준 시 초점나사를 조정할 필요가 없으므로 이로 인한 오차인 시준오차를 줄일 수 있다.
④ 표척의 눈금 부정확으로 인한 오차를 소거할 수 있다.

22 **수준측량에서 레벨의 조정이 불완전하여 시준선이 기포관 축과 평행하지 않을 때 생기는 오차의 소거 방법으로 옳은 것은?**

① 정위, 반위로 측정하여 평균한다.
② 지반이 견고한 곳에 표척을 세운다.
③ 전시와 후시의 시준거리를 같게 한다.
④ 시작점과 종점에서의 표척을 같은 것을 사용한다.

23 **삼각수준측량에 의해 높이를 측정할 때 기지점과 미지점의 쌍방에서 연직각을 측정하여 평균하는 이유는?**

① 연직축오차를 최소화하기 위하여
② 수평분도원의 편심오차를 제거하기 위하여
③ 연직분도원의 눈금오차를 제거하기 위하여
④ 공기의 밀도변화에 의한 굴절오차의 영향을 소거하기 위하여

24 **수준측량에서 발생하는 오차에 대한 설명으로 틀린 것은?**

① 기계의 조정에 의해 발생하는 오차는 전시와 후시의 거리를 같게 하여 소거할 수 있다.
② 표척의 영눈금 오차는 출발점의 표척을 도착점에서 사용하여 소거할 수 있다.
③ 측지삼각수준측량에서 곡률오차와 굴절오차는 그 양이 미소하므로 무시할 수 있다.
④ 기포의 수평조정이나 표척면의 읽기는 육안으로 한계가 있으나 이로 인한 오차는 일반적으로 허용오차 범위 안에 들 수 있다.

25 **수준측량의 부정오차에 해당되는 것은?**

① 기포의 순간 이동에 의한 오차
② 기계의 불완전 조정에 의한 오차
③ 지구곡률에 의한 오차
④ 빛의 굴절에 의한 오차

26 **거리 2.0km에 대한 양차는?(단, 굴절계수 k는 0.14, 지구의 반지름은 6,370km이다.)**

① 0.27m
② 0.29m
③ 0.31m
④ 0.33m

27 **평탄한 지역에서 A측점에 기계를 세우고 15km 떨어져 있는 B측점을 관측하려고 할 때에 B측점에 표척의 최소높이는?(단, 지구의 곡률반지름=6,370km, 빛의 굴절은 무시)**

① 7.85m
② 10.85m
③ 15.66m
④ 17.66m

28 평야지대에서 어느 한 측점에서 중간 장애물이 없는 26km 떨어진 어떤 측점을 시준할 때 어떤 측점에 세울 표척의 최소 높이는?(단, 기차상수는 0.14이고 지구곡률반지름은 6,370km이다.)

① 16m
② 26m
③ 36m
④ 46m

29 삼각수준측량에서 정밀도 10^{-5}의 수준차를 허용할 경우 지구곡률을 고려하지 않아도 되는 최대 시준거리는?(단, 지구곡률반지름 $R=6,370\text{km}$이고, 빛의 굴절계수는 무시)

① 35m
② 64m
③ 70m
④ 127m

30 수준측량에서 수준 노선의 거리와 무게(경중률)의 관계로 옳은 것은?

① 노선거리에 비례한다.
② 노선거리에 반비례한다.
③ 노선거리의 제곱근에 비례한다.
④ 노선거리의 제곱근에 반비례한다.

31 수준점 A, B, C에서 수준측량을 하여 P점의 표고를 얻었다. 관측거리를 경중률로 사용한 P점 표고의 최확값은?

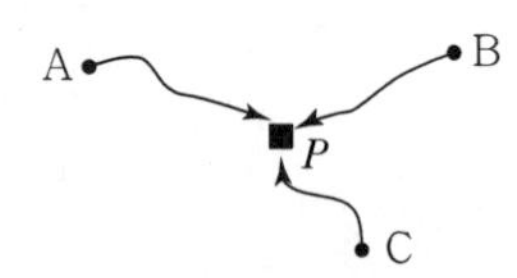

노선	P점 표고값	노선거리
$A \rightarrow P$	57.583m	2km
$B \rightarrow P$	57.700m	3km
$C \rightarrow P$	57.680m	4km

① 57.641m
② 57.649m
③ 57.654m
④ 57.706m

32 그림과 같이 4개의 수준점 A, B, C, D에서 각각 1km, 2km, 3km, 4km 떨어진 P점의 표고를 직접 수준 측량한 결과가 다음과 같을 때 P점의 최확값은?

- A→P = 125.762m
- B→P = 125.750m
- C→P = 125.755m
- D→P = 125.771m

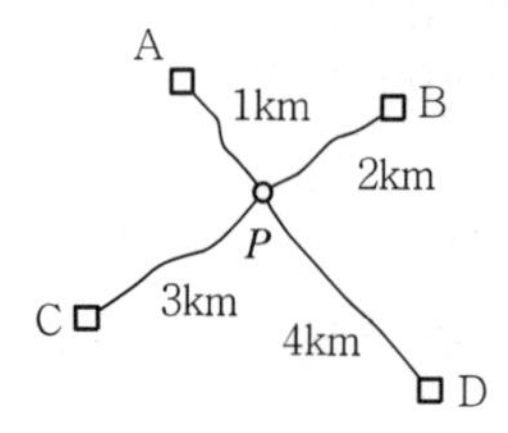

① 125.755m
② 125.759m
③ 125.762m
④ 125.765m

33 측점 M의 표고를 구하기 위하여 수준점 A, B, C로부터 수준측량을 실시하여 표와 같은 결과를 얻었다면 M의 표고는?

측점	표고(m)	관측방향	고저차(m)	노선길이
A	11.03	A→M	+2.10	2km
B	13.60	B→M	−0.30	4km
C	11.64	C→M	+1.45	1km

① 13.09m ② 13.13m
③ 13.17m ④ 13.22m

34 수준망의 관측 결과가 표와 같을 때, 관측의 정확도가 가장 높은 것은?

구분	총거리 (km)	폐합오차 (mm)
Ⅰ	25	±20
Ⅱ	16	±18
Ⅲ	12	±15
Ⅳ	8	±13

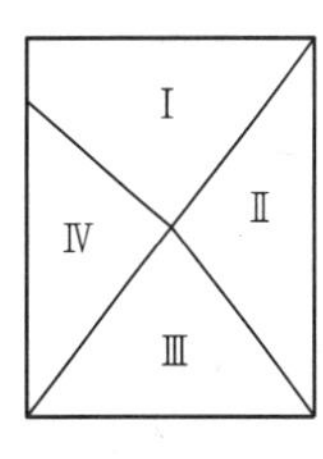

① Ⅰ ② Ⅱ
③ Ⅲ ④ Ⅳ

35 그림과 같은 수준망에 대해 각각의 환(I~IV)에 따라 폐합 오차를 구한 결과가 표와 같다. 폐합 오차의 한계가 $\pm 1.0\sqrt{S}$cm일 때 우선적으로 재관측할 필요가 있는 노선은?(단, S : 거리[km])

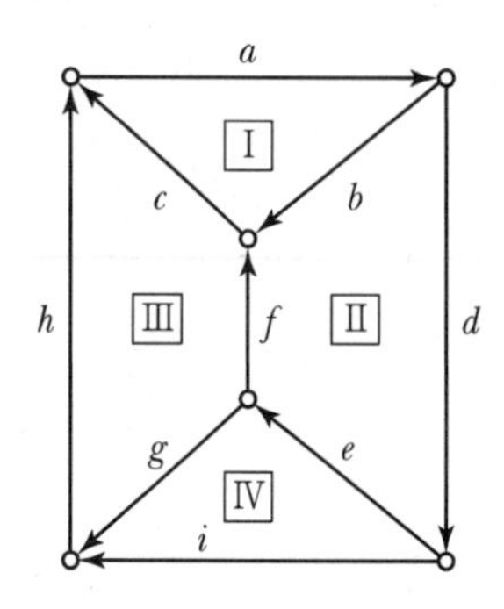

노선	a	b	c	d	e	f	g	h	i
거리(m)	4.1	2.2	2.4	6.0	3.6	4.0	2.2	2.3	3.5

환	I	II	III	IV	외주
폐합오차(m)	−0.017	0.048	−0.026	−0.083	−0.031

① e노선 ② f노선
③ g노선 ④ h노선

36 그림과 같은 수준환에서 직접수준측량에 의하여 표와 같은 결과를 얻었다. D점의 표고는?(단, A점의 표고는 20m, 경중률은 동일)

구분	거리(km)	표고(m)
$A \to B$	3	B=12.401
$B \to C$	2	C=11.275
$C \to D$	1	D=9.780
$D \to A$	2.5	A=20.044

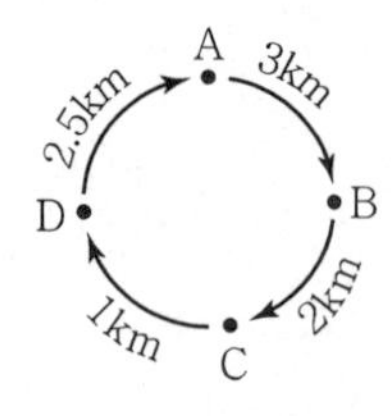

① 6.877m ② 8.327m
③ 9.749m ④ 10.586m

37 기지점의 지반고가 100m이고, 기지점에 대한 후시는 2.75m, 미지점에 대한 전시가 1.40m일 때 미지점의 지반고는?

① 98.65m ② 101.35m
③ 102.75m ④ 104.15m

38 교호수준측량의 결과가 아래와 같고, A점의 표고가 10m일 때 B점의 표고는?

- 레벨 P에서 $A \rightarrow B$ 관측 표고차 : −1.256m
- 레벨 Q에서 $B \rightarrow A$ 관측 표고차 : +1.238m

① 8.753m ② 9.753m
③ 11.238m ④ 11.247m

39 레벨의 불완전 조정에 의하여 발생한 오차를 최소화하는 가장 좋은 방법은?

① 왕복 2회 측정하여 그 평균을 취한다.
② 기포를 항상 중앙에 오게 한다.
③ 시준선의 거리를 짧게 한다.
④ 전시, 후시의 표척거리를 같게 한다.

CHAPTER

공기업 토목직 1300제

07 지형 측량

01 지형도 작성을 위한 방법과 거리가 먼 것은?

① 탄성파 측량을 이용하는 방법
② 토털스테이션 측량을 이용하는 방법
③ 항공사진 측량을 이용하는 방법
④ 인공위성 영상을 이용하는 방법

02 지형도의 이용법에 해당되지 않는 것은?

① 저수량 및 토공량 산정
② 유역면적의 도상 측정
③ 간접적인 지적도 작성
④ 등경사선 관측

03 수치지형도(Digital Map)에 대한 설명으로 틀린 것은?

① 우리나라는 축척 1 : 5,000 수치지형도를 국토기본도로 한다.
② 주로 필지정보와 표고자료, 수계정보 등을 얻을 수 있다.
③ 일반적으로 항공사진측량에 의해 구축된다.
④ 축척별 포함사항이 다르다.

04 **지형측량의 순서로 옳은 것은?**

① 측량계획 – 골조측량 – 측량원도 작성 – 세부측량
② 측량계획 – 세부측량 – 측량원도 작성 – 골조측량
③ 측량계획 – 측량원도 작성 – 골조측량 – 세부측량
④ 측량계획 – 골조측량 – 세부측량 – 측량원도 작성

05 **지형의 표시법에서 자연적 도법에 해당하는 것은?**

① 점고법
② 등고선법
③ 영선법
④ 채색법

06 **지형을 표시하는 방법 중에서 짧은 선으로 지표의 기복을 나타내는 방법은?**

① 점고법
② 영선법
③ 단채법
④ 등고선법

07 **표고 또는 수심을 숫자로 기입하는 방법으로 하천이나 항만 등에서 수심을 표시하는 데 주로 사용되는 방법은?**

① 영선법
② 채색법
③ 음영법
④ 점고법

08 등고선의 성질에 대한 설명으로 옳지 않은 것은?

① 등고선은 도면 내외에서 폐합하는 폐곡선이다.
② 등고선은 분수선과 직각으로 만난다.
③ 동굴 지형에서 등고선은 서로 만날 수 있다.
④ 등고선의 간격은 경사가 급할수록 넓어진다.

09 등고선의 성질에 대한 설명으로 옳지 않은 것은?

① 동일 등고선 상의 모든 점은 기준면으로부터 같은 높이에 있다.
② 지표면의 경사가 같을 때는 등고선의 간격은 같고 평행하다.
③ 등고선은 도면 내 또는 밖에서 반드시 폐합한다.
④ 높이가 다른 두 등고선은 절대로 교차하지 않는다.

10 등고선의 성질에 대한 설명으로 옳지 않은 것은?

① 등고선은 분수선(능선)과 평행하다.
② 등고선은 도면 내·외에서 폐합하는 폐곡선이다.
③ 지도의 도면 내에서 폐합하는 경우 등고선의 내부에는 산꼭대기 또는 분지가 있다.
④ 절벽에서 등고선이 서로 만날 수 있다.

11 축척 1 : 5,000 수치지형도의 주곡선 간격으로 옳은 것은?

① 5m
② 10m
③ 15m
④ 20m

12 지형측량에서 지성선(地性線)에 대한 설명으로 옳은 것은?

① 등고선이 수목에 가려져 불명확할 때 이어주는 선을 의미한다.
② 지모(地貌)의 골격이 되는 선을 의미한다.
③ 등고선에 직각방향으로 내려 그은 선을 의미한다.
④ 곡선(谷線)이 합류되는 점들을 서로 연결한 선을 의미한다.

13 지성선에 해당하지 않는 것은?

① 구조선
② 능선
③ 계곡선
④ 경사변환선

14 지성선에 관한 설명으로 옳지 않은 것은?

① 지성선은 지표면이 다수의 평면으로 구성되었다고 할 때, 평면간 접합부, 즉 접선을 말하며 지세선이라고도 한다.
② 철(凸)선을 능선 또는 분수선이라 한다.
③ 경사변환선이란 동일 방향의 경사면에서 경사의 크기가 다른 두면의 접합선이다.
④ 요(凹)선은 지표의 경사가 최대로 되는 방향을 표시한 선으로 유하선이라고 한다.

15 등경사인 지성선 상에 있는 A, B표고가 각각 43m, 63m이고 $\overline{AB}$의 수평거리는 80m이다. 45m, 50m 등고선과 지성선 $\overline{AB}$의 교점을 각각 C, D라고 할 때 $\overline{AC}$의 도상길이는?(단, 도상 축척은 1 : 100이다.)

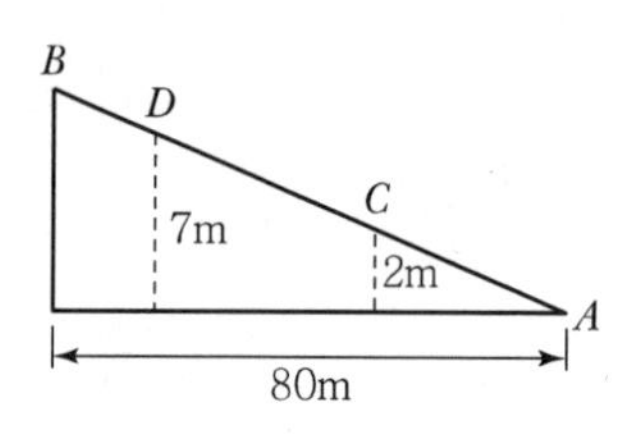

① 2cm　　② 4cm
③ 8cm　　④ 12cm

16 축척 1 : 5,000의 지형도 제작에서 등고선 위치오차가 ±0.3mm, 높이 관측오차가 ±0.2mm로 하면 등고선 간격은 최소한 얼마 이상으로 하여야 하는가?

① 1.5m　　② 2.0m
③ 2.5m　　④ 3.0m

17 축척 1 : 1,000의 지형측량에서 등고선을 그리기 위한 측점에 높이의 오차가 50cm였다. 그 지점의 경사각이 1°일 때 그 지점을 지나는 등고선의 도상오차는?

① 2.86cm　　② 3.86cm
③ 4.86cm　　④ 5.86cm

18 종단점법에 의한 등고선 관측방법을 사용하는 가장 적당한 경우는?

① 정확한 토량을 산출할 때
② 지형이 복잡할 때
③ 비교적 소축척으로 산지 등의 지형측량을 행할 때
④ 정밀한 등고선을 구하려 할 때

19 축척 1 : 25,000의 수치지형도에서 경사가 10%인 등경사 지형의 주곡선 간 도상거리는?

① 2mm　　② 4mm
③ 6mm　　④ 8mm

20 축척 1 : 50,000 지형도상에서 주곡선 간의 도상길이가 1cm이었다면 이 지형의 경사는?

① 4%　　② 5%
③ 6%　　④ 10%

21 **1 : 50,000 지형도의 주곡선 간격은 20m이다. 지형도에서 4% 경사의 노선을 선정하고자 할 때 주곡선 사이의 도상수평거리는?**

① 5mm
② 10mm
③ 15mm
④ 20mm

22 **축척 1 : 25,000 지형도에서 거리가 6.73cm인 두 점 사이의 거리를 다른 축척의 지형도에서 측정한 결과 11.21cm이었다면 이 지형도의 축척은 약 얼마인가?**

① 1 : 20,000
② 1 : 18,000
③ 1 : 15,000
④ 1 : 13,000

23 **지상 $1km^2$의 면적을 지도상에서 $4cm^2$으로 표시하기 위한 축척으로 옳은 것은?**

① 1 : 5,000
② 1 : 50,000
③ 1 : 25,000
④ 1 : 250,000

24 **축척에 대한 설명 중 옳은 것은?**

① 축척 1 : 500 도면에서의 면적은 실제면적의 1/1,000이다.
② 축척 1 : 600 도면을 축척 1 : 200으로 확대했을 때 도면의 크기는 3배가 된다.
③ 축척 1 : 300 도면에서의 면적은 실제면적의 1/9,000이다.
④ 축척 1 : 500 도면을 축척 1 : 1,000으로 축소했을 때 도면의 크기는 1/4이 된다.

25 축척 1 : 500 지형도를 기초로 하여 축척 1 : 3,000 지형도를 제작하고자 한다. 축척 1 : 3,000 도면 한 장에 포함되는 축척 1 : 500 도면의 매수는?(단, 1 : 500 지형도와 1 : 3,000 지형도의 크기는 동일하다.)

① 16매
② 25매
③ 36매
④ 49매

26 어떤 횡단면의 도상면적이 $40.5cm^2$이었다. 가로 축척이 1 : 20, 세로 축척이 1 : 60이었다면 실제면적은?

① $48.6m^2$
② $33.75m^2$
③ $4.86m^2$
④ $3.375m^2$

27 축척 1 : 600인 지도상의 면적을 축척 1 : 500으로 계산하여 38.675을 얻었다면 실제면적은?

① 26.858
② 32.229
③ 46.410
④ 55.692

28 해도와 같은 지도에 이용되며, 주로 하천이나 항만 등의 심천측량을 한 결과를 표시하는 방법으로 가장 적당한 것은?

① 채색법
② 영선법
③ 점고법
④ 음영법

CHAPTER 08

공기업 토목직 1300제

노선 측량

01 노선측량의 일반적인 작업 순서로 옳은 것은?

- A : 종 · 횡단측량
- B : 중심선측량
- C : 공사측량
- D : 답사

① A→B→D→C　　② A→C→D→B
③ D→B→A→C　　④ D→C→A→B

02 종단측량과 횡단측량에 관한 설명으로 틀린 것은?

① 종단도를 보면 노선의 형태를 알 수 있으나 횡단도를 보면 알 수 없다.
② 종단측량은 횡단측량보다 높은 정확도가 요구된다.
③ 종단도의 횡축척과 종축척은 서로 다르게 잡는 것이 일반적이다.
④ 횡단측량은 노선의 종단측량에 앞서 실시한다.

03 종단면도에 표기하여야 하는 사항으로 거리가 먼 것은?

① 흙깎기 토량과 흙쌓기 토량　　② 거리 및 누가거리
③ 지반고 및 계획고　　④ 경사고

04 노선측량에서 실시설계측량에 해당하지 않는 것은?

① 중심선 설치　　② 용지측량
③ 지형도 작성　　④ 다각측량

05 노선측량에 대한 용어 설명 중 옳지 않은 것은?

① 교점 – 방향이 변하는 두 직선이 교차하는 점
② 중심말뚝 – 노선의 시점, 종점 및 교점에 설치하는 말뚝
③ 복심곡선 – 반지름이 서로 다른 두 개 또는 그 이상의 원호가 연결된 곡선으로 공통접선의 같은 쪽에 원호의 중심이 있는 곡선
④ 완화곡선 – 고속으로 이동하는 차량이 직선부에서 곡선부로 진입할 때 차량의 원심력을 완화하기 위해 설치하는 곡선

06 곡선반지름 R, 교각 I인 단곡선을 설치할 때 사용되는 공식으로 틀린 것은?

① $T.L. = R\tan\frac{I}{2}$　　② $C.L. = \frac{\pi}{180°}RI°$
③ $E = R\left(\sec\frac{I}{2} - 1\right)$　　④ $M = R\left(1 - \sin\frac{I}{2}\right)$

07 곡선 설치에서 교각 $I=60°$, 반지름 $R=150$m일 때 접선장(T.L)은?

① 100.0m ② 86.6m
③ 76.8m ④ 38.6m

08 노선측량에서 교각이 32°15′00″, 곡선 반지름이 600m일 때의 곡선장(C.L.)은?

① 355.52m ② 337.72m
③ 328.75m ④ 315.35m

09 노선측량으로 곡선을 설치할 때에 교각(I) 60°, 외선 길이(E) 30m로 단곡선을 설치할 경우 곡선반지름(R)은?

① 103.7m ② 120.7m
③ 150.9m ④ 193.9m

10 도로 설계 시에 단곡선의 외할(E)은 10m, 교각은 60°일 때, 접선장($T.L$)은?

① 42.4m ② 37.3m
③ 32.4m ④ 27.3m

11 교각(I) 60°, 외선 길이(E) 15m인 단곡선을 설치할 때 곡선길이는?

① 85.2m　② 91.3m
③ 97.0m　④ 101.5m

12 그림과 같이 $\overset{\frown}{A_O B_O}$ 의 노선을 e = 10m만큼 이동하여 내측으로 노선을 설치하고자 한다. 새로운 반지름 R_N은?(단, R_O= 200m, I= 60°)

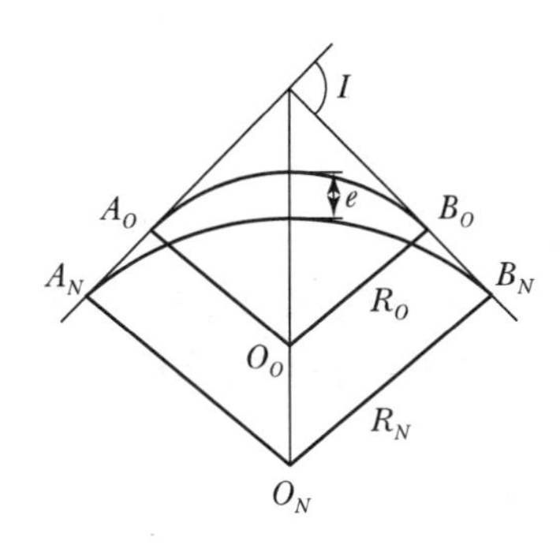

① 217.64m　② 238.26m
③ 250.50m　④ 264.64m

13 원곡선의 주요점에 대한 좌표가 다음과 같을 때 이 원곡선의 교각(I)은?

> • 교점($I.P$)의 좌표 : $X=$,1,150.0m
> $Y=2,300.0$m
> • 곡선시점($B.C$)의 좌표 : $Y=2,100.0$m
> • 곡선종점($E.C$)의 좌표 : $X=1,000.0$m,
> $Y=2,500.0$m

① 90°00′00″ ② 73°44′24″
③ 53°07′48″ ④ 36°52′12″

14 그림과 같이 곡선반지름 $R=500$m인 단곡선을 설치할 때 교점에 장애물이 있어 $\angle ACD=150°$, $\angle CDB=90°$, $CD=100$m를 관측하였다. 이때 C점으로부터 곡선의 시점까지의 거리는?

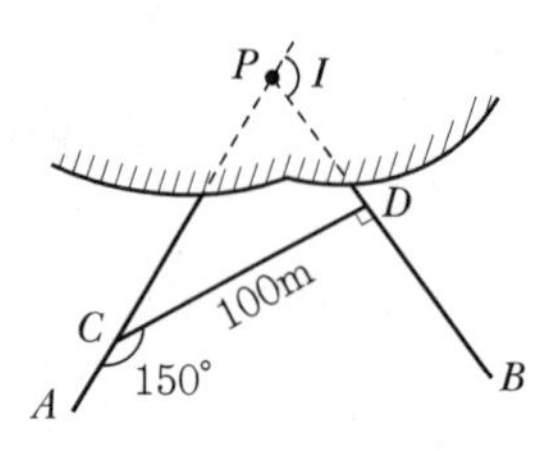

① 530.27m ② 657.04m
③ 750.56m ④ 796.09m

15 도로 기점으로부터 교점(I.P)까지의 추가거리가 400m, 곡선 반지름 $R=200$m, 교각 $I=90°$인 원곡선을 설치할 경우, 곡선시점(B.C)은?(단, 중심 말뚝거리 = 20m)

① No.9 ② No.9 + 10m
③ No.10 ④ No.10 + 10m

16 교점($I.P$) 은 도로 기점에서 500m의 위치에 있고 교각 $I=36°$일 때 외선길이(외할) = 5.00m라면 시단현의 길이는?(단, 중심말뚝거리는 20m이다.)

① 10.43m ② 11.57m
③ 12.36m ④ 13.25m

17 노선에 곡선반지름 $R=600$m인 곡선을 설치할 때, 현의 길이 $L=20$m에 대한 편각은?

① 54′18″ ② 55′18″
③ 56′18″ ④ 57′18″

18 도로의 노선측량에서 반지름(R) 200m인 원곡선을 설치할 때, 도로의 기점으로부터 교점(IP)까지의 추가거리가 423.26m, 교각(I)이 42°20′일 때 시단현의 편각은?(단, 중심말뚝 간격은 20m이다.)

① 0°50′00″ ② 2°01′52″
③ 2°03′11″ ④ 2°51′47″

19 단곡선 설치에 있어서 교각 $I=60°$, 반지름 $R=200\text{m}$, 곡선의 시점 $BC=\text{No.}8+15\text{m}$일 때 종단현에 대한 편각은?(단, 중심말뚝의 간격은 20m이다.)

① 0°38′10″ ② 0°42′58″
③ 1°16′20″ ④ 2°51′53″

20 교점($I.P$)까지의 누가거리가 355m인 곡선부에 반지름(R)이 100m인 원곡선을 편각법에 의해 삽입하고자 한다. 이때 20m에 대한 호와 현길이의 차이에서 발생하는 편각(δ)의 차이는?

① 약 20″ ② 약 34″
③ 약 46″ ④ 약 55″

21 노선측량에서 단곡선의 설치방법에 대한 설명으로 옳지 않은 것은?

① 중앙종거를 이용한 설치방법은 터널 속이나 삼림지대에서 벌목량이 많을 때 사용하면 편리하다.
② 편각설치법은 비교적 높은 정확도로 인해 고속도로나 철도에 사용할 수 있다.
③ 접선편거와 현편거에 의하여 설치하는 방법은 줄자만을 사용하여 원곡선을 설치할 수 있다.
④ 장현에 대한 종거와 횡거에 의하는 방법은 곡률반지름이 짧은 곡선일 때 편리하다.

22 곡률이 급변하는 평면 곡선부에서의 탈선 및 심한 흔들림 등의 불안정한 주행을 막기 위해 고려하여야 하는 사항과 가장 거리가 먼 것은?

① 완화곡선　　② 종단곡선
③ 캔트　　④ 슬랙

23 철도의 궤도간격 $b=1.067\text{m}$, 곡선반지름 $R=600\text{m}$인 원곡선상을 열차가 100km/h로 주행하려고 할 때 캔트는?

① 100mm　　② 140mm
③ 180mm　　④ 220mm

24 캔트(cant)의 크기가 C인 노선의 곡선반지름을 2배로 증가시키면 새로운 캔트 C'의 크기는?

① $0.5C$　　② C
③ $2C$　　④ $4C$

25 캔트(Cant)의 계산에서 속도 및 반지름을 2배로 하면 캔트는 몇 배가 되는가?

① 2배　　② 4배
③ 8배　　④ 16배

26 **확폭량이 S인 노선에서 노선의 곡선 반지름(R)을 두 배로 하면 확폭량(S')은?**

① $S' = \frac{1}{4}S$
② $S' = \frac{1}{2}S$
③ $S' = 2S$
④ $S' = 4S$

27 **완화곡선에 대한 설명으로 옳지 않은 것은?**

① 완화곡선의 곡선 반지름은 시점에서 무한대, 종점에서 원곡선의 반지름 R로 된다.
② 클로소이드의 형식에는 S형, 복합형, 기본형 등이 있다.
③ 완화곡선의 접선은 시점에서 원호에, 종점에서 직선에 접한다.
④ 모든 클로소이드는 닮은꼴이며 클로소이드 요소에는 길이의 단위를 가진 것과 단위가 없는 것이 있다.

28 **완화곡선에 대한 설명으로 옳지 않은 것은?**

① 모든 클로소이드(clothoid)는 닮음꼴이며 클로소이드 요소는 길이의 단위를 가진 것과 단위가 없는 것이 있다.
② 완화곡선의 접선은 시점에서 원호에, 종점에서 직선에 접한다.
③ 완화곡선의 반지름은 그 시점에서 무한대, 종점에서는 원곡선의 반지름과 같다.
④ 완화곡선에 연한 곡선반지름의 감소율은 캔트(cant)의 증가율과 같다.

29 **완화곡선에 대한 설명으로 틀린 것은?**

① 단위 클로소이드란 매개 변수 A가 1인, 즉 $R\times L=1$의 관계에 있는 클로소이드다.
② 완화곡선의 접선은 시점에서 직선에, 종점에서 원호에 접한다.
③ 클로소이드의 형식 중 S형은 복심곡선 사이에 클로소이드를 삽입한 것이다.
④ 캔트(Cant)는 원심력 때문에 발생하는 불리한 점을 제거하기 위해 두는 편경사이다.

30 **완화곡선에 대한 설명으로 옳지 않은 것은?**

① 곡선반지름은 완화곡선의 시점에서 무한대, 종점에서 원곡선의 반지름으로 된다.
② 완화곡선의 접선은 시점에서 직선에, 종점에서 원호에 접한다.
③ 완화곡선에 연한 곡선반지름의 감소율은 캔트의 증가율의 2배가 된다.
④ 완화곡선 종점의 캔트는 원곡선의 캔트와 같다.

31 **완화곡선 중 클로소이드에 대한 설명으로 옳지 않은 것은?(단, R : 곡선반지름, L : 곡선길이)**

① 클로소이드는 곡률이 곡선길이에 비례하여 증가하는 곡선이다.
② 클로소이드는 나선의 일종이며 모든 클로소이드는 닮은꼴이다.
③ 클로소이드의 종점 좌표 x, y는 그 점의 접선각의 함수로 표시된다.
④ 클로소이드에서 접선각 τ를 라디안으로 표시하면 $\tau=\dfrac{R}{2L}$이 된다.

32 노선의 곡선반지름이 100m, 곡선길이가 20m일 경우 클로소이드(Clothoid)의 매개변수(A)는?

① 22m
② 40m
③ 45m
④ 60m

33 클로소이드(clothoid)의 매개변수(A)가 60m, 곡선길이(L)가 30m일 때 반지름(R)은?

① 60m
② 90m
③ 120m
④ 150m

34 클로소이드 곡선에서 곡선 반지름(R)=450m, 매개변수(A)=300m일 때 곡선길이(L)는?

① 100m
② 150m
③ 200m
④ 250m

35 노선측량에 관한 설명으로 옳은 것은?

① 일반적으로 단곡선 설치 시 가장 많이 이용하는 방법은 지거법이다.
② 곡률이 곡선길이에 비례하는 곡선을 클로소이드곡선이라 한다.
③ 완화곡선의 접선은 시점에서 원호에, 종점에서 직선에 접한다.
④ 완화곡선의 반지름은 종점에서 무한대이고 시점에서는 원곡선의 반지름이 된다.

36 클로소이드 곡선에 대한 설명으로 틀린 것은?

① 곡률이 곡선의 길이에 반비례하는 곡선이다.
② 단위클로소이드란 매개변수 A가 1인 클로소이드이다.
③ 모든 클로소이드는 닮은꼴이다.
④ 클로소이드에서 매개변수 A가 정해지면 클로소이드의 크기가 정해진다.

37 클로소이드 곡선에 관한 설명으로 옳은 것은?

① 곡선반지름 R, 곡선길이 L, 매개변수 A와의 관계식은 $RL = A$이다.
② 곡선반지름에 비례하여 곡선길이가 증가하는 곡선이다.
③ 곡선길이가 일정할 때 곡선반지름이 커지면 접선각은 작아진다.
④ 곡선반지름과 곡선길이가 매개변수 A의 1/2인 점($R = L = A/2$)을 클로소이드 특성점이라고 한다.

38 클로소이드 곡선(Clothoid curve)에 대한 설명으로 옳지 않은 것은?

① 고속도로에 널리 이용된다.
② 곡률이 곡선의 길이에 비례한다.
③ 완화곡선(緩和曲線)의 일종이다.
④ 클로소이드 요소는 모두 단위를 갖지 않는다.

39 **도로의 종단곡선으로 주로 사용되는 곡선은?**

① 2차 포물선 ② 3차 포물선

③ 클로소이드 ④ 렘니스케이트

40 **종단곡선에 대한 설명으로 옳지 않은 것은?**

① 철도에서는 원곡선을, 도로에서는 2차 포물선을 주로 사용한다.

② 종단경사는 환경적, 경제적 측면에서 허용할 수 있는 범위 내에서 최대한 완만하게 한다.

③ 설계속도와 지형 조건에 따라 종단경사의 기준값이 제시되어 있다.

④ 지형의 상황, 주변 지장물 등의 한계가 있는 경우 10% 정도 증감이 가능하다.

41 **노선측량에서 단곡선 설치 시 필요한 교각이 95°30′, 곡선반지름이 200m일 때 장현(L)의 길이는?**

① 296.087m ② 302.619m

③ 417.131m ④ 597.238m

42 **원곡선에 대한 설명으로 틀린 것은?**

① 원곡선을 설치하기 위한 기본요소는 반지름(R)과 교각(I)이다.

② 접선길이는 곡선반지름에 비례한다.

③ 원곡선은 평면곡선과 수직곡선으로 모두 사용할 수 있다.

④ 고속도로와 같이 고속의 원활한 주행을 위해서는 복심곡선 또는 반향곡선을 주로 사용한다.

43 **설계속도 80km/h의 고속도로에서 클로소이드 곡선의 곡선반지름이 360m, 완화곡선길이가 40m일 때 클로소이드 매개변수 A는?**

① 100m
② 120m
③ 140m
④ 150m

CHAPTER

09 면적 및 체적 측량

01 그림과 같은 횡단면의 면적은?

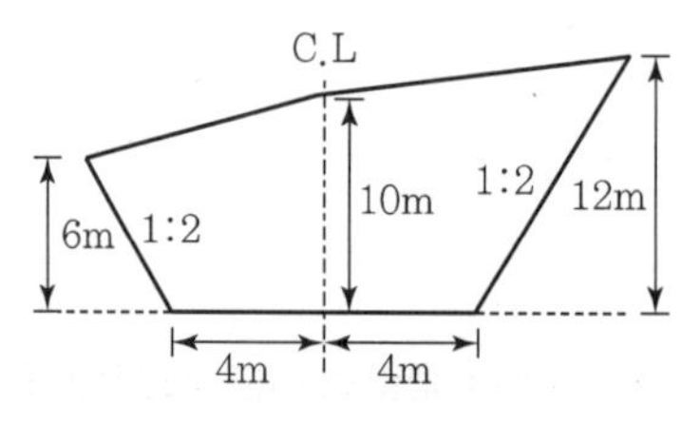

① $196m^2$ ② $204m^2$
③ $216m^2$ ④ $256m^2$

02 $\triangle ABC$ 의 꼭짓점에 대한 좌푯값이 (30, 50), (20, 90), (60, 100)일 때 삼각형 토지의 면적은?(단, 좌표의 단위 : m)

① $500m^2$ ② $750m^2$
③ $850m^2$ ④ $960m^2$

03 그림과 같은 도로 횡단면도의 단면적은?(단, O을 원점으로 하는 좌표(x, y)의 단위 : [m])

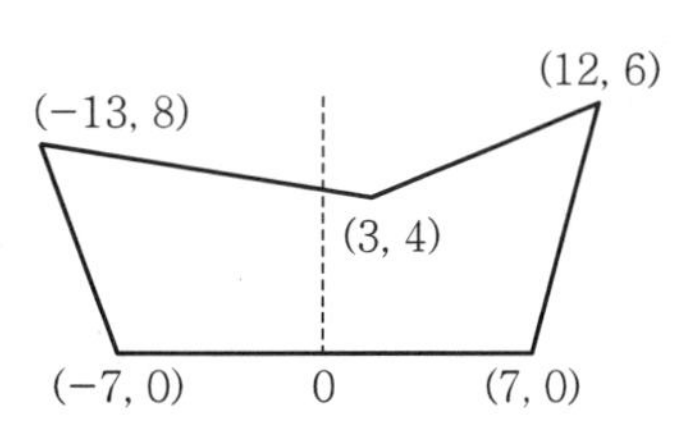

① $94m^2$
② $98m^2$
③ $102m^2$
④ $106m^2$

04 그림과 같은 단면의 면적은?(단, 좌표의 단위는 m이다.)

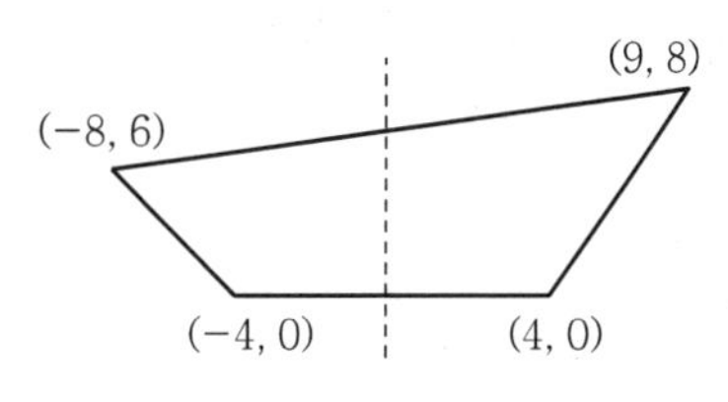

① $174m^2$
② $148m^2$
③ $104m^2$
④ $87m^2$

05 그림과 같은 토지의 $\overline{BC}$ 에 평행한 $\overline{XY}$ 로 $m : n = 1 : 2.5$의 비율로 면적을 분할하고자 한다. $\overline{AB} = 35$m일 때 $\overline{AX}$ 는?

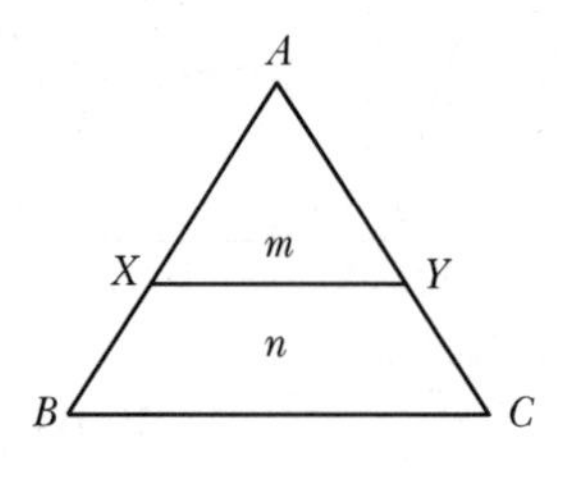

① 17.7m
② 18.1m
③ 18.7m
④ 19.1m

06 그림과 같은 삼각형을 직선 AP로 분할하여 $m : n = 3 : 7$의 면적비율로 나누기 위한 BP의 거리는?(단, BC의 거리＝500m)

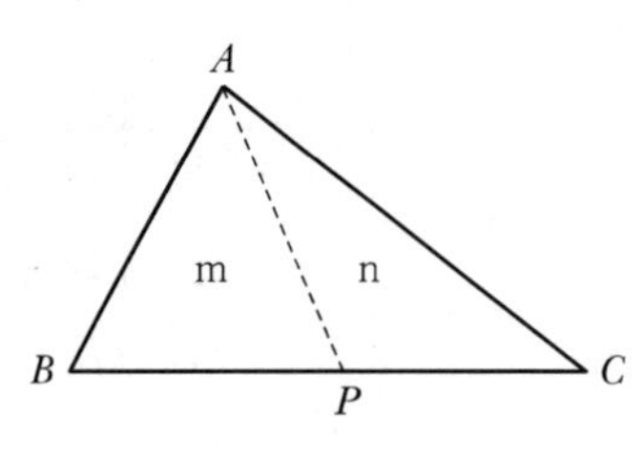

① 100m
② 150m
③ 200m
④ 250m

07 도면에서 곡선에 둘러싸여 있는 부분의 면적을 구하기에 가장 적합한 방법은?

① 좌표법에 의한 방법
② 배횡거법에 의한 방법
③ 삼사법에 의한 방법
④ 구적기에 의한 방법

08 축척 1 : 2,000 도면 상의 면적을 축척 1 : 1,000으로 잘못 알고 면적을 관측하여 24,000m^{2}를 얻었다면 실제 면적은?

① 6,000m^2 ② 12,000m^2
③ 48,000m^2 ④ 96,000m^2

09 30m에 대하여 3mm 늘어나 있는 줄자로써 정사각형의 지역을 측정한 결과 80,000m^{2}였다면 실제의 면적은?

① 80,016m^2 ② 80,008m^2
③ 79,984m^2 ④ 79,992m^2

10 표준길이보다 5mm가 늘어나 있는 50m 강철줄자로 250×250m인 정사각형 토지를 측량하였다면 이 토지의 실제면적은?

① 62,487.50m^2 ② 62,493.75m^2
③ 62,506.25m^2 ④ 62,512.50m^2

11 축척 1 : 2,000의 도면에서 관측한 면적이 2,500m^{2}이었다. 이때, 도면의 가로와 세로가 각각 1% 줄었다면 실제 면적은?

① 2,451m^2 ② 2,475m^2
③ 2,525m^2 ④ 2,550m^2

12 직사각형의 가로, 세로의 거리가 그림과 같다. 면적 A의 표현으로 가장 적절한 것은?

75m±0.003m | A |
100m±0.008m

① $7,500m^2 \pm 0.67m^2$　② $7,500m^2 \pm 0.41m^2$
③ $7,500.9m^2 \pm 0.67m^2$　④ $7,500.9m^2 \pm 0.41m^2$

13 삼각형의 토지면적을 구하기 위해 밑변 a와 높이 h를 구하였다. 토지의 면적과 표준오차는? (단, $a = 15 \pm 0.015$m, $h = 25 \pm 0.025$m)

① $187.5 \pm 0.04m^2$　② $187.5 \pm 0.27m^2$
③ $375.0 \pm 0.27m^2$　④ $375.0 \pm 0.53m^2$

14 30m당 0.03m가 짧은 줄자를 사용하여 정사각형 토지의 한 변을 측정한 결과 150m이었다면 면적에 대한 오차는?

① $41m^2$　② $43m^2$
③ $45m^2$　④ $47m^2$

15 직사각형 토지를 줄자로 측정한 결과가 가로 37.8m, 세로 28.9m였다. 이 줄자는 표준길이 30m당 4.7cm가 늘어 있었다면 이 토지의 면적 최대 오차는?

① $0.03m^2$　　② $0.36m^2$
③ $3.42m^2$　　④ $3.53m^2$

16 직사각형 두 변의 길이를 $\frac{1}{200}$ 정확도로 관측하여 면적을 구할 때 산출된 면적의 정확도는?

① $\frac{1}{50}$　　② $\frac{1}{100}$
③ $\frac{1}{200}$　　④ $\frac{1}{400}$

17 $100m^2$인 정사각형 토지의 면적을 $0.1m^2$까지 정확하게 구현하고자 한다면 이에 필요한 거리관측의 정확도는?

① 1/2,000　　② 1/1,000
③ 1/500　　④ 1/300

18 $100m^2$의 정사각형 토지면적을 $0.2m^2$까지 정확하게 계산하기 위한 한 변의 최대허용오차는?

① 2mm　　② 4mm
③ 5mm　　④ 10mm

19 한 변의 길이가 10m인 정사각형 토지를 축척 1 : 600 도상에서 관측한 결과, 도상의 변 관측오차가 0.2mm씩 발생하였다면 실제 면적에 대한 오차 비율(%)은?

① 1.2%
② 2.4%
③ 4.8%
④ 6.0%

20 지형의 토공량 산정 방법이 아닌 것은?

① 각주공식
② 양단면 평균법
③ 중앙단면법
④ 삼변법

21 토량 계산공식 중 양단면의 면적차가 클 때 산출된 토량의 일반적인 대소 관계로 옳은 것은?(단, 중앙단면법 : A, 양단면평균법 : B, 각주공식 : C)

① $A = C < B$
② $A < C = B$
③ $A < C < B$
④ $A > C > B$

22 고속도로 공사에서 각 측점의 단면적이 표와 같을 때, 측점 10에서 측점 12까지의 토량은?(단, 양단면평균법에 의해 계산한다.)

측점	단면적(m^2)	비고
No.10	318	측점 간의 거리=20m
No.11	512	
No.12	682	

① 15,120m^3　　② 20,160m^3
③ 20,240m^3　　④ 30,240m^3

23 도로공사에서 거리 20m인 성토구간에 대하여 시작 단면 $A_1 = 72m^2$, 끝 단면 $A_2 = 182m^2$, 중앙단면 $A_m = 132m^2$라고 할 때 각주공식에 의한 성토량은?

① 2,540.0m^3　　② 2,573.3m^3
③ 2,600.0m^3　　④ 2,606.7m^3

24 중심말뚝의 간격이 20m인 도로구간에서 각 지점에 대한 횡단면적을 표시한 결과가 그림과 같을 때, 각주공식에 의한 전체 토공량은?

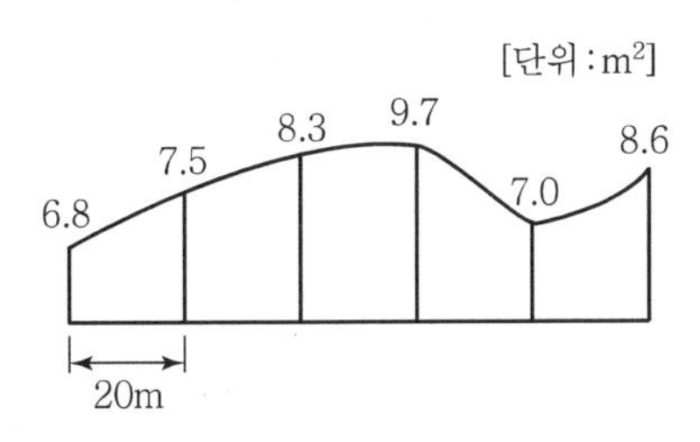

① 156m^3　　② 672m^3
③ 817m^3　　④ 920m^3

25 대단위 신도시를 건설하기 위한 넓은 지형의 정지공사에서 토량을 계산하고자 할 때 가장 적당한 방법은?

① 점고법　　② 비례중앙법
③ 양단면 평균법　　④ 각주공식에 의한 방법

26 비행장이나 운동장과 같이 넓은 지형의 정지공사 시에 토량을 계산하고자 할 때 적당한 방법은?

① 점고법　　② 등고선법
③ 중앙단면법　　④ 양단면 평균법

27 대상구역을 삼각형으로 분할하여 각 교점의 표고를 측량한 결과가 그림과 같을 때 토공량은? (단위 : m)

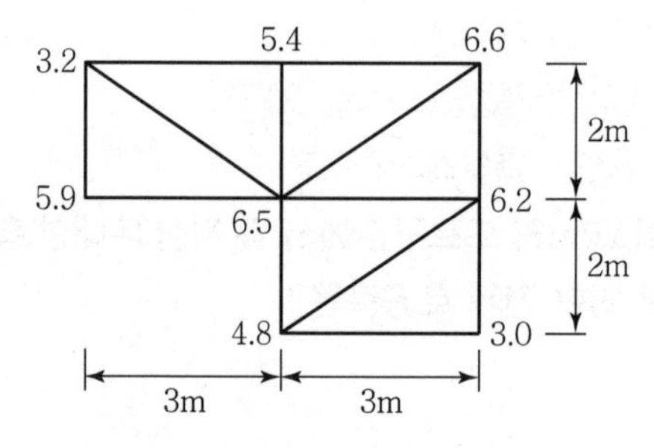

① 98m^3　　② 100m^3
③ 102m^3　　④ 104m^3

28 **토적곡선(Mass Curve)을 작성하는 목적으로 가장 거리가 먼 것은?**

① 토량의 배분
② 교통량 산정
③ 토공기계의 선정
④ 토량의 운반거리 산출

29 **그림과 같은 유토곡선(Mass Curve)에서 하향구간이 의미하는 것은?**

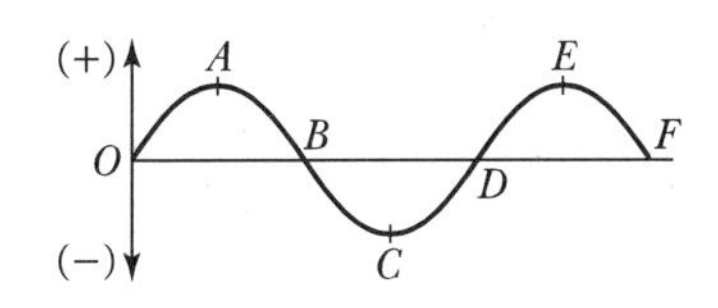

① 성토구간
② 절토구간
③ 운반토량
④ 운반거리

30 **수평 및 수직거리를 동일한 정확도로 관측하여 육면체의 체적을 3,000m³로 구하였다. 체적계산의 오차를 0.6m³ 이하로 하기 위한 수평 및 수직거리 관측의 최대 허용 정확도는?**

① $\frac{1}{15,000}$
② $\frac{1}{20,000}$
③ $\frac{1}{25,000}$
④ $\frac{1}{30,000}$

31 직사각형 토지의 면적을 산출하기 위해 두 변 a, b의 거리를 관측한 결과가 $a=48.25\pm0.04$m, $b=23.42\pm0.02$m이었다면 면적의 정밀도($\triangle A/A$)는?

① $\frac{1}{420}$　　② $\frac{1}{630}$

③ $\frac{1}{840}$　　④ $\frac{1}{1,080}$

CHAPTER 10 하천 측량

01 **하천측량을 실시하는 주목적에 대한 설명으로 가장 적합한 것은?**

① 하천 개수공사나 공작물의 설계, 시공에 필요한 자료를 얻기 위하여
② 유속 등을 관측하여 하천의 성질을 알기 위하여
③ 하천의 수위, 기울기, 단면을 알기 위하여
④ 평면도, 종단면도를 작성하기 위하여

02 **하천측량 시 무제부에서의 평면측량 범위는?**

① 홍수가 영향을 주는 구역보다 약간 넓게
② 계획하고자 하는 지역의 전체
③ 홍수가 영향을 주는 구역까지
④ 홍수영향 구역보다 약간 좁게

03 **하천에서 수애선 결정에 관계되는 수위는?**

① 갈수위(DWL)
② 최저수위(HWL)
③ 평균최저수위(NLWL)
④ 평수위(OWL)

04 하천측량에 대한 설명으로 틀린 것은?

① 제방중심선 및 종단측량은 레벨을 사용하여 직접수준측량 방식으로 실시한다.
② 심천측량은 하천의 수심 및 유수부분의 하저상황을 조사하고 횡단면도를 제작하는 측량이다.
③ 하천의 수위경계선인 수애선은 평균수위를 기준으로 한다.
④ 수위 관측은 지천의 합류점이나 분류점 등 수위 변화가 생기지 않는 곳을 선택한다.

05 하천측량에 대한 설명 중 옳지 않은 것은?

① 하천측량 시 처음에 할 일은 도상조사로서 유로상황, 지역면적, 지형지물, 토지이용 상황 등을 조사하여야 한다.
② 심천측량은 하천의 수심 및 유수부분의 하저사항을 조사하고 횡단면도를 제작하는 측량을 말한다.
③ 하천측량에서 수준측량을 할 때의 거리표는 하천의 중심에 직각방향으로 설치한다.
④ 수위관측소의 위치는 지천의 합류점 및 분류점으로서 수위의 변화가 뚜렷한 곳이 적당하다.

06 하천의 수위관측소 설치를 위한 장소로 적합하지 않은 것은?

① 상하류의 길이가 약 100m 정도는 직선인 곳
② 홍수 시 관측소가 유실 및 파손될 염려가 없는 곳
③ 수위표를 쉽게 읽을 수 있는 곳
④ 합류나 분류에 의해 수위가 민감하게 변화하여 다양한 수위의 관측이 가능한 곳

07 **하천측량에서 유속관측에 대한 설명으로 옳지 않은 것은?**

① 유속계에 의한 평균유속 계산식은 1점법, 2점법, 3점법 등이 있다.
② 하천기울기(I)를 이용하여 유속을 구하는 식에는 Chezy식과 Manning식 등이 있다.
③ 유속관측을 위해 이용되는 부자는 표면부자, 2중부자, 봉부자 등이 있다.
④ 위어(Weir)는 유량관측을 위해 직접적으로 유속을 관측하는 장비이다.

08 **홍수 때 급히 유속을 측정하기에 가장 알맞은 것은?**

① 봉부자 ② 이중부자
③ 수중부자 ④ 표면부자

09 **답사나 홍수 등 급하게 유속관측을 필요로 하는 경우에 편리하여 주로 이용하는 방법은?**

① 이중부자 ② 표면부자
③ 스크루(Screw)형 유속계 ④ 프라이스(Price)식 유속계

10 **수면으로부터 수심(H)의 $0.2H$, $0.4H$, $0.6H$, $0.8H$ 지점의 유속($V_{0.2}$, $V_{0.4}$, $V_{0.6}$, $V_{0.8}$)을 관측하여 평균유속을 구하는 공식으로 옳지 않은 것은?**

① $V_m = V_{0.6}$ ② $V_m = \frac{1}{2}(V_{0.2} + V_{0.8})$
③ $V_m = \frac{1}{3}(V_{0.2} + V_{0.6} + V_{0.8})$ ④ $V_m = \frac{1}{4}(V_{0.2} + 2V_{0.6} + V_{0.8})$

11 하천에서 2점법으로 평균유속을 구할 경우 관측하여야 할 두 지점의 위치는?

① 수면으로부터 수심의 $\frac{1}{5}$, $\frac{3}{5}$지점 ② 수면으로부터 수심의 $\frac{1}{5}$, $\frac{4}{5}$지점

③ 수면으로부터 수심의 $\frac{2}{5}$, $\frac{3}{5}$지점 ④ 수면으로부터 수심의 $\frac{2}{5}$, $\frac{4}{5}$지점

12 수심이 H인 하천의 유속을 3점법에 의해 관측할 때, 관측 위치로 옳은 것은?

① 수면에서 0.1H, 0.5H, 0.9H가 되는 지점
② 수면에서 0.2H, 0.6H, 0.8H가 되는 지점
③ 수면에서 0.3H, 0.5H, 0.7H가 되는 지점
④ 수면에서 0.4H, 0.5H, 0.6H가 되는 지점

13 하천의 평균유속(V_m)을 구하는 방법 중 3점법으로 옳은 것은?(단, V_2, V_4, V_6, V_8은 각각 수면으로부터 수심(h)의 $0.2h$, $0.4h$, $0.6h$, $0.8h$ 인 곳의 유속이다.)

① $V_m = \frac{V_2 + V_4 + V_8}{3}$ ② $V_m = \frac{V_2 + V_6 + V_8}{3}$

③ $V_m = \frac{V_2 + 2V_4 + V_8}{4}$ ④ $V_m = \frac{V_2 + 2V_6 + V_8}{4}$

14 수심이 h인 하천의 평균 유속을 구하기 위하여 수면으로부터 $0.2h$, $0.6h$, $0.8h$가 되는 깊이에서 유속을 측량한 결과 0.8m/s, 1.5m/s, 1.0m/s이었다. 3점법에 의한 평균 유속은?

① 0.9m/s　　② 1.0m/s
③ 1.1m/s　　④ 1.2m/s

15 하천의 유속측정 결과, 수면으로부터 깊이의 2/10, 4/10, 6/10, 8/10 되는 곳의 유속(m/s)이 각각 0.662, 0.552, 0.442, 0.332였다면 3점법에 의한 평균유속은?

① 0.4603m/s　　② 0.4695m/s
③ 0.5245m/s　　④ 0.5337m/s

16 수면으로부터 수심의 $\frac{2}{10}$, $\frac{4}{10}$, $\frac{6}{10}$, $\frac{8}{10}$인 곳에서 유속을 측정한 결과가 각각 1.2m/s, 1.0m/s, 0.7m/s, 0.3m/s이었다면 평균 유속은?(단, 4점법 이용)

① 1.095m/s　　② 1.005m/s
③ 0.895m/s　　④ 0.775m/s

CHAPTER

11 사진 측량

01 사진측량의 특징에 대한 설명으로 옳지 않은 것은?

① 기상조건에 상관없이 측량이 가능하다.
② 정량적 관측이 가능하다.
③ 측량의 정확도가 균일하다.
④ 정성적 관측이 가능하다.

02 초점거리 20cm의 카메라로 평지로부터 6,000m의 촬영고도로 찍은 연직 사진이 있다. 이 사진에 찍혀 있는 평균 표고 500m인 지형의 사진 축척은?

① 1 : 5,000
② 1 : 27,500
③ 1 : 29,750
④ 1 : 30,000

03 비행고도 6,000m에서 초점거리 15cm인 사진기로 수직항공사진을 획득하였다. 길이가 50m인 교량의 사진상의 길이는?

① 0.55mm
② 1.25mm
③ 3.60mm
④ 4.20mm

04 동일한 지역을 같은 조건에서 촬영할 때, 비행고도만을 2배로 높게 하여 촬영할 경우 전체 사진 매수는?

① 사진 매수는 1/2만큼 늘어난다.
② 사진 매수는 1/2만큼 줄어든다.
③ 사진 매수는 1/4만큼 늘어난다.
④ 사진 매수는 1/4만큼 줄어든다.

05 25cm×25cm인 항공사진에서 주점기선의 길이가 10cm일 때 이 항공사진의 중복도는?

① 40%
② 50%
③ 60%
④ 70%

06 사진축척이 1 : 5,000이고 종중복도가 60%일 때 촬영기선 길이는?(단, 사진크기는 23cm×23cm이다.)

① 360m
② 375m
③ 435m
② 460m

07 사진의 크기 23cm×18cm, 초점거리 30cm, 촬영고도 6,000m일 때 이 사진의 포괄면적은?

① 16.6km^2
② 14.4km^2
③ 24.4km^2
④ 26.6km^2

08 촬영고도 3,000m에서 초점거리 15cm인 카메라로 촬영했을 때 유효모델 면적은?(단, 사진크기는 23cm×23cm, 종중복 60%, 횡중복 30%)

① $4.72km^2$　　② $5.25km^2$
③ $5.92km^2$　　④ $6.37km^2$

09 표고 300m의 지역($800km^2$)을 촬영고도 3,300m에서 초점거리 152mm의 카메라로 촬영했을 때 필요한 사진매수는?(단, 사진크기 23cm×23cm, 종중복도 60%, 횡중복도 30%, 안전율 30%임)

① 139매　　② 140매
③ 181매　　④ 281매

10 종중복도 60%, 횡중복도 20%일 때 촬영종기선의 길이와 촬영횡기선 길이의 비는?

① 1 : 2　　② 1 : 3
③ 2 : 3　　④ 3 : 1

11 평탄지를 1 : 25,000으로 촬영한 수직사진이 있다. 이때의 초점거리 10cm, 사진의 크기 23×23cm, 종중복도 60%, 횡중복도 30%일 때 기선고도비는?

① 0.92　　② 1.09
③ 1.21　　④ 1.43

12 항공사진의 특수 3점이 아닌 것은?

① 주점　　② 보조점
③ 연직점　　④ 등각점

13 사진측량의 특수 3점에 대한 설명으로 옳은 것은?

① 사진 상에서 등각점을 구하는 것이 가장 쉽다.
② 사진의 경사각이 0°인 경우에는 특수 3점이 일치한다.
③ 기복변위는 주점에서 0이며 연직점에서 최대이다.
④ 카메라 경사에 의한 사선방향의 변위는 등각점에서 최대이다.

14 항공사진의 주점에 대한 설명으로 옳지 않은 것은?

① 주점에서는 경사사진의 경우에도 경사각에 관계없이 수직사진의 축척과 같은 축척이 된다.
② 인접사진과의 주점길이가 과고감에 영향을 미친다.
③ 주점은 사진의 중심으로 경사사진에서는 연직점과 일치하지 않는다.
④ 주점은 연직점, 등각점과 함께 항공사진의 특수3점이다.

15 사진 상의 연직점에 대한 설명으로 옳은 것은?

① 대물렌즈의 중심을 말한다.
② 렌즈의 중심으로부터 사진면에 내린 수선의 발이다.
③ 렌즈의 중심으로부터 지면에 내린 수선의 연장선과 사진면과의 교점이다.
④ 사진면에 직교되는 광선과 연직선이 만나는 점이다.

16 초점거리 20cm인 카메라로 경사 30°로 촬영된 사진 상에서 연직점 m과 등각점 j와의 거리는?

① 33.6mm
② 43.6mm
③ 53.6mm
④ 63.6mm

17 항공사진 상에 굴뚝의 윗부분이 주점으로부터 80mm 떨어져 나타났으며 굴뚝의 길이는 10mm였다. 실제 굴뚝의 높이가 70m라면 이 사진의 촬영고도는?

① 490m
② 560m
③ 630m
④ 700m

18 비고 65m의 구릉지에 의한 최대 기복변위는?(단, 사진기의 초점거리 15cm, 사진의 크기 23cm×23cm, 축척 1 : 20,000이다.)

① 0.14cm
② 0.35cm
③ 0.64cm
④ 0.82cm

19 190km/h인 항공기에서 초점거리 153mm인 카메라로 시가지를 촬영한 항공사진이 있다. 사진 상에서 허용흔들림량 0.01mm, 최장 노출시간 $\frac{1}{250}$초, 사진크기 23cm×23cm일 때, 연직점으로부터 7cm 떨어진 위치에 있는 건물의 실제 높이가 120m라면 이 건물의 기복변위는?

① 1.4mm
② 2.0mm
③ 2.6mm
④ 3.4mm

20 촬영고도 1,000m로부터 초점거리 15cm의 카메라로 촬영한 중복도 60%인 2장의 사진이 있다. 각각의 사진에서 주점기선장을 측정한 결과 124mm와 132mm였다면 비고 60m인 굴뚝의 시차차는?

① 8.0mm
② 7.9mm
③ 7.7mm
④ 7.4mm

21 촬영고도 800m의 연직사진에서 높이 20m에 대한 시차차의 크기는?(단, 초점거리는 21cm, 사진크기는 23×23cm, 종중복도는 60%이다.)

① 0.8mm
② 1.3mm
③ 1.8mm
④ 2.3mm

22 초점거리 210mm인 카메라를 사용하여 사진크기 18cm × 18cm로 평탄한 지역을 촬영한 항공사진에서 주점기선장이 70mm였다. 이 항공사진의 축척이 1 : 20,000이었다면 비고 200m에 대한 시차차는?

① 2.2mm
② 3.3mm
③ 4.4mm
④ 5.5mm

23 항공사진측량의 입체시에 대한 설명으로 옳은 것은?

① 다른 조건이 동일할 때 초점거리가 긴 사진기에 의한 입체상이 짧은 사진기의 입체상보다 높게 보인다.
② 한 쌍의 입체사진은 촬영코스 방향과 중복도만 유지하면 두 사진의 축척이 30% 정도 달라도 무관하다.
③ 다른 조건이 동일할 때 기선의 길이를 길게 하는 것이 짧은 경우보다 과고감이 크게 된다.
④ 입체상의 변화는 기선고도비에 영향을 받지 않는다.

24 사진측량의 입체시에 대한 설명으로 틀린 것은?

① 2매의 사진이 입체감을 나타내기 위해서는 사진축척이 거의 같고 촬영한 카메라의 광축이 거의 동일 평면 내에 있어야 한다.
② 여색 입체사진이 오른쪽은 적색, 왼쪽은 청색으로 인쇄되었을 때 오른쪽에 청색, 왼쪽에 적색의 안경으로 보아야 바른 입체시가 된다.
③ 렌즈의 초점거리가 길 때가 짧을 때보다 입체상이 더 높게 보인다.
④ 입체시 과정에서 본래의 고지가 반대가 되는 현상을 역입체시라고 한다.

25 사진측량에 대한 설명 중 틀린 것은?

① 항공사진의 축척은 카메라의 초점거리에 비례하고, 비행고도에 반비례한다.
② 촬영고도가 동일한 경우 촬영기선길이가 증가하면 중복도는 낮아진다.
③ 입체시된 영상의 과고감은 기선고도비가 클수록 커지게 된다.
④ 과고감은 지도축척과 사진축척의 불일치에 의해 나타난다.

26 세부도화 시 한 모델을 이루는 좌우사진에서 나오는 광속이 촬영면상에 이루는 종시차를 소거하여 목표 지형지물의 상대위치를 맞추는 작업을 무엇이라 하는가?

① 접합표정　　② 상호표정
③ 절대표정　　④ 내부표정

27 다음 설명 중 옳지 않은 것은?

① 측지학적 3차원 위치결정이란 경도, 위도 및 높이를 산정하는 것이다.
② 측지학에서 면적이란 일반적으로 지표면의 경계선을 어떤 기준면에 투영하였을 때의 면적을 말한다.
③ 해양측지는 해양상의 위치 및 수심의 결정, 해저지질조사 등을 목적으로 한다.
④ 원격탐사는 피사체와의 직접 접촉에 의해 획득한 정보를 이용하여 정략적 해석을 하는 기법이다.

28 위성에 의한 원격탐사(Remote Sensing)의 특징으로 옳지 않은 것은?

① 항공사진측량이나 지상측량에 비해 넓은 지역의 동시측량이 가능하다.
② 동일 대상물에 대해 반복측량이 가능하다.
③ 항공사진측량을 통해 지도를 제작하는 경우보다 대축척 지도의 제작에 적합하다.
④ 여러 가지 분광 파장대에 대한 측량자료 수집이 가능하므로 다양한 주제도 작성이 용이하다.

29 공 LIDAR 자료의 활용 분야로 틀린 것은?

① 도로 및 단지 설계
② 골프장 설계
③ 지하수 탐사
④ 연안 수심 DB구축

30 항공 LIDAR 자료의 특성에 대한 설명으로 옳은 것은?

① 시간, 계절 및 기상에 관계없이 언제든지 관측이 가능하다.
② 적외선 파장은 물에 잘 흡수되므로 수면에 반사된 자료는 신뢰성이 매우 높다.
③ 사진 촬영을 동시에 진행할 수 없으므로 자료 판독이 어렵다.
④ 산림지역에서 지표면의 관측이 가능하다.

31 3차 중첩 내삽법(Cubic Convolution)에 대한 설명으로 옳은 것은?

① 계산된 좌표를 기준으로 가까운 3개의 화소값의 평균을 취한다.
② 영상분류와 같이 원영상의 화소값과 통계치가 중요한 작업에 많이 사용된다.
③ 계산이 비교적 빠르며 출력영상이 가장 매끄럽게 나온다.
④ 보정 전 자료와 통계치 및 특성의 손상이 많다.

32 초점거리 153mm, 사진크기 23cm×23cm인 카메라를 사용하여 동서 14km, 남북 7km, 평균 표고 250m인 거의 평탄한 지역을 축척 1 : 5,000으로 촬영하고자 할 때, 필요한 모델 수는?(단, 종중복도=60%, 횡중복도=30%)

① 81
② 240
③ 279
④ 961

33 원격탐사(Remote Sensing)의 정의로 옳은 것은?

① 지상에서 대상 물체에 전파를 발생시켜 그 반사파를 이용하여 측정하는 방법
② 센서를 이용하여 지표의 대상물에서 반사 또는 방사된 전자 스펙트럼을 측정하고 이들의 자료를 이용하여 대상물이나 현상에 관한 정보를 얻는 기법
③ 우주에 산재해 있는 물체의 고유스펙트럼을 이용하여 각각의 구성 성분을 지상의 레이더망으로 수집하여 처리하는 방법
④ 우주선에서 찍은 중복된 사진을 이용하여 지상에서 항공사진의 처리와 같은 방법으로 판독하는 작업

CHAPTER 12

공기업 토목직 1300제

위성측위시스템(GNSS)

01 GNSS 위성측량시스템으로 틀린 것은?

① GPS
② GSIS
③ QZSS
④ GALILEO

02 GPS 구성 부문 중 위성의 신호 상태를 점검하고, 궤도 위치에 대한 정보를 모니터링하는 임무를 수행하는 부문은?

① 우주부문
② 제어부문
③ 사용자부문
④ 개발부문

03 GPS 측량에서 이용하지 않는 위성신호는?

① L_1 반송파
② L_2 반송파
③ L_4 반송파
④ L_5 반송파

04 GNSS 관측성과로 틀린 것은?

① 지오이드 모델
② 경도와 위도
③ 지구중심좌표
④ 타원체고

05 GNSS 상대측위 방법에 대한 설명으로 옳은 것은?

① 수신기 1대만을 사용하여 측위를 실시한다.
② 위성과 수신기 간의 거리는 전파의 파장 개수를 이용하여 계산할 수 있다.
③ 위상차의 계산은 단순차, 2중차, 3중차와 같은 차분기법으로는 해결하기 어렵다.
④ 전파의 위상차를 관측하는 방식이나 절대측위 방법보다 정확도가 낮다.

06 GNSS가 다중주파수(Multi Frequency)를 채택하고 있는 가장 큰 이유는?

① 데이터 취득 속도의 향상을 위해
② 대류권 지연 효과를 제거하기 위해
③ 다중경로오차를 제거하기 위해
④ 전리층 지연 효과를 제거하기 위해

07 **GNSS 데이터의 교환 등에 필요한 공통적인 형식으로 원시 데이터에서 측량에 필요한 데이터를 추출하여 보기 쉽게 표현한 것은?**

① Bernese ② RINEX
③ Ambiguity ④ Binary

08 **GNSS 측량에 대한 설명으로 틀린 것은?**

① 다양한 항법위성을 이용한 3차원 측위방법으로 GPS, GLONASS, Galileo 등이 있다.
② VRS 측위는 수신기 1대를 이용한 절대 측위방법이다.
③ 지구질량 중심을 원점으로 하는 3차원 직교좌표체계를 사용한다.
④ 정지측량, 신속정지측량, 이동측량 등으로 측위방법을 구분할 수 있다.

09 **GPS 위성측량에 대한 설명으로 옳은 것은?**

① GPS를 이용하여 취득한 높이는 지반고이다.
② GPS에서 사용하고 있는 기준타원체는 GRS80 타원체이다.
③ 대기 내 수증기는 GPS 위성 신호를 지연시킨다.
④ VRS 측량에서는 망조정이 필요하다.

10 좌표를 알고 있는 기지점에 고정용 수신기를 설치하여 보정자료를 생성하고 동시에 미지점에 또 다른 수신기를 설치하여 고정점에서 생성된 보정자료를 이용해 미지점의 관측자료를 보정함으로써 높은 정확도를 확보하는 GPS측위 방법은?

① KINEMATIC ② STATIC
③ SPOT ④ DGPS

11 DGPS를 적용할 경우 기지점과 미지점에서 측정한 결과로부터 공통오차를 상쇄시킬 수 있기 때문에 측량의 정확도를 높일 수 있다. 이때 상쇄되는 오차요인이 아닌 것은?

① 위성의 궤도정보오차 ② 다중경로오차
③ 전리층 신호지연 ④ 대류권 신호지연

12 위성측량의 DOP(Dilution Of Precision)에 관한 설명 중 옳지 않은 것은?

① 기하학적 DOP(GDOP), 3차원위치 DOP(PDOP), 수직위치 DOP(VDOP), 평면위치 DOP(HDOP), 시간 DOP(TDOP) 등이 있다.
② DOP는 측량할 때 수신 가능한 위성의 궤도정보를 항법메시지에서 받아 계산할 수 있다.
③ 위성측량에서 DOP가 작으면 클 때보다 위성의 배치상태가 좋은 것이다.
④ 3차원위치 DOP(PDOP)는 평면 DOP(HDOP)와 수직 위치 DOP(VDOP)의 합으로 나타난다.

13 위성측량의 DOP(Dilution Of Precision)에 관한 설명으로 옳지 않은 것은?

① DOP는 위성의 기하학적 분포에 따른 오차이다.

② 일반적으로 위성들 간의 공간이 더 크면 위치정밀도가 낮아진다.

③ DOP를 이용하여 실제 측량 전에 위성측량의 정확도를 예측할 수 있다.

④ DOP 값이 클수록 정확도가 좋지 않은 상태이다.

14 지리정보시스템(GIS) 데이터의 형식 중에서 벡터형식의 객체자료 유형이 아닌 것은?

① 격자(Call)　　② 점(Point)

③ 선(Line)　　④ 면(Polygon)

15 GIS 기반의 지능형 교통정보시스템(ITS)에 관한 설명으로 가장 거리가 먼 것은?

① 고도의 정보처리기술을 이용하여 교통운용에 적용한 것으로 운전자, 차량, 신호체계 등 매순간의 교통상황에 따른 대응책을 제시하는 것

② 도심 및 교통수요의 통제와 조정을 통하여 교통량을 노선별로 적절히 분산시키고 지체 시간을 줄여 도로의 효율성을 증대시키는 것

③ 버스, 지하철, 자전거 등 대중교통을 효율적으로 운행관리하며 운행상태를 파악하여 대중교통의 운영과 운영사의 수익을 목적으로 하는 체계

④ 운전자의 운전행위를 도와주는 것으로 주행 중 차량간격, 차선위반여부 등의 안전운행에 관한 체계

P/A/R/T

04

공기업 토목직 1300제

[측량학]

정답 및 해설

CHAPTER 01 | 일반 사항
CHAPTER 02 | 거리 측량
CHAPTER 03 | 각 측량
CHAPTER 04 | 삼각 측량
CHAPTER 05 | 다각 측량
CHAPTER 06 | 수준 측량
CHAPTER 07 | 지형 측량
CHAPTER 08 | 노선 측량
CHAPTER 09 | 면적 및 체적 측량
CHAPTER 10 | 하천 측량
CHAPTER 11 | 사진 측량
CHAPTER 12 | 위성측위시스템(GNSS)

제1장 일반 사항

01	02	03	04	05	06	07	08	09	10
③	②	②	①	④	③	④	①	③	④
11	**12**	**13**	**14**	**15**	**16**				
④	③	①	③	②	④				

01 정답 ③

지각변동의 관측, 항로 등은 대지(측지)측량으로 한다.

02 정답 ②

① 정도$\left(\dfrac{\Delta L}{L}\right)=\dfrac{L^2}{12R^2}$

② $\dfrac{1}{10^6}=\dfrac{L^2}{12\times 6,370^2}$, $L=\sqrt{\dfrac{12\times 6,370^2}{10^6}}=22.066\text{km}$

③ 반경$=\dfrac{L}{2}=\dfrac{22.066}{2}=11.033\text{km}$

03 정답 ②

정도$\left(\dfrac{\Delta L}{L}\right)=\dfrac{L^2}{12R^2}$

$=\dfrac{35^2}{12\times 6,370^2}≒\dfrac{1}{400,000}$

04 정답 ①

측지학의 분류

구분	기하학적 측지학	물리학적 측지학
정의	지구 및 천체 점들에 대한 상호 위치관계 결정	지구의 형상 및 운동과 내부의 특성을 해석
대상	1. 길이 및 시 결정 2. 수평위치 결정 3. 높이 결정 4. 측지학의 3차원 위치 결정 5. 천문측량 6. 위성측지 7. 하해측지 8. 면적/체적의 산정 9. 지도제작 10. 사진측정	1. 지구의 형상해석 2. 중력 측정 3. 지자기 측정 4. 탄성파 측정 5. 지구의 극운동/자전운동 6. 지각변동/균형 7. 지구의 열 8. 대륙의 부동 9. 해양의 조류 10. 지구의 조석

05 정답 ④

중력이상 = 실측 중력값 − 표준중력식에 의한 값

06 정답 ③

㉠ 곡률을 무시한 평면측량, 곡률을 고려한 측지측량
㉡ 법에 따른 분류는 기본, 공공, 일반측량

07 정답 ④

- 구과량$(\varepsilon'')=\dfrac{E}{r^2}\rho''$
- 반경(r)의 제곱에 반비례, 면적(E)에 비례한다.

08 정답 ①

지오이드면은 불규칙한 곡면으로 준거타원체와 거의 일치한다.

09 정답 ③

지오이드는 중력의 등포텐셜면이다.

10 정답 ④

평균 해수면을 육지까지 연장한 가상의 곡면으로 불규칙한 곡면이다.

11 정답 ④

y방향 가상좌표(횡좌표)에 200,000m, x방향 가상좌표(종좌표)에 600,000m를 가산한다.

12 정답 ③

우리나라는 51구역(Zone)과 52구역(Zone)에 위치하고 있다.

13 정답 ①

① 우연오차(M)

$=\pm\delta\sqrt{n}=3\pm\sqrt{\frac{320}{20}}=\pm12\text{mm}$

$=\pm0.012\text{m}$

② $L_0=320\pm0.012\text{m}$

14 정답 ③

- 정오차$=+\delta n=+4\times5=20\text{mm}=0.02\text{m}$
- 우연오차$=\pm\delta\sqrt{n}=\pm3\sqrt{5}=\pm6.7\text{mm}=0.0067\text{m}$
- $L_o=L+$정오차$\pm$우연오차

  $=100+0.02\pm0.0067$

  $=100.02\pm0.007\text{m}$

15 정답 ②

경중률은 특정 측정값과 이와 연관된 다른 측정값에 대한 상대적인 신뢰성을 표현하는 척도이다.

16 정답 ④

평면측량은 지구의 곡률을 고려하지 않는 측량으로 측량의 정밀도를 $\frac{1}{10^6}$ 이하로 할 때 반경 11km 이내의 지역을 평면으로 취급한다.

제2장 거리 측량

01	02	03	04	05	06	07	08
③	①	②	④	③	①	④	③

01 정답 ③

EDM에 의한 거리관측오차

(1) 거리비례오차

㉠ 광속도오차

㉡ 광변조 주파수오차

㉢ 굴절률오차

(2) 거리에 비례하지 않는 오차

㉠ 위상차 관측오차

㉡ 기계상수, 반사경상수오차

㉢ 편심으로 인한 오차

02 정답 ①

① 보정량$=50\times\frac{1}{5,000}=0.01\text{m}$

경사보정(C)$=-\frac{h^2}{2L}$

② $h=\sqrt{C\times2L}=\sqrt{0.01\times2\times50}=1\text{m}$

03 정답 ②

평균해면상 보정

$C=-\frac{L\cdot H}{R}=-\frac{500\times326.42}{6,367\times1,000}=-0.0256\text{m}$

04 정답 ④

- 평균해면상 보정(C_n)

  $=-\frac{LH}{R}=-\frac{5,000\times730}{6,370\times1,000}=-0.573\text{m}$
- 평균해면상 거리(D)

  $=L-C_n=5,000-0.573\fallingdotseq4,999.43\text{m}$

05

정답 ③

$\overline{AB_0} = L_1 + L_2 + L_3 \pm \sqrt{m_1^2 + m_2^2 + m_3^2}$

$= 10 + 20 + 30 \pm \sqrt{0.01^2 + 0.03^2 + 0.05^2}$

$= 60 \pm 0.059 \fallingdotseq 60 \pm 0.06\text{m}$

06

정답 ①

- $M = \pm \delta_1 \sqrt{n}$, $\pm 0.14 = \delta_1 \sqrt{40}$, $\delta_1 = 0.022$
- 1회 측정 시 오차$(\delta_1) = 0.022$

07

정답 ④

후방교회법은 미지점에 평판을 세워 기지점을 시준하여 도상의 위치를 결정한다.

08

정답 ③

① 경중률(P)은 오차$\left(\frac{1}{m}\right)$의 제곱의 반비례한다.

$$P_A : P_B : P_C : P_D = \frac{1}{{m_A}^2} : \frac{1}{{m_B}^2} : \frac{1}{{m_C}^2} : \frac{1}{{m_D}^2}$$

$$= \frac{1}{2^2} : \frac{1}{6^2} : \frac{1}{7^2} : \frac{1}{4^2}$$

$$= 12.25 : 1.36 : 1 : 3.06$$

② 경중률이 낮은 C작업이 신뢰성이 가장 낮다.

제3장 각 측량

01	02	03	04	05	06	07	08	09	10
②	①	④	③	④	③	③	③	②	③
11	12	13	14	15					
③	①	③	④	④					

01

정답 ②

수평각관측법 중 가장 정밀도가 높고 1등 삼각측량에 사용하는 방법은 각관측법이다.

02

정답 ①

조합각관측법이 가장 정밀도가 높고, 1등 삼각측량에 사용한다.

03

정답 ④

각 관측법은 관측할 여러 개의 방향선 사이의 각을 차례로 방향각 법으로 관측

04

정답 ③

오차처리방법

- 정·반위 관측 : 시준축, 수평축, 시준축의 편심오차
- A, B 버니어의 읽음값의 평균 : 내심오차
- 분도원의 눈금 부정확 : 대회관측

05

정답 ④

- 오차 전파의 법칙

  $E = \pm \sqrt{m_1^2 + m_2^2} = \pm \sqrt{5^2 + 15^2} = \pm 15.8''$

- $\angle AOC = 15°32'18.9'' + 67°17'45'' \pm 15.8''$

  $= 82°50'3.9'' \pm 15.8''$

06

정답 ③

$$\frac{\Delta L}{L} = \frac{\theta''}{\rho''} = \frac{10''}{206,265''} \fallingdotseq \frac{1}{21,000}$$

07 정답 ③

- $\dfrac{\Delta L}{L}=\dfrac{\theta''}{\rho''}$
- $\theta''=\dfrac{1}{10,000}\times 206,265''=20.63''$

08 정답 ③

㉠ $\dfrac{\Delta L}{L}=\dfrac{\theta''}{\rho''}$

㉡ $\theta''=\dfrac{\Delta L}{L}\rho''=\dfrac{0.03}{50}\times 206265''=2'04''$

09 정답 ②

㉠ $\dfrac{\Delta L}{L}=\dfrac{\theta''}{\rho''}$

㉡ $L=\dfrac{\rho''}{\theta''}\Delta L=\dfrac{206265}{2}\times 0.5$

$=51566.25\text{mm}=51.566\text{m}$

10 정답 ③

- 경중률(P)은 측정횟수(n)에 비례
  $P_1:P_2:P_3=2:4:4=1:2:2$
- $L_0=\dfrac{P_1\angle_1+P_2\angle_2+P_3\angle_3}{P_1+P_2+P_3}$
  $=\dfrac{(1\times 52°12')+(2\times 52°13')+(2\times 52°14')}{1+2+2}$
  $=52°13'12''$

11 정답 ③

최확값(L_0)

$=\dfrac{P_1\theta_1+P_2\theta_2+P_3\theta_3}{P_1+P_2+P_3\cdots}$

$=\dfrac{2\times 73°40'12''+3\times 73°40'15''+1\times 73°40'9''+4\times 73°40'14''+1\times 73°40'10''+1\times 73°40'18''+2\times 73°40'16''+3\times 73°40'13''}{2+3+1+4+1+1+2+3}$

$=73°40'13.7''$

12 정답 ①

㉠ 경중률이 다른 경우 오차를 경중률에 반비례하여 배분한다.

㉡ 경중률(P)은 관측횟수(N)에 비례한다.
$P_A:P_B:P_C=1:2:3$

㉢ 폐합오차(E)$=-33''$

㉣ $\angle B$의 조정량$=33\times\dfrac{3}{11}=+9''$

㉤ $\angle B$의 최확값$=60°00'11''+9''=60°00'20''$

13 정답 ③

① 조건부관측 관측횟수가 다른 경우 경중률
$P_A:P_B:P_C=\dfrac{1}{2}:\dfrac{1}{3}:\dfrac{1}{6}=3:2:1$

② 오차(E)
$=(\alpha_1+\alpha_2)-\alpha_3$
$=(21°36'28''+63°18'45'')-84°54'37''$
$=36''$

③ 조정량(d_3)
$=\dfrac{\text{오차}}{\text{경중률의 합}}\times$조정할 각의 경중률
$=\dfrac{36''}{6}\times 1=6''$

④ $(\alpha_1+\alpha_2)$와 α_3를 비교하여 큰 쪽(−)조정, 작은 쪽(+) 조정

⑤ $\angle AOC=84°54'37''+6''=84°54'43''$

14 정답 ④

오차처리방법

① 정·반위 관측=시준축, 수평축, 시준축의 편심오차

② A, B버니어 읽음값의 평균=내심오차

③ 분도원의 눈금 부정확 : 대회관측

15 정답 ④

- 최확값($\angle AOB$)
  $=40°30'+\dfrac{2\times 25''+3\times 20''}{2+3}=40°30'22''$
- 최확값($\angle AOC$)
  $=85°30'+\dfrac{6\times 20''+4\times 25''}{6+4}=85°30'22''$
- $\angle AOC=\angle AOB+\angle BOC$
- $\angle BOC=85°30'22''-40°30'22''=45°00'00''$

제4장 삼각 측량

01	02	03	04	05	06	07	08	09	10
③	④	②	③	②	③	②	②	④	④
11	**12**	**13**	**14**	**15**	**16**	**17**	**18**	**19**	**20**
③	④	④	①	③	①	②	②	③	④
21									
④									

01 정답 ③

지상기준점 측량

- 항공삼각측량
- GPS
- T/S
- 관성측량

02 정답 ④

삼각점은 각종 측량의 골격이 되는 기준점이다.

03 정답 ②

기준점 성과표는 기준점의 수평위치, 표고, 인접지점 간의 방향각 및 거리 등을 기록한 표이다.

04 정답 ③

천문경위도는 지오이드에 준거하여 천문측량으로 구한 경위도

05 정답 ②

기준점 성과표 기재사항

① 점번호
② 도엽 명칭 및 번호
③ 수준원점
④ 소재지
⑤ 토지소유자 주소 및 성명
⑥ 경로
⑦ 관측 연월일
⑧ 경위도
⑨ 평면직각좌표
⑩ 표고
⑪ 진북방향각 등

06 정답 ③

삼각점의 위치

- 지반이 단단하고 견고한 곳
- 시통이 잘 되어야 하고 전망이 좋은 곳(후속측량)
- 평야, 산림지대는 시통을 위해 벌목이나 높은 측표작업이 필요하므로 작업이 곤란하다.

07 정답 ②

계산순서

편심조정계산 → 삼각형계산(변, 방향각) → 좌표조정계산 → 표고계산 → 경위도계산

08 정답 ②

sine 정리 이용

- $\dfrac{2,000}{\sin(360° - 300°30')} = \dfrac{0.5}{\sin\alpha}$

  $\sin\alpha = \dfrac{0.5}{2,000} \times \sin(360° - 300°30')$

  $\alpha = \sin^{-1}\left[\left(\dfrac{0.5}{2,000}\right) \times \sin(360° - 300°30')\right]$

  $= 0°0'44.43''$

- $\dfrac{1,500}{\sin(360° - 300°30' + 54°30')} = \dfrac{0.5}{\sin\beta}$

  $\sin\beta = \dfrac{0.5}{1,500} \times \sin(360° - 300°30' + 54°30')$

  $\beta = \sin^{-1}\left[\left(\dfrac{0.5}{1,500}\right) \times \sin(360° - 300°30' + 54°30')\right]$

  $= 0°1'2.81''$

- $\angle ABC = t + \beta - \alpha$

  $= 54°31' + 0°1'2.81'' - 0°0'44.43''$

  $= 54°30'19''$

09 정답 ④

단열삼각망은 폭이 좁고 긴 지역(도로, 하천)에 이용한다.

10 정답 ④

유심삼각망

- 넓은 지역의 측량에 적합하다.
- 동일 측점수에 비해 포함 면적이 넓다.
- 정밀도는 단열보다 높고 사변형보다 낮다.

11 정답 ③

삼각망의 정밀도는 '사변형>유심>단열' 순이다.

12 정답 ④

사변형망은 조건식이 많아 시간과 경비가 많이 소요되나 정밀도는 높다.

13 정답 ④

① 점조건
② 변조건
③ 각조건

14 정답 ①

㉠ 측점조건 : 한 측점 둘레의 각의 합 360°(점방정식)
㉡ 도형조건

- 다각형의 내각의 합 $180°(n-2)$ ⎤
- 삼각형 내각의 합 180° ⎦ (각 방정식)
- 삼각망 임의의 한 변의 길이는 순서에 관계없이 같은 값(변방정식)

15 정답 ③

① 각조건
③ 점조건
④ 각조건

16 정답 ①

각의 크기에 관계없이 등배분한다.

17 정답 ②

- 내각의 합은 180°이다.
- $\alpha+\beta+\gamma=180°0'9''$
- 조정량$=\dfrac{-9''}{3}=-3''$

18 정답 ②

- $\dfrac{\overline{BD}}{\sin a}=\dfrac{500}{\sin(180-(\angle a+\angle b_1))}$

$\overline{BD}=\dfrac{500\sin a}{\sin(180-(\angle a+\angle b_1))}=500\text{m}$

- $\dfrac{\overline{BD}}{\sin c}=\dfrac{\text{BC}}{\sin(180-(\angle b_2+\angle c))}$

$\therefore\ \overline{BC}=\dfrac{\overline{BD}\sin(180-(\angle b_2+\angle c))}{\sin c}=412.31\text{m}$

19 정답 ③

- sin정리 이용

$\dfrac{30}{\sin 30°}=\dfrac{\overline{AC}}{\sin 70°},\ \overline{AC}=56.38\text{m}$

- $H=\overline{AC}\tan V=56.38\times\tan 40°=47.31\text{m}$

20 정답 ④

반각공식은 변을 이용하여 각을 구하는 공식

21 정답 ④

코사인 제2법칙에 의해

$\cos C=\dfrac{a^2+b^2-c^2}{2ab}$

$=\dfrac{1,200^2+1,300^2-1,500^2}{2\times1,200\times1,300}=0.282$

$C=\cos^{-1}0.282=73°37'02''$

제5장 다각 측량

01	02	03	04	05	06	07	08	09	10
①	①	②	④	③	①	④	③	①	①
11	12	13	14	15	16	17	18	19	20
②	①	③	①	④	②	③	②	②	④
21	22	23	24	25	26	27	28	29	30
③	①	①	②	③	④	④	②	②	③

01 정답 ①

트래버스 측량순서

계획 → 답사 → 선점 → 조표 → 거리관측 → 각관측 → 거리와 각관측 정도의 평균 → 계산

02 정답 ①

트래버스 측량순서

계획 → 답사 → 선점 → 조표 → 거리관측 → 각관측 → 거리와 각관측 정도의 평균 → 계산

03 정답 ②

높은 정확도를 요하지 않는 골조측량에 사용하며 삼각측량보다 정확도가 낮다.

04 정답 ④

선점 시 측점 간의 거리는 가능한 한 길게 하고 측점수는 적게 한다.

05 정답 ③

폐합트래버스는 측량 결과가 검토되며 정확도는 결합트래버스보다 낮고 개방트래버스보다 높다.

06 정답 ①

편각법은 각 측선이 그 앞 측선의 연장과 이루는 각을 측정하여 각을 측정하는 방법

07 정답 ④

방위각법은 직접 방위각이 관측되어 편리하나 오차발생시 이후 측량에도 영향을 끼친다.

08 정답 ③

㉠ 방위각법은 직접방위각이 관측되어 편리하나 오차 발생 시 이후 측량에도 영향을 끼친다.
㉡ ③은 교각법의 내용임

09 정답 ①

구심오차는 도상의 측점과 지상의 측점이 동일 연직 상에 있지 않아 발생한다.

10 정답 ①

- 시가지 허용 범위
  $=20''\sqrt{25} \sim 30''\sqrt{25}=1'40'' \sim 2'30''$
- 측각오차($2'50''$) > 허용범위($1'40'' \sim 2'30''$)이므로 재측한다.

11 정답 ②

$$\frac{\Delta l}{l}=\frac{\theta''}{\rho''}$$

$$\theta''=\frac{\Delta l}{l}\rho''=\pm\frac{0.001}{100}\times 206,265'' \fallingdotseq 2.1''$$

12 정답 ①

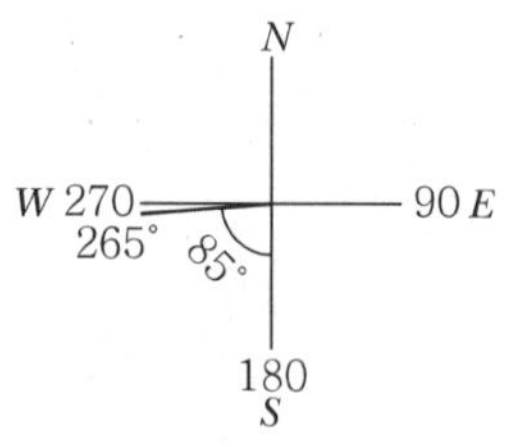

- 방위 = 방위각 − 180°
- 부호 SW
- 265° − 180 = S85°W

13 정답 ③

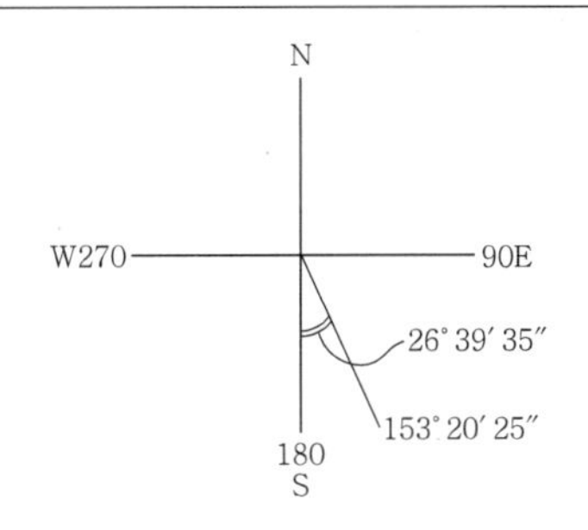

- 방위=180°−방위각
- 부호 SE
- 180°−153°20′25″=S26°39′35″E

14 정답 ①

역방위각=263°38′26″−0°06′17″+180°
=83°32′09″

15 정답 ④

① 위거(L_{AB})= $X_B - X_A$
= 179,964.5−179,847.1
= 117.4

② 경거(D_{AB})= $Y_B - Y_A$ = 76,625.1−76,614.3
= 10.8

③ $\theta = \tan^{-1}\left(\frac{D_{AB}}{L_{AB}}\right) = 5°15'22''$

④ X(+값), Y(+값)이므로 1상한

16 정답 ②

위거, 경거의 총합은 0이 되어야 한다.

측선	위거		경거	
	+	−	+	−
AB	50		50	
BC		30	60	
CD		70		60
DA	50			50

- $\overline{DA}$의 방위각($\tan\theta$)= $\frac{경거}{위거} = \frac{-50}{50}$

$\theta = \tan^{-1}\left(\frac{-50}{50}\right) = 45°$

- X(+값), Y(−값)이므로 4상한
- $\overline{DA}$ 방위각= 360°−45° = 315°
- $\overline{AD}$ 방위각= $\overline{DA}$ 방위각+180°
= 315°+180° = 495°

360°보다 크므로

$\overline{AD}$ 방위각= 495°−360° = 135°

17 정답 ③

㉠ $X_B = X_A$ + 위거(L_{AB}),
$Y_B = Y_A$ + 경거(D_{AB})

㉡ $X_B = X_A + l\cos\theta = 200 + 50 \cdot \cos 195°$
= 151.70m

㉢ $Y_B = Y_A + l\sin\theta = 200 + 50 \cdot \sin 195°$
= 187.06m

㉣ (X_B, Y_B) =(151.7, 187.1)

18 정답 ②

임의 측선의 방위각=전측선의 방위각+180°±교각(우측 ⊖, 좌측⊕)

㉠ $\overline{AB}$ 방위각=80°

㉡ $\overline{BC}$ 방위각=80°+180°+230°=130°

㉢ 좌표

- $X_B = X_A + \overline{AB}\cos 80°$
= 100 + 100cos 80° = 117.36m
- $Y_B = Y_A + \overline{AB}\sin 80°$
= 100 + 100sin 80° = 198.48m
- $X_C = X_B + \overline{AB}\cos 130°$
= 117.36 + 100cos 130° = 53.08m

$Y_C = Y_B + \overline{AB}\sin 130°$
= 198.48 + 100sin 130° = 275.08m

19 정답 ②

- 방위각=전측선의 방위각±편각(우측 ⊕, 좌측 ⊖)

$\overline{AB}$ 방위각=59°24′

$\overline{BC}$ 방위각=59°24′+62°17′=121°41′

- 좌표

B점의 위거(X_B)

$= \overline{AB}\cos\alpha = 100 \times \cos 59°24 = 50.90$m

B점의 경거(Y_B)

$= \overline{AB}\sin\alpha = 100 \times \sin 59°24' = 86.07$m

• C점의 위거$(X_C) = X_B + \overline{BC}\cos\alpha$

$= 50.90 + 100\cos 121°41'$

$= -1.62\text{m}$

• C점의 경거$(Y_C) = Y_B + \overline{BC}\sin\alpha$

$= 86.07 + 100\sin 121°41'$

$= 171.17\text{m}$

20 정답 ④

• 방위가 위거(−), 경거(−)이므로 3상한 S60°00′W(방위각 240°)

• 측선길이 $= \sqrt{(-60)^2 + (-103.92)^2} = 120\text{m}$

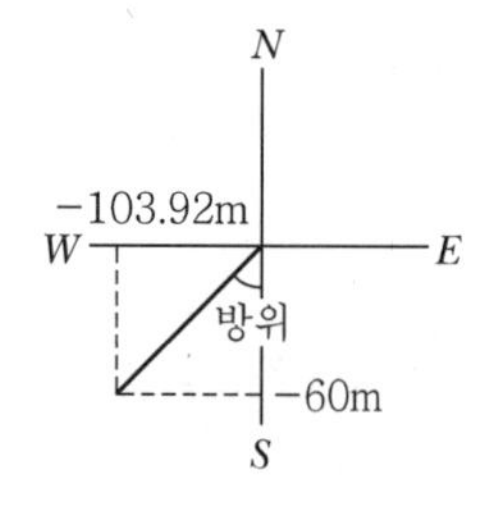

21 정답 ③

• 컴퍼스 법칙 : 각관측과 거리관측의 정밀도가 동일한 경우
• 트랜싯 법칙 : 각관측의 정밀도가 거리관측의 정밀도보다 높은 경우

22 정답 ①

컴퍼스법칙은 각과 거리의 정밀도가 동일한 경우 사용하며 오차배분은 각 변 측선길이에 비례하여 배분한다.

23 정답 ①

각관측과 거리관측의 정밀도가 동일한 경우 컴퍼스법칙을 이용하며 오차배분은 각 변 측선길이에 비례하여 배분한다.

24 정답 ②

트랜싯 법칙은 각 관측의 정밀도가 거리관측의 정밀도보다 높은 경우 실시한다.

25 정답 ③

$\text{폐합비} = \dfrac{\text{폐합오차}}{\text{전측선의 길이}}$

$= \dfrac{E}{\Sigma L} = \dfrac{\sqrt{0.3^2 + 0.4^2}}{500} = \dfrac{1}{1{,}000}$

26 정답 ④

① 첫 측선의 배횡거는 첫 측선의 경거와 같다.
② 임의 측선의 배횡거는 전 측선의 배횡거 + 전측선의 경거 + 그 측선의 경거이다.
③ 마지막 측선의 배횡거는 마지막 측선의 경거와 같다.(부호반대)

• AB 측선의 배횡거 = 81.57
• BC 측선의 배횡거 = 81.57 + 81.57 + 18.78 = 181.92m

27 정답 ④

① 첫측선의 배횡거는 첫측선의 경거와 같다.
② 임의 측선의 배횡거는 전측선의 배횡거 + 전측선의 경거 + 그 측선의 경거이다.
③ 마지막 측선의 배횡거는 마지막 측선의 경거와 같다.(부호반대)

• AB측선의 배횡거 = 83.57m
• BC측선의 배횡거 = 83.57 + 83.57 + 19.68 = 186.82m
• CD측선의 배횡거 = 186.82 + 19.68 − 40.60 = 165.90m

28 정답 ②

① 첫 측선의 배횡거는 첫 측선의 경거와 같다.
② 임의 측선의 배횡거는 전 측선의 배횡거 + 전측선의 경거 + 그 측선의 경거이다.
③ 마지막 측선의 배횡거는 마지막 측선의 경거와 같다.(부호반대)

∴ AB 측선의 배횡거 = 25.6m

29 정답 ②

측점	합위거 (m)	합경거 (m)	$(x_{n-1} - x_{n+1})y$
A	100	100	(100−400) · 100 = −30,000
B	400	100	(100−100)·100 = 0
C	100	500	(400−100)·500 = 150,000

• 배면적 $2A = 120{,}000$

• 면적 $A = \dfrac{120{,}000}{2} = 60{,}000\text{m}^2$

30 정답 ③

$M = \pm\delta\sqrt{n}$

$= \pm 10''\sqrt{30} = \pm 55''$

제6장 수준 측량

01	02	03	04	05	06	07	08	09	10
②	④	④	①	③	①	①	①	①	③
11	12	13	14	15	16	17	18	19	20
③	③	②	②	①	②	②	③	④	①
21	22	23	24	25	26	27	28	29	30
④	③	④	③	①	①	④	④	④	②
31	32	33	34	35	36	37	38	39	
①	②	②	①	①	③	②	①	④	

01 정답 ②

표고는 기준면에서 어떤 점까지의 연직높이를 말한다.

02 정답 ④

평균해수면은 표고의 기준이 되는 수준면이다.

03 정답 ④

표고는 기준면에서 어떤 점까지의 연직높이를 말한다.

04 정답 ①

① 고차식 야장기입법 : 두 점 간의 고저차를 구할 때 주로 사용, 전시와 후시만 있는 경우
② 중간점이 많을 때는 기고식 야장기입법을 사용한다.
③ 승강식은 정밀한 측정을 요할 때

05 정답 ③

기고식 야장 기입법은 중간점이 많은 경우에 사용하며, 완전한 검산을 할 수 없다.

06 정답 ①

승강식 야장 기입법(ΔH)
$= \Sigma B.S - \Sigma F.S = \Sigma(\text{승}) - \Sigma(\text{강})$

07

정답 ①

㉠ : 37.133+0.175=37.308

㉡ : 36.071+1.098=37.169

㉢ : 37.308−1.237=36.071

08

정답 ①

$H_C = H_A - 2.3 + 1.87 = 10 - 2.3 + 1.87 = 9.57\text{m}$

09

정답 ①

$H_c = 20.32 - 0.63 + 1.36 - 1.56 + 1.83 = 21.32\text{m}$

10

정답 ③

① $H_P = H_A + I - h$

② $h = H_A + I - H_P = 71.6 + 1.5 - 70 = 3.1\text{m}$

11

정답 ③

$H_P = H_A + I - h$

$h = H_A + I - H_P = 53.85 + 1.34 - 50 = 5.19\text{m}$

12

정답 ③

$$H_B = H_A + I + S\sin\alpha - P_h$$
$$= 123.6 + 1.5 + 150 \times \sin 30° - 1.5$$
$$= 198.6\text{m}$$

13

정답 ②

$$\Delta h = I + S\sin\alpha - P_h$$
$$= 1.7 + 2{,}000 \times \sin 15° - 3.5$$
$$= 515.838\text{m}$$

14

정답 ②

$$\Delta H = \frac{(a_1 - b_1) + (a_2 - b_2)}{2}$$
$$= \frac{(3.835 - 4.264) + (2.375 - 2.812)}{2}$$
$$= -0.433\text{m}$$

15

정답 ①

• $\Delta H = \frac{(a_1 + a_2) - (b_1 + b_2)}{2}$

$= \frac{(1.34 + 0.84) - (1.14 + 0.56)}{2}$

$= 0.24$

• $H_B = H_A + \Delta H = 55 + 0.24 = 55.24\text{m}$

16

정답 ②

$$H_D = H_A + 1.233 + \left(\frac{0.726 + 0.720}{2}\right) - 0.926$$
$$= 301.03\text{m}$$

17

정답 ②

① 정오차는 기차, 구차, 양차이다.

② 양차(Δh)=기차+구차=$\frac{D^2}{2R}(1-k)$

18

정답 ③

① 전 · 후시 거리를 같게 하면 제거되는 오차 시준축오차, 양차(기차, 구차)

② 기차는 낮게, 구차는 높게 보정한다.

19

정답 ③

전 · 후 거리를 같게 하면 제거되는 오차

① 시준축 오차

② 양차(기차, 구차)

표척눈금오차는 기계를 짝수로 설치하여 소거한다.

20

정답 ①

전 · 후시 시준거리가 같을 때 소거 가능 오차

• 레벨 조정 불완전 오차 소거(기포관축//시준축)

• 기차의 소거

• 구차의 소거

21

정답 ④

표척눈금 영점오차의 경우 기계를 짝수로 설치함으로써 소거한다.

22 정답 ③

시준축 오차는 기포관 축과 시준선이 평행하지 않아 생기는 오차로 전후시 거리를 같게 하여 소거한다.

23 정답 ④

삼각수준측량에서 양차를 무시하려면 A, B 양 지점에서 관측하여 평균하면 서로 상쇄되어 없어진다.

24 정답 ③

측지(대지)측량에서는 구차와 기차, 즉 양차를 보정해야 한다.

$$\Delta h=\frac{D^2}{2R}(1-K)$$

25 정답 ①

부정오차

㉠ 시차에 의한 오차는 시차로 인해 정확한 표척값을 읽지 못할 때 발생
㉡ 레벨의 조정 불안정
㉢ 기상변화에 의한 오차는 바람이나 온도가 불규칙하게 변화하여 발생
㉣ 기포관의 둔감
㉤ 기포관 곡률의 부등에 의한 오차
㉥ 진동, 지진에 의한 오차
㉦ 대물렌즈의 출입에 의한 오차

26 정답 ①

$$\Delta h=\frac{D^2}{2R}(1-K)=\frac{2^2}{2\times 6{,}370}(1-0.14)$$
$$=0.00027\text{km}=0.27\text{m}$$

27 정답 ④

㉠ 양차$(\Delta h)=\dfrac{D^2}{2R}(1-k)$

㉡ $\Delta h=\dfrac{15^2}{2\times 6{,}370}=0.01766\text{km}=17.66\text{m}$

28 정답 ④

- 양차$(\Delta h)=\dfrac{D^2}{2R}(1-K)$
- $\Delta h=\dfrac{26^2}{2\times 6{,}370}(1-0.14)=0.0456\text{km}\fallingdotseq 46\text{m}$

29 정답 ④

㉠ $\dfrac{1}{100{,}000}=\dfrac{\frac{(1-k)D^2}{2R}}{D}$

㉡ $D=\dfrac{2\times 6{,}370}{1\times 100{,}000}=0.1274\text{km}=127\text{m}$

30 정답 ②

경중률과 거리의 관계

거리에 반비례한다.

$$P_1 : P_2=\frac{1}{S_1} : \frac{1}{S_2}$$

31 정답 ①

- 경중률(P)은 노선거리(L)에 반비례

  $P_1 : P_2 : P_3=\dfrac{1}{2} : \dfrac{1}{3} : \dfrac{1}{4}=6 : 4 : 3$

- $h_0=\dfrac{P_1h_1+P_2h_2+P_3h_3}{P_1+P_2+P_3}$

  $=\dfrac{6\times 57.583+4\times 57.7+3\times 57.68}{6+4+3}$

  $=57.641\text{m}$

32 정답 ②

- 경중률(P)은 노선거리에 반비례

  $P_A : P_B : P_C : P_D=\dfrac{1}{L_A}:\dfrac{1}{L_B}:\dfrac{1}{L_C}:\dfrac{1}{L_D}$

  $=12:6:4:3$

- $h_0=125+\dfrac{12\times 0.762+6\times 0.750+4\times 0.755+3\times 0.771}{12+6+4+3}$

  $=125.759\text{m}$

33

정답 ②

① 경중률은 노선길이에 반비례

$$P_A : P_B : P_C = \frac{1}{2} : \frac{1}{4} : \frac{1}{1} = 2 : 1 : 4$$

② 최확치(h_0)

$$= \frac{P_A \times h_A + P_B \times h_B + P_C \times h_C}{P_A + P_B + P_C}$$

$$= \frac{2 \times 13.13 + 1 \times 13.3 + 4 \times 13.09}{2+1+4}$$

$= 13.13\text{m}$

34

정답 ①

- Ⅰ구간 : $\delta = \frac{\pm 20}{\sqrt{25}} = \pm 4$
- Ⅱ구간 : $\delta = \frac{\pm 18}{\sqrt{16}} = \pm 4.5$
- Ⅲ구간 : $\delta = \frac{\pm 15}{\sqrt{12}} = \pm 4.33$
- Ⅳ구간 : $\delta = \frac{\pm 13}{\sqrt{8}} = \pm 4.596$

∴ Ⅰ구간의 정확도가 가장 높다.

35

정답 ①

오차가 많이 발생한 노선은 Ⅱ, Ⅳ이므로 이 중 중복되는 e 노선에서 오차가 가장 많이 발생하였으므로 우선적으로 재측한다.

36

정답 ③

① 폐합오차(E) = +0.044

② 조정량 = $\frac{\text{조정할 측점까지의 거리}}{\text{총거리}} \times$ 폐합오차

③ D점의 조정량 = $\frac{6}{8.5} \times 0.044 = 0.031\text{m}$

④ D점의 표고 = $9.780 - 0.031 = 9.749\text{m}$

37

정답 ②

$H_B = H_A + 2.75 - 1.40 = 100 + 2.75 - 1.40$

$= 101.35\text{m}$

38

정답 ①

$$H_B = H_A \pm \frac{H_1 + H_2}{2}$$

$$= 10 - \frac{1.256 + 1.238}{2} = 8.753\text{m}$$

39

정답 ④

전 · 후시 거리를 같게 하여 소거하는 것은 시준축 오차이며, 기포관축과 시준선이 평행하지 않아 생기는 오차이다.

제7장 지형 측량

01	02	03	04	05	06	07	08	09	10
①	③	②	④	③	②	④	④	④	①
11	12	13	14	15	16	17	18	19	20
①	②	①	④	③	①	①	③	②	①
21	22	23	24	25	26	27	28		
②	③	②	④	③	③	④	③		

01 정답 ①

탄성파측량은 물리학적 측지학으로 지구 내부구조를 파악하기 위해 실시하는 측량이다.

02 정답 ③

지형도는 지적도와는 무관하다.

03 정답 ②

수치지형도는 측량결과에 따라 지표면 상에 위치와 지형 및 지명 등 여러 공간 정보를 일정한 축척에 따라 기호나 문자, 속성 등으로 표시하여 정보시스템에서 분석, 편집 및 입력, 출력할 수 있도록 제작된 것이다.
1 : 5,000 지형도를 기본으로 1 : 10,000 지형도, 1 : 25,000 및 1 : 50,000 지형도가 있으며 각각에 지형도에 따라 포함된 내용이 다르다.

05 정답 ③

- 자연적 도법 : 영선(우모)법, 음영(명암)법
- 부호적 도법 : 점고법, 등고선법, 채색법

06 정답 ②

영선(우모)법 단상의 선으로 기복을 표시하는 방법

07 정답 ④

점고법

- 표고를 숫자에 의해 표시
- 해양, 항만, 하천 등의 지형도에 사용한다.

08 정답 ④

등고선의 간격은 경사가 급할수록 좁아진다.

09 정답 ④

절벽, 동굴에서는 교차한다.

10 정답 ①

등고선은 능선(분수선), 계곡선(합수선)과 직교한다.

11 정답 ①

등고선 간격

구분	1 : 5,000	1 : 10,000	1 : 25,000	1 : 50,000
주곡선	5m	5m	10m	20m
계곡선	25m	25m	50m	100m
간곡선	2.5m	2.5m	5m	10m
조곡선	1.25m	1.25m	2.5m	5m

12 정답 ②

지성선은 지표면이 다수의 평면으로 이루어졌다고 가정할 때 그 면과 면이 만나는 선이며 능선, 계곡선, 경사변환선 등이 있다.

13 정답 ①

지성선은 지표면이 다수의 평면으로 이루어졌다고 가정할 때 그 면과 면이 만나는 선이며 능선, 계곡선, 경사변환선 등이 있다.

14 정답 ④

최대경사선을 유하선이라 하며 지표의 경사가 최대인 방향으로 표시한 선. 요(凹)선은 계곡선 합수선이라 한다.

15

정답 ③

비례식 이용($x : h = D : H$)

① $x : 2 = 80 : (63-43)$

② $x = \frac{2\times80}{20} = 8\text{m}$

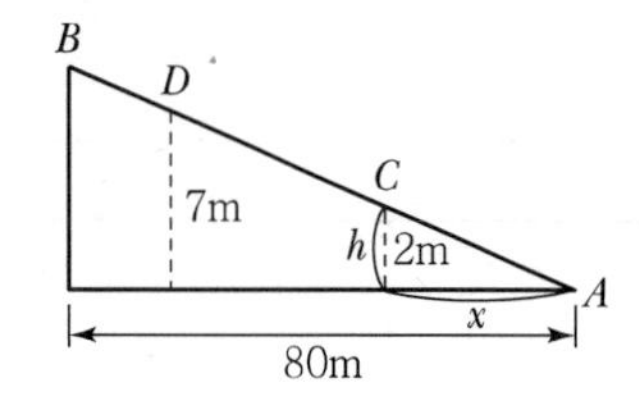

16

정답 ①

등고선 최소간격
=0.25M=0.25×5,000=1,250mm 이상

17

정답 ①

- $\tan\theta = \frac{H}{D}$, $D = \frac{H}{\tan\theta} = \frac{0.5}{\tan10} = 28.64\text{m}$
- $\frac{1}{m} = \frac{\text{도상거리}}{\text{실제거리}}$

  $\text{도상거리} = \frac{28.64}{1,000} = 0.02864\text{m} = 2.86\text{cm}$

18

정답 ③

종단점법은 정밀을 요하지 않는 소축척 산지 등의 등고선 측정에 사용한다.

19

정답 ②

- 1/25,000 지도의 주곡선 간격 10m
- $\text{경사}(i) = \frac{H}{D} = 10\%$이므로 수평거리는 100m
- $\text{도상 수평거리}(D) = \frac{D}{m} = \frac{100}{25,000}$

  $= 0.004\text{m} = 4\text{mm}$

20

정답 ①

- $\frac{1}{M} = \frac{\text{도상거리}}{\text{실제거리}}$

  $\text{실제거리}(D) = \text{도상거리}\times50,000$

  $= 0.01\times50,000 = 500\text{m}$

- 1/50,000 지도에서 주곡선 간격(H) : 20m
- $\text{경사도}(i) = \frac{H}{D}\times100 = \frac{20}{500}\times100 = 4\%$

21

정답 ②

- $\text{경사}(i) = \frac{H}{D} = 4\%$이므로, 수평거리는 500m
- $\text{도상수평거리} = \frac{D}{M} = \frac{500}{50,000} = 0.01\text{m} = 10\text{mm}$

22

정답 ③

- $\frac{1}{M} = \frac{\text{도상거리}}{\text{실제거리}}$

  실제거리=6.73×25,000=168,250cm=1,682.5m

- $\text{축척}\left(\frac{1}{M}\right) = \frac{\text{도상거리}}{\text{실제거리}} = \frac{0.1121}{1,682.5} \fallingdotseq \frac{1}{15,000}$

23

정답 ②

- $\text{면적비} = \text{축척비의 자승}\left(\frac{1}{M}\right)^2$
- $\left(\frac{1}{M}\right)^2 = \frac{\text{도상면적}}{\text{실제면적}} = \frac{2\times2\text{cm}}{100,000\times100,000\text{cm}}$
- $\frac{1}{m} = \frac{2}{100,000} = \frac{1}{50,000}$

24

정답 ④

- $\text{축척}\left(\frac{1}{M}\right)$이면 실제면적의 $\left(\frac{1}{M}\right)^2$ 이다.
- $\frac{1}{500}$(축척)을 $\frac{1}{1,000}$로 축소하면 도면의 면적은 $\frac{1}{4}$이다.

25

정답 ③

- 면적은 $\text{축척}\left(\frac{1}{M}\right)^2$에 비례
- $\text{매수} = \left(\frac{3,000}{500}\right)^2 = 36\text{매}$

26

정답 ③

- $\left(\frac{1}{M}\right)^2 = \frac{\text{도상면적}}{\text{실제면적}}$
- $\text{실제면적} = \text{도상면적}\times M^2 = 40.5\times(20\times60)$

  $= 48,600\text{cm}^2 = 4.860\text{m}^2$

27

정답 ④

$$A_0 = \left(\frac{m_2}{m_1}\right)^2 \times A = \left(\frac{600}{500}\right)^2 \times 38.675 = 55.692\text{m}^2$$

28

정답 ③

점고법

① 표고를 숫자에 의해 표시한다.

② 해양, 항만, 하천 등의 지형도에 사용한다.

제8장 노선 측량

01	02	03	04	05	06	07	08	09	10
③	④	①	②	②	④	②	②	④	②
11	12	13	14	15	16	17	18	19	20
④	④	②	③	③	②	④	②	①	②
21	22	23	24	25	26	27	28	29	30
①	②	②	①	①	②	③	②	③	③
31	32	33	34	35	36	37	38	39	40
④	③	③	③	②	①	③	④	①	④
41	42	43							
①	④	②							

01

정답 ③

답사 → 중심측량 → 종·횡단측량 → 공사측량

02

정답 ④

종단측량 후에 횡단측량을 실시한다.

03

정답 ①

종단면도 기재사항

① 측점

② 거리, 누가거리

③ 지반고, 계획고

④ 성토고, 절토고

⑤ 구배

04

정답 ②

실시 설계 측량

① 지형도 작성

② 중심선 선정

③ 중심선 설치(도상)

④ 다각 측량

⑤ 중심선의 설치 현장

⑥ 고저측량

- 고저측량
- 종단면도 작성

05
정답 ②

중심말뚝은 노선을 측량할 때 번호 0을 기점으로 하여 노선의 중심선을 따라 20m마다 박는 말뚝

06
정답 ④

중앙종거$(M)=R\left(1-\cos\dfrac{I}{2}\right)$

07
정답 ②

$\text{TL(접선장)}=R\tan\dfrac{I}{2}=150\times\tan\dfrac{60°}{2}$

$=86.6\text{m}$

08
정답 ②

곡선장$(CL)=RI\dfrac{\pi}{180°}$

$=600\times32°15'\times\dfrac{\pi}{180°}$

$=337.72\text{m}$

09
정답 ④

① 외선길이$(E)=R\left(\sec\dfrac{I}{2}-1\right)$

② $R=\dfrac{E}{\sec\dfrac{I}{2}-1}=\dfrac{30}{\sec\dfrac{60°}{2}-1}=193.9\text{m}$

10
정답 ②

- 외할$(E)=R\left(\sec\dfrac{I}{2}-1\right)$

  $R=\dfrac{E}{\sec\dfrac{I}{2}-1}=\dfrac{5}{\sec\dfrac{60°}{2}-1}=64.64$

- 접선장$(T.L)=R\tan\dfrac{I}{2}$

  $=64.64\times\tan\dfrac{60°}{2}=37.3\text{m}$

11
정답 ④

- 외할$(E)=R\left(\sec\dfrac{I}{2}-1\right)$

  $R=\dfrac{E}{\sec\dfrac{I}{2}-1}=\dfrac{15}{\sec\dfrac{60°}{2}-1}=96.96\text{m}$

- 곡선길이$(C.L)=RI\dfrac{\pi}{180°}=96.96\times60°\times\dfrac{\pi}{180°}$

  $=101.53\text{m}$

12
정답 ④

- 외할$(E_0)=R_0\left(\sec\dfrac{I}{2}-1\right)=200\left(\sec\dfrac{60°}{2}-1\right)$

  $=30.94\text{m}$

- $E_N=E_0+10\text{m}=30.94+10=40.94\text{m}$

- $E_N=R_N\left(\sec\dfrac{I}{2}-1\right)$

  $R_N=\dfrac{E_N}{\sec\dfrac{I}{2}-1}=\dfrac{40.94}{\sec\dfrac{60°}{2}-1}=264.64\text{m}$

13
정답 ②

① 현장$(C)=2,500-2,100=400\text{m}$

② 현장 중심에서 IP까지의 거리

$=1,150-1,000=150\text{m}$

③ $\tan\dfrac{I}{2}=\dfrac{150}{\dfrac{400}{2}}=\dfrac{150}{200}$

④ $I=\tan^{-1}\left(\dfrac{150}{200}\right)=73°44'23''$

14
정답 ③

- 교각$(I)=90°+30°=120°$

  $TL=R\tan\dfrac{I}{2}=500\times\tan\dfrac{120°}{2}=866.03\text{m}$

- $\dfrac{100}{\sin60°}=\dfrac{\overline{CP}}{\sin90°}$

  $\overline{CP}=115.47\text{m}$

- C점부터 곡선시점까지 거리

  $=TL-\overline{CP}=866.03-115.47=750.56\text{m}$

15

정답 ③

① $TL = R\tan\frac{I}{2} = 200 \times \left(\tan\frac{90°}{2}\right) = 200m$

② BC 거리 = IP − TL = 400 − 200 = 200m

③ 200m = No.10

16

정답 ②

- E(외할) $= R\left(\sec\frac{I}{2} - 1\right)$

$$R = \frac{E}{\sec\frac{I}{2} - 1} = \frac{5}{\sec\frac{36°}{2} - 1} = 97.16m$$

- $TL = R\tan\frac{I}{2} = 97.16 \times \tan\frac{36°}{2} = 31.57m$
- 곡선의 시점$(BC) = IP - TL = 500 - 31.57$
  $= 468.43m$
- 시단현길이$(l_1) = 480 - 468.43 = 11.57m$

17

정답 ④

편각$(\delta) = \frac{l}{R} \cdot \frac{90°}{\pi} = \frac{20}{600} \times \frac{90°}{\pi} = 57'18''$

18

정답 ②

- 접선장$(TL) = R\tan\frac{I}{2} = 200 \times \tan\frac{42°20'}{2}$
  $= 77.44m$
- BC 거리 $= IP - TL = 423.26 - 77.44 = 345.82m$
- 시단현길이$(l_1) = 360 - 345.82 = 14.18m$
- 시단편각$(\delta_1) = \frac{l_1}{R} \times \frac{90°}{\pi} = \frac{14.18}{200} \times \frac{90°}{\pi}$
  $= 2°01'55''$

19

정답 ①

① $CL = R \cdot I \cdot \frac{\pi}{180}$

$= 200 \times 60° \times \frac{\pi}{180}$

$= 209.44m$

② $EC = BC + CL = (20 \times 8 + 15) + 209.44$

$= 384.44m$

③ l_2(종단현) $= 384.44 - 380 = 4.44m$

④ $\delta_2 = \frac{l_2}{R} \times \frac{90°}{\pi} = \frac{4.44}{200} \times \frac{90°}{\pi} = 0°38'10''$

20

정답 ②

- 현과 호의 길이차

$$\Delta l = \frac{L^3}{24R^2} = \frac{20^3}{24 \times 100^2} = 0.033m$$

- 편각

$$\delta = \frac{L}{R} \times \frac{90°}{\pi} = \frac{0.033}{100} \times \frac{90°}{\pi} = 34.03''$$

21

정답 ①

중앙종거법은 곡선 반경, 길이가 작은 시가지의 곡선 설치나 철도, 도로 등 기설 곡선의 검사 또는 개정에 편리하다. 근사적으로 1/4이 되기 때문에 1/4법이라고도 한다.

22

정답 ②

종단곡선은 종단경사가 급격히 변화하는 노선상의 위치에서는 차가 충격을 받으므로 이것을 제거하고 시거를 확보하기 위해 설치하는 곡선이다.

23

정답 ②

캔트$(C) = \frac{SV^2}{gR} = \frac{1.067 \times \left(100 \times 1{,}000 \times \frac{1}{3{,}600}\right)^2}{9.8 \times 600}$

$= 0.14m = 140mm$

24

정답 ①

- 캔트$(C) = \frac{SV^2}{Rg}$
- 반경을 2배로 하면 C는 $\frac{1}{2}$로 줄어든다.

25

정답 ①

- 캔트$(C) = \frac{SV^2}{Rg}$
- 속도 2배, 반지름 2배이면 C는 2배가 된다.

26

정답 ②

확폭$(\varepsilon) = \frac{L^2}{2R}$에서, R이 2배이면

확폭은 $\frac{1}{2}$이 된다.

27
정답 ③

완화곡선의 접선은 시점에서 직선에, 종점에서 원호에 접한다.

28
정답 ②

완화곡선의 접선은 시점에서 직선에, 종점에서 원곡선에 접한다.

29
정답 ③

S형은 반향곡선 사이에 클로소이드를 삽입한 것이다.

30
정답 ③

완화곡선에 연한 곡률반경의 감소율은 캔트의 증가율과 같다.(부호는 반대이다.)

31
정답 ④

$\tau = \frac{L}{2R}$이다.

32
정답 ③

- $A^2 = RL$
- $A = \sqrt{R \cdot L} = \sqrt{100 \times 20} = 44.72 ≒ 45\text{m}$

33
정답 ③

- 매개변수$(A^2) = R \cdot L$
- $R = \frac{A^2}{L} = \frac{60^2}{30} = 120\text{m}$

34
정답 ③

- $A^2 = RL$
- $L = \frac{A^2}{R} = \frac{300^2}{450} = 200\text{m}$

35
정답 ③

① 클로소이드 곡선의 곡률$\left(\frac{1}{R}\right)$은 곡선장에 비례

② 매개변수 $A^2 = RL$

③ 곡선길이가 일정할 때 곡선 반지름이 크면 접선각은 작아진다.

36
정답 ①

곡률은 곡선의 길이에 비례한다.

37
정답 ③

① 클로소이드 곡선의 곡률$(\frac{1}{R})$은 곡선장에 비례

② 매개변수 $A^2 = RL$

③ 곡선길이가 일정할 때 곡선반지름이 크면 접선각은 작아진다.

38
정답 ④

클로소이드는 닮은 꼴이며 클로소이드 요소는 길이의 단위를 가진 것과 단위가 없는 것이 있다.

39
정답 ①

- 2차 포물선 : 도로
- 원곡선 : 철도

40
정답 ④

종단곡선
- 종단곡선은 종단구배가 변하는 곳에 충격을 완화하고 시야를 확보하는 목적으로 설치하는 곡선이다.
- 2차 포물선은 도로에, 원곡선은 철도에 사용한다.
- 종단경사도의 최댓값은 설계속도에 대해 도로 2~9%, 철도 10~35‰로 한다.

41
정답 ①

$$L = 2R\sin\frac{I}{2}$$

$$= 2 \times 200 \times \sin\frac{95°30'}{2} = 296.087\text{m}$$

42

정답 ④

고속도로는 완화곡선 중 클로소이드 곡선을 이용한다.

43

정답 ②

$A^2 = RL$

$A = \sqrt{R \cdot L} = \sqrt{360 \times 40} = 120\text{m}$

제9장 면적 및 체적 측량

01	02	03	04	05	06	07	08	09	10
④	③	③	④	③	②	④	④	①	④
11	12	13	14	15	16	17	18	19	20
④	①	②	③	③	②	①	④	②	④
21	22	23	24	25	26	27	28	29	30
③	③	④	③	①	①	②	②	①	①
31									
③									

01

정답 ④

$$A = \left[\frac{6+10}{2} \times (4+12) + \frac{10+12}{2} \times (4+24)\right] - \left(\frac{6 \times 12}{2} + \frac{12 \times 24}{2}\right) = 256\text{m}^2$$

02

정답 ③

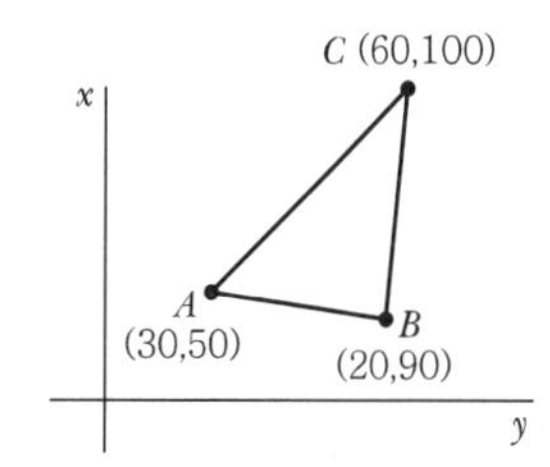

- $\overline{AB} = \sqrt{(30-20)^2 + (90-50)^2} = 41.23\text{m}$
- $\overline{BC} = \sqrt{(60-20)^2 + (100-90)^2} = 41.23\text{m}$
- $\overline{AC} = \sqrt{(60-30)^2 + (100-50)^2} = 58.31\text{m}$
- 삼변법

$$S = \frac{1}{2}(a+b+c) = \frac{1}{2}(41.23 + 41.23 + 58.31) = 70.385\text{m}$$

$$A = \sqrt{s(s-a)(s-b)(s-c)} = \sqrt{70.385(70.385-41.23)(70.385-41.23)(70.385-58.31)} = 849.96\text{m}^2 ≒ 850\text{m}^2$$

03 정답 ③

−7	−13	3	12	7	−7
0	8	4	6	0	0

① 배면적 $=(\Sigma\swarrow\otimes)-(\Sigma\searrow\otimes)$

$=(0+24+48+42+0)-(-56-52+18+0+0)$

$=114+90=204$

② 면적 $=\dfrac{\text{배면적}}{2}=\dfrac{204}{2}=102\text{m}^2$

04 정답 ④

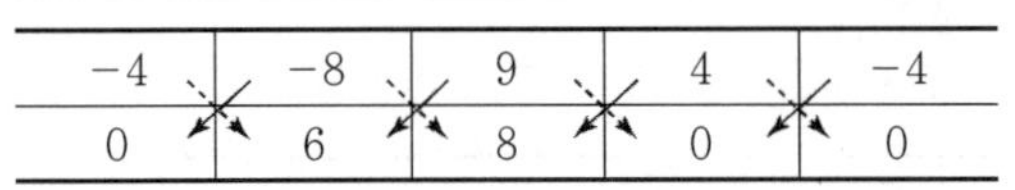

−4	−8	9	4	−4
0	6	8	0	0

- 배면적 $=(\Sigma\swarrow\otimes)-(\Sigma\searrow\otimes)$

$=(0+54+32+0)-(-24-64-0-0)$

$=174\text{m}^2$

- 면적 $=\dfrac{\text{배면적}}{2}=\dfrac{174}{2}=87\text{m}^2$

05 정답 ③

- $\Delta AXY : m=\Delta ABC : m+n$
- $\dfrac{m}{m+n}=\left(\dfrac{\overline{AX}}{\overline{AB}}\right)^2$

$\overline{AX}=\overline{AB}\sqrt{\dfrac{m}{m+n}}=35\sqrt{\dfrac{1}{1+2.5}}=18.7\text{m}$

06 정답 ②

한 꼭짓점을 지나는 직선에 의한 분할

$\overline{BP}=\dfrac{m}{m+n}\overline{BC}=\dfrac{3}{3+7}\times 500=150\text{m}$

07 정답 ④

곡선으로 둘러싸인 면적계산

㉠ 심프슨 제1법칙

㉡ 구적기 이용

㉢ 방안지 이용

08 정답 ④

① 면적은 $\left(\dfrac{1}{m}\right)^2$에 비례한다.

② $A_0=\left(\dfrac{m_2}{m_1}\right)^2\times A=\left(\dfrac{2,000}{1,000}\right)^2\times 24,000$

$=96,000\text{m}^2$

09 정답 ①

- 축척과 거리, 면적의 관계

$\dfrac{1}{m}=\dfrac{\text{도상거리}}{\text{실제거리}},\ \left(\dfrac{1}{m}\right)^2=\dfrac{\text{도상면적}}{\text{실제면적}}$

- 실제면적

$(A_0)=\left(\dfrac{L+\Delta L}{L}\right)^2\times A$

$=\left(\dfrac{30+0.003}{30}\right)^2\times 80,000=80,016\text{m}^2$

10 정답 ④

① 축척과 거리, 면적의 관계

$\dfrac{1}{m}=\dfrac{\text{도상거리}}{\text{실제 거리}},\ \left(\dfrac{1}{m}\right)^2=\dfrac{\text{도상면적}}{\text{실제 면적}}$

② 실제 면적$(A_0)=\left(\dfrac{L+\Delta L}{L}\right)^2\times A$

$=\left(\dfrac{50.005}{50}\right)^2\times 250^2$

$=62,512.50\text{m}^2$

11 정답 ④

$A_0=A(1+\varepsilon)^2$

$=2,500(1+0.01)^2=2,550.25\fallingdotseq 2,551\text{m}^2$

12 정답 ①

- 면적오차(M) $=\pm\sqrt{(a\times m_b)^2+(b\times m_a)^2}$

$=\pm\sqrt{(75\times 0.008)^2+(100\times 0.003)^2}$

$=\pm 0.67\text{m}^2$

- $\text{A}=\text{A}\pm\text{M}=(75\times 100)\pm 0.67$

$=7,500\pm 0.67\text{m}^2$

13 정답 ②

- 오차(M)

$=\pm\frac{1}{2}\sqrt{(a\times m_h)^2+(h\times m_a)^2}$

$=\pm\frac{1}{2}\sqrt{(15\times 0.025)^2+(25\times 0.015)^2}$

$=\pm 0.265$

- 면적(A_o)

$=A\pm M$

$=\frac{1}{2}\times 15\times 25\pm 0.265=187.5\pm 0.27\text{m}^2$

14 정답 ②

- $A=150\times 150=22,500\text{m}^2$
- $A_0=A\left(1\pm\frac{\Delta L}{L}\right)^2=22,500\left(1\pm\frac{0.03}{30}\right)^2$

$=22,455\text{m}^2$

- 면적오차$(dA)=22,500-22,455=45\text{m}^2$

15 정답 ③

① 실제 면적=측정면적$\times\left(\frac{\text{측정길이}}{\text{표준길이}}\right)^2$

$=(37.8\times 28.9)\times\left(\frac{30.047}{30}\right)^2$

$=1,095.846\text{m}^2$

② 면적오차=실제 면적－측정면적

$=1,095.846-1,092.42=3.425\text{m}^2$

16 정답 ②

면적과 거리 정밀도의 관계

정밀도$=\left(\frac{1}{M}\right)=\frac{\Delta A}{A}=2\frac{\Delta L}{L}=2\times\frac{1}{200}=\frac{1}{100}$

17 정답 ①

면적과 거리의 정도관계

$\frac{\Delta A}{A}=2\frac{\Delta L}{L}$

$\frac{0.1}{100}=2\times\frac{\Delta L}{L}$

$\frac{\Delta L}{L}=\frac{1}{2}\times\frac{0.1}{100}=\frac{1}{2,000}$

18 정답 ④

① 면적과 거리 정밀도 관계

$\frac{\Delta A}{A}=2\frac{\Delta L}{L}$

② $A=L^2$, $L=\sqrt{A}=\sqrt{100}=10$

③ $\Delta L=\frac{\Delta A}{A}\cdot\frac{L}{2}=\frac{0.2}{100}\times\frac{10}{2}=0.01\text{m}$

$=10\text{mm}$

19 정답 ②

① $\frac{\Delta A}{A}=2\frac{\Delta L}{L}$

② $\Delta L=0.2\times 600=120\text{mm}=0.12\text{m}$

③ $\frac{\Delta A}{A}=2\times\frac{0.12}{10}=0.024=2.4\%$

20 정답 ④

삼변법은 면적을 구하는 방법

21 정답 ③

각주공식이 가장 정확하며, 계산값의 크기는 '양단평균법>각주공식>중앙단면법' 순이다.

22 정답 ③

양단평균법$(V)=\left(\frac{A_1+A_2}{2}\right)L$

$=\left\{\left(\frac{318+512}{2}\right)+\left(\frac{512+682}{2}\right)\right\}\times 20$

$=20,240\text{m}^2$

23 정답 ④

$V=\frac{L}{6}(A_1+4A_m+A_2)$

$=\frac{20}{6}(72+4\times 132+182)=2606.7\text{m}^3$

24

정답 ③

- $V=\frac{40}{6}((6.8+4\times7.5+8.3)$

  $+(8.3+4\times9.7+7.0))+\left(\frac{7.0+8.6}{2}\right)\times20$

  $=817.3\text{m}^3$

- 각주(V) $=\frac{L}{6}(A_1+4A_m+A_2)$,

  양단평균(V) $=\left(\frac{A_1+A_2}{2}\right)L$

25

정답 ①

점고법은 넓고 비교적 평탄한 지형의 체적계산에 사용하고 지표 상에 있는 점의 표고를 숫자로 표시해 높이를 나타내는 방법

26

정답 ①

점고법은 넓고 비교적 평탄한 지형의 체적계산에 사용하고 지표상에 있는 점의 표고를 숫자로 표시해 높이를 나타내는 방법

27

정답 ②

삼각형 분할

$V=\frac{A}{3}(\Sigma h_1+2\Sigma h_2+3\Sigma h_3+\cdots)$

- $\Sigma h_1=5.9+3.0=8.9$
- $\Sigma h_2=3.2+5.4+6.6+4.8=20$
- $\Sigma h_3=6.2$
- $\Sigma h_5=6.5$
- $V=\frac{\frac{1}{2}\times2\times3}{3}(8.9+2\times20+3\times6.2+5\times6.5)$

  $=100\text{m}^3$

28

정답 ②

토적곡선은 토공에 필요하며 토량의 배분, 토공기계 선정, 토량운반거리 산출에 쓰인다.

29

정답 ①

유토곡선에서 상향구간은 절토구간, 하향구간은 성토구간이다.

30

정답 ①

① 체적의 정밀도 $\frac{\Delta V}{V}=3\frac{\Delta L}{L}$

② $\left(\frac{\Delta L}{L}\right)=\frac{0.6}{3,000}\times\frac{1}{3}=\frac{1}{15,000}$

31

정답 ③

- $\Delta A=\sqrt{(a\cdot m_b)^2+(b\cdot m_a)^2}$

  $=\sqrt{(48.25\times0.02)^2+(23.42\times0.04)^2}$

  $=1.3449\text{m}^2$

- $A=48.25\times23.42=1,130\text{m}^2$
- $\frac{\Delta A}{A}=\frac{1}{840}$

제10장 하천 측량

01	02	03	04	05	06	07	08	09	10
①	①	④	③	④	④	④	④	②	③
11	12	13	14	15	16				
②	②	④	④	②	④				

01 정답 ①

주변시설, 공작물 설치 시 필요한 계획설계, 시공에 필요한 자료를 얻기 위해 하천측량을 실시한다.

02 정답 ①

무제부에서 측량범위는 홍수의 흔적이 있는 곳보다 약간 넓게 한다.(100m 정도)

03 정답 ④

수애선은 하천경계의 기준이며 평균 평수위를 기준으로 한다.

04 정답 ③

수애선은 하천경계의 기준이며 평균 평수위를 기준으로 한다.

05 정답 ④

지천의 합류, 분류점에서 수위 변화가 없는 곳에 설치

06 정답 ④

지천의 합류, 분류점에서 수위 변화가 없는 곳에 설치

07 정답 ④

위어에 의한 유량측정은 직접 유량측정법이다.

08 정답 ④

표면부자
홍수 시 표면유속을 관측할 때 사용한다.

09 정답 ②

표면부자
홍수 시 표면유속을 관측할 때 사용한다.

10 정답 ③

① 1점법 $V_m = V_{0.6}$

② 2점법 $V_m = \frac{1}{2}(V_{0.2} + V_{0.8})$

③ 3점법 $V_m = \frac{1}{4}(V_{0.2} + 2V_{0.6} + V_{0.8})$

11 정답 ②

2점법 평균유속$(V_m) = \frac{V_{0.2} + V_{0.8}}{2}$

12 정답 ②

3점법

$$V_m = \frac{V_{0.2} + 2V_{0.6} + V_{0.8}}{4}$$

13 정답 ④

- 1점법 $V_m = V_{0.6}$
- 2점법 $V_m = \frac{1}{2}(V_{0.2} + V_{0.8})$
- 3점법 $V_m = \frac{1}{4}(V_{0.2} + 2V_{0.6} + V_{0.8})$

14 정답 ④

$$3점법(V_m) = \frac{V_{0.2} + 2V_{0.6} + V_{0.8}}{4} = \frac{0.8 + 2 \times 1.5 + 1.0}{4} = 1.2\text{m/s}$$

15

정답 ②

$$3점법(V_n) = \frac{V_{0.2} + 2V_{0.6} + V_{0.8}}{4}$$
$$= \frac{0.662 + 2 \times 0.442 + 0.332}{4}$$
$$= 0.4695\text{m/s}$$

16

정답 ④

4점법(V_m)

$$= \frac{1}{5}\left\{V_{0.2} + V_{0.4} + V_{0.6} + V_{0.8} + \frac{1}{2}\left(V_{0.2} + \frac{V_{0.8}}{2}\right)\right\}$$
$$= \frac{1}{5}\left\{1.2 + 1.0 + 0.7 + 0.3 + \frac{1}{2}\left(1.2 + \frac{0.3}{2}\right)\right\}$$
$$= 0.775\text{m/s}$$

제11장 사진 측량

01	02	03	04	05	06	07	08	09	10
①	②	②	④	③	④	①	③	③	①
11	12	13	14	15	16	17	18	19	20
①	②	②	①	③	③	②	②	③	③
21	22	23	24	25	26	27	28	29	30
④	②	③	③	④	②	④	③	③	④
31	32	33							
④	③	②							

01

정답 ①

사진측량은 기상조건 및 태양고도 등에 영향을 받는다.

02

정답 ②

$$축척\left(\frac{1}{M}\right) = \frac{f}{H \pm \Delta h} = \frac{0.2}{6{,}000 - 500} = \frac{1}{27{,}500}$$

03

정답 ②

- $축척\left(\frac{1}{m}\right) = \frac{f}{H} = \frac{0.15}{6{,}000} = \frac{1}{40{,}000}$
- $\frac{1}{M} = \frac{도상길이}{실제길이}$

∴ 도상길이

$$= \frac{실제길이}{M} = \frac{50}{40{,}000} = 0.00125\text{m} = 1.25\text{mm}$$

04

정답 ④

$\frac{1}{m} = \frac{f}{H}$이므로 H가 2배가 되면 m이 2배가 되므로 $\left(\frac{1}{m}\right)^2$ 이 되어 사진매수는 $\frac{1}{4}$만큼 줄어든다.

05 정답 ③

① $b_0 = a\left(1 - \frac{P}{100}\right)$

② $P = \left(1 - \frac{b_0}{a}\right) \times 100 = \left(1 - \frac{10}{25}\right) \times 100$

$= 60\%$

06 정답 ④

$B_0 = ma\left(1 - \frac{P}{100}\right)$

$= 5{,}000 \times 0.23\left(1 - \frac{60}{100}\right) = 460\text{m}$

07 정답 ①

- $\frac{1}{m} = \frac{f}{H} = \frac{0.3}{6{,}000} = \frac{1}{20{,}000}$
- 실제면적 $= 20{,}000\text{m}^2 \times 0.23 \times 0.18$

  $= 16{,}560{,}000\text{m}^2 = 16.56\text{km}^2$

08 정답 ③

- 축척$\left(\frac{1}{m}\right) = \frac{f}{H} = \frac{0.15}{3{,}000} = \frac{1}{20{,}000}$
- 유효면적(A_0)

  $= A\left(1 - \frac{p}{100}\right)\left(1 - \frac{q}{100}\right)$

  $= (ma)^2\left(1 - \frac{p}{100}\right)\left(1 - \frac{q}{100}\right)$

  $= (20{,}000 \times 0.23)^2\left(1 - \frac{60}{100}\right)\left(1 - \frac{30}{100}\right)$

  $= 5{,}924{,}800\text{m}^2 ≒ 5.92\text{km}^2$

09 정답 ③

① $\frac{1}{m} = \frac{f}{H},\ \frac{1}{m} = \frac{0.152}{3{,}000} ≒ \frac{1}{19{,}737}$

② $A_0 = (ma)^2\left(1 - \frac{P}{100}\right)\left(1 - \frac{q}{100}\right)$

$= (19{,}737 \times 0.23)^2\left(1 - \frac{60}{100}\right)\left(1 - \frac{30}{100}\right)$

$= 5{,}770{,}002\text{m}^2$

③ $N = \frac{F}{A_0}(1 + \text{안전율})$

$= \frac{800{,}000{,}000}{5{,}770{,}002}(1 + 0.3)$

$= 180.24 ≒ 181$매

10 정답 ①

- $B = ma\left(1 - \frac{p}{100}\right)$
- $C = ma\left(1 - \frac{q}{100}\right)$
- $B : C = 0.4 : 0.8 = 1 : 2$

11 정답 ①

① 기선고도비$\left(\frac{B}{H}\right)$

② $\frac{B}{H} = \frac{m \cdot a \cdot \left(1 - \frac{P}{100}\right)}{mf}$

$= \frac{25{,}000 \times 23 \times \left(1 - \frac{60}{100}\right)}{25{,}000 \times 10}$

$= 0.92$

12 정답 ②

특수 3점(주점, 연직점, 등각점)

13 정답 ②

주점, 등각점, 연직점이 한 점에 일치되면 경사각도가 0° 이다.

14 정답 ①

- 주점은 고정된 점이며 등각점과 연직점을 결정짓는 기준이다.
- 경사가 작을 때는 주점을 연직점, 등각점 대용으로 사용한다.
- 경사가 없을 때는 주점, 연직점, 등각점이 동일하다.

15 정답 ③

연직점은 지면에 내린 수선이 렌즈 중심을 통과, 사진면과 만나는 교점이다.

16 정답 ③

nj(연직~등각)

$= f\tan\frac{I}{2} = 200 \times \tan\frac{30°}{2} = 53.58\text{mm} ≒ 53.6\text{mm}$

17

정답 ②

기복변위 $\Delta r = \frac{h}{H} \cdot r$

$\therefore \; H = \frac{h}{\Delta r} r = \frac{70}{0.01} \times 0.08 = 560\text{m}$

18

정답 ②

기복변위

① $\frac{\Delta\gamma}{\gamma} = \frac{h}{H}$, $\Delta\gamma = \frac{h}{H}\gamma$

② $H = f \cdot M = 0.15 \times 20,000 = 3,000\text{m}$

③ $\Delta\gamma_{\max} = \frac{h}{H}\gamma_{\max} = \frac{65}{3000} \times 0.23 \times \frac{\sqrt{2}}{2}$

$= 0.00352\text{m} = 0.35\text{cm}$

19

정답 ③

- 최장 노출시간 $T_l = \frac{\Delta sm}{V}$
- $\frac{1}{m} = \frac{\Delta s}{T_l V}$

$= \frac{0.01}{250 \times \left(190 \times 1,000 \times 1,000 \times \frac{1}{3,600}\right)}$

$= \frac{1}{21,111}$

- $H = fm = 0.153 \times 21,111 = 3,230\text{m}$
- $\Delta r = \frac{h}{H} r = \frac{120}{3,230} \times 70 = 2.6\text{mm}$

20

정답 ③

① $\frac{\Delta P}{b_0} = \frac{h}{H}$

② $\Delta P = \frac{h}{H} b = \frac{60}{1,000} \times \left(\frac{124 + 132}{2}\right)$

$= 7.68 \fallingdotseq 7.7\text{mm}$

21

정답 ④

㉠ 시차차(ΔP)$= \frac{h}{H} \cdot P_r = \frac{h}{H} b_0$

$= \frac{20}{800} \times 0.092$

$= 0.0023\text{m} = 2.3\text{mm}$

㉡ $b_0 = a\left(1 - \frac{p}{100}\right) = 0.23 \times \left(1 - \frac{60}{100}\right)$

$= 0.092\text{m}$

22

정답 ④

- $\frac{1}{M} = \frac{f}{H}$, $H = Mf$
- $\Delta P = \frac{h}{H} b_0 = \frac{h}{Mf} b_0$

$= \frac{200}{20,000 \times 0.21} \times 0.07$

$= 0.0033\text{m} = 3.3\text{mm}$

23

정답 ③

동일 조건 시 기선의 길이가 길면 과고감이 크다.

24

정답 ③

① 여색 입체사진의 화면거리가 길 때가 짧을 때보다 입체상이 더 낮아 보인다.

② 여색 입체시는 역입체시이다.
- 정입체시 높은 곳은 높게, 낮은 곳은 낮게
- 역입체시 높은 곳은 낮게, 낮은 곳은 높게

25

정답 ④

과고감은 지표면의 기복을 과장하여 나타낸 것으로 사면의 경사는 실제보다 급하게 보인다.

26

정답 ②

- 내부표정 : 화면거리 조정
- 상호표정 : 종시차소거
- 접속표정 : 모델 간, 스트립 간의 접합
- 절대표정 : 축척결정, 위치, 방위결정, 표고, 경사의 결정

27

정답 ④

원격탐사는 센서를 이용하여 지표대상물에서 방사, 반사하는 전자파를 측정하여 정량적·정성적 해석을 하는 탐사다.

28

정답 ③

항공사진측량을 통해 지도를 제작하는 경우보다 소축척지도의 제작이 적합하다.

29

정답 ③

LIDAR의 활용범위

- 지형 및 일반구조물의 측량
- 용적계산
- 구조물의 변형량 계산
- 가상공간 및 건물시뮬레이션

30

정답 ④

LIDAR은 레이저에 의한 대상물의 위치 결정 방법으로 산림이나 수목지대에서도 투과율이 높다. 항공기에 레이저 펄스, GPS수신기, 관성측량장치 등을 동시에 탑재하여 비행방향에 따라 일정한 간격으로 지형을 관측하고 위치결정은 GPS, 수직거리는 관성측량기로 한다.

- 산림, 수목 및 늪지대에서도 지형도 제작이 용이하다.
- 항공사진에 비해 작업속도가 빠르며 경제적이다.
- 저고도 비행에 의해서만 가능하다.
- 산림지대의 투과율이 높다.

31

정답 ④

영상기하보정 – 재배열, 보간방법

기하학적 보정을 위한 좌표변환식이 결정되면 입력되는 자료를 변환식에 맞추어 변환한 후 새로운 영상자료를 출력하게 된다. 이때 새로이 결정되는 좌표는 정수가 아니라 실수로 나오게 된다.

이러한 경우에 수치영상의 각 화소값이 이루는 연속성을 가정하여 새로운 좌표가 가질 화소값을 결정하는 방법을 재배열이라 하며, 대표적인 세가지 방법이 있다.

① 최근린 내삽법 : 가장 가까운 관측점의 화소값을 구하고자 하는 화소의 값으로 한다.
  - 장점 : 화소값을 흠내지 않고 처리속도가 빠르다.
  - 단점 : 위치오차가 최대 1/2화소 정도 생긴다.

② 1차 내삽법 : 보간점 주위 4점의 화소값을 이용하여 구하고자 하는 화소의 값을 선형식으로 보간한다.
  - 장점 : 평균하기 때문에 평활화 효과가 있다.
  - 단점 : 원자료가 흠이 난다.

③ 3차 중첩 내삽법 : 보간하고 싶은 점의 주위 16개 관측점의 화소값을 이용 3차 회선함수를 이용하여 보간한다.
  - 장점 : 화상의 평활화와 동시에 선명성의 효과가 있어 고화질이 얻어진다.
  - 단점 : 원재료가 흠이 나며 계산시간이 많이 소요된다.

32

정답 ③

① 종모델수 $= \dfrac{S_1}{B_0} = \dfrac{S_1}{ma\left(1-\dfrac{P}{100}\right)}$

$= \dfrac{14{,}000}{5{,}000 \times 0.23 \times \left(1-\dfrac{60}{100}\right)}$

$= 30.43 = 31$ 매

② 횡모델수 $= \dfrac{S_2}{C_o} = \dfrac{S_2}{ma\left(1-\dfrac{q}{100}\right)}$

$= \dfrac{7{,}000}{5{,}000 \times 0.23 \times \left(1-\dfrac{30}{100}\right)}$

$= 8.69 = 9$ 매

③ 총모델수=종모델수×횡모델수$= 279$

33

정답 ②

원격탐사는 센서를 이용하여 지표대상물에서 방사, 반사하는 전자파를 측정하여 정량적·정성적 해석을 하는 탐사다.

제12장 위성측위시스템(GNSS)

01	02	03	04	05	06	07	08	09	10
②	②	③	①	②	④	②	②	③	④
11	12	13	14	15					
②	④	②	①	③					

01 정답 ②

GSIS는 지형공간 정보시스템이다.

02 정답 ②

GPS 구성

① 우주부분 : 21개의 위성과 3개의 예비위성으로 구성 전파신호를 보내는 역할
② 제어부분 : 위성의 신호상태를 점검, 궤도위치에 대한 정보를 모니터링
③ 사용자부분 : 위성으로부터 전송되는 신호정보를 이용하여 수신기 위치 결정

03 정답 ③

- L_1 : 항법메시지, C/A코드, P(Y)코드
- L_2 : P(Y)코드, Block-IIR-M 이후 L2C 코드도 포함
- L_3 : 미사일 발사, 핵폭발 등의 고에너지 감리를 위해 방위지원 프로그램에서 사용
- L_4 : 추가적인 전리층 보정을 위해 연구 중
- L_5 : GPS 현대화계획이 제안함. Block-IIF 위성(2009년) 이후 사용 중

04 정답 ①

지오이드 모델은 지구상에서 높이를 측정하는 기준이 되는 평균해수면과 GPS 높이의 기준이 되는 타원체고의 차이를 연속적으로 구축한 것

05 정답 ②

상대관측

- 정지관측 : 수신기 2대, 관측점 고정, 정확도 높음, 지적삼각측량, 4대 이상의 위성으로부터 동시에 30분 이상 전파신호 수신
- 이동관측 : 고정국 수신기 1대, 이동국 수신기 1대, 지적도근측량

06 정답 ④

전리층 지연 효과 제거를 위하여 다중 주파수를 채택한다.

07 정답 ②

RINEX[Receiver Independent Exchange Format]

GPS 측량에서 수신기의 기종이 다르고 기록형식, 데이터의 내용이 다르기 때문에 기선 해석이 되지 않는다. 이를 통일시킨 데이터 형식으로 다른 기종 간에 기선 해석이 가능하도록 한 것

08 정답 ②

VRS 측위는 가상기준점 방식의 새로운 실시간 GPS 측량법으로 기지국 GPS를 설치하지 않고 이동국 GPS만을 이용하여 VRS 센터에서 제공하는 위치보정 데이터를 수신함으로써 RTK 또는 DGPS 측량을 수행하는 첨단기법이다.

09 정답 ③

대류권 지연

이 층은 지구기후에 의해 구름과 같은 수증기가 있어 굴절오차의 원인이 된다.

10 정답 ④

DGPS(정밀 GPS)는 GPS의 오차 보정 기술이다.
지구에서 멀리 떨어진 위성에서 신호를 수신하므로 오차가 발생하며 지상의 방송국에서 위성에서 수신한 신호로 확인한 위치와 실제위치와의 차이를 전송하여 오차를 교정하는 기술이다.

11 정답 ②

다중경로오차는 바다표면이나 빌딩 같은 곳으로부터 반사 신호에 의한 직접신호의 간섭으로 발생한다. 특별 제작한 안테나와 적절한 위치선정으로 줄일 수 있다.

12 정답 ④

- GPS 관측지역의 상공을 지나는 위성의 기하학적 배치상태에 따라 측위의 정확도가 달라지며 이를 DOP라 한다.
- 3차원위치의 정확도는 PDOP에 따라 달라지며 PDOP는 4개의 관측위성이 이루는 사면체의 체적이 최대일 때 정확도가 좋으며, 이때는 관측자의 머리 위에 다른 세 개의 위성이 각각 120°를 이룰 때이다.
- DOP의 값이 작을수록 정확하며 1이 가장 정확하고 5까지는 실용상 지장이 없다.
- GDOP : 기하학적 정밀도 저하율
  PDOP : 위치 정밀도 저하율(3차원위치)
  HDOP : 수평 정밀도 저하율(수평위치)
  VDOP : 수직 정밀도 저하율(높이)
  RDOP : 상대 정밀도 저하율
  TDOP : 시간 정밀도 저하율

13 정답 ②

DOP(Dilution Of Precision)
위성의 기하학적 배치상태에 따라 측위의 정확도가 달라지는데 이를 DOP라 한다.
DOP(정밀도 저하율)는 값이 작을수록 정확하며 1이 가장 정확하고 5까지는 실용상 지장이 없다.

14 정답 ①

벡터는 점, 선, 면의 3대 구성요소를 통하여 좌표로 표현 가능하다.

15 정답 ③

ITS(지능형 교통정보시스템)는 대중교통 운영체계의 정보화를 바탕으로 시민들에게 대중교통 수단의 운행 스케줄, 차량 위치 등의 정보를 제공하여 이용자 편익을 극대화하고, 대중교통 운송 회사 및 행정 부서에는 차량관리, 배차 및 모니터링 등을 위한 정보를 제공함으로써 업무의 효율성을 극대화한다.

P / A / R / T

05

공기업 토목직 1300제

토목시공학

CHAPTER 01 | 토공
CHAPTER 02 | 건설기계
CHAPTER 03 | 옹벽 및 흙막이공
CHAPTER 04 | 기초공
CHAPTER 05 | 연약지반 개량공법
CHAPTER 06 | 포장공
CHAPTER 07 | 교량공
CHAPTER 08 | 터널공
CHAPTER 09 | 발파공
CHAPTER 10 | 댐 및 항만
CHAPTER 11 | 암거
CHAPTER 12 | 건설 공사 관리

CHAPTER

공기업 토목직 1300제

01 토공

01 토공에 대한 설명 중 틀린 것은?

① 시공기면은 현재 공사를 하고 있는 면을 말한다.
② 토공은 굴착, 싣기, 운반, 성토(사토) 등의 4공정으로 이루어진다.
③ 준설은 수저의 토사 등을 굴착하는 작업을 말한다.
④ 법면은 비탈면으로 성토, 절토의 사면을 말한다.

02 흙쌓기 재료로서 구비해야 할 성질 중 틀린 것은?

① 완성 후 큰 변형이 없도록 지지력이 클 것
② 압축침하가 적도록 압축성이 클 것
③ 흙쌓기 비탈면의 안정에 필요한 전단강도를 가질 것
④ 시공기계의 Trafficability가 확보될 것

03 성토재료로서 사질토와 점성토의 특징에 관한 설명 중 옳지 않은 것은?

① 사질토는 횡방향 압력이 크고 점성토는 작다.
② 사질토는 다짐과 배수가 양호하다.
③ 점성토는 전단강도가 작고 압축성과 소성이 크다.
④ 사질토는 동결 피해가 작고 점성토는 동결 피해가 크다.

04 흙을 자연 상태로 쌓아 올렸을 때 급경사면은 점차로 붕괴하여 안정된 비탈면이 되는데 이때 형성되는 각도를 무엇이라 하는가?

① 흙의 자연각 ② 흙의 경사각
③ 흙의 안정각 ④ 흙의 안식각

05 다음 중 흙의 지지력 시험과 직접적인 관계가 없는 것은?

① 평판재하시험 ② CBR 시험
③ 표준관입시험 ④ 정수위 투수시험

06 토취장에서 흙을 적재하여 고속도로의 노체를 성토코자 한다. 노체에 다짐을 시행할 때 자연상태 때의 흙의 체적을 1이라 하고, 느슨한 상태에서 1.24, 다져진 상태에서 토량변화율이 0.8이라면 본공사의 토량환산계수는?

① 0.64 ② 0.80
③ 0.70 ④ 1.25

07 토량 변화율 $L=1.25$, $C=0.9$인 사질토로 35,000m^3를 성토할 경우 운반토량은?

① 33,333m^3 ② 39,286m^3
③ 48,611m^3 ④ 54,374m^3

08 100,000m^{3}의 성토공사를 위하여 $L=1.2$, $C=0.8$인 현장 흙을 굴착 운반하고자 한다. 운반토량은?

① 120,000m^3
② 125,000m^3
③ 145,000m^3
④ 150,000m^3

09 보통토(사질토)를 재료로 하여 36,000m^{3}의 성토를 하는 경우 굴착 및 운반 토량(m^3)은 얼마인가? (단, 토량환산계수 $L=1.25$, $C=0.90$)

① 굴착토량=40,000, 운반토량=50,000
② 굴착토량=32,400, 운반토량=40,500
③ 굴착토량=28,800, 운반토량=50,000
④ 굴착토량=32,400, 운반토량=45,000

10 사질토로 25,000m^{3}의 성토공사를 할 경우 굴착 토량(자연 상태 토량) 및 운반 토량(흐트러진 상태 토량)은 얼마인가? (단, 토량 변화율 $L=1.25$, $C=0.90$이다.)

① 굴착토량=35,600.2m^3, 운반토량=23,650.5m^3
② 굴착토량=27,777.8m^3, 운반토량=34,722.2m^3
③ 굴착토량=27,531.5m^3, 운반토량=36,375.2m^3
④ 굴착토량=19,865.3m^3, 운반토량=28,652.8m^3

11 다져진 토량 45,000m^3를 성토하는데 흐트러진 토량 30,000m^3가 있다. 이때, 부족토량은 자연상태 토량(m^3)으로 얼마인가? (단, 토량변화율 $L=1.25$, $C=0.9$)

① 18,600m^3 ② 19,400m^3
③ 23,800m^3 ④ 26,000m^3

12 37,800m^3(완성된 토량)의 성토를 하는데 유용토가 40,000m^3(느슨한 토량)이 있다. 이때 부족한 토량은 본바닥 토량으로 얼마인가? (단, 흙의 종류는 사질토이고 토량의 변화율은 $L=1.25$, $C=0.90$이다.)

① 8,000m^3 ② 9,000m^3
③ 10,000m^3 ④ 11,000m^3

13 37,800m^3(완성된 토량)의 성토를 하는데 유용토가 30,000m^3(느슨한 토량)이 있다. 이때 부족한 토량은 본바닥 토량으로 얼마인가? (단, 토량의 변화율은 $L=1.25$, $C=0.90$이다.)

① 7,800m^3 ② 13,800m^3
③ 16,200m^3 ④ 18,000m^3

14 자연 함수비 8%인 흙으로 성토하고자 한다. 다짐한 흙의 함수비를 15%로 관리하도록 규정하였을 때 매 층마다 $1m^2$당 몇 kg의 물을 살수해야 하는가? (단, 1층의 다짐 후 두께는 20cm이고, 토량변화율은 $C=0.8$이며, 원지반 상태에서 흙의 밀도는 $1.8t/m^3$이다.)

① 21.59kg ② 24.38kg
③ 27.23kg ④ 29.17kg

15 자연 함수비 8%인 흙으로 성토하고자 한다. 다짐한 흙의 함수비를 15%로 관리하도록 규정하였을 때 매 층마다 1m2당 몇 kg의 물을 살수해야 하는가? (단, 1층의 다짐 후 두께는 30cm이고, 토량변화율은 $C=0.9$이며, 원지반 상태에서 흙의 단위중량은 $1.8t/m^3$이다.)

① 27.4kg ② 34.2kg
③ 38.9kg ④ 46.7kg

16 다음과 같은 절토공사에서 단면적은 얼마인가?

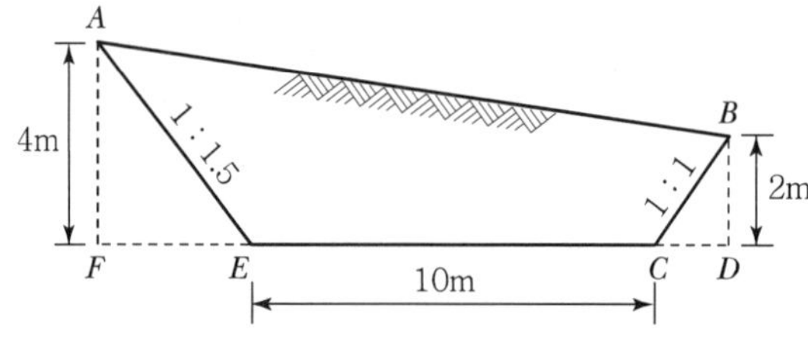

① $32m^2$ ② $40m^2$
③ $51m^2$ ④ $55m^2$

17 그림과 같은 절토 단면도에서 길이 30m에 대한 토량은?

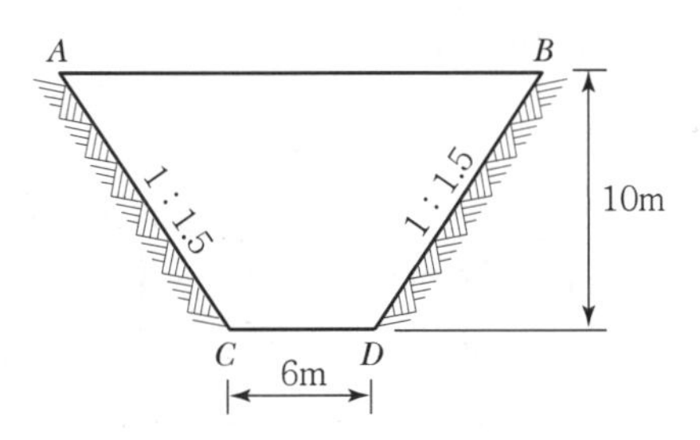

① 5,700m^3 ② 6,030m^3
③ 6,300m^3 ④ 6,600m^3

18 그림과 같은 단면으로 성토 후 비탈면에 떼붙임을 하려고 한다. 성토량과 떼붙임 면적을 계산하면? (단, 마구리면의 떼붙임은 제외함)

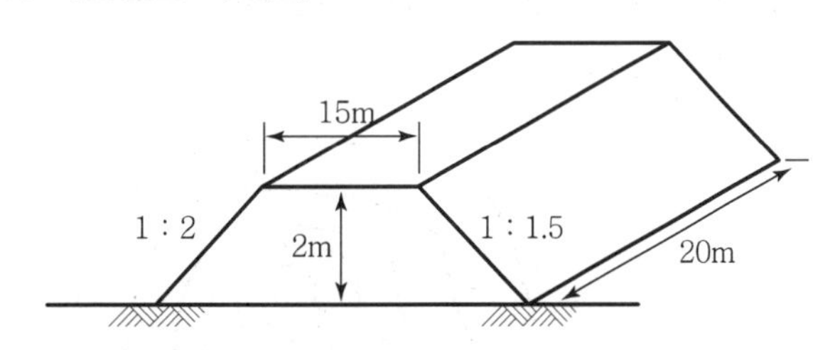

① 성토량 : 370m^3, 떼붙임 면적 : 61m^2
② 성토량 : 740m^3, 떼붙임 면적 : 161m^2
③ 성토량 : 740m^3, 떼붙임 면적 : 61m^2
④ 성토량 : 370m^3, 떼붙임 면적 : 161m^2

19 도로 토공을 위한 횡단 측량 결과가 아래 그림과 같을 때 Simpson 제2법칙에 의해 횡단면적을 구하면? (단, 그림의 단위는 m이다.)

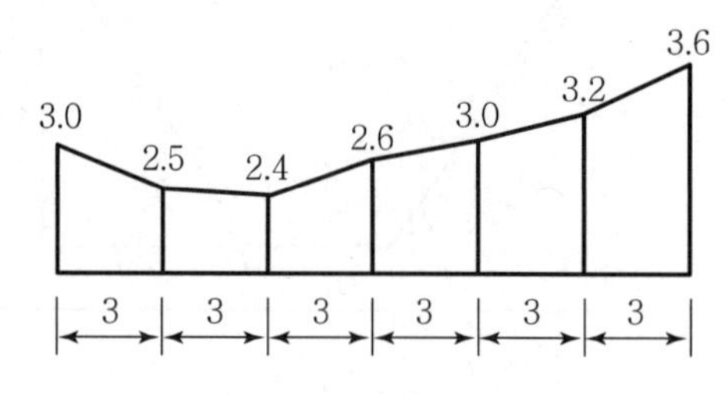

① 50.74m^2 ② 54.27m^2
③ 57.63m^2 ④ 61.35m^2

20 아래 그림과 같은 지형에서 등고선법에 의한 전체 토량을 구하면? (단, 각 등고선 간의 높이차는 20m이고 A_1의 면적은 1,400m^2, A_2의 면적은 950m^2, A_3의 면적은 600m^2, A_4의 면적은 250m^2, A_5의 면적은 100m^2이다.)

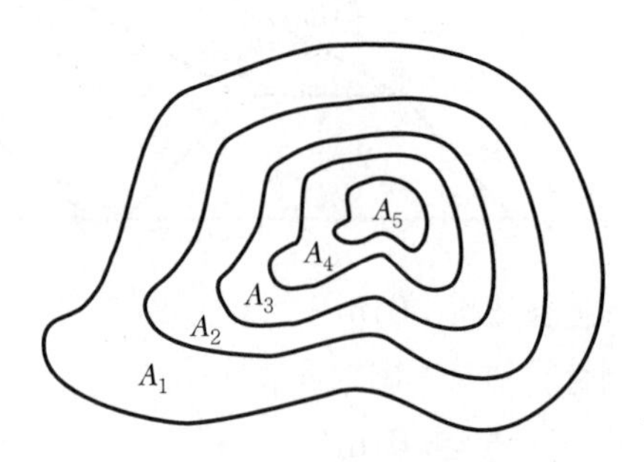

① 38,200m^3 ② 44,400m^3
③ 50,000m^3 ④ 46,000m^3

21 아래 그림과 같은 지형에서 시공 기준면의 표고를 30m로 할 때 총 토공량은? (단, 격자점의 숫자는 표고를 나타내며 단위는 m이다.)

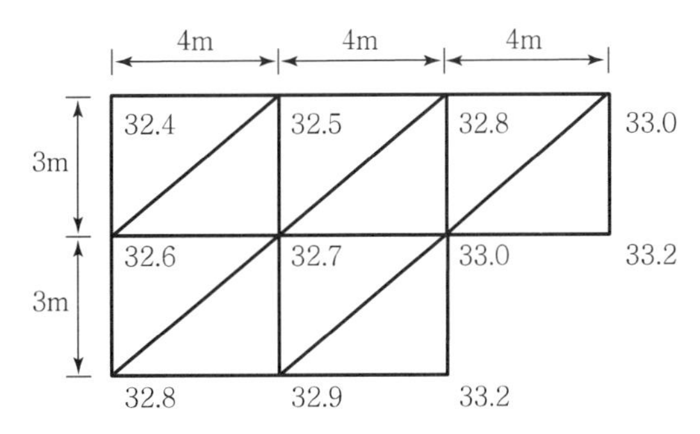

① $142m^3$　　② $168m^3$
③ $184m^3$　　④ $213m^3$

22 성토시공 공법 중 두께가 90~120cm로 하천제방, 도로, 철도의 축제에 시공되며, 층마다 일정 기간 동안 방치하여 자연침하를 기다려 다음 층을 위에 쌓아 올리는 방법은?

① 물 다짐 공법　　② 비계 쌓기법
③ 전방 쌓기법　　④ 수평층 쌓기법

23 흙의 성토작업에서 아래 그림과 같은 쌓기 방법에 대한 설명으로 틀린 것은?

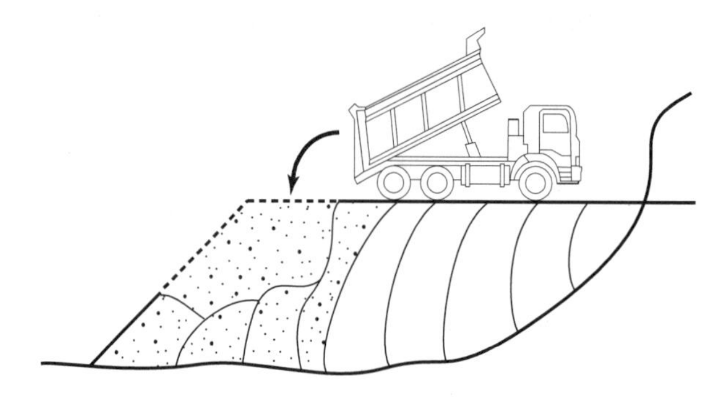

① 전방 쌓기법이다.
② 공사비가 싸고 공정이 빠른 장점이 있다.
③ 주로 중요하지 않은 구조물의 공사에 사용된다.
④ 층마다 다소의 수분을 주어서 충분히 다진 후 다음 층을 쌓는 공법이다.

24 다짐공법에서 물 다짐 공법에 적합한 흙은 어느 것인가?

① 점토질 흙
② 롬(loam)질 흙
③ 실트질 흙
④ 모래질 흙

25 토공에서 시공기면을 정할 경우 성토의 절토량이 최소가 되게 하는 것이 경제적이다. 토공의 균형을 알아내기 위해 사용되는 것은?

① 유토곡선
② 토취곡선
③ 균형곡선
④ 평균곡선

26 **시공기면을 결정할 때 고려할 사항으로 틀린 것은?**

① 토공량이 최대가 되도록 하며, 절토 · 성토 균형을 시킬 것
② 연약지반, land slide, 낙석의 위험이 있는 지역은 가능한 피할 것
③ 비탈면 등은 흙의 안정성을 고려할 것
④ 암석 굴착은 적게 할 것

27 **유토곡선(mass curve)을 작성하는 목적으로 거리가 먼 것은?**

① 토량을 배분하기 위해서
② 토량의 평균 운반거리를 산출하기 위해서
③ 절 · 성토량을 산출하기 위해서
④ 토공기계를 결정하기 위해서

28 **유토곡선(mass curve)의 성질에 대한 설명으로 틀린 것은?**

① 유토곡선의 최댓값, 최솟값을 표시하는 점은 절토와 성토의 경계를 말한다.
② 유토곡선의 상승 부분은 성토, 하강 부분은 절토를 의미한다.
③ 유토곡선이 기선 아래에서 종결될 때에는 토량이 부족하고, 기선 위에서 종결될 때에는 토량이 남는다.
④ 기선상에서의 토량은 "0"이다.

29 **토적곡선(mass curve)의 성질에 대한 설명 중 옳지 않은 것은?**

① 토적곡선이 기선 위에서 끝나면 토량이 부족하고, 반대이면 남는 것을 뜻한다.
② 곡선의 저점은 성토에서 절토로의 변이점이다.
③ 동일 단면 내에서 횡방향 유용토는 제외되었으므로 동일 단면 내의 절토량과 성토량을 구할 수 없다.
④ 교량 등의 토공이 없는 곳에는 기선에 평행한 직선으로 표시한다.

30 **토적곡선(mass curve)에 대한 설명 중 틀린 것은?**

① 동일 단면 내의 절토량, 성토량은 토적곡선에서 구할 수 있다.
② 평균운반거리는 전토량 2등분 선상의 점을 통하는 평행선과 나란한 수평거리로 표시한다.
③ 절토구간의 토적곡선은 상승곡선이 되고, 성토구간의 토적곡선은 하향곡선이 된다.
④ 곡선의 최댓값을 나타내는 점은 절토에서 성토로 옮기는 점이다.

31 **토공에서 토취장 선정 시 고려하여야 할 사항으로 틀린 것은?**

① 토질이 양호할 것
② 토량이 충분할 것
③ 성토장소를 향하여 상향구배(1/50~1/100)일 것
④ 운반로 조건이 양호하며, 가깝고 유지관리가 용이할 것

CHAPTER

공기업 토목직 1300제

02 건설기계

01 기계화 시공에 있어서 중장비의 비용계산 중 기계손료를 구성하는 요소가 아닌 것은?

① 관리비
② 정비비
③ 인건비
④ 감가상각비

02 건설기계 규격의 일반적인 표현방법으로 옳은 것은?

① 불도저－총 중량(ton)
② 모터 스크레이퍼－중량(ton)
③ 트랙터 셔블－버킷 면적(m^2)
④ 모터 그레이더－최대 견인력(ton)

03 다음 건설기계 중 굴착과 싣기를 같이 할 수 있는 기계가 아닌 것은?

① 백호
② 트랙터 쇼벨
③ 준설선(dredger)
④ 리퍼(ripper)

04 토목공사용 기계는 작업종류에 따라 굴삭, 운반, 부설, 다짐 및 정지 등으로 구분된다. 다음 중 운반용 기계가 아닌 것은?

① 탬퍼 ② 불도저
③ 덤프트럭 ④ 벨트 컨베이어

05 흙의 굴착뿐만 아니라 싣기, 운반, 사토, 정지 등의 기능을 함께 가진 토공기계는?

① 불도저 ② 스크레이퍼
③ 드래그라인 ④ 백호우

06 함수비 조절과 재료혼합을 위하여 사용되는 기계는?

① 스크레이퍼(scraper) ② 스태빌라이져(stabilizer)
③ 콤펙터(compactor) ④ 불도저(buldozer)

07 대형기계로 회전대에 달린 Boom을 사용하여 버킷을 체인의 힘으로 전후 이동시켜서 작업이 곤란한 장소 또는 좁은 곳의 얕은 굴착을 할 경우 적당한 장비는?

① 트랙터 쇼벨 ② 리사이클플랜트
③ 밸트콘베이어 ④ 스키머스코우프

08 불도저의 종류 중 배토판의 좌, 우를 밑으로 10~40cm 정도 기울여 경사면 굴착이나 도랑파기 작업에 유리한 것은?

① U도저
② 틸트도저
③ 레이크도저
④ 스트레이트도저

09 전장비 중량 22t, 접지량 270cm, 캐터필러폭 55cm, 캐터필러의 중심거리가 2m일 때 불도저의 접지압은 얼마인가?

① 0.37km/cm^2
② 0.74km/cm^2
③ 1.11km/cm^2
④ 2.96km/cm^2

10 Bulldozer의 시간당 작업량은 다음 중 무엇에 비례하는가?

① 1회 토공량(q)
② 토량환산계수(f)
③ 사이클타임(C_m)
④ 작업효율(E)

11 아래 표와 같은 조건에서 불도저 운전 1시간당의 작업량(본바닥의 토량)은?

- 1회 굴착압토량 : 2.3m³
- 토량변화율 : $L=1.2$, $C=0.8$
- 작업효율 : 0.6
- 흙의 운반거리 : 60m
- 전진속도 40m/min, 후진속도 100m/min
- 기어변속시간 : 0.25분

① 19.72m³/h ② 28.19m³/h
③ 29.36m³/h ④ 44.04m³/h

12 불도저(bulldozer) 작업의 경우 다음의 조건에서 본바닥 토량으로 환산한 1시간당 토공 작업량(m³/h)은? (단, 1회 굴착 압토량은 느슨한 상태로 3.0m³, 작업효율 = 0.6, 토량변화율 $L=1.2$, 평균 압토 거리 = 30m, 전진속도 = 30m/분, 후진속도 60m/분, 기어변속시간 = 0.5분)

① 45m³/h ② 34m³/h
③ 20m³/h ④ 15m³/h

13 아래 표와 같은 조건에서 불도저로 압토와 리핑 작업을 동시에 실시할 때 시간당 작업량은?

- 압토 작업만 할 때의 작업량(Q_1) : 40m³/h
- 리핑 작업만 할 때의 작업량(Q_2) : 60m³/h

① 24m³/h ② 37m³/h
③ 40m³/h ④ 50m³/h

14 셔블계 굴삭기 가운데 수중작업에 많이 쓰이며, 협소한 장소의 깊은 굴착에 가장 적합한 건설기계는?

① 클램셸　　② 파워셔블
③ 어스드릴　　④ 파일드라이브

15 교각의 기초와 같은 깊은 수중의 기초 터파기에는 다음 어느 굴착기계가 가장 적당한가?

① 파워 쇼벨(Power shovel)　　② 백호우(Back hoe)
③ 드래그 라인(Drag line)　　④ 클램 쉘(Clam shell)

16 아래의 작업 조건하에서 백호로 굴착 상차작업을 하려고 할 때 시간당 작업량은 본바닥 토량으로 얼마인가?

- 작업효율 : 0.6
- 버킷용량 : 0.7m^3
- C_m : 42초
- L=1.25, C=0.9
- 버킷계수 : 0.9

① 23.3m^3/hr　　② 25.9m^3/hr
③ 29.2m^3/hr　　④ 40.5m^3/hr

17 버킷의 용량이 $0.6m^3$, 버킷계수가 0.9, 작업효율이 0.7, 사이클 타임이 25초일 때 파워 쇼벨의 시간당 작업량은? (단, 본바닥 토량으로 구하며, 토량변화율 $L=1.25$, $C=0.9$)

① $27.4m^3/hr$ ② $35.5m^3/hr$
③ $43.5m^3/hr$ ④ $54.4m^3/hr$

18 다음 조건일 때 트랙터 셔블(Tractor shovel) 운전 1시간당 싣기 작업량은? (단, 버킷 용량 $1.0m^3$, 버킷 계수 1.0, 사이클 타임 50초, $f=1.0$, $E=0.75$)

① $125m^3/h$ ② $90m^3/h$
③ $54m^3/h$ ④ $40m^3/h$

19 디퍼(dipper)용량이 $0.8m^3$일 때 파워쇼벨(power shovel)의 1일 작업량을 구하면? (단, shovel cycle time : 30sec, dipper 계수 : 1.0, 흙의 토량 변화율(L) : 1.25, 작업효율 : 0.6, 1일 운전시간 : 8시간)

① $286.64m^3/day$ ② $324.52m^3/day$
③ $368.64m^3/day$ ④ $452.50m^3/day$

20 본바닥 토량 20,000m^3를 0.6m^3 백호를 사용하여 굴착하고자 한다. 아래 표의 조건과 같을 때 굴착완료에 며칠이 소요되는가?

- 버킷계수(K)=1.2
- 작업효율(E)=0.7
- 사이클타임(C_m)=25초
- 토량변화율(L=1.2, C=0.8)
- 1일 작업시간=8시간

① 35일　② 38일
③ 42일　④ 46일

21 다짐 장비는 다짐의 원리를 이용한 것이다. 다짐기계의 다짐방법의 분류에 속하지 않는 것은?

① 진동식 다짐　② 전압식 다짐
③ 충격식 다짐　④ 인장식 다짐

22 철륜 표면에 다수의 돌기를 붙여 접지면적을 작게 하여 접지압을 증가시킨 다짐기계로 일반성토 다짐보다 비교적 함수비가 많은 점질토 다짐에 적합한 롤러는?

① 진동 롤러　② 탬핑 롤러
③ 타이어 롤러　④ 로드 롤러

23 함수비가 큰 점토질 흙의 다짐에 가장 적합한 기계는?

① 로드롤러
② 진동롤러
③ 탬핑롤러
④ 타이어롤러

24 다짐유효 깊이가 크고 흙덩이를 분쇄하여 토립자를 이동 혼합하는 효과가 있어 함수비 조절 및 함수비가 높은 점토질의 다짐에 유리한 다짐기계는?

① 탬핑 롤러
② 진동 롤러
③ 타이어 롤러
④ 머캐덤 롤러

25 보통 상태의 점성토를 다짐하는 기계로서 다음 중 가장 부적합한 것은 어느 것인가?

① Tamping roller
② Tire roller
③ Grid roller
④ 진동 roller

26 다짐 장비 중 마무리 다짐 및 아스팔트 포장의 끝손질에 사용하면 가장 유용한 장비는?

① 탠덤 롤러
② 타이어 롤러
③ 탬핑 롤러
④ 머캐덤 롤러

27 로드 롤러를 사용하여 전압횟수 4회, 전압포설 두께 0.2m, 유효 전압폭 2.5m, 전압작업속도를 3km/h로 할 때 시간당 작업량을 구하면? (단, 토량환산계수는 1, 롤러의 효율은 0.8을 적용한다.)

① $300m^3/h$　　② $251m^3/h$

③ $200m^3/h$　　④ $151m^3/h$

28 유효다짐폭 3m의 10t 머캐덤 롤러(macadam roller) 1대를 사용하여 성토의 다짐을 시행할 때 평균 깔기 두께가 20cm, 평균작업 속도가 2km/h, 다짐횟수를 10회, 작업효율을 0.6으로 하면 시간당 작업량은? (단, 토량환산계수(f)는 0.8로 한다.)

① $57.6m^3/h$　　② $76.2m^3/h$

③ $85.4m^3/h$　　④ $92.7m^3/h$

29 8ton의 덤프트럭에 $1.0m^3$의 버킷을 갖는 백호로 흙을 적재하고자 한다. 흙의 단위 중량이 $1.6t/m^3$이고 토량변화율(L)은 1.20이고 버킷계수가 0.9일 때 트럭 1대의 만차에 필요한 백호 적재 회수는?

① 6회　　② 7회

③ 8회　　④ 9회

30 15t의 덤프트럭에 1.2m^3의 버킷을 갖는 백호로 흙을 적재하고자 한다. 흙의 밀도가 1.7t/m^3이고, 토량변화율 $L=1.25$이고, 버킷계수가 0.9일 때 트럭 1대당 백호 적재횟수는?

① 5회
② 8회
③ 11회
④ 14회

31 버킷용량이 0.8m^3, 버킷계수가 0.9인 백호를 사용하여 12t 덤프트럭 1대에 흙을 적재하고자 할 때 필요한 적재시간은 얼마인가? (단, 흙의 단위무게(γ_t) = 1.6t/m^3, $L=1.2$, 백호의 사이클타임 = 30초, 백호의 작업효율 $E=0.75$)

① 7.13분
② 7.94분
③ 8.67분
④ 9.51분

32 3.5km 거리에서 20,000m^3의 자갈을 4m^3 덤프 트럭으로 운반할 경우 1일 1대의 덤프 트럭이 운반할 수 있는 양은? (단, 작업 시간은 1일 8시간 기준, 상 · 하차 시간 2분, 평균 속도 30km/hr로 한다.)

① 100m^3
② 120m^3
③ 140m^3
④ 160m^3

33 본바닥의 토량 500m^{3}을 6일 동안에 걸쳐 성토장까지 운반하고자 한다. 이 때 필요한 덤프트럭은 몇 대인가? (단, 토량 변화율 $L=1.20$, 1대 1일당의 운반횟수는 5회, 덤프트럭의 적재용량은 5m^{3}로 한다.)

① 1대
② 4대
③ 6대
④ 8대

34 운반토량 1,200m^{3}을 용적이 8m^{3}인 덤프 트럭으로 운반하려고 한다. 트럭의 평균속도는 10km/h이고, 상하차 시간이 각각 4분일 때 하루에 전량을 운반하려면 몇 대의 트럭이 필요한가? (단, 1일 덤프 트럭 가동시간은 8시간이며, 토사장까지의 거리는 2km이다.)

① 10대
② 13대
③ 15대
④ 18대

35 아래의 표에서 설명하는 준설선은?

준설능력이 크므로 비교적 대규모 준설현장에 적합하며 경토질의 준설이 가능하고, 다른 준설선보다 비교적 준설면을 평탄하게 시공할 수 있다.

① 디퍼 준설선
② 버킷 준설선
③ 쇄암선
④ 그래브 준설선

36 준설능력이 크고 대규모 공사에 적합하여 비교적 넓은 면적의 토질준설에 알맞고 선(船) 형에 따라 경질토 준설도 가능한 준설선은?

① 그래브 준설선　　② 디퍼 준설선
③ 버킷 준설선　　④ 펌프 준설선

37 버킷 준설선(Bucket dredger)의 특징으로 옳은 것은?

① 소규모 준설에 주로 이용된다.
② 예인선 및 토운선이 필요없다.
③ 비교적 광범위한 토질에 적합하다.
④ 암석 및 굳은 토질에 적합하다.

38 대선 위에 쇼벨계 굴착기인 클렘셸을 선박에 장치한 준설선인 그래브 준설선의 특징에 대한 설명으로 틀린 것은?

① 소규모 및 협소한 장소에 적합하다.
② 굳은 토질의 준설에 적합하다.
③ 준설능력이 작다.
④ 준설깊이를 용이하게 조절할 수 있다.

39 각종 준설선에 관한 설명 중 옳지 않은 것은?

① 그래브 준설선은 버킷으로 해저의 토사를 굴삭하여 적재하고 운반하는 준설선을 말한다.

② 디퍼 준설선은 파쇄된 암석이나 발파된 암석의 준설에는 부적당하다.

③ 펌프 준설선은 사질해저의 대량준설과 매립을 동시에 시행할 수 있다.

④ 쇄암선은 해저의 암반을 파쇄하는 데 사용한다.

CHAPTER

공기업 토목직 1300제

03 옹벽 및 흙막이공

01 **옹벽에 작용하는 토압을 산정하기 위해 Rankine의 토압론을 적용하고자 한다. Rankine 토압 계산 시 이용되는 기본 가정이 아닌 것은?**

① 토압은 지표에 평행하게 작용한다.
② 흙은 매우 균질한 재료이다.
③ 흙은 비압축성 재료이다.
④ 지표면은 유한한 평면으로 존재한다.

02 **옹벽 등 구조물의 뒤채움 재료에 대한 조건으로 틀린 것은?**

① 투수성이 있어야 한다.
② 압축성이 좋아야 한다.
③ 다짐이 양호해야 한다.
④ 물의 침입에 의한 강도 저하가 적어야 한다.

03 폭우 시 옹벽 배면의 흙은 다량의 물을 함유하게 되는데 뒤채움 흙에 배수 시설이 불량할 경우 침투수가 옹벽에 미치는 영향에 대한 설명으로 틀린 것은?

① 수평 저항력의 증가
② 활동면에서의 양압력 증가
③ 옹벽 저면에서의 양압력 증가
④ 포화 또는 부분포화에 의한 흙의 무게 증가

04 폭우 시 옹벽 배면의 흙은 다량의 물을 함유하게 되는데 뒷채움 토사에 배수 시설이 불량할 경우 침투수가 옹벽에 미치는 영향에 대한 설명으로 틀린 것은?

① 포화 또는 부분포화에 의한 흙의 무게 증가
② 활동면에서의 양압력 발생
③ 수동저항(passive resistance)의 증가
④ 옹벽저면에 대한 양압력 발생으로 안전성 감소

05 옹벽의 안정상 수평 저항력을 증가시키기 위한 방법으로 가장 유리한 것은?

① 옹벽의 비탈경사를 크게 한다.
② 옹벽의 저판 밑에 돌기물(Key)을 만든다.
③ 옹벽의 전면에 Apron을 설치한다.
④ 배면의 본바닥에 앵커 타이(Anchor tie)나 앵커벽을 설치한다.

06 **옹벽을 구조적 특성에 따라 분류할 때 여기에 속하지 않는 것은?**

① 돌쌓기 옹벽
② 중력식 옹벽
③ 부벽식 옹벽
④ 캔틸레버식 옹벽

07 **옹벽 대신 이용하는 돌쌓기 공사 중 뒤채움에 콘크리트를 이용하고, 줄눈에 모르타르를 사용하는 2m 이상의 돌쌓기 방법은?**

① 메쌓기
② 찰쌓기
③ 견치돌쌓기
④ 줄쌓기

08 **돌쌓기에 대한 설명으로 틀린 것은?**

① 메쌓기는 콘크리트를 사용하지 않는다.
② 찰쌓기는 뒤채움에 콘크리트를 사용한다.
③ 메쌓기는 쌓는 높이의 제한을 받지 않는다.
④ 일반적으로 찰쌓기는 메쌓기보다 높이 쌓을 수 있다.

09 보강토 옹벽에 대한 설명으로 틀린 것은?

① 기초지반의 부등침하에 대한 영향이 비교적 크다.
② 옹벽시공 현장에서의 콘크리트 타설 작업이 필요 없다.
③ 전면판과 보강재가 제품화 되어 있어 시공속도가 빠르다.
④ 전면판과 보강재의 연결 및 보강재와 흙 사이의 마찰에 의하여 토압을 지지한다.

10 보강토 옹벽의 뒤채움재료로 가장 적합한 흙은?

① 점토질흙
② 실트질흙
③ 유기질흙
④ 모래 섞인 자갈

11 지반안정용액을 주수하면서 수직굴착하고 철근콘크리트를 타설한 후 굴착하는 공법으로 타공법에 비해 차수성이 우수하고 지반변위가 작은 토류공법은?

① 강널말뚝 흙막이벽
② 벽강관 널말뚝 흙막이벽
③ 벽식 연속지중벽 공법
④ Top down 공법

12 지중연속벽 공법에 대한 설명으로 틀린 것은?

① 주변 지반의 침하를 방지할 수 있다.
② 시공 시 소음, 진동이 크다.
③ 벽체의 강성이 높고 지수성이 좋다.
④ 큰 지지력을 얻을 수 있다.

13 기초를 시공할 때 지면의 굴착 공사에 있어서 굴착면이 무너지거나 변형이 일어나지 않도록 흙막이 지보공을 설치하는데 이 지보공의 설비가 아닌 것은?

① 흙막이판
② 널 말뚝
③ 띠장
④ 우물통

14 아래의 표에서 설명하는 흙막이 굴착공법의 명칭은?

비탈면 개착공법과 흙막이벽이 자립할 수 있을 정도로 굴착하고, 그 이하는 비탈면 개착공법과 같이 내부를 굴착하여 구조체를 먼저 구축하고, 그 구조체에서 경사 버팀대나 수평 버팀대로 흙막이 벽을 지지하고 외곽부분을 굴착하여 외주부분의 구조체를 구축하는 방법

① 트렌치 컷 공법
② 역타 공법
③ 언더피닝 공법
④ 아일랜드 공법

15 **어스 앵커 공법에 대한 설명으로 틀린 것은?**

① 영구 구조물에도 사용하나 주로 가설구조물의 고정에 많이 사용한다.
② 앵커를 정착하는 방법은 시멘트 밀크 또는 모르타르를 가압으로 주입하거나 앵커 코어 등을 박아 넣는다.
③ 앵커 케이블은 주로 철근을 사용한다.
④ 앵커의 정착개상 지반을 토사층으로 가정하고 앵커 케이블을 사용하여 긴장력을 주어 구조물을 정착하는 공법이다.

16 **흙막이 굴착공법 중 역타공법은 구조물 본체의 바닥 및 보를 구축한 후 이를 지지구조로 사용하여 직접 흙막이 벽에 걸리는 토압 및 수압을 분담시키면서 굴착을 진행하는 공법이다. 이러한 역타공법에 대한 설명으로 틀린 것은?**

① 흙막이의 안정성이 높아진다.
② 지하 굴착깊이가 깊고 구조물의 형태가 일정하지 않을 경우에도 적용이 용이하다.
③ 본 구조물을 지보공으로 이용하므로 지보공의 변형, 압력이 적어서 안전하다.
④ 1층 바닥을 먼저 시공한 후 그곳을 작업 바닥으로 유효하게 이용할 수 있으므로 대지의 여유가 없는 경우에 유리하다.

17 **흙막이 구조물에 설피하는 계측기 중 아래의 표에서 설명하는 용도에 맞는 계측기는?**

Strut, Earth anchor 등의 축하중 변화상태를 측정하여 이들 부재의 안정상태 파악 및 분석 자료에 이용한다.

① 지중수평변위계 ② 간극수압계
③ 하중계 ④ 경사계

18 **점성토에서 발생하는 히빙의 방지대책으로 틀린 것은?**

① 널말뚝의 근입 깊이를 짧게 한다.
② 표토를 제거하거나 배면의 배수 처리로 하중을 작게 한다.
③ 연약 지반을 개량한다.
④ 부분굴착 및 트렌치 컷 공법을 적용한다.

19 **히빙(Heaving)의 방지대책으로 틀린 것은?**

① 굴착저면의 지반개량을 실시한다.
② 흙막이벽의 근입 깊이를 증대시킨다.
③ 굴착공법을 부분굴착에서 전면굴착으로 변경한다.
④ 중력배수나 강제배수 같은 지하수의 배수대책을 수립한다.

20 **절토사면의 안전율을 증대시키시 위하려 적용하는 사면 보강공법이 아닌 것은?**

① 앵커공법
② 숏크리트
③ Soil nailing 공법
④ 억지말뚝공법

CHAPTER 04

공기업 토목직 1300제

기초공

01 직접기초의 터파기를 하고자 할 때 아래 조건과 같은 경우가 가장 적당한 공법은?

- 토질이 양호
- 부지에 여유가 있음
- 흙막이가 필요한 때에는 나무 널말뚝, 강널말뚝 등을 사용

① 오픈 컷 공법　② 아일랜드 공법
③ 언더피닝 공법　④ 트렌치컷 공법

02 기초의 굴착에 있어서 주변부를 굴착 축조하고 그 후 남아있는 중앙부를 굴착하는 공법은?

① island 공법　② trench cut 공법
③ open cut 공법　④ top down 공법

03 다음 중 직접기초 굴착 시 저면 중앙부에 섬과 같이 기초부를 먼저 구축하여 이것을 발판으로 주변부를 시공하는 방법은?

① Cut 공법　② Island 공법
③ Open cut 공법　④ Deep well 공법

04 **Terzaghi의 기초에 대한 극한 지지력 공식에 대한 설명 중 옳지 않은 것은?**

① 지지력 계수는 내부 마찰각이 커짐에 따라 작아진다.
② 직사각형 단면의 형상계수는 폭과 길이에 따라 정해진다.
③ 근입 깊이가 깊어지면 지지력도 증대된다.
④ 점착력이 $\phi \fallingdotseq 0$인 경우 일축 압축시험에 의해서도 구할 수 있다.

05 **다음과 같은 점토 지반에서 연속 기초의 극한 지지력을 Terzaghi 방법으로 구하면 얼마인가? (단, 흙의 점착력 15kN/m^2, 기초의 깊이 1m, 흙의 단위중량 16kN/m^3, 지지력 계수 N_c = 5.3, N_q = 1.0)**

① 70.5kN/m^2
② 87.8kN/m^2
③ 95.5kN/m^2
④ 129.8kN/m^2

06 **다음 중 깊은 기초의 종류가 아닌 것은?**

① 전면 기초
② 말뚝 기초
③ 피어 기초
④ 케이슨 기초

07 현장타설 콘크리트 말뚝의 장점이 아닌 것은?

① 재료의 운반에 제한을 받지 않는다.
② 소음, 진동이 적어서 도심지 공사에 적합하다.
③ 현장 지반중에서 제작 양생되므로 품질관리가 용이하다.
④ 지층의 깊이에 따라 말뚝 길이를 자유로이 조절 가능하다.

08 부마찰력에 대한 설명으로 틀린 것은?

① 말뚝이 타입된 지반이 압밀 진행 중일 때 발생된다.
② 지하수위의 감소로 체적이 감소할 때 발생된다.
③ 말뚝의 주면마찰력이 선단지지력보다 클 때 발생된다.
④ 상재 하중이 말뚝과 지표에 작용하여 침하할 경우에 발생된다.

09 말뚝기초의 부마찰력 감소방법으로 틀린 것은?

① 표면적이 작은 말뚝을 사용하는 방법
② 단면이 하단으로 가면서 증가하는 말뚝을 사용하는 방법
③ 선행하중을 가하여 지반침하를 미리 감소하는 방법
④ 말뚝직경보다 약간 큰 케이싱을 박아서 부마찰력을 차단하는 방법

10 **말뚝 기초공사에는 많은 말뚝을 박아야 하는데 일반적인 원칙은?**

① 외측에서 먼저 박는다.
② 중앙부에서 먼저 박는다.
③ 중앙부에서 좀 떨어진 부분부터 먼저 박는다.
④ +자형을 먼저 박는다.

11 **항타말뚝은 주로 해머를 이용하여 말뚝을 지반에 근입시킨다. 다음 중 항타말뚝에 사용되는 디젤해머의 특징에 대한 설명으로 틀린 것은?**

① 취급이 비교적 간단하다.
② 부대설비가 적어 작업성과 기동성이 있다.
③ 배기가스 및 소음공해가 있다.
④ 연약지반에서 매우 유용하다.

12 **지름이 30cm, 길이가 12m인 말뚝을 3ton의 증기 해머로 1.5m 낙하시켜 박는 말뚝 타입 시험에서 1회 타격으로 인한 최종침하량은 5mm이었다. 이때 말뚝의 허용지지력은 약 얼마인가? (단, 엔지니어링뉴스 공식으로 단동식 증기해머 사용)**

① 100ton
② 120ton
③ 140ton
④ 160ton

13 말뚝의 지지력을 결정하기 위한 방법 중에서 가장 정확한 것은?

① 말뚝재하시험
② 동역학적공식
③ 정역학적공식
④ 허용지지력 표로서 구하는 방법

14 단독 말뚝의 지지력과 비교하여 무리 말뚝 한 개의 지지력에 관한 설명으로 옳은 것은? (단, 마찰말뚝이라 한다.)

① 두 말뚝의 지지력이 똑같다.
② 무리 말뚝의 지지력이 크다.
③ 무리 말뚝의 지지력이 작다.
④ 무리 말뚝의 크기에 따라 다르다.

15 말뚝이 30개로 형성된 군항 기초에서 말뚝의 효율은 0.75이다. 단항으로 계산할 때 말뚝 한 개의 허용지지력이 20t이라면 군항의 허용지지력은?

① 450t　② 220t
③ 500t　④ 350t

16 아래 그림과 같이 20개의 말뚝을 구성된 군항이 있다. 이 군항의 효율(E)을 Converse－Labarre 식을 이용해서 구하면?

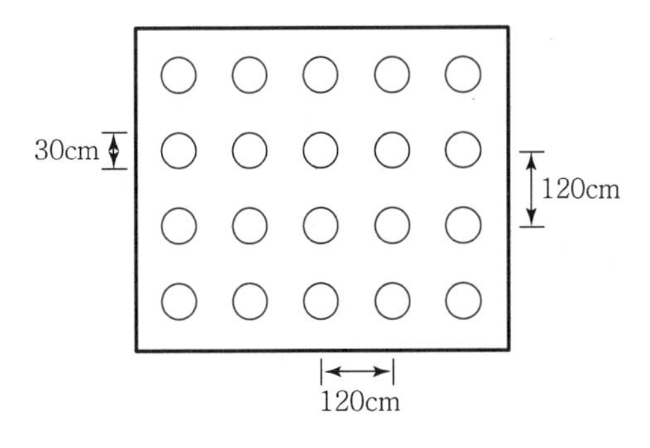

① 0.758　　② 0.721
③ 0.684　　④ 0.647

17 강말뚝의 부식에 대한 대책으로 적당하지 않은 것은?

① 초음파법
② 전기 방식법
③ 도장에 의한 방법
④ 말뚝의 두께를 증가시키는 방법

18 콘크리트 말뚝이나 선단폐쇄 강관말뚝과 같은 타입말뚝은 흙을 횡방향으로 이동시켜서 주위의 흙을 다져주는 효과가 있다. 이런 말뚝은 무엇이라고 하는가?

① 배토말뚝　　② 지지말뚝
③ 주동말뚝　　④ 수동말뚝

19 피어기초 중 기계에 의한 시공법이 아닌 것은?

① 베노토(benoto) 공법
② 시카고(chocago) 공법
③ 어스드릴(Earth dril) 공법
④ 리버스써큐레이션(Reverse Circulation) 공법

20 현장에서 타설하는 피어공법 중 시공 시 케이싱 튜브를 인발할 때 철근이 따라올라오는 공상(供上)현상이 일어나는 단점이 있는 것은?

① 시카고 공법
② 돗바늘 공법
③ 베노토 공법
④ RCD(Reverse Circulation Drill) 공법

21 벤토나이트 공법을 써서 굴착벽면의 붕괴를 막으면서 굴착된 구멍에 철근 콘크리트를 넣어 말뚝이나 벽체를 연속적으로 만드는 공법은?

① Slurry Wall 공법
② Earth Drill 공법
③ Earth Anchor 공법
④ Open Cut 공법

22 RCD(reverse circulation drill)공법의 시공방법 설명 중 옳지 않은 것은?

① 물을 사용하여 약 0.2~0.3kg/cm^{2}의 정수압으로 공벽을 안정시킨다.
② 기종에 따라 약 35° 정도의 경사 말뚝 시공이 가능하다.
③ 케이싱 없이 굴삭이 가능한 공법이다.
④ 수압을 이용하며, 연약한 흙에 적합하다.

23 지하층을 구축하면서 동시에 지상층도 시공이 가능한 역타공법(Top－down공법)이 현장에서 많이 사용된다. 역타공법의 특징으로 틀린 것은?

① 인접건물이나 인접대지에 영향을 주지 않는 지하굴착 공법이다.
② 대지의 활용도를 극대화할 수 있으므로 도심지에서 유리한 공법이다.
③ 지하층 슬래브와 지하벽체 및 기초 말뚝기둥과의 연결 작업이 쉽다.
④ 지하주벽을 먼저 시공하므로 지하수차단이 쉽다.

24 지하철 공사의 공법에 관한 다음 설명 중 틀린 것은?

① Open cut 공법은 얕은 곳에서는 경제적이나 노면복공을 하는데 지상에서의 지장이 크다.
② 개방형 쉴드로 지하수위 아래를 굴착할 때에는 압기할 때가 많다.
③ 연속 지중벽 공법은 연약지반에서 적합하고 지수성도 양호하나, 소음 대책이 어렵다.
④ 연속 지중벽 공법의 대표적인 것은 이코스공법, 엘제공법, 쏠레턴슈 공법 등이 있다.

25 케이슨 기초 중 오픈케이스 공법의 특징에 대한 설명으로 틀린 것은?

① 굴착시 히빙이나 보일링 현상의 우려가 있다.
② 기계설비가 비교적 간단하다.
③ 일반적인 굴착깊이는 30~40m 정도로 침하 깊이에 제한을 받는다.
④ 큰 전석이나 장애물이 있는 경우 침하작업이 지연된다.

26 오픈 케이슨 기초의 특징에 대한 일반적인 설명으로 틀린 것은?

① 기계설비가 비교적 간단하다.
② 다른 케이슨 기초와 비교하여 공사비가 싸다.
③ 침하 깊이의 제한을 받지 않는다.
④ 굴착 시 히빙이나 보일링 현상의 우려가 없다.

27 오픈케이슨(open caisson)공법에 대한 설명으로 틀린 것은?

① 전석과 같은 장애물이 많은 곳에서의 작업은 곤란하다.
② 케이슨의 침하시 주면마찰력을 줄이기 위해 진동발파공법을 적용할 수 있다.
③ 케이슨의 선단부를 보호하고 침하를 쉽게 하기 위하여 curve shoe라 불리우는 날끝을 붙인다.
④ 굴착 시 지하수를 저하시키지 않으며, 히빙, 보일링의 염려가 없어 인접 구조물의 침하우려가 없다.

28 공기 케이슨 공법에 관한 설명으로 틀린 것은?

① 노동조건의 제약을 받기 때문에 노무비가 과대하다.
② 토질을 확인할 수 있고 정확한 지지력 측정이 가능하다.
③ 소규모 공사 또는 심도가 얕은 곳에는 비경제적이다.
④ 배수를 하면서 시공하므로 지하수위 변화를 주어 인접지반에 침하를 일으킨다.

29 뉴매틱 케이슨(Pneumatic Caisson)공법의 특징으로 틀린 것은?

① 소음과 진동이 커서 도시에서는 부적합하다.
② 기초 지반 토질의 확인 및 정확학 지지력의 측정이 가능하다.
③ 굴착 깊이에 제한이 없고 소규모 공사나 심도 깊은 공사에 경제적이다.
④ 기초 지반의 보일링 현상 및 히빙 현상을 방지할 수 있으므로 인접 구조물의 피해 우려가 없다.

30 뉴매틱 케이슨의 기초의 일반적인 특징에 대한 설명으로 틀린 것은?

① 지하수를 저하시키지 않으며, 히빙, 보일링을 방지할 수 있으므로 인접 구조물의 침하 우려가 없다.
② 오픈 케이슨보다 침하공정이 빠르고 장애물 제거가 쉽다.
③ 지형 및 용도에 따른 다양한 형상에 대응할 수 있다.
④ 소음과 진동이 없어 도심지 공사에 적합하다.

31 **케이슨을 침하시킬 때 유의사항으로 틀린 것은?**

① 침하시 초기 3m까지는 안정하므로 경사이동의 조정이 용이하다.
② 케이슨은 정확한 위치의 확보가 중요하다.
③ 토질에 따라 케이슨의 침하 속도가 다르므로 사전 조사가 중요하다.
④ 편심이 생기지 않도록 주의해야 한다.

32 **우물통의 침하공법 중 초기에는 자중으로 침하되지만 심도가 깊어짐에 따라 레일, 철괴, 콘크리트블록, 흙가마니 등이 사용되는 공법은 무엇인가?**

① 발파에 의한 침하공법
② 물하중식 침하공법
③ 재하중식 침하공법
④ 분기식 침하공법

33 **교각기초를 위해 직경 10m, 깊이 20m, 측벽두께 50cm인 우물통기초를 시공 중에 있다. 지반의 극한지지력이 200kN/m², 단위면적당 주면마찰력(f_s)이 5kN/m², 수중부력은 100kN일 때, 우물통이 침하하기 위한 최소 상부하중(자중+재하중)은?**

① 5,201kN
② 6,227kN
③ 7,107kN
④ 7,523kN

CHAPTER

공기업 토목직 1300제

05 연약지반 개량공법

01 연약지반 개량공법 중 개량 원리가 다른 것은?

① 모래다짐말뚝(sand compaction pile)공법
② 바이브로 플로테이션(vibro flotation)공법
③ 동다짐(dynamic compaction)공법
④ 선행재하(preloading)공법

02 다음 중 연약 점성토 지반의 개량공법으로 적합하지 않은 것은?

① 침투압(MAIS) 공법
② 프리로딩(pre－loading) 공법
③ 샌드드레인(sand drain) 공법
④ 바이브로플로테이션(vibroflotation) 공법

03 두꺼운 연약지반의 처리공법 중 점성토이며, 압밀속도를 빨리 하고자 할 때 가장 적당한 공법은?

① 제거치환 공법
② vertical drain 공법
③ vibro flotation 공법
④ 압성토 공법

04 큰 중량의 중추를 높은 곳에서 낙하시켜 지반에 가해지는 충격에너지와 그 때의 진동에 의해 지반을 다지는 개량공법으로 대부분의 지반에 지하수위와 관계없이 시공이 가능하고 시공 중 사운딩을 실시하여 개량효과를 점검하는 시공법은?

① 지하연속공법
② 폭파다짐공법
③ 바이브로플로테이션공법
④ 동다짐공법

05 Preloading 공법에 대한 설명 중에서 적당하지 못한 것은?

① 공기가 급한 경우에 적용한다.
② 구조물의 잔류 침하를 미리 막는 공법의 일종이다.
③ 압밀에 의한 점성토지반의 강도를 증가시키는 효과가 있다.
④ 도로, 방파제 등 구조물 자체가 재하중으로 작용하는 형식이다.

06 샌드 드레인(sand drain) 공법에서 영향원의 지름을 d_e, 모래말뚝의 간격을 d라 할 때 정삼각형의 모래 말뚝배열 식으로 옳은 것은?

① $d_e = 1.13d$
② $d_e = 1.10d$
③ $d_e = 1.05d$
④ $d_e = 1.01d$

07 샌드드레인(sand drain) 공법에서 영향원의 지름을 d_e, 모래말뚝의 간격을 d라 할 때 정사각형의 모래말뚝 배열식으로 옳은 것은?

① $d_e = 1.0d$
② $d_e = 1.05d$
③ $d_e = 1.08d$
④ $d_e = 1.13d$

08 웰 포인트(well point)공법으로 강제배수 시 point와 point의 일반적인 간격으로 적당한 것은?

① 1~2m
② 3~5m
③ 5~7m
④ 8~10m

09 지반 중에 초고압으로 가압된 경화재를 에어제트와 함께 이중관 선단에 부착된 분사노즐로 분사시켜 지반의 토립자를 교반하여 경화재와 혼합 고결시키는 공법은?

① LW 공법
② SGR 공법
③ SCW 공법
④ JSP 공법

CHAPTER

공기업 토목직 1300제

06 포장공

01 겨울철 동상에 의한 노면의 균열과 평탄성의 악화와 더불어 초봄의 노상지지력의 저하로 인한 포장의 구조파괴를 동결융해작용이라고 한다. 이는 3가지 조건을 동시에 만족하여야 하는데 그중 관계가 없는 것은?

① 지반의 토질이 동상을 일으키기 쉬울 때
② 동상을 일으키기에 필요한 물의 보급이 충분할 때
③ 0℃ 이상의 기온일 때
④ 모관상승고가 동결심도보다 클 때

02 정수의 값이 3, 동결지수가 400℃ · day일 때, 데라다 공식을 이용하여 동결깊이를 구하면?

① 30cm ② 40cm
③ 50cm ④ 60cm

03 시멘트 콘크리트 포장에 대한 설명으로 틀린 것은?

① 내구성이 풍부하다. ② 재료 구입이 용이하다.
③ 부분적인 보수가 곤란하다. ④ 양생기간이 짧고 주행성이 좋다.

04 아스팔트 콘크리트 포장과 비교한 시멘트 콘크리트 포장의 특성에 대한 설명으로 틀린 것은?

① 내구성이 커서 유지관리비가 저렴하다.
② 표층은 교통하중을 하부층으로 전달하는 역할을 한다.
③ 국부적 파손에 대한 보수가 곤란하다.
④ 시공 후 충분한 강도를 얻는 데까지 장시간의 양생이 필요하다.

05 콘크리트 포장 이음부의 시공과 관계가 적은 것은?

① 슬립폼(slip form)
② 타이바(tie bar)
③ 다우웰바(dowel bar)
④ 프라이머(primer)

06 시멘트 콘크리트 포장에 대한 설명으로 틀린 것은?

① 무근 콘크리트 포장(JCP)은 콘크리트를 타설한 후 양생이 되는 과정에서 발생하는 무분별한 균열을 막기 위해서 줄눈을 설치하는 포장이다.
② 철근 콘크리트 포장(JRCP)은 줄눈으로 인한 문제점을 해결하고자 줄눈의 개수를 줄이고, 철근을 넣어 균열을 방지하거나 균열 폭을 최소화하기 위한 포장이다.
③ 연속 철근 콘크리트 포장(CRCP)은 철근을 많이 배근하여 종방향 줄눈을 완전히 제거하였으나, 임의 위치에 발생하는 균열로 인하여 승차감이 불량한 단점이 있다.
④ 롤러 전압 콘크리트 포장(RCCP)은 된비빔 콘크리트를 롤러 등으로 다져서 시공하여 건조수축이 작아 표면처리를 따로 할 필요가 없는 장점이 있으나, 포장 표면의 평탄성이 결여되는 등의 단점이 있다.

07 콘크리트 포장에서 다음에서 설명하는 현상은?

> 콘크리트 포장에서 기온의 상승 등에 따라 콘크리트 슬래브가 팽창할 때 줄눈 등에서 압축력에 견디지 못하고 좌굴을 일으켜 부분적으로 솟아오르는 현상

① spalling
② blow up
③ pumping
④ reflection crack

08 아스팔트 포장과 콘크리트 포장을 비교 설명한 것 중 아스팔트 포장의 특징이 아닌 것은?

① 양생기간이 거의 필요 없다.
② 유지수선이 콘크리트 포장보다 쉽다.
③ 주행성이 콘크리트 포장보다 좋다.
④ 초기 공사비가 고가이다.

09 다음은 아스팔트 포장의 단면도이다. 상단부터(A~E) 차례대로 옳게 기술한 것은?

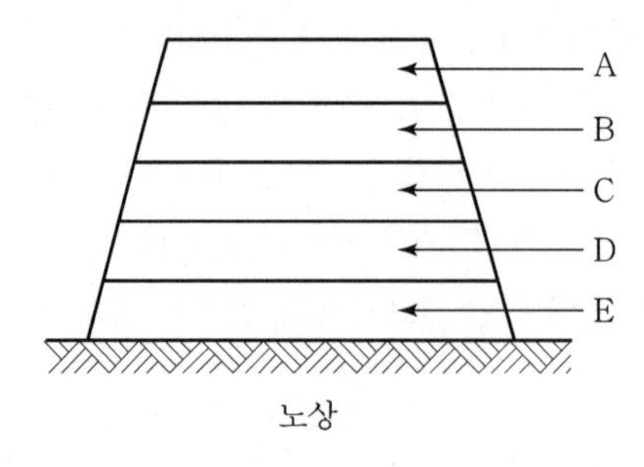

① 차단층, 중간층, 표층, 기층, 보조기층
② 표층, 기층, 중간층, 보조기층, 차단층
③ 표층, 중간층, 차단층, 기층, 보조기층
④ 표층, 중간층, 기층, 보조기층, 차단층

10 **아스팔트 포장에서 표층에 대한 설명 중 틀린 것은?**

① 노상 바로 위의 인공층이다.
② 표면수가 내부로 침입하는 것을 막는다.
③ 기층에 비해 골재의 치수가 작은 편이다.
④ 교통에 의한 마모와 박리에 저항하는 층이다.

11 **아스팔트 포장에서 표층에 가해지는 하중을 분산시켜 보조기층에 전달하며, 교통하중에 의한 전단에 저항하는 역할을 하는 층은?**

① 기층 ② 노상
③ 노체 ④ 차단층

12 **다음 중 포장 두께를 결정하기 위한 시험이 아닌 것은?**

① CBR 시험 ② 평판재하시험
③ 마샬시험 ④ 3축압축시험

13 AASHTO(1986) 설계법에 의해 아스팔트 포장의 설계 시 두께지수(SN, Structure Number) 결정에 이용되지 않는 것은?

① 각 층의 상대강도계수
② 각 층의 두께
③ 각 층의 배수계수
④ 각 층의 침입도지수

14 아스팔트 포장에서 다짐도, 다짐 후의 두께, 재료분리, 부설 및 다짐방법 등을 검토하기 위하여 시험포장을 하여야 하는데 적당한 면적으로 옳은 것은?

① 2,000m^2
② 1,500m^2
③ 1,000m^2
④ 500m^2

15 아스팔트 포장의 시공에 앞서 실시하는 시험포장의 결과로 얻어지는 사항과 관계가 없는 것은?

① 혼합물의 현장배합 입도 및 아스팔트 함량의 결정
② 플랜트에서의 작업표준 및 관리목표의 설정
③ 시공관리 목표의 설정
④ 포장 두께의 결정

16 아스팔트 포장 설계에 이용되는 최적 아스팔트 함량을 결정하기 위해 마샬안정도시험을 수행한다. 다음 중 최적 아스팔트 함량 결정에 이용되지 않는 것은?

① 회복탄성계수 ② 공극률
③ 포화도 ④ 흐름치

17 보조기층, 입도 조정기층 등에 침투시켜 이들 층의 방수성을 높이고 그 위에 포설하는 아스팔트 혼합물과의 부착이 잘되게 하기 위하여 보조기층 또는 기층 위에 역청재를 살포하는 것을 무엇이라 하는가?

① 프라임 코트(prime coat) ② 택 코트(tack coat)
③ 실 코트(seal coat) ④ 패칭(patching)

18 아스팔트 포장에서 프라임 코트(prime coat)의 중요 목적이 아닌 것은?

① 배수층 역할을 하여 노상토의 지지력을 증대시킨다.
② 보조기층에서 모세관 작용에 의한 물의 상승을 차단한다.
③ 보조기층과 그 위에 시공될 아스팔트 혼합물과의 융합을 좋게 한다.
④ 기층 마무리 후 아스팔트 포설까지의 기층과 보조기층의 파손 및 표면수의 침투, 강우에 의한 세굴을 방지한다.

19 아스팔트 포장의 파손현상 중 차량하중에 의해 발생한 변형량의 일부가 회복되지 못하여 발생하는 영구변형으로, 차량통과위치에 균일하게 발생하는 침하를 보이는 아스팔트 포장의 대표적인 파손현상을 무엇이라 하는가?

① 피로균열
② 저온균열
③ 라벨링(Ravelling)
④ 러팅(Rutting)

20 아스팔트 포장에 주로 발생하는 소성변형의 발생 원인에 대한 설명으로 틀린 것은?

① 하절기의 이상 고온
② 아스콘에 아스팔트량이 적을 때
③ 침입도가 큰 아스팔트를 사용한 경우
④ 골재의 최대 치수가 적은 경우

21 아스팔트 포장의 안정성 부족으로 인해 발생하는 대표적인 파손은 소성변형(바퀴자국, 측방 유동)이다. 최근 우리나라의 도로에서 이 소성변형이 문제가 되고 있는데, 다음 중 그 원인이 아닌 것은?

① 여름철 고온 현상
② 중차량 통행
③ 수막현상
④ 표시된 차선을 따라 차량이 일정 위치로 주행

22 **아스팔트 콘크리트 포장의 소성변형(rutting)에 대한 설명으로 틀린 것은?**

① 아스팔트 콘크리트 포장의 노면에서 차의 바퀴가 집중적으로 통과하는 위치에 생기는 도로 연장 방향으로의 변형을 말한다.
② 하절기의 이상 고온 및 아스팔트량이 많은 경우 발생하기 쉽다.
③ 침입도가 작은 아스팔트를 사용하거나 골재의 최대 치수가 큰 경우 발생하기 쉽다.
④ 변형이 발생한 위치에 물이 고일 경우 수막현상 등을 일으켜 주행 안전성에 심각한 영향을 줄 수 있다.

23 **국내 도로 파손의 주요 원인은 소성변형으로 전체 파손의 큰 부분을 차지하고 있다. 최근 이러한 소성변형의 억제방법 중 하나로, 기존의 밀입도 아스팔트 혼합물 대신 상대적으로 큰 입경의 골재를 이용하는 아스팔트 포장 방법을 무엇이라 하는가?**

① SBS ② SBR
③ SMA ④ SMR

24 **아래에서 설명하는 아스팔트 포장의 파손은?**

- 골재입자가 분리됨으로써 표층으로부터 하부로 진행되는 탈리 과정이다.
- 표층에 잔골재가 부족하거나 아스팔트층의 현장밀도가 낮은 경우에 주로 발생한다.

① 영구변형(Rutting) ② 라벨링(Ravelling)
③ 블록 균열 ④ 피로 균열

25 **아스팔트계 포장에서 거북등 균열(Alligator Cracking)이 발생하였다면 그 원인으로 가장 적절한 것은?**

① 아스팔트와 골재 사이의 접착이 불량하다.
② 아스팔트를 가열할 때 Overheat 하였다.
③ 포장의 전압이 부족하다.
④ 노반의 지지력이 부족하다.

26 **아스팔트 포장의 표면에 부분적인 균열, 변형, 마모 및 붕괴와 같은 파손이 발생할 경우 적용하는 공법을 표면처리라고 하는데 다음 중 이 공법에 속하지 않는 것은?**

① 실 코트(Seal Coat)
② 카펫 코트(Carpet Coat)
③ 택 코트(Tack Coat)
④ 포그 실(Fog Seal)

07 교량공

01 교량 가설의 위치 선정에 대한 설명으로 틀린 것은?

① 하천과 유수가 안정한 곳일 것
② 하폭이 넓을 때는 굴곡부일 것
③ 하천과 양안의 지질이 양호한 곳일 것
④ 교각의 축방향이 유수의 방향과 평행하게 되는 곳일 것

02 교량 받침 계획에 있어서 고정받침을 배치하고자 할 때 고려하여야 할 사항으로 틀린 것은?

① 고정하중의 반력이 큰 지점
② 종단 구배가 높은 지점
③ 수평반력 흡수가 가능한 지점
④ 가동받침 이동량을 최소화할 수 있는 지점

03 교량의 구조는 상부구조와 하부구조로 나누어진다. 다음 중 상부구조가 아닌 것은?

① 교대(abutment)
② 브레이싱(bracing)
③ 바닥판(bridge deck)
④ 바닥틀(floor system)

04 교대의 명칭 중 구체(main body)를 가장 적절하게 설명한 것은?

① 교량의 일단을 지지하는 것
② 축제의 상부를 지지하여 흙이 교좌에서 무너지는 것을 막는 것
③ 상부구조에서 오는 전하중을 기초에 전달하고 배후 구조에 저항하는 것
④ 하중을 기초 지반에 넓게 분포시켜 교대의 안전을 도모하는 것

05 교량에서 좌우의 주형을 연결하여 구조물의 횡방향지지, 교량 단면현상의 유지, 강성의 확보, 횡하중의 받침부로의 원활한 전달 등을 위해서 설치하는 것은?

① 교좌
② 바닥판
③ 바닥틀
④ 브레이싱

06 교대에서 날개벽(Wing)의 역할로 가장 적당한 것은?

① 교대의 하중을 부담한다.
② 교량의 상부구조를 지지한다.
③ 유량을 경감하여 토사의 퇴적을 촉진시킨다.
④ 배면(背面)토사를 보호하고 교대 부근의 세굴을 방지한다.

07 교량의 구조에 따른 분류 중 아래에서 설명하는 교량 형식은?

주탑, 케이블, 주형의 3요소로 구성되어 있고, 케이블을 주행에 정착시킨 교량형식이며, 장지간 교량에 적합한 형식으로 국내 서해대교에 적용한 형식이다.

① 사장교　　② 현수교
③ 아치교　　④ 트러스트교

08 사장교를 케이블 형상에 따라 분류할 때 그 종류가 아닌 것은?

① 프랫형(Pratt)　　② 방사형(Radiating)
③ 하프형(Harp)　　④ 별형(Star)

09 교량가설공법 중 동바리를 이용하는 공법이 아닌 것은?

① 새들(Saddle) 공법　　② 벤트(Bent) 공법
③ 외팔보(Free Cantilever) 공법　　④ 가설 트러스(Erection Truss) 공법

10 다음 중 비계를 이용하지 않는 강 트러스교의 가설 공법이 아닌 것은?

① 새들(Saddle) 공법
② 캔틸레버(Cantilever)식 공법
③ 케이블(Cable)식 공법
④ 부선(Pantoon)식 공법

11 PSC 교량가설공법과 시공상의 특징에 대한 설명이 적절하지 않은 것은?

① 연속압출공법(ILM) : 시공부위의 모멘트감소를 위해 steel nose(추진코) 사용
② 동바리공법(FSM) : 콘크리트 치기를 하는 경간에 동바리를 설치하여 자중 등의 하중을 일시적으로 동바리가 지지하는 방식
③ 캔틸레버공법(FCM) : 교량외부의 제작장에서 일정길이만큼 제작 후 연결시공
④ 이동식 비계공법(MSS) : 교각위에 브래킷 설치 후 그 위를 이동하며 콘크리트 타설

12 특수제작된 거푸집을 이동시키면서 진행방향으로 슬래브를 타설하는 공법이며, 유압잭을 이용하여 전 · 후진의 구동이 가능하며 main girder 및 form work를 상하좌우로 조절 가능한 기계화된 교량가설공법은?

① MSS 공법
② ILM 공법
③ FCM 공법
④ Dywidag 공법

13 교량 가설공법 중 압출공법(ILM)의 특징을 설명한 것으로 틀린 것은?

① 비계작업 없이 시공할 수 있으므로 계곡 등과 같은 교량 밑의 장해물에 관계없이 시공할 수 있다.
② 기하학적인 현상에 적용이 용이하므로 곡선교 및 곡선의 변화가 많은 교량의 시공에 적합하다.
③ 대형 크레인 등 거치장비가 필요없다.
④ 몰드 및 추진성에 제한이 있어 상부 구조물의 횡단면과 두께가 일정해야 한다.

14 아래의 표에서 설명하는 교량 가설공법의 명칭은?

캔틸레버 공법의 일종으로 일정한 길이로 분할된 세그먼트를 공장에서 제작하여 가설현장에서는 크레인 등의 가설장비를 이용하여 상부구조를 완성하는 방법

① F.S.M
② I.L.M
③ M.S.S
④ P.S.M

15 아래의 표에서 설명하는 교량은?

• PSC 박스형교를 개선한 신개념의 교량 형태 • 부모멘트 구간에서 PS강재로 인해 단면에 도입되는 축력과 모멘트를 증가시키기 위해 단면 내에 위치하던 PS 강재를 낮은 주탑 정부에 external tendon의 형태로 배치하여 부재의 유효높이 이상으로 PS강재의 편심량을 증가시킨 형태의 교량

① 현수교
② Extradosed교
③ 사장교
④ Warren Truss교

16 **교량 가설 공법인 디비닥(Dywidag) 공법의 특징으로 옳은 것은?**

① 동바리가 필요하다.

② 시공 블록이 3~4m 마다 생기므로 관리가 어렵다.

③ 동일 작업이 반복되지만 시공속도가 느리다.

④ 긴 경간의 PC교 가설이 가능하다.

CHAPTER 08

공기업 토목직 1300제

터널공

01 터널의 계획, 설계, 시공 시 본바닥의 성질 및 지질구조를 가장 정확하게 알기 위한 조사 방법은?

① 물리적 탐사
② 탄성파 탐사
③ 전기 탐사
④ 보링(Boring)

02 다음 중 터널공사에서 이상지압 원인으로 거리가 먼 것은?

① 편압
② 본바닥 팽창
③ 잠재응력 해방
④ 토압

03 터널굴착 방법 중 기계굴착 방법의 특징에 대한 설명으로 틀린 것은?

① 견고한 암반에 주로 적용한다.
② 폭발물을 사용하지 않으므로 안정성이 높다.
③ 원지반의 이완이 적어서, 지보공이 절약된다.
④ 기계의 방향제어를 정확히 관리하면 여굴이 감소하므로 굴착량과 콘크리트량을 절감할 수 있다.

04 T.B.M 공법에 대한 설명으로 옳은 것은?

① 무진동 화약을 사용하는 방법이다.
② cutter에 의하여 암석을 압쇄 또는 굴착하여 나가는 굴착공법이다.
③ 암층의 변화에 대하여 적응하기가 어렵다.
④ 여굴이 많아질 우려가 있다.

05 TBM(Tunnel Boring Machine)에 의한 굴착의 특징이 아닌 것은?

① 안정성(安定性)이 높다.
② 여굴에 의한 낭비가 적다.
③ 노무비 절약이 가능하다.
④ 복잡한 지질의 변화에 대응이 용이하다.

06 터널 굴착 공법인 TBM공법의 특징에 대한 설명으로 틀린 것은?

① 터널 단면에 대한 분할 굴착시공을 하므로, 지질변화에 대한 확인이 가능하다.
② 기계굴착으로 인해 여굴의 거의 발생하지 않는다.
③ 1km 이하의 비교적 짧은 터널의 시공에는 비경제적인 공법이다.
④ 본바닥 변화에 대하여 적응이 곤란하다.

07 **TBM(Tunnel Boring Machine) 공법을 이용하여 암석을 굴착하여 터널단면을 만들려고 한다. TBM 공법의 단점이 아닌 것은?**

① 설비투자액이 고가이므로 초기 투자비가 많이 든다.
② 본바닥 변화에 대하여 적응이 곤란하다.
③ 지반에 따라 적용범위에 제약을 받는다.
④ lining두께가 두꺼워야 한다.

08 **터널 굴착 방식인 NATM의 시공순서로 올바르게 된 것은?**

① 발파 → 천공 → 록 볼트 → 숏크리트 → 버력 처리 → 환기
② 발파 → 천공 → 숏크리트 → 록 볼트 → 버력 처리 → 환기
③ 천공 → 발파 → 환기 → 버력 처리 → 숏크리트 → 록 볼트
④ 천공 → 버력 처리 → 발파 → 환기 → 록 볼트 → 숏크리트

09 **터널의 시공에 사용되는 숏크리트 습식공법의 장점으로 틀린 것은?**

① 분진이 적다.
② 품질관리가 용이하다.
③ 장거리 압송이 가능하다.
④ 대규모 터널 작업에 적합하다.

10 숏크리트 리바운드(Rebound)량을 감소시키는 방법으로 옳은 것은?

① 시멘트량을 줄인다.
② 분사 부착면을 거칠게 한다.
③ 조골재를 19mm 이상으로 한다.
④ 벽면과 45° 각도로 분사한다.

11 숏크리트 시공 시 리바운드양을 감소시키는 방법으로 옳지 않은 것은?

① 분사 부착면을 매끄럽게 한다.
② 압력을 일정하게 한다.
③ 벽면과 직각으로 분사하다.
④ 시멘트량을 증가시킨다.

12 록 볼트의 정착형식은 선단 정착형, 전면접착형, 혼합형으로 구분할 수 있다. 이에 대한 설명으로 틀린 것은?

① 록 볼트 전장에서 원지반을 구속하는 경우에는 전면 접착형이다.
② 암괴의 봉합효과를 목적으로 하는 것은 선단 정착이며, 그중 쐐기형이 많이 쓰인다.
③ 선단을 기계적으로 정착한 후 시멘트밀크를 주입하는 것은 혼합형이다.
④ 경암, 보통암, 토사 원지반에서 팽창성 원지반까지 적용범위가 넓은 것은 전면 접착형이다.

13 다음과 같은 특징을 가진 굴착장비의 명칭은?

> 이동차대 위에 설치한 1~5개의 붐(Boom) 끝에 드리프터를 장착하여 동시에 많은 천공을 할 수 있고, 단단한 암이나 터널 굴착에 적용하며, NATM공법에 많이 사용한다.

① Stoper　　② Jumbo drill
③ Rock drill　　④ Sinker

14 점보드릴(Jumbo drill)에 대한 설명으로 옳지 않은 것은?

① 착암기를 싣고 굴착작업을 할 수 있도록 되어있는 장비이다.
② 한 대의 Jumbo 위에는 여러 대의 착암기를 장치할 수 있다.
③ 상 · 하로 자유로이 이동작업이 가능하나 좌 · 우로의 조정은 불가능하다.
④ NATM 공법에 많이 사용한다.

15 아래의 표에서 설명하는 터널공법의 명칭으로 옳은 것은?

> 함수성 토사층에 철제원통을 수평방향으로 잭에 의하여 추진하면서 굴진하고 그 후미에서 세그먼트를 조립 · 구축하여 터널을 형성해 가는 공법

① 아일랜드 공법　　② 침매 공법
③ 실드 공법　　④ TBM 공법

16 터널굴착공법 중 쉴드(shield)공법의 장점으로서 옳지 않은 것은?

① 밤과 낮에 관계없이 작업이 가능하다.
② 지하의 깊은 곳에서 시공이 가능하다.
③ 소음과 진동의 발생이 적다.
④ 지질과 지하수위에 관계없이 시공이 가능하다.

17 특수터널 공법 중 침매공법에 대한 설명으로 틀린 것은?

① 육상에서 제작하므로 신뢰성이 높은 터널 본체를 만들 수 있다.
② 단면의 형상이 비교적 자유롭다.
③ 협소한 장소의 수로에 적당하다.
④ 수중에 설치하므로 자중이 적고 연약지반 위에도 쉽게 시공할 수 있다.

18 터널 시공시 pilot tunnel의 역할은?

① 지질조사 및 지하수 배제 ② 측량을 위한 예비터널
③ 환기시설 ④ 기자재 운반

CHAPTER

공기업 토목직 1300제

09 발파공

01 **암석을 발파할 때 암석이 외부의 공기 및 물과 접하는 표면을 자유면이라 한다. 이 자유면으로부터 폭약의 중심까지의 최단 거리를 무엇이라 하는가?**

① 보안거리 ② 누두반경
③ 적정심도 ④ 최소저항선

02 **암석 시험발파의 주된 목적으로 옳은 것은?**

① 폭파계수 C를 구하려고 한다.
② 발파량을 추정하려고 한다.
③ 폭약의 종류를 결정하려고 한다.
④ 발파장비를 결정하려고 한다.

03 **저항선이 1.2m일 때 12.15kg의 폭약을 사용하였다면 저항선을 0.8m로 하였을 때 얼마의 폭약이 필요한가? (단, Hauser식을 사용한다.)**

① 1.8kg ② 3.6kg
③ 5.6kg ④ 7.6kg

04 **발파에 의한 터널공사 시공중 발파진동 저감대책으로 틀린 것은?**

① 정밀한 천공　　② 장약량 조절
③ 동시발파　　④ 방진공(무장약공) 수행

05 **암석발파공법에서 1차발파 후에 발파된 원석의 2차발파공법으로 주로 사용되는 것이 아닌 공법은?**

① 프리스프리팅공법　　② 블록보링공법
③ 스네이크보링공법　　④ 머드캐핑공법

06 **다음 발파공 중 심빼기 발파공이 아닌 것은?**

① 번 컷　　② 스윙 컷
③ 피라미드 컷　　④ 벤치 컷

07 아래에서 설명하는 심빼기 발파공은?

> 버력이 너무 비산하지 않는 심빼기에 유효하며, 특히 용수가 많을 때 편리하다.

① 노 컷　　② 벤치 컷
③ 스윙 컷　　④ 피라미드 컷

08 터널 공사에서 사용하는 발파방법 중 번 컷(Burn Cut)공법의 장점에 대한 설명 중 옳지 않은 것은?

① 폭약이 절약된다.
② 긴 구멍의 굴착이 용이하다.
③ 발파시 버력의 비산거리가 짧다.
④ 빈 구멍을 자유면으로 하여 연직 발파를 하므로 천공이 쉽다.

09 장약공 주변에 미치는 파괴력을 제어함으로써 특정방향에만 파괴효과를 주어 여굴을 적게 하는 등의 목적으로 사용하는 조절폭파공업의 종류가 아닌 것은?

① 라인 드릴링　　② 벤치 컷
③ 쿠션 블라스팅　　④ 프리스플리팅

10 다음에서 설명하는 조절발파 공법의 명칭은?

> 원리는 쿠션 블라스팅 공법과 같으나 굴착선에 따라 천공하여 주굴착의 발파공과 동시에 점화하고 그 최종단에서 발파시키는 것이 이 공법의 특징이다.

① 벤치 컷 ② 라인 드릴링
③ 프리스플리팅 ④ 스무스 블라스팅

11 착암기로 사암을 착공하는 속도를 0.3m/min라 할 때 2m 깊이의 구멍을 10개 뚫는데 걸리는 시간은? (단, 착암기 1대를 사용하는 경우)

① 20분 ② 66.6분
③ 220분 ④ 666분

12 벤치 컷에서 벤치의 높이가 8m, 천공간격이 4m, 최소 저항선이 4m일 때 암석 굴착할 경우 장약량은? (단, 폭파계수(C)는 0.181이다.)

① 20.0kg ② 23.2kg
③ 31.2kg ④ 35.6kg

CHAPTER

10 댐 및 항만

01 댐에 대한 일반적인 설명으로 틀린 것은?

① 필댐(fill dam)은 공사비가 콘크리트 댐보다 적고 홍수 시의 월류에도 대단히 안전하다.
② 중력식 댐은 그 자중으로 수압에 저항하고 기초의 전단 강도가 댐의 안전상 중요하다.
③ 중공댐은 비교적 높이가 높은 댐이고 U자형 넓은 계곡인 경우 콘크리트량이 절약되어 유리하다.
④ 아치댐은 양안의 교대(abutment) 기초 암반의 두께와 강도가 중요하다.

02 댐에 관한 일반적인 설명으로 틀린 것은?

① 흙댐(Earth dam)은 기초가 다소 불량해도 시공할 수 있다.
② 중력식 댐(Gravity dam)은 안전율이 가장 높고 내구성도 크나 설계이론이 복잡하다.
③ 아치 댐(Arch dam)은 암반이 견고하고 계곡 폭이 좁은 곳에 적합하다.
④ 부벽식 댐(Butress dam)은 구조가 복잡하여 시공이 곤란하고 강성이 부족한 것이 단점이다.

03 **필댐의 특징에 대한 설명으로 틀린 것은?**

① 제체 내부의 부등침하에 대한 대책이 필요하다.
② 제체 단위면적당 기초지반에 전달되는 응력이 적다.
③ 여수로는 댐 본체와 일체가 되므로 경제적으로 유리하다.
④ 댐 주변의 천연재료를 이용하고 기계화 시공이 가능하다.

04 **흙댐을 구조상 분류할 때 중앙에 불투성의 흙을, 양측에는 투수성 흙을 배치한 것으로 두 가지 이상의 재료를 얻을 수 있는 곳에서 경제적인 댐 형식은?**

① 심벽형 댐
② 균일형 댐
③ 월류 댐
④ Zone형 댐

05 **다음 중 표면차수벽 댐을 채택할 수 있는 조건이 아닌 것은?**

① 대량의 점토 확보가 용이한 경우
② 추후 댐 높이의 증축이 예상되는 경우
③ 짧은 공사기간으로 급속시공이 필요한 경우
④ 동절기 및 잦은 강우로 점토시공이 어려운 경우

06 다음 중 보일링 현상이 가장 잘 발생하는 지반은?

① 모래질 지반
② 실트질 지반
③ 점성토 지반
④ 사질점토 지반

07 댐 기초처리를 위한 그라우팅의 종류 중 아래에서 설명하는 것은?

기초암반의 변형성이나 강도를 개량하여 균일성을 주기 위하여 기초 전반에 걸쳐 격자형으로 그라우팅을 하는 방법이다.

① 커튼 그라우팅
② 블랭킷 그라우팅
③ 콘텍트 그라우팅
④ 콘솔리데이션 그라우팅

08 아래의 표에서 설명하는 여수로(spill way)는?

- 필형 댐과 같이 댐 정상부로 월류시킬 수 없을 때 한쪽 또는 양쪽에 설치하는 여수로
- 이 여수로의 월류부는 난류를 막기 위하여 굳은 암반상에 일직선으로 설치한다.

① 슈트식 여수로
② 그롤리 홀 여수로
③ 측수로 여수로
④ 사이펀 여수로

09 가물막이 공법은 크게 중력식 공법과 널말뚝(sheet pile)식 공법으로 나눌 수 있다. 다음 중 중력식 가물막이 공법이 아닌 것은?

① Dam식 ② Box식
③ Cell식 ④ Caisson식

10 아래의 표에서 설명하는 댐은?

초경질 반죽의 빈배합 콘크리트를 덤프트럭으로 운반을 한 후, 블도저로 고르게 깔고 진동롤러로 다져서 제체를 구축한다.

① Roller compact concrete dam ② Rock fill dam
③ Gravity dam ④ Earth dam

11 수중 콘크리트를 타설할 때 가장 많이 사용하는 기구는 다음 중 어느 것인가?

① 버킷 ② 슈트
③ 트레미 ④ 콘크리트 플레이서

12 항만 공사에서 간만의 차가 큰 장소에 축조되는 항은?

① 하구항(coastal harbor)
② 개구항(open harbor)
③ 폐구항(closed harbor)
④ 피난항(refuge harbor)

13 다른 형식보다 재료가 적게 소요되고 높은 파고에서도 안전성이 높으며 지반이 양호하고 수심이 얕은 곳에 축조하는 방파제는?

① 부양 방파제
② 직립식 방파제
③ 혼성식 방파제
④ 경사식 방파제

14 방파제를 크게 보통방파제와 특수방파제로 분류할 때 특수방파제에 속하지 않는 것은?

① 공기 방파제
② 부양 방파제
③ 잠수 방파제
④ 콘크리트 단괴식 방파제

CHAPTER

공기업 토목직 1300제

11 암거

01 습윤상태가 곳에 따라 여러 가지로 변화하고 있는 배수 지구에서는 습윤 상태에 알맞은 암거배수의 양식을 취한다. 이와 같이 1지구 내에 소규모의 여러 가지 양식의 암거배수를 많이 설치한 암거의 배열 방식은?

① 차단식　　② 집단식
③ 자연식　　④ 빗식

02 암거의 배열방식 중 집수지거를 향하여 지형의 경사가 완만하고, 같은 습윤상태인 곳에 적합하며, 1개의 간선집수지 또는 집수지거로 가능한 한 많은 흡수거를 합류하도록 배열하는 방식은?

① 자연식 (Natural system)　　② 차단식(Intercepting system)
③ 빗식(Gridiron system)　　④ 집단식(Grouping system)

03 운동장 또는 광장과 같은 넓은 지역의 배수는 주로 어떤 배수방법으로 하는 것이 적당한가?

① 암거 배수　　② 지표 배수
③ 맹암거 배수　　④ 암거 배수

04 **하수도 관로의 최소 흙두께(매설깊이)는 원칙적으로 얼마를 하도록 되어 있는가?**

① 1.2m ② 1.0m
③ 0.8m ④ 0.6m

05 **배수로의 설계 시 유의해야 할 사항이 아닌 것은?**

① 집수면적이 커야 한다.
② 집수지역은 다소 길어야 한다.
③ 배수 단면은 하류로 갈수록 커야 한다.
④ 유하속도가 느려야 한다

06 **사이폰 관거(syphon drain)에 대한 다음 설명 중 옳지 않은 것은?**

① 암거가 앞뒤의 수로 바닥에 비하여 대단히 낮은 위치에 축조된다.
② 일종의 집수 암거로 주로 하천의 복류수를 이용하기 위하여 쓰인다.
③ 용수, 배수, 운하 등 성질이 다른 수로가 교차하지만 합류시킬 수 없을 때 사용한다.
④ 다른 수로 혹은 노선과 교차할 때 사용한다.

07 불투수층에서 최소 침강 지하수면까지의 거리를 1m, 암거의 간격 10m, 투수계수 $k=1\times10^{-5}$ cm/s라 할 때 이 암거의 단위 길이당 배수량을 Donnan식에 의하여 구하면 얼마인가?

① $2\times10^{-2}cm^3/cm/s$
② $2\times10^{-4}cm^3/cm/s$
③ $4\times10^{-2}cm^3/cm/s$
④ $4\times10^{-4}cm^3/cm/s$

08 관암거의 직경이 20cm, 유속이 0.6m/sec, 암거길이가 300m일 때 원활한 배수를 위한 암거낙차를 구하면? (단, Giesler의 공식을 사용하시오.)

① 0.86m
② 1.35m
③ 1.84m
④ 2.24m

12 건설 공사 관리

01 건설사업 기획, 설계, 시공, 유지관리 등 전과정의 정보를 발주자, 관련업체 등이 전산망을 통하여 교환 · 공유하기 위한 통합정보시스템을 무엇이라 하는가?

① Turn Key
② 건설B2B
③ 건설CALS
④ 건설EVMS

02 일반적인 품질관리순서 중 가장 먼저 결정해야 할 것은?

① 품질조사 및 품질검사
② 품질표준 결정
③ 품질특성 결정
④ 관리도의 작성

03 다음 중 품질관리의 순환과정으로 옳은 것은?

① 계획 → 실시 → 검토 → 조치
② 실시 → 계획 → 검토 → 조치
③ 계획 → 검토 → 실시 → 조치
④ 실시 → 계획 → 조치 → 검토

04 1개마다 양 · 불량으로 구별할 경우 사용하나 불량률을 계산하지 않고 불량개수에 의해서 관리하는 경우에 사용하는 관리도는?

① U 관리도
② C 관리도
③ P 관리도
④ P_n 관리도

05 시료의 평균값이 273.1, 범위의 평균값이 56.35, 군의 크기에 따라 정하는 계수가 0.73일 때 상부관리 한계선(UCL) 값은?

① 316.0
② 320.2
③ 338.0
④ 342.1

06 어떤 공사에서 하한 규격값 SL=12MPa로 정해져 있다. 측정결과 표준편차의 측정값 1.5MPa, 평균값 $\overline{x}$=18MPa이었다. 이 때 규격값에 대한 여유값은?

① 0.4MP
② 0.8MPa
③ 1.2MPa
④ 1.5MPa

07 PERT 공정 관리 기법에 대한 설명으로 틀린 것은?

① PERT 기법에서는 시간 견적을 3점법으로 확률 계산한다.
② PERT 기법은 결합점(Node) 중심의 일정 계산을 한다.
③ PERT 기법은 공기 단축을 목적으로 한다.
④ PERT 기법은 경험이 있는 사업 및 반복사업에 이용된다.

08 공정관리에서 PERT와 CPM의 비교 설명으로 옳은 것은?

① PERT는 반복사업에, CPM은 신규사업에 좋다.
② PERT는 1점 시간추정이고, CPM은 3점 시간추정이다.
③ PERT는 작업활동 중심관리이고, CPM은 작업단계 중심관리이다.
④ PERT는 공기 단축이 주목적이고, CPM은 공사비 절감이 주목적이다.

09 PERT와 CPM의 차이점에 대한 설명으로 틀린 것은?

① PERT의 주목적은 공기단축, CPM은 공사비 절감이다.
② PERT는 작업 중심의 일정계산이고, CPM은 결합점 중심의 일정계산이다.
③ PERT는 3점 시간 추정이고, CPM은 1점 시간 추정이다.
④ PERT의 이용은 신규사업, 비반복사업에 이용되고, CPM은 반복사업, 경험이 있는 사업에 이용된다.

10 PERT와 CPM에 대한 설명으로 틀린 것은?

① 작업에 편리한 인원수를 합리적으로 결정할 수 없다.
② 각 작업간의 시각적인 상호관계가 명확하다.
③ 각 작업의 착공일이 명확해지므로 필요 자재의 재고 관리가 원활하게 된다.
④ 각 작업의 지연으로 다른 작업에 미치는 영향 범위를 검토할 수 있다.

11 아래의 표와 같이 공사 일수를 견적한 경우 3점 견적법에 따른 적정 공사 일수는?

낙관일수 3일, 정상일수 5일, 비관일수 13일

① 4일 ② 5일
③ 6일 ④ 7일

12 공사일수를 3점 시간 추정법에 의해 산정할 경우 적절한 공사 일수는? (단, 낙관 일수는 6일, 정상일수는 8일, 비관일수는 10일이다.)

① 6일 ② 7일
③ 8일 ④ 9일

13 네트워크 공정표의 장점에 대한 설명으로 틀린 것은?

① 중점관리가 용이하다.
② 전체와 부분의 관련을 이해하기 쉽다.
③ 기자재, 노무 등 배치인원 계획이 합리적으로 이루어진다.
④ 작성 및 수정이 쉽다.

14 네트워크 관리도 작성의 기본원칙 가운데 모든 공정은 각각 독립공정으로 간주하며, 모든 공정은 의무적으로 수행되어야 한다는 원칙은?

① 공정원칙　② 단계원칙
③ 활동원칙　④ 연결원칙

15 네트워크 공정표를 작성할 때의 기본적인 원칙을 설명한 것으로 잘못된 것은?

① 네트워크의 개시 및 종료 결합점은 두 개 이상으로 구성되어야 한다.
② 무의미한 더미가 발생하지 않도록 한다.
③ 결합점에 들어오는 작업군이 모두 완료되지 않으면 그 결합점에서 나가는 작업은 개시할 수 없다.
④ 가능한 요소 작업 상호간의 교차를 피한다.

16 네트워크 공정표작성에 필요한 용어 중 아래의 표에서 설명하고 있는 것은?

실제적으로는 시간과 물량이 없는 명목상의 작업으로 한쪽 방향에 화살표를 가진 점선으로 표시한다.

① 작업활동(activity)
② 더미(dummy)
③ 이벤트(event)
④ 주공정선(critical path)

17 주공정선(critical path)에 대한 설명으로 틀린 것은?

① 주공정선(critical path)상에서 모든 여유는 0(zero)이다.
② 주공정선(critical path)은 반드시 하나만 존재한다.
③ 공정의 단축 수단은 주공정선(critical path)의 단축에 착안해야 한다.
④ 주공정선(critical path)에 의해 전체 공정이 좌우된다.

18 주공정선(critical path)의 성질에 대한 다음 설명 중 옳지 않은 것은?

① 현장 소장으로서 중점 관리해야 할 활동의 연속을 뜻한다.
② 크리티칼 패스의 지연은 곧 공기연장을 뜻한다.
③ 자재나 장비를 최우선적으로 투입해야 하는 공정이다.
④ 활동의 연속이 최단 공기를 갖게 되며 자원배당시 조정이 가능한 활동이다.

19 다음은 PERT/CPM 공정관리 기법의 공기 단축 요령에 관한 설명이다. 옳지 않은 것은?

① 비용경사가 최소인 주공정부터 공기를 단축한다.
② 주공정선(C.P)상의 공정을 우선 단축한다.
③ 전체의 모든 활동이 주공정선(C.P)화 되면 공기 단축은 절대 불가능하다.
④ 공기 단축에 따라 주공정선(C.P)이 복수화 될 수 있다.

20 아래 그림과 같은 네트워크 공정표에서 전체 공기는?

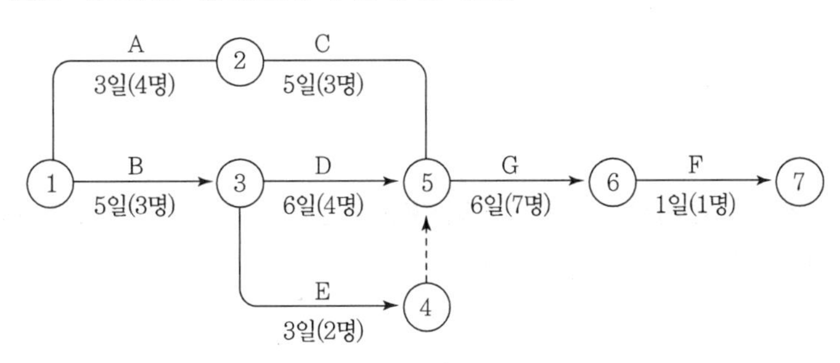

① 12일 ② 15일
③ 18일 ④ 21일

21 아래 그림과 같은 네트워크 공정표에서 표준공기를 구하면?

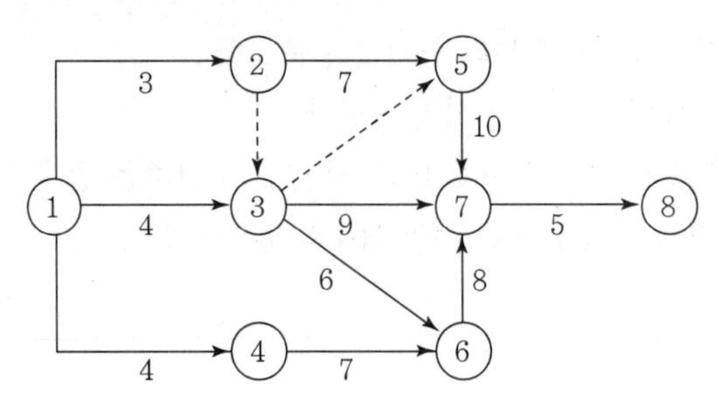

① 23일　　② 24일

③ 25일　　④ 26일

22 어떤 공사의 공정에 따른 비용 증가율이 아래의 그림과 같을 때 이 공정을 계획보다 3일 단축하고자 하면, 소요되는 추가 직접 비용은 얼마인가?

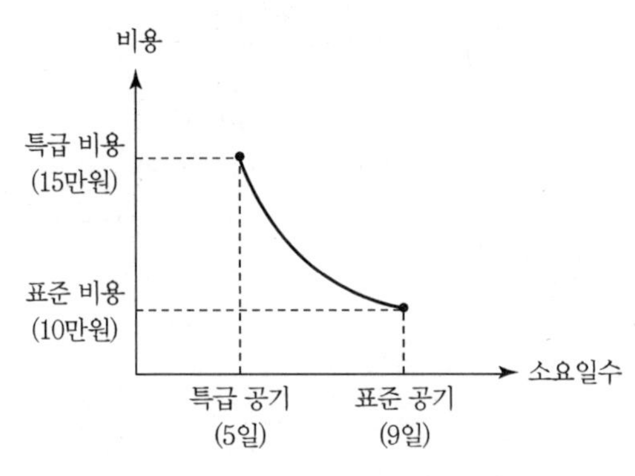

① 40,000원　　② 37,500원

③ 35,000원　　④ 32,500원

23 공사 기간의 단축은 비용경사(cost slope)를 고려해야 한다. 다음 표를 보고 비용경사를 구하면?

정상계획		특급계획	
기간	공사비	기간	공사비
10일	35,000원	8일	45,000원

① 5,000원/일　② 10,000원/일
③ 15,000원/일　④ 20,000원/일

P/A/R/T

05

공기업 토목직 1300제

[토목시공학]

정답 및 해설

CHAPTER 01 | 토공
CHAPTER 02 | 건설기계
CHAPTER 03 | 옹벽 및 흙막이공
CHAPTER 04 | 기초공
CHAPTER 05 | 연약지반 개량공법
CHAPTER 06 | 포장공
CHAPTER 07 | 교량공
CHAPTER 08 | 터널공
CHAPTER 09 | 발파공
CHAPTER 10 | 댐 및 항만
CHAPTER 11 | 암거
CHAPTER 12 | 건설 공사 관리

제1장 토공

01	02	03	04	05	06	07	08	09	10
①	②	①	④	④	①	③	④	①	②
11	12	13	14	15	16	17	18	19	20
④	③	④	④	③	②	③	②	①	③
21	22	23	24	25	26	27	28	29	30
②	④	④	④	①	①	③	②	①	①
31									
③									

01 정답 ①

시공기면
토공사에서 시공의 기준이 되는 지반 계획고

02 정답 ②

성토 재료의 구비조건
- 투수성이 적은 흙
- 압축성이 적은 흙
- 변형이 적은 흙
- 전단강도가 큰 흙
- 트래피커빌리티가 확보되는 흙

03 정답 ①

사질토는 횡방향 압력이 작고 점성토는 크다.

04 정답 ④

흙의 안식각

05 정답 ④

정수위 투수시험
조립토의 투수계수 측정 시험

06 정답 ①

완성 토량

토량환산계수 $f = \frac{C}{L}$ 이므로, $\frac{0.8}{1.24} = 0.64$

07 정답 ③

운반 토량

토량환산계수 $f = \frac{L}{C}$ 이므로,

$$\text{운반토량} = \text{성토량} \times \frac{L}{C} = 35{,}000 \times \frac{1.25}{0.9} = 48{,}611\text{m}^3$$

08 정답 ④

운반 토량

토량환산계수 $f = \frac{L}{C}$ 이므로,

$$\text{운반토량} = \text{성토량} \times \frac{L}{C} = 100{,}000 \times \frac{1.2}{0.8} = 150{,}000\text{m}^3$$

09 정답 ①

굴착 토량

토량환산계수 $f = \frac{1}{C}$ 이므로,

$$\text{굴착토량} = \text{성토량} \times \frac{1}{C} = 36{,}000 \times \frac{1}{0.9} = 40{,}000\text{m}^3$$

운반 토량

토량환산계수 $f = \frac{L}{C}$ 이므로,

$$\text{운반토량} = \text{성토량} \times \frac{L}{C} = 36{,}000 \times \frac{1.25}{0.9} = 50{,}000\text{m}^3$$

10 정답 ②

굴착 토량

토량환산계수 $f = \frac{1}{C}$ 이므로,

$$\text{굴착토량} = \text{성토량} \times \frac{1}{C} = 25{,}000 \times \frac{1}{0.9} = 27{,}777.8\text{m}^3$$

운반 토량

토량환산계수 $f = \frac{L}{C}$ 이므로,

$$\text{운반토량} = \text{성토량} \times \frac{L}{C} = 25{,}000 \times \frac{1.25}{0.9} = 34{,}722.2\text{m}^3$$

11 정답 ④

완성 토량을 본바닥 토량으로 환산

$$본바닥토량 = 완성토량 \times \frac{1}{C}$$

$$= 45,000 \times \frac{1}{0.9} = 50,000m^3$$

흐트러진 토량을 본바닥 토량으로 환산

$$본바닥토량 = 흐트러진토량 \times \frac{1}{L}$$

$$= 30,000 \times \frac{1}{1.25} = 24,000m^3$$

부족 토량

$50,000 - 24,000 = 26,000m^3$

12 정답 ③

완성 토량을 본바닥 토량으로 환산

$$본바닥토량 = 완성토량 \times \frac{1}{C}$$

$$= 37,800 \times \frac{1}{0.9} = 42,000m^3$$

흐트러진 토량을 본바닥 토량으로 환산

$$본바닥토량 = 흐트러진토량 \times \frac{1}{L}$$

$$= 40,000 \times \frac{1}{1.25} = 32,000m^3$$

부족 토량

$42,000 - 32,000 = 10,000m^3$

13 정답 ④

완성 토량을 본바닥 토량으로 환산

$$본바닥토량 = 완성토량 \times \frac{1}{C}$$

$$= 37,800 \times \frac{1}{0.9} = 42,000m^3$$

흐트러진 토량을 본바닥 토량으로 환산

$$본바닥토량 = 흐트러진토량 \times \frac{1}{L}$$

$$= 30,000 \times \frac{1}{1.25} = 24,000m^3$$

부족 토량

$42,000 - 24,000 = 18,000m^3$

14 정답 ④

다짐 1층당 흙의 체적

$$V = A \times H \times \frac{1}{C} = 1 \times 1 \times 0.2 \times \frac{1}{0.8} = 0.25m^3$$

다짐 1층당 흙의 중량

$$W = \gamma_t \times V = 1.8 \times 0.25 = 0.45(t) = 450(kg)$$

함수비 8%일 때의 함수량

$$W_w = \frac{W \cdot w}{1+w} = \frac{450 \times 0.08}{1+0.08} = 33.33kg$$

함수비 15%일 때의 함수량

$8 : 33.33 = 15 : W_w$

$\therefore W_w = 62.49kg$

추가해야 할 함수량

$62.49 - 33.33 = 29.16kg$

15 정답 ③

다짐 1층당 흙의 체적

$$V = A \times H \times \frac{1}{C} = 1 \times 1 \times 0.3 \times \frac{1}{0.9} = 0.33m^3$$

다짐 1층당 흙의 중량

$$W = \gamma_t \times V = 1.8 \times 0.33 = 0.594(t) = 594(kg)$$

함수비 8%일 때의 함수량

$$W_w = \frac{W \cdot w}{1+w} = \frac{594 \times 0.08}{1+0.08} = 44kg$$

함수비 15%일 때의 함수량

$8 : 44 = 15 : W_w$

$\therefore W_w = 82.5kg$

추가해야 할 함수량

$82.5 - 44 = 38.5kg$

16 정답 ②

사다리꼴(ABDF) 면적

$$A = \frac{2+4}{2} \times (4 \times 1.5 + 10 + 2 \times 1) = 54m^2$$

삼각형(AFE) 면적

$$A = \frac{1}{2} \times 4 \times (4 \times 1.5) = 12m^2$$

삼각형(BDC) 면적

$$A=\frac{1}{2}\times 2\times(2\times 1)=2\text{m}^2$$

절토 단면적

$$54-12-2=40\text{m}^2$$

17 정답 ③

절토 단면적

$$A=\frac{6+(10\times 1.5+6+10\times 1.5)}{2}\times 10=210\text{m}^2$$

절토량

$$V=210\times 30=6,300\text{m}^3$$

18 정답 ②

성토 단면적

$$A=\frac{15+(2\times 2+15+2\times 1.5)}{2}\times 2=37\text{m}^2$$

성토량

$$V=37\times 20=740\text{m}^3$$

떼붙임 면적

$$A=\sqrt{2^2+(2\times 2)^2}\times 20+\sqrt{2^2+(2\times 1.5)^2}\times 20=161\text{m}^2$$

19 정답 ①

심프슨 제 2법칙

$$A=\frac{3}{8}d[1(y_0+y_6)+3(y_1+y_2+y_4+y_5)+2(y_3)]$$

$$A=\frac{3}{8}\times 3\times[1\times(3.0+3.6)+3\times(2.5+2.4+3.0+3.2)+2\times(2.6)]=50.74\text{m}^2$$

20 정답 ③

등고선법

$$V=\frac{A_1+4A_m+A_2}{3}\times h$$

$$V=\frac{1,400+4\times 950+600}{3}\times 20+\frac{600+4\times 250+100}{3}\times 20=50,000\text{m}^3$$

21 정답 ②

삼분법

$$V=\frac{A}{3}[1\sum h_1+2\sum h_2+3\sum h_3+\cdots\cdots+8\sum h_8]$$

$$\sum h_1=(32.4-30)+(33.2-30)+(33.2-30)=8.8\text{m}$$

$$\sum h_2=(33.0-30)+(32.8-30)=5.8\text{m}$$

$$\sum h_3=(32.5-30)+(32.8-30)+(32.9-30)+(32.6-30)=10.8\text{m}$$

$$\sum h_5=(33.0-30)=3\text{m}$$

$$\sum h_6=(32.7-30)=2.7\text{m}$$

$$\therefore V=\frac{\frac{1}{2}\times 4\times 3}{3}\times(1\times 8.8+2\times 5.8+3\times 10.8+5\times 3+6\times 2.7)=168\text{m}^3$$

22 정답 ④

수평층 쌓기법

- 박층법 : 30~60cm 두께로 흙을 수평으로 성토한 후 살수를 하면서 충분히 다진 후 다음 층을 성토하는 방법
- 후층법 : 90~120cm 두께로 흙을 수평으로 성토한 후 자연 침하를 시켜서 다진 후 다음 층을 성토하는 방법

23 정답 ④

전방층 쌓기법

전방에 필요한 높이까지 한번에 흙을 투하하면서 성토하는 방법으로 신속하고 경제적이나, 완공 후 침하가 크게 일어난다.

24 정답 ④

물다짐 공법

호소에서 펌프로 관내에 물을 압입하여 큰 수두를 가진 노즐로 분출시켜 깎은 흙을 물에 섞어서 송니관으로 운송하는 성토공법으로 배수와 다짐에 용이한 사질토인 경우에 적합하다.

25 정답 ①

토적곡선(유토곡선, Mass Curve)

종, 횡단면도에서 산출한 토공량을 가로축에는 거리를 세로축에는 토공량의 합으로 나타낸 곡선으로 토량 배분을 합리적으로 정할 수 있다.

26 정답 ①

토공량이 최소가 되도록 하며 절토, 성토 균형을 시킬 것

27 정답 ③

토적곡선(유토곡선, Mass Curve) 작성 목적
- 토량 배분
- 평균 운반거리 산출
- 토공기계 선정
- 시공방법 결정
- 운반토량 산출

28 정답 ②

토적곡선(유토곡선, Mass Curve)의 성질
- 곡선의 상향 구간은 절토구간, 하향 구간은 성토 구간을 의미한다.
- 곡선의 최대점은 절토에서 성토로의 변이점, 최소점은 성토에서 절토로의 변이점을 의미한다.
- 최대점 및 최소점의 이등분점을 지나는 수평선을 그어 곡선과 교차하는 수평길이가 평균 운반거리를 의미한다.
- 곡선이 기선 위에서 끝나면 과잉 토량, 아래에서 끝나면 부족 토량을 의미한다.

29 정답 ①

토적곡선(유토곡선, Mass Curve)의 성질
- 곡선의 상향 구간은 절토구간, 하향 구간은 성토 구간을 의미한다.
- 곡선의 최대점은 절토에서 성토로의 변이점, 최소점은 성토에서 절토로의 변이점을 의미한다.
- 최대점 및 최소점의 이등분점을 지나는 수평선을 그어 곡선과 교차하는 수평길이가 평균 운반거리를 의미한다.
- 곡선이 기선 위에서 끝나면 과잉 토량, 아래에서 끝나면 부족 토량을 의미한다.

30 정답 ①

토적곡선(유토곡선, Mass Curve)의 성질
- 곡선의 상향 구간은 절토구간, 하향 구간은 성토 구간을 의미한다.
- 곡선의 최대점은 절토에서 성토로의 변이점, 최소점은 성토에서 절토로의 변이점을 의미한다.
- 최대점 및 최소점의 이등분점을 지나는 수평선을 그어 곡선과 교차하는 수평길이가 평균 운반거리를 의미한다.
- 곡선이 기선 위에서 끝나면 과잉 토량, 아래에서 끝나면 부족 토량을 의미한다.

31 정답 ③

토취장 선정 조건
- 토질 양호할 것
- 토량 충분할 것
- 싣기 편리한 지형일 것
- 기계 사용 용이할 것
- 운반로 양호할 것
- 용수 및 붕괴 우려 없고, 배수 양호한 지형일 것
- 성토 장소를 향해서 하향구배 1/50~1/100 정도를 유지할 것

제2장 건설기계

01	02	03	04	05	06	07	08	09	10
③	①	④	①	②	②	④	②	②	③
11	12	13	14	15	16	17	18	19	20
③	①	①	①	④	②	③	③	③	③
21	22	23	24	25	26	27	28	29	30
④	②	③	①	④	①	①	①	②	③
31	32	33	34	35	36	37	38	39	
③	②	②	①	②	③	③	②	②	

01 정답 ③

기계손료

관리비, 정비비, 감가상각비

02 정답 ①

건설기계 규격

- 불도저 : 총장비 중량(t)
- 모터 스크레이퍼 : 보울 용량(m^3)
- 트랙터 셔블 : 버킷 용량(m^3)
- 모터 그레이더 : 토공판 길이(m)

03 정답 ④

리퍼(ripper)

불도저나 트랙터에 장착하여 단단한 흙이나 연약한 암석을 파쇄하는 갈고리 모양의 날.

04 정답 ①

탬퍼(tamper)

소형의 전압 다짐 기계

05 정답 ②

스크레이퍼(scraper)

굴착기와 운반기를 결합한 토공사용 기계로 피견인식과 자주식 2종류가 있으며 굴착, 운반, 성토, 정지, 적재 등의 용도로 사용

06 정답 ②

스태빌라이저(stabilizer)

원지반의 굴기, 분쇄, 보충재 혼합, 결합재 첨가, 표면 고르기, 다지기 등을 하여 노반의 안정 처리를 하는 기계.

07 정답 ④

스키머스코프(skimmer scope)

08 정답 ②

틸트 도저(Tilt dozer)

09 정답 ②

접지압

$$\text{접지압} = \frac{\text{전 장비 중량}}{\text{접지 면적}} = \frac{22,000}{270 \times 55 \times 2} = 0.74\text{kg/cm}^2$$

10 정답 ③

도저계 시간당 작업량

$$Q_D = \frac{60 \cdot q \cdot f \cdot E}{C_m}(\text{m}^3/\text{hr})$$

11 정답 ③

사이클 타임

$$C_m = \frac{L}{V_1} + \frac{L}{V_2} + t = \frac{60}{40} + \frac{60}{100} + 0.25 = 2.35(\text{min})$$

도저계 시간당 작업량

$$Q_D = \frac{60 \cdot q \cdot f \cdot E}{C_m} = \frac{60 \times 2.3 \times \frac{1}{1.2} \times 0.6}{2.35} = 29.36(\text{m}^3/\text{hr})$$

12 정답 ①

사이클 타임

$$C_m = \frac{L}{V_1} + \frac{L}{V_2} + t = \frac{30}{30} + \frac{30}{60} + 0.5 = 2(\text{min})$$

도저계 시간당 작업량

$$Q_D = \frac{60 \cdot q \cdot f \cdot E}{C_m} = \frac{60 \times 3.0 \times \frac{1}{1.2} \times 0.6}{2} = 45(\text{m}^3/\text{hr})$$

13 정답 ①

리퍼와 불도저의 조합작업량

$$Q=\frac{Q_R\times Q_D}{Q_R+Q_D}=\frac{60\times 40}{60+40}=24(\mathrm{m}^3/\mathrm{hr})$$

14 정답 ①

크램셸(Clam shell)

15 정답 ④

크램셸(Clam shell)

16 정답 ②

셔블계 시간당 작업량

$$Q_S=\frac{3,600\cdot q\cdot k\cdot f\cdot E}{C_m}$$

$$=\frac{3,600\times 0.7\times 0.9\times \frac{1}{1.25}\times 0.6}{42}$$

$$=25.9(\mathrm{m}^3/\mathrm{hr})$$

17 정답 ③

셔블계 시간당 작업량

$$Q_S=\frac{3,600\cdot q\cdot k\cdot f\cdot E}{C_m}$$

$$=\frac{3,600\times 0.6\times 0.9\times \frac{1}{1.25}\times 0.7}{25}$$

$$=43.5(\mathrm{m}^3/\mathrm{hr})$$

18 정답 ③

셔블계 시간당 작업량

$$Q_S=\frac{3,600\cdot q\cdot k\cdot f\cdot E}{C_m}$$

$$=\frac{3,600\times 1.0\times 1.0\times 1.0\times 0.75}{50}$$

$$=54(\mathrm{m}^3/\mathrm{hr})$$

19 정답 ③

셔블계 시간당 작업량

$$Q_S=\frac{3,600\cdot q\cdot k\cdot f\cdot E}{C_m}$$

$$=\frac{3,600\times 0.8\times 1.0\times \frac{1}{1.25}\times 0.6}{30}$$

$$=46.08(\mathrm{m}^3/\mathrm{hr})$$

1일 작업량

시간당 작업량×1일 운전시간 $=46.08\times 8=368.64\mathrm{m}^3/\mathrm{day}$

20 정답 ③

셔블계 시간당 작업량

$$Q_S=\frac{3,600\cdot q\cdot k\cdot f\cdot E}{C_m}$$

$$=\frac{3,600\times 0.6\times 1.2\times \frac{1}{1.2}\times 0.7}{25}$$

$$=60.48(\mathrm{m}^3/\mathrm{hr})$$

소요 일수

$$\frac{\text{총 작업량}}{\text{시간당 작업량}\times\text{1일 작업시간}\times\text{굴삭기 대수}}$$

$$=\frac{20,000}{60.48\times 8\times 1}=41.34=42\text{일}$$

21 정답 ④

다짐기계의 종류

- 전압식 다짐
- 충격식 다짐
- 진동식 다짐

22 정답 ②

탬핑 롤러(tamping roller)

23 정답 ③

탬핑 롤러(tamping roller)

24 정답 ①

탬핑 롤러(tamping roller)

25 정답 ④

진동 roller는 사질토 지반 다짐에 적합하다.

26 정답 ①

탠덤 롤러(tandam roller)

27 정답 ①

롤러계 시간당 작업량

$$Q=\frac{1,000 \cdot V \cdot W \cdot H \cdot f \cdot E}{N}$$

$$=\frac{1,000\times3\times2.5\times0.2\times1\times0.8}{4}$$

$$=300(\mathrm{m^3/hr})$$

28 정답 ①

롤러계 시간당 작업량

$$Q=\frac{1,000 \cdot V \cdot W \cdot H \cdot f \cdot E}{N}$$

$$=\frac{1,000\times2\times3\times0.2\times0.8\times0.6}{10}$$

$$=57.6(\mathrm{m^3/hr})$$

29 정답 ②

덤프트럭 적재량

$$q_t=\frac{T}{\gamma_t}\cdot L=\frac{8}{1.6}\times1.2=6\mathrm{m^3}$$

덤프트럭 적재횟수

$$n=\frac{q_t}{q\cdot k}=\frac{6}{1.0\times0.9}=6.67=7\text{회}$$

30 정답 ③

덤프트럭 적재량

$$q_t=\frac{T}{\gamma_t}\cdot L=\frac{15}{1.7}\times1.25=11.03\mathrm{m^3}$$

덤프트럭 적재횟수

$$n=\frac{q_t}{q\cdot k}=\frac{11.03}{1.2\times0.9}=10.21=11\text{회}$$

31 정답 ③

덤프트럭 적재량

$$q_t=\frac{T}{\gamma_t}\cdot L=\frac{12}{1.6}\times1.2=9\mathrm{m^3}$$

덤프트럭 적재횟수

$$n=\frac{q_t}{q\cdot k}=\frac{9}{0.8\times0.9}=12.5=13\text{회}$$

덤프트럭 적재시간

$$C_m=\frac{C_{ms}\cdot n}{60\cdot E_s}=\frac{30\times13}{60\times0.75}=8.67(\mathrm{min})$$

31 정답 ③

덤프트럭 적재량

$$q_t=\frac{T}{\gamma_t}\cdot L=\frac{12}{1.6}\times1.2=9\mathrm{m^3}$$

덤프트럭 적재횟수

$$n=\frac{q_t}{q\cdot k}=\frac{9}{0.8\times0.9}=12.5=13\text{회}$$

덤프트럭 적재시간

$$C_m=\frac{C_{ms}\cdot n}{60\cdot E_s}=\frac{30\times13}{60\times0.75}=8.67(\mathrm{min})$$

32 정답 ②

사이클 타임

$$C_m=\frac{L}{V}\times2+t=\frac{3.5}{30}\times2\times60+2=16(\mathrm{min})$$

덤프트럭 시간당 작업량

$$Q_T=\frac{60\cdot q_t\cdot f\cdot E}{C_m}=\frac{60\times4}{16}=15(\mathrm{m^3/hr})$$

1일 1대의 덤프트럭 운반 양

시간당 작업량×1일 작업시간 $=15\times8=120(\mathrm{m^3/hr})$

33 정답 ②

흐트러진 토량

본바닥 토량 $\times L=500\times1.2=600\mathrm{m^3}$

덤프트럭 소요대수

$$\frac{\text{총 작업량}}{\text{덤프트럭 용적}\times\text{운반횟수}}=\frac{600}{5\times5\times6}=4\text{대}$$

34

정답 ①

덤프트럭 1일 운반횟수

$$N=\frac{1\text{일 작업시간}}{1\text{일 왕복시간}}=\frac{T}{\frac{L}{V}\times 2+t}$$

$$=\frac{8\times 60}{\frac{2}{10}\times 2\times 60+4\times 2}=15\text{회}$$

덤프트럭 소요대수

$$\frac{\text{총 작업량}}{\text{덤프트럭 용적}\times\text{운반횟수}}=\frac{1,200}{8\times 15}=10\text{대}$$

35

정답 ②

버킷 준설선(Bucket dredger)

36

정답 ③

버킷 준설선(Bucket dredger)

37

정답 ③

버킷 준설선(Bucket dredger)

- 준설능력이 크므로 비교적 대규모 준설현장에 적합하다.
- 준설면을 평탄하게 시공할 수 있다.
- 점토부터 연암까지 비교적 광범위한 토질에 적합하다.

38

정답 ②

그래브 준설선(Grab dredger)

굳은 토질의 준설에 부적합하다.

39

정답 ②

디퍼 준설선(Dipper dredger)

굴착력이 강해 암석, 굳은 토질, 파쇄암 등의 준설에 적합하다.

제3장 옹벽 및 흙막이공

01	02	03	04	05	06	07	08	09	10
④	②	①	③	②	①	②	③	①	④
11	12	13	14	15	16	17	18	19	20
③	②	④	④	③	②	③	①	③	②

01

정답 ④

Rankine의 토압론 가정사항

- 흙은 비압축성이고 균질하다.
- 지표면은 무한히 넓게 존재한다.
- 흙은 입자 간의 마찰력에 의해서만 평형을 유지한다.
- 토압은 지표면에 평행하게 작용한다.
- 지표면에 작용하는 하중은 등분포하중이다.

02

정답 ②

뒤채움 재료 구비조건

- 투수성이 양호한 흙
- 압축성이 적은 흙
- 다짐이 양호한 흙
- 전단강도가 큰 흙

03

정답 ①

수압의 증가로 수평 저항력이 감소된다.

04

정답 ③

수압의 증가로 수동 저항이 감소된다.

05

정답 ②

옹벽 저판 밑에 돌출부(활동방지벽, Key)를 설치하면 수평 저항력을 증가 시킬 수 있다.

06

정답 ①

옹벽의 구조 형식에 따른 분류

- 중력식 옹벽
- 반중력식 옹벽

- 캔틸레버식 옹벽
- 부벽식 옹벽

07 정답 ②

찰쌓기

08 정답 ③

찰쌓기
보통 2m 이상의 돌쌓기 방법으로 뒤채움에 콘크리트를 이용하고, 줄눈에 모르타르를 사용한다.

메쌓기
보통 2m 이하의 돌쌓기 방법으로 모르타르를 사용하지 않기 때문에 배수처리가 잘된다.

09 정답 ①

기초지반의 부등침하에 대한 영향이 비교적 적어 기초공사가 간단하다.

10 정답 ④

보강토 옹벽의 뒤채움 재료는 마찰력을 크게 하기 위하여 양질의 사질토가 적합하다.

11 정답 ③

벽식 연속지중벽 공법

12 정답 ②

지중연속벽 공법은 시공 시 소음, 진동이 적어 도심지 공사에 적합하다.

13 정답 ④

지보공의 설비
- 흙막이판
- 널말뚝
- 엄지말뚝
- 띠장
- 버팀대
- 앵커

14 정답 ④

아일랜드(Island) 공법

15 정답 ③

앵커 케이블은 주로 pc강선, pc강연선, pc강봉 등을 사용한다.

16 정답 ②

지하 굴착깊이가 깊고 구조물의 형태가 일정한 경우에 적용이 용이하다.

17 정답 ③

하중계

18 정답 ①

히빙(Heaving) 방지대책
- 흙막이의 근입깊이를 깊게 한다.
- 표토를 제거하여 하중을 적게 한다.
- 굴착 면에 하중을 가한다.
- 연약지반을 개량한다.
- 부분굴착 및 트렌치 컷 공법을 적용한다.
- 흙막이공 설계 계획을 변경한다.

19 정답 ③

히빙(Heaving) 방지대책
- 흙막이의 근입깊이를 깊게 한다.
- 표토를 제거하여 하중을 적게 한다.
- 굴착 면에 하중을 가한다.
- 연약지반을 개량한다.
- 부분굴착 및 트렌치 컷 공법을 적용한다.
- 흙막이공 설계 계획을 변경한다.

20 정답 ②

비탈면 보호공
- 식생에 의한 보호공 : 떼붙임, 씨앗 뿌리기, 식생포 등
- 구조물에 의한 보호공 : 돌쌓기, 숏크리트, 콘크리트 블록 등

비탈면 보강공
- 앵커(anchor 공법
- 소일네일링(Soil nailing) 공법
- 억지말뚝 공법
- 옹벽 설치

제4장 기초공

01	02	03	04	05	06	07	08	09	10
①	②	②	①	③	①	③	③	②	②
11	12	13	14	15	16	17	18	19	20
④	①	①	③	①	①	①	①	②	③
21	22	23	24	25	26	27	28	29	30
①	②	③	③	③	④	④	④	③	④
31	32	33							
①	③	②							

01 정답 ①

오픈 컷(Open cut) 공법

02 정답 ②

트렌치 컷(Trench cut) 공법

03 정답 ②

아일랜드(Island) 공법

04 정답 ①

테르자기(Terzaghi) 극한 지지력 공식

$q_u = \alpha \cdot c \cdot N_c + \beta \cdot \gamma_1 \cdot B \cdot N_r + \gamma_2 \cdot D_f \cdot N_q$

여기서, 지지력 계수는 내부마찰각이 커짐에 따라 증가한다.

05 정답 ③

테르자기(Terzaghi) 극한 지지력 공식

$q_u = \alpha \cdot c \cdot N_c + \beta \cdot \gamma_1 \cdot B \cdot N_r + \gamma_2 \cdot D_f \cdot N_q$

형상계수	원형	정사각형	연속	직사각형
α	1.3	1.3	1.0	$1+0.3\frac{B}{L}$
β	0.3	0.4	0.5	$0.5-0.1\frac{B}{L}$

여기서, $\phi=0°$ 인 점토 지반인 경우 지지력 계수 $N_r=0$

$\therefore\ q_u = 1.0\times15\times5.3+0+16\times1\times1.0=95.5\text{kN/m}^2$

06 정답 ①

직접 기초
- 확대 기초(Footing Foundation)
- 전면 기초(Mat Foundation)

깊은 기초
- 말뚝 기초
- 피어(pier) 기초
- 케이슨(Caisson) 기초

07 정답 ③

현장타설 콘크리트 말뚝은 현장 지반 중에서 제작 양생되므로 기성 말뚝에 비해 품질관리가 어렵다.

08 정답 ③

부마찰력 발생원인
- 연약 점토층의 압밀 침하 발생
- 상재하중에 의한 침하 발생
- 지하수위의 저하로 지반 침하 발생
- 성토하중이나 진동으로 인한 침하 발생

09 정답 ②

부마찰력 감소시키는 방법
- 표면적이 작은 말뚝을 사용한다.
- 말뚝직경보다 크게 보링한다.
- 말뚝직경보다 약간 큰 케이싱을 박는다.
- 말뚝 표면에 역청 재료를 피복한다.
- 이중관을 사용한다.

10 정답 ②

중앙부의 말뚝부터 먼저 박은 다음 차례로 외측으로 향하여 타입한다.

11 정답 ④

연약지반에서 능률이 떨어진다.

12 정답 ①

항타 공식

$$R_a = \frac{W_h \cdot H}{6(S+0.25)} = \frac{3\times150}{6(0.5+0.25)} = 100t$$

13 정답 ①

말뚝재하시험

14 정답 ③

군항은 단항의 지지력에 70~80% 정도 밖에 가지지 않는다.

15 정답 ①

군항의 허용 지지력

$R_{ag} = R_a \cdot N \cdot E = 20\times30\times0.75 = 450t$

16 정답 ①

군항의 효율

$$E = 1 - \frac{\phi}{90}\left[\frac{(m-1)n+(n-1)m}{m\cdot n}\right]$$

$$= 1 - \frac{14.04}{90}\times\left[\frac{(5-1)\times4+(4-1)\times5}{5\times4}\right] = 0.758$$

여기서, $\phi = \tan^{-1}\frac{D}{S} = \tan^{-1}\frac{30}{120} = 14.04°$

17 정답 ①

강말뚝의 부식 방지 대책
- 말뚝의 두께를 증가시키는 방법
- 콘크리트로 피복하는 방법
- 도장에 의한 방법
- 전기 방식법

18 정답 ①

배토 말뚝

19 정답 ②

피어(pier) 기초

- 인력 피어 기초 : Chicago공법, Gow 공법
- 기계 피어 기초 : Benoto공법, Earth Drill공법, R.C.D 공법

20 정답 ③

베노토(Benoto) 공법

21 정답 ①

지하연속벽(Slurry Wall) 공법

22 정답 ②

R.C.D공법은 경사 말뚝 시공이 불가능하다.

23 정답 ③

지하층 슬래브와 지하벽체 및 기초 말뚝기둥과의 연결 작업이 어려워 공사비가 증가한다.

24 정답 ③

연속 지중벽 공법은 연약지반에서 적합하고 지수성도 양호하며, 소음 및 진동이 적어 도심지 공사에 적합하다.

25 정답 ③

오픈케이슨 공법은 침하 깊이에 제한이 없다.

26 정답 ④

오픈케이슨 공법은 굴착 시 주변지반이 이완되어 히빙이나 보일링 현상의 우려가 있다.

27 정답 ④

오픈케이슨 공법은 굴착 시 주변지반이 이완되어 히빙이나 보일링 현상의 우려가 있다.

28 정답 ④

공기케이슨 공법은 인접 기존구조물의 안전을 위하여 지하수를 저하시키지 않으며, 히빙이나 보일링 현상을 방지할 수 있으므로 기초지반의 교란을 최소화 할 수 있다.

29 정답 ③

공기케이슨(Pneumatic Caisson) 공법의 굴착 깊이는 일반적으로 35~40m로 제한되어 있고, 기계설비가 고가이기 때문에 소규모 공사에는 비경제적이다.

30 정답 ④

공기케이슨(Pneumatic Caisson) 공법은 소음과 진동이 커서 도심지 공사에는 부적합하다.

31 정답 ①

침하시 초기 3m까지는 경사이동이 되기 쉬우므로 특히 주의하여야 한다.

32 정답 ③

침하 촉진 공법

- 재하중식
- 물하중식
- 분사식
- 발파식
- 진동식
- 감압식

33 정답 ②

침하 조건식

케이슨의 수직하중(W) > 총 주면 마찰력(F) + 케이슨 선단 지지력(Q) + 부력(B)

$$F+Q+B=\pi \cdot D \cdot L \cdot f_s + \frac{\pi \cdot D^2}{4} \cdot q_u + B$$

$$=\pi \times 10 \times 20 \times 5 + \frac{\pi \times (10^2 - 9^2)}{4} \times 200 + 100$$

$$=6,227\text{kN}$$

제5장 연약지반 개량공법

01	02	03	04	05	06	07	08	09
④	④	②	④	①	③	④	①	④

01 정답 ④

사질토 지반 개량 공법 : 진동, 충격 원리

- 바이브로 플로테이션(Vibro Flotation) 공법
- 다짐말뚝 공법
- 모래다짐말뚝(Compozer) 공법
- 동다짐 공법
- 폭파다짐 공법
- 전기충격 공법
- 약액주입 공법

점성토 지반 개량 공법 : 압밀, 배수 원리

- 프리로딩(Pre－loading) 공법
- 샌드드레인(Sand Drain) 공법
- 페이퍼드레인(Paper Drain) 공법
- 팩드레인(Pack Drain) 공법
- 치환 공법
- 전기침투 공법
- 침투압 공법
- 생석회말뚝 공법

02 정답 ④

사질토 지반 개량 공법 : 진동, 충격 원리

- 바이브로 플로테이션(Vibro Flotation) 공법
- 다짐말뚝 공법
- 모래다짐말뚝(Compozer) 공법
- 동다짐 공법
- 폭파다짐 공법
- 전기충격 공법
- 약액주입 공법

점성토 지반 개량 공법 : 압밀, 배수 원리

- 프리로딩(Pre－loading) 공법
- 샌드드레인(Sand Drain) 공법
- 페이퍼드레인(Paper Drain) 공법
- 팩드레인(Pack Drain) 공법
- 치환 공법
- 전기침투 공법
- 침투압 공법
- 생석회말뚝 공법

03 정답 ②

연직 배수 공법(Vertical Drain)

04 정답 ④

동다짐 공법

05 정답 ①

프리로딩(Pre－loading) 공법

구조물을 축조하기 전에 미리 하중을 재하하여 압밀에 의해 미리 침하를 끝나게 하여 지반강도를 증가시키는 공법으로, 연약층이 두꺼운 경우나 공사기간이 시급한 경우에는 적용이 곤란한 공법이다.

06 정답 ③

Sand Pile의 배열

- 정3각형 배열 : $d_e = 1.05d$
- 정4각형 배열 : $d_e = 1.13d$

07 정답 ④

Sand Pile의 배열

- 정3각형 배열 : $d_e = 1.05d$
- 정4각형 배열 : $d_e = 1.13d$

08 정답 ①

웰포인트(Well Point) 공법으로 강제배수 시 일반적인 간격은 1~m정도가 적당하다.

09 정답 ④

JSP(Jumbo Special Pile) 공법

제6장 포장공

01	02	03	04	05	06	07	08	09	10
③	④	④	②	④	③	②	④	④	①
11	12	13	14	15	16	17	18	19	20
①	④	④	④	④	①	①	①	④	②
21	22	23	24	25	26				
③	③	③	②	④	③				

01 정답 ③

동상의 조건

- 물의 공급이 충분
- 0℃ 이하 온도 지속
- 동상을 받기 쉬운 흙(실트질)

02 정답 ④

동결 심도

$Z = C\sqrt{F} = 3 \times \sqrt{400} = 60cm$

03 정답 ④

콘크리트 포장은 아스팔트 포장에 비해 양생기간이 길고, 주행성이 떨어진다.

04 정답 ②

콘크리트 포장은 표층의 콘크리트 슬래브가 교통하중에 저항하는 역할을 한다.

05 정답 ④

프라이머(primer)

주입 줄눈재와 콘크리트 슬래브와의 양호한 부착을 위하여 줄눈의 홈에 바르는 휘발성 재료

06 정답 ③

연속 철근 콘크리트 포장(CRCP)은 연속된 종방향의 철근을 사용하여 콘크리트 포장의 횡줄눈을 생략시켜 주행성을 좋게 하는 포장공법이다.

07 정답 ②

블로 업(Blow up) 현상

08 정답 ④

아스팔트 포장은 콘크리트 포장에 비해 초기 공사비가 저가이다.

09 정답 ④

아스팔트 포장구조

노상－보조기층－기층－표층

노상－차단층－보조기층－기층－중간층－표층－마모층

10 정답 ①

아스팔트 포장구조

노상－보조기층－기층－표층

노상－차단층－보조기층－기층－중간층－표층－마모층

11 정답 ①

아스팔트 포장구조

노상－보조기층－기층－표층

노상－차단층－보조기층－기층－중간층－표층－마모층

12 정답 ④

삼축압축시험

흙의 전단강도 시험

13 정답 ④

두께 지수

$SN = a1 \cdot D1 + a2 \cdot D2 \cdot M2 + a3 \cdot D3 \cdot M3$

여기서, a는 각층의 상대강도계수, D는 각층의 두께, M은 각층의 배수계수

14 정답 ④

시험포장의 적당한 면적은 500m^{2}이다.

15 정답 ④

시험포장
아스팔트의 최적 함량과 다짐도, 다짐 후의 두께, 밀도, 포설, 다짐방법, 배합 및 현장 포설온도 등을 검토할 목적으로 본 포장을 실시하기전에 약 500m^2 정도에서 먼저 시행하는 것

16 정답 ①

마샬 안정도 시험
직경 10cm, 두께 6.3cm의 원통형 공시체 측면을 두 개의 원통형 재하 브리킹 헤드에 넣고 60℃에서 5cm/min의 재하속도로 하중을 가하여 공시체가 파괴되는 최대하중을 안정도로 나타낸 시험으로 안정도와 흐름치를 얻을 수 있고 공시체의 밀도와 공극률 및 포화도를 계산할 수 있다.

17 정답 ①

프라임 코트(Prime coat)

18 정답 ①

프라임 코트(Prime coat)
지반층에 아스팔트 혼합물을 포설하기 전에 지반층의 방수성과 접착성을 향상시키기 위하여 컷백 아스팔트를 살포한다.

19 정답 ④

소성변형(영구변형, 바퀴자국, Rutting)
아스팔트 포장의 대표적인 파손현상으로 차량하중에 의해 기층 및 보조기층의 시공불량에 의한 압밀침하, 아스팔트 혼합물의 변형 및 유동이 발생한다.

20 정답 ②

소성변형(영구변형, 바퀴자국, Rutting) 발생 원인
- 하절기 이상 고온
- 과다한 교통하중 및 교통량
- 아스팔트 배합량이 많은 경우
- 침입도가 큰 아스팔트인 경우
- 골재의 최대 치수가 적은 경우

21 정답 ③

소성변형(영구변형, 바퀴자국, Rutting) 발생 원인
- 하절기 이상 고온
- 과다한 교통하중 및 교통량
- 아스팔트 배합량이 많은 경우
- 침입도가 큰 아스팔트인 경우
- 골재의 최대 치수가 적은 경우

22 정답 ③

소성변형(영구변형, 바퀴자국, Rutting) 발생 원인
- 하절기 이상 고온
- 과다한 교통하중 및 교통량
- 아스팔트 배합량이 많은 경우
- 침입도가 큰 아스팔트인 경우
- 골재의 최대 치수가 적은 경우

23 정답 ③

SMA(Stone Mastic Asphalt)

24 정답 ②

라벨링(Ravelling)

25 정답 ④

거북등 균열 발생 원인
- 노상의 지지력 부족
- 포장두께 부족
- 기층 및 보조기층의 시공불량
- 과다한 교통하중 및 교통량
- 지하수의 영향

26 정답 ③

아스팔트 포장 표면처리 공법
- 실 코트(Seal Coat)
- 카페트 코트(Carpet Coat)
- 포그 실(Fog Seal)
- 슬러리 실(Slurry Seal)

제7장 교량공

01	02	03	04	05	06	07	08	09	10
②	②	①	③	④	④	①	①	③	①
11	12	13	14	15	16				
③	①	②	④	②	④				

01 정답 ②

교량 가설 위치 선정 시 고려사항

- 하천과 유수가 안정한 곳
- 사교는 가능한 피할 것
- 하폭이 넓을 때는 굴곡부를 피할 것
- 하천과 양안의 지질이 양호한 곳
- 교각의 축방향이 유수의 방향과 평행하게 되는 곳

02 정답 ②

교량 고정받침 배치 시 고려사항

- 고정하중의 반력이 큰 지점
- 종단 구배가 낮은 지점
- 수평반력 흡수가 가능한 지점
- 가동받침 이동량을 최소화할 수 있는 지점

03 정답 ①

교량의 구성

- 상부 구조 : 교량의 주체로서 교통 하중을 직접 받는 부분
  바닥판, 바닥틀, 주형
- 하부 구조 : 상부 구조의 하중을 지반에 전달시켜주는 부분
  기초, 교대, 교각

04 정답 ③

교대의 구체

상부구조에서 오는 전하중을 기초에 전달하고 배면 토압에 저항한다.

05 정답 ④

브레이싱(Bracing)

06 정답 ④

교대의 날개벽(Wing Wall)

배면 토사를 보호하고 교대 부근의 세굴을 방지한다.

07 정답 ①

사장교

08 정답 ①

사장교의 분류사형(Radiating Type)

- 하프형(Harp Type)
- 부채형(Fan Type)
- 스타형(Star Type)

09 정답 ③

동바리를 사용하는 교량 가설 공법

- 벤트(Bent) 공법
- 새들(Saddle) 공법
- 스테이징(Staging) 공법
- 가설 트러스(Erection Truss) 공법

10 정답 ①

동바리를 사용하지 않는 교량 가설 공법

- 외팔보 공법(FCM, Free Cantilever Method)
- 이동식 지보 공법(MSS, Movable Scaffolding System)
- 압출 공법(ILM, Incremental Launching Method)
- 크레인(Crane) 가설 공법
- 케이블식(Cable) 공법
- 부선식(Pontoon) 공법
- 이동식 벤트(Traveling Bent) 공법
- 디비닥(Dywidag) 공법

11 정답 ③

외팔보 공법(FCM, Free Cantilever Method)

교각에 주두부를 설치하고 이 주두부를 중심으로 이동식 거푸집인 특수한 가설장비를 이용하여 양측대칭으로 한 세그먼트(Segment)씩 이동하여 현장 타설한 후 프리스트레싱으로 고정하여 교량을 시공하는 공법

12 정답 ①

이동식 지보 공법(MSS, Movable Scaffolding System)
교량 상부구조를 시공할 때 교각상에서 거푸집이 부착된 특수한 이동식 비계를 이용하여 한 경간씩 시공해 나가 전 교량을 가설하는 공법

13 정답 ②

압출 공법(ILM, Incremental Launching Method)
- 교량의 상부구조물을 교대 또는 교각의 후방에 설치한 주형제작장에서 한 세그먼트씩 제작하여 기제작된 주형과 일체화 시킨 후, 압출장치에 의해 주형을 교축방향으로 밀어내는 공법.
- 상부구조물의 횡단면이 일정해야 하고 교량 선형의 제한성이 있다.

14 정답 ④

프리캐스트 세그먼트 공법(PSM, Precast Segment Method)

15 정답 ②

Extradosed교

16 정답 ④

디비닥(Dywidag) 공법의 특징
- 동바리를 사용하지 않는 교량 가설 공법이다.
- 긴 경간의 PC교 가설이 가능하다.
- 동일 작업이 반복되어 시공 속도가 빠르다.
- 3~4m씩 세그먼트를 나누어 시공하여 관리가 쉽다.

제8장 터널공

01	02	03	04	05	06	07	08	09	10
④	④	①	②	④	①	④	③	③	②
11	12	13	14	15	16	17	18		
①	②	②	③	③	④	③	①		

01 정답 ④

보링(Boring)

02 정답 ④

터널의 이상 지압 원인
- 편압
- 본바닥 팽창
- 잠재응력 해방

03 정답 ①

견고한 암반 지반에는 주로 발파 공법을 적용한다.

04 정답 ②

TBM공법(Tunnel Boring Machine Method)
암반을 압쇄 굴착하는 터널 굴착기로서, 다수의 디스크 커터를 전면에 장착한 커터헤드를 회전시켜 굴진, 버력(폐석) 반출, 지보작업을 연속으로 행하는 공법으로 발파굴착에 비해 장대터널에 유리하다.

05 정답 ④

TBM공법(Tunnel Boring Machine Method)의 장점
- 작업 안정성이 높다.
- 소음이나 진동이 적다.
- 여굴이 적다.
- 공사기간이 짧다.
- 노무비 절약이 가능하다.
- 버력(폐석) 반출이 용이하다.

06 정답 ①

TBM공법(Tunnel Boring Machine Method)의 단점
- 지반에 따라 적용범위에 제약을 받는다.
- 지반의 지질 변화에 대하여 적응이 곤란하다.
- 굴착 단면의 변경이 어렵다.
- 공사비가 많이 든다.

07 정답 ④

TBM공법(Tunnel Boring Machine Method)의 단점
- 지반에 따라 적용범위에 제약을 받는다.
- 지반의 지질 변화에 대하여 적응이 곤란하다.
- 굴착 단면의 변경이 어렵다.
- 공사비가 많이 든다.

08 정답 ③

NATM공법(New Austrian Tunnel Method)의 시공순서
천공 → 발파 → 환기 → 버력 처리 → 막장 정리 → 숏크리트 → 록볼트 → 계측기 측정

09 정답 ③

숏크리트(Shotcrete)공법의 종류

① 습식공법의 특징
- 품질관리가 양호하다.
- 리바운드량과 분진발생량이 적다.
- 운반거리가 짧고, 운반시간의 제약을 받는다.
- 노즐이 막힐 우려가 있고 청소가 곤란하다.

② 건식공법의 특징
- 품질관리가 어렵다.
- 리바운드량과 분진발생량이 많다.
- 운반거리가 길고, 운반시간의 제약을 받지 않는다.
- 노즐이 막힐 우려가 있고 청소가 양호하다.
- 작업원의 숙련도에 품질이 좌우된다.

10 정답 ②

숏크리트(Shotcrete)의 리바운드량(Rebound) 감소 방법
- 습식공법으로 시공한다.
- 단위시멘트량을 크게 한다.
- 단위수량을 작게 한다.
- 조골재를 13mm 이하로 한다.
- 벽면과 직각으로 분사시킨다.
- 분사압력을 일정하게 한다.
- 분사부착면을 거칠게 한다.
- 용수나 빙설이 있는 경우에는 적절한 처리 후에 뿜어 붙인다.

11 정답 ①

숏크리트(Shotcrete)의 리바운드량(Rebound) 감소 방법
- 습식공법으로 시공한다.
- 단위시멘트량을 크게 한다.
- 단위수량을 작게 한다.
- 조골재를 13mm 이하로 한다.
- 벽면과 직각으로 분사시킨다.
- 분사압력을 일정하게 한다.
- 분사부착면을 거칠게 한다.
- 용수나 빙설이 있는 경우에는 적절한 처리 후에 뿜어 붙인다.

12 정답 ②

록 볼트(Rock Bolt)의 정착형식
- 선단 정착형
- 전면 접착형
- 병용형(혼합형)

13 정답 ②

점보드릴(Jumbo Drill)

14 정답 ③

점보드릴(Jumbo Drill)은 상하, 좌우로 자유로이 이동작업이 가능하다.

15 정답 ③

쉴드 공법(Shield Method)

16

정답 ④

쉴드 공법(Shield Method)의 특징

- 지하 깊은 곳이나 용수가 많은 연약지반에서 시공이 가능하다.
- 공사중 지상에 영향이 없고, 소음 및 진동이 적다.
- 곡선부 시공이 가능하며 막장붕괴에 대한 안전성이 높다.
- 지질 및 지하수의 영향을 고려해야 한다.
- 쉴드 제작이 어렵고, 공사비가 고가이다.

17

정답 ③

침매 공법

하저나 해저에 트랜치를 준설한 후 육상에서 미리 만들어진 여러 개의 콘크리트 상자를 소정의 위치까지 침하시키고 연결하여 터널을 완성하는 공법

18

정답 ①

선진 터널(Pilot Tunnel)

본 터널(Main Tunnel)을 시공하기 전에 터널에서 약간 떨어진 곳에 지질조사, 지하수 배수, 환기, 운반로 등의 상태를 알아보기 위하여 설치하는 소형 터널

제9장 발파공

01	02	03	04	05	06	07	08	09	10
④	①	②	③	①	④	③	④	②	④
11	12								
②	②								

01

정답 ④

최소저항선

02

정답 ①

시험발파

본 발파 이전에 발파방법, 장약량을 조정하면서 쇼규모로 발파하여 암석과 폭약에 대한 폭파계수(C)를 결정하기 위하여 시행한다.

03

정답 ②

1차 발파 장약량 산정식

$L = C \cdot W^3$

$12.15 = C \times 1.2^3$

$\therefore C = 7$

$L = C \cdot W^3$

$7 \times 0.8^3 = 3.6\text{kg}$

04

정답 ③

발파진동 저감대책

- 정밀한 천공
- 장약량 조절
- 분할발파
- 무장약공 수행

05

정답 ①

2차 발파(조각 발파)의 종류

- 천공법(Block Boring)
- 사혈법(Snake Boring)
- 복토법(Mud Capping)

06 정답 ④

심빼기 발파공(심발공)의 종류

- V 컷(V cut, Wedge cut)
- 다이아몬드 컷(Diamond cut)
- 피라미드 컷(Pyramid cut)
- 스윙 컷(Swing cut)
- 번 컷(Burn cut)
- 프리즘 컷(Prism cut)

07 정답 ③

스윙 컷(Swing cut)

08 정답 ④

번 컷(Burn cut)

발파공에 인접하여 화약이 장전되지 않은 빈 구멍을 발파공과 평행으로 천공하여 이를 자유면으로 이용하는 발파공법으로, 터널공사의 중앙부 굴착 등에 이용된다.

09 정답 ②

조절발파공법의 종류

- 라인 드릴링 공법(Line Drilling)
- 쿠션 블라스팅 공법(Cushion Blasting)
- 스무스 블라스팅 공법(Smooth Blasting)
- 프리 스플리팅 공법(Pre-Splitting)

10 정답 ④

스무스 블라스팅 공법(Smooth Blasting)

11 정답 ②

착암기 천공시간

$$t = \frac{L}{V_T} = \frac{2\times10}{0.3} = 66.6\text{분}$$

12 정답 ②

벤치컷 장약량 산정식

$L = C \cdot S \cdot W \cdot H = 0.181\times4\times4\times8 = 23.2\text{kg}$

제10장 댐 및 항만

01	02	03	04	05	06	07	08	09	10
①	②	③	④	①	①	④	③	③	①
11	12	13	14						
③	③	②	④						

01 정답 ①

댐(Dam)의 종류

① 필형 댐(Fill type Dam)
- 흙 댐(Earth Fill Dam)
- 록필 댐(Rock Fill Dam)
- 사력댐 혹은 토석댐(Earth-Rock Fill Dam)

② 콘크리트 댐(Concrete dam)
- 중력 댐
- 중공 중력 댐
- 아치 댐
- 부벽 댐

필 댐(흙 댐)은 공사비가 콘크리트 댐보다 적지만 홍수 시 월류하면 대단히 위험하고 붕괴 원인이 된다.

02 정답 ②

중력식 댐은 안전율이 가장 높고 내구성도 크며 설계이론이 비교적 간단하고 시공이 용이하다.

03 정답 ③

필댐의 여수로는 댐의 측면 부근에 설치한다.

04 정답 ④

흙 댐(Earth Fill Dam)의 종류

- 균일형
- 존(Zone)형
- 코어(Core)형
- 표면차수벽형

05 정답 ①

표면차수벽형 댐(Concrete Face Rock Fill Dam)
댐 상류 경사면에 차수용 콘크리트 슬래브를 포장하는 형식으로, 차수용 토사재료가 부족할 경우 유리하다.

06 정답 ①

보일링(Boiling)현상은 주로 사질토(모래질) 지반에서 많이 발생한다.

07 정답 ④

댐 기초처리공법
- 컨솔리데이션 그라우팅(Consolidation Grouting)
- 커튼 그라우팅(Curtain Grouting)
- 블랭킷 그라우팅(Blanket Grouting)
- 림 그라우팅(Rim Grouting)
- 콘택트 그라우팅(Contact Grouting))

08 정답 ③

여수로의 종류
- 슈트식 여수로
- 측수로 여수로
- 사이펀 여수로
- 나팔관 여수로
- 둑마루 월류식 여수로

09 정답 ③

가체절공(가물막이, Coffer Dam)의 종류

① 널말뚝식 가체절공
- 자립식
- 셀(Cell)식
- 한겹 시트 파일(Sheet Pile)식
- 두겹 시트 파일(Sheet Pile)식
- 강관 시트 파일(Sheet Pile)식
- Ring Beam식

② 중력식 가체절공
- 간이 가체절공
- 흙댐(Dam)식
- 박스(Box)식
- 케이슨(Caisson)식

10 정답 ①

롤러 다짐 콘크리트 댐(RCCD, Roller Compacted Concrete Dam)

11 정답 ③

수중 콘크리트를 시공할 때는 트레미나 콘크리트 펌프를 사용해서 타설하여야 한다. 그러나 부득이한 경우 및 소규모 공사의 경우에는 밑열림 상자나 밑열림 포대를 사용할 수 있다.

12 정답 ③

폐구항(Closed Harbor)

13 정답 ②

보통 방파제의 종류
- 직립식 방파제
- 경사식 방파제
- 혼성식 방파제

14 정답 ④

특수 방파제의 종류
- 공기 방파제
- 부양 방파제
- 잠수 방파제
- 수 방파제

제11장 암거

01	02	03	04	05	06	07	08
②	③	③	②	④	②	④	②

01 정답 ②

암거의 배열 방식

- 자연식
- 집단식
- 차단식
- 빗식
- 어골식
- 2중 간선식

02 정답 ③

암거의 배열 방식

- 자연식
- 집단식
- 차단식
- 빗식
- 어골식
- 2중 간선식

03 정답 ③

맹암거 배수

04 정답 ②

하수관로의 매설 깊이는 일반적으로 최소 1.0m, 최대 3.0m 정도로 하여 관거의 위치를 정한다.

05 정답 ④

관거의 기울기가 작아서 유속이 너무 느리면 오수에 포함된 여러 가지 오물이 운반 중에 관거내에 침전되며, 이것은 유로를 방해하고 부패하여 악취를 발생시킬 뿐만 아니라 관의 부식을 촉진시킨다.

06 정답 ②

주로 하천의 복류수를 이용하기 위하여 쓰이는 관거는 집수매거(집수암거, 다공암거)이다.

07 정답 ④

암거의 배수량

$$Q=\frac{4\cdot K\cdot H_o^2}{D}=\frac{4\times1\times10^{-5}\times100^2}{1,000}$$

$$=4\times10^{-4}\text{cm}^3/\text{cm/sec}$$

08 정답 ②

암거 내의 유속(Giesler 공식)

$V=20\sqrt{\frac{D\cdot h}{L}}$ 에서,

암거낙차 $h=\frac{V^2\cdot L}{400\cdot D}=\frac{0.6^2\times300}{400\times0.2}=1.35\text{m}$

01	02	03	04	05	06	07	08	09	10
③	③	①	④	②	④	④	④	②	①
11	**12**	**13**	**14**	**15**	**16**	**17**	**18**	**19**	**20**
③	③	④	①	①	②	②	④	③	③
21	**22**	**23**							
③	②	①							

01
정답 ③

건설 CALS (Continuous Acquisition & Life－cycle Support)
건설사업 생애주기 지원(건설사업정보시스템)

02
정답 ③

품질관리의 순서
－관리대상 품질특성 결정
－품질의 표준설정
－작업 표준설정
－작업 실시
－관리도 작성
－이상원인 조치
－관리한계 수정
－관리한계 결정

03
정답 ①

품질관리 4단계 Cycle
－계획(Plan)
－실시(Do)
－검토(Check)
－조치(Action)

04
정답 ④

P_n 관리도

05
정답 ②

상한 관리 한계선
$UCL=\overline{x}+A_2\overline{R}=279.1+0.73\times56.32=320.2$

06
정답 ④

편측 규격치
$\frac{\overline{x}-SL}{\sigma}=\frac{18-12}{1.5}=4\geq3$

여유치
$(4-3)\times1.5=1.5MPa$

07
정답 ④

구분	PERT	CPM
대상	신규사업 경험이 없는 사업	반복사업 경험이 있는 사업
목적	공기 단축	공비 절감
시간 추정	3점 추정	1점 추정
표시	TE (Early event Time) TL (Late event Time)	EST (Earliest Start Time) EFT (Earliest Finish Time) LST (Latest Start Time) LFT (Latest Finish Time)
일정 계산	결합점(Event) 중심	활동(Activity) 중심
여유 시간	Slack	Float
주공정선	TE=TL	TF=0

08
정답 ④

구분	PERT	CPM
대상	신규사업 경험이 없는 사업	반복사업 경험이 있는 사업
목적	공기 단축	공비 절감
시간 추정	3점 추정	1점 추정

구분	PERT	CPM
표시	TE (Early event Time) TL (Late event Time)	EST (Earliest Start Time) EFT (Earliest Finish Time) LST (Latest Start Time) LFT (Latest Finish Time)
일정 계산	결합점(Event) 중심	활동(Activity) 중심
여유 시간	Slack	Float
주공정선	TE=TL	TF=0

09 정답 ②

구분	PERT	CPM
대상	신규사업 경험이 없는 사업	반복사업 경험이 있는 사업
목적	공기 단축	공비 절감
시간 추정	3점 추정	1점 추정
표시	TE (Early event Time) TL (Late event Time)	EST (Earliest Start Time) EFT (Earliest Finish Time) LST (Latest Start Time) LFT (Latest Finish Time)
일정 계산	결합점(Event) 중심	활동(Activity) 중심
여유 시간	Slack	Float
주공정선	TE=TL	TF=0

10 정답 ①

공정관리의 기능
- 일정관리
- 비용관리
- 진도관리
- 자원관리

11 정답 ③

3점 추정 기대 시간

$$t_e = \frac{t_o + 4t_m + t_p}{6} = \frac{3+4\times5+13}{6} = 6\text{일}$$

12 정답 ③

3점 추정 기대 시간

$$t_e = \frac{t_o + 4t_m + t_p}{6} = \frac{6+4\times8+10}{6} = 8\text{일}$$

13 정답 ④

네트워크 공정표(Net Work, Arrow Diagram Method)
각 작업간의 상호관계를 화살표로 표기하고 화살표 상, 하단에 작업명과 작업일수를 표기하는 방식으로, 다소 복잡성을 갖고 있으나 구체적인 공정 계획 시 활용된다.

14 정답 ①

네트워크 작성원칙
- 공정원칙
- 단계원칙
- 활동원칙
- 연결원칙

15 정답 ①

네트워크 작성원칙
- 공정원칙
- 단계원칙
- 활동원칙
- 연결원칙

16 정답 ②

네트워크 공정표 용어
- 결합점(Event) : 각 작업의 시작과 완료를 표시하는 연결점
- 활동(Activity) : 단위 작업으로서 각 작업간의 연결관계를 나타냄
- 더미(Dummy) : 명목상 활동으로서 실제적 시간과 물량은 없음
- 작업명, 작업일수 : Activity 위에는 작업명, 아래에는 작업일수
- 선행작업, 후속작업 : 임의 작업의 전공정 혹은 후공정

17 정답 ②

주공정선(CP, Critical Path)

- 최조 개시작업에서 최종 완료작업에 이르는 가장 긴 경로이다.
- 공정에 여유가 없는 경로로서, 주공정선은 한 개 이상이다.
- 중점적으로 관리해야 하는 활동이다.
- 최우선적으로 자원배당 해야 하는 활동이다.
- 주공정선의 지연은 전체공기의 지연을 뜻한다.

18 정답 ④

주공정선(CP, Critical Path)

- 최조 개시작업에서 최종 완료작업에 이르는 가장 긴 경로이다.
- 공정에 여유가 없는 경로로서, 주공정선은 한 개 이상이다.
- 중점적으로 관리해야 하는 활동이다.
- 최우선적으로 자원배당 해야 하는 활동이다.
- 주공정선의 지연은 전체공기의 지연을 뜻한다.

19 정답 ③

공기단축

- 비용경사와 단축가능일수를 확인한다.
- 주공정선 활동 중 비용경사가 최소인 작업을 단축한다.
- 단축 시 단축가능일수와 다른 경로(Sub-Path)가 주공정이 되는지 확인하며 단축한다.
- 단축 시 주공정선이 2개 이상이 되면 모든 주공정선에 대하여 단축한다.
- 원하는 기간까지 단축하거나 총공사비가 증가할 때까지 단축을 반복한다.
- 비용경사의 합계가 추가비용(여분출비), 총공사비가 최저비용이 되는 때의 공기가 해당 공사의 최적공기가 된다.

20 정답 ③

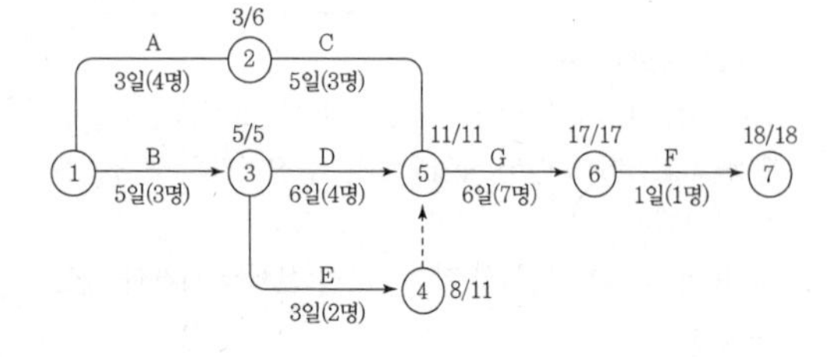

21 정답 ③

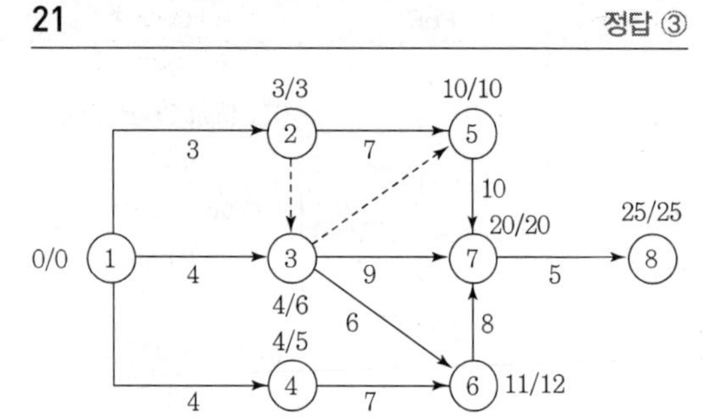

22 정답 ②

비용경사

$$\frac{\text{특급공비} - \text{정상공비}}{\text{정상공기} - \text{특급공기}} = \frac{150,000 - 100,000}{9 - 5} = 12,500(\text{원}/\text{일})$$

추가비용(여분출비)

12,500원 × 3일 = 37,500원

23 정답 ①

비용경사

$$\frac{\text{특급공비} - \text{정상공비}}{\text{정상공기} - \text{특급공기}} = \frac{45,000 - 35,000}{10 - 8} = 5,000(\text{원}/\text{일})$$

공기업 토목직 1300제

발 행 일 2021년 10월 15일 초판 발행
2024년 01월 10일 개정2판1쇄 발행

저 자 채 수 하 · 박 관 수
발 행 인 정 용 수
발 행 처 (주)예문아카이브
주 소 서울시 마포구 동교로 18길 10 2층
T E L 02) 2038 – 7597
F A X 031) 955 – 0660

등 록 번 호 제2016 – 000240호

정 가 35,000원

홈페이지 http://www.yeamoonedu.com

ISBN 979 – 11 – 6386 – 241 – 3 [13530]